ELEMENTE

DER

PALAEONTOLOGIE

(PALAEOZOOLOGIE)

VON

DR. RUDOLF HOERNES,

K. K. O. Ö. PROFESSOR DER GEOLOGIE UND PALAEONTOLOGIE AN DER UNIVERSITÄT GRAZ.

MIT 672 FIGUREN IN HOLZSCHNITT.

LEIPZIG,
VERLAG VON VEIT & COMP.
1884.

Druck von Metzger & Wittig in Leipzig.

DEN HERREN

EDUARD SUESS,

K. K. O. Ö. PROFESSOR DER GEOLOGIE AN DER UNIVERSITÄT WIEN

UND

DR. EDMUND MOJSISOVICS VON MOJSVAR,

K. K. OBERBERGRATH UND CHEFGEOLOGE AN DER K. K. GEOLOGISCHEN REICHSANSTALT

ALS SEINEN MEISTERN IM HÖRSAAL UND TERRAIN

WIDMET DIES BUCH IN DANKBARER ERGEBENHEIT

DER VERFASSER.

Vorwort.

Das vorliegende Buch ist bestimmt, als palaeontologisches Lehrbuch eine Lücke in der deutschen Literatur auszufüllen, nachdem die älteren, gleichen Zweck verfolgenden Werke dem heutigen Standpunkte der Wissenschaft nicht im gewünschten Masse entsprechen. Ich habe damit den Versuch gemacht, den Studirenden an den deutschen Hochschulen, für welche die Elemente der Palaeontologie zunächst bestimmt sind, ein Buch darzubieten, welches ihren Bedürfnissen ebenso entspricht, wie H. Credner's Elemente der Geologie, welche mir als ein (freilich unerreichtes) Muster vorleuchteten.

Die Behandlung des Stoffes, welche mir zweckdienlich erschien, erheischt eine kurze Rechtfertigung. Man kann das palaeontologische Material nach zwei Gesichtspunkten ordnen und behandeln, nach dem geologischen oder stratigraphischen, wie dies in Bronn's Lethaea geschah, deren palaeozoischer Theil jetzt durch F. Roemer in mustergiltiger Weise neu herausgegeben wird und welcher den praktischen Bedürfnissen des Geologen am meisten entspricht, da er ihm eine Uebersicht aller organischen Formen darbietet, welche für eine Formation und ihre Unterabtheilungen charakteristisch sind. Es konnte jedoch dieser Gesichtspunkt bei Abfassung des vorliegenden Buches aus zwei Gründen nicht zur Geltung kommen; erstlich weil ich nicht in der Lage war, die Pflanzenreste der Vorwelt zum Gegenstand näherer Erörterung zu machen, da ich mich mit der Phytopalaeontologie bis nun fast gar nicht beschäftigt hatte, zweitens weil mir der gegenwärtige Stand der Zoopalaeontologie als einer selbstständigen Wissenschaft, welche die Aufgabe hat, die Stammesverwandtschaft der recenten und fossilen Formen durch Untersuchung der letzteren mit Zugrundelegung der Erfahrungen über die heute lebende Thierwelt in vergleichend anatomischer und embryologischer Hinsicht klar zu legen, die Anordnung des Stoffes im Sinne der Systematik zu erfordern scheint, welche ja nur der Ausdruck für die theilweise bereits erwiesene, vielfach aber nur supponirte Stammesverwandtschaft ist.

Dass die Descendenzlehre von dem Verfasser als Ausgangspunkt aller Betrachtungen genommen wurde, wird man ihm heute wohl kaum mehr verübeln, Morphologie, Dimorphismus und Polymorphismus, Mimicry, die Kenntniss der rudimentären Organe, Entwickelungsgeschichte, geographische Verbreitung haben ebenso viele Beweismittel für die Descendenzlehre ergeben, als die Ergebnisse der palaeontologischen Forschung. Bei der übersichtlichen Darstellung der letzteren in dem vorliegenden Buche hat der Verfasser sich genöthigt gesehen, geologische und zoologische Kenntnisse vorauszusetzen, da die eingehende Erörterung derselben an dieser Stelle zu viel Raum erfordern würde. Ich habe mich deshalb darauf beschränkt, eine kurze Charakteristik der grösseren systematischen Einheiten (hauptsächlich nach C. Claus' Grundzügen der Zoologie und A. v. Mojsisovics' systematischer Uebersicht des Thierreiches) zu geben, während Details der Organisation und Entwickelungsgeschichte nur dann berührt wurden, wenn die Erklärung palaeontologischer Thatsachen es erheischte. Für die Behandlung des Gegenstandes selbst war K. A. Zittel's ausgezeichnetes Handbuch der Palaeontologie hinsichtlich der in demselben bereits behandelten Stämme des Thierreiches (*Protozoa*, *Coelenterata*, *Echinodermata*, *Vermes*, *Bryozoa*, *Brachiopoda* und *Gasteropoda*) massgebend. Von der Auffassung Zittel's und seiner Systematik bin ich nur in wenigen Fällen abgewichen, ich glaube in den meisten derselben auf die Zustimmung der Fachgenossen rechnen zu dürfen. Zittel selbst hat im Anhang zum ersten Band seines Handbuches eine andere Systematik der Foraminiferen veröffentlicht, als er sie im Texte, den einseitigen Ansichten englischer Rhizopodisten folgend, angewandt hatte; aber auch die durch Schwager aufgestellte Systematik der Foraminiferen, welche ich der Hauptsache nach acceptirte, ist eine künstliche, welche nur als vorläufiges Verständigungsmittel Geltung haben mag, ebenso wie die Eintheilung der Anthozoen, welche wohl einer gänzlichen Reformation entgegen geht. Wenn ich hinsichtlich der letzteren, zumal was die Auffassung der tabulaten Corallen anlangt, Abweichungen von den Ansichten Zittel's mir erlaubte, so geschah es hauptsächlich darum, weil ich die MOSELEY'schen Untersuchungen vielfach als nicht entscheidend für die Stellung palaeozoischer Corallen betrachten konnte, da zwischen ihnen und den angeblich nahe verwandten recenten Typen zu viel Unterschiede obwalten.

Die Literaturangaben werden die Leser des vorliegenden Buches häufig zu dürftig finden. Bei der Ausdehnung der palaeontologischen Literatur hätte jedoch Nennung auch nur der hauptsächlichsten Quellen viel zu weit geführt und den Umfang des Buches allzu sehr erweitert. Ich habe in der Regel nur citirt, um die von mir vertretenen Ansichten zu rechtfertigen oder auf ihre Quellen zu verweisen. Ich konnte ausführlichere Angeben der Literatur auch aus dem Grunde unterlassen, weil dieselben sehr vollständig in dem bereits genannten ZITTEL'schen Handbuch dargeboten werden, für denjenigen aber, welcher zum Zweck eingehenderer Studien auf die Quellen zurückzugehen wünschte, das Werk ZITTEL's ein unumgänglich nothwendiger Rathgeber sein wird. Der Zweck des Lehrbuches, dessen Charakter die vorliegenden Elemente der Palaeontologie einzuhalten genöthigt waren, bringt es ferner mit sich, dass verschiedene Ansichten über einen und denselben Gegenstand nur in besonders wichtigen Fällen erörtert werden konnten, auch aus diesem Grunde muss ich den Leser um Nachsicht bitten.

Bei dem Umstande, als der Druck der ersten Abschnitte schon Ende 1882 begann und allmählich fortschritt, ist eine Berücksichtigung der neueren Publicationen nur nach dem jeweiligen Stande des Werkes möglich gewesen und während ich bestrebt war, bei der Abfassung der letzten Abschnitte auch die im Jahre 1883 veröffentlichten palaeontologisehen Arbeiten so weit als möglich zu benützen, ist dies bei den die wirbellosen Thiere behandelnden aus dem erwähnten Grunde nicht thunlich gewesen.

Als hervorragende Rathgeber bei Abfassung dieses Buches habe ich mit dem Ausdrucke des verbindlichsten Dankes die Professoren HERMANN CREDNER und MELCHIOR NEUMAYR zu nennen, den ersteren auch als denjenigen, welchem ich die erste Anregung zum vorliegenden Versuche danke, ein seinen Elementen der Geologie entsprechendes palaeontologisches Lehrbuch zu verfassen. Nicht minder bin ich meinen Verlegern zu Danke verpflichtet, deren Geduld und Opferwilligkeit ich durch Verzögerungen in der Ablieferung des Manuscriptes und ausgedehnte Anforderungen in Bezug auf die Herstellung von Illustrationen mehr als billig in Anspruch nahm. Für wesentliche Unterstützung habe ich auch meiner Frau zu danken, welche mir, wie bei anderen Arbeiten, so auch diesmal die Dienste eines eifrigen und gewissenhaften Secretärs geleistet hat.

Schliesslich bedürfen noch die dem Buche beigegebenen Illustrationen einer Bemerkung: sie sind ausnahmslos nach Handzeichnungen des Verfassers hergestellt worden, welchen bei ihrer Wahl und ihrer Ausführung die Schönheit weniger als die Zweckmässigkeit leitete.

Und so übergebe ich denn der nachsichtigen Beurtheilung der Fachgenossen dieses Buch mit dem Wunsche, dass sie es geeignet finden möchten, seinem Zwecke als Lehrbuch zu entsprechen.

Graz, im Februar 1884.

R. Hoernes.

Inhalt.

(Die beigesetzten Zahlen beziehen sich auf die Seite.)

Einleitung 1.

I. Protozoa 20.

A. Rhizopoda 21.

B. Radiolaria 37.

II. Coelenterata 44.

A. Spongiae 45.

B. Chilostomata 181.

VI. Brachiopoda 187.

A. Pleuropygia 188.

B. Apygia 191.

VII. Mollusca 208.

1. Pelecypoda 208.

A. Asiphonida 210.

B. Siphonida 225.

2. Scaphopoda 247.

3. Gastropoda 248.

A. Polyplacophora 248.

B. Prosobranchia 249.

Einleitung.

I. Begriff und Aufgabe der Palaeontologie.

Mit dem Worte „Palaeontologie“ oder „Lehre von den alten Lebewesen“ bezeichnen wir besser als durch irgend ein anderes Wort jene Wissenschaft, welche sich mit den Resten der Organismen beschäftigt, die in früheren geologischen Epochen die Erde bevölkerten. Die oft gebrauchten Worte „Versteinerung“, „Petrefact“ sind, wie unten zu erörtern sein wird, nicht auf alle diese Reste anwendbar, „Versteinerungskunde“ daher nicht vollständig gleichbedeutend mit „Palaeontologie“. Das Wort „Petrefact“ ist zudem hybrid gebildet und schon aus diesem Grunde verwerflich.

Aufgabe der Palaeontologie ist zunächst die Untersuchung der in den Schichten der Erdrinde eingebetteten Reste der früheren Organismen, die Lösung aller Fragen, welche sich an die direct zu beobachtenden oder vermuthungsweise festzustellenden Eigenschaften derselben knüpfen, die Erörterung ihrer biologischen Verhältnisse, ihrer Verbreitung in Raum und Zeit und endlich die Feststellung ihrer genetischen Verhältnisse. Die Erreichung der idealen Zwecke der Palaeontologie wird wesentlich durch die Unvollständigkeit und Unvollkommenheit des Materiales, mit welchem sie sich beschäftigt, gehindert. Diese Mängel des Materiales sind zunächst in dem Umstande begründet, dass mit wenigen Ausnahmen nur die Harttheile der Organismen der Erhaltung in den Schichten der Erdrinde zugänglich sind und dass auch diese Harttheile nur in besonders günstigen Fällen uns in einer Weise überliefert wurden, dass sie mit Erfolg zum Gegenstande der palaeontologischen Untersuchung gemacht werden können.

Von allen der Harttheile entbehrenden Formen fehlen uns daher alle Reste oder sie sind nur in seltenen Fällen (in Abdrücken im Schiefer — in Bernsteineinschlüssen) uns erhalten geblieben. Aber auch die Harttheile besitzenden Organismen sind uns nur bruchstückweise in Fragmenten erhalten, und selbst diese sind so sehr verändert und umgestaltet, dass es schwer wird, auf Grund ihrer Untersuchung das Lebewesen zu reconstruiren, von welchem sie herrühren. In vielen Schichten sind die Reste bis zur Unkenntlichkeit verändert oder selbst gänzlich zerstört, so dass aus allen diesen

Gründen die palaeontologische Ueberlieferung stets eine unvollständige bleiben muss, selbst dann, wenn grössere Theile der Erdoberfläche geologisch durchforscht sein werden, als dies heute der Fall ist.

II. Zustand des palaeontologischen Materiales.

Als Object der Palaeontologie bezeichnet man gewöhnlich die „Versteinerungen“. Dieses Wort bezeichnet aber nur ungenügend alle Reste der früheren Lebewesen, denn die im sibirischen Eise eingeschlossenen Säugethiercadaver kann man wohl ebensowenig als Versteinerungen bezeichnen, wie die im Bernstein vorkommenden Insecten. Aber auch in vielen anderen Fällen kann man nicht eigentlich von Versteinerungen reden. Tertiäre Conchylien und die Säugethierreste aus den Knochenhöhlen haben weiter keine Veränderung erlitten, als dass der thierische Leim verloren gegangen ist. Die Knochen und Schalen haben an Gewicht verloren, sind porös geworden, kleben an der Zunge, aber eine Versteinerung im vollen Sinne des Wortes ist nicht eingetreten. Im strengsten Sinne könnten wir nur dann von Versteinerung sprechen, wenn kohlensaurer Kalk oder Kieselerde oder ähnliche Versteinerungsmittel in die fossilen Körper eingedrungen sind, wobei entweder die feinere Structur erhalten geblieben, oder verloren gegangen sein kann. Erfüllt das eingedrungene Material nur die Poren, dann bleibt oft selbst der feinere Bau des Restes der palaeontologischen Untersuchung zugänglich und derart verkieselte Hölzer, Corallen und Echinodermenreste gestatten selbst die Anwendung der mikroskopischen Betrachtung. In anderen Fällen tritt das Versteinerungsmaterial durch eine förmliche Metamorphose an Stelle des Materials, aus welchem ursprünglich der Rest bestand und dann geht die feinere Structur gewöhnlich verloren, während die äussere Form wenigstens in rohen Umrissen erhalten bleibt. Auch in dieser Art tritt Kieselsäure häufig, seltener Schwefelkies und Calcit als Versteinerungsmittel auf, während Roth- und Brauneisenstein, Vivianit, Spatheisenstein, Bleiglanz, Blende, Flussspath u. s. w. nur in seltenen Ausnahmsfällen diese Rolle spielen. Je nach ihrer Textur und ihrer chemischen Zusammensetzung verhalten sich die Harttheile der Organismen anders bei der Einbettung in den Schichten, und ihre Erhaltung ist wieder eine verschiedene je nach dem Gesteinsmateriale, in welches sie eingebettet wurden und nach den Umwandlungsprocessen, die hauptsächlich durch das in allen Gesteinen als Gebirgsfeuchtigkeit vorhandene oder in Spalt- und Hohlräumen circulirende Wasser bedingt wurden. Unter den Substanzen, aus welchen die erhaltungsfähigen Hartheile der Thiere bestehen, spielt kohlensaurer Kalk die grösste Rolle, — es ist nun nicht gleichgültig, ob er für sich allein, oder mit phosphorsaurem Kalk oder Fluor-Calcium auftritt, und, wenn der kohlensaure Kalk für sich allein die Schalen oder Skelettheile zusammensetzt, ob er Kalkspath oder Aragonit ist. Man beobachtet in verschiedenen Gesteinen häufig, dass Reste eine Reihe bestimmter Organismen in Abdrücken oder Steinkernen vorliegen, während von anderen Thieren die Hartheile ebenso regelmässig wohl erhalten blieben. Ja man beobachtet, dass von gewissen Thieren einzelne Harttheile immer erhalten bleiben, während andere der Zerstörung unterliegen. Die Knochen und Zähne der Wirbelthiere, die Schalen der Austern, Anomien und Pectines, der Brachiopoden und Bryozoen, sowie jene der Crustaceen, die Stacheln und Gehäuse der Seeigel, die Skelettheile aller übrigen Echinodermen, sowie die Kalkbildungen mancher Algen sind oft vollständig in Schichten erhalten, in welchen die Schalen der Gasteropoden und der Pelecypoden (mit Ausnahme der nahmhaft gemachten Geschlechter), sowie die Skelete der Corallen in ihrer Masse nicht mehr vorhanden sind und nur Abdrücke und Steinkerne hinterlassen haben. Dies rührt daher, weil die Wirbelthierskelete zum grossen Theil aus phosphorsaurem Kalk, die Schalen der Austern und Pectines, sowie der übrigen oben genannten Formen aus Calcit, diejenigen der an zweiter Stelle genannten aber aus Aragonit bestehen.[1] Ganz eigenthümlich verhalten sich jene Bivalven (*Pinna, Spondylus*), deren äussere Schale aus Calcit, deren innere aus Aragonit besteht — bei ihnen trifft man häufig nur die äussere Schale erhalten. Bei jenen Ammoniten, welche mit starken, kalkigen Aptychen ausgerüstet sind, kommt es häufig vor, dass in gewissen Schichten (Fleckenmergel, Aptychenkalke) nur die aus Calcit bestehenden Deckel der Nidamentaldrüsen erhalten geblieben sind, während die Aragonitschale selbst gelöst wurde.[2] Sehr häufig ist demnach nicht mehr der ursprüngliche Harttheil, sondern sein Abguss im umgebenden Gesteinsmaterial Gegenstand der palaeontologischen Untersuchung, welche damit beginnen muss, mit Benutzung des natürlichen Hohldruckes eine Reconstruction durch einen Abguss herzustellen. (Bei festen Gesteinen ist in heissem Wasser erweichte Guttapercha mit Vortheil anzuwenden; in manchen Fällen leisten galvanoplastische Copien, bei welchen der Abdruck im Gestein als Matrize dient, die besten Dienste.) Man erhält so die äussere Form eines Knochens oder einer Conchylie wieder. Oft finden sich sogenannte Steinkerne, d. h. die inneren Abgüsse einer Conchylie oder eines anderen Restes, in dessen Hohlraum Gesteinmasse eingedrungen und erstarrt ist. Solche Steinkerne geben oft ganz gut die innere Gestalt der Schalen wieder, man erkennt z. B. die Muskeleindrücke und Mantellinie der Pelecypoden, die Armgerüste der Brachiopoden u. s. w. Sehr eigenthümlich sind die sogenannten Sculptur-Steinkerne.[3] Sie zeigen einen mehr minder genauen Ausguss der Innenseite des Gehäuses, zugleich aber Sculpturdetails der Aussenfläche und entstehen dadurch, dass das in's Innere des Gehäuses eingedrungene Gesteinsmaterial (Schlamm, Sand u. dergl.) längere Zeit plastisch bleibt, während bei gleichzeitiger Auflösung der Schale die aussen den Rest umgebende Gesteinsmasse bereits erhärtet ist. Der so entstandene Abdruck oder Steinmantel presst nun unter dem Druck der

[1] E. Suess, Boden der Stadt Wien, S. 110—113. G. Rose, Ueber die heteromorphen Zustände der kohlensauren Kalkerde. II. Abthlg. Abhandlungen der k. Akademie der Wissenschaften, Berlin 1858.

[2] Th. Fuchs, Ueber die Entstehung der Aptychenkalke. LXXVI. Bd. der Sitzungsber. der k. Akademie der Wissensch. I. Abthlg. Oct.-Heft 1877.

[3] V. Hilber, Ueber Sculptur-Steinkerne. Verhandlungen der k. k. geologischen Reichsanstalt in Wien, 1878, Nr. 11, S. 226.

lastenden Schichten dem noch weichen Steinkern die Sculptur der Aussenseite auf, neben welcher man bei den Sculptursteinkernen der Pelecypoden auch die Muskeleindrücke und den Verlauf der Mantellinie erkennen kann.

Gegenstand der palaeontologischen Untersuchung sind auch die Abdrücke von nicht erhaltungsfähigen, organischen Körpern. Zuweilen wurde durch die Feinheit der Sedimente und die Gleichmässigkeit und Ruhe des Ablagerungsvorganges die Möglichkeit geschaffen, dass gewöhnlich nicht versteinerungsfähige Formen wenigstens in mehr oder minder genauen Abdrücken erhalten blieben (Quallen im cambrischen Schiefer Schwedens und im Schiefer von Solenhofen).

Auch die Fussspuren oder Fährten, welche Thiere beim Kriechen oder Laufen über eine weiche Schlammfläche zurückliessen und welche in der Folge durch neuerlichen Absatz bedeckt und abgeformt, sowie durch Erhärtung der Schichten conservirt wurden, sind von besonderem Interesse (Fährten im Chirotherien-Sandstein der deutschen Trias, im Connecticut-Sandstein Amerikas).

Die Anführung der erwähnten Thatsachen wird genügen, um zu zeigen, dass die palaeontologische Forschung zunächst mit der Unvollständigkeit und der schlechten Erhaltung des Materiales zu kämpfen hat. Nur Fragmente der früheren Lebewesen sind Gegenstand der Untersuchung, die wenigen vereinzelten Fälle abgerechnet, in welchen die im sibirischen Eise eingebetteten Säugethier-Cadaver oder die im Bernstein eingeschlossenen Insecten eine ungewöhnlich günstige Erhaltung fanden.

Die Aufgabe der Palaeontologie aber wird wesentlich erleichtert durch das Gesetz der Correlation. Man kann nach der besonderen Form und Einrichtung eines Organes, oder selbst nach den Resten eines Theiles desselben auf den Bau der übrigen Organe wie des ganzen Organismus schliessen, da alle Organe in Wechselbeziehungen stehen. Cuvier hat, trotzdem ihm nur isolirte Knochen und Zähne ausgestorbener Säugethiere aus den alttertiären Bildungen von Paris vorlagen, auf Grund des Principes der Correlation diese Säugethiere in ähnlicher Weise reconstruiren können, wie ein erfahrener, mit der Baukunst der Helenen vertrauter Architekt aus den Fragmenten der einzelnen niedergestürzten und zertrümmerten Glieder eines antiken Tempels denselben in allen seinen Verhältnissen zu beurtheilen vermag.

Nach dem Gesetze der Correlation bildet jeder Organismus ein harmonisches Ganze, so dass man aus der Kenntniss eines Organes auf die Beschaffenheit anderer schliessen kann. Die zugespitzte oder schneidende Form der Säugethierzähne lässt auf ein Raubthier schliessen, in welchem Falle man eine gewisse Art der Einlenkung des Unterkiefers und eine starke Auswölbung der Jochbogen ebenso voraussetzen darf, wie bewegliche, mit Krallen versehene Extremitäten. Andererseits lässt sich bei breiter Krone der Backenzähne ein Schluss ziehen auf die einem Pflanzenfresser entsprechende Gestalt des Unterkiefergelenkes und Jochbogens, sowie auf die wahrscheinliche Bekleidung der Füsse mit Hufen. Cuvier ist durch Anwendung des Principes der Correlation, auf welches ihn gerade seine Studien an den ausgestorbenen Säugethieren führten, zu den glänzendsten palaeontologischen

Resultaten gelangt. Aber es darf nicht in Abrede gestellt werden, dass Irrthümer sehr leicht möglich sind, wenn man es versucht, aus einzelnen Organen auf die Natur des Thieres einen Schluss zu ziehen. Ein Beispiel in dieser Richtung bietet OWEN's *Thylacoleo carnifex*, dessen Gebiss dazu verleitet hat, ein Raubthier von gewaltigen Dimensionen anzunehmen, worauf der gewählte Name hindeutet, während die betreffenden Reste doch aller Wahrscheinlichkeit nur von einem harmlosen Pflanzenfresser herrühren.

Die Schwierigkeit der Deutung der Reste der früheren Lebewesen ist nach dem Gesagten wohl klar. Der Palaeontologe hat es fast immer nur mit Fragmenten und oft mit so sehr veränderten, schwer zu enträthselnden Bruchstücken des einstigen organischen Körpers zu thun, dass es ihm schlechterdings zuweilen unmöglich wird, die Versteinerungen richtig zu bestimmen. Zuweilen handelt es sich auch um so fremdartige Reste, dass deren Deutung grossen Schwierigkeiten unterliegt. Die Conularien und Receptaculiten können heute noch keiner Gruppe des Thierreiches mit Sicherheit zugerechnet werden. Die Graptoliten und Rudisten wurden an den verschiedensten Orten des Systemes untergebracht, bis ihnen eine definitive Stellung zugewiesen werden konnte, die Gyroporellen (Diploporen) hielt man lange für Foraminiferen, bis die pflanzliche Natur der betreffenden Reste, welche den heutigen Cymopolien verwandt sind, sicher gestellt werden konnte.[1] Zahlreiche anorganische Bildungen sind für Reste von Organismen gehalten und als solche beschrieben worden. Eine grosse Anzahl von Palaeontologen hat die von DAWSON als *Eozoon canadense* aus dem laurentinischen Gneiss beschriebenen Gebilde für Reste von Foraminiferen (welche merkwürdigerweise gerade an die höchststehenden Foraminiferen, die Nummuliniden mit Zwischenskelet und Canalsystem sich anschliessen sollten) gehalten, bis MÖBIUS[2] die rein anorganische Natur der Kalk-Serpentinknollen nachwies. JENZSCH hat Reste von Organismen in vulkanischen Massengesteinen,[3] HAHN solche in den Meteoriten nachweisen wollen;[4] WEINLAND hat noch in letzter Zeit die HAHN'schen „Versteinerungen" in den Meteoriten untersucht und gleichfalls für Reste wirklicher Organismen erklärt.[5] C. VOGT ist diessbezüglich freilich zu anderen Resultaten gelangt und hat ebenso überzeugend die rein anorganische Natur der von HAHN supponirten Versteinerungen nachgewiesen,[6] wie MÖBIUS die anorganische Bildung des *Eozoon*. Derartige Irrthümer sind allerdings in jeder Wissenschaft möglich (vergl. HUXLEY's *Bathybius*), doch ist der Palaeontologe ihnen ungleich mehr ausgesetzt als der Zoologe und Botaniker, welche sich mit den lebenden Thier- und Pflanzenformen beschäftigen.

---

[1] MUNIER-CHALMAS in Comptes rendus 1877, II, S. 814. F. TOULA in Verhandlungen der k. k. geolog. Reichsanstalt in Wien 1878, S. 301.

[2] Palaeontographica, Bd. XXV, 1878.

[3] G. JENZSCH: Ueber eine mikroskopische Flora und Fauna krystallinischer Massengesteine. Leipzig 1868.

[4] O. HAHN: Die Meteorite (Chondrite) und ihre Organismen. Tübingen 1881.

[5] D. F. WEINLAND: Ueber die in Meteoriten entdeckten Thierreste. Esslingen a/N. 1882.

[6] C. VOGT: Les prétendus organismes des meteorites. Mém. Inst. nat. Génev., Vol. XIV., 1882.

III. Bedeutung der Chorologie der Sedimente.

Die Palaeontologie hat sich mit allen Fragen zu beschäftigen, welche sich an die alten Lebewesen knüpfen, sie hat deren einstige Lebensweise und Verbreitung in Raum und Zeit zu erörtern. In der Regel lässt sich aus Resten leicht erschliessen, ob sie von Land- oder Wasserthieren herrühren und ob im letzteren Falle salziges oder süsses Wasser ihre Heimath gewesen ist. Aus der Vergesellschaftung der Organismen, sowie aus den Lagerungsverhältnissen wird man auch zu erkennen im Stande sein, ob man es mit Resten einer litoralen oder einer Tiefseefauna zu thun habe und ob Formen vorhanden sind, die ein einstiges tropisches, gemässigtes oder kaltes Klima andeuten.

Von grösster Wichtigkeit nicht blos für die stratigraphische Geologie, sondern auch für die richtige Auffassung des genetischen Zusammenhanges der einzelnen Faunen ist eine richtige Auffassung der Bedeutung, welche die chorologische Verschiedenheit der Sedimente für die alten Lebewesen besitzt.

Die Chorologie lehrt uns die räumliche Verbreitung der Organismen kennen; wir haben drei verschiedene chorologische Kategorien der Sedimente zu unterscheiden, welche durch das Bildungsmedium, die Bildungsräume und die physikalischen Verhältnisse des Bildungsortes bedingt werden.[1] Hinsichtlich des Bildungsmediums sind marine und terrestre Ablagerungen, und dementsprechend isomesische und heteromesische Bildungen zu unterscheiden. In Beziehung auf den Bildungsraum sind die zoo- und phytogeographischen Provinzen zu berücksichtigen — wir sprechen von isotopischen Bildungen, wenn dieselben einer und derselben, von heterotopischen, wenn sie verschiedenen Provinzen angehören. Endlich bilden in Folge der physikalischen Verhältnisse des Bildungsortes die Facies-Verschiedenheiten eine grosse Rolle. Uebereinstimmende Facies werden als isopische, abweichend entwickelte aber als heteropische Bildungen betrachtet. Auf dieser vielfachen chorologischen Verschiedenheit der Sedimente, welche nothwendigerweise mit einer entsprechenden Verschiedenheit der Organismen, deren Reste in den betreffenden Schichten eingeschlossen wurden, Hand in Hand geht, beruht die Lückenhaftigkeit der palaeontologischen Ueberlieferung und die Discontinuität der geologischen Urkunde, welche die Kataklysmenlehre Cuvier's, Agassiz's und d'Orbigny's hervorgerufen hat. Die moderne, durch Lyell begründete Geologie hat längst mit der Katastrophenlehre gebrochen, wir nehmen allmälige Umänderung der Oberfläche des Planeten ohne gewaltsame Umwälzungen und Fortdauer und langsame Veränderung der organischen Welt an. Aber nur die Berücksichtigung der chorologischen Verhältnisse der Vorwelt erschliesst uns das Verständniss für das lückenhafte geologische Geschichtsbuch, welches die Schichten der Erdrinde darstellen. Das Wesen seiner Lückenhaftigkeit beruht in dem fortwährenden Wechsel heteromesischer, heterotopischer und heteropischer Bildungen — die zahl-

[1] E. v. Mojsisovics: Die Dolomitriffe von Südtirol und Venetien, S. 5—8.

reichen Lücken sind grösstentheils nur scheinbare und bestehen in der localen Discontinuität isopischer, isotopischer und isomesischer Bildungen. Würden wir diese irgendwo in ununterbrochener Reihenfolge übereinander finden, so würden wir in diesen Ablagerungen die continuirliche phylogenetische Reihe der für die betreffenden Facies charakteristischen Organismen (insoweit sie durch erhaltungsfähige Harttheile der palaeontologischen Untersuchung zugänglich wären) ohne Schwierigkeit feststellen können.

In beschränkten Masse ist dies auch möglich, sobald in einer Region die Bedingungen des organischen Lebens nicht durch den Wechsel heteromesischer, heterotopischer und heteropischer Bildungen durchgreifend geändert wurden.

Man vermag dann, wie z. B. in den Paludinenschichten Slavoniens oder in den Jura-Bildungen der mediterranen Provinz die Descendenzverhältnisse der Faunen-Elemente mit ziemlicher Sicherheit festzustellen.

Der Wechsel der Existenzbedingungen aber hat oft locale Unterbrechungen in der Aufeinanderfolge der phylogenetisch-zusammenhängenden Formen verursacht. Wir sind gezwungen, den Verschiebungen der Faunen zu folgen, wenn wir einen Stamm des organischen Reiches in seinen Veränderungen verfolgen wollen. Oft machen wir dabei die Erfahrung, dass auf dem von uns geologisch gekannten, kleinen Theil der Erde die gesuchten Schichten, welche die Bindeglieder enthalten sollen, noch gar nicht, oder erst ungenügend bekannt sind. Andererseits finden sich fortwährend in wenig durchforschten Gebieten Ablagerungen, welche die anderwärts vorhandenen Lücken in gewissem Sinne ausfüllen. Die grosse Differenz, welche in Europa zwischen der palaeozoischen und mesozoischen Meeres-Fauna obwaltet und hier im wesentlichen eine Lücke in der Reihe der normalen Bildungen verursacht, nachdem die europäische Dyas in einem grossen Binnenmeere gebildet zu sein scheint, dürfte in Asien nicht in gleicher Weise zu beobachten sein, und wenn die Unterscheidung der grossen geologischen Epochen von der Saltrange ausgegangen wäre, so würde wahrscheinlich die Trennung der mesozoischen und palaeozoischen Epoche in anderer Weise vollzogen worden sein, als dies auf Grund der Kenntniss der europäischen Verhältnisse geschehen ist.

Ebenso beruht die usuelle Grenze zwischen der Jura- und Kreide-Periode auf der Einschaltung heteromesischer Ablagerungen im nördlichen Theile Mitteleuropa's. Eine bedeutende Lücke in der Reihenfolge der marinen Bildungen ist hier vorhanden und aus diesem Grunde besteht ein scharfer Schnitt — eine Kluft zwischen den marinen Faunen des oberen Jura und der unteren Kreide im nördlichen Mitteleuropa, während diese Kluft in den Alpen überbrückt ist, da hier keine heteromesischen Bildungen eingeschaltet sind und die marinen Kreidebildungen der Alpenländer ohne Lücke an die Juragebilde desselben Gebietes anschliessen, so dass hier die Entwickelung der Faunen eine continuirliche ist.

Würde uns die Erörterung des Gegenstandes nicht zu weit führen, so würden wir bei näherem Eingehen auf die chorologischen Verhältnisse erkennen, dass fast alle Formationsgrenzen und selbst alle kleineren Unterabtheilungen, welche die historische Geologie gemacht hat, hauptsächlich auf Verschiebungen in den chorologischen Verhältnissen sich zurückführen lassen, welche local, aber auch nur local, eine durchgreifende Aenderung der organischen Welt herbeigeführt haben, so zwar, dass die älteren Geologen, welche von der Kenntniss eines sehr kleinen Theiles der Erdoberfläche ausgingen, zu der Meinung gelangen konnten, es seien diese Veränderungen durch Vernichtung der bisherigen und Schöpfung einer neuen Bevölkerung unseres Planeten bewirkt worden. Die moderne, von LYELL gegründete Geologie hat die Katastrophenlehre CUVIER's und AGASSIZ's definitiv beseitigt, und die Descendenzlehre, welche eigentlich nur eine logische Consequenz der LYELL'schen Geologie ist, gewinnt immer mehr Boden. Allerdings sind so manche scheinbare Widersprüche und heute noch unaufklärbare Thatsachen gerade auf dem Gebiete der palaeontologischen Erfahrung vorhanden. Die richtige chorologische Deutung der Sedimente wird die unter den Geologen und Palaeontologen heute noch gegen die Descendenzlehre vorhandene Opposition überwinden, indem sie in vielen Fällen eine Erklärung des anscheinenden Widerspruches zwischen Thatsache und Theorie zu liefern im Stande ist.

Ein solcher Widerspruch, und zwar vielleicht der wichtigste von allen, mag kurz erörtert werden. Er betrifft die bis nun als älteste bekannten Reste von Organismen und die Thatsache, dass deren erstes Auftreten durchaus nicht in Einklang mit den Voraussetzungen der Descendenzlehre gebracht werden kann. Am schärfsten wurde der Gegensatz, welcher sich zwischen der „palaeontologischen Theorie“ und der Zusammensetzung der „Primordial-Fauna“ beobachten lässt, durch J. BARRANDE betont. Er hat gezeigt, dass in den tiefsten, überhaupt Versteinerungen führenden Schichten höher organisirte Formen (Trilobiten) auftreten, während erst in den höheren Etagen der Silurformation Reste von niedriger stehenden Organismen (Corallen, Pelecypoden etc.) in grösserer Zahl sich finden. Da an der Thatsache selbst kein Zweifel erhoben werden konnte, hat sie seit langem zur Erklärung herausgefordert.

Es muss vor Allem hervorgehoben werden, dass alle organischen Reste aus der Primordial-Stufe BARRANDE's und aus den cambrischen Schichten einer einzigen Facies angehören, welche des petrographischen Charakters wegen der Erhaltung der Reste noch ziemlich günstig war. Die ältesten, fossilführenden Ablagerungen sind Thonschiefer, welche Trilobiten (also bereits ziemlich hoch organisirte Crustaceen) in meist grosser Zahl enthalten, während die im zoologischen System tiefer stehenden Mollusken fast ganz fehlen; nur hornschalige Brachiopoden treten in grösserer Zahl auf. Dieses Verhältniss schon deutet auf eine Facies, welche im tieferen Wasser, ja geradezu in der Tiefsee zu Hause ist, eine Annahme, welche durch manche Organisationsverhältnisse der primordialen und untersilurischen Trilobiten bestätigt wird. Ein Theil derselben zeigt verkümmerte Augen, und zwar in solcher Weise, dass diese Trilobiten ganz gut den in letzterer Zeit entdeckten, höherstehenden, blinden Crustaceen der heutigen Tiefsee gegenüber gestellt werden können. Solche Formen mit rückgebildeten (nicht in primitiver Anlage befindlichen) Organen können unmöglich als ursprüngliche betrachtet werden. Wir sind zu der Annahme gezwungen, dass die blinden Trilobiten der „primordialen“ Tiefsee von Seichtwasserformen mit entwickelten Augen abstammen. Dies lehrt erstlich, dass (wie aus den Anforderungen der Descendenzlehre geschlossen werden kann) die sogenannte Primordialfauna nicht die älteste und ursprünglichste, sondern eine jüngere und derivirte, an die eigenthümlichen Verhältnisse der Tiefsee angepasste ist; — sodann aber auch, dass wir uns in den ältesten Seichtwasserbildungen nach den Resten der ersten Organismen umzusehen haben. Hier aber ist das Reich der Beobachtungen zu Ende und nur die Analogie mit jüngeren Bildungen erlaubt uns Schlüsse zu ziehen. Erkennen wir die allein Versteinerungen enthaltenden cambrischen und primordialen Thonschiefer als Tiefseebildungen, so müssen wir die mit vorkommenden Kalksteine als in seichtem Wasser abgelagerte Sedimente betrachten. Vergeblich aber bestreben wir uns, in diesen die Spuren einstigen organischen Lebens zu entdecken; die hochgradige Umwandlung, welche die älteren Kalksteine erlitten haben, scheint alle Reste gründlich vertilgt zu haben und doch müssen wir annehmen, dass der Absatz dieser Kalksteine, welche bis in die Gneissformationen hinabreichen, hauptsächlich durch die Vermittlung von Organismen im Seichtwasser stattfand.

Die Silurablagerungen Böhmen's, von deren Fossilresten behauptet wurde, dass sie entschieden gegen die Descendenzlehre sprechen, enthalten mehr als einen Beweis für dieselbe. Für das Vorhandensein älterer, von uns ungekannter Seichtwasserformen spricht auch das allmälige Auftreten von Seichtwasserformen (denn als solche müssen wir wohl die Mollusken und die von den untersilurischen ganz verschiedenen Trilobiten der Obersilur-Stufe bezeichnen), wie dasselbe in der eigenthümlichen Erscheinung der Colonien am auffallendsten sich zeigt. Nachdem in der böhmischen Silurmulde durch die ganze Primordial- und Untersilur-Stufe der Tiefseecharakter geherrscht hatte, tritt uns in den obersten Schichten der letzteren local und zeitweilig eine andere Facies entgegen. Sowohl der Gesteinscharakter als auch die zahlreichen Versteinerungen der Colonien entsprechen den untersten Schichten der Obersilur-Stufe. Diese minder tiefem Wasser entsprechende Facies vermochte aber gegen das Ende der Untersilur-Epoche nur unter localen, günstigen Bedingungen Boden zu gewinnen, sie wurde auch wieder von demselben verdrängt, so zwar, dass ihre Bildungen in höchst eigenthümlicher Weise den untersilurischen Sedimenten eingelagert erscheinen. Endlich aber kam die Zeit, da die seichterem Wasser entsprechende Facies die Tiefseefacies definitiv verdrängte, und die unteren Abtheilungen der Obersilur-Stufe Böhmens lassen diesen allmäligen Vorgang sehr deutlich erkennen.

Die Sedimente der Etage E. J. Barrande's[1] sind, wie die eingeschlossenen Reste, unter welchen namentlich in E_2 die Cephalopoden die Hauptrolle

[1] Barrande bezeichnet bekanntlich die Etagen der böhmischen Silurformation in folgender Weise: A und B = Azoisches Grundgebirge; C = Primordialstufe; D = Untersilur; E, F, G und H = Obersilur.

spielen, beweisen, in noch ziemlich tiefem Wasser zur Ablagerung gekommen, während die Etagen F und namentlich F_2 durch ihre zahlreichen Corallen und Brachiopoden als wahre Seichtwasserbildungen gekennzeichnet sind.

Die Erscheinung der Colonien, deren Erklärung einst einen so gewaltigen Federkrieg unter den österreichischen Geologen entfachte, wurde schon damals von E. Suess in ihrem wahren Charakter erkannt und als eine bedeutsame Bestätigung für die allmählige Entwickelung der organischen Welt dargestellt. Die Colonien beweisen, dass während in der böhmischen Silurmulde zur Untersilur-Zeit Tiefseebildungen zum Absatz kamen, in benachbarten Regionen Seichtwasserfacies herrschten, die gegen den Schluss der Untersilur-Zeit in das centralböhmische Becken hereingriffen.

Seichtwasserfacies aber waren unstreitig schon in den ältesten Meeresbildungen vertreten; — die halbkrystallinischen und vollkrystallinischen Kalksteine, welche in den Etagen der cambrischen und älteren, azoischen Thonschiefer, der krystallinischen Schiefer und selbst der Gneisse auftreten, wurden gewiss unter der Mitwirkung von Seichtwasser-Organismen gebildet, wenn auch heute organische Reste diesen Kalksteinen fehlen. Die mannigfachen Schiefergesteine aber dürfen auch aus petrographischen Gründen als Tiefseegebilde bezeichnet werden.

Die ältesten Tiefseebildungen entbehrten wahrscheinlich ganz des organischen Lebens, während dasselbe an der Oberfläche des Meeres, wo die Bedingungen für eine reiche Entfaltung viel günstiger waren, bereits in ausgedehnterem Masse vorhanden sein musste. Erst später wanderten einige Faunenelemente (einige Trilobitengeschlechter, hornschalige Brachiopoden) in die Tiefe und passten sich den dortigen Lebensbedingungen an. Die ältesten Seichtwasserbildungen aber unterlagen einer hochgradigen Umwandlung und wir werden wahrscheinlich stets vergeblich in den krystallinisch gewordenen Kalken nach deutlichen Versteinerungen suchen, während die Thonschiefer der Erhaltung derselben günstiger waren. Es sind daher keineswegs die älteren Organismen, deren Reste uns in den cambrischen primordialen Schiefern entgegentreten, und wir sehen, dass jene Argumente, welche sich aus den angeblich ältesten Faunen gegen die Descendenztheorie ableiten lassen, aus chorologischen Gründen als unrichtig bezeichnet werden müssen.

IV. Geologische Chronologie.

Das Vorkommen der Reste der früheren Organismen in den einzelnen Schichten der Erde bietet das richtigste Mittel zur Vergleichung und Gliederung derselben. Nur subsidiär wird der petrographische Charakter herangezogen werden können, um einen bestimmten Schichtcomplex über ein mehr oder minder grosses Areal verfolgen zu können. Unsere heutige Gliederung der geologischen Zeit ist auf die Kenntniss eines sehr kleinen Theiles der Oberfläche der Erde beschränkt, und entspricht der Hauptsache nach der alten Kataklysmenlehre. Die in Mitteleuropa stattgefundenen Einschaltungen heteromesischer Ablagerungen waren es, welche vor Allem die grossen Zeitabschnitte bestimmt haben. Als die geologische Untersuchung weiter fortschritt, wurden die Lücken theilweise ausgefüllt und die Erforschung der früher unter dem Namen Alpenkalk zusammengefassten mesozoischen Bildungen verursachte eine förmliche Revolution in den Anschauungen über die chronologische Bedeutung mancher Formationsglieder. Man erkannte schliesslich, dass die ganze mitteleuropäische Triasentwickelung nur eine locale, auf das Gebiet eines Binnensees beschränkte sei,[1] während man alpine Triasbildungen, welche in Gewässern zur Ablagerung kamen, die in freierer Verbindung mit dem Ocean standen, in ganz ähnlicher Weise auf Spitzbergen und Neuseeland, sowie in den grossen Kettengebirgen Asiens und neuerlich auch in Japan[2] angetroffen hat. Die ganze Gliederung der „Trias" in Buntsandstein, Muschelkalk nnd Keuper hat nur auf den germanischen Triassee Bezug und ist in den Alpen ebenso wenig durchzuführen, als die scharfe Trennung von Jura und Kreide, die im nördlichen Theile von Mitteleuropa durch die Einschaltung heteromesischer Bildungen (Wealden) so sehr erleichtert wird. Es mag an dieser Stelle daran erinnert werden, dass die Abgrenzung aller Formationen derzeit strittig ist.

Die englischen Geologen haben heute noch nicht die Meinungsdifferenz Sedgwick's und Murchison's über die Abgrenzung von Cambrisch und Silur definitiv entschieden; über die Grenze zwischen Silur und Devon ist erst vor kurzem ein heftiger Kampf entbrannt, welcher von der Deutung der hercynischen Schichten ausgeht; die Productuskalke der Saltrange und die Bellerophonkalke der Alpen lassen sich schlechterdings nicht in die heutige Abgrenzung der palaeozoischen und mesozoischen Gruppe einzwängen, die Grenze zwischen Trias und Jura war lange Zeit strittig und die Auffassung der „rhätischen Formation oder Stufe" ist auch heute noch eine controverse; auch die Grenze zwischen Jura und Kreide wird von manchen Geologen in verschiedener Weise gezogen und bildet hier die Stellung der Tithonstufe den Zankapfel. Ob endlich die „liburnische Stufe" der Kreide oder aber dem Tertiär angehört, ist fraglich, da die lange verheissene Monographie derselben noch nicht vorliegt.

Es lässt sich nicht leugnen, dass mit dem Fortschritte der geologischen Forschung auch die geologische Chronologie verbessert wurde, aber diese Verbesserungen tragen stets den Charakter der zufälligen und sind in den meisten Fällen lediglich aus der Verlegenheit entstanden, die in neu untersuchten Gebieten gemachten Beobachtungen dem einmal bestehenden Schema einzuordnen. Man hat neue Namen in grosser Zahl gegeben, hat die alten Gruppen in zahlreiche Unterabtheilungen zersplittert, aber damit die Inconvenienzen der grossen, alten Gruppen nicht getilgt, sondern nur vermehrt.

Eine den Anforderungen der Lyell'schen Geologie und der durch Darwin begründeten Descendenzlehre entsprechende Chronologie wird erst möglich werden, wenn das durch Oppel inaugurirte Princip der Unterscheidung

---

[1] E. v. Mojsisovics: Dolomitriffe, S. 39 u. f.

[2] E. Naumann: Das Vorkommen von Triasbildungen im nördlichen Japan. Jahrb. d. k. k. geolog. Reichs-A. in Wien, 1881, XXXI. Bd., S. 519.

palaeontologischer Zonen allseitig angenommen und auf die Gliederung der Formationen angewendet werden wird. Bis dahin haben die ganzen Unterscheidungen, die in der historischen Geologie üblich sind, nur den Werth vorläufiger Verständigungsmittel.

Der im September 1881 in Bologna stattgehabte internationale Geologen-Congress hat auch die Einheit der geologischen Terminologie zum Gegenstande seiner Berathungen und Beschlüsse gemacht. Obwohl manche der letzteren vielleicht nicht auf allgemeine Annahme rechnen dürfen,[1] wurde die leichtere Verständigung doch dadurch gefördert, dass die allgemeinen Principien der stratigraphischen und chronologischen Terminologie festgestellt wurden. Zur Bezeichnung der grössten Abtheilungen der Stratigraphie und Chronologie sollen künftig die Worte „Gruppe“ und „Aera“ verwendet werden, das Wort „Formation“ (Terrain) soll durch die Bezeichnung „System“ ersetzt werden, welchem in der Chronologie das Wort „Periode“ entspricht. — Die „Systeme“ haben zunächst in „Abtheilungen“ zu zerfallen, deren Dauer das Wort „Epoche“ entspricht. Als weitere Unterabtheilungen erscheinen zuerst die „Stufen“ (Etagen), sodann die „Schichten“ (couches, assises).

Ohne auf diese Unterabtheilungen einzugehen, wollen wir einen Blick auf die grösseren Epochen der Erdgeschichte werfen, um uns in derselben zu orientiren. Die nachstehende Tabelle I (auf Seite 13) repräsentirt die gegenwärtig von den meisten Geologen getheilten Ansichten, doch muss hervorgehoben werden, dass so manche Grenzen von den Einen höher, von den Anderen tiefer gezogen werden.

Die Gliederung eines „Systemes“ in Stufen und palaeontologische Zonen mag an zwei Beispielen erörtert werden. Als erstes soll uns die Entwicklung der mitteleuropäischen Jura (die Jurabildungen Europa's gehören, wie Neumayr nachgewiesen hat, drei verschiedenen Provinzen, der borealen, mitteleuropäischen und mediterranen an, welche höchst wahrscheinlich klimatischen Zonen entsprechen) dienen, für welche Oppel zuerst die palaeontologische Gliederung durchführte. (Vergl. die Tabelle II auf Seite 14.) Als zweites Beispiel wählen wir die alpine Entwicklung des Trias-Systemes, um die von der im Gebiete des germanischen Triassee's zu beobachtenden Drei-Gliederung vollständig abweichende Ausbildung, sowie die verschiedene Zahl der norischen Faunen (palaeontologischen Zonen) in der juvavischen und mediterranen Trias-Provinz zu zeigen. (Vergl. die aus Mojsisovics, Dolomitriffe etc. pag. 79 u. 80 entlehnte Tabelle III auf Seite 15.)

---

[1] So insbesondere die Eliminirung der Worte „Terrain“ und „Formation“ als stratigraphische Bezeichnungen. „Formation“ ist gleichbedeutend mit „Bildung“ und kann daher wol ebenso gut hinsichtlich der Zeit wie des Raumes und der Art gebraucht werden.

I. Stratigraphische und chronologische Gliederung.

IV. Känozoische Gruppe (Aera).	3. *Gegenwart.*
	2. *Quartär-System (Diluvial-Periode).* *c*) obere Abtheilung: Postglaciale Bildungen *b*) mittlere „ : Glaciale und interglaciale Bildungen *a*) untere „ : Praeglaciale Bildungen
	1. *Tertiär-System (Tertiär-Periode).* *b*) obere Abtheilung (Neogen): . . . . . . { Pliocän / Miocän *a*) untere „ (Eocän im weiteren Sinne oder Eogen Zittel): { Oligocän / Eocän (im engeren Sinne)
III. Mesozoische Gruppe (Aera).	3. *Kreide-System (Kreide-Periode).* *c*) obere Abtheilung: { Senon / Turon / Cenoman *b*) mittlere „ : Gault *a*) untere „ : Neocom
	2. *Jura-System (Jura-Periode).* *c*) obere Abtheilung (weisser Jura): { Tithon / Malm *b*) mittlere „ (brauner „): Dogger *a*) untere „ (schwarzer „): Lias
	1. *Trias-System (Trias-Periode).* *c*) obere Abtheilung: Keuper *b*) mittlere „ : Muschelkalk *a*) untere „ : Bunt-Sandstein
II. Palaeozoische Gruppe (Aera).	4. *Dyas-System (Dyas-Periode).* *b*) obere Abtheilung: Kupferschiefer, Zechstein *a*) untere „ : Rothliegend
	3. *Carbon-System (Carbon-Periode).* flötzleerer Sandstein, productive Steinkohlenformation Culm Schiefer, Bergkalk
	2. *Devon-System (Devon-Periode).* *c*) obere Abtheilung: Goniatiten und Clymenienkalk *b*) mittlere „ : Eifler Kalk *a*) untere „ : Spiriferen Sandstein
	1. *Silur-System (Silur-Periode).* *c*) obere Abtheilung: Ober-Silur *b*) mittlere „ : Unter-Silur *a*) untere „ : { primordiale Schichten Barrande / cambrische Schichten
I. Archaeische Gruppe (Aera).	4. *Thonschiefer-System.*
	3. *Glimmerschiefer-System.*
	2. *Jüngeres Gneiss-System* (hercynisches oder laurentinisches System).
	1. *Aelteres Gneiss-System* (Urgneiss oder bojisches System).

II. Gliederung des Jura-Systemes von Mitteleuropa.

<table>
<tr><th>Palaeontologische Zonen</th><th>Gliederung QUENSTEDT's</th><th>Stufen D'ORBIGNY's</th></tr>
<tr><td>Zone der Oppelia lithographica</td><td>Weiser Jura ζ</td><td rowspan="2">Kimmeridgien</td></tr>
<tr><td>„ des Perisphinctes Eumelus</td><td>„ „ ε</td></tr>
<tr><td>„ der Oppelia tennilobata</td><td>„ „ δ</td><td rowspan="2">(Das Corallien entspricht keinem bestimmten Horizont)</td></tr>
<tr><td>„ des Peltoceras bimammatum</td><td>„ „ γ</td></tr>
<tr><td>„ des Peltoceras transversarium</td><td>„ „ β</td><td rowspan="2">Oxfordien</td></tr>
<tr><td>„ des Aspidoceras perarmatum</td><td>„ „ α</td></tr>
<tr><td>„ des Peltoceras athleta</td><td rowspan="2">Brauner Jura ζ</td><td rowspan="3">Callovien</td></tr>
<tr><td>„ des Simoceras anceps</td></tr>
<tr><td>„ des Stephanoceras macrocephalum</td><td rowspan="4">„ „ ε</td></tr>
<tr><td>„ der Oppelia aspidoides</td><td rowspan="3">Bathonien</td></tr>
<tr><td>„ des Cosmoceras ferrugineum</td></tr>
<tr><td>„ des Cosmoceras Parkinsoni</td></tr>
<tr><td>„ des Stephanoceras Humphriesianum</td><td>„ „ δ</td><td rowspan="3">Bajocien</td></tr>
<tr><td>„ des Stephanoceras Sauzei</td><td rowspan="2">„ „ γ</td></tr>
<tr><td>„ des Harpoceras Sowerbyi</td></tr>
<tr><td>„ des Harpoceras Murchisonae</td><td>„ „ β</td><td rowspan="4">Thoarcien</td></tr>
<tr><td>„ des Harpoceras Opalinum</td><td>„ „ α</td></tr>
<tr><td>„ des Lytoceras jurense</td><td>Lias ζ</td></tr>
<tr><td>„ der Posidonomya Bronni</td><td>„ ε</td></tr>
<tr><td>„ des Amaltheus spinatus</td><td rowspan="2">„ δ</td><td rowspan="5">Liasien</td></tr>
<tr><td>„ des Amaltheus margaritatus</td></tr>
<tr><td>„ des Aegoceras Davoei</td><td rowspan="3">„ γ</td></tr>
<tr><td>„ des Amaltheus ibex</td></tr>
<tr><td>„ des Aegoceras Jamesoni</td></tr>
<tr><td>„ des Arietites raricostatus</td><td rowspan="3">„ β</td><td rowspan="7">Sinémurien</td></tr>
<tr><td>„ des Amaltheus oxynotus</td></tr>
<tr><td>„ des Arietites obtusus</td></tr>
<tr><td>„ des Peutacrinus tuberculatus</td><td rowspan="4">„ α</td></tr>
<tr><td>„ des Arietites Bucklandi</td></tr>
<tr><td>„ des Aegoceras angulatum</td></tr>
<tr><td>„ des Aegoceras planorbis</td></tr>
</table>

III. Gliederung der alpinen Trias.

<table>
<tr><th>Bezeichnung der Stufen.</th><th colspan="2">Bezeichnung der palaeontologischen Zonen in der juvavischen und mediterranen Trias-Provinz.</th></tr>
<tr><td>Rhätische Stufe</td><td colspan="2">Zone der Avicula contorta</td></tr>
<tr><td rowspan="3">Karnische Stufe</td><td colspan="2">Zone des Turbo solitarius und der Avicula exilis</td></tr>
<tr><td colspan="2">Zone des Trachyceras aonoides</td></tr>
<tr><td>Zone des Tropites subbullatus</td><td>Zone des Trachyceras Aon</td></tr>
<tr><td rowspan="5">Norische Stufe</td><td>Zone des Didymites tectus</td><td rowspan="2">Zone des Trachyceras Archelaus und der Daonella Lommeli</td></tr>
<tr><td>Zone des Arcestes ruber</td></tr>
<tr><td>Zone des Pinacoceras parma</td><td rowspan="3">Zone des Trachyceras Curioni und des Trachyceras Reitzi</td></tr>
<tr><td>Zone des Pinacoceras Metternichi</td></tr>
<tr><td>Zone des Choristoceras Haueri</td></tr>
<tr><td rowspan="2">Muschelkalk</td><td colspan="2">Zone des Trachyceras trinodosum</td></tr>
<tr><td colspan="2">Zone des Trachyceras binodosum und balatonicum</td></tr>
<tr><td>Werfener Schichten
Bunt-Sandstein</td><td colspan="2">Zone des Tirolites cassianus und des Naticella costata.</td></tr>
</table>

Die palaeontologischen Zonen haben nur für eine Provinz Gültigkeit und auch die grösseren Abtheilungen eines Systemes können nur auf einem beschränkten Theile der Erdoberfläche verfolgt werden. Es unterliegt auch gar keinem Zweifel, dass die heute angewendeten Gliederungen der geologischen Chronologie aufgegeben und durch zweckmässigere Zusammenstellungen ersetzt werden dürften, sobald die Fortschritte der Geologie die Unmöglichkeit erweisen werden, das althergebrachte Schema ferner beizubehalten.

V. Systematik.

Das palaeontologische Material kann nach zweierlei Gesichtspunkten geordnet werden: nach dem historischen oder nach dem systematischen.

Nach dem erstgenannten Principe hätten wir die Versteinerungen nach ihrem Auftreten in den über einander folgenden, stratigraphischen oder chronologischen Stufen zu besprechen, wie diess Bronn in seiner *Lethaea geognostica* durchführte, wir ziehen es jedoch vor, die natürlichen Verwandtschaftsverhältnisse zur Anordnung des Stoffes zu benützen.

Der Werth des zoologischen Systemes darf nicht unrichtig beurtheilt werden; es ist ebenso falsch, wenn Buffon dasselbe für eine reine Erfindung des menschlichen Geistes hält, wie wenn Agassiz das natürliche System, welches auf der Verwandtschaft der Organismen beruht, für eine Uebersetzung der Gedanken des Schöpfers in die menschliche Sprache erklärt.

Beide Ansichten sind, wie CLAUS hervorhebt[1] unrichtig, da es nicht angeht, eine Anordnung, welche ein Ausdruck für die in der Natur begründeten Verwandtschaftsverhältnisse der Organismen ist, eine menschliche Erfindung zu nennen, während es andererseits ebenso unrichtig ist, den subjectiven Antheil unserer Geistesthätigkeit in Abrede stellen zu wollen. Den Ausspruch GOETHE's, welcher treffend „natürliches System" einen sich widersprechenden Ausdruck nennt, rechtfertigt schon die fortwährende Veränderung desselben, da ja das System stets dem jeweiligen Stande der wissenschaftlichen Erkenntniss entspricht.

Es scheint fast überflüssig, zu constatiren, dass die Palaeontologie mit dem LINNÉ'schen Species-Begriff definitiv gebrochen hat. Die Definition, welche der Schöpfer der binomen Bezeichnung von der Art gab: „Tot numeramus species, quot ab initio creavit infinitum ens". ist durch die späteren Fortschritte als unhaltbar erwiesen worden.

Die Feststellung des Umfanges einer Art ist, seitdem man über ein grösseres Material verfügt, immer schwieriger und schwieriger geworden. NÄGELI gibt an, dass es heute kein Geschlecht des Pflanzenreiches von mehr als vier Species giebt, über dessen Arten alle Botaniker einig wären,[2] und es ist bekannt, dass es Gattungen gibt, bei welchen die Meinungen über die Zahl der zu unterscheidenden Arten weit auseinander gehen (z. B. *Hieracium Rubus* u. A.). Man hat die Fähigkeit der fruchtbaren Kreuzung als ein untrügliches Merkmal der Art angesehen und geglaubt, dass verschiedene Arten durch ihre Kreuzung nur unfruchtbare Nachkommen erzeugen. Die Beobachtung hat die angenommene Abgeschlossenheit der Art in vielen Fällen als nicht existirend erwiesen. Zahlreiche unserer Hausthiere (Rind, Schwein, Hund und Katze) stammen von mehreren wildlebenden Stammarten ab und auch zahlreiche wildlebende Arten des Thier- und Pflanzenreiches sind Bastardformen. Die durch verschiedene Bedingungen hervorgerufene Variabilität der Organismen ist derzeit mit Sicherheit nachgewiesen und die von LAMARCK 1809 in seiner „Philosophie zoologique" aufgestellte Ansicht von der Abstammung der Arten von einander durch allmälige Veränderungen der Organe ist heute, nachdem DARWIN sie durch die auf das Princip der natürlichen Auswahl gestützte Transmutationslehre wissenschaftlich begründete, die einzige Grundlage, auf welcher eine Erklärung der Mannigfaltigkeit der Organismen versucht werden kann.

Die Ansicht LAMARCK's, dass hauptsächlich der Gebrauch und Nichtgebrauch der Organe die Veränderungen derselben bewirke, sowie diejenige GEOFFROY ST. HILAIRE's, nach welcher hauptsächlich äussere Einflüsse dieselbe herbeiführten, ist allerdings seinerzeit durch CUVIER lebhaft bestritten worden — doch war es ein Pyrrhus-Sieg, den der grosse Palaeontologe und Anatom in der französischen Akademie über seine geistreichen Gegner

---

[1] Grundzüge der Zoologie. 4. Auflage, S. 80.

[2] Entstehung und Begriff der naturhistorischen Art. München 1865.

davon trug. Für die Descendenzlehre, welche hauptsächlich auf dem Princip der natürlichen Auswahl beruht, lassen sich zahlreiche Beweise aus dem Gebiete der Morphologie (Sexual-Dimorphismus, Mimicry, rudimentäre Organe), aus den Thatsachen der Entwickelungsgeschichte, aus der geographischen Verbreitung der Organismen und aus den Ergebnissen der palaeontologischen Forschung ableiten.

Die Systematik erscheint in dem Lichte der Descendenzlehre lediglich als der Ausdruck der genetischen Stammesverwandtschaft der einzelnen Formen. Es ist freilich die Frage, ob sie diese ideale Bestimmung je erreichen kann. Es ist in vielen einzelnen Fällen möglich, die Veränderungen der Organismen in den unmittelbar auf einander folgenden Schichten sicher nachzuweisen, und nicht blos hypothetische Stammbäume zu entwerfen, aber es gilt dies stets nur für kleinere Gruppen. Die einschlägigen Erfahrungen haben sich bereits so vermehrt, dass die Palaeontologen den Begriff der unwandelbaren LINNÉ'schen Art als unrichtig erkennend, auch in der Nomenclatur den Anforderungen der Descendenzlehre Rechnung zu tragen bestrebt waren. Die binome Bezeichnung LINNÉ's hatte nur so lange Alleinberechtigung, als die Art als unveränderlich galt. Heute ist der Palaeontologe gezwungen, den unmittelbaren genetischen Zusammenhang einzelner Formen auch im Namen auszudrücken. Dieser Nothwendigkeit hat der geologische Congress in Bologna Rechnung getragen, indem er in den Regeln für die palaeontologische Nomenclatur den Speciesbegriff dahin erweiterte, dass eine Art mehrere Modificationen umfassen könne, welche in der Zeit oder im Raume zusammenhängen können. Ist ersteres der Fall, soll die Bezeichnung „Mutation“ gebraucht werden, findet letzteres statt, das Wort „Varietät.“ In zweifelhaften Fällen möge das Wort „Form“ angewendet werden.[1] Es entsteht hierdurch eine trinome Bezeichnung, wobei die dem dritten Namen vorgesetzte Erklärung: Mutation, Varietät oder Form die genetische Beziehung andeutet.

Es ist selbstverständlich, dass diese Nomenclatur heute noch keiner allgemeinen Anwendung fähig ist, da nur in sehr wenigen Fällen das Material hiefür gesammelt ist. Die Anwendung dieses Principes wird aber hoffentlich die Palaeontologie von einem Uebelstande befreien, der in den letzten Jahren immer grössere Dimensionen angenommen hat: von der zu weit gehenden Zersplitterung der Gattungen, welche eine Uebersicht des Materiales nicht nur im Ganzen, sondern auch im Detail erschwert, ja geradezu unmöglich gemacht hat. Da alle systematischen Gruppen höherer Ordnung nur Verständigungsmittel sind, um den jeweiligen Stand unserer Kenntniss der Phylogenie auszudrücken, sollte man sie auch demgemäss behandeln, und nicht, zumal wenn es nur aus persönlicher Eitelkeit geschieht, die Zahl der Gattungen unnöthigerweise vermehren.

[1] Die Initiative in dieser Richtung hat W. WAAGEN in seiner Arbeit über die Formenreihe des *Ammonites subradiatus* (BENECKE's geognostisch palaeontologische Beiträge II, 1870), gegeben, indem er innerhalb der Gattung als höchste Einheit die genetische Formenreihe festhält, welche sich in die Mutationen, als ihre der Zeit nach auf einander folgende Glieder theilt.

Es scheint an dieser Stelle nöthig, die Bedeutung der Palaeontologie für die Aufhellung der Stammesverwandtschaft zu erörtern. So gross dieselbe ist, darf sie doch nicht überschätzt werden. Gewiss macht uns die palaeontologische Erfahrung mit zahlreichen Bindegliedern und Collectivtypen bekannt, welche der heutigen Bevölkerung des Planeten fehlen. Sie bereichert die Formenkenntniss und erleichtert vielfach die Ableitung der wahrscheinlichen Stammbäume, jedoch nur bis zu einer gewissen Grenze. Es ist dieselbe in der Thatsache begründet, dass die Palaeontologie keinen Beitrag zur Frage nach dem Verwandtschaftsverhältnisse der grossen Gruppen oder Typen des Thierreiches zu liefern im Stande ist, weil diese Gruppen bereits in den ältesten versteinerungsführenden Schichten in grosser Mannigfaltigkeit auftreten. Der Grund hiervon ist wieder, wie oben bei Discussion der Bedeutung der Chorologie erörtert wurde, dass wir aus den ältesten Zeiten des organischen Lebens keine Versteinerungen besitzen, obwol eine unendlich lange Entwickelung der Organismen denjenigen Formen vorangegangen sein muss, deren Reste wir als die scheinbar ältesten in den sogenannten primordialen Schichten finden. Die Palaeontologie kann sich daher an der Erörterung der Verwandtschaft der grossen Gruppen des Thierreiches wenig betheiligen — alles bleibt der vergleichenden Anatomie und vor allem der Embryologie überlassen. Wie unsicher übrigens die auf diesem Wege gewonnenen Resultate sind, zeigt die verschiedene Bedeutung, welche von Seite der Zoologen dem *Amphioxus* beigelegt wird.

Hinsichtlich der Descendenzverhältnisse der Unterabtheilungen mag nur bemerkt werden, dass es um so leichter ist, dieselben vom palaeontologischen Standpunkte zu erörtern, je vollständiger das Material ist. Es ist daher im Allgemeinen um so leichter, die Mutation zu verfolgen, um je jüngere Formen es sich handelt, zumal wenn die entsprechenden isomesischen, isotopischen und isopischen Bildungen, welche sie bergen, in continuirlicher Reihe bekannt sind. Dann gelangt man oft zu einer sehr vollständigen und befriedigenden Erklärung der Descendenzverhältnisse, wie die Untersuchungen Neumayr's über die Viviparen der obersten Tertiärgebilde Slavoniens[1] und Hilgendorf's über die Formenreihe der *Valvata multiformis* im Steinheimer Süsswasserkalk[2] lehren. Aber auch in viel schwierigeren Fällen ist man zu der Ueberzeugung gelangt, dass die zeitlich verschiedenen Formen genetisch zusammenhängen und die Feststellung dieses Zusammenhanges allein über die richtige systematische Stellung orientiren könne. „Eine rationelle Classification der Amoneen ist nur dann möglich, wenn man die bisher halb unbewusst angewendete Methode der Gruppirung der Arten nach ihrer Abstammung als erstes Grundprincip der ganzen systematischen Behandlung aufstellt und consequent danach verfährt. Allerdings sind die Schwierigkeiten, welche die Lückenhaftigkeit unserer Kenntnisse diesem Verfahren entgegensetzt, bedeutende, allein sie scheinen mir nicht unüberwindlich; die

[1] Neumayr und Paul: Die Congerien- und Paludinen-Schichten Slavoniens. Abhandl. d. geol. Reichs-Anstalt in Wien. VII. Bd.

[2] Hilgendorf: Ueber *Planorbis multiformis* im Steinheimer Süsswasserkalk. Monatsber. der Berliner Akademie 1866.

bequeme und scheinbar präcise Scheidung der Gattungen nach scharfen Diagnosen fällt weg und die Sippen verschwimmen an ihren Berührungspunkten; allein dieser Nachtheil ist nur ein scheinbarer, denn, wo die Uebergänge in der Natur vorhanden sind, kann sich auch die Systematik auf die Dauer nicht über dieselben hinaussetzen.“ Diese von NEUMAYR hinsichtlich der Ammonitiden ausgesprochenen Worte haben allgemeine Gültigkeit. Wenn aber die genetische Verwandtschaft allein die Systematik bedingen soll, dann sind wir, was die Abgrenzung und Bezeichnung der grossen Gruppen oder der „Typen des Thierreiches“ anlangt, in der grössten Verlegenheit. Es wurde oben erwähnt, dass die Palaeontologie in dieser Hinsicht keine Aufschlüsse zu gewähren vermag — die Daten, welche die vergleichende Anatomie und die Entwickelungsgeschichte geben, sind jedoch oft so verschiedener Deutung fähig, dass es am vortheilhaftesten ist, frei und offen die Unmöglichkeit zuzugeben, mehr als eine blosse Vermuthung oder eine ungenügend begründete Hypothese über die genetische Verwandtschaft der grossen Hauptabtheilungen des Thierreiches auszusprechen. Es ist z. B. allerdings wahrscheinlich, dass die Wirbelthiere von den Wirbellosen abstammen, aber auf welche Weise und durch welche Bindeglieder, das ist heute trotz des *Amphioxus lanceolatus* (oder vielmehr gerade wegen der Vieldeutigkeit der Eigenthümlichkeiten des Lanzettfisches[1] noch sehr zweifelhaft.

Die heute von den Zoologen unterschiedenen grossen Gruppen oder Typen des Thierreiches sind sonach für die ideale, auf der Erforschung des genetischen Zusammenhanges beruhende Systematik von zweifelhaftem Werthe — sie dienen uns vorläufig nur dazu, das Material zu ordnen und werden vielleicht später besser gebildeten Abtheilungen Platz machen müssen. Dass unser heutiges System vielleicht noch sehr grosse Veränderungen durchmachen wird, zeigt wol am besten die JHERING'sche neue Gruppirung der Mollusken, welche, ausgehend von einem einzigen Organ-System (und daher wol von geringem Werthe) eine vollständige Umgestaltung der bisherigen Systematik dadurch herbeiführt, dass die bisher als einheitlich betrachtete Classe der Gasteropoden zwei ganz verschiedenen Stämmen zugetheilt wird.

Wie schon bemerkt, wurde für das vorliegende Buch die zoologische Anordnung des Stoffes gewählt; — als Eintheilungsprincip wurden die nachstehenden zehn Gruppen angenommen, welche wahrscheinlich eben so viele grosse Stämme darstellen.

I. *Protozoa.*
II. *Coelenterata.*
  1. *Spongiae.*
  2. *Cnidariae.*
III. *Vermes.*
IV. *Echinodermata.*
  1. *Cystidea.*
  2. *Crinoidea.*
  3. *Asteroidea.*
  4. *Echinoidea.*
  5. *Holothuroidea.*
V. *Bryozoa* } *Molluscoidea* CLAUS.[2]
VI. *Brachiopoda* }

[1] Vergl. CLAUS, Grundzüge der Zoologie. 4. Aufl., II. Bd., S. 135.

[2] In der Trennung der beiden von CLAUS zu den Molluscoidea zusammengezogenen Gruppen folge ich der systematischen Uebersicht des Thierreiches von A. v. MOJSISOVICS, Graz 1882.

VII. *Mollusca.*
1. *Pelecypoda.*
2. *Scaphopoda.*
3. *Gasteropoda.*
4. *Cephalopoda.*

VIII. *Arthropoda.*
1. *Crustacea.*
2. *Arachnoidea.*
3. *Myriapoda.*
4. *Hexapoda.*

IX. *Tunicata.*

X. *Vertebrata.*
1. *Pisces.*
2. *Amphibia.*
3. *Reptilia.*
4. *Aves.*
5. *Mammalia.*

I. Stamm. **Protozoa, Urthiere.**

Von HÄCKEL's Reich der Protisten: 1) *Monera*, 2) *Lobosa* oder *Amoeboidea*, 3) *Flagellata*, 4) *Catallacta*, 5) *Labyrinthuleae*, 6) *Diatomea*, 7) *Myxomycetes*, 8) *Rhizopoda*, gehört ein Theil nach der gewöhnlichen Auffassung den Pflanzen, ein anderer dem Thierreiche an. Für den Palaeontologen, der sich nur mit denjenigen Formen beschäftigen kann, welche erhaltungsfähige Hartttheile besitzen, bereitet die Abgrenzung der beiden Reiche keine unüberwindliche Schwierigkeit, es ist daher für ihn die Aufrechterhaltung des Reiches der Protisten keine Nothwendigkeit. Die kieselschaligen Diatomeen, welche ziemlich häufig in den Schichten der Erdrinde auftreten und oft relativ mächtige Ablagerungen bilden (Kieselmehl der Lüneburger Haide, Polierschiefer von Bilin, Diatomeenerden aus Virginien, Oregon, Nevada und Californien) werden zumeist als Pflanzen betrachtet und fällt ihre Erörterung daher nicht in den Bereich dieses Buches. — Die Foraminiferen und Polycystinen hingegen dürfen wol zu den niedrigsten Formen des Thierreiches, den Protozoen gerechnet werden. Die *Protozoa* lassen sich (nach Ausscheidung der an der Grenze gegen das Pflanzenreich stehenden Formen) in folgender Weise definiren: „In der Regel freilebende, selten parasitische Thiere vom allgemeinen Formwerthe eines Elementar-Organismus. Kerne vorhanden oder fehlend. Bisweilen Zellencomplexe, Fortpflanzung meistens ungeschlechtlich.“ [1] Wir gliedern die Protozoen in folgender Weise:

Protozoa
- 1. *Rhizopoda* s. l. (Sarcodina BÜTSCHLI)
  - *Rhizopoda genuina*
    - *Amoebaea*
    - *Testacea (Foraminifera)*
  - *Heliozoa*
  - *Radiolaria*
- 2. *Infusoria (Flagellata, Ciliata, Suctoria)*
- 3. *Dicyemidae (Mesozoa* v. BENEDEN).

Von den Infusorien kennen wir keine fossile Vertretung mit Ausnahme der zu den Flagellaten gehörigen *Peridinien*, deren erhärtete Aussenmembranen

---

[1] A. v. MOJSISOVICS: Systemat. Uebersicht d. Thierreiches, S. 5.

in der Kreide nachgewiesen werden konnten. Die in den Venenanhängen der Cephalopoden parasitär vorkommenden Dicyemiden müssten nur deshalb erwähnt werden, weil man versucht hat, sie als *Mesozoa* zwischen die *Protozoa* und die übrigen Formen des Thierreiches (*Metazoa* mit *Ento-* und *Ectoderm*) einzuschieben. Die Dicyemiden sind vielleicht parasitär-rückgebildete *Metazoa* (mit einzelligem Entoderm), im übrigen hat die palaeontologische Forschung sich selbstverständlich mit solchen der Erhaltung unfähigen Formen nicht zu befassen.

Es erübrigen sonach, da von den Sarcodinen die Heliozoen ebenfalls nicht fossil auftreten, die Gruppen der Rhizopoden (im engeren Sinne) und der Radiolarien zur näheren Betrachtung.

A. Rhizopoda.

Sarcodeleib mit oder ohne Kern, mit Pseudopodien ohne bestimmte Umhüllungshaut, mit oder ohne Schale, welche Oeffnungen zum Durchschnitt der Pseudopodien besitzt.

1. *Amoebaea (Rhicopoda nuda).*

Die nackten Wurzelfüsser ohne äussere Schale sind selbstverständlich nicht Gegenstand der palaeontologischen Untersuchung. Es ist jedoch nothwendig, eine in den letzten Decennien viel genannte, den *Amoeben* (*Moneren* HÄCKEL's) zuzurechnende Form zu erörtern, den vielgenannten *Bathybius* HUXLEY's.[1] Der *Bathybius* sollte nach HUXLEY und HÄCKEL[2] eine formlose Protoplasma-Anhäufung mit eingestreuten Kalkkörperchen (*Coccolithen*, welche HUXLEY in *Cyatholithen* und *Discolithen* trennt) sein, welche auf dem Meeresgrunde in grosser Tiefe massenhaft vorkommen soll. Allein die Challenger Expedition konnte trotz ihrer umfassenden Untersuchungen der Tiefsee niemals *Bathybius*-Gallerte gewinnen und W. THOMSON hat geradezu dieselbe für eine anorganische Bildung erklärt (Niederschlag von schwefelsaurem Kalk durch starken Alkohol aus dem Meerwasser ausgefällt).[3] Die *Coccolithen*, welche zuweilen zu *Coccosphären* sich zusammenballen, oder vielmehr, wie THOMSON meint,[4] nur isolirte Fragmente derselben sind, bereiten einer sicheren Deutung ziemliche Schwierigkeiten. Sie wurden von der Challenger Expedition (gleichwie die aus *Rhabdolithen* bestehenden *Rhabdosphären*) in seichtem Wasser schwimmend angetroffen. CARTER und THOMSON meinten, dass es vielleicht Sporangien von Algen sein könnten. EHRENBERG hat sich gegen die organische Natur der *Coccolithen* ausgesprochen,[5] welche auch fossil vorkommen. Neben den Foraminiferen bilden sie die Hauptmasse der weissen Kreide, und

---

[1] HUXLEY: On some organisms living at great depths in the north-atlantic Ocean. Journ. of microscop science 1868. Vol. VIII. N. 6.

[2] Jenaische Zeitschrift 1870. V, 3, 18.

[3] Nature 1875, pag. 316.

[4] Nature 1874, pag. 96.

[5] Abhandlungen d. Berliner Akademie 1872, S. 361.

Gümbel ist der Ansicht, dass die Hauptmasse der marinen Kalksteine von *Coccolithen* und *Foraminiferen* erzeugt werde. Nach einer Entdeckung Häckel's scheinen die *Coccosphären* mit *Radiolarien* zusammenzuhängen, wenigstens zeigten sich die Pseudopodien der bei Lancerote gefundenen *Myxobrachia* mit solchen Körpern besetzt.

2. *Foraminifera (Rhizopoda testacea).*

Rhizopoden mit viel- oder einkammeriger, vielfach durchbohrter, oder solider, nur mit wenigen Oeffnungen versehener, kalkiger, sandig kieseliger oder chitinöser Schale.

Die Systematik der *Foraminiferen* ist trotz zahlreicher, bis in die neueste Zeit wiederholter Classificationsversuche heute noch nicht endgültig festgestellt. A. d'Orbigny legt den Hauptwerth auf Zahl und Anordnung der Kammern, Reuss auf die Substanz und Carpenter auf die Structur der Schale.

Das d'Orbigny'sche System hat fast nur historischen Werth, ist jedoch den meisten älteren, palaeontologischen Werken zu Grunde gelegt und mag aus diesem Grunde in Kürze hier angeführt werden. D'Orbigny unterscheidet sieben Gruppen:

1. Monostega. Schale einkammerig (z. B. *Lagena*, *Ovulites*).
2. Stichostega. Schale aus mehreren in einer geraden oder gebogenen Linie gereihten Kammern bestehend (z. B. *Nodosaria*, *Dentalina*).
3. Helicostega. Die Kammern sind in einer Axe gereiht, welche eine geschlossene Spirale bildet (z. B. *Cristellaria*, *Rotalia*, *Alveolina*, *Nummulites*).
4. Cyclostega. Die scheibenförmige Schale besteht aus mehreren Kreisen concentrisch angeordneter Kammern (z. B. *Orbitulites*, *Orbitolina*, *Orbitoides*).
5. Entomostega. Kammern alternirend in zwei Axen angeordnet, welche eine geschlossene Spirale bilden (z. B. *Amphistegina*, *Heterostegina*).
6. Enallostega. Kammern alternirend in zwei bis drei Axen, welche nicht spiral gerollt sind (z. B. *Polymorphina*, *Textularia*).
7. Agathistega. Kammern knäuelförmig um eine gemeinsame Axe gewickelt (z. B. *Biloculina*, *Triloculina*, *Quinqueloculina*).

Ein einfacheres, auf die Anordnung der Kammern gegründetes System hat M. Schultze vorgeschlagen, er stellt die vielkammerigen Foraminiferen *(Polythalamia)* den einkammerigen *(Monothalamia)* gegenüber und trennt die ersteren in drei Gruppen: *Helicoidea*, *Rhabdoidea* und *Soroidea*. Die Systeme von Carpenter und Reuss gründen sich im wesentlichen auf die Structur und chemische Beschaffenheit der Schale. In Hinsicht auf das erstere, von den englischen Rhizopodisten und neuerdings auch von Zittel adoptirte System haben wir solide und durchbohrte Schalen zu unterscheiden; bezüglich der Substanz der Schale aber kalkige, kieselig-sandige und chitinöse Hüllen. Schwache chitinöse Schalen kommen nur bei Süsswasserformen *(Gromia)* vor. Die kalkigen Schalen sind entweder dicht, undurchsichtig und glänzen dann porzellanartig *(Biloculina*, *Triloculina* und die übrigen

Miliolideen), oder durchbohrt und in diesem Falle durchscheinend und glasartig glänzend. Die Durchbohrungen sind entweder sehr zahlreich und fein (so bei *Nodosaria* Fig. 1) oder weniger häufig und weiter (z. B. bei *Globigerina* Fig. 2).

Auch bei den sandig-kieseligen Foraminiferen-Gehäusen, welche aus vielen verkitteten Sandkörnern bestehen, haben wir es einerseits mit durchbohrten, andererseits mit undurchbohrten Schalen zu thun. So besitzt *Haplophragmium* (Fig. 3) undurchbohrte, *Plecanium* (Fig. 4) durchbohrte, kieselig-sandige Schalen.

Aus den Röhrchen treten die Pseudopodien heraus; bei jenen Formen, welche eine undurchbohrte Schale besitzen, müssen daher grössere Oeffnungen vorhanden sein, durch welche die Kammern unter einander, und der ganze Sarcodeleib des Thieres mit der Aussenwelt communiciren kann. Zwischen den kalkigen und den kieselig-sandigen Gehäusen besteht keine scharfe

Fig. 1.

Durchschnitt einer *Nodosaria.*

Fig 2.

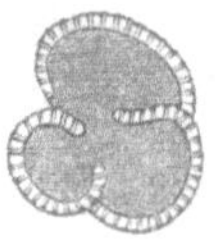

Durchschnitt einer *Globigerina.*

Fig. 3.

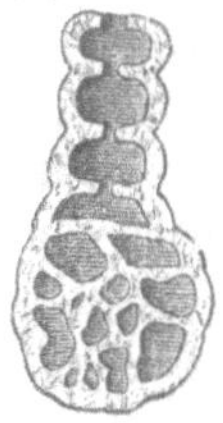

Durchschnitt eines *Haplophragmium.*

Fig. 4.

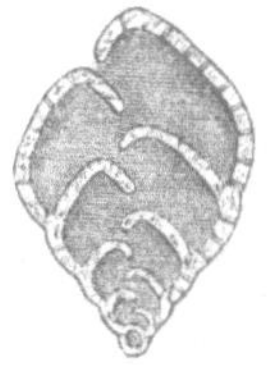

Durchschnitt eines *Plecanium.*

Grenze. Allerdings gibt es Formen, die stets eine kieselig-sandige Schale besitzen, andererseits aber auch kalkige Gehäuse, welche mit feinen Sandkörnchen bedeckt erscheinen, ja es gibt Formen, welche bald ein rein kalkiges Gehäuse besitzen, bald mehr oder weniger Sand aufnehmen. Es ist deshalb schwierig, die Substanz der Schale zum Ausgangspunkt der Systematik zu machen, ebenso aber auch die Foraminiferen in solche mit durchbohrten und undurchbohrten Gehäusen zu trennen, da es Gattungen gibt *(Valvulina)*, welche Formen mit durchbohrten und solche mit undurchbohrten Gehäusen umschliessen. Eine Systematik, welche die Foraminiferen nur nach der Structur — oder der Substanz der Schale gruppiren will, kann daher weder consequent durchgeführt werden, noch den vermuthlichen Verwandtschaftsverhältnissen Rechnung tragen. Zittel folgt in seinem Handbuche der Palaeontologie der Auffassung Carpenter's, welcher den Hauptwerth auf die Structur der Schale legt und theilt die Foraminiferen in *Perforata* und *Imperforata.* Die letzteren zerfallen in die Familien der *Gromidae*, *Cornuspiridae*, *Miliolidae* und *Dactyloporidae;* die ersteren in jene der *Lagenidae*, *Globigerinidae* und *Nummulinidae.*

Es lässt sich nicht leugnen, dass manche dieser Familien, so jene der *Miliolidae* und der *Nummulinidae* natürliche Gruppen darstellen, in anderen, wie z. B. den *Cornuspiridae* scheinen ziemlich heterogene Formen vereinigt zu sein. Die *Nummuliniden*, die am meisten differenzirten Foraminiferen, zeichnen sich durch Entwickelung eines Canalsystemes aus, während sie mit anderen, nahestehenden Foraminiferen (*Calcarina*, *Orbitoides*, *Rotalia*) das Vorhandensein eines Zwischenskelets theilen. Das äusserst complicirte Canalsystem eines *Nummuliten* (Fig. 5) verläuft in den Scheidewänden und im „Dorsalstrang", welcher in der Median-Ebene liegt. Alle Canäle sind verästelt und sämmtliche Dorsalstränge stehen mit den Canälen der Septen in Verbindung. Das Zwischenskelet besteht bei *Nummulites* aus dichten Pfeilerchen, welche zumeist auf den Scheidewänden auftreten. Mit dem Baue eines *Nummuliten* hat man jenen des vielbesprochenen *Eozoon* verglichen, an welchem man ein Zwischenskelet mit Canalsystem und einer fein porösen, eigentlichen Schale (*Nummuliten*-Wand) beobachten zu können glaubte. Die letztere stellte sich aber als ein Saum von Chrysotilfasern heraus, welche als ein Umwandlungsproduct des Serpentins zu betrachten sind, und die angeblichen Canäle im sogenannten Zwischenskelett sind nichts als Stengel und Platten von Serpentin. *Eozoon* ist daher nichts anderes als eine anorganische Bildung aus Kalk, Serpentin und Chrysotil.[1]

Fig. 5.

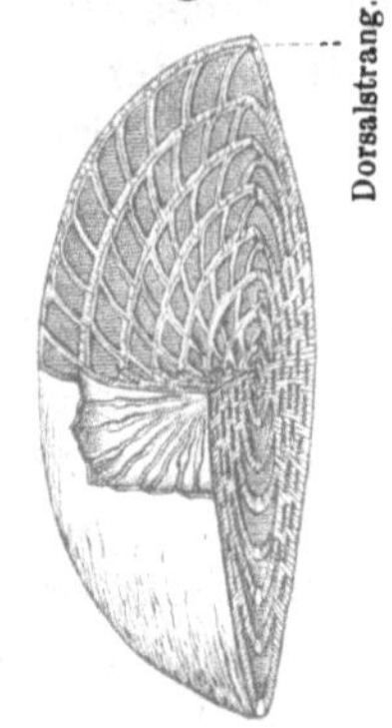

Mehrfach angeschnittener *Nummulit* a. d. Gruppe des Num. Lucasanus Defr. Eocän.

Wir folgen bei der Erörterung der Foraminiferen der Hauptsache nach einem neuen Classificationsversuch K. Schwager's, welcher im Anschluss an die von Reuss gegebene Eintheilung die Foraminiferen in vier Hauptgruppen theilt: 1. *Perforata calcarea*, 2. *Agglutinantia (Silicea)*, 3. *Imperforata calcarea*, 4. *Chitinosa*.

A. Perforata calcarea.

Foraminiferen mit kalkiger, poröser Schale.

1. *Lagenidae* (im engsten Sinne).

Einkammerige Formen.

Lagena Walk. kugelig, eiförmig oder länglich, berippt oder glatt, Mündung oft in einen Hals ausgezogen, rund. Lias bis Gegenwart.

Fissurina Rss. Mündung nicht ausgezogen, spaltförmig. Tertiär.

2. *Nodosaridae.*

Kammern in einer einzigen, geraden Reihe.

Nodosaria Lamk. (Fig. 6 u. 7), Kammern durch Einschnürungen getrennt. Letzte Kammer mit runder, etwas ausgezogener Mündung. Kohlenkalk bis Gegenwart.

---

[1] Moebius: Palaeontographica, XXV, 1878.

Orthocerina d'Orb. Kammern nicht eingeschnürt, Mündung nicht ausgezogen. Jura bis Gegenwart.

Glandulina d'Orb. Die jüngeren Kammern umfassen die älteren zur Hälfte, Umriss eiförmig. Trias bis Gegenwart.

Lingulina d'Orb. (Fig. 8). Flachgedrückt, Nähte der Kammern etwas gebogen, Mündung wenig ausgezogen. Trias bis Gegenwart.

Fig. 6.

Durchschnitt von *Nodosaria rapa d'Orb.* Aus dem Tegel vom Monte Gibbio bei Sassuola.

Fig. 7.

Nodosaria hispida d'Orb. Aus dem Tegel von Baden. Miocän.

Fig. 8.

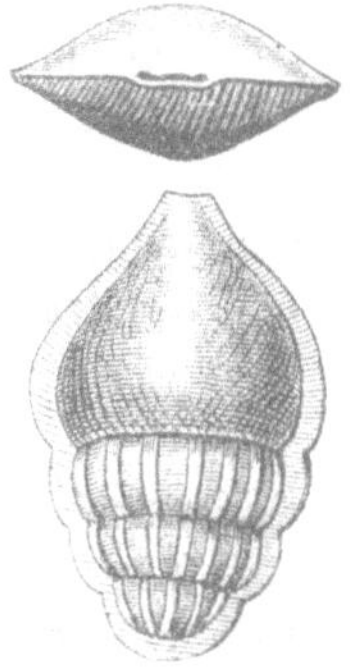

Lingulina costata d'Orb. Baden bei Wien. Miocän.

Fig. 9.

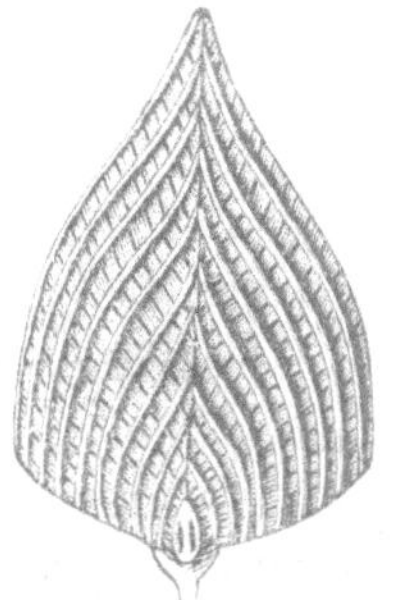

Frondicularia Cordai Rss. Pläner von Weinböhla, Elbthalgebirge.

Frondicularia Defr. (Fig. 9). Schale blattförmig, Kammern winkelig gebogen oder geknickt, über einandergreifend (reitend). Häufig in Kreide und Tertiär.

3. *Dentalinidae.*

Kammern in einer gebogenen Reihe, Mündung an der concaven Seite.

Dentalina d'Orb. (Fig. 10). Schale ähnlich wie bei *Nodosaria*, jedoch gebogen, Mündung excentrisch an der concaven Seite. Kohlenkalk bis Gegenwart.

Weitere Gattungen: *Dentalinopsis, Placopsilina d'Orb., Citharina.*

Fig. 10.

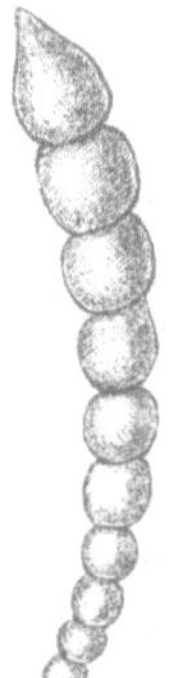

Dentalina elegans d'Orb. Miocän. Tegel von Baden bei Wien.

Fig. 11.

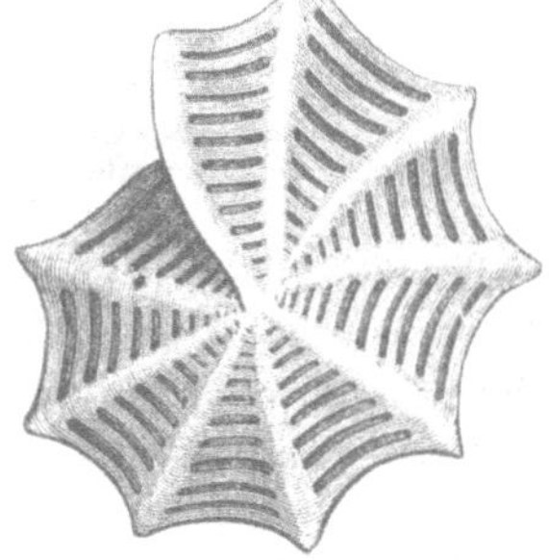

Polystomella Josephina d'Orb. Miocän. Tegel von Baden.

Fig. 12.

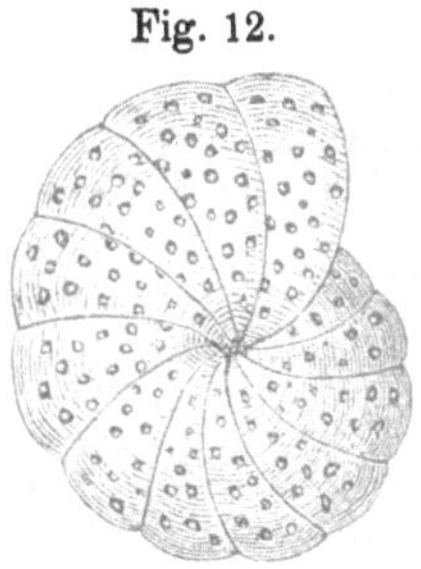

Nonionina perforata d'Orb. Miocän. Nussdorf bei Wien.

4. *Polystomellidae.*

Kammern der eingerollten Schale in einer Reihe. Ein grobes Canalsystem, aber kein eigentlicher Rückenstrang vorhanden. Mündung an der concaven Seite.

Polystomella d'Orb. (Fig. 11). Linsenförmige Schale, aus wenigen, spiralen Umgängen reitender Kammern gebildet, deren Hinterwand in feine Spitzen ausgezogen ist und dadurch gekerbt erscheint. Ein grobes Canalsystem vorhanden, häufig recent, fossil in Kreide und Tertiär.

Nonionina d'Orb. (Fig. 12). Sehr ähnlich wie *Polystomella*, Kammern nicht gekerbt, Gehäuse genabelt. Recent und fossil in Kreide und Tertiär, häufig.

Pullenia d'Orb. Kammern in mehrfacher Spirale, ganz involut, so dass nur die drei bis vier Kammern des letzten Umganges aussen sichtbar sind. Kreide bis Gegenwart.

5. *Nummulinidae.*

Die eingerollte, vielkammerige Schale besitzt einen complicirten Bau, die Scheidewände, welche in der Medianebene einen Spalt freilassen, durch welchen die Kammern communiciren, sind von je zwei Lamellen gebildet, zwischen welchen ein Canalsystem verläuft, sich verästelt und mit dem in der Medianebene der äusseren Schale gelegenen Rückenstrang zusammenhängt. Dichte Pfeilerchen (Zwischenskelet) meist auf den Scheidewänden verbunden.

Nummulina d'Orb. Schale rund, linsenförmig, die zahlreichen Umgänge umhüllen sich vollständig, da die Seitenflügel der Kammern bis zum Centrum

Fig. 13.

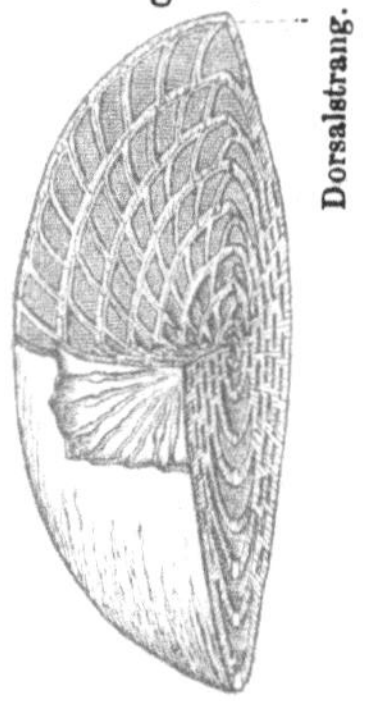

Mehrfach angeschnittene *Nummulina* a. d. Gruppe d. *Num. Lucasana Defr.* Eocän. Kressenberg in Bayern.

Fig. 14.

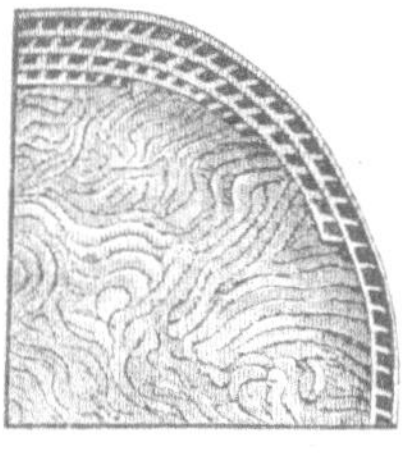

Nummulina Gizehensis Ehrenbg. Eocän. Aegypten.

Fig. 15.

Assilina exponens Sow. Eocän. Pyrenäen.

reichen. Aeusserlich bleibt nur der letzte Umgang sichtbar. Communicationsspalt am innern Rande der Septa. Drei Unterabtheilungen:

1. *(Radiatae.)* Die seitlichen Septalverlängerungen mässig gebogen, einfach, Oberfläche mit verschiedener Sculptur bedeckt (gestreift oder mit Wärzchen versehen), auch glatt. Hierher gehören: *N. planulata, Biaritzensis, Ramondi, Guettardi, Lucasana* (Fig. 13) etc.

2. *(Sinuatae.)* Die Septalverlängerungen einfach, aber mäandrisch gebogen,

Oberfläche der Schale glatt oder mit Wärzchen bedeckt. Hierher *N. Gizehensis* (Fig. 14), *complanata*, *perforata*.

3. *(Reticulatae.)* Die Septalverlängerungen anastomosiren und bilden, zumal gegen das Centrum hin, ein unregelmässiges Netzwerk; Oberfläche meist mit Wärzchen. Hierher *N. scabra*, *laevigata*, *intermedia*, *Fichteli*.

Assilina d'Orb. Von *Nummulina* durch nicht oder schwach umfassende Umgänge verschieden, welche alle sämmtlich sichtbar sind. *A. exponens* (Fig. 15), *granulosa*, *spira*, *mamillata*.

Fig. 16.

Nummulitenkalk mit Durchschnitten von *Num. scabra*. Karpathen.

Nummulina und *Assilina* werden häufig zur Gattung *Nummulites* zusammengefasst. Ihre Hauptverbreitung liegt im Eocän (Nummulitenformation der Mittelmeerlande und Indiens). Im Eocän des London-Pariser Beckens kommen nur wenige Arten häufiger vor *(Nummulina laevigata*, *planulata*, *variolaria)*. In den Neogen-Bildungen und in den heutigen Meeren begegnet man nur wenigen kleinen Formen aus der Gruppe der *N. planulata*. Vorläufer der eocänen Nummuliniden kennt man aus dem weissen Jura von Amberg und aus dem Kohlenkalk Belgiens und Russlands.

Operculina d'Orb. von *Nummulina* durch stark abgeplattete Form, rasch anwachsende, wenig zahlreiche (3—6) Umgänge verschieden; Kammern nicht seitlich verlängert, in der Nähe des Centrums und über den Scheidewänden dichte Partien, welchen Wärzchen an der Oberfläche entsprechen, auch der Dorsalstrang nicht porös, aber durch vielfach anastomosirende, grobe Canäle durchsetzt. Kreide, Tertiär, recent, besonders häufig im Eocän der Mittelmeerländer.

Heterostegina d'Orb. (Fig. 17). Schale linsenförmig, aus wenigen, rasch anwachsenden Umgängen bestehend, deren erste sich umfassen und dadurch eine knopfförmige Verdickung der Schale hervorbringen, während die späteren sich nicht umhüllen. Die Kammern, welche durch eine Oeffnung am inneren Rande der Scheidewände zusammenhängen, werden durch Secundärsepta untergetheilt. Tertiär und recent. Heterostegina costata häufig im Leithakalk (Miocän des Wiener Beckens).

Fig. 17.

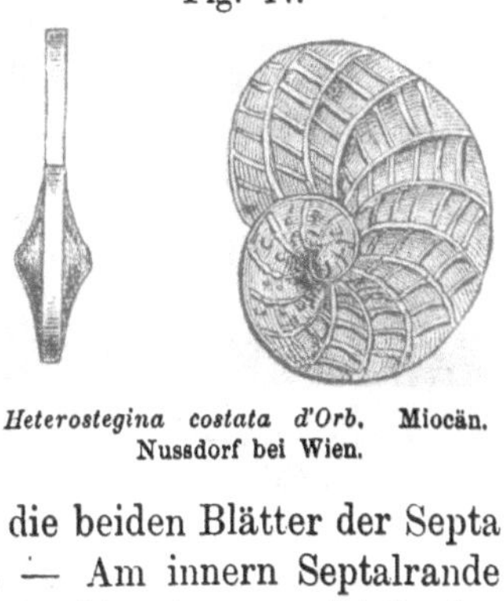

Heterostegina costata d'Orb. Miocän. Nussdorf bei Wien.

Amphistegina d'Orb. Schale linsenförmig, mehr oder minder gleichseitig im Centrum mit einer knopfförmigen Verdickung aus dichter Kalksubstanz. 4—7 von reitenden Kammern gebildete Umgänge, Septa gebogen, auf der stärker gewölbten Unterseite ein Secundärseptum; die beiden Blätter der Septa meist fest verwachsen, Canalsystem rudimentär. — Am innern Septalrande der Umgänge liegt die Communicationsspalte. *Amphistegina* vermittelt den Uebergang zu den *Rotalidae* (zu welchen sie von Zittel auch gerechnet wird). Tertiär und recent (nach Brady auch im Kohlenkalk), *Amph. Haueri* häufig im Leithakalk (Miocän des Wiener Beckens).

6. *Fusulinidae.*

Die zahlreichen Kammern in einer ebenen Spirale angeordnet, deren einzelne Umgänge sich vollständig umfassen. Septa einfach oder doppelt, dicht mit Spaltöffnung an dem unteren Rande; im Alter wird die Schale geschlossen. Keine peripherischen Canäle in den Schalenwandungen, kein Zwischenskelet.

Fusulina F. v. Waldheim. (Fig. 18). Schale spindelförmig oder subcylindrisch, 5—8 durch zahlreiche, gebogene Septa in Kammern getheilte Umgänge. Durch die Biegungen der Septa, welche aus einer einfachen Lamelle bestehen, kommen Unterabtheilungen zu Stande, indem die Faltenberge der einzelnen Septa sich verbinden. Diese Zellen stehen jedoch alle im Obertheile der Kammern in Verbindung. Zahlreiche Formen im Kohlenkalk und der Dyas.

Fig. 18.

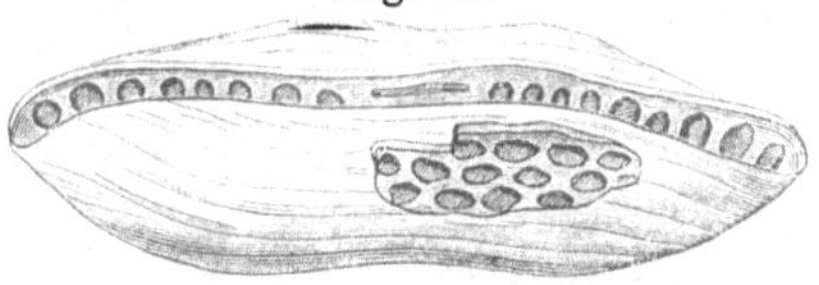

Fusulina cylindrica Fisch. Russischer Kohlenkalk.

Schwagerina Möll. Unterscheidet sich von Fusulina äusserlich durch kugelige Schale, innerlich durch die Septa, welche nur in der Nähe der Windungen etwas gebogen sind und dort durch Anastomose ein Maschennetz bilden. Häufig im Kohlenkalk.

Hemifusulina Möll. Gehäuse klein, die Septa aus zwei durch einen Zwischenraum getrennten Lamellen bestehend. Eine Art (*Hemifusulina Bocki*) im Kohlenkalk Russlands.

7. *Cristellaridae.*

Kammern in einer gebogenen Axe oder in einer ebenen Spirale angeordnet. Mündung an der convexen Seite.

Marginulina d'Orb. Der Beginn der Schale gerollt oder gebogen, dann mehr oder minder gerade. Trias bis Gegenwart.

Vaginulina d'Orb. Gehäuse schwach gebogen, seitlich zusammengedrückt, Kammern zahlreich, niedergedrückt. Recent und fossil von der Trias an.

Cristellaria Lamk. Gehäuse aus vollkommen spiralen, umfassenden Umgängen gebildet. Mündung an der Externseite, rund. Recent und fossil von der Trias an, sehr häufig in Tertiär und Kreide.

Robulina d'Orb. (Fig. 19) Gehäuse sehr ähnlich wie jenes der *Cristellaria*, Mündung jedoch spaltförmig. Vom Lias an, häufig recent und im Tertiär.

Lingulinopsis Rss. Aehnlich wie *Lingulina* gestaltet. Anfangskammern in gebogener Reihe.

Fig. 19.

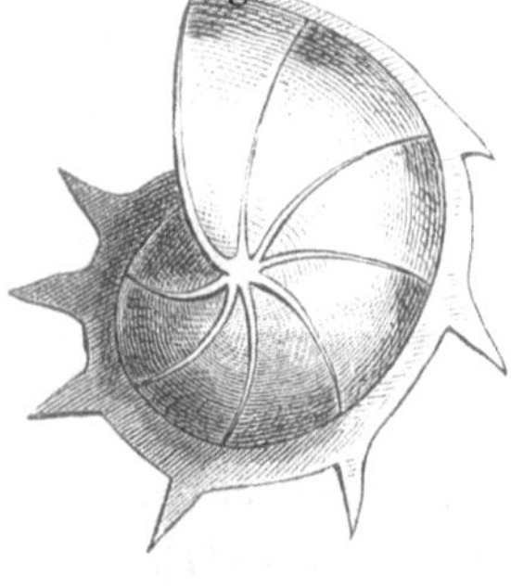

Robulina calcar d'Orb. Miocän. Tegel von Baden.

Flabellina d'Orb. Einer *Frondicularia* gleichend, die ersten Kammern jedoch spiral gerollt. Fossil, Trias bis Miocän.

8. *Uvigerinidae.*

Kammern in einer Reihe, kreiselförmig angeordnet, Schale mehr oder minder traubenförmig, Mündung rund, terminal.

Uvigerina d'Orb. (Fig. 20). Schale traubenförmig, Mündung rund, röhrig verlängert, terminal, tertiär und recent.

Fig. 20.

Uvigerina pygmaea d'Orb. Miocän. Tegel von Baden bei Wien.

Polymorphina d'Orb. Vielgestaltig: länglich, kugelig, eiförmig, oft zusammengedrückt, Kammern in undeutlicher Spirale mehr oder minder umfassend, Mündung endständig, rund. Trias bis recent. Hierher: *Dimorphina d'Orb.* recent und fossil von der Kreide an, *Ellipsoidina Seguenza*, Pliocän, *Sagraina d'Orb.* Kreide und recent.

9. *Rotalidae.*

Kreiselförmige, fein poröse Schalen mit mehr oder minder hohen Spiralen und seitlicher Mündung.

Rotalia Lamk. Schale niedrig-kreiselförmig, auf der Oberseite alle Umgänge, auf der Unterseite nur den letzten zeigend. Die Scheidewände bestehen aus zwei Kalkblättern. Der Nabel der Unterseite oft durch dichte Kalkmasse ausgefüllt. Jura bis recent.

Pulvinulina Williams. Sehr ähnlich der *Rotalia*, mit scharfem Rande. Rhätische Stufe bis Gegenwart.

Bulimina d'Orb. Schale länglich, verkehrt kegelförmig, Kammern ungleich, in hoher Schneckenspirale angeordnet. Recent und fossil von der rhätischen Stufe an.

Virgulina d'Orb. Schale sehr lang, Kammern sehr schräg, in steiler Schneckenspirale angeordnet. Kreide bis Gegenwart.

Sphaeroidina d'Orb. Kammern in sehr undeutlicher Schneckenspirale angeordnet, stark umfassend, so dass nur die drei bis fünf letzten sichtbar bleiben. Kreide bis Gegenwart.

10. *Globigerinidae.*

Schalen grob porös. Kammern in einer undeutlich spiralen Reihe angeordnet, oft anscheinend unregelmässig gruppirt, zuweilen nur eine vorhanden.

Orbulina d'Orb. Einkammerig, kugelig mit groben und feinen Röhrchen. Sehr häufig recent und fossil von der Trias an.[1]

Globigerina d'Orb. (Fig. 21.) Die kugelige Schale besteht aus zahlreichen, spiral oder unregelmässig angeordneten, sphärischen Kammern; letzte Kammer sehr gross, Oberfläche oft rauh, stachelig oder mit netzförmiger Sculptur bedeckt. Sehr häufig recent und fossil von der Trias an.

Discorbina Park. und Jones. Schale kreiselförmig, auf der Unterseite abgeplattet. Lebend und fossil von der Kreide an.

---

[1] Eine weitere einkammerige zu den *Globigerinidae* gerechnete Form *Ovulites*, dürfte zu den Kalkalgen zu stellen sein.

Cribrospira Möll. (Fig. 22). Kreiselförmig, involut, nur der letzte Umgang äusserlich sichtbar, die inneren Kammern durch eine halbmondförmige Oeffnung verbunden, Schlusskammer sehr gross, gewölbt, siebartig durchlöchert. Kohlenkalk Russlands.

Truncatulina d'Orb. Schale kreiselförmig, auf der flachen Oberseite alle Umgänge, auf der convexen Unterseite nur der letzte sichtbar. Recent und fossil vom Lias an.

Anomalina d'Orb. Schale scheibenförmig, gewölbt. Kreide, Tertiär, recent.

Fig. 21.

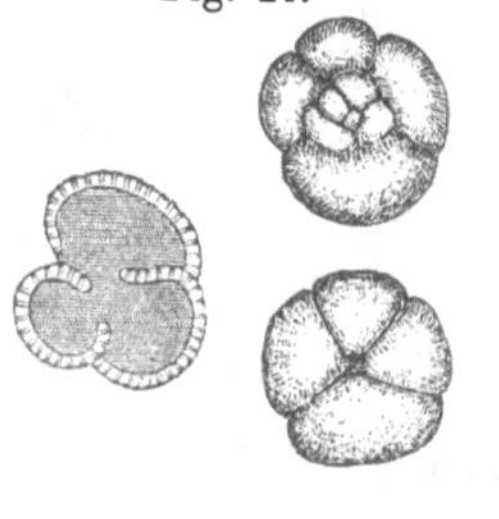

Globigerina conglomerata Schwag. Pliocän. Nicobaren.

Fig. 22.

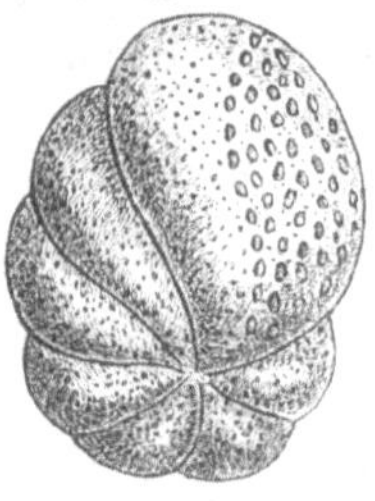

Cribrospira Panderi Möll. Unterer Kohlenkalk von Bielogorodischtsche, Gouvern. Tula.

Planulina d'Orb. Scheibenförmig abgeplattet, fast symmetrisch. Tertiär und recent.

Spirillina Ehrenbg. Schale spiral, ungekammert, von zerstreuten Röhren durchbohrt. Recent und Tertiär.

Involutina Terquem (emend. Bornemann). Schalen scheiben- oder linsenförmig, ungekammert, aus zahlreichen, in einer Ebene liegenden Umgängen gebildet; unregelmässige Einschnürungen erscheinen und bilden eine Art unvollständiger Kammern. *(Involutina liasina).*

Problematina Bornem. (Involutina Terquem pars.) Von *Involutina* durch wohlentwickelte Septa unterschieden. Lias.

Planorbulina d'Orb. Schale mit der abgeplatteten Seite angewachsen, andere Seite convex, Kammern zahlreich, anfangs spiral, dann cyclisch angeordnet. Recent, Tertiär.

Cymbalopora Hagenow. Kreide.

Asterigerina d'Orb. Schale kreiselförmig, an der Unterseite abgeplattet, Nabel derselben durch nichtporöse Kalksubstanz von sternförmiger Gestalt erfüllt oder bedeckt.

11. *Textilaridae.*

Kammern in zwei oder mehreren Reihen angeordnet.

Fig. 23.

Textilaria praelonga Rss. Pläner von Weinböhla.

Textilaria Defr. (Fig. 23). Kammern stets zweizeilig, alternirend und geradlinig angeordnet. Mündung eine quere Spalte an der Basis der Schlusskammer. Kohlenkalk bis recent.

Bolivina d'Orb. Schale lang, zusammengedrückt, Kammern niedrig, schräg, zweireihig alternirend, Mündung eine laterale Längsspalte. Von der Kreide an.

Vulvulina d'Orb. (Grammostomum Ehrenbg.). Schale stark comprimirt, breit, Mündung terminal.

Schizophora Rss. Anfangskammern wie bei *Vulvulina* angeordnet, später einzeilig. Tertiär.

Ehrenbergia Rss. Kammern in zwei alternirenden Reihen, Schale gekrümmt, Mündung seitlich spaltförmig. Miocän.

Cassidulina d'Orb. Kammern in zwei alternirenden Reihen, spiral eingerollt, Mündung seitlich, spaltförmig. Tertiär und recent.

Chilostomella Rss. Quer elliptisch oder eiförmig, Kammern zweizeilig angeordnet, umfassend, nur die beiden letzten sichtbar. Tertiär.

Allomorphina Rss. Schale niedrig, dreiseitig, Kammern dreizeilig geordnet, umschliessend, nur die drei letzten sichtbar. Kreide und Tertiär.

12. *Calcarinidae.*

Schale complicirt gebaut, aus zahlreichen Kammern gebildet, Zwischenskelet sehr entwickelt.

Calcarina d'Orb. (Siderolites Montf., Siderolina Lamk.). Schale kreiselförmig, auf der gewölbten Oberseite die Umgänge oft sämmtlich, auf der flachen Unterseite stets nur der letzte sichtbar. Oberfläche mit runzeliger Kalkablagerung bedeckt, welche starke Dornen bildet. In diesen Zwischenskeletbildungen grobe, verzweigte Canäle. Recent und fossil von der Kreide an, häufig in der obersten Kreide von Maestricht.

Tinoporus Montf. Schale nahezu kugelig oder von der Form eines abgestutzten Kegels, am Rande dornartige Fortsätze, die Kammern schichtweise über einander gelagert und durch Querwände getheilt, welche aus zwei Blättern bestehen. Recent und fossil von der Kreide an.

Cycloclypeus Carp. Gehäuse kreisrund, scheibenförmig, aus einer Lage länglich viereckiger Kammern bestehend, welche in cylindrischen Ringen und zugleich radial um eine grosse Embryonalkammer angeordnet sind. Zapfenartige, dichte Pfeilerchen gehen von den Scheidewänden aus und treten an der Oberfläche als Wärzchen hervor. Ein complicirtes Canalsystem verläuft in den Scheidewänden. Tertiär und recent.

Orbitoides d'Orb. Schale kreisrund oder mit strahlenartigen Vorsprüngen versehen, scheibenförmig, im Centrum oft verdickt. In der Medianebene um eine Centralkammer drei bis fünf spiral geordnete Nebenkammern, dann cyclische Ringe, welche durch Quersepta in vierseitige Kammern getheilt werden. Nach beiden Seiten folgen mehrfache Lagen cyclisch geordneter, kleinerer Seitenkammern. Ein complicirtes Canalsystem durchsetzt alle Scheidewände. Nur fossil, Kreide bis Miocän, besonders häufig in eocänen Schichten.

B. Agglutinantia.

Die Schalen bestehen zum grösseren oder geringeren Theile aus fremden Körperchen (vorwaltend Kieselsäure).

1. *Ammodiscidae.*

Schalen mehr oder minder scheibenförmig.

Ammodiscus Rss. Schale flach, tellerförmig, gleichseitig spiral gewunden, ungekammert. Recent und fossil vom Lias an.

Silicina Bornem. steht *Ammodiscus* sehr nahe, nur sind die Umgänge äusserlich nicht sichtbar. Lias.

Trochammina Park. und Jones. Schale in einer Schnecken-Spirale gewunden, doch oft sehr unregelmässig, meist ungekammert, zuweilen durch regelmässige Scheidewände getheilt. Dyas bis recent.

Orbitulina d'Orb. Schale tellerförmig. Kreide, Tertiär.

2. *Lituolidae.*

Kammern in einer Reihe, Schale mehr oder weniger gerade, stabförmig.

Lituola Lamk. Schale bischofsstabförmig, anfangs spiral, später geradlinig, Kammern von anostomosirenden Septa untergetheilt. Kreide.

Haplophragmium (Fig. 24). Schale frei, bischofsstabförmig, Kammern einfach, Mündung einfach oder mehrfach. Recent und fossil von der Trias an. Häufig in der böhmisch-sächsischen Kreide.

Fig. 24.

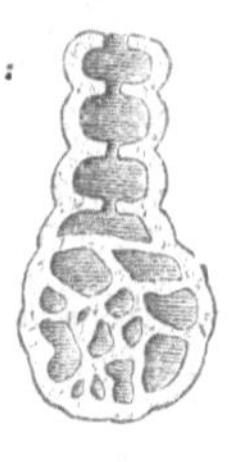

Haplophragmium irregulare Rss. Obere Kreide. Böhmen.

Fig. 25.

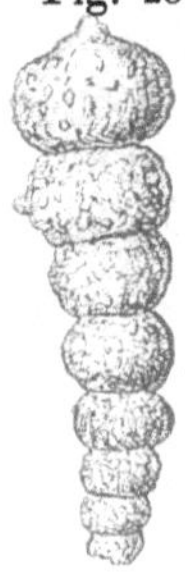

Haplostische foedissima Rss. Pläner von Weinböhla, Elbthalgebirge.

Polyphragma Rss. Cylindrisch, gerade oder gekrümmt, mit der Basis angeheftet, Mündung terminal siebförmig, Kammern durch Anostomosiren der Septa zellig. Obere Kreide.

Saccamina Sars. Aus einzelnen, kugeligen oder spindelförmigen Zellen bestehend oder aus mehreren mit den röhrigen Verlängerungen verbundenen, Oberfläche glatt oder mit polygonaler Täfelung. Kohlenkalk und recent.

Haplostische Rss. (Fig. 25). Gehäuse frei, stabförmig oder schwach gebogen, Kammern unregelmässig, mit secundären Septen. Jura, Kreide, Tertiär.

Hierher auch: *Webbina d'Orb.*, *Nodosinella* Brady, Kohlenkalk und Dyas.

3. *Valvulinidae.*

Schale eine verlängerte Schraubenspirale bildend.

Valvulina d'Orb. Zumeist kieselschalig, undurchbohrt; bisweilen liegt unter der äusseren Kieselkruste eine kalkig poröse Schale[1], Gestalt des Gehäuses kreiselförmig, Mündung eine bogenförmige Spalte, von einer Lippe überragt. Kohlenkalk, Kreide, Tertiär.

Clavulina d'Orb. Anfangskammern schraubenförmig geordnet, dann einzeilig, gerade, Mündung rund, endständig. Tertiär und recent.

Hierher noch: *Ataxophragmium Rss.* Kreide, *Endothyra Brady*, Kohlenkalk, *Stachea Brady*, Kohlenkalk, und Andere.

4. *Plecaniidae.*

Kammern in zwei oder mehreren Reihen.

Plecanium Rss. (Fig. 26). Schale aus theils sandigen, theils kalkigen Partikeln über einer porösen Grundlage bestehend, die Röhrchen durchsetzen

---

[1] Aehnliche Verhältnisse auch bei *Endothyra* und *Stachea*. Diese *Agglutinantia* lassen eben keine Trennung in *Perforata* und *Imperforata* zu.

wenigstens in den Schlusskammern die Schale. Gehäuse zusammengedrückt, Kammern zweizeilig alternirend. Lebend und fossil von der Dyas an.

Cribrostromum Möll. (Fig. 27). Kammern zweireihig angeordnet, alternirend, Primordialkammer kugelig, mit seitlicher Oeffnung, spätere Kammern durch gewölbte Siebplatten geschlossen; Schale aus zwei Schichten bestehend, einer inneren fein durchbohrten Kalkschicht und einer äusseren Lage aus Kalkstücken und Sandkörnern in kalkiger, grob poröser Cementmasse. Russischer Kohlenkalk.

Fig. 26.

Plecanium gibbosum Rss. Pliocän. Siena.

Fig. 27.

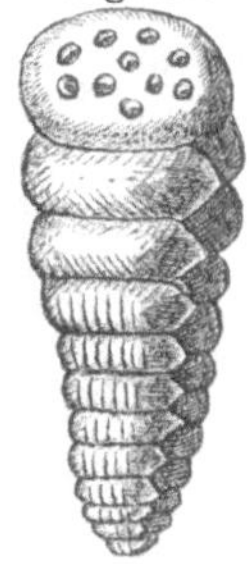

Cribrostomum commune Möll. Corbonthon von Sloboda, Russland.

Verneuilina d'Orb. Kammern dreizeilig geordnet. Kreide, Tertiär, recent.

Bigenerina d'Orb. Kammern zuerst zweizeilig, alternirend, die späteren einzeilig, gerade. Tertiär und recent.

Gaudryina d'Orb. Die ersten Kammern dreizeilig, schraubenförmig angeordnet, die weiteren ein- oder zweizeilig, gerade, Mündung spaltförmig, Kreide und Tertiär.

C. Imperforata calcarea.

Schalen kalkig, undurchbohrt, opak, porcellanartig glänzend.

1. *Cornuspiridae.*

Kammern in einer Reihe, Gehäuse wenigstens anfangs eingerollt.

Cornuspira Schultze (Fig. 28). Schale flach tellerförmig, spiral gewunden, ungekammert. Lias bis recent.

Nubecularia Defr. Schale äusserst vielgestaltig. Auf fremden Körpern festgewachsen und auf der Anheftungsseite zumeist aus einer unregelmässigen, spiralen Kammer bestehend, welche stellenweise unvollständig getheilt ist. Trias bis recent.

Fig. 28.

Cornuspira polygyra. Rss. Oligocän. (Kleinceller Tegel.)

Vertebralina d'Orb. Schale röhrig, seitlich zusammengedrückt, anfangs mit knäuelartig aufgewickelten, sodann mit gerade angeordneten Kammern. Mündung terminal, spaltförmig. Tertiär und recent.

Hierher auch: *Hauerina d'Orb* (Jura bis Gegenwart) und *Articulina d'Orb.*

2. *Orbitulitidae.*

Peneroplis Montf. Schale flach, Kammern anfänglich spiral geordnet, später gerade bei gleichzeitig starker Breitenausdehnung. Die Scheidewände durchbohrt. Tertiär und recent.

Orbiculina Lamk. Schale flach, scheibenförmig, Anfang des Gehäuses mit *Peneroplis* übereinstimmend, dann kreisförmig gelagerte Reihen zahlreicher Zellen, welche unter einander und mit jenen der vorhergehenden und nachfolgenden Reihe durch Oeffnungen communiciren, am äusseren Rande viele runde Poren. Lebend und tertiär.

Fig. 29.

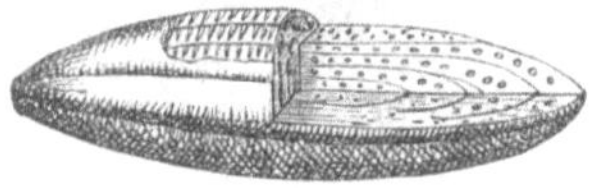

Alveolina Bosci d'Orb. Mehrfach angeschnitten. Eocän.

Orbitulites Lamk. Schale flach, scheibenförmig, mit concentrisch angeordneten Zellen. Am Aussenrande eine oder mehrere Reihen von Poren.

Alveolina Bosc. (Fig. 29). Schale kugelig, elliptisch oder spindelförmig, mit umhüllenden Spiralumgängen, welche in zahlreiche, niedere Kammern zerfallen, die mit Kalkmasse erfüllt und von mehr oder minder regelmässigen, der Windungsebene parallele Canäle durchzogen werden. Mündung von vielen dem Rande parallelen Poren gebildet. Kreide bis Gegenwart, besonders häufig im Eocän.

3. *Miliolidae.*

Kammern knäuelartig nach zwei bis fünf Flächen um eine Axe gewunden, an deren Polen sie sich wechselseitig abschliessen.

Spiroloculina d'Orb. (Fig. 30). Kammern in einer Ebene aufgewickelt, wenig umhüllend, so dass sie von der flachen Seite aus sämmtlich sichtbar bleiben. Mündung einfach, zumeist mit einem Zahn versehen. Jura bis Gegenwart.

Fig. 30.

Spiroloculina Badensis d'Orb. Miocän. Baden.

Fig. 31.

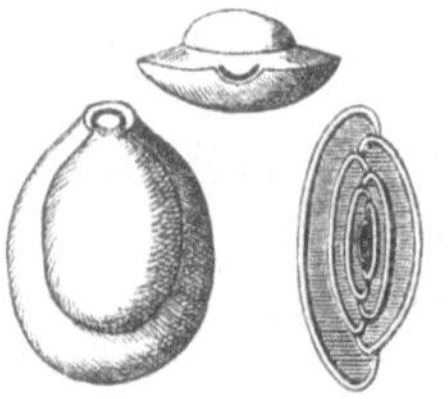

Biloculina inornata d'Orb. Miocän. Baden.

Fig. 32.

Triloculina gibba d'Orb. Nussdorf bei Wien.

Biloculina d'Orb. (Fig. 31). Die Kammern wachsen wie bei *Spiroloculina* an, umhüllen sich aber vollständig, so dass nur die beiden letzten sichtbar bleiben. Mündung gezähnt. Trias bis Gegenwart.

Triloculina d'Orb. (Fig. 32). Kammern nach drei Ebenen um die Axe gewunden, äusserlich bleiben nur die drei letzten sichtbar. Mündung mit zwei Zähnen oder zahnlos.

Quinqueloculina d'Orb. (Fig. 33). Form des Gehäuses fünfeckig, zwischen den beiden letzten Kammern werden einerseits zwei, andererseits eine frühere Kammer sichtbar; Mündung meist bezahnt, selten zahnlos. Kreide, tertiär, recent.

Fig. 33.

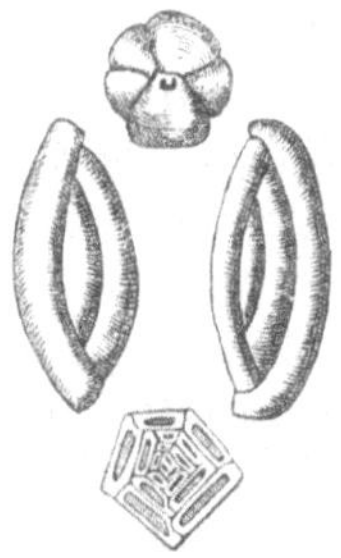

Quinqueloculina saxorum d'Orb.
Eocän. Grobkalk von Grignon.

Fig. 34.

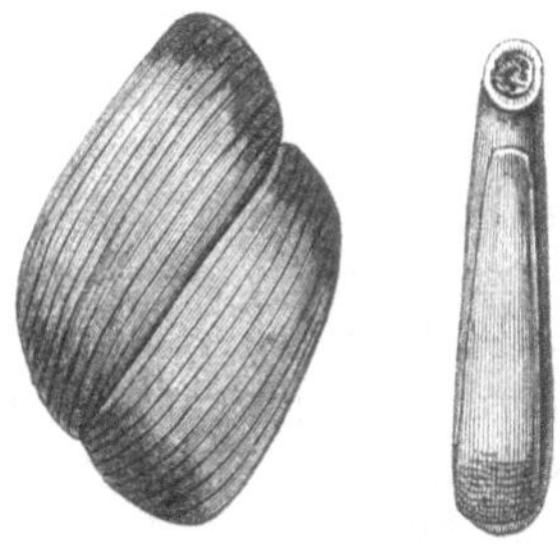

Fabularia discolithes Defr.
Eocän. Pariser Becken.

Quinqueloculina saxorum tritt im Eocän des Pariser Beckens gesteinsbildend auf.

Fabularia Defr. (Fig. 34). Schale einer *Biloculina* sehr ähnlich, Kammern aber mit Kalkmasse erfüllt, welche von zahlreichen anastomosirenden Längscanälen durchzogen wird. Mündung siebförmig. Eocäner Grobkalk.

4. *Receptaculitidae.*

Eine ganz zweifelhafte Gruppe von organischen Resten der älteren Formationen wurde von F. Roemer unter diesem Namen zusammengefasst. Zittel hat sie früher seinen *Dactyloporidae* angeschlossen,[1] bemerkt aber später[2] mit Recht: „Sie haben mit den typischen Foraminiferen kaum ein typisches Merkmal gemein und dürften, nachdem die *Dactyloporiden* als Pflanzen erkannt wurden und damit die vermeintlichen Bindeglieder zu den Foraminiferen in Wegfall kamen, aus dieser Ordnung entfernt werden."

Receptaculites Defr. Schalen gross, zuweilen über 10 cm Durchmesser, becherförmig, zuweilen kegelförmig, mit weitem Centralraum, innere und äussere Seite mit rhombischen Kalktäfelchen belegt, die durch Kalksäulen gestützt werden. In den Säulchen feine Canäle, doch würde die Sarcode, welche zwischen den Säulchen in ziemlich grossen cylindrischen Hohlräumen vorausgesetzt werden sollte, keine Verbindung mit der Innen- und Aussenseite besitzen. Silur und Devon Europa's und Amerika's.

An *Receptaculites* schliesst sich sehr nahe an *Ischadites Murch* (Silur). Andere verwandt scheinende, problematische Reste der palaeozoischen Schichten sind: *Cyclocrinus Eichw.* (Silur); *Polygonosphaerites F. Roem.* (Devon); *Pasceolus Billings* (Silur); *Archaeocyathus Billings* (Silur) u. e. A.

[1] Handbuch der Palaeontologie I, S. 84.
[2] loc. cit. Anhang, *Foraminifera*, S. 728.

D. Chitinosa.

Schale aus Chitin-Substanz.

Gromidae.

Recente Formen.

Geologische Verbreitung der Foraminiferen.

In den älteren palaeozoischen Formationen treten die Foraminiferen, wenn wir von den gänzlich problematischen *Receptaculitiden* absehen, sehr zurück — erst im Kohlenkalk finden sich zahlreiche und eigenthümliche Formen. Vorläufer der *Nummuliniden* treten auf *(Nummulina antiquior)*, es finden sich die zahlreichen *Fusuliniden* als Felsbildner, besonderes Interesse besitzen jedoch die zahlreichen agglutinirenden Formen, welche zum Theil über einer porösen Kalkschale von glasigem Habitus eine dichte, sandig-kieselige Schicht aufweisen. Diese Formen zeigen die Unmöglichkeit, die Foraminiferen in zwei grosse Gruppen der *Perforata* und *Imperforata* zu zerlegen, sie können gewissermassen als ihre Vorläufer und Stammformen betrachtet werden. Häufiger treten die Foraminiferen in den Ablagerungen der mesozoischen Aera auf. Die Schichten von St. Cassian (obere, alpine Trias) haben zahlreiche Formen *(Glandulina, Marginulina, Cristellaria, Globigerina, Textularia, Cornuspira, Biloculina)* aufzuweisen.

Der Dachsteinkalk des Echernthales bei Hallstadt besteht nach PETERS zu mehr als 80 % aus *Globigerinen*, neben welchen auch *Textularien*, *Orbulinen* und *Quinqueloculinen* auftreten. Auch die Kössener Schichten führen zahlreiche Foraminiferen — ebenso treten dieselben in manchen Schichten der Juraformation häufig auf. In der Kreideformation spielen die Foraminiferen eine sehr grosse Rolle, zumal in jenen Bildungen, von welchen die Formation ihren Namen erhalten hat.

In der weissen Kreide treten vor Allem *Globigerina*, *Textularia* und *Rotalia* massenhaft auf, daneben finden sich einige Milioliden und Nummuliniden und zahlreiche andere Formen. Im Eocän treten die Nummuliniden so häufig auf, dass man geradezu von einer Nummulitenformation spricht. Neben *Nummulina* und *Assilina* findet sich häufig *Orbitoides*, sodann *Alveolina*, *Fabularia* u. A. Im Neogen begegnen wir fast genau denselben Foraminiferen-Gattungen und auch vielen der Arten, welche die heutigen Meere bewohnen. Eine Stammesgeschichte der Foraminiferen lässt sich heute ebenso wenig geben, als eine den Verwandtschaftsverhältnissen entsprechende Systematik. Nirgend gehen die Ansichten über die Auffassung des Artbegriffes so weit auseinander, als hinsichtlich der Foraminiferen und bezüglich keiner Gruppe des Thierreichs hat die systematische Eintheilung gerade der Hauptgruppen mit so grossen Schwierigkeiten zu kämpfen. Mag man die Foraminiferen nach der Structur oder nach der Substanz der Schale gruppiren wollen, immer stösst man auf Formen, welche sich in das künstliche Schema nicht einzwängen lassen. Andererseits bieten die allseitig zwischen den Formen vorhandenen Uebergänge die grössten Schwierigkeiten für die Begrenzung der Art. Während nun D'ORBIGNY, REUSS, GÜMBEL, SCHWAGER u. A.

auf die einigermassen constant auftretenden Merkmale auch untergeordneter Natur Gewicht legen und sie zur Artcharakteristik verwenden, fassen CARPENTER, PARKER, JONES und BRADY die Arten sehr weit (ungefähr im Umfange der D'ORBIGNY'schen Gattungen). Hierdurch wird es allerdings, da anscheinend dieselben Formen durch ganze Reihen von Formationen durchreichen, unmöglich oder doch schwierig, die Veränderungen zu verfolgen, welche ein Stamm im Laufe der Zeit erlitten hat. Man wird sich daher genöthigt sehen, in Zukunft auch die feineren Merkmale genau zu beobachten und zur Sonderung der zeitlich verschiedenen Formen zu verwenden, da es nur auf diese Weise möglich wird, ihre Descendenzverhältnisse und ihre wahre Verwandtschaft zu untersuchen.

B. Radiolaria.

Rhizopoden des Meeres, mit Centralkapsel und differenzirtem Sarcodeleib und von der Gesammtperipherie des Körpers ausstrahlenden Pseudopodien. Zumeist ein radiäres Kieselskelet vorhanden.

HAECKEL hat ein, insbesondere für die palaeontologische Forschung sehr zweckmässiges System der Radiolarien vorgeschlagen, welches sich auf die Beschaffenheit des Skeletes gründet und vierzehn Gruppen oder Ordnungen unterscheidet: 1. *Askeleta*, ohne Skelet; 2. *Spiculosa*, Skelet aus mehreren einzelnen, unverbundenen Stücken oder Spiculae, die ausserhalb der Centralkapsel liegen. Gleich der ersten Gruppe nur recent; 3. *Arthroskeleta*, Skelet aus mehreren einzelnen, radialen, regelmässig verbundenen Stücken bestehend — nur recent; 4. *Aulosphaeridae*, Skelet aus einer Gitterkugel von einzelnen hohlen Stäben zusammengesetzt — nur recent; 5. *Monosphaeridae*, Skelet aus einer einzigen Gitterkugel bestehend — recent und fossil im Jura, in der Kreide und tertiär; 6. *Disphaeridae*, Skelet aus zwei concentrischen, durch Stäbe verbundenen Gitterkugeln bestehend — recent und tertiär; 7. *Polysphaeridae*, drei oder mehrere, concentrische, durch radiale Stäbe verbundene Gitterschalen — lebend und tertiär; 8. *Diploconidae*, Skelet aus einer homogenen Kieselschale mit zwei weiten Oeffnungen am Ende, durch die ein langer Stachel geht — tertiär und recent; 9. *Astrolithidae*, Skelet aus 20 Stacheln, welche nach dem MÜLLER'schen Gesetz geordnet und im Centrum durch Kieselmasse verbunden sind — nur recent; 10. *Cyrtida*, das Skelet besteht aus einer Gitterschale, welche entweder einfach oder durch longitudinale und transversale Einschnürungen getheilt ist. Diese grosse, recent und fossil wichtige Gruppe zerfällt in: *Monocyrtida*, *Zygocyrtida*, *Dicyrtida*, *Stichocyrtida*, *Polycyrtida;* 11. *Acanthodesmidae*, Skelet aus wenigen Stäben, die ein lockeres Geflecht mit weiten Maschen bilden, bestehend — recent, tertiär und in der Kreide; 12. *Sponguridae*, Skelet schwammig, aus lockeren, unregelmässigen Fächern oder Kammern bestehend — recent und tertiär;[1]

[1] In seinem neuesten Classificationsversuche: Entwurf eines Radiolarien-Systems auf Grund der Studien der Challenger-Radiolarien, Jenaische Zeitschr. f. Naturw. Bd. XV. N. F. VIII. löst HAECKEL die Ordnung der Sponguridae auf und vertheilt sie unter die Disciden und Sphaeriden.

13. *Discidae*, Skelet scheiben- oder linsenförmig, von zwei Platten gebildet, zwischen welchen spirale oder concentrische, sowie radiale Kieselbalken stehen. Die Gruppe zerfällt in: *Coccodiscida*, *Trematodiscida* und *Discospirida;* 14. *Lithelidae*, Skelet aus mehreren, mit den Flächen verbundenen Scheiben gebildet, in deren jeder spirallaufende Kammerreihen sich befinden — recent.

Von diesen vierzehn Gruppen kommen sonach nur die Hälfte im fossilen Zustande vor, es reducirt sich demnach unsere Aufgabe auf die Erörterung dieser Gruppen, von welchen wir übrigens nach dem Vorgange Stöhr's[1] die *Monosphaeridae*, *Disphaeridae* und *Polysphaeridae* zu einer Gruppe vereinigen wollen. Wir haben sonach zu erörtern: 1. *Sphaeridae*, 2. *Cyrtidae*, 3. *Acanthodesmidae*, 4. *Sponguridae*, 5. *Discidae*.

1. *Sphaeridae*.

Skelet aus einer, zwei oder mehreren ineinander geschachtelten Gitterkugeln, mit oder ohne Stacheln; sind mehrere Gitterkugeln vorhanden, so werden sie durch radiale Stäbe verbunden.

a. *Monosphaeridae*.

Einfache Gitterkugeln mit oder ohne Stacheln.

Cenosphaera Ehrenbg. (Fig. 35). Gitterkugel mit runden Oeffnungen, mit oder ohne Stacheln. Jura, Kreide, tertiär, recent.

Fig. 35.

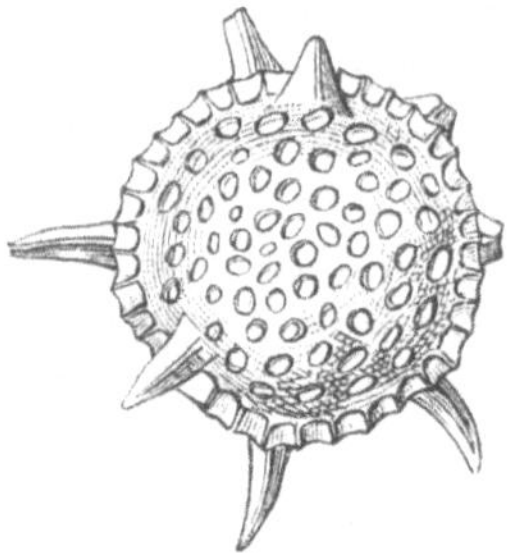

Coenosphaera acanthica Stöhr.
Tripoli von Grotte.

Fig. 36.

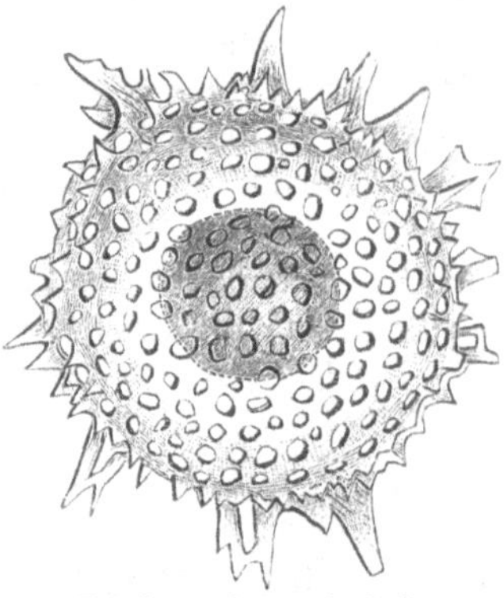

Heliodiscus Grottensis. Stöhr.
Tripoli von Grotte.

Heliosphaera Haeck. Gitterkugel mit sechseckigen Maschen, mit oder ohne Stacheln, tertiär und Gegenwart.

Ellipsoxiphus Dunikowski. Gitterellipsoid mit zwei gleichlangen Stacheln in der Verlängerung der grossen Axe. Lias.

Staurosphaera Haeck. Gitterkugel mit vier in's Kreuz gestellten Stacheln, Lias und recent.

[1] E. Stöhr: Die Radiolarienfauna der Tripoli von Grotte. Palaeontographica, 26. Bd.

b. *Disphaeridae.*

Zwei in einander geschachtelte Gitterkugeln, welche durch Stäbe verbunden sind.

Haliomma Ehrenbg. Die radialen Stäbe nach aussen, nicht aber gegen das Centrum verlängert. Zahlreiche tertiäre und recente Formen.

Heliodiscus Haeck. (Fig. 36). Aeussere Schale linsenförmig, innere kugelig. Die radialen Stäbe sind am Aequator des abgeplatteten Sphaeroids zu Stacheln verlängert. Tertiär und recent.

Tetrapyle J. Müll. Aeussere Gitterschale ausser mit den gewöhnlichen, kleinen Löchern mit symmetrisch vertheilten Durchbrechungen. Tertiär und recent.

c. *Polysphaeridae.*

Drei oder mehr in einander geschachtelte durch radiale Stäbe verbundene Gitterschalen.

Actinomma Haeck. (Fig. 37). Drei concentrische, kugelige oder elliptische Gitterschalen. Tertiär und recent.

Didymocyrtis Haeck. Drei concentrische Gitterschalen, die beiden inneren kugelig, die äussere länglich und durch eine Einschnürung in zwei gleiche Theile getheilt. Tertiär und lebend.

Cromyomma Haeck. Vier oder mehr concentrische Gitterschalen. Tertiär und recent.

Fig. 37.

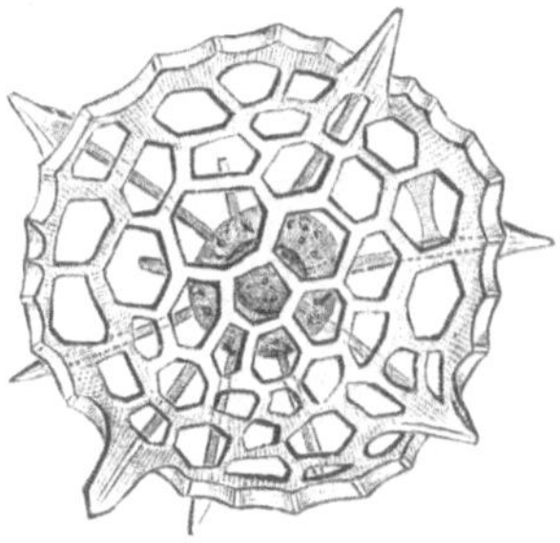

Actinomma Schwageri Stöhr.
Tripoli von Grotte.

2. *Cyrtidae.*

Skelet eine einfache oder durch Einschnürungen in zwei oder mehrere Glieder abgetheilte Gitterschale, deren ideale Längsaxe zwei verschieden gebildete Pole zeigt.

a. *Monocyrtida.*

Gitterschalen einfach, ohne Einschnürungen.

Cornutella Ehrenbg. Ohne Anhänge um die weite, am unteren Rande befindliche Mündung, länglich, gerade oder gebogen, gegen die Mündung erweitert. Lebend und tertiär.

Cyrtocalpis Haeck. Gitterschale spindelförmig, länger als breit, gegen die einfache nicht übergitterte Mündung verengt, ohne Anhänge an der Mündung. Lebend und tertiär.

Carpocanium Ehrenbg. Schale spindelförmig, gegen die mit Anhängen versehene Mündung etwas verengt. Recent und tertiär.

Lithocarpium Stöhr. Ellipsoide Gitterschale mit röhrenförmigem Mündungsanhang, der unten an der runden Mündung einen Kranz kleiner Zacken trägt. (*Lithocarpium pyriforme Stöhr* aus den Tripoli von Grotte).

Halicalyptra Ehrenbg. Glockenförmige Gitterschale, gegen die weite Mündung wenig verengt, mit einem Kranz von Anhängen am Rande der Mündung. Tertiär und lebend, häufig auf Barbados.

b. *Zygocyrtida.*

Gitterschalen durch eine mittlere longitudinale Einschnürung in zwei gleiche Segmente geschieden.

Dictyospyris Ehrenbg. Mündung der Basalfläche übergittert, ohne Anhänge am Rande. Recent und tertiär.

Ceratospyris Ehrenbg. Mündung übergittert, ohne Anhänge am Rande, aber Stacheln auf der Oberfläche des Gitters. Recent und tertiär.

Petalospyris Ehrenbg. (Fig. 38). Mündung nicht übergittert, am Rande mit einem Kranz von Anhängen, am Scheitel oft stachelähnliche Fortsätze. Recent und tertiär.

c. *Dicyrtida.*

Gitterschale durch eine quere Einschnürung in zwei ungleiche Segmente getheilt.

Dictyocephalus Ehrenbg. Oberes Glied knopfförmig, unteres glockig, kugelig oder cylindrisch. Ohne Anhänge an den Seiten und der weiten, nicht übergitterten Mündung. Tertiär und recent.

Lophophaena. Ehrenbg. Unterscheidet sich vor *Dictyocephalus* nur durch das Vorhandensein eines oder mehrerer Stacheln auf dem Scheitel. Lebend und tertiär.

Fig. 38.

Petalospyris corona Stöhr.
Tripoli von Grotte.

Lithopera Ehrenbg. Oberes Glied klein, unteres birnförmig, ununterbrochen gegittert, gegen die Basis verengt, mit zusammengezogener Mündung ohne Anhänge. Nur fossil (Barbados).

Lithomelissa Ehrenbg. Die beiden Abschnitte ungleich, mit stacheligen Seitenanhängen, Mündung weit, einfach, ohne Anhänge. Tertiär und recent.

Anthocyrtis Ehreng. Zweigliederig ohne seitliche Anhänge, das untere Segment glockenförmig, an der weiten Mündung mit mehreren Anhängen. Tertiär und recent.

Lychnocanium Ehrenbg. Zweigliederig, unteres Segment mit verengter Mündung, dieselbe drei- oder mehrkantig mit dornförmigen Anhängen versehen. Fossil (Barbados).

d. *Stichocyrtida.*

Gitterschalen durch zwei oder mehrere Quereinschnürungen in drei oder mehr ungleiche Segmente geschieden.

Fig. 39.

Pterocodon Campana Ehrbg.
Tertiär, Barbados.

Dictyomitra Zitt. Ohne alle Anhänge und ohne Gipfelstachel mit weiter, nicht übergitterter Mündung. Obere Kreide von Haldem in Westphalen, Vordorf in Braunschweig und Krakau, sehr häufig tertiar und recent.

Lithocampe Ehrenbg. Ohne Anhänge und ohne Gipfelstachel, Mündung eng zusammengezogen und übergittert. Tertiär (Barbados, Caltanisetta, Grotte).

Eucyrtidium Ehrenbg. Wie *Dictyomitra*, aber mit einem (selten mehreren) einfachen Stachel auf dem Scheitel. Zahlreiche recente und tertiäre Arten.

Pterocodon Ehrenbg. (Fig. 39). Anhänge an einem der Segmente und an der weiten Mündung. Fossil (Barbados).

Podocyrtis Ehrenbg. (Fig. 40). Drei- oder mehrgliederig mit einfachen Anhängen an der weiten, nicht übergitterten Mündung. Tertiär und lebend.

Hierher ferner noch die Gattungen: *Lithornithium Ehrenbg. Dictiopodium Ehrenbg.* u. A.

e. *Polycyrtida.*

Gitterschalen durch zwei oder mehrere theils longitudinale, theils transversale Einschnürungen in Längs- und Quersegmente geschieden.

Lythobothrys Ehrenbg. Mehrgliederig, durch eine Quereinschnürung in zwei über einander liegende, ungleiche Segmente getheilt, von denen das

Fig. 40.

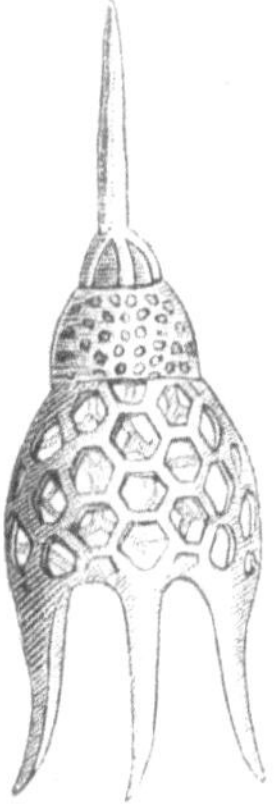

Podocyrtis Schomburgki Ehrbg. Tertiär, Barbados.

Fig. 41.

Dictyocha speculum Ehrenbg.

Fig. 42.

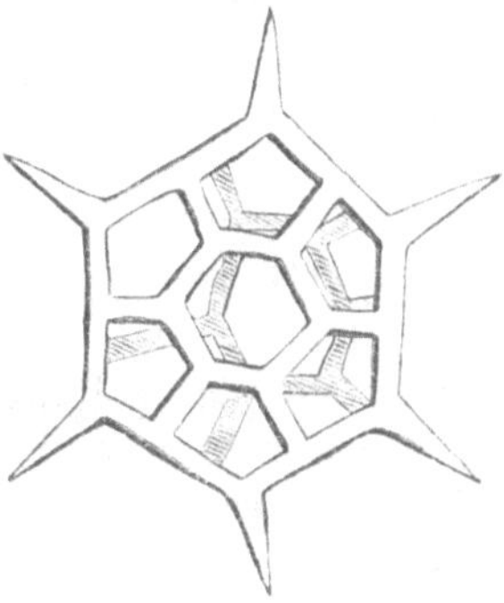

Distephanus rotundus Stöhr.

obere durch eine oder mehrere Längsstricturen in neben einander liegende Segmente zerfällt. Mündung übergittert. Tertiär und recent.

Ferner die Gattungen: *Bothryocampe Ehrenbg.*, *Spiridobothrys Haeck.*, *Bothryocyrtis Ehrenbg.*

3. *Acanthodesmida.*

Skelet aus einigen wenigen, oft unregelmässigen Bändern oder Stäben bestehend, welche ein lockeres Geflecht mit wenigen weiten Löchern, aber kein eigentliches Gittergehäuse bilden.

Lithocircus J. Müller. Einfacher, glatter oder mit Zacken besetzter Kieselring. Recent und tertiär (Grotte).

Dictyocha Ehrenbg. (Fig. 41). Glatter oder mit Stacheln bewaffneter Kieselring, über dem sich ein kleines hütchenförmiges Gehäuse erhebt, aus wenigen Balken bestehend, die sich zu einer regulären Kugel verbinden. Kreide, tertiär, recent.

Distephanus Stöhr (Fig. 42). Vollständig geschlossene Form, indem sich auf der anderen Seite des hütchenförmigen Gehäuses ganz dasselbe Hütchen wiederholt. Tertiär (Grotte).

4. *Spongurida.*

Skelet schwammig, ganz oder blos im äusseren Theile aus einem regellos gehäuften Aggregate lockerer Fächer bestehend. Zahlreiche Formen dieser früher fossil unbekannten Gruppe hat Stöhr aus den Tripoli von Grotte, Dunikowski[1] aus dem unteren Lias des Schafberges beschrieben.

a. *Spongodiscida.*

Schwammkörper scheibenförmig oder cylindrisch, aus regellos gehäuften Fächern und Kammern bestehend.

Spongodiscus Ehrenbg. Verschieden gestaltete, flache oder biconcave Scheiben ohne alle Anhänge. Tertiär und recent.

Spongotrochus Haeck. Nadelförmige Anhänge an der Schwammscheibe, Tertiär und recent.

Dictyocoryne Ehrenbg. Schwammige Scheibe mit armartigen, gleichfalls schwammigen, in gleicher Ebene liegenden Fortsätzen. Tertiär und recent.

Spongurus Haeck. Cylinder aus schwammigem Fächerwerk. Tertiär und recent.

Spongophacus Haeck. Scheibenförmig, mit Centralkugel von dichterem Gefüge. Lias. Recent.

b. *Spongosphaerida.*

Kugelige oder polyedrische Schwammmasse, mit oder ohne Markschalen, von welchen mehrere radiale Stacheln ausgehen. Vereinzelte Stacheln, welche zu *Spongosphaera* gehören dürften, hat Stöhr in den Tripoli von Grotte beobachtet.

Staurodoras Haeck. ohne Markschale, mit vier Stacheln, die ein rechtwinkliges Kreuz bilden. Lias. Lebend.

Spongechinus Haeck. ohne Markschale mit drei Haupt- und mehreren Nebenstacheln. Lias. Recent.

Rhizoplegma Haeck. mit deutlich geschiedener Markschale (testa medullaris). Lias?

c. *Spongocyclida.*

Skelet im äusseren Theile unregelmässig, schwammig, im Inneren dagegen mit regelmässig in concentrischen Kreisen oder spiral angeordneten Kammern.

Spongocyclia Haeck. Schwammige Scheibe ohne Anhänge, Kammern im Innern in Kreisen geordnet. Tertiär und lebend.

Spongospira Stöhr. Schwammige Scheibe ohne Anhänge, im Innern Kammern in Spiral-Windungen geordnet. Tertiär und lebend.

5. *Discida.*

Skelet scheiben- oder linsenförmig, aus zwei parallelen oder gewölbten Siebplatten, dazwischen concentrische Ringe oder Windungen eines Spiral-

[1] E. v. Dunikowski: Die Spongien, Radiolarien und Foraminiferen der unterliassischen Schichten vom Schafberg bei Salzburg. Denkschr. d. Akad. d. Wiss. in Wien. 45. Bd. 1882.

balkens, welche von radiälen Balken geschnitten werden, wodurch zwischen beiden Platten concentrische oder spiral geordnete Kammern entstehen.

a) *Trematodiscida.*

Scheibenförmig, ohne concentrische Gitterkugeln im Inneren, mit concentrischen Kammerreihen.

Trematodiscus Haeck. (Fig. 43). Ohne gekammerte Fortsätze, flache, biconvexe, runde Scheibe. Tertiär und recent.

Fig. 43.

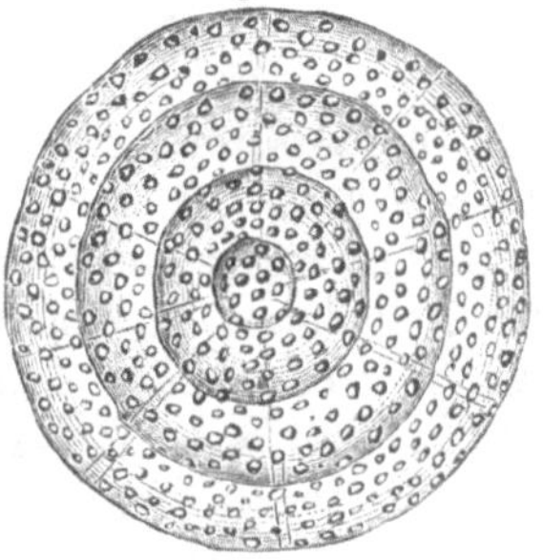

Trematodiscus ellipticus Stöhr. Tripoli von Grotte.

Rhopalastrum Ehrenbg. Mit gekammerten spongiösen Armen, welche unverbunden in einer Ebene liegen. Tertiär und recent.

Euchitonia Ehrenbg. Die gekammerten, mit der Scheibe in einer Ebene liegenden Arme sind durch ein heterogenes Kammerwerk verbunden, dessen Maschen parallel den Buchträndern laufen. Tertiär und recent.

Stylactis Ehrenbg. Die gekammerten, mit der Scheibe in einer Ebene liegenden, an den Enden geschwollenen Arme sind durch ein spongiöses, homogenes Kammerwerk in der Weise verbunden, dass dessen Kammerreihen zur Centralscheibe concentrisch verlaufen. Tertiär und recent.

b. *Discospiridae.*

Zwischen den Deckplatten verlaufen die Windungen eines Spiralbalkens, welcher von Radialbalken geschnitten wird.

Discospira Haeck. Keine Anhänge am Rande der Scheibe. Tertiär und recent.

c. *Ommatodiscida.*

Ueber einer aus concentrischen und Radialbalken gebildeten Medianplatte liegen jederseits symmetrisch zellige, spongiöse Gebilde, so dass die ganze Form kugelig, ellipsoidisch oder linsenförmig wird. Ueber das Ganze legen sich zwei poröse, meist mit Stacheln besetzte Deckplatten. An der unteren schmäleren Seite befindet sich eine von Zacken umgebene Mündung, nicht selten im Centrum der Medianplatte eine kleine Gitterkugel.

Ommatodiscus Stöhr. (Fig. 44). Mit den Charakteren der Gruppe, Tertiär — Tripoli von Grotte — interessante Formen, welche als Bindeglieder der Disciden und Cyrtiden betrachtet werden können.

Fig. 44.

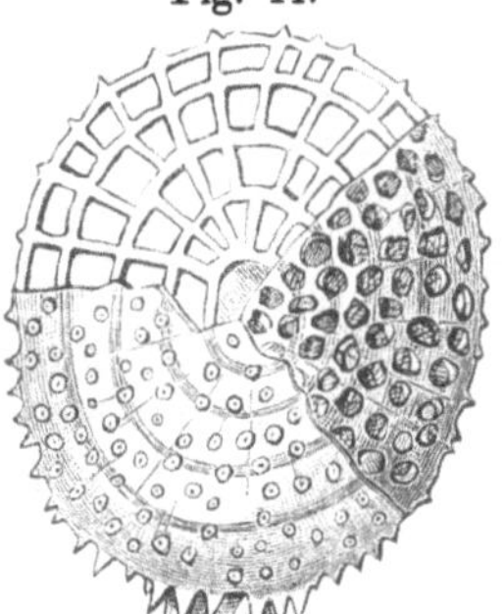

Ommatodiscus Haeckeli Stöhr.

d. *Coccodiscida.*

Die Centralkammer von einer oder mehreren, in einander geschachtelten und durch radiale Stäbe verbundenen Gitterkugeln umgeben. Die um die äusserste Gitterschale gelagerten Kammerreihen in concentrische Ringe geordnet.

Coccodiscus Haeck. Mit drei oder mehr Gitterschalen im Innern, ohne Anhänge am Scheibenrand. Recent.

Lithocyclica Ehrenbg. Zwei concentrische Gitterkugeln zwischen zwei porösen Deckplatten, keine Anhänge am Scheibenrand. Tertiär, Barbados.

Astromma Ehrenbg. Zwei in einander geschachtelte Gitterkugeln mit gekammerten Armen, welche in derselben Ebene liegen und ein Kreuz bilden. Tertiär, Barbados.

Geologische Verbreitung der Radiolarien.

Die ausserordentlich kleinen Formen dieser Gruppe haben viel weniger Interesse, als die so nahe verwandten Foraminiferen. Aus palaeozoischen Schichten kennt man gar keine, aus mesozoischen nur wenige Reste von Radiolarien (Fragmente aus der Trias von St. Cassian, einige Formen aus unterliassischen Schichten vom Schafberge, Bruchstücke einer *Cenosphaera* aus dem oberen Jura von Muggendorf und wohlerhaltenen Reste aus der oberen Kreide von Haldem in Westphalen). Einzelne Tertiärablagerungen haben sehr zahlreiche, mannigfache und wohlerhaltene Radiolarienskelete geliefert. So vor Allem die Radiolarienschichten von Barbados, aus welchen Ehrenberg 278 verschiedene Arten beschrieb. Auch auf den Nikobaren kommen tertiäre Schichten vor, deren Material zum grossen Theil aus Radiolarien besteht. In verschiedenen marinen Tertiärbildungen aller Gegenden hat man sie in geringer Menge oder vereinzelt angetroffen. Als besonders reich an Radiolarien verdienen die neuerdings von Stöhr hinsichtlich ihrer Radiolarienfauna untersuchten Tripoli von Grotte (Provinz Girgenti, Sicilien) hervorgehoben zu werden. Sie gehören der tortonischen Stufe (Miocän) an und haben 118 Arten geliefert, welche 40 Gattungen angehören.

Die Kenntniss der heutigen Radiolarien ist ebensowenig wie jene der fossilen im Stande, viel Licht auf die Stammesgeschichte zu werfen. Die Monographien R. Hertwig's erweisen die weitgehende Differenzirung des Sarcodeleibes der Radiolarien, welche trotzdem als einzellige Organismen betrachtet und von einer skeletlosen Urform abgeleitet werden, deren kugelige Centralkapsel mit einem Kern und einer allseitig porösen Membran versehen war. Die Palaeontologie ist derzeit noch nicht im Stande, wesentliche Anhaltspunkte für diese Annahme zu erbringen, da eben aus vortertiären Bildungen gegenwärtig noch sehr wenig Material vorhanden ist.

II. Stamm Coelenterata.

Thiere mit zellig differenzirten Organen von radiärem Körperbau, mit centralem Verdauungsraum und peripherischem Canalsystem.

Die von R. Leuckart hervorgehobene, nahe Verwandtschaft der Spongien und Polypen rechtfertigt wohl die Vereinigung der beiden Gruppen der Coelenteraten im engeren Sinne (*Cnidaria*) und der Spongien zu einem Stamme. Bei den Spongien tritt wohl der strahlige Körperbau nicht so sehr hervor, auch sonst unterscheiden sich diese niedersten unter den thierischen Organismen, welche eine Zusammensetzung von Zellencomplexen nachweisen lassen, in vieler Hinsicht so sehr von den übrigen Coelenteraten, dass ihnen eine ziemlich selbständige Stellung zuerkannt werden muss. Sie mag durch nachstehende Gruppirung angedeutet werden:

Coelenterata
- A. *Spongiae*
- *Cnidaria* (coelenterata sens. str.)
  - B. *Anthozoa*
  - C. *Hydromedusae*
  - D. *Ctenophorae.*

A. Spongiae.

Festsitzende, meist stockbildende, sehr verschieden gestaltete Thiere, mit wenig differenzirtem, zelligen Körperparenchym, selten skeletlos, in der Regel mit einem Skelet von Hornfasern, Kiesel- oder Kalkgebilden ausgestattet. Das innere Canalsystem communicirt durch zahlreiche Hautporen oder eine oder mehrere grössere Auswurfsöffnungen (Oscula) mit dem äusseren Medium. Fortpflanzung geschlechtlich oder durch Theilung.

Fig. 45.

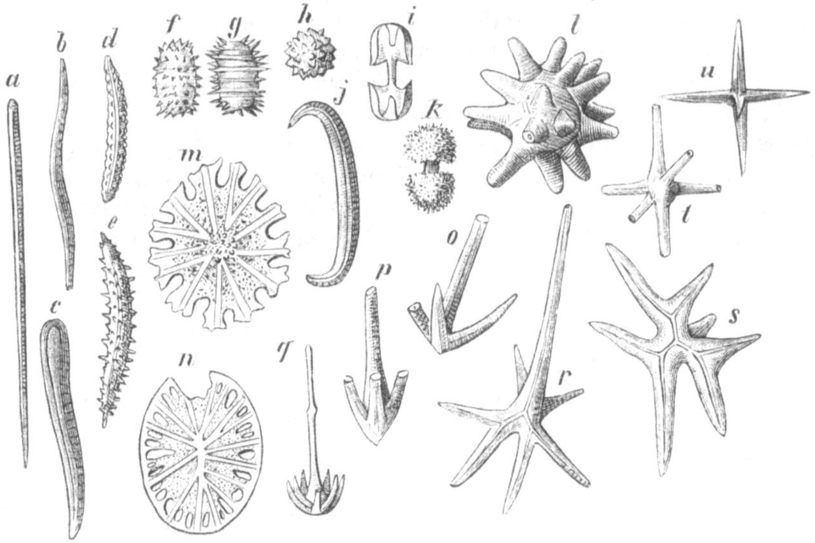

Diverse Spongiennadeln, Kieselscheiben etc. aus der oberen Kreide von Haldem und Vordorf.

Die Spongien sind die niedersten unter den Coelenteraten, von den Protozoen durch Vorhandensein verschiedenartiger Zellencomplexe, von den übrigen Coelenteraten durch Mangel des ausgesprochen radialen Baues verschieden. Das feste Gerüst, welches nur bei den *Myxospongien* oder *Halisarcinen* fehlt, wird entweder aus Hornfasern oder Kiesel- und Kalknadeln gebildet. Diese Skelete sind durch die regelmässige Form und Lagerung ihrer Elemente sehr charakteristisch, während Grösse und Form des Schwammkörpers ausserordentlich variabel sind. Die äussere Gestalt der Schwämme hängt, wie es scheint, von zahlreichen, äusseren Existenzbedingungen ab, und ist in vielen Fällen ohne jede Bedeutung, da eine und dieselbe Art in sehr verschiedenen Formen auftreten kann. Die Palaeontologen haben jedoch bis in die neueste Zeit die äussere Form als Basis der Systematik verwerthet, während die Zoologen dieselbe längst aufgegeben hatten. Erst Zittel hat die Kunde der fossilen Schwämme dadurch wissenschaftlich begründet, dass er die früher nur subsidiär zu Hilfe gezogenen Details des Skeletbaues als die charakteristische und ausschlaggebende Eigenthümlichkeit der fossilen Spongien zur Basis der Systematik machte und auf Grund seiner umfassenden Untersuchungen das zoologische System zur Aufnahme der zahlreichen, fossilen Spongien adaptirte und erweiterte. Abgesehen von ihrer bereits erwähnten Beschaffenheit (Hornfaser-, Kalk- und Kieselgebilde) haben wir die Skeletelemente noch in Bezug auf ihre Form zu unterscheiden (Fig. 45).

Es treten erstlich einaxige Formen auf: gerade oder gebogene, abgestumpfte oder gespitzte, glatte oder dornige Nadeln, Walzen, Hacken, Spangen, Klammern u. s. w., wie sie die Figuren *a—k* zeigen. Einen zweiten Typus stellen jene Formen dar, welche auf vier Axen zurückzuführen sind, die einer dreiseitigen Pyramide angehören (Fig. *o, p, q, r, s*); häufig weisen dieselben durch Verlängerung eines Strahles die Gestalt eines Ankers mit einfachen oder gegabelten Zinken auf. Ein dritter Typus wird von den Sechsstrahlen gebildet, welche auf drei sich rechtwinkelig kreuzenden Axen zurückzuführen sind (Fig. *t, u*). Weitere Formen stellen scheiben- oder schildförmige, vielaxige Gebilde (Fig. *m, n*), vielaxige (*l*) oder dichte Sterne, Kugeln und Walzen dar. Die verschiedenartige Grundform der Skeletelemente dient insbesondere bei den Kieselspongien zur Bildung der grösseren Gruppen, je nachdem ausschliesslich einaxige Kieselnadeln auftreten, oder das Skelet der Hauptsache nach aus regelmässigen, vierstrahligen Nadeln oder mehr oder minder unregelmässigen Vierstrahlen oder endlich aus isolirten oder verschmolzenen Sechsstrahlen besteht. Bei den Kalkspongien sind die aus kohlensaurem Kalk bestehenden Skeletelemente viel weniger variabel. Bei den recenten Formen treten nur einfache Stabnadeln, Drei- und Vierstrahlen auf, bei den fossilen *(Pharetrones)* sind dieselben gewöhnlich zu Faserzügen vereinigt

Nachdem das Skelet der Spongien die einzigen constanten Merkmale liefert, muss die Systematik sich auf dieselben stützen, und es ergeben sich mit Berücksichtigung der Beschaffenheit und Form der Skeletelemente folgende Gruppen:

<table>
<tr><td></td><td>Ohne Skelet:</td><td>1. Myxospongiae.</td></tr>
<tr><td rowspan="6">mit Skelet</td><td>aus Hornfasern:</td><td>2. Ceraospongiae.</td></tr>
<tr><td rowspan="4">aus Kieselgebilden</td><td>3. Monactinellidae mit einaxigen Nadeln, welche oft in Hornfasern eingeschlossen sind.</td></tr>
<tr><td>4. Tetractinellidae mit regelmässigen vierstrahligen oder ankerförmigen Kieselgebilden.</td></tr>
<tr><td>5. Lithistidae mit innig verflochtenen, ästigen, bald vierstrahligen, bald unregelmässigen Skeletelementen.</td></tr>
<tr><td>6. Hexactinellidae mit sechsstrahligen Kieselgebilden.</td></tr>
<tr><td>aus Kalknadeln</td><td>7. Calcispongiae.</td></tr>
</table>

Während die *Myxospongien* gar nicht, die *Ceraospongien* aber nur sehr unvollkommen der fossilen Erhaltung zugänglich sind, haben Kiesel- und Kalkschwämme zahlreiche fossile Reste geliefert. Der Erhaltungszustand derselben ist ein sehr verschiedener; die Kieselskelete sind in gewissen Schichten (obere Kreide Englands und Norddeutschlands an manchen Fundorten) vollständig erhalten geblieben, so dass es blos nöthig ist das umgebende Gestein durch verdünnte Säure aufzulösen, um vollständig frische Skelete zu erhalten, welche sich bei der optischen Untersuchung geradeso verhalten wie Nadeln von recenten Kieselschwämmen, welche aus amorpher Kieselerde bestehen. Zuweilen sind solche Skelete durch Zufuhr von Kieselsäure mehr oder minder verunstaltet. Die Zwischenräume des Skeletes sind durch Feuerstein erfüllt und die Elemente desselben mit einander verkittet, oft auch in die krystallinische Modification der Kieselsäure überführt. Solche mit Feuerstein erfüllte und theilweise umgewandelte Kieselspongien sind in gewissen Kreideschichten Nord-Europa's, sowie im oberen Jura von Nattheim und Muggendorf häufig. Andererseits finden sich im Spongitenkalk des weissen Jura und im Pläner von Böhmen und Sachsen oft Spongien, welche ursprünglich ein Kieselskelet besassen, an dessen Stelle aber durch Pseudomorphose Kalkspath getreten ist. An manchen Orten sind auch an Stelle der ursprünglichen Kieselskelete nur Hohlräume vorhanden. Andererseits finden sich wieder in manchen Schichten Kalkspongien in verkieseltem Zustand, so bei Nattheim und Muggendorf, wo die Skelete der Kalkschwämme ebenso wie jene der Korallen und die kalkigen Schalen der Mollusken und Echinodermen in Kiesel umgewandelt sind. Die Skelete der Kalkschwämme sind überhaupt selten wohl erhalten. Die Kalknadeln, welche zu Faserzügen vereinigt das Skelet der Pharetronen bilden, sind sehr vergänglich, häufig erscheinen die Fasern daher aus einer homogenen Kalkspathmasse zu bestehen, in welcher keine Spur von Nadeln zu erkennen ist. Oftmals haben die Kalkfasern auch durch Krystallisation eine eigenthümliche Beschaffenheit erhalten, infolge deren von zahlreichen Centren feine Kryställchen in radialer Richtung ausstrahlen (Fig. 46).

Fig. 46.

Corynella gracilis Mst. St. Cassian.

1. *Myxospongiae.*

Gallertschwämme: Weiche, fleischige Schwämme ohne jegliches Skelet, mit hyalinem, gallertartigen Mesoderm — fossil nicht bekannt.

2. *Ceraospongiae.*

Hornschwämme: Meist verästelte oder massige, zuweilen incrustirende Schwämme mit Hornfasergerüst, in welchem zuweilen Kieselkörper und Sandkörper als fremde Einschlüsse auftreten.

Es ist selbstverständlich, dass fossile Hornschwämme nicht mit Sicherheit nachgewiessen werden können. Doch sind aus verschiedenen Formationen problematische Reste bekannt, welche zu den Ceraospongien gestellt werden. So rechnet CARTER kleine, kugelige, festsitzende, verkieselte Körper aus dem unteren Kohlenkalk Schottlands zur recenten Gattung *Dysidea*, deren Hornfasern fremde Körper, Sandkörner, Nadeln von anderen Spongien etc. umschliessen.

Die in der Trias auftretenden cylindrischen, gebogenen Wülste, welche man *Rhizocorallium* genannt hat, erinnern durch die netzförmige Zeichnung ihrer Oberfläche an die anastomosirenden Faserzüge der Ceraospongien. Die bis metergrossen, birnförmigen *Paramoudra Bukl.*, sowie die cylindrischen, gabelig verzweigten, geweihähnlichen Formen, welche GEINITZ aus dem sächsischen Quadersandstein beschrieben hat, dürften höchst wahrscheinlich zu den Hornschwämmen gehören und Steinkerne von solchen darstellen.

3. *Monactinellidae.*

Sehr verschieden gestaltete Schwämme mit einaxigen Kieselnadeln, welche entweder in Hornfasern eingebettet, oder aber durch Plasma-Umlagerung verbunden sind.

Hierher gehören bekanntlich sehr zahlreiche, recente Formen, deren fossile Vertretung aus dem Grunde schwer nachzuweisen ist, weil die einaxigen Nadeln, Hacken, Spindeln, Klammern nach Verwesung der Weichtheile zerstreut werden, so dass eine generische Bestimmung der isolirten Skeletelemente nur im Ausnahmsfalle bei besonders charakteristischer Gestalt derselben gelingen kann. Selten hat man die Nadeln einer *Monactinellide* noch in Zusammenhang getroffen, so bei *Raphidistia Carter* aus dem Kohlenkalk.

Von besonderem Interesse sind auch die eigenthümlichen Bohrlöcher von *Vioa Nardo (Cliona)* in Conchylien und Steinen. Die recenten *Vioa*-Formen besitzen ein Skelet aus Hornfasern und geknöpften Stabnadeln; sie bohren in dickschaligen Conchylien (*Vioa typica* in Austernschalen) vielfach verzweigte Gänge. Ganz ähnliche, durch Verengerungen in Kammern getheilte, mit der Oberfläche durch eine runde Oeffnung in Verbindung stehende Gänge kennt man in Conchylien-Schalen tertiärer, cretaeischer und jurassischer Ablagerungen, ja selbst aus dem Silur.

Fig. 47.

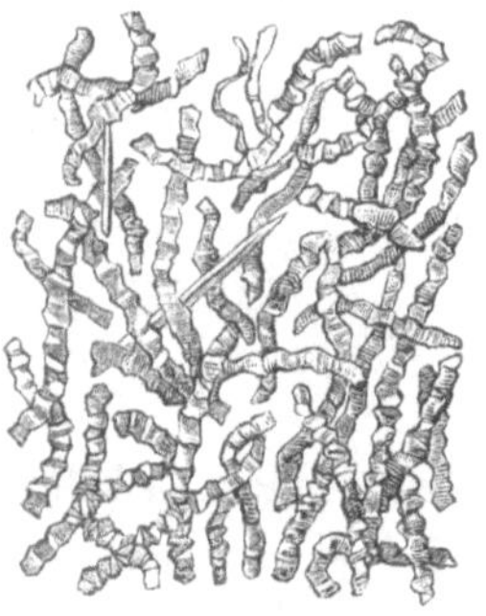

Scoliorhaphis cerebriformis Zitt. Skelet. Quadratenkreide.

Als fossile Vertreter der *Suberitidae* verdienen Erwähnung:

Scoliorhaphis Zitt. (Fig. 47). Massive, knollige oder incrustirende Schwämme, deren Skeletelemente aus gekrümmten, knorrigen Cylindern und einzelnen Stabnadeln besteht. Lias, Jura und Kreide.

Opetionella Zitt. Knollige oder rindenförmige Schwämme, deren Skeletelemente aus 3—10 mm langen, beiderseits zugespitzten Stabnadeln bestehen. Jura und Kreide.

Isolirte einaxige Kieselnadeln von Monactinelliden, sowie Klammern- und grabscheitähnliche Kieselgebilde, welche für *Esperia* charakteristisch sind (vergl. Fig. 45 *i, j*), sind aus Tertiär-, Kreide- und Lias-Bildungen bekannt.

4. *Tetractinellidae.*

Die Skeletelemente der hierhergehörigen Spongien sind regelmässig gebildete Vierstrahler, neben welchen jedoch noch einaxige Nadeln, vielaxige und dichte Kieselgebilde auftreten.

Isolirte Nadeln und Anker von *Geodia, Steletta, Tethya, Pachastrella* und *Dercites* sind im Eocän, in der oberen Kreide und im Lias nachgewiesen worden, man kennt jedoch Skeletelemente, welche von *Tetractinelliden* herrühren, schon aus der rhätischen Stufe und selbst aus dem Kohlenkalk. Bei *Ophiraphidites Cart.*, *Tethyopsis Zitt.* und *Pachastrella Sdt.* (sämmtlich aus der oberen Kreide) kennt man die Skeletbildungen noch im Zusammenhang. *Ophiraphidites* besitzt sehr lange, wellig gebogene Stabnadeln, zwischen welchen vereinzelte Vierstrahler auftreten.

Fig. 48.

Thetyopsis Steinmanni Zitt. Skelet, Mucronatenkreide, Ahlten, Hannover.

Tethyopsis (Fig. 48) weist grosse, doppelt zugespitzte, gerade, radiär geordnete Stabnadeln und eine Oberflächenschicht von kleinen Ankern auf. Das Skelet von *Pachastrella* endlich besteht hauptsächlich aus einfachen Vierstrahlern, zwischen denen einzelne Dreistrahler, sowie vergabelte Vierstrahler liegen.

5. *Lithistidae.*

Die Skeletelemente der Lithistiden sind mehr oder minder deutlich vierstrahlig, oder unregelmässig ästig, an den Enden der Aeste oder der ganzen Länge nach mit knorrigen, wurzelartigen Ausläufern versehen. Häufig kommen neben diesen, mit den wurzelartigen Ausläufern verflochtenen (aber nicht verwachsenen) Skeletelementen auch Oberflächen-Nadeln von vieraxigem oder einaxigem Typus vor: Gabelanker mit langem, nach innen gerichteten Schaft oder kurzgestielte, zuweilen knorrigästig endende Anker oder Kieselscheiben, sowie einaxige Nadeln von verschiedener Grösse und Form (Fig. 49).

Die *Lithistiden* zeichnen sich durch ungewöhnliche Dichte ihres Kieselskeletes aus, welches dicke, steinartige Wände bildet, und hierdurch viel zur Erhaltungsfähigkeit der sehr mannigfach gestalteten, meist angehefteten, schüssel-, becher-, cylinderförmigen, zuweilen auch kugeligen, birnförmigen und unregelmässigen, knolligen Schwämme beiträgt, die unter allen Spongien am häufigsten fossil auftreten.

Fig. 49.

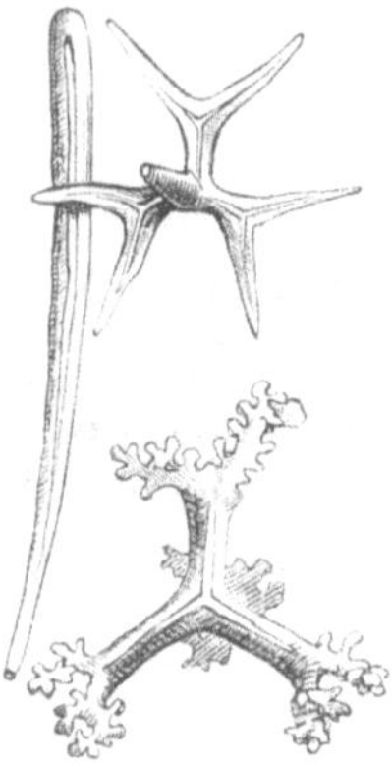

Callopegma Schloenbachi Zitt. Isolirtes Skeletelement, Gabelanker und Stabnadel. Mucronatenkreide.

Das Circulationssystem ist sehr verschieden entwickelt; es gibt Formen mit enger, innerer Höhle und einem Osculum im Scheitel und Formen mit zahlreichen inneren Höhlen und entsprechenden Mündungen. Bei manchen findet sich im Inneren ein Bündel von Röhren in der Axe, bei anderen sind die Ausströmungslöcher so zahlreich und klein, dass sie von den Einströmungsöffnungen nicht unterschieden werden können, endlich gibt es auch Lithistiden, bei welchen ein besonderes Canalsystem gänzlich fehlt und der ganze Schwammkörper aus einem gleichmässigen, lockeren Gewebe von Skeletelementen besteht.

Zittel trennt die Lithistiden nach der Beschaffenheit ihrer Skeletelemente in vier Gruppen: *Tetracladina*, *Anomocladina*, *Megamorina* und *Rhizomorina*.

Bei den *Tetracladinen* bestehen die Skeletkörperchen aus vier unter Winkeln von 120^0 zusammenstossenden Armen mit wurzelartig vergabelten

Fig. 50.

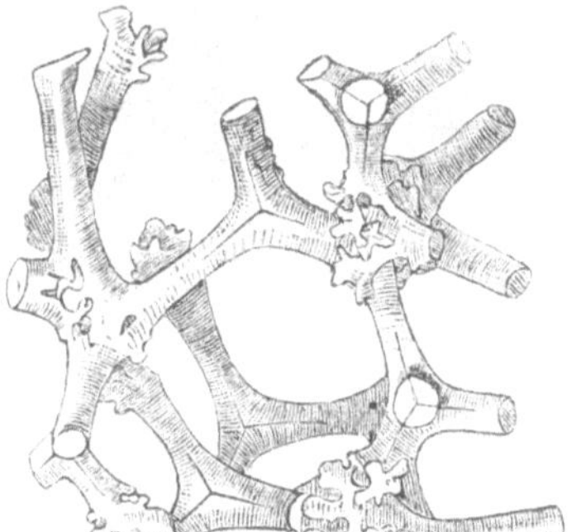

Skelet von *Turonia constricta Zitt.* Mucronatenkreide.

Fig. 51.

Skelet von *Cylindrophyma milleporata.* Goldf. sp. Oberer Jura. *E.*

Enden. (Vergl. das isolirte Skeletelement von *Callopegma Schloenbachi Zitt.* in Fig. 49.) Jeder Ast enthält einen feinen Axencanal, welcher in Vereinigung mit den übrigen ein vierstrahliges Axenkreuz bildet. Die Verbindung dieser

Skeletelemente erfolgt durch innige Verflechtung der verästelten Ausläufer von zwei oder mehreren Armen der benachbarten Vierstrahler (Fig. 50).

Bei den *Anomocladinen* weisen die sehr unregelmässig gestalteten Skeletkörperchen ein knollig entwickeltes Centrum auf, in welchem die Aeste zusammenstosssen. Dieselben sind an ihren Enden mässig vergabelt und heften sich zuweilen an den Centralknoten eines benachbarten Skeletelementes an (Fig. 51). Das massige Netzwerk eines *Anomocladinen*-Skeletes hat in manchen Fällen eine gewisse Aehnlichkeit mit jenem von Hexactinelliden.

Bei den *Megamorinen* sind sehr grosse, 2—4 mm lange, glatte, unregelmässige Skeletkörper vorhanden, welche nur einen einfachen, meist kurzen Axencanal aufweisen. Die wenig verästelten Ausläufer der Skeletkörper

Fig. 52.

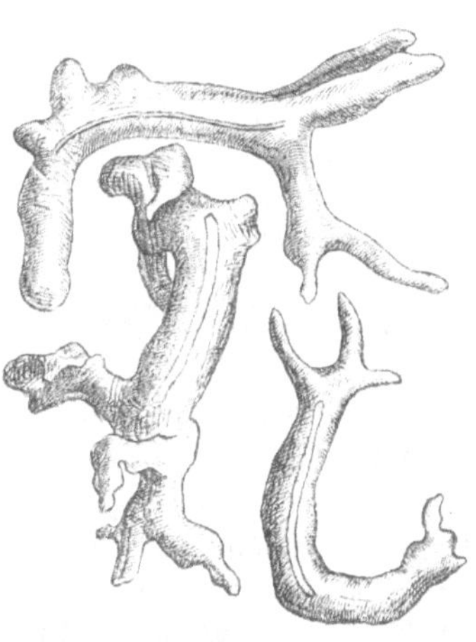

Isolirte Skeletkörperchen von *Megalithista foraminosa Zitt.* Ob. Jura *E.*

Fig. 53.

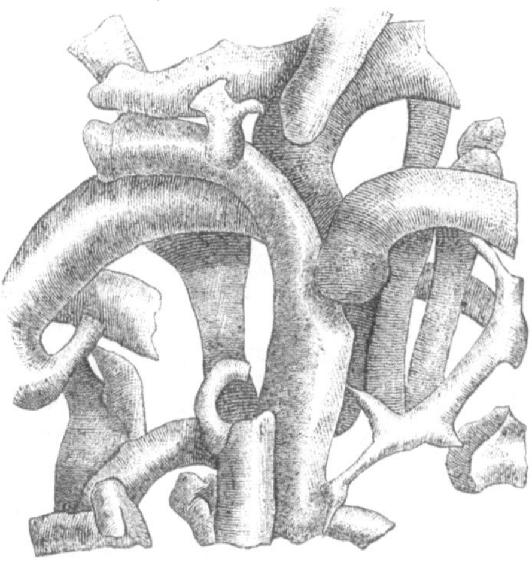

Skeletkörperchen von *Megalithista foraminosa Zitt.* in Verbindung. Ob. Jura *E.*

legen sich dicht an einander und umfassen sich theilweise, so dass auch hier eine ziemlich feste Verbindung der Skeletelemente zu Stande kömmt (Fig. 52, 53).

Bei den *Rhizomorinen* sind die Skeletkörperchen sehr unregelmässig, mehr oder minder mit knorrigen und wurzelförmigen Ausläufern besetzt, welche sich mit jenen der benachbarten Skeletelemente zu einem lockeren, verworrenen Gewebe verflechten oder in innigerer Verbindung anostomosirende oder parallele Faserzüge bilden, in welchen die Skeletkörperchen meist nach bestimmten Richtungen gruppirt sind (Fig. 54, 55).

Bei besonders günstiger Erhaltung weisen die fossilen *Lithistiden* auch ihre Oberflächengebilde auf, die sich durch grosse Mannigfaltigkeit auszeichnen. Vergabelte Anker mit langem, nach innen gerichteten Schaft bilden häufig die Oberflächenschichten (Fig. 56). Ausser ihnen kommen auch einaxige Stabnadeln und kurzgestielte Kieselscheiben vor.

a) *Tetracladina.*

Die Skeletelemente sind mehr oder minder deutlich vierstrahlig, die Arme verästelt mit vier unter Winkeln von 120° zusammenstossenden Axencanälen. Sehr häufig mannigfach gestaltete Oberflächennadeln: Gabelanker, lappige oder ganzrandige Kieselscheiben, Stabnadeln.

Fig. 54.

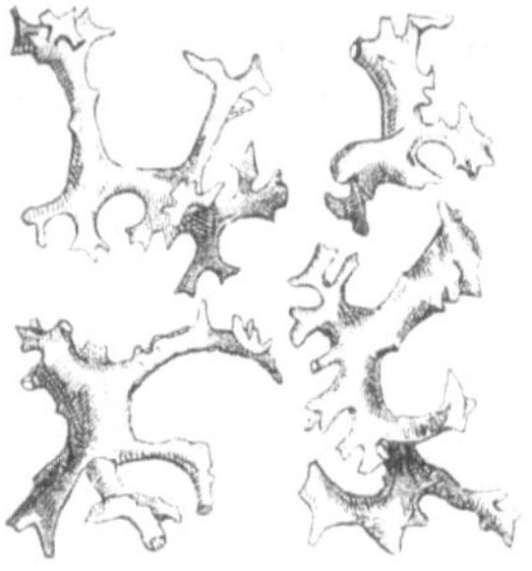

Isolirte Skeletkörperchen von *Epistomella clivosa Quenst.*, weisser Jura.

Fig. 55.

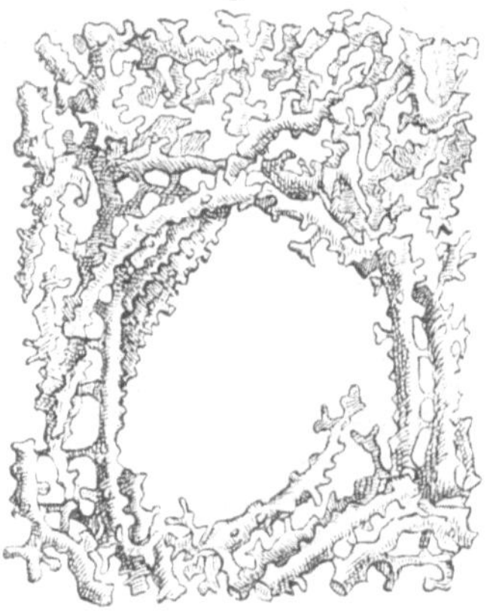

Skelet von *Jereica polystoma Roem.* Mucronatenkreide.

Siphonia Park. (Fig. 57). Feigen-, birn- oder apfelförmig, zuweilen lappig, gestielt, selten ungestielt, am Scheitel mit tiefer Centralhöhle, in welche die Oscula von in Längs- und Querreihen geordneten, bogenförmig verlaufenden Ausfuhrcanälen münden. Schwächere Einströmungscanäle verlaufen schräg von innen nach aussen und kreuzen die Bogencanäle, welche gegen die Mitte sich steiler stellen und als Röhrenbündel in den Stiel und die Wurzel fortsetzen. Das Skelet besteht aus grossen, deutlich vierstrahligen Lithislidenkörpern, deren glatte Arme mit zwei bis drei wurzelförmigen Ausläufern versehen sind, welche mit der entsprechenden Verästelung der benachbarten Skeletelemente verflochten sind. An der Oberfläche, in den Canälen, und im Skelet finden sich grosse Stabnadeln, selten auch Anker mit gabeligen Zinken. Die Wurzel besitzt meist eine ähnliche Structur wie das Skelet des übrigen Schwammkörpers, nur bei jenen Siphonien, welche einen sehr langen

Fig. 56.

Oberflächenschicht von *Turonia induta Zitt.* Quadratenkreide.

Fig. 57.

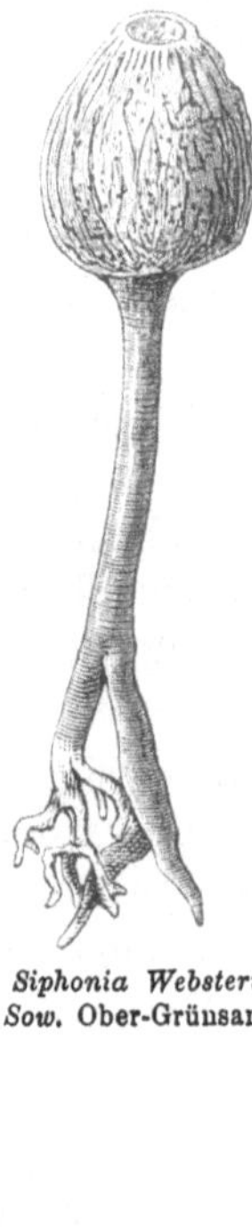

Siphonia Websterii Sow. Ober-Grünsand.

Stiel besitzen, sind die Arme der Skeletkörperchen in der Richtung des Stieles verlängert, auch erfolgt die Verbindung nicht durch Verflechtung der wurzelförmigen, verdickten Enden, sondern durch lockere Einschiebung der Aeste der benachbarten Skeletelemente. *Siphonia* ist in der mittleren und oberen Kreide sehr verbreitet und häufig.

Jerea Lamx. Birnförmig, kugelig, umgekehrt flaschenförmig, conisch oder cylindrisch, mit kurzem oder langem Stiel und mehr oder minder verdickter und ausgebreiteter Basis. Vom abgestutzten oder eingesenkten Scheitel zieht ein Bündel röhrenförmiger Hohlräume bis zur Basis herab. Die Oberfläche ist mit verschieden grossen, verstreut stehenden Ostien besetzt, von welchen gröbere und feinere Canäle ins Innere dringen. Die vierstrahligen Lithistidenkörper, welche das Skelet zusammensetzen, besitzen glatte, nur zuweilen mit knorrigen Auswüchsen besetzte Arme, deren Enden zur Vereinigung der einzelnen Skeletelemente mehr oder minder wurzelförmig verästelt sind. Bei einzelnen Formen theilen sich alle oder einzelne Arme in zwei Aeste. Einzelne Gabelanker und einfache Stabnadeln treten als isolirte Kieselgebilde auf. *Jerea* ist in der Kreideformation, zumal in ihren oberen Stufen, sehr verbreitet. Weitere verwandte Gattungen der Kreideformation sind: *Nelumbia Pomel, Marginospongia d'Orb.* und *Polyjerea From.* Bei letzterer ist die Basis, sowie ein grosser Theil der übrigen Oberfläche des Schwammes mit einer glatten Kieselepidermis bekleidet, welche aus sehr kleinen, filigranartig verästelten, undeutlich vierstrahligen, dichtgedrängten Kieselkörperchen besteht, während das Skelet der Hauptsache nach wie bei *Jerea* aus ziemlich grossen, glatten Vierstrahlern besteht. Das Skelet von *Astrocladia Zitt.* aus der Kreide besteht aus kleineren, deutlich vierarmigen Körperchen, deren Arme sehr stark wurzelförmig verzweigt sind. Die beinahe dichte Oberflächenschicht besteht aus sehr kleinen, unregelmässigen, stark verästelten Körperchen, während besondere Oberflächennadeln fehlen.

Thecosiphonia Zitt. Einfache oder zusammengesetzte Formen von birnförmiger, cylindrischer oder kreiselförmiger Gestalt, am Scheitel mit seichter Vertiefung, in welche ein Bündel röhrenförmiger Canäle mündet, von welchen die äusseren parallel der Oberfläche verlaufen, die inneren hingegen senkrecht stehen. Radialcanäle durchziehen ausserdem von aussen nach innen und unten den Schwammkörper. Die Oberfläche ist rauh, mit gekrümmten Gruben und Furchen bedeckt, die Basis aber, sowie ein grösserer Theil des Schwammkörpers trägt eine dichte kieselige Deckschicht. Die regelmässig gestalteten Skeletelemente sind durch ausserordentliche Grösse ausgezeichnet, neben ihnen treten noch vereinzelte Stabnadeln auf. Kreide.

Bei *Callymatina Zitt.* aus der Kreide ist der ganze Schwammkörper mit glatter Kieselhaut überzogen, darunter die Oberfläche rauh, mit Ostien von Radialkanälen.

Turonia Mich. Die unregelmässigen knolligen oder doppelkegelförmigen Schwämme sind an der Basis, oder an der unteren Hälfte, zuweilen auch nahezu an der gesammten Oberfläche mit einer glatten Deckschicht von der Stärke eines Papierblattes überzogen; die übrigen Partien sind rauh, oft mit strahligen Furchen bedeckt, in welche am Scheitel verstreute Verticalcanäle ausmünden. Das Skelet besteht aus grossen, glatten Vierstrahlern, welche durch die wurzelartigen Ausläufer ihrer Arme verbunden sind (Fig. 50), die glatte Deckschicht wird von kleinen, ästigen Körperchen und zahlreichen Gabelankern gebildet (Fig. 56). Ausserdem treten auch grosse Stabnadeln häufig auf.

Weitere *Tetracladinen*-Gattungen der Kreideformation mit einem aus glatten, selten etwas knorrigen, an den Enden ästig verzweigten Armen bestehenden Skelet und Gabelankern und einaxigen Nadeln in der Oberfläche sind: *Callopegma Zitt.*, *Trachysycon Zitt.*, *Aulaxinia Zitt.* und *Phymatella Zitt.*

Rhagadinia Zitt. Flache, plattige oder schüsselförmige, seitlich mit kurzem Stiel festgewachsene Schwämme mit abgerundetem Rand, an beiden Seiten mit anastomosirenden Furchen, von welchen Canäle schräg oder gerad in die Wand eindringen. Die vier Arme der Skeletkörperchen sind in zwei oder mehr lange, knorrige Aeste vergabelt, welche wieder gezackt enden. An der Oberfläche findet sich eine vollständige Deckschicht aus gestielten, lappigen Scheiben und unregelmässig geformten, glattarmigen, verästelten kleinen Kieselkörperchen. Obere Kreide.

Plinthosella Zitt. aus der Kreide besitzt ein Skelet aus vierstrahligen, grossen Skeletkörperchen, welche überall mit warzenförmigen, rundlichen Hervorragungen versehen, an den Enden aber nicht oder schwach verästelt sind. An der Oberfläche treten verschieden gestaltete, grosse, lappige oder ganz-randige Kieselscheiben auf. Die Oberfläche der kugeligen oder unregelmässigen Schwämme weist unregelmässige Furchen und verstreute Oeffnungen auf, von welchen mehr oder weniger tiefe, gebogene Canäle ins Innere eindringen. Kreide.

Spongodiscus Zitt. Die Skeletelemente ähnlich jenen von *Plinthosella*, bilden jedoch ein weitmaschiges, anastomosirendes Skelet, zwischen welchem das Wasser circuliren konnte, da ein besonderes Canalsystem fehlt. Als isolirte Kieselgebilde sind grosse Stabnadeln zu erwähnen. Kreide.

Zu den *Tetracladinen* rechnet Zittel auch *Aulocopium Oswald* aus dem Silur mit undeutlich vierstrahligen Skeletelementen, welche an jene der *Rhizomorinen* und *Anomocladinen* erinnern. Diese halbkugeligen oder kugeligen Schwämme sind frei, an der Unterseite mit einer dichten Kieselhaut überzogen, an der oberen Seite mit einer vertieften Centralhöhle versehen, von deren Basis Radialcanäle gegen die Peripherie ziehen, während Bogencanäle der Umfangslinie parallel verlaufen. Verwandte Formen sind: *Aulocopina Billings* und *Silurispongia Martin*, gleichfalls aus der Silurformation.

b. *Anomocladina.*

Die Skeletelemente aus vier oder mehr glatten, in einem verdicktem Centrum zusammenstossenden, an den freien Enden verästelten Armen bestehend. Ausserdem Stabnadeln in grosser Menge vorhanden.

Cylindrophyma Zitt. Cylindrische, dickwandige Schwämme, mit weiter röhriger oder trichterförmiger Centralhöhle, von welcher aus Radialcanäle in die Wand eindringen. An der äusseren Oberfläche stehen die kleineren Ostien der Einströmungscanäle zerstreut. Das Skelet besteht aus ästigen Kieselkörpern, deren Arme von einem verdickten Centralknoten ausstrahlen. Die verästelten Enden legen sich an jene der benachbarten Skeletelemente und bilden polsterartige Knoten (Fig. 58). Sehr häufig im oberen Jura.

Fig. 58.

Cylindrophyma milleporata Goldf. sp. Oberer Jura ε.

Melonella Zitt. Apfelförmig oder halbkugelförmig, an der Unterseite mit dichter Kieselhaut und tiefer aber mässig breiter Centralhöhle. Skelet wie bei *Cylindrophyma*. Das Canalsystem erinnert an jenes von *Aulocopium*.

Lecanella Zitt. Dünnwandige, niedrig trichter- oder schüsselförmige Schwämme, ohne entwickeltes Canalsystem, welches auch bei *Mastosia Zitt.* fehlt, welche letztere Gattung knollige oder halbkugelige Schwämme umschliesst, deren Oberseite mit grossen, zitzenförmigen Höckern bedeckt ist. Beide Gattungen sind im oberen Jura zu Hause.

c. *Megamorina.*

Das Skelet besteht aus grossen, glatten, unregelmässig ästigen Körpern mit einfachem Axencanal, welche nur locker mit einander verflochten sind. Daneben treten zuweilen kleinere, unregelmässig knorrige Skeletkörperchen von rhizomorinem Typus auf. Die Oberflächengebilde sind Gabelanker oder einaxige Nadeln.

Megalithista Zitt. Cylindrische, birn- oder becherförmige, dickwandige Schwämme mit weiter, röhriger Centralhöhle, welche, sowie die Aussenwand mit runden verstreuten Ostien bedeckt ist, von welchen kräftige Kanäle in's Innere dringen. Das Skelet wird von sehr grossen, glatten, in zwei bis drei Aeste vergabelten Kieselkörpern vom *Megamorinen*-Typus gebildet (Fig. 59, 60), neben welchen einfache Stabnadeln und kleinere Gabelanker auftreten. Oberer Jura.

Doryderma Zitt. Cylindrische, birnförmige, abgeplattete oder ästige Schwämme mit mehreren, der Längsaxe parallelen Verticalröhren im Inneren. In den Maschen des aus sehr grossen, glatten, wenig ästigen Lithistidenkörpern bestehenden Skelets liegen bei gut erhaltenen Exemplaren dichte Büschel langschaftiger Gabelanker. Obere Kreide.

Carterella Zitt. aus der Kreide weist neben den grossen, lang gestreckten, mit höckerigen Auswüchsen versehenen Skeletelementen auch kleine, stark verästelte, gedornte Körperchen auf. Bei *Heterostinia Zitt.* aus der oberen Kreide besteht das Skelet der Hauptsache nach aus kleinen, gekrümmten, vielästigen, gezackten Kieselkörperchen, neben welchen mehr vereinzelt sehr grosse, glatte, in wenig Aeste vergabelte Skeletelemente auftreten. Bei

Isoraphinia Zitt. (ebenfalls aus der Kreide) vereinigen sich die sehr grossen walzigen, an den Enden verdickten, selten gespaltenen Nadeln in eigenthümlicher Weise zu Bündeln, welche im Grossen das Bild eines vierstrahligen

Fig. 59.

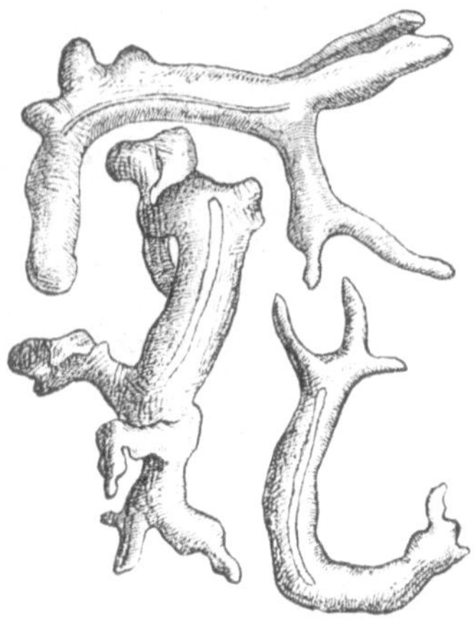

Isolirte Nadeln von *Megalithista foraminosa Zitt.*

Fig. 60.

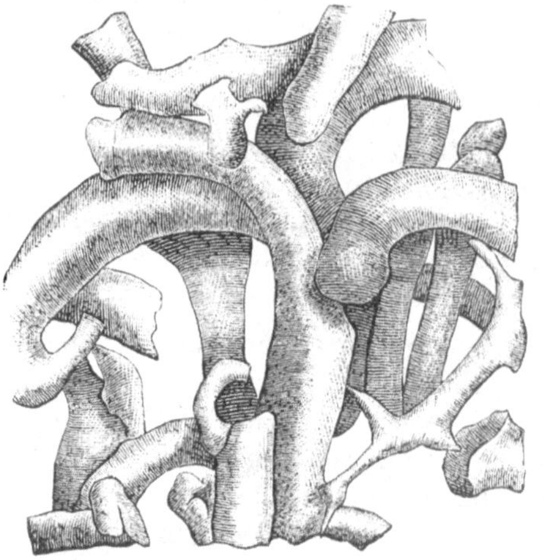

Skelet von *Megalithista foraminosa Zitt.*

Lithistidenkörperchens wiederholen, indem die gekrümmten Enden in regelmässigen Abständen in einem Knoten zusammentreffen und mit einander verflochten sind.

d. *Rhizomorina.*

Skeletkörperchen unregelmässig ästig, mit knorrigen oder kürzeren und längeren wurzelartigen Ausläufern dicht besetzt, mit einfachem oder ästigem Centralcanal. Diese Elemente bald zu Faserzügen gruppirt, bald locker in einander verflochten, Oberflächengebilde oft jenen des übrigen Skeletes analog, zuweilen Gabelanker und einaxige Nadeln vorhanden.

Fig. 61.

Cnemidiastrum striatopunctatum Goldf. Weisser Jura d.

α) Skeletkörperchen mässig verzweigt, mit kurzem, einfachen Canal im Hauptstamm, locker mit einander verflochten.

Cnemidiastrum Zitt. (Fig. 61). Kreisel-, kugel-, schüsselförmige oder cylindrische Schwämme mit vertiefter Centralhöhle, deren dicke Wand von zahlreichen, verticalen Radialspalten durchzogen wird, die sich gegen aussen gabeln und anastomosiren. Diese Spalten zeigen sich an wohlerhaltenen Stücken als verticale Reihen dicht übereinander liegender Canäle. In solchen Fällen beobachtet man auch, dass die äussere und innere Oberfläche der Wand mit einer fast glatten Deckschicht überzogen ist. Sehr häufig im oberen Jura.

Hyalotragos Zitt. Schüssel-, trichter- oder kreiselförmig, mit zugespitzter oder gestielter Basis und vertiefter Oberseite, welche mit Osculis besetzt ist.

Aussenseite porös oder mit einer runzeligen Deckschicht überzogen. In der Mitte der Oberseite mündet ein Bündel verticaler Röhren, welche bis zur Basis des Schwammkörpers eindringen. In radialen Verticalreihen geordnete, der Oberfläche parallel laufende Canäle erzeugen eine der Gattung *Cnemidiastrum* ähnliche, jedoch feinere und undeutlichere Structur. Die lose mit einander verflochtenen Skeletelemente sind ziemlich gross und nur spärlich mit dornigen Auswüchsen versehen. Sehr häufig im oberen Jura.

Pyrgochonia Zitt. Becherförmig, Skeletstructur und Canalsystem wie bei *Hyalotragus*, nur die Verticalröhren im Centrum wenig entwickelt. Oberer Jura.

Platychonia Zitt. Blattförmig, wellig gebogen, selten becher- oder schüsselförmig, beide Oberflächen mit Poren besetzt, Canalsystem sehr unvollkommen entwickelt. Skeletelemente gleich jenen von *Hyalotragus*. Häufig im oberen Jura.

Weitere hierher gehörige, im oberen Jura auftretende Gattungen sind: *Discostroma*, *Leiodorella* und *Epistomella Zitt.*

β) Skeletkörperchen stark verästelt, mit verzweigtem Axencanal, häufig zu Faserzügen verflochten.

Fig. 62.

Jereica polystoma Roem. Mucronatenkreide.

Jereica Zitt. (Fig. 62). Sehr mannigfach gestaltete Schwämme; am Scheitel mündet eine grössere oder geringere Anzahl verticaler Röhren, welche bis zur Basis den Schwammkörper durchsetzen. Die Oberfläche ist mit porenförmigen Oeffnungen gleichmässig besetzt, von welchen haarfeine Radialcanälchen eindringen. Das Skelet besteht aus unregelmässig verzweigten oder ästigen Kieselkörperchen, welche innig mit einander zu Faserzügen vereinigt sind, welche dem unbewaffneten Auge als einfache Fasern erscheinen. Obere Kreide.

Stichophyma Pomel. Meist einfach, seltener ästig, walzen-, keulen-, kreiselförmig oder knollig. Am Scheitel einige, meist umrandete und ein wenig vorstehende Oeffnungen von Verticalcanälen, auf den Seiten warzenartig hervortretende Oeffnungen von Horizontalcanälen oder einfache runde Poren. Ausser den grösseren Horizontal- und Verticalcanälen sind auch noch ganz feine Radialcanälchen vorhanden.

Das Skelet besteht aus kleinen, kurzen, gekrümmten, unregelmässig vergabelten, mit kurzen, wurzelartigen Fortsätzen besetzten Körpern. Mittlere und obere Kreide.

Verruculina Zitt. Unregelmässig, trichter-, napf-, blattförmig, Oscula nur auf der oberen (resp. inneren) Seite auf warzenartigen Erhebungen, — auf der unteren (resp. äusseren) Wand befinden sich Poren. Die vielfach verästelten und gekrümmten, kleineren Skeletkörperchen sind zu anastomosirenden Faserzügen verflochten. Oberflächenschicht aus kleineren, verdichteten Skeletelementen gebildet, zu welchen sich zuweilen Stabnadeln gesellen. — Obere Kreide.

Chenendopora Lamx. Vielgestaltige, becher-, trichter-, oder napfförmige Schwämme. Innenseite mit kleinen vertieften Osculis besetzt, Aussenseite fein porös oder mit runzeliger Deckschicht überzogen. Häuig in der oberen Kreide.

Seliscothon Zitt. Teller-, schüssel-, trichter- oder becherförmige, gestielte Schwämme der mittleren und oberen Kreide von oft bedeutenden Dimensionen (*Seliscothon Roemeri Zitt.* vom Sutmerberg erreicht 3 dcm Durchmesser). Die Wand besteht aus dünnen, radialen, senkrechten Lamellen, deren Zwischenräume das Canalsystem ersetzen. Skelet aus feinen, unregelmässig verästelten Kieselkörperchen, welche an der Oberfläche stärker als im Inneren verästelt sind und eine fein poröse Deckschicht bilden, in welcher zahlreiche, doppelt zugespitzte Stabnadeln auftreten.

Chonella Zitt. Teller- oder trichterförmige, kurzgestielte Schwämme; beide Oberflächen mit kleinen, ovalen oder runden Oeffnungen besetzt, von welchen Canäle in's Innere der Wand eindringen. Skelet aus einem Geflecht von kleinen, unregelmässigen, filigranartig gezackten Körperchen, neben welchen an der Oberfläche und im Inneren häufig Stabnadeln und vereinzelt auch kleine Anker auftreten. — Verbreitet in der oberen und mittleren Kreide.

Bolidium Zitt. Knollige Schwämme der Kreideformation, deren Oberfläche nur mit feinen Poren versehen ist. Skelet aus kleinen, rhizomorinen Körperchen. *Astrobolia Zitt.*, gleichfalls aus der Kreide, unterscheidet sich von *Bolidium* durch das Auftreten grösserer gestrahlter Oeffnungen neben den Poren.

Coelocorypha Zitt. Einfache, kugelige, cylindrische oder zusammengesetzte Schwämme, im Scheitel mit einer wenig vertieften Centralhöhle, Oberfläche mit Poren, von welchen sehr feine Radialcanälchen in die dicke Wand eindringen. Obere Kreide.

Scytalia Zitt. Vielgestaltig, walzenförmig, einfach oder ästig, dickwandig, mit runder röhrenförmiger Centralhöhle, in welche Radialcanäle münden, die nach aussen dünner werdend und sich vielfach verästelnd in die Poren der Oberfläche münden. Skeletkörperchen gebogen, ästig, mit zugespitzten Ausläufern. Mittlere und obere Kreide. Die nahe verwandte *Stachyspongia Zitt.* tritt ebenfalls in der Kreide auf.

Pachinion Zitt. Walzen- oder keulenförmig, kurzgestielt, mit weiter, tiefer Centralhöhle, von deren Basis mehrere Verticalröhren noch tiefer eindringen. In der dicken Wand grobe, anastomosirende Faserzüge, zwischen welchen unregelmässige, weite Löcher zur Circulation frei bleiben.

Das Skelet besteht aus grossen, überall mit kurzen Höckern versehenen rhizomorinen Körpern, die Oberflächenschicht aus zierlichen, kleinen, stark verästelten Kieselkörperchen und zahlreichen Gabelankern. Obere Kreide.

6. *Hexactinellidae.*

Der Typus der skeletbildenden Kieselnadeln ist ein Achsenkreuz aus drei sich rechtwinkelig schneidenden Centralcanälen; die „Sechsstrahler“ sind entweder isolirt oder gitterförmig verschmolzen. Neben den eigentlichen Skeletnadeln treten häufig auch isolirte Fleischnadeln von sehr zierlicher und mannigfacher Form auf.

Nächst den *Lithistiden* bilden die *Hexactinelliden* die am häufigsten fossil auftretende Gruppe der Schwämme.

Die Wandungen der hierher gehörigen Schwammkörper sind zumeist dünn und umschliessen einen Centralraum von röhriger, cylindrischer oder trichterförmiger Gestalt. Das Canalsystem ist zumeist sehr einfach, auf eine grosse Anzahl einfacher, sehr selten verzweigter Canäle beschränkt, welche in radialer Richtung senkrecht oder schräge in die Wand eindringen. Nur bei *Aphrocallistes* durchsetzen sie die ganze Wandstärke, sonst beginnen sie auf der Aussen- oder Innenseite und endigen blind unmittelbar unter der jenseitigen Oberfläche — die Oeffnungen stehen dann an beiden Flächen in alternirenden Reihen. Zuweilen fehlen deutliche Canäle ganz und das Wasser circulirt durch das lockere Skelet, auch kann eine starke Faltung der Wand das Canalsystem ersetzen. Bei dichten Wänden, selbst wenn sie sehr dünn sind, sind stets Canäle vorhanden — bei der dickwandigen, silurischen *Astylospongia* ein complicirtes Canalsystem, das an jenes gewisser *Lithistiden* erinnert. Von dem eigentlichen Canalsystem sind jene Räume zu trennen, welche durch Verwachsung gewisser Theile der Schwammkörper bei manchen Hexactinelliden entstehen. Dieses Intercanalsystem ist physiologisch unwichtig und zeigt auch nie constante Verhältnisse.

Fig. 63.

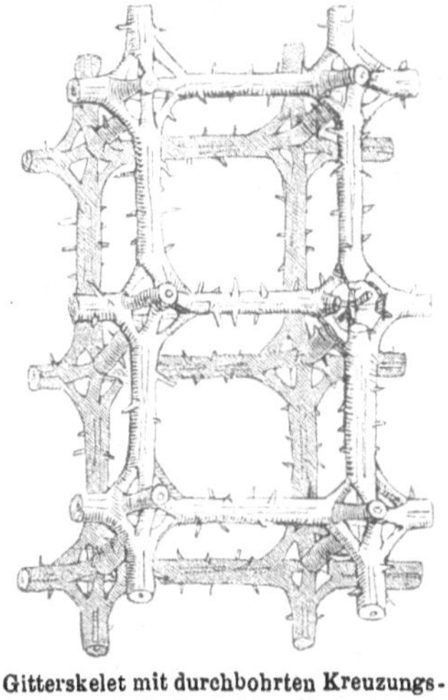

Gitterskelet mit durchbohrten Kreuzungsknoten von *Coeloptychium Seebachi* Zitt.

Die Skeletnadeln der Hexactinelliden sind entweder isolirt und nur durch Sarkode oder durch plattige Kieselsubstanz verbunden, oder aber zu einem regelmässigen Gitterwerk mit meist cubischen Maschen verschmolzen. In ersterem Falle haben wir es mit Formen der von Zittel unterschiedenen Gruppe der *Lyssakinen*, in letzterem mit Vertretern der *Dictyoninen* zu thun. Die Verschmelzung der Skeletelemente erfolgt bei den *Dictyoninen* in der Weise, dass jeder Arm eines Sechsstrahlers an den entgegenreichenden des benachbarten sich anlegt (Fig. 63). Beide Strahlen werden durch eine gemeinsame Kieselhülle so innig vereinigt, dass ihre Selbstständigkeit nur durch das Vorhandensein von zwei getrennten Axencanälen angedeutet wird. Es entstehen so regelmässige Gittergerüste mit cubischen Maschen, welche nur dann unregelmässig werden, wenn ein oder mehrere Sechsstrahler aus der Reihe treten und ihre Strahlen in anderer Weise an das Gerüst heften. Das Centrum jeder Nadel ist stets durch eine Anschwellung, dem Kreuzungsknoten, hervorgehoben. Entweder bildet derselbe eine einfache Verdickung oder er nimmt die Gestalt eines hohlen Octaëders an, dessen Kanten durch dicke Kieselbalken dargestellt werden, während die feinen Axencanäle durch den Mittelpunkt sich kreuzen (Laternennadeln).

In den meisten Fällen (aber nicht in allen) reichen die Verschiedenheiten des Gittergerüstes der fossilen Hexactinelliden hin, um selbst ein kleines Fragment ihres Schwammkörpers generisch bestimmen zu können. Die octaëdrische oder dichte Beschaffenheit der Kreugungsknoten, die Grösse der Maschen, die auf den Kieselbalken auftretenden Dornen, Stacheln und wurzelartigen Ausläufer geben hierfür Anhaltspunkte. Die Fleischnadeln, welche bei den fossilen Formen meist fehlen oder in ihrer Zugehörigkeit zweifelhaft sind, geben weniger wichtige Merkmale, hingegen sind die Eigenthümlichkeiten der Skeletoberfläche von grösserer Bedeutung, nur selten entbehrt dieselbe eigenartig entwickelter Deckschichten. Eine häufige Form derselben entsteht durch plattige Ausbreitung der in der Oberflächenebene gelegenen Arme der äusseren Sechsstrahler, während der nach aussen gerichtete Strahl verkümmert (Fig. 64). Einen anderen Character zeigen jene Deckschichten, die aus einer grob- oder feinlöcherigen Kieselhaut bestehen, in welcher Axenkreuze von der Grösse und Gestalt der Skeletelemente regellos verstreut sind. In anderen Fällen wird die Oberfläche von einer sehr zarten, Spinngeweben ähnlichen Hülle gebildet, die aus verschieden verkitteten Sechsstrahlern bestehen. Bei einzelnen Formen ist die Oberflächenschicht gänzlich frei von eingeschlossenen Nadeln oder Axenkreuzen.

Fig. 64.

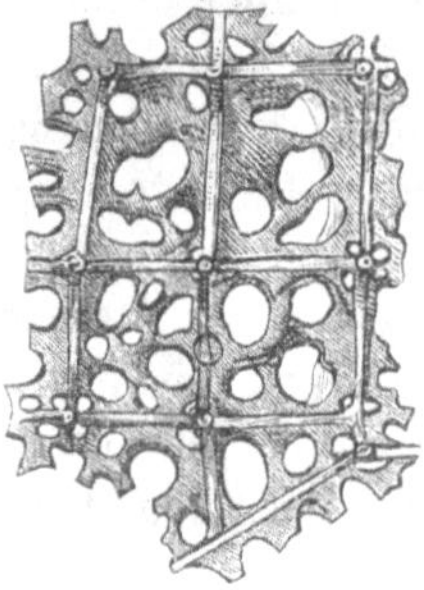

Coeloptychium agaricoides Zitt. Gittergerüst des Stieles.

Auf Grund der Eigenthümlichkeit des Skeletes trennt ZITTEL die *Dictyonina* in neun Gruppen oder Familien.

a. *Astylospongidae Zitt.*

Ungewöhnlich dickwandige, mit stark entwickeltem Canalsystem ausgestattete *Dictyoninen*, deren Gittergerüst ziemlich unregelmässig und mit dichten Kreuzungsknoten ausgestattet ist.

Astylospongia Roem. (Fig. 65). Kugelig oder scheibenförmig, nicht angeheftet, mit schwacher oder fehlender Centralhöhle und wohlentwickeltem Circulationssystem aus peripherischen und verticalen Röhren. Skelet aus verschmolzenen, mit dichten Kreuzungsknoten versehenen Sechsstrahlern bestehend, welche ein nicht sehr regelmässiges Gittergerüst mit polyëdrischen Maschen bilden. Silur.

Fig. 65.

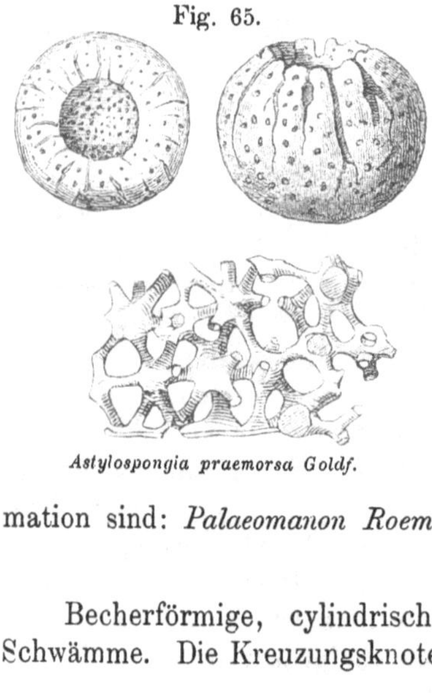

Astylospongia praemorsa Goldf.

Verwandte Gattungen der Silurformation sind: *Palaeomanon Roem.*, *Protochilleum Zitt.*, *Eospongia Billings.*

b. *Euretidae.*

Becherförmige, cylindrische, kreiselförmige oder ästige, festsitzende Schwämme. Die Kreuzungsknoten der verschmolzenen Sechsstrahler undurchbohrt. Oberfläche nackt oder durch Verdichtung der äusseren Skeletschicht verstärkt, zuweilen mit einem zarten Netz verschmolzener Sechsstrahler überzogen, welches auch die Ostien überspinnt. Structur der Wurzel jener des übrigen Körpers ähnlich.

Tremadictyon Zitt. Becherförmig, cylindrisch oder tellerförmig, mit weiter Centralhöhle. Wand beiderseits mit ovalen oder rhomboidischen Ostien, welche in alternirenden Reihen stehen und in blinde Radialcanäle führen. Das Gitterskelet weist grosse, unregelmässige Maschen auf, da die Arme der verschmolzenen Sechsstrahler sich oft verdicken und ausbreiten. Die Oberfläche mit einem zarten, maschigen Netz überzogen, welches auch die Ostien überspinnt. — Sehr häufig im oberen Jura.

Fig. 66.

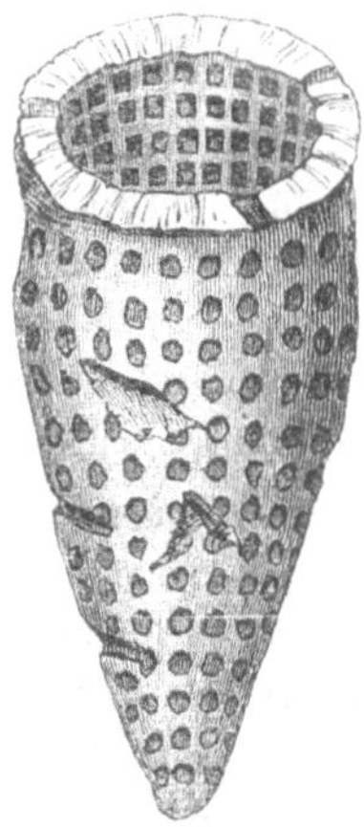

Craticularia paradoxa Mstr. sp. Oberer Jura, Muggendorf.

An diese Gattung reiht ZITTEL die palaeozoischen Genera: *Protospongia Salter*, *Calathium Billings*, *Trachyum Billings*, *Archaeocyathus Billings*, *Protocyathus Ford.*, *Brachiospongia Marsh.*, *Amphispongia Salt.* etc.

Craticularia Zitt. (Fig. 66). Einfache oder ästige Schwämme mit weiter Centralhöhle und zahlreichen rundlichen oder ovalen Ostien, welche auf beiden Oberflächen in horizontalen und verticalen Reihen stehen und zu geraden, starken, blind endenden Radialcanälen führen. Das Skelet besteht aus verschmolzenen Sechsstrahlern mit dichten Kreuzungsknoten, welche ein regelmässiges Gitterwerk mit cubischen Maschen bilden. Zuweilen tritt ein zartes Oberflächennetz wie bei *Tremadictyon* auf. Im oberen Jura und in der Kreide.[1]

Weitere Gattungen des oberen Jura sind: *Sphenaulax Zitt.*, *Sporadopyle Zitt.* und *Verrucocoelia Etallon*, an welche sich die lebenden Gattungen *Scelerothamnus*, *Farrea*, *Eurete*, *Aulodictyon* und *Hyalocaulus* anschliessen.

c. *Coscinoporidae.*

Becherförmige, sternförmige oder ästige Schwämme mit sehr zahlreichen einfachen, blinden Radialcanälen, welche durch ihre Menge das feinmaschige Skelet an der Bildung regelmässiger cubischer Maschen behindern. Die Kreuzungsknoten der Sechsstrahler meist dicht, selten durchbohrt. Deckschicht fehlt, oder wird nur durch Verdichtung der äussersten Skeletelemente gebildet.

Coscinopora Goldf. Becherförmige Schwämme mit verästelter Wurzel, auf beiden Seiten der Wand zahlreiche, im Quincunx stehende Ostien gerader, blinder Radialcanäle. Gittergerüst des Skeletes sehr unregelmässig, Kreuzungsknoten zum Theil durchbohrt, zum Theil dicht, Wurzel aus langen Kieselfasern, welche durch Querbrücken verbunden sind. Kreide.

Leptophragma Zitt. Becherförmig, dünnwandig, beiderseits mit zahlreichen,

[1] Durch DUNIKOWSKI wurden in neuester Zeit auch Reste von *Tremadictyon* und *Craticularia* aus dem unteren Lias des Schafberges bei Salzburg beschrieben.

in Längs- und Querreihen geordneten, kleinen, in sehr feine Radialcanäle führende Ostien. Kreuzungsknoten der Sechsstrahler undurchbohrt, Skelet dicht, steinartig. Obere Kreide.

Eine weitere Gattung der Kreide- und Tertiärformation ist *Pleurostoma Roem.*; ob *Bothroconis King.* aus der Dyas hierhergehört, ist fraglich.

d. *Mellitionidae.*

Aestige, plattige oder kugelige Schwämme, deren Wand von zahlreichen Canälen geradezu durchbohrt und in Zellen getheilt wird. Die Sechsstrahler des Skeletes besitzen dichte Kreuzungsknoten, die Oberfläche wird von einer zarten, maschigen oder porösen Kieselhaut überzogen, welche auch die Ostien überdeckt.

Aphrocallistes Gray. Aestige und knollige, zusammengesetzte Schwämme, deren Wände von beiderseits offenen Radialröhren von sechsseitiger Form durchbohrt werden. Skelet ziemlich unregelmässig. Kreide bis recent.

Stauronema Sollas. Blattförmig, dickwandig, mit zahlreichen geraden, im Quincunx stehenden, perforirenden Canälen. Das Skelet ist ziemlich regelmässig, aus grossen Sechsstrahlern mit stark verdickten Kreuzungsknoten und Armen gebildet, welche kleine rundliche Maschen einschliessen. Kreide.

e. *Ventriculitidae.*

Schwammkörper becher-, trichter-, cylinderförmig oder ästig, mit mäandrisch gefalteter Wand. Canalsystem von blinden Radialcanälen gebildet. Gittergerüst mit octaëdrisch durchbohrten Kreuzungsknoten, die selten fehlende Deckschicht ist in der Regel durch Verdichtung der äussern Skeletlage entstanden. Die langen, durch Querbrücken verbundenen Kieselfasern der Wurzel besitzen keine Axencanäle.

Ventriculites Mant. Schüssel-, becher-, cylinder- oder trichterförmige Schwämme mit weiter Centralhöhle und mäandrisch gefalteter Wand, deren Falten entweder auf einer oder beiden Seiten durch Längsfurchen getrennt oder dicht aneinander gedrängt sind. Radialcanäle in Längsreihen, blind, zuweilen nur auf einer Seite vorhanden, auf der anderen durch Furchen ersetzt. Skelet mehr oder minder unregelmässig mit ziemlich grossen Maschen. Kreideformation.

Weitere *Ventriculitiden*-Gattungen der Kreideformation sind: *Schizorhabdus Zitt.*, *Rhizopoterion Zitt.*, *Sporadoscinia Pomel*, *Licmosinion Pomel*, *Polyblastidium Zitt.*, *Cephalites Toulm. Smith.*

Pachyteichisma Zitt. (Lancispongia Quenst.). Kreisel- oder schüsselförmig, sehr dickwandig. Die senkrechten, mäandrischen Falten der Wand sind auf der Aussenseite durch tiefe, auf der Innenseite durch seichte Furchen getrennt, im Innern der Falten liegen die blinden Radialcanäle. Das Skelet besteht aus sehr regelmässig geordneten, grossen Sechsstrahlern mit octaëdrischen Kreuzungsknoten. Oberer Jura.

Nahe verwandte, ebenfalls im oberen Jura auftretende Gattungen sind: *Trochobolus Zitt.* und *Phlyctaenium Zitt.*

f. *Staurodermidae.*

Die hierhergehörigen, kreisel-, trichter-, cylinderförmigen, selten ästigen Hexactinelliden zeichnen sich durch die Oberflächenschichten aus, in welchen sternförmige Nadeln auftreten, welche sich in der Form von jenen des übrigen Skeletes unterscheiden und entweder nur lose mit einander verkittet sind oder in einer unzusammenhängenden Kieselhaut liegen. Kreuzungsknoten der Skeletnadeln durchbohrt oder nicht.

Cypellia Pomel. Kreiselförmig, schüsselförmig oder ästig, dickwandig, mit gebogenen, perforirenden Radialcanälen. Skeletgewebe unregelmässig, Kreuzungsknoten durchbohrt, äussere Oberfläche mit grossen Sechsstrahlern, deren nach aussen gerichtete Arme verkümmern und welche entweder durch Kieselbrücken und Faden mit einander verbunden sind oder in einer löcherigen Kieselhaut liegen. Oberer Jura.

Stauroderma Zitt. Trichter- oder tellerförmig, auf der oberen (inneren) Seite münden zahlreiche weite Höhlen. Auf der äusseren (unteren) Seite liegen die Ostien der Radialcanäle, welche schräg durch die Wand dringen, eine Strecke unter der Oberfläche der Innenseite fortlaufen, und direct in die Oscula derselben münden. Das Gitterskelet ist ziemlich unregelmässig, die Kreuzungsknoten sind dicht. Beide Oberflächen mit einer Deckschicht aus mässig grossen Kreuz-Nadeln bekleidet. Oberer Jura.

Casearia Quenst. Cylindrische, becherförmige, durch Einschnürungen in ringartige Abschnitte getheilte Schwämme mit röhriger Centralhöhle. Die Oberfläche wird von einem sehr regelmässigen Gittergewebe bedeckt, an dessen Sechsstrahlern der nach aussen gerichtete Arm verkümmert ist. An den Einschnürungsstellen dringt diese Deckschicht, welche auch die Ostien der geraden Radialcanäle aussen und innen überzieht, in die Wand ein und bildet convexe Böden. Das eigentliche Gittergerüst ist sehr unregelmässig, da die Sechsstrahler ohne Ordnung um die Canäle gruppirt sind und sehr verzerrte Arme besitzen; ihre Kreuzungsknoten sind undurchbohrt. Oberer Jura.

Porospongia d'Orb. Plattig ausgebreitete, seltener knollige oder cylindrische Schwämme, deren Oberseite zahlreiche runde Oeffnungen trägt und mit einer fein porösen oder dichten Kieselhaut übersponnen ist, in welcher sehr grosse Kreuznadeln, sowie zahlreiche kleine, sechsstrahlige Axenkreuze liegen. An der Unterseite, an welcher kleine Ostien von kurzen, schwach entwickelten Canälen münden, ist ein zartes Netz verkitteter Kreuznadeln vorhanden. Das Gitterskelet der Wand ist sehr regelmässig mit cubischen Maschen, welche von grossen Sechsstrahlern mit dichten Kreuzungsknoten gebildet werden. Oberer Jura.

Weitere *Staurodermiden*-Gattungen sind: *Purisiphonia Bowb.* (oberer Jura oder untere Kreide von Queensland), *Porocypellia Pomel* aus dem oberen Jura und *Ophrystoma Zitt.* aus der Kreide.

g. *Maeandrospongidae.*

Dictyoninen, deren Körper aus mäandrisch verschlungenen und anastomosirenden, dünnwandigen Röhren und Blättern besteht. Ein eigentliches Canalsystem fehlt oder ist sehr schwach entwickelt, ein „Intercanalsystem“

ist stets vorhanden. Deckschicht fehlt oder bildet eine zusammenhängende Kieselhaut.

Neben mehreren recenten Gattungen (*Myliusia*, *Dactylocalyx*, *Periphragella*) umschliessen die *Maeandrospongidae* zahlreiche fossile Genera:

Plocoscyphia Rss. Knollig, kugelig oder unregelmässig, aus mäandrisch gewundenen, anastomosirenden Röhren und Blättern bestehend, Oberseite gewölbt, eben oder eingesenkt, Wände dünn, zuweilen mit kleinen Ostien, Skelet aus ziemlich regelmässig geordneten Sechsstrahlern mit octaëdrisch durchbohrten Knoten. Nur zuweilen treten in der Nähe der Oberfläche dichte Kreuzungsknoten auf. Kreide.

Camerospongia d'Orb. Kugelig oder birnförmig, obere Hälfte mit dichter oder fein poröser Kieselhaut bedeckt, in der Mitte mit kreisrunder Vertiefung, untere Hälfte mit gewundenen Rippen an der Aussenseite. Das Innere des Schwammkörpers wird von dünnwandigen, verschlungenen Röhren gebildet. Das Skelet besteht aus regelmässig geordneten Sechsstrahlern mit octaëdrisch durchbohrten Kreuzungsknoten. Kreide.

Cystispongia Roem. Birn- oder eiförmig, mit dichter Kieselhaut überzogen, welche nur mehrere grosse, unregelmässige Oeffnungen freilässt. Im Inneren mäandrisch verschlungene, undeutlich radial geordnete Röhren, deren Gitterskelet aus sehr unregelmässig geordneten Sechsstrahlern mit dichten Kreuzungsknoten besteht.

Weitere fossile Gattungen sind: *Tremabolites Zitt.*, *Etheridgia Tate*, *Toulminia Zitt.*, sämmtlich aus der Kreide.

h. *Callodictyonidae.*

Die Wand der hierher gehörigen Hexactinelliden wird von einem sehr regelmässigen, weitmaschigen Gittergerüst mit octaëdrischen Kreuzungsknoten gebildet. Das Canalsystem fehlt entweder ganz oder ist auf die Deckschicht der Aussenseite beschränkt, während im Innern die Wassercirculation durch die weiten Maschen des Gitterskeletes stattfindet.

Callodictyon Zitt. Trichterförmige Schwämme mit dünner, ebener Wand, deren Oberflächenschicht nur durch plattige Ausbreitung der Kieselstäbe der äusseren Skeletlage gebildet wird, ohne dass hierdurch die Maschen geschlossen werden. Canäle und Ostien fehlen. Kreide.

Diplodictyon Zitt. Breit, flachgedrückt mit knolligem Stiel, auf den schmalen Seitenflächen mit grossen runden Oeffnungen. Die Wand des Bechers besteht aus zwei Skeletschichten, die innere wird von regelmässig verbundenen Sechsstrahlern mit durchbohrten Kreuzungsknoten und dicken, glatten Armen gebildet, die äussere von unregelmässig gelagerten Nadeln mit dichten Kreuzungsknoten. Diese äussere Schicht entwickelt sich gegen die Basis stärker und bildet allein das Material des Wurzelstockes. Diese äussere Lage ist am oberen Theile des Schwammkörpers von zahlreichen Ostien von Radialcanälen durchbohrt, welche nur bis zur inneren, weitmaschigen Skeletschicht reichen. Kreide.

Als weitere, hierher gehörige, sämmtlich aus der Kreide stammende Gattungen sind zu nennen: *Marshallia Zitt.*, *Becksia Schlüt.*, *Pleurope Zitt.*

i. *Coeloptychidae Zitt.*

Der schirmförmige, gestielte Schwammkörper wird von einer dünnen, tief gefalteten Wand gebildet. Die Centralhöhle zerfällt in radiale Kammern.

Fig. 67.

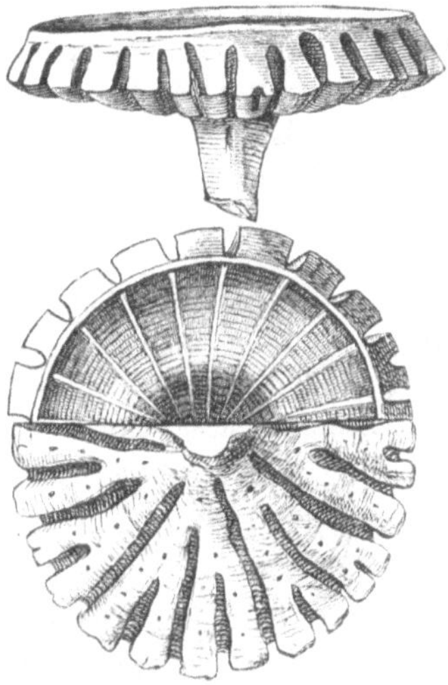

Coeloptychium incisum Roem. Mucronatenkreide.

Fig. 68.

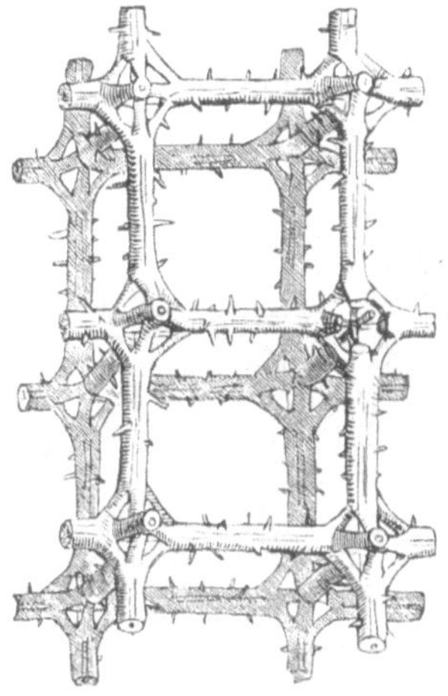

Coeloptychium Seebachi Zitt. Haldem.

Die flache oder vertiefte Oberseite ist ganz von einer zusammenhängenden Deckschicht überzogen, welche in der Regel aus abwechselnd grob und fein porösen Streifen besteht. Canalostien finden sich nur auf der Unterseite, auf dem Rücken der Falten, zuweilen auch auf dem Stiel. Das regelmässige Gittergerüst wird von verschmolzenen Sechsstrahlern mit octaëdrisch durchbrochenen Kreuzungsknoten und gedornten Armen gebildet. Seine Maschen sind gross, werden jedoch an manchen Stellen des Schwammkörpers durch plattige Ausbreitung der Balken des Gerüstes überdeckt, so dass siebartig durchlöcherte Kieselmembranen entstehen.

Fig. 69.

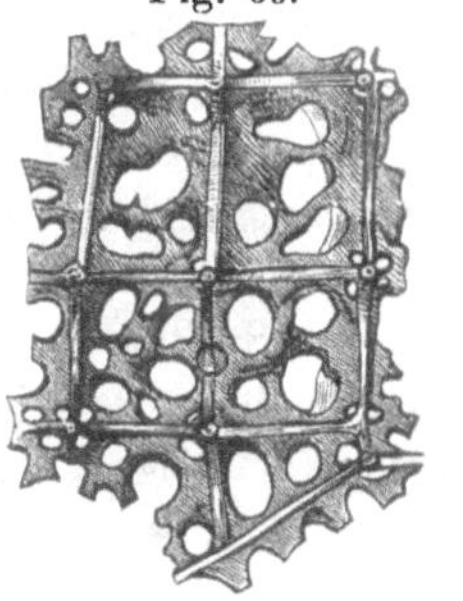

Coeloptychium agaricoides Zitt. Gittergerüst d. Stieles. Haldem.

Coeloptychium Goldf. mit den Charakteren der Familie (Fig. 67, 68, 69). Kreide.

Die zweite Abtheilung der Hexactinelliden, die *Lyssakina*, besitzen kein Skelet aus verschmolzenen Nadeln, dieselben treten vielmehr nur isolirt in der Sarkode oder (ausnahmsweise) auch durch plattige Kieselsubstanz in unregelmässiger Weise verbunden auf. Die Differenzirung der Fleischnadeln gestattet die Unterscheidung dreier Unterabtheilungen: der *Monakidae*, *Pleionakidae* und *Pallakidae Marshall.*

a. *Monakidae.*

Im ganzen Schwammkörper treten nur gleichartige Nadeln auf.

Astraeospongium Roem. (Fig 70). Scheibenförmig, frei, aus zahlreichen, gehäuften, grossen, sternförmigen Körperchen bestehend, deren sechs Arme in einer Ebene liegen (also von dem gewöhnlichen Hexactinellidentypus weit abweichen). Die beiden senkrechten Strahlen sind knopfförmig verkümmert. Silur.

Stauractinella Zitt. Kugelig, ungestielt, Skelet aus grossen, einfachen Sechsstrahlern mit ungleich langen Armen, von denen gewöhnlich ein Strahl unverhältnissmässig verlängert ist (6—8 mm lang). Die Kreuzungsstelle ist kaum verdickt. Jura.

Fig. 70.

Astraeospongia meniscus. Roem. Ob. Silur Tennessee.

b. *Pleionakidae.*

Hauptmasse des Skeletes von reinen Sechsstrahlern gebildet, neben welchen Rosetten oder Besengabeln auftreten.

Recente Formen: *Askonema*, *Lanuginella* etc.

c. *Pollakidae.*

Form des Skeletes und der Fleischnadeln sehr mannigfach. Besondere Auskleidungen der inneren Höhle und der Aussenfläche, sowie ein basaler Wurzelschopf aus langen Kieselnadeln treten auf.

An die zahlreichen recenten, hierhergehörigen Gattungen: *Rosella*, *Pheronema*, *Semperella*, *Euplectella*, *Hyalonema* etc. schliesst ZITTEL einige palaeozoische, theilweise ungenügend bekannte Formen:

Acestra Roem. $5^1/_2''$ lange, nadelartige, glatte Stäbchen rühren vermuthlich aus dem Wurzelschopf einer Hexactinellide her. Silur.

Hyalostelia Zitt. Der obere Theil des Schwammes wird von regelmässigen Sechsstrahlern und sternförmigen Körperchen gebildet, an welchen ein senkrechter Strahl in der Regel verkümmert ist. Oft liegen in einer Ebene statt vier 6—8 Strahlen. Die Wurzel besteht aus langen, etwas gebogenen Längsnadeln, welche theilweise an den Enden mit vier zurückgebogenen Zinken versehen sind. Kohlenkalk.

7. *Calcispongiae.*

Die Kalkschwämme besitzen ein Skelet aus regelmässig gestalteten Kalknadeln von einaxiger, dreistrahliger und vierstrahliger Form. Ihre äussere Form ist ebenso vielgestaltig als jene der Kiesel- und Hornschwämme.

Das Canalsystem ist sehr verschieden entwickelt und von hervorragender Bedeutung. HAECKEL unterscheidet hiernach bei den recenten Kalkschwämmen drei Gruppen: *Asconen*, *Leuconen* und *Syconen*, an welche ZITTEL die hauptsächlich durch die Eigenthümlichkeiten des Skeletbaues ausgezeichneten *Pharetronen* anreiht, welche im ganzen Bau und im Canalsystem mit den (fossil nicht bekannten) *Leuconen* die grösste Aehnlichkeit besitzen. Sämmtliche Nadeln sind bei den *Pharetronen* zu Faserzügen vereinigt, in welchen sie, wie die Pfeile eines Köchers, in paralleler Lage dicht nebeneinander sich befinden (Fig. 71). Diese anastomosirenden Fasern bestehen zum grössten Theil oder gänzlich aus Stabnadeln oder aus diesen und vereinzelten Drei- und Vierstrahlern oder endlich ausschliesslich aus den letzteren.

Der Erhaltungszustand der fossilen Kalkschwämme ist in der Regel der Untersuchung der feineren Skeletverhältnisse höchst ungünstig, häufig sind die Fasern durch eine homogene Masse von kohlensaurem Kalk ersetzt, in welcher keine Spur der ehedem eingebetteten Nadeln ersichtlich ist, oft hat ein Krystallisationsprocess eine radial faserige Textur herbeigeführt (vergl. Fig. 73), endlich sind auch jene Fälle nicht selten, in welchen Kieselsubstanz an die Stelle des ursprünglich vorhandenen Kalkskeletes getreten ist.

Fig. 71.

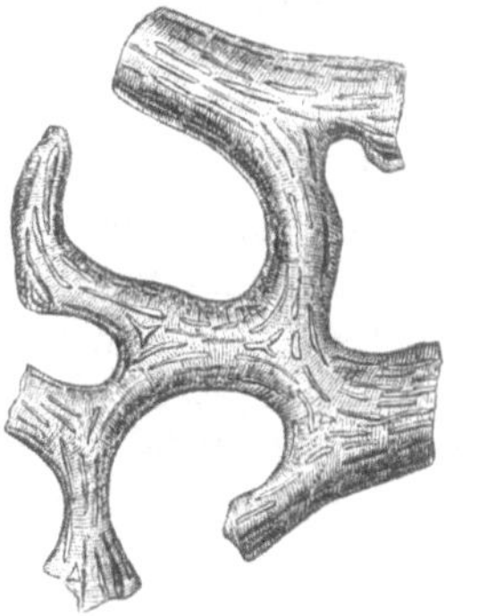

Der Hauptsache nach aus Stabnadeln bestehende Skeletfasern von *Peronella multidigitata Mich.*

a. *Ascones.*

Magenwand dünn, nur von unbeständigen Hauptporen durchsetzt, Skelet einschichtig, mit regelmässig geordneten Spiculae. Fossil unbekannt.

b. *Leucones.*

Wand dick, mit unregelmässig gebogenen, anastomosirenden Canälen, aus ungleich grossen Skeletelementen aufgebaut. Dermal- und Gastralschicht verschieden von dem Binnenskelete, in welchem die Spiculae regellos durch einander liegen.

Fossile Formen bis nun nicht mit Sicherheit bekannt.

c. *Pharetrones.*

Wand dick, mit ästigem, unregelmässig verlaufenden Canalsystem, welches zuweilen auch fehlt. Skeletnadeln zu anastomosirenden Faserzügen geordnet, oft eine glatte oder runzelige Dermalschicht vorhanden.

Stellispongia d'Orb. (Fig. 72). Zusammengesetzt, knollig, an der Basis, zuweilen auch an den Seiten mit runzeliger Oberflächenschicht, Scheitel gewölbt, mit strahligem, wenig vertieften Osculum, in welches zahlreiche Canäle münden. Ausserdem an der Oberfläche zahlreiche Ostien von schrägen Canälen. Trias, Jura, Kreide.

Fig. 72.

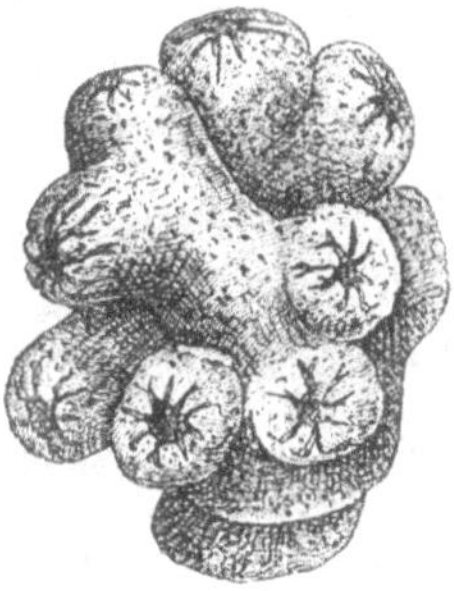

Stellispongia glomerata Quenst. sp. Weisser Jura E.

Fig. 73.

Corynella gracilis Mstr. St. Cassian.

Corynella Zitt. (Fig. 73). Einfach, selten ästig, kolbig, cylindrisch oder kreiselförmig, dickwandig, mit trichterförmiger Magenhöhle, welche im Grunde oft in ein Bündel verticaler Röhren endet. Osculum im Scheitel oft strahlig. In die Centralhöhle münden grobe Astcanäle. Die Oberfläche ist porös, die Basis zuweilen mit dichter Dermalschicht überzogen. Trias, Jura, Kreide. Fig. 73 giebt ein Bild von den durch Krystallisation veränderten Fasern einer triadischen *Corynella.*

Peronella Zitt. Einfach oder ästig, mit cylindrischen Individuen. Scheitel mit centralem Osculum, Magenhöhle röhrig, bis zur Basis reichend. Oberfläche und Wand der Magenhöhle porös, Basalgegend zuweilen mit glatter oder runzeliger Dermalschicht bekleidet, Canalsystem fehlt. Die groben Skeletfasern bilden ein lockeres Netz und bestehen entweder aus Dreistrahlern oder aus Stabnadeln mit vereinzelt eingestreuten Dreistrahlern (vergl. Fig. 71). Sehr häufig in Trias, Jura und Kreide, erscheint schon im Devon.

Eudea Lamx. Cylindrisch, keulen- oder birnförmig, meist einfach, selten ästig, Centralhöhle röhrig, eng, bis zur Basis reichend, Osculum am Scheitel, Oberfläche mit glatter Dermalschicht, in welcher seichte Oeffnungen liegen, wie sie sich ähnlich auch an der Innenwand finden. Skeletfasern grob, Canalsystem undeutlich. Trias, Jura.

Weitere, in der Trias auftretende Gattungen sind: *Colospongia Lbe, Verticillites Defr., Celyphia Pomel, Himatella Zitt.*

Fusiphonella Zitt. (Fig. 74). Einfach oder ästig, aus cylindrischen, relativ dünnwandigen Individuen bestehend, mit weiter Centralhöhle, welche bis zur Basis herabreicht. An der Wand der Centralhöhle stehen längliche Ostien von horizontalen Radialcanälen in Verticalreihen. Oberfläche porös. Oberer Jura.

Fig. 74.

Eusiphonella Bronni Mstr. sp. Weisser Jura ε.

Myrmecium Goldf. Halbkugelig bis cylindrisch, kurz gestielt, Basis und zuweilen auch die Seiten mit glatter Dermalschicht bedeckt, Scheitel gewölbt, mit engem Osculum einer Centralröhre, in welche bogenförmig von aussen und unten kommende Canäle münden. Ausserdem dringen von der Oberfläche schräg nach innen und unten geradlinige Canäle in den Schwammkörper ein. Jura.

Weitere *Pharetronen*-Gattungen der Jura- und Kreideformation sind: *Blastinia Zitt., Crispispongia Quenst., Lymnorea Lamx, Conocoelia Zitt., Elasmocoelia Roem., Oculospongia From., Elasmostoma From., Diplostoma From.* u. A.[1]

d. *Sycones.*

Kalkschwämme mit dicker Wand, aus geraden, einfachen Radialstäben aufgebaut, welche gegen die Magenhöhle radial gerichtet sind. Skeletnadeln

[1] G. Steinmann vertritt in einer sehr wichtigen, „*Pharetronen*-Studien" betitelten Abhandlung (N. Jahrb. für Mineralogie 1882, II. Bd.) die Ansicht, dass die Pharetronen eine mit der Kreide erlöschende, selbstständige Abtheilung der Coelenterata darstellen, deren Skeletbildungen zum Theile grosse Aehnlichkeit im Habitus mit dem der Schwämme, zum Theile mit jenen der Hydrozoen besitzen, zum Theile aber eine durchaus eigene und fremdartige Erscheinung bieten, deren Dermalskelet in ähnlicher Weise nur bei den Sterncorallen und Hydrozoen sich wiederfindet und deren Skeletfaserstructur sich einzig und allein mit der der Alcyonarien in Parallele stellen lässt.

sehr regelmässig, schichtenweise geordnet. Dermal- und Gastralskelet von jenem der Wand verschieden.

Hierher gehört eine einzige von ZITTEL (für *Scyphia punctata Goldf.* aus dem oberen Jura) creirte, fossile Gattung: *Protosycon.* Cylindrische Schwämme mit weiter, röhrenförmiger, bis zur Basis reichender Centralhöhle. Wand aus Radialtuben bestehend, welche gegen innen sich öffnen, nach aussen blind, mit einem abgestutzten Kopf endigen. Hierdurch entstehen an der äusseren Oberfläche Lücken, welche ihr ein grob poröses Aussehen verleihen.

Zeitliche Verbreitung und Stammesgeschichte.

Durch die Untersuchungen ZITTEL's über die fossilen Spongien haben die Ansichten über ihr Auftreten in der geologischen Zeit und über ihre genetische Verwandtschaft eine ganz neue Grundlage erhalten. Die früheren palaeontologischen Untersuchungen der Schwämme beschränkten sich (mit wenigen Ausnahmen) auf die äusseren Umrisse, beachteten höchstens noch das Canalsystem und waren so noch im höchsten Grade unwissenschaftlich. Heute vermögen wir jene Formen, deren Skelet genau untersucht wurde, sicher zu classificiren und ihre Verwandtschaft festzustellen.

Es ergiebt sich, dass schon in den unteren silurischen Schichten Kieselspongien auftreten, welche theilweise zu den *Lithistiden*, theilweise zu den *Hexactinelliden* gehören dürften. Formen, bei welchen erst die Untersuchung der feineren Structurverhältnisse Aufschluss über ihre definitive Stellung geben wird, sind: *Archaeocyathus*, *Calathium*, *Eospongia*, *Rhabdaria*, *Trachyum*. Aechte *Hexactinelliden* der Silurformation sind: *Astraeospongium*, *Astylospongia*, *Palaeomanon*, *Protochilleum*, *Protospongia* und *Acanthospongia*, ächte *Lithistiden: Aulocopium* und *Aulocopina*. Im Devon finden sich die *Hexactinelliden* durch *Steganodictyon* und *Astraeospongium*, die *Calcispongien* durch *Peronella* vertreten. Im Carbon kennt man einige Reste von *Monactinelliden*, *Tetractinelliden* und *Hexactinelliden*, Spuren eines Hornschwammes *(Dysidea)* und noch unbeschriebene Kalkschwämme, welche letztere im belgischen Kohlenkalke zahlreich auftreten sollen.

Die aus der Dyas angeführten Spongien sind zumeist problematischer Natur.

In der ausseralpinen Trias fehlen fast alle sicheren Reste von Schwämmen, nur ein Kalkschwamm, eine *Corynella*, findet sich, wenn wir von dem problematischen *Rhizocorallium* absehen. Dafür haben die Wengener und Cassianer Schichten der alpinen Trias sehr zahlreiche Formen der Gattungen: *Stellispongia*, *Leiospongia*, *Corynella*, *Peronella*, *Eudea*, *Colospongia*, *Celyphia*, *Verticillites*, *Himatella* etc. geliefert. In den rhätischen Schichten der Nord- und Süd-Alpen hat man isolirte Nadeln von Kieselschwämmen, sowie mehrere Kalkschwämme nachgewiesen.

Der Lias hat nur wenige Spongien geliefert, dafür fanden sich im braunen Jura an manchen Stellen zahlreiche Kalkschwämme *(Lymnorea*, *Peronella*, *Eudea*, *Paretrospongia* etc.) und einzelne Kieselschwämme.

Der obere Jura enthält eine ungeheure Masse von Kieselschwämmen. Unter den *Hexactinelliden* spielen die Gattungen: *Tremadictyon*, *Craticularia*,

Sporadopyle, *Verrucocoelia*, *Pachyteichisma*, *Trochobolus*, *Cypellia*, *Stauroderma*, *Casearia* und *Porospongia;* unter den *Lithistiden*. *Cnemidiastrum*, *Hyalotragus*, *Platychonia*, *Cylindrophyma* und *Melonella* die Hauptrolle. Die Kalkschwämme treten zurück und spielen nur dort eine Rolle, wo die Hexactinelliden in geringer Anzahl vorhanden sind. Umgekehrt ist die untere Kreide ungemein arm an Hexactinelliden und Lithistiden, welche erst in der oberen Kreide den Höhepunkt ihrer Entfaltung erreichen, dagegen sehr reich an Kalkschwämmen. Die cretacischen Hexactinelliden unterscheiden sich durch octaëdrisch durchbohrte Kreuzungsknoten von den jurassischen und älteren Formen. Nur *Craticularia* und *Verrucocoelia* hat die Kreide mit der Juraformation gemein; als weitere, verbreitete Gattungen sind *Ventriculites*, *Sporadoscinia*, *Rhizopoterion*, *Leptophragma*, *Guettardia*, *Coscinopora*, *Plocoscyphia*, *Camerospongia*, *Cystispongia*, *Pleurope*, *Diplodictyon* und *Coeloptychium* zu nennen.

Von den *Lithistiden*-Gattungen der Juraformation reicht keine einzige in die Kreide herauf, hingegen haben die Gattungen *Chonella*, *Seliscothon*, *Chenendopora*, *Verruculina*, *Amphithelion*, *Bolidium*, *Astrobolia*, *Stichophyma*, *Jereica*, *Coelocorypha*, *Scytalia*, *Pachinion*, *Doryderma*, *Isoraphinia*, *Phymatella*, *Callopegma*, *Trachysycon*, *Jerea*, *Polyjerea*, *Astrocladia*, *Turonia*, *Rhagadinia*, *Plinthosella*, *Spongodiscus* u. A. in der oberen Kreide ihre ausschliessliche oder vorwiegende Verbreitung.

Auch *Monactinelliden* und *Tetractinelliden* sind in der Kreide entweder durch einzelne Nadeln oder selbst, wie *Thetyopsis*, *Pachastrella*, *Scolioraphis*, *Ophirhaphidites* und *Opetionella*, durch zusammenhängende Skelete vertreten.

Für Europa erlischt mit dem Ende der Kreideformation fast die gesammte Spongienfauna, dafür erscheint im Miocän Nord-Afrika's, in der Provinz Oran eine reiche *Lithistiden*- und *Hexactinelliden*-Fauna, deren Formen durch Pomel allerdings nur in ihrer äusseren Erscheinung, nicht aber in den Details ihrer feineren Structur bekannt gemacht wurden.

Die Stammesgeschichte ergibt somit ein sehr lückenhaftes Material für die Ableitung des genetischen Zusammenhanges, welche noch dadurch erschwert wird, dass zwei wichtige Abtheilungen der recenten Spongien: die *Myxospongien* und *Ceraospongien* entweder gar keine oder nur in sehr ungenügender Weise erhaltungsfähige Reste besitzen. Aber auch die *Monactinelliden* und *Tetractinelliden* erliegen sehr ungünstigen Erhaltungsbedingungen, so dass man, wenn man ihre Spuren auch bis in die palaeozoischen Ablagerungen verfolgen könnte, doch nie über ihre einstige Verbreitung eine richtige Vorstellung gewinnen wird. Die Kenntnisse des genetischen Zusammenhanges in den der Erhaltung leicht zugänglichen Gruppen der *Lithistiden* und *Hexactinelliden* wird durch einen anderen Umstand erschwert. Beide Gruppen sind ausgezeichnete Tiefseebewohner, sie fehlen in den Seichtseebildungen fast gänzlich. In den bis nun von den Palaeontologen vorzugsweise ausgebeuteten europäischen Formationen zeigen daher diese Kieselschwämme eine, auf den ersten Blick äusserst befremdende, sprungweise Stammesgeschichte.

Die *Hexactinelliden* sind schon in der Silurzeit in die beiden Gruppen des *Dictyonina* und *Lyssakina* geschieden, neben welchen typische Lithistiden auftreten. Viel weniger häufig erscheinen sie in den weiteren palaeozoischen

Formationen, im Lias und braunen Jura. Im oberen Jura tritt auf einmal eine colossale Entfaltung der Kieselschwämme auf, welche den Ausdruck „Spongitenkalke“ vollkommen rechtfertigt, dann folgt abermals eine Lücke, welche die untere Kreide umfasst und in der mittleren oder oberen Kreide folgt eine neue *Lithistiden-* und *Hexactinelliden*-Fauna, welche der jurassischen schroff gegenüber steht. Die Verbindung der cretacischen mit den Kieselschwämmen der Gegenwart dürfte durch die tertiären, bis nun allerdings ungenügend bekannten Formen der Provinz Oran hergestellt werden können, wenn es gelingt, sie durch isopische Bildungen zurück zu verfolgen, das heisst, wenn man die Tiefseebildungen jener Formationen kennen gelernt haben wird, welche in Europa in der Seichtsee-Entwickelung vorhanden sind. Dem Umstande, dass die letztere in Europa vorherrscht, danken die *Pharetronen* (von den drei gegenwärtig existirenden Gruppen der Kalkschwämme sind nur die *Syconen* durch einen jurassischen Vorläufer vertreten) eine grössere Continuität in ihrer Geschichte. Sie beginnen im Devon und reichen durch alle Formationen bis in die Kreide, ohne dass sich eine grössere Kluft zwischen den Formen zweier auf einander folgender Formationen zeigt.

Bei den Kieselschwämmen aber, und diesen gehören die zahlreichsten und wichtigsten Gattungen an, macht sich in Folge der Veränderung der chorologischen Verhältnisse der Sedimente die Lückenhaftigkeit des palaeontologischen Materiales in ausserordentlichem Masse geltend; ob es seinerzeit gelingen wird, die betreffenden Stämme durch die isopischen Entwickelungen aller Formationen zu verfolgen, bleibt zweifelhaft, weil die heute unbekannten Zwischenglieder vielleicht zum grösseren Theile unter dem Meeresspiegel begraben liegen, zum geringeren aber in noch nicht erforschten Erdtheilen zu suchen sind.

Für den Aufbau der Erdschichten haben die Spongien nur geringe Bedeutung. Die Kalkspongien concurriren mit den Anthozoen beim Aufbau der Corallenriffe, sind jedoch an demselben in weit geringerem Grade betheiligt, die Kieselschwämme finden sich in gewissen Tiefseeablagerungen ungemein häufig; so in den Spongitenkalken des oberen Jura und in der weissen Kreide. Die Hornsteinknollen der letzteren, so wie jene welche in den Aptychenkalken und Fleckenmergeln der mesozoischen Formation der Alpen eine so grosse Rolle spielen, mögen zum grössten Theile von Kieselspongien herrühren, man hat auch in den Feuersteinknollen der nordeuropäischen Kreide vielfach Skeletelemente von Kieselschwämmen beobachtet. Ihr Vorkommen in den Hornsteinkalken Ungarns hat von Hantken, jenes im alpinen Flysch Gümbel nachgewiesen, v. Dunikowski endlich jenes in den unterliasischen Schichten des Schafberges geschildert.

B. Anthozoa.

Charakterisirt durch einen von Tentakeln umstellten Mund, eine Magenröhre und eine durch verticale Scheidewände (Mesenterialfalten) in radiale Kammern zerlegte Leibeshöhle, zerfallen die Anthozoen in *Alcyonaria* und *Zoantharia*.

I. Alcionaria.

Sie umfassen Polypen und Polypenstöcke mit achttheiligem Bau (Octactinia, Octocoralla); acht Mesenterialfalten und acht Tentakel sind vorhanden, welch letztere in einem einzigen Kranze den Mund umstehen. Harttheile sind in der Regel vorhanden und sehr mannigfach entwickelt. Bei den *Alcyoniden* liegen vielgestaltige, knorrige Kalkkörperchen isolirt im Mesoderm, oder bilden ohne zu verschmelzen eine elastische Axe, bei den *Gorgoniden* ist eine ungegliederte, hornige oder kalkige Axe vorhanden, bei den *Pennatuliden* ist die Axe stets verkalkt, bei den *Isidinen* besteht sie abwechselnd aus hornigen und kalkigen Stücken, bei den *Corallinen* ist sie ungegliedert, ästig, steinartig.

Pennatulidae.

Die vierkantige, lange, zugespitzte Axe einer *Pavonaria (P. Delanoni Edw. et H.)* ist aus der oberen Kreide bekannt, ebenso einige Formen von *Graphularia Edw. et H.* mit stabförmiger, unten cylindrischer, oben vierkantiger, längsgestreifter und radialfaseriger Axe aus dem Eocän. Hierher gehört vielleicht auch *Protovirgularia M'Coy* aus dem Unter-Silur.

Gorgonidae.

Primnoa Lamx mit cylindrischer, ungegliedeter, mehr oder minder verkalkter Axe aus Hornsubstanz ist, so wie *Gorgonella Val.* mit verkalkter Axe aus concentrischen und radialstrahligen Lamellen im Miocän der Superga bei Turin nachgewiesen worden. Zu den *Gorgoniden* gehören vielleicht auch einige zweifelhafte eocäne Formen (*Juncella antiqua d'Ach., Virgularia alpina d'Orb*).

Fig. 75.

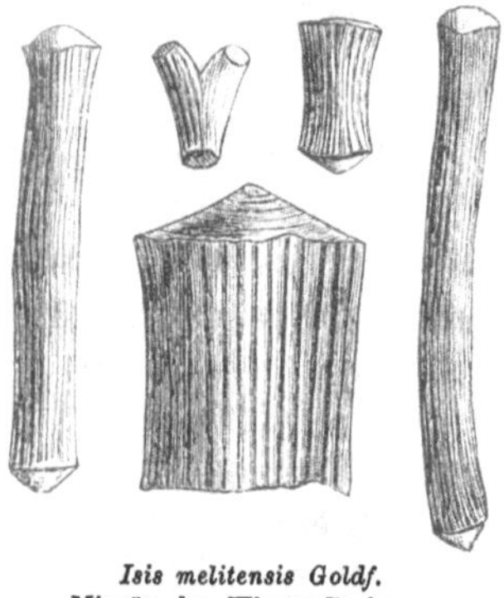

Isis melitensis Goldf.
Miocän des Wiener Beckens.

Isidinae.

Isis Lamk. (Fig. 75). Axe abwechselnd aus Kalkcylindern und hornigen Zwischengliedern aufgebaut. Die Seitenäste gehen von den Kalkgliedern aus. Kreide, tertiär und recent.

Mopsea Lamk. Unterscheidet sich von *Isis* dadurch, dass die Seitenäste von den hornigen Zwischengliedern entspringen. Eocän bis recent. Hierher auch *Moltkia Steenstrup* aus der oberen Kreide und *Websteria Ed. et H.* Eocän.

Corallinae.

Mit ungegliederter, steinartiger Axe. Der recenten Edelcoralle, *Corallium rubrum*, verwandte Formen finden sich in Jura, Kreide und Tertiär.[1]

---

[1] Die *Tubiporidae* und *Helioporidae*, welche in der Regel (lediglich wegen der Achtzahl der Tentakel bei recenten Formen) bei den *Alcyonarien* angeführt werden, sollen unten in der Gruppe der *Zoantharia* bei den *Tabulaten* besprochen werden, da sie unzweifelhaft mit diesen, nicht aber mit den Rindencorallen die grösste Verwandtschaft besitzen.
Es mag hier die Frage aufgeworfen werden, ob man nicht berechtigt wäre, die Zahl

II. Zoantharia.

Polypen oder Polypenstöcke mit mehr oder minder zahlreichen Tentakeln, welche in der Regel in mehreren Kreisen den Mund umstehen und nach Vielfachen der Zahlen vier oder sechs angeordnet erscheinen. Das Skelet fehlt den *Actinarien* gänzlich, bei den *Madreporarien* ist es stark entwickelt und bildet bei denselben einfache oder zusammenhängende Polyparien, an welchen als erstes und wichtigstes, äusserst selten fehlendes Element die Mauer oder Wand (theca) hervorzuheben ist, welche den Umfang der einzelnen Zellen bestimmt, deren oberer mit Sternleisten versehener Theil Kelch (calyx) genannt wird. Die Mauer ist dicht oder porös, glatt oder runzelig und aussen oft mit einer blätterigen Kalkhülle (Epithek) bekleidet oder mit hervorragenden, verticalen Rippen (costae) versehen. Im Inneren der Mauern entwickeln sich die Sternleisten (Septa) als radiale Verticallamellen im Grunde des Kelches; die Septa sind entweder dicht oder porös oder nur durch Verticalreihen von Balken und Dornen, welche von der Wand ins Innere ragen, angedeutet. Der Zahl der Septen hat man früher zu grosse Bedeutung beigemessen, tetramere und hexamere *Anthozoen* unterschieden und für die letzteren ein Wachsthumsgesetz aufgestellt, welches von der Voraussetzung ausgeht, dass die Septa von gleicher Grösse und Stärke gleichzeitig entstanden seien. Nach dem von M. Edwards et Haime aufgestellten Wachsthumsgesetz bilden sich zuerst sechs Septa der ersten Ordnung (I. Cyclus), dann in ihren Zwischenräumen sechs Septa der zweiten Ordnung (II. Cyclus). In den so entstandenen zwölf Kammern treten zwölf Septa der dritten Ordnung auf, welche den dritten Cyclus bilden. Die zwölf Septa der vierten Ordnung treten in den zwischen den Septa der ersten und dritten Ordnung, jene der fünften Ordnung zwischen den Septa der zweiten und dritten Ordnung auf, beide zusammen bilden den IV. Cyclus (48 Kammern). Zum V. Cyclus mit 96 Kammern gehören die in derselben Weise eingeschalteten Septen der sechsten, siebenten, achten und neunten Ordnung.

Dieses Wachsthumsgesetz wurde jedoch bald als unrichtig erwiesen, und Lacaze-Duthiers zeigte, dass der Entwickelung zunächst eine bilateral symmetrische Gestaltung zu Grunde liegt, welche erst später in eine radiäre übergeht. Die erste Differenzirung des ursprünglich einfachen Leibesraumes einer Actinien-Larve besteht in dem Auftreten zweier, einander gegenüber liegender Falten, durch welche die Gastralhöhle in zwei ungleiche Taschen, eine grössere vordere und eine kleinere hintere, getheilt wird. In ersterer entstehen nach und nach drei, in letzterer zwei weitere Faltenpaare, die so

der Fangarme und Mesentherialfächer als ein ganz untergeordnetes Merkmal zu betrachten, in welchem Falle die (fossil nicht vertretene) Gruppe der *Antipatharia* zweifellos mit den *Alcyonarien* vereinigt werden müsste — eine Frage, welche allerdings nur vom Zoologen beantwortet werden kann. A priori scheint es freilich, als ob die grossen auf Grund der Zahl der Septen und Tentakel geschiedenen Gruppen der *Octactinia*, *Hexa-* und *Tetra coralla* künstlich geschaffene seien, deren Werth nicht über jenen der Linné'schen Gruppirung der Phanerogamen nach der Zahl der Staubfäden hinausgeht, und als ob man mehr Gewicht auf die Structur der Skelete legen sollte, die man ja auch bei den Spongien mit grösstem Vortheile zum Ausgange der neueren Systematik gewählt hat.

gebildeten zwölf Taschen egalisiren sich dann, aber auch die weitere Einschaltung neuer Falten erfolgt keineswegs nach dem M. EDWARDS'schen Gesetze.

Mit den Beobachtungen von LACAZE-DUTHIERS über die Entwickelung der recenten Formen stimmen die Ausführungen KUNTH's und DYBOWSKY's über den bilateral-symmetrischen Bau der rugosen Corallen überein. Die vier Primärleisten derselben sind ungleich entwickelt, zuweilen grösser und stärker als die folgenden, zuweilen aber auch weit kleiner und dann oft in auffallenden Gruben des Kelches (Septalfurchen) gelegen. An einem der vier Primärsepten (Hauptsepten) entwickeln sich fiederstellig neue Sternleisten in den beiden angrenzenden Abtheilungen, während in den gegenüber liegenden neben den vierten primären Sternleisten (Gegenseptum) neue Leisten auftreten. Es erinnert dieses Auftreten von vier primären Septen bei den Rugosen sehr an die Entstehung der vier ersten Mesenterialfächer bei den Actinien und es ist höchst wahrscheinlich, dass wir in der Anordnung der Septen bei tetrameren Corallen, wie *Menophyllum* und *Streptelasma* nichts zu sehen haben als eine Skeletbildung, welche der ersten Anlage der Mesentherialfächer bei den hexameren Anthozoen entspricht.

Eine durchgreifende Trennung der palaeozoischen Rugosen und der jüngeren Anthozoen ist daher kaum zu vollziehen und nur der Umstand, dass die Uebergangsbildungen der palaeozoischen und mesozoischen Formation (Perm und untere Trias) in den bis nun genau bekannten Ländern nicht in Corallrifffacies entwickelt sind, erklärt die scheinbare scharfe Trennung der palaeozoischen und mesozoischen Corallen; übrigens kann man von vielen rugosen *Cyathophyllen* und *Cystiphyllen* kaum sagen, ob sie nach tetrameren oder hexameren Typus gebaut sind, während andererseits bei den sogenannten *Hexacorallen* viele Formen auftreten, deren Bau nicht nach der Grundzahl sechs angeordnet ist. Wollte man auf die Zahl der Septen so hohen Werth legen, so müsste man für D'ORBIGNY's *Pentacoenia* aus dem Neocom geradezu eine Gruppe der „*Pentacoralla*" errichten.

Neben den Septa treten im Innern des Kelches noch mannigfache andere Skeletbildungen auf. Das Säulchen (columella) im Centrum ist ein wahres (C. propria), wenn es ohne Betheiligung anderer Skeletelemente zu Stande kommt. Es ist entweder compact oder ein Bündel von Stäbchen, oder aus dünnen, schichtenweise geordneten Blättchen gebildet. Oft bilden die verschlungenen, inneren Enden der Septen oder unregelmässigen Verästelungen derselben ein falsches Säulchen (Col. spuria). Die Pfählchen (paluli) treten als verticale Stäbchen und Lamellen zwischen der Axe der Zellen und den Enden der Septen, entweder selbstständig, oder mit Columella oder Septa verschmolzen auf und bilden einen oder mehrere Kränze. Als weitere Endothekalgebilde wären die Dissepimenta und Synapticulae zu erwähnen; erstere sind Querblätter, welche an den Seiten benachbarter Sternleisten sich anheften, letztere feine Querbälkchen, welche oft zwischen den Septen ein förmliches Gittergewebe bilden, während die Querblätter in reicher Entwickelung ein blasiges oder zelliges Gewebe zu Stande bringen. Horizontale, gewölbte oder trichterförmige Böden (tabulae) bilden durch vielfache Wiederholung parallele Etagen.

Unter den Exothekalgebilden[1] sind die schon früher erwähnten Rippen, welche entweder als Fortsetzung der Septen auftreten oder aber in den Zwischenräumen je zweier Sternleisten erscheinen, hervorzuheben, ferner die Dissepimenta exothecalica, welche die nebeneinander stehenden Kelche eines Stockes verbinden, und bei reichlicher Entwickelung ein schwammiges oder röhriges Coenenchym bilden. Von dem letzteren wohl zu unterscheiden sind jene kleineren Zellen, welche bei heteromorphen Corallenstöcken von kleineren Individuen bewohnt werden, wie dies bei den palaeozoischen Tabulaten nicht selten der Fall gewesen zu sein scheint. Die Epithek legt sich, wo sie auftritt, entweder direct an die Wand oder an die Rippen und bleibt von der Wand getrennt, sie reicht bis zum Rand des Kelches oder bleibt auf den unteren Theil des Polypars beschränkt. An zusammengesetzten Polyparien bildet sie eine gemeinsame Hülle.

Die Vermehrung der Anthozoen ist geschlechtlich oder ungeschlechtlich. Letztere, Knospung oder Theilung, bestimmt bei den mit Skelet ausgestatteten Formen die Gestaltung der Corallenstöcke, da die verschiedenen Individuen im Zusammenhange bleiben. Die Knospung ist entweder seitlich (lateral), basal (durch Stolonen) oder calycinal. Je nachdem bei lateraler Knospung die Knospen unter kleinem oder grossen Winkel vom Mutterindividuum abstehen oder sich eng anlegen, entstehen ästige, buschige oder massiv knollige Stöcke. Gleiches ist auch bei der calycinalen Sprossung der Fall, je nachdem sie am Rand oder in der Mitte des Kelches stattfindet und je nachdem die jungen Individuen verwachsen oder frei bleiben. Bei der Vermehrung durch Theilung können die neu entstandenen Kelche auseinander treten und ästige oder büschelförmige Stöcke bilden, oder aber durch ihre Wände oder Exothekalgebilde (Rippen, Coenenchym) in Verbindung bleiben und massige Stöcke darstellen. Oft auch ist die Trennung der Einzelindividuen nur eine sehr undeutliche und die reihenweise geordneten Centren, von welchen die Septen ausstrahlen, sind nur undeutlich von einander geschieden.

Die allein der palaeontologischen Untersuchung zugänglichen *Madreporarien* mögen vor der Hand in die von M. Edwards und Haime aufgestellten Gruppen der *Tubulosa*, *Tabulata*, *Rugosa*, *Perforata* und *Aporosa* getrennt werden, nachdem die Systematik der Corallen wohl einer gänzlichen Umänderung entgegengeht und es heute noch unmöglich erscheint phylogenetische Gruppen aufzustellen.

Fig. 76.

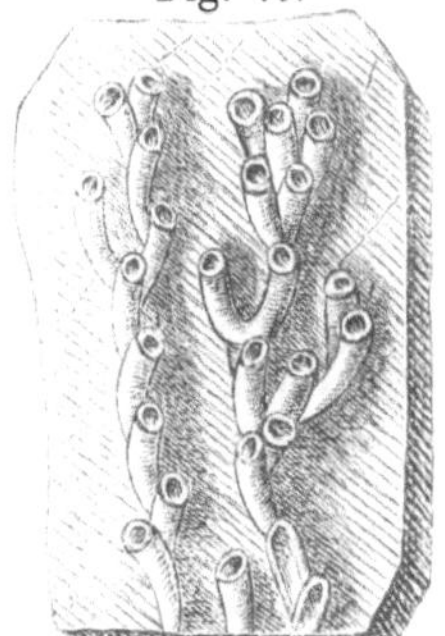

Aulopora tubaeformis Goldf. Devon, Gerolstein.

1. *Tubulosa.*

Die röhrigen Kelche entbehren der Septa und der Böden.

Aulopora Goldf. (Fig. 76). Kriechende, aufgewachsene,

[1] Sämmtliche Hartgebilde des Polypar's sind Erzeugnisse des Mesoderms, ebenso wie jene der *Alcyonarien;* ein durchgreifender Unterschied besteht nur darin, dass bei den letzteren Kalkkörperchen auftreten, welche entweder isolirt im Bindegewebe liegen,

ästige Corallenstöcke aus cylindrischen Kelchen, welche sich durch Seitenknospen vermehren. Silur, Devon, Carbon.

Hierher auch *Cladochonus M. Coy.* = *Pyrgia M. Edw. et H.* aus dem Kohlenkalk und *Reptella Rolle* aus Silur und Devon.

2. *Tabulata.*

Gestreckte Kelche ohne oder mit schwach entwickelten Septen, während die Böden stets wohl ausgebildet sind. Wir theilen sie in folgende Gruppen: *Syringoporidae*, *Halysitidae*, *Favositidae*, *Chaetetidae*, *Monticuliporidae*, *Heliolitidae*, *Pocilloporidae.*

a. *Syringoporidae.*

Die röhrigen Kelche durch horizontale Ausbreitungen der Wand (Dissepimenta exothecalia) verbunden.

An die recente Orgelcoralle, *Tubipora Linn.*, schliessen sich an:

Syringopora Goldf. (Fig. 77). Bündelförmige Stöcke aus langen, cylindrischen Zellen, welche durch horizontale, röhrenförmige Fortsätze der Wand mit einander verbunden sind. Im Innern der Kelche trichterförmige Böden, die Septen kaum angedeutet. Silur, Devon, Kohlenkalk.

Fig. 77.

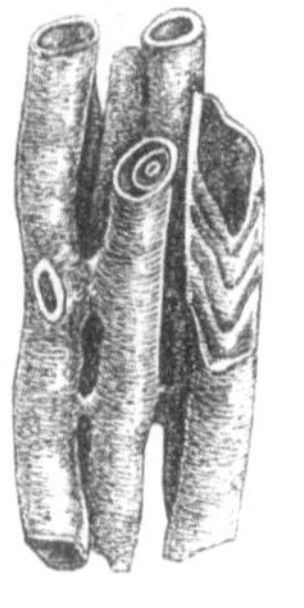

Syringopora cancellata M. Edw. et H. Silur, Diluvialgeschiebe.

Fig. 78.

Vergrösserte Kelche mit den zwölf rudimentären Septen.

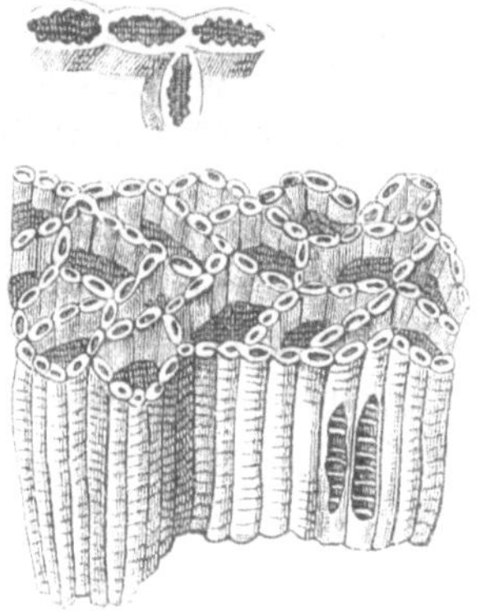

Halysites catenularia M. Edw. et H. Ober-Silur, Gotland.

Thecostegites M. Edw. et H. Die cylindrischen Zellen, in deren Innern zwölf sehr schwache Septen und horizontale Böden vorhanden sind, werden durch bodenartige Ausbreitungen der Exothek verbunden. Devon.

b. *Halysitidae.*

Die Kelche in Reihen verwachsen.

Halysites Fischer (= *Catenipora Lamx.*) Kettencoralle (Fig. 78). Die durch horizontale Böden getheilten, röhrigen Kelche weisen häufig zwölf undeutliche Septen auf, sie sind an ihren entgegengesetzten Seiten mit Nachbarkelchen zu einfachen Reihen verwachsen und bilden so mannigfach gebogene und sich durchkreuzende Blätter. Silur.

c. *Favositidae.*

Die langen, prismatischen Zellen berühren sich unmittelbar und ihre durchbohrten Wandblätter sind ihrer ganzen Höhe nach mit einander verwachsen. Die Sternleisten, sechs bis zwölf an der Zahl, sind schwach entwickelt, oft nur als Verticalstreifen- oder Dornen-Reihen angedeutet.

---

oder sich in grösserer Menge gruppiren und unmittelbar oder unter Betheiligung verkalkter Zwischensubstanz verschmelzen. Die festen Kalkskelete der *Madreporarien* aber entstehen unter Ausschluss von Kalkkörperchen.

Favosites Lamk. (Calamopora Goldf.) (Fig. 79). Massige oder ästige Stöcke, aus säulenförmigen, polygonalen, meist sechsseitigen Zellen, deren Wände von entfernt stehenden Poren durchbohrt sind. Böden horizontal, in regelmässigen Abständen, Septen verkümmert, durch Längsstreifen oder Dornenreihen ersetzt. Im Silur, Devon und Kohlenkalk sehr häufig.

Fig. 79.

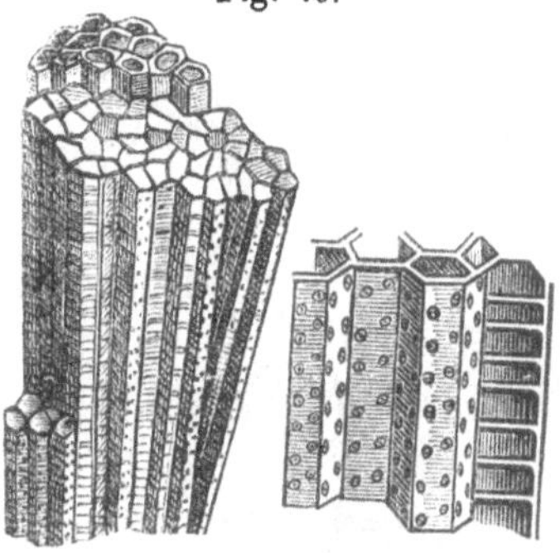

Favosites (Calamopora) Gotlandica Goldf. Diluvialgeschiebe. Spaltungsstück aus einem grösseren Polypar. — Einige Zellen vergrössert, man sieht die reihenweise angeordneten Wandporen, und in der aufgebrochenen Zelle die horizontalen Böden.

Columnopora Nicholson mit grossen Poren und deutlichen Septen. Unter-Silur.

Roemeria Edw. et H. mit trichterförmigen Böden. Devon.

Emmonsia Edw. et H. Ausser den horizontalen noch mit schiefen oder blasigen Böden ausgestattet. Silur, Devon, Kohlenkalk.

Alveolites Lamk. Knollige, überrindende oder ästige Stöcke aus dicht gedrängten, seitlich zusammengedrückten Röhren, welche mit dreieckiger oder halbmondförmiger Mündung enden und im Inneren ein bis drei schwache Längsleisten oder Dornenreihen zeigen. Die Wandporen sind wenig zahlreich, gross und unregelmässig vertheilt. Silur, Devon.

Weitere Gattungen, welche zu den *Favositiden* zu stellen sein dürften, sind: *Striatopora Hall.*, *Pachypora Lindstr.*, *Cladopora Hall.*, *Coenites Eichw.* und *Vermipora Hall.*, sämmtlich aus den älteren palaeozoischen Formationen.

d. *Chaetetidae.*

Die massiven Stöcke bestehen aus langen, prismatischen Zellen, welche mit ihren undurchbohrten Wänden unmittelbar verschmelzen.

Chaetetes Fischer u. Waldheim (Fig. 80). Die langen prismatischen Zellen sind durch ziemlich entfernte, horizontale Böden getheilt, in ihrem Inneren sind häufig mehrere verticale, vorspringende Leisten zu bemerken, welche Lonsdale wohl mit Recht als Anfänge neuer Zellwandungen betrachtet, was Vermehrung durch Theilung voraussetzt, ein Umstand, welcher nicht gestattet, *Chaetetes* und verwandte Formen bei den *Bryozoen* unterzubringen.

Fig. 80.

Längsschnitt vergrössert.

Chaetetes radians Fischer, Kohlenkalk, Kaluga, Russland. Spaltungsstück aus einem grossen Knollen.

Chaetetes radians bildet im Moskauer Kohlenkalk Stöcke von 2—$2^1/_2$ Decimeter Grösse. Ganz ähnliche Bildungen finden sich im oberen Jura. *(Chaetetes capilliformis Mich.)*

Beaumontia Edw. et H. (Fig. 81). Die massigen Stöcke werden durch säulenförmige Zellen gebildet, deren zahlreiche Böden theils horizontal, theils schief gestellt sind. Devon, Kohlenkalk.

Tetradium Dana (Fig. 82). Massige, knollige Stöcke aus langen, dünnen, prismatischen Röhren mit undurchbohrten Wänden, welche zumeist vier kurze Septa tragen, die jenen von *Chaetetes* gleichen. Unter-Silur, Nordamerika.

SAFFORD betrachtet *Tetradium* als eine Mittelform zwischen Rugosen

Fig. 81.

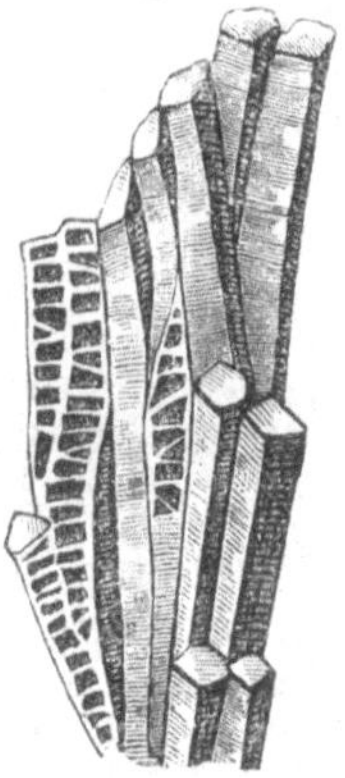

Beaumontia Egertoni M. Edw. et H. Kohlenkalk, Fermonagh, Irland. Spaltungsstück.

Fig. 82.

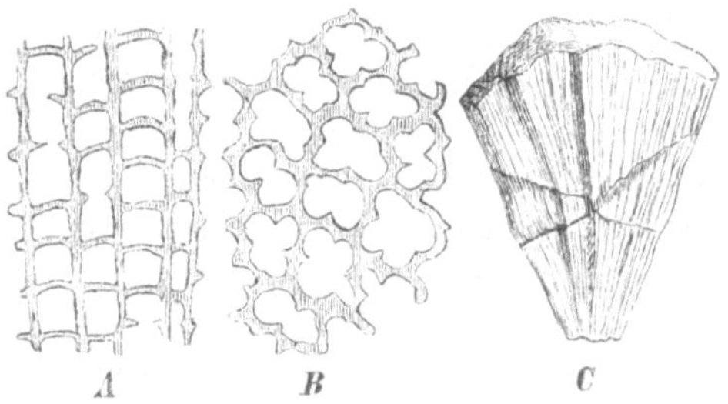

Tetradium minus Safford. Cincinnati Group.
A. Längsschnitt vergrössert,
B. Querschnitt vergrössert,
C. Spaltungsstück aus einem Polypar.

und Tabulaten, NICHOLSON dagegen stellt sie als eine besondere Gruppe *(Tetradiidae)* neben *Halysites* und *Heliolites.*

e. *Monticuliporidae.*

Von den *Chaetetidae* durch Mangel der Längssepten, die zumeist leicht unterscheidbaren Wände der aneinanderstossenden Röhren und die verschiedene Grösse derselben unterschieden.

Fig. 83.

Querschnitt vergr.

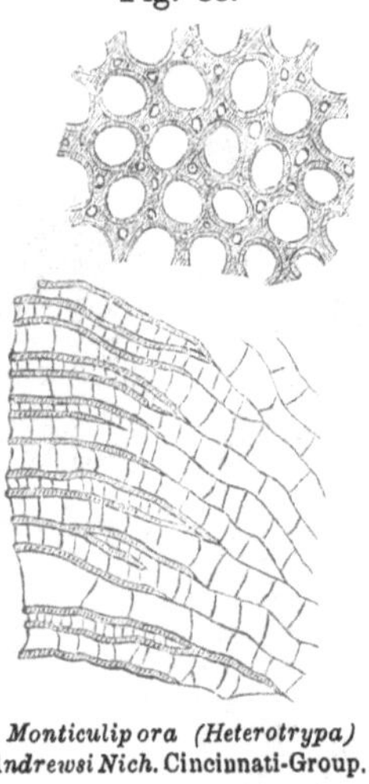

Längsschnitt vergr.

Monticulipora (Heterotrypa) Andrewsi Nich. Cincinnati-Group.

Monticulipora d'Orb. umfasst nach NICHOLSON [1] sehr vielgestaltige, aus feinen Röhrchen bestehende Stöcke. Als Subgenera von *Monticulipora* betrachtet NICHOLSON:

Heterotrypa Nich. (Fig. 83) mit zwei- oder dreierlei Gattungen von Zellröhren, deren grössere subpolygonal, mit entfernt stehenden Böden ausgestattet sind, während in den engeren Röhren, welche nie mehr als eine Reihe bilden, die Böden enger gestellt sind. Die Wände sind in der Nähe der Oberfläche verdickt, in grösserer Tiefe des Polypar's jedoch dünn. Spindelförmige, dickwandige Röhrchen (spiniform corallites) finden sich in der Regel, ohne äusserlich stark hervorzutreten (Fig. 84). Silur.

Diplotrypa Nich. (= *Dianulites Eichw.*) mit

[1] On the structure and affinities of the genus *Monticulipora.* London 1881.

zweierlei Zellröhren, die sich durch dünnwandige, structurlose Wände auszeichnen. Silur.

Monotrypa Nich. mit wenig von einander verschiedenen Zellröhren. Silur, Devon.

Prasopora Nich. et Eth. jun. mit zweierlei dünnwandigen Zellröhren, von welchen die kleineren zerstreut oder in Gruppen zwischen den grösseren auftreten und zahlreiche vollständige Böden aufweisen, während die grösseren nur unvollständige Böden besitzen. Spindelförmige Zellen fehlen oder sind sehr selten. Unter-Silur.

Fig. 84.

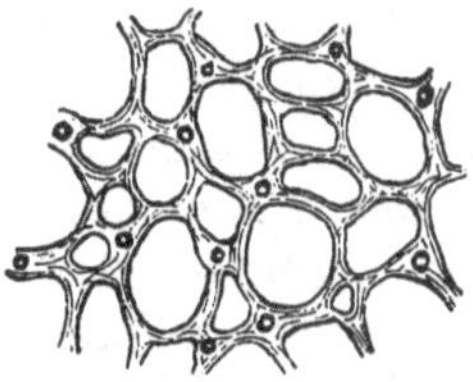

Monticulipora (Heterotrypa) Ulrichii Nich. Cincinnati. Group. vergr. Querschnitt, die „Spiniform corallites" zeigend.

Peronopora Nich. unterscheidet sich von *Prasopora* nur durch dickwandige Röhren und das häufige Auftreten der „spiniform corallites."

Als weitere zu den *Monticuliporidae* gehörige Gattungen wären zu nennen:

Dekayia Edw. et H. ausgezeichnet durch starke Entwickelung der über die Oberfläche emporragenden „spiniform corallites". Silur.

Constellaria Dana und *Fistulipora M'Coy*, beide charakterisirt durch das blasige Gewebe der kleineren Zellröhren. Silur, Devon, Kohlenkalk.

f. *Heliolitidae.*

Mit zweierlei Zellröhren und wohlausgebildeten Septen in den grösseren Kelchen.

Heliolites Dana (Fig. 85). Massige oder ästige Stöcke mit zweierlei Zellröhren, deren weitaus zahlreichere kleinere, zahlreiche Böden besitzen, in den grösseren Kelchen stehen die Böden, auf welchen im Centrum eine kleine, walzenförmige Columella sich befindet, entfernter, und stets sind in diesen grossen Kelchen zwölf wohlentwickelte Septen vorhanden. Silur, Devon.

Fig. 85.

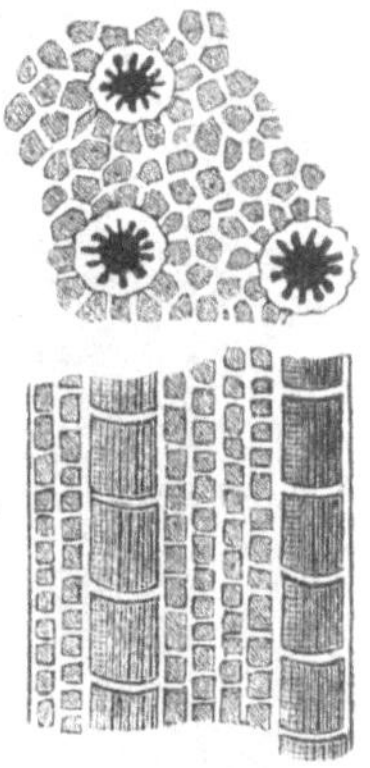

Heliolites porosa Goldf. Eifler Kalk, mässig vergr.

Weitere hierhergehörige Gattungen der palaeozoischen Formationen sind: *Lyellia Haime*, *Propora M. Edw. et H.*, *Plasmopora Edw. et H.*; ob die cretacischen Typen (*Polytremacis d'Orb.* und die als *Heliopora* beschriebenen Formen der Gosau) hierhergehören, ist fraglich, die Verwandtschaft der recenten *Heliopora coerulea* mit den palaeozoischen *Heliolitiden* aber sehr zweifelhaft, es lassen sich daher aus den Ausführungen Moseley's über die Natur der recenten *Heliopora*[1] keine Rückschlüsse auf jene der *Heliolites*-Formen ziehen. Dass das sogenannte „Coenenchym" der letzteren durch heteromorphe Individuen aufgebaut wird, lehrt die Analogie mit den *Monticuliporiden*, welche wieder durch Bindeglieder (ich

[1] On the structure and Relations of the Alcyonarian *Heliopora coerulea* etc. Philos. Transactions of the Royal Soc. 1876.

erinnere an *Fistulipora canadensis Bill.* aus dem Devon von Canada mit zweierlei Kelchröhren und durchbohrten Mauerblättern) mit den *Favositiden* zusammenhängen.

g. *Pocilloporidae.*

Zusammengesetzte, ästige Stöcke mit kleinen, dickwandigen Kelchen, welche 6—24 schwach entwickelte, oft rudimentäre Septen besitzen. Coenenchym compact, reichlich.

Pocillopora Lamk. Zwölf schwache, leistenförmige Septen in den tiefen Kelchen, welche an den Enden der Zweige gedrängt stehen, an den Flanken derselben aber durch compactes Coenenchym mit stacheliger Oberfläche getrennt werden. Böden in regelmässigen Abständen. Tertiär, recent.

Seriatopora Lamk. mit schwach angedeuteten Querböden, der Raum der Kelche wird durch Verdickung der Wand und der Septen von unten her erfüllt. Recent.

An *Seriatopora* schliessen sich die palaeozoischen Gattungen: *Dendropora Mich.*, *Rhabdopora M'Coy* und *Trachypora Edw. et H.*, sie bilden in mancher Hinsicht ein Bindeglied zwischen den Tabulaten und den jüngeren *Hexacoralla*, speciell den *Madreporiden*, zu welchen sie auch bisweilen gestellt werden.

3. *Rugosa.*

Fast ausschliesslich palaeozoische Corallen mit einfachem oder zusammengesetzten Polypar, dessen Sternleisten oft deutlich nach bilateralsymetrischen oder tetrameren Typus angeordnet sind. Von den vier Primärsepten sind einzelne oder alle durch besondere Grösse, oder durch mangelhafte Ausbildung ausgezeichnet, in welch letzterem Falle sie in Septalfurchen liegen. Im Inneren der Kelche sind Böden und blasige Endothecalgebilde häufig stark entwickelt. Neben der lateralen kommt calycinale Sprossung häufig vor (Fig. 86). Mit Dybowski theilen wir die *Zoantharia rugosa* in *Inexpleta* und *Expleta*, welch letztere wieder in *Diaphragmatophora*, *Pleonophora* und *Cystophora* zerfallen.

Fig. 86.

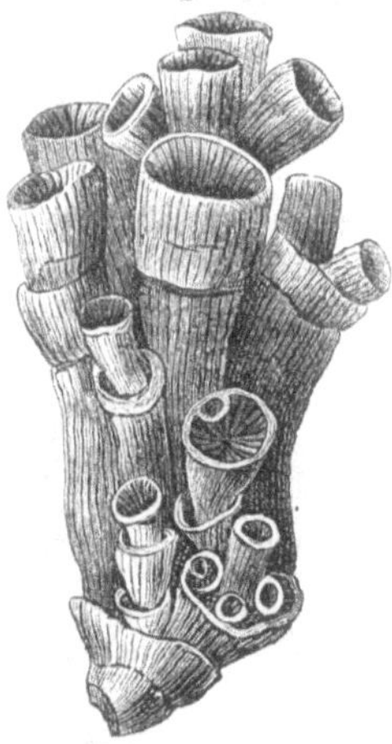

Cyathophyllum pullulatum Quenst. Gotland.

Fig. 87.

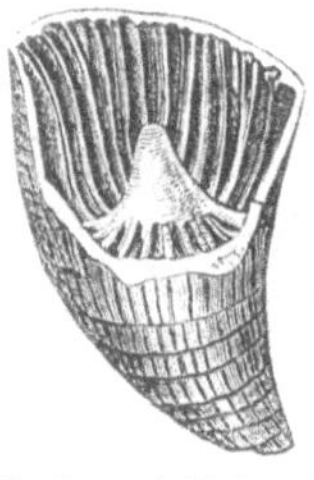

Cyathaxonia Dalmani M. Edw. et H. Ober-Silur. Gotland.

a. *Inexpleta.*

Die Kammern zwischen den wohlentwickelten Septen bleiben leer, da Böden und blasige Endothecalgebilde fehlen und nur ausnahmsweise gegen die Basis des Kelches Querblättchen auftreten.

Cyathaxonia Mich. (Fig. 87). Polypar einfach, kegel- oder hornförmig, angeheftet oder frei, mit Epithek. Die zahlreichen Septa reichen bis zu der in der Mitte aufragenden, griffelförmigen Columella, das Hauptseptum liegt in einer Furche. Silur, Carbon.

Verwandte Gattungen sind: *Duncanella Nich.* (Ober-Silur) und *Duncania Kon.* (Kohlenkalk).

Petraia Mstr. Einfach kreiselförmig, mit tiefem Kelch, in welchem die fiederstelligen Septa nur im untersten Theile vollkommen ausgebildet sind, ein Säulchen fehlt. Silur, Devon, Kohlenkalk.

Verwandte palaeozoische Gattungen sind: *Polycoelia King* und *Kenophyllum Dybowsky.* Hierher scheinen auch einige recente Formen (*Guynia Duncan* und *Haplophyllum Pourtalès*) zu gehören.

Fig. 89.

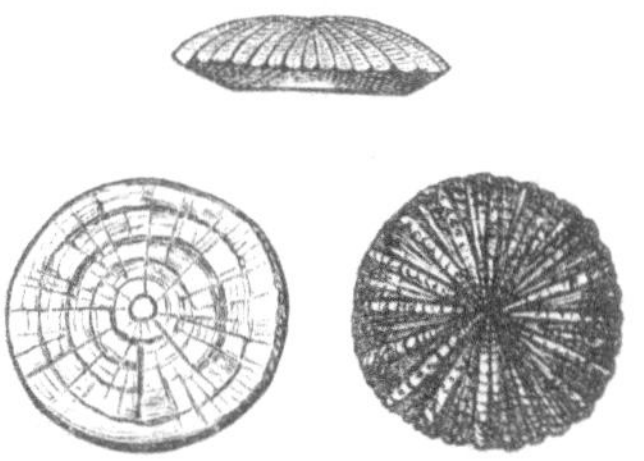

Palaeocyclus porpita Linn. Ober-Silur, Gotland.

Palaeocyclus Edw. et H. (Fig. 89). Polypar einfach, scheibenförmig, an der Basis mit Epithek, zahlreiche, alternirende, an der Seitenfläche gekörnte Sternleisten. Silur.

Acanthocyclus Dybowsky. Polypar einfach, napfförmig, mit reihenweise angeordneten Dornen an Stelle der Septa. Silur.

Den *Palaeocyclinen* der Silurperiode reihen sich mehrere verwandte Gattungen der Devonformation an (*Hadrophyllum Edw. et H.*, *Combophyllum Edw. et H.*, *Baryphyllum Edw. et H.*, *Microcyclus Meek. et Worth.*

b. *Diaphragmatophora.*

Mit vollkommen ausgebildeten Böden, ohne oder mit schwach entwickelten, blasigen Endothecalgebilden.

Amplexus Sow. Das einfache, subcylindrische Polypar ist mit Epithek ausgestattet, die Septen sind sehr fein und kurz, das Hauptseptum liegt in einer Grube, die Böden sind sehr stark entwickelt. Silur, Devon, Carbon.

Acanthodes Dyb. Einfach oder zusammengesetzt, die Septen der subcylindrischen Kelche sind nur durch Dornenreihen angedeutet. Silur.

Calophyllum Dana. Einfach oder zusammengesetzt, von den alternirenden Septen erreichen die grösseren das Centrum nicht, die kleineren bleiben halb so lang. Silur.

Cyathophylloides Dyb. Einfach oder zusammengesetzt, die grösseren Septen erreichen das Centrum. Silur.

Streptelasma Hall. Einfach, kegel- oder hornförmig, mit Epithek, die Septa stehen im Inneren scheinbar ganz regelmässig radiär, an der Aussenseite bemerkt man aber, dass sie neben den durch Furchen angedeuteten Haupt- und Seitensepten fiederstellig angeordnet sind. Die grösseren Septen rollen sich in der Axe zu einem falschen Säulchen zusammen. Die Böden sind vollkommen entwickelt. Silur.

Nahe verwandt ist die gleichfalls silurische Gattung *Palaeophyllum Billings*, welche zusammengesetzte Polyparien umfasst. Bei *Grewingkia Dyb.* ist ein schwammiges, bei *Siphonaxis Dyb.* ein aus anastomosirenden Röhrchen gebildetes Säulchen vorhanden.

Bei *Pycnophyllum Lindstr.* reichen die grösseren Septa bis zum Centrum, die Kammern sind an der Peripherie von dichter Kalkmasse erfüllt, die Böden nehmen nicht den ganzen Innenraum ein. Silur.

Zaphrentis Raf. (Fig. 90). Einfache, kreisel- oder hornförmige, freie Polyparien mit tiefem Kelch, wohlentwickelten, bis zum Centrum reichenden, mehr oder minder deutlich fiederstelligen Sternleisten, deren Hauptseptum in einer tiefen Furche liegt. Die Böden sind vollkommen entwickelt, neben ihnen finden sich manchmal gewölbte Blätter im peripherischen Theil des Kelches. Silur, Devon, Kohlenkalk.

Fig. 90.

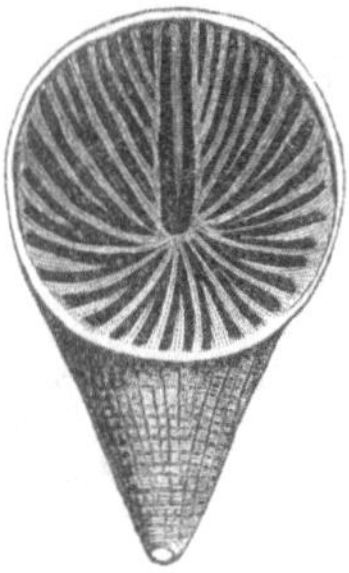

Zaphrentis cornu-copiae M. Edw. et H. Kohlenkalk, Tournay.

Menophyllum M. Edw. et H. Kreiselförmig, einfach, frei, das Hauptseptum liegt in einer breiten, die beiden Seitensepta in schwächeren Gruben. In der einen Hälfte des Kelches stehen die Sternleisten zu dem Hauptseptum fiederförmig geordnet, in der anderen Hälfte sind sie kürzer und radiär gestellt. Kohlenkalk.

Als mit *Zaphrentis* und *Menophyllum* nahe verwandte Gattungen sind zu nennen: *Metriophyllum Edw. et H.* (Devon), *Phryganophyllum de Kon.* (Kohlenkalk), *Anisophyllum Edw. et H.* (Silur, Devon), *Pentaphyllum de Kon.* (Kohlenkalk), *Lophophyllum Edw. et H.* (Devon, Kohlenkalk).

Favistella Dana besitzt ein astraeoidisches Polypar aus polygonalen, dickwandigen Kelchen, deren zahlreiche, dünne Sternleisten das Centrum nicht erreichen. Die Böden sind horizontal. Silur.

Darwinia Dyb. Astraeoidische Stöcke, die Sternleisten benachbarter Kelche fliessen zusammen, ihre Zwischenräume sind durch blättriges Gewebe ausgefüllt. Silur.

c. *Pleonophora.*

Die Böden sind unvollkommen ausgebildet, nur im centralen Theil der Kelche entwickelt, während im peripherischen ein blasiges Zellgewebe an ihre Stelle tritt (Fig. 91).

Hallia Edw. et H., Einfach, frei oder kurzgestielt, conisch oder subcylindrisch, mit Septen, welche in der einen Hälfte des Kelches radiär, in der anderen aber fiederstellig angeordnet sind. Hauptseptum stärker entwickelt und über das Centrum verlängert. Silur, Devon.

Fig. 91.

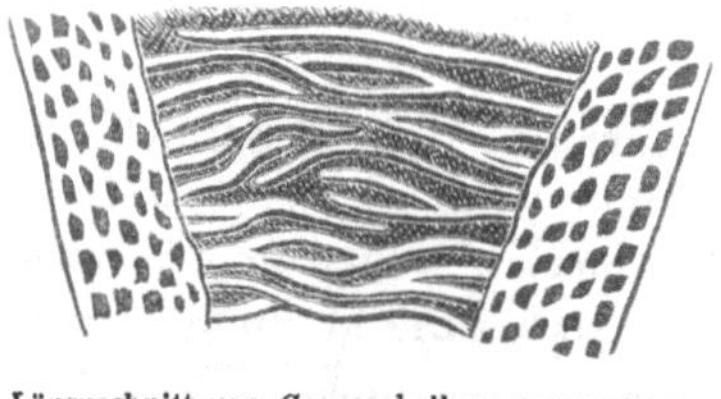

Längsschnitt von *Campophyllum compressum Ludw.* Kohlenkalk, Schlesien.

Verwandte Gattungen sind: *Aulacophyllum* (Silur, Devon) und *Trochophyllum* (Kohlenkalk) mit verkümmertem, in einer Furche gelegenen Hauptseptum. Auch bei *Caninia Mich.* (Kohlenkalk) ist das Hauptseptum durch eine trichterförmige Vertiefung in den Boden angedeutet.

Omphyma Raf. (Fig. 92). Grosse, kegelförmige Einzelformen, deren Wand wurzelartige Fortsätze aufweist. Die zahlreichen, alternirenden Septen sind vollkommen ausgebildet, die vier Hauptsepten stehen rechtwinkelig in seichten Furchen. Silur.

Cyathophyllum Goldf. Vielgestaltige, einfache oder zusammengesetzte, astraeoidische oder buschige Formen mit zahlreichen Septen, welche ebene Flächen und glatte Ränder aufweisen und zuweilen im Centrum zusammen-

Fig. 92.

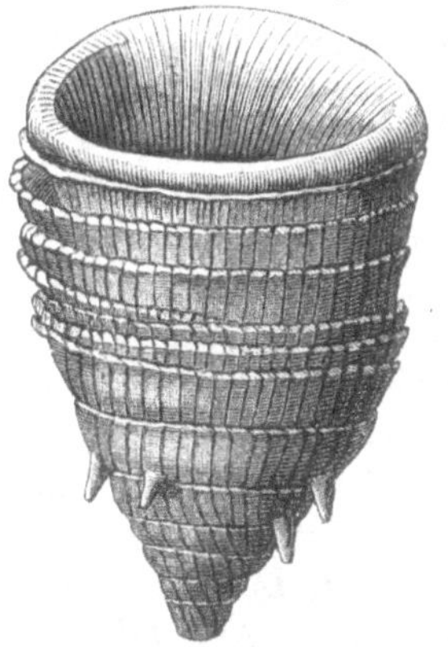

Omphyma subturbinata M. Edw. et H.
Ober-Silur, Gotland.

Fig. 93.

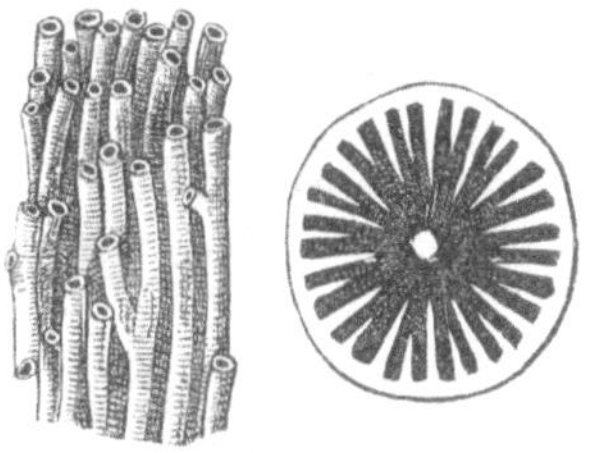

Bündelförmiger Stock. Ein Kelch vergrössert.

Lithostrotion junceum Edw. et H.
Kohlenkalk, Derbyshire.

gewickelt ein falsches Säulchen bilden. Häufig in Silur und Devon, auch im Kohlenkalk vertreten.

Nahe verwandte Gattungen sind: *Pholidophyllum Lindstr.* (Silur) und *Campophyllum Edw. et H.* (Devon, Carbon). *Heliophyllum* (Silur, Devon) weist Verticalleisten, *Acanthophyllum Dyb.* (Silur) Dornen auf den Seitenflächen der Septa auf.

Lithostrotion Llwyd (Fig. 93). Bündelförmige Stöcke aus dünnen, cylindrischen Individuen. In den Kelchen griffelartige Säulchen. Die wohlentwickelten, alternirenden Sternleisten reichen zum Theile bis zum Säulchen. Kohlenkalk.

Nahe verwandte Gattungen sind: *Diphyphyllum Lonsd.* (Silur, Devon, Carbon), *Fascicularia Dyb.* (Silur, Devon), *Donacophyllum Dyb.* (Devon), *Koninckophyllum Thom. u. Nich.* (Kohlenkalk).

Lonsdaleia M'Coy besitzt bündelförmige oder astraeoidische Stöcke, zwischen dem dicken, aus gedrehten Lamellen bestehenden Säulchen und der Kelchwand ist noch ein inneres Mauerblatt vorhanden. Der peripherische, zwischen den beiden Wänden gelegene Theil des Kelches ist mit blasigen Endothecalgebilden erfüllt, die wohlentwickelten Septa reichen bis zum Säulchen, nicht aber bis zur Aussenwand. Kohlenkalk.

Axophyllum Edw. et H., sowie *Chonaxis Edw. et H.* (ebenfalls aus dem Kohlenkalk) schliessen sich nahe an *Lonsdaleia* an.

Clisiophyllum Dana besitzt eine noch complicirtere Structur. Die einfachen, kreiselförmigen oder subcylindrischen Kelche besitzen zahlreiche, gut ausgebildete Sternleisten, von denen die grösseren über eine, im Centrum befindliche, conische Erhebung als gerade oder spirale Lamellen sich fortsetzen. Im Inneren der Kelche sind drei Räume zu unterscheiden: im

Centrum befindet sich ein System verticaler oder gedrehter Lamellen und blasiger Gebilde, die darauf folgende Area wird von grossen, horizontalen Böden eingenommen, während der peripherische Theil durch feines, blasiges Gewebe erfüllt ist. Silur, Devon, Carbon.

Dibunophyllum Thoms. u. Nich. aus dem Kohlenkalk ist nahe verwandt.

Cyclophyllum Duncan u. Thoms. (Kohlenkalk) zeichnet sich durch eine sehr starke Columella aus spongiösen Bläschen und radiären Verticallamellen aus; *Aulophyllum Edw. et H.* (ebenfalls aus dem Kohlenkalk) besitzt dagegen im Centrum kein Säulchen, sondern einen röhrenartigen, blos von Böden erfüllten Raum.

Acervularia Schweigger (Fig. 94). Astraeoidische Stöcke, in deren Kelchen eine zweite Wand auftritt. Die Septa überschreiten dieselbe und reichen bis zum Centrum. Im Inneren treten verschiedenartige Böden auf, die peripherische Area ist durch blasiges Gewebe erfüllt. Silur, Devon.

Fig. 94.

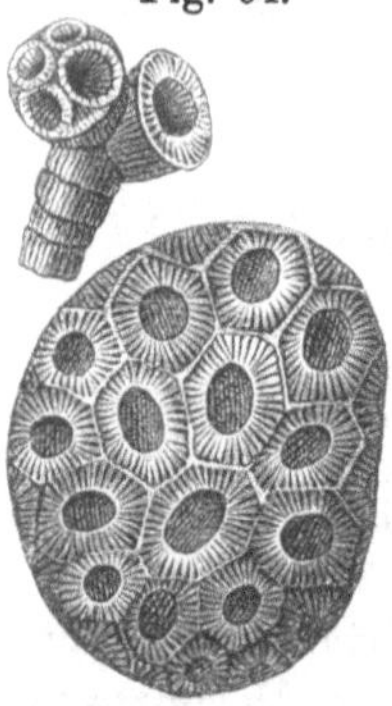

Acervularia luxurians Edw. et H. Obersilur, Dudley, England.

Fig. 95.

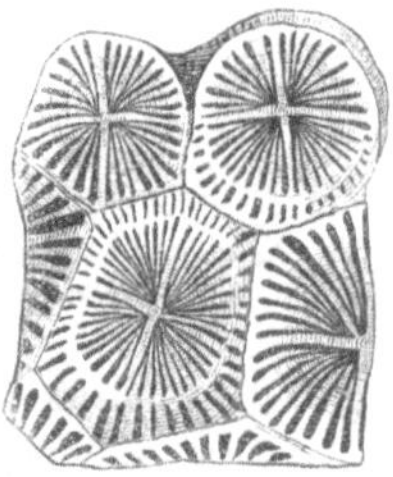

Stauria astraeformis M. Edw. et H. Obersilur, Gotland.

Bei *Eridophyllum Edw. et H.* überschreiten die Septen die äussere Wand nicht und sind auf den peripherischen Theil des Kelches beschränkt; bei *Spongophyllum Edw. et H.* treten sie im Gegensatz nur im centralen Theile des Kelches auf, ohne die Aussenwand zu erreichen. Beide Gattungen finden sich im Silur und Devon, ebenso *Strombodes Schweigger* mit astraeoidischen Stöcken aus polygonalen Kelchen, deren zahlreiche Sternleisten bis zum Centrum sich fortsetzen. Die Böden sind trichterförmig, ihre weiten Zwischenräume werden von feinem, blasigen Gewebe erfüllt.

Stauria Edw. et H. (Fig. 95). Astraeoidische Stöcke mit wohlentwickelten Sternleisten. Die vier starken Primärsepten bilden ein Kreuz. Im centralen Theil der Kelche treten Böden, im peripherischen blasige Endothecalgebilde auf. Silur.

Fig. 96.

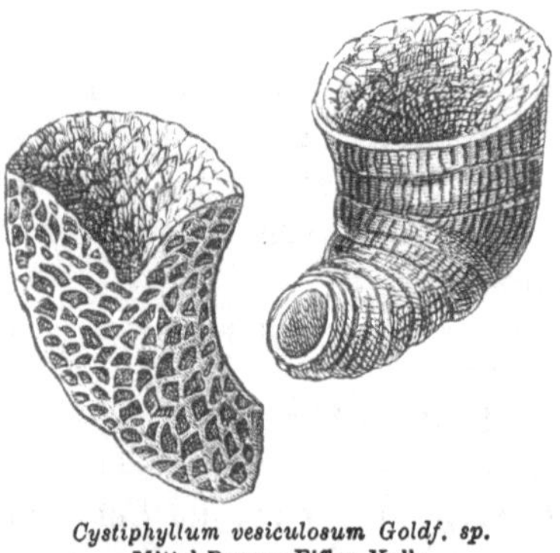

Cystiphyllum vesiculosum Goldf. sp. Mittel-Devon, Eifler Kalk.

d. *Cystophora.*

An Stelle der fehlenden Böden erfüllen blasige Endothecalgebilde die Kelche.

Cystiphyllum Lonsd. (Fig. 96). Kegelförmige oder subcylindrische Einzelkelche, in deren Inneren die blasigen Endothecalgebilde radiär und vertical angeordnet sind, so dass ihre obersten Reihen als Endothecalstreifen hervortreten. Silur, Devon.

Strephodes M'Coy. Meist einfach, frei oder fest gewachsen, mit gut entwickelten, alternirenden Septen, welche zuweilen ein falsches Säulchen bilden. Silur, Devon, Carbon.

Microplasma Dyb. Bündelartige Stöcke aus subcylindrischen Kelchen mit verkümmerten Septen. Silur.

Michelinia de Kon. Astraeoidische Stöcke mit starkem Epithek, welches wurzelartige Ausläufer trägt, Septen verkümmert. Kohlenkalk.

Fletscheria Edw. et H. Bündelartige Stöcke aus cylindrischen, dickwandigen Kelchen, deren Septa rudimentär sind, während das Blasengewebe auffallend weitmaschig ist, und nahezu horizontale Böden bildet. Ein rundlicher, concentrisch runzeliger Deckel vorhanden. Silur.

Goniophyllum Edw. et H. (Fig. 97). Polypar einfach, vierseitig, mit tiefem Kelch und zahlreichen Sternleisten, welche bis zum Centrum des Kelches reichen. Die vier Hauptsepten liegen in der Mitte der vier Seitenflächen des Kelches und ragen etwas vor. Im Innern treten trichterförmige Böden auf, welche, durch zahlreiche Querblätter verbunden, ein zelliges Gewebe bilden. Der Deckel besteht aus vier paarigen Stücken, welche an den Seitenflächen des Kelches haften und mit der Spitze im Centrum übereinandergreifen. Silur.

Fig. 97.

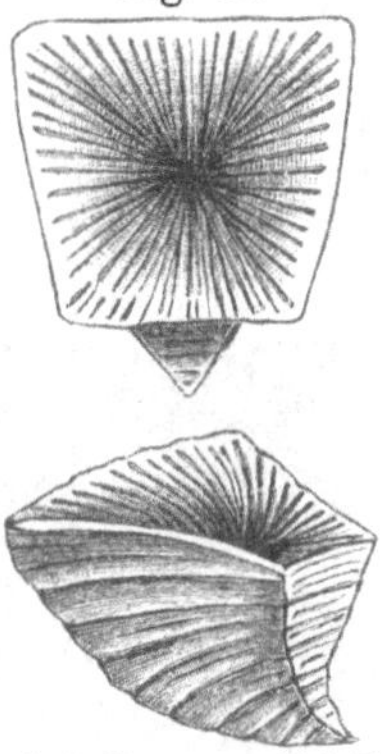

Goniophyllum pyramidale Edw. et H. Obersilur, Gotland.

Fig. 98.

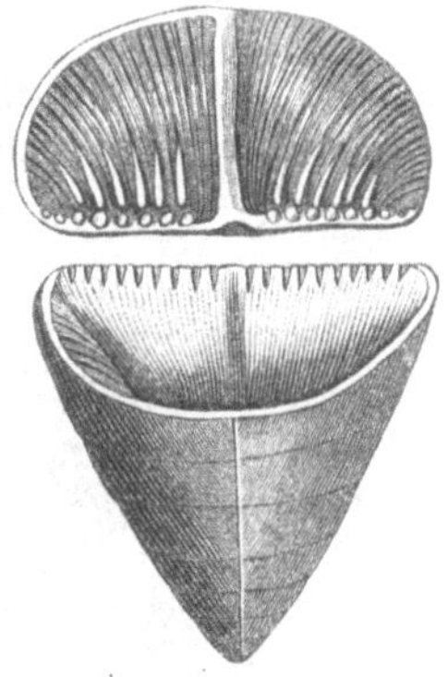

Calceola sandalina Lamk. Mitteldevon, Eifel.

Rhizophyllum Lindstr. Einfach, halbkegelförmig, Wand dick, mit Epithek und wurzelartigen Fortsätzen. Septen schwach entwickelt. Deckel einfach. Silur.

Calceola Lamk. (Fig. 98). Kelch halbkegelförmig oder pantoffelartig, spitz, mit Epithek, Septa nur durch schwach erhabene Längslinien angedeutet. Das Hauptseptum liegt in der Mitte der gewölbten, das Gegenseptum ihm gegenüber in der Mitte der geraden Seite, die Seitensepta in den Winkeln. Das Hauptseptum wird in seiner Lage aussen durch die fiederstellige Anordnung der Septallinien kenntlich. Zwischen den Septen tritt blasiges Endothecalgewebe auf. Der Deckel ist dick, mit starkem Medianseptum und zahlreichen schwachen Nebenlinien. Devon.

4. *Perforata.*

Mauerblatt und Septen durchbohrt, sie zerfallen in *Poritidae*, *Madreporidae*, *Eupsammidae* und *Fungidae.*

a. *Poritidae.*

Zusammengesetzte Stöcke mit porösem Sclerenchym. Kelche klein, Sternleisten wenig zahlreich, zuweilen durch Dornenreihen ersetzt. Wandungen durchbohrt.

Porites Lamk. (Fig. 99). Kelche seicht, polygonal, ohne Böden, mit zwölf Septen, welche schwierig von den Pfählchen zu trennen sind, welche ein kleines, warziges Säulchen umgeben. Recent eine der wichtigsten Riffcorallen, fossil in der Kreide und Tertiär.

Fig. 99.

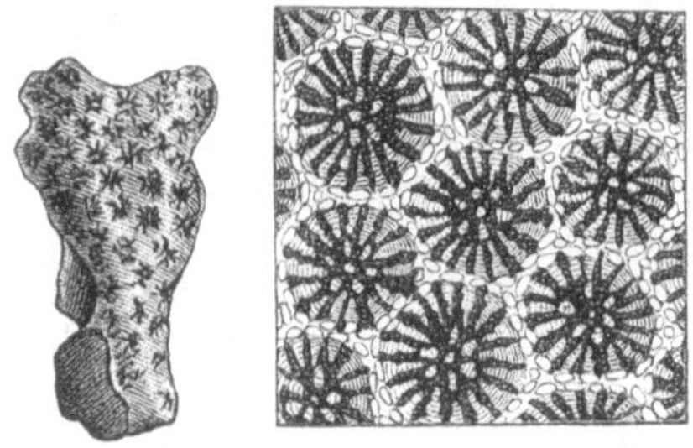

Porites Pellegrinii d'Ach. Eocän.

Protaraea Edw. et H. Massiv oder incrustirend, mit polygonalen, seichten Kelchen, Septa lamellär, gezähnt. Silur, Devon.

Weitere verwandte Gattungen sind: *Rhodaraea Edw. et H.* (Miocän und recent), *Dictyaraea Rss.* (Tertiär), *Stylaraea Seebach* (Silur), *Actinaraea d'Orb.* (Jura), *Heterastridium Rss.* (Trias) etc.

Alveopora Quoy u. Gaim. (Fig. 100). Massige Stöcke, mit kleinen, polygonalen, tiefen Kelchen, in denen horizontale Böden in weiten Abständen auftreten. An Stelle der Septa treten entfernt stehende Stacheln auf, welche durch ihre Kreuzung im Centrum zuweilen ein falsches Säulchen bilden. Tertiär und recent.

Fig. 100.

Stock etwas verkleinert.

Durchschnitt einer Zelle.

Alveopora polyacantha Rss. Miocän, Java.

An *Alveopora* schliesst sich *Koninckia Edw. et H.* aus der Kreide, sowie die recenten Gattungen *Favositipora Sow.* und *Goniopora Quoy u. Gaim.*

Turbinaria Oken. Blattförmige Stöcke mit reichlichem Coenenchym. Kelche vorragend, mit schwammigen Säulchen und fast gleichgrossen Septen. Miocän und recent.

Mit *Turbinaria* ziemlich nahe verwandt scheint *Prisciturben Kunth*, mit der Unterseite festgewachsene Stöcke, deren Coenenchym reichlich und compact ist. Die Kelche ragen vor, ihre Septa sind abwechselnd dick und dünn, ihr Säulchen fast dicht. Silur.

An *Turbinaria* schliessen weiter an: *Actinacis d'Orb.* (Kreide und Tertiär), *Astraeopora Blv.* (Tertiär und recent), *Dendracis Ed. et H.* (Tertiär), *Cryptaxis Rss.* (Tertiär), *Aphyllacis Rss.* (Tertiär).

Palaeacis Edw. et H. Keilförmige, freie Stöcke mit tiefeingesenkten, ovalen oder subpolygonalen Kelchen. Septa durch zahlreiche, feine Streifen angedeutet. Vermehrung durch Kelchsprossung. Kohlenkalk.

b. *Madreporidae.*

Zusammengesetzte Stöcke aus kleinen, röhrigen Zellen und reichlichem Coenenchym aufgebaut. Wände stark porös, Sternleisten (sechs bis zwölf) oft rudimentär.

Madrepora Linn. Vielgestaltige Stöcke mit vorragenden Kelchen, in welchen zwei gegenüberstehende Primärleisten stark hervortreten, kein Säulchen. Tertiär und recent.[1]

c. *Eupsammidae.*

Einfache oder ästige Polypare mit sehr porösem aber engmaschigen Sclerenchym, wohlentwickelten, zahlreichen Sternleisten, meist ohne Pfählchen und ohne Coenenchym.

Eupsammia Edw. et H. Einfach kreiselförmig, frei, Septa zahlreich, gross, dicht gedrängt. Keine Epithek, Rippen deutlich. Tertiär, recent.

Endopachys Lonsd. Keilförmig, flachgedrückt, mit flügelartiger Ausbreitung, sonst wie *Eupsammia.* Tertiär und recent.

Balanophyllia Wood. Einfach, festgewachsen, mit schwammigem Säulchen und zahlreichen, dünnen, gedrängten Septen. Tertiär und recent.

Stephanophyllia Mich. (Fig 101). Einfach, frei, scheibenförmig, mit horizontaler, epithekloser Wand, über welche sich die stacheligen Septen erheben, die sich mit Ausnahme der sechs Hauptsepten durch ihre inneren Ränder verbinden. Die geraden Rippen stehen in den Zwischenräumen der Septen. Kreide, Tertiär.

Fig. 101.

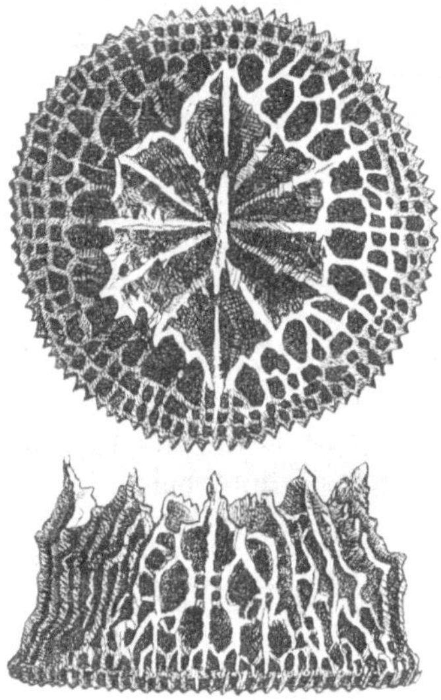

Stephanophyllia imperialis Mich. Miocän, Lapugy.

Fig. 102.

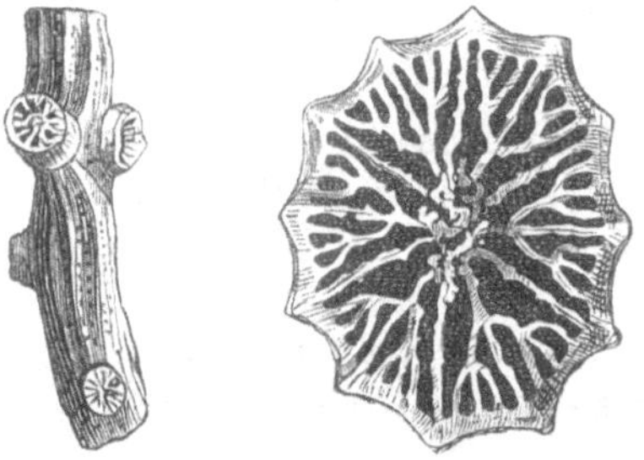

Ein Kelch vergrössert.

Dendrophyllia prismatica Rss. Miocän, Ruditz, Mähren.

Dendrophyllia Blainv. (Fig. 102). Zusammengesetzte Stöcke, die sich

[1] An *Madrepora* werden häufig (so von Claus und Zittel) *Pocillopora* und *Seriatopora* mit ihren Verwandten angereiht.

durch Seitenknospen vermehren, mit tiefen, ovalen Kelchen, in denen ein schwammiges Säulchen hervorragt, welches nur von sechs Septa erreicht wird, während die übrigen mit den Innenrändern früher verschmelzen. Tertiär, recent.

Lobopsammia (Tertiär) bewirkt die Vermehrung durch Selbsttheilung.

Stereopsammia (ebenfalls Tertiär) bildet incrustirende Stöcke, welche sich durch basale Knospen vermehren.

Calostyclis Lindström bildet ästige Stöcke mit einseitiger Knospung, die Sternleisten sind sehr zahlreich, das Säulchen dick, spongiös. Silur.

Haplaraea Milaschewitsch. Einfache, cylindrische, mit breiter Basis festsitzende Kelche. Sternleisten zahlreich, bis zum Centrum reichend und durch zahlreiche Synaptikeln mit einander verbunden. Kein Säulchen. Oberer Jura.

Diplaraea Milaschewitsch. Baumartig verzweigte Stöcke, welche sich durch Selbsttheilung in der Weise vermehren, dass alle Zweige in einer Ebene bleiben. Säulchen schwammig. Oberer Jura.

d. *Fungidae.*

Polypar flach, scheibenförmig, das Mauerblatt zu einer flachen Basalscheibe reducirt, auf welcher die zahlreichen, stark entwickelten Septen aufsitzen. Das Mauerblatt ist oft durchbohrt, oft stachelig, die Septen dicht oder porös, mit zackigem Rand, auf den Seitenflächen mit Synaptikeln oder Körnern besetzt. Die *Fungidae* können in die Untergruppen der *Funginae* (Pilzcorallen im engeren Sinne), *Cyclolitinae*, *Thamnastreinae*, *Lophoserinae* und *Merulininae* getheilt werden. Die letzterwähnte Gruppe umfasst nur eine lebende Gattung (*Merulina Ehrenbg.*).

α. *Funginae.*

Einfache oder zusammengesetzte Stöcke, Sternleisten dicht, durch Synaptikeln verbunden, Basis stachelig.

Von den zahlreichen, recenten Gattungen (*Fungia*, *Cryptabacia*, *Ctenactis*, *Halomitra* etc. etc.) tritt eine zusammengesetzte Form, *Podabacia Edw. et H.* auch im Eocän auf. Ihre Kelche sind um eine Centralzelle radial gruppirt, die gemeinsame Wand ist stachelig und unregelmässig durchbohrt.

β. *Cyclolitinae.*

Fig. 103.

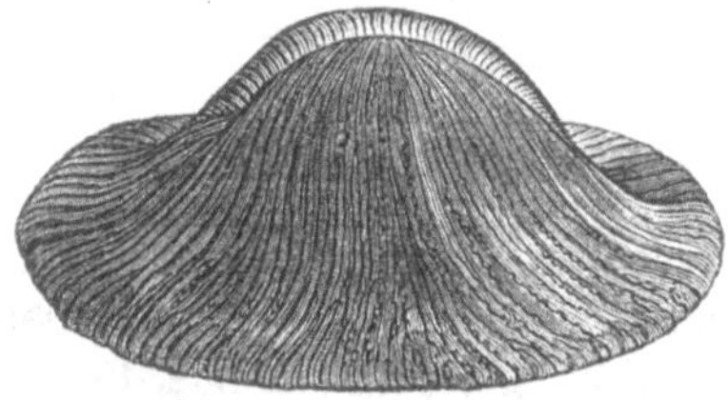

Cyclolites undulata Lamk. Gosau.

Die Basis ist dicht, oft mit Epithek bekleidet, mit zahlreichen, dünnen, durchbohrten Septen.

Cyclolites Lamk. (Fig. 103). Kreisrunde oder elliptische, freie, einfache Formen, deren horizontale Wand mit runzeliger Epithek bekleidet ist. Sehr dünne und ungemein zahlreiche Septa (oft mehrere Hundert), welche durch Synaptikeln verbunden werden. In der Kreide sehr häufig, selten im Eocän und im Jura.

Nahe verwandt ist die durch ein kurzes Stielchen angeheftete *Cyclolitopsis Rss.* (Eocän). *Coscinaraea Edw. et H.* bildet zusammengesetzte Stöcke, deren gemeinsame Wand der Epithek entbehrt. Pliocän und recent.

γ. *Thamnastraeinae.*

Einfache und zusammengesetzte Stöcke mit dünner, häufig durchbrochener oder auch fehlender Wand, die durchlöcherten Septen sind durch Synaptikeln oder schräge gestellte Querlamellen verbunden.

Omphalophyllia Lbe. Einfach, festsitzend, mit Epithek, Kelche seicht, Columella griffelförmig, vorragend, die Septa sehr zahlreich, gekörnt. Aus der Trias von St. Cassian.

Anabacia Edw. et H. Einfach, frei, scheibenförmig, ohne eigentliche Wand, mit zahlreichen, dünnen Septen, welche an der Innenseite mit einander verwachsen. Jura.

Genabacia Edw. et H. ebenfalls aus dem Jura, mit zusammengesetztem Polypar, gleicht sonst der vorgenannten Gattung.

Micrabacia Edw. et H. Einfach, frei, scheibenförmig, Septen mit freiem inneren Rand, aussen mit feinen Rippen alternirend. Kreide.

Cyclabacia Bölsche. Aehnlich gestaltet, doch setzen die Septen in die Rippen fort und die kleineren Sternleisten sind gebogen und anastomosiren mit den grösseren. Kreide.

Thamnastraea Le Sauvage (Fig. 104). Zusammengesetzte, massige oder knollig ästige, astraeoidische Stöcke mit seichten, durch die zusammenfliessenden Septen verbundenen Kelchen. Die einzelnen Wände wenig deutlich, ein warziges Säulchen vorhanden, die gemeinsame Wand ist gerippt. Häufig in mesozoischen und känozoischen Formationen.

Fig. 104.

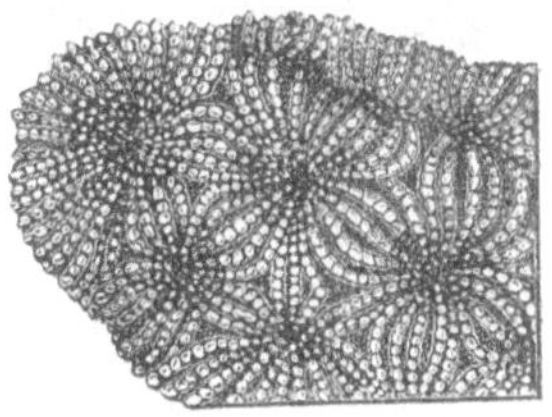

Thamnastraea biformis Rss.
Brauner Jura, Balin.

Dimorphastraea d'Orb. wie *Thamnastraea*, Kelche jedoch um eine Centralzelle gruppirt. Jura, Kreide.

Astraeomorpha Rss., desgleichen, aber mit runzeliger Epithek als Bekleidung der gemeinsamen Wand. Jura, Kreide, Tertiär.

Weitere an *Thamnastraea* anschliessende Gattungen sind: *Microsolena Lamk.* (Trias, Jura), *Protoseris Edw. et H.* (Jura), *Cosmoseris d'Orb.* (Jura) und *Pseudastraea Rss.* (Eocän).

δ. *Lophoserinae.*

Einfache oder zusammengesetzte Stöcke mit dichter Wand ohne Stacheln und dichten Septen.

Einfache Formen.

An einige, auch fossil vertretene, recente Formen (*Cycloseris Edw. et H.*, *Trochoseris Edw. et H.*) schliessen sich zahlreiche fossile Gattungen:

Microseris From. Frei, scheibenförmig, die horizontale Wand ohne Epithek, mit Granulationen bedeckt, Septen sehr zahlreich, mit gezacktem Rand. Kreide.

Asteroseris From. Der vorigen Gattung sehr ähnlich, die Granulationen am Rand radiär gestellt, Säulchen verkümmert, Pfählchen entwickelt.

Thecoseris From. Kreiselförmig, mit Epithek, ohne Säulchen, Septa zahlreich. Jura, Kreide, Tertiär.

Gyroseris Rss. ganz ähnlich der vorigen Gattung, aber mit grossem, warzigen Säulchen. Kreide.

Gonioseris Duncan. Frei, scheibenförmig, mit polygonalem Umriss, an der Unterseite einige stärkere Radialrippen, zu welchen die übrigen fiederstellig angeordnet sind, auch auf der Oberseite fallen die grossen Hauptsepten auf und theilen die zahlreichen Sternleisten in sechs Gruppen. Jura.

Weitere Gattungen der einfachen *Lophoserinen* sind: *Discoseris Gümb.* (Trias), *Phegmatoseris Milasch.* (Jura), *Podoseris Duncan* (Jura, Kreide), *Turbinoseris Dunc.* (Kreide) u. A.

Zusammengesetzte Formen.

Cyathoseris Edw. et H. (Fig. 105). Kreiselförmige Stöcke mit seichten Kelchen, deren Costalsepta ineinander fliessen. Gemeinsame Wand nackt, gestreift. Kreide, Tertiär.

Fig. 105.

Cyathoseris subregularis Rss. Oligocän.

Siderastraea Blv. Zellen durch ihre Wände verbunden, Septen nicht zusammenfliessend, dünn, gezähnt. Tertiär und recent.

Oroseris Edw. et H. mit rudimentärer Epithek auf der gemeinsamen Wand, Kelche nahezu zusammenfliessend, mit kammförmigen Hügeln, welche mehrere Reihen von Zellen umschliessen. Jura, Kreide und Tertiär.

Mycedium Oken. Blattartige Stöcke mit deutlich abgegrenzten Kelchen, welche in parallelen Reihen die Centralzellen umgeben, gemeinsame Wand ohne Epithek, gerippt. Tertiär, recent.

Undaria Oken. Blattartige Stöcke, Kelche in Reihen geordnet, welche durch hügelige Kämme gesondert werden. Die Kelche einer Reihe fliessen vollständig zusammen. Tertiär und recent.

Hierher zahlreiche recente und einige fossile Gattungen, so: *Placastraea Stol.* (Kreide), *Agaricia Lamk.* (Pliocän und recent), *Pironastraea d'Ach.* (Eocän).

5. *Aporosa.*

Mauerblatt dicht, undurchbohrt. Hierher gehören die *Astraeidae*, *Stylophoridae*, *Oculinidae*, *Dasmidae* und *Turbinolidae*. Häufig werden auch die oben abgehandelten *Fungidae* den *Aporosa* beigezählt, sie bilden in der That ein Bindeglied zwischen beiden Gruppen, da sie theils durchbohrte, theils undurchbohrte Wände besitzen.

a. *Astraeidae.*

Selten einfach, meist zusammengesetzt, Wand und Septen dicht, nie porös; ihre Zwischenräume durch Querblätter mit blasigem Gewebe] erfüllt. Kein Coenenchym, die Kelche direct durch ihre Wände oder durch Rippen verbunden.

Die überaus mannigfaltigen *Astraeidae* können in die Unterabtheilungen der *Epistreptophyllinae*, *Astraeinae*, *Eusmilinae* und *Echinoporinae* zerfällt werden.

α. *Epistreptophyllinae.*[1]

Interseptalkammern in der Tiefe ausser den Querblättern noch mit zahlreichen Synaptikeln versehen.

Epistreptophyllum Milasch. Einfach, conisch oder cylindrisch, angeheftet, mit gerippter Wand, tiefem Kelch, zahlreichen, nicht überragenden Septen und schwammigem Säulchen. Jura.

β. *Astraeinae.*

Oberrand der Septen gezähnt oder mit Stacheln besetzt, Seitenfläche derselben mit Rippen oder Körnerreihen bekleidet. Zerfallen nach der Art der Vermehrung in *Asterosmiliacae*, *Palaeastraeaceae*, *Lithophylliaceae*, *Faviaceae*, *Astraeaceae*, *Cladocoraceae* nnd *Astrangiaceae.*

Asterosmiliaceae.

Einfache Formen, Vermehrung durch Eier.

Asterosmilia Duncan, hornförmig, mit unregelmässigen Rippen, zahlreichen Septen, mehr oder minder solidem, zusammengedrückten Säulchen und mit Pfählchen. Tertiär.

Palaeastraeaceae.

Septen ohne bestimmte Anordnung, Vermehrung durch calycinale oder subcalycinale Knospung.

Heterophyllia M'Coy. Einfach oder bündelförmig, Knospung um den Kelchrand, Rippen wohlentwickelt. Kohlenkalk.

Battersbyia Edw. et H. Bündelförmig oder ästig, mit cylindrischen Zellen, blasiger Endothek, ohne Rippen und Epithek. Devon.

Lithophylliaceae.

Einfach oder zusammengesetzt, Vermehrung durch Theilung, wobei die neuen Kelche sich abtrennen oder zu linearen Reihen sich gruppiren oder gänzlich verschmelzen.

Lithophylliaceae simplices.

Montlivaultia Lamx. (Fig. 106). Frei, gestielt oder mit breiter Basis festgewachsen, cylindrisch oder kreisel-

Fig. 106.

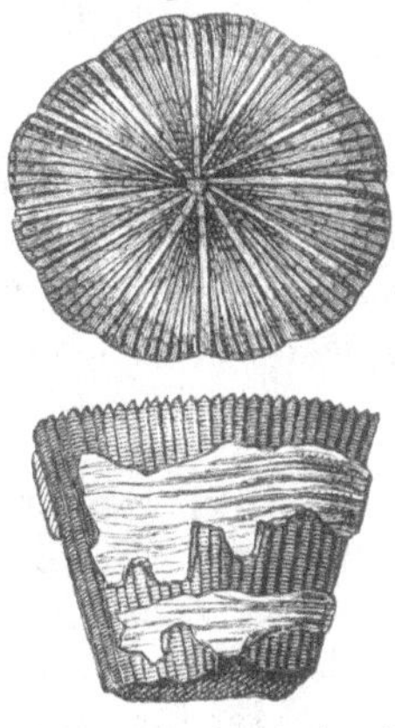

Montlivaultia trochoides M. Edw. et H. mit theilweise erhaltener Epithek.

[1] Zittel, Handbuch der Palaeontologie I, pag. 249.

förmig, mit dicker, aber leicht zerbrechlicher Epithek. Zahlreiche, ziemlich breite, gezähnte Septa. Ohne Säulchen. Sehr häufig im Jura, auch in der Trias, Kreide und Tertiärformation.

Cyathophyllia From. von *Montlivaultia* durch Vorhandensein eines grossen, warzigen Säulchens verschieden.

Leptophyllia Rss. von *Montlivaultia* durch nackte, mit körnigen Rippen gezierte Wand, sowie zahlreiche, feine Sternleisten verschieden. Jura, Kreide.

Lithophyllia Edw. et H. Mit breiter Basis aufgewachsen, Septa stark, gezähnt, Säulchen dick, schwammig, ohne Epithek. Tertiär und recent.

Zu den Lithophylliaceae simplices gehören zahlreiche tertiäre Gattungen: *Pattalophyllia d'Ach.* (Eocän), *Leptaxis Rss.* (Eocän und Oligocän), *Circophyllia Edw. et H.* (Eocän und Oligocän), *Leptomussa d'Ach.* (Oligocän), *Syzygophyllia Rss.* (Miocän), *Antillia Duncan* (Miocän).

Lithophylliaceae ramosae.

Calamophyllia Edw. et H. Bündelförmige Stöcke aus sehr langen, dichotomen, rasch frei werdenden Zellen bestehend. Wand mit Rippen und kragenförmigen Hervorragungen, bisweilen mit rudimentärer Epithek. Zahlreiche Septa, kein Säulchen, Querblätter reichlich. Trias, Jura, Kreide, auch Tertiär.

Hierher gehört ein Theil der als *Lithodendron* bekannten Formen.

Rhabdophyllia Edw. et H. (Lithodendron p. p.). Wand mit gekörnten Rippen, spärliche Querblätter, ein schwammiges Säulchen vorhanden. Trias, Jura, Kreide, Tertiär.

Thecosmilia Edw. et H. (Lithodendron p. p.). Buschige oder nahezu massive Stöcke, da die Zellen in verschiedenem Grade frei werden, die runzelige, dicke Epithek ist leicht zerstörbar, mit zahlreichen, regelmässig gezähnten Septen, vielen Querblättern. Säulchen fehlt oder ist nur rudimentär. Trias, Jura, Kreide, Tertiär.

Dasyphyllia Edw. et H. Bündelförmige Stöcke, Wand gerippt und stachelig, Septen gezähnt, Säulchen schwammig. Miocän und recent.

Zu den *Lithophylliaceae ramosae*, welche in den heutigen Meeren auch durch die Gattungen *Mussa Oken* und *Trachyphyllia Edw. et H.* vertreten sind, gehören noch mehrere mesozoische Genera: *Lepidophyllia Dunc.*, *Pleurophyllia From.*, *Cladophyllia Edw. et H.*, *Baryphyllia From.* u. A.

Lithophylliaceae confluentes.

Von den zahlreichen, recenten Gattungen dieser Gruppe treten manche schon in der Kreide- und Tertiärformation auf, so *Mycetophyllia Edw. et H.*, *Maeandria Lamk.*, *Diploria Edw. et H.*, *Hydnophora Fischer u. Waldheim* in Kreide und Tertiär, *Symphyllia Edw. et H.*, *Ulophyllia Edw. et H.* im Tertiär. Von verwandten, nur fossil auftretenden Gattungen verdienen hervorgehoben zu werden:

Fromentelia Ferry. Gestielte Stöcke mit ausgebreitetem Scheitel, die deutliche Centren besitzenden Kelche liegen in gewundenen Thälern, welche durch breite, von den Rippen bedeckte Zwischenräume getrennt werden. Kein Säulchen. Jura.

Stibastraea Et. Mit schwammigem Säulchen und dicker, gefalteter Epithek. Jura.

Dimorphophyllia Rss. Kurzgestielte Stöcke, in der Mitte des ausgebreiteten Scheitels ein grösserer Kelch, von welchem radiale Reihen von kleineren ausgehen, die durch scharfe Kämme geschieden sind. Jura, Tertiär.

Aspidiscus Koenig. Frei, mit kreisrundem oder elliptischem Umriss, Basis horizontal mit rundlicher Epithek, Oberseite gewölbt, mit vom Centrum gegen die Peripherie ausstrahlenden, sich gabelnden und durch scharfe Kämme geschiedenen Zellreihen. Kreide.

Leptoria Edw. et H. Massige, mit breiter Basis festgewachsene Stöcke, deren maeandrische Zellreihen mittelst ihrer Wände verbunden sind, die zerfliessenden Kelche sind fast unkenntlich; von der nahe verwandten *Maeandrina* ist *Leptoria* durch ein blattförmiges Säulchen verschieden. Jura, Kreide, Tertiär.

Stiboria Etallon. Wie *Leptoria,* doch ohne Säulchen. Jura.

Stelloria d'Orb. Massige Stöcke mit direct durch die Zellwände verbundenen Reihen; die trennenden, einfachen Zwischenräume strahlen von einzelnen Punkten der Oberfläche sternförmig aus, kein Säulchen. Kreide.

Faviaceae.

Die Vermehrung erfolgt durch Selbsttheilung, die neugebildeten Kelche werden rasch frei und bilden einen astraeoidischen Stock.

Favia Oken. Massive Stöcke, mit rundlichen, häufig ovalen, durch Rippen verbundenen, freirandigen Kelchen; Septa durch das schwammige Säulchen überragt. Jura, Kreide, Tertiär und recent.

Mit *Favia* nahe verwandt ist *Favoidea Rss.* aus dem Tertiär von Java.

Goniastraea Edw. et H. Massive, astraeoidische Stöcke aus prismatischen, mit den Wänden innig verbundenen Zellen. In den polygonalen Kelchen umstehen gezähnelte Pfälchen das schwammige Säulchen. Kreide, Tertiär, recent.

Hier schliessen sich mehrere tertiäre Gattungen an: *Septastraea d'Orb.*, *Lamellastraea Duncan*, *Clypeofavia Mich.*

Maeandrastraea d'Orb. Massive Stöcke, deren Zellen mit ihren Wänden verwachsen. Die undeutlich geschiedenen Kelche stehen in kurzen Reihen und sind durch ihre Costalsepta verbunden. Bildet ein Uebergangsglied zu den *Lithophylliaceae confluentes.* Kreide.

Astraeaceae.

Vermehrung durch Knospung, Stöcke massiv, astraeoidisch, mit dicht gedrängten Zellen.

Von den zahlreichen, hierhergehörigen, recenten Gattungen treten viele in der Tertiärformation auf, so *Plesiastraea Edw. et H.*, *Leptastraea Edw. et H.*, *Solenastraea Edw. et H.*, *Prionastraea Edw. et H.*, manche reichen noch in Kreide und Jura hinauf.

Heliastraea Edw. et H. (Fig. 107). Massive Stöcke, deren Basis dünne Epithek trägt, die erhabenen, freirandigen Kelche zeigen überragende Septa, stark entwickelte Rippen, schwammige Säulchen. Jura bis Gegenwart.

Stylastraea From. mit rundem, griffelförmigen Säulchen, vermehrt sich durch intercalycinale Sprossung. Lias.

Brachyphyllia Rss. Die zusammenfliessenden Zellen durch stark entwickelte Rippen verbunden, zahlreiche Septa, schwammige Säulchen. Vermehrung durch laterale Knospung, Kreide, Tertiär.

Agathiphyllia Rss. und *Cyathomorpha Rss.* aus Eocän und Oligocän sind mit *Brachyphyllia* nahe verwandt.

Confusastraea d'Orb. Massige Stöcke, deren Zellen durch Rippen innig verbunden sind; die wohlentwickelten Septen reichen bis zum Centrum, in

Fig. 107.

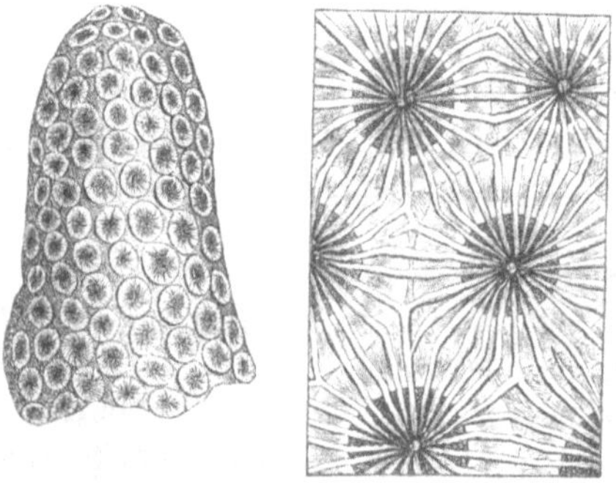

Heliastraea conoidea Rss. Miocän, Grund.

Fig. 108.

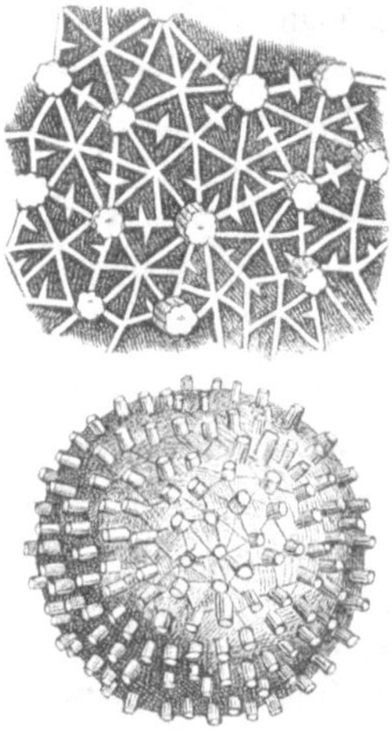

Stylocoenia macrostyla Rss. Eocän des Giovanni Ilarione.

welchem kein Säulchen auftritt. Die rudimentäre Wand ist durch die aufragenden Septa verdeckt. Jura, Kreide.

Amphiastraea From. aus prismatischen, durch ihre Epithek verbundenen Zellen bestehend. Die dünnen Septen stehen entfernt, die groben Rippen verbinden sich selten mit jenen der Nachbarkelche. Jura.

Isastraea Edw. et H. Massige Stöcke aus prismatischen Zellen, deren Wände in ihrer ganzen Höhe innig verbunden sind. Kelche polygonal, meist sechseckig. Zähne der Septen klein, Säulchen fehlend oder rudimentär. Trias, Jura, Kreide und Tertiär.

Stylocoenia Edw. et H.[1] (Fig. 108). In den Ecken der polygonalen Kelche erheben sich kleine, canellirte, vorragende Pfeiler. Die Septen sind dünn und wenig zahlreich. Kreide, Tertiär.

[1] Da die Gattungen *Stylocoenia*, *Astrocoenia* und *Cyathocoenia* gezähnelte Septalränder besitzen, müssen sie nach Duncan hier und nicht bei den *Eusmilinae* Stellung finden. Jedenfalls ist die Unterabtheilung der *Astraeiden* nach dem gezähnelten oder ungezähnelten Septalrand eine unglückliche.

Astrocoenia Edw. et H. Septa kräftig, zahlreich, keine Hervorragungen in den Ecken der polygonalen Kelche. Jura, Kreide, Tertiär.

Latimaeandra d'Orb. Die Kelche sind zu kurzen Reihen geordnet, welche durch anastomosirende Kämme getrennt sind; ohne Epithek. Jura, Kreide Tertiär.

Pterastraea Edw. et H. Vermehrung durch submarginale Knospung, die Septen der oberflächlichen Kelche fliessen nahe zusammen. Jura, Tertiär.

Cladocoraceae.

Die Vermehrung erfolgt durch Seitenknospen, die neuen Individuen werden seitlich bald frei und bilden ästige oder bündelförmige, nie aber massive Stöcke.

Die recente Gattung *Cladocora Ehrenbg.* mit überragenden Septen, warzigem, von Pfählchen umstellten Säulchen reicht bis in den Jura zurück; nahe verwandt ist *Pleurocora Edw. et H.* mit dicker Wand, ohne Epithek, nicht überragenden Septen aus der Kreide.

Fig. 109.

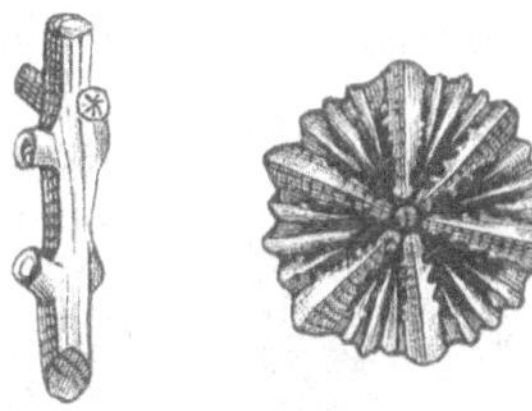

Stylocora exilis Rss.
Miocän, Niederleis, Mähren.

Stylocora Rss. (Fig. 109). Septa überragend, die inneren Enden der Hauptsepten zu einer körnigen Anschwellung verdickt. Kreide, Tertiär.

Goniocora Edw. et H. Die Seitenknospen bilden einen Winkel mit der Stammzelle, keine Pfählchen, Säulchen rudimentär. Trias, Jura.

Rhabdocora From. Säulchen und Pfählchen fehlen. Kreide.

Astrangiaceae.

Vermehrung durch Stolonen oder Knospung auf Basalausbreitungen.

Cryptangia Edw. et H. Vollständig freie mit Epithek bekleidete Zellen, welche sich wahrscheinlich durch weiche Stolonen vermehren. Septen dünn, Säulchen warzig. Tertiär.

Rhizangia Edw. et H. Die Zellen durch verkalkte Stolonen verbunden, kurz, cylindrisch, mit warzigem Säulchen. Kreide, Tertiär.

Astrangia Edw. et H. Knospung auf dünnen, gekörnten Basalausbreitungen, Wand nackt, gerippt, Säulchen warzig, Tertiär recent.

Phyllangia Edw. et H. mit rudimentärem Säulchen. Tertiär, recent.

Cladangia Edw. et H. Knospung erfolgt auf Basalausbreitungen, ausserdem werden die Zellen durch horizontale, in gewissen Höhen sich wiederholende Ausbreitungen der Wände verbunden. Septa wohlentwickelt, Säulchen warzig. Miocän.

Latusastraea d'Orb. Knospung auf Basalausbreitungen, Zellen kurz, stark nach der Seite geneigt, so dass die Kelche halbkreisförmig werden. Jura, Kreide.

Hierher noch einige tertiäre Gattungen (*Bathangia Kefst.*, *Holangia Rss.*).

γ. *Eusmilinae.*

Septalrand ganz, Seitenflächen der Septen mit Körnerreihen besetzt. Nach der Art der Vermehrung zerfällt diese Gruppe wieder in die *Trochosmiliaceae*, *Euphylliaceae* und *Stylinaceae.*

Trochosmiliaceae.

Einfache Formen mit rundem oder elliptischem Kelch. Zu dieser in der Gegenwart spärlich vertretenen Gruppe gehören sehr zahlreiche Gattungen des Jura, der Kreide- und Tertiärformation.

Placosmilia Edw. et H. Kurzgestielt oder frei, mit sehr zahlreichen, seitlich schwach gekörnelten Septen, blattförmigem Säulchen und zahlreichen Querblättern. Wand nackt mit einfachen, granulirten Rippen. Kreide.

Fig. 110.

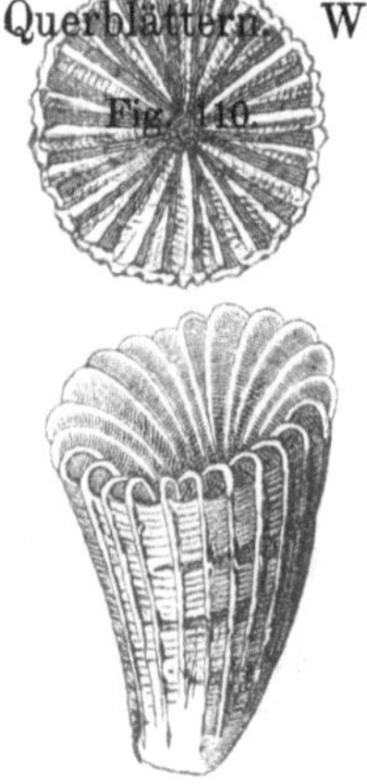

Coelosmilia laxa Edw. et H. Weisse Kreide, Lüneburg.

Trochosmilia Edw. et H. Wie *Placosmilia*, jedoch ohne Säulchen. Kreide, Tertiär.

Coelosmilia M. Edw. et H. (Fig. 110). Wie *Trochosmilia*, jedoch mit spärlichen Querblättern. Kreide recent.

Diploctenium Goldf. Frei, zusammengedrückt, fächer- oder hufeisenförmig, mit nach abwärts gebogenen Seitentheilen des Kelches, Septen gedrängt, Querblätter reichlich, kein Säulchen. Wand nackt, mit zahlreichen, feinen, sich spaltenden Rippen. Kreide.

Parasmilia Edw. et H. Kreiselförmig, angeheftet, Septa überragend, stark gekörnelt, Säulchen schwammig, Querblätter spärlich, Wand nackt, mit einfachen Rippen. Jura, Kreide, Tertiär.

Epismilia From. Kreiselförmig oder subcylindrisch, frei oder angeheftet. Zahlreiche Septen mit Körnern auf den Seitenflächen, kein Säulchen. Querblätter zumal im peripherischen Theile der elliptischen Kelche reichlich. Epithek stark. Jura, Kreide.

Stephanosmilia From. Kreiselförmig gestielt, zwischen dem bündelförmigen Säulchen und den Septen Pfählchen. Querblätter entfernt stehend, Wand nackt. Kreide.

Axosmilia Edw. et H. Kreiselförmig, gestielt oder frei, mit kreisrundem, tiefem Kelch, die Septen grossentheils mit dem stark vorspringenden, etwas zusammengedrückten Säulchen verwachsen, Querblätter spärlich, Epithek dick. Jura.

Zu den Trochosmiliaceen gehören noch zahlreiche, fossile Gattungen: *Cylicosmilia Edw. et H.* (Miocän), *Phyllosmilia From.* (Kreide), *Psammosmilia From.* (Kreide), *Peplosmilia Edw. et H.* (Kreide), *Plesiosmilia Milasch.* (Kreide), *Trismilia From.* (Jura), *Blastosmilia From.* (Jura).

Euphylliaceae.

Die Fortpflanzung erfolgt durch Selbsttheilung und erzeugt zusammengesetzte, ästige. astraeoidische oder maeandroidische Stöcke.

Euphylliaceae caespitosae.

An die recenten Gattungen *Eusmilia Edw. et H.*, *Solenosmilia Dunc.* und *Euphyllia Edw. et H.* schliessen sich einige fossile Genera:

Aplosmilia Edw. et H. Buschige Stöcke mit dichotom endigenden Zellen. Säulchen blattförmig, Wand ohne Epithek mit kammartigen Rippen. Jura.

Plocophyllia Rss. Aestige oder blättrige, zuweilen fast massive Stöcke, da die durch Theilung entstandenen Zellen entweder frei werden oder zu frei stehenden Reihen verbunden bleiben. Kein Säulchen, Wand mit gekörnten Rippen. Tertiär.

Euphylliaceae agglomeratae.

Stenosmilia From. Astraeoidische Stöcke mit feingerippter Wand, die ovalen, freirandigen Kelche oft in Reihen, Septa ziemlich dick, Säulchen lamellär. Kreide.

Barysmilia Edw. et H., wie *Stenosmilia*, doch ohne Säulchen. Kreide.

Hierher die recente Gattung *Dichocoenia Edw. et H.*

Euphylliaceae confluentes.

Pachygyra Edw. et H. (Fig. 110), gestielt, mit gewundenen Zellreihen, Kelche zusammenfliessend, Säulchen dünn lamellär, Septen gedrängt, Rippen fein. Jura, Kreide, Tertiär.

Fig. 110.

Pachygyra Savii d'Ach. Eocän S. Giovanni Ilarione. Oben eine Zellreihe vergrössert.

Rhipidogyra Edw. et H. Der fächerförmige Stock besteht aus einer einzigen Zellenreihe, Säulchen blattartig. Jura, Kreide.

Phytogyra d'Orb. Der aus freien, niedrigen Zellreihen bestehende Stock entsendet horizontale Aeste. Jura.

Stenogyra From. Massive Stöcke mit seitlich freien Zellreihen, welche dicke, wenig gefaltete Blätter bilden. Die nackten Wände weisen starke, kammförmige Rippen auf, die Septen sind sehr dick, mit starker Körnelung auf den Seitenflächen. Jura.

Eugyra From., gestielt, ausgebreitet, mit Epithek. Kelchreihen im Centrum gewunden, gegen die Peripherie geradlinig, kein Säulchen, Kelche zerfliessend. Kreide.

Hierher die recenten Gattungen: *Dendrogyra*, *Gyrosmilia*, *Pterogyra* etc.

Stylinaceae.

Vermehrung durch Knospung, die runden oder polygonalen Kelche zu ästigen, rasenförmigen oder astraeoidischen Stöcken verbunden.

Stylinaceae independentes.

Mit seitlich freien oder unvollständig verbundenen Zellen.

Dendrosmilia Edw. et H. Aestige Stöcke, Zellen zum grössten Theile frei, mit gekörnten Rippen. Säulchen schwammig. Kreide, Tertiär.

Lophohelia Edw. et H., ästig, sehr dickwandig, tiefe Kelche mit unregelmässig angeordneten Septen, Säulchen fehlt. Pliocän, recent.

Stylosmilia Edw. et H. Bündelförmig mit faltiger Epithek, griffelförmiges Säulchen. Jura, Kreide.

Hexasmilia From. Buschig, die nahestehenden Zellen polygonal, nur sechs Septa. Kreide.

Placophyllia d'Orb. Aestig, bündelförmig, astraeoidisch, Zellen mit gefalteter Epithek, mehr minder unmittelbar durch ihre Wandungen verbunden. Säulchen griffelförmig. Jura.

Stylinaceae indutae.

Die Zellen sind seitlich frei, jedoch durch schwammige Perithek verbunden: *Galaxea Oken*, recent.

Stylinaceae agglomeratae.

Die Zellen durch ihre Wände oder Rippen zu astraeoidischen Stöcken verbunden.

Stylina Lamk. Massige, höckerige oder lappige Stöcke, die kreisrunden Kelche vorragend, frei, durch Rippen verbunden, Säulchen griffelförmig vorspringend, Querblätter stark entwickelt, gemeinsame, faltige Epithek. Trias, Jura, Kreide.

Die Gattungen *Placocoenia d'Orb.*, *Cryptocoenia d'Orb.*, *Cyathophora Mich.* aus Jura und Kreide unterscheiden sich von *Stylina* der Hauptsache nach nur in der Ausbildung oder dem Mangel der Säulchen.

Coccophyllum Rss. Zellen mit ihren Wänden verbunden, Kelche polygonal, kein Säulchen, Querböden vorhanden. Trias.

Holocystis Lonsdale. Kelche durch Rippen verbunden, von den Septen vier durch grössere Dimensionen ausgezeichnet, Säulchen griffelförmig, Querböden. Kreide.

Dimorphocoenia From. Ausgebreitete Stöcke, die Wände der Zellen durch Costalsepta verdeckt, die Kelche in concentrischen Reihen um eine Centralzelle gruppirt, die Axe derselben hohl. Jura, Kreide.

Holocoenia Edw. et H. Zellen durch Rippen oder die Wände selbst verbunden, welche durch die Septocostalleisten ganz verdeckt werden. Säulchen griffelförmig. Kreide.

Pentacoenia d'Orb. Astraeoidische Stöcke, die rundlichen oder polygonalen Kelche durch die Wände verbunden, nur fünf Hauptsepta. Untere Kreide.

Zu den *Stylinaceae agglomeratae* gehören noch zahlreiche fossile Gattungen: *Convexastraea d'Orb.* (Trias, Jura, Kreide), *Heterocoenia Edw. et H.* (Kreide), *Elasmocoenia Edw. et H.* (Kreide), *Anisocoenia Rss.* (Eocän) u. m. A. Die Gattungen *Astrocoenia* und *Stylocoenia* hingegen müssen, nachdem sie gezähnelte Septalränder besitzen, zur Gruppe der *Astraeinae* gerechnet werden, so lange man nicht die künstliche Scheidung der *Eusmilinae* und *Astraeinae* durch eine zweckmässigere Gruppirung überflüssig macht.

δ. *Echinoporinae.*

Blattförmige oder ästige Stöcke, deren Fortpflanzung durch subbasilare Knospung erfolgt und deren Zellen durch ein stacheliges Gewebe verbunden sind. Hierher gehört lediglich die recente Gattung *Echinopora Lamk.*

b. *Stylophoridae.*

Zusammengesetzte Formen. Das schwammige Coenenchym ist unmittelbar mit der Mauer verschmolzen, die Septa wohlentwickelt, die Rippen rudimentär, keine Ausfüllungsgebilde in den Kelchen.

Fig. 111.

Stylophora annulata Rss.
Oligocän, Oberburg.

Stylophora Schweigger (Fig. 111). Aestige Stöcke mit ziemlich dichtem, an der Oberfläche körnigen Coenenchym, die kleinen Kelche sind tief, mit sechs oder zwölf Septen ausgestattet, das Säulchen griffelförmig. Jura, Tertiär, recent.

Areacis Edw. et H. Astraeoidische Stöcke. Coenenchym schwammig, mit stacheliger Oberfläche. Eocän.

Stylohelia From. Massive oder ästige Stöcke mit vorragenden Kelchen, deren Rippen im gekörnten Coenenchym verschwimmen. Jura.

c. *Oculinidae.*

Zusammengesetzte, ästige Stöcke, welche durch seitliche Knospung anwachsen. Das dichte Coenenchym ist unmittelbar mit der Wand verschmolzen, dichte Endothek erfüllt oder verengt die Zellen von unten her. Die wenig zahlreichen Septen entbehren der Synaptikeln. Hierher gehören zahlreiche recente Gattungen, von welchen einzelne auch fossil in den jüngeren Formationen auftreten, so: *Oculina Lamk.* Aestig, Kelche unregelmässig oder in Spirallinien gestellt, Coenenchym glatt, Kelche tief, Säulchen warzig und Pfählchen vorhanden. Tertiär, recent.

Agathelia Rss. wie *Oculina*, doch der Stock knollig oder lappig. Kreide, Tertiär.

Astrohelia Edw. et H. Stock ästig, Aussenrand des Kelches gestreift, Säulchen rudimentär, keine Pfählchen. Tertiär.

Synhelia Edw. et H. Aestig, Kelche mit kräftigen Rippen, Säulchen griffelförmig. Kreide.

Diblasus Lonsdale. Incrustirende Stöcke, Coenenchym gerippt, keine Pfählchen, falsche Säulchen. Kreide.

Haplohelia Rss. Knospen alle auf einer Seite der Zweige, Säulchen körnig, Pfählchen vorhanden. Oligocän.

Prohelia From. Aestig, Knospen in zwei Reihen an den Rändern der Zweige, Säulchen griffelförmig, Septa ganzrandig, Coenenchym gekörnt. Jura, Kreide.

Enallohelia Edw. et H. (Fig. 112). Aestige Stöcke, Kelche in zwei alternirenden Reihen, Säulchen rudimentär. Jura.

Fig. 112.

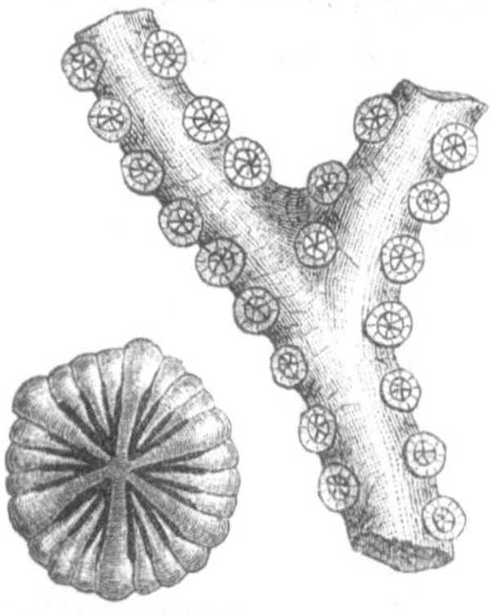

Enallohelia striata Quenst. Oberer Jura, Nattheim. Zweig schwach, ein einzelner Kelch stärker vergrössert.

Tirarodendron Quenst. und *Enhelia Edw.* sind weitere mit *Enallohelia* nahe verwandte Gattungen der Juraperiode.

Baryhelia Edw. et H. Massive Stöcke mit wenig entwickeltem Coenenchym, die Kelche im Centrum hohl, ohne Säulchen und Pfählchen. Kreide.

d. *Dasmidae.*

Einfache Formen, bei welchen jedes Septum durch drei Verticallamellen ersetzt ist, die nur durch den Aussenrand zusammenhängen.

Dasmia Edw. et H. Kreiselförmig, gestielt, aussen mit groben Rippen und Furchen, Verticallamellen seitlich gekörnt. Kreide, Eocän.

e. *Turbinolidae.*

Meist einfache Formen, selten Stöcke mit mehreren Knospen. Wand und Sternleisten dick, letztere ganzrandig, keine Synaptikeln, keine Querblätter.

Die *Turbinolidae* zerfallen nach dem Vorkommen oder Fehlen der Pfählchen in *Caryophyllinae* und *Turbinolinae*, die ersteren wieder nach der Zahl der Pfählchenkränze in zwei Gruppen: *Caryophyllaceae* mit einem einzigen Pfählchenkranz und *Trochocyathaceae* mit mehreren Pfählchenkränzen.

α. *Cariophyllinae.*

Caryophyllaceae.

Nur ein Kreis von Pfählchen vorhanden.

Mehrere recente Gattungen treten auch in den jüngeren Formationen fossil auf, so: *Caryophyllia Stokes* (Kreide und Tertiär), *Coenocyathus Edw. et H.* (Tertiär), *Acanthocyathus Edw. et H.* (Miocän).

Fig. 113.

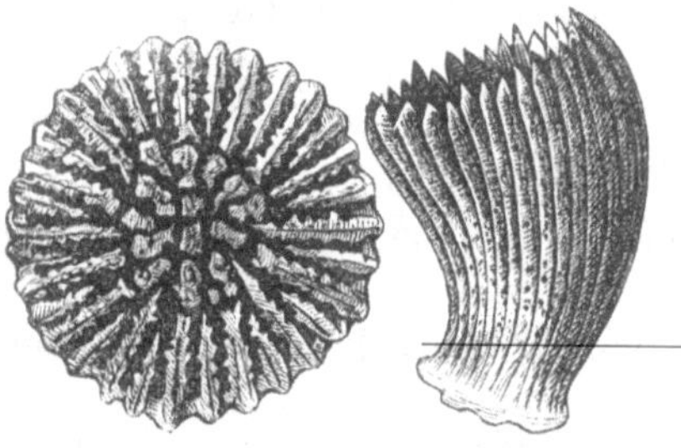

Caryophyllia crispata Rss Miocän, Porzteich, Mähren.

Caryophyllia Stokes (Fig. 113). Kreiselförmig, mit breiter Basis angeheftet, mit kreisrundem Kelch, bündelförmigem Säulchen aus gedrehten Stäbchen, breiten Septen, einfachen Rippen, und breiten Pfählchen. Kreide, Tertiär, recent.

Pleurocyathus Kefst. Kegelförmig, gerade, frei, Säulchen und Pfählchen griffelförmig, Oligocän.

Conocyathus d'Orb. Kreiselförmig, frei, kein Säulchen, ein Pfählchenkranz vorhanden. Oligocän.

Brachycyathus Edw. et H. Kurz, frei, mit warzigem Säulchen, stark entwickelten Pfählchen. Neocom.

Cyclocyathus Edw. et H. Frei, scheibenförmig, Säulchen bündelförmig, Pfählchen frei, Wand horizontal, mit dünner Epithek. Kreide.

Discocyathus Edw. et H., ähnlich gestaltet. Säulchen lamellär; horizontale Wand mit gefalteter Epithek. Jura.

Trochocyathaceae.

mehrere Kreise von Pfählchen vorhanden.

Trochocyathus Edw. et H. Frei oder angeheftet, Kelch rund, Säulchen aus bündelartig gewundenen oder in Reihen geordneten Stäbchen gebildet. Pfählchen vor allen Septen mit Ausnahme des letzten Cyclus. Wand gerippt. Sehr häufig in Jura, Kreide und Tertiär.

Platycyathus From. wie *Trochocyathus*, nur flach, scheibenförmig, mit horizontaler Wand. Kreide.

Paracyathus Edw. et H. Kreiselförmig, breit angeheftet, Pfählchen in der Tiefe des Kelches mit den Septen verwachsen, Spuren von Querblättern. Tertiär, recent.

Thecocyathus Edw. et H. Kurz, im Alter frei, Epithek überragt den Kelchrand. Lias, Jura, Kreide, recent.

Blastocyathus Rss. trägt an der mit Epithek versehenen Wand hervorragende Narben abgefallener Seitenknospen. Oligocän.

Deltocyathus Edw. et H. Die kürzeren Septen gegen die längeren zu gekrümmt, Säulchen getheilt, Pfählchen wohlentwickelt. Miocän und recent. Hierher gehören zahlreiche recente Gattungen.

β. *Turbinolinae*,

keine Pfählchen vorhanden.

Von den überaus zahlreichen, recenten Gattungen dieser Gruppe reichen manche in die jüngeren Formationen hinab, so: *Turbinolia Lamk.* (Tertiär), *Sphenotrochus Edw. et H.* (Kreide und Tertiär), *Desmophyllum Ehrenbg.* (Kreide und Tertiär), *Amphihelia Edw. et H.* (Tertiär), *Flabellum Lesson.* (Tertiär), auch sind manche Gattungen der Kreide- und Tertiärformation eigenthümlich; so:

Ceratotrochus Edw. et H. (Fig. 114), kurz gestielt, gekrümmt, im Alter frei, mit bündelförmigen Säulchen, zahlreichen, breiten, überragenden Septen und stacheligen Rippen. Kreide, Tertiär.

Fig. 114.

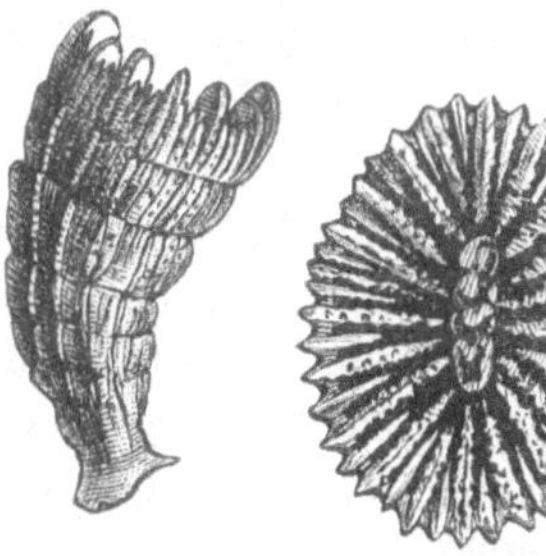

Ceratotrochus discrepans Rss. Miocän. Ruditz, Mähren.

Smilotrochus Edw. et H. Keilförmig gerade, frei, ohne Säulchen, mit Septen, deren Innenwände verschmelzen. Kreide.

Stylotrochus From. Kreiselförmig, gekrümmt, mit griffelförmigem Säulchen, einfachen Rippen. Kreide.

Onchotrochus Duncan. Lang, hackenförmig, ohne Säulchen, Epithek gestreift. Kreide.

Discotrochus Edw. et H. Scheibenförmig, frei, Säulchen warzig, Septa wenig überragend, Rippen einfach. Tertiär.

Brachytrochus Rss. wie *Discotrochus*, aber breit angeheftet. Oligocän.

Flabellum Lesson (Fig. 115). Gerade, flachgedrückt, gestielt oder frei, mit rudimentärem Säulchen und zahlreichen, nicht überragenden Septen. Die Wand ist mit Epithek und oft mit Kämmen und Dornen bekleidet. Tertiär, recent.

Fig. 115.

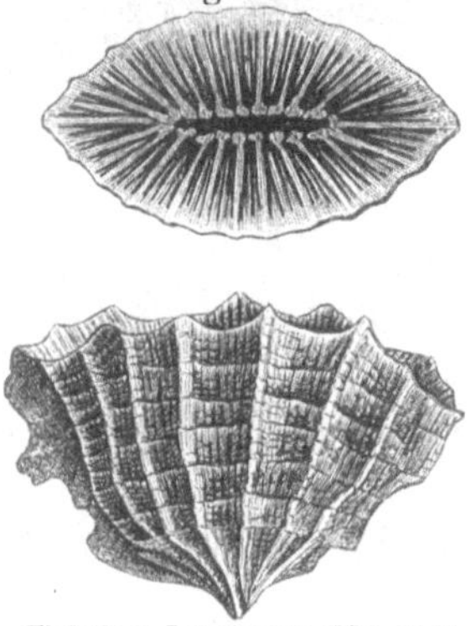

Flabellum Roissianum Edw. et H.
Miocän, Baden.

Zeitliche Verbreitung und Stammesgeschichte.

Hinsichtlich der zeitlichen Verbreitung der Anthozoen befremdet uns vor Allem der Umstand, dass *Madreporarien* (denn diese interessiren uns vor Allem, da von den übrigen Gruppen nur einige *Alcyonarien* fossil bekannt sind), in den ältesten, versteinerungsführenden Schichten der Erde fehlen. Aus diesem Mangel der niedrig stehenden Corallen in den Primordialschichten bei gleichzeitiger Gegenwart zahlreicher, hoch organisirter Krebse (Trilobiten) hat man ein gewichtiges Argument gegen die Descendenzlehre ableiten wollen, nach welcher ja die einfacheren Formen älter sein sollten, als die höher stehenden. Doch deutet dieses Verhältniss, wie in der Einleitung zu diesem Buche weiter ausgeführt wurde, lediglich darauf hin, dass uns aus der sogenannten primordialen Zeit nur in Tiefsee-Absätzen deutliche Reste erhalten blieben, während die gleichzeitigen und älteren Seichtwasserabsätze so hochgradig verändert wurden, dass man vergebens in ihnen nach Spuren von Organismen sucht. Es ist mehr als eine Vermuthung, wenn wir die halb- und vollkrystallinischen Kalke der älteren Schiefergebirge als Spuren der Thätigkeit organischen Lebens in den alten Meeren deuten und annehmen, dass ihre Ablagerung zum grössten Theil durch die Kalkbildner par excellence — die *Madreporarien* bewirkt wurde.

Schon im unteren und mittleren Silur aber kennt man rugose und tabulate Corallen in grosser Zahl und in der Trenton- und Hudsongruppe Nord-Amerika's bilden sie geradezu Corallriffe. In grösserer Ausdehnung kennt man solche im Ober-Silur. Die russischen Ostseeprovinzen, Skandinavien, Wales, Böhmen, die vereinigten Staaten Nordamerikas, Canada bieten Beispiele dar.

In der Devonformation treten Riffe von analoger Zusammensetzung (tabulate und rugose Corallen, neben welchen auch *Hydrozoen*, wie *Stromatopora*, *Caunopora* und ihre Verwandten, nie aber Kalkalgen eine Rolle spielen), in der Eifel und in der Umgebung Cölns, in Schlesien, in den Ostalpen, in der Grafschaft Devon und in Nordamerika auf. Im Devon erscheint bereits eine Gattung, welche der Familie der *Astraeiden* (der Gruppe der *Palaeastraeaceae Dunc.*) angehört: *Battersbyia Edw. et H.* In den Corallenkalken der Carbon-Periode, welche in Belgien, Irland, Schottland, Russland und Nordamerika entwickelt sind, treten manche Gattungen der Rugosen in sehr zahlreichen Formen auf, während die Tabulaten spärlicher vorkommen. Von der Gruppe der *Palaeastraeaceae* erscheint im Carbon die Gattung *Heterophyllia M' Coy.*

In der „Dyas"-Formation fehlen, wenigstens in der mitteleuropäischen Entwickelung derselben, Corallen fast gänzlich und nur wenige Formen der Gattungen *Cyathaxonia Mich.* und *Polycoelia King.* angehörig, erscheinen als kümmerliche Reste der carbonischen Corallen-Fauna. Um so unvermittelter stehen die triadischen Corallen den palaeozoischen gegenüber. Die ausseralpine Trias hat zwar nur sehr spärliche Reste von Corallen geliefert, dafür treten in zahlreichen Horizonten der alpinen Trias Corallriffbildungen in reichster Entwickelung auf, so in den Zlambachschichten und in den Aequivalenten des Hallstädter Kalkes, welche in Rifffacies entwickelt sind, im Riffkalke der Wengener und Cassianer Schichten (Schlerndolomit), Wettersteinkalk, im Lithodendronkalk der höheren Triasbildungen (der karnischen und rhätischen Stufe). Die triadischen Riffe werden hauptsächlich von *Astraeiden* und *Thamnastraeinen* gebildet, neben welchen Kalkalgen, *Diploporen* oder *Gyroporellen* häufig auftreten.

Die Corallriffe der Jura-Periode weisen eine ähnliche Zusammensetzung auf wie jene der Trias. Im Lias sind die Corallen übrigens zumeist nur durch einzelne Formen, Tiefseecorallen, vertreten, da nur die unterste Liaszone mit *Am. angulatus* in England, Frankreich und Lothringen mehrere Riffcorallen geliefert hat. Dafür sind Corallriffe in einigen Etagen des mittleren und zumal im oberen Jura eine verbreitete Erscheinung, so dass D'ORBIGNY geradezu eine Corallien-Stufe im oberen Jura unterscheiden wollte, welche freilich verschiedenen Etagen entspricht.

In der unteren Kreide treten Corallriffe nur ausnahmsweise auf, so im Schrattenkalk der Alpen und an einzelnen Stellen des englisch-französischen Beckens (Haute Marne und Yonne), sie tragen im wesentlichen denselben Charakter wie jene der Juraformation. Aus dem Gault kennt man nur Tiefseecorallen. Die jüngeren Ablagerungen der Kreide, zumal die Provencien-Stufe Südfrankreichs, sowie die (wohl der Hauptsache nach gleichzeitigen) Gosaubildungen der Alpen enthalten Corallriffe in ausgezeichneter Entwickelung. Sie zeigen in ihrer Zusammensetzung durch das häufige Auftreten von *Fungiden (Cyclolitinae)* und *Poritiden* eine Annäherung an die Riffe der Jetztzeit. Unter den *Astraeiden* treten die *Astraeinen* mit gezähneltem Septalrand etwas gegen die ganzrandigen *Eusmilinae* zurück.

Die weisse Kreide birgt ihrem Tiefseecharakter entsprechend nur Einzelcorallen, als locale und unbedeutende Riffbildungen der obersten Kreide verdienen jene vom Petersberge bei Maestricht und von Faxoe Erwähnung. Die eocänen und oligocänen Bildungen des anglogallischen Beckens und Norddeutschlands enthalten vorherrschend Tiefseecorallen, während in der

Nummulitenformation der Alpen, der Krim, Aegyptens, Syriens und Indiens Riffcorallen sehr häufig auftreten. In den eocänen Schichten von Ronca und S. Giovanni Ilarione treten neben den *Astraeiden*, *Stylophoriden* und *Poritiden* auch *Hydrozoen (Millepora)* auf, in den oligocänen Riffen der Schichten von Castel Gomberto ist die Fauna der recenten noch ähnlicher, da *Poritiden* und *Milleporiden* einen weitaus grösseren Antheil am Aufbau nehmen, als dies bei den eocänen Riffen der Fall ist. Spärlicher treten Riffcorallen im Miocän Europa's auf, kalkbildende Algen *(Lithothamnien)* setzen vorzugsweise die Riffkalke der miocänen Mediterranbildungen zusammen, in welchen nur stellenweise Corallen, die zumeist noch heute lebenden Gattungen angehören, in grösserer Menge sich finden.

Als Pliocän hat man Corallriffe über den Ufern des rothen Meeres bezeichnet, welche aus denselben Arten zusammengesetzt sind, welche heute noch das Meer bewohnen. Gleiches gilt von alten Corallriffen in Japan.

Auch die pliocänen Bildungen Englands und Italiens enthalten einzelne Corallen, welche mit jenen der Nordsee und des Mittelmeeres ident oder doch sehr nahe verwandt sind.

Die Stammesgeschichte der *Madreporarien* giebt heute noch kein klares Bild, erstlich deshalb, weil die bisherige Systematik kaum mit den wahren Verwandtschaftsverhältnissen übereinstimmen dürfte, dann auch, weil an der Grenze der palaeozoischen und mesozoischen Epoche eine grosse Lücke in den Corallenfaunen existirt, welche die Dyas und die unteren Glieder der Trias umfasst. Es muss die Hoffnung ausgesprochen werden, dass die Ausdehnung der geologischen und palaeontologischen Forschung auf aussereuropäische Länder auch hier die Brücke liefern wird. Vielleicht, dass schon die Bekanntschaft mit den Corallen der Productuskalke der Saltrange, sowie die genauere Untersuchung der alpinen Trias-Corallen, von welchen man doch bis nun erst jene einer einzigen Etage von einem beschränkten Fundorte (St. Cassian) näher studirt hat, genügen wird, den angeblichen Gegensatz der palaeozoischen „*Tetracoralla*“ und der jüngeren „*Hexacoralla*“ als einen Irrthum zu erweisen. Jedenfalls besteht derzeit noch ein gewaltiger Gegensatz zwischen den palaeozoischen Corallenfaunen, welche fast ausschliesslich aus Tabulaten und Rugosen bestehen, und den jüngeren, in welchen nur ziemlich zweifelhafte Vertreter der Rugosen bekannt sind, da die cretacische Gattung *Holocystis Lonsd.* und die tertiäre *Conosmilia Dunc.* und die recenten Genera *Guynia Dunc.* und *Haplophyllum Pourtalès* in ihrer systematischen Stellung bei den Rugosen einigermassen fraglich erscheinen. Dafür erscheinen ächte *Hexacoralla (Palaeastreae*, *Calostylinen*, *Protaraea* und *Palaeacis)* schon in den palaeozoischen Formationen.

C. Hydrozoa (Hydromedusae).

Charakterisirt durch den Mangel eines Schlundrohres und die Einfachheit des Gastrovascularraumes, sowie die meist mit Generationswechsel erfolgende Entwickelung zerfallen die *Hydrozoa* in die drei Gruppen der *Hydroida*, *Siphonophora* und *Acalephae*, von welchen nur die erste und letzte fossile Ueberreste geliefert haben.

1. *Hydroida.*

Kleine Polypen und verästelte, festsitzende Polypenstöcke mit medusoiden Geschlechtsgemmen oder mit kleinen Medusen als zugehörigen Geschlechtsthieren. Von den zahlreichen, hierhergehörigen Formen beschäftigen uns selbstverständlich nur diejenigen, welche mit Harttheilen ausgerüstet sind, die ihre fossile Erhaltung ermöglichen, in erster Linie hiernach die *Hydrocorallinae* mit den beiden Unterabtheilungen der *Milleporiden* und *Stylasteriden*, sodann die *Hydractinien* unter den *Tubulariae*, welchen wir die *Stromatoporiden* anreihen. Eine erloschene Gruppe, die *Graptolithidae*, scheint sich zunächst an die *Sertularien* anzuschliessen, so dass auch die *Campanulariae* eine fossile Vertretung finden.

a. *Hydrocorallinae.*

Corallenähnliche Hydroidstöcke mit verkalktem Coenenchym (Hydrophyton) und röhrigen Zellen, theils für grössere Nährthiere, theils für mundlose tentakeltragende Thiere, welche in grösserer Anzahl zumeist kreisförmig um ein Nährthier geordnet sind. Es treten keine echten Septen auf, wohl aber Pseudosepta (bei den *Stylasteriden*) und Böden (bei den *Milleporiden*).

α. *Milleporidae.*

Polyparien mit kelchartigen Räumen, die in grössere Poren der Oberfläche münden und in der Tiefe durch quere Platten getheilt sind. Das Coenenchym wird durch anastomosirende Fasern gebildet. Die mundlosen, tentakeltragenden Thiere sind über die ganze Oberfläche zerstreut und

Fig. 116.

Oberfläche vergrössert.

Millepora mammilaris d'Ach. Oligocän, Crosara im Vicentinischen.

Fig. 117.

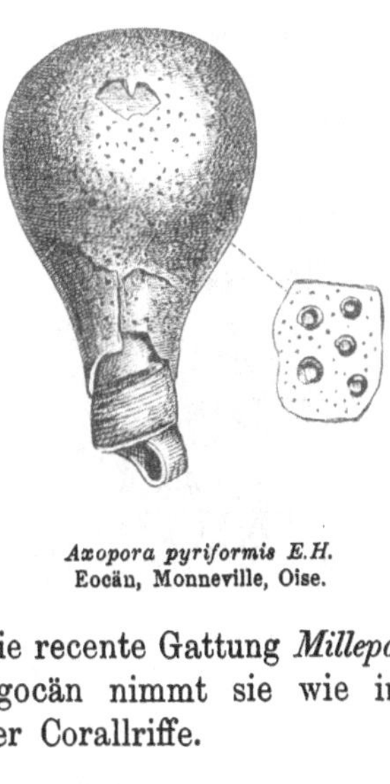

Axopora pyriformis E.H. Eocän, Monneville, Oise.

gruppiren sich zu 5—20 um die Nährthiere. Die recente Gattung *Millepora L.* (Fig. 116) tritt bereits tertiär auf. Im Oligocän nimmt sie wie in der Gegenwart bedeutenden Antheil am Aufbau der Corallriffe.

Nahe mit ihr verwandt ist:

Axopora Edw. et H. (Fig. 117). Lappige, blättrige oder incrustirende

Stöcke. Skelet aus anastomosirenden Kalkfasern, mit zahlreichen Verticalröhrchen, die durch quere Platten abgetheilt sind und im Centrum eine Axe aufweisen. Eocän.

Porosphaera Steinm. Kugelige oder knollige Stöcke mit einem Skelet aus groben, anastomosirenden, undeutlich spiral geordneten Kalkfasern, welches von zahlreichen Radialtuben durchsetzt wird. Kreide.

Ob *Cylindrohyphasma Steinm.* aus dem Kohlenkalk zu den *Milleporiden* gehört, ist noch fraglich.

β. *Stylasteridae.*

Verästelte Polyparien, deren kelchartige Räume der Querböden entbehren, aber mit Scheinsepten ausgestattet sind in Folge der regelmässigen Stellung der mundlosen Tentakelthiere um einen Nährpolypen.

Von den zahlreichen, hierhergehörigen Gattungen tritt das Genus *Stylaster Gray* bereits im Miocän auf.

b. *Tubulariae.*

Nackte oder mit chitinigem Periderm versehene Polypenstöckchen ohne becherförmige Chitinhüllen in der Umgebung der Polypenköpfchen, mit medusoiden Geschlechtsgemmen. Von allen recenten, hierhergehörigen Formen sind es lediglich die *Hydractinidae*, welche in Folge ihrer chitinösen, festen, incrustirenden Skeletabscheidungen fossile Ueberreste aufweisen können. Abdrücke einer fossilen Art: *Hydractinia gregaria* hat Steinmann aus dem Eocän des Kressenberg beschrieben. Carter stellt zu *Hydractinia* eine recente Form mit kalkigem Skelet, aus parallelen Lamellen, deren Oberfläche mit Warzen, Höckern und hohlen Säulchen versehen ist, welche die benachbarten Blätter mit einander verbinden. An diese recente *Hydractinia calcarea Carter* schliessen sich einige fossile Formen aus der Kreide- und Tertiärformation an, sowie Gattungen, welche vorläufig noch als *Hydractiniden* angeführt werden sollen, die jedoch den Uebergang zu der eigenthümlichen Gruppe der *Stromatoporiden* bilden und mit diesen vielleicht eher bei den *Corallinen* als den *Tubularien* untergebracht werden sollten.

Thalaminia Steinm. Das vielgestaltige Hydrophyton besteht aus verticalen Lamellen, welche von anderen quer durchkreuzt werden, so dass offene, unregelmässige Zellen entstehen. Die ca. 1 mm dicken, rauhen Blättchen werden von zahlreichen Radialtuben durchbohrt. Jura, Kreide.

Fig. 118.

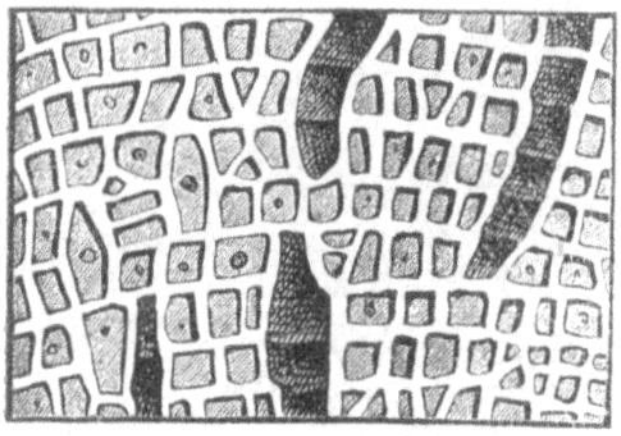

Sphaeractinia diceratina Steinm. Tithon, Verticalschnitt, vergr.

Sphaeractinia Steinm. (Fig. 118). Das kugelige Hydrophyton besteht aus concentrischen Kalkblättern, welche einen fremden Körper einhüllen und durch Verticalpfeiler in der Art verbunden sind, dass unregelmässig cubische Zellen entstehen. Auf der Oberfläche der concentrischen Blätter finden sich gröbere oder feinere Warzen, in welchen Radialtuben von verschiedener Stärke ausmünden. Tithon von Stramberg.

Hierher gehören auch die früher zu den Foraminiferen gerechneten Gattungen *Parkeria Carp.* aus dem oberen Grünsand von Cambridge und *Loftusia Brady* aus eocänem Kalkstein von Persien.

Ellipsactinia Steinm. Unregelmässig ellipsoidische Formen, aus dicken, concentrischen Kalkblättern bestehend, die einen fremden Körper umhüllen. In den Zwischenräumen keine Pfeiler, die concentrischen, zuweilen im Wachsthum gestörten Lamellen sind mit Wärzchen und Gruben, an der Oberseite auch mit verzweigten Furchen bedeckt und von zahlreichen Radialröhren durchsetzt. Tithon von Stramberg.

Stromatopora Goldf. (Fig. 119). Unregelmässige, knollige, oft incrustirende Massen aus ziemlich regelmässigen, parallelen Kalkblättern gebildet, die durch verticale Pfeiler verbunden sind. In Folge der nahezu gleich hohen Interlaminarräume und der gleichen Abstände zwischen den Verticalpfeilern erscheint das Skelet im Verticalschnitt mehr oder minder regelmässig gitterförmig. Die Oberfläche ist mit sternförmigen, von zahlreichen erhabenen Centren ausgehenden Furchen bedeckt. Zuweilen treten zerstreute Radialröhren auf. Silur, Devon.

Fig. 119.

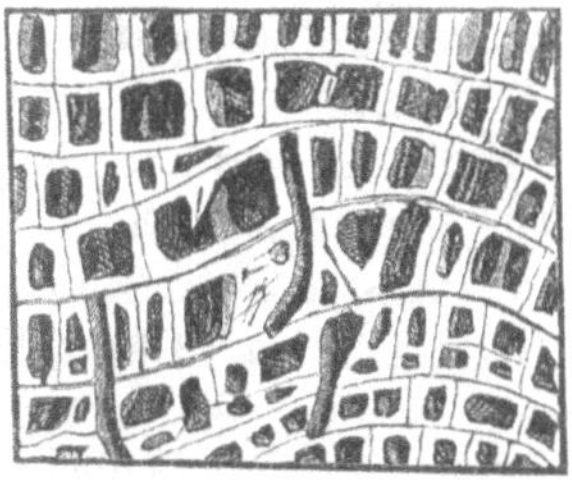

Verticalschnitt von *Stromatopora Goldf.* Devon. (Stark vergrössert.)

Nahe verwandte Gattungen sind: *Stylodictyon Nich. u. Murie*, *Clathrodictyon Nich. u. Murie*, *Pachystroma Nich. u. Murie*, *Dictyostroma Nich. u. Murie* aus Silur und Devon.

Caunopora Phillips. Massive Stöcke aus dicken, anastomosirenden, mehr minder parallel geschichteten Kalkfasern bestehend, die durch unregelmässige Maschen getrennt sind und von zahlreichen, verticalen Röhren durchsetzt werden, um welche die Skeletfasern sich zu einer Wand verdichten. In den Verticalröhren, welche durch Horizontalcanäle in Verbindung stehen, treten zuweilen horizontale Böden auf. Devon.

Bei *Stromatocerium Hall.* aus dem Silur entbehren die verticalen Röhren der festen Wandungen.

c. *Campanulariae.*

Zusammengesetzte, ästige Polypenstöcke, deren Verästelungen mit einer chitinigen, hornigen Skeletröhre überzogen sind, welche sich in der Umgebung der Polypenköpfchen zu becherförmigen Zellen (Hydrotheken) erweitert.

An die recenten *Sertularien*, von welchen eine einzige Art (*Sertularella polyzonias Linn.* aus dem Pleistocän von Ayrshire) fossil vorkommt, schliessen sich noch am nächsten die *Graptolithiden* an, über deren zoologische Stellung früher die abweichendsten Meinungen geäussert wurden. PORTLOCK hat zuerst die Meinung ausgesprochen, dass die früher zu den *Cephalopoden*, *Foraminiferen* und *Pennatuliden* gestellten *Graptolithen* mit den *Sertularien* verwandt seien und die eingehenden Untersuchungen von HALL, NICHOLSON, HOPKINSON und LAPWORTH haben diese Ansicht bestätigt, doch unterscheiden sich die *Graptolithen* von den *Sertularien* durch den Besitz einer stabförmigen Axe und den Mangel einer Wurzel. Man wird sie daher am besten als eine besondere Gruppe den *Sertularien* und *Plumularien* anreihen.

Graptolithidae.

Freie, nicht festgewachsene Stöckchen mit chitiniger Hülle und stabförmiger Axe, von linearer, selten blattartiger Gestalt, gerade, gebogen oder spiral gerollt, einfach oder ästig. Eine oder auch zwei Seiten sind mit schrägen, zahnartig vorspringenden Zellen besetzt, die von einem gemeinsamen Längscanal ausgehen. Eine stabförmige Chitinaxe verstärkt die Körperhülle und liegt bei den Formen mit einer Zahnreihe dem gezahnten Rande gegenüber, bei den zweizeiligen dagegen zumeist in der Mitte einer Scheidewand, welcher die Längscanäle des gleichsam durch dorsale Verwachsung zweier *Graptolithen* entstandene Stöckchen trennt. Das proximale Ende beginnt zumeist mit einem kurzen, dreieckigen oder dolchförmigen Embryonalstück (Sicula).

An Stelle der ursprünglich vorhandenen chitinösen Substanz, welche die zarten Skelete der *Graptolithen*-Stöcke bildete, sieht man heute zumeist nur ein kohliges, dünnes Häutchen, welches bisweilen durch Pyrit oder ein seidenglänzendes Silicat (Gümbelit) ersetzt ist. Zumeist erfüllen die Graptolithen zu Tausenden flach gedrückt die Schichtflächen von Thonschiefern. Selten hat man Gelegenheit, die als Gonangien gedeuteten Anhänge zu bemerken (Fig. 120). Doch fanden sich in Nordamerika und England einzelne Exemplare zweizeiliger *Graptolithen*, welche zu beiden Seiten mit Fortsätzen besetzt sind, welche theilweise als ovale Knospen, theilweise als grosse, gestielte Ausbreitungen von dreieckiger Form erscheinen. Hall betrachtet diese Gebilde wohl mit Recht als Gonangien, in welchen sich die Keime der *Graptolithen* entwickeln. Nicholson beschreibt sogar isolirte, ovale oder glockenförmige Körperchen, welche in den Graptolithenschiefern häufig auftreten, als losgelöste Ovarialkapseln.

Fig. 120.

Graptolithes Sedgewickii mit Grapto-Gonophore (Gonangie).

Mit Lapworth theilen wir die *Graptolithen* in zwei Gruppen: *Graptoloidea* und *Retioloidea*, welchen wir anhangsweise noch jene Formen anreihen, die zwar in manch anderen Verhältnissen mit den *Graptolithen* übereinstimmen, sich aber durch den Mangel einer Axe von ihnen unterscheiden.

a. *Graptoloidea.*

Stöckchen aus einer Sicula hervorgehend, jeder Längscanal entwickelt, nur eine Zellenreihe. Die Axe steht auf der Dorsalseite.

Zerfallen in *Monoprionidae* und *Diprionidae.*

1. Monoprionidae.

Zellen einzeilig, der Axe gegenüber.

α. *Monograptidae.*

Einseitig entwickelt, einfach oder verästelt.

Monograptus Gein. Einfach, gerade (Fig. 121) oder gebogen, auch spiral gewunden (Fig. 122). Mittel- und Ober-Silur.

Rastrites Barr. (Fig. 123), Einfach, gekrümmt, mit sehr feiner Axe und engem Canal. Zellen durch sehr weite Zwischenräume getrennt. Ober-Silur.

Fig. 121.

Monograptus priodon Barr. Böhm. Sil. E 1.

Fig. 122.

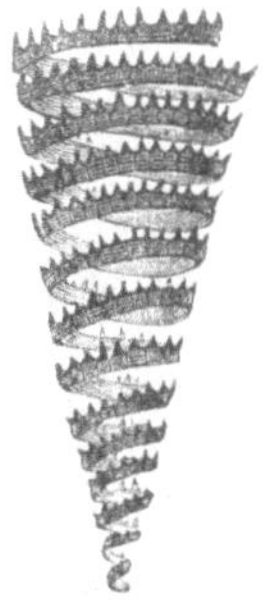

Monograptus turriculatus Barr. Böhm. Sil. E 1.

Fig. 123.

Rastrites Linnei Barr. Böhm. Sil. E 1.

Cyrtograptus Carruthers. Gebogen, mit in unregelmässigen Abständen stehenden Seitenästen. Ober-Silur.

Hierher gehören noch *Azygograptus Nich.* (Unter-Silur) und *Dimorphograptus Lapw.* (Ober-Silur).

β. Leptograptidae.

Bilateral gestaltet, mit unregelmässig angeordneten Zweigen und auseinander gerückten Zellen.

Leptograptus Lapw. Die beiden Aeste sind einfach, lang, dünn. Unter-Silur.

Amphigraptus Lapw. Die beiden Hauptstöcke sind mit Seitenzweigen besetzt, die meist paarig von beiden Rändern ausgehen. Unter-Silur.

Pleurograptus Nich. Hauptäste mit zahlreichen, an beiden Rändern unregelmässig entspringenden Nebenzweigen. Unter-Silur.

Nemagraptus Emmons. Die Hauptäste gekrümmt, Nebenäste wenig zahlreich, unregelmässig. Unter-Silur.

Coenograptus Hall. (Fig. 124) wie *Nemagraptus*, nur zahlreiche, in ziemlich gleichen Abständen entspringende Seitenäste. Die proximalen Enden der beiden Hauptäste bilden einen zellenlosen Stiel (funiculus). Unter-Silur.

Fig. 124.

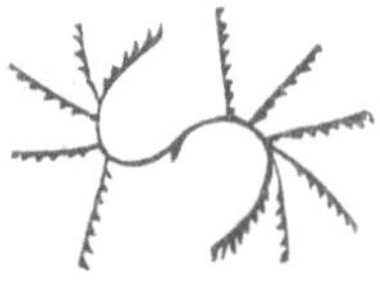

Coenograptus gracilis Hall. Unter-Silur, Canada.

γ. Dichograptidae.

Bilateral entwickelt, mit regelmässigen, von dicht gedrängten rectangulären Zellen besetzten Aesten. Sicula persistirend.

Didymograptus M'Coy (Fig. 125) mit zwei einfachen Aesten. Unter-Silur.

Trichograptus Nich. Die zwei Hauptäste mit einfachen Nebenzweigen besetzt. Unter-Silur.

Fig. 125.

Didymograptus pennatulus Hall.
Unter-Silur, Canada.

Fig. 126.

Tetragraptus bryonoides Hall.
Unter-Silur. Canada.

Tetragraptus Salter (Fig. 126) mit vier einfachen aus der Sicula hervorgehenden, Zellen tragenden Aesten. Unter-Silur.

Fig. 127.

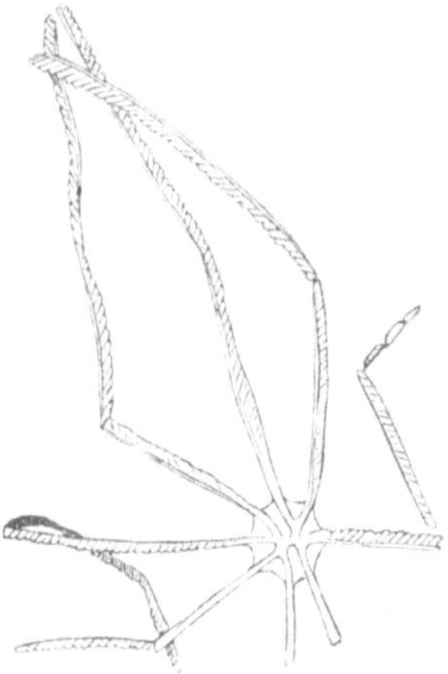

Dichograptus octobrachiatus Hall.
Unter-Silur, Canada.

Hier schliessen sich ferner an: *Goniograptus M'Coy*, *Schizograptus Nichols.*, *Temnograptus Nich.*

Dichograptus Salt. (Fig. 127), Stöckchen aus acht einfachen, einzeiligen Aesten, deren zellenlosen Stiele meist durch eine Centralscheibe verbunden sind. Unter-Silur.

Loganograptus Hall. Mit 16—32 durch Dichotomie entstandenen Aesten. Unter-Silur.

Clonograptus Hall. Mit mehr als 32 Aesten. Unter-Silur.

Clematograptus Hopk. Wie *Clonograptus*, nur dass die zahlreichen Aeste nicht durch Dichotomie, sondern unregelmässige Sprossung entstanden sind. Unter-Silur.

δ. *Dicranograptidae.*

Fig. 128.

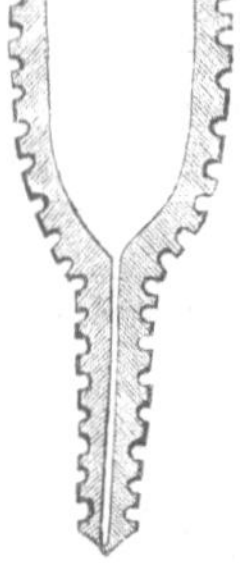

Dicranograptus ramosus Hall.
Unter-Silur, Canada.

Stöcke aus zwei getrennten oder anfänglich mit der dorsalen Seite verwachsenen Aesten bestehend.

Dicellograptus Hopk. Beide Aeste nur durch die Sicula verbunden, ihrer ganzen Länge nach frei. Unter-Silur.

Dicranograptus Hall. (Fig. 128). Die beiden Aeste anfänglich mit der Dorsalseite verwachsen, dann divergirend und frei werdend.

2. Diprionidae.

Zellen in zwei oder vier Reihen, zwischen welchen die Axe liegt.

α. Diplograptidae.

Die Stöckchen bestehen aus zwei mit ihrer Dorsalseite verwachsenen Aesten, die Sicula ist am proximalen Ende eingebettet.

Climacograptus Hall. mit vertical gestellten, freien Zellen, ohne Verzierung oder nur einem einfachen Randstachel. Unter- und Ober-Silur.

Diplograptus M'Coy (Fig. 129) mit schiefen Zellen, welche häufig zwei Stacheln neben der Oeffnung tragen. Die Axe ragt meist am distalen Ende weit vor. Ober-Silur.

Zu *Diplograptus* gehören als Subgenera: *Glytograptus Lapworth.*, *Petalograptus Suess*, *Cephalograptus Hopk.*, *Orthograptus Lapw.*

β. Phyllograptidae.

Stöckchen aus vier einzeiligen, der ganzen Länge nach mit ihrer Dorsalseite verwachsenen Aesten. Sicula am Proximalende eingebettet.

Phyllograptus Hall. (Fig. 130). Blattförmig, mit rectangulären Zellen, deren Oeffnungen zwei vorspringende Stacheln aufweisen.

Fig. 129.

Diplograptus palmaeus. Barr. Böhm. Silur E 1.

Fig. 130.

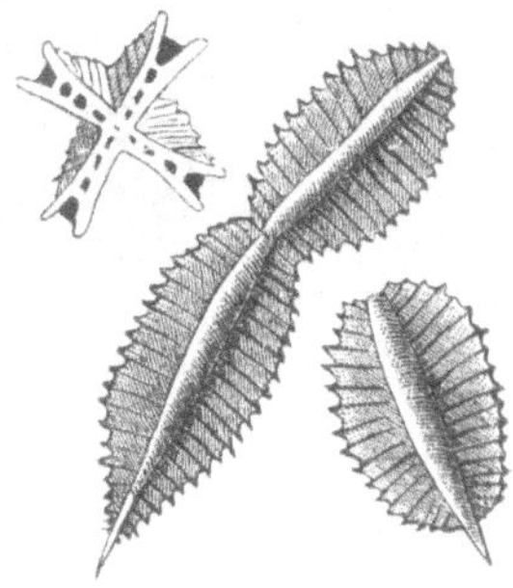

Phyllograptus typus Hall. Unter-Silur, Canada. Einige Blättchen in natürlicher Grösse und ein idealer Querschnitt.

b. *Retioloidea.*

Keine Sicula vorhanden, aus einem gemeinsamen Canal geht eine Doppelreihe von Zellen hervor, die Oberfläche wird durch ein mehr oder weniger entwickeltes Gerüst von Chitinfasern gestützt.

α. Glossograptidae.

Beide Axen verschmolzen, im Centrum gelegen, die Winkel der Zellenwände oft durch Chitinfasern verstärkt, welche sich zu einfachen oder anastomosirenden Fortsätzen verlängern.

Glossograptus Emmons. Mit rectangulären Zellen ohne Fasermaschen. Unter-Silur.

Retiograptus Hall. Am Aussenrand der Zellen je eine einfache Reihe hexagonaler Zellen. Unter-Silur.

Lasiograptus Lapw. Perpendiculäre Zellen mit einem Maschenwerk anastomosirender Fasern. Unter-Silur.

β. Gladiograptidae.

Die beiden Axen liegen getrennt in der Mitte der gegenüber liegenden, breiten Seitenflächen der Stöckchen. Ein vollständiges Gewebe von Chitinfäden vorhanden.

Retiolites Barr. (Fig. 131). Stöckchen einfach, gerade, an beiden Seiten verschmälert. Axen gerade oder zick-zackförmig, Zellen rechtwinkelig, mit alternirenden Reihen. Mittel- und Ober-Silur.

Verwandte Gattungen sind *Clathrograptus Lapw.* und *Trigonograptus Nichols.*

Fig. 131.

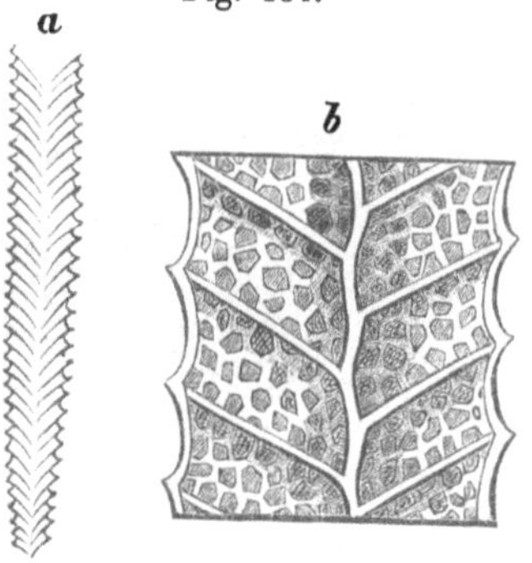

a. *Retiolites Geinitzianus Barr.* Böhm. Silur E 1. b. *Ret. venosus Hall.* Unter-Silur Rochester im St. New-York, vergrössert.

Fig. 132.

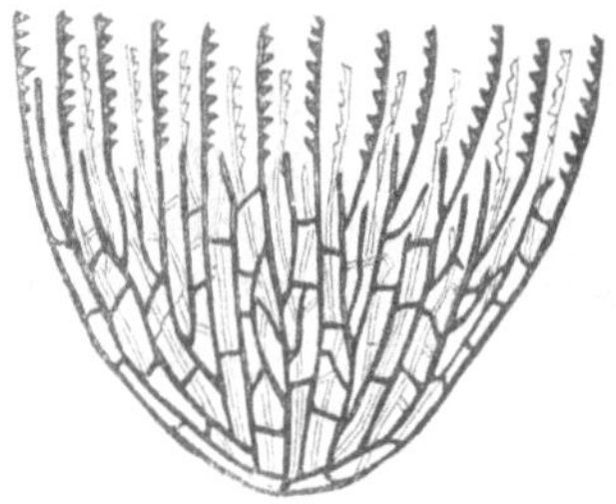

Dictyonema. Ober-Silur, Schema nach Dames.

Anhang.

Graptolithenähnliche Körper ohne Axe.

Dendrograptus Hall. Aestige Stöckchen mit dickem, durch eine Wurzel befestigten Stamm. Die vielfach vergabelten Aeste tragen auf einer Seite Zähne (*Hydrotheken*). Unter-Silur.

Callograptus Hall. Fächerförmig, mit zahlreichen, sich vergabelnden Aesten, die von einem dicken Stamm ausgehen, durch Querfäden verbunden sind und auf einer Seite Zähnchen tragen. Unter-Silur.

Dictyonema Hall. (Fig. 132). Körbchen- oder trichterförmig, mit zahlreichen, fast parallelen, durch Querfäden verbundenen, stark vergabelten Aesten, deren freie Enden auf einer Seite mit Zähnchen besetzt sind. Silur, Devon.

Weitere hierhergehörige Gattungen sind: *Ptilograptus Hall.*, *Thamnograptus Hall.* und *Bathograptus Hall.* aus dem Silur, *Triplograptus Richter* aus dem Unterdevon.

2. *Acalephae.*

Scheiben oder glockenförmige, frei schwimmende, in der Regel getrennt geschlechtliche, grosse Scheibenquallen mit Gastralfilamenten, besonderen, radiär geordneten Genitalhöhlen, gelapptem Schirmrand und ansehnlichen Mundarmen.

So ungeeignet der leicht zerstörbare Medusenleib für die fossile Erhaltung auch scheint, haben doch zwei Ablagerungen Quallenreste in grösserer Anzahl geliefert: die cambrischen Schiefer Skandinaviens und die lithographischen Schiefer des oberen Jura in Bayern, letztere sogar in sehr deutlichen Abdrücken.

Von TORREL und LINNARSON sind unter dem Namen von *Spatangopsis costata* und *Astylospongia radiata* eigenthümliche Körper beschrieben worden, welche in den cambrischen Schichten von Lugnas in Schweden vorkommen. Dieselben erscheinen als vier bis fünfstrahlige Sterne oder flache vier bis fünfkantige Pyramiden, welche entweder frei liegen, oder mit der Unterseite auf eine Steinbank aufgewachsen sind, oder auch nur einen Abdruck auf einer Steinplatte bilden. Zuweilen kommen zwischen den Kanten oder Strahlen halbmondförmige Auftreibungen vor.

Nach den Untersuchungen NATHORST'S[1] handelt es sich hier lediglich um Ausgüsse oder Steinkerne des Gastrovascularraumes von Medusen; die hier und da zwischen den Kanten vorkommenden, halbmondförmigen Auftreibungen betrachtet NATHORST als Abgüsse der Genitalhöhlen. Künstliche Ausgüsse recenter Quallen mit Gyps ergaben ganz ähnliche Körper. Der Umstand, dass neben den vierstrahligen auch fünfstrahlige Gebilde vorkamen, hat kein besonderes Gewicht, da es ja recht gut zur cambrischen Zeit fünftheilige Quallen gegeben haben kann. Wissen wir doch, dass die palaeozoischen Corallen zum grossen Theil nach tetrameren Typus gebaut waren, während die jüngeren Corallen fast ausnahmslos hexameren Typus aufweisen. Ob aber die wurmartigen Körper, die TORELL als *Spiroscolex spiralis* beschrieben hat, wirklich, wie NATHORST meint, Tentakel von Medusen sind, die von der Leibeshöhle aus mit Schlamm gefüllt wurden und dann abfielen, scheint fraglich.

Fig. 133.

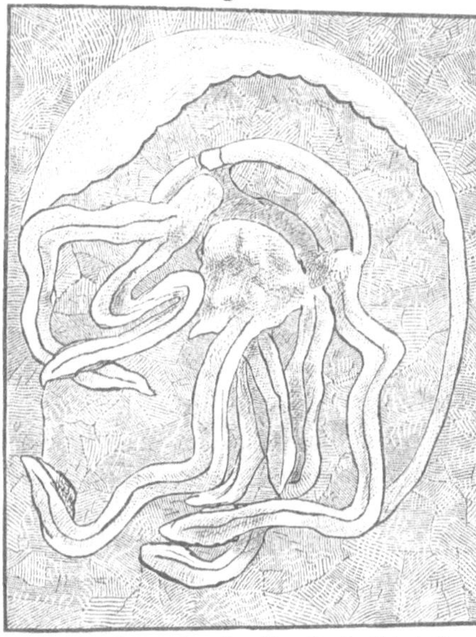

Leptobrachites trigonobrachius Haeck. Solenhofen.

Ueber die jurassischen Medusen hat HAECKEL sehr eingehende Mittheilungen veröffentlicht, sie gehören demnach sehr verschiedenen Gruppen an: *Rhizostomites admirandus H.* und *lithographicus H.*, sowie *Leptobrachites trigonobrachius H.* (Fig. 133) gehören zu den *Rhizostomiden*, *Eulithota fasciculata H.* und *Semaeostomites Zitteli H.*, sowie *Acraspedites antiquus H.*, in den *Semaeostomeen*, *Palaegina gigantea H.* zu den *Aeginiden und Trachynemites deperditus Beyr. sp.* zu den *Trachynemiden*. *Palaegina gigantea* zeichnet sich durch besondere Grösse und auffallende Grösse der acht Arme aus. Die Gattung *Leptobrachites* deutet A. BRANDT als eine *Pelagiden*-Form und nennt sie *Pelagiopsis*.

[1] Om Aftryk af Medusor i Sveriges kambriska Lager. K. Svensk. Vetens. Ak. Handl. Bd. XIX. 1. 1881.

Gute, aber noch nicht näher beschriebene Medusenabdrücke haben sich in Feuersteinknollen aus der oberen Kreide (als Diluvialgerölle) in der Nähe Hamburgs gefunden — undeutliche derartige Reste hat KNER aus der Kreide Galiziens geschildert.

Zeitliche Verbreitung der fossilen Hydrozoa.

Die mannigfachen Gruppen der recenten Hydromedusen sind fossil nur zum allergeringsten Theile vertreten. Wir kennen nur einige *Hydrocorallinen*, einige *Hydractinien* mit ihren Verwandten, den *Stromatoporiden*, die eigenthümlichen, wohl am besten noch mit den recenten *Sertularien* zu vergleichenden *Graptolithiden* der ältesten Formationen und einige seltene Vorkommen von Scheibenquallen!

Von den der fossilen Erhaltung noch am leichtesten zugänglichen *Hydrocorallinen* kennt man einige tertiäre Formen der recenten Gattungen *Millepora* und *Stylaster*. Ebenfalls aus tertiären Schichten kennt man Abdrücke von *Hydractinien* — eine Anzahl von Formen aber, welche sich an die recente *Hydractinia calcarea Cart.* anschliessen, aus palaeozoischen, mesozoischen und cänozoischen Ablagerungen (*Stromatopora* aus Silur und Devon mit zahlreichen verwandten Arten, *Thalaminia* aus Jura und Kreide, *Sphaeractinia* und *Ellipsactinia* aus dem Tithon, *Parkeria* aus der Kreide, *Loftusia* aus dem Eocän).

Die *Graptolithiden* sind auf die ältesten Formationen: Silur und Devon, beschränkt und bilden im Silur mehrere, durch das Erscheinen bestimmter Gattungen charakterisirte Horizonte. Die ältesten *Graptolithen* liegen an der Grenze der cambrischen und silurischen Schichten in England und Schweden und gehören zu den ältesten überhaupt bekannten Versteinerungen. Es mag hervorgehoben werden, dass in diesem tiefsten *Graptolithen*-Niveau die complicirt gebauten Gattungen *Didymograptus*, *Phyllograptus* u. A. auftreten, während die einfachen *Monograptiden* erst viel später an der Grenze von Unter- und Ober-Silur massenhaft auftreten.

Die Quallen kennt man in deutlicheren Resten nur als grosse Seltenheiten, der lithographische Schiefer von Solenhofen, Eichstädt und Kelheim, sowie die Feuersteine der Kreide haben deutlichere Abdrücke der überaus zarten Thierleiber bewahrt, während in den cambrischen Schichten Schwedens Steinkerne und Abdrücke von Quallen wenigstens ihr Vorhandensein zur Zeit der Bildung jener alten Schichten documentiren.

III. Stamm: Vermes.

Bilateral symmetrische Thiere, mit ungegliedertem, geringelten oder homonom gegliederten Körper, ohne gegliederte Segmentanhänge.

So wichtig die ungemein mannigfaltigen recenten Würmer für den Zoologen sind, so spärlich und kümmerlich sind die Reste von Würmern in den Schichten der Erde. Von den fünf Gruppen, in welche man heute das

Reich der Würmer theilt: *Platyhelminthes*, *Nemathelminthes*, *Gephyrea*, *Rotifera* und *Annelida* haben zwei, die *Platyhelminthen* und die *Rotiferen* gar keine fossilen Reste geliefert, an *Gephyreen* kennt man nur einige problematische Körper aus dem lithographischen Schiefer Bayerns, für welche EHLERS den Namen *Epitrachys* vorschlug und von den *Nemathelminthen* kennt man nur einzelne Formen: eine zolllange *Mermis antiqua* hat v. HEYDEN im Hinterleib eines Käfers *(Hethesis immortua)* aus der rheinischen Braunkohle entdeckt und Formen von *Mermis*, *Anguillula* und *Enchytraeus* MENGE aus dem samländischen Bernstein beschrieben. Es erübrigt also nur die Gruppe der *Anneliden* oder Ringelwürmer, welche zahlreichere und deutlichere Spuren in den Schichten der Erde zurückgelassen hat.

Annelidae.

In Segmente (Metameren) gegliederte Würmer mit ventralem vorderen Mund und meist dorsaler, hinterer Afteröffnung, mit Hirn, Schlundring, Bauchganglienkette, Blutgefässsystem. Sie zerfallen nach ihren Bewegungsorganen in *Hirudinei*, ohne Fussstummel, mit ventraler Haftscheibe am Hinterende und *Chaetopodes* mit borstentragenden Fussstummeln oder paarigen Borstengruppen. Zur ersten Gruppe gehören einige sehr problematische Reste aus dem lithographischen Schiefer von Solenhofen: *Hirudella angusta* und *tenuis Mstr.*, *Helminthodes antiquus Marsh.*; sowie *Hirudella laticauda Costa* aus dem Kalkstein von Pietra roja.

Zahlreichere und besser zu deutende Reste hat die zweite Gruppe geliefert.

Chaetopodes.

Anneliden mit Fussstummeln oder paarigen, in Gruben sitzenden Borstengruppen.

α. Tubicolae — Röhrenwürmer.

Bewohnen mannigfach gebildete, kalkige, häutige oder sandige, aus verkitteten Trümmern bestehende Röhren, die selbstverständlich bei den fossilen Formen keine sicheren Bestimmungen zulassen.

Serpula Linn. (Fig. 134, 135, 136). Die langen soliden Kalkröhren sind sehr mannigfach gestaltet, unregelmässig gebogen, bisweilen spiral gerollt, frei oder häufiger an fremden Körpern angeheftet,

Fig. 134.

Serpula lumbricalis Schloth.
Brauner Jura δ, Reutlingen.

Fig. 135.

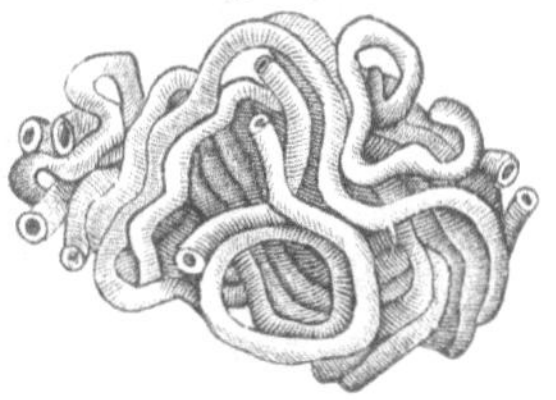

Serpula gordialis Schloth.
Pläner von Strehlen.

Fig. 136.

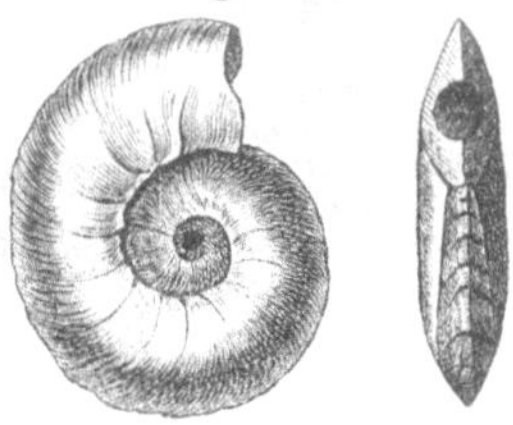

Serpula spirulaea Lamk.
Vicentinisches Eocän.

einzeln oder zu Gruppen vereinigt. Die grosse Aehnlichkeit mit den röhrenförmigen Schalen der *Gasteropoden*-Gattung *Vermetus* erstreckt sich nicht auf das Innere der Röhre, welche bei *Vermetus* Querscheidewände aufweist, die bei *Serpula* stets fehlen. *Dentalium*, mit welchem wenig gebogene, gestreckte *Serpeln* einige Aehnlichkeit besitzen, weist stets auch am schwächeren Ende eine Oeffnung auf, während *Serpula*-Röhren dort geschlossen sind. Die Unterabtheilungen, welche man bei den recenten *Serpulae* unterschieden hat, lassen sich bei den fossilen natürlich nicht trennen, da man die Organisation der Thiere und die Gestalt der häutigen oder kalkigen Deckel, mit welchen sie die Röhren schliessen, nicht kennt.

Man kennt wenig Serpeln aus palaeozoischen Schichten und auch aus Lias und Trias nur einzelne; im braunen und weissen Jura treten sie in grosser Häufigkeit auf, desgleichen in der Kreide. In der Nummuliten-Formation ist *Serpula spirulaea*, für welche man die Gattung *Rotularia Defr.* (*Spirulaea Bronn*) vorgeschlagen hat, bezeichnendes Fossil für einen bestimmten Horizont.

Spirorbis Daudin. Kleine, spiral gerollte, auf der flachen Seite festgewachsene Kalkröhrchen, sehr verbreitet in palaeozoischen, spärlich vertreten in mesozoischen und cänozoischen Ablagerungen, auch recent.

Terebella Cuv. Cylindrische, mehr minder gebogene, aus verkitteten Sandkörnern und Trümmerchen bestehende Röhren. Lebend und fossil im Lias und oberem Jura.

Fig. 137.

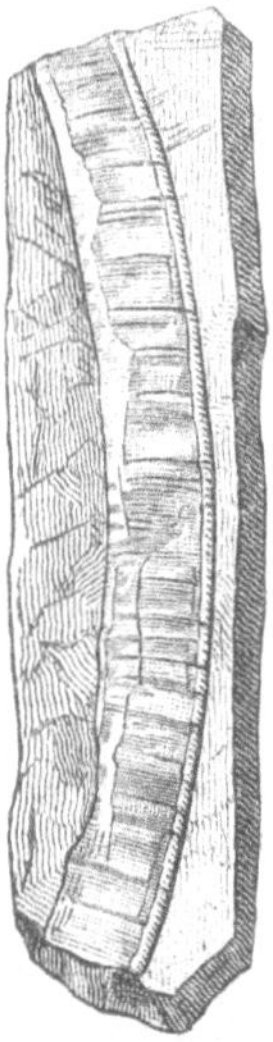

Serpulites longissimus Murch. Ober-Silur („Upper Ludlow-Bocks" von Abberley).

Genicularia Quenst. Einfache dünnschalige, wenig gebogene Röhren, die auf der Oberfläche zahlreiche Knotenringe in regelmässigen Abständen tragen. Oberer Jura.

Serpulites Murch. (Fig. 137). Sehr grosse, bis einen Fuss lange, flachgedrückte, glatte, wenig gekrümmte Röhren aus kohlensaurem Kalk, mit viel organischer Substanz. Silur.

Ortonia Nichols. Kleine, conische, schwach gebogene, der ganzen Länge nach angeheftete Röhren, auf der der Anheftungsfläche gegenüberliegenden Oberseite ein zellig poröser Längsstreifen, die Seitentheile quer gestreift. Unter-Silur, Kohlenkalk.

Conchicolithes Nichols. Röhren conisch, schwach gebogen, mit dem dünneren Ende festgewachsen und zu Gruppen vereinigt. Unter-Silur.

Ditrupa Berkeley. Einfache, gerade oder schwach gebogene, runde oder kantige freie Röhren, welche wegen der an beiden Enden sich findenden Oeffnungen von *Dentalien*-Schalen nur durch unregelmässigere Gestalt und Oberflächenverzierung zu unterscheiden sind. Kreide, Tertiär und recent.

β. *Nereidae oder Errantia.*

Freilebende, gestreckte *Chaetopoden* mit kräftigen Borstenbündeln an den Segmenten und soliden Kiefern von mannigfacher Gestalt.

Gute, hierhergehörige Abdrücke hat der oberjurassische, lithographische Schiefer Bayerns, sowie der eocäne Schiefer des Mte. Bolca im Vicentinischen geliefert. Kiefer von palaeozoischen Nereiden, den Gattungen *Eunicites*, *Oenonites*, *Arabellites*, *Lumbriconereites*, *Glycerites* und *Staurocephalites* angehörig, hat HINDE[1] beschrieben. Sie stammen aus silurischen und devonischen Schichten von Canada, sowie aus dem Kohlenkalk Schottlands. Schon früher hatte GRINELL Unterkieferplatten einer *Nereide* als *Nereidavus* aus dem Untersilur von Ohio beschrieben und auch eine Conodonten-Art PANDER's *(Aulacodus obliquus)* gehört nach HINDE zu den *Anneliden*.

Eunicites Ehlers. Sehr lange, mit kräftigen Borsten bewehrte Würmer. Unterkiefer in zwei Hälften, meist gut erhalten, Oberkiefer von einer grösseren Zahl kleiner Platten gebildet, meist nur im Abdruck angedeutet. Vier Arten im lithographischen Schiefer und einige im eocänen Kalkschiefer des Mte. Bolca.

Lumbriconereites Ehlers. Der lange Körper besitzt zahlreiche Gruppen von Borsten. Unterkiefer wie bei der recenten Form *Lumbriconereis* gestaltet. Eine Art im lithographischen Schiefer von Eichstedt.

Meringosoma Ehlers. Kurz und breit, das mittlere Feld der Oberfläche glatt, die Seitenfelder gerippt. Die Borsten auf dem Mittelfelde kurz, auf den hinteren Theilen der Seitenfelder lang, haarförmig. Solenhofen.

Problematische Wurmreste.

Aus älteren und jüngeren Schichten der Erde sind „wurmähnliche" Bildungen in grosser Zahl bekannt und unter den mannigfachsten Namen beschrieben worden. Von diesen Resten sollen nur die häufigsten und interessantesten hier erwähnt werden.

Fig. 138.

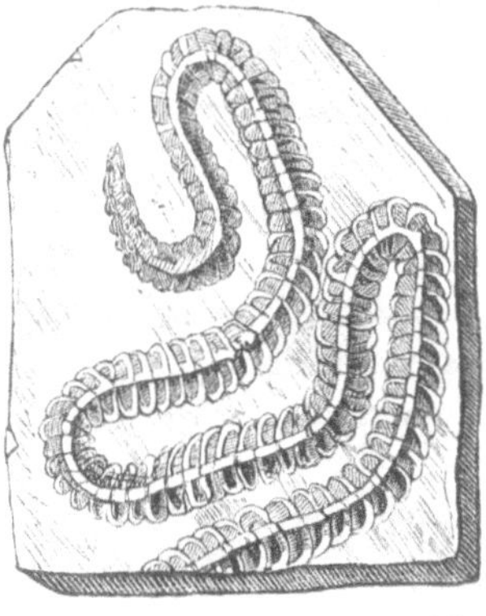

Nereites cambrensis Murch. Unter-Silur, aus Thonschiefer der Llandeilo-rocks von Süd-Wales.

Nereites Murch. (Fig. 138). Schlangen- oder wurmförmige, vielfach gewundene Abdrücke mit breitlappigen Seitenanhängen. Cambrische Schichten, England.

Myrianites Murch. Abdrücke von bedeutender Länge und mit undeutlichen, hackenförmigen Anhängen. Cambrische Schichten Englands.

Nemertites Murch. Dünne, sehr lange, vielfach gewundene, fadenartige Eindrücke mit undeutlichen Gliedern. Cambrische Schichten Englands.

Aehnliche Reste werden aus dem devonischen und dem Culmschiefer Deutschlands und aus den untersilurischen Schichten von New-York beschrieben.

Die Namen *Nereograpsus Gein.*, *Phyllodocites Gein.*, *Naites Gein.*, *Myriodocites Marcou*, *Helminthites Salter*, *Psammichnites Torrel*, *Crossopodia M'Coy*

[1] Quarterly journal geolog. Soc. of London, vol. 35, 1879, pag. 370.

wurden sehr verschiedenen wurmähnlichen Abdrücken gegeben, die mehr oder minder von den durch MURCHISON zuerst geschilderten *Nereiten* abweichen. Die Deutung dieser Reste ist sehr schwierig. Abdrücke von *Anneliden* sind es wohl nicht, ihre enorme Länge und der Mangel an Borsten und Kieferplatten ist zu auffallend. Grössere Wahrscheinlichkeit hat die Ansicht für sich, welche diese Abdrücke für Fährten und Kriechspuren erklärt, womit nur die grosse Schärfe der Abdrücke nicht gut übereinstimmt. Endlich zählen die Phytopalaeontologen die meisten *Nereiden* zu den Algen!

Ueber die thatsächliche Bildung dieser „Algen“ durch Fährten haben in letzter Zeit die Experimente NATHORST's Aufschluss gegeben,[1] welcher beiläufig 40 verschiedene Meeresthiere, sowie Insecten, Insectenlarven und Regenwürmer über weichen Schlamm kriechen oder laufen liess, auf welche Weise es ihm gelang, die schönsten *Nemertiliden*, *Harlanien*, *Zopfplatten*, *Protichniten*, *Eophyton*, *Spirophyton* u. s. w. darzustellen.

Ebenso problematisch wie die *Nereiden*-Abdrücke sind jene mannigfachen, senkrechten oder schrägen, zuweilen auch horizontalen Röhren in den cambrischen und silurischen Schichten Englands, Skandinaviens, Frankreichs und Nordamerika's, welche als Wurmgänge aufgefasst werden. *Scolithus Hall*, *Arenicola Salter*, *Histioderma* und *Haughtonia Kinahan*, *Planolites Nichols.*, *Diplocraterion*, *Monocraterion*, *Micropium*, *Spiroscolex Torrel*, *Walcottia Miller*, *Stellascolites Etheridge*, *Scolecoderma Salter* beziehen sich auf solche in den älteren palaeozoischen Schichten sehr häufige, bald mit Gesteinsmasse ausgefüllte, bald leere Wurmgänge.

Sehr problematische Reste sind endlich die *Lumbricarien (Lumbricites Schloth.)* aus dem lithographischen Schiefer. Sie schwanken in der Dicke zwischen jener eines Federkiels und eines schwachen Bindfadens, sind von ansehnlicher Länge und wirr durch einander geschlungen.

Lumbricaria intestinum, *Colon*, *recta* und *gordialis* dürften wahrscheinlich Excremente von *Anneliden* sein. — AGASSIZ hält sie zum Theil für Fischgedärme, GIEBEL für ausgespieene Gedärme von *Holothurien*, GOLDFUSS für Ueberreste von schnurförmigen Nacktwürmern *(Nemertinen)*. Neben den dickeren *Lumbricarien* kommen auch ganz feine, fadenförmige, zu verwirrten Knäueln verschlungene vor *(Lumbricaria filaria)*, welche mit *Gordius* und *Mermis* einige Aehnlichkeit besitzen.

IV. Stamm: Echinodermata.

Thiere mit radiärem, vorherrschend fünfstrahligen Bau, mit verkalktem, oft stacheltragenden Hautskelet, mit gesondertem Darm, Blutgefässsystem, Ambulacralgefässsystem und Nervensystem. Entwickelung in der Regel eine complicirte Metamorphose.

---

[1] Kongl. Svensk. Vetensk. Akad. Handlingar. Bd. XVIII, Nr. 7, 1881.

Da wir mit Neumayr[1] die *Cystideen* nicht als eine Untergruppe der *Crinoideen* auffassen, sondern als die Wurzel aller Echinodermenstämme, zerlegen wir die Echinodermen in nachfolgende fünf Gruppen: 1. *Cystidea*, 2. *Crinoidea*, 3. *Asteroidea*, 4. *Echinoidea*, 5. *Holothuroidea*, welche wir der Reihe nach betrachten werden.

1. *Cystidea.*

Kugelige oder eiförmige, aus mehr oder minder zahlreichen Täfelchen aufgebaute, kurz gestielte oder sitzende, höchst selten freie Körper mit schwach entwickelten oder fehlenden Armen, an deren Stelle zuweilen Ambulacralrinnen in der Nähe des Mundes auftreten. Ausser der Mundöffnung noch eine zweite, mit einer Klappenpyramide geschützte Oeffnung (After) und oft noch eine dritte kleinere Oeffnung (Genitalpore) vorhanden. Häufig sind alle Täfelchen oder nur ein Theil derselben mit feinen Poren versehen.

Die *Cystideen* erinnern in ihrer Gesammterscheinung theilweise sehr an gewisse *Crinoideen* mit schwach entwickelten Armen, wie *Poteriocrinus* und *Hypocrinus*, theilweise gleichen sie, wie *Mesites* den *Echiniden*, theilweise endlich wie *Agelacrinus* den *Asteroideen*.

Die Anordnung der Täfelchen, welche den Körper der *Cystideen* zusammensetzen, ist eine sehr verschiedenartige, da die Zahl derselben bei den unregelmässig getäfelten *Echinosphaeriten* und *Agelacrinen* über hundert steigen kann, während bei anderen nur 13 Täfelchen auftreten, welche dann ganz ähnlich wie bei den *Crinoideen* angeordnet sind. Die Basis des Körpers ist leicht kenntlich durch die Insertionsgrube des Stieles oder die Anheftungsstelle bei den sitzenden Formen. Eine einzige Gattung: *Protocrinus* ist ungestielt und frei. An dem der Basis gegenüberliegenden Pol ist die Mundöffnung, an gut erhaltenen Stücken mit Täfelchen überdeckt, durch das Ausgehen mehrerer einfacher oder vergabelter Ambulacralrinnen charakterisirt. Eine zweite excentrische, mit einer Täfelchenpyramide bedeckte Oeffnung (welche von Buch als Ovarialöffnung, von manchen Autoren als Mund gedeutet wurde) kann wohl nur dem After entsprechen. Zuweilen ist dann auch noch eine dritte, porenförmige Oeffnung in der Nähe des Mundes vorhanden, welche als Genitalpore aufgefasst werden muss.

Die Arme der *Cystideen* sind so schwach entwickelt, dass man früher die Armlosigkeit als eines ihrer hervorragendsten Merkmale betrachtete, indessen sind auch bei den anscheinend armlosen *Echinosphaeriten* und *Echinoencrinen* gegliederte Anhänge vorhanden, die man als Arme bezeichnen muss, und bei anderen Formen umstehen zwei bis fünf freie Arme den Mund, die freilich nur ausnahmsweise *(Comarocystites)* mit Pinnulis besetzt sind, gewöhnlich aber aus einzeilig geordneten Gliedern bestehen, deren ausgehöhlte Ventralseite mit Saumplättchen bekleidet ist. (Vergleiche die Arme von *Pleurocystites* in Fig. 145.) Bei manchen *Cystideen* erscheinen an Stelle

[1] Morphologische Studien über Echinodermen. Sitzungsber. d. k. Akad. d. Wiss. in Wien, 86. Bd. 1881.

der Arme einfache oder ästige Rinnen, welche vom Mund ausgehen und an kleinen Gelenkfacetten enden, auf welchen die freilich sehr selten erhaltenen Pinnulae sich erheben. Man hat diese Ambulacralfurchen als zurückgebogene, mit der Dorsalseite am Kelch befestigte *Crinoideen*-Arme betrachtet, sie gleichen indess noch mehr den Ambulacralfurchen der *Blastoideen* und zuweilen (wie bei *Mesites Pusirefskii*) sogar den Ambulacralfeldern der Seeigel.

Den *Cystideen* eigenthümlich und schwierig zu deuten sind die Poren der Kelchtafeln. Sie stehen bei manchen Gattungen paarweise auf einer warzigen Erhöhung oder in einer schwachen Vertiefung der Oberfläche und bedecken dann in grosser Zahl regellos verstreut den *Cystideen*-Körper. Noch eigenthümlicher sind die Porenrauten, bei welchen auf zwei aneinanderstossenden Täfelchen die Durchbohrungen sich so gegenüberliegen, dass sie eine rhombische Figur bilden, deren Diagonale die Naht der Täfelchen darstellt. Je zwei gegenüberliegende Poren werden durch Röhren oder Rinnen verbunden, die entweder an der Aussen- oder Innenseite liegen. Oft sind auch die Rhomben nur von parallelen Spalten oder Fältelungen der dünnen Schale gebildet, sie treten entweder auf sämmtlichen Täfelchen auf oder sind nur in geringer Zahl vorhanden und dann regelmässig vertheilt. Den Ambulacralporen der *Echiniden*, an die man zunächst denken möchte, können die Doppelporen und Porenrauten der *Cystideen* nicht entsprechen, denn sie liegen interambulacral und münden zudem nicht in die Leibeshöhle, sondern in die Verbindungsröhren, welche, sowie die durch Faltung entstandenen Spalten nur indirect mittelst ihrer porösen Wände mit dem Innenraum communiciren. Wahrscheinlich entsprechen sie den Kelchporen der recenten *Crinoideen*, welche dem ambulacralen Centralring Wasser zuführen, oder den Madreporenplatten der Seeigel und Seesterne, welche ja auch interambulacrale Lage besitzen. Man hat diese Poren auch als Hydrospiren bezeichnet und mit den Respirationsporen der Seesterne verglichen. Auf das Fehlen der Poren, das Auftreten von Doppelporen und das Vorkommen von Porenrauten gründet sich die Eintheilung der *Cystideen* in *Aporitidae*, *Diploporitidae* und *Rhombiferi*. Wir ziehen es jedoch vor, statt dieser von Joh. Müller vorgeschlagene Eintheilung die *Cystideen* in folgende fünf Gruppen zu zerlegen: *Agelacrinidae*, *Sphaeronitidae*, *Echinosphaeritidae*, *Caryocrinidae*, *Lepadocrinidae* und als sechste Gruppe die *Blastoideen* hinzuzufügen, nachdem dieselben durch die Gattung *Codonaster* innig mit den *Cystideen* verknüpft sind.

Fig. 139.

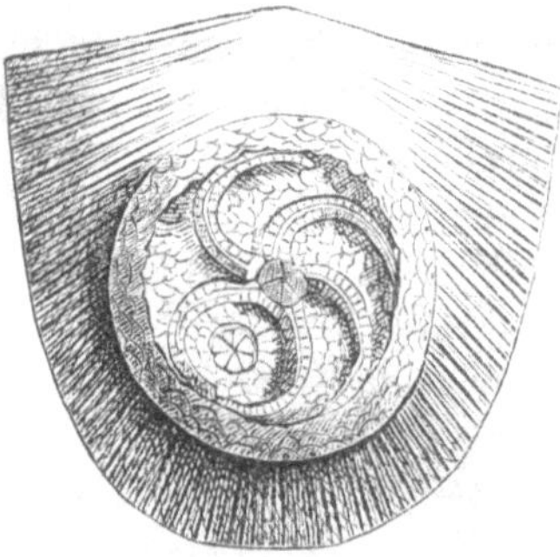

Agelacrinus Cincinnatiensis. F. Roem.
Unter-Silur, Cincinnati, Ohio.

a. *Agelacrinidae.*

Mit breiter Basis festgewachsene *Cystideen*, welche an der Oberseite fünf getäfelte Ambulacralfurchen, sowie eine Genitalpyramide in einem Interambulacralraum aufweisen.

Agelacrinus Vanuxem. (Fig. 139). Die

kreisrunden, gewölbten, bis halbkugelförmigen Körper sind mit breiter Fläche auf fremden Gegenständen aufgewachsen, aus sehr zahlreichen, unregelmässigen, schuppenförmig über einander greifenden Täfelchen gebildet. Von dem centralen, von grösseren, dreieckigen Oralplatten bekleideten Mund gehen fünf gebogene Ambulacralfurchen aus, welche zu beiden Seiten von einer, zuweilen auch von je zwei Täfelchenreihen begleitet werden. In der Mitte des grössten Ambulacralfeldes liegt die Afterpyramide. *Agelacrinus* hat seine Hauptverbreitung im Silur, kommt jedoch auch im Devon und Kohlenkalk vor.

Hemicystites Hall. unterscheidet sich von *Agelacrinus* nur durch breitere, kürzere und gerade Ambulacralfurchen. Unter-Silur.

Cytaster Hall, wie *Hemicystites,* sackförmig, aufgewachsen, zuweilen auch frei. Unter-Silur.

Edrioaster Billings. Wie *Agelacrinus*, doch sind die Ambulacralfurchen jederseits von zwei Reihen Doppelporen begleitet, welche in den Nähten der Ambulacralplatten auftreten. Unter-Silur.

Cyathocystis F. Schmidt. Becherförmige, mit breiter Basis aufgewachsene Körper aus einem Stück. Der Scheitel des Bechers wird durch einen pentagonalen oder rundlichen Deckel geschlossen, welcher einen Stern von fünf Ambulacralstrahlen aufweist, die von zwei alternirenden Täfelchenreihen bedeckt sind und durch je eine grosse, dreieckige Interambulacralplatte getrennt werden. Im Centrum liegt der von fünf kleinen, fünfeckigen Oralplatten geschützte Mund, in einem der Interambulacralräume erhebt sich die After-Pyramide, der geschilderte Deckel ist jedoch selten erhalten, meist liegen nur die seitlich oft zu Stöcken verwachsenen Zellen vor. Unter-Silur.

b. *Sphaeronitidae.*

Kugelige oder eiförmige Formen aus zahlreichen, mit Doppelporen versehenen Täfelchen bestehend.

Sphaeronites Hisinger. Kugelig oder eiförmig, ohne Stiel auf fremden Körpern aufgewachsen, aus zahlreichen, polygonalen Tafeln aufgebaut, deren Warzen von Doppelporen durchbohrt sind. Scheitel mit einem fünfeckigen Ambulacralfeld, in dessen Ecken die Gelenkfacetten für fünf Paar sehr kleine Arme sich befinden, zu welchen feine Furchen vom spaltförmigen Munde verlaufen. Nahe dem Munde liegt noch eine grössere Oeffnung im Scheitel, wohl der After, und zwischen beiden eine dritte kleinere, die Genitalpore. Unter-Silur von Schweden und Russland.

Fig. 140.

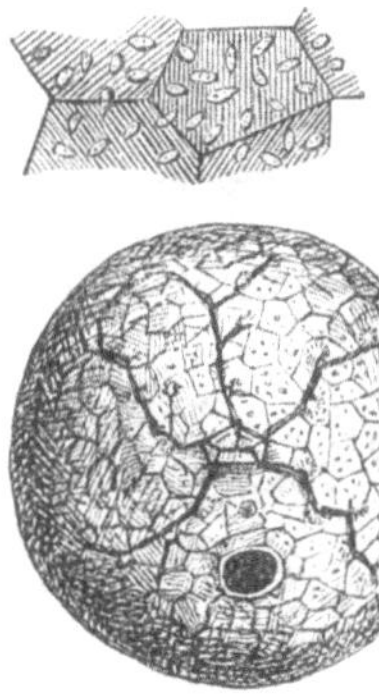

Glyptosphaerites Leuchtenbergi Volb. Unter-Silur, St. Petersburg. Oben die Oberfläche einiger Täfelchen vergrössert.

Glyptosphaerites Joh. Müller (Fig. 140). Körper kugelig, gestielt, aus zahlreichen, polygonalen Täfelchen aufgebaut, auf welchen die Doppelporen entweder auf Warzen oder in kleinen Vertiefungen liegen. Der fünfeckige, im Scheitel gelegene Mund ist durch fünf ungleiche Klappen bedeckt, von seinen Ecken laufen fünf lange, feine Ambulacralspalten aus, welche kürzere

Seitenzweige abgeben, an deren Enden kleine, warzige Gelenkfacetten für die Pinnulae vorhanden sind. Entfernt vom Mund liegt excentrisch die ziemlich grosse Afteröffnung und zwischen Mund und After die kleine Genitalpore. Der Stiel wird von niedrigen, ringförmigen, rundlich fünfkantigen Gliedern gebildet. Unter-Silur von Schweden und Russland.

Mesites Hoffm. Kugelig, mit abgeplatteter Basis, wahrscheinlich gestielt, aus zahlreichen, polygonalen Täfelchen mit Doppelporen bestehend. Vom Scheitel strahlen fünf gerade, schmale Ambulacralfurchen aus, welche gegen den unteren Rand etwas höher werden und auf der Unterseite als poröse Rippen fortsetzen; auf der Unterseite sind sie von zwei Reihen dachförmig aufgerichteter Täfelchen überdeckt, auf welchen man Ambulacralporen wahrnimmt. In einem der Interambulacralfelder liegt die Afterpyramide. Unter-Silur, Russland.

Weitere hierherzustellende Gattungen sind: *Gomphocystites Hall.* aus dem amerikanischen Ober-Silur mit spiralen, einfachen Armfurchen (bildet ein Bindeglied zu den *Agelacrinidae*), *Protocrinites Eichw.* Unter-Silur, Russland, *Eucystis Angelin*, Unter-Silur, Schweden, *Holocystites Hall.*, Ober-Silur, Nordamerika.

c. *Echinosphaeritidae.*

Kugelige Formen aus zahlreichen Täfelchen, welche an allen Nähten mit Porenrauten versehen sind.

Echinosphaerites Wahlenbg. (Fig. 141). Kugelig, ungestielt, mit der ausgezogenen Basis angeheftet; aus zahlreichen, meist hexagonalen, glatten Täfelchen gebildet, Mund im Scheitel, mit einer einfachen oder dreitheiligen, kurzen, getäfelten Ambulacralspalte, an deren Enden kurze, schwache, selten erhaltene Arme vorhanden waren. Die meist fünfseitige, von fünf, seltener vier bis acht dreieckigen Täfelchen bedeckte Afteröffnung liegt excentrisch, vom Munde entfernt, die Genitalpore dem letzteren näher. Die Spalten, welche die Poren verbinden, liegen auf der Innenseite der Täfelchen und werden in ihren Rauten-Figuren, die sie an allen Nähten bilden, durch Anschleifen oder auch nur durch Benetzen verwitterter Stücke sichtbar. Häufig im Untersilur Skandinaviens und Russlands.

Fig. 141.

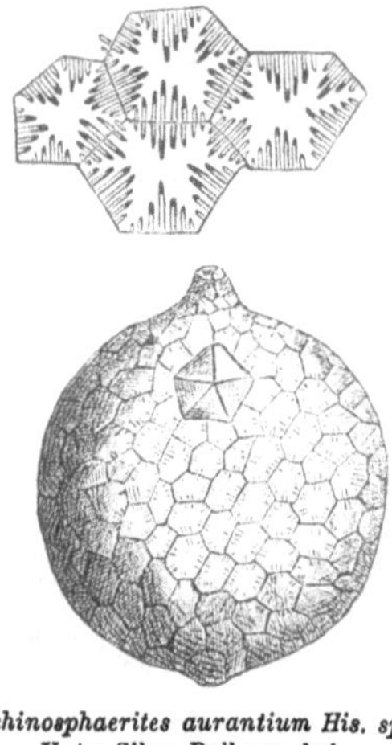

Echinosphaerites aurantium His. sp. Unter-Silur, Pulkowa bei St. Petersburg.

Caryocystites v. Buch unterscheidet sich von *Echinosphaerites* durch grössere, weniger zahlreiche Kelchtäfelchen, welche auch nicht glatt sind, sondern eine gerippte oder gestreifte Oberfläche besitzen, da die Röhren der Porenrauten leistenartig hervortreten. Unter-Silur Skandinaviens und Russlands.

Hierher gehört auch die ungenügend bekannte Gattung *Palaeocystites Bll.* aus dem Untersilur Canadas.

d. *Caryocrinidae.*

Mit einem Kelch nach Crinoideenart und freien Armen, meist sind Porenrauten in beschränkter Zahl auf den Seitentafeln des Kelches vorhanden, bei anderen treten nur vereinzelte Poren auf.[1]

Caryocrinus Say (Fig. 142). Kelche eiförmig, sehr lang gestielt, mit mässig entwickelten einfachen Armen. Auf dem cylindrischen, bis 18 cm langen Stiel folgen zunächst vier Basaltafeln: zwei grössere, fünfseitige und zwei kleinere vierseitige, der zweite Kranz besteht aus sehr grossen Platten, von welchen drei fünfseitig, eine sechsseitig und zwei siebenseitig sind, der dritte Kranz zählt acht etwas kleinere Tafeln. Die flache Kelchdecke wird von einer sechsseitigen Centralplatte, um welche sich fünf kleinere anlegen, dargestellt. Am Rande entspringen sechs oder neun, oder dreizehn einzeilige, einfache Arme. Zwischen diesen befindet sich die randständige, mit sechs dreieckigen Klappen ausgestattete Afteröffnung. Die Tentakelfurchen der Arme zeigen an ihrer Basis feine Poren und setzen wahrscheinlich unter der Kelchdecke zu dem subtegminalen Mund fort. Mit Ausschluss der Kelchdecke tragen alle Tafeln Porenrhomben, deren Poren aussen warzig hervortreten, und auf der Innenseite durch Röhren verbunden sind. Ober-Silur Amerikas.

Fig. 142.

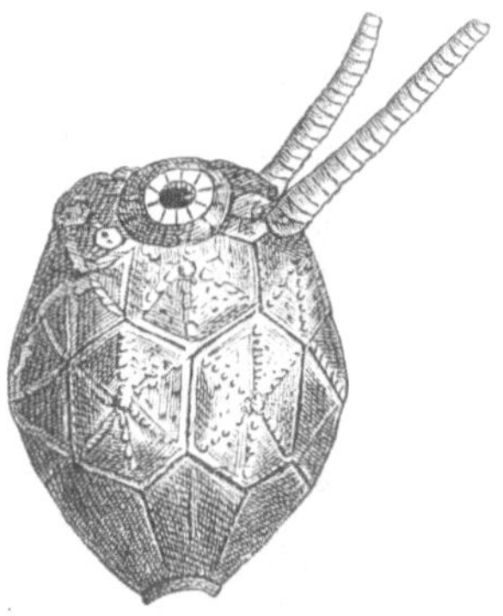

Caryocrinus ornatus Say. Ober-Silur, Lockport, New-York.

Hemicosmites v. Buch. Kelch ganz ähnlich getäfelt wie bei *Caryocrinus.* Der Scheitel wird durch sehr ungleiche Täfelchen geschlossen, in deren Mitte eine dreitheilige Spalte, der Mund, liegt, welche an sehr gut erhaltenen Exemplaren mit kleinen Täfelchen belegt ist, von dem Mund setzen sich seichte Ambulacralfurchen zu den Facetten fort, welche zur Insertion der Arme dienen. Die Basalia haben nur zerstreute Poren und an der unteren Hälfte der Seitentafeln sind die Poren unvollständig entwickelt. Unter-Silur Russlands und Englands, Ober-Silur Nordamerikas.

Porocrinus Billings. (Fig. 143). Kegelförmige, kleine Kelche, welche ganz wie jene von *Poteriocrinus* gebaut sind. Wenn wir die bei den *Crinoiden* übliche Nomenclatur anwenden, so haben wir von der Basis beginnend fünf grosse, fünfseitige Infrabasalia, hierauf fünf hohe, sechsseitige Parabasalia und endlich fünf grosse Radialia mit schmaler hufeisenförmiger Gelenkfläche für die peitschenförmigen, einfachen, einzeiligen Arme.

Fig. 143.

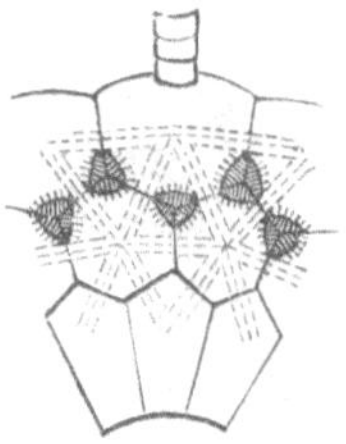

Schema der Kelchtafelung von *Parocrinus radiatus Beyr.* Unter-Silur, St. Petersburg.

[1] Joh. Müller stellt *Cryptocrinus* und *Hypocrinus* zu seinen *Aporitidae*, doch beobachtete Zittel bei ersterer Form das Vorkommen einzelner Poren (Handbuch der Palaeontologie I, pag. 412) und Beyrich erwähnt von seinem *Hypocrinus* selbst die poröse Beschaffenheit der Kelchtäfelchen.

Die Porenrauten weichen insofern von der gewöhnlichen Einrichtung ab, als sie zu je drei an den Ecken, wo drei Kelchtafeln zusammenstossen, liegen. Die Hälfte eines Rhombus befindet sich auf dem Haupttäfelchen, die andere Hälfte auf einer der drei kleinen, in den Ecken eingeschalteten Supplementtäfelchen. Unter-Silur Russlands und Canadas.

Cryptocrinus Pander. Kugelige Kelche aus drei glatten Basalia und zwei Zonen grosser, ungleicher Seitentäfelchen, am Scheitel liegt der von kleinen Plättchen bedeckte Mund. Sind seine Deckplättchen abgefallen, so bemerkt man vier bis fünf ganz kurze, gegabelte Furchen, welche zu den Gelenkflächen für die Arme führen. Afterpyramide excentrisch, Insertionsstelle des Stieles sehr klein. Unter-Silur Russlands.

Fig. 144.

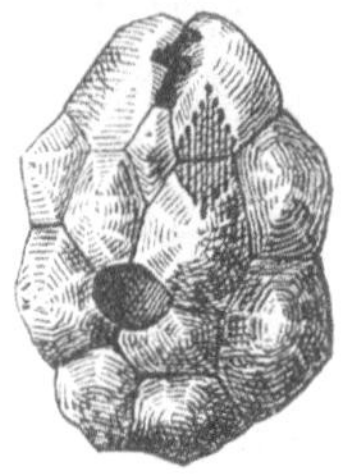

Echinoencrinus Senkenbergii v. Mey. Unter-Silur, St. Petersburg.

Hypocrinus Beyrich. Kelch kugelig, aus drei Basalia, fünf Seiten- und fünf Scheitelplatten zusammengesetzt, der centrale Mund ist fünfseitig, auf den Scheitelplatten sind kleine Facetten für den Ansatz der Arme bemerkbar, die Afteröffnung liegt im Eck des Kelches, wo eine Seiten- und zwei Scheitelplatten zusammenstossen, Anheftungsstelle des Stieles rund, klein, die sämmtlichen Kelchplatten glatt, theilweise porös. Kohlenkalk, Timor.

Echinoencrinus H. v. Meyer (Fig 144). Der unregelmässige Kelch ist kurz gestielt, er besteht aus vier übereinanderfolgenden Zonen, von welchen die unterste aus vier Basalgliedern besteht, während jede der folgenden Zonen fünf Platten aufweist. Alle Kelchtafeln sind durch Rippen verziert, die, vom Centrum auslaufend, rechtwinkelig auf den Nahtlinien stehen und dieselben fast ganz verdecken. Im Scheitel liegt eine Rinne, an deren erhöhten Rändern die Gelenkfacetten für kurze, einfache Arme auftreten, die grosse, zuweilen durch Klappen verschlossene Afteröffnung liegt nahe der Basis; es sind nur drei Porenrauten vorhanden. Unter-Silur, Russland.

Fig. 145.

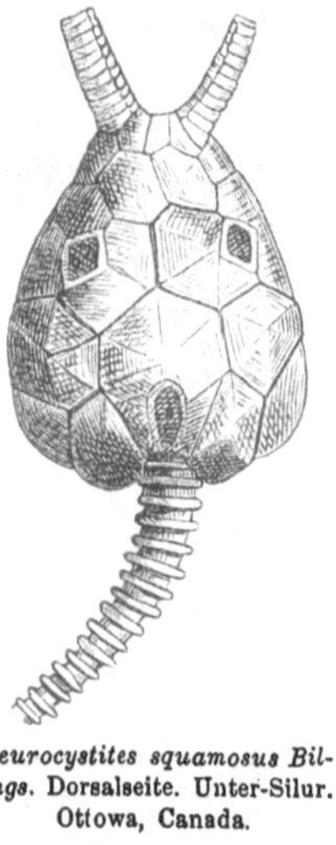

Pleurocystites squamosus Billings. Dorsalseite. Unter-Silur. Ottowa, Canada.

Pleurocystites Billings (Fig. 145). Kelch flach, ungleichseitig, auf der Analseite ein grosser Raum von zahlreichen, sehr kleinen Täfelchen bedeckt, auf der entgegengesetzten oder Dorsalseite wie bei *Echinoencrinus* angeordnet und von drei Porenrhomben durchsetzt. Im Scheitel entspringen zwei einfache, kräftige Arme, welche auf der Ventralseite mit Saumplättchen bekleidet sind; der gegen unten verjüngte Stiel besteht aus runden, ungleichen, ringförmigen Gliedern. Unter-Silur, Canada.

Prunocystites Forbes. Unvollständig bekannt, im Scheitel mit zwei langen, zweizeiligen Armen. Ober-Silur, England.

e. *Lepadocrinidae.*

Eiförmige oder knospenförmige, langgestielte Kelche mit Ambulacralfurchen und einer beschränkten Zahl von Porenrhomben.

Lepadocrinus Hall. (= *Pseudocrinites Pearce*) (Fig. 146) mit dickem, verhältnissmässig langen Stiel und eiförmigem oder zwei- bis vierseitigen Kelch mit abgerundeten Kanten aus vier Basalia und drei weiteren Zonen von je fünf Seitentafeln. Von dem im Scheitel gelegenen Mund strahlen zwei oder vier gerade, durch erhabene Ränder begrenzte Ambulacralgänge aus. Die Ränder derselben werden von Täfelchen gebildet, zwischen welchen kurze Rinnen zu einem Randporus führen; an gut erhaltenen Stücken stehen über diesen Poren zweizeilige, lange Pinnulae. Ein durch sechs dreieckige Klappen verschliessbarer After liegt excentrisch in der Nähe des Scheitels, ausserdem sind noch drei Porenrhomben vorhanden. Mittel- und Obersilur Englands und Nordamerikas.

Fig. 146.

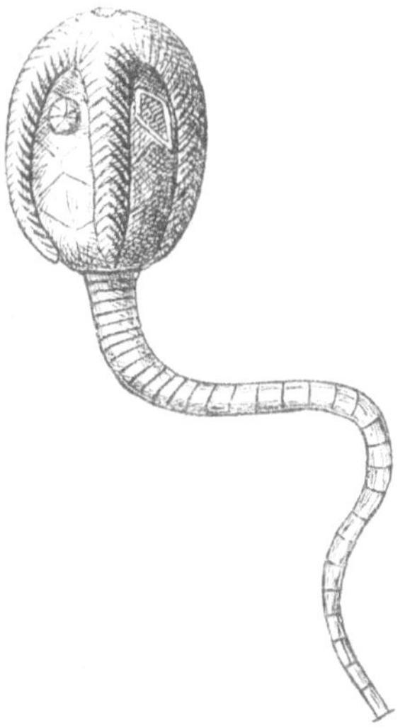

Lepadocrinus quadrifasciatus Pearce. Ober-Silur. Dudley, England.

Callocystites Hall. In der allgemeinen Erscheinung dem *Lepadocrinus* ähnlich, doch mit verschiedener Täfelung des Kelches, mit fünf langen, zuweilen vergabelten Ambulacralfurchen und vier Porenrhomben. Ober-Silur Amerikas.

Glyptocystites Billings. Mit fünf Ambulacralfurchen, zahlreichen Porenrhomben (10—13), kurzem Stiel aus ringförmigen, ineinander geschobenen Gliedern. Unter-Silur, Canada, Russland.

Cystoblastus Volborth. Kelch eiförmig bis kugelig, mit vier Zonen von Täfelchen, deren unterste vier Basalia zählt, während die übrigen je fünf Seitentäfelchen umfassen; jene der dritten sind nach oben gabelförmig ausgeschnitten und umfassen fünf breite Ambulacralfelder. Die Afteröffnung liegt etwa in der Mitte der Kelchhöhe. Nur zwei vollständige Porenrhomben liegen über der Basis, hingegen besitzen die gabelförmigen Seitentafeln am Rande der Ambulacralfelder eine durch Porenspalten verursachte Querstreifung, und auch die trapezoidalen Platten der obersten Zone werden durch eine Leiste getheilt, neben welcher Porenstreifen auftreten. Unter-Silur Russlands.

Fig. 147.

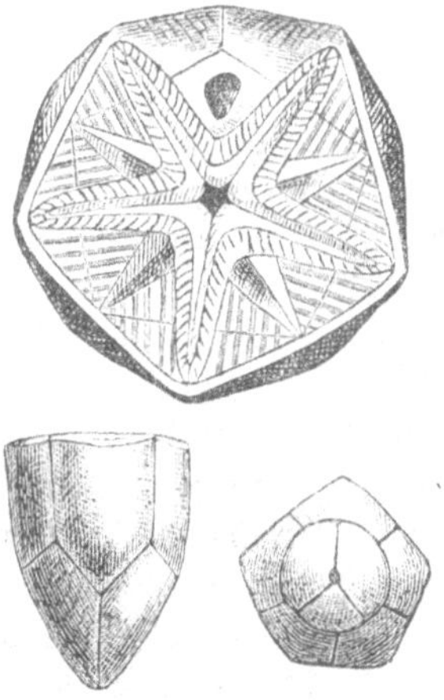

Codonaster acutus M. Coy. Kohlenkalk, Derbyshire.

Codonaster F. Roem. (Fig. 147). Kelch conisch eiförmig, mit abgestutztem Scheitel, aus drei ungleichen Basalia, fünf grossen, gabelförmigen Seitenplatten und fünf Trapezoidstücken im Scheitel. Scheitel fünfseitig, mit fünf vom Munde ausgehenden Ambulacralfeldern, in vier Interambulacralfeldern findet sich eine mediane, erhabene oder vertiefte, glatte Pyramide, welche die Begrenzung der Porenrhomben bildet, im fünften, glatten Interambulacralfeld liegt der After. Die ihm zunächst gelegenen Porenrhomben sind nur zur Hälfte entwickelt. Devon und Kohlenkalk.

Codonaster bildet ein vollkommenes Bindeglied zwischen den *Blastoideen* und den *Cystideen*. da er den vollständigen Kelchbau der ersteren, zugleich aber auch die Porenrhomben der letzteren besitzt; wir reihen deshalb die *Blastoideen* unmittelbar als aberrannte Schlussgruppe den *Cystideen* an.

f. *Blastoidea.*

Ei- oder knospenförmige, armlose, kurzgestielte Körper, mit fünf Ambulacralgängen, Kelch aus dreizehn Hauptstücken, drei Basalia, fünf Gabelstücken (Radialia) und fünf Trapezstücken (Interradialia) bestehend.

Aus dem nebenstehenden Schema des Kelches von *Pentremites florealis Say.* (Fig. 148) erkennt man, dass die beiden grösseren Basalia offenbar je

Fig. 148.

Analyse des Kelches von *Pentremites florealis. Say.*

Fig. 149.

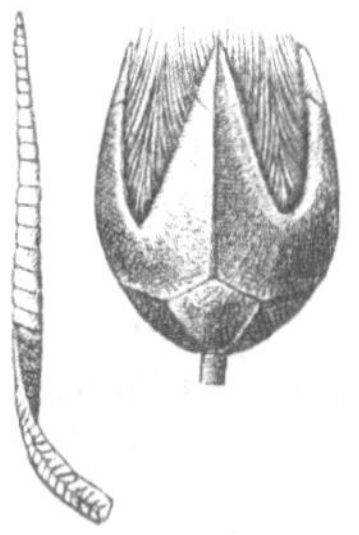

Pentremites sulcatus F. Roem. Kohlenkalk, Huntsville. Kelch mit erhaltenen Pinnulis und eine Pinnula vergrössert.

zwei verschmolzenen, viereckigen Stücken entsprechen, so dass als ursprüngliche Einrichtung fünf gleiche, mit den gabelförmigen Radialstücken alternirende Basalia vorausgesetzt werden dürfen, wie sie bei manchen *Cystideen* (*Porocrinus* z. B.) thatsächlich auftreten. Die Gabelstücke, welche den grösseren Theil der Seitenwände des Kelches bilden, zeigen sich an dem für die Ambulacralfelder ausgeschnittenen Rand schräg abgekantet. Gleiches gilt von den Interradialstücken, welche sich aufwärts, in alternirender Stellung an die Gabelstücke anschliessen und an der Täfelung des Scheitels theilnehmen. Die Ambulacralfelder sind an ganz wohlerhaltenen Exemplaren, wie an dem in Fig. 149 dargestellten von *Pentremites sulcatus Roem.* mit feinen fadenförmigen Pinnulis besetzt, welche, nach oben gerichtet, die ganzen Ambulacralfelder überdecken und die Kelchdecke überragen. Gewöhnlich aber sind die Pinnulae und auch die Täfelchenbekleidung der Ambulacralfelder abgerieben und dieselben gewähren durch die verschiedene Erhaltung sehr mannigfache

Bilder, wie der schematisch in der Ansicht von oben dargestellte Kelch von *Pentremites florealis* in Fig. 150 zeigen mag. An dem mit 1 bezeichneten Ambulacralfeld liegen die tiefsten, in den Ambulacralfeldern vorhandenen Gebilde bloss: zwei Röhrenbündel, die in den Oeffnungen am Scheitel ausmünden, welche den Mund umgeben. Diese Röhrenbündel, welche je nach der Art je zwei bis zehn, gewöhnlich jedoch fünf bis sechs vollkommen geschlossene Röhren umfassen, werden zunächst bedeckt von einem meist schmalen, zuweilen jedoch auch breit blattförmigen, einfachen, aber durch eine vertiefte Medianlinie scheinbar getheilten Lancettstück, wie es das mit 2 bezeichnete Ambulacralfeld aufweist. Die Selbstständigkeit dieses Lancettstückes ist jedoch nur an verwitterten Stücken sichtbar, an frischeren ist das ganze Ambulacralfeld nicht vertieft, sondern nahezu eben, quergestreift und am Rande mit Poren versehen, wie das mit 3 bezeichnete Ambulacralfeld zeigt. Es sind nämlich zwischen dem Lancettstück und der abgeschrägten Kante der Gabelstücke und Trapezstücke des Kelches zahlreiche Randplättchen in querer Stellung vorhanden, die dort, wo sie an den Kelch anschliessen, sich zu einem schmalen Stiel verengern, und so eine spaltförmige Porenöffnung freilassen, welche noch durch ein ganz kleines Supplementärporenstück eingeengt wird. Bei manchen Formen wird das Lancettstück sehr schmal und die Porenstücke verdecken es ganz, so dass es erst nach ihrer Entfernung zum Vorschein kommt. Bei anderen Formen erreichen die Supplementärporenstücke fast die Grösse der Porenstücke, bei anderen wieder (wie bei *Nucleocrinus*) liegen die Porenstücke nicht am Rand, sondern in der Mitte der Ambulacralfelder, ein sehr schmales Lancettstückchen einschliessend, während jederseits Nebenplatten auftreten, welche den anderen *Blastoideen* fehlen.

Fig. 150.

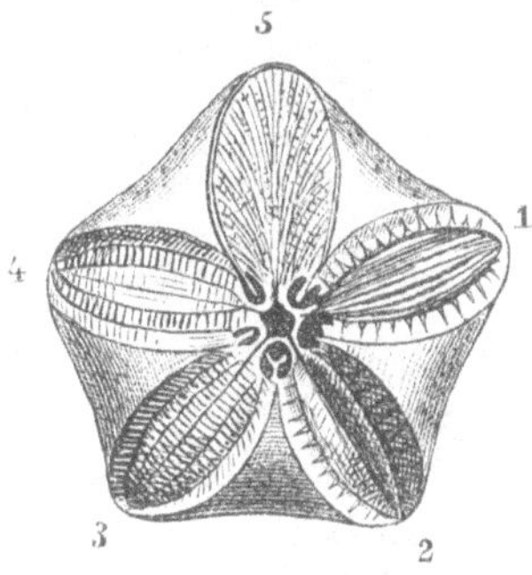

Pentremites florealis Say.
Kohlenkalk Illinois.

Im Scheitel von *Pentremites* bemerkt man bei gewöhnlicher Erhaltung sechs Oeffnungen, eine fünfeckige, mediane Mundöffnung und fünf interradiale über den Trapezstücken (vergl. Fig. 150). Betrachtet man diese fünf interradialen Oeffnungen genauer, so bemerkt man, dass vier davon durch eine, die fünfte, grössere (in Fig. 150 die zwischen den mit 2 und 3 bezeichneten Ambulacren gelegenen) durch zwei senkrechte Scheidewände getheilt wird. Die paarigen Oeffnungen sind die Ausmündungen der Röhrenbündel der Ambulacra — die eine Hälfte jeder Scheitelöffnung gehört der linken, die andere dem rechten Röhrenbündel der angrenzenden Ambulacralfelder an, während die mittlere Oeffnung in der dreitheiligen, grösseren wohl dem After entspricht. Bei *Nucleocrinus* sind die sämmtlichen Oeffnungen vollständig getrennt, so dass man leicht die excentrische Afteröffnung und die zehn paarigen Röhrenöffnungen unterscheidet. Bei *Orophocrinus* sind die letzteren durch zehn lange Schlitze ersetzt.

Diese paarigen Scheitelöffnungen haben E. Forbes und Ferd. Roemer wohl mit Recht den Genitalspalten der *Ophiuriden* und *Euryaliden* verglichen wonach der Röhrenapparat als Genitalsystem aufzufassen ist. Hub. Ludwig hält ihn homolog den Genitalbursen der *Ophiuriden*. Die gegentheilige Meinung von Billings, welche die Röhrenbündel der *Blastoideen* mit den Porenrhomben der *Cystideen* vergleicht, ist wohl kaum berechtigt.

Fig. 151.

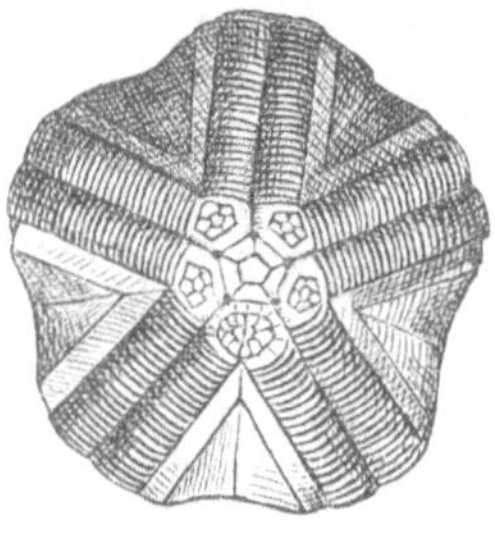

Pentremites sulcatus Roem. Kohlenkalk.

Bei sehr gut erhaltenen Exemplaren von *Pentremites* (Fig. 151) zeigten sich sämmtliche Scheitelöffnungen mit kleinen Täfelchen bedeckt, welche sehr locker verbunden waren und deshalb fast immer fehlen. Bei *Granatocrinus* ist die centrale (Mund-) Oeffnung durch zahlreiche, kleine Täfelchen, die excentrische (After-) Oeffnung durch eine grössere Platte geschlossen, während die vier übrigen Scheitelöffnungen offen stehen.

Die *Blastoideen* umschliessen nur wenige Gattungen (fünf bis sechs), welche auf die palaeozoischen Formationen beschränkt sind.

Pentremites Say (= *Pentatremites F. Roem.*) Knospen-, birn-, keulenförmige oder abgestutzte, fünfkantige Kelche, deren Aufbau aus 13 Haupttafeln oben erörtert wurde. Ambulacralfelder von verschiedener Gestalt und Grösse, sechs Scheitelöffnungen, Stiel rund, kurz, dünn. Ober-Silur, Devon und Kohlenkalk.

Ferd. Roemer unterscheidet folgende vier Gruppen:

1. *Floreales* mit kugeliger oder birnförmiger Gestalt und lancettlichen Ambulacren. Hierher *Pentremites florealis* (Fig. 150) und *Pentremites sulcatus* (Fig. 149 und 151).

2. *Elliptici* mit ellipsoidischen Kelch und schmalen, linearen Ambulacren. Hierher *Pentremites ellipticus Sow.*

3. *Truncati*, kreiselförmig mit abgestutztem Scheitel, mit kurzen, breiten Ambulacra. Hierher *Pentremites Eifeliensis T. Roem.* (Fig. 153).

4. *Clavati*, keulenförmig, mit kurzen, schmalen, linearen Ambulacren. — Hierher *Pentremites Reinwardti Troost* (Fig. 154).

Granatocrinus Troost. Kelch wie bei *Pentremites* zusammengesetzt, mit sehr kleinen Basalia, welche seitlich nicht sichtbar sind, auch die Radialstücke sind klein und reichen nur zur halben Höhe, während die Interradialstücke ungewöhnlich gross sind. *Granatocrinus Norwoodi Owen* und *Shum.* — Kohlenkalk. Hierher gehören auch die *Pentremites elliptici* Roemer's.

Orophocrinus v. Seebach. Kelch wie bei *Pentremites*, Afteröffnung entfernt vom Scheitel, excentrisch, die Genitalöffnungen durch lange Spalten gebildet. — *Orophocrinus stelliformis Owen* und *Shum.* Kohlenkalk.

Nucleocrinus Conrad. Elliptisch oder eiförmig mit drei sehr kleinen Basalia, die durch den Stielansatz verdeckt werden, im Scheitel zehn deutlich getrennte Genitalöffnungen, dazwischen die Afteröffnung. Die Ambulacralfelder zeigen eine, von jener der übrigen *Blastoideen* abweichende Einrichtung durch das Auftreten der Randplatten. Die unter ihnen liegenden

Röhrenbündel umfassen nur je zwei Röhren. Devon und Kohlenkalk Nord-Amerika's.

Eleutherocrinus Shum. und *Yandell.* Kelch elliptisch, ungleichseitig, ungestielt. Vier Ambulacralfelder liegen auf einer Seite, das fünfte, kurze ist auf den Scheitel der Hinterseite beschränkt. — Devon Nordamerika's.

Stephanocrinus Conr. In der Gestalt, wie in den Details der Einrichtung von den übrigen *Blastoideen* ziemlich verschieden. Mit sehr tief ein-

Fig. 152.

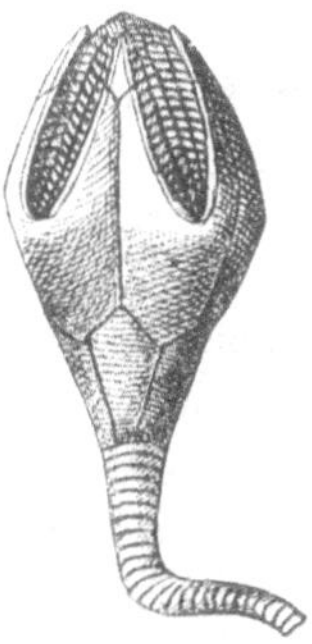

Pentremites pyriformis Say. Kohlenkalk, Chester, Illinois.

Fig. 153.

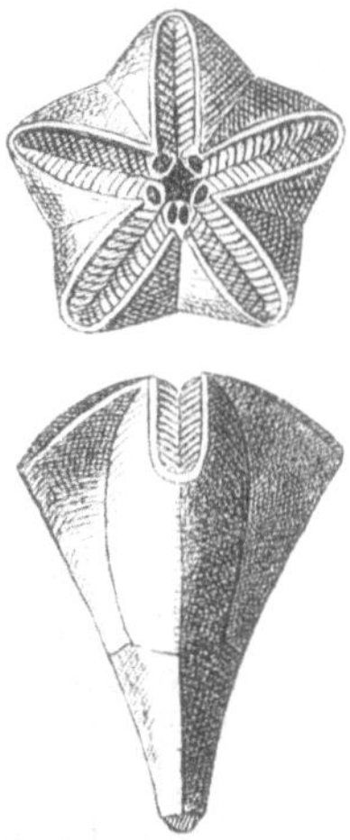

Pentremites Eifeliensis Roem. Eifler Kalk von Prüm.

Fig. 154.

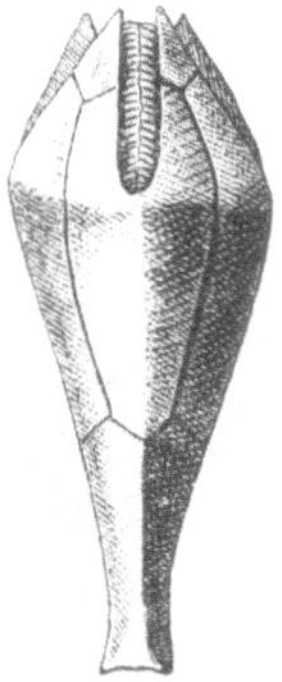

Pentremites Reinwardti Troost. Ober-Silur von Brownsport (Tennessee).

geschnittenen Radialia, so dass der Kelchrand fünf dornenförmige Fortsätze aufweist, zwischen denen fünf tiefe Thäler liegen. Mund durch fünf grosse Oralplatten gedeckt. Der durch Hall geführte Nachweis der Pinnulae zwischen den Dornfortsätzen sichert dieser Gattung die Stellung bei den *Blastoideen*, von welchen F. Roemer sie eben wegen des vermeintlichen Mangels der Arme und wegen des Vorhandenseins einer Ovarial-Pyramide (der kleine, randständige After von *Stephanocrinus* ist mit fünf kleinen Klappen bedeckt) trennen wollte.

2. *Crinoidea.*

Echinodermen, welche entweder nur in der Jugend oder zeitlebens mittelst eines mehr oder minder entwickelten Stieles oder unmittelbar mit der Unterseite des Körpers angeheftet sind. Die Leibeshöhle ist mit einem Kelch umschlossen, an dessen Oberseite sich Mund und After befinden. Am oberen Kelchrand erheben sich in der Regel fünf oder zehn, seltener zwei, vier, sechs oder mehr gegliederte, mit Seitenanhängen (Pinnulis) besetzte Arme, in welchen die Generationsorgane gelegen sind.

Der Kelch besteht aus einer geringeren oder grösseren Anzahl regelmässig angeordneter Täfelchen, für welche man sehr verschiedenartige Bezeichnungen vorgeschlagen hat. Die älteste Nomenclatur von J. S. Miller bezeichnet den untersten Kreis des Kelches, welcher auf dem Stiel sitzt, als pelvis, die ersten Seitentäfelchen als costalia, die dazwischen sich einschiebenden als intercostalia, die armtragenden Täfelchen als scapulae und die zwischen ihnen auftretenden als interscapularia. An Stelle dieser, nicht immer consequenten Nomenclatur setzte Joh. Müller eine natürlichere, welche sich auf den radialen Bau der Kelche gründet; nach seiner Nomenclatur heissen die Täfelchen, welche die Basis des Kelches (das Becken bei Miller) bilden, Basalia, die nach den Armen verlaufenden Täfelchenreihen Radialia, die dazwischen gelegenen aber Interradialia. Jene Interradialtäfelchen, welche in dem durch Anlage des Afters abweichend gestalteten Interradius gelegen sind, heissen Interradialia analia, oder kurzweg analia. Bei vielen *Crinoiden*, so bei allen recenten, fehlen die Interradialtäfelchen vollständig.

Fig. 155.

Kelch

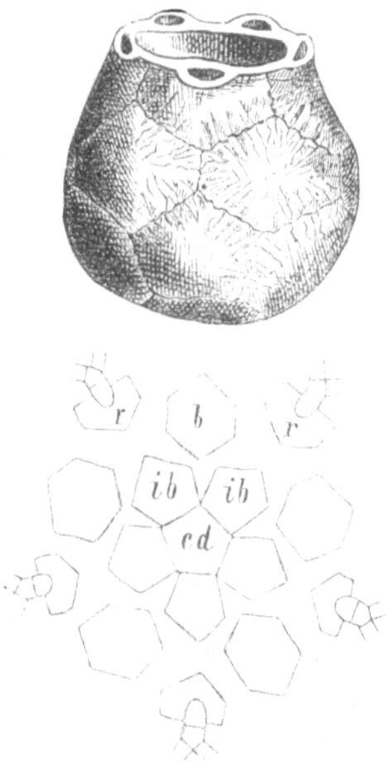

Schema der Kelchtafeln.

Marsupites ornatus Sow. Obere Kreide-Lüneburg. cd = centro dorsale, ib = infrabasalia, b = basalia, r = radialia.

Die Basis des Kelches kann entweder aus einer Reihe von Platten oder aus zwei Reihen bestehen, eine monocyclische und dicyclische Basis sein; bei letzterer bezeichnen wir mit Zittel die Täfelchen des oberen Kranzes, welche mit den Radialia alterniren, als Parabasalia, diejenigen des unteren Kranzes als Infrabasalia. Bei ungestielten Formen wie *Marsupites* (Fig. 155) umschliessen die Infrabasalia eine centrale Platte, welche offenbar dem obersten Stielglied oder Centradorsale der jungen Comatula analog ist. Der Name Centrodorsale wird deshalb angewendet, weil man den angehefteten Pol des *Crinoiden*-Kelches als dorsale Seite bezeichnen kann, mit Rücksicht darauf, dass die Mundöffnung auf der entgegengesetzten Seite lagert — es geht jedoch nicht an, die an der Basis des *Crinoiden*-Kelches auftretenden Basaltäfelchen mit dem Scheitelapparat der *Echinoiden* zu parallelisiren, wie dies Herb. Carpenter gethan hat. Würde dies zulässig sein, so müsste die Aehnlichkeit der Täfelchenzonen bei den geologisch ältesten Formen am grössten sein, was keineswegs der Fall ist, da gerade der Scheitelapparat der *Palaechinoiden* durchaus nicht an die Basis-Entwickelung des *Crinoiden*-Kelches sich anschliesst. Eine entfernte Aehnlichkeit findet sich nur dann, wenn man Formen, wie etwa die geologisch jungen *Clypeaster* zur Vergleichung heranzieht, bei welchen der After aus dem Scheitelschild herausgetreten ist und die Mitte desselben von der Madreporenplatte eingenommen wird. Diese aber mit dem Centrodorsale von *Comatula* und *Marsupites* zu vergleichen, erscheint wohl unzulässig, so wenig die Ocellar- und Genitaltäfelchen der *Echinoiden* wirklich den Basaltäfelchen der *Crinoiden* homolog sind.

Die Oberseite des *Crinoiden*-Kelches ist entweder, wie bei manchen recenten *Crinoiden* nur von einer lederartigen Haut bedeckt, oder, wie es bei den palaeozoischen Formen stets der Fall ist, mit einem getäfelten Gewölbe versehen. Bei den recenten *Crinoiden* beobachtet man stets im Centrum des Scheitels die Mundöffnung und excentrisch in interradialer Stellung die After-Oeffnung.

Vom Mund aber strahlen fünf offene Ambulacralfurchen zu der Basis der Arme und zwischen diesen liegen bei *Hyocrinus* und *Rhizocrinus*, sowie bei der jungen *Comatula* fünf dreieckige Oralplatten, welche bei *Comatula* im

Fig. 157.

Kelch von unten.

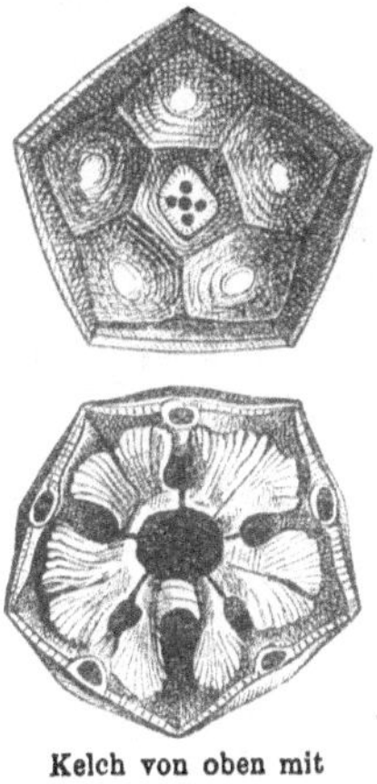

Kelch von oben mit „Consolidationsapparat.“

Cupressocrinus abbreviatus Goldf. Devon, Eifel.

Fig. 156.

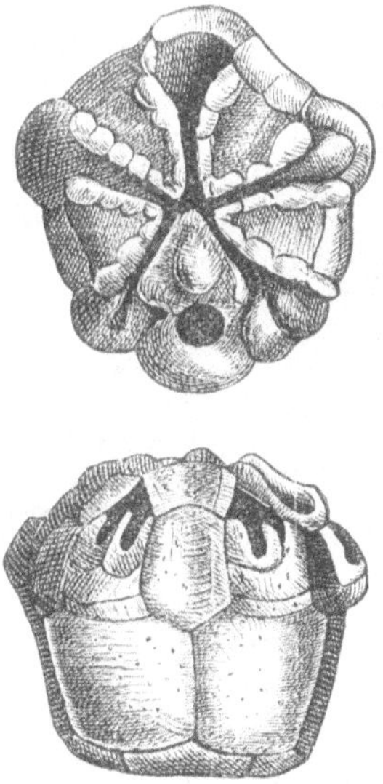

Coccocrinus rosaceus F. Roem. Devon, Eifel.

Fig. 158.

Kelch von oben mit vollständig erhaltenen Täfelchen über Mund und Ambulacralfurchen.

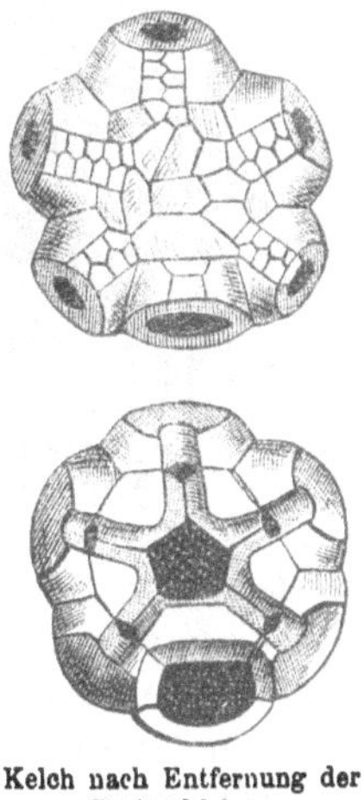

Kelch nach Entfernung der Decktäfelchen.

Cyathocrinus malvaceus Hall. Kohlenkalk, Burlington (Jowa).

Alter wieder verschwinden. Bei den palaeozoischen Formen beobachtet man nun die verschiedensten Einrichtungen. Mit der embryonalen Gestaltung der Kelchdecke bei *Comatula* stimmt der Bau des devonischen *Coccocrinus rosaceus F. Roem.* (Fig. 156) sehr gut überein. Hier besteht die Kelchdecke nur aus fünf sehr grossen Oralplatten, welche zwischen sich die Ambulacralspalten und im Centrum die Mundöffnung freilassen. Auch der sogenannte Consolidationsapparat des *Cupressocrinus* (Fig. 157) lässt sich auf die eigenthümlich gestalteten Oralplatten zurückführen. Bei *Cyathocrinus* (Fig. 158) sind die Ambulacralfurchen, sowie die Mundöffnung zwischen den Oralplatten mit kleinen Täfelchen bedeckt, welche theilweise auch die Oralplatten selbst verdecken.

Bei vielen Gattungen, welche sich hinsichtlich der Einrichtung des Mundes ähnlich wie *Cyathocrinus* verhalten, ist der After rüsselförmig ausgezogen, oft sehr dick und mit zahlreichen Platten getäfelt, so bei *Lecythocrinus Eifelianus Müll.* aus dem Mitteldevon (Fig. 159).

Bei zahlreichen Gattungen endlich ist eine solide Kelchdecke vorhanden, welche aus mehr oder minder zahlreichen, unbeweglich verbundenen Täfelchen besteht, so z. B. bei *Dorycrinus* (Fig. 160).

Die einzige Oeffnung welche solche Kelche aufweisen, entspricht offenbar dem After, während der Mund subtegminal unter der Kelchdecke liegt. Nach der mehr oder minder festen Verbindung, welche die Kelchtäfelchen

Fig. 159.

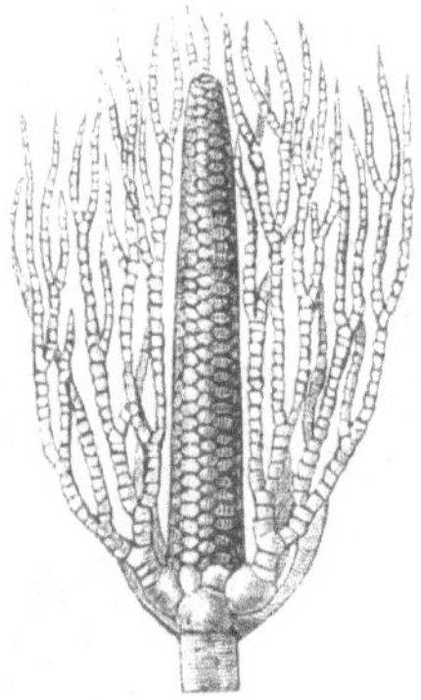

Lecythocrinus Eifelianus Müll. Devon, Eifel.

Fig. 160.

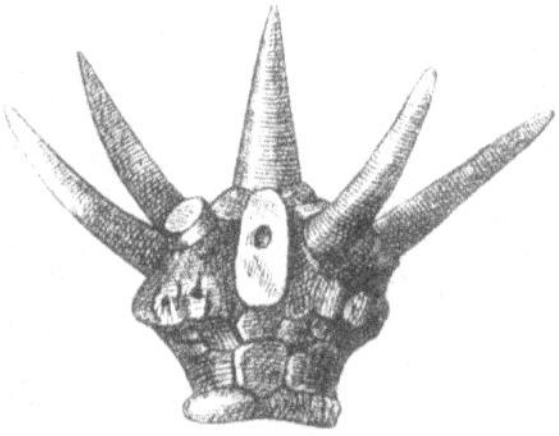

Dorycrinus carnigerus Hall. Kohlenkalk von Burlington (Jowa).

aufweisen, unterscheidet man die beiden Gruppen der *Articulata* und *Tesselata*. Bei den tesselaten *Crinoiden* (palaeozoische Formen) stossen die mässig dicken oder dünnen Täfelchen in ebenen Nahtflächen an einander. Bei den articulaten (mesozoische, cänozoische und recente *Crinoiden)* stossen die dicken Kelchtafeln nur seitlich in ebenen Rändern an einander, während ihre nach oben und unten gerichteten Flächen ausgehöhlt, respective gewölbt sind, so dass sie gelenkig in einander greifen.

Die Arme der *Crinoiden* sind die unmittelbaren Fortsetzungen der Radialia. Die Grenze zwischen Arm und Kelch wird nicht von allen Autoren gleich aufgefasst. Wir lassen mit Zittel und Ludw. Schultze die Arme über der ersten Gelenkfläche eines festen Kelchstückes beginnen, während de Koninck die Arme stets über der ersten Gabelung der Radien beginnen lässt. Die Arme bestehen aus einfachen oder doppelten, im letzteren Falle stets alternirenden Längsreihen von Kalkgliedern und werden danach ein- oder zweizeilig genannt. Der Uebergang zwischen beiden wird durch die wechselzeiligen Arme vermittelt, bei welchen abwechselnd ein Glied seine breite Seite nach rechts und nach links kehrt. Die Arme vergabeln sich meist in dünnere Aeste, welche, sowie die Hauptäste in der Regel mit kurzen, gegliederten Anhängen versehen sind, die Pinnulae genannt werden.

Nur manche palaeozoischen Gattungen entbehren derselben, bei ihnen sind die Ambulacralrinnen mit Saumtäfelchen und Deckplatten, im ganzen durch vier Täfelchenreihen geschützt. Die Armglieder sind entweder gelenkig oder starr (durch Syzygialnaht) miteinander verbunden.

Der Stiel, welcher nur wenigen Gattungen fehlt, ist oft ausserordentlich entwickelt (bei *Pentacrinus* mehrere Fuss lang) und reichlich mit Hülfsarmen oder Cirrhen besetzt. Im Stiel, der rundliche, vier- oder fünfkantige Umrisse besitzen kann, wechseln oft hohe und niedrige, hervorragende und schmale Glieder ab. Das untere Ende des Stieles wird entweder durch eine verdickte Wurzel gebildet oder der Stiel verjüngt sich zu einer Spitze, in deren Nähe er häufig zahlreiche Seitenranken trägt.

Bei vielen *Crinoiden* ist die Verbindung der Stielglieder durch die Faserzüge eine sehr innige, bei anderen (z. B. *Bourgueticrinus)* ist eine sehr freie Verbindung durch das Vorhandensein von Gelenkleisten eingeleitet. Wir folgen bei der Betrachtung der *Crinoiden* der üblichen Trennung in Tesselata, Articulata und Costata; obwohl sich die Tesselaten zu den Articulaten theilweise so verhalten, wie die *Goniatiten* zu den *Ammoniten* und die *Pentacriniten* offenbar an *Heterocrinus*, die *Encriniten* an *Stemmatocrinus* sich anzuschliessen haben, sobald das phylogenetische Eintheilungsprinzip durchgeführt wird. Da dies jedoch derzeit noch unmöglich ist (auch bei den *Cephalopoden* ist es gegenwärtig noch unthunlich die Gruppe der *Goniatiten* aufzulösen), behalten wir die alten Gruppen bei. In der Zerlegung der Crinoiden in Unterabtheilungen folgen wir der Gruppirung, welche Zittel in seinem Handbuche der Palaeontologie gegeben hat,[1] der ersten zusammenfassenden, systematischen Darstellung aller Familien, welche früher zum grossen Theil nur durch sehr ungenügende Diagnosen bekannt waren. Zittel sah sich überdies genöthigt, zahlreiche Gruppen neu zu begründen, da die bestehenden nicht ausreichen wollten, die gesammten Formen unterzubringen.

A. Tesselata.

Kelchtäfelchen dünn, unbeweglich, mit geraden Nähten verbunden, zumeist Interradialtäfelchen vorhanden. Die Basis oft dicyclisch, die Infra- und Parabasalia fünfzählig oder durch Verwachsung von der Fünfzahl abweichend. Kelchdecke selten nur durch fünf grosse Oralplatten gebildet, meistens solid getäfelt, Mund subtegminal, Afteröffnung nahezu central oder excentrisch, oft an der Basis oder am Ende einer getäfelten Röhre (Proboscis) gelegen. Die Arme entbehren in der Regel eines Dorsalcanales für Faserzüge.[2]

---

[1] Handbuch der Palaeontologie I, pag. 342.

[2] Zur Bezeichnung der Kelchtäfelchen im nachfolgenden, die Systematik der *Crinoiden* behandelnden Abschnitte werden folgende Abkürzungen angewendet: B. = Basalia, IB. = Infrabasalia, PB. = Parabasalia, R. = Radialia, R.¹, R.² etc. erste, zweite Radialia,

A 1. Kelchdecke auschliesslich aus fünf grossen Mundplatten, oder aus diesen und einer kleinen Zahl Decktäfelchen über den Mund und den Ambulacralfurchen gebildet. Die Mundplatten bilden entweder eine Pyramide oder einen sogenannten Consolidations-Apparat. Die Arme sind schwach, einzeilig.

a. *Haplocrinidae.*

Kelch irregulär, aus zwei bis drei Täfelchenzonen gebildet, Kelchdecke aus fünf grossen Oralplatten, Arme schwach entwickelt.

Haplocrinus Steininger. Kleine, kugelige Kelche, fünf B., darüber in drei Radien je zwei Radialia, in den beiden übrigen nur je eines. Die ersten Brachialglieder sind subtrigonal, gegen oben verschmälert, die wahrscheinlich dünnen und einfachen Arme unbekannt. Devon.

Fig. 161.

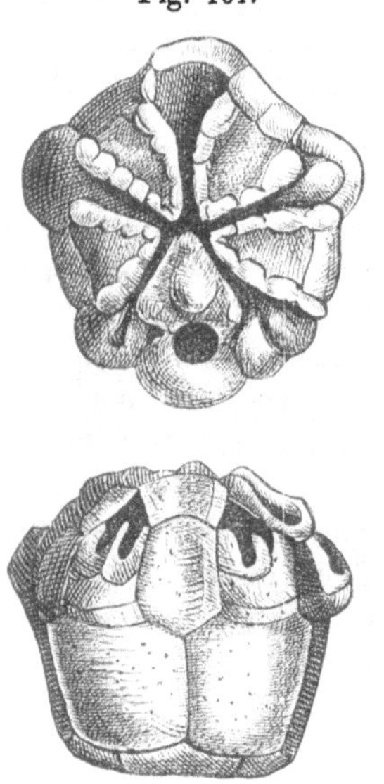

Coccocrinus rosaceus F. Roem. Devon, Eifel. Kelch von oben und von der Seite dreimal vergrössert.

Coccocrinus Müll. (Fig. 161). Kelch kugelig, klein, drei B., fünf R., mit halbmondförmig ausgeschnittener Gelenkfläche, auf welcher die niedrigen Br. sitzen; dazwischen fünf IR. Kelchdecke aus fünf grossen Oralplatten, zwischen welchen fünf offene Ambulacralfurchen zum Munde führen, After excentrisch, an der Basis einer Oralplatte gelegen. Ober-Silur, Devon.

b. *Pisocrinidae.*

Kelch klein, kugelig oder schüsselförmig, sehr unregelmässig, Kelchdecke aus den sehr breiten Gelenkflächen der Radialia und fünf Oralplatten gebildet. Arme dünn, einzeilig.

Pisocrinus de Kon. Kelch, klein, kugelig, aus fünf B. und fünf R. aufgebaut, die letzteren sind sehr ungleich, die drei kleineren erreichen die Basis nicht und sind nur oben zwischen den beiden grösseren R. und einem grossen, siebenseitigen IRA. eingeschaltet. Fünf lange, einfache Arme, welche aus hohen Gliedern bestehen. Ober-Silur.

Hierher noch *Triacrinus Mstr.* Devon und Kohlenkalk, sowie *Catillocrinus Troost* aus dem Kohlenkalk.

Dist. = Radialia distichalia, Br. = Brachialia, IR. = Interradialia, IRA. = Interradalia analia.

Die (nach ZITTEL) angewendeten Formeln für den Kelchbau sind leicht verständlich, so bedeutet z. B. IB. 5, PB. 5, R. 5 × 3, Dist. 5 × 1—3, IR. zahlreich, IR.[1] zwischen R[1]: Der Kelch wird gebildet aus fünf Infrabasalia, fünf Parabasalia, drei Zonen von je fünf Radialia, es sind eine bis drei Zonen von je fünf Distichaltäfelchen vorhanden und zahlreiche Interradialia, von welchen die ersten zwischen den ersten Radialia liegen.

c. *Cupressocrinidae.*

Kelch schüsselförmig, meist regulär, aus zwei, höchstens drei Täfelchenzonen. Obere Gelenkflächen der Radialia breit, gerade abgestutzt. Oralplatten an der Basis der plumpen einzeiligen Arme einen ringförmigen oder pyramidalen Consolidationsapparat bildend. Mund central, After excentrisch. In den niedrigen Armgliedern ein Dorsalcanal vorhanden.

Cupressocrinus Goldf. (Fig. 162, 163). Basis dicyclisch, IB. durch eine vierseitige Platte gebildet, fünf PB., gleich fünfeckig, fünf R. mit breiter, gerader Gelenkfläche (höchst selten ein IRA. vorhanden) auf welcher ein

Fig. 162.

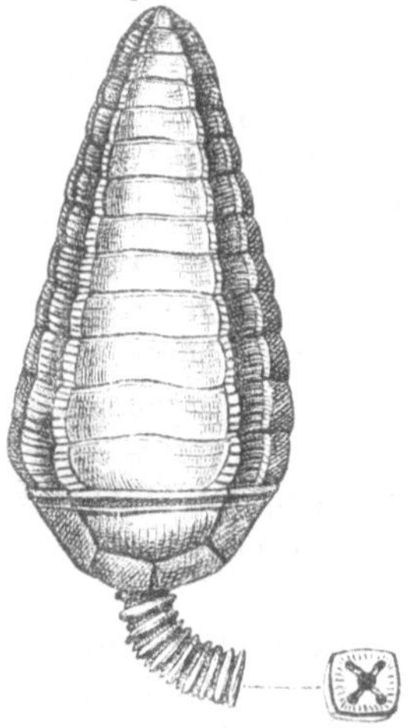

Cupressocrinus crassus Goldf.
Devon, Eifel.

Fig. 163.

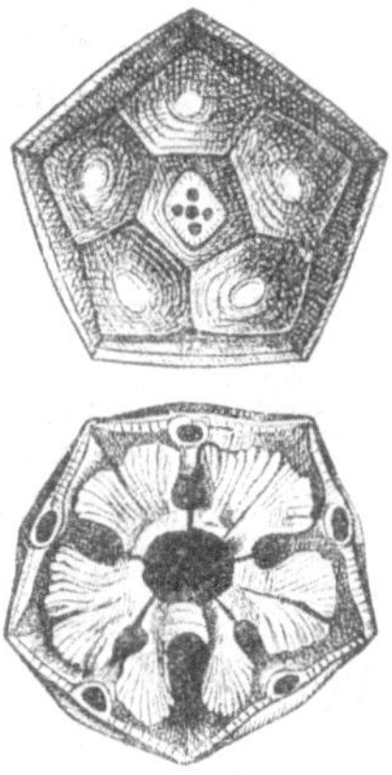

Cupressocrinus abbreviatus Goldf.
Devon, Eifel, Kelch von unten und oben.

niedriges Br. folgt (das von Roemer als R.[2] bezeichnet wird), dem sich die übrigen, höheren, breiteren und einfachen Br. anschliessen. Die Ventralseite der Arme ist ausgehöhlt, die Seiten sind mit feinen Pinnulis besetzt. An der Basis der Arme der Consolidationsapparat aus fünf grossen, interradial gelegenen Oralplatten, welche zwischen sich je eine Oeffnung für den Durchtritt der zu den Armen ziehenden Ambulacralgefässe freilassen. Eine Oralplatte (in Fig. 163 die unterste) ist für den Durchtritt des Afters durchbohrt, die grosse Centralöffnung ist als Mundöffnung zu deuten. Stiel vierkantig, in der Regel mit vier (selten fünf oder drei) Nahrungscanälen, während die Glieder der Hülfsarme zwei Durchbohrungen aufweisen. Devon.

Hierher noch *Symbathocrinus Phill.* (Devon, Kohlenkalk), *Phimocrinus Schultze* (Devon), *Edriocrinus Hall.* (Ober-Silur, Devon).

A2. Kelchdecke getäfelt, Mund oft mit fünf Oralplatten, welche an der Zusammensetzung der Kelchdecke theilnehmen, ganz oder theilweise sichtbar oder unter der Kelchtäfelung versteckt sind. After excentrisch, oft zu einer Röhre verlängert, Kelch regulär, Arme stark entwickelt, meist ästig, mit zwei oder vier Täfelchenreihen auf den Ambulacralfurchen, ohne Pinnulae.

d. *Hybocrinidae.*

Irreguläre Kelche mit monocyclischer Basis, fünf B., fünf R., ein bis drei IRA., Arme dünn, einfach oder schwach gegabelt.

Hybocrinus Billings. Kleine, runde oder birnförmige, unregelmässige Kelche mit dünnen peitschenförmigen Armen, kurzem, runden Stiel. Unter-Silur. Hierher auch *Anomalocrinus Meek u. Worth.* Unter-Silur.

e. *Cyathocrinidae.*

Kelch unregelmässig, Basis dicyclisch, fünf IB., fünf B., fünf R. und ein bis drei IRA. Fünf Oralplatten, die zwischen ihnen verlaufenden Furchen in der Regel mit alternirenden Täfelchenreihen bekleidet. Arme wohlentwickelt, ästig, ohne Pinnulae, mit Dorsalcanal in den Armgliedern.

Fig. 164.

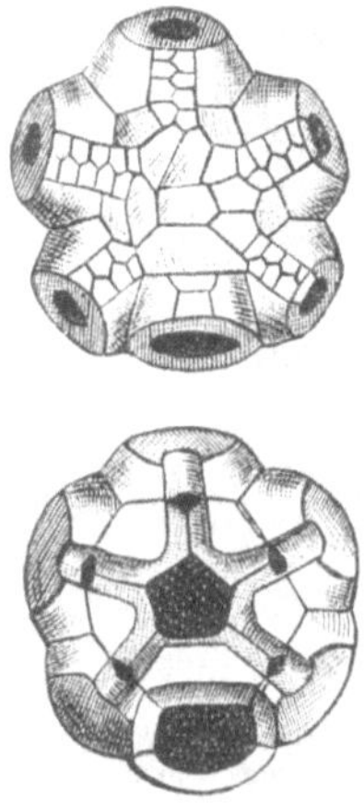

Cyathocrinus malvaceus Hall. Kohlenkalk, Burlington (Jowa). Die obere Figur stellt den Kelch von oben mit vollständig erhaltenen Täfelchen vor, die untere denselben nach Entfernung der Decktäfelchen.

Cyathocrinus Mill. (Fig. 164). Kelch niedrig, schüsselförmig, fünf kleine IB., R. mit halbmondförmig ausgeschnittener oberer Gelenkfläche, dazwischen ein sechsseitiges IRA.[1], über welches mehrere kleinere Täfelchen folgen, welche allmählich in die hohe Afterröhre übergehen. Unter der Kelchdecke liegen fünf Oralplatten, deren peripherische Theile zuweilen auch von aussen noch sichtbar sind, die Ambulacralfurchen zwischen den Oralplatten sind mit alternirenden Reihen kleiner Saumplättchen getäfelt. Die fünf entfernt stehenden Arme sind mehrfach vergabelt, lang, aus einzeiligen Gliedern aufgebaut, ihre ventrale Ambulacralrinne wird durch zwei oder vier Reihen alternirender Täfelchen bedeckt. Stiel rund, mit niedrigen Gliedern und fünflappigem Canal. Ober-Silur, Devon, Kohlenkalk, Zechstein.

Hierher noch *Arachnocrinus Meek a. Worth* (Ober-Silur), *Barycrinus Wachsmuth* (Kohlenkalk), *Botryocrinus Ang.* (Ober-Silur), *Carabocrinus Billings* (Unter-Silur), *Euspirocrinus Ang.* (Ober-Silur), *Nipterocrinus Wachsm.* (Kohlenkalk), *Ophiocrinus Ang.* (Ober-Silur), *Palaeocrinus Billings* (Unter-Silur), *Sphaerocrinus Roem.* (Devon), *Sicyocrinus Ang.* (Ober-Silur).

f. *Taxocrinidae.*

Unregelmässige Kelche aus drei IB., fünf PB. fünf R. und verschiedener Anzahl von IR. bestehend. Basis zuweilen monocyclisch, Kelchdecke wie bei den *Cyathocrinidae.* Arme ohne Pinnulae, aber mit kleinen Saumplättchen zur Bedeckung der ventralen Rinne. In den Armgliedern ein Dorsalcanal für sehnige Faserzüge.

Taxocrinus Forbes (Fig. 165). Drei wohlentwickelte IB., fünf PB., jenes des analen Interradius grösser, siebenseitig, fünf grosse R., dazwischen ein grosses $IRA._1$, auf welches noch mehrere kleinere IRA. folgen, auch in den übrigen Interradien treten zuweilen kleine IR. auf. Die fünf Arme sind lang, mehrfach gegabelt, einzeilig, der Stiel rund, seine Glieder sehr niedrig. Ober-Silur, Devon, Kohlenkalk.

Weitere Gattungen mit dicyclischer Basis sind: *Forbesiocrinus Koninck* (Ober-Silur, Devon, Kohlenkalk), *Gissocrinus Ang.* (Ober-Silur), *Myelodactylus Hall.* (Unter- und Ober-Silur), *Onychocrinus Lyon und Casseday* (Devon und Kohlenkalk).

Fig. 165.

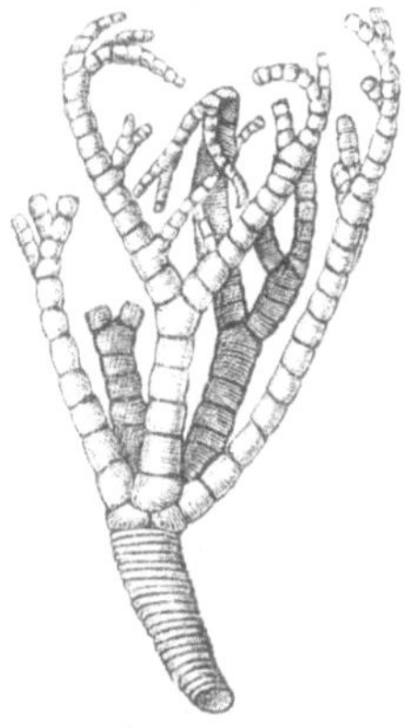

Taxocrinus polydactylus. Kohlenkalk, Irland.

Fig. 166.

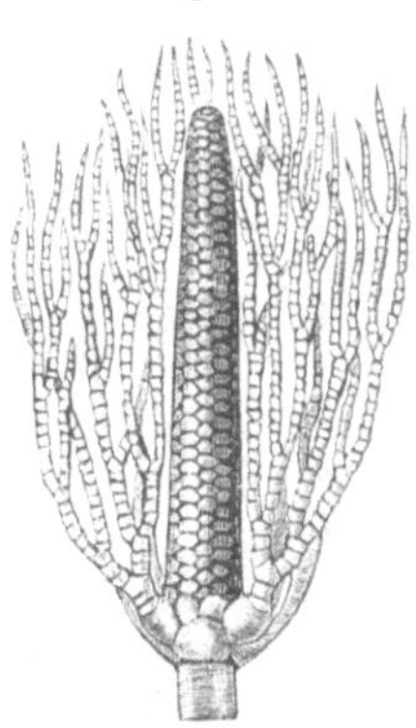

Lecythocrinus Eifelianus Müll. Devon, Eifel.

Lecythocrinus Müller (Fig. 166) mit monocyclischer (?) Basis, fünf B., fünf R. (zuweilen sechs), oben mit schmaler, hufeisenförmiger Gelenkfläche, ein oder zwei IRA., welche in die sehr hohe, getäfelte Afterröhre übergehen. Anderweitige IR. sind nicht vorhanden. Arme sehr lang, vielfach verästelt, einzeilig, Stiel rundlich vierkantig mit sehr niedrigen Gliedern, welche einen centralen und vier Nebencanäle aufweisen. Devon.

g. *Ichthyocrinidae.*

Irreguläre Kelche aus drei IB., fünf PB. und einer Zone von R. bestehend. IR. zumeist nur im analen Interradius vorhanden. Arme dicht aneinander gedrängt, oben getheilt, Aeste jedoch nicht auseinandergebreitet, sondern parallel neben einander liegend. Keine Pinnulae, Kelchdecke fein getäfelt, schuppig. Die Grenze zwischen Kelch und Armen undeutlich, da letztere oft an der Basis durch Interbrachialtäfelchen verbunden sind.

Fig. 167.

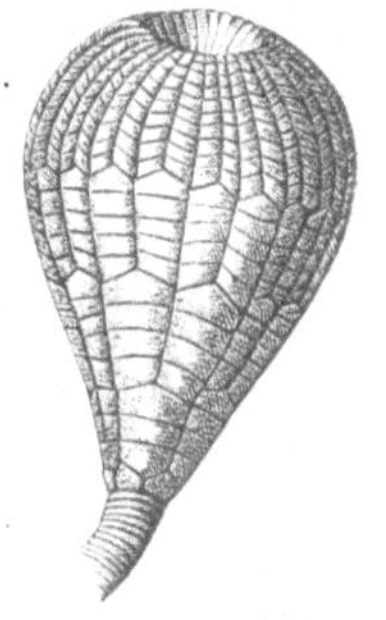

Ichthyocrinus pyriformis Marris. Ober-Silur, Dudley, England.

Ichthyocrinus Conrad. (Fig. 167). Die dicyclische Basis klein, die drei IB. fehlen zuweilen, darüber fünf PB., sodann fünf R. Die darauf folgenden, einfachen ein bis drei Br. unterscheiden sich wenig von den R. Die Kelche gehen allmählich in die Arme über. Ober-Silur und Kohlenkalk.

Hierher gehören: *Anisocrinus Ang.* (Ober-Silur), *Clidochirus Ang.* (Ober-Silur), *Calpiocrinus Ang.* (Ober-Silur), *Homalocrinus Ang.* (Ober-Silur), *Lecanocrinus Hall.* (Ober-Silur, Devon), *Mespilocrinus de Kon.* (Kohlenkalk), *Pycnosaccus Ang.* (Ober-Silur.)

h. *Crotalocrinidae.*

Kelch schüsselförmig, unregelmässig, aus fünf IB., fünf PB, fünf R. und ein IRA. aufgebaut. Kelchdecke getäfelt, darunter sechs Oralplatten, Arme stark vergabelt, seitlich theilweise oder vollständig verwachsen, keine Pinnulae, Dorsalcanal in den Armgliedern stark entwickelt.

Crotalocrinus Austin. (= *Anthocrinus Müll.*) (Fig. 168). Fünf kleine IB., fünf sehr grosse PB., fünf breite R., dazwischen ein IR.A. Die fünf Arme sind vielfach dichotom verästelt, ihre Zweige sind bis an die Enden sämmtlich entweder direct oder durch seitliche Fortsätze ihrer Glieder verwachsen, so dass jeder Arm ein breites, netzförmiges, an der Seite eingerolltes Blatt bildet, alle Arme aber sich in zusammengeklapptem Zustande wie die Blätter einer Blüthe aneinanderlegen. Ober-Silur.

Fig. 168.

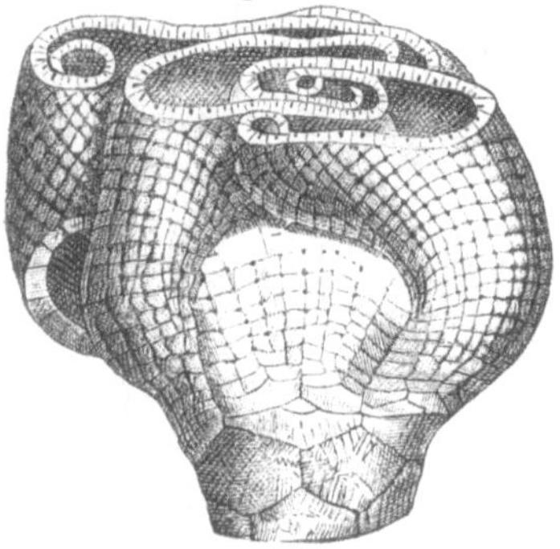

Anthocrinus Loveni Müll. Ober-Silur, Gotland.

Enallocrinus d'Orb. mit Armen, deren Aeste nur an der Basis seitlich verwachsen und oben frei werden. Ober-Silur.

Hierher auch *Cleiocrinus Billings* (Unter-Silur).

i. *Cheirocrinidae.*

Kelch sehr unregelmässig entwickelt, nach abwärts gebogen, Arme ungleich stark, jene der oberen Seite am kräftigsten entwickelt.

Cheirocrinus Salt. Kelch klein, sehr unregelmässig, an einem kurzen, runden Stiel in der Weise befestigt, dass Kelchdecke und Arme nach abwärts gerichtet sind. Die untere oder innere Seite wird vom Anal-Interradius gebildet, der gegenüberstehende Arm ist am stärksten entwickelt, übrigens sind alle Arme dünn, mehrfach gegabelt. Ober-Silur, Devon und Kohlenkalk.

A 3. Kelchdecke gewölbt, aus zahlreichen Täfelchen aufgebaut, zwischen welchen sich Poren befinden, Afterröhre lang, an ihrer Basis die Afteröffnung, Mund subtegminal, die stark entwickelten, ästigen und gabeligen Arme mit langen Pinnulis besetzt.

j. *Heterocrinidae.*

Kelch regulär mit monocyclischer oder dicyclischer Basis, (fünf IB.), fünf PB., fünf R., IR. schwach entwickelt oder fehlend, Arme lang, schwach vergabelt.

Heterocrinus Hall. Kleine, subcylindrische Kelche mit fünf PB., unter welchen zuweilen fünf sehr kleine IB. sich finden, fünf R. mit gerader, breiter Gelenkfläche, darüber drei bis fünf einfache Br., deren oberstes fünfseitig und axillär ist. IRA. zwischen R.[1] und Br.[1], 5 × 2 einfache oder vergabelte, ein- oder wechselzeilige Arme mit kräftigen Pinnulis, Stiel rund oder fünfkantig, mit fünfblätterigen Verzierungen. Unter-Silur.

An *Heterocrinus*, welche Gattung wohl als Stammform der *Pentacrinidae* zu betrachten ist, schliessen sich an: *Graphiocrinus de Kon.*, *Erisocrinus Meek. a. Worth*, *Philocrinus de Kon.*, sämmtlich aus dem Kohlenkalk.

Stemmatocrinus Trautschold. Kelch schüsselförmig, mit dicyclischer Basis, fünf IB., fünf PB., fünf R. mit breiter, oberer Gelenkfläche, über welcher ein axillläres Br. folgt, auf welchem je zwei lange, ungetheilte, anfänglich einzeilige, später zweizeilige, dicke Arme stehen, die zahlreiche, feine Pinnulae tragen. Russischer Kohlenkalk. Ist wahrscheinlich die Stammform der *Encrinidae.*

k. *Poteriocrinidae.*

Kelch unregelmässig, becherförmig, mit dicyclischer Basis, fünf IB., fünf PB., fünf R. und ein bis fünf oder mehr IRA. Arme stark vergabelt, mit langen Pinnulis. Analröhre dick, sehr hoch, oben geschlossen, an der Basis der After.

Fig. 169.

Poteriocrinus radiatus Austin. Bergkalk, Irland.

Poteriocrinus Miller (Fig. 169). Fünf IB., fünf grosse PB., fünf fünfeckige R., deren obere Gelenkfläche gerade oder halbmondförmig ausgeschnitten ist, zwei bis drei oder mehr JRA. treten auf. Ueber den R. folgen ein bis zehn einfache Br., von welchen das oberste axillär gestaltet ist, die Arme sind lang, mehrfach gegabelt, ein- oder wechselzeilig, die Pinnulae lang. Kelchdecke ballonförmig gewölbt, oder mit röhriger Verlängerung aus sechsseitigen Täfelchen, zwischen welchen zahlreiche Poren auftreten. After an der Basis der Proboscis. Stiel sehr dick, rund, selten fünfkantig, mit wirtelständigen, starken Hülfsranken. Hauptsächlich im Kohlenkalk, doch auch im Ober-Silur und Devon.

Als Subgenera sind zu betrachten: *Bactrocrinus Schum.*, *Coeliocrinus White*, *Cromyocrinus Trautschold*, *Dendrocrinus Hall.*, *Homocrinus Hall.*, *Lophocrinus Meyer*, *Phialocrinus Eichw.*, *Scaphiocrinus Hall. Zeacrinus Troost.*

Weitere *Poteriocriniden*-Gattungen sind: *Hydreionocrinus de Kon.* (Kohlenkalk), *Woodocrinus de Kon.* (Kohlenkalk), *Bursacrinus Meek. a. Worth* (Devon und Kohlenkalk), *Agassizocrinus Troost* (Kohlenkalk — für die ungestielten Formen hat Roemer die Gattung *Astylocrinus* gegründet), *Belemnocrinus White* (Kohlenkalk — soll nach Pourtalès und Wachsmuth mit dem recenten *Rhizocrinus* nahe verwandt sein).

Fig. 170.

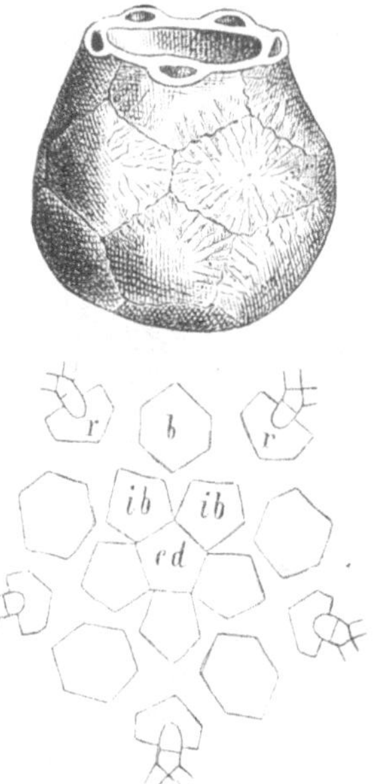

Marsupites ornatus Sow. Obere Kreide, Lüneburg.

l. *Marsupitidae.*

Kelch regulär, halbkugelig, ungestielt, frei, an Stelle der obersten Stielglieder eine Centrodorsalplatte. Basis dicyclisch, fünf IB. und fünf PB. gross, fünf R. — IR. fehlen. Die schmalen, hufeisenförmigen Gelenksausschnitte der Radialia tragen kleine Br.

Das Br. 2 ist axillär. Die dünnen Arme sind vielfach vergabelt, einzeilig, Kelchdecke fein getäfelt. *Marsupites Mant.* (Fig. 170). Obere Kreide.

A 4. Kelch eine rings geschlossene Kapsel bildend, aus dicken, oft höckerigen, unbeweglich verbundenen Täfelchen gebildet, mit subcentraler oder excentrischer Afteröffnung, die oft am Ende der Proboscis liegt. Mund subtegminal, durch getäfelte Ambulacralröhren mit den Armen verbunden.

m. *Gasterocomidae.*

Kelch irregulär, Basis dicyclisch, selten monocyclisch, ein oder fünf IB., fünf PB., fünf R., ein oder mehr IRA., Stiel meist vierkantig.

Gasterocoma Goldf. Kleine, kugelige Kelche mit dicyclischer Basis, IB. eine einzige fünfseitige Platte, mit vierlappigen Canal. Fünf grosse PB., vier davon fünfseitig, das fünfte, anale halbmondförmig ausgeschnitten, fünf R. mit hufeisenförmigen Gelenkköpfen, IRA. über dem After, welcher, von einem Täfelchenkranz umsäumt, unmittelbar über dem analen PB. liegt. Scheiteldecke eben, fünf ungetheilte Arme mit hohen Gliedern, welche starke Dorsalcanäle aufweisen, Stiel vierkantig, mit fünf Nahrungscanälen im Quincunx. Devon.

Als weitere *Gasterocomidae* mit dicyclischer Basis sind zu nennen: *Achradocrinus Schultze* und *Myrtillocrinus Sandb.*, — *Nanocrinus Müll.* (wie alle genannten Gattungen aus dem Devon) besitzt eine monocyclische Basis und nur vier R., aber doch fünf Arme, da die Gelenkfläche eines Radialstückes axillär gestaltet ist.

n. *Platycrinidae.*

Irreguläre Kelche mit monocyclischer Basis, zwei bis drei B., fünf R., und ein bis drei IRA., häufig ein kleines Täfelchen in den übrigen Interradien zwischen den Armen, zehn oder mehr Arme mit langen Pinnulis.

Fig. 171.

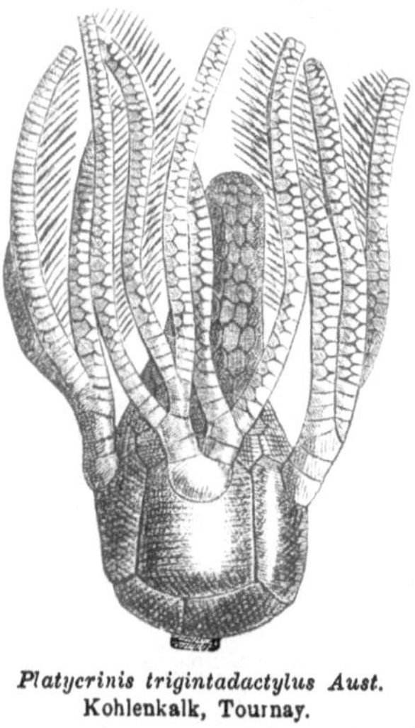

Platycrinis trigintadactylus Aust. Kohlenkalk, Tournay.

Platycrinus Mill. (Fig. 171). Schüsselförmige Kelche, drei B., fünf grosse, sehr hohe, oben tief hufeisenförmig ausgeschnittene R., IR. weit nach aufwärts gerückt (fast als IBr. aufzufassen), ein bis drei meist kleine IRA. Ueber den R. ein axilläres Br., zehn mehrfach gegabelte, anfänglich ein- dann wechselzeilige Arme. After oft röhrig verlängert, Stiel lang, mit runden oder elliptischen Gliedern, engem Nahrungscanal. Hauptverbreitung im Carbon, selten im Ober-Silur und Devon.

Als Subgenera von *Platycrinus* sind aufzufassen: *Pleurocrinus Austin*, *Storthingocrinus Schultze*, *Cupellaecrinus Troost*, *Eucladocrinus Meek.*

Hexacrinus Austin. Kelchbau wie jener von *Platycrinus*, nur IRA. so gross wie die R. und zwischen diese eingeschaltet, die übrigen IR. fehlen, After excentrisch, nie röhrig verlängert. Devon.

Weitere *Platycriniden*-Gattungen sind: *Cordylocrinus Ang.* (Ober-Silur), *Dichocrinus Mstr.* (Kohlenkalk), *Marsupiocrinus Phill.* (Silur, Devon), *Pterocrinus Lyon und Caseday* (Kohlenkalk).

o. *Carpocrinidae.*

Unregelmässige Kelche, drei B., 5 × 3 R., mehrere IR., unterstes IRA. zwischen R., Arme einzeilig, mit wohlentwickelten Pinnulis.

Hierher die Gattungen: *Carpocrinus Joh. Müll.* (Ober-Silur), *Habrocrinus d'Orb.* (Ober-Silur, Kohlenkalk), *Desmidocrinus Ang.* (Ober-Silur), *Leptocrinus Ang.* (Ober-Silur).

p. *Briarocrinidae.*

Kelch wie jener der *Carpocrinidae* gebaut, nur IRA. wie die übrigen $IR.^1$, zwischen $R.^2$ und $R.^3$. Arme gleichfalls einzeilig.

Hierher die Gattungen: *Briarocrinus Ang.* (Ober-Silur) und *Culicocrinus Müll.* (Devon).

q. *Dimerocrinidae.*

Niedrige, irreguläre Kelche, drei B., 5 × 1 — 3 R., darüber 5 × 1 — 3 R. dist., IR. in verschiedener Zahl. $IR.^1$ sowie auch IRA^1, stehen zwischen R^2 und R^3 und zeichnen sich durch ihre Grösse aus.

Die Arme sind zweizeilig, die Pinnulae wohl entwickelt.

Hierher die Gattungen: *Dimerocrinus Phill.* (Ober-Silur), *Cytocrinus Roem.* (Ober-Silur), *Macrostylocrinus Hall.* (Ober-Silur), *Dolatocrinus Lyon* (Devon).

r. *Barrandeocrinidae.*

Die zehn zweizeiligen Arme sind zurückgebogen, liegen mit ihrer Dorsalseite dem Kelch auf und sind paarweise durch ihre Pinnulae verwachsen. Sie bilden hierdurch um den Kelch eine, mit zehn tiefen Furchen versehene, eiförmige oder kugelige Hülle. Der Kelch besteht aus drei B., 5 × 3 R. und einer Anzahl IR. *Barrandeocrinus Ang.* (Ober-Silur).

s. *Actinocrinidae.*

Kelch aus drei B., 5 × 3 R., ein bis drei Zonen von R. dist. und zahlreichen IR. $IR.A.^1$ steht zwischen den R., denen es oft an Gestalt und Grösse gleicht. Kelchdecke reich getäfelt, von der Scheitelplatte strahlen zahlreiche Täfelchenreihen aus. Arme zweizeilig, selten einzeilig.

Fig. 172.

Actino crinus stellaris de Kon. Kohlenkalk, Tournay Kelch ohne Arm.

Actinocrinus Mill. (Fig. 172). Birn-, ei- oder kugelförmige Kelche. Die drei Basaltäfelchen bilden ein Sechseck, $R.^1$ hoch, sechsseitig, dazwischen ein fast gleich grosses IRA., $R.^2$ niedrig, sechsseitig, $R.^3$ axillär. Zwischen $R.^2$ je ein, zwischen $R.^3$ je zwei IR., ebenso zwischen den Distichalradien mehrere IR., im breiteren Analinterradius stets zahlreichere Täfelchen; ein bis drei R. dist., dazwischen oft Interdistichalia, Kelchdecke hoch gewölbt, mit dicken, oft höckerigen Täfelchen, mit oder ohne Afterröhre; 10—30 zweizeilige Arme, Pinnulae lang, frei, Stiel rund, mit fünflappigem Canal. Hauptverbreitung im Kohlenkalk, aber auch im Ober-Silur und Devon.

Als Subgenera von *Actinocrinus* sind zu betrachten: *Alloprosallocrinus Lyon et Casseday*, *Batocrinus Casseday*, *Eretmocrinus Lyon et Casseday*, *Strotocrinus Meek. a. Worth* sämmtlich aus dem amerikanischen Kohlenkalk.

Amphoracrinus Aust. Kelch wie jener von Actinocrinus, jedoch mit excentrischer Afteröffnung, zumeist auch weniger IR. und IRA. vorhanden. Devon, Kohlenkalk.

Fig. 173.

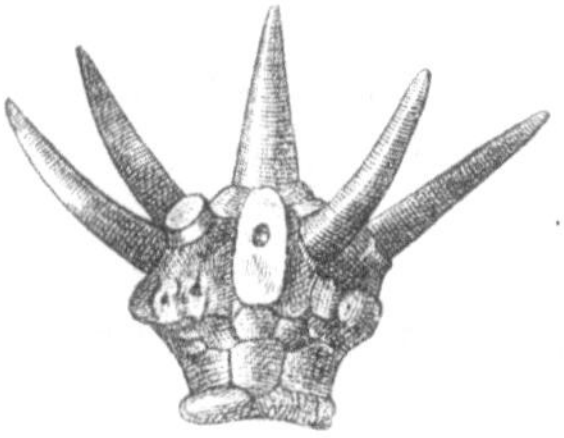

Dorycrinus cornigerus Hall. Kohlenkalk von Burlington (Jowa).

Dorycrinus Roem. (Fig. 173). (Wohl gleichwie *Agaricocrinus Troost* und *Coelocrinus Meek. a. Worth* aus dem amerikanischen Kohlenkalk nur als Subgenera von *Amphoracrinus* aufzufassen) zeichnet sich durch einen dornförmigen Stachel auf jedem Radius, sowie einen sechsten, medianen Stachel auf der Kelchdecke aus.

Weitere *Actinocriniden*-Gattungen sind: *Megistocrinus Owen und Shum.* (Ober-Silur), *Periechocrinus Aust.* (Ober-Silur) und *Saccocrinus Hall.* (Ober-Silur, Devon, Kohlenkalk).

t. *Stelidiocrinidae.*

Basis monocyclisch, Kelche aus fünf B., 5 × 3 R., ein bis drei Distichalzonen und mehr oder minder zahlreichen IR. bestehend. Die R.[1] berühren sich, da die IR. zwischen ihren oberen Winkeln, sowie zwischen R.[2] und R.[3] eingeschaltet sind. Die Kelchdecke ist mit dicken, radial geordneten Platten getäfelt.

Hierher die Gattungen: *Steliodiocrinus Ang.*, *Harmocrinus Ang.*, *Schizocrinus Hall.* (sämmtlich a. d. Silur-Formation).

u. *Melocrinidae.*

Kelche aus vier B., 5 × 3 R., zwei bis drei R. dist. und zahlreichen IR. aufgebaut, Analinterradius etwas abweichend, Kelchdecke mit zahlreichen, kleinen, aber dicken Platten getäfelt.

Fig. 174.

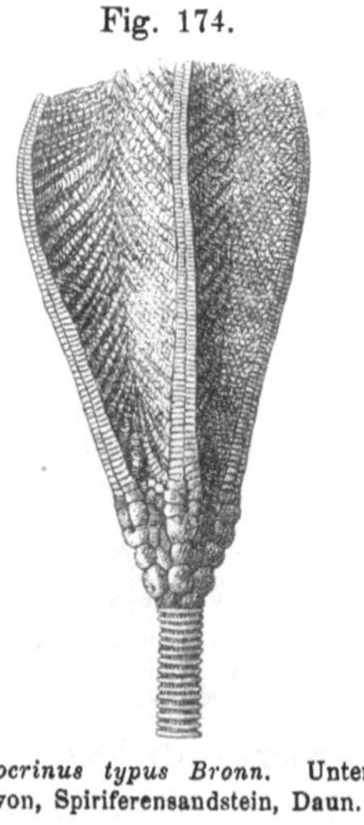

Ctenocrinus typus Bronn. Unter-Devon, Spiriferensandstein, Daun.

Melocrinus Goldf. Kelch birnen- oder melonenförmig, R. sechsseitig, R.[3] axillär, IR. zahlreich, IR. zwischen R.[1] und R.[2], im Analradius zahlreichere Täfelchen. Je zwei R. dist. Interdistichalia meist nicht vorhanden. Kelchdecke hoch gewölbt, solid getäfelt. 5 × 2 Arme, welche paarweise in ihrer ganzen Länge verwachsen sind. Aussenseite mit alternirenden Nebenzweigen, welche feine Pinnulae tragen. Stiel rund, mit niedrigen Gliedern und rundem Canal. Ober-Silur, Devon, Kohlenkalk.

Hierher als Subgenus: *Ctenocrinus Bronn.* (Fig. 174) mit röhrig verlängertem After und wohlentwickelten Interdistichalia. Häufig als Abdrücke im Unterdevon, Spiriferensandstein.

Scyphocrinus Zenk. Sehr grosse Kelche aus zahlreichen, dünnen, radial gestreiften Täfelchen. Die Seitenzweige der Arme bilden in den Interbrachialräumen ein geschlossenes Pflaster, erst weiter aufwärts werden die langen Arme frei. Stiel lang, rund, mit niedrigen Gliedern und sehr weitem Canal. Ober-Silur.

Als weitere zu den *Melocriniden* gehörige Gattungen sind zu nennen: *Abacocrinus Ang.*, *Corymbocrinus Ang.* und *Technocrinus Hall.* aus dem Ober-Silur.

v. *Polypeltidae.*

Kelche mit dicyclischer Basis, aus sehr zahlreichen Täfelchen bestehend: Acht IB., 16 PB., 10 × 2 R. und zahlreichen IR. *Polypeltes Ang.* Ober-Silur.

w. *Uintacrinidae.*

Ungestielte, freie Kelche. Die fünf B. umschliessen ein fünfeckiges Centradorsale, 5 × 3 R., zwei oder mehr R. dist., zahlreiche IR., IR.[1] zwischen R.[2] 5 × 2 lange, einzeilige Arme, die undeutlich vom Kelch geschieden und durch Interbrachialia verbunden sind. *Uintacrinus Grinnell.* aus der oberen Kreide von Kansas und Westphalen.

x: *Glyptocrinidae.*

Hohe Kelche mit dicyclischer Basis, fünf (oder drei) IB., fünf PB., 5 × 3 — 4 R., ein bis drei Zonen R. dist. und mehr oder minder zahlreiche IR., IR.[1] zwischen R.[1] und R.[2], Arme ein- oder zweizeilig mit feinen Pinnulis, Kelchdecke mit zahlreichen kleinen Täfelchen.

Glyptocrinus Hall. Becherförmige Kelche mit fünf in der Richtung der Radialia verlaufenden, oben dichotomen Rippen, welche zu den Armen führen und erhabener Radialverzierung auf den Kelchtäfelchen. Unter- und Ober-Silur.

Weitere, zu den *Glyptocrinidae* gehörige Gattungen mit fünf IB. sind: *Glyptaster Hall.* (Ober-Silur), *Eucrinus Ang.* (Ober-Silur), *Lampterocrinus Roem.* (Ober-Silur), *Thylacocrinus Oehlert*, (Devon). Die Gattung *Sagenocrinus Aust.* (Ober-Silur) besitzt nur drei IB.

y. *Rhodocrinidae.*

Schüsselförmige oder kugelige Kelche mit dicyclischer Basis aus fünf IB., fünf PB., 5 × 3 R., ein bis drei Zonen R. dist. und zahlreichen IR. zusammengesetzt. IR.[1] bilden mit R.[1] einen Kranz von zehn Täfelchen.

Rhodocrinus Mill. Kelch schüsselförmig oder kugelig, mit ebener oder eingesenkter Basis, kleinen IB., grossen sechsseitigen PB., R.[1] sieben-, R.[2] sechsseitig, R.[3] axillär. IR.[1] zwischen R.[1] darüber fünf bis neun kleine IR.; je zwei Rad. dist., die oberen mit halbmondförmigem Ausschnitt, dazwischen ein Interdistichale. Kelchdecke fein getäfelt, After nahezu randständig, 5 × 2 kräftige, einzeilige, mehrfach gegabelte Arme. Der runde Stiel weist einen fünflappigen Nahrungscanal auf. Silur, Devon, Kohlenkalk.

Nahe verwandte Gattungen mit gleichfalls irregulärem Kelch sind: *Acanthocrinus Roem.* (Devon), *Rhipidocrinus Beyr.* (Devon). *Thysanocrinus Hall.* (Ober- und Unter-Silur, Devon) besitzt sehr dünne, zweizeilige Arme; *Ollacrinus Cumberl.* (Kohlenkalk) besitzt reguläre Kelche, da alle Interradien gleichmässig entwickelt sind.

A 5. Kelch regulär, Kelchdecke flaschenförmig ausgezogen, mit centraler Afteröffnung, aus grossen, polygonalen, regelmässig angeordneten Tafeln gebildet. Die zweizeiligen Arme, 20 an der Zahl, liegen zwischen rippenartigen Vorsprüngen des Kelchrandes oder in besonderen Nischen und überragen die Kelchdecke nicht.

z. *Calyptocrinidae.*

Kelch regelmässig, vier B., 5 × 3 R., 5 × 1 Rad. dist., 5 × 3 IR. Kelchdecke flaschenförmig verlängert, Arme in Nischen oder zwischen rippenartigen Vorsprüngen des Kelchrandes.

Callicrinus Ang. Kelch mit eingestülpter Basis, B. nur von unten sichtbar, die grossen R.^{1} umgebogen, den grösseren Theil des eingestülpten hohlen Basalkelches bildend, R.^{2} kleiner, vierseitig, R.^{3} axillär, IR.^{1} zwischen R.^{2} und R.^{3}. Dist. je zwei (im Ganzen 20) je ein Interdist., 10 × 2 einfache, zweizeilige Arme mit sehr langen Pinnulis, Kelchdecke flaschenförmig ausgezogen. Ober-Silur.

Fig. 175.

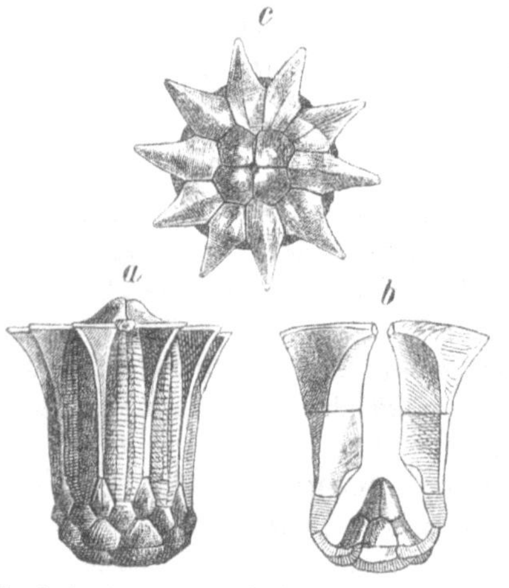

Eucalyptocrinus rosaceus Goldf. Devon, Gerolstein, Eifel. a. Seitenansicht des Kelches, b. Durchschnitt des Kelches, c. Ansicht des Kelches von oben.

Eucalyptocrinus Goldf. (Fig. 175). Kelch schüsselförmig, Basis wie bei *Callicrinus*, auch die übrige Einrichtung des Kelches selbst sehr ähnlich, auf den Interradialien und Interdistichalien erheben sich jedoch zehn flügelartige Kelchblätter, die aus je zwei Stücken bestehen, sich gegen aussen verdicken und mit dem dünnen Innenrand an der gewölbten Kelchdecke anliegen, sie bilden zehn Nischen, in denen je zwei seitlich verwachsene Arme liegen. Das obere Stück dieser Kalkblätter ist ausgebreitet und verdickt und endigt in gleicher Höhe mit der Centralröhre, deren ebener, mit einer Medianöffnung versehener Scheitel von vier bis acht Tafeln gebildet wird. Ober-Silur, Devon.

Hypanthocrinus Phill. steht *Eucalyptocrinus* sehr nahe, Basis aber nicht eingestülpt, Nischenwände nur aus je einem Hauptstücke gebildet und die getäfelte Röhre ragt über den Scheitel des Nischenapparates hervor. Ober-Silur.

B. Articulata.

Kelchtäfelchen zumeist dick, durch gelenkartig gewölbte, ausgehöhlte oder ebene Nahtflächen verbunden. Basis meist monocyclisch aus fünf Täfelchen, Kelchdecke meist häutig, selten getäfelt, mit offenen Ambulacralfurchen, centralem Mund und excentrischem After. Oralplatten vorhanden oder fehlend. Im Innern der Kelchtäfelchen, sowie im dorsalen Theil der Armglieder Canäle für Faserzüge.

a. *Encrinidae.*

Kelch schüsselförmig, niedrig, mit dicyclischer Basis, IB. jedoch sehr klein, fünf an der Zahl, unter dem obersten Stielglied versteckt. Fünf grosse PB., fünf R., 5 × 2 oder 5 × 4 kräftige, ungetheilte, neben einander liegende, zweizeilige oder wechselzeilige Arme. Stiel rund.

Encrinus Lamk. (Fig. 176). Die 15 den Kelch bildenden Täfelchen sind durch Syzygialnähte fest verbunden, über den R. folgen zwei einfache Br. (oft als R.² und R.³ bezeichnet) sie sind unter einander durch Syzygialnähte, mit den R. aber durch eine Gelenkfläche verbunden. Br.² ist axilär und an beiden oberen Flächen mit Gelenkleisten versehen. Zehn einfache (selten mehrfach getheilte) Arme mit starken Pinnulis. Stiel rund, lang, im unteren Theil aus ziemlich gleich hohen Gliedern, unter der Krone aus alternirenden, verschieden hohen und dicken Gliedern aufgebaut. Flächen der Stielglieder nur am Rande oder ganz gestrahlt, mit centralem, runden oder fünftheiligen Canal. Wurzel des Stieles verdickt. Trias.

Fig. 176.

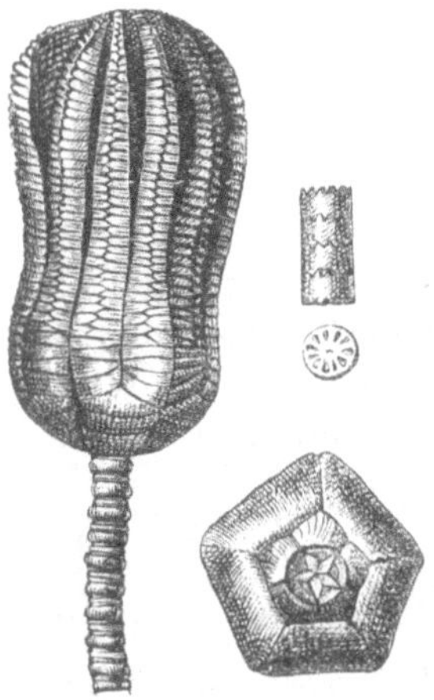

Encrinus liliiformis Lamk. Muschelkalk, Gaismühle.

Encrinus liliiformis Lamk. im Muschelkalk Deutschlands, *Encrinus (Cassianocrinus), tessarakontadactylus Lbe.* in den Schichten von St. Cassian, *Dadocrinus gracilis v. Buch* im unteren Muschelkalk der Alpen. Das Subgenus *Dadocrinus v. Meyer* gründet sich auf die einzeiligen Arme, *Chelocrinus v. Meyer* auf die mehrfache Spaltung derselben (25—50 Finger).

Porocrinus Dittm. ist für dicke, runde Stielglieder aus den Hallstädter Schichten aufgestellt worden.

b. *Eugeniacrinidae.*

Der Kelch wird nur von fünf R. gebildet, B. rudimentär, 5 einfache Br. Das obere axillär, 5 × 2 einzeilige, dicke, ungetheilte Arme, Stiel rund, mit ausgebreiteter, massiver Wurzel.

Fig. 177.

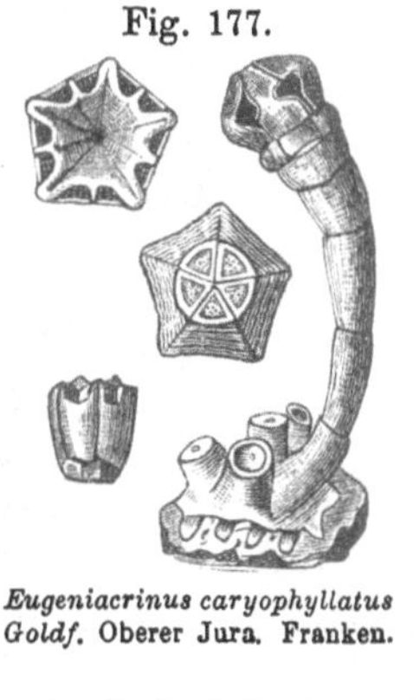

Eugeniacrinus caryophyllatus Goldf. Oberer Jura. Franken.

Eugeniacrinus Mill. (Fig. 177). Kelch klein, birnförmig, oft einer Gewürznelke gleichend, nur aus fünf Radialtäfelchen bestehend, Gelenkflächen der R. tief ausgeschnitten, im Ausschnitt das erste, niedrige Br. eingekeilt, auf welches das zweite axilläre Br. folgt, die zehn kurzen, einfachen, einzeiligen Arme sind selten erhalten, sie tragen feine Pinnulae. Bei *Eugeniacrinus caryophyllatus Goldf.* treten die Arme seitlich auf kleinen Gelenkflächen der axillären Br.[2] auf, und deren Mittelstück erweitert sich zu einem dreiseitigen Fortsatz, der sich über der Kelchdecke wölbt. Der kurze Stiel wird von wenigen cylindrischen oder tonnenförmigen Gliedern mit feinem, runden Centralcanal gebildet. Häufig im oberen Jura, selten im mittleren Jura und in der unteren Kreide.

Tetracrinus Mst. mit vier R., selten im oberen Jura. Hierher auch *Phyllocrinus d'Orb.* Oberer Jura und untere Kreide.

c. *Holopidae.*

Ungestielt, Kelch mit breiter Basis festgewachsen, B., oft auch die R. zu einem ungetheilten Becher verwachsen, Arme dick, wechselseitig, einfach. An den recenten *Holopus d'Orb.* (in tiefem Wasser bei Barbados), schliesst sich zunächst die Gattung *Cyathidium Steenstrup* an. Der mit breiter Basis aufgewachsene Kelch ist rund oder fünfkantig, dünnwandig, ungetheilt, sein Oberrand mit fünf halbmondförmigen Gelenkflächen, in deren Mitte ein feiner Centralcanal mündet. Oberste Kreide von Faxoe und Vicentinisches Eocän.

Cotylederma Quenst. Kelch mit breiter Basis aufgewachsen, schüsselförmig, unten eine dünne, mit fünf Radialkanten versehene Platte (Centrodorsale), darüber die verschmolzenen fünf B., auf welche fünf niedrige R. folgen, die oben mit gerader, breiter Gelenkfläche ausgestattet sind, in deren Mitte Centralcanäle münden. Arme unbekannt. Lias.

Fig. 178.

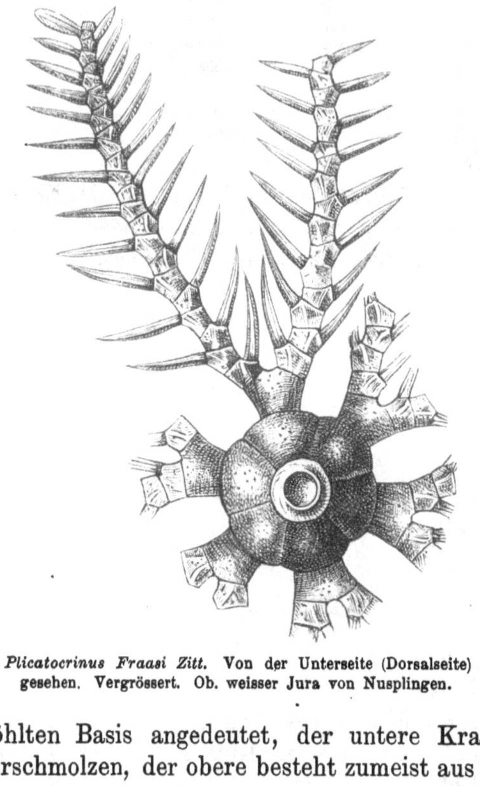

Plicatocrinus Fraasi Zitt. Von der Unterseite (Dorsalseite) gesehen. Vergrössert. Ob. weisser Jura von Nusplingen.

d. *Plicatocrinidae.*

Kelch aus dünnen Täfelchen. Basalia fehlen, zwei Zonen von fünf bis acht R., von welchen der untere Täfelchenkranz meist innig verschmolzen ist, Kelchdecke getäfelt, mit fünf grossen Oralplatten, Arme lang, einzeilig, Stiel rund.

An die recente Gattung *Hyocrinus* schliesst sich auf's Innigste der jurassische:

Plicatocrinus Mstr.[1] (Fig. 178). Basalia fehlen oder sind nur durch Knötchen in der ausgehöhlten Basis angedeutet, der untere Kranz von Radialtäfelchen ist innig verschmolzen, der obere besteht zumeist aus sechs, zuweilen fünf oder sieben,

[1] Vergl. Zittel: Ueber *Plicatocrinus Fraasi.* Sitzungsber. d. k. bayer. Akademie. 1882.

selbst acht R., welche auf dem axillären Br. die doppelte Zahl einfacher, mit alternirenden Pinnulis besetzte Arme tragen. Die Pinnulae bestehen (mit Ausnahme der untersten des Armes, welche aus einigen Kalkstücken bestehen) nur aus einfachen Kalkblättchen. Lias, Jura.

c. *Apiocrinidae.*

Kelch regelmässig, aus sehr dicken gelenkartig verbundenen Täfelchen bestehend, allmählich in den Stiel übergehend. Fünf B., 5 × 1 — 3 R.; häufig treten übrigens Abweichungen von der Fünfzahl auf, zuweilen finden sich auch IR. Die kräftigen Arme sind einzeilig, mässig vergabelt, der Stiel lang.

Apiocrinus Mill. (Fig. 179). Der lange Stiel geht allmählich in den Kelch über, indem seine Glieder gegen oben immer breiter werden. Auf dem obersten Stielglied ruht eine breite Platte mit fünf radialen Kanten (Fünfrippenglied Quenstedt's), welche als Centrodorsale betrachtet werden kann; es scheint aus fünf verschmolzenen Stücken zu bestehen, und entspricht demnach den IB. Darüber folgen alternirend fünf interradiale B., darüber fünf niedrige, oben halbmondförmige R., welchen ähnliche R.² und axilläre R.³ folgen. Alle Kelchplatten sind durch Syzygialnähte verbunden, zuweilen finden sich IR. zwischen R.² und R.³ Auf R.³ folgen zwei einfache Br., Br.² ist zumeist axillär und trägt ein- bis zweifach gegabelte, einzeilige, mit starken Pinnulis besetzte Arme. Der glatte cylindrische Stiel entbehrt der Nebenranken und ist mit einer knolligen Wurzel versehen. Die Stielglieder bilden, zumal im alpinen Lias oft Crinoidenkalke. Lias, Jura, untere Kreide.

Fig. 179.

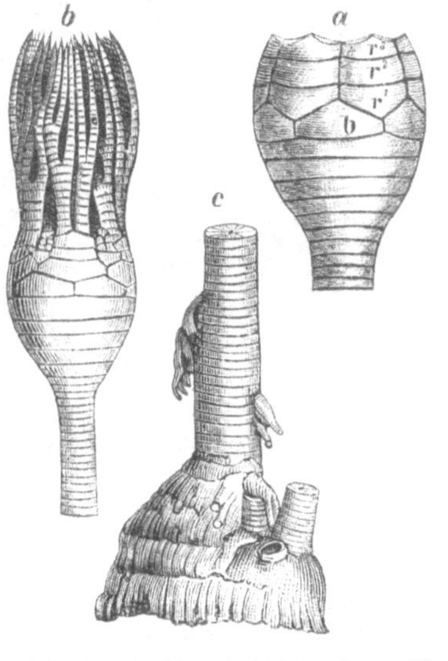

a. *Apiocrinus Parkinsoni Schloth.* Grossoolith von Ranville, Calvados. b. c. Krone und Wurzel von *Ap. Roissianus d'Orb.* Coralrag von Tonnere, Yonne.

An *Apiocrinus* schliessen sich zunächst die Gattungen: *Millericrinus d'Orb.* (Lias, Jura, untere Kreide), *Acrochordocrinus Trautsch.* (Jura, Kreide) an.

Bourgeticrinus d'Orb. Kleine Kelche aus fünf B., 5 × 1 — 3 R., lange Stiele, deren Glieder elliptische Gelenkflächen besitzen, auf welchen eine erhabene Querleiste auftritt, durch welche eine gewisse Biegsamkeit des Stieles ermöglicht wird. Die Querleisten der oberen und unteren Fläche eines Gliedes bilden einen mehr oder minder grossen Winkel, am unteren Theile ist der Stiel mit wurzelartigen Ranken versehen, mit denen er an fremden Körpern haftet. Oberer Jura, Kreide, Tertiär.

Conocrinus d'Orb. (identisch mit dem recenten Rhizocrinus Sars.). Tertiär und recent.

f. *Pentacrinidae.*

Kleine Kelche mit meist monocyclischer, selten dicyclischer Basis, zumeist fünf B., fünf R. vorhanden, auf welche je zwei bis drei einfache Br. folgen. Arme mächtig entwickelt, vielfach vergabelt, aus unzähligen Täfelchen aufgebaut. Stiele lang, meist fünfkantig, mit fünfblätteriger Zeichnung auf den Gelenkflächen, meist mit Nebenranken.

Pentacrinus Mill. (Fig. 180). Der Kelch klein, die Arme ungemein stark entwickelt. An der Zusammensetzung des Kelches nehmen ausser den Basalia und Radialia auch die beiden untersten Br. Theil. Die Basis sehr verschieden beschaffen, die fünf B. oft sehr klein, getrennt, bald grösser, zusammenstossend und seitlich sichtbar. Bei einigen Arten treten auch fünf IB. auf. Die fünf R. sind dreieckig, aber mit gerader Gelenkfläche, zuweilen sind sie mit einem Sporn geschmückt. In der Kelchdecke liegen in der Regel zahlreiche, kleine Kalktäfelchen, welche nur ausnahmsweise zu einer soliden Decke verbunden sind. Fünf offene Ambulacralgänge strahlen vom Munde aus und vergabeln sich in die zehn Arme, der After liegt excentrisch auf einer Röhre. Die einzeiligen Arme sind meist sehr stark vergabelt, die Pinnulae wechselständig. Der lange, fünfkantige (selten rundliche) Stiel ist in grösseren oder kleineren Abständen mit wechselständigen Nebenranken besetzt, an den Gelenkflächen der Glieder zeigt sich eine fünfblättrige Figur, deren Hervorragungen in die entsprechenden Grübchen des folgenden Stielgliedes passen. Dickere und schwächere Stielglieder wechseln oft mit einander ab und die letzteren sind oft nur theilweise oder gar nicht von aussen sichtbar. Trias, Jura (sehr häufig, die isolirten Stielglieder bilden oft Crinoidenkalke), Kreide und recent.

Fig. 180.

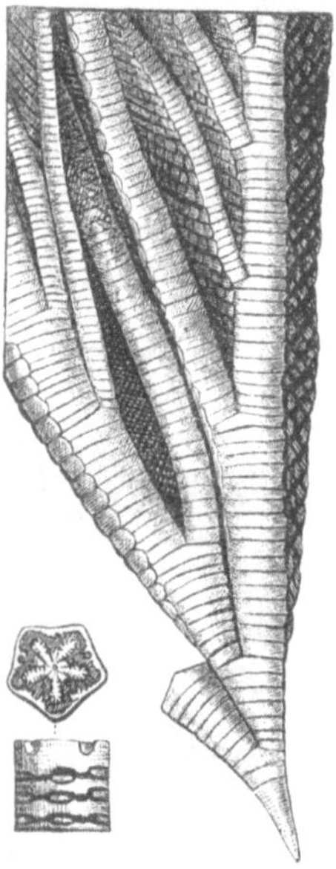

Pentacrinus subangularis Mill. Lias *E*, Ohmden. Beginn der Verästelung eines Radius, Stielglieder u. Gelenkfläche.

Zu *Pentacrinus* gehören (theilweise als Subgenera verwerthbar): *Cladocrinus Agassiz*, *Balanocrinus d'Orb.*, *Isocrinus Meyer*, *Extracrinus Aust.*, *Cainocrinus Forbes.*

g. *Comatulidae.*

In der Jugend gestielt, später ungestielt, frei, Kelch aus einer mit Ranken besetzten Centrodorsalplatte, fünf verkümmerten B. und fünf R. zehn bis zwanzig wohlentwickelte, selten vergabelte Arme.

Antedon Frém. (Comatula Lamk.) Die gestielte Jugendform besitzt deutliche Basalia, welche an der reifen, stiellosen Form zu einer runden Platte verschmelzen, welche noch ein Rudiment des Stieles (Centrodorsalstück) trägt, das mit zahlreichen Ranken besetzt ist. Die selten vergabelten zehn bis zwölf Arme sind einzeilig oder wechselzeilig, mit langen alternirenden Pinnulis. Die häutige oder mit dünnen Täfelchen bedeckte Kelchdecke ist nur in der Jugend mit fünf Oralplatten ausgestattet. Recent und fossil vom Jura an.

Als Subgenera von *Antedon* sind mehrere recente Typen, *Actinometra Müll.*, *Ophiocrinus Semp.*, *Phanogenia Lovèn*, *Promachocrinus H. Carp.*, sowie *Solanocrinus Goldf.* anzuführen, welch letzterer sich von *Antedon* durch das Auftreten leistenförmiger B. zwischen dem Centrodorsalstück und den R. auszeichnet und recent und fossil vom Jura an, obschon stets ziemlich selten, sich findet.

Fig. 181.

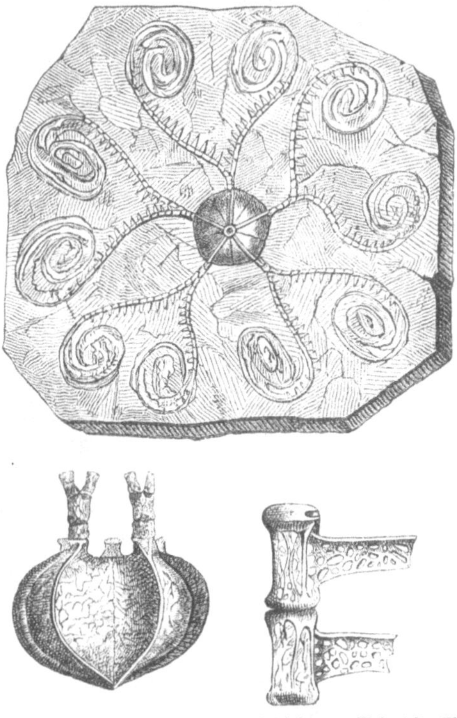

Saccocoma pectinata Goldf., lithogr. Schiefer von Eichstädt. Wenig vergrössert. Rechts zwei Armglieder, links der Kelch von der Seite, beides stark vergrössert.

Costata.

Ungestielte Formen, deren Kelch aus fünf dünnen, innig verbundenen, aussen zehn Rippen tragenden R., sowie einem einzigen, kleinen B. besteht. Die 5 × 2 dünnen, entfernt stehenden, feine Seitenäste tragenden Arme sind an den Enden eingerollt, das ganze Kalkskelet ist nicht dicht, sondern von maschiger, gitterförmiger Beschaffenheit, wie es sonst nur bei *Comatula*-Larven auftritt.

Saccocoma Ag. (Fig. 181) findet sich nur im lithographischen Schiefer Bayerns (Tithon).

Die Verwandtschaftsverhältnisse dieser eigenthümlichen kleinen Gruppe sind derzeit noch vollständig unklar.

3. *Asteroidea.*

Echinodermen von flacher, pentagonaler oder sternförmiger Gestalt, mit auf die Bauchfläche beschränkten Ambulacren, mit dorsal derbhäutiger Bedeckung, und ventralem, inneren, aus wirbelartigen, beweglichen Stücken zusammengesetzten Skelet. Im allgemeinen selten, und fast stets schlecht erhalten, bilden die *Asteroiden* eine palaeontologisch nicht sehr wichtige Gruppe. In manchen Schichten, wie im liasischen Angulaten-Sandstein sind Seesterne und *Ophiuren* häufig, aber so schlecht erhalten, dass an eine genaue Bestimmung der im angeführten Beispiele als *Asterias lumbricalis* (Fig. 182) und *lanceolata* zusammengefassten Formen kaum gedacht werden kann.

Fig. 182.

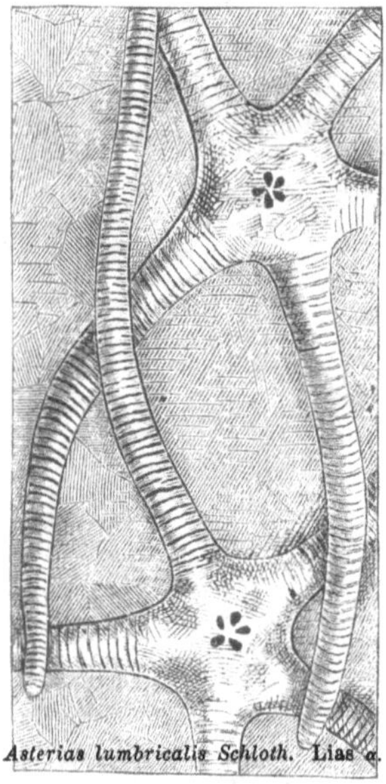

Asterias lumbricalis Schloth. Lias α.

Die *Asteroiden* zerfallen in zwei Hauptgruppen:

I. *Ophiuridae* mit deutlich von der rundlichen oder pentagonalen Scheibe abgesetzten Armen, welche keine Darmanhänge aufnehmen.

II. *Stelleridae* mit nicht abgesetzten, Darmanhänge und zuweilen Genitaldrüsen aufnehmenden Armen.

Die *Ophiuridae* theilen sich wieder in die *Euryaleae*, deren oft verzweigte Arme aufrollbar sind, der Schilder entbehren und eine nur durch weiche Haut geschlossene Bauchfurche aufweisen, und die *Ophiureae* mit einfachen Armen, deren Bauchfurche durch Schilder geschlossen ist.

a. *Euryaleae.*

An die zahlreichen, recenten Formen dieser Gruppe schliessen sich höchst wahrscheinlich die Gattungen *Eucladia Woodward* aus dem englischen Obersilur, sowie *Onychaster Meek u. Worthen* aus dem amerikanischen Kohlenkalk. Vielleicht gehören zu den *Euryaleae* auch jene rohen Abdrücke mit gegabelten Armen, welche Quenstedt *Euryale liasica* genannt hat (Fig. 183).

Fig. 183.

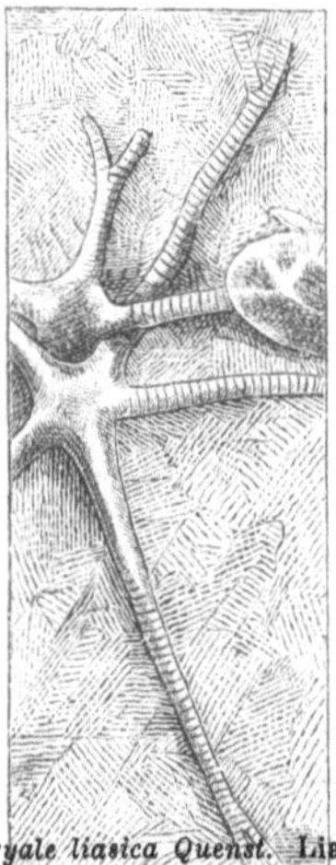

Euryale liasica Quenst. Lias α. Nurtingen.

b. *Ophiureae.*

Hier sind zunächst einige palaeozoische Formen zu nennen, welche im Gesammthabitus an die *Ophiuren* anschliessen, aber durch manche Eigenthümlichkeiten (wie das Zusammenschliessen der Ventralschilder an der Unterseite) abweichen, so: *Protaster Forbes* (Unter- und Ober-Silur, auch im Kohlenkalk), *Taeniaster Billings* (Untersilur), *Ptilonaster Hall.* (Obersilur), *Eugaster Hall.* (Devon).

Von typischen *Ophiuren* ist zunächst *Ophioderma Müll. u. Trosch.* zu erwähnen, welche recent und fossil vom Lias an (vielleicht schon im Muschelkalk?) auftritt und durch vier Genitalspalten in jedem Interbrachialraum ausgezeichnet ist.

Ophiuren-Gattungen mit je zwei Genitalspalten in den Interbrachialräumen sind:

Aspidura Ag. (Fig. 184). Oberseite der Scheibe durch 16 grosse, fünfeckige, glatte Platten getäfelt. Die Mundschilder der Unterseite sind durch eine Medianfurche getheilt. Trias, zumal im Muschelkalk ziemlich häufig.

Als Subgenera von *Aspidura* sind zu betrachten: *Hemiglypha* und *Amphiglypha Pohlig.*

Fig. 184.

Unterseite vergr.

Oberseite vergr.

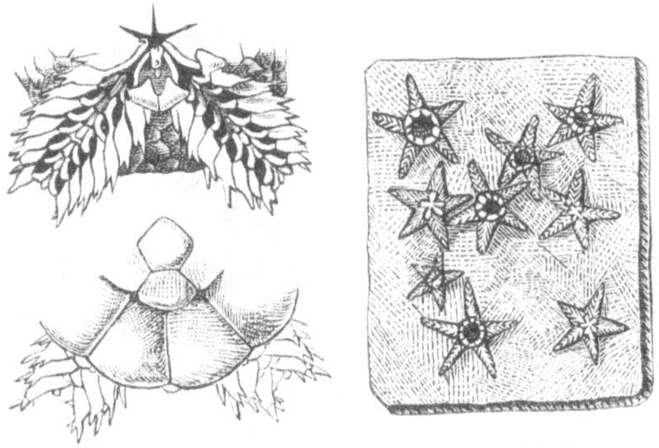

Platte mit mehreren Exemplaren in nat. Grösse.

Aspidura loricata Goldf., Muschelkalk, Würtemberg.

Geocoma d'Orb. Scheiben klein, rund, Arme dünn und schlank, kantig, mit sehr grossen Dorsalschildern, kleinen Lateralschildern und sich berührenden Ventralschildern. Mundschilder gross, herzförmig. Jura.

Als weitere *Ophiuren*-Gattungen sind zu nennen: *Ophiurella Ag.* (lithographischer Schiefer Bayerns), *Ophiolepis Müll. u. Trosch.* (recent und tertiär?), *Ophioglypha Lyman* (recent und fossil vom Lias an).

II. Stelleridae.

Bronn stellt den jüngeren Seesternen, welche er als *Asteriae verae* bezeichnet, die palaeolithischen *Encrinasteriae* gegenüber, welche sich durch alternirende, nicht correspondirende Ambulacralplatten auszeichnen. Wir werden zunächst die letztere betrachten.

a. *Encrinasteria.*

mit alternirenden Ambulacralplatten.

Aspidosoma Goldf. (Fig. 185). Flach, fünfseitig, mit schmalen, lanzettlichen Armen, welche an der Unterseite von einer einfachen Reihe glatter Randplatten eingefasst sind. In der breiten Ambulacralrinne zwei Reihen alternirender, oblonger Ambulacralplatten. Die grossen, dreieckigen, interbrachialen Räume auf der Unterseite scheinen nur häutig bedeckt gewesen zu sein.

Fig. 185.

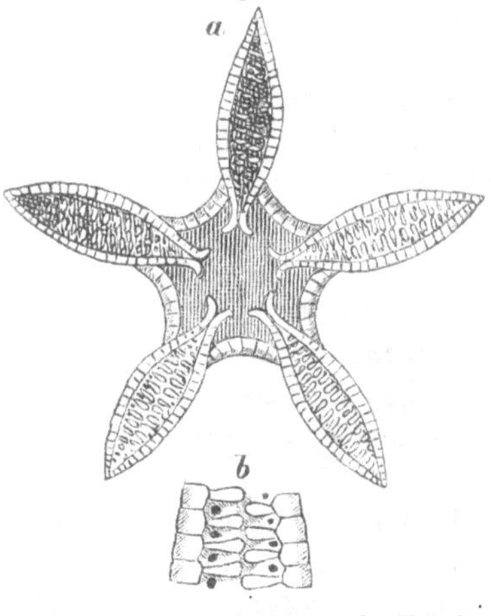

Aspidosoma petaloides Simonowitsch. Unterdevonischer Sandstein der Hohenreinerhütte bei Niederlahnstein. a. von der Unterseite, nat. Grösse, b. Arm von der Unterseite vergr.

Mund von fünf oder zehn Oralplatten umgeben, Oberseite der Arme mit zwei oder vier Plattenreihen getäfelt. Unter-Devon.

Palaeaster Hall. (Fig. 186, 187) mit fünf dicken, mässig langen Armen, welche an der Oberseite mehrere Reihen stacheliger Täfelchen aufweisen. Auf der Unterseite stehen neben den alternirenden Ambulacralplatten eine

Fig. 186.

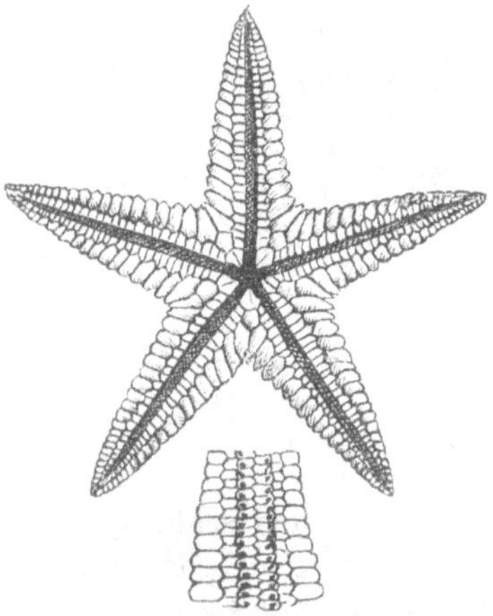

Palaeaster eucharis Hall. Devon, Hamilton, New-York. Von der Unterseite. Arm von unten vergrössert.

Fig. 187.

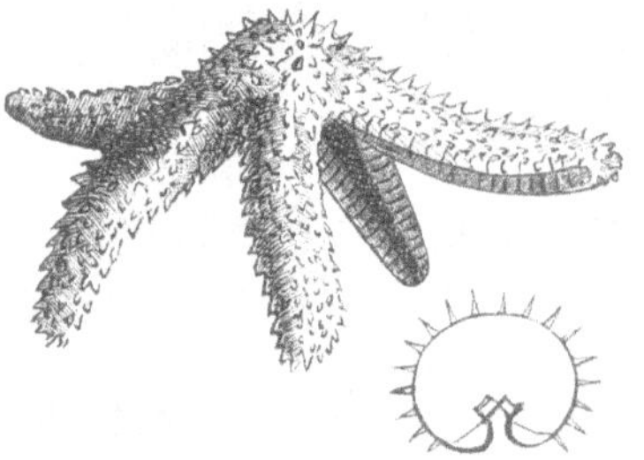

Schematischer Durchschnitt eines Armes.

Palaeaster asperimus Salter. Untersilur, Welshpool (Nord-Wales).

Reihe Adambulacralplatten, cambrische Schichten, Untersilur, Devon und Kohlenkalk.

Als weitere *Encrinasterien*-Gattungen sind anzuführen: *Archasterias J. Müll.* (Devon), *Palaeocoma Salt.* (Obersilur), *Palasterina M'Coy.* (Unter- und Obersilur), *Urasterella M'Coy* (Untersilur), *Schoenaster Meek u. Worthen* (Kohlenkalk).

Während alle genannten Formen fünfstrahlig sind, zeichnen sich die nachstehenden palaeozoischen Gattungen, welche übrigens nur unvollständig bekannt sind, durch zahlreiche Arme aus; so besitzt *Helianthaster F. Roem.* (Unter-Devon) 16 schmale, lanzettliche Arme, *Trichotaster Wright* (Obersilur) zehn, *Lepidaster Forbes* (Obersilur) 13 Arme.

b. *Asteriae verae.*

Von den recenten Seestern-Gattungen treten zahlreiche auch fossil auf, so *Asteracanthion Müll. (= Asterias Linn. p. p.)* mit vier Reihen von Ambulacralfüsschen bereits im Lias und oberen Jura. Von den Gattungen mit zwei Reihen Ambulacralfüsschen sind zu erwähnen:

Astropecten Link. (Fig. 188) lebend und fossil vom Lias an, *Goniaster Ag.* (Fig. 189) mit den von Joh. Müller und Troschel unterschiedenen Untergattungen: *Astrogonium*, *Goniodiscus* und *Stellaster)*, lebend und fossil vom Lias an, sehr vollständige Exemplare in der weissen Kreide.

Solaster Forbes, eine fossile Art auch im Grossoolith.

Rhopia Gray. Recent und in der unteren Kreide.

Pentaceros Link. mit grösseren, stacheltragenden Platten auf der Oberseite. Recent und fossil in Jura, Kreide und Tertiär.

Zahlreiche Gattungen treten nur fossil auf, so *Xenaster Simonowitsch*

Fig. 188.

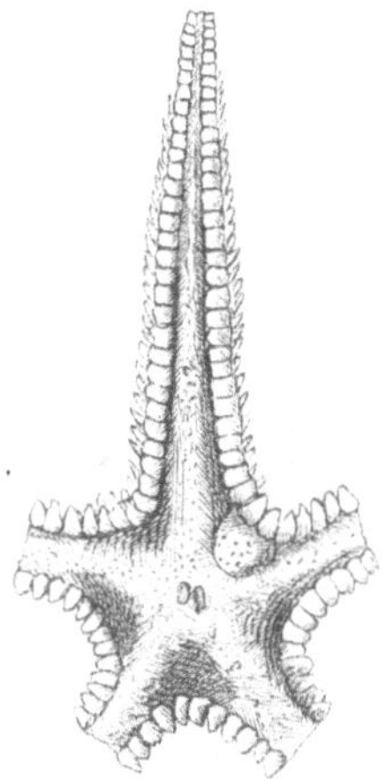

Astropecten Forbesi Heller. Leithakalk, Wien. Rückseite.

Fig. 189.

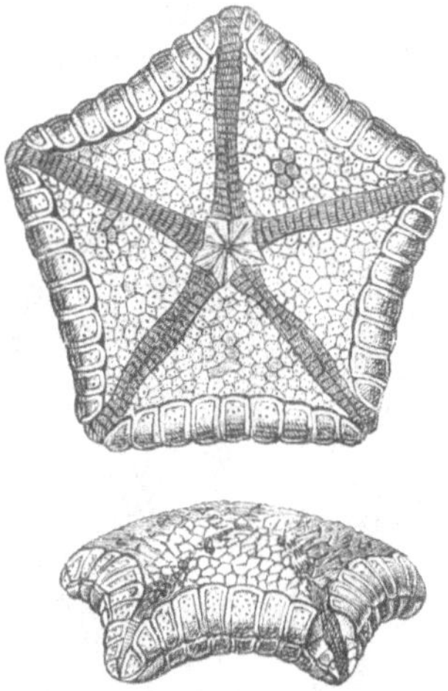

Goniaster Parkinsoni Forbes, weisse Kreide von Sussex. Von unten und von der Seite gesehen.

(Devon), *Trichasteropsis Eck* (Muschelkalk), *Plumaster Wright* (Lias), *Tropidaster Forbes* (Lias), *Sphaeraster Quenst.* (isolirte, polygonale Platten aus dem oberen Jura).

4. *Echinoidea.*

Sphaeroidische, scheibenförmige oder herzförmige Echinodermen, mit getäfelter Schale, welche die Eingeweide umschliesst und an der Aussenfläche Warzen trägt, auf welcher bewegliche Stacheln sitzen. Mund und After sind stets vorhanden. Mit wenig Ausnahmen (einige *Palaechiniden* und die *Echinothurien)* sind die Kalkplatten durch Suturen innig verbunden und bilden zumeist (bei allen mesozoischen und jüngeren Formen mit Ausnahme von *Anaulocidaris* und *Tetracidaris)* zwanzig meridionale Reihen, von welchen je zwei zusammengehören und als zehn Paare von Plattenreihen alternirend die Ambulacralfelder und Interambulacralfelder zusammensetzen. Die Täfelchen der AF.[1] werden von Poren zum Durchtritt der Saugfüsschen durchsetzt, sie enden am Scheitelpol mit je einer Ocellarplatte, während die IAF. durch die Genitalplatten abgeschlossen werden.

Bei den palaeozoischen Palaechiniden ist die Schale in der Regel aus mehr (Fig. 190), zuweilen aber *(Bothriocidaris)* auch aus weniger als 20 Täfelchenreihen zusammengesetzt, zugleich sind die Täfelchen des Scheitelschildes mehrfach durchbohrt (Fig. 191), während sie bei den geologisch

[1] AF. = Ambulacralfelder, IAF = Interambulacralfelder.

jüngeren *Euechinoiden* nur einfache Durchbrechungen aufweisen. Bei den regulären Seeigeln (*Cidaris*) liegt der Mund im unteren, der After im oberen Pol des Gehäuses. Man bezeichnet gewöhnlich in deutschen Werken die betreffenden Lücken der Schale (oder Corona) kurzweg als Mund oder After,

Fig. 190.

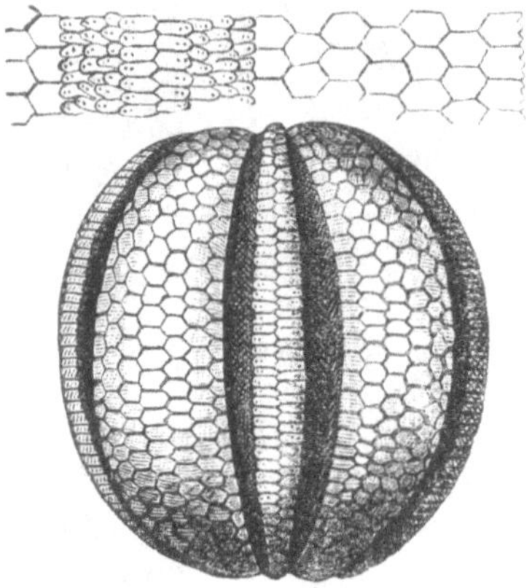

Melonites multipora Norwood et Owen. Kohlenkalk von St. Louis (Missouri).

Fig. 191.

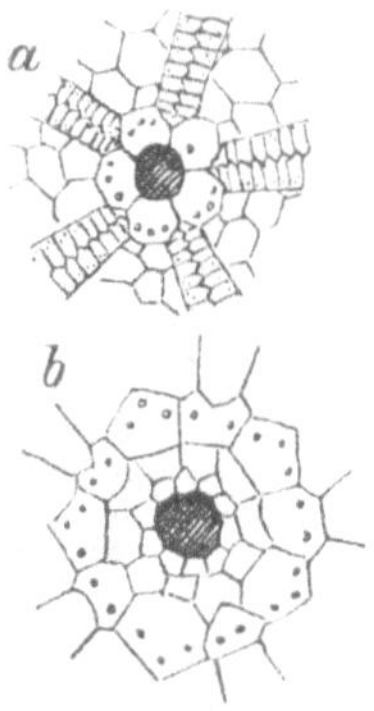

a. *Palaechinus spaericus Scouler.* b. *Pal. elegans M'Coy.* Kohlenkalk, Scheitelschild.

obwohl die Ausdrücke Peristom und Periproct, da der Mund und After in einer häutigen Membran oder einer getäfelten Decke sich befinden, welche die Oeffnung der Schale bekleiden. Während der Mund stets an der Unterseite liegt, jedoch bei den irregulären (oder richtiger ausgesprochen „bilateral-symmetrischen") Seeigeln nach vorne rückt, tritt der After bei diesen aus dem Scheitelschild heraus, in den analen Interradius, nähert sich der Hinterseite und kommt selbst an der Unterseite des Gehäuses zu liegen. Das Scheitelschild erleidet dabei grosse Veränderungen. Bei den regulären Seeigeln ist das pentagonale Feld zwischen den Scheitelplatten in früher Jugend, bevor der After zum Durchbruch gelangt von einer einzigen Platte eingenommen, welche als Subanalplatte bezeichnet wird, da die After-Oeffnung excentrisch (meist gegen das hintere, rechte Ambulacrum gekehrt) durchbricht. Es bilden sich sodann zahlreiche Plättchen an der Subanalplatte, welche später noch an ihrer Grösse zu erkennen ist. Bei den *Saleniden* (Fig. 192) aber behält die Centralplatte bedeutende Grösse und drängt den After nach rückwärts, wahrscheinlich ist, dass diese Platte bei den irregulären Seeigeln das von der Madreporenplatte eingenommene Mittelfeld darstellt. Die Madreporenplatte (welche als Sieb für das in den Steinkanal eindringende Wasser fungirt) bewahrt bei den *Clypeastriden* die centrale Lage, greift jedoch auch die umgebenden Scheiteltäfelchen über und umschliesst bei den

Fig. 192.

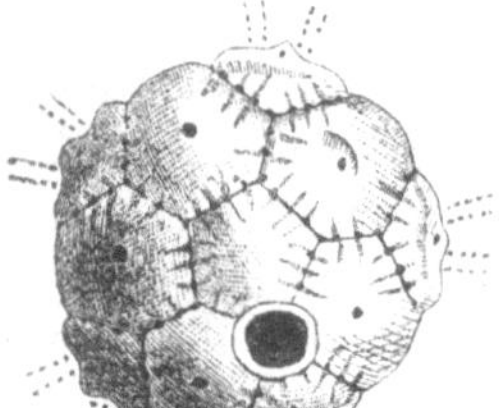

Salenia scutigera Gray. W. Kreide, Charente.

Spatangiden stets auch das rechte, vordere Genitaltäfelchen (Fig. 193). Bei den anscheinend vollkommen regulär symmetrischen Seeigeln hat Lovén nachgewiesen, dass auch bei ihnen in einem bestimmten Radius und Interradius die Hauptebene liegt und auch hier die Madreporenplatte mit dem rechten vorderen Genitaltäfelchen zusammenfällt. Die anscheinend vollständig gleichen Radien aber zerfallen auch bei den anscheinend regulären Seeigeln in ein Bivium mit zwei vollständig symmetrisch zur Hauptebene gestellten, den analen Interradius einschliessenden Ambulacralfeldern und ein vorderes assymmetrisches

Fig. 193.

Mikraster coranguinum Lamk.
Weisse Kreide.

Fig. 194.

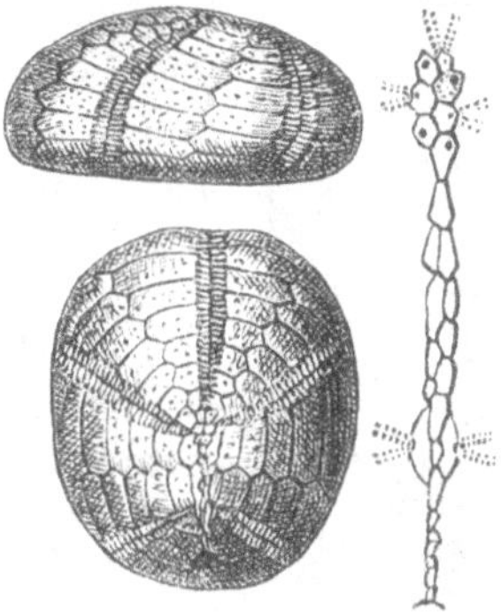

Collyrites elliptica Desm. Dogger Mamers Sarthe. Gehäuse von der Seite und von oben etwas verkl., Scheitelschild vergr.

Trivium. Bei den sogenannten, irregulären Seeigeln gelangt die bilaterale Symmetrie zur vollen Entwickelung. Die Trennung von Bivium und Trivium aber machen Formen wie *Dysaster* und *Collyrites* besonders anschaulich. (Fig. 194). Die Ambulacra zeigen ferner noch eine wichtige Abänderung, in so ferne ihre Porenstreifen entweder einfach geradlinig vom Mund zum Scheitel laufen oder aber zuerst divergiren und dann sich wieder zusammenkrümmen und so blattähnliche Umrisse der Ambulacra erzeugen, welche im letzteren Falle petaloid genannt werden. Man unterscheidet danach Seeigel mit einfachen Ambulacra *(Desmosticha)* und solche mit blattförmigen Ambulacra *(Petalosticha)*. Das Peristom ist in Form und Grösse sehr verschieden, entweder fünf- oder zehneckig, oder oval; auch zweilippig. Viele Seeigel besitzen ein Kaugerüst (Laterna Aristotelis), in welchem Falle im Innern der Schale am Ende der IAF. (zuweilen auch an jenem der AF.) ohrförmige Bogen (Auriculae) sich erheben, um den Kauapparat zu stützen. Die Afterlücke (Periproct) besitzt, wie schon oben erwähnt, sehr verschiedene Lage. Jene Seeigel, deren After im Scheitelschild liegt, bezeichnet man als *Endocyclica*, die übrigen als *Exocyclica*. Bei diesen ist Gestalt und Lage des Afters sehr verschieden, die letztere jedoch immer auf den analen Interradius (zwischen den Ambulacren des Biviums) beschränkt. Die Oberfläche des Gehäuses ist mit grösseren oder kleineren Warzen bedeckt, welche Stacheln tragen. Die Warzen sind systematisch sehr wichtig, der glatte oder mit einem Grübchen versehene (durchbohrte) Kopf, der glatte oder gestrahlte Hals, das Höfchen derselben liefern gute Kennzeichen. Die Stacheln, welche auf den Warzenköpfchen articuliren, sind von sehr verschiedener Gestalt, stab-, keulen-, borstenförmig, oft sehr gross. Ihre vertiefte Gelenkfläche besitzt einen glatten oder gekerbten Rand. Der Stachelkopf weist stets einen hervorragenden Ring, oft auch einen deutlichen Hals auf, der ihn von dem meist rauhen, dornigen oder gestreiften Stachelkörper trennt (Fig. 195).

Fig. 195.

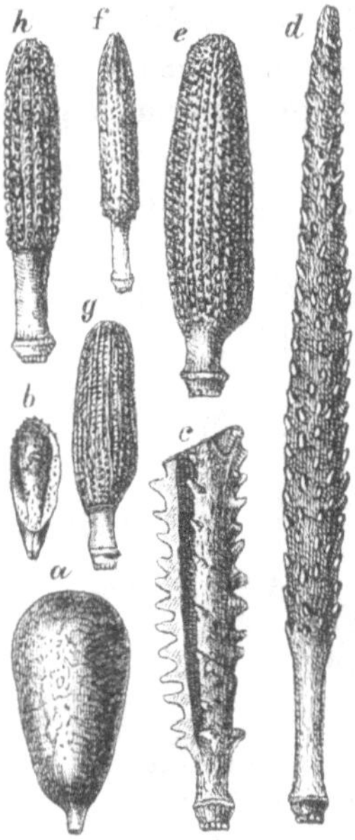

Cidariden-Stacheln.

Bei den Spatangiden treten endlich mit feinen Griffeln an Stelle der Stacheln versehene Streifen (Fasciolen) auf, welche mit sehr feiner Sculptur bedeckt, anscheinend glatt sind und gute Gattungs- und Art-Charaktere abgeben.

Wir zerfällen die *Echinoiden* in folgende zwei Hauptabtheilungen:

A. Palaechinoidea. Schale aus mehr oder weniger als 20 Täfelchenreihen bestehend, Scheitelschilder mehrfach durchbohrt.

B. Euechinoidea. Schale aus 20 Täfelchenreihen, Scheiteltäfelchen einfach durchbohrt.

Die letzteren theilen sich in *Regulares* mit dem After im Scheitelschild und *Irregulares*, bei welchen der After ausserhalb desselben gelegen ist. Die *Irregulares* zerfallen wieder in *Gnathostomata* mit, und *Atelostomata* ohne Kiefergebiss.

A. Palaechinoidea.

Mit Zittel zerlegen wir die palaeozoischen *Echinoiden*, welche sich durch mehr oder weniger als 20 Täfelchenzonen, sowie mehrfach durchbohrte Scheitelschilder auszeichnen, in die drei Gruppen der *Cystocidaridae*, *Bothriocidaridae* und *Perischoechinidae*.

a. *Cystocidaridae.*

Kugelige oder eiförmige Körper mit schmalen AF., breiten IAF. Die letzteren mit zahlreichen, in unregelmässigen Reihen geordneten, dünnen, schuppenartigen Täfelchen von rundlicher, drei-, vier-, fünf- oder sechsseitiger Form, welche auf Warzen grössere oder kleinere Stacheln tragen. Mund auf der Unterseite mit kräftigem Kiefergebiss, After interradial, zwischen Mund und Scheitel, mit einer Täfelchen-Pyramide bedeckt. Scheitelapparat nicht genau bekannt, die grosse Madreporenplatte liegt am Scheitel eines IAF.

Cystocidaris Zitt. (= *Echinocystites Wyville Thomson non Hall.*) tritt in meist arg zerquetschten Steinkernen oder Abdrücken im Ober-Silur Englands auf. Die Gattung *Spatangopsis Torell* wurde für möglicherweise hierher gehörige, sehr problematische Körper aus dem skandinavischen Unter-Silur errichtet — soll jedoch nach NATHORST auf Medusen-Abdrücke zu beziehen sein.

b. *Bothriocidaridae.*

Kugelige, reguläre Gehäuse, After im Scheitelschild, welches einen Kranz von fünf grösseren und fünf kleineren Plättchen darstellt, innerhalb dessen noch längliche oder eiförmige Afterklappen auftreten (Fig. 196). Die fünf AF. bestehen aus je einer Doppelreihe sechsseitiger Tafeln, welche in der Mitte eine kreisförmige Grube aufweisen, die in ihrem Grunde zwei Poren enthält. Die Interradialfelder enthalten nur eine Reihe gleichgeformter Täfelchen. Feine, sehr kleine Stacheln sitzen bei einer Art nur auf den Ambulacral-, bei der zweiten Art auch auf den Interambulacral-Tafeln. Die Mundöffnung, deren Kiefergebiss unbekannt ist, wird von zehn kleinen, durchbohrten Täfelchen umgeben, vor welchen noch dreieckige Plättchen liegen.

Fig. 196.

Bothriocidaris Pahleni Schmidt. Unter-Silur, Nömmis, Esthland. Scheitelapparat. O = Ocellartäf., G = Genitaltäf., A = Ambulacraltäf., JA = Interambulacraltäf.

Bothriocidaris Eichw. Zwei Arten im Unter-Silur von Esthland.

c. *Perischoëchinidae.*

Schale kugelig oder eiförmig, regulär, After im Scheitelschild. Mund mit Kiefergebiss. Stets mehr als zwei Täfelchenzonen in den IAF., zuweilen auch in den AF.

LOVÉN trennt die hierhergehörigen Gattungen in drei Gruppen: *Lepidocentridae, Melonitidae* und *Archaeocidaridae.*

α. *Lepidocentridae.*

Interambulacraltafeln beweglich, schuppenförmig, nach aufwärts und seitlich übereinandergreifend. Die an die AF. stossenden Interambulacraltafeln sind grösser als die übrigen und mit stärkeren und zahlreicheren Warzen besetzt.

Lepidocentrus Müll. (Fig. 197). Fünf, seltener neun Täfelchenzonen in den IAF. Die adambulacralen Platten grösser, nahezu vierseitig, mit gerundetem, das Ambulacralfeld theilweise überragenden Aussenrand. AF. schmal, mit zwei Reihen kleiner, fest verbundener Täfelchen, von welchen jedes ein Porenpaar aufweist, Kiefergebiss vorhanden, Stacheln sehr klein, auf entfernt stehenden, kleinen Warzen. Devon.

Fig. 197.

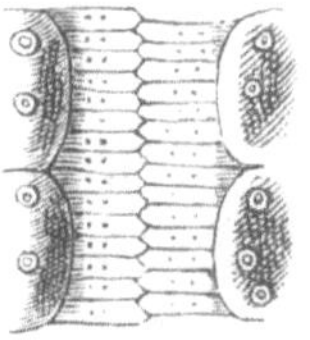

Lepidocentrus Mülleri Schultze. Stück eines Ambulacralfeldes vergr.

An *Lepidocentrus* schliessen sich die Gattungen: *Pholidocidaris Meek. u. Worthen, Perichodomus M'Coy* und *Rhoëchinus Keeping* aus dem amerikanischen und englischen Kohlenkalk.

β. *Melonitidae.*

Interambulacraltafeln zahlreich, nur gekörnelt, nicht mit Stachelwarzen. Täfelchen entweder normal verbunden oder schwach übergreifend.

Melonites Norwood et Owen (Fig. 198). Grosse, elliptische Formen mit fünf breiten, vertieften Zonen, in welchen die in ihrer Mitte etwas erhabenen

Fig. 198.

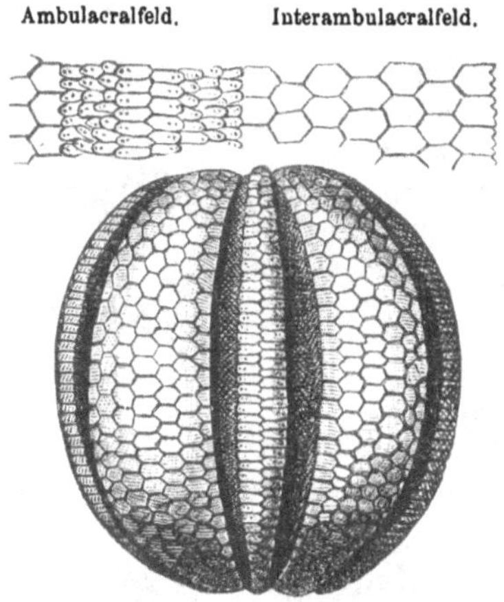

Melonites multipora Norwood et Owen. Kohlenkalk von St. Louis, Missouri.

Fig. 199.

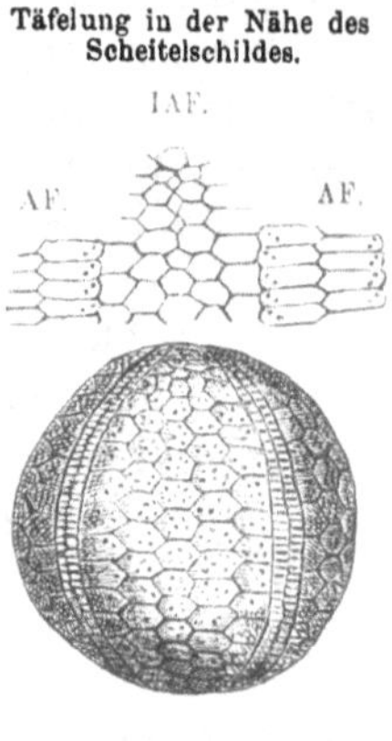

Palaechinus elegans M'Coy. Kohlenkalk Irland.

AF. liegen. IAF. sehr breit, mit sieben Täfelchenreihen in der Nähe des Aequators, welche sich auf vier oder selbst zwei gegen den Scheitel reduciren. Die mittleren Täfelchen sind sechsseitig, die äusseren fünfseitig abgestutzt. Jede Hälfte der AF. weist vier bis fünf Reihen kleiner, schuppiger Täfelchen auf, welche durch Doppelporen durchbohrt sind. Scheitelschild mit fünf Ocellar- und fünf Genitaltäfelchen, erstere mit zwei bis fünf, letztere mit zwei Poren. Kiefergebiss vorhanden. Kohlenkalk Amerikas und Europas.

Fig. 200.

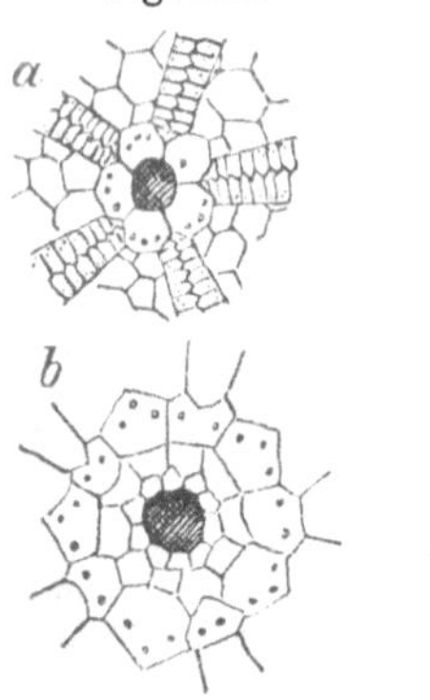

a. *Palaechinus sphaericus Scouler.* b. *Pal. elegans M'Coy.* Kohlenkalk von Kirkhy-Stephen, Westmoreland. Scheitelschild stark vergrössert.

Palaëchinus Scouler (Fig. 199, 200). IAF. breit, mit vier bis sieben mit Körnchenreihen gezierten Täfelchenzonen, AF. schmal, mit zwei Reihen niedriger Täfelchen, welche je ein Porenpaar tragen. Scheitelschild bei einer Art *(P. sphaericus Scouler)* nur aus fünf Genitaltäfelchen, bei einer anderen Art aus fünf Genital- und fünf Ocellartäfelchen gebildet, welche den mit zahlreichen kleinen Plättchen versehenen After einschliessen. Ober-Silur und Carbon.

Als weitere *Melonitiden*-Gattungen sind zu nennen: *Protoëchinus Austin.*, *Lepidesthes Meek u. Worth.* und *Oligoporus Meek. u. Worth.* aus dem englischen und amerikanischen Kohlenkalk.

γ. Archaeocidaridae.

Die Interambulacralplatten sind mit je einer grossen Stachelwarze geziert und greifen mehr oder weniger übereinander.

Archaeocidaris M'Coy (Fig. 201). IAF. aus drei bis acht Reihen hexagonaler Kalktäfelchen, welche seitlich und gegen oben übereinandergreifen und kräftige Stachelwarzen tragen.

Die adambulacralen Täfelchen fünfseitig, die AF. schmal, mit zwei Reihen unregelmässiger, kleiner Porentäfelchen. Kiefergebiss vorhanden, Stacheln kräftig, lang, gedornt. Kohlenkalk.

Fig. 201.

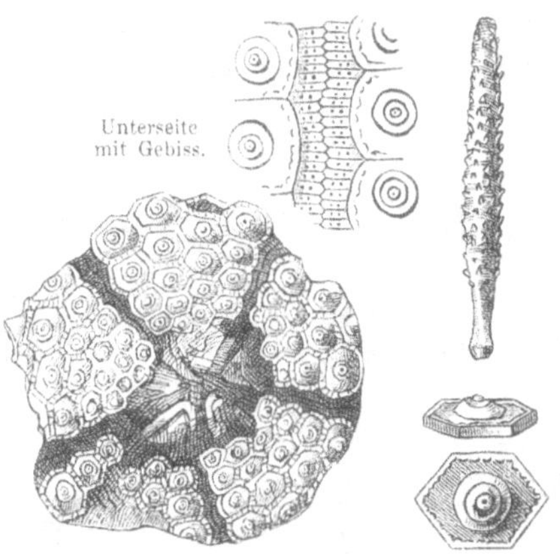

Archaeocidaris Wortheni Hall. Kohlenkalk von St. Louis, Missouri.

Weitere, verwandte Gattungen sind: *Eocidaris Desor.* (Dyas), *Lepidechinus Hall.* (Devon und Kohlenkalk), *Lepidocidaris Meek u. Worth.* (Kohlenkalk), *Xenocidaris L. Schultze* (Devon), *Anaulocidaris Zitt.* (Trias von St. Cassian, auf sechsseitige Täfelchen gegründet, zu welchen wahrscheinlich die breiten, flachen, von Münster als *Cidaris Buchi* beschriebenen Stacheln gehören).

B. Euechinoidea.

Seeigel mit zehn ambulacralen und zehn interambulacralen Täfelchenreihen (nur bei *Tetracidaris* finden sich 20 Interambulacraltäfelchen-Zonen). Fünf Ocellar- und fünf (oder vier) meist einfach durchbohrte Genitaltäfelchen bilden in Gemeinschaft mit der Madreporenplatte das Scheitelschild. Kiefergebiss vorhanden oder fehlend.

B_1. Regulares.

Peristom central auf der Unterseite, After im Scheitelschild, dem Mund gegenüber, Ambulacra einfach, bandförmig, allgemeine Gestalt rund, selten elliptisch.

Wir trennen die regulären Seeigel in vier Gruppen: *Echinothuridae*, *Cidaridae*, *Salenidae* und *Glyphostomata*.

a. *Echinothuridae.*

Reguläre Seeigel mit schuppenförmigen, übergreifenden, etwas beweglichen Kalktäfelchen. Die IA.-Tafeln greifen nach oben (mit ihrem aboralen), die A.-Tafeln mit dem unteren (adoralen) Rande über. AF. wie IAF. mit zahlreichen, kleinen Stachelwarzen besetzt, Peristom mit durchbohrten Kalkplättchen getäfelt.

Zu dieser, manche Beziehungen zu den *Palaechinoiden* verrathenden Gruppe gehören die recenten Gattungen: *Asthenosoma Grube (= Calveria Wyv. Thomson)* und *Phormosoma Wyv. Thomson*, sowie die cretacische *Echinothuria S. Woodw.*

b. *Cidaridae.*

Schale rund, oft kugelig, AF. schmal, wellig gebogen, aus einfachen Täfelchen gebildet, deren Doppelporen eine (selten zwei) Reihen bilden. IAF. breit, mit zwei (bei Tetracidaris mit vier) Reihen grosser Stachelwarzen. Scheitelschild aus fünf grösseren, einfach durchbohrten Genital- und kleineren

Fig. 202.

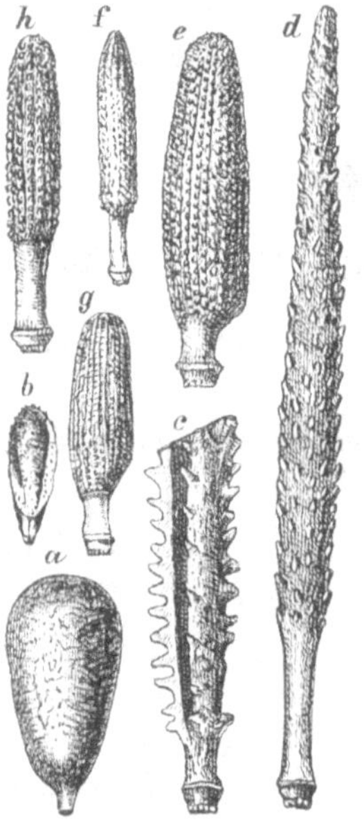

Cidariden-Stacheln.
a *Cidaris dorsata Bronn*, St. Cassian. b *Cidaris alata Ag.*, St. Cassian. c *Cidaris nobilis tricarinata Quenst.* Weisser Jura ε. d *Rhabdocidaris horrida Merian.* Dogger. e *Cidaris florigemma Mil.* f g *Cidaris coronata Goldf.* Weisser Jura γ. h *Cidaris perlata Quenst.* Oolith ε.

Fig. 203.

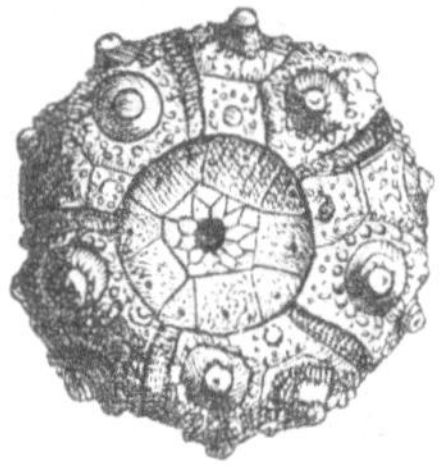

Cidaris coronata Goldf. Weisser Jura γ. Hossingen, Würtemberg, Scheitelschild.

Fig. 204.

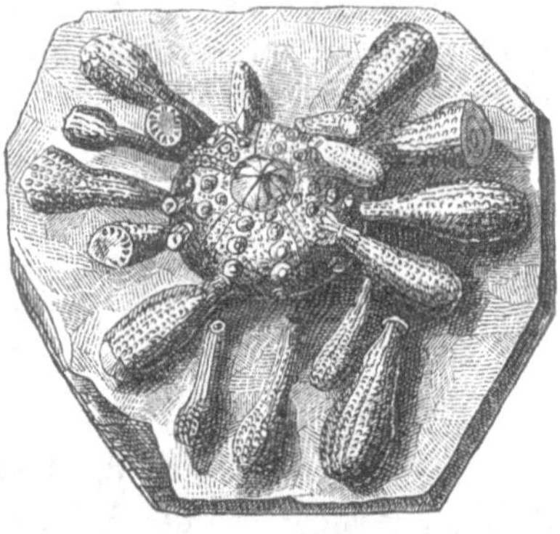

Cidaris margaritifera Sow. Kreide, Charlton, Kent.

Ocellartäfelchen gebildet. Die Madreporenplatte fällt mit dem rechten, vorderen Genitaltäfelchen zusammen. Peristom ohne Einschnitte, mit schuppigen Täfelchen überkleidet, welche in Reihen geordnet sind und in die AF. und IAF. übergehen. Die ambulacralen Mundtäfelchen durchbohrt. Stacheln wohlentwickelt, durch Grösse und Verzierung ausgezeichnet (Fig. 202).

Cidaris Lamk. (Fig. 203, 204). Von der Trias an in allen Formationen, so wie in den recenten Meeren häufig. Im Muschelkalk treten bereits hierhergehörige, isolirte Asseln und Stacheln auf, in der alpinen Trias, zumal in den Schichten von St. Cassian sind *Cidariden*-Reste (massenhafte Stacheln und einzelne Schalenreste) überaus häufig; desgleichen in Jura und Kreide, weniger im Tertiär. Die recenten Arten sind tropische Formen.

Als Subgenera von *Cidaris* sind zu betrachten: *Gymnocidaris*, *Prionocidaris*, *Phyllacanthus*, *Chondrocidaris Al. Agass.*, sowie *Coronocidaris Quenst.* und *Papula Bayle.*

Rhabdocidaris Desor. unterscheidet sich von *Cidaris* hauptsächlich durch gejochte Poren (bei *Cidaris* sind die Doppelporen der Ambulacralflächen nicht durch eine Furche verbunden) und sehr grosse, stabförmige, gedornte Stacheln. Jura und Kreide.

Diplocidaris Desor besitzt Ambulacraltäfelchen, deren Poren alternirend nach rechts und links gerückt sind, so dass zwei Reihen von Porenpaaren in jedem Porenstreifen entstehen. Jura.

Tetracidaris Cotteau. Porenstreifen wie bei *Diplocidaris*, IAF. aus vier Tafelreihen, welche sich in der Nähe des Scheitels plötzlich zu zwei Reihen reduciren. Neocom.

Weitere fossile *Cidariden*-Gattungen sind: *Polycidaris Quenst.* (Jura), *Temnocidaris Cotteau* (Kreide), *Orthocidaris Cotteau* (Kreide); auch mehrere recente Formen treten fossil auf, so *Porocidaris Desor* (Eocän, Miocän), *Leiocidaris Desor* (Kreide, Tertiär).

c. *Salenidae.*

Schale rund oder abgerundet fünfeckig, Porenstreifen schmal, gerade oder gebogen, mit rundlichen Poren in einer einzigen Doppelreihe, AF. schmal, nur mit Körnern oder kleinen Warzen, IAF. breit mit zwei Reihen grosser, gekerbter Warzen. Im Scheitelschild zwischen den fünf Genital- und fünf Ocellartäfelchen eine oder mehr überzählige Platten, welche den After aus dem Centrum drängen. Die Orientirung der Schale schwierig, da das als Madreporenplatte fungirende rechte Genitaltäfelchen oft nur durch eine verzerrte Pore oder einen Spalt angedeutet und daher schwer zu erkennen ist. Peristom rundlich zehneckig, von undurchbohrten, schuppigen Täfelchen bekleidet, um die Mundöffnung zehn perforirte Täfelchen.

Fig. 205.

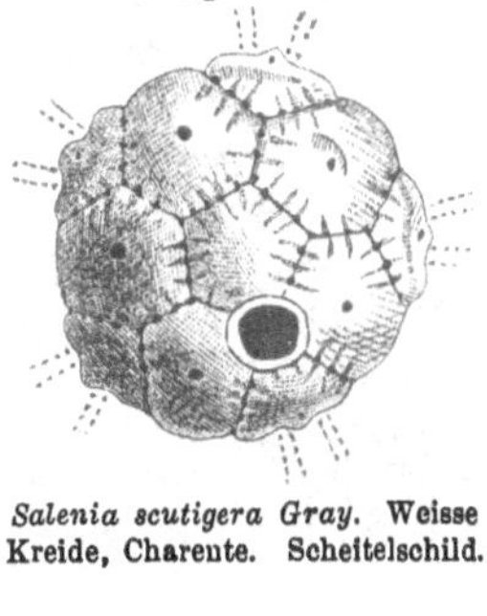

Salenia scutigera Gray. Weisse Kreide, Charente. Scheitelschild.

Salenia Gray. (Fig. 205). Scheitelschild mit einer einzigen Centralplatte vor der Afteröffnung, Madreporenplatte mit einfacher Spalte, Warzen undurchbohrt. Recent in der Tiefsee, häufig in der oberen, selten in der unteren Kreide, im Eocän und Miocän.

Peltaster Ag. (Oberer Jura, Kreide, recent) und *Goniophorus Ag.* (Kreide) schliessen sich innig an *Salenia* an.

Acrosalenia Ag. mit perforirten Stachelwarzen, wenig vorragendem Scheitelschild, in dem eine oder mehrere überzählige Platten den After nach rückwärts drängen, mit poröser Madreporenplatte. Jura, Kreide.

An *Acrosalenia* schliessen sich an: *Pseudosalenia Cotteau* (Jura), *Peropeltaris Quenst.* (Jura), *Heterosalenia Cotteau* (Kreide).

d. *Glyphostomata.*

AF. und IAF. nahezu gleich breit, beide mit Hauptwarzen; Ambulacraltäfelchen aus mehreren, mehr oder minder eng verbundenen Primärtäfelchen gebildet und in Folge dessen von mehreren Porenpaaren durchbohrt. Peristom häutig (zuweilen mit kleinen, unregelmässig geordneten Täfelchen bedeckt), mit tief eingeschnittenen Ecken.

Die *Glyphostomata* zerfallen in zwei Unterabtheilungen: *Diadematidae*, bei welchen in den gruppenweise vereinigten Primärtäfelchen der Ambulacren oder in den durch Verschmelzung mehrerer Ambulacraltäfelchen entstandenen Grossplatten die Porenpaare nur in einer einzigen Doppelreihe stehen, und *Echinidae* mit ambulacralen Grossplatten aus wenigstens drei verschmolzenen Primärtafelchen, mit breiten, aus drei oder mehr (selten nur aus zwei) Doppelreihen von Poren.

α. *Diadematidae.*

Eine (künstliche, keineswegs den natürlichen Verwandtschaftsverhältnissen entsprechende) Gruppirung der überaus zahlreichen, hierhergehörigen Formen erhält man durch Berücksichtigung der Warzen. Cotteau theilt darnach die *Diadematidae* in folgende vier Gruppen:

1. *Diadematidae* mit gekerbten und durchbohrten Warzen,
2. „ „ ungekerbten und „ „
3. „ „ gekerbten und undurchbohrten „
4. „ „ ungekerbten und „ „ .

Zur ersten Gruppe gehören einige recente Formen (darunter *Diadema* selbst), dann zahlreiche, fossile Gattungen, so:

Hemicidaris Ag. (Tiaris Quenst.). Ziemlich grosse, runde Formen mit hoch gewölbter Oberseite, wenig gebogenen Porenstreifen, schmalen, gegen die Unterseite breiteren und dort mit zwei Reihen starker Stachelwarzen ausgezeichneter AF., IAF. mit zwei Reihen kräftiger Hauptwarzen. Stacheln lang, cylindrisch, zuweilen keulenförmig.

Als Subgenera von *Hemicidaris* sind zu betrachten: *Hypodiadema Desor.* Kleine Formen mit gleichmässig entwickelten Warzen und *Hemidiadema Ag.* (Fig. 206), deren AF. gegen abwärts eine einzige Reihe sehr kräftiger Warzen entwickelt.

Fig. 206.

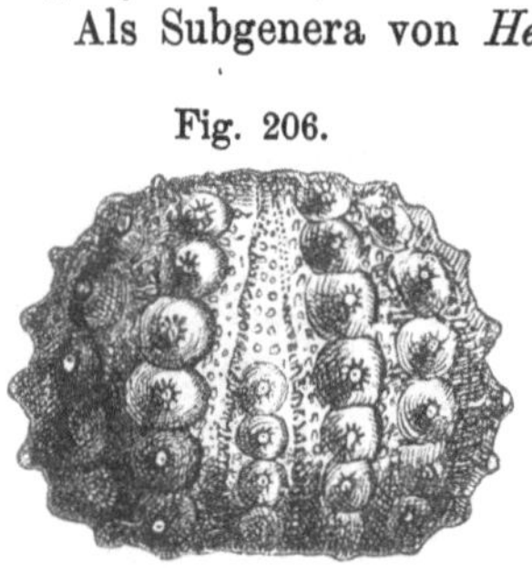

Hemicidaris (Hemidiadema) serialis Quenst. Weisser Jura ε, Hohenstadt.

Hemicidaris reicht vom Zechstein bis in's Eocän, erreicht aber im oberen Jura schon den Höhepunkt der Entwickelung.

Verwandte fossile Gattungen sind: *Heterocidaris Cotteau* (Jura), *Pseudocidaris Etallon* (Jura, Kreide), *Acrocidaris Ag.* (Jura, Kreide), *Asterocidaris Cotteau* (Jura), *Pseudodiadema Desor* (Jura, Kreide, auch tertiär), *Heterodiadema Cotteau* (Kreide), *Microdiadema Cotteau* Jura), *Pleurodiadema Loriol* (Jura), *Hemipygus Etallon* (Jura), *Glyphocyphus J. Haime* (Kreide), *Hebertia Mich.* (Eocän).

Der zweiten Gruppe mit ungekerbten und durchbohrten Warzen gehören fast nur fossile Formen an: *Diademopsis Desor* (Lias), *Cidaropsis Cotteau* (Jura), *Echinopsis Ag.* (Eocän), *Orthopsis Cotteau* (Kreide), *Hemipedina Wright* (Jura, Kreide, auch recent).

Die dritte Gruppe mit gekerbten und undurchbohrten Warzen umschliesst einige recent und fossil auftretende Gattungen wie: *Cyphosoma Ag.* (Fig. 207). Ziemlich grosse, rundlich fünfeckige, meist niedrige Formen mit etwas welligen Porenstreifen, nahezu gleich breiten IAF. und AF., mit je zwei Reihen starker

Fig. 207.

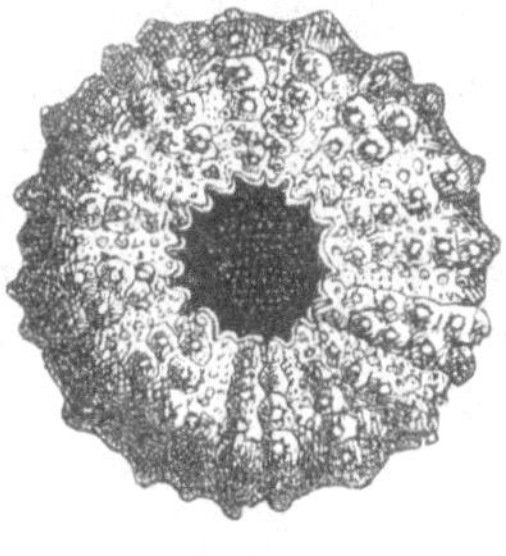

Cyphosoma Koenigi Mant. Weisse Kreide, Sussex.

Fig. 208.

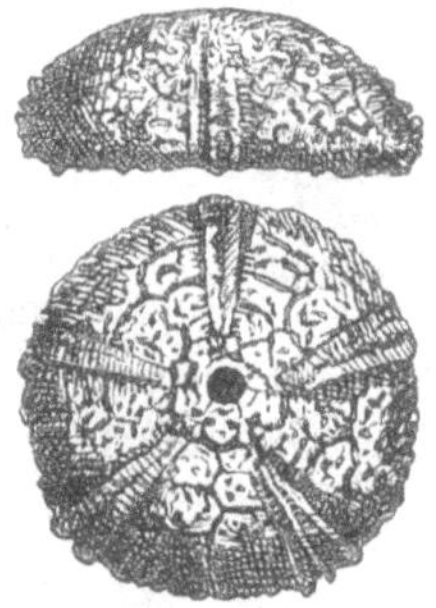

Glypticus hieroglyphicus Goldf. Coralrag, Schweiz.

Stachelwarzen, neben welchen in den IAF. noch Reihen kleinerer Warzen auftreten. Kreide, Tertiär und recent.

Temnopleurus Ag. (Tertiär und recent). Nur fossil sind: *Micropsis Cotteau* (Kreide, Eocän), *Echinocyphus Cotteau* (Kreide), *Coptophyma Peron et Gauthier* (Kreide).

Die vierte Gruppe der *Diadematiden* mit ungekerbten und undurchbohrten Stachelwarzen enthält mehrere recente und erloschene Gattungen — unter den letzteren sind zu nennen:

Glypticus Ag. (Fig. 208). Kleine, flache Formen von rundlichem Umriss, AF. mit zwei Warzenreihen, IAF. breiter, mit hieroglyphenartiger Sculptur (in Folge der Auflösung der Warzenköpfe in einzelne Hervorragungen und des Auftretens kleiner Körner zwischen denselben), Scheitelschild und Mund gross, letzterer mit schwachen Einschnitten. Jura.

Glypticus hieroglyphicus. Leitfossil für das „Glypticien".

Die Gattungen *Opechinus Desor.* (Eocän), *Codiopsis Ag.* (Kreide), *Magnosia Mich.* (Jura, Kreide), *Goniopygus Ag.* (Kreide, Eocän), *Acropeltis Ag.* (Jura), *Leiosoma Cott.* (Kreide) treten nur fossil auf. *Coelopleurus Ag.* (Tertiär), *Cottaldia Desor* (Kreide, Tertiär) erscheinen auch in den gegenwärtigen Meeren.

β. Echinidae.

Lassen sich nach der Zahl der Porenpaare, welche auf einer Grossplatte auftreten, in *Oligopori* (mit drei Porenpaaren auf jeder einzelnen Tafel) und *Polypori* (mit mehr als je drei Porenpaaren) eintheilen. Zur Gruppe der *Oligopori* gehört zunächst *Echinus Linn.* selbst, welche Gattung bereits im Eocän auftritt, sodann *Psammechinus* (tertiär und recent), *Salmacis Ag.* (tertiär, recent), *Hipponoe Gray* (miocän, recent), zahlreiche recente Gattungen, ferner viele fossile Formen, so: *Stomechinus Desor* (Fig. 209). Halbkugelig, oft ziemlich gross, mit breiten, geraden Porenstreifen, Warzen zahlreich, klein, Peristom sehr gross, fünfeckig, mit tiefem Einschnitt (Jura, Kreide). *Echinodiadema Cott.* (Jura), *Glyptechinus Loriol* (Kreide), *Codechinus Desor* (Kreide), *Pedina Ag.* (Jura), *Pseudopedina Cott.* (Jura), *Leiopedina Cott.* (Eocän), *Micropedina Cott.* (Kreide), *Echinopedina Cott.* (Eocän).

Fig. 209.

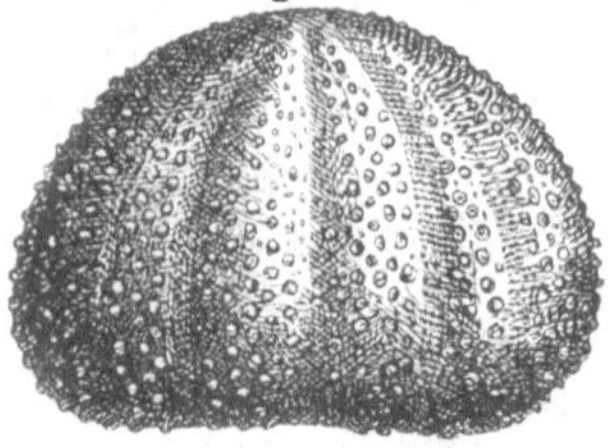

Stomechinus lineatus Goldf. sp., Coralray Sontheim, Würtemberg.

Zur Gruppe der Polypori gehören zahlreiche, recente Gattungen, von welchen mehrere auch fossil auftreten: *Echinometra Rondelet* (Miocän und recent), *Strongylocentrotus Brandt* (Pliocän, recent), *Sphaerechinus Desor* (Pliocän und recent); von erloschenen Gattungen sind zu nennen: *Phymechinus Desor* (Jura), *Diplotagma Schlüt.* (Kreide) und *Pedinopsis Cott.* (Kreide).

B. Irregulares.

Die unregelmässigen oder richtiger ausgesprochen bilateral symmetrischen *Echiniden* zerfallen in die beiden Gruppen der *Gnathostomata* mit und *Atelostomata* ohne Kiefergebiss.

B.₁ Gnathostomata.

Sie umfassen die drei Familien der *Echinoconidae*, *Conoclypeidae* und *Clypeastridae*.

a. *Echinoconidae.*

Mit rundlichem, selten elliptischem oder fünfeckigem Umriss, einfachen, schmalen, bandförmigen Porenstreifen, aus gleichen Doppelporen gebildet, welche in einer, selten in zwei Doppel-Reihen stehen. Peristom central an der Unterseite, After zwischen dem compacten Scheitelschild und dem Mund gelegen.

Fig. 210.

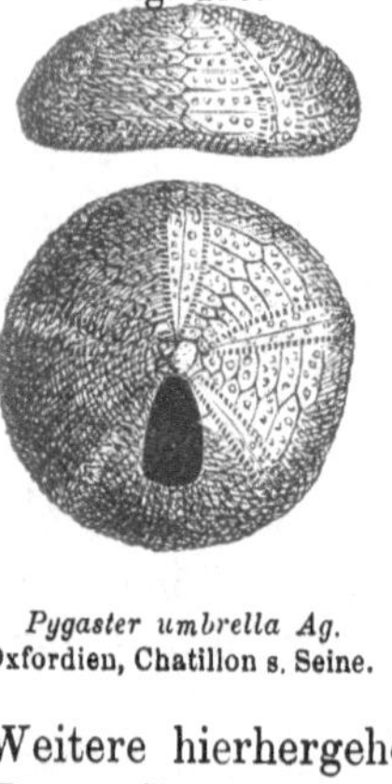

Pygaster umbrella Ag. Oxfordien, Chatillon s. Seine.

Echinoconus Breyn. Von rundlich-fünfeckigem Umriss, mit ebener Unterseite, oft kegelförmig gestaltet. Im Scheitelschild nur vier Genitaltafeln durchbohrt, das fünfte (hintere) Genitaltäfelchen klein, undeutlich, After von unten nicht sichtbar, inframarginal. Kreide.

Pygaster Ag. (Fig. 210). Rundlich, fünfeckig, auf der Hinterseite abgestutzt, Scheitelschild mit zehn Täfelchen, alle Genitaltäfelchen durchbohrt. Afterlücke sehr gross, oval, oft einen grossen Theil des Raumes zwischen Scheitel und Hinterrand einnehmend. Jura, Kreide, auch recent. Weitere hierhergehörige Gattungen sind: *Discoidea Klein* (Kreide), *Holectypus Desor* (Jura und Kreide), *Anorthopygus Cott.* (Kreide).

b. *Conoclypeidae.*

Schale im Umriss rundlich, hoch gewölbt. Die schmalen Ambulacren sind auf der Oberseite subpetaloid, gegen unten weit geöffnet und setzen auf der Unterseite bis zum Peristom fort. Poren gejocht, Scheitelschild solid, hauptsächlich von der Madreporenplatte gebildet, die Genitaltäfelchen meist nur am peripherischen Theil durch Nähte geschieden. Peristom central, fünfeckig, After submarginal, Stacheln und Stachelwarzen klein.

Fig. 211.

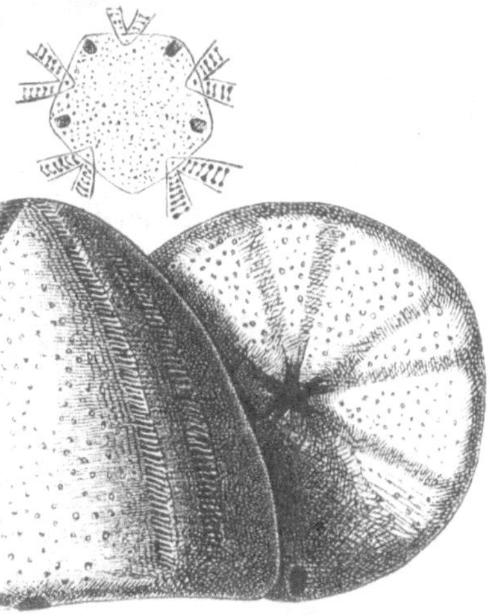

Conoclypeus conoideus Goldf. Eocän, Kressenberg. Etwas verkleinert.

Conoclypeus Ag. (Fig. 211) mit den Charakteren der Gruppe. Kreide, Tertiär, hauptsächlich im Eocän, in welchem *Conoclypeus conoideus Goldf.* zu den bezeichnendsten Versteinerungen gehört. *Oviclypeus Dames.* Eocän.

c. *Clypeastridae.*

Schale elliptisch oder fünfeckig im Umriss, mehr oder minder niedergedrückt, hohe Formen selten. Ambulacra petaloid oder subpetaloid, Porenpaare meist gejocht, Scheitelschild fast ganz von der Madreporenplatte eingenommen, Peristom rundlich, central, After inframarginal oder submarginal. Im Innern der Schale oft Kalkstützen. Die *Clypeastriden* können untergetheilt werden in *Euclypeastridae*, mässig gewölbte Formen mit gegen unten geöffneten, unvollkommen petaloiden Ambulacren, und *Scutellidae*, vollständig flache, scheibenförmige Formen mit sehr ausgezeichnet blattförmigen Ambulacren.

α. *Euclypeastridae.*

Echinocyamus Phelsum. Kleine, ovale Formen mit kaum petaloiden Ambulacren, nicht gejochten Poren. Kreide, Tertiär, recent.

Weitere verwandte, kleine *Euclypeastriden* sind: *Sismondia Desor* (Miocän), *Fibularia Lamk.* (Kreide), *Scutellina Ag.* (Eocän).

Clypeaster Lamk. (Fig. 212). Grosse dickschalige Formen von fünfeckigem oder elliptischem Umriss, sehr breiten, oft erhabenen, petaloiden Ambulacren, mit gejochten Poren, Scheitelschild ganz vom Madreporiten gebildet, mit fünf Genital- und fünf Ocellar-Poren, Mund fünfeckig, stark vertieft, After klein, inframarginal. Miocän, Pliocän und recent.

Fig. 212.

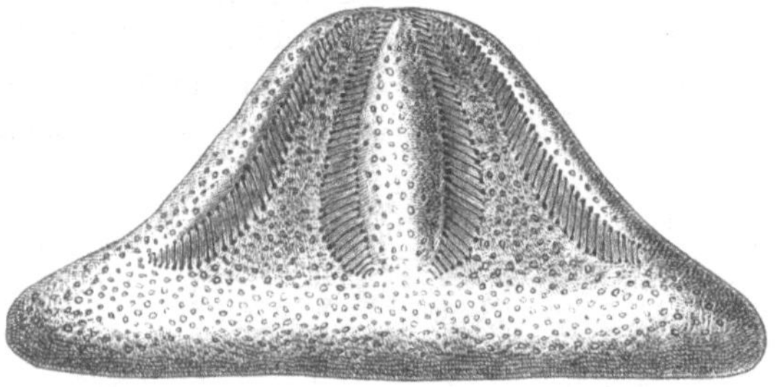

Clypeaster altecostatus Mich. Leithakalk, Wien (verkl.).

Laganum Klein. Mittelgrosse Formen mit ovalem Umriss, lancettlichen Ambulacren, niedrig mit aufgewulstetem Rand. Tertiär und recent.

β. *Scutellidae.*

Formen ohne Einschnitte und Löcher.

Scutella Lamk. (Fig. 213). Niedrig, scheibenförmig, Ambulacren breit, petaloid, Scheitelschild klein, Peristom klein, rund, After sehr klein, inframarginal, Ambulacralfurchen der Unterseite mehrfach vergabelt. Tertiär und recent.

Hierher gehören noch die Gattungen: *Mortonia Desor* (Eocän), *Arachnoides Klein* (Tertiär und recent), *Asterodaspis Conrad* (Tertiär).

Fig. 213.

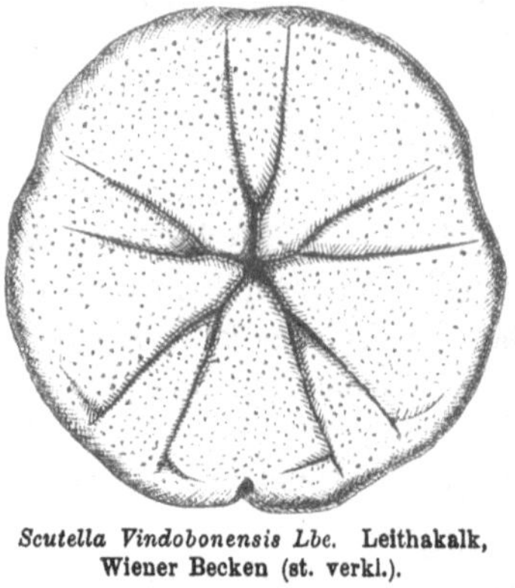

Scutella Vindobonensis Lbe. Leithakalk, Wiener Becken (st. verkl.).

Fig. 214.

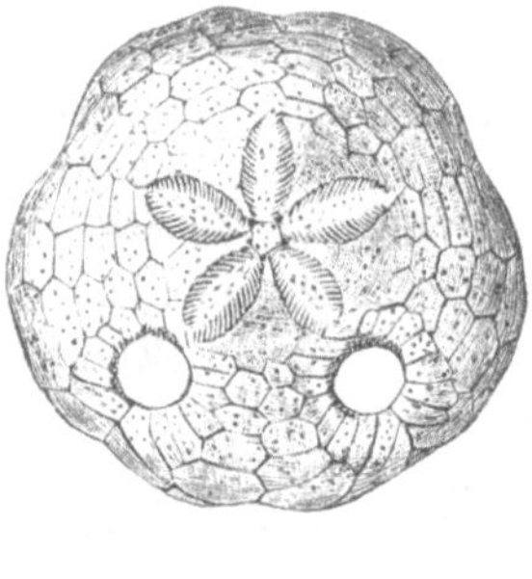

Amphiope bioculata Ag. Miocän.

Formen mit Löchern oder Einschnitten.

Hierher zahlreiche recente Gattungen, ferner: *Amphiope Ag.* (Fig. 214) mit zwei runden Durchbrechungen der Schale in der Verlängerung der beiden hinteren Ambulacra. Miocän.

Runa Ag. mit Einschnitten am Rande. (Miocän.)
Rotuloidea Ether. Vorderrand glatt, Hinterrand zerschnitten. (Tertiär).

B.$_2$ Atelostomata.

Die kieferlosen, unregelmässigen Seeigel theilt Loriol in drei Gruppen: *Cassidulidae, Holasteridae* und *Spatangidae*, welche je wieder zwei Unterabtheilungen umfassen.

a. *Cassidulidae.*

Der Mund liegt central oder subcentral und ist in der Regel mit einer Floscelle ausgestattet. Es vertiefen sich die Ambulacra in der Nähe des Mundes und tragen zahlreiche, wohlentwickelte Doppelporen, zwischen diesen sogenannten Phyllodien erheben sich lippenförmige Wülste und beide zusammen bilden einen zierlichen Stern um den Mund: die Floscelle. Der After liegt excentrisch, die Ambulacra sind einfach oder petaloid, in der Regel alle gleich gestaltet. Die Formen mit bandförmigen, einfachen Ambulacren bilden die Unterabtheilung der *Echinoneinae*, diejenigen mit petaloiden Ambulacra die Unterabtheilung der *Echinolampinae;* erstere entbehren, letztere besitzen die Floscelle.

α. *Echinoneinae.*

Echinoneus van Phels. Kleine, länglich eiförmige, gewölbte Formen, mit geradlinigen Porenstreifen, centralem Mund ohne Floscelle und grosser, eiförmiger Afterlücke zwischen Mund und Hinterrand. Miocän und recent.

Hyboclypus Ag., eiförmig, niedrig, mit geraden, schmalen Porenstreifen, welche auf der Oberseite dicht gedrängte und ziemlich grosse, auf der Unterseite aber entfernt stehende und kaum sichtbare Poren aufweisen, das Scheitelschild stark verlängert, indem die paarigen Ocellar- und Genitaltäfelchen in der Mittellinie zusammenstossen. After gleich hinter dem Apicalschild in einer Furche gelegen, Mund fünfeckig, etwas nach vorn gerückt. Jura.

Weitere hierhergehörige Gattungen sind: *Galeropygus Cotteau*, *Galeroclypeus Cott.*, *Pachyclypus Desor*, *Infraclypeus Gauthier* (sämmtlich aus der Juraformation), sowie *Pyrina Desmoul.* (Jura, Kreide und Eocän).

β. *Echinolampinae.*

Man kann drei Gruppen unter den zahlreichen, hierhergehörigen Formen unterscheiden: erstlich Formen ohne Floscelle mit kaum petaloiden Ambulacren. Hierher gehören die Gattungen: *Caratomus Ag.* (Kreide), *Pygaulus Ag.* (Kreide), *Heterolampas Cott.* (Kreide oder Eocän), *Amblypygus Ag.* (Tertiär) und *Neolampas Ag.* (recent), welche den Uebergang zu den *Echinoneinae* vermittelt.

Die zweite Gruppe umfasst jene sehr zahlreichen Formen, bei welchen die Floscelle mehr oder minder deutlich entwickelt ist. Hierher gehören:

Echinobrissus Breyn (Fig. 215). Eiförmig, hinten abgestutzt, unten concav, oben gewölbt, mit petaloiden Ambulacren und gejochten Poren, Porenstreifen auf der Unterseite schwach entwickelt, Floscelle undeutlich, After knapp hinter dem compacten Scheitelschild in einer tiefen Furche,

Peristom rundlich oder fünfeckig, etwas vor der Mitte der Unterseite. Jura, Kreide, auch recent.

Nucleolites Lamk. unterscheidet sich von der vorstehenden Gattung durch nicht gejochte Poren. Kreide, Tertiär und recent.

Fig. 215.

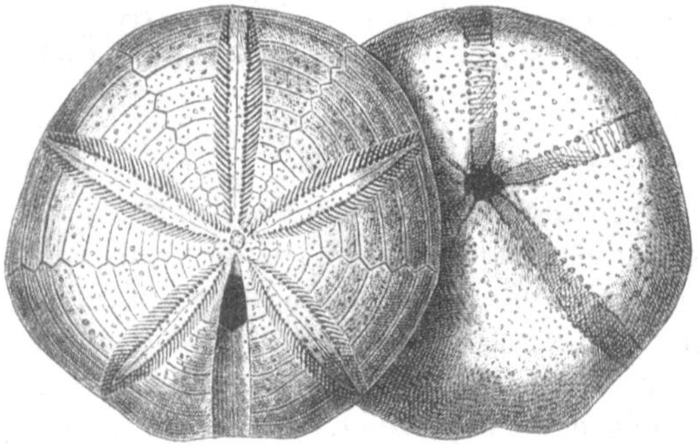

Echinobrissus patella Lamk. Grossoolith, Lahr.

Clypeus Klein. Grosse, scheibenförmige Formen, mit langen, lanzettlichen Ambulacren. After hinter dem Scheitel, Mund mit undeutlicher Floscelle. Jura.

Cassidulus Lamk. Länglich oval, mit blattförmigen, kurzen Ambulacra. After oval, auf der Oberseite, Mund mit ausgezeichneter Floscelle etwas vor der Mitte. Kreide, Tertiär.

Fig. 216.

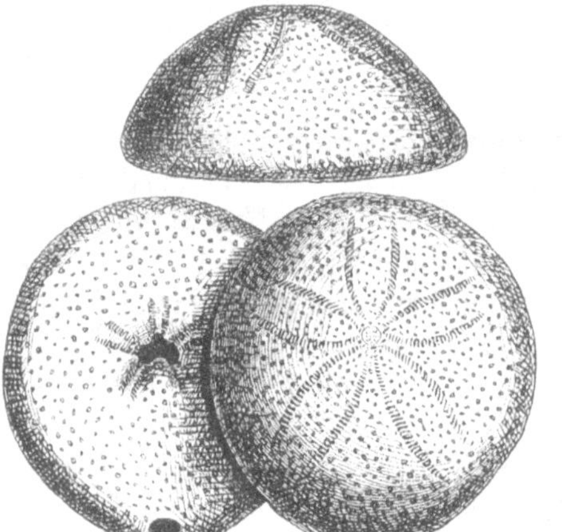

Echinolampas Kleini Goldf. Oligocän Doberg b. Bünde.

Echinolampas Gray.(Fig.216). Grosse, ovale, gewölbte Formen mit petaloiden, kurzen, unten offenen Ambulacren, gejochten Poren. Scheitel nach vorn gerückt, Mund central, quer fünfeckig, mit Floscelle, After einfach marginal. Häufig tertiär und recent.

Weitere hierhergehörige Gattungen sind: *Clypeopygus Desor* (Kreide), *Bothriopygus d'Orb.* (Kreide), *Catopygus Ag.* (Kreide, Tertiär und recent), *Echinanthus Breyn.* (Kreide, Tertiär), *Pygurus d'Orb.* (Jura und Kreide), *Pygorhynchus d'Orb.* (Kreide, Eocän), *Faujasia d'Orb.* (Kreide), *Ilarionia Dames* (Eocän) u. A. m.

Als eine dritte Gruppe können den *Echinolampinae* zugezählt werden: *Archiacia Ag.* und *Claviaster d'Orb.*, sehr eigenthümlich gestaltete Formen aus der Kreide, welche abweichend entwickelte, vordere Ambulacren besitzen, sich aber durch die Entwicklung der Floscellen als *Cassiduliden* erweisen.

b. *Holasteridae.*

Hochgewölbte Seeigel mit einfachen Ambulacren. Scheitelschild verlängert, oft so stark, dass die vorderen drei (das Trivium bildenden) Ambulacra durch einen weiteren Zwischenraum von den hinteren (Bivium) getrennt sind. Peristom quer zweilippig oder rundlich, nach vorne gerückt, After submarginal oder marginal.

Die *Holasteridae* zerfallen in zwei Gruppen; bei deren erster *(Dysasterinae)* ist das Scheitelschild stark in die Länge gezogen, am vorderen Ende, an welchem vier durchbohrte Genitaltäfelchen und drei Augentäfelchen liegen, stossen die drei Ambulacren des Trivium zusammen, am hinteren Ende des Scheitelschildes liegen die zwei übrigen Augentäfelchen, an welche sich die hinteren, paarigen Ambulacra des Bivium anschliessen. Zwischen beiden Theilen des Scheitelschildes erscheinen überzählige Platten in zwei Reihen. Die *Dysasterinae* besitzen einen rundlich zehneckigen Mund und keine Fasciolen. Die zweite Gruppe der *Holasteridae (Ananchytinae)* besitzt ein weniger verlängertes Scheitelschild, an welchem alle Ambulacra zusammenlaufen. Das Peristom ist quer verlängert, oft zweilippig und zuweilen sind Fasciolen vorhanden.

α. Dysasterinae.

Collyrites Desm. (Fig. 217). Oval, gewölbt, Bivium und Trivium weit getrennt, Porenstreifen schmal, die Poren stehen auf der Unterseite weiter entfernt und sind schwächer. Der After liegt auf der Hinterseite. Jura und Kreide.

Fig. 217.

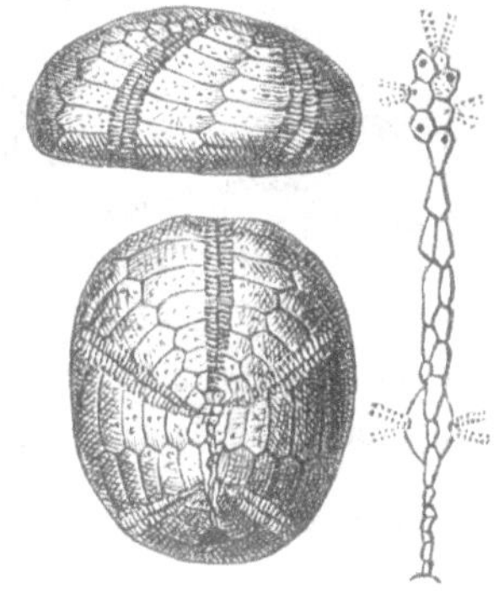

Collyrites ellipticus Desm. Dogger, Mamers, Sarthe. (Etwas verkl. Scheitelschild vergrössert.)

Bei *Dysaster Ag.* (Jura und Kreide) ist das Scheitelschild weniger verlängert, bei *Grasia Mich.* (Jura) liegt der After auf der Oberseite in der Nähe des Hinterrandes in einer tiefen Furche.

Metaporhinus Mich. (Jura, Kreide) besitzt ein abweichend entwickeltes, vorderes Ambulacrum.

β. Ananchytinae.

Ananchytes Mercati. (Fig. 218) mit eiförmigem Umriss, hoch gewölbt, mit flacher Unterseite, und kleinen, in geraden Streifen angeordneten Poren. Scheitelschild etwas verlängert, die vier durchbohrten Genitaltäfelchen durch zwei eingeschobene Ocellartäfelchen getrennt. After oval, inframarginal, Mund weit nach vorn gerückt, zweilippig. Obere Kreide. Die abgebildete Art ist für die weisse Kreide charakteristisch.

Fig. 218.

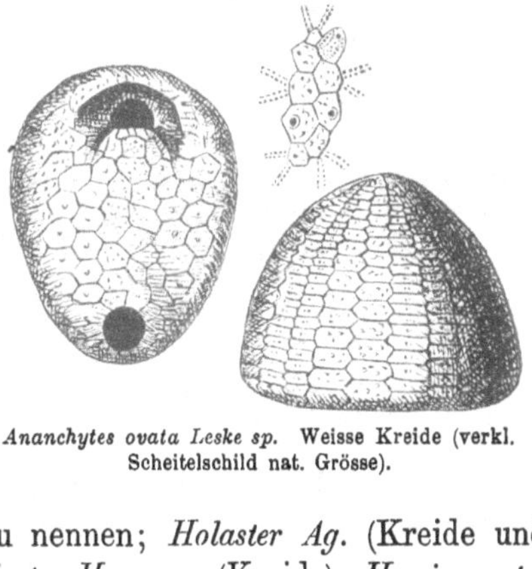

Ananchytes ovata Leske sp. Weisse Kreide (verkl. Scheitelschild nat. Grösse).

Mit *Ananchytes* nahe verwandt sind *Oolaster Lbe.* (Eocän) und *Stenonia Desor* (Kreide). Zahlreiche *Ananchytinen*-Gattungen treten in den heutigen Meeren auf; von fossilen wären noch zu nennen; *Holaster Ag.* (Kreide und Tertiär), *Cardiaster Forbes* (Kreide), *Infulaster Hagenow* (Kreide), *Hemipneustes*

Ag. (Kreide), *Offaster Desor* (Kreide), sämmtlich mit einfachen Ambulacren. Bei *Palaeopneustes Ag.* (Tertiär und recent), sowie bei *Asterostoma Lamk.* (Miocän) sind die Ambulacra petaloid.

c. *Spatangidae.*

Meist herzförmige, ausgesprochen bilateral symmetrische Seeigel mit ungleichen, blattförmigen Ambulacra, compactem Scheitelschild und supramarginalem After. Nach der Gestaltung des Mundes zerfallen die *Spatangidae* in zwei Gruppen: *Palaeostominae* mit fünfeckigem und *Spatanginae* mit zweilippigem Peristom.

Fig. 219.

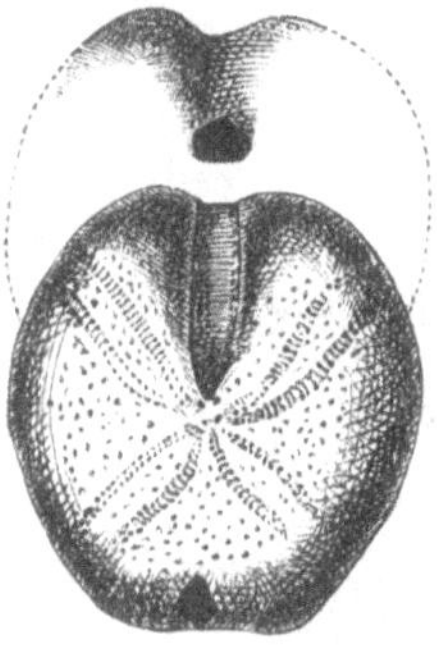

Toxaster cf. Verangi. Neocom, Savoyen.

α. *Palaeostominae.*

Toxaster Ag. (Fig. 219). Herzförmig, mit ungleichen paarigen Ambulacren, welche quer verlängerte Poren aufweisen. Vorderes, unpaares Ambulacrum in einer breiten Furche mit zwei schmalen, gleichen Porenstreifen. Der fünfeckige Mund dem Vorderrande genähert, Warzen klein, gekerbt und durchbohrt. Keine Fasciolen. Kreide.

Hierher noch *Enallaster d'Orb. Heteraster d'Orb.* aus der Kreide und die recente Gattung *Palaeostoma Lovèn.*

β. *Spatanginae.*

Micraster Ag. (Fig. 220, 221). Herzförmige oder ovale Formen mit vertieften, paarigen Ambulacren, von welchen die beiden vorderen länger sind.

Fig. 220.

Micraster coranguinum Lamk. Weisse Kreide.

Fig. 221.

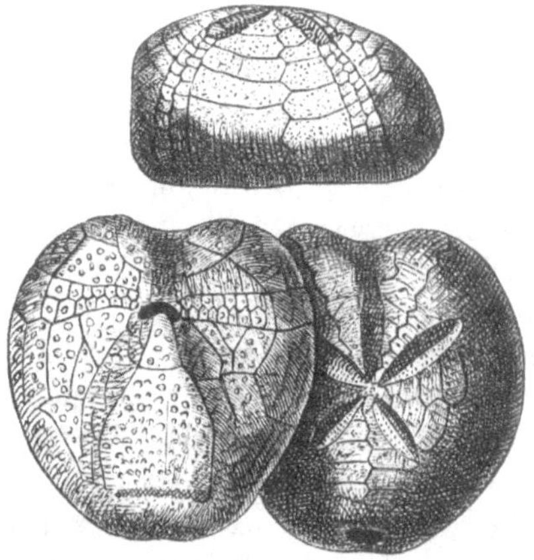

Micraster cortestudinarium Goldf. Weisse Kreide.

Vorderes Ambulacrum in einer Furche gelegen. Unter dem After eine Subanalfasciole. *Micraster coranguinum* und *M. cortestudinarium* für bestimmte Zonen der oberen Kreide charakteristisch.

Verwandte Gattungen sind: *Epiaster d'Orb.*, *Isaster Desor* aus der Kreide, *Hemiaster Desor* (Kreide) besitzt eine Peripetalfasciole.

Linthia Merian. (Fig. 222). Ei- oder herzförmig mit nach vorn gerücktem Scheitel und vertieften, paarigen Ambulacren; das vordere Ambulacrum in eine Furche eingesenkt, mit sehr kleinen Poren. Peripetalfasciole schmal, in winkeligem Zuge den Paetaloidien folgend, entsendet hinter den vorderen paarigen Ambulacren eine Lateralfasciole, welche unter dem After hinläuft. Warzen klein. Kreide, Tertiär und recent. Verwandte Gattungen sind: *Cyclaster Cott.* (Eocän), *Brissus Klein* (Tertiär und recent), *Brissopsis Ag.* (Tertiär und recent), *Metalia Gray* (Tertiär und recent).

Schizaster Gray unterscheidet sich von *Linthia* durch nach hinten gerückten Scheitel und stark vertiefte Ambulacra. Tertiär und recent.

Die tertiären Gattungen *Pericosmus Ag.*, ebenso *Prenaster Desor* und *Agassizia Valenciennes* besitzen ein verwischtes, unpaares Ambulacrum.

Echinocardium Gray besitzt eine interne Fasciole, welche das Scheitel-

Fig. 222.

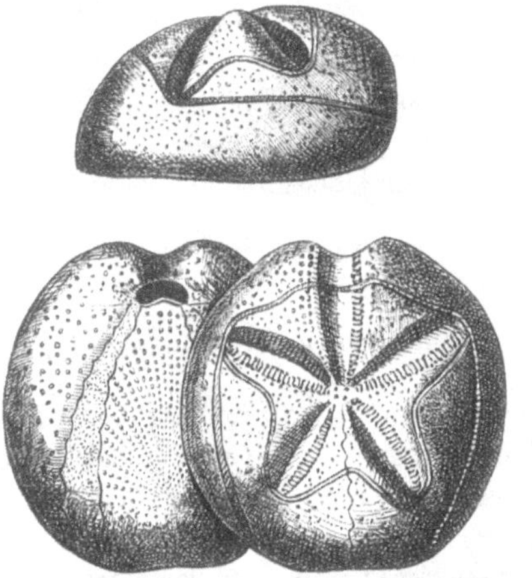

Linthia Heberti Cott. Eocän, Lonigo bei Vicenza.

Fig. 223.

Hemipatagus Hofmanni Goldf. Oligocän, Doberg bei Bünde.

schild umzieht und die Ambulacra in ungleiche Abschnitte theilt. Ausserdem ist noch eine Subanalfasciole vorhanden. Tertiär und recent.

Gualteria Desor (Tertiär) ähnelt *Echinocardium*, entbehrt aber der Subanalfasciole, *Breynia Desor* (tertiär und recent) besitzt ausser der Fasciola interna und subanalis noch eine Fasciola peripetala.

Macropneustes Ag. besitzt nur eine Peripetalfasciole, ein stark verwischtes, in einer schwachen Furche gelegenes, unpaares Ambulacrum und sehr ungleiche Warzen, die auf der Oberseite gross, zerstreut, auf der Unterseite klein und gedrängt sind. Tertiär.

Peripneustes Cott. (Tertiär), *Eupatagus Ag.* (Tertiär und recent) und *Maretia Gray* (Tertiär und recent) sind verwandte Gattungen.

Hemipatagus Des. (Fig. 223). Herzförmig, niedrig, mit wenig angedeutetem, vorderen Ambulacrum und langen, blattförmigen paarigen Ambulacren, zeigt auf der Oberseite in den IAF. (mit Ausnahme des analen) entfernt stehende, sehr grosse, von tiefen Höfchen umgebene Warzen. Auf der Unterseite sind dieselben kleiner und stehen dichter, auch hier ist der anale Interradius (das sogen. Plastron) nicht mit Warzen bedeckt. Keine Fasciolen. Tertiär und recent.

Spatangus Klein. Aehnlich wie *Hemipatagus*, aber alle IAF. der Oberseite mit grossen, gekerbten und durchbohrten Warzen geziert. Auch ist eine Subanalfasciole vorhanden. Tertiär und recent.

5. *Holothuroidea.*

Die hierhergehörigen Echinodermen sind so wenig erhaltungsfähig, dass sie palaeontologisch gänzlich unwichtig erscheinen. Die *Holothurien* entbehren eines zusammenhängenden Kalkskeletes und besitzen nur sehr kleine, charakteristisch gestaltete, anker- oder radförmige, isolirte Kalkkörperchen in ihrer Lederhaut, welche Körperchen man auch in fossilem Zustande kennt. Conr. Schwager hat sie aus dem weissen und braunem Jura, Waagen und Terquem auch aus dem Lias beschrieben und nach Etheridge sollen *Synapta*- und *Chirodota*-Reste selbst im schottischen Kohlenkalk vorkommen. Die angeblichen *Holothurien*-Abdrücke aus dem lithographischen Schiefer Bayerns sind ganz problematische Körper; die Ansicht Giebel's, dass die mit vorkommenden *Lumbricarien* als *Holothurien*-Därme aufzufassen sind, bedarf kaum der Widerlegung.

Zeitliche Verbreitung und Stammesgeschichte der Echinodermen.

Von den Gruppen der *Echinodermen* erscheinen (wenn wir von den palaeontologisch unwichtigen *Holothurien* absehen) sämmtliche bereits in sehr früher geologischer Zeit vertreten. *Cystideen*, *Crinoiden* und *Asteroiden* gehören zu den ältesten Organismen, von welchen wir Reste in den Erdschichten antreffen und auch die *Echinoiden* sind bereits im Untersilur vertreten. Die *Cystideen* sind auf die palaeozoischen Formationen beschränkt; sie entfalten in denselben eine sehr grosse Mannigfaltigkeit und umschliessen Formen, welche theils zu den *Crinoiden*, theils zu den *Asteroiden*, theils zu den *Echinoiden* führen. Wohl mit Recht betrachtet Neumayr sie als die Stammesgruppe des ganzen Reiches der Echinodermen, in welchem er die verwandtschaftlichen Beziehungen durch nachstehende Gruppirung andeutet:

Ophiuro-Asterien ⟩ *Cystideen* ⟨ *Crinoideen*
Echinoiden ⟩ ⟨ *Blastoideen.*

Die wie die *Cystideen* auf die palaeozoischen Formationen beschränkte kleine Gruppe der *Blastoideen* stellt einen aberranten Seitenzweig des Hauptstammes dar, der sich nicht weiter entwickelte und den wir daher im Anhang an die *Cystideen* betrachtet haben.

Von den *Cystideen* zweigen zunächst die *Crinoiden* ab — es liegt jedoch diese Abzweigung tiefer, als uns zu sehen vergönnt ist, denn in den ältesten.

fossilführenden Schichten erscheinen die Spuren der beiden Gruppen ungefähr gleichzeitig; übrigens sind beide Gruppen so innig durch Uebergänge verknüpft, dass manche Autoren die *Cystideen* nur als Unterabtheilung der *Crinoiden* behandeln. Die *Crinoiden* entfalten, wie wir gesehen haben, in den palaeozoischen Formationen ungemeinen Reichthum. Die Täfelchen ihrer Kelche stossen da mit einfachen, geraden Nähten aneinander und die Kelchdecke zeigt bei manchen Formen embryonale Merkmale, welche an die Jugendzustände der recenten *Comatula* erinnern, bei der Mehrzahl aber ist sie solid getäfelt.

Gegenüber diesen *Tesselata* unterscheiden sich die jüngeren *Articulata* durch gelenkartig verbundene Kelchtäfelchen und häutige Kelchdecken, übrigens ist es möglich einzelne Stämme der *Articulata* in die *Tesselata* zurückzuverfolgen. So stammt *Encrinus* zweifellos von *Stemmatocrinus*, *Pentacrinus* von *Heterocrinus*, *Apiocrinus* und *Rhizocrinus* wohl von *Belemnocrinus* oder ähnlichen Formen ab. Vorläufig aber müssen noch die Gruppen der *Articulata* und *Tesselata* beibehalten werden, da manche genetische Beziehungen (z. B. jene von *Eugeniacrinus*) noch ganz unbekannt sind. An verschiedenen Stellen des *Crinoiden*-Stammes und zu verschiedenen Zeiten erscheinen ungestielte Formen; die Mehrzahl der wenigen, heute noch lebenden *Crinoiden* gehört einer solchen Gruppe (*Comatulidae*) an, die übrigen Formen sind auf die Tiefsee beschränkte, spärliche Reste eines aussterbenden, früher ungemein reich entfalteten Stammes, der aber schon in den älteren palaeozoischen Formationen den grössten Formenreichthum entwickelte.

Die Stammesgeschichte der *Asteroiden* ist, der geringen Erhaltungsfähigkeit ihrer Reste halber, eine sehr lückenhafte. Wir wissen, dass Seesterne schon in den geologisch ältesten Formationen auftreten und dort eigenthümlich organisirt zu sein pflegen (*Encrinasteriae* im Gegensatze zu den *Asteriae verae*); die alternirenden Ambulacralplatten der ersteren erinnern einigermaassen an die Armbildungen der *Crinoiden*. Dass *Agelacrinus* unter den *Cystideen* in mancher Hinsicht an die *Asteroiden* erinnert, wurde oft hervorgehoben, es ist indess zweifelhaft, ob es sich hier um eine äussere Aehnlichkeit oder wahre Verwandtschaft handelt. Schon in palaeozoischen Schichten erscheinen sichere *Euryaleen*, typische *Ophiuren* werden von der Trias an häufiger, sind jedoch immer seltener als die *Stelleriden*. Wenige Ablagerungen (so der lithographische Schiefer Bayerns und die weisse Kreide Nordeuropas) haben wohlerhaltene *Asteroiden* geliefert, während dieselben sonst gewöhnlich nur in Fragmenten vorkommen.

Die *Echinoiden* sind in den palaeozoischen Formationen durch die *Palaechiniden* vertreten, welche sich von den geologisch jüngeren *Euechinoiden* durch die Abweichung von der gewöhnlich auftretenden Zahl der meridionalen Täfelchenzonen wohl unterscheiden. Unter den *Palaechinoiden* vermitteln die *Cystocidariden* den Zusammenhang mit den *Cystideen*, welche ihrerseits Formen umschliessen (wie *Mesites*), die sehr an die *Echinoiden* gemahnen. Doch muss zugegeben werden, dass auch hier die genetischen Beziehungen noch recht zweifelhaft sind. Die *Perischoëchinoidae* nähern sich sehr den regulären Seeigeln, welche in der Trias beginnen und bis zur Gegenwart in zahlreichen

Formen fortsetzen. Die geologisch jüngste Gruppe der *Echinoiden* stellen die irregulären, oder richtiger gesagt bilateral-symmetrischen Seeigel dar, welche sich allmählich aus den regulären entwickeln, indem der After aus dem Scheitelschild nach rückwärts und unten, der Mund aber nach vorne rückt und auch die Ambulacralfelder eine wesentliche Umgestaltung erleiden, indem sie sich in Petaloidien umgestalten. Diese fundamentale Veränderung kennzeichnet im wesentlichen die jüngere Seeigelfauna gegenüber der mesozoischen; da noch in der oberen Kreide die irregulären und regulären Seeigel sich ziemlich die Wage halten.

Bis zum Lias herauf spielen die Seeigel im Vergleich zu den *Crinoiden* und *Asteroiden* eine untergeordnete Rolle, namentlich in den palaeozoischen Schichten treten sie sehr zurück. Im Jura und in der Kreide dominiren die regulären Formen, denen immer zahlreicher die irregulären zur Seite treten, die in einzelnen Formen schon im Lias erscheinen und durch Jura und Kreide immer mehr an Zahl der Gattungen und Arten zunehmen, bis sie endlich im Eocän das entscheidende Uebergewicht über die regulären Seeigel erlangen, um es bis zur Gegenwart zu behaupten. Im entschiedenen Gegensatz zu den palaeontologisch ebenso wichtigen, im allmählichen Aussterben begriffenen Gruppe der *Crinoiden* zeigen die *Echinoiden* in ihrer Stammesgeschichte nicht nur eine stetige Zunahme des Formenreichthums, sondern auch eine aufsteigende Entwickelung.

V. Stamm. Bryozoa.

Meist hermaphroditische, festsitzende, fast immer zu Colonien (Stöckchen verschiedenster Form) vereinigte, kleine Thiere von bilateralem Bau, ohne Metamerenentwickelung, mit bewimpertem Tentakelkranz, schlingenförmig gebogenem Darm, ohne Herz- und Gefässsystem. Fortpflanzung geschlechtlich oder durch Knospung, zuweilen auch durch Statoblasten. Die reiche Gliederung des Bryozoenstammes mag durch nachstehende, tabellarische Zusammenstellung ersehen werden.

Bryozoa.
- *Entoprocta.* After mündet innerhalb des Tentakelkranzes.
- *Ectoprocta.* After mündet dorsal ausserhalb des Tentakelkranzes
  - *Gymnolaemata* ohne Epistom.
    - *Cyclostomata*, mit kreisrunder Mündung ohne Borstenkranz.
    - *Ctenostomata*, Mündung durch einen Borstenkranz verschliessbar.
    - *Chilostomata*, Mündung verengt, oft durch einen Deckel verschliessbar.
  - *Phylactolaemata* mit beweglichem Epistom.

Da die *Entoprocta*, *Phylactolaemata* und *Ctenostomata* keine fossilen Reste geliefert haben, erübrigen für die palaeontologische Erörterung nur die *Cyclostomata* und *Chilostomata*.

A. Cyclostomata.

Zellen röhrenförmig, meist verkalkt, mit nicht verengter, runder Mündung, meist von gleicher Grösse. Bei manchen Formen finden sich jedoch zwischen den grossen Zellen zahlreiche, feine Röhrchen (Interstitialröhrchen), ferner sind bei manchen Formen einzelne Zellen oder Zellgruppen mit dünnen Kalklamellen geschlossen (Abortiv-Zellen). Die Eierzellen (Ovicellen) wurden früher verkannt und von Reuss als eine besondere Gattung *Coelophyma* beschrieben.

Die *Cyclostomata* zerfallen in die beiden Gruppen der *Articulata* und *Inarticulata*, von welchen die ersteren vielästige Stöckchen mit hornigen Wurzeln besitzen, deren Aeste in Segmente getheilt sind, die durch biegsame, hornige Stiele mit einander verbunden werden; fossil liegen natürlich nur die isolirten Segmente vor. Bei den *Inarticulata* sind die Zellen fest mit einander verbunden und die Stöcke unmittelbar aufgewachsen.

A_1. Articulata.

a. *Crisiidae.*

Die Segmente der ästigen Stöcke bestehen aus einer einzigen oder einer Gruppe von kalkigen Zellen.

Crisia Lamx. (Fig. 224). Segmente aus mehreren Zellen, die ein oder mehrzeilig angeordnet sind. Gliederung der Stöcke mehr oder weniger deutlich. Kreide, Tertiär, recent.

Die von d'Orbigny aufgestellten Gattungen: *Unicrisia*, *Bicrisia*, *Filicrisia* können als Subgenera verwerthet werden.

Crisidia Edw. Segmente aus einer Zelle gebildet. Recent.

Fig. 224.

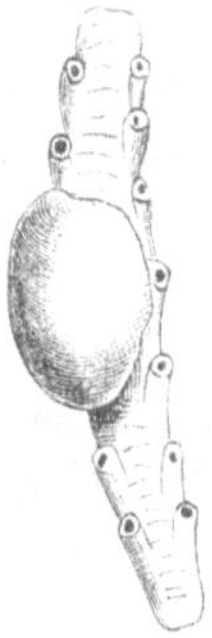

Crisia Hoernesi Rss. Miocän, Wiener Becken. St. vergr., mit einer Ovicelle *(Coelophyma Rss.)*

A_2. Inarticulata.

a. *Diastoporidae.*

Incrustirende, kreis- oder fächerförmige oder aufrechte, lappig blättrige oder ästige Stöcke aus röhrigen Zellen, welche im unteren Theile verwachsen, im oberen seitlich frei werden. Die etwas verengten Mündungen sind rund, selten eckig. Am Rand des Stockes ein Saum kleiner Keimzellen.

Fig. 225.

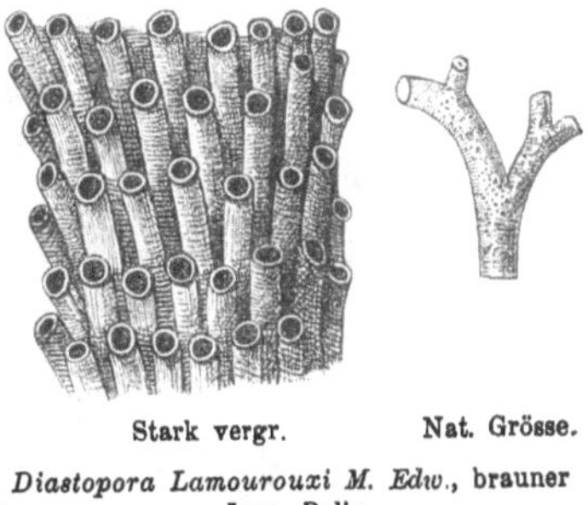

Stark vergr. Nat. Grösse.

Diastopora Lamourouxi M. Edw., brauner Jura, Balin.

Diastopora Lamx. (Fig. 225). In der Jugend incrustirend, später aufrecht, baumförmige ästige oder blättrige oder knollige Stämmchen bildend. In Jura und Kreide sehr häufig, seltener tertiär und recent.

d'Orbigny hat sehr zahlreiche Gattungen unterschieden und auf verschiedene Familien vertheilt, welche nach der Auffassung von REUSS in *Diastopora* zusammengezogen werden müssen.

Berenicea Lamx. Incrustirende Stöcke mit kreis- oder fächerförmigem, zuweilen auch gelappten Umriss. Die cylindrischen, anfangs liegenden Zellen biegen ihr vorderes Ende nach aufwärts und werden frei. Häufig in Jura, Kreide und Tertiär, seltener lebend. Auch hierher gehören mehrere von D'ORBIGNY aufgestellte Gattungen.

Fig. 226.

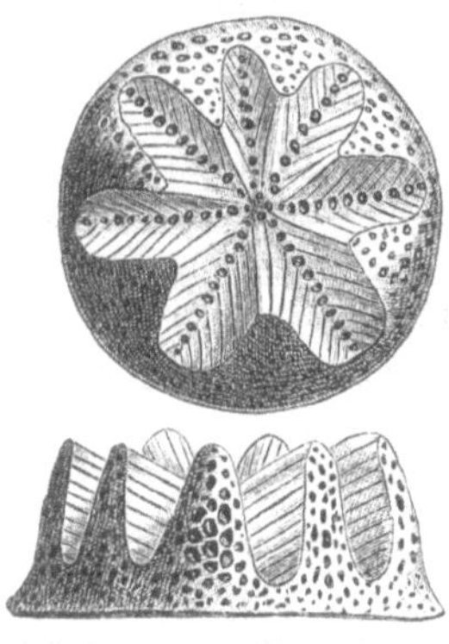

Defrancia (Radiocavea) diadema Goldf. sp. Oberste Kreide, Maestricht. (Stark vergr.)

Defrancia Bronn. (Fig. 226). Pilz- oder scheibenförmige Colonien, aufgewachsen oder nur durch ein Stielchen angeheftet, zuweilen ganz frei, auf der Oberseite die Zellröhren zu radialen Bündeln verwachsen, welche leistenartige Rippen bilden, an deren oberen Rand sie ausmünden. Die Zwischenfurchen bald porös, bald porenlos. Unterseite oft mit Epithek versehen. Jura, Kreide, Tertiär und recent.

Defrancia ist namentlich in der Kreide ungemein verbreitet und mannigfaltig, so dass D'ORBIGNY sich veranlasst sah, zahlreiche Gattungen aufzustellen, welche keine Anerkennung verdienen.

Weitere *Diastoporiden*-Gattungen sind: *Discosparsa d'Orb.* (Kreide, Tertiär, recent), *Discoporella Gray* (Tertiär, recent), *Buskia Rss.* (Oligocän).

b. *Tubuliporidae.*

Liegende, meist angewachsene, einfache oder ästige Colonien. Die röhrigen Zellen sind unten verwachsen, werden mit ihrem oberen Ende frei und sind in ihrer ganzen Weite geöffnet, mit runder Mündung und einfachem, scharfem Zellrand.

Stomatopora Bronn (Fig. 227). Baumförmig verästelt, mit der Unterseite angewachsen, aus einfachen Reihen röhriger Zellen bestehend, von welchen die jüngeren aus dem oberen Theile der Rückseite der älteren Zellen hervorsprossen. Mündungen rund, vorragend. Silur, Devon, Jura, Kreide, Tertiär und recent. Die älteren Formen werden oft mit *Aulopora* (vergl. pag. 75) verwechselt.

Fig. 227.

Stomatopora (Alecto) gracilis d'Orb. Obere Kreide, Meudon.

Tubulipora Lamx. Liegende, grösstentheils angeheftete, einfache oder schwach getheilte Stöcke, deren Zellen nur im unteren Theil verwachsen sind, mit der grösseren Partie aber frei vorragen. Kreide, Tertiär, recent.

Weitere *Tubuliporiden*-Gattungen sind: *Reptotubigera d'Orb.* und *Proboscina Audouin*, beide vom Jura bis zur Gegenwart auftretend.

c. *Idmoneidae.*

Stöcke aufrecht, meist baumförmig verästelt, mit cylindrischen oder etwas abgeplatteten Aesten, deren röhrige Zellen auf der Vorderseite münden, während die Rückseite nur Nebenporen oder Epithekalbekleidung aufweist.

Idmonea Lamx. (= *Crisisina* und *Crisina d'Orb.*) (Fig. 228). Dichotomästige Stöcke, die Vorderseite der Aeste durch eine Furche in zwei Seitenflächen getheilt, auf welchen die Zellmündungen in alternirenden Parallel-Reihen stehen. Rückseite gerundet, porös oder mit Epithek bekleidet. Kreide, Tertiär, recent.

Fig. 228.

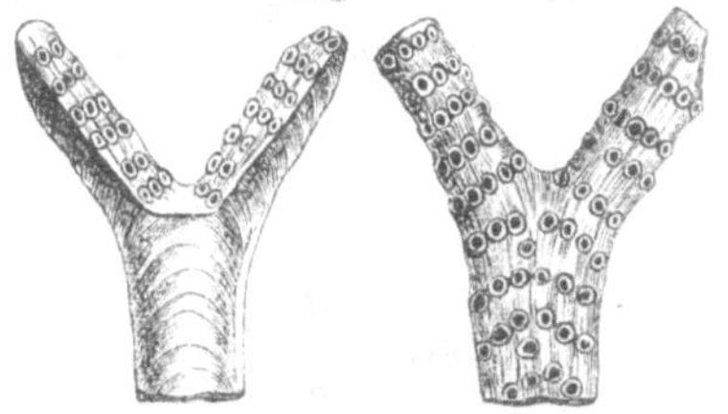

Idmonea dorsata Hag. Oberste Kreide, Maestricht (vergrössert).

Zu *Idmonea* sind ausser *Crisina d'Orb.* noch einige von D'ORBIGNY creirte Gattungen einzuziehen.

Hornera Lamx. Baumförmig oder netzförmig ästig, auf der Vorderseite mit runden, unregelmässig verstreuten Zellmündungen. Rückseite der Aeste längsgestreift, porös. Selten in der Kreide, häufiger im Tertiär und recent.

Hierher noch: *Bitubigera d'Orb.* (Tertiär), *Clavitubigera d'Orb.* (Kreide), *Semitubigera d'Orb.* (Kreide, Tertiär).

d. *Fenestellidae.*

Aufrechte, trichter-, blatt- oder baumförmige, durch Basalausbreitung fixirte Stöcke, mit netzförmig anastomosirenden oder durch Querbrücken verbundenen Aesten. Die Mündungen der Zellen nur auf einer Seite der Colonie.

Fenestella Lonsd. (Fig. 229, 230). Trichter- oder fächerförmige Stöcke

Fig. 229.

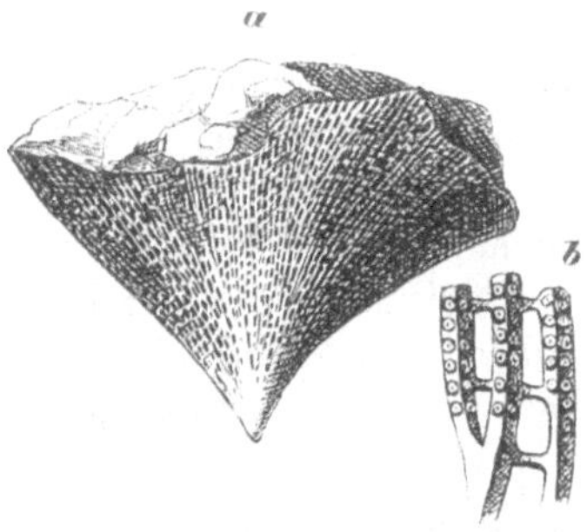

Fenestella nobilis Barr. Ober-Silur, Konjeprus. (*a.* nat. Grösse, *b.* ein Theil von der Vorderseite vergrössert).

Fig. 230.

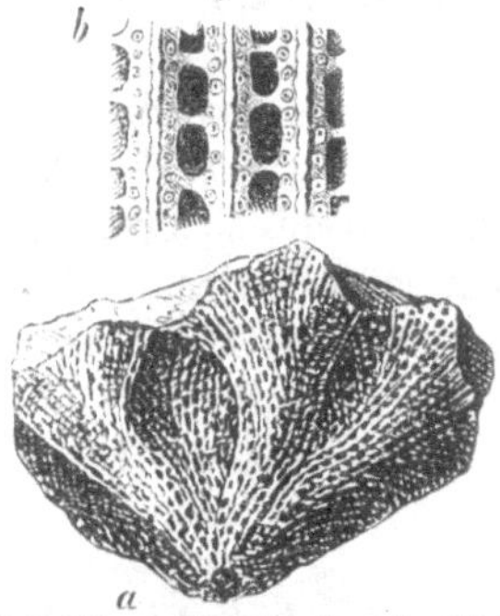

Fenestella retiformis Lonsd. Perm, Humbleton-Hill. (*a.* nat. Grösse. *b.* ein Theil von der Vorderseite vergr.)

von oft beträchtlicher Grösse, mit dichotom verästelten Zweigen, welche durch dünne, gerade Querbrücken mit einander verbunden sind. Zellen auf der Vorderseite der Aeste in je einer Reihe zu beiden Seiten eines Längskieles. Querbrücken zellenlos. In allen palaeozoischen Formationen, am häufigsten im Kohlenkalk.

Fenestralia Prout. unterscheidet sich von *Fenestella* durch je zwei Zellenreihen zu beiden Seiten des Mittelkieles der Aeste, bei *Septopora Prout.* sind auch die Querbrücken mit Zellen besetzt. Kohlenkalk.

Polypora M'Coy (Fig. 231) entbehrt des Kieles auf der Vorderseite der Aeste, welche je drei bis fünf Reihen von Zellöffnungen tragen. In allen palaeozoischen Formationen.

Weitere *Fenestelliden*-Gattungen sind: *Synocladia King.* (Dyas), *Carinella Etheridge*, *Dendricopora de Kon.*, *Actinostoma Young*, *Lyropora Hall.*, *Ptilopora*

Fig. 231.

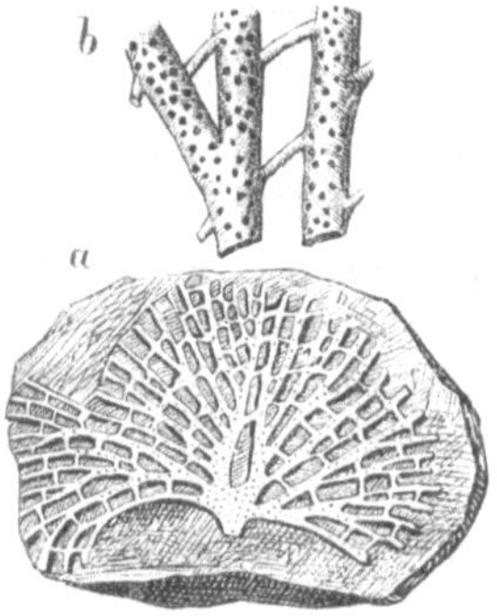

Polypora dendroides M'Coy a. Stöckchen in nat. Gr. b. Zweige vergr. Kohlenkalk. Kildare, Irland.

Fig. 232.

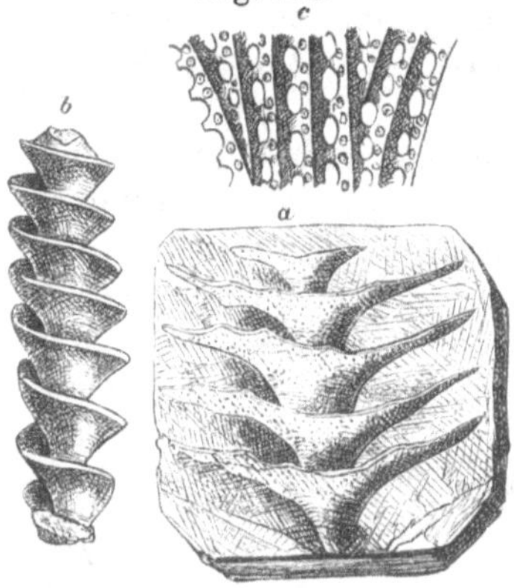

Fenestella Archimedis Roemer. a. Ein Stück des Bryozoenstockes im Gestein. Prairie du Long, Illinois. Nahezu natürliche Gr. b. Schraubenförmige Axe mit abgebrochenen Ausbreitungen, Warsaw, Illinois. $^2/_3$ nat. Gr. c. Stück der oberen Fläche der netzartigen Ausbreitungen vergr.

M'Coy und *Protoreptepora de Kon.*, aus dem Kohlenkalk, *Carinopora Nich.* und *Cryptopora Nich.* (Devon), *Subretepora d'Orb.* und *Sulcoretepora d'Orb.* (Silur).

Durch Grösse und eigenthümliche Gestalt ausgezeichnet ist die Gattung:

Archimedes Lesueur (Fig. 232) mit einer soliden, schraubenförmigen, rechts oder links gedrehten Axe, von welcher trichterförmige Ausbreitungen ausgehen, die zuweilen auch durch stabähnliche, schiefe Pfeiler mit der Axe verbunden werden. Die trichterförmigen Ausbreitungen sind auf der äusseren Seite porenlos, auf der inneren, nach oben gerichteten aber mit Zellen besetzt, welche ganz wie bei *Fenestella* angeordnet sind. Kohlenkalk.

e. *Acanthocladidae.*[1]

Aestige, in einer Ebene ausgebreitete, zusammengedrückte Stöcke, aus mehreren Hauptästen bestehend, welche an den gegenüberliegenden Rändern freie Nebenzweige entsenden. Zellen nur auf einer Seite des Stockes.

Acanthocladia King. Von den flachen Hauptästen gehen jederseits zahlreiche, freie, parallele Nebenzweige aus, die wie die Hauptäste auf einer

[1] Die Gruppen der *Acanthocladidae*, sowie die nächstfolgende der *Ptilodictyonidae* hat ZITTEL in seinem Handbuche der Palaeontologie (I. pag. 603) aufgestellt.

Seite mit mehreren Reihen von Zellenmündungen besetzt sind. Gegenseite gestreift. Kohlenkalk, Dyas.

Ichthyorhachis M'Coy (Fig. 233). Aestige Stöcke, die Seitenzweige schräg nach oben gerichtet und regelmässig, wie die Fasern einer Feder geordnet. Kohlenkalk.

Weitere *Acanthocladiden*-Gattungen sind: *Pseudohornera F. Roem.* (Silur), *Penniretepora d'Orb.* (Silur, Devon).

Fig. 233.

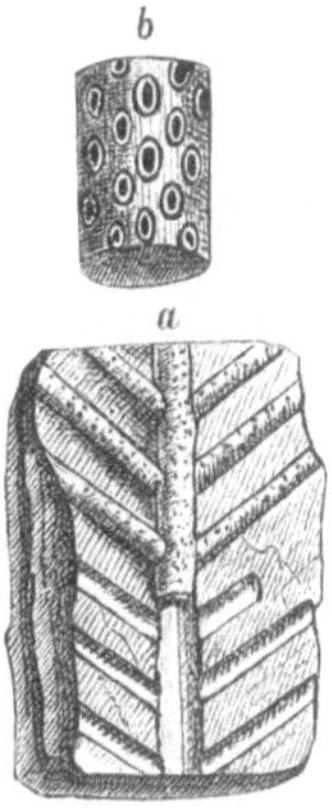

Ichthyorhachis Nevenhami M'Coy. *a.* Fragment eines Stockes in nat. Gr., *b.* Stück eines Astes vergr. Kohlenkalk, Clare County, Irland.

f. *Ptilodictyonidae.*

Zusammengedrückte, blattförmige oder ästige Stöcke aus zwei Schichten dicht gedrängter Zellen bestehend, die mit ihrer Rückseite verwachsen sind.

Ptilodictya Lonsd. (Fig. 234). Verschieden gestaltete, sehr dünne Stöcke, oft blatt- oder säbelförmig, zuweilen dichotom verästelt oder netzförmig. Die beiden Zellschichten sind durch eine sehr dünne Mittelwand getrennt, ihre Zellen verlaufen schräg oder senkrecht und bilden an der Aussenseite mehrere Reihen von unverengten Mündungen. Silur, Devon.

Weitere *Ptilodictyoniden*-Gattungen sind: *Arthroclema Billings*, *Bythopora Mill.*, *Enallophora d'Orb.* und *Phaenopora Hall* (Silur), *Heterodictya Nich.* und *Taeniopora Nich.* (Devon), *Coscinium Keyserl.* und *Semicoscinium Prout.* (Kohlenkalk).

Fig. 234.

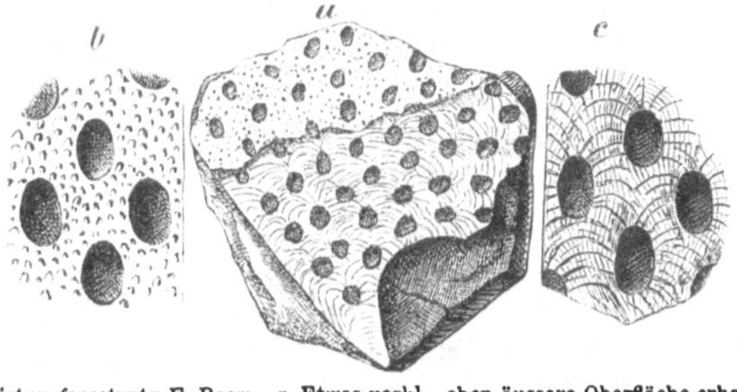

Ptilodictya fenestrata F. Roem. *a.* Etwas verkl., oben äussere Oberfläche erhalten, unten Stock nach der Mittelebene getheilt. *b.* Ein Stück der oberen Hälfte vergr. mit den Zellenmündungen. *c.* Ein Stück der unteren Hälfte vergr. Ober-Silur, Gotland.

g. *Entalophoridae.*

Stöckchen mehr oder minder baumförmig, die langen, röhrigen Zellen zu Reihen verwachsen, entweder rund um die Stämme und Aestchen vertheilt, oder nur auf einer Seite derselben mündend. Poröse Rückenschicht, sowie accessorische und Zwischenporen mangeln.

Entalophora Lamx. (Fig. 235). Zellenmündungen um die Stämmchen bald regellos vertheilt, bald mehr oder weniger deutlich im Quincunx stehend.

Terebellaria Lamx. mit dicken, dichotomen Aesten, auf welchen die Zellen in Schraubenwindungen in der Weise angeordnet sind, dass stets eine Zone von dichtgedrängten, offenen Zellen durch eine solche von abortirten, durch eine Kalklamelle geschlossenen Zellen begleitet wird. Jura, Kreide.

Fig. 235.

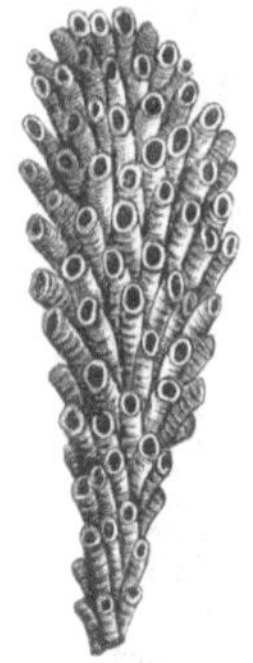

Entalophora clavata d'Orb. Senon, Fécamp.

Nodelea d'Orb. mit cylindrischen, dichotomen Aesten, deren im Quincunx angeordnete, dicht gedrängte, kaum mit der halbmondförmigen oder dreieckigen Mündung vorragende Zellen die Aeste ringförmig umgeben und häufig abortiren, indem sie durch Kalkmembranen geschlossen werden. Die sehr grossen Ovicellen treten als Knoten hervor. Kreide.

Weitere *Entalophoriden*-Gattungen sind: *Peripora d'Orb.*, *Cyrtopora Hagenow*, *Melicertites Roem.*, *Multinodelea d'Orb.* *Multelea d'Orb.*, *Umbrellina Rss.*, sämmtlich aus der Kreide, *Laterotubigera d'Orb.* tritt in Jura und Kreide, *Spiropora Lamx.* in Jura, Kreide, Tertiär und recent, *Filisparsa d'Orb.* in Kreide und Tertiär auf.

h. *Frondiporidae.*

Verschiedenartig gestaltete Stöckchen mit bündelförmig verwachsenen Zellröhren. Die Zwischenräume zwischen den verschieden gestalteten Gruppen der Zellmündungen porös oder undurchbohrt.

Frondipora Imperato. Buschige Stöcke mit freien oder netzförmig verbundenen Aestchen. Zellen nur auf einer Seite, bündelförmig in warzenartige Erhebungen mündend, welche fast zusammenfliessen und oft in einer Reihe angeordnet sind. Der untere Theil der Aeste besitzt Epithekalbekleidung. Kreide, recent.

Fig. 236.

Fasciculipora incrassata d'Orb. Obere Kreide, Mendon b. Paris.

Fasciculipora d'Orb. (Fig. 236). Einfache oder verästelte, rasen- oder baumförmige Stöcke. Die in Bündeln vereinigten Röhrenzellen münden nur an den abgestutzten oder gewölbten Enden der einzelnen Zweige. Kreide, Tertiär, recent.

Weitere *Frondiporiden*-Gattungen sind: *Osculipora d'Orb.*, *Truncatula Hag.*, *Echinopora d'Orb.*, *Supercytis d'Orb.*, *Unicytis d'Orb.* und *Plethopora Hag.* aus der Kreide, *Theonoa Lamx.* (Jura, Kreide, Tertiär), *Aspendesia Lamx.* (Jura, Kreide), *Fascicularia Edw.* (Tertiär).

i. *Cerioporidae.*

Vielgestaltige, überrindende, knollige, lappige, blättrige oder aufrechte, baumförmig ästige Stöcke aus gedrängten, innig verwachsenen Zellröhren, deren Mündungen oft von kleineren Poren umgeben werden und zuweilen die ganze Oberfläche bedecken oder auf bestimmte Zonen und Gruppen beschränkt sind. Die Zellröhren sind im unteren Theile zuweilen mit Querböden versehen.

Ceriopora Goldf. (Fig. 237). Ueberrindende, knollige oder baumförmig ästige Stöcke, welche häufig aus zahlreichen, über einander gelagerten Zellschichten bestehen. Die nicht verengten, dichtgedrängten Mündungen bedecken den grössten Theil der Oberfläche, gegen die Basis aber obliteriren ihre Mündungen zuweilen. Trias, Jura, Kreide, vielleicht auch schon in palaeozoischen Formationen.

Fig. 237.

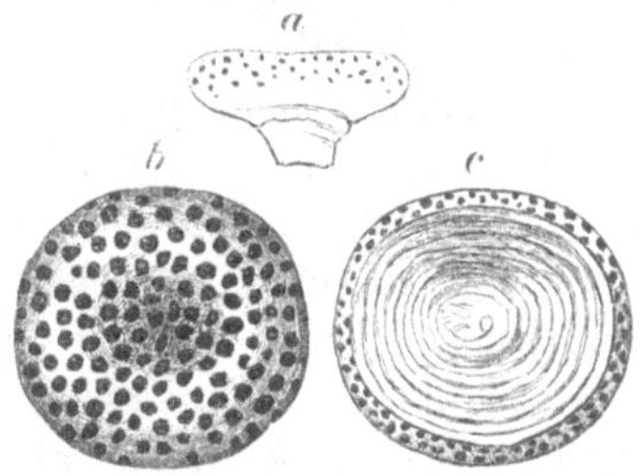

Ceriopora spongites Goldf. a. Nat. Gr. von der Seite, b. vergr. von oben, c. vergr. von unten. Grünsand, Essen.

Als weitere *Cerioporiden*-Gattungen sind zu nennen: *Radiopora d'Orb.* (Trias, Jura, Kreide, Tertiär), *Neuropora Bronn* und *Chilopora Haime* (Jura); *Heteropora Blainv.* und *Spinipora Blainv.* (Jura, Kreide), *Ditaxia Hagenow*, *Petalopora Lonsd.* und *Alipora Quenst.* (Kreide), *Alveolaria Busk* und *Heteroporella Busk* (Kreide und Tertiär).

B. Chilostomata.

Mit kalkigen, hornigen oder häutigen Zellen von ovaler, elliptischer oder krugförmiger Gestalt. Die Zellen sind seitlich aneinandergereiht, ihre Mündung ist nie terminal, sondern mehr minder nach vorn gerückt, der Durchmesser der Mündung ist kleiner als jener der Zelle und oft ist die Mündung mit einem beweglichen Deckel ausgestattet. Die Zellwände sind bei kalkigen *Chilostomen* oft nicht vollständig verkalkt, sondern bleiben vorn, zumal in der Nähe der Mündung häutig, so dass fossile Formen mit einer grossen, unregelmässig gestalteten Mündung ausgestattet zu sein scheinen. Bei manchen Formen erscheint die ganze Zelle vorn offen, weil ursprünglich die Vorderwand häutig war, so häufig bei *Membranipora.*

Fig. 238.

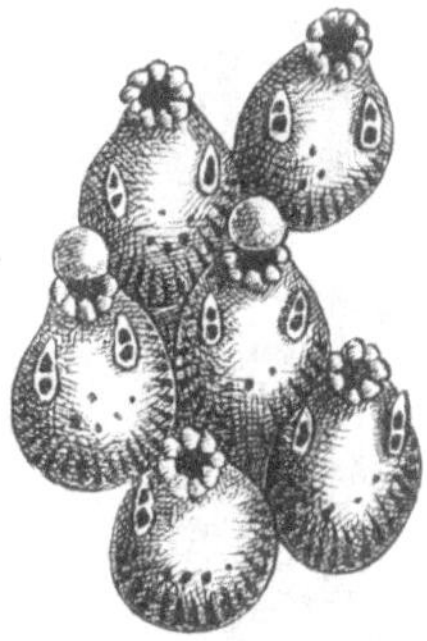

Lepralia personata Rss. Miocän Mödling bei Wien. Vergr. Zellen mit Avicularien. Die beiden mittleren Zellen tragen Ovicellen.

Um die oft verdickte Mündung der *Chilostomen* stehen häufig steife Borsten, welche bei ihrem Ausfallen kleine Vertiefungen (Nebenporen) zurücklassen. Ferner verursachen die sogenannten Avicularien und Vibracula, welche sich im fossilen Zustande selten erhalten, das Auftreten von Narben und porenartigen Vertiefungen (Specialporen), welche theils auf der Stirnwand der gewöhnlichen Zellen sitzen, theils besonderen, kleinen Nebenzellen angehören (Fig. 238). An recenten *Bryozoen* sitzen die Avicularien in Gestalt kleiner Vogelköpfchen oder Zangen in der Nähe der Zellöffnungen auf kleinen Stielen oder in besonderen Zellen. Sie haben die Bestimmung durch ihr Auf- oder Zuschnappen kleine Organismen zu ergreifen und festzuhalten, so dass ihre Substanzen nach beginnender Zersetzung durch die Wimperströmung des Tentakelkranzes ergriffen werden können.

Die Vibracula, welche zuweilen in grosser Zahl zwischen den Normalzellen in besonderen Zellen von abweichenden Bau sitzen, bilden lange, geringelte Borsten oder peitschenförmige Stiele. Fossil sind gewöhnlich weder Avicularien noch Vibracula erhalten, sie verrathen sich nur durch das Vorhandensein ihrer Specialporen. Die Eierzellen (Ovicellen) sind bei den *Chilostomata* sehr charakteristisch. Meist erscheinen sie über den Mündungen der gewöhnlichen Zellen als helm- oder blasenartige Auftreibungen (vergl. Fig. 238) und stehen durch eine Oeffnung mit der zugehörigen Normalzelle in Verbindung. Selten sind die Eierzellen mit den Normalzellen Rücken an Rücken verbunden. Die Sprossung der Tochterzellen erfolgt bei den *Chilostomen* in anderer Weise als bei den *Cyclostomen.* Während dort die neuen Zellen ziemlich weit an der Rückwand der Mutterzelle hervorsprossen, bilden sich die jungen Zellen der *Chilostomen* nahe dem Vorderrand (es entstehen dann einfache Längsreihen), oder an den beiden Seitenwänden (wodurch Quincunx-Stellung der Zellen erzielt wird). Alle Zellen einer Colonie bleiben durch Sprossungskanäle im Zusammenhang.

Wie die *Cyclostomata* zerfallen auch die *Chilostomata* in *Articulata* und *Inarticulata.*

B_1. Chilostomata articulata.

a. *Catenicellidae.*

Segmente aus je einer Zelle gebildet, einreihig geordnet und durch biegsame Gelenke verbunden. Hierher nur recente Gattungen.

b. *Salicornaridae.*

Büschelförmige oder dichotom ästige Stöcke, auf deren runden oder prismatischen Gliedern die Zellen in mehr oder minder zahlreichen Längsreihen angeordnet sind.

Fig. 239.

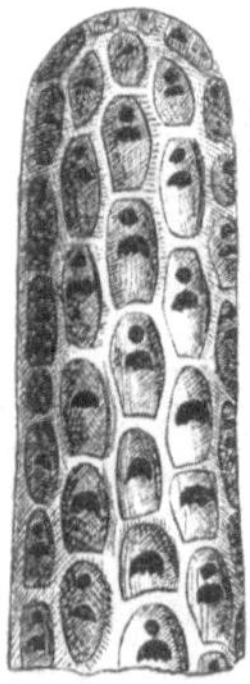

Salicornaria farciminoides Johnst. Miocän, Eisenstadt, Ungarn.

Salicornaria Cuv. (Fig. 239). Zellen eingedrückt, von einem erhöhten, rhomboidischen oder hexagonalen Rand umgeben, Eierzellen eingesenkt, Avicularien ohne Ordnung zwischen den Zellen vertheilt. Kreide, Tertiär, recent.

Weitere *Salicornarien*-Gattungen sind: *Fusicellaria d'Orb.*, *Planicellaria d'Orb.*, *Poricellaria d'Orb.*, *Quadricellaria d'Orb.* aus der Kreide, *Onchopara Busk* und *Tubicellaria d'Orb.* Tertiär, recent.

c. *Cellulariadae.*

Dichotom verästelte, aufrechte Stöcke, auf deren Segmenten alle Zellen in einer Ebene stehen.

Cellularia Pallas. Zellen in zwei bis drei Reihen, mehr als vier in jedem Segment, auf der Rückseite porös, Vibracula fehlen. Avicularien treten nur ausnahmsweise auf.

Scrupocellaria v. Beneden (Fig. 240). Zellen in zwei Reihen, mehr oder minder zahlreich in jedem Segment, jede Zelle trägt im oberen äusseren Winkel ein Avicularium und auf der Rückseite ein Vibraculum. Mündung mit oder ohne Deckel. Tertiär, recent.

Fig. 240.

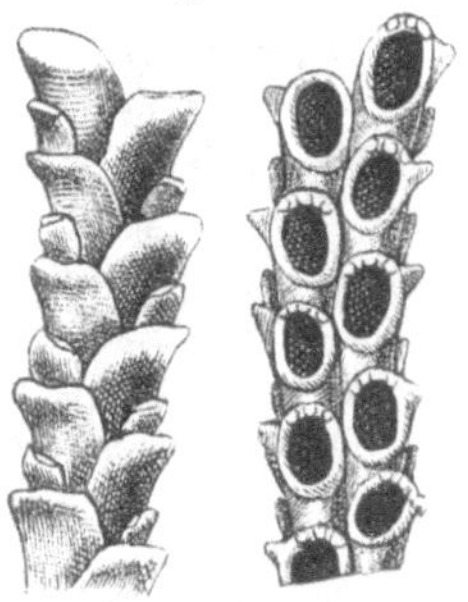

Scrupocellaria elliptica Rss. var. granulifera Rss. Miocän, Enzersdorf bei Wien. Vorderseite und Rückseite.

B$_2$. Chilostomata inarticulata.

Mehrere hierhergehörige, recente Gruppen: *Electrinidae*, *Bicellariidae*, *Flustridae* und *Farciminiadae* sind nicht erhaltungsfähig und palaeontologisch unwichtig.

a. *Gemellariadae.*

Strauchförmig ästige Stöcke mit paarweise einander gegenüber stehenden, mit ihrer Rückwand verbundenen Zellen. Von jedem Zellenpaar entspringen zwei neue Paare.

Gemellaria Savigny. Tertiär, recent.

b. *Hippothoidae.*

Festgewachsene, kriechende Stöcke, von einzeiligen, divergirenden, sich seitlich nicht berührenden Zellenreihen gebildet.

Hippothoa Lamx. (Fig. 241) mit krug- oder birnförmigen Zellen, von welchen die Aeste seitlich ausgehen. Kreide, Tertiär, recent; soll schon in palaeozoischen Ablagerungen auftreten.

Fig. 241.

Hyppothoa elegans d'Orb. Cenoman, Mans.

Alysidota Busk. Seitenäste von den Enden der Zellen ausgehend. Tertiär, recent.

Mollia Lamx. Kreide, Tertiär, recent.

c. *Membraniporidae.*

Incrustirende Stöcke; die mehr minder regelmässig angeordneten, liegenden Zellen sind mit der Rückseite festgewachsen und erheben sich nur zuweilen mit dem Vorderende ein wenig, sie sind kalkig, hornig oder häutig-kalkig und berühren sich allseitig mit ihren Rändern.

Membranipora Blainv. (Fig. 242). Incrustirende, unregelmässige Flächen bildende Stöcke, Zellen mit erhabenen Rändern, unregelmässig oder im Quincunx angeordnet, Stirnseite eingedrückt, oft mehr oder minder häutig, so dass an fossilen Exemplaren grosse, unregelmässige Oeffnungen entstehen. Bei einigen Arten treten Stacheln, Warzen und Avicularien auf. Kreide, Tertiär, recent.

Fig. 242.

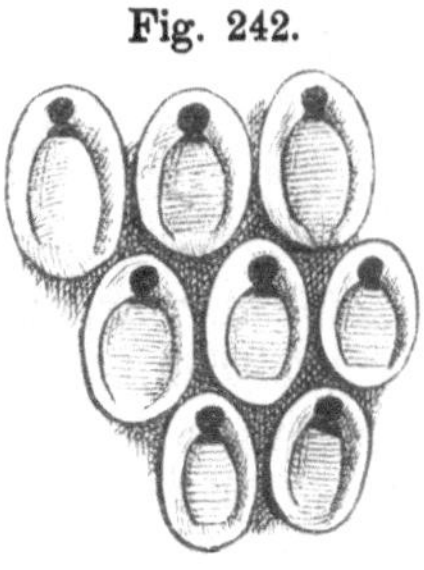

Membranipora formosa Rss. Miocän, Eisenstadt.

Lepralia Johnst. (Fig. 243). Einschichtige (selten zweischichtige), incrustirende Stöcke mit mehr minder regelmässig im Quincunx angeordneten, krugförmigen Zellen, welche nie erhabene Ränder besitzen. Mündung ziemlich eng. Avicularia und Vibracula sind vorhanden oder fehlen. Kreide, Tertiär und recent.

Fig. 243.

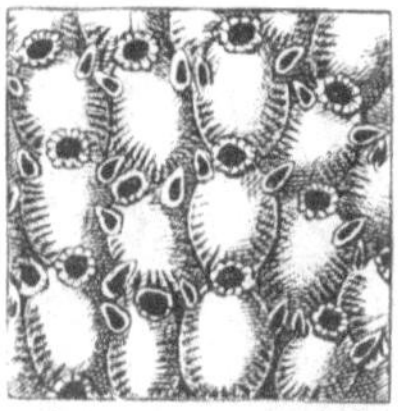

Lepralia pteropora Rss. Oligocän, Crosara.

d. *Escharidae.*

Aufrechte, blättrig ausgebreitete, lappige oder netzförmig verästelte Stöcke aus einer oder häufiger aus zwei mit der Rückseite verbundenen Zellschichten bestehend.

Eschara Ray. (Fig. 244). Aufrechte, blatt- oder baumförmige oder lappig ästige Stöcke aus zwei mit der Rückseite verwachsenen Zellschichten gebildet. Zellen im Quincunx geordnet, liegend, krugförmig, meist mit Avicularien versehen, die an verschiedenen Stellen der Normalzellen aufsitzen und nach ihrem Ausfallen Specialporen zurücklassen oder eigene Zwischenzellen besitzen. Kreide, Tertiär und recent.

Fig. 244.

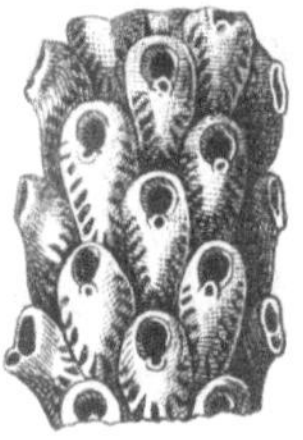

Eschara regularis Rss. Oligocän, Söllingen. Vergr.

Fig. 245.

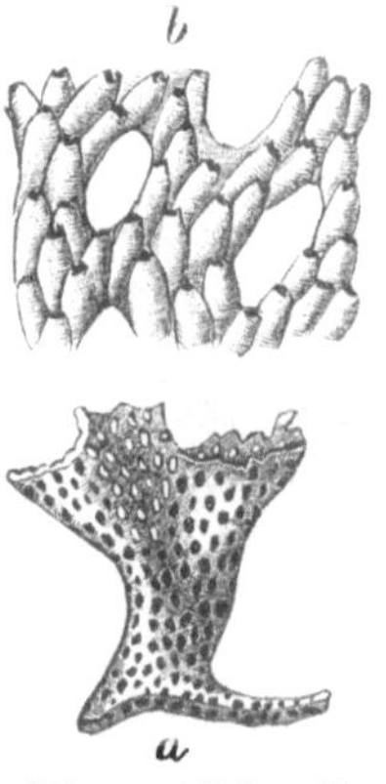

Retepora cellulosa Linn. Crag, Suffolk. *a.* Etwas unter nat. Grösse, *b.* äussere Oberfläche vergr.

Hierher gehören zahlreiche D'ORBIGNY'sche Gattungen (*Latereschara, Escharinella, Porina, Escharella, Porellina, Escharipora*), welche BUSK unter dem Namen *Eschara* zusammenfasst.

Retepora Imp. (Fig. 245). Blättrige, trichterförmige oder gewundene, netzförmige Stöcke mit niederliegenden, nur an der vorderen Seite des Stockes ausmündenden Zellen. Kreide, Tertiär, recent.

Weitere *Escharide*n-Gattungen sind: *Flustrella d'Orb.*, *Biflustra d'Orb.*, *Hemieschara Busk* (Kreide, Tertiär, recent), *Filiflustrella Semiflustrella*, *Sparsiporina*, *Semiescharella d'Orb.* (Kreide und Tertiär), *Polyeschara Rss.*, *Cycleschara Roem.* (Oligocän).

e. *Steginoporidae.*

Stöcke ähnlich jenen der *Escharide*n gebildet, doch wird die zellentragende Oberfläche von einer zweiten, porösen, durch hohle Pfeiler getragenen Wand bedeckt. Hierdurch entstehen zwei Zellschichten übereinander, von welchen die untere die eigentlichen, krugförmigen Zellen, die obere grosse, flache, mit weiter Oeffnung versehene Zellen aufweist. Die Mündungen beider Schichten entsprechen einander.

Steginopora d'Orb. (Fig. 246). Zellmündungen nur auf einer Seite des Stockes. Kreide, Tertiär.

Disteginopora d'Orb. Stock aus zwei mit den Rückseiten verbundenen Doppelschichten von Zellen gebildet. Kreide.

f. *Celleporidae.*

Knollige oder unregelmässig ästige Stöcke, aus aufrechten, unregelmässig gehäuften Zellen bestehend.

Cellepora Fabricius (Fig. 247). Knollige oder incrustirende, unregelmässige

Fig. 246.

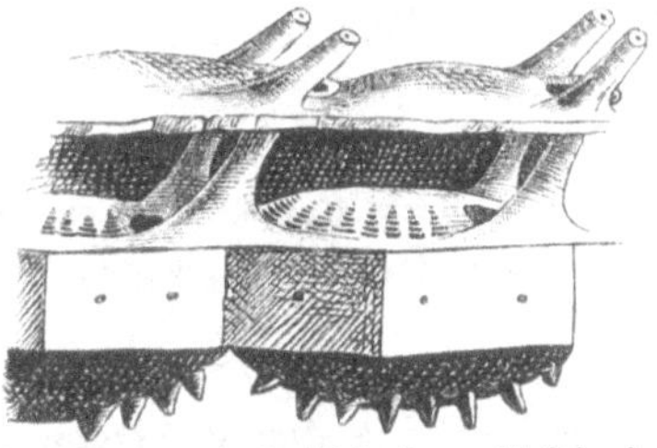

Steginopora aculeata d'Orb. Senon, St. Colombe (Manche). Zwei Zellen in Seitensicht (Querbruch des Stockes), stark vergr.

Fig. 247.

Cellepora distoma Rss. Oligocän Söllingen. Ein Stück der Oberfläche vergr.

Stöcke von schwammig poröser Structur, aus nahezu senkrechten Zellen aufgebaut, die meist sehr unregelmässig, vielschichtig über einander liegen und nur selten undeutlich im Quincunx angeordnet sind. Tertiär, zumal im Miocän, und recent.

Weitere *Celleporiden*-Gattungen sind: *Cumulipora Mstr.*, *Orbitulipora Stoliczka* und *Batopora Rss.*, sämmtlich tertiär.

g. *Vincularidae.*

Dichotom verästelte Stöckchen aus cylindrischen oder prismatischen Aesten und Zweigen. Zellen in alternirenden Reihen geordnet.

Vincularia Defr. (Fig. 248). Vielästige Stöcke mit cylindrischen oder prismatischen Zweigen. Die Zellen sind eingedrückt, mit einem erhabenen Rand umgeben. Kreide, Tertiär, recent.

Zu den *Vincularidae* gehören ferner *Myriozoum Donati* (Kreide, Tertiär und recent) sowie *Foricula d'Orb.* (Kreide).

Fig. 248.

Vincularia Gaudryana d'Orb. Obere Kreide, Mendon bei Paris. Fragment eines Stöckchens in nat. Gr. und vergr., vergr. Querschnitt.

h. *Selenariidae.*

Freie nicht angeheftete, napf- oder scheibenförmige, kreisrunde, selten unregelmässig gestaltete Stöcke, oben convex, unten eben oder concav, aus einer einzigen Schicht von meist zweierlei Zellen bestehend, deren Mündungen alle auf der Oberfläche liegen. Die kleineren Zellen sind Vibracularzellen.

Lunulites Lamx. (Fig. 249). Die normalen und die Vibracularzellen stehen in alternirenden Reihen, welche vom Centrum ausstrahlen. Kreide, Tertiär recent.

Fig. 249.

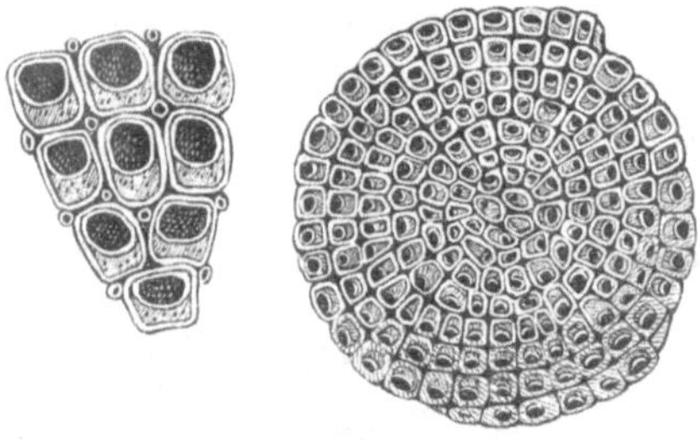

Lunulites tetragona Rss. Oligocän. Crosara. Links ein Theil der Oberfläche stärker vergr.

Cupularia Lamx. Jede Zelle ist an ihrem vorderen Ende mit einer Vibracularöffnung besetzt. Tertiär, recent.

Selenaria Busk. Einzelne Zellen sind verschieden gebaut und mit Vibracula besetzt. Tertiär, recent.

Stichopora Hagen. Alle Zellen gleichförmig, Vibracula fehlen. Kreide, Tertiär.

Weitere *Selenariiden*-Gattungen sind: *Conescharellina d'Orb.* (Tertiär, recent), *Diplotaxis Rss.* und *Discoescharites Roem.* (Tertiär), *Pavolunulites, Discoflustrella* und *Trochopora d'Orb.* (Kreide).

Zeitliche Verbreitung und Stammesgeschichte der Bryozoen.

Die Palaeontologie kennt von dem ganzen Reiche der *Bryozoen* nur *Cyclostomata* und *Chilostomata* in fossilen Resten, auf diese beiden Gruppen muss sich daher unser Ueberblick beschränken.

Die *Cyclostomen* stellen im allgemeinen die älteren Gruppe dar, sie erscheinen in grosser Menge bereits in palaeolithischen Bildungen; die zahlreichen Formen der *Fenestellidae, Acanthocladidae* und *Phylodictyonidae*, welche hier auftreten, sind allerdings von den geologisch jüngeren Formen weit verschieden. Man hat auch die *Chaetetiden* und *Monticuliporiden* ihnen anreihen wollen, doch spricht deren Vermehrung durch Theilung der Kelche sehr entschieden für ihre *Anthozoen*-Natur.

Neben den oben genannten, eigenthümlichen, ausgestorbenen Gruppen erscheinen einige Formen der *Tubuliporidae (Stromatopora* und *Proboscina)*, sowie zweifelhafte Vertreter der *Diastoporidae* und *Cerioporidae.* In der Trias treten die *Bryozoen* auffallend zurück, nur aus den Schichten von St. Cassian kennt man *Ceriopora*-Reste. Im Jura erscheinen zahlreiche *Bryozoen*, welche sämmtlich der Gruppe der *Cyclostomata* angehören. Die *Diastoporidae, Tubuliporidae, Entalophoridae, Frondicularidae* und *Cerioporidae* sind durch zahlreiche Formen vertreten, während von *Chilostomen* nur sehr problematische Arten der Gattungen *Hippothoa* und *Eschara* genannt werden. Die erstere Gattung soll nach Nicholson auch schon im Silur auftreten, doch sind die von ihm beschriebenen Reste ziemlich zweifelhafter Art.

Die *Bryozoen*-Fauna der unteren Kreide ist jener des Jura nahe verwandt, erst von der Cenomanstufe an nehmen die *Chilostomen* an der Zusammensetzung der Fauna Theil. *Hippothoa, Membranipora, Lepralia, Eschara, Cellepora, Bilflustra* und *Vincularia* erscheinen bereits, doch dominiren noch weitaus die *Cyclostomen.* Die obere Kreide enthält überaus zahlreiche *Bryozoen*, und nehmen die *Chilostomen* immer mehr und mehr zu, obwohl sie noch nicht den Reichthum der *Cyclostomen* erreichen; erst in der Tertiärformation nehmen die letzteren allmählich ab, die *Chilostomen* aber zu, so dass die jüngeren *Bryozoen*-Faunen der Tertiärformation bereits eine ähnliche Zusammensetzung zeigen, wie die heute lebende.

VI. Stamm. **Brachiopoda.**

Festsitzende (oder wenigstens in der Jugend angeheftete) Einzelthiere von bilateral-symmetrischem Bau mit dorsaler und ventraler Schalenklappe, mit zwei, meist spiralig aufgerollten Mundanhängen, mit einem suboesophagealen Ganglion nebst Schlundring, sowie mehreren accessorischen Ganglienknoten; Fortpflanzung geschlechtlich (die bis nun untersuchten Formen sind getrennten Geschlechtes).

Die Aehnlichkeit mit den *Pelecypoden* ist nur eine ganz äusserliche, da die beiden Schalen der *Brachiopoden* und ihre entsprechenden Mantellappen nicht rechte und linke, sondern obere und untere sind. Mit Owen und Davidson bezeichnen wir bei ihnen die grosse, häufig durch ein Schnabelloch für den Durchtritt des Muskelstieles durchbohrte Klappe als Ventralschale, die kleinere als Dorsalschale.[1] Sowohl das Oeffnen als das Schliessen der Klappen wird durch interne Muskel bewerkstelligt. Nach der Gestaltung des Afters trennt man die *Brachiopoden* in zwei Gruppen: *Pleuropygia*, bei welchen der Darm auf der rechten Seite mittelst einer Afteröffnung in die vordere Mantelhöhle mündet, und *Apygia* mit blind endigendem Magendarm. Erstere entbehren zugleich einer Schlossverbindung beider Klappen, welche lediglich durch die Muskeln zusammengehalten werden, letztere besitzen ein Schloss (nur bei den *Productidae* mangeln theilweise die Schlosszähne), ferner sind beide Gruppen noch durch die Schalenstructur wesentlich verschieden. Die *Apygia* oder *Testicardines* besitzen Kalkschalen von prismatischer Structur, indem parallele, ziemlich lange, dünne Prismen in schräger Stellung zur Oberfläche die Schale zusammensetzen und ihr auf Bruchflächen einen weissen, seidenartigen Glanz und faserige Beschaffenheit verleihen. Auch die zuweilen vorhandenen Gerüste für die Arme, sowie die Septen im Innern der Schale zeigen gleiche Structur. Bei vielen Gattungen der *Apygia* erweist sich ferner die Schalenoberfläche bei genauer Betrachtung (durch die Loupe) fein punctirt. Diese Punkte entsprechen den erweiterten Mündungen von senkrecht die Schale durchbohrenden Canälen, die zur Aufnahme von blinden Ausstülpungen des Mantels dienen. Man unterscheidet nach dem Fehlen oder Vorhandensein dieser Canälchen faserige und punktirte Schalenstructur. Bei den *Pleuropygia* verhält sich die Schalenstructur anders. Die *Linguliden* und *Disciniden* besitzen Schalen, welche aus abwechselnden Schichten von phosphorsaurem

[1] von Buch und Quenstedt gebrauchen beide Ausdrücke im entgegengesetzten Sinne.

Kalk und einer hornähnlichen Substanz bestehen, welch letztere den Gehäusen einen eigenthümlichen Firnissglanz verleiht. Die *Craniden* weisen eine Schale aus concentrischen Schichten von dichtem, kohlensauren Kalk auf, welche von zahlreichen, verticalen Canälen durchsetzt sind, die nach innen erweiterte Mündungen besitzen und sich gegen aussen verästeln.

Unterscheiden sich demnach die *Brachiopoden*-Schalen durch eigenthümliche Structur wesentlich von den Gehäusen der *Mollusken*, so ist der oft hohe Gehalt an phosphorsaurem Kalk nicht weniger charakteristisch für sie. Die *Brachiopoden*-Schalen gehören trotz ihrer geringen Dicke zu den erhaltungsfähigsten Hartttheilen, wir treffen sie in den ältesten versteinerungsführenden Schichten und in ungeheurer Zahl treten sie in den palaeozoischen und mesozoischen Ablagerungen auf, nehmen aber gegen die Gegenwart an Formenreichthum ab.

Da die innere Einrichtung (Muskel- und Gefässeindrücke, Armgerüste) bei beiden Gruppen sehr verschieden ist, werden wir sie am besten bei den *Apygia* und *Pleuropygia* gesondert betrachten.

A. Pleuropygia (= Ecardines).

Der Darm mündet auf der rechten Seite durch eine Afteröffnung in die vordere Mantelhöhle. Die Schale entbehrt der Schlossverbindung, die Klappen werden nur durch die Muskel zusammengehalten, nie ist ein Armgerüst vorhanden.

Die Festheftung der hierhergehörigen Formen erfolgt in sehr verschiedener Weise: bei *Lingula* tritt ein langer Muskelstiel zwischen den Wirbeln beider Klappen hervor, bei *Obolus* weist der verdickte Rand eine Furche für den Durchtritt des Stieles auf, bei *Discina* ist die grössere Schale durchbohrt, *Trimerella* besitzt keinerlei Oeffnung für den Durchtritt des Stieles und war wenigstens im Alter vollkommen frei. *Crania* endlich ist mit der Unterklappe festgewachsen.

Die Muskelansätze im Inneren der Klappen sind sehr mannigfach entwickelt und ziemlich complicirt. Bei der recenten (schon in den cambrischen Schichten erscheinenden) Gattung *Lingula* beobachtet man zu beiden Seiten in der Nähe des Randes mehrere Muskel, welche als Oeffner der Schale (Divaricatores) fungiren, indem sie eine laterale Verschiebung der Klappen bewerkstelligen (Gleitmuskel). Andere Muskel liegen der Medianlinie näher, inseriren sich in der grossen Klappe nahe dem Wirbel und dem vorderen Rand, und fungiren als Schiessmuskel (Adductores) endlich sind noch Anheftungsstellen der Stielmuskel (Adjustores) vorhanden, welche neben den vorderen Eindrücken der Schliessmuskel liegen. Noch complicirtere Einrichtungen beobachten wir bei den ausgestorbenen Gattungen der *Pleuropygia*, unter welchen *Trimerella* und *Monomerella* die zahlreichsten Muskeleindrücke aufweisen.

Die *Pleuropygia* umfassen folgende Gruppen: *Lingulidae*, *Obolidae*, *Discinidae* und *Craniadae*.

a. *Lingulidae.*

Gehäuse fast gleichklappig, oblong oder rundlich, mit muskulösem Stiel, der zwischen den Wirbeln durchtritt, angeheftet, mit hornig-kalkiger Structur; mehrere Gleitmuskel, welche in schräger Richtung vom Rande der einen Klappe zu jenem der anderen laufen, ermöglichen durch ihre Contraction ein seitliches Verschieben derselben. Eindrücke der Schliessmuskel paarweise an der Mittellinie der Klappe.

Fig. 250.

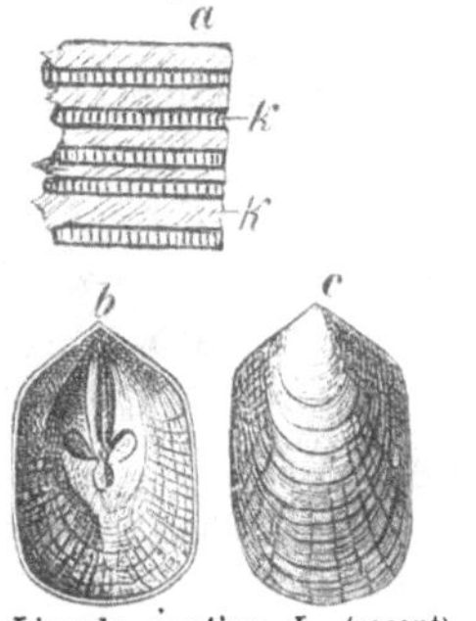

a. Lingula anatina L. (recent). Durchschnitt der Schale stark vergr., die alternirenden, fein faserigen Hornschichten und die prismatischen Kalkschichten (*k*) zeigend. *b* und *c Lingula Lewesii Sow.* Silur, Gotland.

Lingula Brug. (Fig. 250). Dünnschalig, fast gleichklappig, glatt oder concentrisch gestreift, lang-oval oder oblong gegen den Wirbel zugespitzt; am Stirnrand breit. Die Anheftung erfolgt durch einen langen, zwischen den Wirbeln hervortretenden Muskelstiel. Cambrisch bis recent.

Nahe verwandt sind: *Lingulella Salter* (cambrisch und Unter-Silur), *Lingulepis Hall* (cambrisch) und *Glottidia Dall.* (recent).

b. *Obolidae.*

Schale mässig ungleichklappig, rund oder queroval, mit verdicktem Hinterrand, welcher eine Furche für den Durchtritt des Stieles aufweist. Die seitlichen Gleitmuskeln sind meist einfach, die Schliessmuskeln sind getrennt und

Fig. 251.

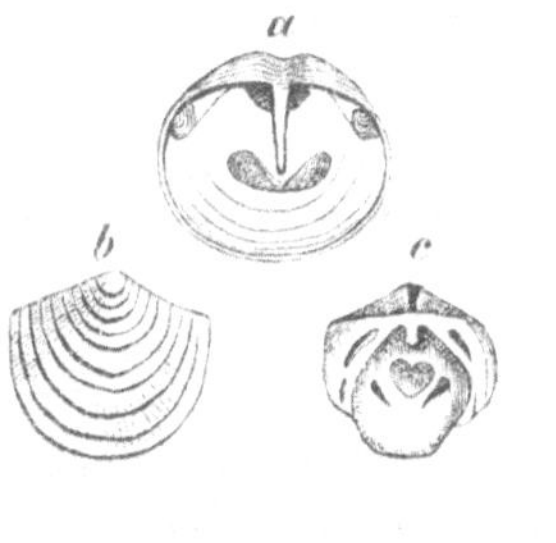

Obolus Apollinis Eichw. Unter-Silur, St. Petersburg, *a.* Ventralschale von innen, *b.* Dorsalschale von aussen, *c.* Dorsalschale von innen.

Fig. 252.

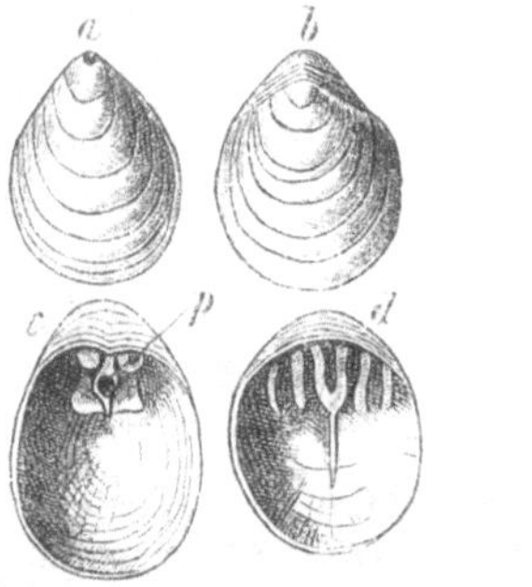

Siphonotreta unguiculata Eichw. Unter-Silur, St. Petersburg. *a* Ansicht von der Ventralseite, *b.* von der Dorsalseite, *c.* Ventralklappe, *d.* Dorsalklappe von innen, *p.* Röhre für den Durchtritt des Stielmuskels.

verursachen paarweise Eindrücke neben der Medianlinie. Die Schalenstructur ist dieselbe wie bei *Lingula*, doch tritt phosphorsaurer Kalk in grösserer Menge als die Hornsubstanz auf.

Obolus Eichw. (Fig. 251) (= *Ungulites Pand.*). Umriss des flachen Gehäuses kreisrund, wenig ungleichklappig, Ventralschale mit einem schwachen Medianseptum, die Adductores verursachen in jeder Klappe zwei paarige

Eindrücke, von welchen die hinteren nahe dem Schlossrande, die vorderen fast in der Mitte liegen; die Eindrücke der Divaricatores liegen ganz randlich. Silur. Die Schalen der abgebildeten Form erfüllen bei St. Petersburg den *Unguliten*-Sandstein.

Verwandte Gattungen sind: *Acrothele Linnarson*, *Obolella Billings*, *Kutorgina Billings*, *Monobolina Salter*, *Leptobolus Hall*, sämmtlich aus cambrischen und untersilurischen Schichten, ferner *Schmidtia Vollborth* (Silur und Devon).

Siphonotreta Vern. (Fig. 252). Ventralschale gewölbt, mit verlängertem geraden und durchbohrten Wirbel. Die Oeffnung für den Stiel mündet auf der Rückseite des Wirbels, nach innen ist sie zu einer cylindrischen Röhre erweitert. Schlossrand beider Klappen verdickt, gekrümmt. Oberfläche deutlich punctirt oder mit kleinen, im Quincunx stehenden Stacheln geziert. Silur.

Nahe verwandt: *Acrotreta Kutorga* (cambrisch und Untersilur).

c. *Discinidae.*

Hornig-kalkige Schalen mit fein punktirter Structur, durch einen muskulösen Stiel angeheftet, welcher durch eine centrale oder subcentrale Oeffnung der Unterschale austritt.

Discina Lamk. Kreisrund, ungleichklappig, glatt oder concentrisch gestreift, Wirbel nahezu central, Oeffnung hinter demselben. Vier Eindrücke von Schliessmuskeln. Zerfällt in folgende Subgenera: *Discina sens. strict. Dall.* Unterschale im Centrum mit einem dreieckigen, rund durchbohrten Vorsprung (Tertiär und recent). *Orbiculoidea d'Orb.* (Fig. 253). Die runde oder ovale Oeffnung liegt am hinteren Ende einer vom Wirbel nach rückwärts laufenden Furche. Silur bis Neocom. *Discinisca Dall.* Hinter dem Wirbel der concaven oder flachen Unterschale liegt eine schlitzförmige Oeffnung in einer vertieften Area. Silur bis recent.

Fig. 253.

Discina (Orbiculoidea) Forbesii Davids. Wenlockkalk (Ober-Silur) Malvern-Hills.

Paterula Barr. Kleine fast gleichklappige, flach gewölbte Schalen, am Schlossrand eine runde Oeffnung. Unter-Silur.

d. *Trimerellidae.*

Dicke, kalkige Schalen, die Ventralklappe mit breitem, durchbohrten Schnabel, unter welchem eine weite Area sich befindet, deren Mitte von einem dreieckigen Stück (Pseudo-Deltidium) eingenommen wird. Am Schlossrand treten zuweilen rudimentäre Zähne auf. Im Inneren beider Klappen findet sich eine in der Regel doppelt gewölbte Medianplatte, welche vier Paar Muskeleindrücke trägt, und vom Schlossrand bis zur Mitte der Schale reicht. Am vorderen Ende dieser Centralplatte ragt, insbesondere an der Dorsalschale, ein Medianseptum weit vor. Ausser den oben erwähnten, auf der centralen Platte gelegenen vier Muskeleindrücken finden sich weitere zu beiden Seiten, auf und unter dem Schlossrand.

Trimerella Billings (Fig. 254). Mit den oben erörterten Charakteren, Ventralschale mit hohem, spitzen, Dorsalschale mit stumpfem Wirbel; Medianseptum in beiden gut entwickelt, in der Dorsalklappe stärker verlängert. Ober-Silur.

Weitere hierhergehörige Gattungen sind: *Monomerella Billings* (Ober-Silur) und *Dinobolus Hall* (Unter- und Ober-Silur).

Fig. 254.

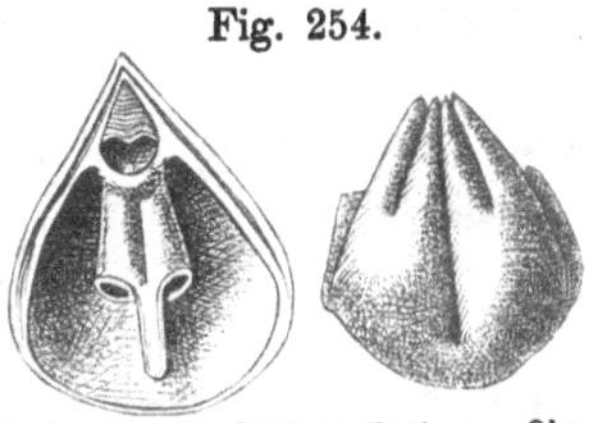

Trimerella Lindströmi Dall sp. Ober-Silur, Gotland. Unterschale von innen und Steinkern.

e. *Craniadae.*

Kalkige Schalen, Ventralklappe mit dem Wirbel oder der ganzen Fläche angeheftet, selten frei, Dorsalschale napfförmig. Innenseite beider Klappen mit einem breiten, zuweilen gekörnelten Rand, mit vier grossen Muskeleindrücken und mehr oder minder deutlichen Gefässeindrücken. Die Spiralarme besitzen keine Kalklamellen, werden aber durch einen nasenförmigen Vorsprung in der Mitte der Ventralklappe gestützt. Die Innenseite der Ventralklappe erinnert hierdurch einigermassen an einen Todtenkopf, worauf der Name *Crania* anspielt.

Fig. 255.

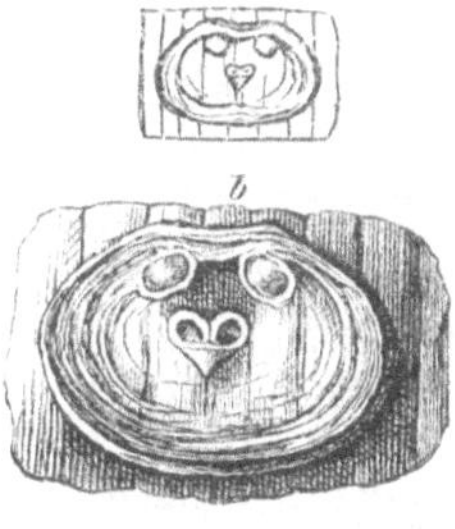

Crania quadrata M'Coy. Kohlenkalk, Carluke, Schottland. Unterschale von innen *a.* nat. Gr., *b.* vergr.

Crania Retzius (Fig. 255) mit den Charakteren der Gruppe. Silur bis recent, am häufigsten in der Kreide.

Als Subgenera sind zu betrachten: *Pseudocrania M'Coy* mit freier Schale (Silur, Devon); *Craniscus Dall.* Die festgewachsene Ventralschale wird durch eine Querleiste und Längsleiste in drei Abtheilungen getheilt (Jura). *Ancistrocrania Dall.* Unterschale angeheftet, Oberschale mützenförmig, im Inneren mit zwei vom Wirbel divergirenden Leisten (Kreide).

B. Apygia (Testicardines).

Der Magendarm endigt blind, die kalkigen Schalen sind durch ein Schloss verbunden, Armgerüst entwickelt oder fehlend.

Das Schloss der *Apygia* kommt in folgender Weise zu Stande: am Hinterrande der grossen oder Ventralschale liegen zwei gekrümmte Schlosszähne, welche in correspondirende Gruben der Dorsalschale eingreifen. Die Dorsalklappe zeigt zwischen diesen Gruben eine Verlängerung: den Schlossfortsatz (processus cardinalis), an welchen sich die Schlossmuskel inseriren, welche die Schale öffnen, indem die Oberklappe sich in den Zähnen der Unterklappe wie die Thüre in ihren Angeln dreht. Die Schliessmuskel hingegen laufen quer von einer Klappe zur anderen. Betrachten wir die Schalen der recenten *Waldheimia flavescens Val.* (Fig. 256), so sehen wir in der Centralklappe (*A*) einen in der Mitte getheilten Eindruck (*a*), in der dorsalen Klappe (*B*) ein vorderes (*a*) und ein hinteres Paar (*a'*) von Eindrücken für die Schliessmuskel (Adductores). Die Oeffnungsmuskeln (Divaricatores oder Cardinales) inseriren sich an dem Schlossfortsatz der Dorsalklappe (*j*) und an einem Paar grösserer, vorderer (*c*) und kleinerer hinterer Eindrücke (*c'*) in der Ventralklappe. In dieser finden wir dann noch zwei Paare Eindrücke für den Stielmuskel (Adjustores, *p p'*). Die Wirkung der Schliess- und Oeffnungsmuskel wird uns durch Betrachtung des Längsschnittes von *Stringocephalus* (Fig. 257) klar. Der fast bis zur Innenfläche der Ventralklappe reichende Schlossfortsatz der kleinen Klappe ist tief gespalten, um das mächtig entwickelte Dorsalseptum zu umfassen. Die Contraction der mit *c* bezeichneten Oeffnungsmuskel dreht die kleine Klappe um die Angel des Schlosses nach auswärts. Die schräg das Innere durchsetzenden Schliessmuskel *a* bewirken, da sie unter dem Drehungspunkt verlaufen, das Schliessen des Gehäuses. Nur wenige Formen

Fig. 256.

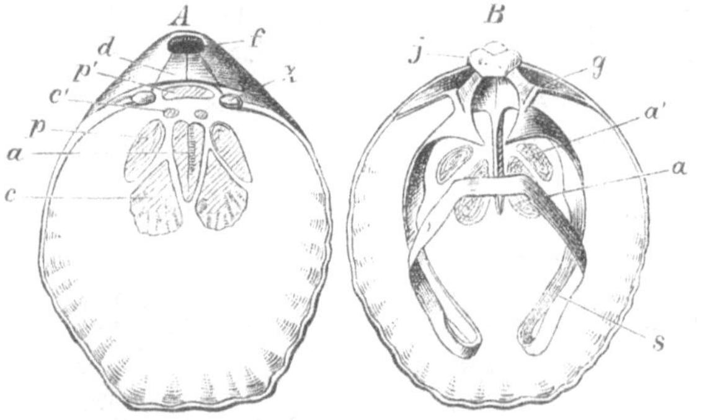

Waldheimia flavescens Val. recent.

A. Ventralklappe. *f.* Schnabelloch (*Foramen*). *d.* Deltidium. *z.* Schlosszähne. *c.* Vordere Oeffnungsmuskel (*Divaricatores anteriores*). *c'.* Hintere Oeffnungsmuskel (*Div. posteriores*). *a.* Schliessmuskel (*Adductores*). *p.* Vordere Stielmuskel (*Adjustores anteriores*). *p'.* Hintere Stielmuskel (*Adj. posteriores*).

B. Dorsalklappe. *j.* Schlossfortsatz (*processus cardinalis*). *g.* Zahngrube. *s.* Armschleife. *a.* Vordere Schliessmuskel (*Adductores anteriores*). *a'.* Hintere Schliessmuskel (*Add. posteriores*).

Fig. 257.

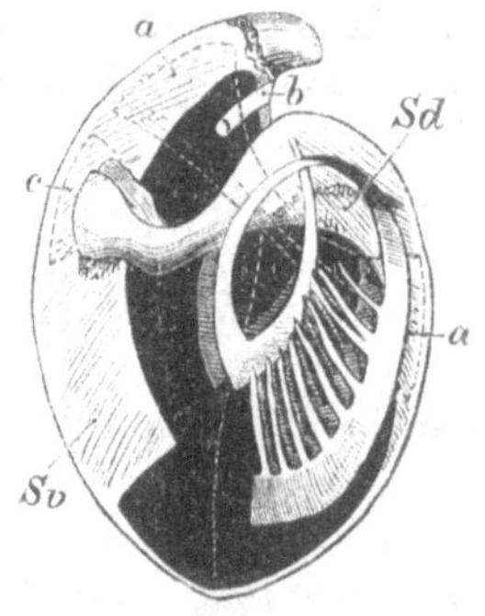

Stringocephalus Burtini Defr. Paffrath bei Cöln. *Sv.* Ventralseptum. *Sd.* Dorsalseptum. *a.* Schliessmuskel (*Adductores*). *c.* Oeffnungsmuskel (*Divaricatores*). *b.* Stielmuskel.

unter den *Apygia* entbehren der Schlosszähne, so die Gattung *Productus*, bei welcher die Klappen nur durch den Schlossfortsatz der Dorsalklappe und die Muskeln zusammengehalten werden. Bei manchen mit Zähnen und Zahngruben ausgestatteten Formen sind zur Stütze derselben eigene Lamellen: Zahnplatten vorhanden, welche zuweilen (z. B. bei *Pentamerus*) besondere Stärke erreichen. Ferner sind häufig noch andere Lamellen und Scheidewände entwickelt: Mediansepten, welche häufig in der dorsalen, oft aber auch in der ventralen Klappe auftreten (z. B. bei *Stringocephalus*, vergl. Fig. 257). Neben den bereits oben erwähnten, bei verschiedenen Formen verschieden gestalteten Muskeleindrücken auf der Innenfläche der Schale treffen wir daselbst Eindrücke, welche von den Gefässen des Mantels, und solche, welche von den Genitalsträngen herrühren (bei den fossilen Formen werden die letzteren von den Autoren schlechtweg als Eindrücke der Ovarien bezeichnet). Oft sondert der Mantel im Inneren der Schale reichlich Kalk ab, wodurch bei manchen Formen (*Thecidium*) ein zierliches, vielfach durchbrochenes

Incrustationsnetz entsteht. Die grösste Bedeutung für die Systematik der *Apygia* aber haben die bei mehreren Gruppen entwickelten, kalkigen Gerüste, welche den fleischigen Mundanhängen oder „Armen“ zur Stütze dienen; wir nehmen solche bei den *Rhynchonelliden*, *Atrypiden*, *Spiriferiden*, *Thecideen*, *Stringocephaliden* und *Terebratuliden* wahr.

Bei den *Rhynchonelliden* treten nur zwei kurze, etwas gekrümmte Kalkstücke (Cruralfortsätze) an der Schlossplatte der Dorsalklappe auf. — Die lebende *Rhynchonella* vermag daher die Arme etwas aufzurollen und über den Rand der Schale hinauszustrecken, eine Fähigkeit, welche jedenfalls den (nur fossilen) *Spiriferiden* und *Atrypiden* abging, bei welchen die Arme in ihrer ganzen Länge von spiral gerollten Kalkblättern gestützt waren. Bei *Thecidea*, *Stringocephalus* und *Argiope* folgt die Bandschleife dem Rande der Dorsalklappe, während bei den *Terebratuliden* dieselbe gegen das Innere der Schale zurückgekrümmt ist. Weniger wichtig, aber zur Bestimmung der einzelnen Gattungen und Arten dienlich sind die äusseren Merkmale der Schale: das Auftreten einer Area, eines dreieckigen, flachen Feldes, welches vom Schlossrand und zwei schrägen, vom Wirbel herablaufenden Kanten begrenzt wird, die Gestaltung der Durchbohrung für den Durchtritt des Muskelstieles, die Umrisse der Schale, ihre Skulptur u. s. f. Selten nehmen beide Klappen an dem Zustandekommen der Oeffnung für den Stiel Theil, indem sie entsprechend ausgerandet sind, meist ist die Ventralklappe durch eine Schnabelöffnung durchbohrt. Diese Oeffnung wird durch accessorische Schalenstücke verengt und oft im Alter gänzlich geschlossen (bei einer Anzahl von Gattungen, welche frei oder mit der Ventralschale angeheftet sind, fehlt überhaupt jede Oeffnung). Unter dem Schnabel treten nämlich häufig zwei symmetrische Schalenstücke jederseits der Stielöffnung auf (Deltidium discretum), so bei *Terebratella*, bei weiterem Anwachsen vereinigen sich die beiden Stücke bei manchen Gattungen; umgeben sie die Schnabelöffnung nur von der unteren Seite, wie bei *Terebratula*, so spricht man von einem Deltidium sectans, umgiebt das Deltidium jedoch die Oeffnung vollständig, wie bei *Rhynchonella*, so heisst es umfassend: amplectens. Bei anderen Formen (*Spirifer* und *Orthis*) wächst ein einfaches Kalkblatt von der Schnabelspitze herab und engt die Schnabelöffnung ein, indem es sich gegen den Schlossrand vergrössert — in diesem Falle spricht man von einem Pseudodeltidium.

Wir theilen die *Apygia* in folgende Gruppen: *Productidae*, *Orthidae* (= *Strophomenidae*), *Porambonitidae*, *Rhynchonellidae*, *Atrypidae*, *Koninckinidae*, *Spiriferidae*, *Stringocephalidae*, *Thecideidae* und *Terebratulidae*.

a. *Productidae.*

Gehäuse frei oder mit festgewachsener Ventralklappe. Dorsalklappe flach oder ausgehöhlt, beide Klappen durch Zahnverbindung, oder bloss durch Schlossfortsatz und Muskel zusammengehalten. Schlosslinie gerade, Oberfläche häufig mit röhrigen Stacheln besetzt, welche oft an dem Schlossrand und an den Schnabelkanten stark entwickelt sind. Im Inneren der Dorsalklappe liegen unter dem Schlossfortsatz (*j* in Fig. 259) die eigenthümlich gestalteten, mit dendritischer Sculptur versehenen, durch eine mediane Leiste getrennten Eindrücke der Schliessmuskel (*a*), vor und seitlich derselben aber die „nierenförmigen Eindrücke“, welche von Gefässen des Mantels herrühren. Die Ventralschale weist dicht unter dem Schlossrand die beiden Eindrücke der Adductores, seitlich und vor denselben aber die grossen gestreiften Eindrücke der Divaricatores, zuweilen auch noch schwache, spirale Eindrücke auf, die von den Armen herrühren.

Productus Sow. (Fig. 258, 259, 260). Gehäuse frei, Ventralschale stark gewölbt oder knieförmig gebogen, mit grossem, gekrümmten, undurchbohrten

Fig. 258.

Productus giganteus Sow. Karowa bei Kaluga, Russland. 1/2 nat. Gr.

Fig. 259.

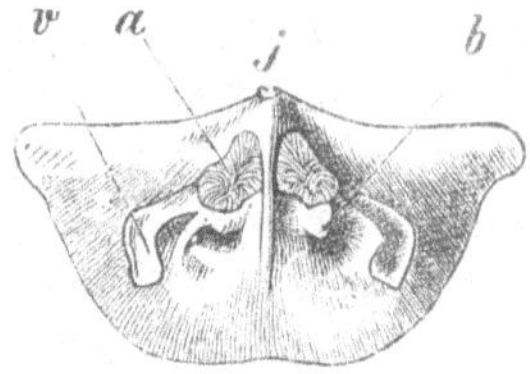

Productus giganteus Sow. Verkl. Schema der Dorsalklappe von innen. *j.* Schlossfortsatz, *a.* Eindrücke der Adductores, *v.* nierenförmige Eindrücke, *b.* wenig vorragende Kalkstütze für die fleischigen Arme.

Wirbel, Schlossrand gerade, Area fehlend oder sehr schwach entwickelt. Dorsalklappe mehr minder concav, Oberfläche glatt oder radial oder concentrisch gerippt, mit röhrigen, zerstreuten Stacheln, die an den Schnabelkanten der Ventral- und der Schlosslinie der Dorsalklappe oft sehr stark entwickelt sind.

Man unterscheidet *Producti dorsati* mit gewölbter Ventralschale (z. B. *Prod. giganteus Sow.* Fig. 260) und *Producti lobati*, deren Dorsalschale eine

Fig. 260.

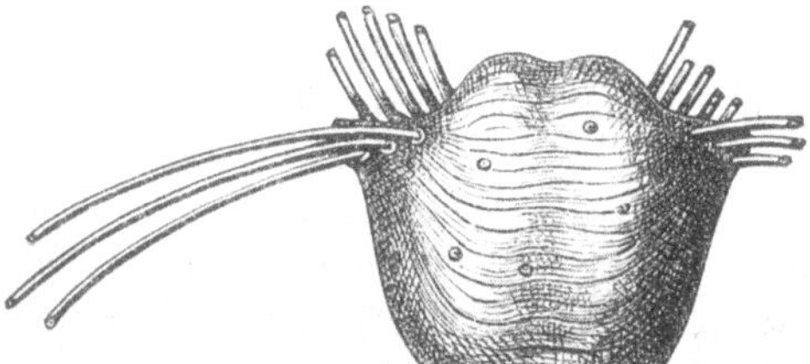

Productus horridus Sow. Zechstein, Gera, Thüringen. 2/3 nat. Gr.

Fig. 261.

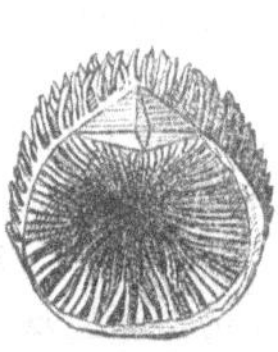

Strophalosia Goldfussi Münst. sp. Zechstein, Gera, Thüringen.

mediane Einsenkung aufweist (z. B. *Prod. horridus Sow.* Fig. 260); die Gattung reicht aus der Devonformation bis in die Dyas und ist hauptsächlich in den jüngeren palaeozoischen Formationen, zumal im Kohlenkalk, sehr reich an Formen.

Productella Hall unterscheidet sich von *Productus* durch Schlosszähne, sowie eine niedrige Area, welche an der Ventralklappe durch eine deieckige Spalte getheilt ist. Devon.

Strophalosia King (Fig. 261). Gewölbte Ventralklappe mit dem Schnabel festgewachsen, Schlosszähne vorhanden, Dorsalklappe concav, Oberfläche beider Klappen mit langen röhrigen Stacheln besetzt. Beide Schalen mit niedriger Area, die dreieckige Spalte durch ein Pseudodeltidium geschlossen. Devon bis Dyas.

Fig. 262.

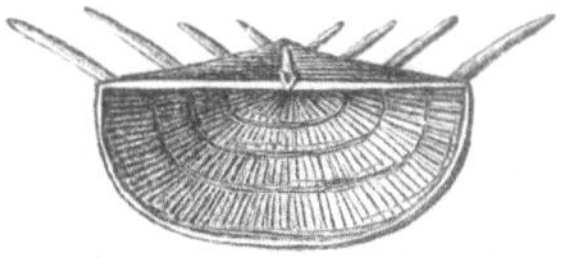

Chonetes striatella Dalm. sp. Ober-Silur, Gotland.

Aulosteges Helmersen. Aehnlich wie *Strophalosia*, aber frei, mit zahnlosem Schloss und sehr hoher Area der Ventralklappe. Kohlenkalk, Dyas.

Chonetes Fischer (Fig. 262). Quer verlängerte, flache Gehäuse, Ventralschale etwas gewölbt, Dorsalklappe etwas concav. Die Kanten der Area der ersteren mit einer Reihe von Röhren-Stacheln geziert; die dreieckige Oeffnung der Area durch ein Pseudodeltidium geschlossen. Silur, Devon, Kohlenkalk.

Zu den *Productiden* dürfte wahrscheinlich auch die DITTMAR'sche Gattung *Aulacorhynchus* aus dem russischen Kohlenkalk gehören.

b. *Orthidae* (= *Strophomenidae*).

Meist flache, rundliche, oder quer verlängerte Gehäuse mit langer Schlosslinie, jede Klappe mit einer Area, Schnabelöffnung bald vorhanden, bald fehlend, meist ein dreieckiger Spalt unter dem Wirbel vorhanden, der oft durch ein Pseudodeltidium geschlossen wird. Ventralklappe mit zwei starken Schlosszähnen, Dorsalklappe mit entsprechenden Gruben, dazwischen ein zahnförmiger Schlossfortsatz und zwei kurze Ansätze für die Brachialeinrichtung (Cruralfortsätze). Muskel- und Gefässeindrücke sehr kräftig, zuweilen auch die Eindrücke der horizontal gerollten Spiralarme sichtbar (vergl. die Abbildung Fig. 268 von DAVIDSONIA). Schalenstructur meist punktirt.

Fig. 263.

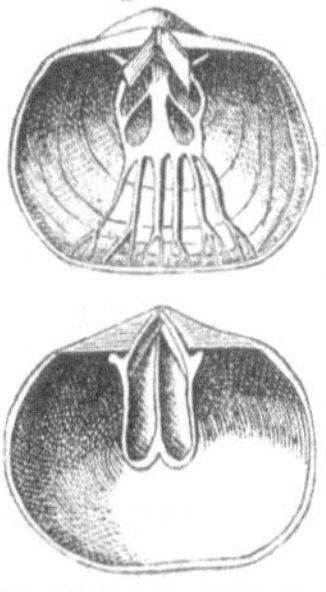

Orthis striatula Schloth. sp. Devon, Gerolstein.

Fig. 264.

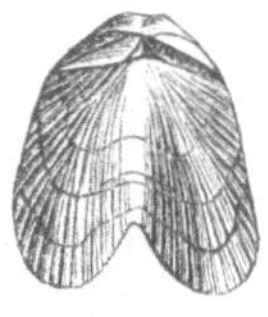

Bilobites biloba Linn. Ober-Silur, Gotland.

Orthis Dalm. (Fig. 263). In der Regel beide Klappen gewölbt, nur zuweilen die Dorsalklappe eben, radial gerippt und gestreift oder glatt. Schlossrand kürzer als die Breitendimension des Gehäuses, Area beider Klappen mit offener Deltidialspalte, welche in der ventralen von den senkrechten Zahnplatten begrenzt ist, eine etwas erhabene Muskelleiste trennt die tiefen Muskeleindrücke.

Bilobites Linn. (= Dicoelosia King) (Fig. 264) unterscheidet sich von *Orthis* durch eine tiefe Einschnürung am Stirnrand. Silur.

Platystrophia King besitzt nahezu gleich gewölbte, kräftig radial gerippte Schalen, von welchen die ventrale eine tiefe Medianbucht aufweist. Schlossrand lang, die grösste Breite der Schale darstellend. Silur, Kohlenkalk.

Enteletes Fischer unterscheidet sich von *Platystrophia* durch kurzen Schlossrand (Kohlenkalk).

Mystrophora Kayser ist von *Orthis* durch das Auftreten eines sehr hohen Medianseptums in der Dorsalklappe verschieden, welches nahe bis zur Ventralklappe reicht und so den Innenraum der Schale in zwei Hälften zerlegt. Silur, Devon.

Orthisina d'Orb. (Fig. 265). Schale faserig, beide Klappen mit Area (jene der Ventralklappe bedeutend grösser), deren dreieckige Durchbrechung durch ein Pseudodeltidium geschlossen wird; in jenem der Ventralklappe findet sich häufig eine kleine, runde Oeffnung für den Durchtritt des Stielmuskels. Schlosszähne kräftig, von convergirenden Zahnplatten gestützt, welche durch ihre Vereinigung eine tiefe Grube umgeben; beide Schalen besitzen ein niedriges Medianseptum. Unter-Silur.

Fig. 265.

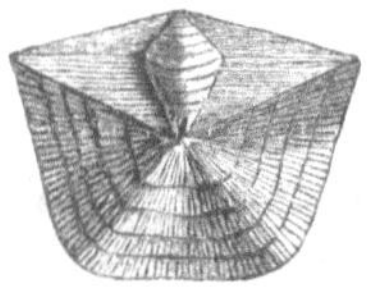

Orthisina anomala d'Orb. Unter-Silur. Reval.

Fig. 266.

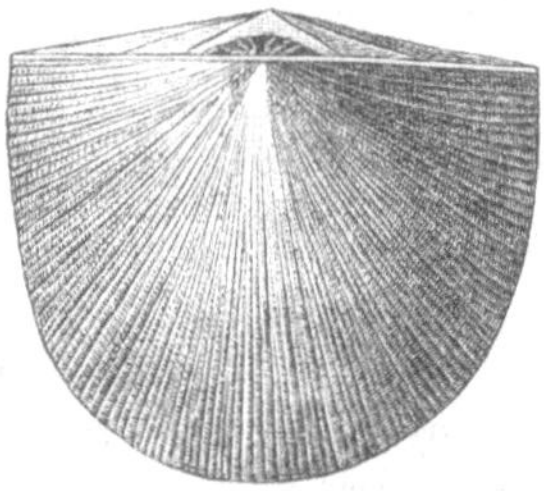

Streptorhynchus umbraculum Schloth. sp. Eiflerkalk.

Fig. 267.

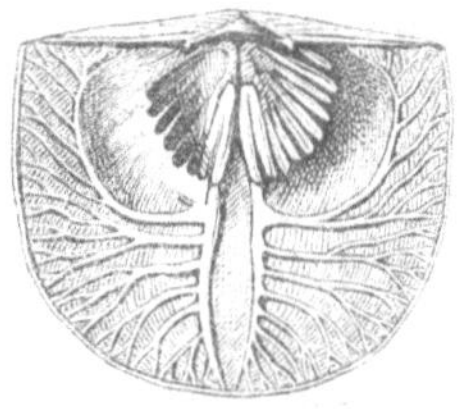

Strophomena expansa Sow. sp. Silur, England. Ventralschale von innen.

Streptorhynchus King (Fig. 266). Biconvexe Gehäuse (oder Ventralschale concav, Dorsalschale convex) mit langem, geraden Schlossrand, Ventralschale mit hoher Area, zurückgebogenem Schnabel und Pseudodeltidium. Dorsalschale mit linearer Area, sehr stark entwickeltem, zweilappigen Schlossfortsatz. Beide Klappen weissen ein schwach entwickeltes Medianseptum auf. Kohlenkalk und Dyas.

Strophomena Blainv. (Fig. 267). Flache Gehäuse; Ventralschale gewölbt, Dorsalschale concav, Schlosslinie lang, gerade, beiderseits mit Area, Oeffnung durch Pseudodeltidien begrenzt, Innenseite mit stark vertieften Muskel- und sehr deutlichen Gefäss-Eindrücken, welche meist radial verlaufen. Silur, Devon, Kohlenkalk.

Strophodonta Hall. Unterscheidet sich von *Strophomena* durch feine Zähnelung des Schlossrandes. Silur.

Leptaena Dalm. Ventralschale gewölbt, Dorsalschale concav, Schlossfortsatz der letzteren mehrfach gespalten, ihre vier Muskeleindrücke sehr gross, etwa zwei Drittel der Schnabellänge einnehmend — jene der Ventralklappe klein — Gefässeindrücke radial. Silur, Devon, Kohlenkalk, einige Formen im oberen Lias.

Leptagonia M'Coy. Schalen stark gebogen, Schnabel häufig durchbohrt, Gefässeindrücke deutlich, von zwei dem Rande parallel laufenden Hauptästen ausgehend. Silur, Devon, Kohlenkalk.

Davidsonia Bouchard (Fig. 268). Ventralklappe festgewachsen, mit grosser Area, Pseudodeltidium und wohlentwickelten Zähnen. Im Inneren sind zwei conische Erhöhungen vorhanden, welche undeutliche Eindrücke der spiralen Arme aufweisen, deren Spitzen sich gegen die dorsale Schale richten. Deutlicher sind die Gefässeindrücke, welche von zwei Hauptstämmen ausstrahlen. An der Dorsalschale bemerken wir zwischen den Zahngruben einen einfachen Schlossfortsatz und kurze, durch eine sehr schwache Mittelleiste getrennte Muskeleindrücke. Devon.

Fig. 268.

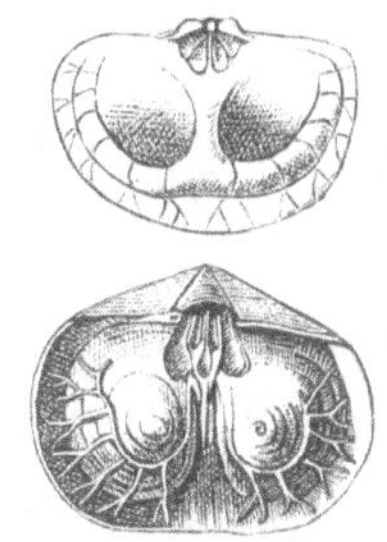

Davidsonia Verneuli Bouch. Eiflerkalk.

Als weitere *Orthiden*-Gattungen sind zu nennen: *Vitulina Hall* und *Skenidium Hall* aus dem amerikanischen Silur, *Meekella White u. John* aus dem Kohlenkalk.

c. *Porambonitidae.*

Von den *Orthiden* durch kurzen Schlossrand, runden Schalenumriss und meist faserige Schalenstructur verschieden.

Porambonites Pander mit faseriger Schale, rund, fast gleichklappig, stark gewölbt, fast kugelig, Schnabel der Ventralklappe nur wenig höher als jener der Dorsalklappe; Schlossrand sehr kurz, in jeder Klappe eine Spalte; Oberfläche mit feinen Grübchen geziert. Unter-Silur, zumal in der Umgebung von St. Petersburg häufig.

Auch *Syntrielasma Meek* mit punktirter Schale aus dem amerikanischen Kohlenkalk und *Amphiclina Lbe.* mit faseriger Schale aus der alpinen Trias (St. Cassian) dürften zu den *Porambonitidae* gehören.

d. *Rhynchonellidae.*

Schale meist faserig, beide Klappen gewölbt, mit mehr minder gebogenem Schlossrand, Ventralklappe mit spitzem oder gekrümmtem Schnabel, unter welchem zumeist ein Deltidium die runde Oeffnung für den Stiel umschliesst. An der tief getheilten Schlossplatte der Dorsalklappe finden sich zwei kurze, gekrümmte Cruralfortsätze für die Anheftung der fleischigen Arme. Manche Gattungen (*Pentamerus* und Verwandte, für welche Hall die Familie der *Pentameridae* aufstellen wollte) besitzen starke Zahnplatten und gewaltige Mediansepten. Die Muskeleindrücke gleichen jenen der *Terebratuliden* (vergl. die oben pag. 192 an *Waldheimia flavescens* erörterte Einrichtung). Die Gefässeindrücke entspringen in jeder Schale von zwei Hauptstämmen.

Rhynchonella Fischer (Fig. 269) mit faseriger Schale, meist dreieckigem Umriss, gewölbt, radial gefaltet. Ventralschale mit mehr oder minder starkem Mediansinus. Dorsalschale mit Wulst, am Stirnrand entsprechende Bucht. Schnabel der Ventralschale spitz vorragend oder gekrümmt und oft so sehr, dass zwischen ihm und der kleinen Klappe kein Durchgang für den Stielmuskel übrig bleibt. Oeffnung für diesen ganz oder theilweise vom Deltidium umgeben. Divergirende Zahnplatten stützen die Schlosszähne. Die Schlossplatte der kleinen Klappe ist tief getheilt und trägt an beiden Seiten kurze, aufwärts gekrümmte Crura. *Rhynchonella* erscheint schon im Untersilur und reicht bis in die Gegenwart herauf (die recente *Rhyn. psittacea Lamk.* besitzt ein rudimentäres Deltidium, auf welche Einrichtung sich die D'ORBIGNY'sche Gattung *Hemithyris* gründet). Die zahlreichsten Formen weist *Rhynchonella* in den mesozoischen Formationen, zumal im Jura auf.

Fig. 269.

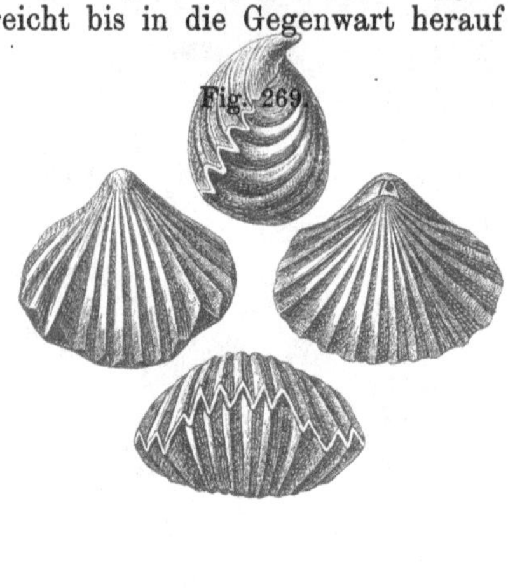

Rhynchonella sublacunosa Szajnocha. Brauner Jura, Balin.

Acanthothyris d'Orb. (Jura) unterscheidet sich von *Rynchonella* durch kurze röhrenförmige Fortsätze auf der Schalenoberfläche, *Rhynchopora King* (Dyas) durch punktirte Schalenstructur. Weitere nahe verwandte Gattungen sind: *Eatonia Hall* (Ober-Silur) mit vier Cruralfortsätzen, *Dimerella Zitt.* (Trias) mit stark entwickeltem Medianseptum der Dorsalklappe. *Rhynchonellina Gemellaro* (Tithon) mit grosser Area der Ventralklappe. *Camarophoria King* (Devon, Kohlenkalk, Dyas) ist gleichfalls *Rhynchonella* sehr ähnlich, doch convergiren die Zahnplatten der Ventralschale und vereinigen sich zu einer niedrigen Medianleiste, während in der Dorsalschale ein hohes aber kurzes Medianseptum auftritt, die Cruralfortsätze sind auffallend lang und dünn. Die Gefässeindrücke sind oft, zumal an Steinkernen (Fig. 270) sehr deutlich.

Fig. 270.

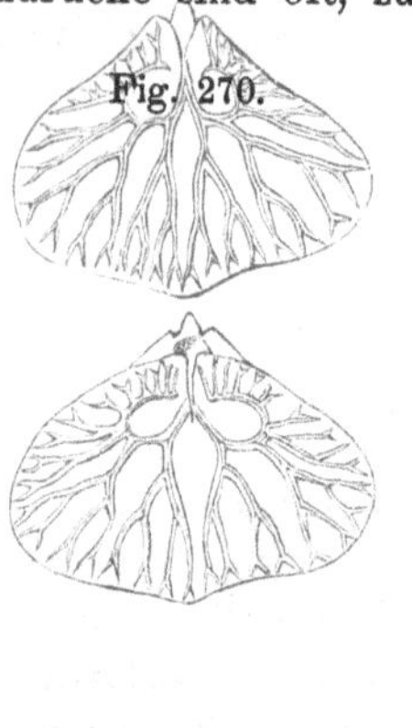

Camarophoria multiplicata King. Zechstein, England.

Fig. 271.

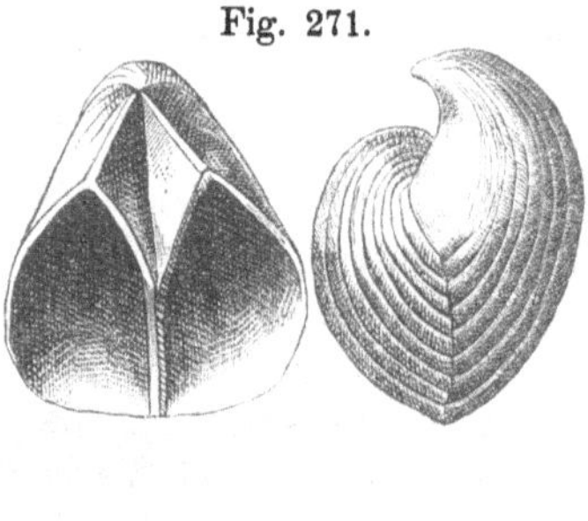

Pentamerus (Gypidia) conchidium Brongn. Ober-Silur, Gotland.

Pentamerus Sow. Gehäuse gewölbt, ungleichklappig, Ventralschale stärker gewölbt, mit spitzem, herabgekrümmten Schnabel, unter dem eine dreieckige Oeffnung sich befindet. Zwei sehr kräftige Zahnplatten vereinigen sich zu einem, aus zwei Blättern bestehenden, grossen Medianseptum. In der kleinen Klappe entsprechen ihnen breite Cruralplatten, welche zuweilen Cruralfortsätze tragen und sich ebenfalls an ein starkes Medianseptum anschliessen.

Da die Kanten der Cruralplatten und Zahnplatten auf einander passen, entsteht in der Mitte des Gehäuses eine kleine Kammer, welche von vier anderen (je zwei durch das Medianseptum gesonderte in jeder Klappe) umgeben ist (daher der Name).

Gypidia Dalm. (Fig. 271) unterscheidet sich von *Pentamerus* durch nicht herabgekrümmten, gestreckten Schnabel, unter welchem zuweilen ein Deltidium sichtbar ist, und die Einrichtung der Dorsalklappe, in welcher sich die Septen, welche die Cruralplatten tragen, nicht zu einem medianen vereinigen, sondern divergirend verlaufen. Ober-Silur, Devon.

Weitere mit *Pentamerus* mehr oder minder nahe verwandte (der HALL'schen Familie *Pentameridae* angehörige) Gattungen sind: *Pentamerella Hall* (Devon), *Amphigena Hall* (Devon), *Gypidula Hall* (Devon), *Brachymerus Shaler* (Silur), sämmtlich aus amerikanischen Ablagerungen.

Die Gattungen *Stricklandia Billings* und *Camerella Billings* (beide silurisch) bilden Bindeglieder zwischen den *Pentameriden* und *Rhynchonelliden* im engeren Sinne.

e. *Atrypidae.*

Mit faseriger Schale, gekrümmtem Schnabel, ohne Area, mit rundem Schlossrand, der in der Ventralklappe wohlentwickelte Zähne aufweist, während sich an jenem der Dorsalklappe zwei hohle Spiralkegel anheften, die ihre Spitze gegen die Dorsalklappe richten. Die äussere Uebereinstimmung mit *Rhynchonella* ist so bedeutend, dass QUENSTEDT *Atrypa* unmittelbar an diese Gattung anreiht und als *Bicorner* mit verkalkten Armspiralen betrachtet. Wir folgen in der Auffassung der *Atrypidae* der Meinung ZITTEL's[1], welcher aus der von DALL creirten Familie *Davidsonia*, *Anoplotheca* und *Koninckina* entfernt.

Atrypa Dalm. Die doppelt gewölbte Schale ist meist mit Radialstreifen und schuppigen Zuwachslinien geziert, Einrichtung des Schlossrandes, der Zähne, Muskel- und Gefässeindrücke wie bei *Rhynchonella*, an die sehr kurzen, gekrümmten, freien Crura der Dorsalschale schliessen sich aber zwei spiral gerollte, breite Kalkbänder. Die Spiralen wenden ihre Spitze gegen die Dorsalschale, ihre breite Basis gegen die Ventralklappe und werden in der Nähe des Wirbels durch eine Kalkbrücke verbunden, welche zungenartig gegen die Stirn vorragt. Silur bis zur Trias, zumal in Ober-Silur- und Devonbildungen häufig.

Verwandte Gattungen sind: *Coelospira Hall.* und *Zygospira Hall.* (Silur) durch locker aufgerollte Kalkspiralen und verschieden gestaltete Verbindungsschleifen charakterisirt.

f. *Koninckinidae.*

Ventralschale stark gewölbt, Dorsalschale concav, Schlossrand gerade oder gebogen, mit oder ohne Area, Brachialgerüst aus zwei locker gerollten Spiralkegeln bestehend, welche ihre Basis gegen die dorsale, ihre Spitze gegen die Ventralklappe richten.

---

[1] Vergl. Handbuch der Palaeontologie I, pag. 687.

Koninckina Suess (Fig. 272) mit faseriger, dicker Schale. Aeussere Erscheinung wie *Productus* gestaltet, die einzige bis nun bekannte Art aus der Trias von St. Cassian wurde daher auch früher als *Productus* beschrieben. Schlossrand gerade, mit Zähnen, Schnabel der gewölbten Ventralklappe stark eingebogen, ohne Oeffnung. Dorsalschale concav, wenig Raum für das Thier lassend, an der Innenseite der beiden Klappen Spiraleindrücke, welche von den Armen herrühren, zarte Reste des in vier spiralen Umgängen gerollten Kalkbandes zuweilen noch sichtbar.

Fig. 272.

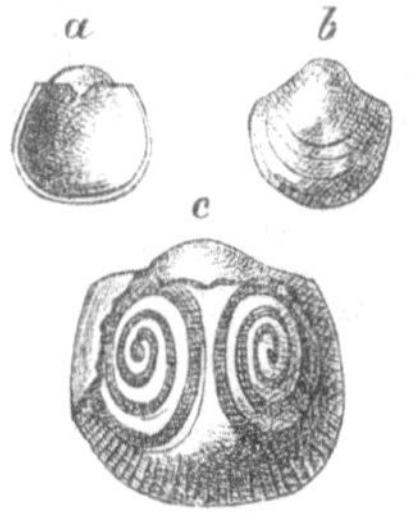

Koninckina Leonhardi Wissm. sp. Trias St. Cassian. *a, b* natürl. Grösse, *c* vergr. Ventralschale aufgebrochen.

Anoplotheka Sandb. (Devon). Durch vielfach gewundene Spiralkegel ausgezeichnet, mit gebogenem Schlossrand, ohne Area, Schnabelöffnung und Deltidium.

Thecospira Zugmayer mit festgewachsener Ventralschale, äusserlich *Thecideen* ähnlich (die einzig bekannte Art der rhätischen Schichten wurde daher von Suess früher als *Thecidea Haidingeri* beschrieben), mit Area in beiden Klappen, jene der dorsalen jedoch sehr klein, durch ein winziges Pseudodeltidium halbirt. Im Inneren zwei flache Spiralkegel in der für die *Koninckinidae* charakteristischen Stellung.[1]

g. *Spiriferidae.*

Beide Schalen gewölbt, mit spiral gerollten Armstützen, welche zwei mit der Basis gegen einander gekehrte Hohlkegel bilden, die ihre Spitzen gegen beide Seiten der Schale wenden.

Spirifer Sow. (Fig. 273, 274). Mit faseriger Schale, von ovalem oder stark quer verlängerten, häufig dreieckigem Umriss, Schlossrand gerade,

Fig. 273.

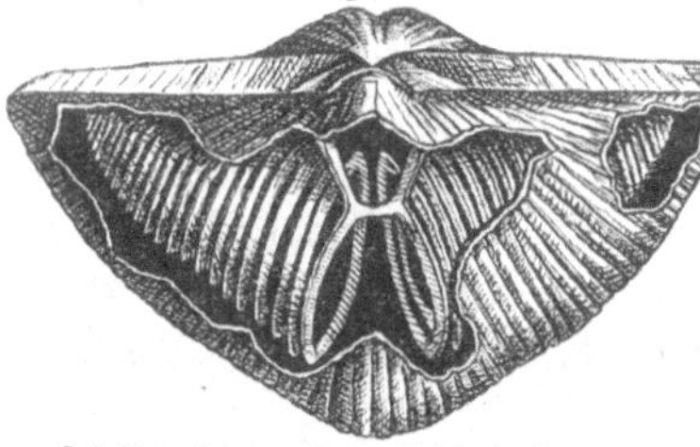

Spirifer striatus Sow. Kohlenkalk, Bolland Yorkshire.

Fig. 274.

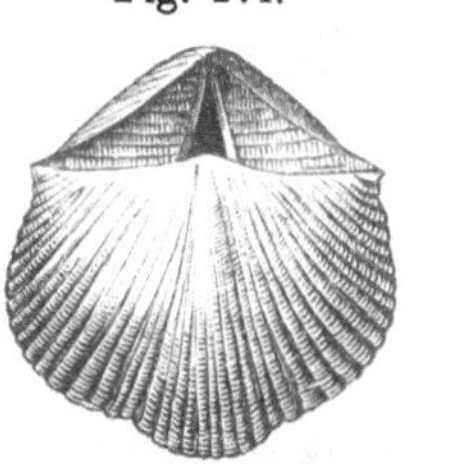

Spirifer aperturatus L. v. Buch. Mitteldevon, Refrath bei Cöln.

mehr oder minder lang (*Alati* mit der grössten Schalenbreite am Schlossrand, *Rostrati* mit kürzerem Schlossrand), Area der Ventralklappe dreieckig, oft mit verticalen und horizontalen Linien geziert, mit dreieckiger Spaltöffnung, welche sich von oben her allmählich schliesst, die dreieckige Oeffnung in der schmalen Area der Dorsalklappe wird von dem Schlossfortsatz ausgefüllt. Die Schlossplatten dieser Klappe sind klein, vor ihnen liegen die

[1] H. Zugmayer: Untersuchungen über rhätische Brachiopoden. Beiträge zur Palaeontologie Oesterreich-Ungarns. Bd. I. 1880.

vier Eindrücke der Adductores. Die Zahnplatten der Ventralschale sind mehr minder kräftig entwickelt und umfassen die Eindrücke der Adductores und Divaricatores. Die beiden Spiralkegel füllen oft fast das ganze Innere der Schalen aus. Die Gattung ist überaus artenreich in allen palaeozoischen Formationen vertreten.

Spiriferina d'Orb. (Fig. 275). Mit punktirter Schale und feinen Röhrenstacheln auf der Oberfläche, gebogenem Schlossrand; dreieckige Spaltöffnung unter dem Schnabel der Ventralklappe durch ein Pseudodeltidium geschlossen, im Inneren derselben ein starkes Medianseptum. Kohlenkalk, Trias, Lias.

Fig. 275.

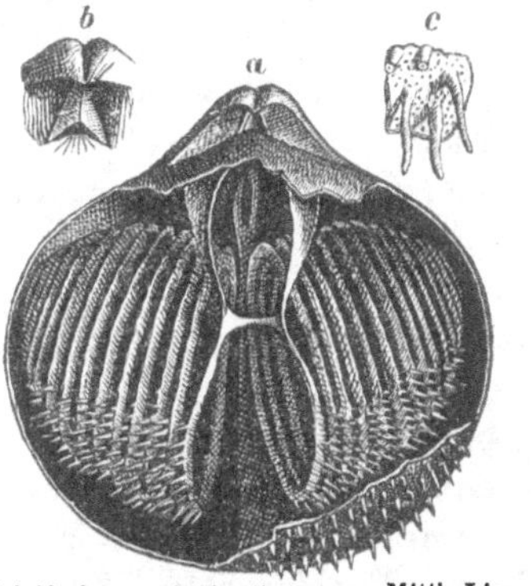

Spiriferina rostrata Sow. sp. Mittl. Lias, Ilminster. *a.* Gehäuse mit aufgebrochener Dorsalklappe, *b.* Schnabel mit Pseudodeltidium. *c.* punktirte Schalenoberfläche mit den röhrigen Stacheln, vergr.

Fig. 276.

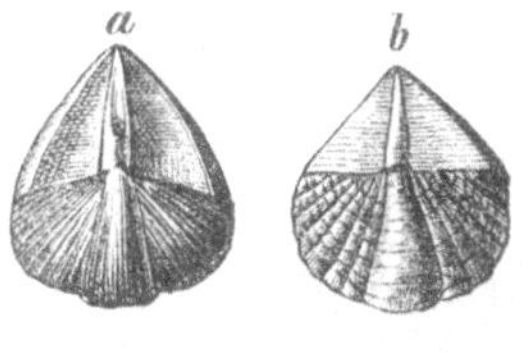

a. Cyrtia exporrecta Dalm. Ober-Silur, Gotland. *b. Cyrtina heteroclyta Defr. sp.* Devon, Eiflerkalk.

Cyrtia Dalm. (Fig. 276a) mit dreieckiger, stark gewölbter, radial berippter Schale von faseriger Structur, Area der Ventralklappe sehr hoch, mit gewölbtem, in der Mitte mit rundlicher Oeffnung versehenen Pseudodeltidium, Zähne durch kräftige Zahnplatten gestützt, welche sich im Grunde der Schale nicht vereinigen. Silur, Devon.

Cyrtina Davidson (Fig. 276b). Wie *Cyrtia* gestaltet, aber mit punktirter Schalenstructur, auch vereinigen sich die Zahnplatten in einem hohen Medianseptum. Kohlenkalk bis Trias.

Fig. 277.

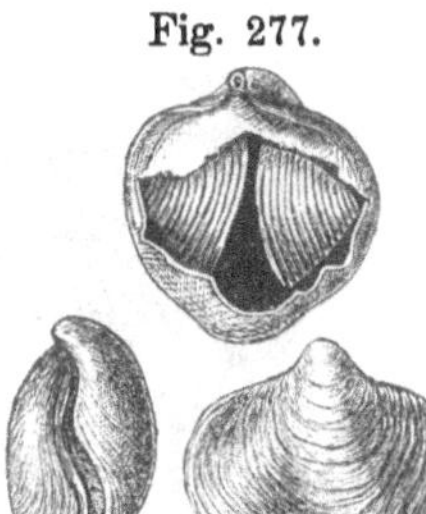

Athyris concentrica M'Coy. Mittel-Devon, Gerolstein.

Spirigera d'Orb. (= Athyris M'Coy) (Fig. 277). Mit faseriger, rundlicher, glatter oder concentrisch gestreifter, oft lamellöser Schale. Schlossrand gebogen, ohne Area, Schnabel gekrümmt, durchbohrt, mit verkümmertem Deltidium. Zahnplatten mehr minder entwickelt, die Muskeleindrücke umschliessend, Dorsalschale mit schwachem oder fehlenden Medianseptum. An die Schlossplatte schliessen sich schlanke Crura, welche die unter spitzem Winkel aufsteigenden oder auf sich selbst zurückgekrümmten Anfänge der Spiralkegel tragen. Diese sind durch eine Brücke verbunden, von welcher bei manchen

Arten Fortsätze zu den Anfängen der Spiralkegel zurückkehren, ohne sich mit ihnen zu verbinden (Beobachtungen von DAVIDSON und ZUGMAYER an *Spirigera planosulcata* und *oxicolpos)* oder mit denselben verschmelzen (Untersuchungen von HALL an *Athyris spiriferoides)*. Zahlreiche palaeozoische Arten, einige auch in der Trias.

Merista Suess ist durch das Auftreten einer gewölbten Platte am Grunde der Ventralschale ausgezeichnet, welche vom Schnabel mit divergirenden Seitenrändern bis in die Mitte der Schale reicht, während im Inneren der kleineren Schale ein hohes Medianseptum auftritt. Silur und Devon.

Fig. 278.

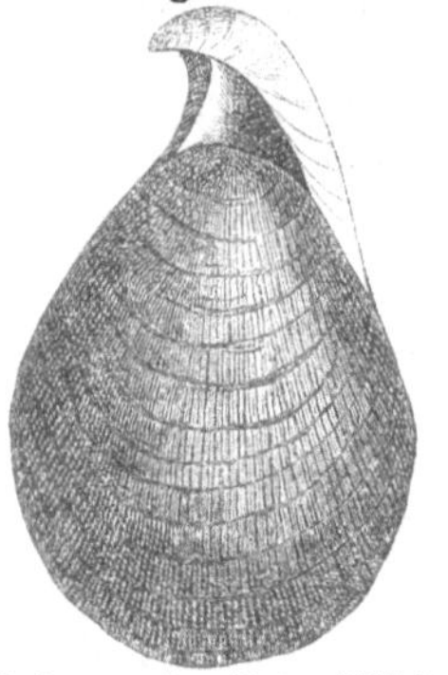

Uncites gryphus Defr. Mittel-Devon, Paffrath bei Cöln.

Retzia King mit punktirter Schale, meist kräftig radial gerippt, selten glatt, Ventralschale mit durchbohrtem Schnabel, unter welchem ein Deltidium auftritt. Silur bis Trias.

Nahe verwandt sind *Trematospira* und *Rhynchospira Hall.* aus Silur und Devon.

Uncites Defr. (Fig. 278). Gehäuse beiderseits hochgewölbt, stark verlängert, von faseriger Structur, Schnabel der Ventralklappe weit vorstehend, an jungen Exemplaren mit kleiner Oeffnung, darunter ein sehr grosses, concaves Deltidium. Devon.

Weitere *Spiriferiden*-Gattungen sind: *Syringothyris Winchell* (Kohlenkalk), *Suessia Deslong.* (Lias), *Mimulus Barr.* (Silur), *Nucleospira Hall* (Silur), *Meristella Hall* (Silur und Devon), *Meristina Hall* (Silur).

h. *Stringocephalidae.*

Stark gewölbte Gehäuse von kreisförmigem Umriss, Schlossrand gekrümmt, unter dem Schnabel der grossen Klappe ein durchbohrtes Deltidium; Schlossfortsatz der Dorsalschale sehr lang, fast bis zur Ventralklappe reichend, die Bandschleife heftet sich an weit ins Innere ragende Cruralfortsätze, steigt unter spitzem Winkel gegen den Schlossrand auf und verläuft dann nahe dem Rande der Schale; zahlreiche, radial nach innen gerichtete Fortsätze entsendend. Die einzige Gattung *Stringocephalus Defr.* (Fig. 279) besitzt punktirte Schale. Die unter dem Schnabel in einer hohen, mit Deltidium ausgestatteten Area gelegene Oeffnung ist an Jugendexemplaren gross und rund, wird aber im Alter durch das Anwachsen des Deltidiums kleiner und oval. In beiden Klappen befinden sich Mediansepten, von denen zumal jenes der Ventralschale stark entwickelt ist. Der lange Schlossfortsatz der Dorsalklappe ist dem entsprechend getheilt und jederseits zu breiten Schaufeln für den Ansatz der Schlossmuskeln erweitert.

Fig. 279.

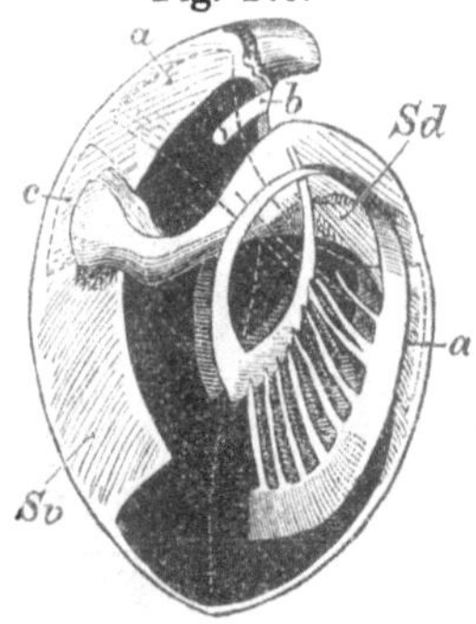

Stringocephalus Burtini Defr. Mittel-Devon, Paffrath bei Cöln. *Sv* und *Sd* = Ventral- und Dorsalseptum; *a*. Schliess-M., *c* = Oeffnungs-M., *b* = Weg des Stielmuskels.

Die typische Form *Stringocephalus Burtini Defr.* ist für das Mittel-Devon charakteristisch, eine zweite, *Stringocephalus bohemicus Barr.* findet sich in der Etage F_2 BARRANDE's.

j. *Thecideidae.*

Schalenstructur meist punktirt, die kleinen Gehäuse sind entweder frei oder mit der Ventralklappe angewachsen, Schlossrand gerade, Area ohne oder mit Oeffnung. Die Armschleife folgt dem Rand der Dorsalklappe und bildet mehr oder minder zahlreiche, nach innen gerichtete Fortsätze; sie ist häufig an der Klappe befestigt, oder durch ein kalkiges Netz getragen.

Thecidea Defr. (Fig. 280). Mit der Ventralklappe angeheftet, flach, mit kleinem Raum für das Thier; wenn an fremden Schalen von starker Sculptur angewachsen, wiederholt auch die Dorsalklappe diese Verzierung der Unterlage. (Vergl. Fig. 280b.) Ventralklappe gross, Area mit Pseudodeltidium, sowie kräftigen Schlosszähnen, Dorsalklappe mit Schlossfortsatz zwischen den Zahngruben und Brachialschleife, welche ihrem Rande folgt, aber zahlreiche Einbuchtungen nach innen entsendet (vergl. Fig. 280a). Die Armschleife ist entweder am Grunde der Dorsalklappe angeheftet oder von einem zierlich durchbrochenen Netz getragen. Sowohl der Mantel als die Brachialmembran sondern zarte, unregelmässig ästige Kalkspiculae ab, welche ein auch im Inneren der fossilen Schalen noch zuweilen erhaltenes Netz bilden. Recent und fossil vom Kohlenkalk an, zumal in den mesozoischen Formationen häufig.

Fig. 280.

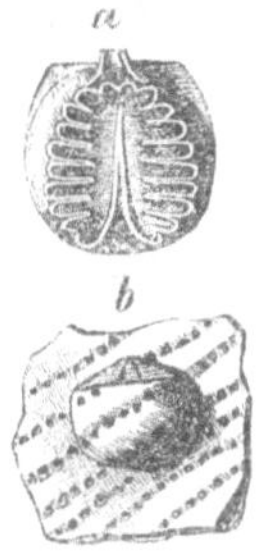

a. Thecidea Emmrichi Gümb. Kössener Schichten. Schleifeneinrichtung. *b. Thecidea sp.* Balin.

Argiope Deslongch. Halbkreisförmige Schalen mit langem geraden Schlossrand, in beiden Klappen mit Area, Oeffnung der Ventralschale sehr gross, auch an der Dorsalschale ein Ausschnitt vorhanden. Im Inneren der Ventralschale drei, in jenem der Dorsalschale drei oder fünf gegen die Stirn anschwellende, gerundete Septen, welche der dem Rand folgenden Armschleife zur Stütze dienen. Recent (*Argiope decollata Chemn. sp.* im Mittelmeer) und fossil vom oberen Jura an.

Cistella Gray von *Argiope* durch das Vorhandensein nur je eines einzigen Medianseptums in beiden Klappen verschieden. Recent und fossil vom Lias an.

Zellania Moore. Sehr kleine Schalen von faseriger Structur mit einer inneren Einrichtung, welche jener der *Thecideen* gleicht, mit kurzem Schlossrand und auf die Dorsalschale übergreifender Oeffnung für den Durchtritt des Stieles. Lias.

k. *Terebratulidae.*

Schale mit punktirter Structur, von länglich- oder quer-eiförmigem Umriss, mit glatter, gestreifter oder gefalteter Oberfläche, Schnabel der Ventralklappe durchbohrt, mit Deltidium, Armgerüst eine mehr oder minder entwickelte, am Schlossrand der Dorsalklappe inserirte Schleife bildend, nach deren Gestaltung man drei Gruppen unterscheiden kann. Formen mit kurzem, ringförmigen Brachialgerüst (*Terebratulina*), solche mit kurzer Brachialschleife

(Terebratula) und solche mit langer, über die Mitte der Schale reichender Brachialschleife *(Waldheimia, Meganteris, Terebratella* und verwandte Gattungen).

Terebratulina d'Orb. (Fig. 281). Schale wenig gewölbt, fein gestreift, Armschleife sehr kurz, durch die Vereinigung jener beiden Querfortsätze (Cruralfortsätze), welche bei allen übrigen *Terebratuliden* getrennt bleiben, zu einem einfachen Ring umgestaltet. Recent und fossil vom Jura an.

Terebratula Llhwyd. Gehäuse glatt, von rundem oder ovalen Umriss, Dorsalschale gewöhnlich mit zwei Falten, welche eine mediane Bucht einschliessen, Ventralschale mit medianem Wulst, zuweilen aber ohne Falten. Schnabel mit grosser Oeffnung, mit grossem Deltidium darunter, Brachialschleife kurz, nicht länger als der dritte Theil der Schale, die Cruralfortsätze berühren sich nicht, Mediansepten fehlen. Recent und fossil von der Trias an.

Fig. 281.

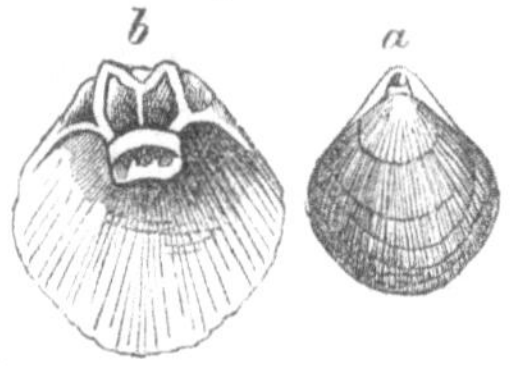

Terebratulina substriata Schloth sp. Oberer Jura, Nattheim.

Fig. 282.

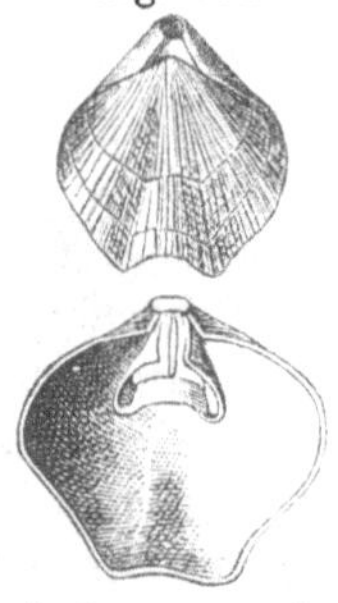

Dictyothyris coarctata Park. sp. Grossoolith Bath.

Fig. 283.

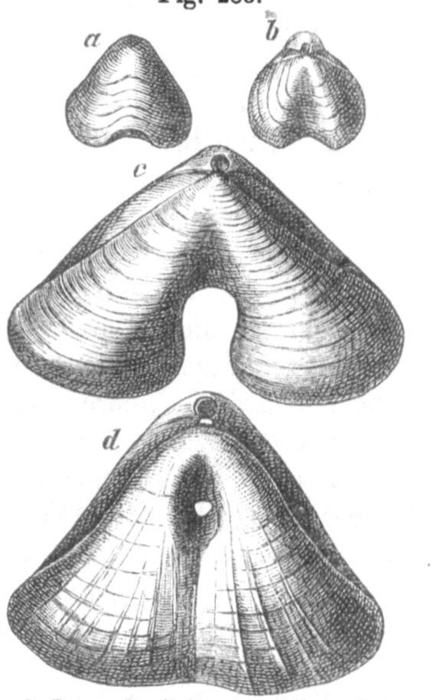

a. b. Pygope Bouéi Zeuschn. Voirons, Acanthicus-Sch. *c. Pyg. Janitor Pichel.* Voirons Acanthicus-Sch. *d. Pyg. diphya Colonna.* Grandvillars Tithon.

Die palaeozoischen Vorläufer gehören zur Gattung (oder Untergattung) *Dielasma King*, welche sich an *Terebratula* durch stark entwickelte Zahnplatten unterscheiden (Devon, Carbon und Dyas).

Coenothyris Douvillé. Aeusserlich wie *Terebratula*, Dorsalklappe mit medianem Septum, die beiden Schleifenarme bilden an ihrer Vereinigungsstelle eine schildförmige Medianplatte. An jungen Exemplaren sind die Zahnstützen stärker entwickelt. Trias.

Dictyothyris Douvillé (Fig. 282). Armgerüst wie bei *Terebratula;* Ventralschale mit medianem, von zwei Falten umgebenen Sinus, Dorsalklappe mit entsprechendem Medianwulst, der von zwei vertieften Furchen begleitet wird. Jura und Kreide.

Pygope Link. (Fig. 283). Mit sehr kurzem Armgerüst, der mittlere Theil der Schale bleibt häufig zurück, während die Seitentheile breiter und breiter werden, sich schliesslich in der Medianlinie vereinigen und eine Oeffnung umschliessen, welche das ganze Gehäuse durchsetzt. Alle Uebergänge von den schon im Lias auftretenden *Nucleaten* mit mässigem Stirnsinus (vergl. Fig. 283 *a b*) bis zu den durchbohrten Formen liegen vor. *Pygope* erlischt in der unteren Kreide.

Waldheimia Davidson (vergl. Fig. 256). Eiförmige, gewölbte, glatte oder schwach gefaltete Gehäuse, mit grosser Schnabelöffnung und grossem Deltidium, Medianseptum in der kleinen Klappe, Armschleife lang, bis über die Mitte der Schale herabreichend. Recent und fossil vom Lias an.

Zeilleria Bayle. Schnabelloch klein, Schale glatt, oft mit correspondirenden Falten; Zahnplatten der Ventralschale und Medianseptum der Dorsalschale wohl entwickelt. Rhätische Stufe, Jura, Kreide, Alttertiär.

Eudesia King. Mit radialen Falten. Jura.

Aulacothyris Douvillé, mit sehr langer Armschleife, die oft mit Kalkfortsätzen versehen ist. Dorsalklappe flach oder concav, Ventralklappe hoch gewölbt. Trias, Jura und untere Kreide.

Mit *Waldheimia* verwandt sind die palaeozoischen Gattungen *Cryptonella Hall* (Devon), *Centronella Billings* (Devon), *Leptocoelia Hall* (Silur, Devon), *Rensselaeria Hall* (Silur, Devon), deren Armschleife an der Vereinigungsstelle der beiden Aeste eine freie Medianplatte aufweist.

Weitere mit *Waldheimia* nahe verwandte Gattungen sind: *Antiptychina Zitt.* (Jura und obere Kreide) und *Hinniphoria Suess* (Tithon).

Meganteris d'Arch. Grosse, flachgewölbte Schalen, Dorsalklappe mit callöser Anschwellung des Schlossrandes, von welcher lange Cruralfortsätze ausgehen, an deren oberem Theil die eigentliche Schleife sich ansetzt, deren Aeste weit gegen den Stirnrand vortreten, sich scharf zurückbiegen und durch eine Brücke verbunden werden, welche tiefer liegt als die Crura. Devon und Silur.

Fig. 284.

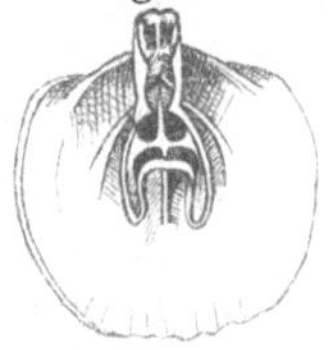

Terebratella (Trigonosemus) elegans Defr. Weisse Kreide, England.

Terebratella d'Orb. (Fig. 284). Schale verschieden gestaltet, Schnabel der Ventralklappe mit grosser Oeffnung und unvollständigem Deltidium, Area mehr oder minder entwickelt; Dorsalklappe mit Medianseptum, mit welchem die absteigenden Aeste der Schleife durch je einen rechtwinklig abgehenden Querfortsatz verbunden werden. Recent und fossil vom Lias an.

Mit *Terebratella* nahe verwandt sind: *Trigonosemus Koenig* mit hoher Area, winzigem Schnabelloch und wohlentwickeltem Deltidium und *Lyra Cumberl.* mit kräftiger Radialberippung und überaus hohem Schnabel; beide aus der Kreide.

Megerlea Davidson mit radial berippter oder gefalteter Schale, Area in der Ventralklappe, Schnabel mit grosser Oeffnung, darunter das Deltidium, Dorsalklappe ohne Area. Die rückwärts gebogenen Aeste des Brachialgerüstes sind fast in ihrer ganzen Länge mit den abwärts gerichteten vereinigt. Recent und fossil vom Jura an.

Kingena Davidson. Durch glatte oder warzige Schale, Mangel der Area und schwach entwickeltes Deltidium von *Megerlea* verschieden, Jura, Kreide.

Fig. 285.

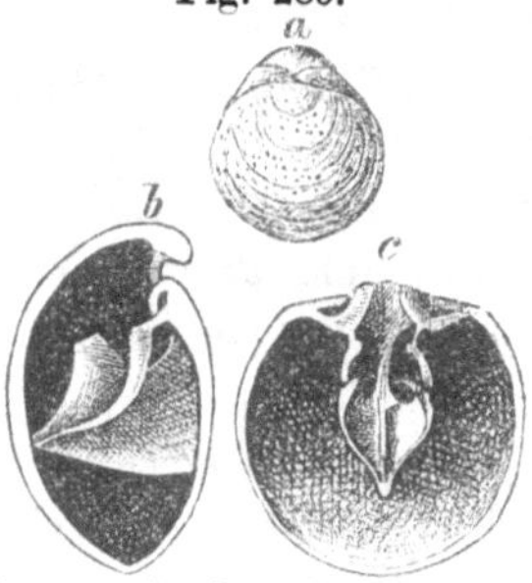

Magas pumius Sow. Weisse Kreide, Meudon.

Magas Sow. (Fig. 285). Ventralschale gewölbt, von rundem oder ovalem Umriss, glatt, Schlossrand rund, ohne Area, Schnabelloch gross, Deltidium rudimentär; Dorsalschale flacher, mit hohem Medianseptum, an welches das Armgerüst angeheftet ist. Die aufsteigenden Arme sind an die absteigenden angewachsen, in der Mitte nicht durch eine Brücke verbunden.

Mit *Magas* nahe verwandt ist *Rhynchophora Dalm.* mit geradem Schlossrand und Area (Kreide).

Recente, mit *Megerlea* und *Magas* nahe verwandte Gattungen sind: *Laqueus Dall.*, *Bouchardia Davids.*, *Platidia Costa*, *Kraussina Davids.*, *Magasella Dall.*

Zeitliche Verbreitung und Stammesgeschichte.

Die *Brachiopoden* besitzen ausserordentlich erhaltungsfähige Schalen, da der kohlensaure Kalk derselben Calcit ist, dieselben also nicht so leicht gelöst werden können als die Aragonitschalen der meisten Mollusken; auch die hornschaligen Gehäuse, welche aus abwechselnden Lagen von Hornsubstanz und Kalk bestehen, sind sehr erhaltungsfähig, da an ihrer Zusammensetzung auch phosphorsaurer Kalk betheiligt ist.

In den ältesten, fossilführenden Schichten treten sehr zahlreiche Formen mit hornig-kalkiger Schale ohne Schlossverbindungen auf: *Lingula*, *Lingulella*, *Lingulepsis*, *Obolus*, *Obolella*, *Dinobolus*, *Monobolina*, *Discina*, *Kutorgina*, *Acrothele* und *Acrotreta*, während ihnen aus der Reihe der *Testicardines* nur die Gattung *Orthis* gegenüber steht. Es dürfte dies aus dem bereits mehrfach erörterten Umstande zu erklären sein, dass die uns als älteste fossilführende Schichten bekannten Bildungen im tieferen Wasser abgelagert worden sind, während die gleichzeitigen und älteren Seichtbildungen zu sehr verändert wurden, um uns deutliche, organische Reste aufzuweisen. Hierauf deuten auch die unvermittelt im Unter- und Obersilur erscheinenden, überaus zahlreichen Gattungen der *Testicardines* hin. Schon im Obersilur erreichen die *Brachiopoden* eigentlich ihre höchste Entwickelung, was Mannigfaltigkeit der Gattungen und Zahl der Arten anlangt. Im Devon ist noch kein wesentlicher Rückgang zu bemerken, da mehrere neu erscheinende Gattungen wie *Uncites*, *Meganteris*, *Anoplotheka*, *Stringocephalus*, *Davidsonia* u. A. jene Lücken ausfüllen, welche durch das Aussterben der nur im Silur auftretenden, wie *Obolus*, *Obolella*, *Acrotreta*, *Siphonotreta*, *Monomerella*, *Trimerella*, *Porambonites* etc. entstanden sind und die meisten und wichtigsten Gattungen *Lingula*, *Discina*, *Orthis*, *Leptaena*, *Strophomena*, *Chonetes*, *Rhynchonella*, *Pentamerus*, *Atrypa*, *Spirifer*, *Spirigera*, *Merista* u. A. aus der Silurformation in kaum gemindertem Artenreichthum in die Devonperiode aufsteigen. Eine wesentliche Verarmung tritt in der Steinkohlenformation ein, obwohl in derselben manche Gattungen, wie: *Productus*, *Streptorhynchus*, *Spirifer* und *Spirigera* erst ihre höchste Entwickelung erreichen. Allein viele devonische Gattungen sind erloschen und neben den bereits genannten vier Gattungen sind nur *Lingula*, *Discina* und *Crania*, sowie *Orthis*, *Chonetes*, *Rhynchonella*, *Camerophoria* und *Spiriferina* durch zahlreiche Arten vertreten.

Ungemein kümmerlich erscheint die bis nun bekannte *Brachiopoden*-Fauna der Dyas, wenn wir sie mit jener der älteren, palaeozoischen Formationen vergleichen: sie umfasst nur etwa 30 Arten, welche hauptsächlich den Gattungen *Productus*, *Strophalosia*, *Camarophoria*, *Spirifer* und *Dielasma* angehören. Sehr gross ist demzufolge der Gegensatz zwischen der triadischen *Brachiopoden*-Fauna gegenüber der palaeozoischen. Die *Obolidae*, *Trimerellidae*, *Atrypidae* und die *Pentameri* reichen nicht in die Trias hinauf und manche, in den palaeozoischen Schichten stark vertretene Familien sind entweder (wie die *Spiriferidae*, *Lingulidae* und *Discinidae*) stark reducirt, oder wie die *Orthidae* nur durch einzelne Nachzügler vertreten.

Häufig sind insbesondere die *Rhynchonellidae* und einige Formen der *Terebratuliden* (*Coenothyris* und *Zeilleria*) treten in gewissen Horizonten ungemein häufig auf. Der alpinen Trias eigenthümlich sind die Gattungen *Amphiclina* und *Koninckina*. Von der Juraformation an vollzieht sich der schon in der Trias merkbare Umschwung der Zusammensetzung der *Brachiopoden*-Fauna immer deutlicher. Die *Terebratulidae* entwickeln sich immer mehr auf Kosten der übrigen Gruppen, von welchen nur die *Rhynchonellen* sehr zahlreiche Arten umfassen. *Spiriferina* und *Leptaena* erscheinen zum letzten Mal im Lias, während die *Terebrateln*, *Waldheimien* und *Terebratellen* bereits ansehnliche Entfaltung aufweisen. Die cretacische *Brachiopoden*-Fauna schliesst sich eng an die jurassische an, beide zeigen in Europa eine zoo-geographische Trennung in eine südeuropäische (mediterrane) und nördliche Entwickelung, ein Verhältniss, welches in den *Cephalopoden*-Faunen der beiden Provinzen noch deutlicher hervortritt. In der Tertiärformation haben die *Brachiopoden* bereits der Hauptsache nach ihre gegenwärtige Entwickelung erreicht, sie treten den zahlreichen *Mollusken* gegenüber sehr zurück, während sie in den älteren, mesozoischen und namentlich in den palaeozoischen Formationen eine viel grössere Rolle gespielt hatten.

Man kann behaupten, dass die *Brachiopoden* schon im Silur ihre grösste Entwickelung erreicht haben und von da an immer mehr und mehr in den Hintergrund treten; es gilt dies von allen Familien mit Ausnahme der *Terebratuliden*, welche noch in den jüngeren Formationen eine grössere Entfaltung erfahren. Die meisten *Brachiopoden*-Familien aber sind heute erloschen (*Obolidae*, *Trimerellidae*, *Productidae*, *Orthidae*, *Koninckinidae*, *Spiriferidae*, *Atrypidae*, *Stringocephalidae*); einige (*Lingulidae*, *Discinidae*, *Craniadae*, *Rhynchonellidae*) reichen aus sehr alten Schichten der Silur- und Devonformation, die *Thecideen* aus der Steinkohlenformation bis herauf in die Gegenwart und nur die *Terebratulidae* machen eine Ausnahme von der retrograden Entwickelung, indem sie noch in den jüngeren Formationen eine Vermehrung erfahren.

Bei einem so alten und so früh schon in voller Entfaltung erscheinenden Stamme sucht man natürlich vergebens nach genetischen Beziehungen zwischen den einzelnen Familien und Gattungen. Lediglich die *Terebratuliden* gestatten in dieser Hinsicht phylogenetische Speculationen. So zeigt die palaeozoische, mit *Terebratula* nahe verwandte Gattung *Dielasma* sehr starke Zahnstützen, auch an erwachsenen Gehäusen, während dieselbe an den triadischen *Coenothyris*-Formen nach den Beobachtungen KOSCHINSKY's mit zunehmender Grösse schwächer werden und endlich ganz verschwinden.

Bei den *Terebratuliden* und auch bei den *Rhynchonellen* lassen sich in den mesozoischen Formationen Formenreihen verfolgen, welche die allmähliche Umänderung klar erkennen lassen; unter den palaeozoischen Brachiopoden giebt es hingegen manche, welche durch lange Zeiträume unverändert persistirten. Eines der auffallendsten Beispiele in dieser Richtung bietet die Gattung *Lingula* dar, deren cambrische Formen theilweise nur mit Mühe von recenten unterschieden werden können.

VII. Stamm: **Mollusca.**

Bilateral-symmetrische, unsegmentirte Thiere mit bauchständigem Fuss, meist mit einfacher oder zweiklappiger Kalkschale, mit Gehirn, Schlundring und suboesophagealen Ganglien. Leber und Nieren, Blutgefässsystem und Respirationsorgane (Kiemen, selten Lungen) in der Regel wohl entwickelt. Geschlechter getrennt oder zwitterig.

Nach Ausscheidung der *Bryozoen*, *Brachiopoden* und *Tunicaten* umfassen die *Mollusken* im engeren Sinne folgende vier Gruppen: *Pelecypoda*, *Scaphopoda*, *Gasteropoda* und *Cephalopoda*. Die häufig als selbständige Gruppe betrachteten *Pteropoden*, sowie die neuerdings von JHERING als *Placophora* von den *Gasteropoden* abgetrennten *Chitoniden* werden wohl am besten noch bei der grösseren Gruppe der *Gasteropoden* belassen.

1. *Pelecypoda (= Lamellibranchiata).*

Mollusken ohne gesonderten Kopf und ohne Kauwerkzeuge mit zweilappigem Mantel, rechter und linker, durch ein dorsales Ligament verbundener Kalkschale, mit meist zweiblättrigem Kiemen zu jeder Seite, meist getrennten Geschlechtes.

Die beiden, den Palaeontologen durch ihre Erhaltungsfähigkeit besonders interessirenden Kalkschalen sind an dem dorsalen oder Schlossrand durch zahnartige Hervorragungen und entsprechende Gruben (Schloss) sowie durch ein elastisches Band (Ligament), zuweilen nur durch letzteres allein verbunden. Die erste Anlage jeder Schale wird durch den Wirbel (Umbo) bezeichnet, welcher sich nach vorne herabkrümmt, während das Band stets hinter dem Wirbel gelegen ist. Das Band ist entweder ein äusseres und dann von faseriger oder häutiger Structur, oder ein inneres und dann von knorpeliger Beschaffenheit. Oft kommen beide Arten neben einander vor. Durch seine Elasticität sucht das Band die Dorsalränder der Klappen einander zu nähern und bewirkt hierdurch das Oeffnen der Schale, welchem die Schliessmuskel (Adductores) entgegenarbeiten. Meist sind zwei ziemlich gleichmässig entwickelte Schliessmuskel vorhanden, welche nahe dem vorderen und dem hinteren Rande quer von einer Klappe zur anderen gehen, und in jeder deutliche Haftstellen verursachen. Bei den *Heteromyaria* sind jedoch die Muskel sehr ungleich entwickelt und bei den *Monomyaria* nur der hintere Schliessmuskel vorhanden.

Die beiden Klappen werden vom zweilappigen Mantel abgesondert, sie zeigen daher die Eigenthümlichkeiten desselben. Die Mantellinie auf der Innenseite der Schale entspricht der Anheftung des Mantels an derselben, über welche noch ein freier Mantelsaum nach aussen vorragt. Bei jenen Formen, welche mit zurückziehbaren Siphonen ausgestattet sind, ist stets eine mehr oder minder entwickelte Mantelbucht vorhanden (Sinupalliata), während, wenn die Siphonen klein oder nicht retractil sind oder vollständig fehlen, der Manteleindruck eine einfache ununterbrochene Linie bildet (Integropalliata). Die Schale wird theilweise von den Mantellappen selbst, theilweise von dem Mantelsaum abgesondert; die letztere, äussere Schicht besteht aus prismatischen, mit kohlensaurem Kalk erfüllten Zellen, die erstere, innere aus zahlreichen parallelen Blättern ohne Zellenstructur. Ausserdem findet sich eine hornige Epidermis von verschiedener Entwickelung, welche die Schalen bekleidet und oft in Haare oder Borsten ausläuft.

Die Schalen der *Pelecypoden* bestehen meist aus Aragonit, seltener *(Ostrea, Pecten)* aus Calcit. Bei *Pinna*, *Spondylus*, *Inoceramus* u. e. A. besteht die äussere Schalenschicht aus Calcit, die innere aus Aragonit. Da kohlensäurehaltige Wässer Aragonit viel leichter lösen als Calcit, verhalten sich die Schalen den Versteinerungsprocessen gegenüber sehr ungleich und man findet die Schalen von Austern und Kammmuscheln oft in Ablagerungen ganz wohl erhalten, in welchen die übrigen Muscheln- und Schnecken-Schalen zerstört und nur durch Steinkerne und Hohldrücke angedeutet sind.

Die fast allgemein übliche Eintheilung der *Pelecypoden* in die beiden grossen Gruppen der *Asiphonida* und *Siphonida* und die Trennung der ersteren in die *Monomyaria*, *Heteromyaria* und *Homomyaria*, der letzteren in *Integro-* und *Sinupalliata* giebt keine fest abgegrenzten Einheiten, denn die *Monomyaria* sind eben durch die Zwischengruppe der *Heteromyaria* mit den *Dimyaria* verknüpft und unter den *Integropalliaten* giebt es Gattungen, welche (wie *Cardium*) auch Formen mit Mantelbucht umschliessen. Wir folgen der Hauptsache nach der Systematik Zittels, welche mit Benützung der Woodward'schen Hauptgruppen die zahlreichen, von den Gebrüdern Adams und von Stoliczka aufgestellten Unterabtheilungen (Familien) zur Geltung bringt.

A. Asiphonida.

Thier ohne Siphonen, mit vollständig getrennten oder nur hinten in einer kurzen Strecke verbundenen Mantellappen, Mantellinie einfach (oft undeutlich). Die Gruppe zerfällt in *Monomyaria*, *Heteromyaria* und *Dimyaria*.

A_1. Monomyaria.

Mit vollständig getrennten Mantellappen, meist ungleichen Schalen, von welchen eine oft aufgewachsen ist, mit verkümmertem Fuss und einem einzigen, nahezu mittelständigen oder dem Hinterrande genäherten Muskeleindrucke. Ohne Schlosszähne, mit äusserlichem oder innerem Band.

Fig. 286.

Ostrea digitalina Dub. Leithakalk, Steinabrunn. Wiener Becken. *a.* Ansicht von oben (rechte Klappe), *b.* linke angeheftete Klappe von innen, *c.* dieselbe von aussen.

Fig. 287.

Gryphaea arcuata Lamk. Unterer Lias, Donaueschingen.

Fig. 288.

Exogyra columba Lamk. Grünsand, Regensburg.

a. *Ostreidae.*

Ungleichklappig, meist mit der grösseren linken Klappe aufgewachsen, Ligament innerlich in einer dreieckigen Grube unter den mittelständigen, geraden oder gekrümmten Wirbeln. Schloss zahnlos, Muskeleindruck fast mittelständig, Manteleindruck undeutlich, Epidermis dünn. Die Thiere zeichnen sich durch einfache Kiemenblätter, fast gänzliches Fehlen des Fusses und vollständige Trennung der Mantellappen aus.

Ostrea Linn. (Fig. 286). Schalen unregelmässig concentrisch lamellös oder grob berippt und gefaltet, meist flach, Wirbel ausgezogen, gerade, darunter die quergerunzelte Bandgrube. Recent und fossil von der Kohlenformation an.

Alectryonaria Fisch. u. Waldh. Beide Klappen mit kräftigen Rippen, Schalenränder wellig, gebogen oder zickzackförmig gefaltet. Recent und fossil von der Trias an.

Gryphaea Lamk. (Fig. 287). Frei oder mit dem stark gekrümmten Wirbel der gewölbten unteren Schale (linke Klappe) angewachsen, Deckelschale (rechte Klappe) flach. Recent und fossil vom Lias an, häufig in der Kreide.

Exogyra Say. (Fig. 288). Meist frei, selten mit dem Wirbel der gewölbten rechten Schale angewachsen, Oberschale (linke Klappe) flach, deckelförmig. Oberer Jura und Kreide.

Weitere *Ostreiden*-Gattungen sind: *Amphidonta Fisch.* (Kreide) und *Gryphostrea Conr.* (Kreide und Eocän); ob *Praeostrea Barr.* (Ober-Silur Böhmens) hierhergehört, ist fraglich.

b. *Anomiidae.*

Schalen dünn, perlmutterglänzend, flach gedrückt, von rundlichem oder unregelmässigem Umriss, frei oder fest gewachsen, in letzterem Falle die angeheftete rechte Schale von einem grossen Loch durchbohrt oder tief ausgerandet. Ligament innerlich, auf einem gestielten Fortsatz unter dem Schlossrand oder auf zwei V-förmig divergirenden Leisten gelegen.

Anomia Desh. (Fig. 289). Mit unregelmässiger, dünner, perlmutterglänzender Schale, rechte untere Klappe durchbohrt für die verkalkte Basis des Muskels, der sich an fremden Gegenständen anheftet, linke oder Oberschale gewölbt, glatt oder gerippt und mit vier Muskeleindrücken. Recent und fossil vom Lias an.

Fig. 289.

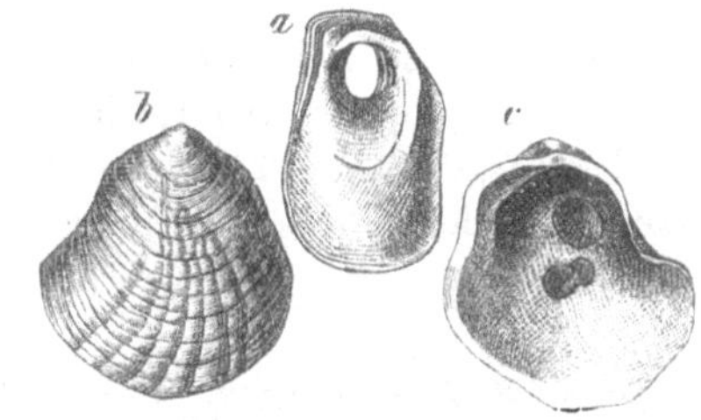

Anomia Casanovei Desh. Lignit v. Avize, Pariser Becken. *a.* untere, rechte Klappe von innen, *b.* obere linke Klappe von aussen, *c.* die letztere von innen.

Nahe verwandte Gattungen sind: *Placunanomia Brod.* (Recent und miocän), *Carolia Cantr.* (Eocän), *Limanomia Bouch.* (Devon).

Placuna Brug. von nahezu kreisrundem Umriss, vorne mit undeutlichem Ohr, gleichklappig, flach, mit undurchbohrter Unterschale. Im Inneren der letzteren zwei divergirende Leisten unter dem Wirbel zum Ansatz des Ligamentes, welches in der linken Schale in zwei entsprechenden Furchen befestigt ist. Recent.

Nahe verwandt *Placunema Stoliczka,* ohne Ohr, mit stärker divergirenden Ligamentleisten. Recent und fossil im Miocän.

Ferner reihen sich an *Placunema* die Gattungen *Placunopsis Morris u. Lycett* (Kohlenkalk bis Jura), *Paranomia Conrad* (Kreide) und *Hemiplicatula Desh.* (Kreide und Eocän).

c. *Spondylidae.*

Die rechte grössere Schale mit dem Wirbel festgewachsen, Schloss mit zwei Zähnen, zwischen welchen die Grube für das innere Ligament liegt. Das Thier besitzt einen kleinen, cylindrischen, in eine Scheibe endigenden Fuss.

Spondylus Linn. (Fig. 290). Unregelmässige Schalen mit radialer Berippung, oft stachelig oder blättrig. Die Wirbel ungleich, beiderseits mit Ohren, an der stark gewölbten Unterschale eine grössere, dreieckige Area, der gerade Schlossrand trägt in jeder Klappe zwei starke, gekrümmte Zähne, welche in entsprechende Gruben der Gegenklappe passen, in der Mitte des Schlossrandes eine Grube für das innere Ligament. Aeussere Schicht der Schale aus Calcit, innere aus Aragonit aufgebaut, letztere leichter löslich und daher zuweilen an fossilen Gehäusen zerstört, was zu der irrthümlichen Aufstellung einer Gattung *(Dianchora)* verleitete. Die *Spondylus*-Formen der Trias und des Lias sind klein und zweifelhaft, typische Arten vom Jura an bis in die Gegenwart.

Fig. 290.

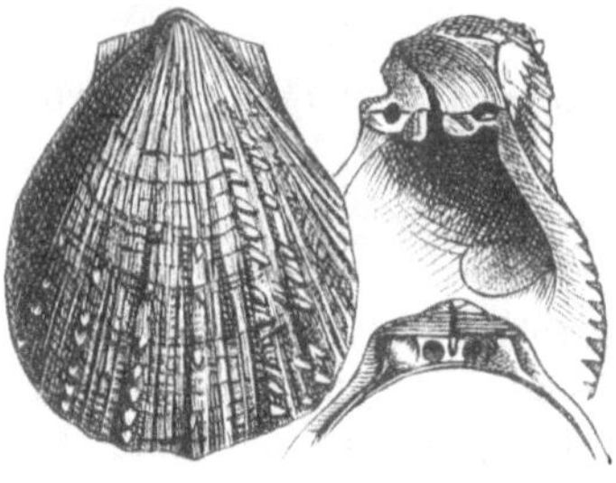

Spondylus tennispina Sandb. Oligocän, Waldböckelheim.

Plicatula Lamk. Unregelmässige, flache oder gewölbte Schalen mit undeutlicher Area. Zwei divergirende Schlosszähne, dazwischen eine Grube für das innerliche Band. Häufig recent und fossil von der Trias an.

Terquemia Tate. Zahnlos, äusserlich sehr einer *Ostrea* oder einem *Hinnites* gleichend, aber mit dem Wirbel der rechten Klappe aufgewachsen. Trias und Lias.

d. *Limidae.*

Gehäuse gleichklappig, schief oval, oft klaffend, Schlossrand beiderseits mit (ungleichen) Ohren. Unter dem Wirbel liegt in einer Area die Grube für das halb innerliche, halb äusserliche Band.

Lima Brug. (= Radula Klein). Schief-ovale, ziemlich starke, mässig gewölbte Gehäuse mit starken, glatten oder quer gestreiften, oft auch schuppigen Radialrippen. Unter dem vorderen Ohr ein schmaler Spalt für den Durchtritt des Byssus und des kleinen Fusses. Recent und fossil vom Lias an.

Fig. 291.

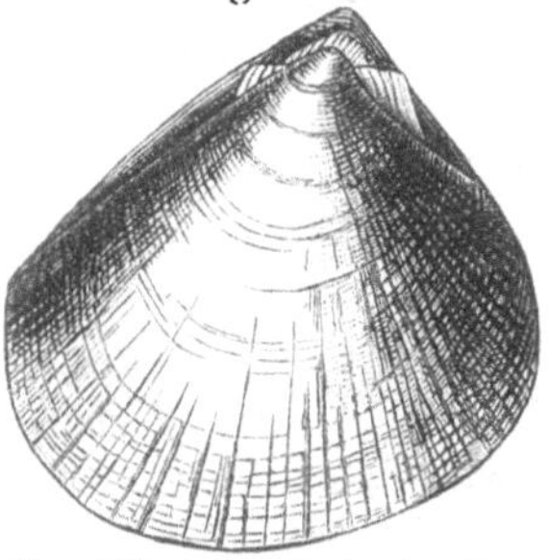

Lima (Plagiostoma) gigantea Sow. Unt. Lias (Lias α), Göppingen. Stark verkl.

Plagiostoma Sow. (Fig. 291). Umriss rundlich-dreiseitig, Oberfläche glatt oder fein radial gestreift. Ohren kräftig, Bandgrube sehr tief. Trias, Jura, Kreide.

Mantellum Bolten. Dünnschalig, schmal, schief, stark gewölbt, radial gerippt, weit klaffend. Recent und fossil von der Kreide an.

Acesta Adams. Dünnschalig, länglich, radial gerippt, mit sehr schmalem vorderen Ohr. Recent und fossil von der Kreide an.

Limatula Wood. Fast gleichseitig, wenig schief, Radialrippen nur in der Mitte der Schale entwickelt. Recent und fossil vom Jura an.

Ctenoides Klein. Nahezu gleichseitig, lang, wenig klaffend, mit zahlreichen, schuppigen Radialrippen. Recent und fossil von der Kreide an.

Ctenostreon Eichw. Umriss nur etwas unregelmässig, sehr dickschalig, mit kräftigen Radialrippen, weit klaffend. Lias bis untere Kreide.

Limea Bronn. Schief oval, gewölbt, wenig klaffend mit Schlosszähnchen zu beiden Seiten der Bandgrube. Recent und fossil von der Trias an.

e. *Pectinidae.*

Gehäuse gleich- oder ungleichklappig, nahezu gleichseitig, von rundlichem Umriss, mit Ohren zu beiden Seiten der wenig vorragenden Wirbel, unter welchen eine dreieckige Grube für das innerliche Band liegt. Muskeleindruck rundlich, Fuss klein, mit Byssus, für welchen unter dem vorderen Ohr der rechten Schale ein Ausschnitt vorhanden zu sein pflegt.

Pecten Klein. Umriss rundlich, höher als lang, gleichklappig und fast gleichseitig, radial gerippt oder gestreift, vordere Ohren grösser als die hinteren, jenes der rechten Schale mit tiefem Byssus-Ausschnitt. Mit *Pecten* nahe verwandt sind die (von Zittel als Subgenera aufgefassten) folgenden acht Gattungen:

Chlamys Bolten. Mit breit-rundlichem Umriss, etwas ungleichklappig. Recent und fossil von der Trias an.

Lyropecten Conr. Mit breiten, knotigen Radialrippen, Schlossrand mit Zähnchen. Recent und fossil von der Kreide an.

Pallium Martini. Mit starken Radialrippen, kleinen Ohren und undeutlichen Zähnen am Schlossrand. Tertiär und recent.

Camptonectes Ag. Mit feinen, gekrümmten, divergirenden Radialstreifen. Jura und Kreide.

Pseudamusium Klein. Dünnschalig, vollkommen geschlossen, glatt, radial gestreift oder gefaltet, mit kleinem Byssus-Ausschnitt. Tertiär und recent.

Fig. 292.

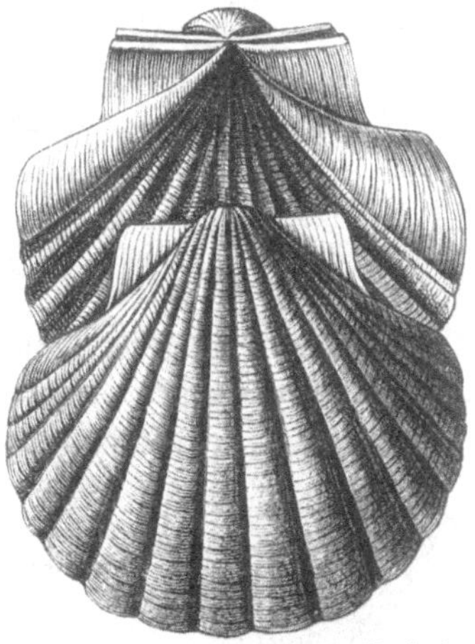

Vola adunca Eichw. Miocän, Neudorf, Wiener Becken.

Syncyclonema Meek. Schale höher als lang, mit kurzem Schlossrand, sehr kleinen Ohren, ohne Byssus-Ausschnitt. Kreide und Jura.

Entolium Meek. Glatt, ohne Byssus-Ausschnitt, Ohren gegen aussen aufsteigend. Dyas, Jura und Kreide.

Amusium Klein. Glatt oder radial gestreift (innen oft mit Radialrippen) gleichklappig, vorn und hinten klaffend. Recent und fossil vom Lias an.

Vola Klein (Fig. 292). Von *Pecten* leicht durch die sehr ungleichklappigen Schalen zu unterscheiden. Rechte Klappe sehr gewölbt, linke flach oder concav. Häufig in der Kreide, auch im Tertiär und in den heutigen Meeren vertreten.

Hinnites Defr. Dickschalig, in der Jugend frei, im Alter mit der rechten Klappe angeheftet und unregelmässig gestaltet. Recent und fossil von der Trias an.

Pernopecten Winchell. Ungleichseitig und ungleichklappig, neben der mittleren Bandgrube noch kleinere Grübchen jederseits. Kohlenkalk.

Fig. 293.

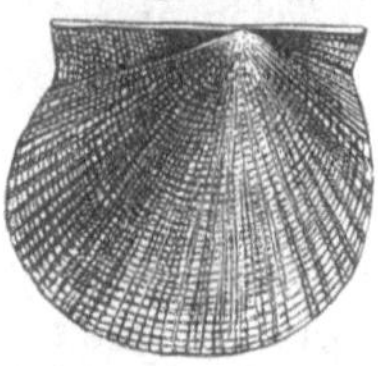

Aviculopecten papyraceus Sow. sp. Kohlenschiefer von Werden an der Ruhr.

Streblopteria M'Coy. Glatte oder radial gestreifte, sehr ungleichseitige Gehäuse mit wenig vorragendem hinteren, scharf begrenztem, vorderen Ohr, Band in einer einfachen, schmalen Grube. Kohlenkalk, Dyas, vielleicht auch schon im Devon.

Aviculopecten M'Coy (Fig. 293). Etwas ungleichklappig und ungleichseitig, mit kleinerem, vorderen Ohr, Band in einer dem Schlossrand parallelen Furche. Devon, Culmschiefer, Kohlenkalk und Dyas.

A_2. Heteromyaria.

Mit zwei Schliessmuskeln, von welchen der vordere sehr klein, der hintere gross ist. Der kleine Fuss sondert einen kräftigen Byssus ab, das Band ist entweder einfach oder in mehrere isolirte Gruben zertheilt; die Mantellappen getrennt.

a. *Aviculidae.*

Ungleichklappig oder gleichklappig, mit geradem Schlossrand, vorn und hinten oder wenigstens an einer Seite mit Ohren, unter dem vorderen Ohr der rechten Klappe meist ein Ausschnitt oder eine klaffende Oeffnung für den Durchtritt des Byssus. Schale aus einer inneren Perlmutterlage und einer äusseren prismatischen oder schuppigen Schichte gebildet. Die *Aviculidae* zerfallen in vier Unterabtheilungen: *Aviculinae* mit ungleichklappiger Schale und an der ganzen Länge des Schlossrandes angeheftetem oder in einer seichten Furche zwischen Wirbel und Hinterseite gelegenem Bande, *Ambonychinae* mit gleichklappigen Schalen, ohne vordere Ohren und mit linearem Bande. *Inoceraminae* mit getheiltem Band, welches in einer Anzahl von entweder schief oder senkrecht zum Schlossrande gestellten Quergruben liegt und *Vulsellinae* mit einfachem, in einer Grube unterm Wirbel gelegenen Bande.

α. *Aviculinae.*

Avicula Klein (Fig. 294). Ungleichklappig, mit gewölbter linker Klappe, langem, geraden Schlossrand, kürzerem vorderen und längerem hinteren Ohr.

Fig. 294.

Avicula contorta Portl. (Leitfossil der Zone der *Av. contorta*) Kössener Schichten.

Schlossrand mit schwachem Zahn, Ligament doppelt: äusseres dem Schlossrand angeheftet, das innere in einer breiten Grube gelegen, mit Byssus-Ausschnitt. Silur bis recent.

Oxytoma Meek. Sehr ungleichklappig, linke Schale gewölbt, rechte flach, mit tiefem Byssus-Ausschnitt. Trias, Jura, Kreide.

Pseudomonotis Beyr. Sehr ungleichklappig, mit kleinen, kaum entwickelten vorderen und mässigen hinteren Ohren, starkem Byssus-Ausschnitt. Devon bis Jura.

Pseudoptera Meek. Mit kurzem Schlossrand, undeutlich abgegrenzten vorderen und flachen hinteren Ohren, ohne Byssus-Ausschnitt. Kreide.

Meleagrina Lamk. Fast gleichklappig, rundlich vierseitig, vorderes Ohr mit Byssus-Ausschnitt, hinteres wenig deutlich abgesetzt. Recent und fossil vom Jura an.

Pterinea Goldf. (Fig. 295). Sehr ungleichseitig, ungleichklappig oder fast gleichklappig, mit langem, geraden Schlossrand, vorn kurzes, hinten langes Ohr, rechte Klappe mit Byssus-Ausschnitt. Der breite Schlossrand zeigt parallele Längsstreifen zur Aufnahme des Bandes, unter dem Wirbel liegen einige schwache Schlosszähne und dahinter einige lange Seitenzähne, der hintere grosse Muskeleindruck liegt ganz auf dem Ohr oder Flügel, der kleinere vordere auf dem vorderen Ohr. Silur, Devon, Kohlenkalk.

Fig. 295.

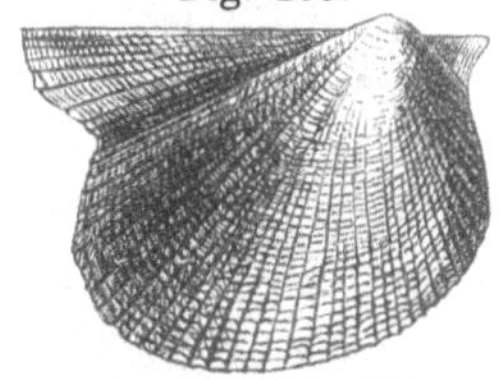

Pterinea reticulata Hisinger.
Ober-Silur, Gotland.

Mit *Pterinea* nahe verwandt sind *Monopteria Meek*, mit verkümmertem vorderen und sehr grossem hinteren Flügel, ohne Schlosszähne und *Pteronites M'Coy* ohne vorderes und mit flügelartigem hinteren Ohr, mit sehr kleinem Schlosszahn und langem hinteren Seitenzahn in der rechten Klappe. Devon und Kohlenkalk.

Pteroperna Morris u. Lycett. Wenig ungleichklappig, mit langem Schlossrand, kleinem vorderen und flügelartigem hinteren Ohr, langer Bandgrube. Jura.

Cassianella Beyr. Sehr ungleichklappig, linke Klappe stark gewölbt, rechte flach oder concav ohne Byssus-Ausschnitt. Ueber dem Schlossrand eine kleine Area. Kleine Schlosszähne und kurzer vorderer, sowie längerer hinterer Seitenzahn. Band in einer langen, dreieckigen Grube hinter den Wirbeln. Trias.

Posidonomya Bronn (Fig. 296). Gehäuse dünn, gleichklappig, mit concentrischen Falten, ohne Schlosszähne und ohne Ohren. Silur bis Jura.

Fig. 296.

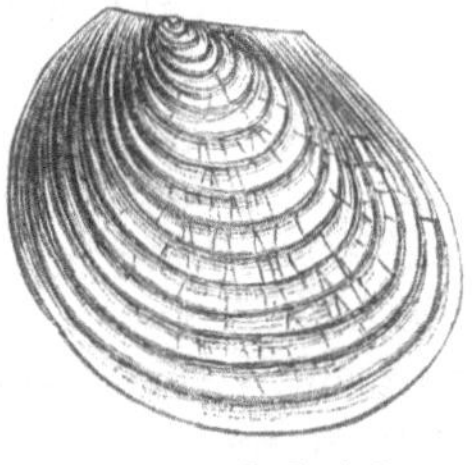

Posidonomya Becheri Bronn.
Culm-Schiefer, Herborn, Nassau.

Fig. 297.

Monotis salinaria Var. Richmondiana Zitt.
Trias, Neu-Seeland.

Monotis Bronn (Fig. 297). Gleichklappig, flach, radial gerippt, zahnlos, vorderes Ohr gerundet, hinteres abgestutzt oder ausgeschnitten. Trias.

Daonella Mojsisovics (Fig. 298). Gleichklappig, flach, mit langem geraden Schlossrand ohne Zähne und ohne Ohren, fast centralem, wenig hervorragendem Wirbel und feiner, radialer Rippung und Streifung, ohne Byssus-Ausschnitt. Trias. (In den Alpen zur norischen Zeit nur in der mediterranen Provinz.)

Fig. 298.

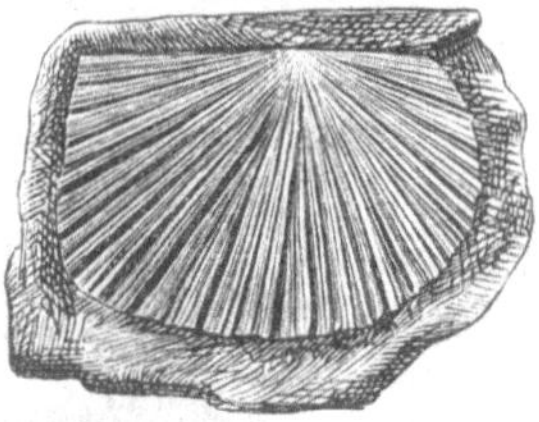

Daonella Lomelli Wissm. sp. Wengen. Südtirol (Z. d. Daon. Lomelli).

Fig. 299.

Halobia Charlyana Mojs. Z. d. Trach. Aonoides, Raschberg bei Aussee.

Halobia Bronn (Fig. 299) ähnlich wie *Daonella*, doch mit einem vorderen Ohr. Trias (in den Alpen zur norischen Zeit nur in der juravischen Provinz).

β. Ambonychinae.

Ambonychia Hall. Gleichklappig, mit spitzen, am vorderen Ende des Schlossrandes gelegenen Wirbeln, ohne vordere Ohren, hinten geflügelt, mit zwei schrägen Schlosszähnen und mehreren Seitenzähnen. Hinterer Muskeleindruck gross, fasst median gelegen, vorderer klein, unter dem Byssus-Ausschnitt befindlich. Unter-Silur bis Kohlenkalk.

Weitere hierhergehörige Gattungen sind: *Anomalodonta Mill.* und *Eopteria Billings* aus dem Untersilur; *Lunulacardium Münster* (Silur, Devon), *Praelima, Mila, Spanila* und *Tenka Barr.* aus dem Ober-Silur.

γ. Jnoceraminae.

Gervillia Defr. (Fig. 300). Schale stark schräg verlängert, mit nach vorne gerücktem Wirbel, kaum merklichem vorderen und etwas längerem hinteren Flügel, mit dickem Schlossrand, welcher mehrere breite, entfernt stehende Bandgruben trägt und am unteren Rande einige schräg nach hinten gerichtete Zahnleisten aufweist. Trias, Jura, Kreide.

Fig. 300.

Gervillia inflata Schafh.. Kiessener Schichten.

Bakewellia King, ähnlich wie *Gervillia*, doch mit drei bis vier senkrechten Zähnen unter dem Wirbel. Zechstein.

Hoernesia Lbe. unterscheidet sich von *Gervillia* durch sehr ungleichklappiges Gehäuse, stark gewölbte linke, flache rechte Schale, der starke, dreieckige Schlosszahn der linken Klappe wird durch eine Scheidewand gestützt, welche den Wirbelraum theilt; auch die rechte Klappe trägt einen starken Schlosszahn und Leistenzähne in der Nähe des Hinterrandes. Trias.

Inoceramus Sow. (Fig. 301). Quer verlängert, eiförmig, wenig ungleichklappig, concentrisch gefaltet, mit weit nach vorne gerücktem, stark vorragendem Wirbel, ohne Ohren. Der gerade, zahnlose Schlossrand trägt sehr zahlreiche, dicht neben einander stehende Bandgruben. Trias bis Kreide.

Actinoceramus Meek. Hoch, schief eiförmig, mit kurzem Schlossrand, radial gefaltet oder berippt. Kreide.

Volviceramus Stol. Ungleichklappig, linke Schale stark gewölbt, mit gekrümmtem Wirbel, rechte Schale flach. Kreide.

Crenatula Lamk. Das dünne Gehäuse fast gleichklappig, schief verlängert, mit callösem, gekerbten Schlossrand, in dessen Vertiefung das Ligament liegt. Recent und Pliocän.

Fig. 301.

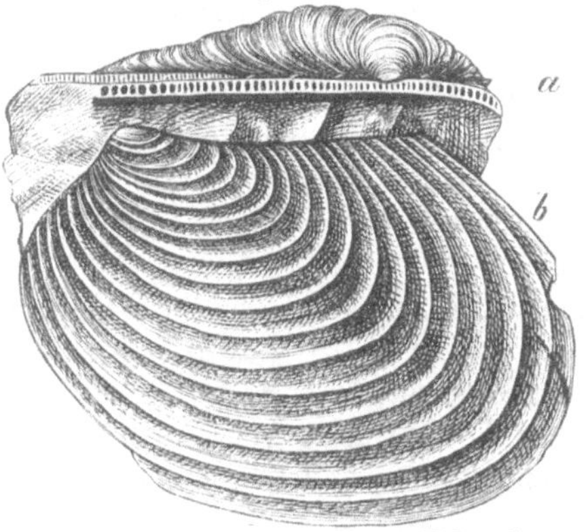

Inoceramus Crispi Mant. Gosau. *a.* Hofergraben, *b.* Muthmansdorf (neue Welt).

Fig. 302.

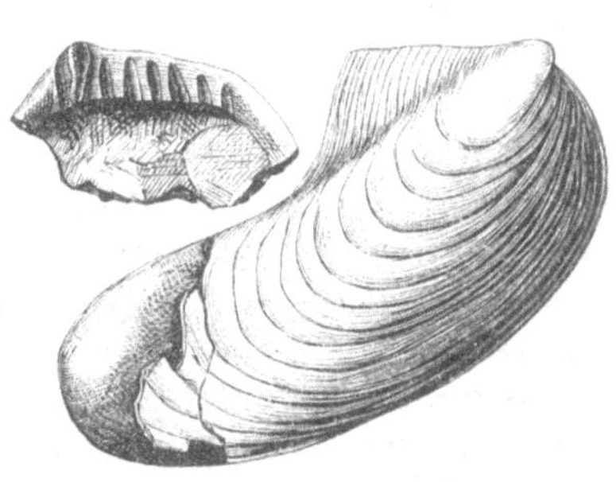

Perna falcata Zitt. Gosau.

Perna Brug. (Fig. 302). Fast gleichklappig, von rundlichem oder vierseitigem Umriss, flach, mit spitzem, oft terminalem Wirbel, Schlossrand breit, mit senkrechten Furchen für das Band. Recent und fossil von der Trias an.

Pernostrea Munier-Chalmas. Aeusserlich ganz *Ostrea* ähnlich, linke Schale im Alter angeheftet, aber mit breitem Schlossrand, welcher vier bis acht Bandgruben trägt. Jura.

δ. *Vulsellinae.*

Vulsella Lamk. Fast gleichklappig, sehr hoch, mit zahnlosem Schloss und wenig vorspringendem Wirbel, unter welchem das Band in einer dreieckigen Grube liegt. Tertiär und recent.

Nahe verwandt sind *Malleus Lamk.* (recent), *Vulsellina Rainc.* (Eocän), *Chalmasia Stoliczka* (Kreide).

Eligmus Deslongch. besitzt eine dicke, blättrige, gleichklappige Schale von lang-eiförmigem Umriss, mit kurzem, geraden, zahnlosen Schlossrand, dreieckiger Bandgrube und grossem, auf einem löffelartigen, vom Schlossrand ausgehenden Fortsatz gelegenem Muskeleindrucke. Der Rand des Byssus-Einschnittes ist mehrfach gekerbt. Jura.

Mit *Eligmus* nahe verwandt ist *Nayadina Mun. Chalmas* mit nicht gekerbtem Byssus-Ausschnitt. Kreide.

b. *Mytilidae.*

Das Gehäuse lang oval oder dreieckig, aussen mit hornartiger Epidermis bekleidet, innen perlmutterglänzend. Der schiefe Schlossrand zahnlos oder gekerbt. Band linear, mehr oder minder innerlich. Vorn unter den Wirbeln eine Byssusspalte, Manteleindruck ganz, nur selten ein Sinus vorhanden.

Mytilus Linn. Umriss des Gehäuses dreieckig, hinten gerundet, mit endständigem, spitzen Wirbel, Schlossrand linear, zahnlos, unter dem Wirbel zuweilen schwache Zähnchen vorhanden, hinterer Muskeleindruck gross, vorderer klein. Lebend und fossil von der Trias an.

Myalina de Kon. Aehnlich wie *Mytilus*, Schlossrand verdickt, mit mehreren, parallelen Längsfurchen für das Ligament; unter den Wirbeln eine kleine Platte vorhanden, vertritt *Mytilus* in den palaeozoischen Formationen.

Anthracoptera Salter unterscheidet sich von *Myalina* durch dünnen Schlossrand und kommt in der productiven Steinkohlenformation zwischen den Flötzen vor.

Weitere verwandte, palaeozoische Gattungen sind: *Hoplomytilus Sandb.* und *Mytilarca Hall* aus der Devonformation.

Pachymytilus Zittel aus der Juraformation ist durch sehr dicke Schalen ausgezeichnet.

Septifer Récluz unterscheidet sich von *Mytilus* durch radial gestreifte Oberfläche und eine Verticalplatte unter den spitzen Wirbeln, welche den kleinen vorderen Muskeleindruck trägt. Tertiär und recent, vielleicht schon in Jura und Kreide.

Modiola Lamk. (Fig. 303). Von *Mytilus* durch die runde Vorderseite und die schwach vorragenden, ein wenig hinter dem Vorderrande liegenden Wirbel

Fig. 303.

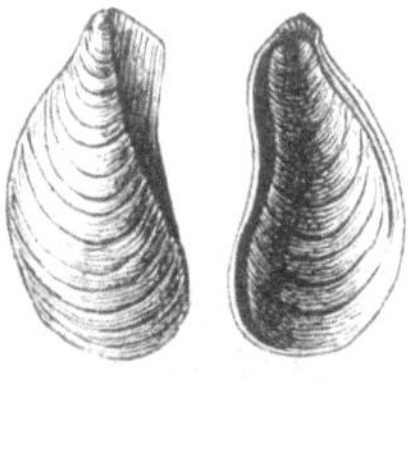

Modiola Volhynica Eichw. Sarmatische Stufe, Wiesen, Wiener Becken.

Fig. 304.

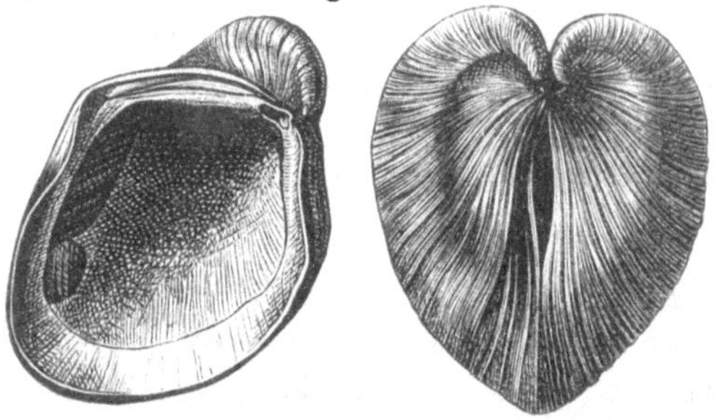

Congeria Partschi Cžjžek. Congerien-Schichten. Matzleinsdorf bei Wien.

verschieden, oft radial gestreift oder gerippt. Erscheint schon im Devon und Kohlenkalk, ist im Jura häufig und reicht durch alle Formationen bis in die Gegenwart.

Crenella Brown. Dünnschalig, gewölbt, mit radial gestreifter Oberfläche und gebogenem, meist gekerbten Schlossrand.. Kreide, Tertiär und recent.

Modiolaria Beck. Wie *Crenella*, doch bleiben die Radialstreifen auf Vorder- und Hinterseite beschränkt. Recent und fossil von der Trias an.

Lithodomus Cuv. (= *Lithophagus Mühlf.*). Mit subcylindrischem Gehäuse, in der Jugend mit Byssus angeheftet, bohrt später in Uferfelsen, Corallen und Conchylien. Recent und fossil von der Kohlenperiode an.

Congeria Partsch (*Dreyssena v. Beneden*) (Fig. 304). Gehäuse von dreieckigem oder vierseitigem Umriss, gewölbt oder flach, mit terminalem Wirbel, starker Byssusspalte, mit einer wohlentwickelten Platte unter den Wirbeln, mit fast ganz innerlichem, linearen Band, grossem hinteren Muskeleindruck, ganzrandigem, oder mit schwacher Bucht versehenen Manteleindruck. Recent und Tertiär.

Dreyssenomya Fuchs. Gehäuse länglich, vorderer Muskeleindruck auf einem callösen Vorsprung, Mantelbucht mehr oder minder tief. Miocän.

c. *Prasinidae.*

Gehäuse lang, ungleichseitig, vorne verschmälert, mit kleinerem, tiefer ausgeprägten vorderen und grösserem und getheilten hinteren Muskeleindruck. Schloss zahnlos oder mit einem starken, verlängerten Zahn. Band äusserlich, Oberfläche bis auf die Zuwachsstreifen glatt.

An die recenten Gattungen *Prasina Desh.*, *Julia Gould*, *Phaseolicama Val.* schliessen sich mehrere fossile Gattungen, wie:

Modiolopsis Sow. ähnlich wie *Modiola* gestaltet, doch mit vertieftem, vorderen Muskeleindruck und äusserem Ligament. Zahnlos. Silur.

Modiomorpha Hall, wie die vorige Gattung, doch mit einem schräg gestellten Schlosszahn. Devon.

Myoconcha Sow. Gehäuse stark verlängert, Wirbel fast endständig, Schloss zahnlos oder mit einem wenig vorragenden, der Schlosskante folgenden Seitenzahn; Band äusserlich in einer Furche, vorderer Schlossmuskel oft auf einer Verdickung der Schale, Mantellinie ganzrandig. Carbon bis Kreide.

Hippopodium Sow. Sehr dickschalig, Oberfläche mit rauhen Zuwachslamellen. Juraformation.

d. *Pinnidae.*

Gehäuse dreieckig, hinten klaffend, Schloss zahnlos, Ligament fast ganz innerlich, linear, vorderer Muskeleindruck klein unter dem spitzen Wirbel gelegen, hinterer gross, subcentral; Schale hauptsächlich aus der äusseren Prismenschicht aufgebaut, innere Perlmutterlage sehr dünn.

Pinna Linné mit geraden, spitzen Wirbeln, dünnschalig, hinten weit klaffend, vorn mit schwacher Byssusspalte. Recent und fossil von der Devonformation an, vielleicht auch schon im Silur.

(*Pinna? antiquissima Barr.* aus dem böhmischen Ober-Silur).

Trichites Plott. mit sehr dicken Schalen, etwas ungleichklappig, Oberfläche höckerig oder gefaltet. Jura und Kreide.

Aviculopinna Meek mit langem Schlossrand und subterminalen Wirbeln, über welche die Vorderseite ein wenig vorragt. Hinterseite klaffend, Carbon und Dyas.

A_3. Homomyaria.

Beide Schliessmuskeln gleich gross, Gehäuse gleichklappig, Fuss wohl entwickelt. Hierher gehören die Familien der *Arcadae* und *Nuculidae* (Reihenzähnler), welchen als provisorische Gruppe die *Cardiolidae* angereiht werden mögen, ferner die *Trigoniidae, Aetheriidae, Nayadidae* und *Cardiniidae.*

a. *Arcadae.*

Die mit einer schuppigen oder hornigen Epidermis bedeckte Schale ist rundlich oder verlängert, meist mit äusserlichem, auf einer ebenen Aera befestigten, selten mit innerlichem, in einer dreieckigen Grube gelegenen Bande, mit zahlreichen kleinen, in einer geraden oder gebogenen Linie angeordneten Zähnen. Bei den *Arcinae* im engeren Sinne stehen die Zähne in einer geraden Reihe und das Band ist äusserlich an der Area befestigt, bei der Untergruppe der *Pectunculinae* stehen die Zähne in einer gebogenen Reihe und das Band ist bald äusserlich, bald innerlich.

α. *Arcinae.*

Arca Linn. (Fig. 305). Schale gleichklappig, quer verlängert, meist radial gerippt, Wirbel gegen den Vorderrand gerückt, darunter eine mehr oder minder hohe Area, Schlossrand gerade, mit zahlreichen, ziemlich gleich grossen, parallelen Zähnen. Manteleindruck einfach, Muskeleindrücke ziemlich gleich stark. Silur bis recent.

Fig. 305.

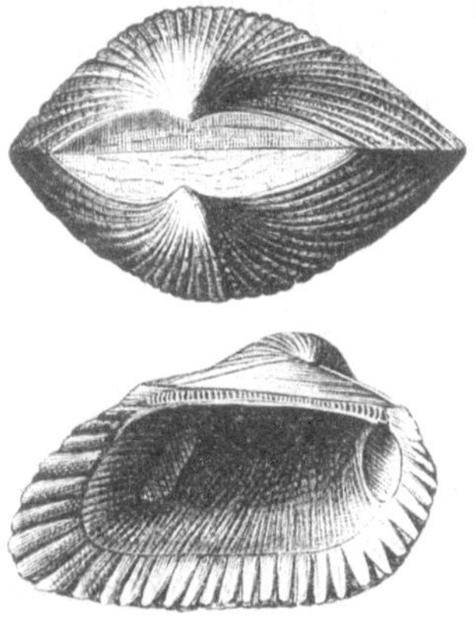

Arca turonica Duj. Miocän, Enzesfeld, Wiener Becken.

Die hauptsächlich mit Rücksicht auf die recenten Formen aufgestellten Untergattungen: *Barbatia Gray, Anomalocardia Klein, Argina Gray, Byssoarca Swainson, Litharca Gray, Lunarca Gray, Noetia Gray, Parallelipedum Klein, Scapharca Gray, Scaphula Benson, Senilia Gray* lassen sich nur theilweise bis ins Tertiär zurückverfolgen. In den älteren Formationen treten andere Gattungen auf:

Carbonarca Meek u. Worthen. Hoch gewölbt, mit stark gekrümmten, plumpen Wirbeln, etwas gebogenem Schlossrand, an der Vorderseite mit zwei starken, schiefen Zähnen. Carbon.

Isoarca Münst. Bauchig, mit angeschwollenen, stark gekrümmten Wirbeln, langem, an den Enden etwas gebogenen Schlossrand, mit zahlreichen, kleinen, unter den Wirbeln durch eine kurze Lücke unterbrochenen Zähnchen. Jura und Kreide.

Cucullaea Lamk. (Fig. 306). Gehäuse von rhombischem oder trapezförmigem Umriss, stark gewölbt, mit geradem Schlossrand, der in der Mitte kleine Querzähnchen, an den Seiten grössere, leistenförmige Zähne trägt.

Jura, Kreide, seltener im Tertiär und in der Gegenwart, in welcher *Cucullaea* durch die wahrscheinlich von ihr abstammende *Arca* ersetzt wird.

Macrodon Lycett. Aehnlich wie *Cucullaea.* Der lange Schlossrand vorn mit zahlreichen, kurzen, schrägen, hinten mit wenigen, langen leistenförmigen, dem Schlossrand fast parallelen Zähnen. Carbon bis Kreide.

Fig. 306.

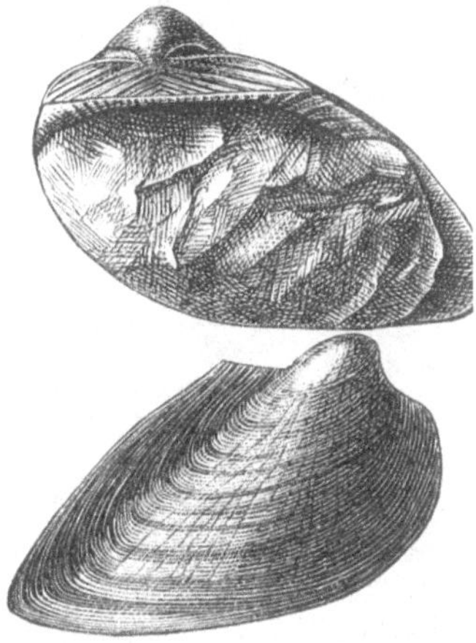

Cucullaea Chimiensis Gümb. sp. Gosau. Hofergraben.

Cucullaria Desh. Von *Cucullaea* durch mässige Wölbung, weit nach vorn gerückte Wirbel, sehr niedrige Area verschieden. Eocän.

Cyrtodonta Billings. Quer rhomboidische Wirbel fast terminal, darunter zwei bis acht schräge Zähnchen, rückwärts mehrere, dem Schlossrand parallele Seitenzähne, Area sehr niedrig. Silur und Devon.

Trigonoarca Conrad. Dickschalig, gewölbt, von rundlichem oder dreiseitigen Umriss mit niedriger Area, gebogenem Schlossrand, dessen seitliche Zähne grösser sind, bildet den Uebergang zu den *Pectunculinae.* Kreide.

β. *Pectunculinae.*

Pectunculus Lamk. (Fig. 307). Von kreisförmigem Umriss, meist fast gleichseitig, mit hoher, dreieckiger Area unter den Wirbeln, breitem Schlossrand, mit zahlreichen, bogenförmig gestellten, schiefen Zähnchen, welche im Alter durch das Herabrücken der Area in der Mitte des Schlossrandes verdrängt werden. Recent und fossil von der Kreide an.

Fig. 307.

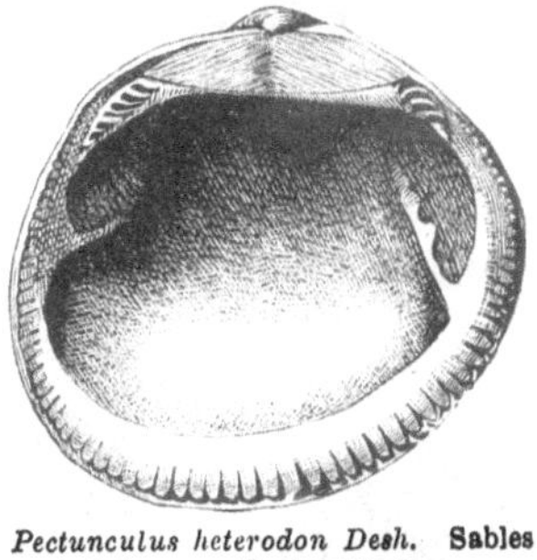

Pectunculus heterodon Desh. Sables inferieures. Pariser Becken.

Cnisma Ch. Mayer unterscheidet sich von *Pectunculus* durch sehr ungleichseitigen Umriss, der dicke Schlossrand trägt vorn drei, hinten vier Zähne. Eocän.

Ctenodonta Salter. Wenig gewölbt, fast gleichseitig, ohne Area, aber mit äusserlichem Band, der gebogene Schlossrand trägt eine ununterbrochene Reihe schiefer Zähnchen. Silur bis Carbon.

Nuculina d'Orb. Ungleichseitig, oval oder abgerundet dreieckig mit verlängerter Vorderseite, ohne Area, mit gebogenem Schlossrand, welcher eine kurze Reihe von Querzähnen trägt, neben welcher noch ein leistenförmiger Vorderzahn auftritt. Band äusserlich, linear. Tertiär.

Limopsis Sassi. Klein, äusserlich *Pectunculus* gleichend, mit niedriger Area, Band innerlich in einem dreieckigen Grübchen unter den Wirbeln. Recent und fossil von der Trias an.

Stalagmium Nyst. Dreieckig, mit verlängerter und gekielter Hinterseite, ohne Area, Band in einem dreieckigen Grübchen. Olicocän.

b. *Nuculidae.*

Meist kleine Gehäuse mit mehr minder verlängerter Hinterseite, bis auf die Zuwachsstreifen glatter Oberfläche, mit innerlichem oder äusserlichem Band. Schlossrand mit zwei von den Wirbeln divergirenden Reihen von Querzähnchen. Thiere mit längeren oder kürzeren Siphonen, Manteleindruck mit oder ohne Bucht.

Nucula Lamk. Mit dreieckiger, vollständig geschlossener Schale, winkeligem Schlossrand, im Winkel unter den Wirbeln die innerliche Bandgrube. Mantellinie einfach. Recent und fossil vom Silur an.

Cucullela M'Coy. Stark verlängert, Schloss wie bei *Nucula*, mit einer Leiste, welche vom Wirbel zum vorderen Muskeleindruck verläuft. Silur, Devon.

Ptychostolis Tullberg. Mit kurzem Schlossrand, der nur acht Zähnchen trägt. Jura.

Leda Schuhmacher. Gekielte Hinterseite stark verlängert, innere Einrichtung wie bei *Nucula*, Mantellinie jedoch mit schwachem Sinus. Recent und fossil vom Jura an.

Yoldia Möller unterscheidet sich von *Leda* durch dünnere Schale und Klaffen des Hinterrandes. Silur bis Gegenwart.

Phaseolus Jeffreys. Von *Yoldia* durch weniger zahlreiche, schräg gestellte, längere Zähne verschieden. Tertiär und recent.

Malletia Desm. und *Neilo H. a. A. Adams* besitzen ein äusserliches, in einer Längsfurche gelegenes Band. Im Tertiär und recent.

Die nahe verwandte *Tindaria Bellardi* ist nur durch eine einzige pliocäne Art vertreten.

Palaeoneilo Hall aus dem Kohlenkalk, *Sluha* und *Synek Barr.* aus dem Untersilur Böhmens gehören wahrscheinlich zu den *Nuculidae.*

c. *Cardiolidae.*

Unter diesem Namen mögen einige silurische Gattungen provisorisch vereinigt werden, welche im äusseren Umriss und insbesondere durch den geraden Schlossrand und bisweilen auch durch die mehr oder minder entwickelte Area den *Arcadae* gleichen, deren innere Einrichtung aber wegen der ausserordentlich dünnen Schale und dem Mangel an Muskel- und Manteleindrücken an den Steinkernen noch unbekannt ist.

Fig. 308.

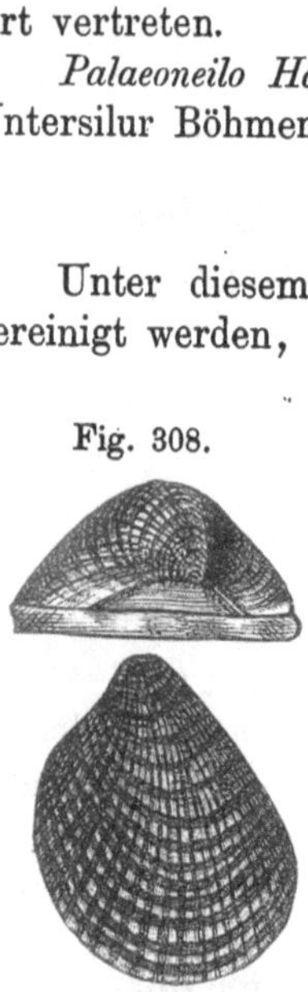

Cardiola interrupta Sow. E_2, böhmisches Silur.

Cardiola Brod. (Fig. 308). Mit mehr oder weniger gewölbter, radial und concentrisch gerippter Schale, vorderständigen, gekrümmten Wirbeln, unter welchen eine oft ziemlich hohe (bei den flachen Formen zurücktretende), horizontal gestreifte Area. Schlossrand gerade, die angeblich auf demselben auftretenden, zahlreichen, schrägen Zähnchen hat Barrande an dem grossen Material des böhmischen Ober-Silur (73 Arten) nicht beobachten können. Silur und Devon.

Slava Barr. Von *Cardiola* verschieden durch den auffallenden Umstand, dass die Schale, sobald sie eine gewisse Grösse erreicht hat, Wölbung und Sculptur verändert, so dass jede Klappe von zwei ganz verschieden aussehenden Theilen gebildet wird. Hierher *Slava (Cardiola) fibrosa Sow.* des englischen und mehrere Formen des böhmischen Obersilur.

Auch die Gattungen: *Kralovna Barr.*, *Pantata Barr.*, *Panenka Barr.* und *Služka Barr.* aus dem böhmischen Obersilur dürften den *Cardiolidae* zuzugesellen sein, wenigstens zeichnen sie sich grossentheils durch einen langen geraden Schlossrand, sowie durch sehr dünne Schale aus. Es mag jedoch hervorgehoben werden, dass unter denjenigen silurischen Gattungen, welche bei den *Cardidae* unter dem *Siphoniaten* angeführt werden sollen, manche mit den *Cardiolidae* grosse Aehnlichkeit und vielleicht wahre Verwandtschaft besitzen. Thatsache ist es wenigstens, dass unter den zahlreichen Formen (45 Arten), welche Barrande seiner Gattung *Praecardium* znrechnet, manche durch die Entwickelung einer Area und das Auftreten von Zähnchen an dem geraden Schlossrand[1] an die Reihenzähnler sich anschliessen, während andere mehr an die *Cardidae* erinnern, bei welchen wir *Praecardium*, sowie zahlreiche andere von Barrande aufgesellte Gattungen mit radial gerippter Oberfläche und gekrümmtem Schlossrand provisorisch unterbringen. Man wird sich vielleicht dereinst veranlasst sehen, für diese durch ausserordentlich dünne Schale und den Mangel der Muskel- und Manteleindrücke ausgezeichneten Gehäuse, welche die Eintheilung der *Pelecypoden* in *Siphonida* und *Asiphonida* als unzureichend erscheinen lassen, eine eigene Abtheilung aufzustellen. Heute aber reicht die lückenhafte Kenntniss, welche wir von den ältesten *Pelecypoden* besitzen, hierfür noch nicht aus.

d. *Trigoniidae.*

Gehäuse gleichklappig, von dreiseitigem Umriss mit zwei bis drei Schlosszähnen in der rechten, ein bis vier in der linken Klappe, welche zumeist fein gestreift oder gezähnt sind. Band äusserlich, Muskeleindrücke stark vertieft, zuweilen auf leistenförmigen Erhöhungen und gewöhnlich mit kleinen Fussmuskeleindrücken vergesellschaftet.

Fig. 309.

Trigonia navis Lamk, brauner Jura, Elsass.

Trigonia Brug. (= Lyriodon) (Fig. 309). Dickschalig, quer verlängert, von dreieckigem oder vierseitigen Umriss, Wirbel vorderständig, nach rückwärts gekrümmt, Vorderseite rund. Hinterrand schräg abgestutzt; mit kräftiger, sehr verschiedenartiger Sculptur aus geknoteten, radialen oder concentrischen Rippen, selten glatt. Eine vom Wirbel schräg nach hinten und unten verlaufende Kante begrenzt eine meist abweichend verzierte Area, von welcher eine zweite Kante, ein herzförmiges Schildchen abtrennt. Zwei divergirende, stark gestreifte Schlosszähne in der rechten, zwei seitliche und ein sehr

[1] Vergl. Tab. 359 des Bandes VI von Barrande's grossem Werke: Système silurien du centre de la Bohéme.

kräftiger, zweitheiliger Mittelzahn in der linken Klappe bilden das Schloss. Das Band ist kurz, stark vorragend; die Muskeleindrücke stark vertieft. Lias bis Gegenwart.

Nach Agassiz und Lycett sind folgende Gruppen der *Trigonien* zu unterscheiden: *Scaphoideae* (Jura und Kreide), *Clavellatae*, *Costatae* und *Undulatae* (Jura), *Glabrae* (Jura und untere Kreide), *Quadratae*, *Scabrae* und *Byssiferae* (Kreide) und endlich *Pectinatae* (Tertiär und recent).

Fig. 310.

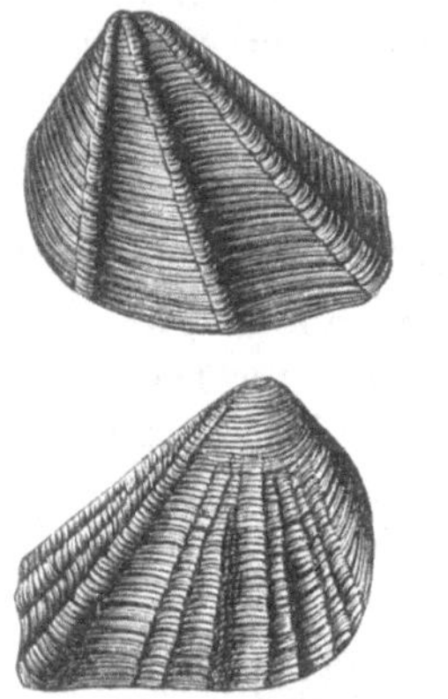

Myophoria Kefersteini Mstr. Obere Trias (Torer Schichten), Raibl.

Myophoria Bronn (Fig. 310). Schale oval oder abgerundet dreieckig, Wirbel wenig nach vorn gekrümmt, Oberfläche glatt, concentrisch gestreift, zuweilen auch mit einigen radialen Rippen und fast immer mit einem vom Wirbel zum hinteren Rande verlaufenden Kiel. Innere Einrichtung ähnlich wie bei *Trigonia.* Trias.

Schizodus King. Vorderseite angeschwollen, Hinterseite wenig verlängert, Oberfläche glatt. Schloss ähnlich jenem von *Myophoria* und *Trigonia.* Carbon und Dias.

Curtonotus Salter (Devon) und *Lyrodosma Conr.* (Silur) lassen den Stamm der *Trigonien* bis in die älteren, palaeozoischen Formationen zurückverfolgen.

e. *Aetheriidae.*

In süssem Wasser lebende, in ihrer äusseren Erscheinuug den Austern sehr ähnliche, festgewachsene Muscheln mit zwei grossen Muskeleindrücken und zahnlosem Schloss. Nur recent.

f. *Nayadidae.*

Gleichklappig mit dicker, brauner oder grüner Epidermis, unter welcher zunächst eine dünne Schicht von prismatischer Structur und dann eine dickere Perlmutterlage folgt. Schloss zahnlos oder mit dicken unregelmässigen Schlosszähnen und leistenförmigen, hinteren Seitenzähnen. Band äusserlich, stark vorragend. Eindrücke der beiden Schliessmuskel tief, oft mit solchen der Fussmuskel vergesellschaftet.

Fig. 311.

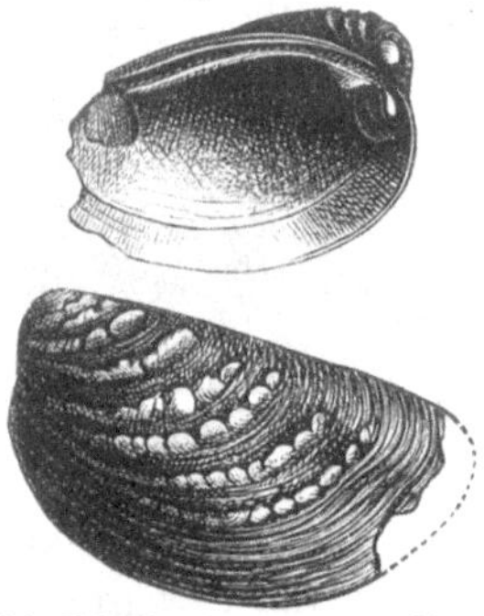

Unio Vukotinovici M. Hoern. Ober-Miocän. Capla-Graben, Slavonien.

Unio Phillipson (Fig. 311). Schalenumriss sehr verschieden, meist lang oval, zuweilen dreieckig, Oberfläche meist glatt oder nur concentrisch gestreift, seltener mit Rippen, Falten und Knoten geziert. Jede Klappe trägt zwei kräftige, rauhe Schlosszähne (von welchen zuweilen einer verkümmert), ausser diesen kommen noch lange, leistenförmige, hintere Seitenzähne vor.

Die zahlreichen Untergruppen, welche die Conchyliologen unterscheiden, sind hauptsächlich mit Rücksicht auf die recenten Formen aufgestellt worden und palaeontologisch von geringem Nutzen; nur *Margaritana* dürfte, durch die Verkümmerung der Seitenzähne charakterisirt, die Abtrennung verdienen. Die ältesten fossilen *Unionen* stammen aus den Purbeckschichten,[1] einzelne wohl charakterisirte *Unio*-Arten finden sich im Wälderthon und in der mittleren und oberen Kreide, erst im Tertiär aber erreichen sie reichere Entwickelung.

Anodonta Cuv. Dünnschalig, von ovalem Umriss, mit geradem, zahnlosen Schlossrand. Recent und fossil vom Eocän an.

Zahlreiche, recente *Nayaden*-Gattungen haben keine fossilen Reste geliefert, auf die heute in den afrikanischen Flüssen lebende Gattung *Spatha Lea.* glaubt man jedoch Schalen aus der oberen Kreide der Provence beziehen zu dürfen.

g. *Cardiniidae Zitt.*[2]

Schale oval oder quer verlängert, glatt oder concentrisch gestreift, Band äusserlich, ziemlich verlängert. Schlosszähne meist wenig vorragend, zuweilen verkümmert, Seitenzähne mehr oder minder entwickelt, zuweilen sehr dick. Muskeleindrücke tief, einfach.

Cardinia Ag. (Fig. 312). Dickschalig, oval oder quer verlängert, flach, Vorderseite gerundet, Wirbel wenig vorragend, Oberfläche glatt oder concentrisch gestreift, Schlosszähne schwach oder fehlend, ein Seitenzahn stark entwickelt. Trias und Juraformation.

Fig. 312.

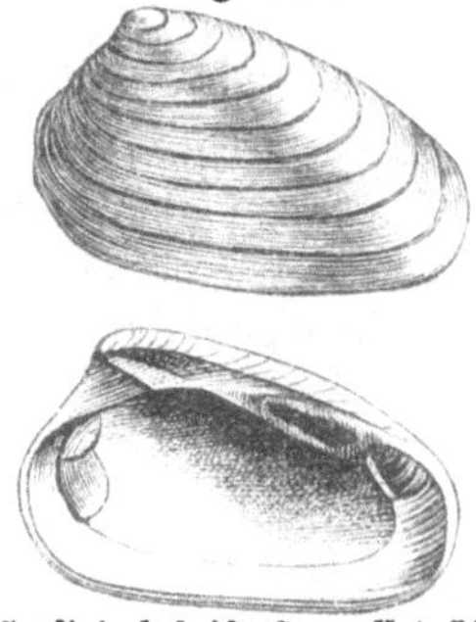

Cardinia hybrida Sow. Unt. Lias, Halberstadt.

Anthracosia King. Oval, Wirbel vorderständig, wenig vorragend, darunter je ein gestreifter Schlosszahn (Schloss übrigens nicht genau bekannt). Kohlenformation und Dyas.

Anoplophora Sandb. Quer verlängert, dickschalig, mit schwachem Cardinalzahn und langem hinteren Seitenzahn in der rechten, vorderem Seitenzahn in der linken Klappe. Trias. (Lettenkohle.)

Trigonodus Sandb. Oval oder länglich vierseitig, zwei Schlosszähne in der einen, einer in der anderen Klappe, hintere Seitenzähne kräftig, vordere klein. Trias. (Lettenkohlen-Gruppe.)

B. Siphonida.

Thier mit mehr oder minder entwickelten, getrennten oder verwachsenen Siphonen, Mantellappen mehr oder weniger verwachsen, beide Schliessmuskeln wohl entwickelt.

---

[1] Die von Pohlig aufgestellte Gattung „*Uniona*" der Lettenkohlenschichten der Trias wurde durch A. v. Koenen als unhaltbar erwiesen, indem die betreffenden Reste auf die Gattung *Anoplophora Sandb.* zurückgeführt wurden. Zeitschr. d. deutschen geolog. Gesellschaft 1881, pag. 680.

[2] Handbuch der Palaeontologie I. Bd. 2. Abtheilung, pag. 61. Nach v. Koenen soll diese Familie eher bei den Astartiden und Crassatelliden Stellung finden.

B.₁ Integripalliata.

Siphonen kurz, nicht retractil, Mantellinie einfach, ohne Bucht. Hierher gehören die *Solemyidae*, *Astartidae*, *Crassatellidae*, *Megalodontidae*, *Chamidae*, *Rudistae*, *Tridacnidae*, *Verticordiidae*, *Galeommidae*, *Erycinidae*, *Lucinidae*, *Cardiidae*, *Cyrenidae* und *Cyprinidae*.

a. *Solemyidae*.

Gehäuse dünn, stark verlängert, vorn und hinten klaffend, Band lang, halb äusserlich, halb innerlich.

Solemya Lamk. Recent und fossil von der Devonformation an. Bei tertiären Resten sind die rundlichen Vorragungen der Epidermis noch als kohlige Streifen auf dem umgebenden Gestein erhalten.

Hierher gehört auch *Clinopistha Meek u. Worthen* (Devon und Kohlenkalk von Nordamerika), sowie vielleicht manche der meist zu den *Pholadomyiden* gerechneten palaeozoischen Gattungen, welche unten provisorisch als *Grammysiidae* vereinigt wurden.

b. *Astartidae*.

Gleichklappig, dickschalig, mit wohlentwickelten Schlosszähnen, vordere Seitenzähne meist fehlend, hintere oft vorhanden, Band stark, äusserlich.

Astarte Sow. Von dreieckigem oder rundlichem Umriss, wenig ungleichseitig, mit glatter oder concentrisch gefurchter Oberfläche, vor den Wirbeln eine stark vertiefte Lunula; je zwei Schlosszähne in jeder Klappe. Recent und fossil von der Silurperiode an, besonders häufig in den jüngeren mesozoischen Formationen.

Nahe verwandt (von Zittel als Untergattungen von *Astarte* betrachtet) sind die Gattungen: *Astartella Hall* mit starkem und gefurchten vorderen Schlosszahn der rechten Klappe, Kohlenkalk; *Eriphyla Gabb* mit leistenförmigen Seitenzähnen und bisweilen eingebuchteter Mantellinie, Kreide; *Grotriania Speyer* mit tiefer Area und Lunula, Oligocän; *Praeconia Stol.*, sehr dickschalig, mit fast terminalem, eingekrümmten Wirbel, sehr starken Schlosszähnen. Jura; ferner *Alveinus* und *Micromeris Conr.* aus dem amerikanischen Tertiär.

Fig. 313.

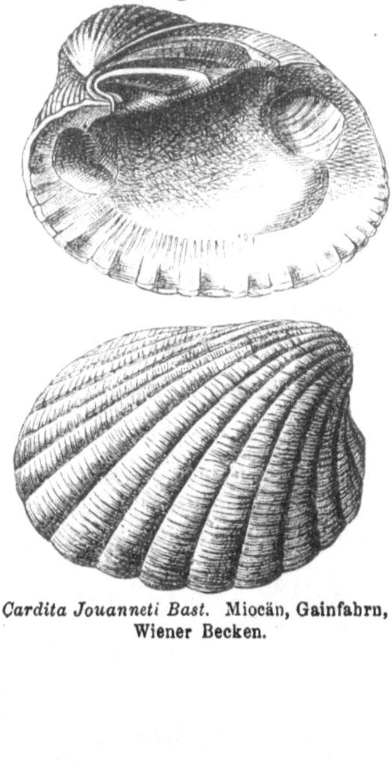

Cardita Jouanneti Bast. Miocän, Gainfahrn, Wiener Becken.

Woodia Desh., *Lutetia Desh.*, *Goodallia Turton* und *Goodaliopsis Raincourt* und *M. Chalmas* sind *Astartiden*-Gattungen der Eocänperiode.

Cardita Brug. (Fig. 313). Schale kräftig radial gerippt, ungleichseitig, mit weit nach vorn gerichteten Wirbeln, unter welchen je einer und zwei divergirende Schlosszähne stehen, neben welchen noch je ein lange hinterer Seitenzahn auftritt; Muskeleindruck stark vertieft. Recent und fossil von der Trias an.

Mytilicardia Blainv. Unterscheidet sich von *Cardita* durch terminal gelegene Wirbel und dünne, am Vorderrande klaffende Schale. Tertiär und recent.

Palaeocardita Conr. Mit zwei Schlosszähnen und einem hinteren Seitenzahn in jeder Klappe. Trias, Jura und Kreide.

Pachycardia Hauer. Bauchige Gehäuse, glatt oder concentrisch gestreift, sehr ungleichseitig, Wirbel fast terminal, stark gekrümmt, je zwei Schlosszähne und ein hinterer Seitenzahn in jeder Klappe. Alpine Trias.

Opis Defr. Schale stark gewölbt, dreieckig, glatt oder concentrisch gestreift, mit sehr grosser und tiefer Lunula; je ein starker Schlosszahn in jeder Klappe. Trias, Jura, Kreide.

Opisoma Stol. Wie *Opis* doch mit drei Schlosszähnen und einem Seitenzahn jederseits. Jura.

Prosocoelus und *Mecynodon Keferstein* aus dem Devon, für früher zu *Megalodus* gerechnete Formen aufgestellt, sowie *Pleurophorus King.* (Devon, Kohlenformation, Dyas und Trias) vertreten die *Astartiden* im palaeozoischen Zeitalter. Die Zugehörigkeit der silurischen Gattungen *Matheria Billings* und *Anodontopsis M'Coy* ist jedoch fraglich.

c. *Crassatellidae.*

Gehäuse oval, rückwärts etwas verlängert, Oberfläche glatt oder concentrisch gestreift. Das innerliche Band liegt in einer Grube unter den Wirbeln, jede Klappe trägt ein bis drei kräftige Schlosszähne — die Seitenzähne fehlen oder sind schwach entwickelt.

Crassatella Lamk. (Fig. 314). Dickschalig, lang oval, mit deutlicher Lunula, breitem Schlossrand, tiefen Muskeleindrücken; je zwei Schlosszähne in jeder Klappe. Recent und fossil von der Kreide an.

Zu den *Cassatelliden* gehören ferner: *Anthonya Gabb*, *Crassatellina Meek*, *Ptychomya Ag.* in der Kreide, *Gouldia Adams*, recent und fossil von der Kreide an.

Fig. 314.

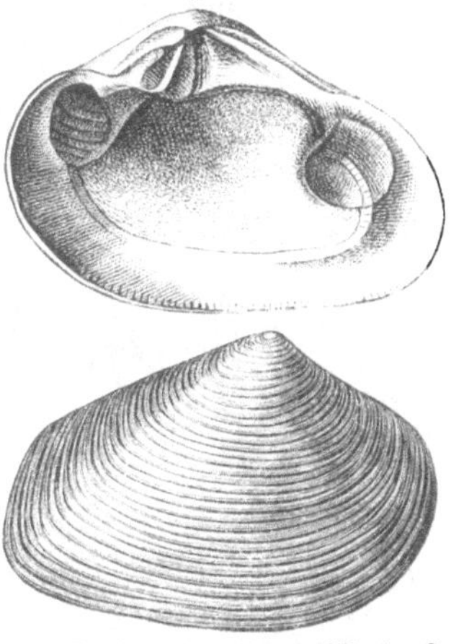

Crassatella Hardeggeri M. Hoern. Miocän, Grussbach, Mähren.

d. *Megalodontidae.*[1]

Dickschalig, glatt oder concentrisch gestreift mit überaus kräftiger Schlossplatte, welche je zwei oft zweitheilige Schlosszähne trägt, Band äusserlich,

[1] Zittel, Handbuch der Palaeontologie I. Bd. 2. Abtheilung, pag. 69.

lang, in einer tiefen Ligamentlinie inserirt. Hinterer Muskeleindruck auf einer vorragenden Leiste gelegen.

Megalodon Sow. (Fig. 315). Gehäuse gewölbt, hoch, mit vorragendem, fast endständigen, wenig eingekrümmten Wirbel, je zwei Schlosszähne in jeder Klappe, von welchen der hintere lang und ohrförmig gekrümmt, der vordere kürzer, in der rechten Klappe unter der Grube für den vorderen Zahn der

Fig. 315.

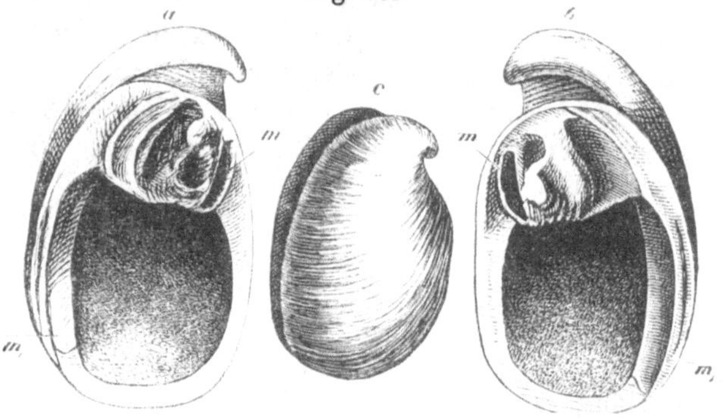

Megalodon cucullatus Goldf. Mittel-Devon. *a.* linke, *b.* rechte Klappe von innen, Bensberg, c. von aussen verkl. Paffrath bei Cöln, *m* vorderer, *m,* hinterer Muskeleindruck.

linken Klappe gelegen ist; unmittelbar davor der tiefe, halbmondförmige, in die Schlossplatte selbst eingesenkte, vordere Muskeleindruck, der Ansatz des hinteren Schliessmuskels befindet sich auf einer unter der Schlossplatte beginnenden längs dem Hinterrande herablaufenden Leiste. Devon. Bei den triadischen Formen *(Neomegalodon Gümb.)* (Fig. 316) ist der Hauptschlosszahn beider Klappen häufig durch eine Längsgrube getheilt, der vordere Zahn

Fig. 316.

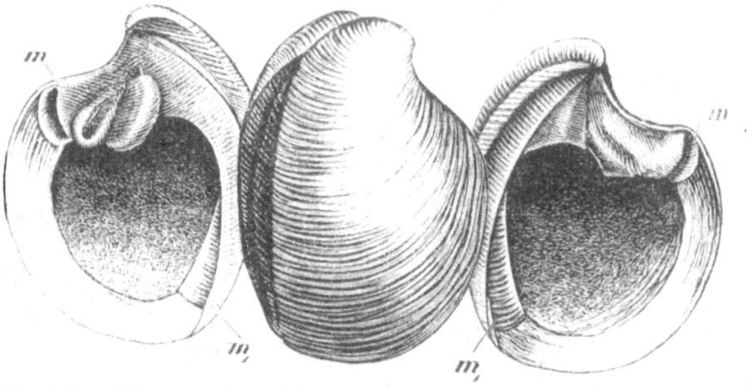

Megalodon (Neomegalodon) Gümbeli Stopp. Rhätische Stufe, Elbigen-Alp.

der rechten Klappe liegt zuweilen über jenem der linken Klappe; doch herrscht in der Gestaltung der Zähne bei diesen dickschaligen Muscheln grosse Variabilität; ebenso in den äusseren Umrissen. Manche Formen, wie *Meg. gryphoides Gümb.* gleichen in denselben noch einigermassen dem *Meg. cucullatus,* andere wie *Meg. triqueter Wulf. sp.* und *Meg. Gümbeli Stopp.* sind weniger hoch und *Meg. complanatus Gümb.* zeichnet sich durch flachere Form aus, während *Meg.*

pumilus Gümb. aus dem unteren Lias ein sehr bauchiges Gehäuse und breite, von doppeltem Kiel umgebene Area besitzt. *Neomegalodon* erscheint ungemein häufig (zumeist aber nur in Durchschnitten und Steinkernen sichtbar) in den Kalken und Dolomiten der alpinen Trias.

Pachymegalodon Gümb. mit concentrisch blättriger Schale, in der inneren Einrichtung der Hauptsache nach mit *Megalodon* übereinstimmend. Trias.

Dicerocardium Stopp. unterscheidet sich von *Megalodon* durch die sehr stark vorspringenden, nach auswärts gedrehten Wirbel. Die vertiefte Linie des äusserlichen Ligamentes lässt sich bis auf die gedrehte Wirbelspitze verfolgen. Oberste Trias (rhätische Stufe).

Pachyrisma Morris u. Lycett. Dickschalig, von herzförmigem Umriss, in der Einrichtung des Schlosses und der Muskeleindrücke sehr ähnlich den triadischen *Megalodonten* (von welchen *Pachyrisma* wahrscheinlich abstammt), doch mit einem hinteren Seitenzahn ausgestattet und in Folge dessen viele Aehnlichkeit mit dem Schlossbau von *Cardium* zeigend.[1] Juraformation.

e. *Chamidae.*

Ungleichklappig, meist mit dem Wirbel einer Klappe angeheftet, Band äusserlich, in einer tiefen Furche gelegen, welche sich bis zu den Wirbelspitzen verfolgen lässt. Schloss oft sehr kräftig, zuweilen reducirt, meist mit zwei Schlosszähnen in der einen, einem Zahn in der anderen Klappe.

Diceras Lamk. (Fig. 317). Mehr oder minder ungleichklappig, mit dem Wirbel der grösseren, bald rechten, bald linken Klappe angeheftet, Wirbel mehr oder minder vorragend und spiral gedreht, Bandlinie bis zu ihren Spitzen laufend. Rechte Klappe zweizähnig, mit einem sehr starken hinteren und einem schwächeren Vorderzahn, linke Klappe mit einem Hauptzahn, welcher in die grosse Grube zwischen den beiden Zähnen der rechten Klappe eingreift. Vorderer Muskeleindruck unmittelbar vor dem vorderen Zahn, hinterer meist auf einer mehr minder vorragenden Leiste. *Diceras* stammt höchst wahrscheinlich von den triadischen *Megalodonten* ab und ist für den oberen Jura charakteristisch, *D. arietinum Lamk.*, *D. Bavaricum Zitt.* und andere sind mit der rechten, *D. sinistrum Desh.*, *D. Lucii Favre*, *D. Münsteri Goldf.* und andere mit der linken Klappe angeheftet.

Fig. 317.

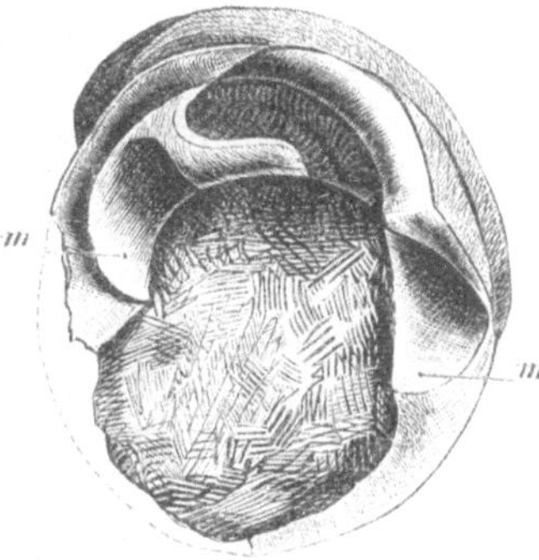

Diceras speciosum var. aequivalvis Mstr. sp. Oberer Jura. Kehlheim. *m* vorderer, *m'* hinterer Muskeleindruck.

Requienia Math. mit dem stark verlängerten Wirbel der linken Schale angeheftet, rechte Schale klein, oft flach deckelförmig, Schlosszähne beider Klappen rückgebildet. Kreide.

[1] G. Boehm: Ueber die Bezeichnungen von Pachyrisma, Megalodon, Diceras und Caprina. Zeitschr. d. Deutschen geologischen Gesellschaft, 1882 (34. Bd.), pag. 602.

Chama Linn. (Fig. 318). Ungleichklappig, meist mit dem Wirbel der grösseren, linken Klappe angeheftet, mit concentrisch blättriger, zuweilen auch durch Stacheln gezierter Oberfläche, in beiden Schalen ein Hauptzahn, zu welchem in der Unterschale bisweilen noch eine hintere Zahnleiste tritt. Die grossen Muskeleindrücke liegen unmittelbar auf der Schale. Recent und fossil von der Kreide an, am häufigsten im Tertiär.

Fig. 318.

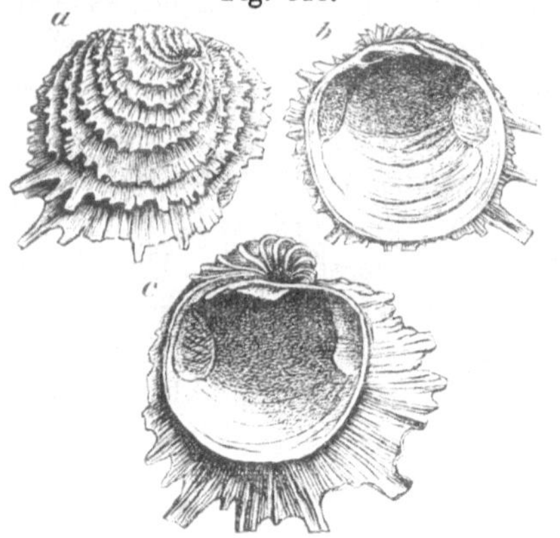

Chama distans Desh. Sables inférieures, Cuise-la-motte. *a.* rechte Klappe von aussen, *b.* von innen, *c.* linke Klappe von innen.

Die recente Untergattung *Arcinella Schum.* enthält zwei mit der rechten Schale angeheftete Arten.

Monopleura Math. Sehr ungleichklappig, die rechte Schale grösser, gerade kegelförmig oder spiral gekrümmt und angeheftet, die linke stellt einen niedrig kegelförmigen oder flachen Deckel dar. Bandlinie auf jeder Klappe bis zum Wirbel verlaufend, ihr gegenüber, meist auf beiden Schalen zwei radiale Falten. Rechte Klappe mit einem, linke mit zwei starken Zähnen. Untere Kreide.

Caprotina d'Orb. Ungleichklappig, rechte conische und spiral gedrehte Klappe angeheftet, linke als Deckel entwickelt, ohne Bandfurchen. Ligament

Fig. 319.

Querschnitt der Deckelkappe vergr.

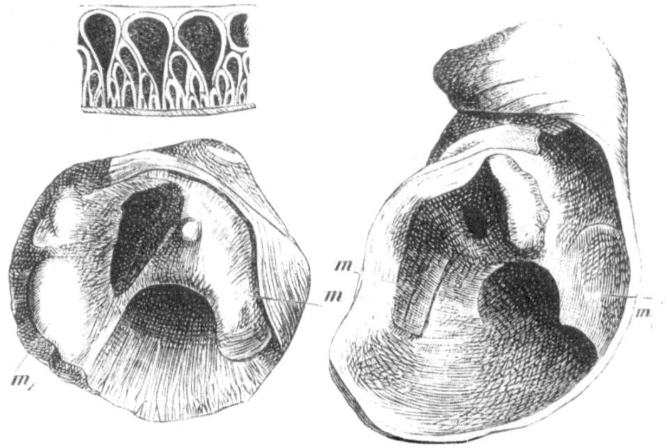

Plagioptychus Aguilloni d'Orb. Rudistenkalk von Le Beausset (n. Zittel), Deckel (linke Klappe), Unterschale (rechte Klappe), *m* vorderer, *m,* hinterer Muskeleindruck.

innerlich? Schloss ähnlich wie bei *Monopleura.* Gleichwie bei dieser Gattung besteht die Schale aus zwei Schichten, von welchen die äussere, leicht zerstörbare, prismatisch-faserige Structur besitzt. *Caprotina* tritt in der unteren, mittleren und oberen Kreide, aber nie sehr häufig, auf.

Caprina d'Orb. Sehr ungleichklappig, mit der Spitze der kleineren, conischen, rechten Klappe angeheftet, linke Klappe frei, spiral gerollt, rechte Klappe mit grossem Schlosszahn, linke mit vorderem Hauptzahn und hinterem Nebenzahn, Schale aus einer dünnen, äusseren, prismatisch-faserigen und einer dicken porzellanartigen Innenschicht, zwischen welchen oft Zwischenräume bleiben; in der Deckelklappe entwickeln sich in der Innenschicht grobe Radialcanäle (welche bei *Requienia* und *Monopleura* nur durch eine feine, radiale Streifung auf der Oberfläche der Innenschicht angedeutet sind.

Plagioptychus Math. (Fig. 319). Sehr dickschalig und ungleichklappig, die rechte angeheftete Klappe ist grösser, entweder gestreckt kegelförmig oder eingerollt, mit bis zum Wirbel verlaufender Bandfurche. Linke Klappe kleiner, gewölbt, mit complicirtem System von Radialcanälen in der inneren Schalenschicht. Prismatische Aussenseite beider Klappen dünn. Innere Einrichtung jener von *Caprina* ähnlich. Mittlere und obere Kreide.

Ichthyosarcolithes Desm. Rechte angeheftete Klappe kleiner, beide mit bis zur Wirbelspitze verlaufender Ligamentlinie. Schale aus zwei Schichten, einer dünnen, äusseren, prismatischen und einer dickeren, inneren Schicht, welche in beiden Klappen Hohlräume und Radialcanäle aufweist, innere Einrichtung ähnlich wie *Caprina*. Mittlere Kreide.

f. *Rudistae.*

Gehäuse sehr ungleichklappig, unsymmetrisch, dickschalig, mit der Spitze der kegelförmigen rechten Schale aufgewachsen, linke Klappe niedrig, oft deckelförmig, durch starke Zähne und Fortsätze in die Unterklappe ein-

Fig. 320.

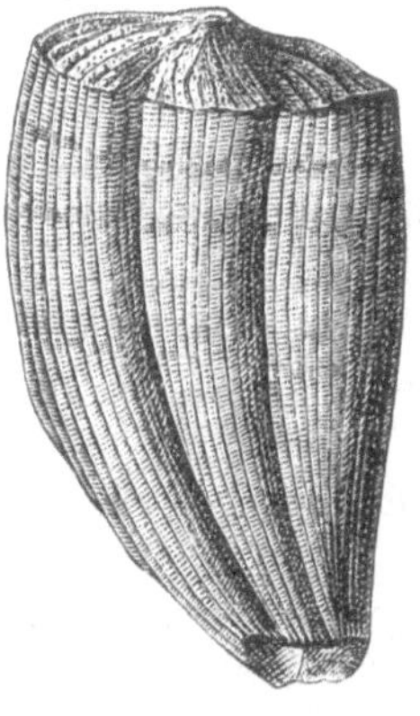

Hippurites cornu-vaccinum Bronn. Gosau-Formation. Neue Welt bei Wiener-Neustadt.

Fig. 321.

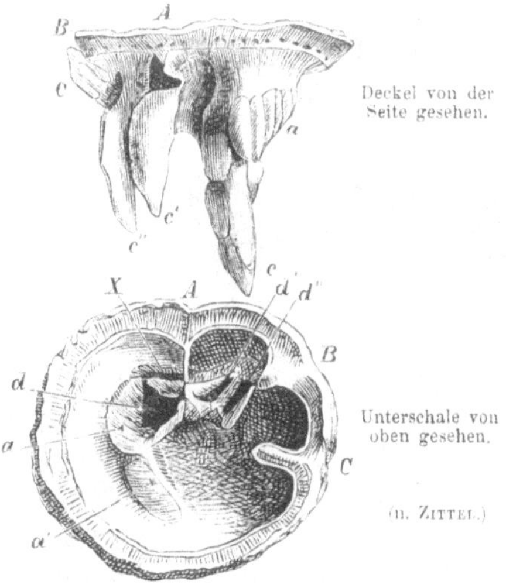

Hippurites radiosus Desmoul. Obere Kreide von Royan, Charente. Ober-Schale: *A, B, C,* Ausrandungen, der Schlossfalte und den Säulchen der Unterklappe entsprechend, *c, c', c''* Zähne, *a* Muskelansatz. Unterschale: *A* Schlossfalte, *B, C* Säulchen, *d, d', d''* Gruben für die Zähne *c, c', c''* der Oberklappe. *X* leerer Raum (Ligamentgrube nach Woodward), *a, a'* Muskelansätze.

greifend und nur vertical beweglich, mit Apophysen für die Muskelansätze. Ligament fehlt.

Hippurites Lamk. (Fig. 320, 321). Unterschale kegelförmig, mehr minder verlängert, auf einer Seite mit drei von der Spitze bis zum Oberrand verlaufenden Furchen, Oberschale deckelförmig, flach, wenig gewölbt oder concav, mit feinen Poren bedeckt. Innerer Raum für das Thier klein. Im Inneren der Unterschale drei tiefe, den äusseren Furchen entsprechende Falten, von welchen die vorderste, dünnere als Schlossfalte bezeichnet wird. Sie ist bald länger, bald kürzer als die beiden hinteren Falten oder „Säulchen"; zwischen dem vorderen Säulchen und der Schlossfalte liegen zwei Gruben, welche die zwei kleineren Zähne der Oberschale aufnehmen, während der dritte oder Hauptzahn in einer vor der Schlossfalte gelegenen Grube Platz findet. Von dieser Grube ist eine weitere Vertiefung durch ein von der Schlossfalte ausgehendes Septum getrennt, welche zur Aufnahme von Weichtheilen oder (nach der Meinung Woodward's) zur Anheftung eines innerlichen Ligamentes diente. An der Vorderwand der Wohnkammer liegen endlich zwei Muskeleindrücke. Die kleine Klappe weist einen sehr kräftigen Hauptzahn auf, an welchem zwei Erhöhungen als Ansätze für die Muskel wahrzunehmen sind, ferner zwei kleinere Zähne, welcher auf einer gemeinsamen, hufeisenförmigen Basis liegen.

Die früher sehr verschiedenen Gruppen des Thierreiches zugeschriebenen *Hippuriten* treten in verschiedenen Zonen der mittleren und oberen Kreide der mediterranen Provinz oft massenhaft, geradezu riffbildend auf *(Hipp. organisans)*. Manche Arten (so *Hipp. cornu-vaccinum)* erreichen sehr bedeutende Grösse (bis 1 m.).

Fig. 322.

a. Radiolites Sturi Hau., obere Kreide, Isonzothal. *b.* Deckel von *R. Bournoni Desm.* Obere Kreide, St. Mamez Dordogne. *z* vorderer, *z'* hinterer Zahn, *m* vorderer, *m'* hinterer Muskeleindruck.

Radiolites Lamk. (Fig. 322). Unterschale dick, kegelförmig, radial gerippt oder concentrisch schuppig, Deckelschale flach, mit centralem oder seitlichen Wirbel. An der Deckelschale zwei lange, schmale, längsgeriefte, von einer gemeinsamen, hufeisenförmigen Basis ausgehende Zähne und zwei starke, breite Muskelapophysen. Wohnkammer ziemlich gross. Aeussere Schalenschicht der Unterklappe sehr dick, aus einzelnen hohlen, verticalen, durch Querböden abgetheilten Prismen bestehend, innere Schalenschicht blättrig, porzellanartig, leicht zerstörbar. Oberschale von ähnlicher Structur, äussere Schicht aber schwächer. Mittlere und obere Kreide.

Sphaerulites Desm. Gestalt und Structur der Schale sowie Schlossbau sehr ähnlich wie bei *Radiolites*, doch springt in der Oberklappe zwischen den beiden Zähnen eine schmale Falte (Schlossfalte) vor und die Zähne sowohl als die Muskelapophysen sind nicht symmetrisch; in der Unterschale sind die Alveolen für die Zähne der Oberklappe nicht in die Schalenwand eingesenkt, wie bei *Radiolites*, sondern abgerückt und der dadurch entstehende Raum wird durch die Schlossfalte in zwei Gruben getheilt. *Spaerulites* erscheint schon in der unteren Kreide und reicht bis in die obersten Bildungen der Kreideformation (Danien).

g. *Tridacnidae.*

Gleichklappig, grob gerippt, mit äusserlichem Band, gezähntem, an der Vorderseite klaffenden Rand, subcentralen Muskeleindrücken.

Tridacna Brug. Recent (Riesenmuschel) und tertiär.

Hippopus Lamk. recent.

h. *Verticordidae.*

Mehr minder gleichklappig, klein, bauchig, geschlossen, mit eingekrümmten Wirbel, Schloss mit schwachen Zähnen, Band innerlich oder halbinnerlich.

Verticordia Wood, recent und tertiär, desgleichen die Untergattungen *Allopagus Stol.* und *Trigonulina d'Orb.*, ferner gehört hierher die Gattung: *Pecchiolia Meneghini.* Miocän.

i. *Galeommidae.*

Gehäuse klein, dünnschalig, mehr oder minder klaffend, mit dünnem Schlossrand und sehr schwachen, zuweilen verkümmerten Zähnchen und innerlichem Band.

Galeomma Turton (recent und pliocän), *Scintilla Desh.* (recent und fossil vom Eocän an). *Passya Desh.* (auf eine einzige Art des Pariser Eocän gegründet) und einige recente Gattungen gehören hierher.

j. *Erycinidae.*

Gehäuse klein, dreieckig oder oval, dünn, gleichklappig, geschlossen, meist ungleichseitig. Oberfläche glatt oder fein gestreift, Schloss mit divergirenden Hauptzähnen, Seitenzähne vorhanden oder fehlend. Band innerlich.

Erycina Lamk. Gehäuse quer oval, ungleichseitig, glatt oder glänzend, mit schmalem, in der Mitte durch die dreieckige Bandgrube ausgeschnittenen Schloss, welches divergirende Schlosszähne und zwei leistenförmige Seitenzähne trägt. Muskeleindrücke klein, eiförmig. Recent und fossil von der oberen Kreide an.

Zu den *Eryciniden* gehören die sowohl recent als tertiär auftretenden Gattungen: *Hindsiella Stoll.*, *Lasaea Leach*, *Lepton Turton*, *Montacuta Turton*, *Pristiphora Carp.*, *Tellimya Brown*, sowie die auf die Oligocän- und Miocänschichten beschränkte Gattung *Spaniodon Rss.*

k. *Lucinidae.*

Gehäuse geschlossen, rundlich oder quer oval, mit sehr veränderlichem Schloss, welches bald wohlentwickelte Schloss- und Seitenzähne aufweist, bald gänzlich der Zähne entbehrt. Ligament äusserlich, Muskeleindrücke gross, der vordere meist lang, bandförmig. Mantellinie einfach.

Lucina Brug. (Fig. 323). Kreisförmig, flach oder gewölbt, zuweilen mit einer starken Furche auf der Hinterseite, Lunula fast stets vorhanden, das äusserliche Band meist tief eingesenkt. Schloss zumeist mit zwei Schlosszähnen und zwei Seitenzähnen in jeder Klappe, oft sind die letzteren, zuweilen auch die ersteren verkümmert. Vorderer Muskeleindruck lang und schmal, hinterer oval. Recent und fossil von der Silurperiode an. Die für die recenten Formen aufgestellten Subgenera (*Cyclas Klein non Brug.*, *Myrtea Turton*, *Codakia Scopoli*, *Loripes Poli*, *Miltha H. a. A. Adams*) lassen sich auch zur Unterscheidung der zahlreichen, tertiären Arten verwenden. Für die palaeozoischen Formen hat J. HALL die Gattungen *Paracyclas* (Fig. 323) aufgestellt. (Devon, durch BARRANDE auch im böhmischen Ober-Silur nachgewiesen).

Fig. 323.

Lucina proavia Goldf. Eiflerkalk (Mitteldevon).

Diplodonta Bronn. Kreisrund, mehr minder gewölbt, je zwei Schlosszähne in jeder Klappe, von welchen der vordere in der linken, der hintere in der rechten getheilt ist. Muskeleindrücke gross, verlängert, fast gleich, Recent und fossil von der Kreide an, häufig tertiär.

Axinus Sow. (= Cryptodon Turton). Dünnschalig, gewölbt, mit starker Furche auf der Hinterseite, zahnlos oder mit einem schwachen Zahn in der rechten Klappe. Recent und tertiär.

Sportella Desh. Klein, dünnschalig, quer vierseitig, mit schwachem Schloss, ohne Seitenzähne. Eocän.

Fimbria Megerle (= Corbis Cuv.). Dickschalig, quer oval, Wirbel fast mittelständig, mit starker Sculptur, gegittert oder concentrisch gefurcht und gestreift. Je zwei kurze Schlosszähne und ein vorderer und hinterer Seitenzahn. Muskeleindrücke gross, oval. Recent und fossil von der Trias an.

Mit *Fimbria* nahe verwandt sind: *Sphaera Sow.*, stark aufgeblasen mit zwei bis drei kurzen, hinteren Seitenzähnen (Kreide), *Sphaeriola Stol.*, ohne Seitenzähne (Trias bis Kreide, hierher die für die Raiblerschichten charakteristische *Corbis Mellingi Hau.* (Fig. 324), *Mutiella Stol.* und *Fimbriella Stol.* aus der Kreide.

Fig. 324.

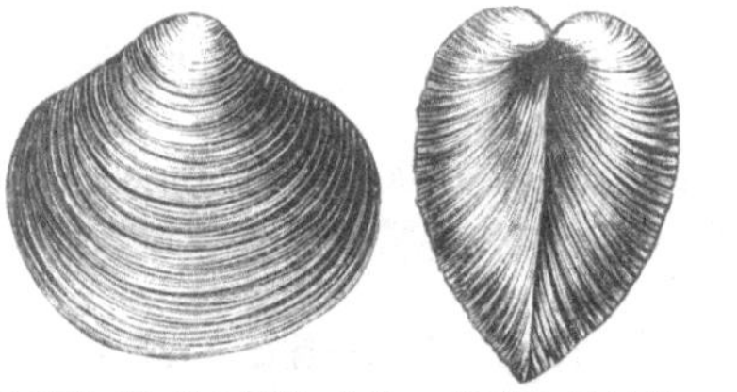

Sphaeriola (Corbis) Mellingi Hau. Raibler Schichten.

Gonodon Schafh. mit zwei kräftigen, divergirenden Schlosszähnen in der rechten, einem in der linken Klappe. Lias.

Unicardium d'Orb., rundlich, stark gewölbt, mit je einem schwachen, oft ganz obliterirten Zahn in jeder Klappe. Trias und Jura.

Tancredia Lycett. Quer verlängert, dreiseitig, hinten etwas klaffend, in jeder Klappe ein kräftiger Schlosszahn, oft auch Seitenzähne vorhanden. Trias bis Kreide, am häufigsten im Lias und Jura.

Die Gattungen *Scacchia Philippi* und *Ungulina Daudin* treten sowohl recent als fossil (Tertiär) auf.

1. *Cardidae.*

Gleichklappig, mehr minder herzförmig, meist radial gerippt, mit gekerbten Rändern, Muskeleindrücke ziemlich gleich, oval. In jeder Klappe zwei kräftige Schlosszähne und ein vorderer und hinterer Seitenzahn, Zähne bei brackischen Formen verkümmernd, Mantellinie ganz, zuweilen mit kurzer Bucht.

Cardium Linn. (Fig. 325 a b c). Schale herzförmig, mitunter schief oder langoval, radial gerippt oder gestreift, oft mit Stacheln oder Schuppen auf den Rippen. Schloss mit je zwei Haupt- und zwei Seitenzähnen in jeder Klappe. Recent und fossil sehr häufig. Die zahlreichen, für die recenten Formen aufgestellten Unterabtheilungen lassen sich nur theilweise auf die tertiären, nicht aber auf die mesozoischen und älteren Formen anwenden, haben daher palaeontologisch geringen Werth.

Fig. 325.

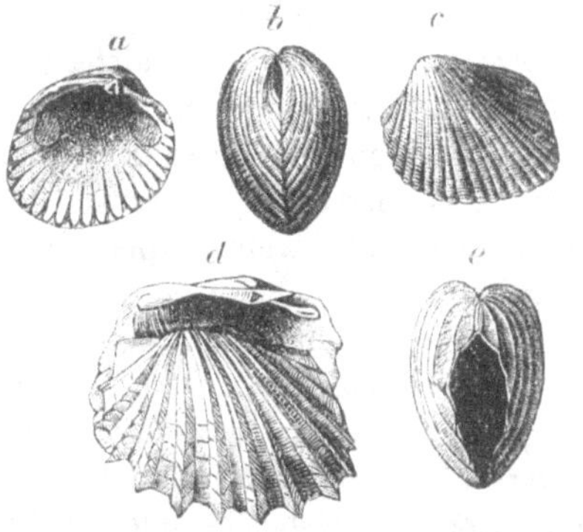

a b c Cardium obsoletum Eichw. Sarmatische Stufe, Wiesen, Wiener Becken, *d e C. Hungaricum M. Hoern.* Congerien-Schichten Arpád bei Fünfkirchen.

Wegen der grossen Variabilität der äusseren Sculptur und des Schlossbaues ist es schwer die grosse Zahl recenter und fossiler *Cardien* in natürliche Unterabtheilungen zu bringen, am deutlichsten wird dies bei den überaus mannigfaltigen Brackwasser-*Cardien*, welche wir unter Stoliczka's *Lymnocardium* zusammenfassen wollen, da die Eichwald'sche Eintheilung dieser, von *Cardium obsoletum* und *Cardium plicatum* der sarmatischen Stufe abstammenden, in der pontischen Schicht Ost-Europa's grosse Mannigfaltigkeit erreichenden, noch heute in einigen Arten im schwarzen und Caspischen Meere lebenden Formengruppe eine künstliche ist.

Lymnocardium Stol. (Fig. 325, *d*, *e*). Quer verlängert, ungleichseitig, radial gerippt oder glatt, oft äusserst dünnschalig, Hinterseite zuweilen klaffend, Schlosszähne vorhanden oder fehlend, desgleichen die Seitenzähne. Mantellinie bisweilen mit Sinus (*Adacna Eichw.* zahnlos, *Monodacna Eichw.* mit einem, *Didacna Eichw.* mit zwei Schlosszähnen). Recent und fossil in den jüngeren Tertiärbildungen Ost-Europas.

Protocardia Beyr. Herzförmig, ähnlich wie *Cardium*, doch mit geraden Radial-Rippen auf der Hinterseite, während die Vorderseite concentrisch gestreift ist. Jura und Kreide.

Hemicardium Cuv. Herzförmig, in der Vorder- und Hinteransicht, mit sehr scharfem, vom Wirbel nach unten und hinten verlaufenden Kiel. Vorderseite steil abfallend, radial gerippt. Silur bis recent.

Conocardium Bronn. Quer verlängert, dreieckig, mit langem Schlossrand, kurzer, steil abfallender, unter dem Wirbel schnabelförmig ausgezogener Vorderseite und stark verlängerter, allmählich nach hinten verschmälerter Hinterseite. Schlosszähne wohl entwickelt, hinterer Seitenzahn lang, leistenförmig. Silur, Devon, Carbon.

m. *Praecardidae.*

Wir vereinigen in dieser provisorischen Gruppe jene palaeozoischen Formen, welche im äusseren Habitus mit den jüngeren *Cardidae* die grösste Aehnlichkeit zeigen und genetisch wahrscheinlich mit ihnen zusammenhängen, ohne dass sich die vollständige Uebereinstimmung im Schlossbau und in der inneren Einrichtung erweisen liesse.

Gehäuse gleichklappig oder ungleichklappig, herzförmig oder oval, gewölbt oder flach, mit radialer Berippung und gekrümmtem Schlossrand, meist sehr dünnschalig. Schlosseinrichtung, Muskelansätze und Manteleindruck bei den meisten Formen unbekannt.

Praecardium Barr. Gleichklappig, wenig ungleichseitig, mässig gewölbt, kräftig radial gerippt, mit zwei Schlosszähnen unter dem Wirbel. Ein Drittel der zahlreichen, von Barrande aus dem böhmischen Ober-Silur angeführten Arten zeigt eine Area unter den Wirbeln mit Querleisten (oder Zähnchen), eine Einrichtung, welche diese Formen eher den *Arcadae* als den *Cardidae* ähnlich erscheinen lassen. Vielleicht stellt *Praecardium* geradezu ein Bindeglied zwischen den beiden Gruppen dar.

Paracardium Barr. Aehnlich wie die vorhergehende Gattung, doch fein gerippt, mit feinen Zuwachsstreifen. Neben äusserlich ganz den recenten *Cardien* gleichenden Formen umfasst auch diese Gattung einige Arten mit einer kleinen, leistenförmige Erhöhungen tragenden Area. Zahlreiche (45) Arten im böhmischen Ober-Silur.

Die Gattungen *Sestra, Gibbopleura* und *Zdimir Barr.* des bömischen Ober-silur, sämmtlich mit mehr oder minder gewölbter Schale mit radialen Streifen und Rippen, ohne Area, mit unbekannter innerer Einrichtung, scheinen (wenn sie überhaupt sämmtlich zu den *Acephalen* gehören) bei den *Praecardidae* noch am ehesten Stellung finden zu können; weniger sicher ist dies bei den Gattungen *Antipleura, Dualina* und *Silurina.*

Antipleura Barr. Ungleichklappig, von rundlichem Umriss, eine Schale nach vorn, die andere nach hinten abgeflacht, Oberfläche radial gestreift. Ober-Silur. *Antipleura bohemica Barr.* überaus häufig in E_2.

Dualina Barr. Sehr ungleichklappig, eine Klappe stärker gewölbt als die andere und mehr oder minder nach einer Seite, bald nach der linken, bald nach der rechten abgeflacht. Ober-Silur, zahlreiche Arten in der Etage E_2.

n. *Cyrenidae.*

Bewohner des süssen oder brackischen Wassers, mit herzförmiger oder ovaler, concentrisch gestreifter, mit grüner oder brauner Epidermis bedeckter Schale. Zwei bis drei Schlosszähne in jeder Klappe, sowie vordere und hintere Seitenzähne. Band äusserlich, Mantellinie einfach oder mit schwachem Sinus.

Cyrena Lamk. (Fig. 326). Mit dicker, rundlicher herzförmiger oder ovaler, concentrisch gestreifter Schale, deren Wirbel oft angefressen sind. Jede Klappe mit drei Schlosszähnen und einem vorderen und hinteren Seitenzahn. Mantellinie einfach oder mit schwacher Bucht.

Die für die recenten Formen aufgestellten Untergattungen *(Batissa Gray, Corbicula Megerle, Velorita Gray)* lassen sich auf die fossilen, vom Lias an auftretenden, im Tertiär recht häufigen *Cyrenen* kaum mit Vortheil anwenden. Sandberger vereinigt dieselben deshalb unter *Cyrena*, unterscheidet jedoch unter den Namen *Miodon*, *Ditypodon*, *Loxoptychodon*, *Donacopsis* neue Gruppen.

Fig. 326.

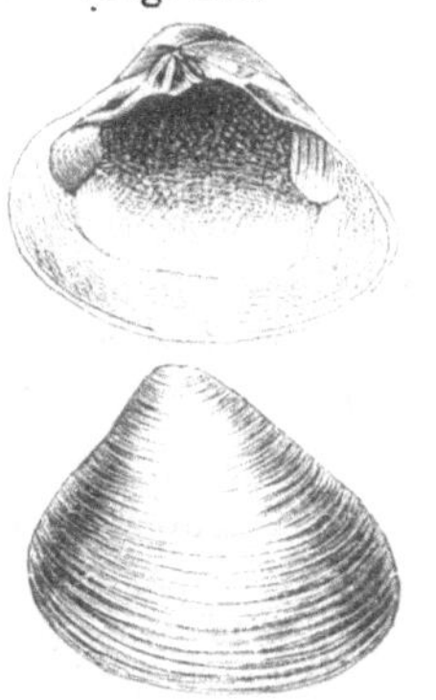

Cyrena semistriata Desh. Oligocän (Cyrenen-Mergel) Alzey.

Sphaerium Scopoli (= Cyclas Brug.). Dünnschalig, klein, kreisrund oder oval, gewölbt, mit je zwei kleinen (zuweilen obliterirten) Schlosszähnen und langen Seitenzähnen. Mantellinie einfach. Recent und tertiär.

Pisidium Pfeiffer, von *Sphaerium* durch verlängerte Hinterseite verschieden. Recent und tertiär.

o. *Cyprinidae.*

Gehäuse gewölbt, oval oder verlängert, Schloss mit zwei bis drei Schlosszähnen und einem hinteren Seitenzahn. Ligament äusserlich. Manteleindruck einfach, selten mit schwachem Sinus für die kurzen Siphonen des Thieres.

Cyprina Lamk. Gross, rundlich oder quer-oval, stark gewölbt, ungleichseitig, fast glatt, fein concentrisch gestreift, mit mässig gekrümmten Wirbeln, mit drei Schlosszähnen und einem entfernteren, hinteren Seitenzahn in jeder Klappe. Muskeleindruck oval, Manteleindruck einfach, oder hinten schräg abgeschnitten. Zahlreiche fossile Arten der Jura-, Kreide- und Tertiärformation und eine recente Art *(Cyprina islandica Linn.).*

Nahe mit *Cyprina* verwandt sind *Venilicardia Stol.* (Jura, Kreide) und *Venilia Morton* (Jura bis Tertiär), welche sich nur durch untergeordnete Details im Schlossbau unterscheiden.

Anisocardia Mun. Chalm. (= Cardiodonta Stol.). Stark gewölbt, radial gestreift oder glatt, mit stark gekrümmten Wirbeln, zwei Schlosszähnen und einem hinteren Seitenzahn in jeder Klappe. Muskeleindrücke halbmondförmig. Lias, Jura und untere Kreide.

Isocardia Lamk. Herzförmig, sehr bauchig, mit starken, eingerollten Wirbeln, zwei flachen Schlosszähnen und einem hinteren Seitenzahn in jeder Klappe. Mantellinie einfach. Recent und fossil von der Silurperiode an.

Cypricardia Lamk. Quer verlängert, concentrisch oder radial gestreift, mit mässig vorragenden Wirbeln, gekielter Hinterseite. Zwei divergirende Schlosszähne und ein starker hinterer Seitenzahn in jeder Klappe. Mantellinie einfach oder mit schwachem Sinus. Recent und fossil von der Trias an. Die als *Cypricardia* angeführten, palaeozoischen Formen gehören theils zur Gattung *Cypricardinia Hall* (Silur, Devon, Carbon), theils zu Gattungen anderer Familien.

Zu den *Cyprinidae* dürften übrigens noch *Cypricardella Hall* (Carbon) und *Goniophora Philipps* (Silur, Devon) gehören.

Endlich sind noch die recenten Gattungen *Modiolarca Gray* und *Coralliophaga Blv.* zu nennen, welche schon im Eocän erscheinen.

B$_2$. Sinupalliata.

Mantellinie mit mehr oder weniger tiefem Sinus, den ganz oder theilweise zurückziehbaren Siphonen entsprechend.

a. *Petricolidae.*

Bohren in Stein oder Sand oder sind an Felsen mit ihrem Byssus angeheftet. Schalen länglich, vorn und hinten mehr oder minder klaffend, zwei bis drei Schlosszähne in jeder Klappe. Seitenzähne fehlen. Ligament äusserlich, Mantelbucht tief.

Hierher die recenten Gattungen *Petricola Lamk.* und *Venerupis Lamk.*, von welchen die erste schon in der Kreide erscheint, die zweite angeblich schon im Jura vorkommt, aber erst im Eocän sicher nachgewiesen ist.

b. *Veneridae.*

Ovale oder verlängerte Gehäuse mit zwei oder drei Schlosszähnen, neben welchen bisweilen ein vorderer Zahn unter der Lunula, selten ein hinterer Seitenzahn auftritt. Band äusserlich, Mantelbucht verschieden entwickelt, tief zungenförmig, kurz dreieckig oder sehr schwach, auch ganz fehlend.

Venus Linn. Oval, dick, glatt oder mannigfach verziert, zumeist mit einer Lunula versehen, Schloss breit, mit drei starken, divergirenden Schlosszähnen in jeder Klappe. Sinus der Mantellinie kurz dreieckig. Recent und fossil vom Jura an.

Die zahlreichen, für die recenten Formen aufgestellten Untergattungen, wie *Chione Megerle*, *Gemma Totten*, *Mercenaria Schum.* etc. lassen sich nur auf die jüngeren, fossilen Vorkommnisse mit einigem Vortheil anwenden.

Fig. 327.

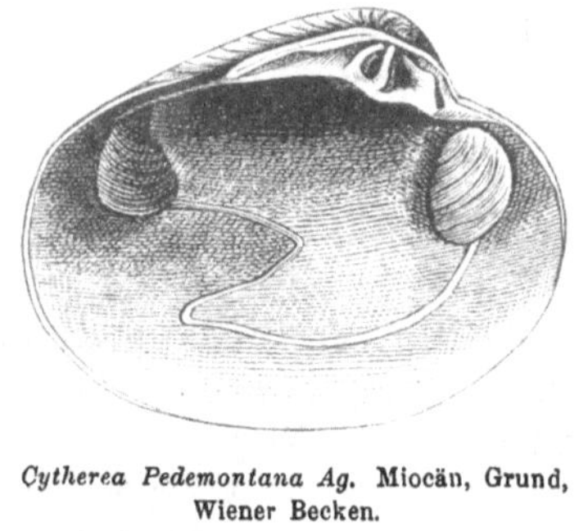

Cytherea Pedemontana Ag. Miocän, Grund, Wiener Becken.

Fig. 328.

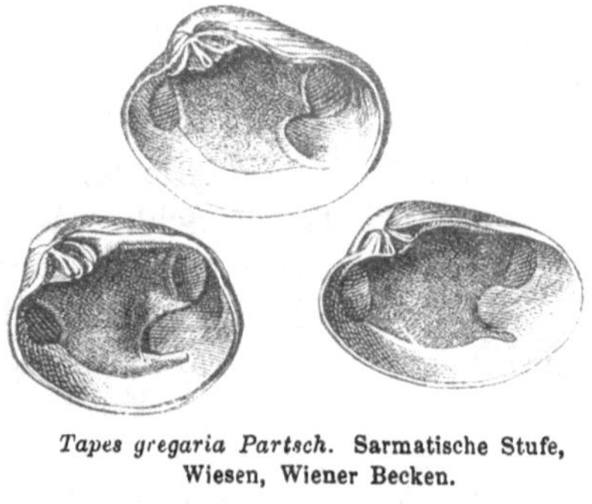

Tapes gregaria Partsch. Sarmatische Stufe, Wiesen, Wiener Becken.

Cytherea Lamk. (Fig. 327). Gestalt und Schlossbau wie bei *Venus*, doch weist die linke Klappe unter der Lunula noch einen vierten, flachen Vorderzahn auf. Recent und fossil vom Jura an. Auch hier haben die zahlreichen, hinsichtlich der recenten Formen unterschiedenen Subgenera (*Callista Poli*, *Dione Gray*, *Tivela Link*, *Circe Schum.* etc.) palaeontologisch wenig Bedeutung.

Dosinia Scopoli. Gehäuse flach, kreisrund, concentrisch gestreift oder gefurcht mit tiefer Lunula, je drei Schlosszähne in jeder Klappe, Mantelbucht tief, aufsteigend, spitz. Recent und fossil von der Kreide an.

Cyprimeria Conr. Aeussere Gestalt wie *Dosinia*, doch ist die Lunula schwach entwickelt, Schloss in der rechten Klappe mit zwei divergirenden, gespaltenen, in der linken mit drei flachen Zähnen, die Mantelbucht sehr seicht, oder fehlend. Häufig in der Kreide.

Tapes Megerle (Fig. 328). Ungleichseitig, quer oval, mit schmaler Schlossplatte, drei häufig gespaltene Schlosszähne in jeder Klappe, Muskeleindrücke oval, Mantellinie mit ziemlich grosser, breiter Bucht. Recent und fossil von der Kreide an. Die abgebildete Form zeigt grosse Variabilität (welche durch den wechselnden Salzgehalt des obermiocänen Binnenmeeres der sarmatischen Stufe verursacht worden sein mag).

Mit *Tapes* nahe verwandt (als Untergattungen aufzufassen) sind *Baroda* und *Icanotia Stol.* (Kreide).

Als weitere Gattungen der *Veneridae* sind (abgesehen von nur recent auftretenden) anzuführen: *Sunetta Link* (recent und tertiär), *Cyclina Desh.* (recent und Kreide), *Grateloupia Desm.* (Miocän), *Pronoë Agas.* (Jura).

c. *Donacidae.*

Gehäuse quer verlängert, dreieckig, ein oder zwei Schlosszähne in jeder Klappe, zuweilen auch Seitenzähne vorhanden, Ligament kurz, äusserlich, Mantelbucht mässig entwickelt, eiförmig.

Ausser den recenten Gattungen *Iphigenia Schum.* und *Donax Linn.*, von welchen die letztere auch fossil von der oberen Kreide an auftritt, gehört zu den *Donaciden* auch die Gattung:

Isodonta Buv. mit gewölbter, fast gleichseitiger Schale, rechte Klappe mit zwei, linke mit einem Schlosszahn und je zwei, in der rechten Klappe stärker entwickelten Seitenzähnen. Muskeleindrücke klein und tief. Juraformation.

d. *Tellinidae.*

Gehäuse quer verlängert, hinten abgestutzt oder verschmälert, mehr minder klaffend, dünn, Wirbel wenig vorragend, Schlossrand schwach, mit

Fig. 329.

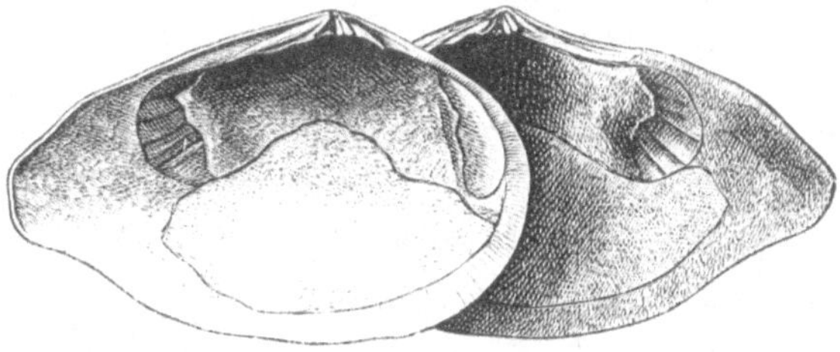

Tellina strigosa Gmel. Miocän, Niederkreuzstätten, Wiener Becken

je ein bis zwei Schlosszähnen, Seitenzähne vorhanden oder fehlend, Mantelbucht sehr gross.

Tellina Linné (Fig. 329). Gehäuse flach, etwas ungleichklappig, von den meist fast mittelständigen Wirbeln verläuft eine Falte zum Hinterrand, Schloss mit zwei kleinen Schlosszähnen und einem vorderen und hinteren Seitenzahn in jeder Klappe, Mantelbucht sehr gross. Recent und fossil von der Kreide an. Die zahlreichen, recenten Untergattungen (*Arcopagia Leach*, *Peronaea Poli*, *Tellinella Gray*, *Angulus* und *Phyllodus Schum.* etc.) lassen sich theilweise unter den tertiären Formen unterscheiden.

Nahe mit *Tellina* verwandt sind: *Linearia Conr.*, quer oval, ohne Falte auf der Hinterseite, mit concentrisch oder radial gestreifter Oberfläche, schmaler, tiefer Mantelbucht (Kreide); *Strigilla Turton*, mit gewölbter Schale, welche durch wellig oder zickzackförmig gebogene Linien verziert ist (Recent und tertiär); *Macoma Leach.* ohne Seitenzähne (tertiär und recent), *Quenstedtia Morris und Lycett* (Jura).

Gari Schum. (= *Psammobia Lamk.* und unter diesem Namen zumeist in der palaeontologischen Literatur). Dünnschalig, quer verlängert, vorn und hinten etwas klaffend, glatt oder radial gestreift. Meist je zwei Schlosszähne, Seitenzähne fehlen. Mantelbucht tief zungenförmig. Recent und fossil von der Kreide an.

Von den zahlreichen recenten Gattungen der *Tellinidae* sind manche, wie *Asaphis Modeer* (= *Capsa Brug.*), *Hiatula Modeer*, *Gastrana Schum.* auch im Tertiär vertreten.

Der recenten Gattung *Sanguinolaria Lamk.* werden häufig fossile Formen zugezählt, von welchen die jüngeren zu *Psammobia*, die palaeozoischen aber zu verschiedenen Gattungen anderer Familien gehören.

e. *Scrobiculariidae.*

Mit dünnem, rundlichen oder dreieckigen, nahezu gleichseitigen Gehäuse, Band innerlich, in einer dreieckigen Grube unter den Wirbeln, ein bis zwei kleine Schlosszähne. Sinus der Mantellinie tief.

Von den sehr zahlreichen, hierhergehörigen recenten Gattungen und Untergattungen treten *Scrobicularia Schum.*, *Semele Schum.* und *Syndosmya Récluz* auch fossil (in der Tertiärformation) auf.

f. *Paphiidae.*

Gehäuse relativ stark, quer verlängert oder dreieckig, geschlossen. Ligament innerlich, ein einziger oder zwei Schlosszähne in jeder Klappe. Seitenzähne vorhanden oder fehlend. Mantelbucht schwach entwickelt.

Die recenten Gattungen *Paphia Lamk.* und *Ervilia Turton* erscheinen schon im Tertiär.

g. *Solenidae.*

Gehäuse stark quer verlängert, oblong, scheidenförmig, gleichklappig, vorn und hinten klaffend. Je ein oder zwei kleine Schlosszähne in jeder Klappe, von welchen der hintere oft getheilt ist. Band äusserlich.

Solen Linn. Schale stark verlängert, oblong, Wirbel fast terminal, nicht vorragend, nur ein Zahn jederseits. Recent und fossil von der Trias an; die palaeozoischen *Solen*-Formen gehören zur Gattung *Solenopsis M'Coy*

(Fig. 330) mit gerundeter Vorderseite und etwas vorragenden Wirbeln. Silur, Devon.

Ensis Schum. Wie *Solen*, doch mit gebogenem Gehäuse. Recent und tertiär. Auch die recenten Gattungen *Cultellus Schum.* und *Ceratisolen Forbes* erscheinen bereits im Tertiär, *Siliqua Megerle* und *Pharella Gray* schon in der Kreide.

Fig. 330.

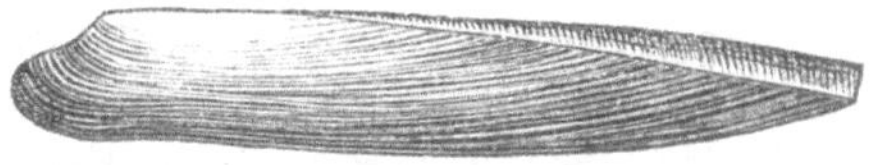

Solen (Solenopsis) pelagicus Goldf. Eifler Kalk. (Mittel-Devon).

Solecurtus Blainv. (= *Psammosolen Risso*). Quer verlängert, mit fast mittelständigen Wirbeln, parallelem Ober- und Unterrand, je zwei Schlosszähne in jeder Klappe, Oberfläche mit schrägen Linien geziert. Recent und fossil von der Kreide an, desgleichen die nahe verwandte Gattung *Tagelus Gray*.

h. *Glycimeridae*.

Schale quer verlängert, klaffend, mit einem Schlosszahn in jeder Klappe, der aber auch zuweilen fehlt. Band stark, äusserlich. Die starke Epidermis bekleidet nicht bloss die Schale, sondern auch die langen verwachsenen Siphonen, durch welche, sowie durch einen sehr kleinen, fast rudimentären Fuss sich das Thier der *Glycimeridae* besonders auszeichnet.

Glycimeris Lamk. (= *Panopaea Ménard*) (Fig. 331). Quer verlängert, vorn und noch stärker hinten klaffend, concentrisch gefurcht oder runzelig, jederseits ein zuweilen obliterirter Zahn, Mantelbucht tief. Recent und fossil von der Kreide an.

Fig. 331.

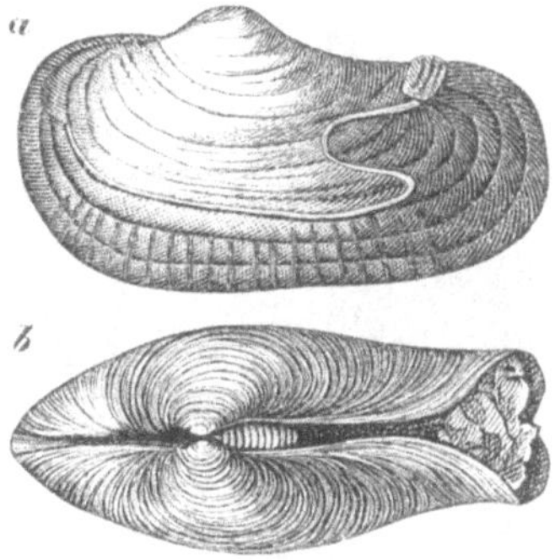

Panopaea Menardi Desh. Miocän, Wiener Becken. *a.* Steinkern, a. d. Leithakalk v. Kalksburg, *b.* beschaltes Exemplar vom Schlossrand aus gesehen; Sand von Pötzleinsdorf.

Die recenten Gattungen *Cyrtodaria Daudin*, *Saxicava Fleurian de Bellevue* und *Panomya Gray* treten gleichfalls recent und fossil (in der Tertiärformation) auf.

i. *Pholadomyidae*.

In der Regel gleichklappig, sehr dünnschalig, mit zahnlosem Schloss und linearem Schlossrand, welcher oft unter den Wirbeln einen Vorsprung bildet. Ligament äusserlich. Mantelbucht tief, zuweilen auch sehr seicht.

Pholadomya Sow. Dünnschalig, gleichklappig, ungleichseitig, gewölbt, mit vorragendem Wirbel, kurzer, gerundeter Vorderseite, hinten (zuweilen auch vorn) ein wenig klaffend, zahnlos oder mit einer schwachen, zahnartigen Vorragung in jeder Klappe, Band äusserlich, Schlossrand hinter den Wirbeln oft eingebogen, ein verlängertes Schildchen (falsche Area) bildend. Sculptur von radialen, oft knotigen Rippen und concentrischen Furchen gebildet. Muskel- und Manteleindrücke schwach, Sinus mässig entwickelt. Recent (eine einzige Art: *Pholadomya candida Sow.*) und fossil vom Lias an. Hauptsächlich im Jura und in der unteren Kreide verbreitet. AGASSIZ trennt die *Pholadomyen* in zwei Gruppen: I. Section: ohne Schildchen; hierher die *Multicostatae*, *Trigoniatae* und *Bucardinae*, II. Section mit Schildchen: *Flabellatae*, *Ovales* und *Cardissoides*.

Nahe verwandt mit *Pholadomya* sind *Goniomya Ag.* mit V-förmigen Rippen (Jura und Kreide) und *Homomya Ag.* mit fast glatter (nur sehr fein gekörnelter) Schale (Trias, Jura, Kreide).

Pleuromya Ag. Stark quer verlängert, ungleichseitig, mit fast terminalem Wirbel, glatt (mit feinen, concentrischen Körnerreihen), in jeder Klappe mit einem dünnen, zahnartigen oder löffelartigen Vorsprung, Muskeleindrücke schwach, Mantelbucht tief. Trias, Jura, Kreide.

Weitere *Phalodomyiden*-Gattungen sind: *Ceromya Ag.*, *Gresslya Ag.*, *Mactromya Ag.* und *Machomya Loriol*, sämmtlich in der Juraformation (und theilweise auch in der Kreide) verbreitet.

j. *Grammysiidae.*

Wir wollen unter diesem Namen jene palaeozoischen Formen mit zahnlosem Schloss zusammenfassen, welche durch ihren Umriss an die *Pholadomyen* und andere *Sinupalliaten* erinnern, ohne dass eine Einbuchtung der Mantellinie bei ihnen thatsächlich nachgewiesen werden konnte.

Fig. 332.

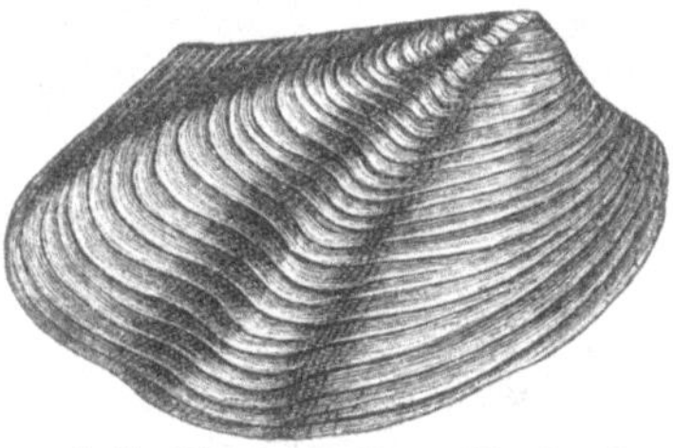

Grammysia Hamiltonensis de Vern., „Hamilton Group". (Unter-Devon), Cazenovia, New-York.

Grammysia Verneuil (Fig. 332). Gleichklappig, quer verlängert, Wirbel am vorderen Ende, darunter eine tiefe Lunula; zahnlos. Vorderer Muskeleindruck klein, hinterer gross; Mantellinie ohne eigentlichem Sinus, am hinteren Rande steil gegen den hinteren Muskeleindruck ansteigend. Silur, Devon.

Sanguinolites M'Coy. Mit geradem Schlossrand, parallelem Unterrand, quer verlängert, mit diagonalem Kiel von dem fast terminalen Wirbel zur Hinterseite. Vorderer Muskeleindruck gross, hinterer klein, kein Mantelsinus. Kohlenkalk.

Orthonota Conr. Gehäuse länglich, mit geradem, zahnlosen Schlossrand und innerer Bandleiste. Unter den weit nach vorne gerichteten Wirbeln liegt eine tiefe Lunula. Silur.

Weitere hier zu nennende Gattungen sind: *Allorisma King* (Devon, Carbon, Dyas), *Cardiomorpha de Kon.* (Silur, Devon, Carbon), *Edmondia de Kon.* (Silur bis Dyas), *Cuneomya Hall* (Silur), *Leptodomus M'Coy* (Silur), auch die BARRANDE'schen Gattungen *Vevoda* und *Vlasta* aus dem böhmischen Silur dürften hierher gehören.

k. *Anatinidae.*

Dünnschalig, etwas ungleichklappig, mit ein bis zwei Schlosszähnen oder löffelförmigen Vorsprüngen, Seitenzähne fehlen. Band innerlich, meist ein Ligamentknöchelchen umschliessend.

Anatina Lamk. Gehäuse dünn, durchscheinend, quer verlängert, hinten klaffend, Wirbel mit feinem Spalt, Schloss in jeder Klappe mit einem löffelartigen Fortsatz zur Aufnahme des Bandes. Vorderer Muskeleindruck gross, hinterer klein, Sinus tief. Recent und fossil von der Kreide an.

Die nahe verwandten Gattungen *Anatimya Conr.* und *Plicomya Stol.* treten in der Kreide, *Cercomya Ag.* auch im Jura auf. Zweifelhaft sind die Beziehungen der devonischen *Palaeanatina Hall.*

Von den zahlreichen, recenten *Anatiniden*-Gattungen tritt *Thracia Leach* auch fossil von der Trias an, *Lyonsia Turton*, *Poromya Forbes*, *Periploma Schum.* und *Pandora Brug.* im Tertiär auf. In der Kreide finden sich auch *Liopistha Meek* und *Cymella Meek* ziemlich häufig.

l. *Mactridae.*

Gehäuse dreieckig, oval oder quer verlängert, unter dem Wirbel eine dreieckige Bandgrube, davor ein getheilter, dahinter oft ein einfacher, leistenförmiger Schlosszahn; auch Seitenzähne in der Regel entwickelt. Mantelbucht mehr oder weniger entwickelt, selten fehlend.

Fig. 333.

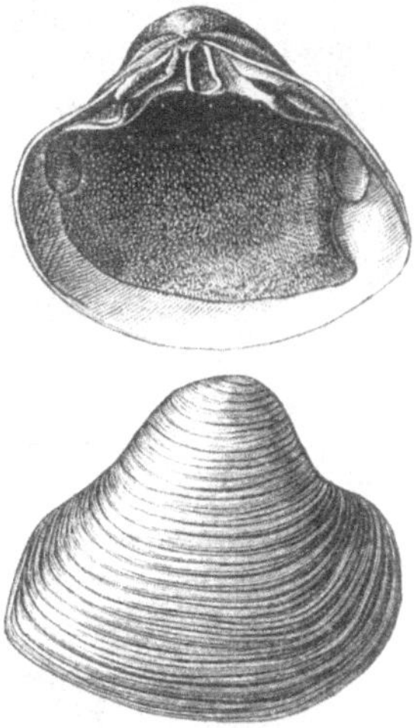

Mactra podolica Eichw. Sarmatische Stufe, Wiesen, Wiener Becken.

Mactra Linn. (Fig. 333). Dreieckig oder oval, hinten wenig klaffend, die lamellenartigen Seitenzähne stets kräftig, ausser dem inneren Band noch ein äusseres vorhanden. Sinus seicht, gerundet. Recent und fossil vom Jura an.

Von den sehr zahlreichen recenten Gattungen der *Mactridae* kommen *Lutraria Lamk.*, *Eastonia Gray*, *Raëta Gray* und *Rangia Desm.* auch fossil (Tertiär) vor.

m. *Myidae.*

Mehr oder minder ungleichklappig, mit starker Epidermis, welche auch die Siphonen bekleidet. Band innerlich, an einem löffelartigen Schalenfortsatz befestigt, Sinus mehr oder minder tief.

Fig. 334.

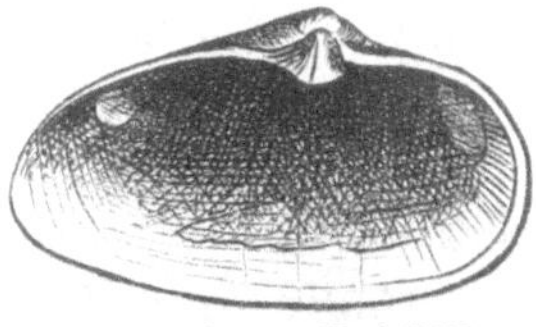

Mya arenaria Linn. Glacialbildungen, Bohuslän, Schweden.

Mya Linn. (Fig. 334). Quer oval, vorn und hinten klaffend, linke Klappe mit, rechte ohne Ligamentlöffelchen, Muskeleindrücke klein, Sinus der Mantellinie tief. Tertiär und recent.

Corbula Brug. Gehäuse oval, linke Klappe kleiner, flach, rechte hoch gewölbt, mit vorragendem Wirbel und mit einem grossen Zahn und dahinter liegender Grube, in die ein Fortsatz der linken Klappe eingreift, welcher zur Befestigung des Bandes dient. Sinus seicht. Recent und fossil von der Trias an.

Neaera Gray. Wenig ungleichklappig, Hinterseite schmal, oft zu einem

Schnabel ausgezogen; Schlossrand jederseits mit einem verschieden gestalteten Ligamentlöffelchen, rechte Schale mit starkem, hinteren Seitenzahn. Recent und fossil vom Jura an.

Von den zahlreichen recenten Gattungen der *Myidae* treten *Corbulomya Nyst*, *Eucharis Récluz*, *Sphenia Turton* und *Tugonia Gray* auch fossil (Tertiär) auf.

Erloschene Gattungen sind: *Spheniopsis Sandb.* und *Pleurodesma Hoërnes* (Tertiär), *Corbulamella Meek* und *Hayden* (Kreide), *Taeniodon Dunk.* (Lias), *Pteromya Moore* (Trias) und *Dorsomya Ryckholt* (Carbon).

n. *Gastrochaenidae.*

Dünnschalig, gleichklappig, mit rudimentären Schlosszähnen und kleinem, äusseren Band. Die Thiere bauen oft eine kalkige Röhre, mit welcher die Schalen verwachsen oder in welcher sie frei liegen.

Bei *Gastrochaena Spengl.* (recent und fossil von der Trias an), sowie bei *Fistulana Brug* (recent und fossil von der Kreide an) sind beide Schalen frei, gleichklappig, sehr ungleichseitig, vorn weit klaffend.

Fig. 335.

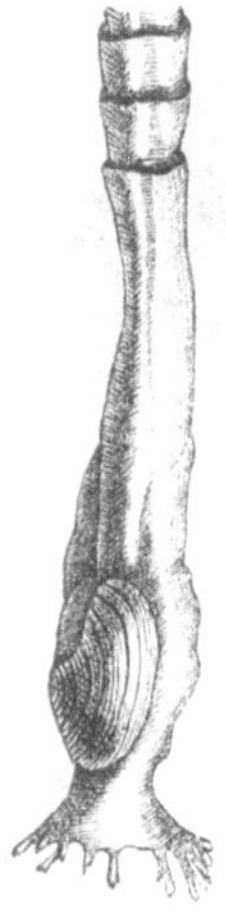

Clavagella Caillati Desh. Eocän, Grignon.

Clavagella Lamk. (Fig. 335) bildet eine stark verlängerte, keulenförmige Röhre, mit welcher die linke Klappe fest verwachsen ist, während die rechte frei im Inneren der Röhre liegt. (Recent und fossil von der Kreide an.) Bei *Aspergillum Lamk.* sind beide Schalen vollständig mit der Kalkröhre verwachsen. (Recent und Pliocän.)

o. *Pholadidae.*

Gehäuse gleichklappig, oval oder kugelig, vorne weit klaffend, ohne Schloss und ohne Ligament, aber oft mit accessorischen Schalenstücken zur Bedeckung der Wirbel und der Vorderseite, die verwachsenen Siphonen sind oft durch kalkige Röhren geschützt, alle *Pholaden* bohren durch Drehbewegungen in Holz, Steinen und fremden Kalkschalen.

Pholas Linn. Gehäuse quer verlängert, subcylindrisch, weit klaffend. Wirbel mit ein bis drei accessorischen Schalenstücken, auf deren Zahl und Anordnung die zahlreichen, recenten Gattungen und Untergattungen gegründet werden.

Fossile *Pholaden* kennt man (in geringer Zahl) aus der Tertiär-, Kreide- und Juraformation. Die mit *Pholas* nahe verwandten, recenten Gattungen *Jouannetia Desm.* und *Parapholas Conr.* sind im Tertiär (letztere auch in der Kreide) vertreten.

Martensia Leach findet sich recent und fossil von der Carbonformation an, *Turnus Gabb.* nur fossil in Jura und Kreide.

Teredo Linn. mit kleinen, kugeligen, vorn und hinten weit klaffenden Schalen und subcylindrischen gekrümmten Kalkröhren findet sich häufig fossil (die für die recenten Formen aufgestellten Subgenera haben palaeontologisch keine Bedeutung) angeblich schon vom Kohlenkalk an.

Xylophaga Turton ist *Teredo* ähnlich, sondert aber keine Kalkröhren ab (recent und tertiär), während bei *Teredina Lamk.* die Schale mit der sehr dicken Kalkröhre vollkommen verschmilzt (Eocän).

Zeitliche Verbreitung und Stammesgeschichte.

Pelecypoden sind bis nun in den ältesten, fossilführenden Schichten noch nicht nachgewiesen. (Barrande bezweifelt auch, dass *Fordilia Troyensis* aus der unteren Potsdam-Gruppe von Troy, New-York, wie Ford meinte,[1] zu den *Acephalen* gehört, und hält es für wahrscheinlicher, dass die überaus häufigen zweiklappigen Schalen zu den *Crustaceen* gehören.[2] Auch in den untersilurischen, zumeist aus Quarziten und Schiefern bestehenden Schichten gehören die *Pelecypoden* zu den seltensten Vorkommnissen, was wohl ebenso wie die Abwesenheit der Corallen durch die Ablagerung dieser Schichten in tieferem Wasser zu erklären sein dürfte, im Obersilur aber treten die *Pelecypoden* mit einem sehr grossen Formenreichthum auf. Barrande hat nicht weniger als 1269 verschiedene Formen von *Pelecypoden* in dem kleinen Silur-Becken Böhmens nachgewiesen, von welcher Zahl nur verhältnissmässig wenige (103) auf seine zweite Fauna (Unter-Silur) kommen. Durch die Untersuchungen Barrande's wird gezeigt, dass die *Pelecypoden* keineswegs, wie man früher anzunehmen geneigt war, nur in beschränkter Zahl an der Zusammensetzung der Silurfauna theilnehmen (der Thesaurus Siluricus Bigsby's weist 1868 allerdings nur 636 silurische *Pelecypoden*-Arten nach). Sehr schwierig ist es, die silurischen und die palaeozoischen *Pelecypoden*-Gehäuse überhaupt in die, mit Rücksicht auf die recente Fauna aufgestellten Gruppen einzuzwängen. Sowie es kaum gelingt, die zahlreichen, von den Brüdern Adams angenommenen Gattungen und Untergattungen auch nur in den geologisch jüngsten Formationen (zur Noth vielleicht noch im Tertiär) zu unterscheiden, so ist es auch kaum möglich, die in den jüngeren Faunen noch mit einigem Recht zu trennenden, grösseren Gruppen der Woodward'-schen Systematik auf die palaeozoischen *Pelecypoden* anzuwenden. Zahlreich sind hier die Gattungen, welche in ihrer äusseren Erscheinung einestheils mit den Reihenzähnlern, anderntheils mit den *Cardiden* die grösste Verwandtschaft zeigen und bei der Eigenschaft eines zahnlosen Schlossrandes und der Unmöglichkeit an der überaus dünnen Schale Muskeleindrücke und Mantellinie zu unterscheiden, kaum sicher gedeutet werden können. Gleiches gilt von jenen Formen, welche mit den jüngeren *Sinupalliaten* in der äusseren Erscheinung Aehnlichkeit zeigen, aber entweder gar keinen Eindruck des Mantels, oder aber eine einfache oder kaum ausgebuchte Mantellinie besitzen. Da es übrigens keinem Zweifel unterliegt, dass die einzelnen Gruppen der *Sinupalliaten* von integropalliaten Formen abstammen und heute schon die Unhaltbarkeit dieser Gruppen fast allgemein anerkannt wird, nachdem

[1] Americ. Journ. of. Sci. a. Arts, Vol. VI, 1873.

[2] *Acephales*, Extr: du Syst. Sil. d. centre de la Bohême 1881, pag. 389 u. f.

auch bei der Anwendung der WOODWARD'schen Systematik auf die recenten Formen sich zahlreiche Unzukömmlichkeiten ergeben (sinupalliate *Cardien*, integropalliate *Veneridae* wie *Circe* und *Pronoë*, Entwickelung der Siphonen bei den *Nuculidae* unter den *Asiphonida*), so wird die künstliche Trennung der *Pelecypoden* in *Asiphonida* und *Siphonida* und der letzteren in *Integro-* und *Sinupalliaten* wohl über Bord geworfen werden müssen, um einer auf die natürliche Stammesverwandtschaft basirten Systematik Platz zu machen. Für eine solche mangeln jedoch, bei der derzeit noch sehr unvollständigen Kenntniss der palaeozoischen Formen die nothwendigsten Anhaltspunkte.

In den beiden ältesten Formationen (Silur und Devon) herrschen unter den *Pelecypoden* die *Heteromyaria*, die Familien der *Aviculidae*, *Prasinidae* und *Mytilidae* vor, von den Reihenzähnlern sind die *Arcadae* und *Nuculidae* wohl vertreten, ferner finden sich einige Formen der *Trigoniidae*, *Astartidae*, *Megalodontidae* und *Lucinidae*, während die *Cardidae* und zumal *Praecardidae* grossen Formenreichthum aufweisen. Auch die, wahrscheinlich mit den *Sinupalliaten* verwandten *Grammysiidae* sind zahlreich vertreten, während von den *Monomyaria* die *Ostreidae* nur durch eine problematische Form (*Praeostrea Barr.* aus dem Silur), die *Anomiidae* durch eine Form aus dem Devon (*Limanomia Bouch.*) vertreten sind. In der Kohlenformation sind die *Monomyaria* bereits reichlicher repräsentirt, die *Pectinidae* durch *Aviculopecten*, *Streblopteria* und *Pecten*, auch die *Limidae* treten auf. Von den *Heteromyaria* erscheinen neben den älteren, reichlich vertretenen Gruppen noch die *Pinnidae;* sonst zeigt die carbonische *Pelecypoden*fauna wenig Unterschied von den älteren, nur weisen die *Grammysiidae* eine noch grössere Entfaltung auf. Die Dyas ist wie überhaupt arm an Versteinerungen, auch arm an *Pelecypoden*, welche überdies der Hauptsache nach schon im Carbon auftretenden Gattungen angehören. In der Trias treten unter den *Monomyaria* die *Ostreiden (Ostrea)*, die *Spondylidae (Terquemia)* und die *Anomiidae (Placunopsis)* als Vorläufer später reicher entfalteter Gruppen auf. Die *Aviculidae* sind reich vertreten, desgleichen die übrigen Gruppen der *Heteromyaria.* Unter den *Dimyaria* spielen die *Asiphonida* eine grössere Rolle als die *Siphonida* und unter diesen überwiegen wieder die *Integropalliata* über die nur durch wenige Gattungen vertretenen *Sinupalliata.* Die Gattungen *Megalodon (Neomegalodon)*, *Myophoria* und *Sphaeriola* sind durch häufiges Auftreten für die Trias besonders charakteristisch.

In der Juraformation erreichen die *Ostreiden (Ostrea*, *Gryphaea* und *Exogyra)* grosse Entfaltung, desgleichen die *Limidae* und *Pectinidae.* Von den *Heteromyaria* treten die *Aviculidae* etwas zurück gegenüber ihrer Entfaltung in älteren Formationen, dafür sind andere Gruppen in zunehmender Entwickelung (*Mytilidae* und *Pinnidae).* Von den *Dimyaria* entfalten die Reihenzähnler grossen Formenreichthum, desgleichen zahlreiche Gruppen der *integropalliaten Dimyaria*, so die *Astartidae*, *Trigonidae*, *Lucinidae*, *Cardidae.* Die noch durch einige Formen vertretenen *Megalodontidae* werden durch die mit *Diceras* beginnenden *Chamidae* abgelöst. Die *Sinupalliata* sind (mit Ausnahme der überaus häufigen und mannigfachen *Pholadomyen*) nur durch einzelne Gattungen der verschiedenen Hauptgruppen repräsentirt.

Der *Pelecypoden*-Fauna der Kreide verleihen zunächst die *Chamidae (Requienia, Monopleura, Caprina, Caprotina)*, sowie die von ihnen abzweigenden *Rudistae (Sphaerulites, Radiolites* und *Hippurites)* ihr eigenthümliches Gepräge. Die starke Entwickelung der Gattungen *Exogyra* und *Vola* unter den *Monomyaria*, der Gattung *Inoceramus* unter den *Heteromyaria* verdient gleichfalls hervorgehoben zu werden. Die meisten *Integropalliaten*-Gattungen der Juraperiode dauern in der Kreide fort, aber neben ihnen gewinnen manche Gruppen der *Sinupalliaten (Veneridae, Tellinidae, Glycimeridae, Solenidae, Gastrochaenidae* und *Pholadidae)* grössere Entwickelung. Die *Pelecypoden*-Fauna der Tertiärformation stimmt in der stärkeren Entwickelung der *Sinupalliaten*, sowie in dem Auftreten fast sämmtlicher Gattungen mit der recenten überein; von der cretacischen ist sie hauptsächlich durch das Mangeln der *Rudistae* und das Zurücktreten der *Pholadomyidae*, sowie durch die grössere Entwickelung der Süsswasser-Formen verschieden. Die letzteren erscheinen in grösserer Zahl erst im oberen Jura und erreichen in der Kreide noch keine besonders reiche Entfaltung, während sie im Tertiär sehr zunehmen, aber auch hier nicht jene Mannigfaltigkeit erlangen, welche die recente *Pelecypoden*-Fauna des süssen Wassers auszeichnet.

2. *Scaphopoda.*

Mollusken ohne gesonderten Kopf und ohne Augen, aber mit einer bewaffneten Zunge (Radula); getrennten Geschlechtes; mit dreilappigem Fuss und fadenförmigen Tentakeln. Gehäuse röhrenförmig.

Dentalium Linné (Fig. 336, *a b c*). Conisch röhrenförmig, verlängert, symmetrisch, wenig gebogen, an beiden Enden offen, längs gestreift, gerippt oder glatt. Recent und fossil von der Silurperiode an.

Entalis Gray unterscheidet sich von *Dentalium* durch einen breiten, kurzen, auf dem convexen Schalentheile befindlichen Schlitz an der hinteren feinen Oeffnung. Recent und fossil von der Kreide an. Da das feine Hinterende häufig abgebrochen ist, sind fossile Formen schwer von *Dentalium* zu trennen.

Bei *Fustiaria Stol.* ist die Oberfläche glatt und der Spalt sehr fein und lang. Kreide, Tertiär.

Siphonodentalium Sars. (Fig. 336 *d*). Das schmälere Hinterende der meist kleinen, glasartigen Schale ist ganzrandig oder lappig getheilt, das Vorderende etwas verengt. Recent und fossil von der Kreide an.

Fig. 336.

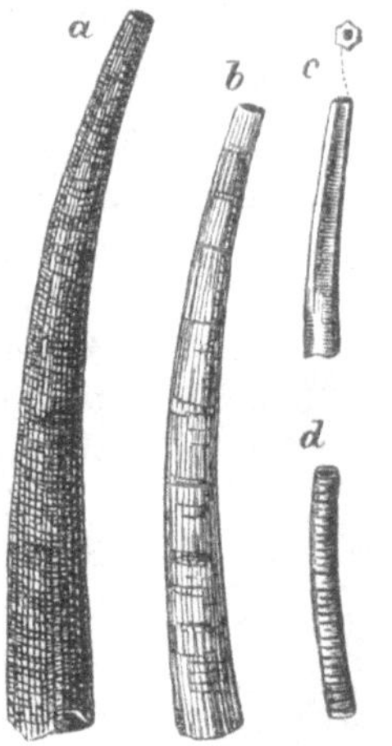

a. Dentalium Badense Partsch. b. D. Bouéi Desh., c. D. Michelottii M. Hoern., d. Siphonodentalium Jani M. Hoern. Miocän, Baden bei Wien.

Dischides Jeffreys unterscheidet sich von *Siphonodentalium* durch zwei gegenüberstehende Einschnitte am Rande der hinteren Mündung. Recent und tertiär.

Gadila Gray besitzt eine kleine, dünne, glatte, glasartige Schale, welche gegen die Mitte angeschwollen, gegen das vordere und noch mehr gegen das hintere Ende verengt ist. Recent und fossil von der Kreide an.

Cadulus Phil. mit kurzer eiförmiger Schale und zwei kreisrunden Oeffnungen, von welchen die hintere gekerbt ist. Tertiär und recent.

Ob *Pyrgopolon Montf.* aus der oberen Kreide zu den *Scaphopoden* gehört, ist fraglich, möglicherweise gehören die unter diesem Namen angeführten Gehäuse zu Röhrenwürmern.

3. *Gastropoda.*

Mollusken mit mehr minder gesondertem Kopfe, mit Zunge und Radula, mit ungetheiltem Mantel, welcher eine meist ungetheilte (bei den *Polyplacophora* jedoch in Metameren-ähnliche Stücke zerfallende) flache, scheiben- oder mützenförmige, am häufigsten jedoch spiral gewundene Schale absondert, die bei manchen Gruppen aber zu einem innerlichen Rudiment verkümmert oder frühzeitig abgeworfen wird. Als Bewegungsorgan fungirt ein bauchständiger, muskulöser Fuss, dessen Grösse und Form mannigfachen Veränderungen unterliegt, selten ist er ganz rückgebildet (*Phyllirhoë*), meist bildet er eine gestreckte, söhlige Fläche, zuweilen aber auch eine senkrechte Flosse (*Heteropoden*) oder es finden sich zwei grosse, laterale Flossen, welche als paarige Fussabschnitte (*Epipodium*) zu deuten sind (*Pteropoden*).

Die *Gastropoden* zerfallen in folgende sechs Untergruppen, welche wir der Reihe nach betrachten werden: A. *Polyplacophora*, B. *Prosobranchia*, C. *Heteropoda*, D. *Pulmonata*, E. *Opisthobranchia*, F. *Pteropoda*.

A. Polyplacophora.[1]

Gestalt symmetrisch, flach, oval oder länglich, auf dem Rücken mit acht von vorn nach hinten übergreifenden metamerenartig gelagerten Kalkplatten, mit gesondertem Kopf, aber ohne Augen und Fühler, mit wohlentwickelter Radula, mit breitem, söhligen Fuss, in der Mantelrinne jederseits eine Reihe von Kiemenblättchen. Geschlechter getrennt.

Fig. 337.

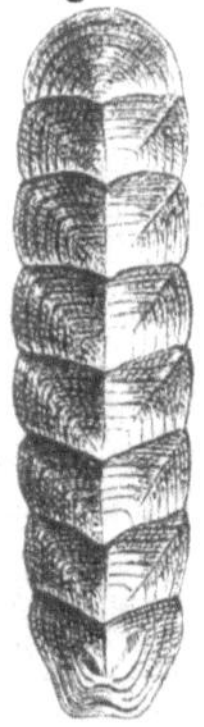

Chiton priscus Mstr. Kohlenkalk, Tournay.

Chiton Linn. (Fig. 337). Mit acht dorsalen, in einer Reihe liegenden Schalenplatten, von welchen die beiden terminalen halbkreisförmig, die sechs mittleren quer vierseitig gestaltet sind. Die Platten sind in der Medianlinie gekielt oder gewölbt. Recent und fossil (aber nicht sonderlich häufig) vom Silur an.

Für die palaeozoischen, meist verlängerte, schmale Platten aufweisenden Formen, hat Salter die Gattung *Helminthochiton* vorgeschlagen.

Chitonellus Lamk. Schalen an den Seiten vom Mantel

[1] *Placophora Jhering.*

bedeckt, Gestalt wurmförmig, hoch. Recent und fossil. Mehrere carbonische Formen (z. B. *Chiton gemmatus de Kon.*), dürften hierherzustellen sein.

Cryptochiton Midd. Schale ganz vom Mantel bedeckt. Recent.

B. Prosobranchia.

Beschalte Schnecken, deren Kiemen und Vorhof in der Regel vor dem Herzen liegen. Fuss söhlig, Kopf mit schnauzenförmigem Mund und mit Rüssel. Geschlechter getrennt, die Männchen gewöhnlich von schlankerem Bau, was auch von der Schale gilt. Diese ist meist schneckenförmig gewunden, selten kappenförmig oder flach *(Patella)*, unregelmässig röhrenförmig *(Vermetus)* oder in einer Ebene eingerollt *(Bellerophon, Porcellia)*. In der Regel sind die Gehäuse rechts gewunden, das heisst, wenn wir eine Schale mit der Spitze oben und der Mündung unten gegen uns gekehrt aufstellen, liegt diese letztere rechts; bei manchen Gattungen *(Triforis Desh.)* aber links. Bei einigen Gattungen kommen jedoch als Abnormitäten entgegengesetzt gewundene Individuen vor. Bei der angeführten Aufstellung der Schale bezeichnen wir als Höhe oder Länge die Linie von der Spitze zum unteren Ende der Mündung, dem entsprechend als Längsverzierungen die in der Richtung dieser Linie verlaufenden Sculpturen, als Querverzierungen hingegen die rechtwinkelig darauf gerichteten und parallel der Naht (Berührungslinie der Windungen) verlaufenden. Die Windungen legen sich zuweilen gar nicht an einander (freie Umgänge bei *Scalaria*), sie berühren sich in der Regel in der Weise, dass eine feste, oft mit Falten versehene Säule (Spindel) zur Achse des Gehäuses wird. Ist dies nicht der Fall, berühren sich die Umgänge gerade in der Achse nicht, so entsteht ein mehr oder minder weiter Nabel. Als Gewinde der Schale bezeichnet man jenen Theil derselben, welcher über den letzten Umgang vorragt; das Gewinde besteht aus einer grösseren oder geringeren Zahl der Umgänge, es ist verlängert (thurmförmig) oder niedrig, flach, selbst eingesenkt. Je nachdem die späteren Windungen über die vorhergehenden übergreifen, entstehen verschieden gestaltete Schalen (convolute und involute Gehäuse *Conus*, *Cypraea*). Liegen die Umgänge nahezu in einer Ebene, so wird das Gehäuse scheibenförmig *(Porcellia)*, laufen sie schief um die Achse wie an einer Wendeltreppe, so werden die Schalen walzenförmig *(Pupa)*, conisch *(Trochus)*, kreiselförmig *(Turbo)*, kugelig *(Dolium)*, thurmförmig *(Turritella)*, spindelförmig *(Fusus)*, ohrförmig *(Haliotis)*. Die Embryonalwindungen, welche die Spitze (apex) des Gehäuses bilden, sind oft von den übrigen abweichend gestaltet, angeschwollen, glatt und glänzend *(Voluta)* oder entgegengesetzt gewunden *(Pyramidella)*, zuweilen bilden sie auch einen Winkel mit der übrigen Schale *(Eulimella)*.

Die Mündung der Schale ist entweder einfach, ganzrandig (holostom *Turbo*) oder eingeschnitten *(Buccinum)*, ausgegossen *(Cypraea)*, mit Canal versehen *(Murex)*, welch letztere Erscheinung durch den Athemsipho verursacht wird. Der äussere Mundsaum ist einfach oder umgeschlagen, gezähnt, flügelartig ausgebreitet, gefingert u. s. w.; der innere bedeckt die Spindel, ist mit Falten oder Zähnen besetzt oder glatt, gekörnt, runzelig u. s. f.

Viele Formen sind mit Deckeln ausgestattet, welche hornig oder kalkig, concentrisch oder spiral aufgebaut sein können. Epidermis und Färbung der Schale sind (obgleich letztere an manchen fossilen Formen wie *Natica*, *Bellerophon*, *Conus*, *Voluta* relativ häufig zu beobachten sind), palaeontologisch von geringem Werthe; während der Conchyliologe zur Unterscheidung der recenten Formen hauptsächlich die Färbung der Schalen benützt, ist der Palaeontologe vor allem auf deren Sculptur angewiesen. Hinsichtlich der Structur der Schale sei bemerkt, dass wir abgesehen von der äusseren hornigen Epidermis eine anscheinend homogene, porcellanartige und zuweilen noch eine innere Perlmutterschicht constatiren können. Die Porcellanschale besteht aus drei Schichten, deren Blätter verschiedene Lage besitzen. Die Schalensubstanz ist leicht löslicher Aragonit, wodurch das häufige Vorkommen der fossilen Steinkerne erklärt wird. Bemerkt sei, dass manche Formen (*Conus*) die dicken Schalen ihrer inneren Umgänge auflösen und auf papierdünne reduciren.

Wir zerlegen die *Prosobranchia* zunächst nach der Anordnung ihrer Athmungswerkzeuge in *Cyclobranchia*, *Aspidobranchia* und *Ctenobranchia*. Die letzte Gruppe theilen wir nach der Zungenbewaffnung in *Ptenoglossa*, *Taenioglossa* (und zwar in *Taenioglossa holostomata* und *T. siphonostomata*), *Rachiglossa* und *Toxiglossa*.

B_1. Cyclobranchia.

Prosobranchien von symmetrischer Gestalt mit napfförmiger, undurchbohrter Schale, Kiemenblätter in geschlossenem Kreise unter dem Mantelrande um die Fusswurzel gelagert (*Lottia* auch mit kleiner Cervicalkieme). Zungenbewaffnung durch balkenartige, bezahnte Hornplatten gebildet (*Docoglossa Troschel*).

a. *Patellidae.*[1]

Patella Linn. Schale schüsselförmig, rund oder oval, mit hufeisenförmigem Muskelansatz, meist mit Radialrippen, Wirbel nahezu central gelegen. Recent und fossil von der Kreide an. Die meisten als *Patella* angeführten tertiären, mesozoischen und palaeozoischen Formen dürften zur folgenden Gattung gehören:

Fig. 338.

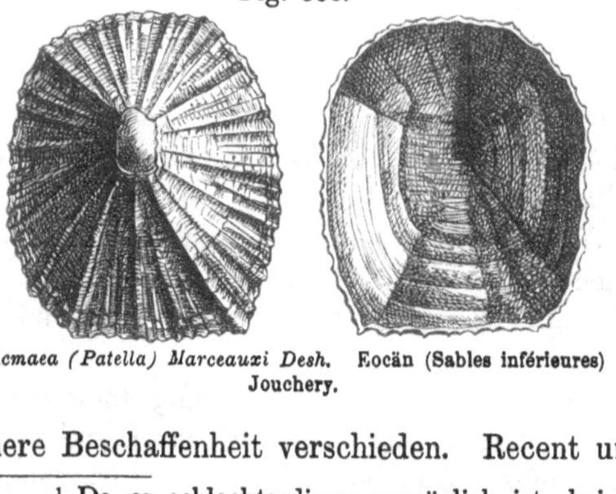

Acmaea (Patella) Marceauxi Desh. Eocän (Sables inférieures) Jouchery.

Acmaea Escholtz (Fig. 338). Schale von *Patella* durch vor der Mitte gelegenen Wirbel, kleinere Dimensionen und dünnere Beschaffenheit verschieden. Recent und ziemlich häufig fossil.

[1] Da es schlechterdings unmöglich ist, bei den fossilen, zu den *Cyclobranchiaten* gehörigen Schalen (ohne Kenntniss des Thieres) die wahre Verwandtschaft festzustellen, sehen wir von der für die ziemlich verschieden organisirten, recenten Formen geschaffenen Unterscheidung der Familien der *Acmaeidae* und *Lepetidae* ab.

Für die wahrscheinlich ziemlich nahe verwandten palaeozoischen (devonischen) Formen hat HALL den Namen *Palaeacmaea* vorgeschlagen. Weitere palaeozoische Gattungen sind: *Metoptoma Phil.* (Silur, Devon, Carbon) und *Tryblidium Lindstr.* (Silur).

Helcion Montf. Schale oval mützenförmig, mit schuppigen Radialrippen, nach vorne gerücktem Wirbel. Recent. Aehnliche Schalen auch im Jura und in der Kreide.

Scurria Gray. Schale dick, conisch, ziemlich hoch, mit centralem Wirbel, glatt oder concentrisch gestreift. Recent und fossil vom Jura an.

Scurriopsis Gemellaro, wie *Scurria*, aber mit feinen Radialrippen und concentrischen Linien. Jura.

B_2. Aspidobranchia.

Kiemen nur an der Basis angeheftet, Radula complicirt gebaut: in jeder Querreihe ausser Mittel- und Zwischenplatten eine grosse Zahl fächerförmig geordneter Seitenplatten (rhipidigloss); Pflanzenfresser mit nicht retractiler Schnauze, ohne Siphonalröhre. Die zahlreichen, hierhergehörigen Familien vertheilen sich auf die Sectionen der *Zeugobranchia* und *Scutibranchia*.

I. Zeugobranchia.

Kiemen zweifiedrig, jederseits symmetrisch, Mantelrand vorn tief gespalten, Schale dem entsprechend durchlöchert oder mit einem Schlitz versehen.

a. *Fissurellidae.*

Gehäuse napf- oder mützenförmig, mit nach rückwärts gekehrtem, oft von einer Oeffnung durchbrochenen Wirbel. An Stelle dieser Oeffnung zuweilen ein Spalt oder ein Loch am Vorderrand. Deckel fehlt.

Fissurella Lamk. (Fig. 339). Mit durchbohrtem Wirbel (ganz junge Exemplare mit etwas spiral gekrümmtem und undurchbohrten Wirbel), Oberfläche radial verziert oder gegittert. Recent und fossil vom Carbon an (*Fissurella conoidea Goldf.* aus dem Eifler Devon ist wohl nur auf einem Capulus mit abgebrochener Spitze gegründet). Die zahlreichen, für die recenten Formen gegründeten Subgenera sind palaeontologisch von wenig Bedeutung.

Fig. 339.

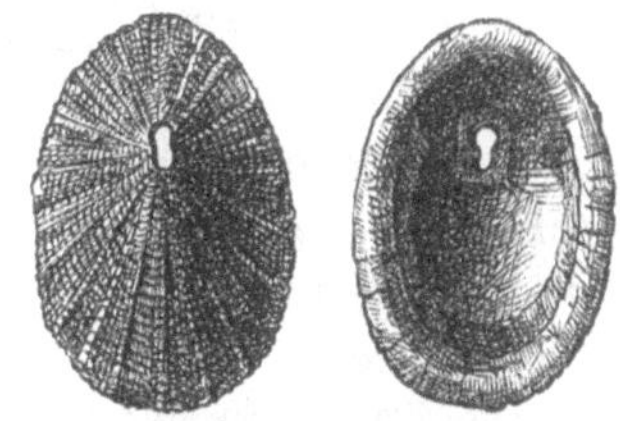

Fissurella distans Desh. Eocän, Sables inférieures, Cuise-Lamotte.

Rimula Defr. Schale hoch, mit nach hinten übergebogenem Wirbel, zwischen welchem und dem Vorderrand ein kurzer Spalt liegt. Recent und fossil vom Lias an.

Emarginula Lamk. Schale mützen-, kegel- oder schildförmig, Vorderrand mit mehr oder minder tiefem Schlitz. Oberfläche meist gegittert. Recent und fossil vom Carbon an.

Scutum Montf. Schale länglich, niedrig, mit wenig vorragendem Wirbel und schwach ausgerandeter Vorderseite. Recent und tertiär.

Weitere *Fissurelliden*-Gattungen sind (abgesehen von nur recent auftretenden) *Deslongchampsia M'Coy* (Jura), *Puncturella Lowe* (recent und fossil vom Jura an), *Semperia Crosse* (tertiär und recent), *Fissurisepta Seguenza* (Pliocän), *Zeidora Adams* (recent und Pliocän).

b. *Haliotidae.*

Schale ohrförmig, flach, weitmündig, perlmutterglänzend, mit einer Reihe runder Löcher an der linken Seite.

Fig. 340.

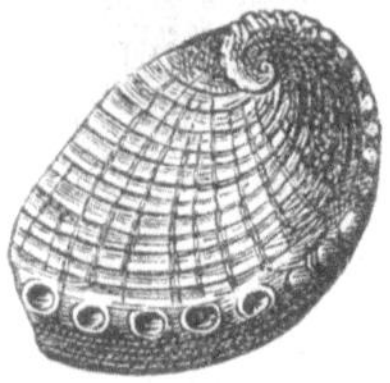

Haliotis Volhynica Eichw. Miocän, Gauderndorf, Wiener Becken.

Haliotis Linn. (Fig. 340). Recent und fossil (selten) von der oberen Kreide an.

c. *Pleurotomariidae.*

Schale spiral gewunden, kegel-, kreisel- oder thurmförmig. Aussenlippe mit einem Schlitz, dem ein Querband auf den Umgängen entspricht, oder von rundlichen oder geschlitzten Oeffnungen durchbohrt.

Pleurotomaria Defr. Gehäuse kegelförmig, breit, mit hohem oder niedrigem Gewinde, genabelt oder ungenabelt, Aussenlippe der Mündung mit mehr oder minder tiefem Schlitz, dem auf den Umgängen ein von zwei erhöhten Paralelllinien begleitetes queres Schlitzband entspricht, welchem von beiden Seiten die sich nach rückwärts biegenden Zuwachslinien zulaufen. Recent (vier Arten) und fossil von der Silurformation an, schon in den palaeozoischen Formationen häufig, besonders aber im Jura und Kreide.

Fig. 341.

Pleurotomaria delphinuloides Goldf. Mitteldevon, Paffrath.

Nahe verwandt (oder als Subgenera von *Pleurotomaria* aufzufassen sind: *Cryptaenia Desl.* (Fig. 341). Kreiselförmig, niedrig, glatt, mit breitem, kurzen Einschnitt und wenig deutlichem Band. Sehr häufig in palaeozoischen, weniger in mesozoischen Ablagerungen. *Leptomaria Deslongch.* Niedrig, fein spiral gestreift, mit sehr langem Schlitz. Jura und Kreide.

Polytremaria d'Orb. Kreiselförmig, statt des Schlitzes eine Reihe runder Löcher. Kohlenkalk.

Murchisonia d'Arch. et Vern. (Fig. 342). Schale thurmförmig, mit zahlreichen Umgängen, in deren Mitte ein ganz wie bei *Pleurotomaria* gestaltetes Band auftritt. Aussenlippe mit Schlitz. (Von *Pleurotomaria* eigentlich nur durch gethürmte Form unterschieden.) Palaeozoisch und alpine Trias (St. Cassian).

Odontomaria F. Roem. (Fig. 343). Gehäuse in ganz gestreckter Spirale aufgebaut, so dass es *Dentalium* ähnlich wird, Mündung mit Schlitz, Oberfläche mit Band.

Trochotoma Desl. Kreiselförmig, mit ganzer Aussenlippe, hinter welcher eine einfache, spaltförmige Oeffnung liegt. Trias und Jura.

Ditremaria D'Orb. (Fig. 344). Von *Trochotoma* durch zwei in der Nähe der Aussenlippe auftretende, durch einen engen Spalt verbundene Oeffnungen verschieden. Jura.

Weitere zu den *Pleurotomaridae* gehörige Gattungen sind: *Scissurella d'Orb.* (recent und fossil von der Kreide an), *Schismope Jeffreys* (tertiär und recent),

Fig. 342.

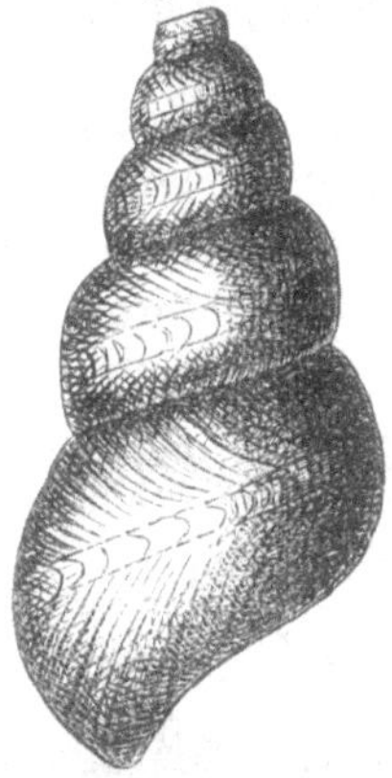

Murchisonia bellicincta Hall. Unt. Silur, Wesenberg, Esthland.

Fig. 343.

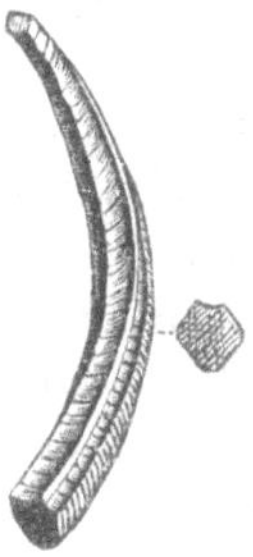

Odontomaria elephantina Roem. Mittel-Devon, Gerolstein.

Fig. 344.

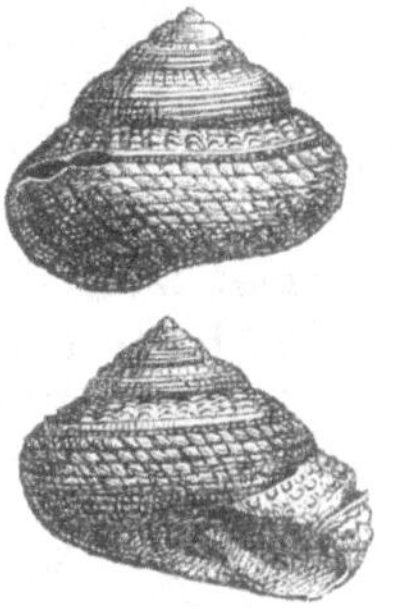

Ditremaria gracilis Zitt. Stramberger Schichten.

Disoteka Gardner (Kreide), *Temnotropis Lbe.* (Trias von St. Cassian), *Cantantostoma Sandb.* (Devon, Trias) und *Brilonella Kayser* (Devon).

d. *Bellerophontidae.*[1]

Gehäuse in einer Ebene gerollt, symmetrisch (oder wenig unsymmetrisch), mit breiter oder verlängerter, schmaler Mündung, deren Aussenlippe in der Mitte einen Schlitz oder Einschnitt trägt, dem ein Band auf der Mitte der Aussenseite entspricht. Innenlippe häufig callös, Schale überhaupt kräftig, zuweilen noch mit Farbenresten geziert. Die letzteren Eigenthümlichkeiten

Fig. 345.

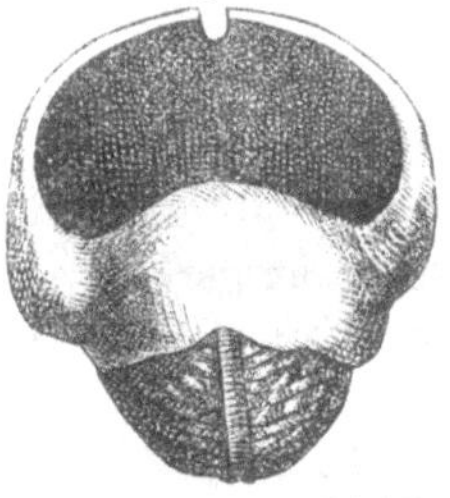

Bellerophon striatus d'Orb. Mittel-Devon, Paffrath.

Fig. 346.

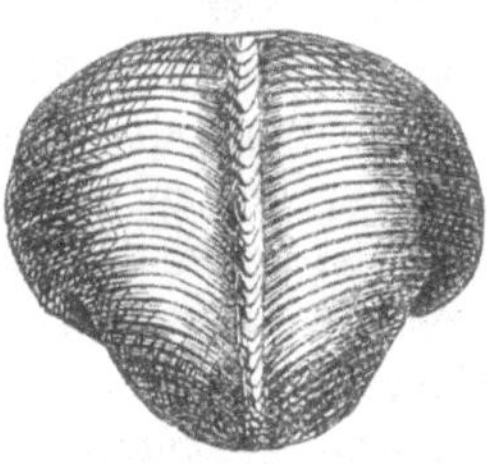

Bellerophon hiulcus Sow. Kohlenkalk, Visé, Belgien.

lassen die gänzlich ausgestorbenen, grösstentheils palaeozoischen *Bellerophontidae* leicht als eine von den zuweilen ähnlich gestalteten, stets aber kleine, glasige Schalen aufweisenden *Heteropoden* (zu welchen sie Deshayes stellen wollte) verschiedene Gruppe erkennen, welcher de Koninck wohl den richtigen Platz unter den schizostomen *Prosobranchiern* zuwies.

Bellerophon Mtf. (Fig. 345, 346). Schale kugelig oder scheibenförmig,

[1] de Koninck: Notice sur la famille les Bellerophontidae Ann. de la Soc. géol. de Belg. t. IX. Mémoires 1882.

symmetrisch, glatt oder mit spiralen Rippen und Zuwachslamellen. Mündung mit medianem Ausschnitt der Aussenlippe, welchem ein mehr oder minder deutliches Schlitzband entspricht, Innenlippe oft schwielig verdickt. In allen palaeozoischen Formationen von der cambrischen Stufe an, am häufigsten jedoch im Kohlenkalk.

Stachella Waagen. Schale unsymmetrisch, Nabel auf einer Seite, vom Callus der Mündung bedeckt, auf der anderen die Umgänge zeigend, mit kurzem Schlitz; Schlitzband vorhanden, aber oft durch Verwitterung undeutlich. Kohlenkalk und Dyas, besonders im *Bellerophon*-Kalk Südtirols.

Bucania Hall. Beiderseits genabelt, alle Umgänge sichtbar, die inneren kantig, der letzte angeschwollen. Silur bis Kohlenkalk.

Tropidodiscus Meek. Scheibenförmig, flach gekielt, Aussenlippe mit kurzem Einschnitt, Innenlippe callös. Silur bis Kohlenkalk.

Fig. 347.

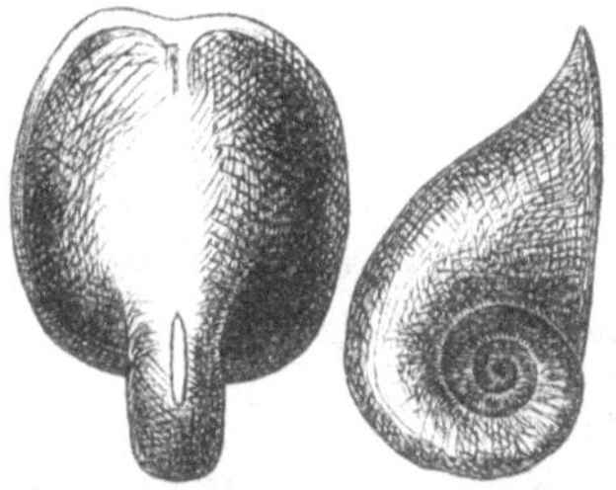

Salpingostoma megalostoma Eichw. sp. (Steinkern). Silur (Diluvialgeschiebe), Lyck, Ostpreussen.

Fig. 348.

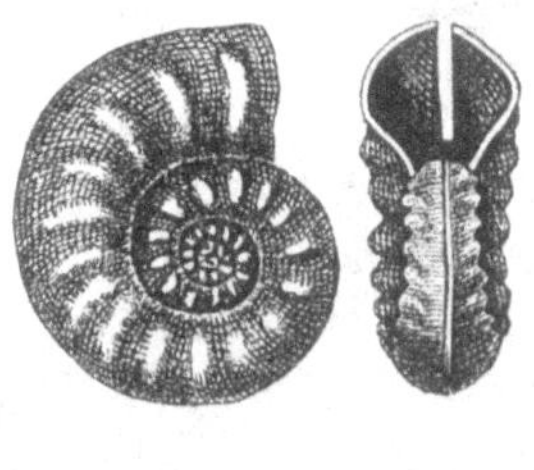

Porcellia Puzosi Leveillé. Kohlenkalk, Tournay.

Salpingostoma F. Roem. (Fig. 347). Am Nabel alle Umgänge sichtbar, Mündung stark erweitert, statt des Einschnittes der Aussenlippe ein Schlitz auf dem Rücken des letzten Umganges. Silur, Devon.

Tremanotus Hall. Aehnlich wie *Salpingostoma*, doch mit einer Reihe länglicher oder ovaler Oeffnungen. Silur.

Porcellia Leveillé (Fig. 348). Schale scheibenförmig, weit genabelt, mit gekielten, geknoteten oder spiral verzierten, zahlreichen Umgängen. Aussenlippe mit langem, engen Schlitz, Schlitzband deutlich. Silur bis Trias.

Cyrtolites Conr. Schale scheibenförmig, mit locker aufgerollten, zuweilen sich nicht berührenden Umgängen. Rücken gekielt, kein Schlitz vorhanden. Silur bis Carbon.

Weitere *Bellerophontiden*-Gattungen sind: *Mogulia Waagen*, *Warthia Waagen*, *Euphemus M'Coy* aus dem Kohlenkalk, *Phragmostoma Hall* aus dem Devon. *Bellerophina d'Orb* (Gault) dürfte kaum hierher gehören.

c. *Stomatiidae.*

Gehäuse niedrig, aus rasch anwachsenden, wenig zahlreichen Umgängen bestehend, Mündung gross, Gewinde kurz, oft kaum bemerkbar.

Von den hierher gehörigen recenten Gattungen erscheint *Stomatia Helbling* schon im Jura und in der Kreide (angeblich schon in palaeozoischen Schichten), doch sind die betreffenden Schalen kaum mit Sicherheit zu bestimmen und gehören vielleicht auch zu *Sigaretus (Naticidae)* und ähnlichen Gattungen.

II. Scutibranchia.

Kiemen getrennt oder verwachsen, unsymmetrisch auf der linken Seite gelegen.

a. *Trochidae.*

Mit spiralgebauter, kegel- oder kreiselförmiger oder gethürmter Schale, mit Perlmutterschicht im Inneren. Deckel spiral, hornig oder kalkig.

Der Systematik der Gebrüder ADAMS folgend trennen wir die Familie in sechs Unter-Abtheilungen: *Eutropiinae*, *Turbininae*, *Astraliinae*, *Liotiinae*, *Umboniinae* und *Trochinae.*

α. *Eutropiinae (Phasianellinae).*

Gehäuse oval, verlängert, glatt, glänzend, mit nach unten verlängertem letzten Umgang und ovaler Mündung. Deckel kalkig, eiförmig, gegen aussen convex.

Eutropia Humphreys (Phasianella Lamk.). Recent und fossil vom Devon an. Auch die fossilen Formen zeigen theilweise die bunte Farbenzeichnung, welche diese Gattung charakterisirt.

β. *Turbininae.*

Dickschalig, kreiselförmig, mit bauchiger Schlusswindung und runder Mündung. Innenlippe oft callös. Deckel rund, hornig, mit dicker Kalkmasse bedeckt.

Turbo Linn. Kegel- oder kreiselförmig, mit fast kreisrunder Mündung, Mundränder nicht zusammenhängend. Recent und fossil vom Silur an. Die zahlreichen, für die recenten Formen aufgestellten Untergattungen lassen sich theilweise auch auf die fossilen anwenden; so ist *Collonia Gray* seit der Trias in allen Stufen vertreten; *Sarmaticus Gray* und *Prisogaster Mörch.* schon im Jura, *Ninella Gray* in der Kreide.

Fig. 349.

Eunema (Turbo) armata Goldf. sp. Mittel-Devon, Sötenick in der Eifel.

Eunema Salt. (Fig. 349). Gehäuse kreiselförmig, verlängert, ungenabelt, mit kantigen Umgängen. Mündung oval, oben winkelig, Innenlippe nicht callös, Aussenlippe scharf, reich ornamentirt durch Querrippen, Knotenreihen und Zuwachslinien. Silur bis Kreide.

Cyclonema Hall. Kreiselförmig, ungenabelt, mit niedrigem Gewinde aus wenigen rasch anwachsenden Umgängen. Innenlippe abgeflacht, Sculptur aus starken Querlinien und feinen Längsstreifen gebildet. Silur, Devon.

Weitere hierher gehörige Formen sind: *Isonema Meek u. Worth.* und *Callonema Hall* aus dem Devon, *Holopea Hall* (Silur und Devon), *Portlockia de Kon.*, *Acclisina de Kon.*, *Turbonitella de Kon.*, *Rhabdopleura de Kon.* aus dem Kohlenkalk, *Onkospira Zitt.* (Jura), *Spironema Meek* (Kreide), *Lesperonia Tournouer* (Tertiär). Die links gewundenen Schalen der Gattungen *Cirrus Sow.* aus dem Jura und *Platyacra v. Ammon* aus der rhätischen Stufe gehören entweder zu den *Turbininae* oder zur nächsten Gruppe.

γ. *Astraliinae.*

Dickschalig, kreiselförmig, mit ebener oder concaver Basis, knotigen oder stacheligen Umgängen, von welchen zumal der letzte häufig radiale Fortsätze entwickelt. Mündung meist viereckig, Deckel kalkig.

Astralium Link. Kreiselförmig, mit gewölbten Umgängen von rauher, lamellöser Oberfläche. Letzter Umgang kantig und oft mit radialen Schuppen am Rand der Basis. Nabel weit, offen oder durch eine Schwiele geschlossen, Mündung schräg abgeschnitten, vierseitig. Recent und fossil von der Trias an.

Von den zahlreichen recenten, hierhergehörigen Formen treten *Calcar Montf.* und *Guilfordia Gray* auch in Kreide und Tertiär, *Pachypoma Gray* und *Bolma Risso* (hierher die als *Turbo rugosus* bekannte, schon im Miocän erscheinende Form des Mittelmeeres) schon im Tertiär, *Uvanilla Gray* schon in der Trias (kleine Formen von St. Cassian) auf.

δ. *Liotiinae.*

Gehäuse meist niedrig, scheibenförmig, genabelt, meist mit starker Sculptur, Längswülsten oder Längsstreifen und spiralen Reifen, Mündung rund, Deckel dünn, innen hornig, aussen kalkig.

Fig. 350.

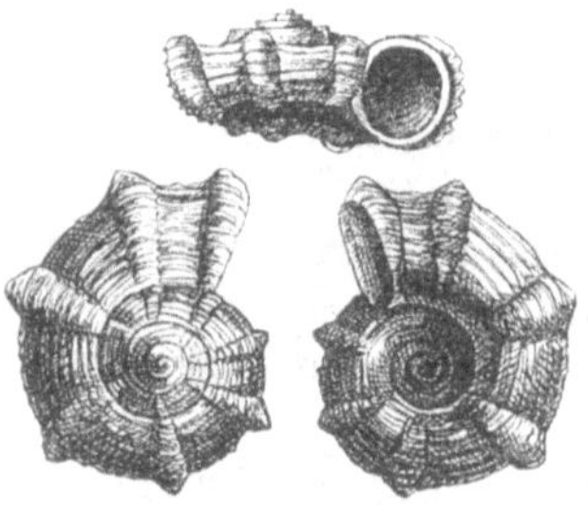

Liotia (Delphinula) Dupiniana d'Orb., Neocom, Marolle (Aube).

Liotia Gray (Fig. 350). Gehäuse niedrig, scheiben- oder kreiselförmig, auch kugelig, weit genabelt. Mit Längswülsten und Querrippen, Aussenlippe wulstig verdickt. Recent und fossil vom Jura an (oft als *Delphinula* oder *Solarium* beschrieben).

Adeorbis Wood. Klein, niedrig, weit genabelt, mit wenigen, rasch anwachsenden, spiral gestreiften oder glatten Umgängen, deren letzter kantig ist. Recent und fossil vom Jura an.

Von den übrigen recenten *Liotiinae* tritt noch *Cyclostrema Marryat* fossil (im Tertiär) auf.

ε. *Umboniinae.*

Schale niedrig, glatt, Nabel durch einen Callus bedeckt. Deckel dünn, hornig.

Umbonium Link. Schale rundlich, mit glatten Umgängen, niedrigem Gewinde und vorragendem Callus. Mündung halbkreisförmig. Recent und fossil vom Devon an.

Teinostoma Ad. Aus wenigen Umgängen bestehend, deren letzter sehr gross ist, Nabel vom flachen Callus bedeckt, Mündung quer verlängert, breit. Recent und fossil vom Kohlenkalk an.

Margarita Leach. Klein, kugelig, oder kreiselförmig, dünn, mit deutlichem Nabel, Mündung rund, mit zusammenhängenden Rändern. Recent und fossil von der Trias an.

Crossostoma Morris und Lycett. Gehäuse dick, rundlich, glatt, ungenabelt, mit stumpfem Gewinde. Mündung rund, mit zusammenhängenden Rändern, durch Anschwellung derselben verengert. Jura.

Weitere zu den *Umboniinae* gehörige Gattungen sind (abgesehen von den blos recent auftretenden): *Cyclora Hall* aus dem Silur, *Anomphalus Meek u. Worth.*, *Rotellina de Kon.* und *Turbina de Kon.* aus dem Kohlenkalk, *Trochopsis Gemmellaro*, *Pleuratella Moore* und *Plocostylus Gemmellaro* aus dem Jura, *Vitrinella Ad.* (recent und fossil von der Trias an), *Solariella Wood* (recent und tertiär).

ζ. *Trochinae.*

Gehäuse kegelförmig, mit abgeflachter Basis und kantigem Umfang der Schlosswindung, Mündung vierseitig, meist quer verlängert, Deckel hornig mit zahlreichen spiralen Umgängen.

Trochus Linn. (Fig. 351). Schale kegelförmig, mehr oder minder gethürmt, aus meist ebenen oder wenig gewölbten Umgängen gebildet, Mündung niedergedrückt, vierseitig, Mundränder nicht zusammenhängend, Spindel gebogen, oft am unteren Ende einen vorragenden Höcker bildend.

Fig. 351.

Trochus singularis Zitt. Stramberger Schichten (Tithon).

Die zahlreichen Untergruppen, welche man für die recenten *Trochus*formen aufgestellt hat, lassen sich nur theilweise zur Unterscheidung der fossilen anwenden; immerhin kann man die Gattungen *Ziziphinus Leach.* *Clanculus Montf.*, *Monodonta Lamk.* und *Osilinus Phil.* bis in die Trias zurückverfolgen.

Im Jura erscheinen bereits *Carinidea Swains.*, *Tectus Montf.*, *Eutrochus Adams*, *Gibbula Leach*, *Monile Swains.*, *Craspedotus Phil.* und in der Kreide treten *Turcica Ad.*, *Cantharidus Montf.*, *Oxystele Phil.* und *Chlorostoma Swains.* hinzu, während im Tertiär fast alle Untergattungen, welche für das grosse Formengebiet der Linné'schen Gattung *Trochus* mit Hinsicht auf die recenten Formen aufgestellt wurden, nachzuweisen sind.

Als weitere, mit *Trochus* nahe verwandte Gattungen wären zu erwähnen:

Flemingia de Kon. mit kegelförmiger, ziemlich hoher Schale, welche von zahlreichen, fast ebenen, glatten Umgängen gebildet wird und niedriger Mündung. Silur bis Carbon.

Microdoma Meek u. Worth. Klein, kegelförmig, mit Querrippen, welche von Zuwachslamellen gekreuzt werden. Ungenabelt, Mündung eiförmig. Carbon.

Delphinula Lamk, kreisel- oder scheibenförmig, genabelt, mit rundlicher Mündung. Recent und fossil vom Jura an.

b. *Neritidae.*

Gehäuse halbkugelig, mit kurzem, wenig entwickelten Gewinde. Mündung halbkreisförmig, Innenlippe abgeplattet, oft gezähnelt. Deckel kalkig, subspiral.

Nerita Linn. Dickschalig, halbkugelig, mit kaum vorragendem Gewinde, spiral gerippt oder glatt, Mündung mehr minder halbkreisförmig, mit schwieliger, abgeflachter Innenlippe, deren gegen die Mündung vorspringender, scharfer Rand meist gezähnt ist. Auch die mehr oder minder verdickte Aussenlippe trägt oft Zähne. Recent und fossil von der Kreide an.

Die recenten Untergattungen *Peloronta Oken* mit gefalteter Innenlippe und *Theliostyla Mörch.* mit warziger oder gekörnter Innenlippe haben keinen palaeontologischen Werth; mit mehr Recht werden die nachstehenden Gruppen abgetrennt:

Oncochilus Pethö[1] (Fig. 352). Glattschalig, Innenlippe callös, gewölbt, mit zwei bis drei stumpfen Zähnen. Aussenlippe einfach, scharf. Trias, Jura. *Lissochilus Pethö.* Innenlippe flach, zahnlos, Aussenlippe scharf, einfach. Trias, Jura. *Otostoma d'Arch.* Dickschalig, halbkugelig, Innenlippe schwielig, weit vorragend, gezähnt, Aussenlippe schräg abgeschnitten. Kreide. *Neritoma Morris.* Glattschalig, Innenlippe flach, unbezahnt, Aussenlippe scharf, mit medianer Einbuchtung. Jura.

Fig. 352.

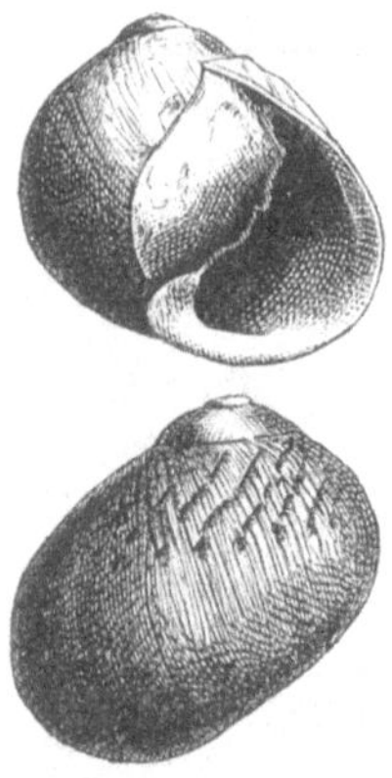

Nerita (Oncochilus) chromatica Zitt. Tithon, Stramberg.

Neritina Lamk. Dünnschalig, glatt (selten mit Stacheln oder Knoten verziert), Innenlippe abgeflacht, lamellenartig vorspringend, mit dünnem, scharfen oder feinbezahnten Rand, Aussenlippe einfach, scharf. Recent und fossil vom Jura an. Die zahlreichen recenten Untergattungen haben palaeontologisch geringe Bedeutung.

Dejanira Stol. mit schwieliger Innenlippe, welche drei starke Falten trägt. Kreide.

Velates Montf. Flach, kegelförmig, mit sehr grossem, letzten Umgang, halbkreisförmiger Mündung, schwieliger, vielfach gezähnter Innenlippe, scharfer Aussenlippe. Die grossen hierhergehörigen Formen sind für das Eocän charakteristisch.

Pileolus Sow. Mit napf- oder kegelförmiger Schale, kleiner halbmondförmiger Mündung. Jura, Kreide, Eocän.

Neritopsis Grat. Dickschalig, mit niedrigem Gewinde, grosser Schlusswindung, mit Quer- und Längsrippen, oft gegittert. Innenlippe abgeflacht, in der Mitte ausgerandet. Recent und fossil von der Trias an. Ein Theil der von LAUBE als *Delphinulopsis* beschriebenen Formen aus den Schichten von St. Cassian gehört zu *Neritopsis.*

c. *Helicinidae.*

Die ausschliesslich recenten, hierhergehörigen Formen (Landbewohner) dürften aller Wahrscheinlichkeit nach von den *Neritinen* abstammen.

B_3. Ctenobranchia.

Die linke Kieme rudimentär, die rechte umfangreich, meist etwas nach links gerückt. Schale meist spiral gebaut, selten napfförmig.

---

[1] Palaeontographica Bd. XXIX, 1882.

I. Ptenoglossa.

Kiemen nach links gerückt, Athemsipho fehlt, Schalenmündung ganzrandig, Zunge mit Reihen zahlreicher kleiner Hacken armirt, ohne Mittelplatten.

a. *Janthinidae.*

Gehäuse dünn, spiral gebaut, bauchig. Der Fuss des Thieres verlängert sich zu einem Floss, welches an der Unterseite die Eikapseln trägt. Von den beiden hierhergehörigen recenten Gattungen *Recluzia Petit* und *Janthina Lamk.* tritt die letztere auch fossil (Pliocän Italiens) auf.

b. *Solariidae.*

Die spirale Schale ist flach, niedrig, kreisel- bis scheibenförmig, weit genabelt, Deckel der recenten Formen hornig, bei einigen fossilen Formen kalkig.

Solarium Lamk. (Fig. 353). Schale niedrig, kreiselförmig, mit niederem letzten Umgang, Nabel weit, oft mit gekerbtem Rand, Mündung meist vier-

Fig. 353.

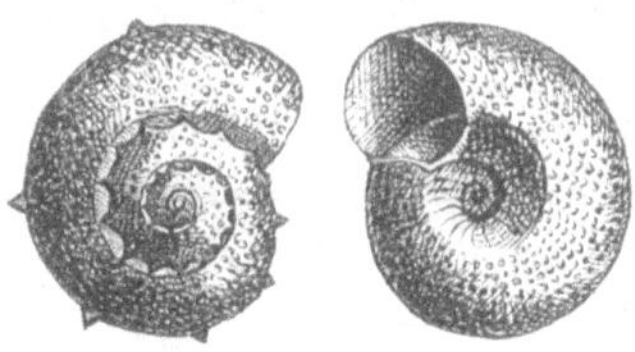

Solarium granosum d'Orb. Gault. Ervy (Aube).

Fig. 354.

Coelocentrus (Euomphalus) Goldfussi d'Arch. et Vern. Mittel-Devon, Eifel.

eckig, selten rund, mit scharfer Aussenlippe. Recent und fossil von der Trias an.

Euomphalus Sow. Schale scheiben- oder niedrig-kegelförmig, mit niedrigem, oft sogar concaven Gewinde, sehr weitem Nabel, Umgänge mit feinen Zuwachsstreifen und einer Kante versehen, welcher an der Mündung eine Ausbuchtung entspricht. Silur bis Carbon.

Schizostoma Bronn. (emend. *de Kon.*) unterscheidet sich von *Euomphalus* durch das Vorhandensein zweier Kanten.

Phymatifer de Kon. trägt an Stelle der Kanten Knotenreihen. Kohlenkalk.

Coelocentrus Zitt. (Fig. 354). Die rundlichen oder kantigen Umgänge der niedrig-kreiselförmigen Schale sind mit ein oder zwei Reihen hohler Knoten oder Stacheln besetzt. Devon bis Trias.

Maclurea Lesueur. Mit convexer Oberseite, welche eine tiefe, nabelartige Einsenkung aufweist und flacher Unterseite, mit sehr dickem Deckel. Cambrisch und Unter-Silur.

Straparollus Montf. Schale niedrig, kegelförmig, mit weitem Nabel, runden Umgängen, mit runder oder ovaler Mündung und wenig ausgerandeter Aussenlippe. Silur bis Trias.

Phanerotinus Sow. (= *Eccuoliomphalus Portlock*) mit aufgelöster Spirale, deren Umgänge sich nicht berühren. Silur bis Carbon.

Discohelix Dunker. Scheibenförmig, rechts oder links gewunden, mit zwei scharfen (oder knotigen) Randkanten, zwischen welchen die Zuwachsstreifen zurückgebogen sind, Mündung viereckig. Von der Trias an, häufig im Lias.

Nahe verwandt sind: *Platystoma M. Hoern.* (Trias), *Bifrontia Desh.* (Eocän), *Cyclogyra Wood* (Pliocän und recent).

Zu den *Solariidae* gehören (abgesehen von den nur durch Einrichtung des Deckels von *Solarium* verschiedenen, daher palaeontologisch unwichtigen Gattungen *Torinia Gray* und *Philippia Gray*) noch *Platyschisma M'Coy* (Devon, Kohlenkalk), *Omphalotrochus Meek* (Silur bis Carbon), *Polytropis de Kon.*, *Rhaphistoma Hall*, *Euomphalopterus F. Roem.* und *Straparollina Billings* (Silur), sämmtlich mit *Straparollus* und *Euomphalus* nahe verwandt.

c. *Scalaridae.*

Die spirale Schale ist hoch gethürmt, die Umgänge gewölbt, längs gerippt, die Mündung rund, mit zusammenhängenden Rändern, der Deckel hornig.

Fig. 355.

Scalaria lamellosa Brocc. Miocän, Baden bei Wien.

Scalaria Lamk. (Fig. 355). Gethürmt, mit runden, bisweilen losgelösten Umgängen, welche Längswülste und Querrippen aufweisen. Mündung rund, Aussenlippe oft wulstig verdickt. Recent und fossil von der Trias an. Die für die recenten Formen aufgestellten Unterabtheilungen: *Acirsa Mörch.*, *Acrilla Ad.*, *Cirsostrema Mörch.*, *Crossea Ad.*, *Eglisia Gray* u. A. sind palaeontologisch unwichtig, hingegen scheinen die fossilen Gattungen *Exellissa Piette* (Jura), *Cochlearia Braun* (Trias), *Scoliostoma Braun* (Devon) und *Holopella M'Coy* (Silur), hierher zu gehören.

II. Taenioglossa holostomata.

Die lange Radula der *Taenioglossa* trägt in jeder Querleiste sieben (ausnahmsweise auch neun oder nur drei) Platten. Bei den *Taenioglossa holostomata* ist die Mündung des Gehäuses ganzrandig, und die Thiere sind meist Pflanzenfresser und rüssellos, nur einige Gruppen (*Naticidae*) sind Raubthiere und besitzen einen zurückziehbaren Rüssel.

a. *Turritellidae.*

Gehäuse thurmförmig, spitz, aus zahlreichen Umgängen bestehend, Mündung rund oder vierseitig, Deckel hornig.

Turritella Lamk. (Fig. 356). Die Umgänge der hochgethürmten Schale sind eben oder etwas gewölbt, quergerippt oder längsgestreift. Die Mundränder hängen nicht zusammen, die scharfe Aussenlippe ist ein wenig ausgebogen. Recent und fossil von der Trias an, hauptsächlich in der Kreide und im Tertiär häufig. Die älteren Formen sind schwierig von *Loxonema* und *Murchisonia* zu trennen. Die für die recenten Formen aufgestellten Gattungen *Mesalia, Torcula* und *Zaria Gray* haben palaeontologisch kaum Bedeutung.

Fig. 356.

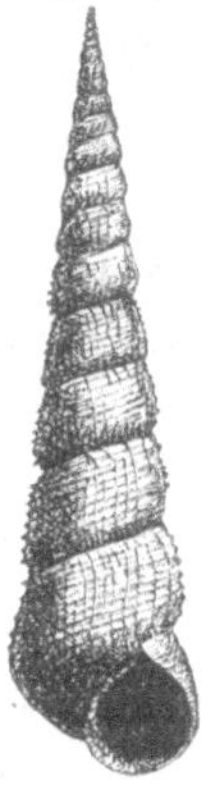

Turritella mitis Desh. Eocän, Grignon, Pariser Becken.

Arcotia Stol. unterscheidet sich von *Turritella* durch einen engen, aber tiefen Nabel. Jura und Kreide.

Glauconia Giebel (Omphalia Zeckeli non *Haan).* Dickschalig, mit hohler Spindel, Umgänge mit Querrippen geziert, Mündung oval, Aussenlippe ausgebuchtet, Innenlippe callös. Kreide, zumal in den Gosanbildungen verbreitet.

Mathilda Semp. Durch die stark angeschwollene Embryonalwindung von *Turritella* verschieden. Recent und tertiär.

Proto Defr. Von *Turritella* durch ovale Mündung und kurzen Ausschnitt am Ende der Spindel verschieden. Recent und tertiär.

b. *Vermetidae.*

Gehäuse röhrenförmig, meist auf fremder Unterlage aufgewachsen und unregelmässig gewunden, nur die ersten Umgänge etwas regelmässiger spiral geordnet. Deckel hornig oder fehlend.

Von den ziemlich ähnlichen *Serpula*-Röhren sind die *Vermetiden*-Gehäuse durch ihren Aufbau aus drei verschiedenen Schichten, durch die spirale Anordnung der ersten Umgänge und durch das Vorhandensein concaver Scheidewände im Inneren verschieden, schlecht erhaltene, fossile Exemplare gestatten jedoch leicht Verwechselung.

Fig. 357.

Vermetus (Thylacodes) cancellatus Desh. Eocän (Sables moyens), Anvers.

Vermetus Adams. Aufgewachsen, unregelmässig spiral gewunden, Sculptur gitterförmig, innen ein bis drei den Umgängen folgende Leisten. Recent und fossil von der Trias an.

Thylacodes Guett. (Fig. 357). Aufgewachsen, mit oft spiral geordneten Umgängen, Mündung nie verengt. Tertiär und recent.

Spiroglyphus Daudin. Gehäuse *Planorbis*-ähnlich, angeheftet und etwas in die Unterlage eingesenkt. Recent und fossil vom Kohlenkalk an.

Vermiculus Mörch. Schale zuerst *Turitella* ähnlich, regelmässig spiral gewunden, dann evolut und unregelmässig. Recent und fossil von der Trias an.

Burtinella Mörch. Nur in der Jugend aufgewachsen, im Alter frei, breit, kreisel- bis scheibenförmig, in der Regel links gewunden. Recent und fossil vom Jura an.

Laxispira Gabb. Schale frei, aus regelmässig spiralen, nach rechts gewundenen, wenig zahlreichen, freien Umgängen bestehend. Kreide.

Siliquaria Brug. Gehäuse frei, spiral gewunden, mit freien Umgängen, welche seitlich der an der Mündung vorhandenen Spalte entsprechend, der ganzen Länge nach einen Schlitz oder eine Porenreihe aufweisen. Recent und fossil von der Kreide an.

c. *Caecidae.*

Kleine Gehäuse, welche in der Jugend scheibenförmig gestaltet sind, später aber cylindrische, gestreckte oder gekrümmte abgestutzte Röhrchen darstellen, indem die Spitze häufig abgeworfen und durch eine gewölbte, warzige Scheidewand ersetzt wird. Der runde Deckel ist hornig.

Caecum Flem. Recent und fossil im Tertiär.

d. *Xenophoridae.*

Gehäuse kreiselförmig, mit runder, concaver Basis, Oberfläche oft mit fremden angehefteten Körpern bedeckt. Mündung einfach, niedrig, schräg gestellt. Deckel breit, hornig.

Fig. 358.

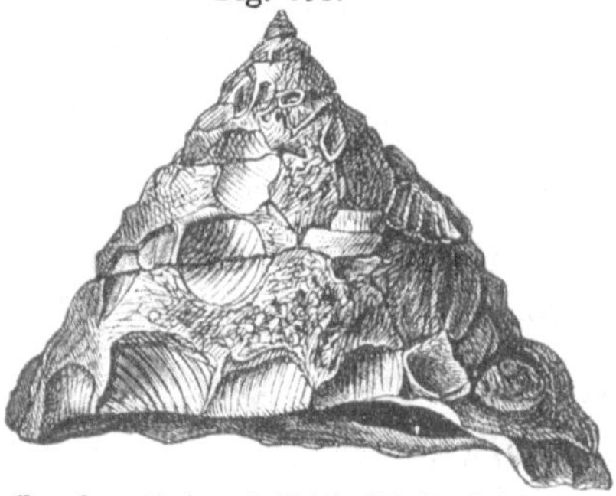

Xenophora Deshayesi Michti. Miocän, Gainfahren, Wiener Becken.

Xenophora Fischer (Fig. 358). Kreiselförmig, mit abgeplatteten Umgängen, welche mehr minder mit angehefteten fremden Körpern, Fragmenten anderer Conchylien, Corallen, Steinchen u. s. w. bedeckt sind. Nabel weit oder eng, zuweilen durch die Innenlippe bedeckt. Recent und fossil von der Devonformation an.

Onustus Gray. Kegelförmig, weit genabelt, Umgänge eben, nicht mit fremden Körpern bedeckt. Recent und fossil von der Trias an.

e. *Capulidae.*

Gehäuse mützenförmig oder schüsselförmig, wenig oder gar nicht gewunden, mit sehr weiter Mündung.

Fig. 359.

Acroculia (Capulus) anguis Barr. Ober-Silur, Lochkow, Böhmen.

Capulus Montf. (Fig. 359). Schale unregelmässig conisch, mützenförmig, mit nach hinten gerücktem Wirbel, Mündung rund, meist unregelmässig, Haftstelle des Thieres in der Schale hufeisenförmig. Recent und fossil von den ältesten versteinerungsführenden Schichten an. Für die sehr häufigen palaeozoischen Formen haben die amerikanischen Palaeontologen vier Gruppen aufgestellt: *Exogyroceras Meek u. Worth.*, *Igoceras Hall*, *Orthonychia Hall* und *Platyceras Conr.*, welche sich indess nicht gut von einander sondern lassen.

Hipponyx Defr. Gehäuse dick, kegelförmig, mit weit nach hinten gerücktem, selten spiralen Wirbel und weiter runder oder ovaler Mündung. Der Fuss sondert zuweilen eine solide, deckelartige Kalkmasse ab oder höhlt eine Vertiefung in die Unterlage. Recent und fossil von der Kreide an.

Crepidula Lamk. Flach, lang, oval, Wirbel rückwärts, Mündung lang, hinten durch eine horizontale Lamelle bedeckt. Recent und fossil von der Kreide an.

Calyptraea Lamk. Kegelförmig, ohne Windungen, aber mit einer dütenförmigen, etwas gedrehten Lamelle unter dem fast centralen Wirbel. Der Fuss sondert eine Kalkplatte ab. Recent.

Crucibulum Schum. Breit kegel- oder schüsselförmig, ohne Windungen; unter dem subcentralen Wirbel eine nach unten erweiterte Lamelle. Recent und tertiär.

Trochita Schum. Schale kreiselförmig, aus wenigen Windungen bestehend, ungenabelt, mit weiter Mündung, welche eine schiefe Lamelle enthält. Recent und tertiär.

Galerus Gray. Kegelförmig, mit oder ohne Windungen, das innere Blatt ist am Spindelende gefaltet und bildet einen falschen Nabel. Recent und fossil von der Kreide an.

f. *Velutinidae.*

Gehäuse dünn, aus wenigen Windungen aufgebaut, oft ohrförmig, glatt oder spiral gestreift, mit grosser, runder Oeffnung ohne Deckel.

Velutina Flem. Das kugelige Gehäuse wird von wenigen, rasch anwachsenden Windungen gebildet. Die recenten Schalen besitzen eine starke Epidermis. Die Naht ist tief, der letzte Umgang bauchig, die Mündung meist gerundet. Recent und fossil von der Trias an.

Marsenia Leach. Dünnschalig, ohrförmig, flach, mit niedrigem Gewinde und stark entwickelter schiefer Mündung. Pliocän und recent.

Zu den *Velutinidae* gehören wahrscheinlich einige palaeozoische Gattungen: *Catinella Stache* (Dyas), *Platyostoma Conr.* (Silur bis Carbon), *Strophostylus Hall* (Silur und Devon), *Oriostoma M. Chalm.* (Devon).

g. *Trichotropidae.*

Gehäuse kreiselförmig, mit Epidermis bekleidet, Mündung an der Basis mit schwach angedeutetem Ausguss.

Trichotropsis Brod. Dünnschalig, kreiselförmig, mit spitzem Gewinde, quer gefurchter oder gegitterter Oberfläche, Ausguss der Mündung schwach. Recent und fossil von der Kreide an.

Purpurina d'Orb. (Obere Trias und Jura) wird von Stoliczka, Jhering und Zittel zu den *Trichotropidae* gestellt, v. Ammon bringt sie zu *Eunema Salter (Turbininae* oder *Littorinidae).*

h. *Naticidae.*

Gehäuse bauchig, mit kurzer Spira, rasch anwachsenden Umgängen und schiefer, halbmondförmiger, an der Basis gerundeter, oben winkeliger Mündung. Deckel kalkig oder hornig.

Die Thiere sind Fleischfresser, ihr gespaltener Fuss bedeckt oft die Schale fast ganz.

Naticopsis M'Coy. (Fig. 360). Gehäuse kugelig, glatt, selten längs gerippt, ohne Nabel, mit niedrigem Gewinde, sehr weitem letzten Umgang, flacher Innenlippe. Deckel kalkig, concentrisch gestreift, innen mit zapfenartigem Vorsprung. Devon, Carbon und Trias.

Fig. 360.

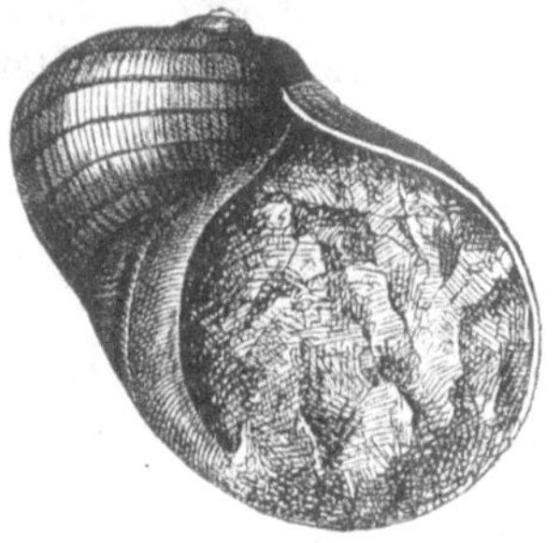

Naticopsis (Natica) lemniscata M. Hoern. Obere Trias, Esino.

Naticodon Ryckholt. Wie *Naticopsis*, Innenlippe jedoch verdickt, mit vorspringendem Zahn. Kohlenkalk, Trias.

Vanikoro Quoy und Gaim. Gehäuse kugelig, aus wenigen rasch anwachsenden Umgängen bestehend, mit niedriger Spira, spiral gestreifter oder gegitterter Oberfläche. Innenlippe einfach, Spindel ausgehöhlt oder genabelt, Deckel hornig. Recent und fossil vom Jura an.

Naticella Mstr. Wie *Vanikoro*, aber ungenabelt, oder mit schwacher Nabelspalte, Oberfläche mit kräftigen Längsrippen ohne Spiralstreifen. Silur bis Trias. *Naticella costata Mst.* Leitfossil der Werfener Schichten. (Untere Trias.)

Sigaretus Lamk. Gehäuse niedrig, ohrförmig, spiral gestreift, mit sehr weiter, schräg gestellter Mündung. Deckel hornig. Recent und tertiär.

Naticina Gray. Gehäuse eiförmig, mit ziemlich hoher Spira. Oberfläche spiral gestreift, Mündung gross, oval. Recent und fossil von der Kreide an, doch nicht häufig.

Natica Lamk. Gehäuse kugelig oder eiförmig, in der Regel genabelt, Nabel frei oder von einer Schwiele ganz oder theilweise bedeckt. Windungen rasch anwachsend, letzter Umgang sehr gross, Mündung weit, ei- oder halbkreisförmig. Aussenlippe scharf, Innenlippe schwielig, ungezähnt, Deckel hornig oder kalkig, mit excentrischem Nucleus. Recent und fossil von der Silurperiode an.

Mit Recht bemerkt Zittel,[1] dass die zahlreichen Gattungen und Untergattungen, in welche *Natica* von den Conchyliologen zerspaltet worden ist (*Ampullina Lamk.*, *Amauropsis Mörch.*, *Amaura Möll*, *Lunatia Gray*, *Cernina Gray*, *Gyrodes Conr.*, *Mamilla Schum.*, *Polinices Montf.*, *Neverita Risso*) sich nur unterscheiden lassen, so lange recente und neogene Formen in Betracht kommen, während sie sich nicht auf die älteren Formen anwenden lassen, welche Merkmale mehrerer Gruppen vereinigen.

[1] Handbuch der Palaeontologie I, 2. Abthlg. pag. 221.

Deshayesia Raulin. Von *Natica* durch die starke Callus-Entwickelung der Innenlippe verschieden, welche den Nabel bedeckt und am Innenrand gezähnt ist. Alttertiär.

i. *Ampullaridae.*

Gehäuse verschieden gestaltet, kugelig, eiförmig oder scheibenförmig, mit stets niedrigem Gewinde, genabelt oder ungenabelt. Schlusswindung bauchig, Mündung einfach, weit, kreisförmig oder oval, mit verdickten Rändern und umgeschlagener Aussenlippe. Deckel hornig oder kalkig. Die Thiere besitzen eine Lungenhöhle über der rechten Kieme.

Die von Terquem und Deshayes als die ältesten *Ampullaria*-Formen betrachteten Gehäuse aus dem Lias Lothringens werden gegenwärtig zu *Purpurina* gestellt. Wirkliche *Ampullarien* kommen von der obersten Kreide an vor, sind jedoch sehr selten. Die meisten als *Ampullaria* gedeuteten Formen des Eocän gehören zu *Natica*. Die für die recenten *Ampullarien* aufgestellten Gattungen und Untergattungen haben daher wenig palaeontologisches Interesse.

j. *Valvatidae.*

Gehäuse klein, niedrig, kegel- oder scheibenförmig, mit dunkler Epidermis, runder Mündung und hornigem multispiralen Deckel. Süsswasserformen.

Valvata Müll. Die kleinen Gehäuse sind niedrig, kreisel- oder scheibenförmig, mehr minder weit genabelt, mit schief gestellter, runder Mündung, deren Ränder zusammenhängend sind. Süsswasserformen. Recent und fossil vom Jura an.

Fig. 361.

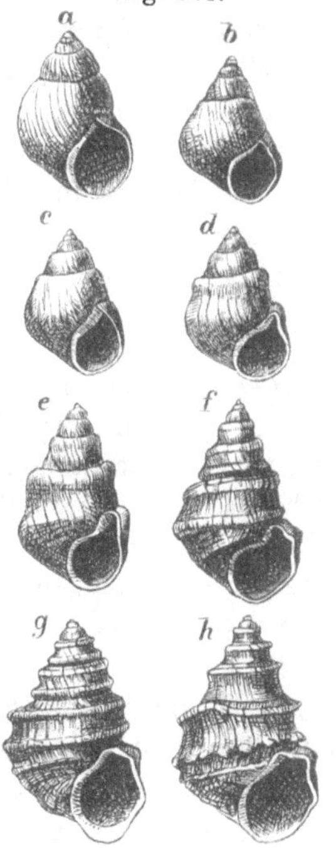

a. Vivipara Neumayri Brus., b. V. Suessi Neum., c. V. pannonica Neum., d. V. bifarcinata Bielz, e. V. stricturata Neum. f. V. notha Brus., g. V. ornata Neum. h. V. Hoernesi Neum. *a. b. c.* aus den unteren, *d. e. f.* mittleren, *g. h.* aus den ob. Paludinenschichten Slavoniens.

k. *Paludinidae.*

Gehäuse kegelförmig, mit oft hoch gethürmtem Gewinde, gewölbten Umgängen, mit dicker Epidermis. Mündung oval, oben winkelig, mit zusammenhängenden Rändern. Süsswasserformen.

Vivipara Lamk. (Fig. 361). Gehäuse kreiselförmig, genabelt oder ungenabelt, glatt oder mit Querrippen und Kielen. Die eiförmige Mündung ist oben etwas zugespitzt, der äussere Mundrand scharf, der Deckel hornig, concentrisch gestreift. Recent und fossil vom oberen Jura an.

Die für die recenten Formen aufgestellten Gattungen und Untergattungen (*Lioplax Trosch.*, *Tulotoma Haldem.*, *Laguncula Bens.*, *Campeloma Raf.*) lassen sich nur mit Schwierigkeit auf die fossilen Formen anwenden. In den obermiocänen „Paludinenschichten" Slavoniens hat M. Neumayr zahlreiche Formenreihen nachgewiesen, deren Stammtypen glatte *Viviparen* sind, während die jüngeren knotige Kiele tragen und zu *Tulotoma* gestellt werden müssen.

Bythinia Leach. Kleine, kegelförmige Gehäuse mit stark gewölbten Umgängen, zusammenhängenden, etwas verdickten Mundrändern und hornig-kalkigem Deckel. Recent und fossil vom oberen Jura an.

Mit *Bythinia* nahe verwandt sind: *Nematura Benson*, *Nematurella Sandb.*, *Nystia Tourn.* und *Stalioa Brusina.* Recent und tertiär.

l. *Rissoidae.*

Kleine Schnecken mit meist hohem Gewinde, mit einfacher oder schwach ausgegossener Mündung und hornigem, spiral gebautem Deckel. Die Gruppe zerfällt in zwei Unterabtheilungen: *Rissoae*, Meeresbewohner mit dicker, in der Regel stark skulptirter Schale und *Hydrobiae* in brackischem oder süssem Wasser, selten im Meere lebend, mit glatten, dünnen Schalen.

α. *Rissoae.*

Rissoa Freminville. Gehäuse dick, klein, eiförmig, längs gerippt, ungenabelt, Mündung oval, Aussenlippe verdickt, Spindel kurz. Recent und tertiär sehr häufig.

Nahe verwandt ist die gleichfalls tertiär und recent häufige *Alvania Risso* und *Rissoina d'Orb.* Recent und fossil vom Jura an.

Skenea Fleming und *Homalogyra Jeffreys* erscheinen im Tertiär und recent, zahlreiche andere *Rissoiden*-Gattungen sind auf die heutigen Meere beschränkt.

Keilostoma Desh. Hochgethürmt, meist quergestreift, die ovale Mündung mit kurzem Ausguss an der Basis und oben winkelig verengt, Aussenlippe mit verdicktem Saum. Kreide und alttertiär.

Diastoma Desh. und *Mesostoma Desh.* sind auf tertiäre Ablagerungen beschränkt.

β. *Hydrobiae.*

Hydrobia Hartm. Gehäuse klein, gethürmt, mit zahlreichen glatten Umgängen. Mündung einfach, oval oder rundlich, Deckel dünn, hornig, pancispiral. Recent und fossil vom Jura an, sehr häufig im Tertiär, in welchem zahlreiche, nahe verwandte Gattungen auftreten, wie *Bythinella Moqu. Tandon*, *Emmericia Brus.*, *Moitessiera Bourg.* u. A., von recenten, nahe verwandten Gattungen erscheinen *Belgrandia* und *Lartetia Bourgignat* im Diluvium; *Amnicola Gould* und *Haldem.* schon im Wealden.

Pyrgula Christ. u. Jan. Gehäuse eiförmig, oft hochgethürmt, mit gekielten Umgängen, einfachem Mundrand. Recent und fossil in tertiären Süsswasser- und Brackwasser-Bildungen.

Mit *Pyrgula* nahe verwandt sind die Gattungen *Pyrgidium Tourn.*, *Fossarulus Neum.*, *Prososthenia Neum.*, *Micromelania Brus.*, *Mohrensternia Stol.*, sämmtlich aus tertiären Süss- und Brackwasser-Bildungen.

Assiminea Leach. Gehäuse ganz jenem einer *Hydrobia* gleichend, Thier jedoch wesentlich verschieden (bei den Gebrüdern Adams eine besondere Familie bildend). Nach Sandberger schon im Eocän.

m. *Truncatellidae.*

Gehäuse sehr klein, gethürmt, nahezu cylindrisch, mit meist abgestutzter Spitze, Mündung oval, Deckel hornig.

Truncatella Risso, *Acicula Hartm.* und *Berellaia Laubrière u. Carez* treten auch im Tertiär auf.

n. *Littorinidae.*

Dickschalig, kegel- oder kreiselförmig, ungenabelt, mit niedrigem oder hohem Gewinde, rundlicher oder eiförmiger, innen der Perlmutterschicht entbehrender Mündung. Deckel hornig, spiral gebaut.

Eunema, *Isonema*, *Cyclonema* und manche andere oben unter den *Turbininae* angeführten Gattungen werden häufig zu den *Littorinidae* gestellt, da das Vorhandensein einer Perlmutterschicht im Inneren der fossilen Gehäuse meist schwer zu constatiren ist.

Littorina Fér. (Fig. 362). Dickschalig, kugelig, ei- oder kegelförmig, mit schiefer, oben winkeliger Mündung, etwas abgeplatteter Spindel mit scharfem Innenrand. Recent und fossil vom Lias an. Zwischenformen zwischen *Littorina* und *Lacuna* schon in der Trias.

Fig. 362.

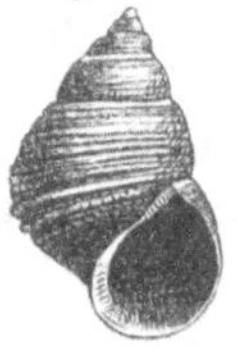

Littorina subangulata Desh. Eocän (Sables moyens), Pariser Becken.

Lacuna Turton. Dünnschalig, von *Littorina* durch das Vorhandensein eines schwachen Ausgusses an der Basis verschieden. Recent und tertiär, angeblich schon im Kohlenkalk.

Die Gattungen *Planaxis Lamk.*, *Litiope Rang.*, *Quoyia Desh.* treten recent und tertiär auf. Die Gattung *Lithoglyphus Ziegl.*, welche heute im Süsswasser lebt, erscheint bereits in miocänen Süsswasserbildungen.

Fossarus Philippi. Gehäuse halbkugelig, genabelt, mit rasch anwachsenden, gegitterten Umgängen, Aussenlippe scharf, Innenlippe nicht verdickt, mit geradem Rand. Recent und tertiär.

Fossariopsis Lbe. Ganz ähnlich wie die vorhergehende Gattung und von dieser nur durch den mangelnden Nabel und die schwielig verdickte Innenlippe verschieden. Trias.

o. *Pyramidellidae.*

Gehäuse klein, gethürmt, glatt, glänzend, Mündung eiförmig, einfach, mit hornigem Deckel. Die Embryonalwindungen sind in der Einrollung häufig von der übrigen Schale verschieden oder bilden mit derselben einen Winkel.

Eulima Risso. Schale gethürmt, ungenabelt, mit zahlreichen ebenen, glatten und glänzenden Umgängen, Spira häufig gebogen, Mündung oben winkelig, an der Basis gerundet. Recent und fossil von der Trias an, besonders tertiär häufig. Die zahlreichen, von Adams unterschiedenen Unterabtheilungen (*Leiostraca*, *Apicalia* etc.) haben palaeontologisch keinen Werth.

Niso Risso. Wie *Eulima*, jedoch tief genabelt und mit Ausguss an der Basis. Recent und fossil von der Trias an.

Eulimella Forbes. Embryonalwindungen links gewunden, einen Winkel mit den übrigen Umgängen bildend. Innenlippe gerade. Tertiär und recent.

Pyramidella Lamk. Schale gethürmt, längs gerippt, Embryonalwindungen links gewunden, Mündung mit schwachem Ausguss, Spindel mit Falten an der Basis. Recent und tertiär.

Obeliscus Humphrey. Wie *Pyramidella*, aber mit glatter Schale und gerader Spindel. Recent und fossil von der Kreide an.

Odostomia Fleming. Schale klein, glatt, glänzend, Embryonalwindung links gedreht, Innenlippe der ovalen Mündung mit einer vorspringenden Falte. Recent und fossil von der Kreide an; mit zahlreichen, heute lebenden Untergattungen.

Turbonilla Risso. Klein, gethürmt, längs gerippt, mit links gedrehten Anfangswindungen, Spindelfalte schwach. Recent und fossil von der Kreide an.

p. *Pseudomelaniadae.*

Grosse Formen mit gethürmtem Gehäuse, eiförmiger, einfacher oder schwach ausgegossener Mündung, Embryonalwindungen nicht abweichend gedreht oder winkelig abgebogen.

Pseudomelania Pictet (= Chemnitzia d'Orb. p. p.) (Fig. 363). Gehäuse lang, eiförmig bis thurmförmig, spitz, ungenabelt, mit zahlreichen Umgängen. Mündung oval, oben verschmälert, Spindel ohne Falten, wenig gebogen. In

Fig. 363.

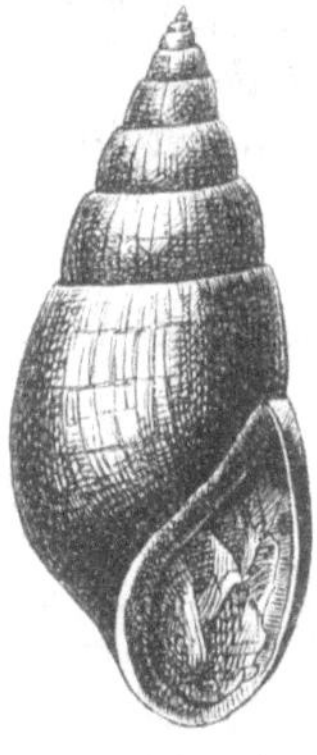

Chemnitzia Escheri M. Hoernes. Obere Trias, Esino.

Fig. 364.

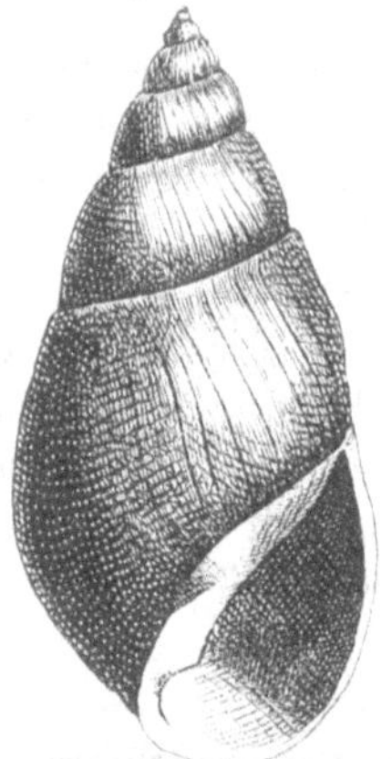

Macrocheilus arculatus Schloth. sp. Mittel-Devon, Paffrath.

allen mesozoischen Formationen verbreitet, selten tertiär. Gemmellaro unterscheidet als Unterabtheilungen: *Chemnitzia s. str.*, *Rhabdoconcha*, *Pseudo-Melania*, *Oonia* und *Microschiza.*

Loxonema Phil. Von der sehr ähnlichen *Pseudomelania* hauptsächlich durch gewölbte Umgänge und starke Zuwachsstreifen verschieden, Spira sehr lang, Aussenlippe Sförmig gekrümmt. Silur bis Trias.

Macrocheilus Phill. (Fig. 364). Gehäuse lang oval, ungenabelt, mit spitzem

Gewinde aus mässig gewölbten Umgängen gebildet, mit sehr grosser Schlusswindung; Aussenlippe dünn, einfach, Innenlippe schwielig, mit einer stumpfen Falte an der Basis der Spindel. Devon bis Trias.

Ptychostoma Lbe. Eiförmig, ungenabelt, mit mässig hohem, spitzen Gewinde, Mündung eiförmig, mit schwachem Ausguss, Innenlippe einfach gebogen, Aussenlippe stark V förmig gekrümmt (dementsprechend auch die Zuwachsstreifen). Trias.[1]

Tylostoma Sharpe. Dickschalig, von eiförmigem Umriss, ungenabelt, mit weiter Schlusswindung, Mündung oval, mit schwachem Ausguss. Aussenlippe scharfrandig, im Innern aber mit einem Wulst, dementsprechend alle Windungen in gewissen Abständen mit ähnlichen Verdickungen versehen. Oberer Jura und Kreide.

Bourguetia Desh. Gehäuse gross, gethürmt, mit Querlinien oder Furchen, geziert, Mündung oval, oben verengt, an der Basis erweitert und gerundet. Jura.

Subulites Conr. Gehäuse stark verlängert, spindelförmig, glatt, mit sehr hoher Spira, schiefen Nähten und langer schmaler, oben verengter Mündung. Silur bis Kohlenkalk.

Nahe mit *Subulites* verwandt sind: *Fusispira Hall* (Unter-Silur), *Soleniscus Meek und Worth.* (Kohlenkalk), *Euchrysalis Lbe.* (Trias).

Orthonema Meek und Worth. Mit stark verlängertem Gewinde, kantigen, gekielten Umgängen, Mündung oben winkelig, unten breit, Aussenlippe einfach. Devon, Kohlenkalk.

q. *Melaniadae.*

Gehäuse mehr oder minder gethürmt, mit meist hohem, spitzen Gewinde, dessen Apex oft abgestutzt ist. Oberfläche mit dicker, dunkler Epidermis, doch häufig corodirt. Mündung eiförmig, ganz oder mit kurzem Canal oder Ausguss. Deckel hornig. Bewohner der süssen und brackischen Gewässer.

Die *Melaniadae* zerfallen in drei Unterabtheilungen: *Melaniinae*, gethürmte Formen mit einfacher Mündnng, Thier mit gefranstem Mantelrand; *Melanopsinae*, Gehäuse eiförmig oder gethürmt, Basis stets mit canalartigem Ausschnitt oder kurzem Canal und *Strepomatinae* mit eiförmiger oder gethürmter Schale, deren Mündung an der Basis gerundet oder verschmälert, canalartig ausgegossen ist, Thier mit einfachem, nicht gefransten Mantelrand. Zur letzteren, heute auf die süssen Gewässer Nordamerikas beschränkten Gruppe gehören die ältesten *Melaniadae*.

α. *Melaniinae.*

Melania Lamk. (Fig. 365). Gehäuse sehr verschieden gestaltet, ei- bis thurmförmig, glatt oder mit verschiedener Sculptur: quergestreift, längsgerippt oder geknotet, Mündung einfach. Recent und fossil von der Kreide an.

---

[1] Zittel reiht (Handbuch der Palaeontologie I, 2. Abth. pag. 224) diese Gattung und die folgende den *Naticidae* an.

Von den zahlreichen, für die recenten Formen aufgestellten Untergattungen können manche, wie *Melanella Swains.*, *Melanoides Oliv.*, *Striatella Brot. Tiara Bolten* etc. auch fossil (Eocän und Miocän) unterschieden werden.

Fig. 365.

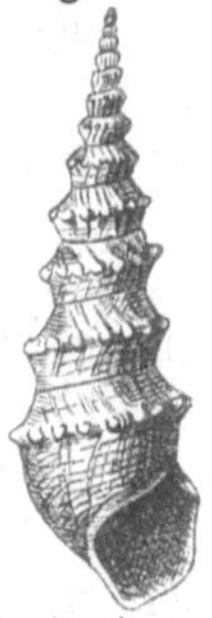

Melania inquinata Defr. Eocän (Lignites), Pariser Becken.

Paludomus Swainson. Gehäuse eiförmig, dick, glatt oder längs gerippt, mit schwieliger Spindel. Mündung eiförmig, einfach. Recent auf Ceylon, fossil in der Kreide.

Stomatopsis Sandb. (Stache). Dickschalig, lang-eiförmig, mit treppenartig abgesetzten Windungen, mit kräftigen Längsrippen, welche wellige Nähte bedingen. Mündung oval, etwas verengt, mit verdickten Mundrändern. In den „Cosina-Schichten" Dalmatiens und Istriens (obere Kreide).

β. *Melanopsinae.*

Melanopsis Fér. (Fig. 366). Gehäuse eiförmig oder gethürmt, mit oben winkeliger, unten canalartig ausgeschnittener Mündung. Innenlippe oben mit Callus, Spindel an der Basis abgestutzt. Recent und fossil von der Kreide an. Häufig in den brackischen Ablagerungen der pontischen und levantinischen Stufe Ost-Europa's (Ober-Miocän) und in derselben durch sehr veränderliche Formen vertreten. Der „chaotische Polymorphismus" der zur Abbildung gebrachten Formen soll nach Fuchs durch Bastardirung der Grenztypen (*Melanopsis Vindobonensis* und *M. impressa Krauss*) entstanden sein, wahrscheinlich ist er durch die ungleiche Beschaffenheit des Brackwassers verursacht.

Fig. 366.

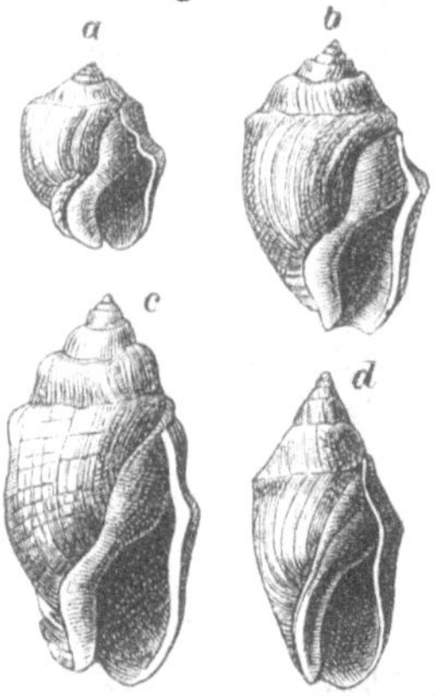

a. Melanopsis vindobonensis Fuchs. Brunn, *b. c. M. Martiniana Fér.* Oedenburg, *d. M. impressa Krauss.* Tscheitsch. Ober-Miocän (Congerien-Schichten), Wiener Becken.

Zahlreiche, für recente *Melanopsinen* aufgestellte Gattungen (*Canthidomus*, *Canidia*, *Campylostylus*, *Macrospira*, *Lyrcea*) sind durch Uebergänge innig verbunden und gehören (ebenso wie bei den *Paludinen*) Glieder einer und derselben Formenreihe in verschiedene „Untergattungen", so dass dieselben kaum palaeontologische Berechtigung haben.

Melanoptychia Neum. Unterscheidet sich von *Melanopsis* durch eine Querfalte auf der Spindel. Ober-Miocän.

Hemisinus Swains. Glatt, gethürmt, Mündung an der Basis ausgeschnitten, Innenlippe oben nicht callös. Recent und fossil von der Kreide an.

Faunus Montf. (= *Pirena Lamk.*). Hochgethürmte, grosse, glatte Gehäuse mit sehr starkem Canalausschnitt an der Basis der Mündung und gebogener Aussenlippe, welche oben eine tiefe Bucht aufweist. Recent und fossil von der oberen Kreide an.

γ. Strepomatinae.

Pleurocera Raf. Eiförmig oder gethürmt, mit canalartigem Ausschnitt an der Basis und gebogener Aussenlippe. Recent und fossil vom Wealden an.

Goniobasis Lea. Gethürmt oder eiförmig, mit ovaler, an der Basis verschmälerter und scharfer Mündung. Aussenlippe wenig gebogen oder gerade. Recent. Nach SANDBERGER auch im Wealden.

Leptoxis Raf. Gehäuse kugelig oder eiförmig, mit runder Mündung, ohne Ausguss. Recent und im Wealden.

Ptychostylus Sandb. Eiförmig mit treppenartigen, längs gerippten Windungen, Mündung oben eng, unten gerundet, Spindel gefaltet. Wealden.

r. *Cyclostomidae.*

Gehäuse sehr verschieden geformt, kreisel- oder scheibenförmig, zuweilen auch gestreckt, röhrig, oft mit horniger Epidermis bedeckt. Mündung rund, meist einfach, selten mit schwach angedeutetem Ausguss, Ränder scharf, zuweilen verdickt und umgeschlagen, zusammenhängend. Deckel hornig oder kalkig, spiral. Die Thiere besitzen wohl eine Lungenhöhle und athmen durch ein Gefässnetz in der Decke derselben an Stelle der Kiemen, ihre übrige Organisation gleicht jedoch jener der *Ctenobranchia.* Die recenten Formen sind Bewohner des Festlandes.

Cyclostoma Lamk. (Fig. 367). Gehäuse ei-kegelförmig, dünn, genabelt, mit einfachen oder umgeschlagenen Mundrändern, kalkigem, paucispiralen Deckel. Recent und tertiär.

Fig. 367.

Cyclostoma antiquum Brongn. Calcaire de Beauce Fontainebleau.

Megalomastoma Guilding. Gehäuse gethürmt, mit unten engeren Windungen, Mündung kreisrund, mit verdickten und umgeschlagenen Rändern, Deckel dünn, hornig. Recent und fossil von der Kreide an.

Cataulus Pfeiffer, ähnlich wie *Megalomastoma*, Mündung jedoch schwach ausgegossen. Recent und in der oberen Kreide.

Cyclophorus Montf. Gehäuse kreisel- bis scheibenförmig, weit genabelt. Recent und fossil von der Kreide an.

Cyclotus Guilding. Gehäuse niedrig, mit weitem Nabel, Deckel kalkig, multispiral. Recent und fossil von der Kreide an.

Strophostoma Desh. Gehäuse niedrig, kreisel- bis kugelförmig, letzte Windung umgebogen, Mündung nach aufwärts gekehrt. Kreide bis Miocän.

Von den zahlreichen recenten *Cyclostomen*-Gattungen treten manche auch in der Tertiärformation auf, so: *Callia Gray*, *Craspedopoma Pfeiffer*, *Leptopoma Pfeiff.*, *Otopoma Gray*, *Pomatias Studer*, *Tudora Gray.* Mit der recenten Gattung *Cyclosurus Morelet* scheinen die sehr ähnlich gestalteten, röhrenförmigen, schwachgebogenen mit spiralem Nucleus beginnenden Gehäuse von *Orygoceras Brus.* (Ober-Miocän) verwandt zu sein.

III. Taenioglossa siphonostomata.

Radula wie bei der vorhergehenden Gruppe, Mündung des Gehäuses mit Ausguss oder verlängertem Canal.

a. *Nerineidae.*[1]

Gehäuse kegelförmig, meist hoch gethürmt, mit oder ohne Nabel. Mündung an der Basis mit kurzem Canal oder seichtem Ausguss, Aussenlippe einfach, scharf, oben mit spaltartigem Einschnitt, welcher ein Band unter der Naht verursacht. Im Inneren meist kräftige Falten auf der Spindel und der Aussenwand vorhanden. Nur fossil in Jura und Kreide.

Nerinea Defr. (Fig. 368). Gehäuse hoch gethürmt, oft subcylindrisch, ungenabelt (selten genabelt); Umgänge fast eben, Mündung viereckig oder eiförmig, Spindel ebenso wie die Aussenlippe mit einfachen Falten (im Ganzen ein bis fünf, meist nur drei), welche an Längsschnitten des Gehäuses gut sichtbar werden. Spindel der jurassischen Formen in der Regel solid, der cretacischen häufig durchbohrt.

Fig. 368.

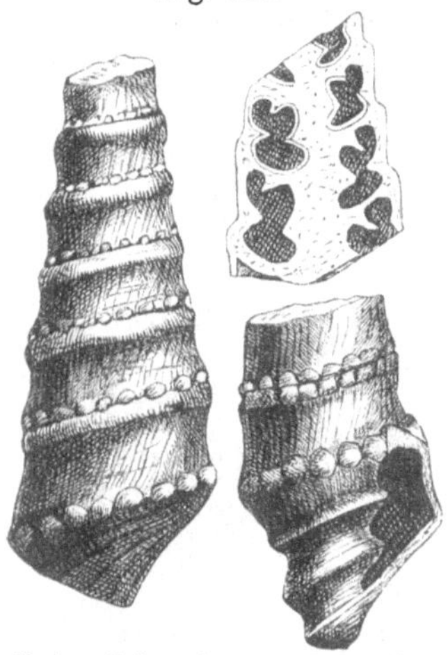

Nerinea Defrancei var. posthuma Zitt. Stramberger Schichten (Tithon).

Ptygmatis Sharpe. Aeusserlich wie *Nerinea* gestaltet, meist genabelt. Die Umgänge weisen innen zahlreiche (fünf bis sieben) oft complicirt gebaute Falten auf. Jura und Kreide.

Itieria Math. Eiförmig, meist genabelt, mit umfassenden Umgängen, stets mit einfachen oder zusammengesetzten Falten an der Spindel und in der Regel auch an den übrigen Theilen der Umgänge. Jura und Kreide.

Cryptoplocus Pictet et Camp. Kegelförmig, genabelt, selten ungenabelt, Mündung mit sehr schwachem Canal, nur eine einfache Falte im oberen Theile des Windungsquerschnittes vorhanden. Jura und Kreide.

Aptyxis Zitt. (= Pachystylus Gemellaro). Gehäuse hoch gethürmt, subcylindrisch, ungenabelt, Umgänge innen ohne Falten, nur die Mitte der Spindel mit einer faltenartigen Verdickung. Jura.

b. *Cerithiidae.*

Gehäuse schlank, aus zahlreichen Windungen bestehend, Mündung oval oder viereckig, mit kurzem, oft rückwärts gekrümmten Canal. Aussenlippe dünn, scharf oder ausgebreitet und verdickt. Zuweilen ein bis zwei Spindelfalten vorhanden. Deckel hornig, spiral.

Die *Cerithidae* umfassen drei Untergruppen: *Cerithiinae,* marine Formen

[1] Zittel: Gasteropoden der Stramberger Schichten, pag. 328, Handbuch der Palaeontologie I, 2. Abth. pag. 245.

ohne Epidermis, mit ovalem oder halbkreisförmigem, paucispiralen Deckel, *Potamidinae*, Brack- und Süsswasserformen mit kreisrundem, multispiralen Deckel und *Cerithiopsinae* mit einer von *Cerithium* kaum verschiedenen Schale, mit concentrisch gebautem Deckel und Thieren, welche so weit von den übrigen *Cerithiden* abweichen, dass die Gebrüder ADAMS diese Gruppe als eine besondere Familie *(Cerithiopsidae)* den *Eulimidae* und *Styliferidae* anreihen.

α. Cerithiinae.

Cerithium Adanson (Fig. 369). Gehäuse gethürmt, ohne Epidermis, mit ovaler Mündung, Canal wohl entwickelt, Deckel paucispiral. Recent und fossil von der Trias an. Die älteren Formen lassen sich schwer von *Potamides* trennen.

Fig. 369.

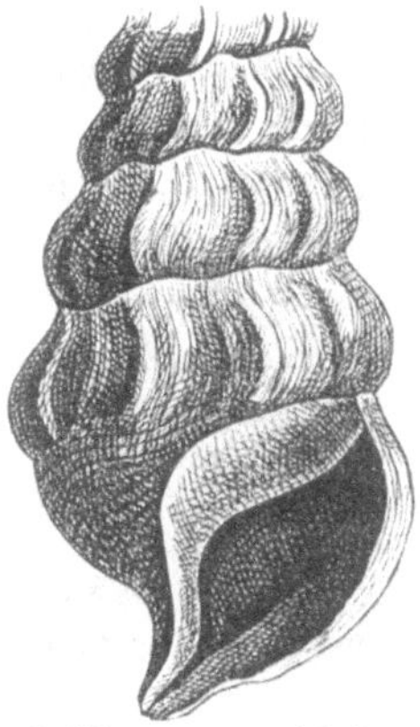

Cerithium cornucopiae Sow. Eocän, Londonthon.

Die für recente Formen aufgestellten Untergattungen, *Colina Adams*, *Vertagus Adams* und *Fastigiella Reeve* lassen sich zur Unterscheidung der tertiären *Cerithien* wohl verwenden, nicht aber für Gruppirung der älteren Typen. Aber auch im Eocän treten manche Formen auf, welche eine Abtrennung eigener Gruppen wünschenswerth machen. So verweist ZITTEL mit Recht auf die riesigen Formen der Gruppe des *Cerithium giganteum Lamk.* und *C. cornucopiae Sow.*, welche sich durch starke Knoten unter der Naht und kräftige Spindelfalten auszeichnen, als eine mit gleichem Rechte von *Cerithium sens. str.* abzutrennende Untergattung.[1]

Fibula Piette. Gehäuse thurmförmig, oft mit durchbohrter Spindel, glatt oder mit schwachen Längsrippen, Spindel gerade, Canal kurz oder rudimentär. Nur fossil, Trias bis Kreide.

Weitere nur fossile zu den *Cerithiinae* gehörige Gattungen sind: *Cerithinella Gemm.*, *Eustoma Piette* und *Ditretus Piette* (Jura), sowie *Vicarya d'Arch.* (Eocän).

β. Potamidinae.

Fig. 370.

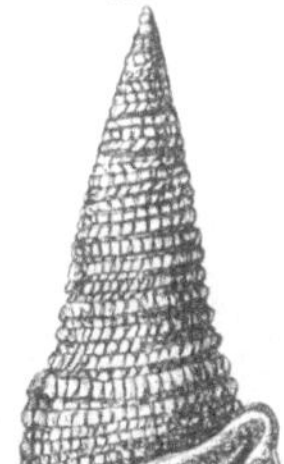

Potamides (Tympanotomus) margaritaceus Brocchi sp. Oligocän, Mainzer Becken.

Potamides Brongn. (Fig. 370). Gehäuse gethürmt, mit brauner Epidermis bedeckt, Mündung schwach ausgegossen oder mit kurzem Canal. Deckel rund. Recent und fossil von der Kreide an, in den Brack- und Süsswasserablagerungen der Tertiärformation häufig. Die von den Conchyliologen für die recenten Formen aufgestellten Subgenera *(Cerithidea Swains.*, *Pyrazus Montf.*, *Telescopium Montf.* und *Tympanotomus Klein)* lassen sich auch zur Sonderung der zahlreichen hierhergehörigen, fossilen Formen anwenden.

Bittium Leach. Gehäuse gethürmt, Oberfläche gekörnelt, oft mit Längs-

[1] Handbuch der Palaeontolologie I. Bd. 2. Abth. pag. 249.

wülsten, Canal kurz, gerade, Innenlippe einfach, Aussenlippe scharf. Recent und fossil vom Jura an.

Triforis Desh. Sehr schlank, links gewunden, Mündung rund, mit zurückgebogenem, vollkommen geschlossenen Canal; häufig mit runder Oeffnung auf der Rückseite des letzten Umganges. Recent und tertiär.

Pyrenella Gray. Klein, gethürmt, gerippt oder gekörnelt, mit unregelmässigen Längswülsten; Mündung rundlich, mit kurzem Canal, einfacher, dünner Aussenlippe. Recent und fossil von der Kreide an.

Lampania Gray. Gethürmt, Umgänge ohne Längswülste, Mündung eiförmig, Innenlippe schwielig, Aussenlippe gebuchtet, Canal kurz. Tertiär und recent.

γ. *Cerithiopsinae.*

Cerithiopsis Forbes. Schale sehr ähnlich wie jene von *Cerithium*, gethürmt, mit gekörnelten Querlinien, Mündung eiförmig, mit kurzem Ausguss. Deckel hornig, concentrisch gebaut. Recent und fossil von der Kreide an.

Alaba Adams. Glattschalig, zuweilen mit unregelmässigen Längswülsten. Mündung schwach ausgegossen. Tertiär, recent.

Ceritella Morris und Lycett. Gehäuse klein, kurz, spitz, glatt oder mit kurzen Längsrippen, Mündung länglich und schmal mit kurzem Canal. Jura.

c. *Aporrhaidae.*

Gehäuse ei- oder kegelförmig, gethürmt bis spindelförmig, Mündung mit kurzem oder langem Canal an der Basis, Aussenlippe erweitert, flügelartig, meist gefingert. Deckel hornig.

Aporrhais Dillw. (= *Chenopus Philippi*). Gehäuse gethürmt, Mündung schmal, an der Basis in einen Canal verlängert, Innenlippe callös, Aussenlippe an der Basis, oft auch oben ausgebuchtet, meist ausgebreitet und fingerförmig gelappt. Obere Ecke der Mündung rinnenförmig verlängert. Recent und fossil vom Lias an. Nahe verwandt (von Zittel als Subgenera betrachtet) sind: *Cuphosolenus Piette* aus dem Jura, *Dimorphosoma Starkie Gardner*, *Ceratosiphon Gill*, *Helicaulax Gabb*, *Lispodesthes White*, *Tessarolox Gabb* u. A. aus der Kreide, *Alipes Conr.* aus Kreide und Tertiär.

Fig. 371.

Alaria (Rostellaria) carinata Mant. Gault (Restauration nach französischen Exemplaren durch d'Orbigny).

Alaria Morris u. Lycett. (Fig. 371). Gehäuse schlank, Basalkanal lang oder kurz, keine Rinne an der oberen Ecke der Mündung, Aussenlippe einfach oder geflügelt und gefingert, doch nie mit Ausbuchtung nahe der Basis. Häufig mit regelmässig entfernten Varices oder Stacheln geziert, die sich als frühere Mundränder erweisen. Jura und Kreide.

Nahe verwandt (Subgenera von *Alaria*) sind: *Dicroloma Gabb* und *Anchura Conr.* (Jura und Kreide).

Spinigera d'Orb. Spindelförmig, mit langem, geraden Canal und gegenüberstehenden Reihen von langen Stacheln als Andeutungen ehemaliger Mundränder. Jura.

Malaptera Piette. Eiförmig, mit sehr grosser, geflügelter, mit zahlreichen Rippen versehener Aussenlippe, welche sich sowohl über den Canal als über die Spira ausbreitet. Jura und Kreide.

d. *Strombidae.*

Gehäuse eiförmig, gethürmt bis spindelförmig. Mündung mit mehr minder ausgebreiteter, oft gelappter und ausgebuchteter Aussenlippe. Deckel hornig.

Strombus Linn. (Fig. 372). Eiförmig, mit mässig hohem, zuweilen gethürmten Gewinde, Mündung lang, schmal, mit kurzem Canal an der Basis, einer Rinne an der Oberseite und einer schwachen Ausbuchtung in der Nähe des Canals. Recent und fossil von der Kreide an.

Fig. 372.

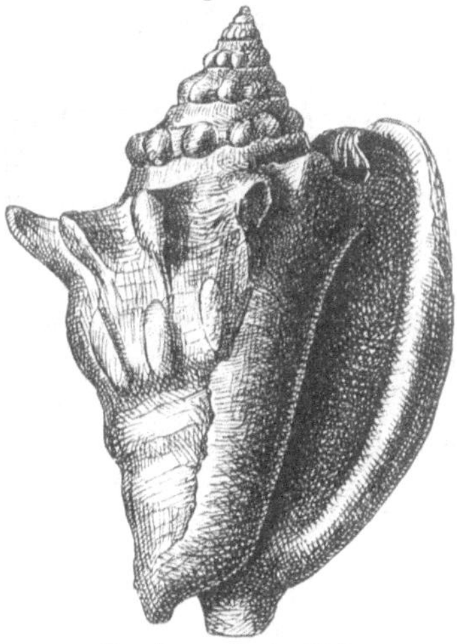

Strombus coronatus Defr.
Miocän, Vöslau, Wiener Becken.

Fig. 373.

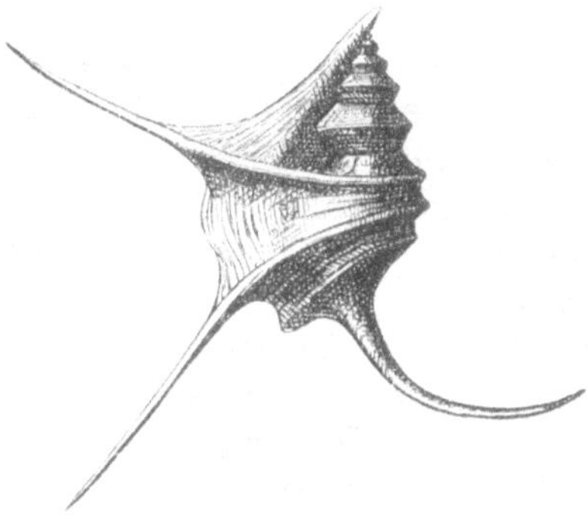

Pterocera (Harpagodes) Mareauxiana d'Orb.
Neocom, Bujard (Meuse), (nach d'Orbigny).

Die von den Brüdern Adams zur Einordnung der recenten Formen angewendeten Untergattungen *Monodactylus* und *Gallinula Klein*, sowie *Canarium* und *Euprotomus Schum.* sind palaeontologisch kaum verwerthbar, besser gesondert sind:

Pugnellus Conr. mit glatter Ausbreitung der Innenlippe, welche auch das Gewinde bedeckt. Kreide.

Oncoma May. mit flügelartig ausgebreiteter, einfacher Aussenlippe ohne Einbuchtung. Alttertiär.

Pterocera Lamk. (Fig. 373). Gehäuse eiförmig oder gethürmt, mit langem Canal, enger Mündung und flügelförmiger, mit fingerartigen Fortsätzen versehener Aussenlippe. Recent und fossil vom Jura an.

Die recenten Formen gehören der Gattung *Pterocera Lamk.* im engeren Sinne und der Untergattung *Harpago Klein* an, für cretacische und jurassische

Formen mit höherem Gewinde und langem, gekrümmten Canal hat GILL die Gruppe *Harpagodes* geschaffen.

Pterodonta d'Orb. zeichnet sich durch eine ausgebreitete, einfache, innen mit einer zahnähnlichen Schwiele ausgestatteten Aussenlippe aus. Kreide.

Struthiolaria Lamk. Gehäuse eiförmig, mit verlängertem Gewinde, weiter, an der Basis mit kurzem Canal ausgestatteter Mündung; Innenlippe callös, Aussenlippe schwach gebuchtet. Recent und tertiär.

Pereirea Crosse. Gehäuse *Strombus* ähnlich, Gewinde mit sehr starken Stacheln, welche die Nahtlinie begleiten und durch Callusentwickelung des inneren Mundsaumes entstehen. Miocän.

Halia Risso (= *Priamus Beck*). Gehäuse eiförmig, dünn, glatt, weitmündig, mit kurzem Canal an der Basis, neben welchem die Aussenlippe ganz schwach eingebuchtet ist. Recent und fossil vom Miocän an.

Rostellaria Lamk. Schale hoch gethürmt, spindelförmig, glatt, Mündung lang oval, in einen schmalen, spitzen Canal verlängert, oben in einer kurzen Rinne endigend, die verdickte Aussenlippe gezackt oder gezähnt. Recent und fossil vom Miocän an.

Hippochrenes Montf. unterscheidet sich von *Rostellaria* durch flügelartig erweiterte Aussenlippe und verlängerte obere Rinne, welche oft bis zur Spitze des Gewindes reicht. In der oberen Kreide selten, im Eocän häufig.

Rimella Ag. Aehnlich wie *Hippochrenes*, doch mit gegitterter Oberfläche. Recent und fossil von der Kreide an.

Terebellum Lamk. Gehäuse glatt, subcylindrisch, eingerollt, mit kaum vorragendem Gewinde. Mündung lang, oben eng, unten verbreitert, mit kurzem Canal. Aussenlippe scharf, dünn, nicht ausgebreitet. Recent und fossil vom Eocän an, in welchem die Gattung sehr häufig vorkommt und mit *Terebellopsis Leymerie* (mit hohem Gewinde) und *Mauryna Gregorio* (mit schwachen Längsrippen) vergesellschaftet ist.

e. *Cypraeidae.*

Schale eingerollt, Gewinde an erwachsenen Formen fast vollständig eingehüllt, Aussenlippe der engen Mündung eingebogen, Canal kurz, Deckel fehlt.

Cypraea Linn. Eiförmig, glatt, mit kurzem, im Alter umhüllten Gewinde, Mündung sehr eng, oben und unten ausgegossen, beide Lippen gezähnt. Recent und fossil von der Kreide an.

Cypraeovula Gray (das Gehäuse nicht glatt, sondern mit Querlinien bedeckt), *Trivia Gray* (Rückseite mit erhabenen Querlinien), *Pustularia Swainson* (Rückseite mit warzenförmigen Erhöhungen), *Epona Adams* (glattschalig, oben und unten schnabelartig ausgezogen) und *Eratopsis R. Hoern.* (ei-kegelförmig, mit oben erweiterter Mündung, Rückseite mit erhabenen Körnern und Strichen geziert) treten recent und tertiär auf.

Ovula Brug. Gehäuse eingerollt, glatt, oben und unten stark ausgezogen, Spira ganz umhüllt, Mündung schmal, oben und unten ausgegossen, Innenlippe ungezähnt, Aussenlippe glatt oder gezähnt. Recent und tertiär (sehr grosse Formen im Eocän). Die zahlreichen, für die recenten Formen aufgestellten Subgenera lassen kaum eine palaeontologische Anwendung zu.

Erato Risso. Ei-kegelförmig, mit wenig vorragendem Gewinde, enger Mündung, glatter Innenlippe und gezähnter Aussenlippe. Recent und fossil von der Kreide an.

f. *Cassididae.*

Gehäuse bauchig eiförmig, mit kurzem Gewinde, mässig weiter, unten ausgegossener oder mit kurzem, nach rückwärts gedrehten Canal versehener Mündung. Aussenlippe dick, oft innen gefaltet oder gezähnt, Innenlippe callös, glatt, gekörnt oder gezähnt. Deckel hornig.

Cassis Lamk. Dickschalig, bauchig, mit verdickter, eingeschlagener Aussenlippe, ausgebreiteter Innenlippe, Canal kurz, nach rückwärts und aufwärts gebogen. Recent und tertiär.

Cassidaria Lamk. Von *Cassis* durch den längeren, nach links gebogenen Canal verschieden. Recent und fossil von der Kreide an.

Sconsia Gray mit kurzem, nicht aufwärts gebogenen Canal steht zwischen *Cassis* und *Cassidaria.* Recent und fossil von der Kreide an.

Oniscia Sow. Gehäuse gestreckt, mit niedrigem Gewinde und sehr grosser Schlusswindung. Mündung eng, unten ausgegossen, Aussenlippe stark verdickt. Recent und fossil von der Kreide an.

g. *Doliidae.*

Dünnschalig, bauchig, mit sehr weiter Mündung, kurzem Canal, ohne Deckel.

Dolium Lamk. Bauchig, mit kurzem Gewinde, quer gerippten Umgängen, gekerbter Aussenlippe. Recent und fossil von der Kreide an.

Malea Val. ähnlich wie *Dolium,* Aussenlippe stark verdickt, gezähnt, Innenlippe callös. Recent und tertiär.

h. *Ficulidae.*

Dünnschalig, bauchig, von birnförmigem Umriss, mit langem Canal, ohne Deckel.

Ficula Swainson (= Sycotypus Adams, Pyrula p. p. Lamk.). Gehäuse birnförmig, mit kurzem Gewinde, sehr bauchigem letzten Umgang. Mündung weit, in einen geraden Canal ausgezogen. Recent und fossil von der Kreide an.

i. *Tritoniidae.*

Gehäuse mehr oder minder gethürmt, mit geradem oder gebogenem Canal, mit Längswülsten in regelmässigen Abständen, Deckel eiförmig, hornig, mit randständigem Nucleus.

Tritonium Link. Gehäuse gethürmt, mit entfernt stehenden, nicht in Reihen geordneten Längswülsten, Canal wohl entwickelt, mässig zurückgebogen. Recent und fossil von der Kreide an.

Die zahlreichen tertiären Formen lassen sich mehr oder minder leicht in die für die recenten Formen anfgestellten Subgenera *(Cabestana Bolten, Gutturnium Klein, Cymatium Bolten, Simpulum Klein, Apollon Montf., Lagena*

Klein, *Epidromus Klein*) bringen, zumal, wenn für einige Gruppen weitere Unterabtheilungen geschaffen werden (eine wohl begrenzte und charakterisirte ist BELLARDI's *Sarsia*). *Persona Montf.* (= *Distortrix Link*) ist durch callöse Ausbreitung der Innenlippe und unregelmässige Anlage der Spira charakterisirt.

Fig. 374.

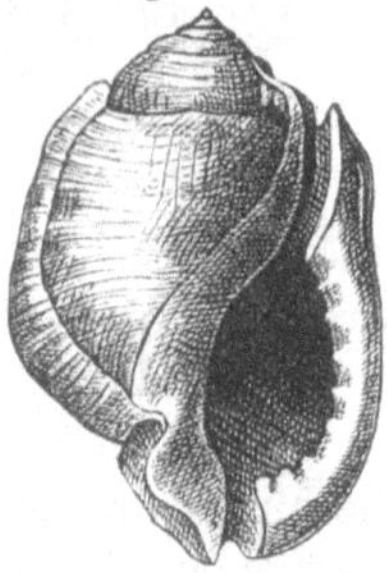

Ranella (Aspa) marginata Brocc. Miocän, Grund. Wiener Becken.

Ranella Lamk. (Fig. 374). Eiförmig, mit kurzem Gewinde, Querwülste in zwei seitlichen Reihen angeordnet, Canal kurz, etwas zurückgebogen. Tertiär und recent.

Hierher die Subgenera: *Lampas Schum.*, *Aspa H. u. A. Adams*, *Apollon Montf.*

IV. Rachiglossa.

Radula lang, bandartig, mit breiten Mittelplatten. Rüssel einstülpbar, Deckel hornig (selten fehlend). Marine Formen, deren Gehäuse meist einen röhrenförmigen Canal oder einen Ausguss der Mündung aufweist.

a. *Buccinidae.*

Mündung des Gehäuses weit, mit kurzem Ausguss, ohne eigentlichem Canal. Spindel glatt.

Buccinum Linn. (emend. ADAMS). Gehäuse eiförmig, mit horniger Epidermis bedeckt, Gewinde hoch, spitz, Mündung weit, oval, unten ausgerandet, Innenlippe ausgebreitet, Aussenlippe dünn, glatt. Recent und fossil in den jüngsten Tertiärablagerungen, sowie in Glacialbildungen.

Cominella Gray. Unterscheidet sich von *Buccinum* durch die oben verschmälerte Mündung. Recent und fossil von der Kreide an.

Pseudoliva Swainson. Dickschalig, eiförmig, mit kurzem Gewinde. Letzter Umgang sehr bauchig, Mündung mit breitem und tiefen Ausguss, Innenlippe callös, Aussenlippe unten gezähnt. Recent und fossil von der Kreide an.

Fig. 375.

Nassa (Desmoulea) conglobata Brocc. Pliocän. Italien.

Von den zahlreichen, recenten Gattungen, welche mit *Buccinum* nahe verwandt sind, treten die Gattungen *Bullia* und *Dorsanum Gray*, *Phos Montf.* und *Truncaria Adams* auch in der Tertiärformation auf (ZITTEL rechnet diese Gattungen alle als Subgenera zu *Buccinum*). Weitere nahestehende Formen sind: *Petersia Gemellaro*, *Brachytrema Morris u. Lycett* und *Tomocheilus Gemellaro* aus dem Jura.

Hindsia Ad. (= *Nassaria Ad.*), durch ziemlich langen, seitlich gekrümmten Canal charakterisirt, tritt recent und fossil von der Kreide an auf.

Desmoulea Gray (Fig. 375). Gehäuse fast kugelig, mit kurzer Spira, wolliger Epidermis, convexen Umgängen und callöser Innenlippe, verdickter und gezähnter Aussenlippe und kurzem Canal. Recent und tertiär.

Nassa Martini. Gehäuse eiförmig, sehr mannigfach verziert. Mündung oval, mit kurzem, vorn abgestutzten Canal, Innenlippe meist ausgebreitet, callös, Aussenlippe verdickt, gezähnelt oder gekerbt. Recent und fossil von der Kreide an. Die sehr zahlreichen, recenten Formen veranlassten die Gebrüder ADAMS zur Anwendung zahlreicher Genera und Subgenera (*Niotha, Phrontis, Arcularia, Naytia, Alectrion, Zeuxis, Telasco, Caesia, Uzita, Hebra, Zaphon, Aciculina, Hima, Tritia*), welche theiweise auch zur Gruppirung der sehr zahlreichen neogenen *Nassae* verwendet werden können.

Eburna Lamk. Eiförmig, glatt, meist genabelt, mit spitzem Gewinde und rinnenartig vertieften Nähten. Tertiär und recent.

Cyclonassa Ag. (= *Cyclops Montf.*) mit flacher, schief abgeplatteter Schale und weit ausgebreiteter, callöser Innenlippe. Tertiär (Neogen) und recent.

b. *Purpuridae.*

Dickschalig, Gehäuse eiförmig, mit kurzem Gewinde, breiter, meist abgeflachter Innenlippe und kurzem Canal. Deckel hornig.

Purpura Brug. Gehäuse oval, mit weiter Schlusswindung, kurzem Gewinde. Mündung weit, mit kurzem, schrägen Canal, Spindel flach und glatt. Recent und tertiär. Bei der Seltenheit der fossilen Formen haben die zahlreichen für recente aufgestellten Gattungen und Untergattungen palaeontologisch geringen Werth.

Fig. 376.

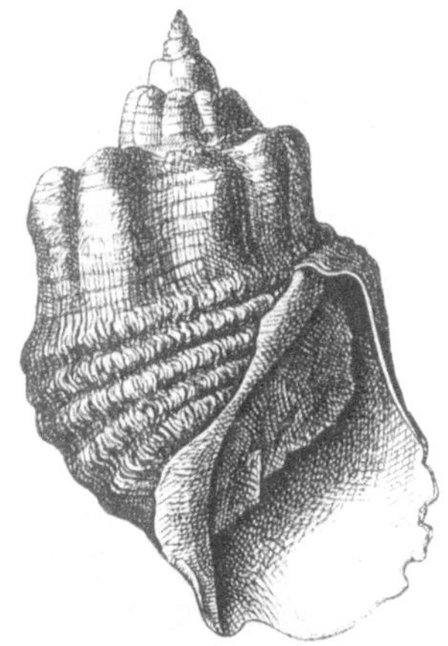

Purpuroidea Reussi M. Hoern. Gams b. Hieflau. Gosanformation.

Purpuroidea Lycett (Fig. 376). Gehäuse eiförmig, bauchig, mit spitzem aber kurzen Gewinde, gewölbten, unter der Naht geknoteten Umgängen, Spindel glatt, gedreht, Canal kurz und breit. Jura und Kreide.

Von den zahlreichen recenten Gattungen der Familie der *Purpuridae* treten *Ricinula Lamk.*, *Monoceros Lamk.*, *Concholepas Lamk.*, *Cuma Adams* und *Coralliophila Adams* schon im Tertiär, jedoch ziemlich selten auf. *Rapana Schum.*, *Rapella Swains.* (= *Rapa Klein*) und *Melapium Ad.* erscheinen bereits in der Kreide. Mit *Rapana* nahe verwandt ist *Stenomphalus Sandb.* (Miocän).

Lysis Gabb besitzt ein niedriges, ohrförmiges Gehäuse mit kurzem Gewinde. Die ausgebreitete Innenlippe bedeckt den weiten Nabel. Kreide.

c. *Fusidae.*

Schale mehr minder gethürmt, spindelförmig, mit verlängertem Canal, Deckel hornig.

Fusus Lamk. Gehäuse spindelförmig, mit langem, geraden Canal, Spindel glatt, ohne Falten. Recent und fossil vom Jura an.

Die meisten früher zu *Fusus* gestellten Formen finden in den nachstehend angeführten Gruppen Platz.

Exilifusus Gabb mit langem, gekrümmten Canal. Kreide.

Neptunea Bolten (= Chrysodomus Swains.). Gehäuse bauchig, mit Epidermis, Gewinde hoch, Canal ziemlich kurz. Recent und fossil von der Kreide an.

Hierher *Fusus contrarius Lamk.* (recent und im Crag), sowie andere links gewundene Formen.

Siphonalia Ad. Wie *Crysodomus*, aber ohne Epidermis und mit kurzem, zurückgebogenen Canal. Recent und fossil von der Kreide an.

Fig. 377.

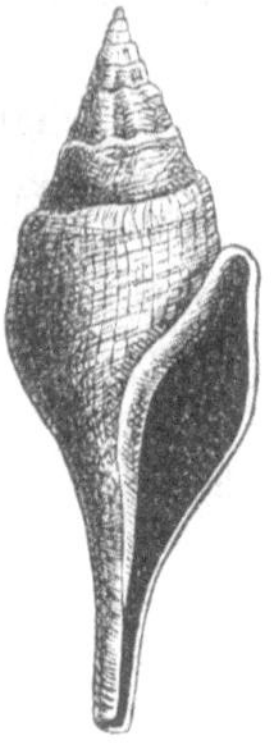

Fusus (Cyrtulus oder Clavella) longaevus Lamk. Eocän, Pariser Becken.

Euthria Gray. Glattschalig, Mündung mit kurzem rückwärts gekrümmten Canal, oben in eine Rinne ausgegossen. Recent und tertiär.

Anura Bell. mit sehr kurzem, umgebogenen Canal, steht zwischen *Euthria* und *Chrysodomus*, erinnert aber auch an die *Buccinidae.* Tertiär.

Cyrtulus Hinds (Clavella Swains.) (Fig. 377). Spindelförmig, mit bauchigem, letzten Umgang, Mündung an der Basis zu einem langen Canal verschmälert, oben ausgezogen. Recent und tertiär, häufig im Eocän.

Die recenten Gattungen *Hemifusus Swains.* und *Metula Adams* erscheinen ebenfalls bereits im Tertiär; mit ersterer ist *Strepsidura Swains.* (Tertiär) mit bauchigem Gehäuse, niedrigem Gewinde und kurzem, gedrehten Canal, mit letzterer *Mitraefusus Bell.* (Tertiär) mit besonders schlankem Gehäuse und langem Canal nahe verwandt.

Genea Bell. mit hochgethürmter, schlanker Schale, besitzt einen sehr kurzen, weiten Canal (Miocän), *Leiostoma Swains.* (selten neogen, häufig im Eocän) ein bauchiges und glattes Gehäuse mit kurzem Gewinde, weiter Mündung und kurzem Canal.

Die recenten Gattungen *Melongena Schum.*, *Busycon Bolten* und *Tudicla Bolten* (deren fossile Formen ihrer birnförmigen Gestalt wegen mit den *Ficulidae* und einigen *Purpuridae* in der Lamarck'schen Gattung „*Pyrula*" Aufnahme fanden) treten schon in der Tertiärformation, obwohl nicht zu häufig, auf.

Fasciolaria Lamk. Aeussere Gestalt vollkommen mit jener von *Fusus* übereinstimmend, Spindel jedoch in der Mitte concav, an der Basis verdickt und mit zwei bis drei schiefen Falten. Recent und fossil von der Kreide an.

Latirus Montf. Sehr ähnlich wie *Fasciolaria*, Spindel in der Mitte mit zwei bis drei schiefen Falten, meist mit seichtem Nabel. Recent und fossil von der Kreide an. Die recenten Subgenera *Peristernia Mörch.* und *Leucozonia Gray* erscheinen schon im Tertiär.

Turbinella Lamk. mit gedrungener, bauchiger Schale, stumpfem Gewinde, starken Querfalten in der Mitte der Spindel, tritt gleichfalls tertiär und recent auf.

Pisania Bivona (= *Pusio Gray*). Ei-kegelförmig, mit hohem Gewinde, glatt oder quer gestreift, mit kurzem Canal und verdickter Aussenlippe. Tertiär und recent.

Pollia Gray. Gehäuse spitz-eiförmig, mehr minder gethürmt, mit queren und longitudinalen Rippen, kurzem, offenen Canal, zuweilen schwache, stumpfe Falten auf der Spindel, gleich der nahe verwandten Gattung *Tritonidea Swains.*; recent und fossil von der Kreide an.

d. *Muricidae.*

Dickschalig, mit ziemlich hohem Gewinde, Oberfläche lamellös, stachelig und mit starken Längswülsten bedeckt, Mündung eiförmig oder rundlich, in einem mehr oder minder bedeckten Canal verlängert. Deckel hornig.

Murex Linn. Gehäuse eiförmig, schlank oder bauchig, mit hohem oder niedrigem Gewinde, mit (mindestens drei) Reihen von Längswülsten (Varices), an deren Stelle oft Längsreihen von Stacheln oder Knoten auftreten. Canal meist lang, häufig röhrig. Innenlippe glatt, oft callös, Aussenlippe verdickt. Recent und fossil von der oberen Kreide an. Die Untergattungen, welche man für die sehr zahlreichen recenten Formen aufgestellt hat *(Haustellum Klein*, *Rhinacantha Ad.*, *Chicoreus Montf.*, *Pteronotus Swains.*, *Phyllonotus Swains.*, *Vitularia Swains.*, *Homalacantha Mörch.*, *Ocinebra Leach*, *Muricidea Swains.)* lassen sich auch auf die noch mannigfaltigeren tertiären *Murices* anwenden.

Typhis Montf. Gehäuse gethürmt, Varices mit röhrigen Stacheln, Canal geschlossen, röhrenförmig. Recent und fossil von der oberen Kreide an.

Trophon Montf. Mit ziemlich hohem Gewinde, zahlreichen, lamellösen, dünnen Varices, Canal offen. Tertiär und recent.

e. *Columbellidae.*

Gehäuse eiförmig, mit Epidermis, Aussenlippe verdickt, innen gezähnt, Innenlippe gezähnt oder gekörnt. Ausguss kurz.

Columbella Lamk. Gehäuse spitz eiförmig, mit kurzem Gewinde, langer, schmaler, in der Mitte verengter Mündung, Aussenlippe verdickt, innen gezähnt, Innenlippe gezähnt oder gekerbt; Ausguss kurz. Recent und fossil in den jüngeren Tertiärbildungen, in welchen auch die Subgenera: *Nitidella Swains.*, *Alia Adams*, *Mitrella Risso*, *Atilia Adams*, *Anachis Adams*, *Conidea Swains.*, *Conella Swains.*, *Strombina Mörch.*, *Amycla Adams*, *Astyris Ad.*, *Engina Gray*, *Pusiostoma Swains.* theilweise bereits vertreten sind.

Columbellina d'Orb. aus der Kreide besitzt nur eine Ausrandung an der Basis, aber keinen eigentlichen Canal, welcher hingegen bei *Columbellaria Rolle* (Jura und Kreide) deutlich, wenn auch kurz vorhanden ist. *Zittelia Gemellaro* besitzt ein sehr dickes, bauchiges Gehäuse, dessen Mündung sehr eng, fast spaltförmig ist (Tithon).

f. *Marginellidae.*

Gehäuse eiförmig, mit kurzem oder umhülltem Gewinde, glatt, glänzend, selten undeutlich längs gerippt, Spindel mit schiefen Falten, Mündung mit kurzem, breiten Ausguss an der Basis, Aussenlippe eingebogen, verdickt, bisweilen gezähnelt.

Marginella Lamk. Gehäuse eiförmig, mehr oder minder verlängert, mit kurzem oder verhülltem Gewinde, enger Mündung, Innenlippe mit mehreren schiefen Falten, Aussenlippe verdickt. Tertiär und recent. Die Untergattungen *Persicula Schum.*, *Glabella* und *Volutella Swains.*, und *Cryptospira Hinds* lassen sich auch zur Gruppirung der tertiären Formen anwenden.

Volvaria Lamk. Mit dünner, cylindrischer Schale, langer, schmaler Mündung und drei schiefen Falten an der Basis der Spindel. Tritt recent und fossil von der oberen Kreide an auf.

g. *Mitridae.*

Gehäuse gethürmt oder spindelförmig, mit scharfer Spitze, langer enger Mündung, an der Basis mit Ausguss, Spindel mit schiefen Falten.

Fig. 378.

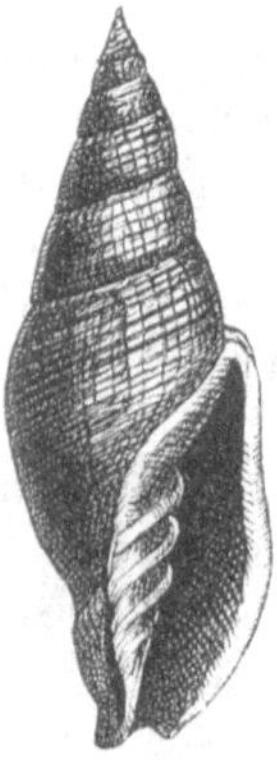

Mitra parisiensis Desh. Eocän (Calcaire grossier), Parnes.

Mitra Lamk. (Fig. 378). Gehäuse stark verlängert, mit hohem, spitzen Gewinde, enger, langer Mündung, Innenlippe mit mehreren schrägen Falten, von welchen die oberste die stärkste ist. Basis mit canalartigem Ausguss. Recent und fossil von der oberen Kreide an.

Die zahlreichen tertiären Formen lassen sich (obwohl theilweise nicht ohne Schwierigkeit) in die für die recenten Formen aufgestellten Untergattungen (*Nebularia*, *Scabricola* und *Cancilla Swains.*, *Chrysame*, *Isara*, *Mutyca*, *Aidone Adams*, *Volutomitra Gray*, *Strigatella* und *Mitreola Swains.*, *Zierliana Gray*, *Turricula Klein*, *Costellaria*, *Pusia* und *Callithea Swains.*) einreihen.

h. *Volutidae.*

Gehäuse mehr oder minder bauchig, seltener schlank, Gewinde meist niedrig, mit stumpfem Apex, Spindel mit schrägen Falten, von denen die untersten die stärksten sind, Canal kurz, oft nur als Ausguss entwickelt, Deckel vorhanden oder fehlend.

Fig. 379.

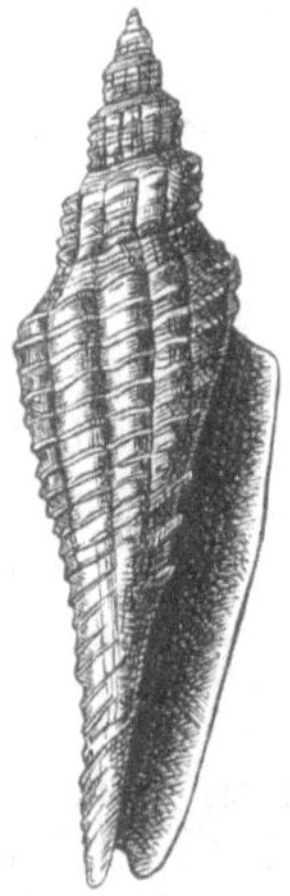

Voluta (Volutoderma) elongata Sow. Obere Kreide, Uchaux (Vaucluse).

Voluta Linn. (Fig. 379). Gehäuse bauchig, mit grosser Schlusswindung, mit niedrigem Gewinde, stumpfer oder warziger Spitze, Spindel mit kräftigen Falten, Basal-Ausguss weit. Recent und fossil von der Kreide an.

Von den zahlreichen, in Form und Farbenzeichnung der Gehäuse sehr mannigfachen Untergruppen kommen manche schon in der Kreide, viele im Tertiär vor, so *Lyria Gray*, *Fulguraria Schum.* (hierher *Volutoderma* und *Volutomorpha Gabb.*), *Scapha Gray*, *Volutilithes Swains.*, *Athleta Conr.*, *Gosavia* und *Ficulopsis Stol.*, *Melo Humphrey* in der Kreide, *Musica Humphrey* (= *Voluta sens. strict.* bei Adams) und zahlreiche Formen verschiedener Gruppen im Eocän.

i. *Harpidae.*

Gehäuse bauchig, mit niedriger Spira, kräftig längs gerippten oder nur gestreiften Windungen, Innenlippe einfach, Mündung weit, mit Ausguss an der Basis, ohne Deckel.

Harpa Lamk. Eiförmig, bauchig, mit zahlreichen geraden, parallelen, scharfen Längsrippen, Innenlippe dünn, callös. Recent und fossil im Tertiär.

Silia Ch. May. aus dem Eocän, unterscheidet sich von *Harpa* durch geschwungene Rippen, *Harpopsis Ch. May.* durch glatte, nur mit Zuwachsstreifen versehene Windungen und kurzen, gedrehten Canal. Eocän.

k. *Olividae.*

Gehäuse länglich, dickschalig, glatt und glänzend, Mündung eng, Spindel an der Basis gedreht und schwielig verdickt. Deckel vorhanden oder fehlend.

Oliva Brug. Gehäuse subcylindrisch, mit sehr kurzem Gewinde, unterer Theil der Schlusswindung mit glatter Kalkschicht überzogen (Basalplatte), kein Deckel vorhanden. Häufig recent und tertiär. Die für die recenten Formen geschaffenen Gruppen: *Olivancillaria d'Orb.*, *Agaronia*, *Dactylus Klein* und *Olivella Swains.* sind palaeontologisch kaum verwerthbar.

Fig. 380.

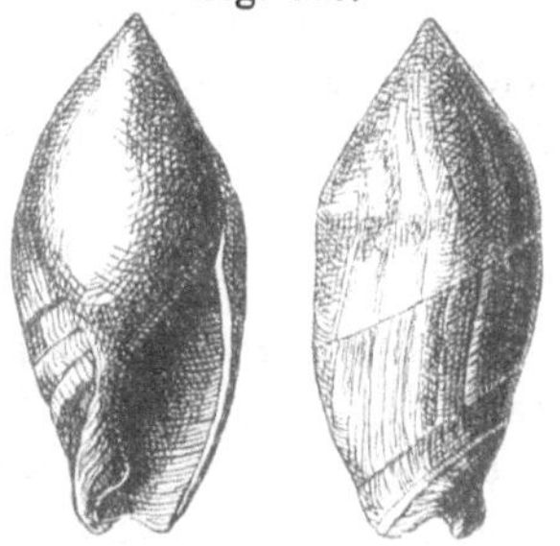

Ancillaria glandiformis Lamk.
Miocän, Steinabrunn. Wiener Becken.

Ancillaria Lamk. (Fig. 380). Von *Oliva* durch die glänzende Schalenschicht verschieden, welche die Nähte des niedrigen Gewindes verhüllt. Recent und tertiär, einzelne Formen auch schon in der oberen Kreide.

Dipsaccus Ad. von *Ancillaria* durch das Vorhandensein eines Nabels verschieden, erscheint gleichfalls schon in der Kreide.

V. Toxiglossa.

Radula ohne Mittelplatten, mit zwei Reihen langer, hohler Hacken, welche aus dem Munde pfeilartig vorgestreckt werden können. Raubthiere mit langem Sipho.

a. *Conidae.*

Gehäuse eingerollt, kegelförmig oder subcylindrisch, Gewinde meist kurz, Mündung lang, einfach, unten mit Ausguss, Aussenlippe oben ausgerundet. Deckel hornig.

Fig. 381.

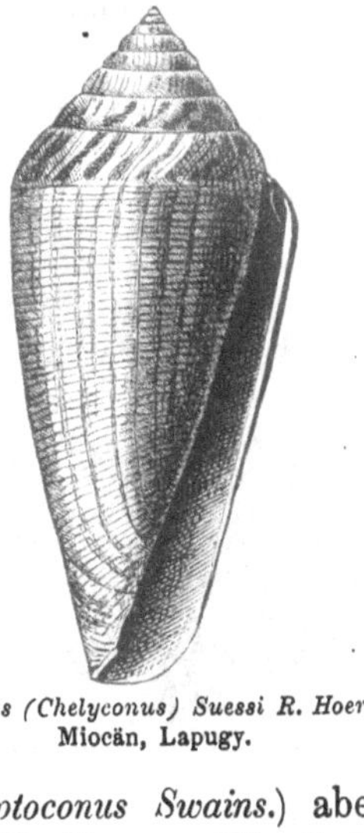

Conus (Chelyconus) Suessi R. Hoern.
Miocän, Lapugy.

Conus Linn. (Fig. 381). Gehäuse kegelförmig oder subcylindrisch, mit enger oder mässig erweiterter Mündung, meist kurzem, zuweilen (bei *Leptoconus Swains.*) aber auch gethürmtem Gewinde. Recent und fossil von der Kreide an. Die theilweise Resorption der inneren Windungen, welche bis auf Papierdünne reducirt werden, liefert ein vortreffliches Gattungsmerkmal.

Die für die sehr mannigfaltigen recenten Formen aufgestellten Gattungen und Untergattungen (*Tuliparia Swains.*, *Dendroconus Swains.*, *Lithoconus Mörch.*, *Leptoconus Swains.*, *Rhizoconus Swains.*, *Chelyconus Swains.*, *Cylinder Montf.* und *Hermes Montf.*) lassen sich zur Gruppirung der kaum weniger zahlreichen, jung tertiären Formen nur mit Schwierigkeit in Anwendung bringen.

Conorbis Swains. mit hohem Gewinde (doppelkegelförmig), schmaler, fast linearer Mündung, mit gebogener, nahe der Naht ausgerandeter Aussenlippe. Alt-Tertiär.

b. *Pleurotomidae.*

Gehäuse gethürmt, mit länglicher Mündung, Aussenlippe gebuchtet oder mit Einschnitt in der Nähe der Naht. Deckel hornig, zuweilen fehlend. Ausser den von Adams unterschiedenen drei Gruppen: *Pleurotominae* (deren spitz-eiförmiger Deckel einen apicalen Nucleus besitzt), *Clavatulinae* (Deckel mit seitlichem Nucleus) und *Defranciinae* (ohne Deckel) unterscheiden wir noch als eine vierte Gruppe die *Borsoniinae*, deren Deckel unbekannt ist, während die Spindel ein oder zwei Falten aufweist.

α. *Pleurotominae.*

Pleurotoma Lamk. sens. str. (= *Turris Adams*). Gehäuse spindelförmig, letzter Umgang halb so lang als die ganze Schale, Canal lang, Innenlippe glatt, Aussenlippe mit einem Schlitz, welcher entfernt von der Naht auf einem Kiele oder Wulst liegt. Recent und fossil von der Kreide an.

Surcula Ad. unterscheidet sich von *Pleurotoma* durch breiten Einschnitt der Aussenlippe, welche der Naht näher und in einer Furche gelegen ist. Tertiär und recent.

Cryptoconus v. Koenen. Doppelkegelförmig, mit enger Mündung, die gebogene Aussenlippe oben mit breiter Ausrandung. Innere Windungen theilweise resorbirt (bildet eine Uebergangsgruppe zu den *Conidae*, besonders *Conorbis*). Alt-Tertiär.

Fig. 382.

Pleurotoma (Clavatula) asperulata Lamk. Miocän, Grund.

Von den zahlreichen recenten *Pleurotominen*-Gattungen treten manche (*Bela Gray*, *Lachesis Risso*, *Drillia Gray*, *Genota Adams*) schon im Tertiär auf und weisen grossen Reichthum an Formen auf, welche jedoch (gleich den übrigen *Pleurotomidae*) in der palaeontologischen Literatur gewöhnlich schlechthin als *Pleurotomen* angeführt werden.

β. *Clavatulinae.*

Clavatula Lamk. (Fig. 382). Gehäuse gethürmt, mit kurzem Canal, die breite Ausrandung der Aussenlippe ist in einer vertieften Rinne gelegen. Deckel mit Nucleus in der Mitte des unteren Randes. Recent und tertiär. Die Gattungen *Clinura* und *Pseudotoma Bell.* (beide tertiär) sind mit *Clavatula* nahe verwandt.

γ. Defranciinae = Clathurellinae.

Clathurella Carp. Gehäuse spindelförmig mit gerippter oder gegitterter Oberfläche, die verdickte Aussenlippe besitzt einen tiefen, engen Einschnitt hart unter der Naht. Tertiär und recent.

Weitere, gleichfalls bereits im Tertiär vorkommende Gattungen sind: *Daphnella Hinds, Mangelia Leach, Raphitoma* und *Homotoma Bell. Raphitoma* sehr ähnlich, aber ohne Ausschnitt der verdickten Aussenlippe und daher von unsicherer Stellung ist *Atoma Bell.* (Miocän); auch die Zugehörigkeit der Gattung *Cithara Schum.* (recent und fossil von der Kreide an) zu den *Defranciinae* ist fraglich.

δ. Borsoniinae.

Borsonia Bell. Gehäuse spindelförmig, in der Mitte angeschwollen, Ausschnitt der Aussenlippe seicht, in einer Vertiefung gelegen; Canal gerade, lang, Spindel mit einer oder zwei Falten. Tertiär.

Weitere mit *Borsonia* verwandte Gattungen sind: *Dolichotoma, Oligotoma, Aphanitoma* und *Rouaultia Bellardi*, sämmtlich aus tertiären Ablagerungen.

Fig. 383.

Cancellaria cancellata Bast. Pliocän, Italien.

c. *Cancellariidae.*

Gehäuse oval oder gethürmt, in der Regel mit Gittersculptur bedeckt; Spindel mit mehreren schrägen Falten. Deckel fehlt.

Cancellaria Lamk. (Fig. 383). Gehäuse spitz, eiförmig oder gethürmt, mit bauchiger Schlusswindung, Mündung mit kurzem Canal oder tiefem Ausguss, Spindel mit schrägen Falten. Recent und fossil von der Kreide an. Die für die recenten Formen angewendeten Unterabtheilungen *Trigonostoma Blainv.* und *Aphera, Euclia, Merica, Narona* und *Massyla Adams* lassen sich zur Noth auch auf die zahlreichen tertiären Arten anwenden.

Fig. 384.

Terebra fuscata Brocc. Miocän, Niederkreuzstätten, Wiener Becken.

d. *Terebridae.*

Gehäuse lang, gethürmt, mit zahlreichen niedrigen Umgängen. Mündung rundlich oder vierkantig, Canal kurz oder nur als Ausguss entwickelt, Aussenlippe dünn, Deckel hornig.

Terebra Lamk. (Fig. 384) mit den Charakteren der Familie. Recent und tertiär, selten im Eocän, häufig in den jüngeren Tertiärbildungen. Die Zertheilung der recenten Formen in die Gattungen *Terebra Adams* mit dem Subgenus *Myurella* und *Acus Humphrey* mit den Untergattungen *Abretia, Hastula* und *Euryta Ad.* ist künstlich und ohne Werth für die Palaeontologie.

C. Heteropoda.

Getrennt geschlechtliche, nackte oder beschalte, marine Gastropoden mit wohlentwickeltem Kopf und ausgebildeten Sinnesorganen, Fuss zu einer senkrechten, seitlich comprimirten Flosse umgestaltet.

Fig. 385.

Carinaria Peloritana Seguenza. Trapani, Sicilien.

Die zarten Gehäuse der *Heteropoden* eignen sich nicht sehr zur fossilen Erhaltung, immerhin kennt man von zwei Gattungen Reste aus tertiären Ablagerungen.

Carinaria Lamk. (Fig. 385) mit dünner, glasartiger, mützenförmiger, vorne gekielter Schale. Recent, Pliocän und miocän.

Atlanta Lesson. Die kleine Schale ist in einer Ebene gerollt, mit gekielten Umgängen. Recent und miocän.

D. Pulmonata.

Hermaphroditische Gasteropoden mit Lunge und hinter dieser gelegenem Herz, mit oder ohne Schale, stets ohne Deckel, sind (mit Ausnahme der *Siphonaridae*) Land- oder Süsswasserbewohner.

Die Lungenschnecken zerfallen in zwei scharf von einander getrennte Gruppen: *Basommatophora* und *Stylommatophora.*

D_1. Basommatophora.

Augen am Grunde der beiden contractilen Tentakel, ausser welchen der Kopf keine weiteren Fühler aufweist.

a. *Auriculidae.*

Stets beschalt, Gehäuse dick, mit Epidermis überkleidet, Spira kurz, Schlusswindung gross, Spindel mit Falten.

Auricula Lamk. (Fig. 386). Gehäuse lang-eiförmig, mit schmaler Mündung, Spindel mit zwei bis drei Falten, Aussenlippe innen verdickt, ungezahnt. Recent und fossil vom oberen Jura an.

Fig. 386.

Auricula aquitanica Sandb. Oligocän. Mergel von Gaas u. Lesbaritz (Landes).

Mit *Auricula* nahe verwandt sind die Gattungen *Cassidula Fér.*, *Plecotrema Ad.* und *Alexia Leach*, welche im Tertiär und recent auftreten.

Carychium Menke. Klein, walzenförmig, mit ein oder zwei Falten auf der Innenlippe, einem Zahn auf der Aussenlippe. Recent und fossil vom oberen Jura an.

Nahe verwandt mit *Carychium* ist *Carychiopsis Sandb.* aus dem unteren Eocän.

Melampus Montf. Spitz-eiförmig, mit kurzem Gewinde, enger Mündung, ein bis fünf Falten auf der Innenlippe, dünner, scharfer Aussenlippe. Recent und tertiär.

Nahe verwandt sind die gleichfalls recent und tertiär auftretenden Gattungen *Tralia Gray*, *Ophicardelus Beck*, *Laimodonta Nuttall*, *Marinula King*.

Weitere nur fossil vorkommende *Auriculiden*-Gattungen sind: *Pythiopsis Sandb.*, *Traliopsis Sandb.* und *Stolidoma Desh.*; sämmtlich eocän.

b. *Limnaeidae.*

Gehäuse dünn, mannigfach geformt, eiförmig, gethürmt, scheibenförmig, auch mützenförmig. Mündung scharfrandig.

Limnaeus Linn. (Fig. 387). Gehäuse hornig, mit bauchiger Schlusswindung, weiter Oeffnung und spitzem Gewinde. Spindel gedreht. Recent und fossil vom oberen Jura. Die zahlreichen, zur Gruppirung der recenten

Fig. 387.

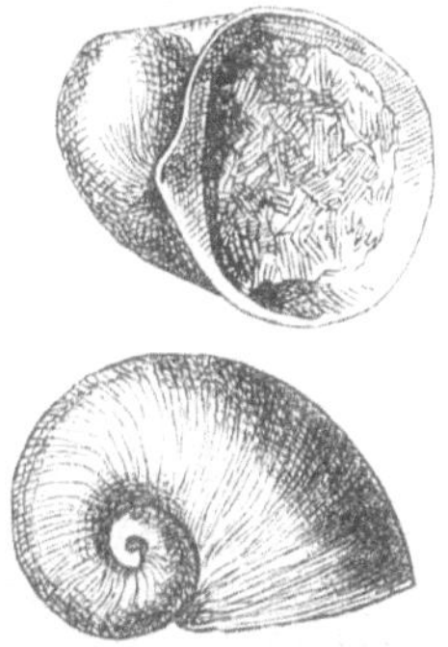

Limnaeus volutinus Linn. Ober-Miocän (Congerien Schichten), Taman bei Kertsch.

Fig. 388.

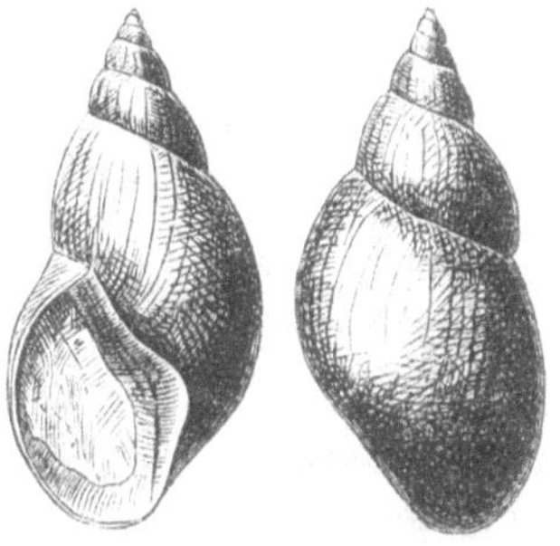

Physa gigantea Michaud. Unter-Eocän, Rilly.

Formen aufgestellten Subgenera (*Leptolimnaeus Swains.*, *Limnophysa Fitz*, *Eulimnaeus*, *Velutinopsis Sandb.* etc.) haben palaeontologisch geringe Bedeutung.

Physa Drap. (Fig. 388). Linksgewunden, glatt, glänzend, Mündung weit, oben verengt. Recent und fossil vom oberen Jura an. Auch für die hierhergehörigen Formen hat man zahlreiche Subgenera aufgestellt.

Fig. 389.

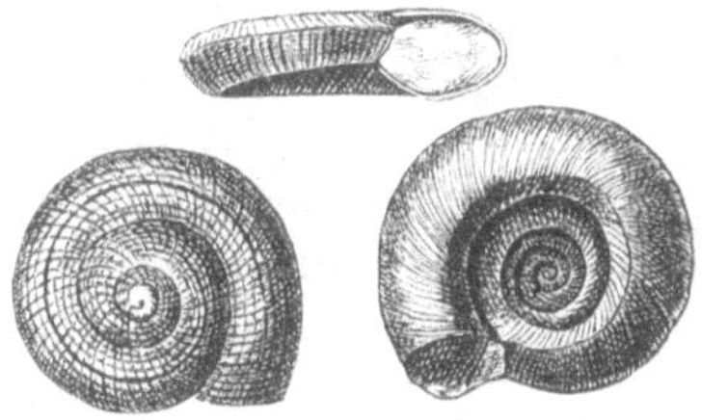

Planorbis euomphalus Sow. Headon-Series (Ober-Eocän), Headon Hill.

Planorbis Guettard (Fig. 389). Gehäuse scheibenförmig, mit vielen langsam anwachsenden Windungen, Mündung sichelförmig, Aussenwand scharf, zuweilen umgeschlagen. Recent und fossil vom Jura an. Die Formengruppe des *Planorbis multiformis Bronn* aus dem miocänen Süsswasserkalk von Steinheim liefert nach den Untersuchungen Hilgendorf's ein gutes Beispiel für allmähliche Formenveränderung in aufeinanderfolgenden Straten.

Die zahlreichen Subgenera von *Planorbis* werden von den Palaeontologen bis nun noch wenig zur Sonderung des fossilen Formenreichthums verwendet.

Ancylus Geoffroy. Gehäuse dünn, napfförmig, mit schwach spiral gedrehter Spitze. Recent und tertiär (jedoch ziemlich selten).

Valenciennesia Rousseau. Dünnschalig, schüsselförmig, concentrisch gerippt, mit etwas gekrümmtem Wirbel. Ober-Miocän (*Congerien*-Schichten), stammt nach den Untersuchungen NEUMAYR's von *Limnaeus nobilis Rss.* ab und wird daher hier angeführt, obwohl die rechts vom Wirbel zum Rande verlaufende Falte auf eine Verwandtschaft mit der nächstfolgenden Gruppe hinweist.

c. *Siphonaridae.*

Gehäuse napfförmig, meist radial gerippt, etwas unsymmetrisch, Wirbel häufig nach rückwärts oder links gekrümmt.

Siphonaria Blainv. Meeresbewohner, deren Schale jener von *Patella* sehr ähnlich und nur durch ihre Assymetrie von dieser zu unterscheiden ist. Tertiär und recent.

Anisomyon Meek und Hayden (Jura und Kreide), sowie *Hercynella Kayser* (Silur) dürften gleichfalls hierher gehören.

D_2. Stylommatophora.

Augen auf der Spitze von zwei meist einstülpbaren Fühlern, vor welchen noch zwei kürzere auftreten.

a. *Limacidae.*

Nackte Landschnecken mit rudimentärer, im Mantel verborgener Schale, welche sich kaum zur fossilen Erhaltung eignet, doch kennt man aus tertiären und diluvialen Ablagerungen die schildförmigen Schälchen von *Limax*-Arten.

b. *Testacellidae.*

Landschnecken, deren Gehäuse zuweilen klein, oft aber gross und zur Aufnahme des Thieres geeignet sind, Radula mit zahlreichen stachelförmigen Zähnen.

Fig. 390.

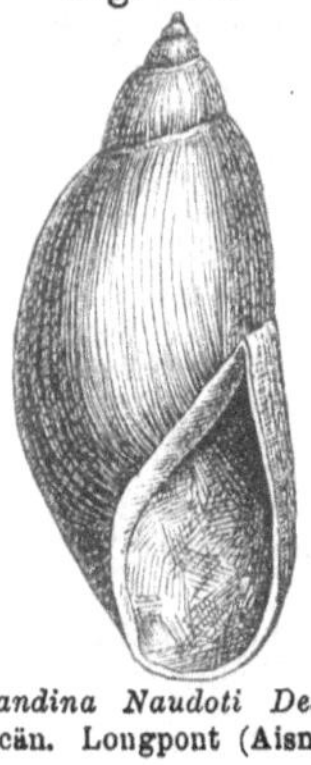

Glandina Naudoti Desh. Eocän. Longpont (Aisne).

Testacella Cuv. Gehäuse klein, dünn, ohrförmig, an dem Hinterende des Thieres gelegen. Tertiär und recent. Nahe verwandt ist *Parmacellina Sandb.* (alt tertiär).

Glandina Schum. (Fig. 390). Gehäuse gross, spitzeiförmig, mit bauchiger Schlusswindung. Mündung lang, unten mit Ausguss, Spindel abgestutzt, Aussenlippe scharf. Recent und fossil von der oberen Kreide an.

Im Tertiär treten ferner noch *Oleacina Bolten, Varicella Sandb.* und *Cylindrella Pfeiff.* (wenn auch selten) auf.

c. *Helicidae.*

Gehäuse spiral gebaut, zur Aufnahme des ganzen Körpers des Thieres geeignet, Radula mit zahlreichen, dicht gedrängten, viereckigen Platten. Landbewohner.

Helix Linn. (Fig. 391). Gehäuse sehr verschieden gestaltet, meist mit niedrigem Gewinde, scheibenförmig, kegelförmig bis kugelförmig. Mündung schief rundlich oder halbmondförmig. Recent und fossil vom unteren Eocän an.

Für die überaus zahlreichen recenten Formen hat man über 80 Untergattungen aufgestellt, von welchen (nach SANDBERGER) etwa dreissig in den verschiedenen Tertiärablagerungen auftreten.

Lychnus Montf. Helix ähnlich, mit abnorm gestalteter Schlusswindung, welche zuerst gegen den Apex ansteigt und sich dann plötzlich steil nach abwärts krümmt. Süsswasserbildungen der oberen Kreide.

Fig. 391.

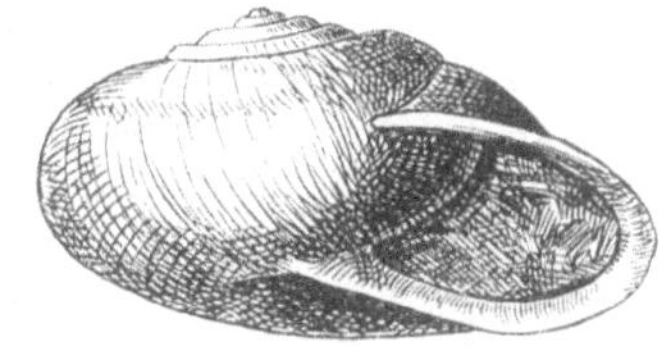

Helix Brochii Ch. May. Pliocän, Castell-Arquato bei Piacenza.

Hyalina Gray. Gehäuse dünn, glänzend, niedrig, genabelt, mit mondförmiger Mündung mit dünner, scharfer Aussenlippe. Recent und tertiär.

Archaeozonites Sandb. Dickschalig, mit ziemlich hohem Gewinde, weitem und tiefen Nabel, scharfem Mundrand. Tertiär. Die nahe verwandte, nur durch dünnes, unten glattes, oben gekörntes Gehäuse verschiedene Gattung *Zonites* soll angeblich schon in der Steinkohlenformation auftreten (*Z. priscus Carp.*).

Die Gattungen *Vitrina Drap.*, *Nanina Gray*, *Trochomorpha Martens*, *Gastrodonta Alb.* und andere recente *Heliciden*-Gattungen treten auch tertiär (aber selten) auf.

Bulimus Brug. Gehäuse verschieden gestaltet, eiförmig, bauchig, mit mässig hohem oder schlankem Gewinde. Mündung höher als breit, unten gerundet, mit verdicktem, einfachen oder verbreitertem Mundsaum. Recent und fossil von der oberen Kreide an. Im Gegensatze zu den auf zahlreiche Untergattungen vertheilten, mannigfachen recenten Arten sind die tertiären relativ selten.

Fig. 392.

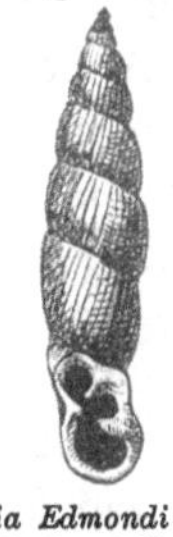

Clausilia Edmondi Boissy. Eocän, Billy.

Fig. 393.

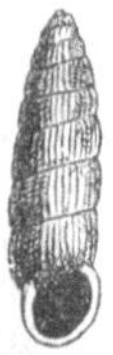

Pupa vestuta Dawson. Carbon, Neuschottland.

Auch die recenten Gattungen *Buliminus Ehrenbg.*, *Azeca Leach*, *Cionella Jeffreys*, *Caecilianella Bourg.* treten im Tertiär auf.

Megaspira Lea. Gehäuse schlank, spindelförmig, mit ovaler Mündung, deren Innenlippe einige Falten aufweist. Recent und fossil von der Kreide an.

Clausilia Drap. (Fig. 392). Gehäuse links gewunden, schlank spindelförmig, mit ovaler oder birnförmiger Mündung, deren Innenlippe zwei Falten aufweist. Ein bewegliches Kalkstück (Clausilium) dient zum Schlusse der Schale. Die mannigfachen recenten Formen werden in zahlreiche Subgenera zertheilt, in der Tertiärformation sind *Clausilien* nicht sonderlich häufig.

Pupa Lamk. (Fig. 393). Kleine, cylindrisch-eiförmige Gehäuse mit verengter Schlusswindung. Mündung halbkreisförmig, oft durch Zähne verengt. Die recenten Formen vertheilen sich auf mehrere Subgenera. In diluvialen und tertiären Bildungen finden sich einzelne Arten; die älteste bekannte

Form stammt aus der Carbonformation Neu-Schottlands, ihre Mündung entbehrt der Zähne (Subgenus *Dendropupa*).

Succinea Drap. Dünnschalig, spitz-eiförmig, mit kurzer Spira, rasch anwachsenden Umgängen und weiter Oeffnung. Recent und tertiär.

E. Opisthobranchia.

Hermaphroditische Meeresschnecken, deren Kiemenvenen hinter der Herzkammer in den Vorhof einmünden.

E_1. Tectibranchia.

Meeresschnecken mit oder ohne Schale, deren Kiemen unter dem Mantelrand oder in einer Kiemenhöhle liegen.

a. *Actaeonidae.*

Mit grosser Spiralschale von ovalem Umriss mit langer, unten gerundeter, zuweilen mit Ausguss versehener Mündung. Spindel mit Falten, Deckel hornig.

Actaeon Montf. (= *Tornatella Lamk.*). Gehäuse eiförmig, cylindrisch, eingerollt, quergestreift oder punktirt, Mündung oval, an der Basis gerundet, Aussenlippe scharf, Spindel mit einer, zwei oder drei Falten. Recent und fossil von der Trias an.

Actaeonina d'Orb. Gehäuse glatt, spitz-eiförmig oder thurmförmig verlängert, mit conischer Spira. Letzter Umgang gross, unten verschmälert, Spindel ohne Falten, Mündung an der Basis gerundet. Recent und fossil vom Kohlenkalk an. Nahe verwandt sind *Conactaeon* und *Euconactaeon Meek*, sowie *Cylindrobullina v. Ammon* aus den älteren mesozoischen Formationen.

Fig. 394.

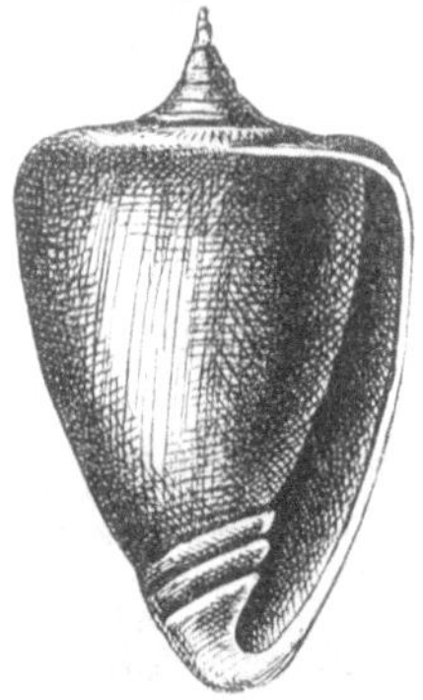

Actaeonella Renauxiana d'Orb. Obere Kreide. Uchaux, Vaucluse.

Bullina Fér. Gehäuse cylindrisch-eiförmig, mit niedrigem Gewinde, hoher Schlusswindung, schmaler Mündung. Spindel mit einer schrägen, nicht sehr deutlichen Falte. Recent und fossil vom Jura an.

Cylindrites Lyc. (Trias bis Kreide), *Etallonia Desh.* und *Bullinula Beck* (recent und fossil vom Jura an) sind mit *Bullina* nahe verwandt.

Actaeonella d'Orb. (Fig. 394). Dickschalig, bauchig, glatt, mit kurzem Gewinde und sehr grosser Schlusswindung. Mündung eng, unten gerundet und erweitert, oben verengt. Spindel mit drei starken Falten. Ueberaus häufig in der mittleren und oberen Kreide, desgleichen die Gattungen *Volvulina Stol.*, *Cinulia Gray*, *Avellana d'Orb.*, *Ringinella d'Orb.*, *Eriptycha u. Oligoptycha Meek.*

Ringicula Desh. Klein, eiförmig bis kugelig, mit kurzem Gewinde. Die enge Mündung unten mit Ausguss, die Innenlippe callös, die Spindel mit zwei bis drei Falten. Recent und fossil von der Kreide an.

b. *Bullidae.*

Gehäuse kugelig oder cylindrisch, dünn, mit kurzem oder umhülltem Gewinde, langer, unten erweiterter Mündung.

Bulla Klein. Gehäuse bauchig, eingerollt, glatt, Spira eingesenkt, Mündung lang, beiderseits gerundet. Aussenlippe scharf. Recent und fossil von der Kreide an.

Fig. 395.

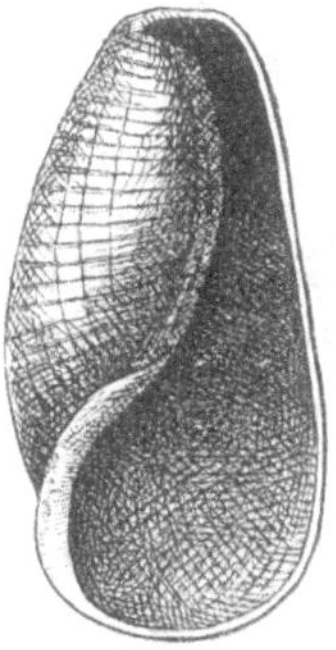

Scaphander (Bulla) conica Desh. sp. Eocän (Calcaire grossier), Parnes.

Die nahe verwandten Gattungen *Haminea Leach.* und *Atys Montf.* erscheinen gleichfalls schon in der Kreide, *Hydatina Schum.* im Jura und *Cylichna* in der Trias.

Scaphander Montf. (Fig. 395). Gehäuse länglich, eingerollt, spiral gestreift, mit Epidermis bedeckt, Gewinde umhüllt, Mündung oben verengt, unten stark erweitert. Recent und tertiär.

Acera Müll. Dünnschalig, mit deutlichem, aber kurzem, abgestutzten Gewinde, Windungen an der Naht canalartig vertieft. Mündung lang, unten erweitert, oben mit tiefem, der Nahtrinne entsprechenden Einschnitte. Recent und tertiär (selten).

Philine Ascanius. Gehäuse innerlich, dünn, ohrförmig mit rudimentärem Gewinde. Recent und fossil von der Kreide an.

c. *Pleurobranchidae.*

Nackt oder mit schildförmiger, rudimentärer, meist innerlicher Schale.

Nur wenige fossile Reste von hierhergehörigen Formen sind bekannt. So finden sich scheibenförmige, zu *Umbrellina Lamk.* gehörige und conische, zu *Tylodina Raf.* zu stellende Formen im Pliocän.

d. *Aplysiidae.*

Mit rudimentärer, sehr zarter, horniger Schale.

Von *Aplysia* sollen nach PHILIPPI zwei Arten im Pliocän Siciliens vorkommen.

E_2. Dermatobranchia.

Kiemenlose oder mit rückenständigen, freien Kiemen ausgestattete Formen, welche nur als Embryonen eine sehr zarte Schale besitzen (also wahrscheinlich von beschalten Formen abstammen) und selbstverständlich nicht fossil auftreten können.

F. Pteropoda.

Hermaphroditische *Gasteropoden* mit oft undeutlich gesondertem Kopf, mit zwei seitlichen, flügelförmigen Flossen, welche aus dem Epipodium hervorgehen.

F_1. Gymnosomata.

Nackte *Pteropoden* mit deutlich gesondertem Kopf, besitzen nur im Larvenzustand eine spiral gebaute Schale, sind sonach der fossilen Erhaltung unzugänglich.

F_2. Thecosomata.

Mit schwächer entwickeltem, oft nicht distinctem Kopf, mit äusserer Schale.

a. *Limacinidae.*

Gehäuse dünn, spiral gebaut, links gewunden, oft mit Deckel. *Limacina Cuv.*, *Spirialis Eyd.*, *Embolus Jeffreys* sind auch in der Tertiärformation vertreten.

b. *Cymbuliidae.*

Mit knorpelig gallertartiger Schale — daher der fossilen Erhaltung unzugänglich.

c. *Hyaleidae.*

Mit kalkiger, bauchiger, conischer oder pyramidaler, unten spitzer, symmetrischer Schale.

Fig. 396.

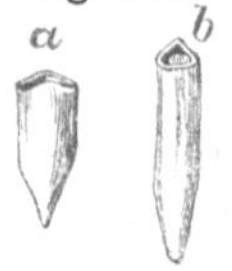

a. Vaginella depressa Daudin. Miocän, Bordeaux. *b. Cuvieria astesana Rang.* Pliocän, Italien.

Fig. 397.

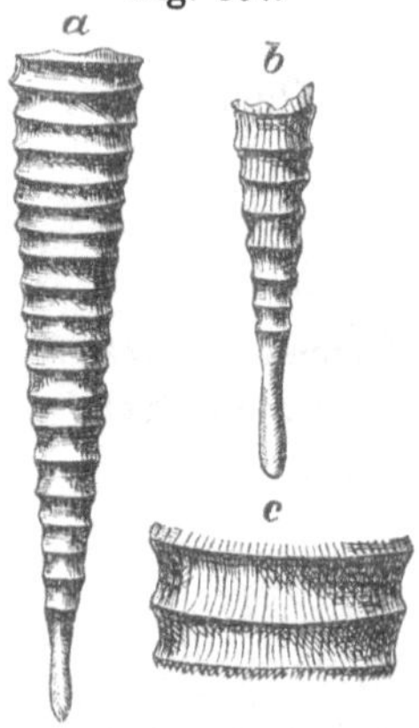

Tentaculites acuarius Richter. a. Steinkern, b. Jugendende, c. Querringe stark vergr. Böhmisches Silur, Etage H.

Hyalea Lamk. Gehäuse kugelig, seitlich comprimirt, hinten mit ein bis drei Stacheln. Recent und tertiär.

Nahe mit *Hyalea* verwandt sind *Diacria Gray* (recent und Neogen) und *Gamopleura Bell.* (Miocän).

Cleodora Peron und *Lesueur.* Gehäuse dünn, einer dreiseitigen Pyramide gleichend. Recent und tertiär, nach K. Ludwig auch im unterdevonischen *Spiriferen*-Sandstein.

Die kleinen, scheidenförmigen Schälchen der recenten Gattungen *Balantium Leach.* und *Cuvieria Rang.* (Fig. 396b), sowie jene von *Vaginella Daudin* (Fig. 396a) finden sich bisweilen in tertiären Ablagerungen.

Styliola Lesueur (= Creseis Rang.) mit kleinen, schlanken, kegelförmigen, glatten Schälchen, welche an der Seite zuweilen Längsfurchen tragen. Recent und pliocän.

Zu *Styliola* werden von manchen Autoren palaeozoische Formen aus Silur und Devon gestellt, die sich durch weitaus bedeutendere Dimensionen und den Mangel einer scharfen Spitze unterscheiden.

Tentaculites Schloth. (Fig. 397). Schale schlank, kegelförmig, spitz, oder mit einer bläschenartigen

Anschwellung am Ende des Gehäuses, mit parallelen Querringen geziert. In Silur und Devon sehr häufig.

Coleolus Hall mit röhriger, sehr stark verlängert, kegelförmiger, gerader oder gebogener Schale, deren Oberfläche mit schrägen Ringen geziert ist, und *Coleoprion Sandb.* mit schlank kegelförmiger, mit schiefen Anwachsstreifen bedeckter Schale — beide aus der Devonformation — scheinen mit *Tentaculites* nahe verwandt zu sein.

d. *Conularidae.*

Palaeozoische Formen mit grossen, dütenförmigen oder pyramidalen Gehäusen, welche durch eigenthümlich verengte Mündung oder das Vorhandensein eines Deckels, sowie durch ihre Grösse sich sehr von den *Pteropoden* der Jetztwelt unterscheiden und möglicherweise (ebenso wie die nur hypothetisch den *Hyaleiden* zugestellten *Conularien*) einer erloschenen Mollusken-Gruppe unbekannter Organisation und Verwandtschaft angehören.

Conularia Mill. (Fig. 398). Schale gross (bis $^1/_4$ Meter lang), pyramidenförmig, mit scharfer Spitze, viereckigem Querschnitt, jede Seitenfläche mit

Fig. 398.

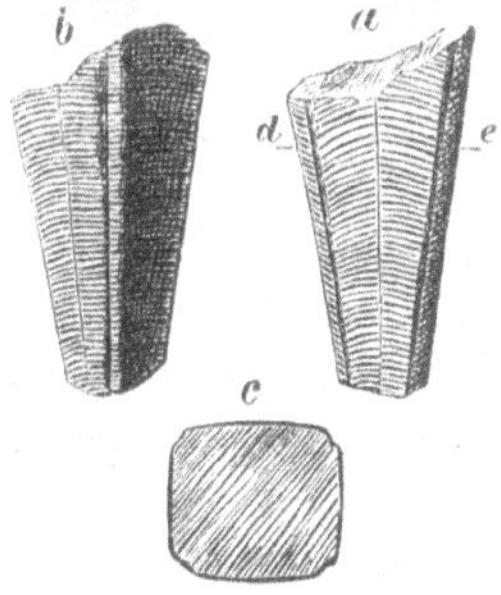

Conularia simplex Barr. Et. F des böhmischen Silur. *a. b.* Ansichten eines Exemplars mit abgebrochener Spitze; *c.* Querschnitt nach der Linie *d e.*

Fig. 399.

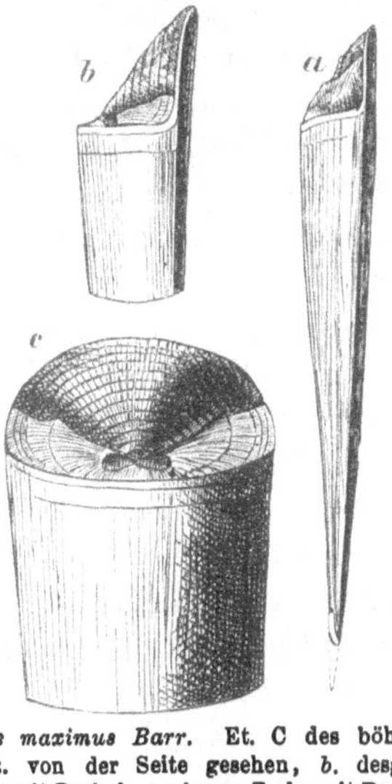

Hyolithes maximus Barr. Et. C des böhmischen Silur. *a.* von der Seite gesehen, *b.* desgleichen, restaurirt mit Deckel, *c.* oberes Ende mit Deckel von vorn gesehen.

medianer Längsfurche geziert, endet an der Mündung mit einem eingebogenen, dreieckigen Vorsprung. Im Inneren oft concave Scheidewände. Silur bis Lias.

Hyolithes Eichw. (Fig. 399). Gehäuse relativ gross, dreikantig, dünn, glatt oder quergestreift. Mündung schief, mit schrägen Seitenrändern und vorragender Mittelwand, durch einen halbkegelförmigen Deckel geschlossen. Innen zuweilen Scheidewände vorhanden. Silur, Devon, Carbon und Dyas.

Als nahe verwandte Gattungen sind ferner anzuführen: *Pterotheca Salter* und *Phragmotheca Barr.* aus dem Silur, *Clathrocoelia Hall* aus dem Devon.

Zeitliche Verbreitung und Stammesgeschichte.

Die *Gastropoden* treten bereits in den ältesten fossilführenden Schichten, wenn auch nicht allzureichlich vertreten, auf. Unter den cambrischen *Gastropoden* herrschen die Gattungen *Pleurotomaria* und *Murchisonia* vor, andere (ausschliesslich holostome) Gattungen sind nur durch einzelne Arten vertreten, so *Holopea*, *Euomphalus*, *Capulus*, *Bellerophon*, *Trochonema*. *Hyolithes*, *Hyolithellus* und andere problematische *Pteropoden* treten gleichfalls schon in cambrischen Schichten auf; im Silur finden sich auch *Conularia* und *Tentaculites* in grosser Häufigkeit. In der Silur-Formation entfalten die *Gastropoden* schon ziemlich grosse Mannigfaltigkeit. Die Gattungen *Pleurotomaria* und *Murchisonia*, *Euomphalus*, *Cyclonema*, *Capulus*, *Holopea* spielen in der silurischen *Gastropoden*-Fauna die Hauptrolle und sind auch in der devonischen sehr zahlreich vertreten. Auch *Macrochilus*, *Bellerophon* und *Porcellia* treten im Devon ziemlich häufig auf, *Cantantostoma*, *Umbonium* und *Littorina*, *Dentalium* und *Chiton* erscheinen ebenfalls. Die meisten devonischen *Gastropoden*-Gattungen reichen in die Carbonzeit hinauf, in welcher *Pleurotomaria*, *Euomphalus* und *Bellerophon* den Höhepunkt ihrer Entwickelung erreicht zu haben scheinen. Auch *Macrochilus*, sowie die *Turbiniden* und *Naticiden* (*Turbo* und *Naticopsis* schon im Devon verbreitet) nehmen an Artenzahl zu. Landbewohnende Lungenschnecken (*Pupa*, *Zonites*) erscheinen in Carbonbildungen Neu-Schottlands.

In der Dyas treten die *Gastropoden* ebenso zurück, wie alle übrigen Mollusken.

Die *Gastropoden*fauna der Trias steht nicht, wie dies bei den anderen Classen der Mollusken der Fall ist, im scharfen Gegensatz zu der palaeozoischen Vertretung. Noch immer behaupten, obwohl manche palaeozoische Gattungen erlöschen, die holostomen *Prosobranchia* das Uebergewicht. In der an *Gastropoden* ungewöhnlich reichen Fauna der oberen alpinen Trias (*Gastropoden*-Schichten der oberen Hallstädter Kalke, Mergel von St. Cassian, Chemnitzienkalke von Esino) spielen die Gattungen *Pseudomelania*, *Loxonema*, *Euomphalus*, *Naticopsis*, *Naticella*, *Nerita*, verschiedene Formen aus den Familien der *Pleurotomaridae*, *Trochidae* und *Scalaridae* die Hauptrolle. Es erscheinen aber auch zahlreiche *Cerithien*, sowie Vorläufer der siphonostomen *Prosobranchia* (*Fusus*, *Fasciolaria*). In der rhätischen Stufe tritt zu diesen eine weitere siphonostome Form: *Spinigera* aus der Familie der *Aporrhaidae*. In der Juraformation tritt eine durchgreifende Aenderung der *Gastropoden*-Fauna ein; diejenige des Lias schliesst sich allerdings noch ziemlich an die obertriadische an, doch erscheinen in den jüngeren Bildungen immer mehr siphonostome Formen. Unter diesen spielen die *Cerithiidae* (*Cerithium*, *Fibula* u. A.), *Nerineidae* (*Nerinea*, *Itieria*), die *Aporrhaidae* (*Alaria* mit mehreren Untergattungen, *Spinigera*, *Malaptera*), und die *Strombidae* (*Pterocera*) die Hauptrolle, aber auch die *Buccinidae*, *Columbellidae* und *Purpuridae* sind durch einige Formen vertreten. Die holostomen *Gastropoden* aber überwiegen noch weitaus. Die *Pleurotomaridae*, *Naticidae*, *Neritidae*, *Trochidae*, *Pseudomelaniadae* spielen die Hauptrolle, aber auch *Opisthobranchia* aus der Familie der *Actaeonidae* (*Actaeonina, Bullina, Cylindrites*) sind häufig; und im mittleren Jura finden sich Süsswasserformen (*Neritina, Hydrobia, Paludina, Melania* und *Planorbis*, welche im Wealden noch sehr vermehrt werden.

In der Kreideformation erreichen die *Siphonostoma* noch grössere Bedeutung als in der Juraformation. Die *Nerineidae, Cerithiidae, Aporrhaidae* und *Strombidae* nehmen an Häufigkeit zu, schon in der unteren Kreide erscheinen ferner einige *Fusidae* und *Muricidae*, in der oberen Kreide werden dieselben etwas häufiger und es treten auch Formen der *Pleurotomidae, Cancellaridae*, der *Volutidae, Ficulidae, Tritoniidae* und *Cypraeidae* mehr oder minder häufig auf. Daneben aber setzen die holostomen *Gastropoden* in nur wenig vermindertem Formenreichthum fort, so dass in der marinen Entwickelung der oberen Kreide die holostomen und canaliferen *Gastropoden* sich ungefähr das Gleichgewicht halten. In den gleichzeitigen Süsswasserbildungen finden wir die Reste einer reichen *Gastropoden*fauna von tropischem Gepräge, da die heutigen Verwandten der in den alpinen Gosanbildungen und der obercretacischen Süsswasserbildungen Südfrankreichs auftretenden *Helix-, Bulimus-, Physa-, Melania-* und *Cyclostoma*-Arten in tropischen Gegenden leben.

In der Tertiärformation vollzieht sich ein vollständiger Umschwung in der Molluskenfauna. Die canaliferen *Gastropoden* erreichen schon im Eocän eine sehr grosse Mannigfaltigkeit und Häufigkeit und nehmen in den jüngeren Bildungen noch mehr zu.

Bei der Discussion der *Cephalopoden* werden wir wahrnehmen, dass die beschalten Formen derselben an der oberen Grenze der Kreideformation fast vollständig erlöschen und es scheint, als ob dementsprechend die räuberischen siphonostomen *Prosobranchia* grössere Entwickelung finden. In den jüngeren Tertiärschichten sind die Verhältnisse der Jetztzeit in Hinsicht auf die fast vollständig identen Gattungen und die Häufigkeit ihres Auftretens der Hauptsache nach bereits gegeben. Noch im Miocän aber ist die geographische Verbreitung der *Gastropoden*-Fauna eine wesentlich verschiedene von der heutigen. Es mag genügen darauf hinzuweisen, dass die obermiocänen Süsswasserformen Europas die nächste Verwandtschaft mit ostasiatischen und nordamerikanischen besitzen und dass in den von Suess als erste und zweite Mediterranstufe bezeichneten, miocänen Meeresbildungen zwar eine ziemlich grosse Anzahl von heute im Mittelmeer auftretenden *Gastropoden* sich findet, welche jedoch zurücktritt gegenüber der weitaus grösseren Zahl jener Formen, welche in den Tropenmeeren der Jetztzeit ihre nächsten Verwandten besitzen.

Die phylogenetische Entwickelung der *Gastropoden* ist bis jetzt nicht zum Gegenstand eingehender Untersuchungen gemacht worden. Wenn Haeckel die *Pteropoden* als die gemeinsame Grundform der *Gastropoden* und *Cephalopoden* bezeichnet, so ist dies eine Vermuthung, welche ebenso wenig palaeontologische als embryologische Begründung besitzt. Denn die Verwandtschaft der angeblichen *Pteropoden* der cambrischen und silurischen Schichten (*Tentaculites, Hyolithes, Conularia* und ihrer Verwandten) mit den recenten, durch lange Intermittenz von ihnen getrennten, im Schalenbau so sehr verschiedenen *Pteropoden* ist sehr zweifelhaft und das Vorhandensein spiral gebauter Schälchen im Embryonalleben der *Pteropoden* deutet darauf hin, dass wir sie eher als eine junge von den echten *Gastropoden* derivirte, denn als eine ursprüngliche und Stammgruppe zu betrachten haben.

Die *Scaphopoden* stellen nach Lacaze Duthiers eine zwischen *Pelecypoden* und *Gastropoden* vermittelnde Gruppe dar, ihr Auftreten in den alten Schichten stimmt mit der Annahme, dass sie der gemeinsamen Wurzel der beiden grossen *Mollusken*-Gruppen nahe stehen, überein, doch erscheinen in Schichten, welche noch tiefer liegen, als in jenen, in welchen die ersten *Scaphopoden* auftreten, typische *Pelecypoden* und *Gastropoden* in ziemlicher Zahl und Mannigfaltigkeit. Die Palaeontologie ist eben hier wie bei allen übrigen Classen des Thierreiches nicht im Stande sich an der Discussion über die ersten Verzweigungen zu betheiligen, weil ihre Archive nicht so weit zurückreichen, um die Stammbäume bis an ihren Anfang verfolgen zu können. Aus diesem Grunde ist es auch kaum möglich, eine palaeontologische Kritik der Jhering'schen Hypothese zu liefern, nach welcher die *Mollusken* in vier Stämme oder Phylen zerfallen (Die *Chitonida* reiht Jhering neben *Amphineura* und *Neomenia* in ein Phylum *Amphineura* und bringt selbes zu den Würmern): I. *Acephala Cuv.* = *Lamellibranchiata Blv.* = *Pelecypoda Goldf.*, II. *Solenoconchae Lac. Duth.* = *Scaphopoda Bronn*, III. *Arthrocochlides Jhering* = *Gasteropoda prosobranchia M. Edw. pars.*, IV. *Platycochlides Jhering.*

Die Abtrennung der *Scaphopoda Bronn* und *Polyplacophora Blainv.* (= *Placophora Jhering*) als selbständige Gruppen hat nebensächliche Bedeutung, jedenfalls stellen diese beiden Gruppen der *Dentaliidae* und *Chitonidae* nur aberrante Zweige eines grossen Stammes dar, welchen wir mit P. Fischer (dessen Systematik auch Zittel in seinem Handbuche der Palaeontologie folgt[1]) als *Glossophora* bezeichnen können, da das Vorhandensein der meist mit einer Radula armirten Zunge für denselben charakteristisch ist. Die Trennung der eigentlichen *Gasteropoden* aber in zwei verschiedene Stämme der *Arthro-* und *Platycochliden*, welche Jhering vornimmt, wobei dem letzten Stamme auch noch die *Cephalopoden* angehören sollen, dürfte kaum den phylogenetischen Verhältnissen entsprechen. Jhering betrachtet auf Grund der von ihm untersuchten Analogien des Nervensystemes als dem Phylum der *Platycochliden* angehörig drei Classen: I. *Jchnopoda Jher.*, II. *Pteropoda Cuv.*, III. *Cephalopoda Cuv.*, von welchen die erste Classe die *Opisthobranchia Cuv.* und die *Pulmonata basommatophora* (= *Branchiopneusta Jhering*) und *stylommatophora* (= *Nephropneustu Jhering*) umfasst. Ist es nun schon schwierig, sich den genetischen Zusammenhang der unter dem Namen *Jchnopoda* zusammengefassten *Gastropoden* vorzustellen, so ist die Verquickung dieser mit den *Pteropoden* und *Cephalopoden* zu einem Stamme, welcher jenem der *Arthrocochliden* (= dem grössten Theile der *Prosobranchia M. Edw.*) gleichwerthig gegenüber stehen soll, eine unerwiesene und unwahrscheinliche Hypothese.

Ebensowenig als die einseitige Berücksichtigung der Schale oder jene

---

[1] I. Band, 2. Abth. pag. 149.

der Bewegungs-, der Athmungsorgane oder der Zungenbewaffnung kann die einseitige Berücksichtigung des Nervensystemes ein natürliches, den Descendenzverhältnissen entsprechendes System der *Gastropoden* liefern. Alle diese Classe betreffenden, bisherigen systematischen Versuche tragen das Gepräge künstlicher Einrichtung.

Für den Palaeontologen aber ist die Kritik und Verbesserung derselben durch zwei Umstände wesentlich erschwert. Erstlich sind die Schalen, die ihm ja allein zur Untersuchung zugänglich sind, in ihrer Einrichtung nicht so charakteristisch, dass ihre Deutung leicht und unzweideutig wäre (in ihren Organisationsverhältnissen wesentlich verschiedene Formen bewohnen täuschend ähnliche, ja oft kaum zu unterscheidende Gehäuse; es sei diesbezüglich nur an *Patella* und *Siphonaria* erinnert), sodann scheinen ähnliche Entwickelungsreihen bei ganz verschiedenen Stämmen sich zu finden. Es sei dies betreffend auf zwei Verhältnisse aufmerksam gemacht: auf die Entwicklung luftathmender Formen in verschiedenen Zweigen des *Gastropoden*-Stammes und auf die Rückbildung der Schale, welche gleichfalls bei sehr verschiedenen Typen angetroffen wird. Man ist gewohnt, von den übrigen *Pulmonaten* die *Cyclostomidae*, *Helicinidae* und *Ampullaridae* zu sondern. Die letzteren stammen wahrscheinlich von den *Naticidae* ab (die geologisch älteren Formen der *Ampullaridae* sind sehr schwer von *Natica* abzutrennen); die *Helicinidae* sind wahrscheinlich als die an's Land gestiegenen Nachkommen der *Neritidae* zu betrachten, mit denen sie viele Merkmale (Zungenbewaffnung, Gestalt der Schale und Beschaffenheit des Deckels) gemein haben, die *Cyclostomidae* endlich schliessen sich in ihrer Organisation innig an die holostome Gruppe der taeniglossen *Prosobranchia* an und dürften von den *Valvatidae* oder *Littorinidae* ihren Ursprung herleiten. Aber auch der Rest der *Pulmonaten* bildet keine phylogenetische Einheit, denn während die *Basommatophora* sich in vieler Hinsicht an die *Opisthobranchien* anschliessen und vielleicht als ein zur Landbewohnung adoptirter Zweig derselben betrachtet werden dürfen, stellen die *Stylommatophora* einen vielgestaltigen Formencomplex dar, von welchem aller Wahrscheinlichkeit nach die *Testacellidae* eine andere Abstammung besitzen dürften als die *Helicidae*.

Eine Verkümmerung der Schale ist bei sehr verschiedenen *Gastropoden*-Gruppen zu bemerken. Man kann diese Verkümmerung füglich in zwei Categorien trennen: bei der ersten wird die Schale von den weit ausgebreiteten Mantellappen mehr und mehr umhüllt, bis sie endlich zu einem inneren Rudiment verkümmert. Diese Art der Reduction treffen wir bei *Arion* und *Limax*, deren rudimentäre Schalen sich zu den Gehäusen von *Helix* und *Vitrina* ebenso verhalten, wie die Sepien-Schulpe zu der Schale von *Belemnites* und *Aulacoceras*. Bei der zweiten Art der Verkümmerung der sonst für die *Gastropoden* so charakteristischen Schale wird dieselbe abgestreift. Bei den *Heteropoden* treffen wir alle Stadien dieser Verkümmerung. *Atlanta* besitzt einen spiraligen, von Mantel und spiraler Schale umgebenen Eingeweidesack. *Carinaria* einen am Ende des hinteren Fussabschnittes gelegenen Eingeweideknäuel, welcher von einer mützenförmigen Schale bedeckt wird; bei *Pterotrachea* und *Firoloides* aber verkümmert der Eingeweidesack noch mehr und die erwachsenen Thiere entbehren der Schale, während ihre Embryonen eine solche aufweisen. Bei den *Pteropoden* treffen wir ähnliche Verhältnisse. Auch hier geht die im Embryonalleben stets vorhandene Schale meist verloren, wird aber oft durch eine anders gestaltete, bleibende Schale ersetzt. Dieses Verhältniss erlaubt wohl den Schluss, dass weder die *Pteropoden*, noch die *Heteropoden* als alte Ursprungs-Stämme zu betrachten sind, sondern junge, aberrante Zweige darstellen.

Bei den *Opisthobranchia* treffen wir beide Arten der Verkümmerung der äusseren Schale, welche entweder zu einem inneren Rudiment reducirt wird (*Philine*, *Aplysia*) oder schon im Embryonalleben abgestreift wird (*Dermatobronchia*).

Diese Thatsachen lehren, dass die Gestaltung und das Vorhandensein der Schale überhaupt, ebenso wie die Einrichtung der bisher vorzüglich zum Ausgangspunkt der Systematik gemachten Athmungswerkzeuge bei der Erforschung der wahren Verwandtschaft der Gastropoden-Familien keineswegs ausschlaggebend sind. Ebenso wenig aber vermag die Vergleichung der Zungenbewaffnung oder der Verhältnisse des Nervensystemes allein die Frage zu beantworten.

4. *Cephalopoda.*

Mollusken mit wohlgesondertem, zwei grosse, seitliche Augen tragenden Kopfe, der in der Nähe des Mundes acht oder zehn im Kreise geordnete Arme oder zahlreiche Tentakel aufweist. Fuss trichterförmig gestaltet.

Den Ansichten Fischer's[1] folgend, theilen wir die *Cephalopoden* in drei Hauptgruppen: *Dibranchiata*, *Ammonea* und *Tetrabranchiata*, da die ausgestorbenen *Ammoniten*, welche gewöhnlich als mit *Nautilus* nahe verwandt betrachtet werden, mehr Analogie mit dibranchiaten *Cephalopoden* aufweisen.

A. Dibranchiata.

Cephalopoden mit zwei Kiemen in der Mantelhöhle, mit acht, Saugnäpfe oder Hacken tragenden Armen, zu welchen noch zwei längere Tentakel kommen können, mit geschlossenem Trichter und mit Tintenbeutel.

Die *Dibranchiata* zerfallen (nach dem Vorkommen oder Fehlen der zwei erwähnten Tentakel) in *Octopoda* und *Decapoda*.

A_1. Octopoda.

Dibranchiaten mit acht Armen, ohne lange Tentakel. Die acht Arme tragen sitzende Saugnäpfe ohne Hornringe, der kurze, rundliche Körper besitzt (mit Ausnahme des Weibchens von *Argonauta*) keine äussere Schale und auch innere Harttheile sind (wenn überhaupt vorhanden) nur rudimentär. Von den fünf Familien, in welche sich die *Octopoden* gliedern lassen: *Cirrhoteuthidae*, *Eledonidae*, *Octopidae*, *Tremoctopidae* und *Argonautidae* kommen für die palaeontologische Betrachtung nur die letzteren in Betracht.

[1] Manuel de Conchyliologie, Paris 1881, pag. 327.

a. *Argonautidae.*

Männchen schalenlos, Weibchen mit einer einkammerigen, spiralen Schale, welche dünn, gefaltet oder höckerig, seitlich comprimirt und am Convextheile mit zwei Kielen versehen ist.

Einzige Gattung: *Argonauta L.* Die Schale des Weibchens, welche trotz ihrer Zartheit aus drei Schichten besteht (innere und äussere Prismenschicht und faserige Mittelschicht), wird theils vom Mantel, theils von den beiden flossenartig erweiterten Rückenarmen gebildet. Recent und tertiär; die pliocäne *Argonauta Sismondai* ist mit der recenten *A. hians* des chinesischen Meeres nahe verwandt.

A$_2$. Decapoda.

Ausser den acht Armen treten noch zwei lange (bei der recenten *Veranya* rückgebildete) Tentakel auf. Die Saugnäpfe der Arme sind gestielt und mit Hornringen versehen.

Die Structur der Schale verwendet P. Fischer zur Trennung von drei Untergruppen: I. *Chondrophora* mit horniger Schulpe (welche Gruppe nach der Einrichtung des Auges in *Oigopsidae* und *Myopsidae* getheilt werden kann), II. *Sepiophora* mit einer inneren Kalkschulpe (Os Sepiae), III. *Phragmophora* mit einer Kalkschale, welche eine Reihe von Luftkammern aufweist, die durch einen Sipho durchbrochen werden. Wir folgen dieser Eintheilung, da sie gerade für die palaeontologische Betrachtung wesentliche Vortheile gewährt.

I. Chondrophora.

Mit einer chitinösen (aus Conchyolin bestehenden) Schulpe (gladius).

Von den hierhergehörigen Familien der *Cranchiidae*, *Chiroteuthidae*, *Thysanoteuthidae*, *Onychoteuthidae*, *Ommastrephidae*, *Sepiolidae*, *Sepiadariidae*, *Idiosepiidae* und *Loliginidae* haben nur die *Onychoteuthidae*, *Ommastrephidae* und *Loliginidae* fossile Reste geliefert.

a. *Onychoteuthidae.*

Körper verlängert, mit rhombischen Flossen, Arme mit kräftigen Haken bewaffnet. Gladius schwach entwickelt, schmal, federförmig.

Manche der recenten Formen (*Enoploteuthis unguiculata Molina*, *E. Hartingi Verril*, *Onychoteuthis robusta Dall* u. A.) zeichnen sich durch sehr bedeutende Grösse aus. Es scheint, als ob ein Theil der in mesozoischen Ablagerungen ziemlich häufig vorkommenden, oft auf Thiere von sehr grossen Dimensionen schliessen lassenden Hacken (Fig. 400) von *Onychoteuthiden* stammen würde. Man bezeichnet solche Hacken (welche selbstverständlich eine sichere Bestimmung nicht zulassen) gewöhnlich als von *Onythoteuthis*

Fig. 400.

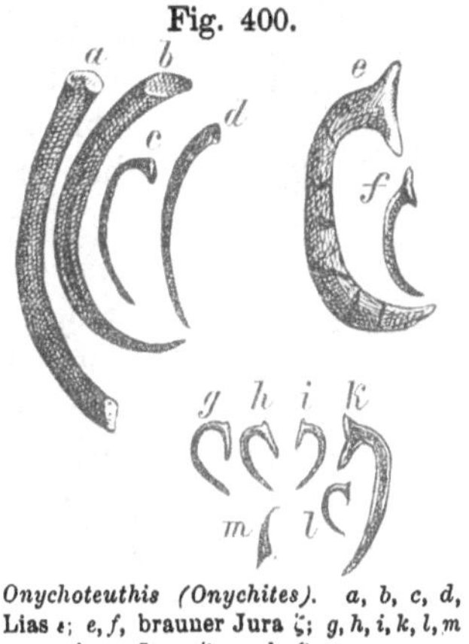

Onychoteuthis (Onychites). a, b, c, d, Lias ε; e, f, brauner Jura ζ; g, h, i, k, l, m weisser Jura ζ, nach Quenstedt.

stammend, manche mögen jedoch von *Belemnitiden* herrühren, welche nachweislich mit Hacken armirte Arme besassen und an Grösse den recenten *Onychoteuthiden* wenig nachgaben.

b. *Ommatostrephidae.*

Körper lang, die acht Arme und die beiden Fangarme tragen Saugnäpfe mit gezähnten Hornringen, aber keine Hacken. Flossen rhombisch, terminal. Gladius hornig, lang, lancettförmig.

Plesioteuthis Wagner. Schlanke Schulpen mit einem mittleren und zwei seitlichen Kielen und pfeilförmigem Hinterende, welche jenen des recenten *Ommatostrephes* ähneln. Huxley stellt *Plesioteuthis* zu den *Belemnitidae,* doch hat man an den betreffenden Resten aus der Juraformation nie ein Rostrum oder einen Phragmocon wahrnehmen können.

c. *Loliginidae.*

Körper ziemlich lang, Seitenflossen von verschiedener Gestalt, einen Theil oder die ganze Länge des Körpers einnehmend. Gladius hornig, so lang als der Rücken, vorn verschmälert, in der Mitte und rückwärts etwas verbreitert, einer Feder oder einer Lanzenspitze in den Umrissen gleichend.

An die recenten Gattungen *Loligo*, *Teuthis* etc. schliessen sich:

Teuthopsis E. Deslongchamps, Gladius concav, vorn schmal, hinten verbreitert und stumpf, spatelförmig, mit einer sehr markirten Mittelrippe und schiefen Streifen. Tintenbeutel oft erhalten und ungefähr in der Mitte der Schulpe gelegen. Oberer Lias.

Phylloteuthis Meek u. Hayden. Gladius ähnlich jenem von *Teuthopsis,* hinten jedoch eckig. Lias und Kreide.

Kelaeno Münster. Abdrücke des Körpers breit, eiförmig, Gladius aus einem schmalen Stiele bestehend, der sich im Centrum zu einem runden Schild mit convexer Rückseite erweitert. Tithon von Solenhofen. (Münster schrieb die in den Solenhofener Schiefern mit vorkommenden Hacken, auf welche sich die Gattung *Acanthoteuthis Wagner* gründet, denselben Thieren zu, von welchen die *Kelaeno*-Schulpen stammen. Die als *Acanthoteuthis* von Solenhofen angeführten Reste gehören einestheils zu *Leptotenthis Meyer,* theils zu einer (*Octopoden?*) Form ohne Schulpe.

Fig. 401.

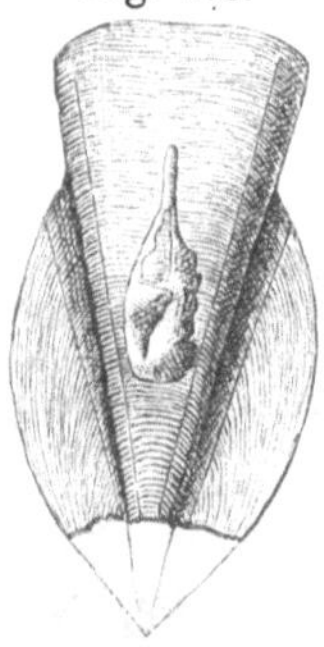

Belemnosepia (Geoteuthis) lata d'Orb. Lias, Württemberg.

Beloteuthis Mstr. Gladius weniger verschmälert als jener der *Teuthopsis*, subrhombisch, seitlich mit flügelartigen Ausbreitungen, welche durch eine Rippe oder eine Furche abgetrennt sind. Lias.

Belemnosepia Agassiz u. Buckland (Fig. 401). Gladius hornig, vorn abgestutzt, hinten in einer Spitze endigend und mit zwei seitlichen Ausbreitungen, welche durch Furchen abgetrennt und mit gekrümmten Strichen geziert sind, während der Mitteltheil Querstreifen und Längsrippen trägt. Die Schulpen sind häufig von den Tintenbeuteln begleitet. Lias und Oxfordien.

Weitere zu den *Loliginiden* gehörige, fossile Gattungen sind: *Leptoteuthis Meyer* aus dem Tithon (Solenhofen) und *Ptiloteuthis Gabb* aus dem Neocom.

II. Sepiophora.

Mit einer inneren Schulpe, welche durch mehr oder minder reichlichen Kalkabsatz verstärkt wird und hinten mit einer sehr wenig entwickelten, ventralen, undeutlich gekammerten, eines Sipho entbehrenden Höhlung endet.

Sepia Linn. Körper eiförmig, mit langen, am Hinterende getrennten Seitenflossen. Die kreideartige Schulpe so lang als der Körper, lang-eiförmig, mit einer mehr oder minder entwickelten Spitze (Rostrum) endigend. Recent und tertiär (Miocän).

Trachyteuthis H. v. Meyer. Schulpe verlängert, vorn und hinten verschmälert und an den Hinterrändern mit flügelartigen Ausbreitungen versehen, ohne Rostrum. Rückseite gekörnt, Bauchseite knorpelig. Oberer Jura (Tithon von Solenhofen). Durch die Gestaltung der Schulpe von *Trachyteuthis* scheint eine verbindende Stellung dieser Gattung zwischen den *Sepiophora* und *Chondrophora* angedeutet.

Nahe mit *Trachyteuthis* verwandt ist *Glyphiteuthis Reuss* (Kreide).

III. Phragmophora.

Schale mit einer Reihe von Luftkammern, welche von einem Sipho durchbohrt werden.

a. *Belosepiidae.*

Am hinteren Theile der Schulpe befindet sich ein kleiner Phragmocon. Die Anfangskammer ist nicht kugelig und hat dieselbe Breite wie die folgende Kammer.

Belosepia Voltz (Fig. 402). Die Rückenschulpe gleicht vollkommen jener von *Sepia*, ist jedoch mit einem starken Rostrum von warziger Oberfläche ausgestattet und trägt auf der Bauchseite des hinteren Endes einen kurzen, leicht gekrümmten Pragmocon, dessen zarte Scheitewände einander genähert sind; der bauchständige Sipho ist sehr breit, von ovalem Querschnitt. Eocän.

Fig. 402.

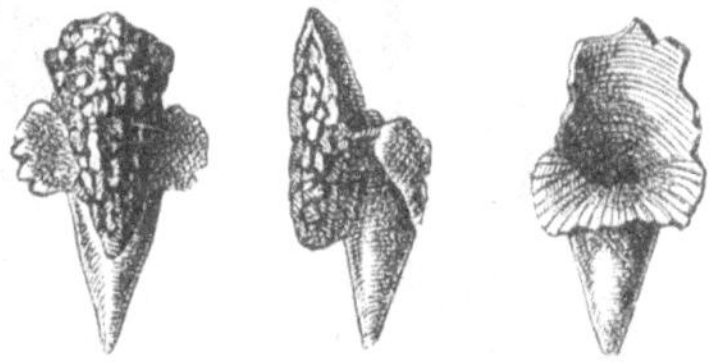

Belosepia sepioidea Forbes. Rostrum (Schulpe abgebrochen), Eocän, Londonthon.

b. *Belopteridae.*

Rostrum und Phragmocon gut entwickelt, Anfangskammer so breit wie die folgende Kammer.

Spirulirostra d'Orb. Nur der hintere Theil der Schale ist bekannt: er bildet ein dreieckiges, spitzes Rostrum, welches einen gekrümmten Pragmocon einschliesst. Der bauchständige Sipho ist eng.

Beloptera Blainv. Schale aus zwei kegelförmigen Theilen (Phragmocon und Rostrum) bestehend, welche mit ihren Spitzen zusammenstossen und durch eine zu beiden Seiten entwickelte, flügelförmige Ausbreitung verbunden werden. Der Phragmocon ist leicht gekrümmt, der Sipho ventral. Eocän.

Weitere hierhergehörige, eocäne Formen sind: *Belemnosis F. Edwards Belopterina*, *Vasseuria* und *Bayanoteuthis Munier-Chalmas.*

c. *Belemnitidae.*

Das Thier scheint jenem von *Onychoteuthis* ähnlich gewesen zu sein, mit ziemlich breiten Flossen und mit Hacken armirten Armen. Die Schale endigt in einem mannigfach gestalteten Rostrum, der Phragmocon ist wohl entwickelt, schlank; die Anfangskammer kugelig und breiter als die zweite. Die Scheidewände sind in der Nähe des Sipho entweder leicht nach aufwärts gebogen (z. B. bei *Aulacoceras*) oder sie formen am Sipho einen kurzen Hals, dessen schmäleres Ende nach rückwärts gekehrt ist. *P. Fischer* trennt nach diesem Merkmal die *Belemnitidae* in *Prosiphonatae* und *Retrosiphonatae.*[1]

α. *Prosiphonatae.*

Aulacoceras v. Hauer (Fig. 403). Schale des langen Phragmocon aussen gefaltet oder gestreift, Sipho schmal, randständig, in regelmässigen Zwischenräumen verengt. Septa in der Nähe der Sipho nach vorne gebogen. Spitze mit einem im Verhältnisse zum Phragmocon sehr kurzen Rostrum, welches durch Längswülste getheilte Querfurchen aufweist. Das abgebildete Exemplar zeigt an der als Steinkern erhaltenen Wohnkammer die Längsstreifung sehr deutlich, während der gekammerte Theil glatt ist. Dies lehrt, dass bei dem Aufwärtsrücken der Kammern in das sehr dünne (und deshalb sehr selten erhaltene) Proostracum die Innenseite desselben durch eine Perlmutterschicht ausgekleidet und geglättet wurde.[2] Trias.

Fig. 403.

Aulacoceras inducens Bronn. a. Dorsalansicht mit theilweise erh. Proostracum, Phragmocon Steinkern. Raibler Schichten, Schlern. b, c. Fragmente des Rostrum, St. Cassian

Fig. 404.

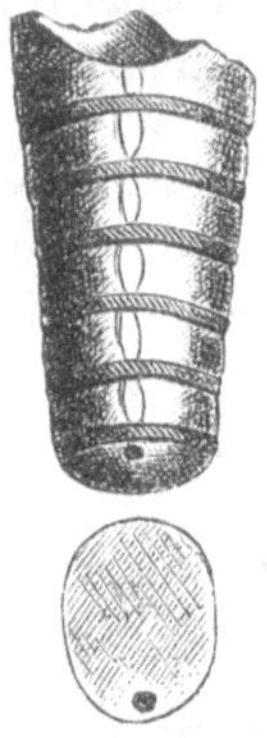

Atractites Boeckhi Stürzenbaum. Zone des *Cerat. trinodosus*, Schreyer Alpe.

Atractites Gümbel (Fig. 404). Phragmocon glattschalig und nur auf der Dorsalseite mit Bogenstreifung versehen. Querschnitt desselben kreisrund, zuweilen elliptisch. Rostrum glatt, ohne Andeutung von Längsfurchen oder Längswülsten. Trias und Lias.

Bactrites Sandb. Gehäuse schlank, kegelförmig, Phragmocon mit dem Rande genäherten, fadenförmigen Sipho, dessen Hülle beim Durchgang durch die Scheidewände theilweise verkalkt erscheint und hierdurch Veranlassung zur Angabe eines Lobus geworden ist. Bildet vielleicht ein Zwischenglied zwischen den *Orthoceraten* und *Aulacoceraten.* Silur, Devon.

[1] Manuel de Conchyologie pag. 360.

[2] Edm. v. Mojsisovics: Die Cephalopoden der mediterranen Triasprovinz pag. 297.

β. Retrosiphonatae.

Belemnites Lamk. (Fig. 405, 406, 407). Körper verlängert, Flossen etwa in der Mitte der Seiten des Körpers, Tentakel kurz, die übrigen Arme mit in zwei Reihen geordneten Hornhacken armirt. Die Schale besteht aus drei

Fig. 405.

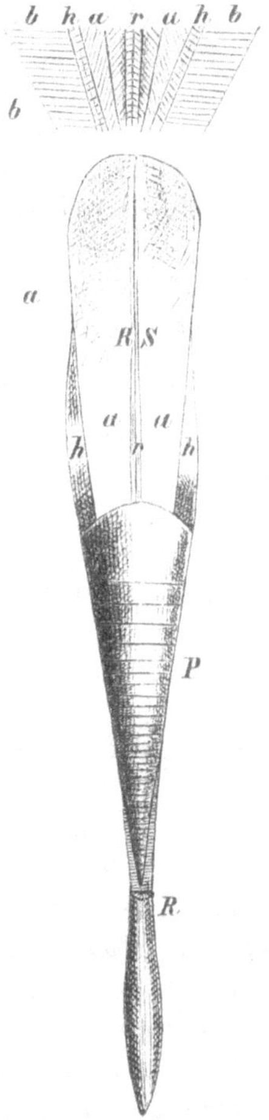

a. Belemniten-Rostrum-Phragmocon- und Rückenschulpe (restaurirt nach Solenhofener Exemplaren). R = (aufgebrochenes) Rostrum, P = Phragmocon, RS = Rückenschulpe, r = Rückenlinie, a = Region der Assymptoten, h = Region der Hyperbolarstreifen. *b.* Abgewickelte Schale von *Belemnites giganteus*, r = Rückenlinie, a Assymptoten, h = Hyperbolar-Streifen, b = Bauchlinien.

Fig. 406.

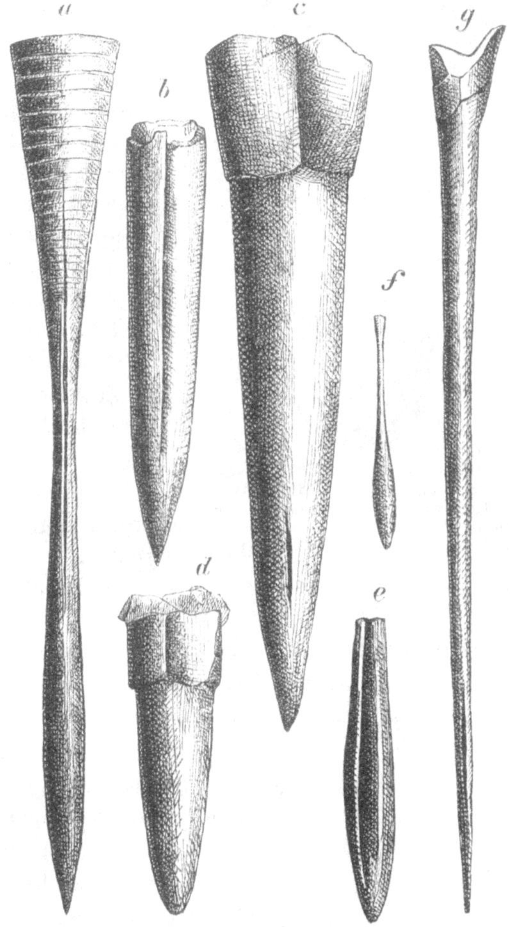

a. Belemnites semihastatus Quenst., brauner Jura ζ, *b. B. canaliculatus Schloth*, brauner Jura δ, *c. B. giganteus Schloth*, brauner Jura δ, *d. B. brevis Blainv.*, Lias α, *e. B. tithonicus Opp.*, Tithon der Freiburger Alpen, *f. B. clavatus Blainv.*, Lias γ, *g. B. acuarius-tubularis Quenst.*, Lias ε, Ohmden.

Theilen (vergl. Fig. 405): 1. Einem hohen Kegel (Phragmocon P.) mit zarter, aus Perlmuttersubstanz bestehender Innenwand (Conothec), in Kammern getheilt durch quere Scheidewände, welche nach oben leicht concav, nach unten convex sind und vom Sipho durchbohrt werden, welcher jedem Ansatz der Scheidewände entsprechend eine Einschnürung aufweist. Die erste Kammer ist kugelig (vergl. Fig. 407 *d*). 2. Einer mehr oder weniger langen, soliden, gegen vorn den Phragmocon umhüllenden Spitze (Rostrum R.), welche faserige Beschaffenheit besitzt. 3. Der Rückenschulpe (R. S.), einem hornigen Blatte (oder Proostracum), welches von einer Ausbreitung der Conothec über den Phragmocon gebildet wird und zuweilen sich nur als ein einfaches, nach vorn verbreitertes und dort abgerundetes Blatt darstellt, oder aber winkelige Contouren besitzt, in welcher Schulpe man vier longitudinale Zonen unterscheiden kann, nämlich eine Rückengegend, deren Zuwachsstreifen nach vorn convex sind (*r*), zwei seitliche Regionen, in welchen dieselben schief und concav verlaufen (Assymptoten-Region, *a* und Region der Hyperbolarstreifen *h*) und endlich eine Bauchgegend (*b*), in der sie ungefähr den Scheidewänden des Phragmocons parallel laufen.

Fig. 407.

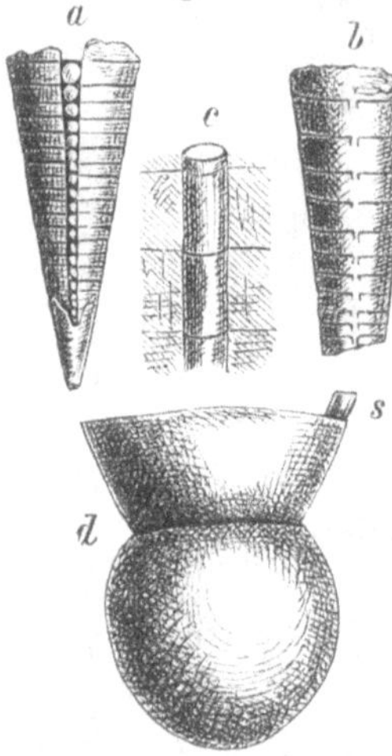

a. Belemnites giganteus Schloth. Dogger. Perlschnurartiger Sipho. *b. B. conophorus Opp.* Tithon Stramberg, angeschliffene Siphonaldüten. *c. Belemnitella mucronata Schloth.* Senon. Medianschliff, röhrenförmiger Sipho. *d. Belemnites Württembergicus Opp.* Oberer Dogger, Ehingen. Die zwei ersten Kammern stark vergr. *s* = Sipho.

Zuweilen sind die Tintenbeutel erhalten, ferner beobachtet man oft die Umrisse der Arme und Flossen.

Nach dem Vorhandensein oder Fehlen von Furchen auf dem Rostrum hat man folgende Gruppen unter den *Belemniten* unterschieden:

A. *Acoeli* — ohne Ventral- oder Dorsalfurche, hierher die *Acuarii* (Lias-Neocom) ohne seitlicher Furchen und die *Clavati* (Lias) mit solchen;

B. *Gastrocoeli* mit Ventralfurche, hierher die *Canaliculati* ohne Lateralfurchen (Lias und Jura), sowie die *Hastali* (Lias-Gault) mit solchen;

C. *Notocoeli* mit dorsaler Furche und mit Seitenfurchen: *Dilatati* (Neocom).

Bayle hat für die *Acoeli* die Gattungen: *Pachyteuthis*, *Megateuthis* und *Dactyloteuthis*, für die *Gastrocoeli* die Gattungen: *Cylindroteuthis*, *Belemnopsis* und *Hibolites*, für die *Notocoeli* die Gattung *Duvalia* geschaffen.

Die meisten *Gastrocoeli* besitzen im Inneren des Rostrums ein Septum von der Structur der *Conothec*, welches von der Furche bis zur Axe des Rostrums reicht; diese Formen würden demnach eine Gattung bilden (für welche P. Fischer den Namen *Belemnopsis Bayle* vorschlägt), welche näher mit *Belemnitella* verwandt wäre als mit den *Acoeli*.

Hinsichtlich der fossilen Erhaltung der Belemniten sei bemerkt, dass Abdrücke der ganzen Thiere mit Resten des Proostracums, mit den Hacken tragenden Armen und dem Tintenbeutel verhältnissmässig selten sind und nur die Rostren mit dem unteren Theile des Phragmocons, der freilich in der Regel zerquetscht ist, überaus häufig auftreten.

Diploconus Zitt. aus dem Tithon von Stramberg besitzt einen fast bis ans Ende des Rostrums reichenden Phragmocon.

Xiphoteuthis Huxley, mit cylindrischem Rostrum und sehr langem und schmalen Phragmocon, besitzt ein kalkiges Proostracum. Lias.

Belemnitella d'Orb. Rostrum mit einem verticalen Spalt auf der Bauchseite, Phragmocon mit einer Längs-Hervorragung auf der Rückseite und einem Fortsatz, welcher in die Spalte des Rostrum eingreift. Kreide; *Belemnitella mucronata Sow.* ist Leitfossil der oberen Schichten dieser Formation.

Belemnoteuthis Pearce. Sitzende Arme und Tentakel ungefähr von derselben Länge, die ersteren mit zwei Reihen alternirender Hornhacken ausgestattet. An wohlerhaltenen Exemplaren der vom Mantel getrennte Kopf, die Augen, die Flossen, der Tintenbeutel u. s. w. sehr gut ersichtlich. Die Schale wird im wesentlichen von einem kurzen, conischen Phragmocon gebildet, der jenem von *Belemnites* nicht unähnlich ist, und mit einer hornigen Rückenschulpe und einem sehr schwach entwickelten Rostrum zusammenhängt. Jura.

d. *Phragmoteuthidae.*[1]

Phragmocon kurz, eng gekammert, mit einem sehr langen, dreilappigen Proostracum, Rostrum fehlt.

Phragmoteuthis Mojs. An den Resten von *Phragm. bisinuata Bronn sp.* aus den den Cassianer Schichten (Zone des *Trachyceras Aon*) entsprechenden schwarzen Schiefern von Raibl sind ausser dem zusammengedrückten, aber stets deutlich dreilappigen Proostracum, dessen grosser Dorsallappen der Rückenschulpe der *Belemnitiden* entspricht, und dem Phragmocon, an welchem zuweilen der ventrale Sipho sichtbar ist, in der Regel die Tintenbeutel und häufig auch die Kiefer und Doppelreihen äusserst zarter Hacken der Arme erhalten, von welch letzteren jederseits fünf aufzutreten scheinen. Obere Trias.

e. *Spirulidae.*

Mit spiral gebauter, gekammerter, innerer Schale, deren Windungen sich nicht berühren und welche weder ein Rostrum, noch eine Rückenschulpe aufweist. Letzte Kammer kurz, mit einfacher Mündung. Anfangskammer kugelig, jener der *Belemniten* und gewisser *Goniatiten* gleichend, Sipho intern, ventral. Nur recent.

B. Ammonea.

Ausgestorbene *Cephalopoden* mit spiral gebauter, in einer Ebene convolut oder evolut gerollter, oder in Schneckenspirale angeordneter, hackenförmig gekrümmter oder stabförmig gestreckter Schale, deren letzte, grosse Kammer (Wohnkammer) das Thier beherbergte. Schale aus zwei Hauptschichten aufgebaut, von welchen die innere aus Perlmuttersubstanz besteht, welche auch die Septen bildet. Anfangskammer eiförmig (Vgl. Fig. 408, 409) glatt, ohne äussere Narbe, mit einem Blindsack-ähnlichen, angeschwollenen Anfang des Sipho, welcher die Innenwand nicht berührt. Die Anfangskammer ist gewöhnlich eingerollt und zeigt auf jeder Seite eine Art Nabel. In dieser

[1] E. v. Mojsisovics: Die *Cephalopoden* der mediterranen Triasprovinz pag. 304.

Gestaltung der Anfangskammer liegt der Hauptunterschied der *Ammonea* und *Nautilea,* da diese letzteren eine näpfchenartige Anfangskammer besitzen

Fig. 408.

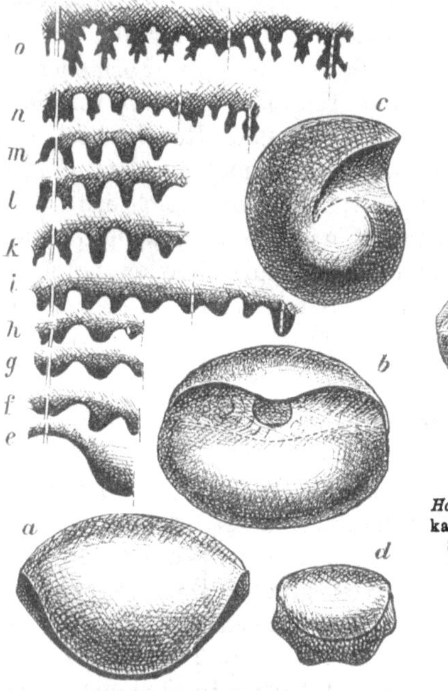

Arcestes Maximiliani Leuchtenbergensis v. Klipst. St. Cassian. Anfangskammer, *a* von oben, *b* v. vorn, *c* v. d. Seite, *d* erste Anfangskammer v. oben, *e* 1., *f* 2., *g* 4., *h* 7. Sutur, *i* Sutur bei 1.25 mm Grösse, *k, l, m* aufeinanderfolgende Suturen bei 1.50—1.75 mm Grösse, *n* Sutur bei 2 mm, *o* Sutur bei 4 mm Grösse, sämmtlich stark vergr.

Fig. 409.

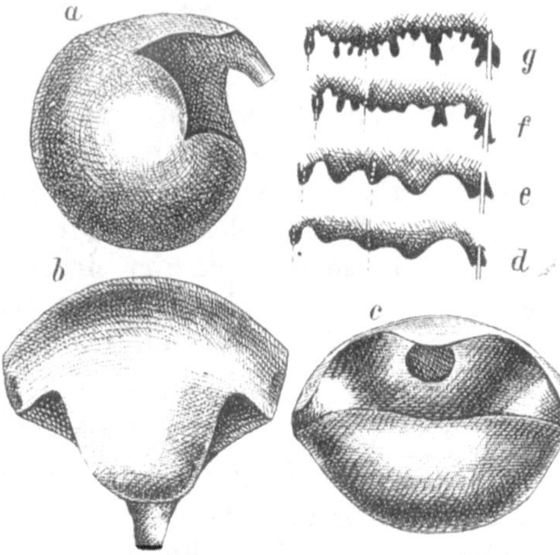

Haploceras aff. clypeiforme d'Orb. sp. Hills, Ostern. Anfangskammer, *a* v. d. Seite, *b* v. oben, *c* v. vorn, *d* erste, *e* fünfte Sutur, *f* u. *g* Suturen bei 5 und 12 mm Grösse, sämmtlich stark vergr.

Fig. 410.

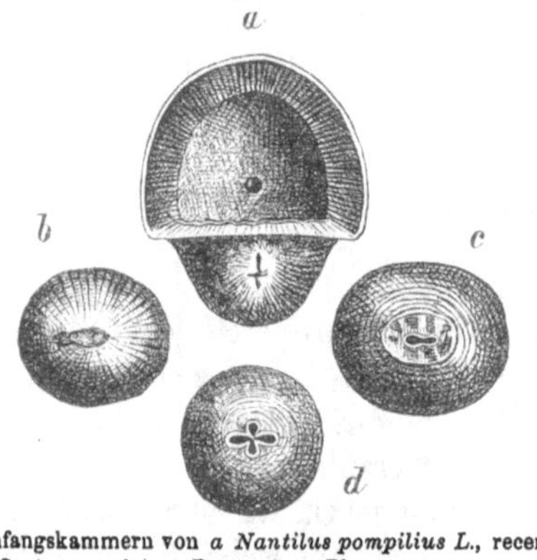

Anfangskammern von *a Nautilus pompilius L.*, recent, *b Cyrtoceras fugax Barr.* e^1, *c Phragmoceras perversum Barr.* e^1, *d Orthoceras mundum Barr.* e^2, vergr. Ober-Silur Böhmens.

(Fig. 410), welche mit Sculptur versehen ist und eine sehr auffallende Narbe trägt (an welche sich möglicherweise eine hinfällige, der Embryonalkammer der *Amoneen* entsprechende, häutige Kammer schloss?). Die Structur der Schale stimmt bei beiden Gruppen überein, denn die geologisch älteren *Amoneen* (z. B. *Pinacoceras-* und *Arcestes-*Arten der Trias) weisen ausser den beiden Hauptschichten, dem äusseren Ostracum und der inneren Perlmutterschicht auch eine Runzelschicht auf, welche der sogenannten schwarzen Schicht des recenten Nautilus entspricht.

Die Schale der *Ammoniten* gliedert sich in die Wohnkammer und die Luftkammern. Die letzteren (welche dem Phragmocon eines *Belemniten* entsprechen) sind nicht durch einfache, sondern durch mehr oder weniger gekrümmte Scheidewände von einander getrennt, welche bei ihrem Ansatz an die Aussenwand eine mehr oder minder complicirte Sutur, die Lobenlinie bilden, deren gegen die Mündung oder nach vorn gekehrte Ausbiegungen Sättel genannt werden, während die nach rückwärts gerichteten den Namen Loben tragen. Die Gestaltung dieser Loben und Sättel ist von grösster Wichtigkeit für die Systematik, es ist

Fig. 411.

Arietites Bucklandi Sow. Lias. Lobenlinie. *ld* = lobus dorsalis, *lls* = lobus lateralis super., *lli* = lobus lateralis infer., *sd* = sella dorsalis, *sl* = sella lateralis.

Fig. 412.

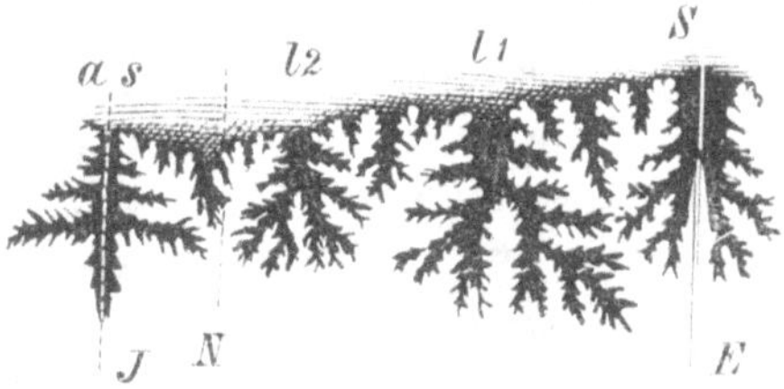

Lytoceras sutile Opp. Stramberg. Abgewickelte Lobenlinie. *S* = Siphonallobus, l_1 = erster Laterallobus, l_2 = zweiter Laterallobus, *as* = Antisiphonallobus, *E* = Externseite, *J* = Internseite, N = Nahtlinie.

daher nöthig, sich mit der betreffenden Nomenclatur vertraut zu machen. In der älteren Bezeichnungsweise, welche von der unrichtigen Ansicht ausging, dass die convexe Seite der *Ammoniten*-Schale dem Rücken des Thieres entspreche, nannte man den auf dem Convex- oder Extern-Theil befindlichen, vom Siphonalhöcker getheilten Lobus den lobus dorsalis. Fig. 411 stellt die abgewickelte Lobenlinie einer Flanke dar, wobei der am Externtheil angebrachte Pfeil die Richtung gegen die Mündung oder nach vorn angiebt. Unter dem Dorsallobus springt der Dorsalsattel nach vorn vor, während unter ihm der erste oder obere Laterallobus (lobus lateralis superior) nach rückwärts eingreift. Es folgt der Lateralsattel, unter welchem der untere Laterallobus sich findet. Zwischen diesen sogenannten Hauptloben (welche den Raum zwischen der Externseite und der Projectionslinie des vorhergehenden Umgangs einnehmen) und der Internseite liegen die Hülfsloben oder Auxiliar-Loben. Diese von Buch und Bronn eingeführte Nomenclatur wird besser durch eine neutrale Ausdrucksweise ersetzt (wir werden später sehen, dass höchst wahrscheinlich die Externseite eines *Ammoniten*-Gehäuses, ebenso wie jene der *Nautilus*-Schale als ventrale bezeichnet werden

Fig. 413.

a *Nautilini.*
b. *Primordiales.*
c. *Irregulares.*
d. *Simplices.*
e. *Aequales.*
f. *Carbonarii.*
g. *Indivisi.*

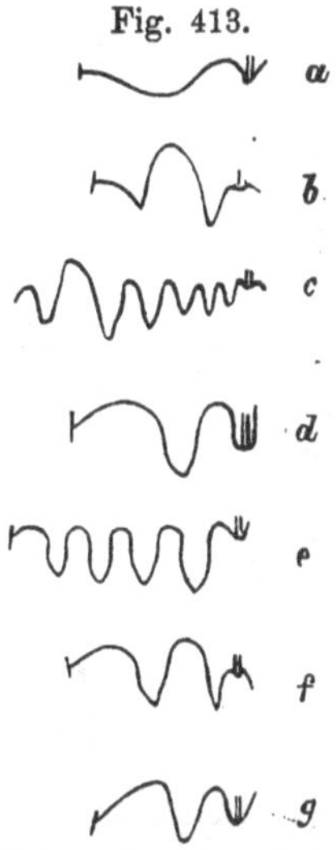

Suturen der Beyrich'schen *Goniatiten*-Gruppen.

muss). Wir bezeichnen demnach den am Externtheil sich findenden Lobus als Externlobus oder Siphonallobus, den zu beiden Seiten folgenden als ersten Lateral- und den auf diesen folgenden als zweiten Laterallobus, während wir den auf der Columellarseite gelegenen Intern- oder Anti-Siphonallobus nennen. (Vergl. Fig. 412, in der *E* den Externtheil, *J* den Interntheil, *N* die Nahtlinie darstellt). Die Bezeichnungen Siphonal- und Antisiphonallobus leisten insbesondere bei den unregelmässig gestalteten oder gestreckten *Amoneen*-Schalen gute Dienste, da bei diesen nicht von Extern- und Intern-Seite gesprochen werden kann, sie sind aber nicht bei allen regelmässig spiral gebauten *Amoneen* anwendbar, da bei manchen der Sipho stets (*Clymenia*) oder nur an den Anfangswindungen auf der Innenseite verläuft.

Fig. 414.

Lobites cucullatus Mojs. Röthelstein, Schichten des *Lobites ellipticus.*

Fig. 415.

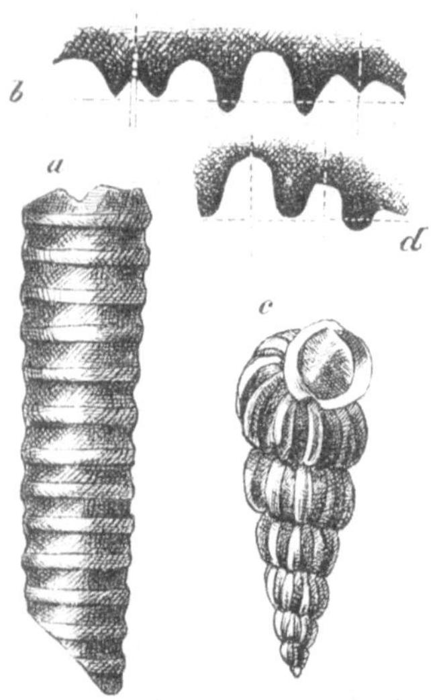

a, b Rhabdoceras Suessi v. Hau., c, d Cochloceras Fischeri v. Hau. Norische Stufe der Juravischen Provinz.

Die Loben und Sättel der Suturlinien sind mehr oder minder zerschlitzt oder aber auch sehr einfach gebaut. Letzteres ist bei den *Goniatiten* (Fig. 413) und *Clymenien* der palaeozoischen Formationen stets der Fall. Bei den mesozoischen *Ammoniten* aber sind die Suturlinien der jugendlichen Schale sehr einfach, werden aber in der Regel bei dem Anwachsen des Gehäuses mehr und mehr complicirt (bei *Clydonites* (Fig. 414), *Choristoceras* und *Rhabdoceras* (Fig. 415) bleibt die Sutur stets einfach).

Die erste Sutur, welche die Anfangskammer eines *Ammoniten* von der zweiten scheidet, zeigt auf der Externseite einen medianen Sattel, der mehr oder weniger breit und flach bei der Gruppe der *Latisellati* (Vergl. Fig. 408), eng und hoch bei der Gruppe der *Angustisellati* (vergl. Fig. 409) ist. Bei der Gruppe der *Angustisellati* tritt auch ein deutlicher Laterallobus und Lateralsattel auf. Die zweite Sutur ist von der ersten verschieden durch das Erscheinen eines Externlobus, die dritte Sutur zeigt Loben und Sättel deutlicher und in dieser Zeit der Entwickelung bildet die einfach wellenförmige Lobenlinie der jungen *Ammoniten* ein ähnliches Bild wie die Sutur eines *Goniatiten* aus der Gruppe der *Subnautilini*. Sobald die Schälchen 2—5 mm Durchmesser erreicht haben, beginnen sich allmählich die Loben und Sättel zu theilen und zwar beobachtet man bei vielen triadischen Formen, dass die Zerschlitzung der Loben vor jener der Sättel eintritt. Man glaubte früher, dass dies bei allen *Ammoneen* der Fall sei, so dass jeder jugendliche *Ammonit* zuerst ein *Goniatiten-* dann ein *Ceratiten*-Stadium (hinsichtlich der

Gestaltung der Scheidewände) durchlaufe. Es lässt sich jedoch ein eigentliches *Ceratiten*-Stadium (mit ganzrandigen Sätteln und zertheilten Loben, ähnlich der Fig. 416 dargestellten Suturlinie von *Ceratites*) bei den geologisch jüngeren *Ammoniten* aus Jura und Kreide nicht nachweisen und geht vielmehr

Fig. 416.

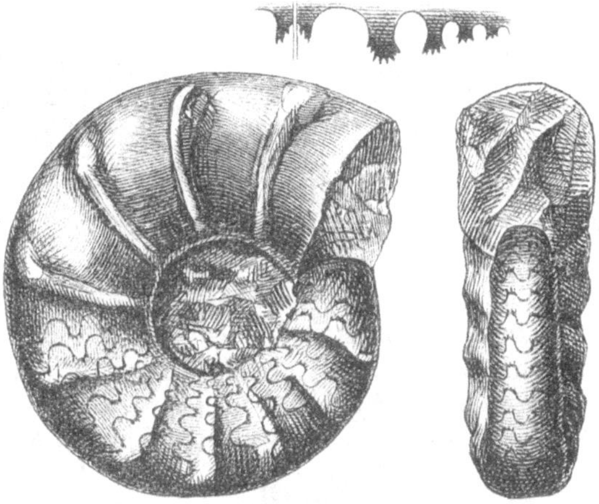

Ceratites nodosus de Haan. Deutscher Muschelkalk.

aus dem *Goniatiten*-Stadium direct das Ammoniten-Stadium hervor. Im Allgemeinen ist bei den verschiedenen Zweigen des *Ammoniten*-Stammes die allmähliche Complication der Loben in der phylogenetischen wie ontogenetischen Entwickelung Regel, doch giebt es Gruppen, welche auf einer niedrigen Stufe der Lobenentwickelung zurückbleiben (*Clydonitinae*) und bei manchen geht die Entwickelung schneller, bei manchen langsamer vor sich. So sind die Vorfahren der *Aegoceratidae* und *Arietitidae* in der oberen Trias mit noch wenig zerschlitzten Loben ausgestattet, während *Arcestes* und *Pinacoceras* längst ihre complicirte Lobenbildung erlangt haben. Endlich giebt es auch eine regressive Umgestaltung der Lobenlinie, indem wir bei *Schloenbachia*- und *Amaltheus*-Arten aus der Kreide Formen mit atavistisch reducirten Lobenlinien antreffen, die viel einfacher gebaut sind, als die Suturlinien ihrer Vor-

Fig. 417.

Amaltheus Vibrayeanus d'Orb. Gault, Lammenais (Sarthe).

Fig. 418.

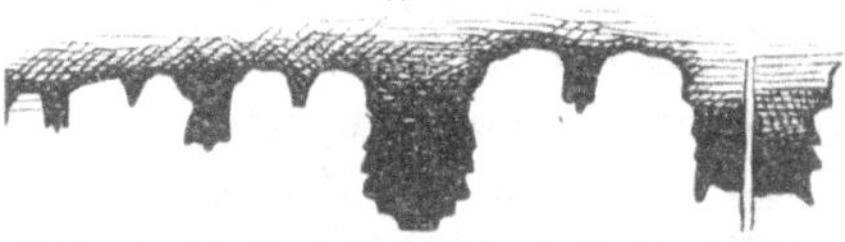

Schloenbachia Seneguieri d'Orb. Gault, Escragnolles.

fahren, ja geradezu als *Goniatiten*- und *Ceratiten*-Loben zu bezeichnen sind (Fig. 417, 418). Es entscheidet sonach das geologische Alter nicht (wie ehedem angenommen worden war) hinsichtlich der Complication der Lobenlinie. *Goniatiten*-Loben sind weder auf das palaeozoische Zeitalter, noch *Ceratiten*-Loben auf die Triasformation beschränkt. Im alpinen Muschelkalk erreichen gewisse Formen *Gymnites* (Fig. 419), *Ptychites*, in den Hallstätter Kalken *Trachyceras*, *Arcestes*, *Cladiscites* (Fig. 420), *Pinacoceras* (Fig. 421) eine Complication der Lobenlinie, welche jener jurassischer und cretacischer *Ammoneen* in nichts nachgiebt. Ja man kann behaupten, dass die Zerschlitzung

Fig. 419.

Gymnites Palmai Mojs, Schreyer Alpe, Zone d. *Ceratites trinodosus*.

Fig. 420.

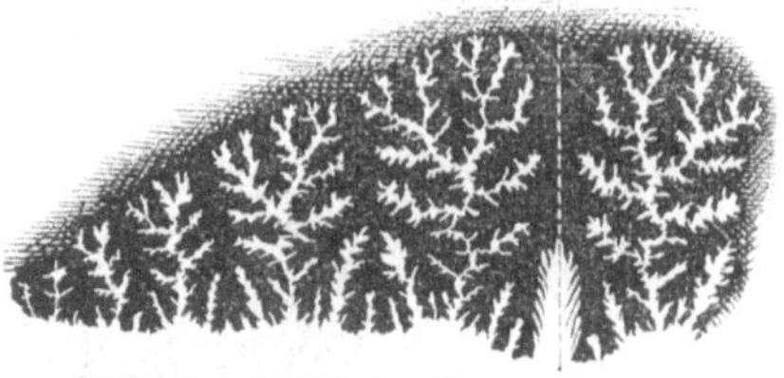

Cladiscites multilobatus Bronn. Rossmoos, Hallstätter Kalk.

der Loben bei manchen *Cladisciten* (z. B. *Cladiscites multilobatus*) und *Pinacoceras* (die Complication der Loben geht bei der riesigen, die Grösse eines Wagenrades erreichenden Form *P. Metternichi Hauer* weit über jene der abgebildeten Form *P. subparma Mojs.* hinaus) die weitgehendste ist, die überhaupt erreicht werden kann. Bei den hochmündigen *Pinacoceraten* treten

Fig. 421.

Pinacoceras subparma Mojs. Schichten m. *Arc. globus*, Sommeraukogel.

auch zwischen den Hauptloben und dem Externtheile äussere Adventivloben auf, während die Hülfsloben sonst auf die Columellar-Seite beschränkt sind.

Die Lage des Sipho und die Richtung der Siphonaldüten ist bei den *Ammonea* keineswegs so beständig, als dies früher angenommen wurde, wo die externe Lage des Sipho und die Richtung der Düten nach vorn als allgemeine Regel galt. Der Sipho liegt bei *Clymenia* an der Internseite (dorsal), bei *Goniaten* und *Ammoniten* im erwachsenen Zustande an der Externseite (ventral), jedoch ist bei manchen *Ammoniten* (z. B. *Tropites* Fig. 422) die Lage des Sipho zuerst eine interne, um im Verlaufe der beiden ersten Umgänge durch die mediane in die externe überzugehen. Auf diesen Umstand stützt v. Mojsisovics seine Vermuthung, dass die palaeozoischen *Clymenien* mit internem Sipho als Vorfahren triadischer *Ammoneen* aufzufassen seien, welche zwar eine externe Lage des Sipho aufweisen, in ihren ersten Windungen aber noch an die ursprünglich interne Lage desselben erinnern. Bei geologisch jüngeren Formen desselben Hauptstammes (der *Ammonea trachyostraca*) bemerken wir jedoch, dass schon die erste Anlage des Sipho, die blindsack-ähnliche Vorragung in die Anfangskammer (den sog. Prosipho Munier-Chalmas haben die ausgedehnten Untersuchungen Branco's nicht constatiren können) externe Lage besitzt (Fig. 423).

Die Siphonaldüten, welche dort entstehen, wo der (an diesen Stellen in der Regel verengte) Sipho die Scheidewände passirt, sind bei den *Goniatiten* nach rückwärts (wie bei *Nautilus*), bei den erwachsenen *Ammoniten* nach

Fig. 422.

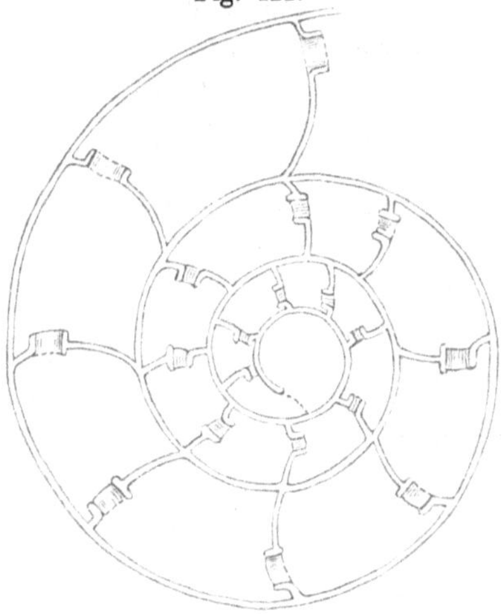

Tropites aff. Phoebus Dittm. sp. Trias, Sandling.

Fig. 423.

Amaltheus spinatus Brug. sp.

vorwärts gerichtet. Allein die innerste Windung weist auch bei *Ammoniten* (vergl. Fig. 422) nach hinten gerichtete Düten auf, welche erst in der zweiten Windung allmählich zu nach vorn gerichteten werden, indem zuerst an der Extern, dann auch an der Internseite des Sipho die Düte zuerst nach beiden Seiten entwickelt wird, um in die für die erwachsenen *Ammoniten* characteristische Richtung nach vorne überzugehen.

Dieses Verhältniss, zusammengehalten mit dem, was wir über die *Goniatiten*-Natur der ersten Scheidewände der jungen *Ammoneen* erfahren haben, zeigt, dass diese in jeder Hinsicht, was die Einrichtung des Sipho und die Gestaltung der Lobenlinie anlangt, ein *Goniatiten*-Stadium durchlaufen, so dass der genetische Zusammenhang der *Goniatiten* und *Ammoniten* als sehr wahrscheinlich angesehen werden kann.

Die Wohnkammer der *Ammoneen* ist sehr verschieden gestaltet; ihre Länge kann sehr bedeutend sein (z. B. bei *Arcestiden*, wo sie 1—1$^1/_2$ Umgänge beträgt), bei anderen Formen ist sie geringer ($^1/_2$—$^2/_3$ Windungen bei *Trachyceras*). Die Länge der Wohnkammer giebt für sich allein schon Veranlassung genug um anzunehmen, dass sie das Thier vollständig aufzunehmen im Stande war, dass also die Schale als eine äussere zu betrachten ist. Weitere Argumente in dieser Richtung sind 1. die Einschnürung der Mündung, welche bei den triadischen *Arcestes* und *Lobites*, den jurassischen *Stephanoceras* und der cretacischen *Stoliczkaia* stark entwickelt ist, in welcher Hinsicht insbesondere die Gestaltung der Mündung an dem von Douvillé geschilderten Exemplare des *Morphoceras pseudoanceps* (vergl. Fig. 424) hervorgehoben werden muss, welches eine ähnlich verengte Mündung aufweist, wie die silurischen *Phragmoceras-* und *Gomphoceras*-Arten unter den *Nautilea.* 2. Das Vorhandensein von Haftmuskeln, welche sich im Inneren der Wohnkammer anheften (ähnlich dem Haftmuskel bei *Nautilus*). 3. Die Sculpturen der Schale (häufig stark entwickelte Stacheln), welche sie als eine äussere kennzeichnen, 4. die Schalenstructur, welche mit jener von *Nautilus* übereinstimmt und sich mit jener von *Spirula* nicht vergleichen lässt, da das Ostracum stets wohlentwickelt ist.

Fig. 424.

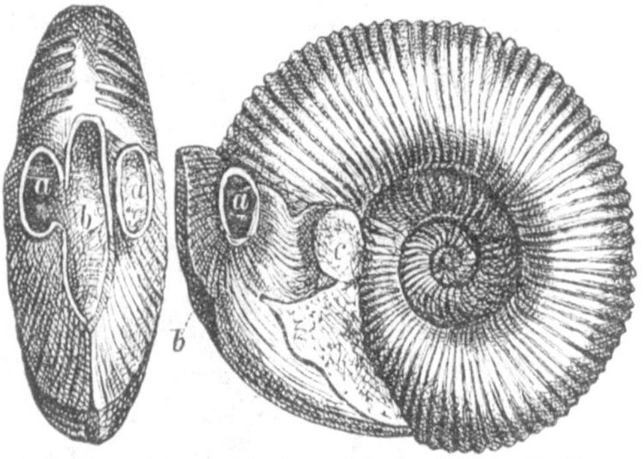

Ammonites (Morphoceras) pseudoanceps Ebray. Oolith von Saint Honoré-les Bains (Nièvre).

Die Mündung, welche oft nach dem Alter des Individuums verschieden gestaltet ist (auch die Sculpturen sind an den jungen Gehäusen schwächer und entwickeln sich allmählich, um im Alter wieder zurückzutreten) ist entweder einfach (*Lytoceras*), oder mit Fortsätzen versehen, welche zu-

Fig. 425.

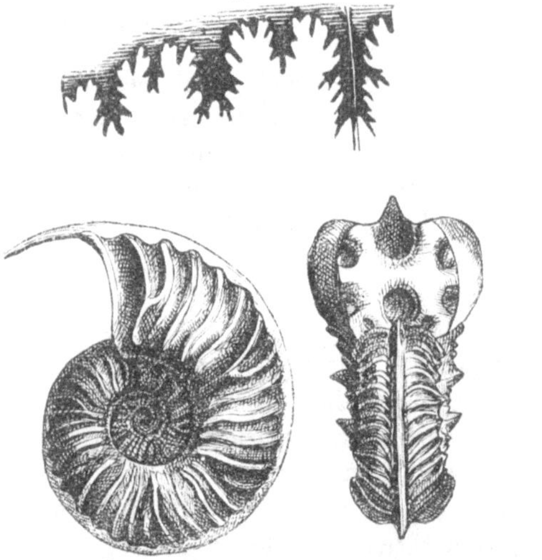

Schloenbachia cristata Deluc sp. Gault, Frankreich n. d'Orbigny.

Fig. 426.

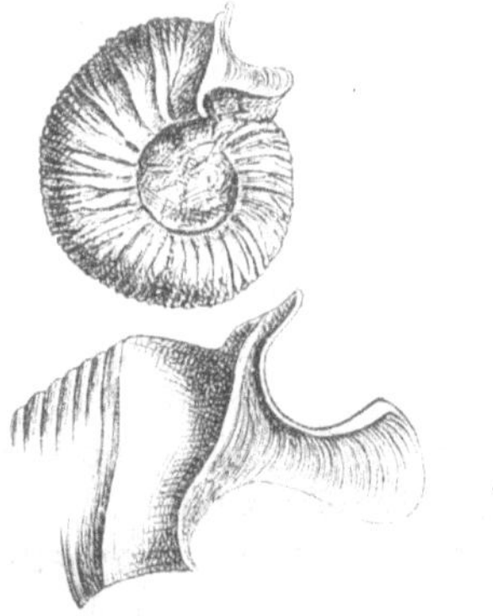

Perisphinctes parabolis Quenst. Salmendingen und Degenfeld. Weisser Jura γ.

weilen am Externtheile auftreten (so insbesondere bei *Amaltheus* und *Schloenbachia* Fig. 425) oder an den Flanken in Gestalt sogenannter „Ohren" sich finden (so bei *Cosmoceras, Oppelia, Perisphinctes* Fig. 426). Suess meint, dass diese Ohren zur Anheftung des Thieres durch Muskelinsertion dienten, daher die Namen Myothek und Myolabe, welche er für sie in Vorschlag brachte,[1] während P. FISCHER sie als einfache Erzeugnisse des Mantels betrachtet, welche ebensowenig zur Anheftung von Muskeln dienten, als die Erweiterung der Mundränder bei *Rostellaria*, *Chenopus* und *Pterocera* unter den *Gastropoden*.[2]

Der verengten Mündung vieler Formen wurde bereits oben gedacht. Das nach DOUVILLÉ in Fig. 424 zur Abbildung gebrachte Gehäuse von *Ammonites pseudoanceps* belehrt uns durch die erstaunliche Verengerung und Untertheilung nicht bloss über die Thatsache, dass die Wohnkammer das Thier vollständig aufnahm, sondern giebt auch über die Lage und Organisation dieses Thieres sehr werthvolle Andeutungen. Die ungeheuer ausgebreiteten Ohren bilden, indem sie sich vereinigen und bis zum vorhergehenden Umgang hinabreichen, einen fast vollständigen Verschluss, welcher nur durch fünf, verhältnissmässig enge Oeffnungen durchbrochen wird. Die mediane, gestreckte Oeffnung (*b*) entspricht wohl der Lage des Mundes und des Trichters, der letztere muss sonach dieselbe Lage besessen haben wie bei *Nautilus*, d. h. auch bei den *Ammoniten* entspricht die Externseite des Gehäuses der Bauchseite des Thieres; die beiden runden, seitlichen Oeffnungen (*a*) entsprechen den Augen und durch die beiden unregelmässigen Oeffnungen (*c*), welche theilweise vom vorhergehenden Umgange begrenzt werden, mag das Thier (einer sehr wahrscheinlichen Hypothese zufolge) die beiden grossen, abweichend gestalteten Rückenarme hervorgestreckt haben, in welchem Falle die von SUESS ausgesprochene Ansicht, dass die *Ammoniten* mit *Argonauta* sehr nahe verwandt wären (SUESS will sie geradezu der Familie *Argonautidae* einreihen[3]), einen weiteren Anhaltspunkt gewinnen würde. Wichtiger als diese kaum mit Sicherheit zu beantwortende Frage nach der Verwandtschaft der *Argonauta* und der *Ammoniten* ist jene, welche sich auf die von JHERING angenommene mit den zehnarmigen *Dibranchiaten* bezieht. In der Wohnkammer der *Ammoniten* trifft man häufig flache, kalkige oder hornige Körper (*Aptychus*), welche zuweilen eintheilig sind (*Anaptychus*), häufiger aber aus zwei symmetrischen Körpern bestehen (Fig. 427), welche einigermassen den Schalen der *Pelecypoden* gleichen und da sie oft auch isolirt auftreten, für selbständige Thierreste erklärt und zu den verschiedensten Classen gerechnet wurden. Endlich erkannte man, dass man es mit einem, den *Ammoniten* eigenthümlichen Harttheile zu thun habe, der jedoch in verschiedenster Weise gedeutet wurde, und zwar 1. als Deckel

Fig. 427.

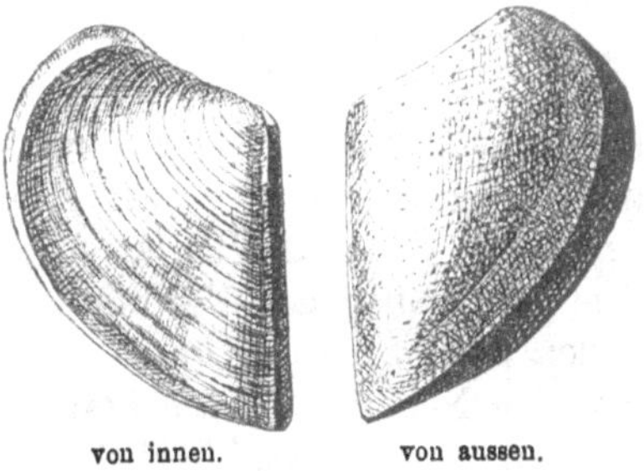

von innen. von aussen.

Aptychus latus Park. Voirons.

[1] Ueber Ammoniten, I. Theil, 52 Bd. d. Sitzungsber. d. k. Akademie d. Wissensch. zu Wien, 1865.

[2] Manuel de conchyliologie pag. 372.

[3] Ueber Ammoniten, II. Theil, Sitzungsb. d. K. Akad. d. Wissenschaft z. Wien 61. Bd., 1870.

des Gehäuses (Voltz, Woodward, Owen, Byrich, Lepsius), 2. als innere Schale des heteromorphen Männchens (Siebold und Bronn), 3. als Theil des Verdauungsapparates (Deshayes), 4. als Schutzmittel der Kiemen (Burmeister), 5. als Schutzmittel des Trichters, 6. als Unterkiefer (Meek und Hayden), 7. als Deckel der Nidamentaldrüse des Weibchens (Keferstein, Waagen, Zittel), 8. als Nackenknorpel analog jenem der *Decapoden* (Jhering). Die letzterwähnte, in neuester Zeit mit viel Scharfsinn verfochtene Deutung,[1] welche indess auch in den Structurverhältnissen der betreffenden Gebilde nicht begründet erscheint, wird durch die Gestaltung der Mündung bei *Morphoceras pseudoanceps* als unhaltbar erwiesen und damit auch die Ansicht Jhering's über die *Dibranchiaten*- und speciell *Decapoden*-Natur der *Ammoniten*. Von allen übrigen Deutungen der Aptychen bleiben nur zwei, welche an sich fast gleiche Wahrscheinlichkeit haben, zu discutiren. Für die Natur der Aptychen als Deckelgebilde spricht der Umstand, dass der Umriss mancher Aptychen recht genau der Gestalt der Mündung und der Ausschnitt der aneinandergelegten Klappen ungefähr dem vorhergehenden Umgange entspricht. Viele Aptychen aber besitzen einen mehr oder minder von jenem

Fig. 428.

Aptychus sanguinolarius in *Harpoceras lythense* *Dum.* Lias ε, Holzmaden.

Fig. 429.

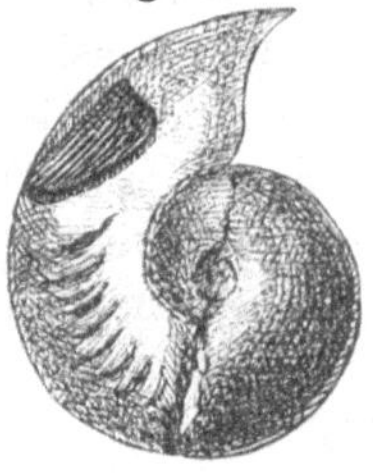

Oppelia steraspis Opp. Solenhofen. Aptychus in situ.

der Mündung abweichenden Umriss, sie liegen ferner, wenn in der Wohnkammer der *Ammoniten* angetroffen, in der Regel etwas weiter zurück, an jener Stelle, wo das Nautilusweibchen die Nidamentaldrüse besitzt, das ist ausser oder über der Haftlinie (annulus), welche dem Ansatz des Mantels bei den *Ammoniten* und bei *Nautilus* entspricht (Fig. 428, 429) und die Oberfläche der Nidamentaldrüse besitzt einige Aehnlichkeit mit jener der Aptychi lamellosi. Wir müssen P. Fischer Recht geben, wenn er sagt, dass die auf diese Verhältnisse gegründete Ansicht Keferstein's und Waagen's, dass die Aptychen als Deckel der Nidamentaldrüsen zu betrachten seien, noch der sicheren Beweise bedürfe und die eigentliche Natur der übrigens sehr verschieden gestalteten Harttheile, noch nicht sichergestellt sei.[2] Die für die Systematik sehr wichtigen Aptychen kann man in zwei Gruppen bringen, ungetheilte, hornige Schuppen (Anaptychus) und zweitheilige, eigentliche, meist verkalkte Aptychen. Die letzteren zerfallen in 1. *Imbricati* oder *Lamellosi*,

[1] Die Aptychen als Beweismittel für die Dibranchiaten-Natur der Ammoniten. Jahrb. f. Min., Geolog. u. Palaeontolog. 1881. I. Bd. pag. 44.

[2] Manuel de Conchyliologie pag. 374—377.

deren Aussenseite mit starken Falten bedeckt ist, hierher gehören die Aptychen von *Oppelia* (Fig. 429), *Harpoceras*, *Haploceras*, *Scaphites* etc., 2. *Granulosi* mit dünner aussen gekörnter Schale, hierher die Aptychen von *Stephanoceras*, *Perisphinctes*, *Cosmoceras*, 3. *Cellulosi* oder *Punctulati*, sehr dick, aussen mit Poren versehen, innen gestreift, hierher die Aptychen von *Simoceras*, *Aspidoceras* (Fig. 427) etc.

Der auf die Descendenzverhältnisse der triadischen Formen basirenden Ansicht MOJSISOVICS[1] folgend, theilen wir die *Ammonea* in zwei grosse Stämme: *Trachyostraca* und *Leiostraca*, wobei die ersteren in den palaeozoischen *Clymenien*, die letzteren in den palaeozoischen *Goniatiten* ihre Vorfahren besitzen. Die nachstehende Zusammenstellung mag einen Ueberblick über die *Ammoneen*-Gruppe gewähren.

- B_1. *Ammonea trachyostraca*
  - a. *Clymeniidae*
  - b. *Ceratitidae*
    - α. *Dinaritinae*
    - β. *Tirolitinae*
  - c. *Amaltheidae*
  - d. *Arietitidae*
  - e. *Tropitidae*
  - f. *Aegoceratidae*
    - α. *Aegoceratinae*
    - β. *Harpoceratinae*
    - γ. *Stephanoceratinae*
  - g. *Cydonitidae*
- B_2. *Ammonea leiostraca*
  - a. *Goniatitidae*
  - b. *Arcestidae*
    - α. *Arcestinae*
    - β. *Joannitinae*
    - γ. *Didymitinae*
    - δ. *Lobitinae.*
  - c. *Pinacoceratidae*
    - α. *Pinacoceratinae*
    - β. *Lytoceratinae*
    - γ. *Ptychitinae.*

B_1. Ammonea trachyostraca.

Im Gegensatz zu den triadischen *Leiostraca* zeichnen sich die gleichalterigen *Ammonea trachyostraca* durch ein entwickeltes Sculptursystem, sowie durch den Umstand aus, dass (mit Ausnahme der geologisch älteren Formen, bei welchen die normale Lobenzahl noch nicht erreicht und nur ein Seitenlobus vorhanden ist, wie bei *Tirolites*, *Dinarites* u. A.) stets zwei Seitenloben auftreten. Epidermiden (Runzelschicht und Hafteindrücke des Mantels) auf der Innenseite der Schale kommen nur ausnahmsweise vor. MOJSISOVICS spricht die Vermuthung aus, dass das bei den *Leiostraca* häufige Vorkommen der Epidermiden durch die glatte Beschaffenheit der Schale bedingt gewesen sein mochte; während auf den rauhschaligen Gehäusen der *Trachyostraca* das Thier ohnedies leicht Halt gefunden habe.

---

[1] Die Cephalopoden der mediterranen Trias-Provinz. Abhandl. d. k. k. geol. R. A. Bd. X. 1882.

a. *Clymeniidae.*

Gehäuse scheibenförmig, Sipho schmal, intern (dorsal), mit nach hinten gerichteten Düten (eine Einrichtung, welche bei *Clymenia* persistirt, bei den triadischen Nachkommen nur an den jugendlichen Schalen noch zu beobachten ist). Die Scheidewände bilden auf den Flanken einen oder zwei Loben, welche stets einfach und ganzrandig bleiben, der Externsattel ist breit.

Fig. 430.

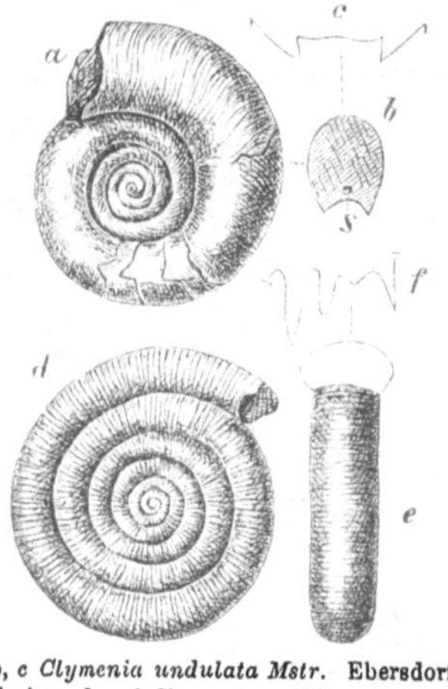

a, b, c Clymenia undulata Mstr. Ebersdorf, Schlesien, *d, e, f Clym. planorbiformis Mstr.* Gattendorf, Fichtelgeb.

Die einzige Gattung *Clymenia Münster* (Fig. 430) ist auf die Devonformation beschränkt und kommt im Oberdevon Englands und Deutschlands in ziemlicher Häufigkeit vor (etwa 40 Arten), so dass man geradezu von *Clymenien*-Kalk spricht.

b. *Ceratitidae.*

Triadische *Ammoneen* mit einer Wohnkammer, deren Länge den Umfang einer halben bis drei Viertel Windungen nicht überschreitet. Nach Mojsisovics zerfallen sie in zwei neben einander herlaufende, genetische Reihen, von welchen eine die Gattung *Dinarites* zum Ausgangspunkt hat, während die andere sich aus der Gattung *Tirolites* entwickelt, so dass die *Ceratitidae* in die Subfamilien der *Dinaritinae* und *Tirolitinae* zerfallen.

α. *Dinaritinae.*

Dinarites Mojs. Glatte (*Nudi*) oder in der Nabelgegend mit kräftigen Falten gezierte Formen (*Circumplicati*), welche nur einen Seitenlobus besitzen, Loben eines Theiles der Formen ungezähnt, bei den übrigen im Grunde schwach gezähnt. Alpine Trias, Zone des *Tirolites cassianus* bis Zone des *Trachyceras Aon.*

Fig. 431.

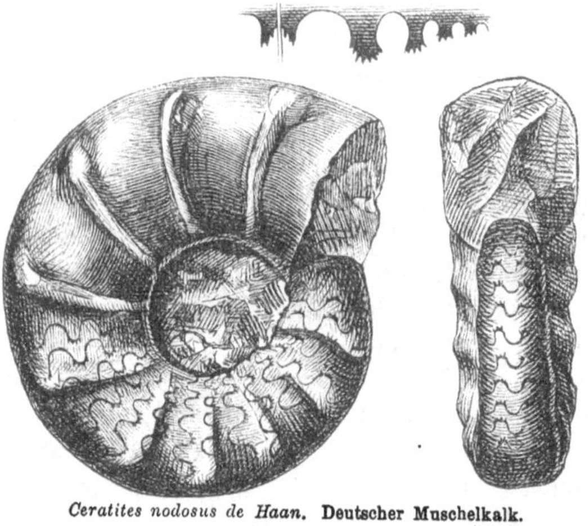

Ceratites nodosus de Haan. Deutscher Muschelkalk.

Ceratites de Haan (*Haaniceras Bayle*) (Fig. 431). Von circumplicaten *Dinarites* abstammende *Trachyostraca* mit normaler Lobenstellung (zwei Lateralloben), mit einer kurzen, die Hälfte bis drei Viertheile eines Umganges einnehmenden Wohnkammer, mit glattem oder mit schwachem Kiel versehenen Externtheil, mit Spaltrippen und zwei bis drei Knoten- oder Dornreihen versehenen Seitenflanken. Doch kommen auch Formen vor, bei welchen die Rippen ungespalten und ohne Knoten von der Naht zum Externtheil verlaufen und endlich Formen mit rückgebildeter, obliterirter Sculptur. Muschelkalk Deutschlands und der Alpen, sowie norische Stufe der alpinen Trias. *Ceratites nodosus de Haan* für den deutschen Muschelkalk, *C. binodosus* für den unteren, alpinen und *C. trinodosus* für den oberen alpinen Muschelkalk charakteristisch.

Klipsteinia Mojs. Von *Dinarites* abstammende Formen, welche in Bezug auf die Loben den alterthümlichen Charakter des einzigen Seitenlobus beibehalten, während auf der Mitte des Externtheiles sich eine Medianfurche entwickelt, in deren Begleitung Knoten- und Dornenspiralen oder gekerbte Kiele auftreten. Schichten von St. Cassian (alpine Trias).

Arpadites Mojs. Von *Ceratites* abstammende Formen mit einer von glatten oder gekerbten Kielen eingefassten Medianfurche auf dem Externtheile. Norische und karnische Stufe der Alpen.

β. Tirolitinae.

Tirolites Mojs. (Fig. 432). Lobenlinie bei den geologisch älteren Formen mit jener von *Dinarites* übereinstimmend, mit einem einzigen, ganzrandigen, ungezähnten Laterallobus. Bei den, den Uebergang zu *Balatonites* bezeichnenden Formen, bei welchen der Seitenlobus Zähne entwickelt, individualisirt sich der Seitensattel und lässt Platz für einen schwach gezähnten Nahtlobus. Wohnkammerlänge gleich einem halben Umgang, Sculptur in der Nabelgegend schwach (im Gegensatz zu *Dinarites*), dafür kräftige Marginaldornen vorhanden. Hauptverbreitung in der unteren Trias (Werfener Schichten) und vereinzelte Nachzügler in der oberen Trias der Alpen.

Fig. 432.

Tirolites cassianus Quenst. sp. var. tenuis, a. Letzte Lobenlinie, Werfener Schichten *Cencenighe*, b. v. Bogdo.

Balatonites Mojs. Von *Tirolites* abstammend mit normaler Lobenstellung und ceratitischer Lobenform, mit Medianknoten oder medianem Kiele auf dem Externtheil und randständigen Knoten und kurzer Wohnkammer. Mojsisovics unterscheidet drei Gruppen: *Gemmati*, *Arietiformis* und *Acuti*. Alpine Trias (Zone des *Tirolites cassianus* bis Zone des *Trachyceras Archelaus*).

Badiotites Mojs. Wahrscheinlich mit *Balatonites* zusammenhängende Formen mit normaler Lobenstellung und ganzrandigen Loben, deren innere Windungen glatt sind, während die äusseren mit ungespaltenen, faltenförmigen Sichelrippen besetzt erscheinen. Alpine Trias (obere norische und untere karnische Stufe der Südalpen: *Badiotites Eryx Mstr. sp.*).

Trachyceras Lbe. (Fig. 433). Von *Balatonites* (und zwar von der Gruppe der *Gemmati*) abstammende Formen mit normaler Lobenstellung und nur einem oder auch gar keinem Hilfslobus ausserhalb des Nabelrandes. Sättel bei den älteren Formen ganzrandig abgerundet, bei den geologisch jüngeren

Formen mehr oder weniger gekerbt, oben zugespitzt, Loben einfach gezackt. Sculptur sehr entwickelt, aus zahlreichen Spaltrippen und einer wechselnden Anzahl von Dornspiralen bestehend, auf dem Externtheile median unterbrochen. Externtheil zumeist mit einer medianen, von Dornen begleiteten Furche. Wohnkammer zwei Drittel Windungen lang, Mundsaum parallel der Quersculptur, mit einem kürzeren, vorspringenden Lappen an der Nabelseite und einem grösseren an der Externseite. Alpine Trias, norische und karnische Stufe. *Trachyceras Reitzi*, *Archelaus*, *Aon* und *Aonoides* für die nach ihnen genannten, palaeontologischen Zonen charakteristisch.

Fig. 433.

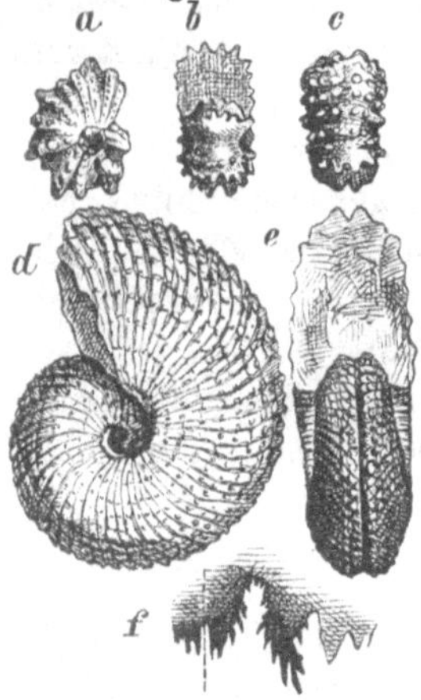

Trachyceras Aon Mstr. St. Cassian.

Die jugendlichen Gehäuse der abgebildeten Art zeigen sehr interessante Formenverschiedenheiten, wurden daher als besondere Arten (*Ammonites Brotheus* und *Münsteri*) beschrieben. Manche Exemplare des *Trachyceras Aon* durchlaufen ein „*Brotheus*-“ und „*Münsteri*-Stadium,“ welches auf die allmähliche Transmutation hindeutet, welche die in den Schichten von St. Cassian häufige Art erfahren hat, manche Exemplare aber zeigen bereits in früher Jugend nur sichelförmig gebogene Spaltrippen, ohne dass ein „*Brotheus*-“ oder „*Münsteri*“-Stadium zu beobachten wäre.

c. *Amaltheidae.*

Gehäuse in der Regel flach, gekielt, der breite, letzte Umgang umhüllt einen beträchtlichen Theil des vorhergehenden, die Lobenlinie weist mehrere Hülfsloben auf. Aptychus einfach hornig.

Fig. 434.

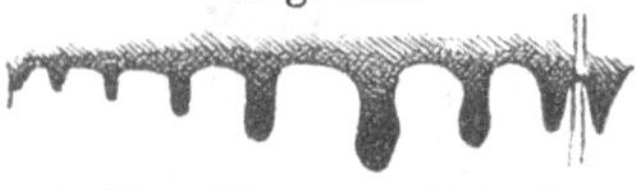

Amaltheus Vibrayeanus d'Orb. Gault. Lammenais, Sarthe.

Fig. 435.

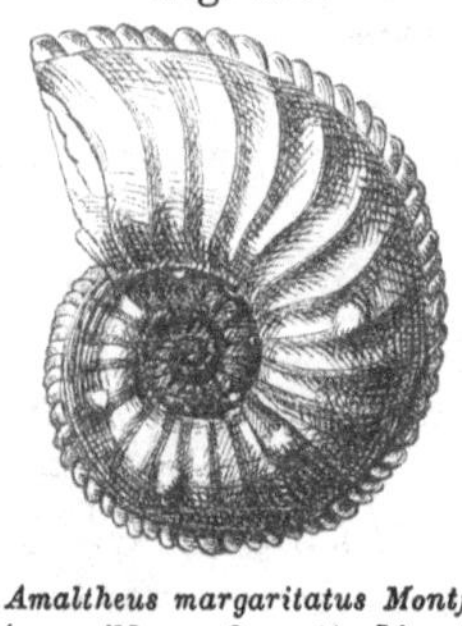

Amaltheus margaritatus Montf. (*var. gibbosus Quenst.*) Lias δ.

Amaltheus Montf. (Fig. 434, 435). Externseite zugeschärft oder gekielt, Rippen, wenn vorhanden, über dieselbe wegsetzend oder an dieser Stelle in Körner oder Falten aufgelöst. Wohnkammer kurz, $^1/_2$—$^2/_3$ Umgang einnehmend; Mundsaum einfach ausgeschnitten, mit langem, bisweilen einwärts oder auswärts gebogenen, löffelförmig endenden Externfortsatz. Eintheiliger, horniger Anaptychus. Loben meist stark zerschnitten, Siphonallobus kürzer als der erste Laterallobus, Lobenkörper meist breit keilförmig. Manche Formen besitzen atavistisch reducirte Loben, welche den *Ceratiten* und selbst den *Goniatiten*-Loben gleichen. Jura und Kreide.

Als Subgenera von *Amaltheus* sind zu betrachten: *Oxynoticeras Hyatt* (Lias), *Placenticeras Meek*, *Sphenodiscus Meek*, *Buchiceras Hyatt* und *Neolobites*

Fischer (aus der Kreide), von welchen die drei letzterwähnten eine mehr minder weit gehende Reduction des Lobenbaues aufweisen.

Fig. 436.

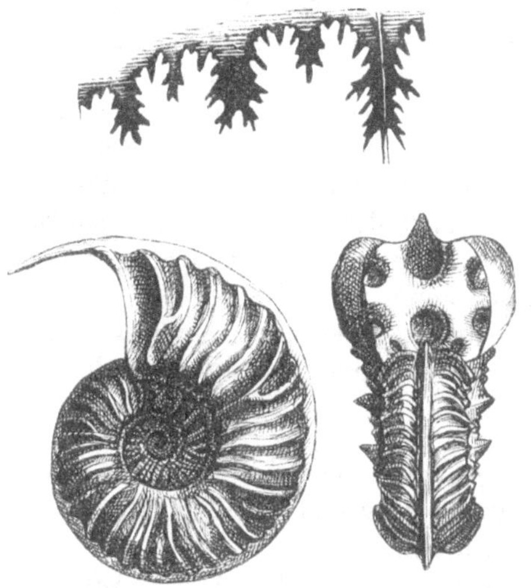

Schloenbachia cristata Deluc. Gault, Frankreich n. D'ORBIGNY.

Fig. 437.

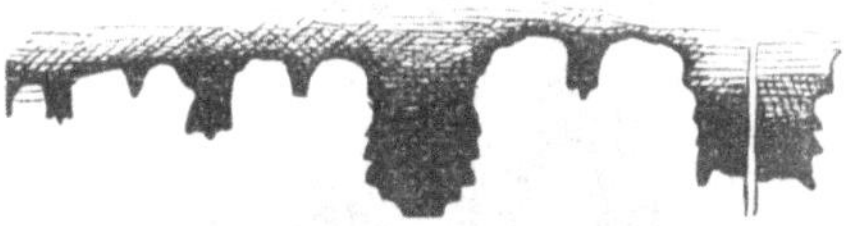

Schloenbachia Seneguieri d'Orb. Gault, Escragnolle.

Fig. 438.

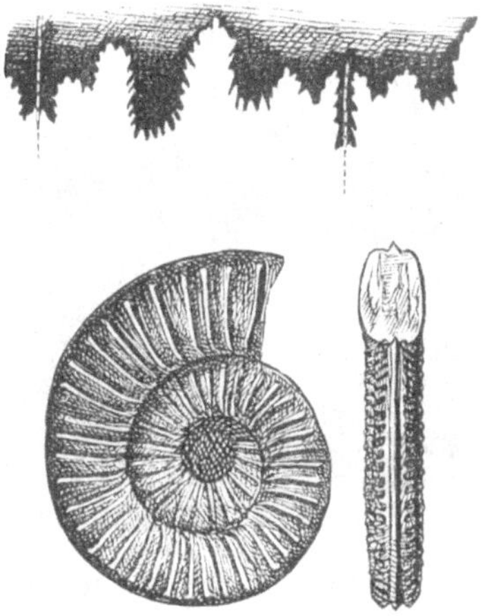

Arietites ceras Gieb. Lias, Adneth.

Schloenbachia Neum. (Fig. 436, 437). Wahrscheinlich von *Amaltheus* abstammende *Ammoniten* der Kreide mit kräftig gekieltem Gehäuse, dessen Sculptur aus starken, nach vorwärts gebogenen Rippen auf den Flanken besteht. Wohnkammer $^2/_3$ Umgang lang, an der sichelförmigen Mündung in einen langen Externschnabel ausgezogen, der entweder in der Spirale normal fortläuft oder nach aussen gekrümmt ist. Sipho sehr stark, meist im Kiele gelegen, der bei manchen Formen vom Lumen der Schale durch eine Kalkscheidewand getrennt ist. Loben wenig verästelt, mit Körpern, die schmäler sind als die der Sättel; nur ein deutlicher Auxiliarlobus findet sich, fehlt aber auch einzelnen Formen. Siphonallobus so lang oder länger als der erste Laterallobus. Bei einigen Formen tritt so starke Reduction der Lobenverzweigung ein, dass die Lobenlinie jener von *Ceratiten* gleicht. Kreide.

d. *Arietitidae.*

Flache Gehäuse mit weitem Nabel, mit auf den Flanken geraden Rippen, mit gekielter, oft mit zwei Furchen zu beiden Seiten des Kiels versehener Externseite, welche an der Mündung in einen spitzen Lappen ausgezogen ist, Wohnkammer lang ($1-1^1/_4$ Umgang).

Arietites Waagen (*Arnioceras Hyatt, Ammonites P. Fischer*) (Fig. 438). Gehäuse scheibenförmig, weit genabelt, auf den Flanken einfache, gerade, an der Externkante oft eckig oder im Bogen nach vorwärts gerichtete, manchmal gedornte Rippen. Externseite gekielt, oft mit zwei Furchen zu den Seiten des Kieles. Mundrand an den Flanken einfach, gerade, an der Externseite verlängert, in einen langen, spitzen Lappen ausgezogen, der nie nach einwärts gebogen ist. Wohnkammer 1—1¼ Umgang betragend. Horniger, eintheiliger Anaptychus. Auf den Lias beschränkt und in demselben sehr häufig.

Die grosse Aehnlichkeit, welche die triadischen *Balatoniten* aus der Gruppe der *Arietiformes* in ihrer ganzen Erscheinung besitzen, würde veranlassen, die Abstammung der *Arietiten* von *Balatonites* anzunehmen, wenn diese Gattung nicht durch eine kurze Wohnkammer ausgezeichnet wäre, die grosse Aehnlichkeit der Lobenform der *Amaltheus*- und *Arietites*-Arten des Lias weist auf einen gemeinsamen Ursprung hin, der nur bei den *Trachyostraca* gesucht werden kann.

Als Subgenera von *Arietites* können *Agassizeras* und *Caloceras Hyatt*, sowie *Lillia Bayle* betrachtet werden.

e. *Tropitidae.*

Gehäuse mehr minder reich ornamentirt, Wohnkammer lang (über einen Umgang betragend), Runzelschicht nur in einigen seltenen Fällen (bei *Halorites*) beobachtet.

Tropites Mojs. (Fig. 439). Die aus kräftigen Radialrippen bestehende Sculptur des bauchigen Gehäuses ist auf dem Externtheil unterbrochen, welcher oft einen medianen Kiel trägt. Mündung mit einem breiten, kurzen Vorsprung des Externtheiles; Schlusswindung in Form und Sculptur häufig von den inneren Windungen abweichend. Loben durch breite Sattelstämme mit schräg einschneidenden Fingern, schräge Stellung der Lobenspitzen, mächtige Entwickelung der Hauptloben und Reduction der Hülfsloben ausgezeichnet. Norische und karnische Stufe der juvavischen Trias-Provinz, vereinzelt auch noch im Lias. (*Tropites ultratriassicus Canavari* im unteren Lias von Spezia).

Fig. 439.

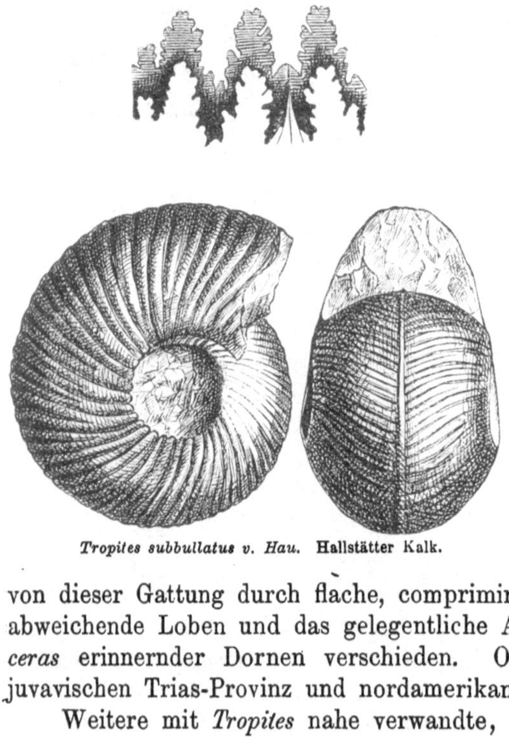

Tropites subbullatus v. Hau. Hallstätter Kalk.

Eutomoceras Hyatt. (Fig. 440). Mit *Tropites* nahe verwandt und von dieser Gattung durch flache, comprimirte Gestalt, hohen, scharfen Kiel, abweichende Loben und das gelegentliche Auftreten zahlreicher, an *Trachyceras* erinnernder Dornen verschieden. Oberste karnische Horizonte der juvavischen Trias-Provinz und nordamerikanische Trias.

Weitere mit *Tropites* nahe verwandte, in der norischen und karnischen

Stufe der juvavischen Trias-Provinz auftretende Gattungen sind *Halorites*, *Juvavites* und *Distichites Mojs.*

Acrochordiceras Hyatt. Mit kräftiger, continuirlich die Seitenflanken und den Externtheil übersetzender Sculptur, welche aus alternirend stärkeren und schwächeren, am Nabelrande entspringenden Spaltrippen entsteht. Von diesen Spaltrippen erwerben die stärkeren zuweilen im höheren Alter Umbilicaldornen. Muschelkalk Europas und amerikanische Trias.

Fig. 440.

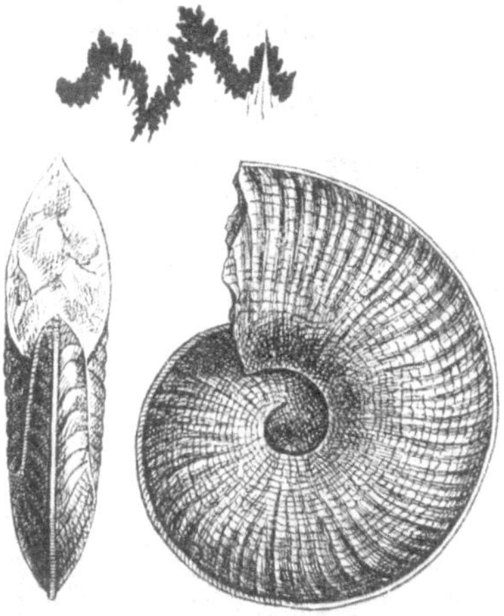

Eutomoceras Sandlingense v. Hau. sp. Sandling.

Celtites Mojs. Gehäuse scheibenförmig, aus mehr oder weniger langsam anwachsenden Windungen gebildet, mit einer meistens aus einfachen, geraden Rippen bestehenden, auf dem Externtheil unterbrochenen Sculptur. Nur ausnahmsweise kommen auf grösseren Exemplaren Spaltrippen vor, während sich solche auf den inneren Windungen der meisten Arten zeigen. Der Externtheil ist mehr oder weniger gewölbt und entweder ganz glatt oder mit einem dünnen, fadenförmigen Mittelkiele versehen, welcher der convexen Externfläche direct aufgesetzt erscheint, ohne von Nebenfurchen begleitet zu sein. Die Lobenstellung ist normal, die Sättel sind abgerundet, ganzrandig, die Loben entweder sehr schwach gezähnt oder selbst noch ganzrandig. Muschelkalk und karnische Stufe der Alpen, in welch letzterer eine Reihe noch unbeschriebener, dem Typus des *Aegoceras* (*Schlotheimia*) *angulatum* nahestehender Formen erscheint.

f. *Aegoceratidae.*

Von den *Tropitidae* abstammende, in Jura und Kreide eine ausserordentliche Mannigfaltigkeit erreichende Formen, für welche es (ausser der gemeinsamen Abstammung) schwer ist, ein positives Merkmal anzugeben. Bei fast allen hierher gehörigen Gruppen sind feste Nidamentaldrüsendeckel (Aptychen) nachgewiesen. Die früher zu *Aegoceras* gerechneten Formen des alpinen Muschelkalkes gehören zu *Gymnites* (*Leiostraca*) und besitzen bereits viel weiter gehende Ausbildung der Loben als die in der oberen Trias vereinzelt, häufig im unteren Lias erscheinenden ersten *Aegoceras*-Formen. Nur eine äussere Aehnlichkeit veranlasste, sie diesen zuzurechnen. Nach Erkennung der wahren Descendenzverhältnisse wird die gewagte Hypothese überflüssig, nach welcher *Aegoceras* (und *Amaltheus*) im Muschelkalk der Alpen bereits aufgetreten sei, sich jedoch während der oberen Trias nach entlegenen Gegenden zurückgezogen habe, um erst gegen das Ende der Formation wieder nach Europa einzuwandern und in grösster Formenzahl das Liasmeer zu bevölkern.

Nach dem Vorgange NEUMAYR's theilen wir die *Aegoceratidae* in drei Untergruppen: *Aegoceratinae*, *Harpoceratinae* und *Stephanoceratinae*.

α. Aegoceratinae.

Aegoceras Waagen (Fig. 441). Gehäuse comprimirt, von zahlreichen, wenig umfassenden Windungen gebildet, mit radialen, zuweilen geknoteten oder gegen aussen gespaltenen Rippen (nie aber mit eigentlichen Sichelrippen), ungekielt. Wohnkammer ungefähr einen Umgang lang, Mündung einfach, ohne Seitenanhänge, mit sehr schwachem Externlappen und einer Einschnürung; horniger, eintheiliger Anaptychus. Lobenlinie stark zerschnitten, erster Lateral länger als der Externlobus, zweiter Lateral nicht immer vorhanden. Lobenkörper schmal, nicht keilförmig, Antisiphonallobus zweispitzig. Selten in der obersten Trias, sehr häufig im unteren und mittleren Lias.

Fig. 441.

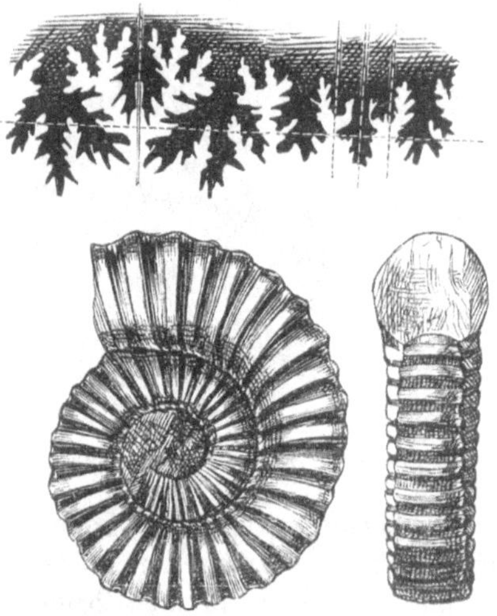

Aegoceras adnethicum v. Hau. Lias, Adneth.

Aegoceras deletum Canavari aus dem unteren Lias von Spezia erinnert in vieler Hinsicht an triadische *Trachyostraca*.

Die Einrollung einiger Formen ist zuweilen assymetrisch, einer Schneckenspirale entsprechend und derartige Formen sind als *Turrilites*-Arten beschrieben worden (*Turrilites Valdani*, *Caynarti* und *Boblayei d'Orbigny*).

Die zahlreichen, von HYATT für die zu *Aegoceras* gehörigen Formen aufgestellten Namen (*Psiloceras*, *Cycloceras*, *Androgynoceras*, *Microceras* etc.) sind nicht einmal zur Bezeichnung von Untergattungen verwendbar, hingegen mag es sich vielleicht empfehlen, die Gattung *Aegoceras* (im engeren Sinne) auf die *Capricorni* BUCH's (Typus *A. capricornus Schloth.*) zu beschränken und für die mit *A. angulatum Schloth.* verwandten Formen, deren Rippen sich an der Externseite vereinigen und dort einen gegen die Mündung gekehrten Winkel bilden, den Namen *Schlotheimia Bayle* (im Sinne einer Untergattung) anzuwenden.

β. Harpoceratinae.

Harpoceras Waagen (Fig. 442). Gehäuse von ziemlich veränderlicher, äusserer Form, Externseite jedoch stets gekielt oder gekantet. Sculptur aus mehr oder weniger deutlichen Sichelrippen bestehend. Mundrand sichelförmig oder mit Ohren, mit spitzem Externlappen; Wohnkammer $^1/_2$ bis $^2/_3$ Windungen betragend. Aptychus zweitheilig, dünn, kalkig, mit einer dicken Hornschicht, mehr oder minder gefaltet. Loben in der Regel nicht stark zerschnitten, stets zwei Lateralloben und fast immer Auxiliarloben vorhanden.

Siphonallobus mit zwei divergirenden Aesten endigend, meist kürzer als der erste Lateral. Von *Aegoceras*, von welcher Gattung *Harpoceras* abstammt, ist die letztere nicht scharf abzugrenzen. Verbreitet in sämmtlichen Etagen

Fig. 442.

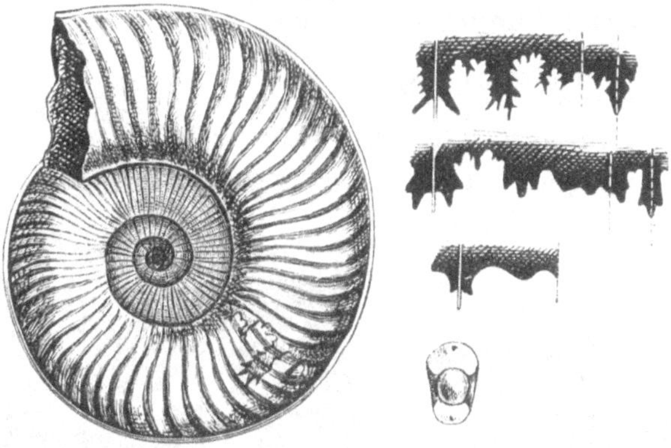

Harpoceras pseudoradiosum Branco. Schichten m. *Trigonia navis*, Unter-Dogger, Signalberg be Boevingen. Erwachsenes, flaches Gehäuse mit schneidendem Externtheil, jugendliche Schale mit bauchigen Umgängen und allmähliche Complication der Lobenlinie.

der Juraformation. *Hildoceras Hyatt*, ausgezeichnet durch einen, jederseits durch eine Furche begrenzten Externkiel (Type: *H. bifrons Brug. sp.*), mag als Untergattung betrachtet werden.

Oppelia Waagen. Fast stets eng genabelt, Externseite entweder nur auf der Wohnkammer oder auf allen Windungen gerundet. Wohnkammer nie gekielt oder gekantet, $^1/_2$ bis $^2/_3$ Umgang betragend. Mundrand sichelförmig oder mit Ohren, stets mit gerundetem Externlappen. Aptychus zweitheilig, kalkig, dick, gefaltet (*Aptychus lamellosus*). Loben ziemlich verzweigt, Siphonallobus meist kürzer als der erste Lateral, Lobenkörper schmal, mit fast parallelen Rändern, Laterallobus nicht in paarige Hauptäste abgetheilt. Vom Unter-Oolith (in welchem *Oppelia* mit *O. subradiata* von *Harpoceras* abzweigt) bis zum Tithon in allen Etagen der Juraformation häufig.

Haploceras Zittel (= *Lissoceras Bayle*). Mit *Oppelia* verwandte Formen mit zurücktretender Sculptur, oder mit entfernt stehenden, schmalen Rippen, zwischen welchen kleinere eingeschaltet sind; nie ein Kiel oder eine Furche auf der Externseite vorhanden. Wohnkammer kurz, Oeffnung mit lateralen Ohren und einem gerundeten Externfortsatz ausgestattet. Lobenlinie ziemlich complicirt und durch Vorhandensein einer Anzahl von Auxiliarloben ausgezeichnet. Die Lateralloben nicht symmetrisch getheilt. Aptychus kalkig, gefurcht. Häufig im oberen Jura und in der Kreide.

Silesites Uhlig (= *Beneckeia Uhlig non Mojs.*).[1] Wahrscheinlich von *Haploceras* abzweigende, aber noch ziemlich unvermittelt dastehende Formen der unteren Kreide, welche ein evolutes Gehäuse, niedrige, aussen gerundete,

[1] Die Wernsdorfer Schichten und ihre Aequivalente. 86. Bd. d. Sitzber. d. k. Akad. d. Wiss. 1882 und Verhandl. d. k. k. geol. Reichsanst. 1882 pag. 340.

an den Flanken flache Umgänge besitzen. Die Sculptur besteht aus Rippen, die in der Nähe der Externseite plötzlich scharf nach vorn umbiegen, bisweilen unter Theilung oder Knotenbildung und ununterbrochen über die Externseite hinwegsetzen. Loben und Sättel wenig gegliedert, mit breiten und plumpen Körpern, ausser den Siphonal- und den beiden Lateralloben sind noch zwei kleine Hülfsloben vorhanden.

γ. Stephanoceratinae.

Stephanoceras Waagen (Fig. 443, 444). Gehäuse von sehr variabler Gestalt, Externseite gerundet, ohne Kiel, Kante oder Furche. Sculptur aus

Fig. 443.

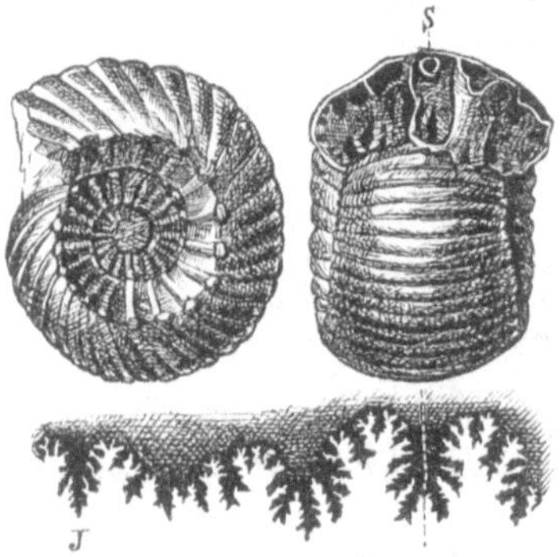

Stephanoceras coronatum Brug. Ornaten-Thone von Tschulkowo, $S =$ Siphonaldüte, $J =$ Internlobus.

Fig. 444.

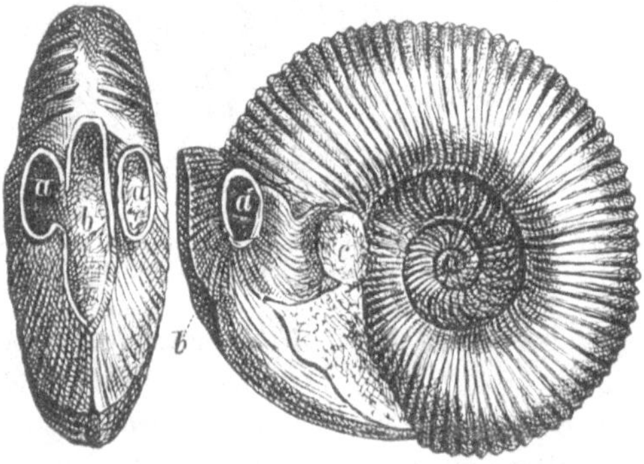

Stephanoceras (Morphoceras) pseudoanceps Ebray, Eisenoolith von Saint Honoré-les-Bains (Nièvre). *a.* Oeffnung für die Augen, *b.* für den Trichter und die den Mund umgebenden Arme, *c.* für die Rücken-Arme.

geraden oder sich theilenden, häufig mit Knoten versehenen, nie sichelförmigen Rippen bestehend. Mundrand einfach, oder mit Ohren, meist von einer breiten, glatten Zone gebildet, Mündung häufig verengt, Wohnkammer lang, $1—1^1/_2$ Umgang betragend. Aptychus kalkig, sehr dünn, aussen mit Körnern geziert. Loben meist stark zerschnitten; Siphonal- und erster Laterallobus meist gleich lang, Lobenkörper schmal. Mittlerer Lias (in welchem *Stephanoceras* mit *St. pettas* von *Aegoceras* abzweigt) bis Oxfordien. *Stephanoceras* entspricht den *Coronaria* und *Macrocephali* Buch's.

Fig. 445.

Cosmoceras bifurcatum Schloth., br. Jura δ Heiningen.

Als Untergattungen können betrachtet werden: *Cadoceras Fischer*, *Protophytes Ebray*, *Oecoptychius Neum.* und *Morphoceras Douvillé*, dessen eigenthümlich gestaltete Mündung (vergl. Fig. 444) bereits Gegenstand der Erörterung war (pag. 312).

Cosmoceras Waagen (Fig. 445). Externseite mit einer glatten Furche, Sculptur aus meist gespaltenen, an der Externseite nach vorn gewendeten, häufig mit Knoten gezierten Rippen bestehend. Mundrand in der Jugend oft mit Ohren, die sich später verlieren, Wohnkammer $^1/_2$ Umgang betragend. Loben ziemlich zerschnitten,

Siphonallobus bedeutend kürzer als der erste Lateral; zweiter Lateral die Form des ersten wiederholend; ein oder mehrere Auxiliaren. Aptychus wahrscheinlich wie bei *Stephanoceras*, von welcher Gattung *Cosmoceras* abstammen dürfte. Jura.

Neumayria R. Hoern. (= *Ancyloceras Neum.*) (Fig. 446). Von *Cosmoceras* abstammende, evolute Formen des mittleren Jura, welche, wie bereits Quenstedt hervorgehoben hat, in Sculptur und Lobenbau vollständig an die gleichzeitigen *Cosmoceras* anschliessen und mit *C. verucosum* die ganz glatten Anfangswindungen gemein haben. Neumayr wollte den bei den Kreide-*Ammonitiden* von ihm eliminirten Namen *Ancyloceras* hier verwenden, indessen gebraucht ihn P. Fischer neuerdings zur Bezeichnung einer Unterabtheilung der Gattung *Hamites*.[1]

Fig. 446.

Neumayria (Ancyloceras) baculata Quenst. sp., br. Jura δ.

Leioceras R. Hoern. (= *Baculina Neum.* non *d'Orb.*). Glatte und vollständig gerade gestreckte *Ammoniten* der schwäbischen *Ornaten*-Thone, welche einer einzigen Art: dem *Leioceras acuarium Quenst. sp.* angehören und sich von *Baculites* leicht durch einspitzige Lateralloben unterscheiden lassen. Neumayr reiht sie an *Cosmoceras*, und die nun *Neumayria* genannten Formen, nachdem bereits Quenstedt auf ihre Uebereinstimmung mit den Anfangswindungen derselben aufmerksam gemacht hatte. Der Name *Baculina* wird von P. Fischer für *B. Rouyana d'Orb.* aus dem Neocom festgehalten.[2]

Fig. 447.

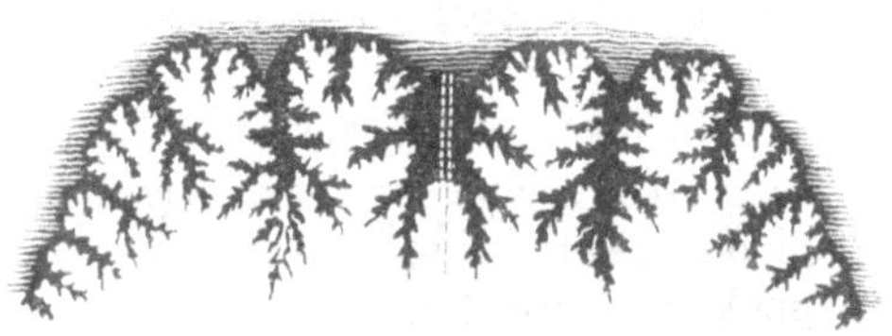

Perisphinctes senex Opp. Tithon von Stramberg.

Fig. 448.

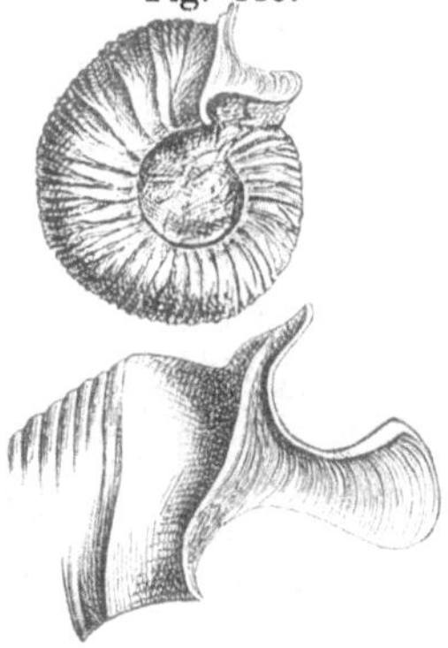

Perisphinctes parabolis Quenst. Weisser Jura γ, Schwaben.

Perisphinctes Waagen (Fig. 447, 448). Gehäuse in der Regel weit genabelt, Umgänge an der Externseite gerundet, mit geraden, gespaltenen, nicht geknoteten Rippen. Mundrand einfach oder mit Ohren, mit einer Einschnürung; auch auf den inneren Windungen vereinzelte Einschnürungen. Länge der Wohnkammer $^2/_3$—1 Umgang, meist knapp einen Umgang ein-

[1] Manuel de Conchyliologie pag. 398.
[2] Ebendaselbst, pag. 400.

nehmend. Lobenlinie ähnlich wie jene von *Stephanoceras* (von dem *Perisphinctes* seinen Ursprung herleitet), doch meist etwas stärker zerschnitten. Aptychus zweitheilig, kalkig, sehr dünn, aussen gekörnt. Die ältesten Formen von *Perisphinctes* treten im Unter-Oolith auf, das Maximum der Entwickelung fällt in den oberen Jura, in der Kreide sind nur wenige Formen vorhanden, welche die Gattungscharaktere rein erhalten haben, dafür zweigen zahlreiche, divergirende Reihen von *Perisphinctes* ab, welche die Mehrzahl der Kreide-*Ammoneen* ausmachen.

Fig. 449.

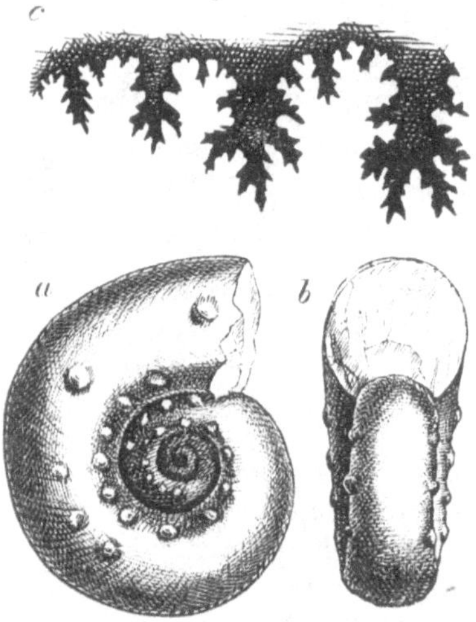

a, b. *Aspidoceras acanthicum Opp.* Zone d. *Oppelia tenuilobata*, Franken, c. *A. longispinum*, Zone des *A. acanthicum*. Guilkoskö, Siebenbürgen.

Fig. 450.

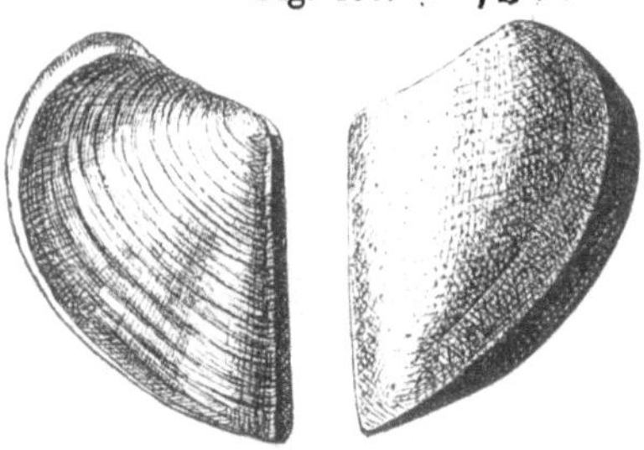

Aptychus latus Park. Voirons.

Aspidoceras Zittel (Fig. 449, 450). Umriss des Gehäuses sehr veränderlich, bald flach und weitnabelig, bald aufgeblasen und engnabelig. Externseite gerundet oder mit einer breiten Externfurche, nie mit einem Kiel oder einer Kante. Sculptur aus einer oder zwei Knotenreihen bestehend oder fehlend, Rippen in der Regel nur in der Jugend vorhanden. Mundrand einfach, Wohnkammer kurz, $^2/_3$ Windungen betragend, Aptychus zweitheilig, kalkig, sehr dick, mit einer äusseren, porösen Schicht (cellulose Aptychen). Lobenlinie ziemlich einfach, zwei Lateralloben und oft (bei den geologisch jüngeren Arten) ein Auxiliar. Loben wenig zerschlitzt, mit breiten Körpern der Sättel und Loben.

Im oberen Callovien von *Perisphinctes* abzweigend erreicht *Aspidoceras* in der Kimmeridge-Stufe seinen Höhepunkt und stirbt im Neocom aus.

Peltoceras Waagen. Zweigt im oberen Callovien von *Perisphinctes* ab, mit welchem junge Exemplare die Sculptur gemein haben, während die erwachsenen gerade, mit Knoten gezierte Rippen aufweisen. Mündung mit persistenten Ohren. Die Gattung erlischt schon im oberen Oxfordien.

Simoceras Zittel. Gehäuse flach, scheibenförmig, weitnabelig, mit zahlreichen, langsam anwachsenden Windungen. Externseite gerundet oder gefurcht, Sculptur selten fehlend, meist aus geraden, einfachen oder gegabelten Rippen bestehend, welche meist während der ganzen Lebensdauer, jedenfalls aber in der Jugend auf der Externseite unterbrochen und häufig mit Knoten verziert oder auf der letzten Windung stark angeschwollen sind; vereinzelte, nach vorn gerichtete Einschnürungen auf allen Umgängen. Wohnkammer lang, mindestens $^3/_4$ Umgang, meistens mehr betragend. Mundrand bei den geologisch jüngsten Arten mit einem aufwärts gebogenen Externlappen. Lobenlinie nicht sehr complicirt, in reductiver Umänderung begriffen; Siphonallobus am grössten, Externsattel sehr entwickelt und breit, Laterale einspitzig, bei den geologisch jüngeren Formen sehr klein. *Simoceras* zweigt im oberen Theile des mittleren Juras von *Perisphinctes* ab (Formengruppe des *Simoceras anceps Rein.* = *Reineckeia Bayle*), erreicht im unteren Tithon den Höhepunkt seiner Entwickelung und stirbt schon im oberen Tithon aus.

Olcostephanus Neum. (Fig. 451). Von *Perisphinctes* abzweigende Formen mit kürzerer, nur etwa $^2/_3$ Umgang betragender Wohnkammer, mit einfacher, von einem glatten Rande eingesäumter Mündung. Die Rippen entstehen bündelweise an der Nabelkante, ausserdem spalten sich bei manchen Formen die Rippen weiter oben noch einmal (Gruppe des *Olc. bidichotomus*). Einschnürungen bei der Gruppe des *Olc. Astierianus* nach vorn gerichtet, sehr kräftig, bei derjenigen des *Olc. bidichotomus* in der Regel fehlend. Lobenlinie

Fig. 451.

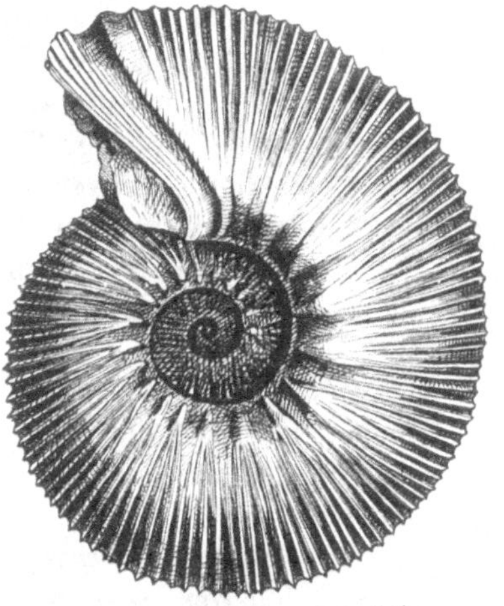

Olcostephanus Astierianus d'Orb. Neocom, Escragnolle.

Fig. 452.

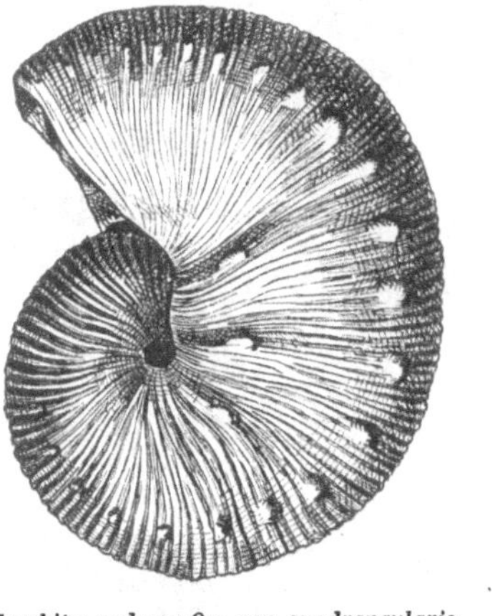

Scaphites nodosus Ow. var. quadrangularis Meek u. Hayden. Yellowstone River, Montana.

gewöhnlich aus einem Siphonallobus, zwei Lateralloben und drei Auxiliaren gebildet. Externseite ohne Kiel und Furche, nur bei sehr wenigen sind die Rippen auf der Externseite leicht unterbrochen. Oberer Jura und Kreide.

Scaphites Parkinson (Fig. 452). Gekammerter Theil des Gehäuses in geschlossener Spirale angeordnet, an welche sich ein sehr kurzer, evoluter Hacken anfügt. Aptychus in Gestalt und Sculptur jenem von *Perisphinctes* ähnlich, oben in der Mittellinie verschmolzen (Synaptychus). Lobenlinie durch das Auftreten von Auxiliarloben ausgezeichnet (welche allen übrigen evoluten Kreide-*Ammoneen* fehlen), Gestalt der inneren Windungen der geologisch älteren Formen, sowie Form der Mundöffnung verweisen auf die Abstammung von *Olcostephanus*, Kreide.

Holcodiscus Uhlig.[1] Mit *Olcostephanus* nahe verwandt (die hierhergehörigen Formen der Gruppe der *H. camelinus* und *Caillaudianus d'Orb.* wurden von Neumayr zu *Olcostephanus* eingereiht), doch durch die Sculptur verschieden. Die Jugendwindungen von *Holcodiscus* zeigen Charaktere der gleich zu schildernden Gattung *Hoplites*, was darauf hinweist, dass *Holcodiscus* gleich *Olcostephanus* und *Hoplites* von *Perisphinctes* abstammt, aber eine eigene Mutationsrichtung verfolgt. Kreide.

Hoplites Neum. (Fig. 453). Von Perisphinctes abstammende Formen, mit ziemlich engem Nabel und hohen Windungen, deren Sculptur aus gespaltenen und geschwungenen Rippen besteht, die nahe dem Nabel oder in der Mitte der Flanken aus einer kleinen verdickten Anfangsrippe oder einem Knoten beginnen, Rippen auf der Externseite unterbrochen, oft durch eine tiefe Furche getrennt oder wenigstens hier abgeschwächt. Rippen am Anfang und Ende anschwellend, in der Mitte schwächer. Lobenlinie complicirt, mit verzweigten Aesten und mehreren Auxiliaren; Lobenkörper nicht sehr plump, Sättel so breit oder breiter als die Loben.

Fig. 453.

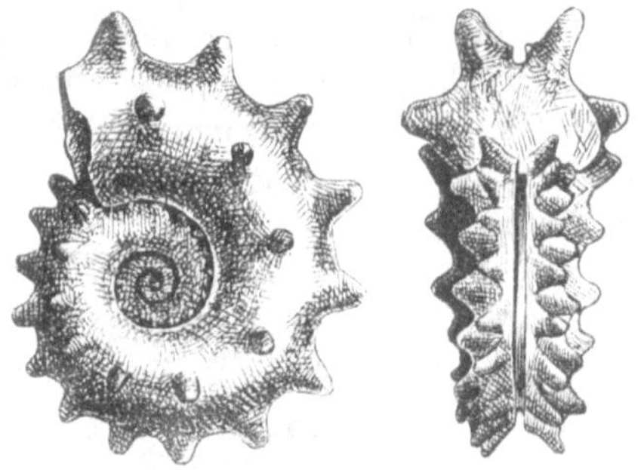

Hoplites tuberculatus Sow. sp. Gault, Boulogne.

Fig. 454.

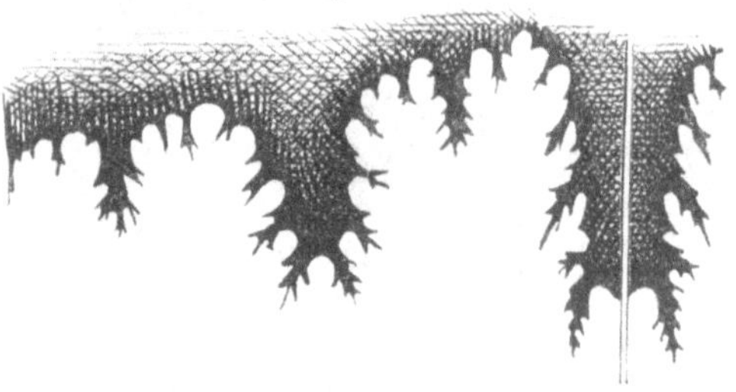

Acanthoceras Rhotomagense Brongn. sp. Chloritische Kreide, Frankreich.

Pulchellia Uhlig, mit *Hoplites* nahe verwandt und eventuell als Subgenus desselben aufzufassen.

Acanthoceras Neum. (Fig. 454). Von *Hoplites* abzweigende Formen mit mässig weitem Nabel und nicht sehr hohen Windungen, mit ganz geraden, von der Naht gegen die Externseite an Stärke stetig zunehmenden Rippen, welche oft mit einer grösseren oder kleineren Zahl von Knoten verziert sind. Externseite verschieden gestaltet, mit ununterbrochenen Rippen, oder mit einer Furche, oder mit einer Knotenreihe, welche sich sogar zu einem Kiele umgestalten kann. Lobenlinie reducirt, ausser den beiden Lateralen an der Flanke nur ein normaler oder aber zwei bis drei ausserordentlich kleine Auxiliarloben. Körper der Loben und Sättel plump und breit, keine Verzweigung, sondern nur einfache Zackung der Loben. Kreide.

Stoliczkaia Neum. Von *Hoplites* abzweigende Formen mit geschwungenen, in der Mitte der Flanken vorgezogenen, an der Externseite schwach aus-

[1] Die Wernsdorferschichten und ihre Aequivalente. Sitzber. d. k. Akad. d. Wiss. z. Wien, 1882, 86. Bd. pag. 116.

geschnittenen Mundrändern. Innere Windungen mit radialen, auf der Externseite nicht unterbrochenen und hier das Maximum der Stärke erreichenden Rippen. Wohnkammer glatt oder mit verdickten Rippen, Externseite ohne Kiel und Furche. Lobenlinie verzweigt, aus einem Siphonallobus, zwei Lateralen und einem Nahtlobus bestehend. Kreide.

Crioceras Leveillé (emend. NEUMAYR) (Fig. 445). Von *Acanthoceras* abzweigende, in einer Ebene aufgerollte *Ammoneen*, deren Windungen ganz oder theilweise sich nicht berühren. Ausser dem Siphonal- und dem einspitzigen Antisiphonallobus jederseits nur zwei nicht symmetrisch in paarige Reihen getheilte Lateralloben. Untere Kreide. Die hierher gehörigen, früher nach der äusseren Gestaltung den Gattungen *Crioceras*, *Anchyloceras* und *Toxoceras* zugerechneten Formen bilden unter den evoluten Kreide-*Ammoneen* eine sehr gut umgrenzte Gruppe, welche durch ihren Lobenbau leicht von einer anderen, in der äusseren Erscheinung nicht unähnliche Formen umschliessenden, von *Lytoceras* unter den *Leiostraca* abstammenden, zu unterscheiden ist.

Fig. 455.

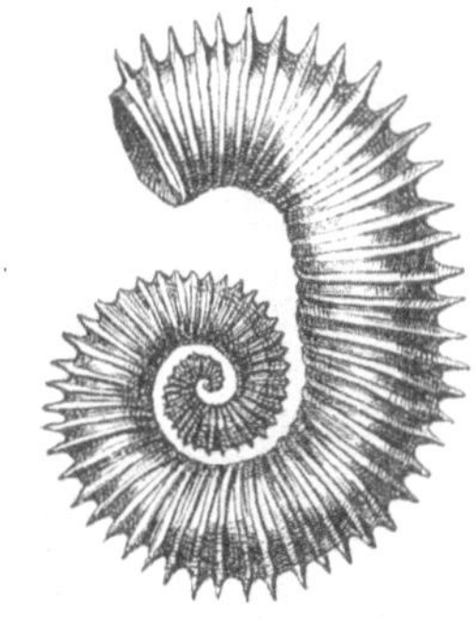

Crioceras (Ancyloceras) Puzosianum d'Orb. Neocom, Castellane (Basses-Alpes).

Heteroceras d'Orb. (emend. NEUMAYR). Von *Crioceras* durch das Heraustreten der Spirale aus einer Ebene verschieden, aber mit dieser Gattung die Provenienz theilend. Von den gleichfalls in einer Schneckenspirale gerollten *Turrilites*-Gehäusen des *Lytoceras*-Stammes hauptsächlich durch die unsymmetrisch gebauten Loben verschieden, aber auch durch die ganz abnorme Krümmung leicht zu erkennen. Kreide.

Leptoceras Uhlig. Kleine Formen mit geraden Rippen und sehr einfaches fast ungezackter Lobenlinie, in der Gestaltung des Gehäuses mit *Crioceras* übereinstimmend. Untere Kreide.

g. *Clydonitidae.*

Wohnkammer kurz, Septallinie wellenförmig, Loben und Sättel einfach, nicht oder schwach gezähnelt.

Clydonites Hau. (emend. MOJS.). Umgänge evolut, bedeckt von gedrängten, unregelmässig gekörnten, über den Externtheil zusammenfliessenden Rippchen. Lobenlinie wellenförmig, ganzrandig. Dem hohen Externsattel folgt ein niedriger Seitensattel. Trias, Type *C. decoratus Hau.*

Choristoceras Hau. Mit evoluten Umgängen, welche bei einigen Formenreihen an den erwachsenen Exemplaren sich frei ausschnüren. Sculptur aus einfachen, geraden Rippen, welche auf dem Convextheile eine Unterbrechung erleiden, bei einigen Formen aber im Alter, wo der Convextheil sich etwas abplattet oder einsenkt, sich wieder zusammenschliessen. Knotenspiralen begleiten die sculpturfreie oder eingesenkte Partie des Convextheiles. Im Ganzen sechs Loben: erster Lateral bei *Choristoceras Marshi* zweispitzig, bei anderen Formen ganzrandig, gerundet; Antisiphonallobus tief, einspitzig. Alpine Trias.

Helictites Mojs. Mit evoluten Windungen, welche mit starken, leistenförmigen, geraden Rippen bedeckt sind, die ununterbrochen über den Externtheil ziehen. Die einfach gewellte Lobenlinie zeigt feine, dem freien Auge kaum bemerkbare Kerbungen. Alpine Trias. Beispiele: *H. geniculatus Hau.*, *H. Henseli Opp.*

Fig. 456.

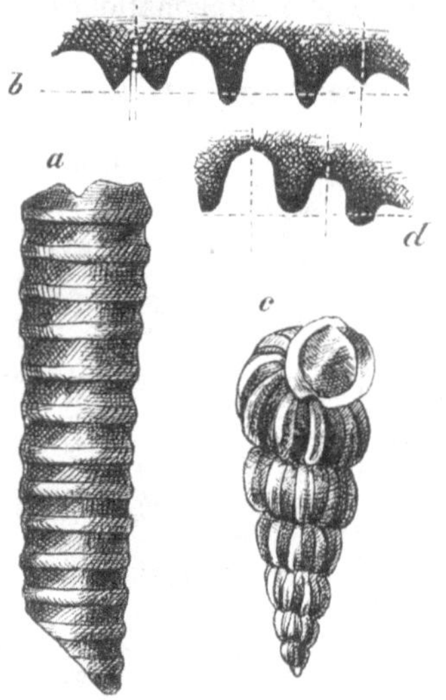

a, b Rhabdoceras Suessi v. Hau., c. d. Cochloceras Fischeri v. Hau. Hallstatt. Vergr.

Rhabdoceras Hau. (Fig. 456 *a b*). Gehäuse gestreckt, stabförmig, mit schräg ringförmiger Sculptur und einfach wellenförmig gebogener Lobenlinie. Bisher nur eine Art aus der alpinen Trias (und auch diese nur sehr unvollständig) bekannt.

Cochloceras Hau. (Fig. 456 *c d*). Die Umgänge sind schraubenförmig links gewunden, mit continuirlichen Rippen und einfach gebogenen Loben. Einige Arten kommen in sehr grosser Individuenzahl in den norischen Zlambachschichten des Salzkammergutes vor.

B_2. Ammonea leiostraca.

Die Oberfläche der Schale ist in der Regel glatt, sculpturfrei oder nur mit einer schwachen, wenig auffallenden, aus flachen Falten bestehenden Sculptur versehen. Bei einigen Gattungen (*Cladiscites, Procladiscites, Sturia*) treten feine, in regelmässigen Abständen folgende Spirallinien auf, welche die normale Anwachsstreifung kreuzen, bei *Monophyllites* und *Lytoceras* kommen neben glattschaligen Formen auch solche mit feinen, regelmässigen, massiven Querstreifen vor. Die Epidermiden sind bei den meisten hierher gehörigen Gattungen ausgezeichnet vertreten, doch machen die Gattungen *Lecanites, Monophyllites, Lytoceras* und *Phylloceras* eine Ausnahme von dieser Regel. Die weitaus überwiegende Mehrzahl der triadischen Gattungen der *Ammonea leiostraca* zeichnet sich durch das Vorkommen sehr zahlreicher, ausserhalb des Nabelrandes stehender Loben aus, nur *Nannites* besitzt einen einzigen ganzrandigen Seitenlobus und erinnert durch diese atavistische Einrichtung an die palaeozoische Vorfahren der *Leiostraca*, welche wir in den *Goniatiten* erkennen.

a. *Goniatitidae.*

Gehäuse scheibenförmig oder bauchig, mit zackiger Lobenlinie, extern gelegenem (ventralem) Sipho; Siphonaldüten nach rückwärts gerichtet, Externtheil der Mündung ausgerandet. Aptychus (bei einigen Formen nachgewiesen) eintheilig, hornig. Ober-Silur bis Carbon.

Die zahlreichen, hierhergehörigen Formen (3—400 sind bis nun bekannt), welche heute noch unter dem Collectivnamen *Goniatites* zusammengezogen werden, gehören verschiedenen Stämmen an, welche in die triadischen *Ammonea leiostraca* fortsetzen. Es wird daher dereinst nöthig werden, die „Gattung" *Goniatites* ebenso zu zerlegen, wie es bereits mit der Gattung *Ammonites* geschehen ist.

Beyrich und die Gebrüder Sandberger haben nach der Suturlinie die

Fig. 457.

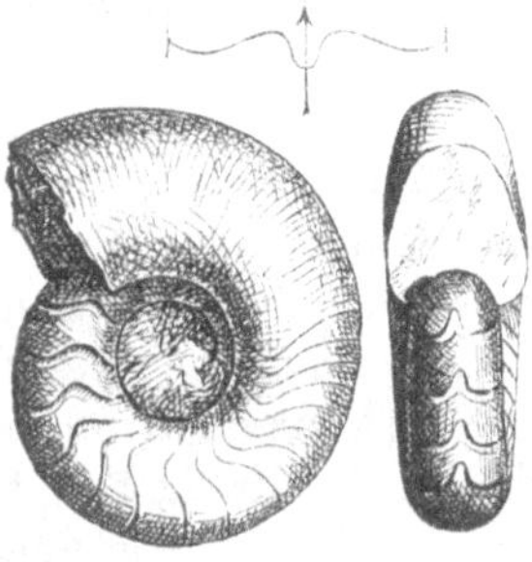

Goniatites subnautilinus Arch. et Vern. Unterdevon, Wissenbach, Nassau.

Fig. 458.

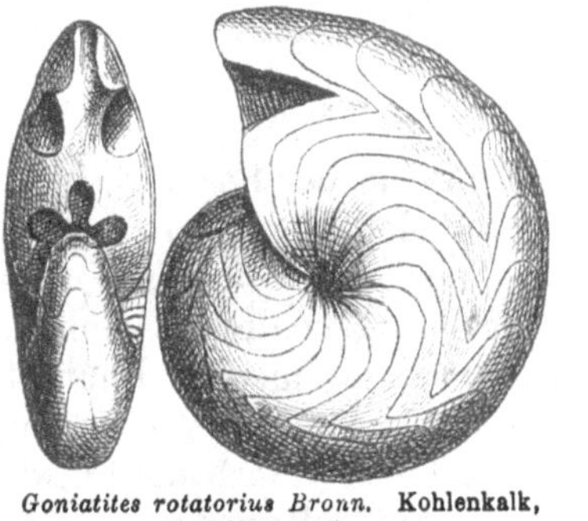

Goniatites rotatorius Bronn. Kohlenkalk, Rockford, Indiana.

Goniatiten in mehrere Gruppen zerlegt. Ersterer unterscheidet sechs Gruppen: a. *Nautilini* (Silur, Devon) (Fig. 457), b. *Primordiales*, c. *Irregulares*, d. *Simplices*, e. *Aequales* (sämmtlich aus der Devonformation) und f. *Carbonarii* (Carbon); diesen Gruppen kann man als siebente (g.) die *Indivisi* Bronn's (Fig. 458) beifügen. Die Lobenlinien der angeführten sieben Gruppen bringt Fig. 459 zur Anschauung. Die Gebrüder Sandberger unterscheiden acht *Goniatiten*-Gruppen: 1. *Linguati*, Loben und Sättel zungenförmig, weit vorspringend, abgerundet, 2. *Lanceolati*, Loben schmal, lanzettlich, Sättel gerundet, 3. *Genufracti*, zweiter Lateralsattel sehr entwickelt, mit dem zweiten Laterallobus einen nahezu rechten Winkel bildend, 4. *Serrati*, Loben und Sättel schmal, spitz, sägezahnförmig, 5. *Crenati*, Externlobus sehr klein, einen gerundeten Ventralsattel ausscheidend, Lateralsattel sehr gross, vom vorhergehenden durch einen spitzen Lobus getrennt, 6. *Acutolaterales*, Externlobus einfach, einen spitzen Lobus und Sattel auf jeder Flanke, 7. *Magnosellares*, Lateralsattel breit und kurz, Laterallobus gerundet, Externlobus sehr klein, 8. *Nautilini*, Externlobus schmal, Suturlinie auf den Flanken einfach gekrümmt.

Fig. 459.

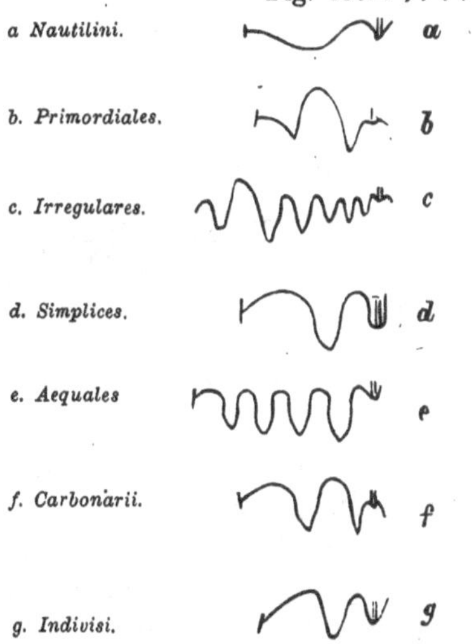

Suturen der Beyrich'schen *Goniatiten*-Gruppen.

Nach der Einrichtung der ersten Sutur kann man die *Goniatiten* in *Asellati* und *Latisellati* eintheilen, je nachdem dieselbe ganz einfach ist und der eines *Nautilus* gleicht, oder einen breiten Externsattel aufweist. Bei den ersteren sind die ersten Umgänge bisweilen nicht eng geschlossen, sondern erinnern an die Gehäuse von *Spirula (Asellati spiruliformes)*, abgesehen von der Lage des Sipho. Zweckmässiger wird es sein für die *Goniatiten* in ähnlicher Weise, wie es in neuerer Zeit für die *Ammoniten* geschieht, eng begrenzte Gattungen zu schaffen, wofür von Mojsisovics durch Creirung von *Anarcestes* (goniatitische Vorfahren von *Arcestes)*, *Aphyllites* (Vorfahren der *Lytoceratinae)*, *Pinacites* (Vorfahren der *Pinacoceratinae*) den Weg gezeigt hat.

b. *Arcestidae.*

Gehäuse in der Regel glatt, sculpturfrei, selten mit feinen Spiralstreifen (*Cladiscites*) oder schwachen Radialrippen (*Lobites*); Wohnkammer lang, $1-1^1/_2$ Umgang betragend. Windungen langsam anwachsend, meist stark involut. Mündung häufig contrahirt, Loben der triadischen Formen meist stark zerschnitten, so dass die Sättel nur aus einem schmalen Stamme mit zahlreichen, annähernd horizontalen Aesten bestehen, welche wieder Zweigchen tragen; bei *Lobites* bleibt jedoch die Entwickelung der Lobenlinie auf dem *Goniatiten*-Stadium stehen. Mojsisovics zerlegt die *Arcestidae* in vier Unterfamilien, *Arcestinae*, *Joannitinae*,. *Didymitinae* und *Lobitinae*.

α. *Arcestinae.*

Arcestes Suess (emend. Mojs.) (Fig. 460, 461). Die Gattung *Arcestes* wie sie von Suess aufgestellt worden war, umfasste sämmtliche Gruppen der

Fig. 460.

Arcestes gigantogaleatus v. Mojs. Hallstätter Kalk. (Zone des *Pinacoceras Metternichi*).

Fig. 461.

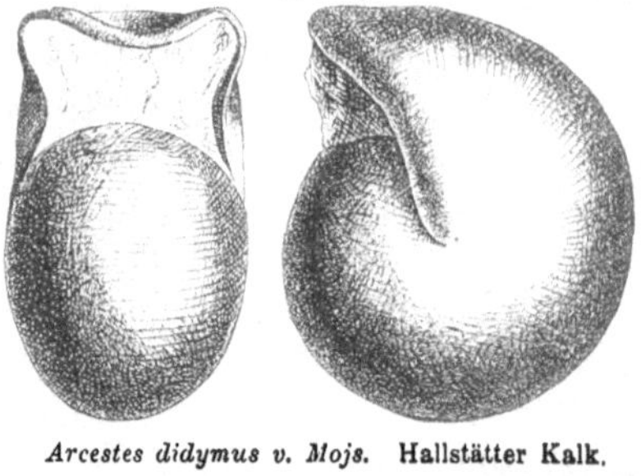

Arcestes didymus v. Mojs. Hallstätter Kalk.

Arcestidae mit Ausnahme der *Lobitinae*. Mojsisovics beschränkt sie[1] auf die Gruppen der *Extralabiati*, *Sublabiati*, *Bicarinati*, *Coloni*, *Intuslabiati*, *Galeati* und *Subumbilicati*, welche insgesammt durch grössere oder geringere Veränderung der Wohnkammer-Windung der erwachsenen Exemplare und insbesondere durch die stets eintretende, charakteristische Verengung des Nabels, welche häufig bis zum callösen Verschluss desselben führt, ausgezeichnet sind. Varices (innere Schalenleisten) oder Contractionen (Schalenfurchen)

[1] Vorläufige kurze Uebersicht der *Ammoniten*-Gattungen der mediterranen und juvavischen Trias. Verhandl. d. k. k. geol. Reichsanst. 1879, Nr. 7.

treten auf. In den Gruppen der *Galeati*, *Intuslabiati* und *Coloni* sind die Contractionen auf die unausgewachsenen Exemplare beschränkt, während die Schlusswindung der ausgewachsenen Exemplare glatt ist. In denselben Gruppen, sowie in der durch Varices ausgezeichneten Gruppe der *Sublabiati* weicht die Schlusswindung erheblich von der Gestalt der inneren Kerne ab. Der Nabel schliesst sich vollständig und die Schale legt sich in der Umgebung desselben dicht an die vorhergehende Windung an. Die Mündung weicht dann meist sehr bedeutend von dem Verlauf der Contractionen und Varices ab, welche die Mundränder der unausgewachsenen Exemplare darstellen. Varices treten bei den Gruppen der *A. Bramantei*, *Extralabiati*, *Sublabiati* und *Subumbilicati* in der Regel sowohl auf dem gekammerten Raum als auch auf der Schlusswindung auf, bei einzelnen Formen fehlen sie jedoch ganz oder erscheinen erst auf der Schlusswindung. Die Gruppe *Bicarinati* behält ihre Contractionen auch auf der Schlusswindung bei. *Arcestes* besitzt zwei Seitenloben und eine grössere Anzahl von Hülfsloben. Loben und Sättel zeichnen sich durch zierlichen Bau und regelmässige Grössenabnahme von der Externseite gegen den Nabel aus. Bei manchen Formen sind Abdrücke eines hornigen Anaptychus nachgewiesen. Als Vorläufer können *Goniatiten* aus der Gruppe des *Subnautilinus* (*Gon. plebejus*, *neglectus Barr.* und Verwandte = *Anarcestes Mojs.*) gelten.

Arcestes selbst erscheint schon in den oberen palaeozoischen Schichten (*Arcestes priscus Waagen*) und stirbt in der Trias aus. Die Gruppe der *Arcestes Bramantei* ist auf den Muschelkalk beschränkt, die Gruppen der *Subumbilicati*, *Galeati* und *Intuslabiati* gehören ausschliesslich der juvavischen Triasprovinz der Alpen an, während die übrigen Gruppen (*Extralabiati*, *Bicarinati*, *Coloni* und wohl auch die bis nun nur aus der Zone des *Trachyceras aonoides* bekannten *Sublabiati*) die Mediteranprovinz charkterisiren. *Arcestes* findet sich auch in der alpinen Trias Indiens.

Sphingites Mojs. Umfasst die frühere Gruppe der *Arcestes coangustati*, welche sich durch den weit geöffneten, sich niemals verengenden Nabel, Schalenwülste und Schaleneinschnürungen auf der Wohnkammerwindung und grobe Runzelstriche (jene von *Arcestes* sind viel feiner) auszeichnen. Die Länge der Wohnkammer beträgt reichlich anderthalb Umgänge. Zur norischen Zeit nur in der mediterranen, zur karnischen auch in der juvavischen Triasprovinz der Alpen.

Fig. 462.

Cyclolobus Oldhami Waagen. Oberer *Productus*-Kalk, Saltrange.

β. Joannitinae.

Cyclolobus Waagen[1] (Fig. 462). In vieler Hinsicht mit der Gattung *Joannites*, als deren Stammform sie betrachtet werden muss, übereinstimmend, doch durch die geringere Zerschlitzung der Suturen, insbesondere die mono-

[1] Salt-Range Fossils. Mem. of the Geol. Survey of India. Ser. XIII, pag. 21.

phyllische Endung der Sättel verschieden. Ober-palaeozoische Schichten der Saltrange und oberer alpiner Muschelkalk.

Joannites Mojs. (Fig. 463). Aeussere Gestalt der mit glatter Schalenoberfläche und Varices (inneren Schalenwülsten) ausgestatteten Gehäuse an *Arcestes* (insbesondere an die Gruppe der *Arcestes subumbilicati* erinnernd. Die Schlusswindung schliesst bei einigen Formen durch einen Callus den Nabel; charakteristisch sind die zahlreichen, in einem seitlich gegen vorne

Fig. 463.

Joannites Johannis-Austriae v. Klipst. St. Cassian.

gekrümmten Bogen angeordneten Loben, deren Sättel paarig getheilt, vielästig und gegen oben gerade abgeschnitten sind. Mit *Cyclolobus* hat *Joannites* die Gestalt und den bogenförmigen Verlauf der Lobenlinie gemein, unterscheidet sich jedoch durch die vielästigen, paarig getheilten Sättel. Zur norischen Zeit auf die mediterrane Triasprovinz beschränkt, zur karnischen auch in der juvavischen vertreten.

Procladiscites Mojs. Gehäuse in Form und Sculptur (massiven, spiralen Streifen) vollkommen mit *Cladiscites* übereinstimmend, Lobenlinie aber viel einfacher gebaut und an Stelle der symmetrisch getheilten *Cladiscites*-Sättel mit monophyllisch endigenden Sätteln ausgestattet. Drei Seitenloben vorhanden. Muschelkalk und norische Stufe der mediterranen Triasprovinz.

Fig. 464.

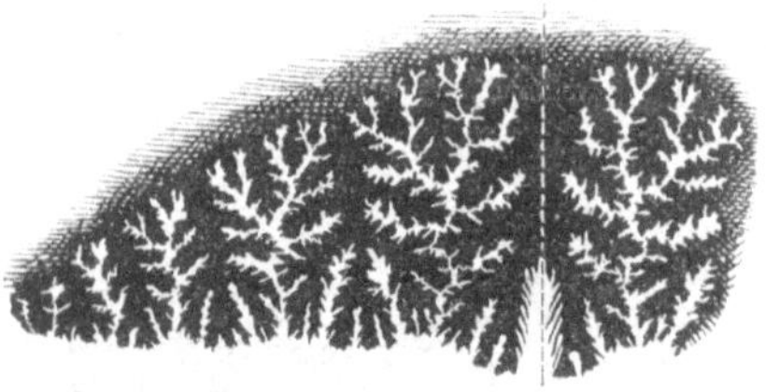

Cladiscites multilobatus Bronn. Rossmoos, Hallstätter Kalk.

Cladiscites Mojs. (Fig. 464). Windungen stets geschlossen, von annähernd eckigem Querschnitt, stets ohne innere oder äussere Schalenwülste, auch in der letzten Windung erwachsener Exemplare unverändert ihre Gestalt bewahrend. Loben ähnlich wie bei *Joannites* gebaut, aber nicht bogenförmig angeordnet. Bei den spiralgestreiften *Cladisciten* der juvavischen Gruppe des *Clad. tornatus* und der mediterranen Gruppe des *Clad. subtornatus* sind drei, bei den glattschaligen *Cladisciten* (Gruppe des *Clad. multilobatus*) zwei Seitenloben vorhanden.

γ. *Didymitinae.*

Aeussere Gestalt und Länge der Wohnkammer mit *Arcestes* übereinstimmend, Schale mit scharfen Zuwachsstreifen und faltigen Runzeln versehen, durch die ganze Länge der Wohnkammer bis zur Mündung läuft auf der Innenseite der Schale auf dem Externtheile eine mediane Furche — die Schlusswindung schnürt sich nahe der Mündung aus. Die Lobenlinie wird von wenig gezackten Sattelpaaren, welche manchmal mit Einzelsätteln alterniren, gebildet. Diese Sattelpaare entsprechen je zwei Sätteln der übrigen *Ammoniten*-Gattungen. Die einzige, hierher gehörige Gattung *Didymites* ist auf die juvavische Triasprovinz beschränkt, *Didymites tectus* wurde zur Bezeichnung der obersten palaeontologischen Zone der norischen Stufe dieser Provinz gewählt.

δ. *Lobitinae.*

In den allgemeinen Umrissen des Gehäuses und in der Länge der Wohnkammer mit den *Arcestinae* und *Didymitinae* übereinstimmend, jedoch zumeist mit Radialfalten, welche häufig von feinen Längsstreifen gekreuzt werden. Die Schlusswindung nimmt oft eine von der Form der inneren Kerne abweichende Gestalt an und verschliesst nicht selten den Nabel mit einem Callus. Gegen die Mündung zu tritt jedoch stets auch bei den Formen mit callös geschlossenem Nabel eine Einschnürung ein. Häufig findet sich am Ende des vorletzten und letzten Umganges ein rückwärts kragenförmig abgeschnürter Theil, die sogenannte Kaputze, bei anderen Formen ist die Mündung einfach, nur auf dem Externtheil lappenförmig vorgezogen. Die Lobenlinie besteht aus ganzrandigen, hohen, an der Basis etwas contrahirten Sätteln, welche oft der Höhe nach in der Weise abweichen, dass der zweite und vierte merklich niedriger sind, als ihrer Stellung nach erwartet werden sollte. Unter den palaeozoischen *Goniatiten* erkennt man mehrere Formen der Gruppe des *G. clavilobus* und *bilanceolatus* als Vorfahren. Die einzige Gattung *Lobites Mojs.* (Fig. 465) ist zur norischen Zeit auf die mediterrane Triasprovinz beschränkt und wandert zur karnischen Zeit auch in die juvavische Provinz ein.

Fig. 465.

Lobites cucullatus Mojs. Röthelstein, Schichten des *Lobites ellipticus.*

C. Pinacoceratidae.

Leiostraca von meist flacher, scheibenförmiger Gestalt (nur die Gattungen *Ptychites* und *Nannites* umschliessen auch globose Formen), mit einer nicht mehr als Dreiviertel-Windung betragenden Wohnkammer, welche sonach bedeutend kürzer ist als jene der *Arcestidae.* Mojsisovics theilt die *Pinacoceratidae* in die drei Subfamilien der *Pinacoceratinae*, *Lytoceratinae* und *Ptychitinae*, hebt jedoch hervor, dass diese Eintheilung noch keineswegs als der Ausdruck der natürlichen Verwandtschaft betrachtet werden könne. Von diesen drei Subfamilien dürfte nach Mojsisovics diejenige der *Ptychitinae* die geologisch jüngste sein und sich von den *Lytoceratinae* (im Carbon?) abgezweigt haben. Die *Lytoceratinae* und *Pinacoceratinae* dürften beide in's

Ober-Silur zurück zu verfolgen sein, wo die ersteren durch die formenreiche Gattung *Aphyllites Mojs.* (*Goniatites bohemicus*, *fecundus*, *amoenus Barr.* und ihre Verwandten), die letzteren durch die Gattung *Pinacites* (hierher *Goniatites emaciatus Barr.*) vertreten wären.

α. *Pinacoceratinae.*

Beneckeia Mojs. Hochmündig, engnabelig (wahrscheinlich mit callösem Nabelverschluss). Die Zuwachsstreifen beschreiben auf der scharfen Externseite einen mit der Spitze nach rückwärts gerichteten Winkel. Die Loben sind ganzrandig, seicht, an der Basis flach gerundet, die Sättel niedrig, breit, gegen die Basis sich erweiternd. Muschelkalk Deutschlands.

Longobardites Mojs. In der äusseren Gestalt mit *Beneckeia* vollkommen übereinstimmend, besitzt *Longobardites* zwei deutliche Adventivloben (äussere Hülfsloben) und schmale, zungenförmige, hohe Sättel. Im Unterschiede gegen die ganzrandigen, flachgerundeten Loben von *Beneckeia* sind die beiden Adventivloben, sowie der erste Hauptlobus im Grunde gezähnt, während die übrigen Loben spitzgerundet zusammenlaufen. Die Anwachsstreifen beschreiben auf dem Externtheile einen Ausschnitt gegen rückwärts. Muschelkalk und norische Stufe der mediterranen Triasprovinz.

Fig. 466.

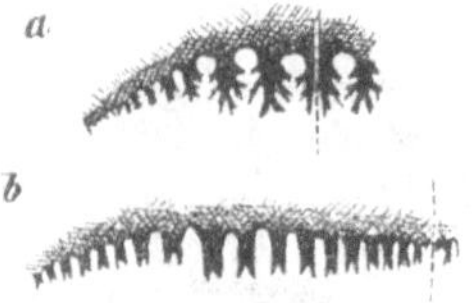

a. *Megaphyllites oenipontanus v. Mojs.* Wettersteinkalk, Innsbruck. b. *Sageceras Haidingeri v. Hau.* Zone des *Trachyceras aonoides*, Röthelstein b. Aussee.

Sageceras Mojs. (Fig. 466 *b*). Gehäuse schmal, hochmündig, Runzelschicht grobkörnig, wie bei *Nautilus*, nicht, wie bei den übrigen *Ammonea leiostraca* aus langen Strichen und Fäden bestehend. Die Sättel sind schmal, zungenförmig, ganzrandig, die Loben symmetrisch durch einfache kegelförmige Zacken einfach oder doppelt getheilt, die Loben zerfallen in drei Gruppen: äussere Hülfsloben (Adventivloben), welche sich stetig vermehren; Hauptloben und innere Hülfsloben (Auxiliarloben). *Sageceras* ist schon in den oberen, palaeozoischen Bildungen Indiens (*Sageceras Hauerianum de Kon.* aus der Salt-Range) vertreten und reicht in der alpinen Trias (in welcher die Gattung zur norischen Zeit auf die mediterrane Triasprovinz beschränkt ist) bis in die mittelkarnischen Ablagerungen. Die Untergattung *Medlicottia Waagen* aus der Salt-Range besitzt hohe, mit lobenartigen Einbiegungen versehene Randsättel an Stelle der Adventivloben.

Megaphyllites Mojs. (Fig. 466 *a*). Gehäuse hochmündig, ungenabelt, mit abgerundetem Externtheil, glatter Oberfläche, stark entwickelten Epidermiden und kräftigen, wulstförmigen Leisten auf der Innenseite der Wohnkammer, welche auf dem Steinkerne als schräg vom Nabel über die Seitenflanken und den Externtheil laufenden Furchen zum Ausdruck kommen und wahrscheinlich den Verlauf des Haftringes bezeichnen. Die Lobenlinie von *Megaphyllites* ist (ähnlich wie von *Monophyllites*) durch fast kreisrunde, ganzrandige, breite Sattelköpfe ausgezeichnet, welche auf einem schmalen, mit dünnen, zackenförmigen Seitenästchen versehenen Stiel aufsitzen. Der palaeozoische *Megaphyllites megaphyllus Beyr.* gehört einem anderen Stamme an als die triadischen *Megaphylliten*, welche sowohl in der juvavischen als in der mediterranen Provinz auftreten und bis in die Zone des *Trachyceras aonoides* hinaufreichen.

Pinacoceras Mojs. (Fig. 467). Gehäuse schmal, hochmündig, mit glatter Oberfläche (selten mit knotenförmigen Anschwellungen), Lobenlinie durch reich zerschlitzte, paarig getheilte Adventiv- und Auxiliarsättel ausgezeichnet,

Fig. 467.

Pinacoceras subparma Mojs. Schichteu mit *Arc. globus*, Sommeraukegel bei Hallstatt.

von den drei Hauptsätteln besitzen entweder alle drei oder nur die beiden ersten eine stumpf-pyramidenförmige, an die Sattelform von *Arcestes* erinnernde Gestalt. Die ältesten, bis nun bekannten Formen stammen aus dem Muschelkalk, die jüngsten aus den mittel-karnischen Bildungen; die Hauptverbreitung findet in den norischen Bildungen der juvavischen Provinz statt, während *Pinacoceras* in der mediterranen Provinz nur selten auftritt. Die den Durchmesser eines Wagenrades erreichende Form *P. Metternichi* charakterisirt die zweit-älteste palaeontologische Zone der norischen Stufe der juvavischen Provinz.

β. *Lytoceratinae.*

Lecanites Mojs. Schmale, langsam anwachsende, weitgenabelte Gehäuse, mit flachen Seiten und schmalem Externtheil. Lobenlinie mit schmalen, ganzrandigen, oben abgerundeten, an der Basis leicht eingeschnürten Sätteln, spitz gerundeten Loben. Externlobus zweispitzig. Eine einzige Art, *Lecanites glaucus Mstr. sp.*, aus den Wengener und Cassianer Schichten, als deren Vorläufer v. Mojsisovics die carbonischen *Goniatiten* der Gruppe des *G. mixolobus Sandb.* betrachtet, welchen er den Namen *Prolecanites* giebt.

Norites Mojs. In der äusseren Gestalt ähnlich wie *Sageceras;* Runzelschicht jedoch strichförmig, Lobenlinie mit schmalen, hohen, oben gerundeten Sätteln, Loben im Grunde wenig gezackt, der erste Hauptlobus durch eine grössere Zacke getheilt. Die im Muschelkalk und in den Buchensteiner-Schichten der mediterranen Triasprovinz in einigen Arten vertretene Gattung *Norites* hat in den *Goniatiten* der Gruppe des *Gon. cyclolobus* und *mixolobus Phill.*, für welche Mojsisovics den Namen *Pronorites* vorschlägt, ihre Vorläufer.

Monophyllites Mojs. (Fig. 468). Gehäuse flach, scheibenförmig, aus zahlreichen, langsam wachsenden, wenig involvirenden, schmalen Windungen gebildet. Die Schale zeigt entweder massive, regelmässige, feine Querstreifen, welche sich sowohl auf der Umbilical- als auch auf der Externseite nach vorwärts wenden, oder aber eine fast glatte, nur von Zuwachsstreifen bedeckte Oberfläche. Die Lobenlinie ist charakterisirt durch grosse, blattförmige, ganzrandige Sattelköpfe, schmale Stämme und blattförmige, ganzrandige, grosse Seitenäste, sowie kleinere, zugespitzte Seitenzacken der Sättel, während die breiten Loben symmetrisch aufragende Zacken von ungleicher Grösse aufweisen,

Fig. 468.

Monophyllites sphaerophyllus v. Hau. Zone des *Ceratites binodosus*, Dont.

Fig. 469.

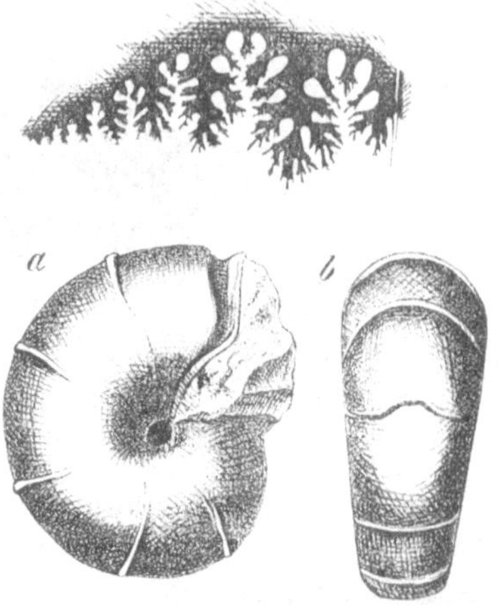

a. b. *Phylloceras ptychoicum Quenst.* Stramberg. Lobenlinie von *Ph. heterophyllum Sow.*

Fig. 470.

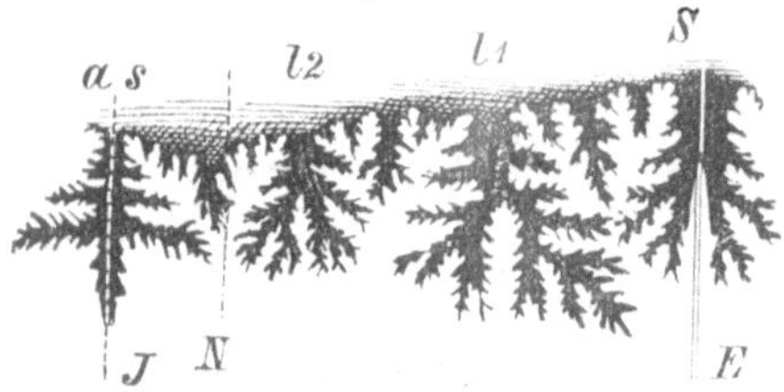

Lytoceras sutile Opp. Stramberg.

welche gegen die Mitte des Lobus convergiren. In der Regel sind drei Lateralloben und ein bis zwei Hülfsloben vorhanden, Epidermiden wurden nie beobachtet. Muschelkalk, norische und karnische Stufe der mediterranen Provinz.

Phylloceras Suess (Fig. 469). Gehäuse scheibenförmig, involut, mit schwacher Sculptur, zuweilen Contractionen oder Varices tragend, Anwachsstreifen nach vorn gerichtet; Wohnkammer kurz, Mundrand einfach, mit etwas vorgezogenem Lappen auf der Externseite, kein Aptychus; Loben zahlreich, regelmässig an Grösse abnehmend, Laterale ohne Abtheilung in paarige Hauptäste, Sattelblätter sehr gerundet, Antisiphonallobus zweispitzig. Die geologisch älteren Formen (welche in der juvavischen Triasprovinz erscheinen und der mediterranen vollständig fremd sind) sind noch durch weniger Loben und etwas weiteren Nabel ausgezeichnet. Innerhalb der einzelnen Formenreihen macht sich eine sehr constante Variationsrichtung in der Weise geltend, dass eine stetig fortschreitende Complication und Vermehrung der Sattelblätter eintritt. *Phylloceras* behält die Gattungscharaktere, welche es in der jurassischen Zeit erworben hat (der Höhepunkt der Entwickelung fällt in die Tithonstufe) auch in der Kreideformation ungeändert bei.

Fig. 471.

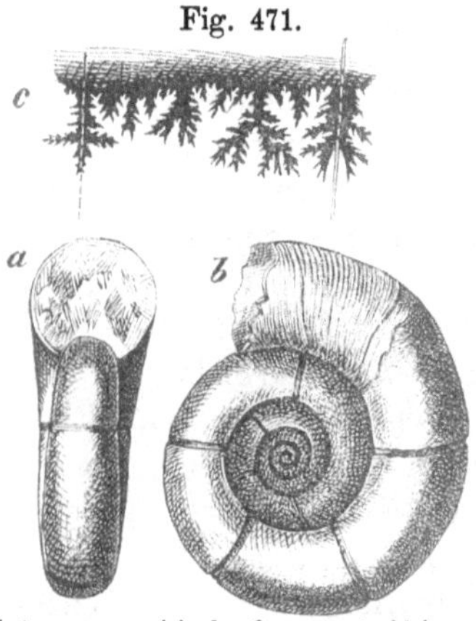

Lytoceras municipale Opp. a. b. kleines Exemplar, c. Lobenlinie eines grösseren Individuums. Stramberg.

Lytoceras Suess. (Fig. 470, 471). Gehäuse meist flach, scheibenförmig, mit wenig involuten, oder sich nur berührenden Umgängen. Wohnkammer $^1/_2$—1 ganzer Umgang. Mundrand an der dorsalen (Columellar-) Seite zu einem Lappen ausgezogen, an der Siphonalseite und auf den Flanken ohne Vorsprung. Anwachsstreifen und Sculptur dem Mundrand parallel, an der Naht nach vorn gebogen: Sculptur schwach, meist nur aus Radiallinien oder Einschnürungen bestehend; Suturlinie mit wenigen Loben; Lateralloben und Sättel in symmetrische Theile getheilt. Wahrscheinlich von *Monophyllites* abstammend. Sehr häufig im Jura und Kreide. Uhlig will den Namen *Lytoceras* (im engeren Sinne) nur für die Gruppe der *Fimbriaten* anwenden, welche fast drehrunde, sich nur berührende oder sehr wenig umfassende Umgänge, fadenförmige, meist gekerbte Rippen, eine kurze Wohnkammer und einen paarig entwickelten Antisiphonallobus besitzt, dessen Aeste sich auf der vorhergehenden Scheidewand ausbreiten, während er für die *Recticostaten* mit etwas mehr umfassenden Umgängen, mit hohen, geraden, bisweilen gespaltenen oder Knoten bildenden Rippen, mit langer, etwas über einen Umgang betragender Wohnkammer, mit unpaarigem, einspitzigen Antisiphonallobus die Untergattung *Costidiscus* vorschlägt.[1]

Fig. 472.

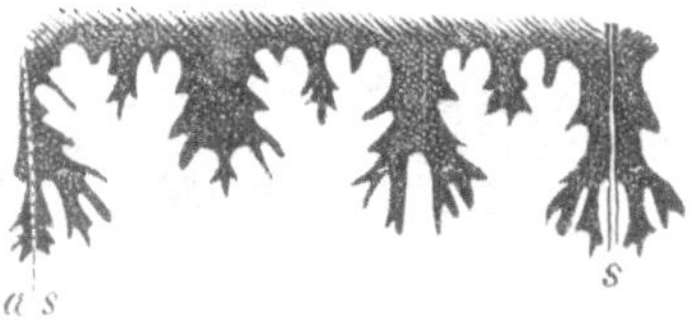

Hamites (Ptychoceras) Emerici d'Orb. Neocom, Leous (Basses-Alpes).

Fig. 473.

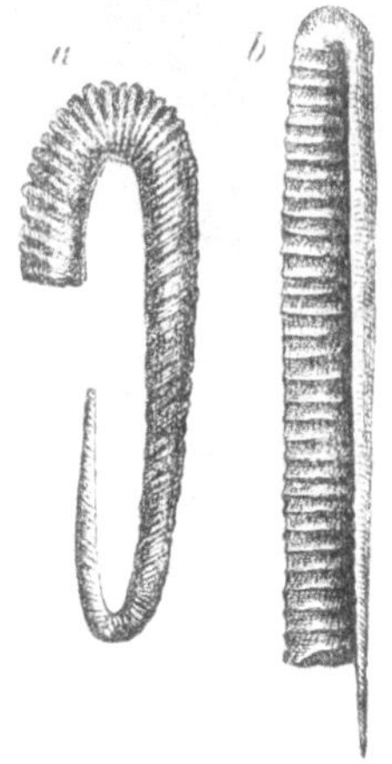

a. Hamites Sablieri d'Orb. Gault, Escragnolle
b. *H. (= Ptychoceras) Emerici d'Orb.* Neocom, Leous.

Pictetia Uhlig. Evolute Formen der unteren Kreide, welche sich an die *Fimbriaten* anschliessen (Gruppe des *Crioceras Astieri d'Orb.*).

Hamites Park. (emend. Neumayr) (Fig. 472, 473). Von den *Recticostaten* abstammende, evolute Formen der Kreide von sehr verschiedener Gestaltung des Gehäuses und nach derselben früher in zahlreiche, selbstständige Gattungen getrennt. Die Gattung *Hamites* im Sinne Neumayr's umfasst (nach Ausscheidung von Uhlig's Gattung *Pictetia*) die von *Costidiscus* abstammenden Kreide-*Ammoneen*, bei welchen die Umgänge insgesammt oder zum Theile sich nicht berühren, die Spirale jedoch in einer Ebene aufgerollt ist, oder nur in einem kleinen Theile aus dieser heraustritt. Der Zusammenhang mit *Lytoceras* wird durch die Lobeneinrichtung nachgewiesen, da der erste Laterallobus immer, der zweite meist in paarige Aeste zerfällt. Die grosse Anzahl der hierhergehörigen Formen vertheilt sich auf folgende Untergattungen: *Macroscaphites Meek*, erste Umgänge geschlossen, scheibenförmig, aufgerollte Partie einen Hacken bildend, hierher *M. Iwanii Puz.*; *Hamulina d'Orb.*, Gehäuse mit

[1] Die Wernsdorfer Schichten und ihre Aequivalente. Sitzber. d. k. Akad. d. Wiss. Wien, 86. Bd. 1882.

einmal gekrümmter, sich nirgend berührender Schale, z. B. *H. subundulata d'Orb.*; *Ptychoceras d'Orb.*, Schale einmal gebogen, die Arme berühren sich, z. B. *Pt. Emerici d'Orb.* (Fig. 473*b*); *Hamites d'Orb.*, Schale zweimal hackenförmig gekrümmt, z. B. *H. Sablieri d'Orb.* (Fig. 473*a*); *Anisoceras Pict.*, erste Umgänge gerollt, aber sich nicht berührend, aufgerollter Theil gebogen oder hackenförmig gekrümmt, z. B. *A. pseudoelegans* und *pseudopunctatum Pict.*

Baculites Lamk. (Fig. 474). Vollständig gestreckte, stabförmige *Ammoneen*-Gehäuse der Kreide, mit grosser Wohnkammer, Mündung mit lappig vor-

Fig. 474.

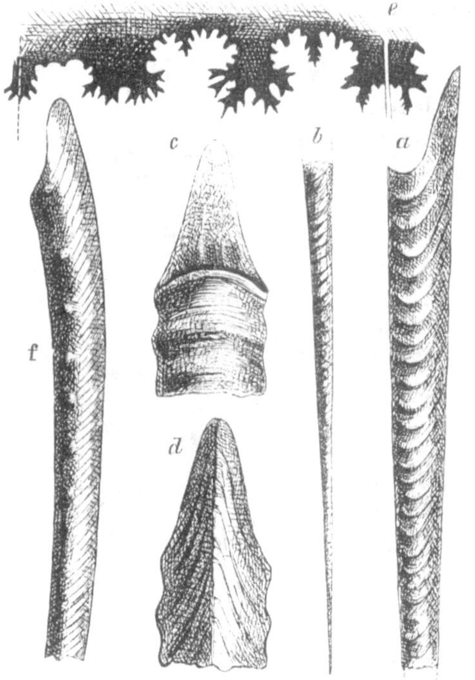

a—e. Baculites anceps Lamk. (Die Spitze *b* vervollständigt das Gehäuse *a*), *c*. Mündung von der Ventralseite, *d*. Dorsalseite, Baculitenkalk von Valogne (Manche), *f*. *Bac. incurvatus Duj.* Obere Kreide, Touraine.

Fig. 475.

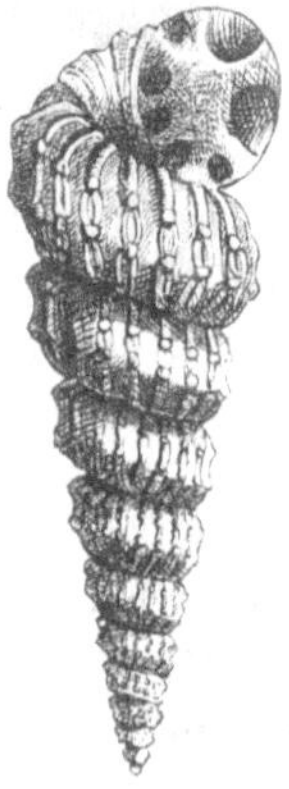

Turrilites catenatus d'Orb. Gault, Escragnolle (Var.).

gezogener Dorsalseite. Lobenlinie nicht sehr complicirt, mit paarig getheilten Sätteln und Loben. Für die Gruppe des *B. baculoides Mantell* hat Meek die Untergattung *Cyrtochilus* vorgeschlagen, welche durch innere Wülste charakterisirt wird, die auf den Steinkernen in gleichen Abständen vertheilte Furchen erzeugen.

Turrilites Lamk. (emend. Neumayr) (Fig. 475). Thurmförmige, in einer links gewundenen Schneckenspirale aufgerollte Gehäuse mit oft unregelmässiger Mündung. Wohnkammer beiläufig einen Umgang einnehmend. Lobenlinie mit paarig getheilten Loben und Sätteln. Kreide.

γ. *Ptychitinae.*

Nannites Mojs. Glattschalig, mit weit umhüllenden, globosen Windungen und einer kurzen, drei Viertheile der letzten Windung einnehmenden Wohnkammer. Lobenlinie ganzrandig, mit einem tiefem, aber durch einen Medianhöcker getheilten Externlobus, einem viel seichteren, flach abgerundeten

Seitenlobus und einem kleinen, ebenfalls abgerundeten Hülfslobus. Obernorische und unterkarnische Schichten der mediteranen Triasprovinz.

Meekoceras Hyatt. Gehäuse flach scheibenförmig, mit glatter oder von schwachen Faltrippen bedeckter Schale, engem Nabel, weit umfassenden Windungen, schmalem, meist abgerundeten Externtheil und ceratitisch entwickelten Loben. Werfener Schichten bis karnische Stufe der Alpen (mediterrane Provinz), untere Trias (= Werfener Schichten) der Salt-Range, des Himalaya, Sibiriens und Spitzbergens, sowie Trias von Nordamerika.

Hungarites Mojs. unterscheidet sich von *Meekoceras* durch einen hohen Mittelkiel auf dem, durch scharfe Kanten von den Seitenflanken abgegrenzten Externtheil. Deutscher Muschelkalk, sowie norische Stufe der mediterranen und juvavischen Triasprovinz, in welcher jedoch verschiedene Arten auftreten. *Otoceras Griesbach* aus der unteren Trias des Himalaya wird von Mojsisovics als Subgenus zu *Hungarites* gestellt, es umfasst die älteren *Hungariten* mit einem einfachen, zweispitzigen Externlobus.

Fig. 476.

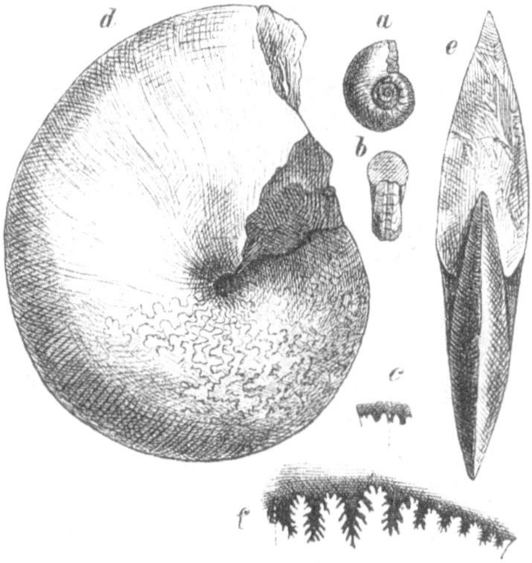

Carnites floridus Wulfen. Bleiberg, *a. b.* jugendliches Gehäuse, *c.* Lobenlinie in der Jugend, *d. e.* ältere Schale, *f.* deren Lobenlinie.

Hungarites Djoulfensis Abich sp. aus der Araxes Enge ist bereits ein echter *Hungarites* mit mehrzackigem Externlobus.

Carnites Mojs. (Fig. 476). Flach, scheibenförmig, mit umfassenden Windungen und engem Nabel, in der Jugend weitnabelig, mit breiten, mit dicken Falten versehenen Windungen. Die Gestaltung des Gehäuses und insbesondere des Externtheiles verändert sich mit zunehmendem Alter und unterliegt grossen Variationen; erst im Alter erscheinen auch die kräftigen Lateral- und Marginalknoten. Die Lobenlinie der jüngeren Individuen durchläuft das *Meekoceras*- und *Hungarites*-Stadium, im Alter sind Adventivloben (schliesslich vier bis fünf) vorhanden und die Sättel und Loben sind einfach gekerbt. Die Epidermiden bestehen aus kräftigen Runzelstrichen. Bis nun nur durch eine einzige Art vertreten, welche in der Zone des *Trachyceras aonoides* sowohl in den Nordalpen als in den Südalpen sich findet.

Fig. 477.

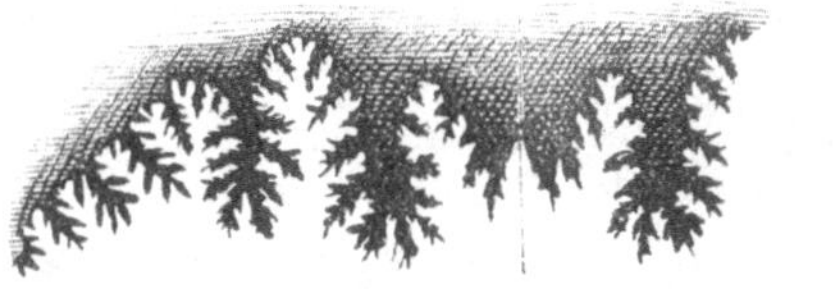

Gymnites Palmai Mojs. Schreyer-Alpe, Zone des *Ceratites trinodosus.*

Gymnites Mojs. (Fig. 477). Aeusserlich (und noch mehr in der Lobenstellung) *Aegoceras* gleichend und früher damit verwechselt; doch sind auch die evolutesten *Gymniten* involuter als die involutesten *Aegoceraten* und die Mehrzahl der Formen, insbesondere der geologisch jüngeren *Gymniten* besitzt flache, hohe, ziemlich langsam anwachsende Windungen. Die Lobenlinie besitzt (im Gegensatz zu jenen von *Aegoceras*) nicht blos zerschlitzte, sondern vielfach verästelte Sättel mit zackigen, eckigen Endungen und auch die schräge Stellung der Hülfsloben, welche einige *Gymniten* aufweisen (wodurch ihre Lobenlinie einige Aehnlichkeit mit jener von *Aegoceras* erhält) ist nur durch die geringe Windungshöhe dieser Formen verursacht und kein durchgreifendes Merkmal. Die inneren Windungen von *Gymnites* sind glatt und erst an den äusseren erscheinen kurze, flache Falten. *Gymnites* reicht aus dem alpinen Muschelkalk bis in die Zone des *Trachyceras aonoides*, ist auch in der indischen Trias vertreten und besitzt in der Gattung *Xenodiscus Waagen*[1] mit ceratitischen Loben einen Vorläufer.

Fig. 478.

Ptychites flexuosus v. Mojs. Schreyer Alpe, Zone des *Cer. trinodosus.*

Ptychites Mojs. (Fig. 478). Involute Gehäuse, deren Windungen stets bis zum Nabelrande des vorhergehenden Umganges reichen, mit einer dicken, globosen, an *Arcestes* erinnernden Jugendform, während die erwachsenen Gehäuse eine ziemlich verschiedene Gestaltung erlangen und danach in die fünf Stämme der *Rugiferi*, *Megalodisci* (früher als *Amaltheus* bezeichnet), *Subflexuosi*, *Opulenti* und *Flexuosi* getheilt werden. Für die Lobenlinie charakteristisch ist der kurze und schmale Externsattel. Uebrigens variirt der Bau der einzelnen Suturelemente und die Zerschlitzung und Verästelung der Sättel und Loben sehr. Die Wohnkammer umfasst drei Viertheile der Schlusswindung, Epidermiden sind stark entwickelt. *Ptychites* reicht in der mediterranen Trias aus dem Muschelkalk bis in die obernorischen Schichten (fehlt der norischen Stufe der mediterranen Provinz) und findet sich auch in Indien und auf Spitzbergen.

Sturia Mojs. Von der sehr ähnlichen Gattung *Ptychites* durch das Auftreten massiver Spiralstreifen, sowie die abweichende Lobenlinie verschieden, welch letztere durch einen tiefen und breiten Externlobus, sowie die Pyramidenform der Sättel ausgezeichnet ist. *Sturia* scheint auf den Muschelkalk und die norische Stufe der Mediterranprovinz beschränkt zu sein.

C. Tetrabranchiata.

Die Organisation ist uns nur durch den recenten *Nautilus*, die einzige Gattung, welche von so vielen früher vorhandenen noch übrig blieb, bekannt; es ist daher fraglich, ob die fossilen Formen, deren Schale ähnliche Beschaffenheit zeigt, wie jene des recenten *Nautilus* und welche höchst wahrscheinlich nahe mit demselben verwandt sind, alle Merkmale der Organisation des Weichkörpers gemein haben, welche *Nautilus* auszeichnen: die vier Kiemen,

[1] Salt-Range Fossils, Palaeont. ind. Ser. XIII, I, pag. 32.

die gestielten Augen, die zahlreichen, retractilen Tentakel an Stelle der Arme, den geschlitzten Trichter u. s. w.

Bei allen Formen ist der Weichkörper in der letzten Kammer einer gekammerten Schale enthalten, welche aus drei verschiedenen Schichten besteht, von welchen die äussere (Ostracum) porcellanartige Beschaffenheit besitzt, während dieselbe innen von einer Perlmutterlage ausgekleidet wird, welche auch die Scheidewände bildet; eine dritte Schicht (körnige Schicht, Epidermiden) kleidet die Luftkammern aus, bildet die äussere Oberfläche des Sipho, findet sich auf der Innenfläche der Wohnkammer und ist ähnlich jener schwarzen Schicht, welche bei *Nautilus* auf der vorhergehenden Windung durch den Dorsallappen des Mantels abgesondert wird.

Die Gestalt der zu den *Tetrabranchiaten* gerechneten Gehäuse ist sehr verschieden, viele gleichen einem geraden, schlanken Kegel (*Orthoceras*), manche sind gebogen (*Cyrtoceras*), in einer Ebene spiral gerollt, mit geschlossenen Umgängen (*Nautilus*) oder einander nicht berührenden Windungen

Fig. 479.

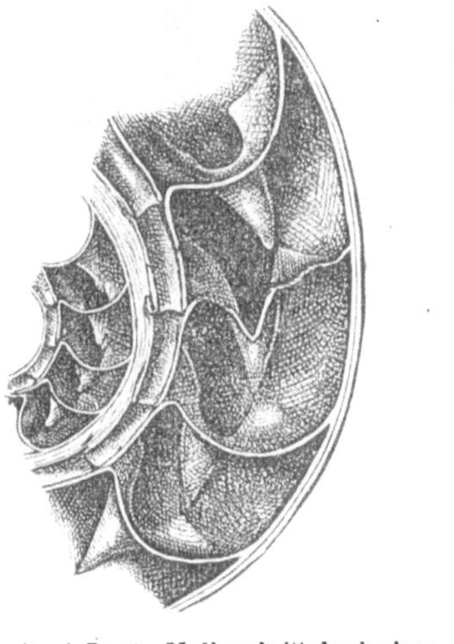

Aturia Aturi Borst. Medianschnitt durch einen Theil des Gehäuses, Miocän (n. Barrande).

Fig. 480.

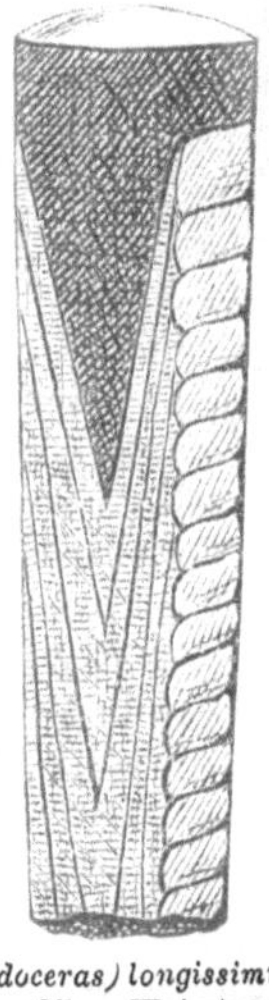

Orthoceras (Endoceras) longissimum Hall. Längsschnitt, Unter-Silur, Watertown, Neu-York.

(*Gyroceras*), oder auch in einer Schneckenspirale gekrümmt (*Trochoceras*). Die Septen sind gewöhnlich einfach gekrümmt und concav (*Nautilus*, *Orthoceras*), selten winkelig gebogen (*Aturia* Fig. 479), sie sind in der Nähe des Sipho etwas verlängert und bilden eine Düte, deren Spitze bei den *Nautilea* oder *Retrosiphonata* nach rückwärts, bei den *Nothoceratidae* oder *Prosiphonata* nach vorwärts gerichtet ist. Der Sipho besitzt ausserdem eine eigene, zarte Hülle, er wird bei vielen Formen, welche einen weiten Sipho besitzen, durch eine Kalkablagerung (organisches Depot) verengt oder ausgefüllt und zwar in sehr verschiedener Weise. So findet man eine massige Kalkablagerung bei der Gruppe der *Orthoceras vaginata;* eine unterbrochene, zeitweilige, durch trichterförmige Böden (Embryotuben Hall's) bei *Endoceras* (Fig. 480); isolirte, ringförmige Ablagerungen (anneaux obstructeurs) bei vielen *Orthoceren*

(Fig. 481) mit cylindrischem Sipho, endlich radial angeordneten Lamellen, welche in der Axe der Siphonalröhren zusammenlaufen (so bei *Actinoceras* und *Huronia*). Isolirte Siphonalstücke der letzteren Gattung gaben zu Irrthümern Veranlassung und wurden für Corallen gehalten. Enge Siphonen bleiben (so wie bei den *Ammonea*) von derartigen Ablagerungen frei. Formen mit gestreckter Schale wie *Ascoceras*, *Gomphoceras* und *Orthoceras* werden häufig ohne Anfangskammern, mit rückwärts abgestutztem Gehäuse angetroffen (z. B. *O. truncatum*), und es ist wahrscheinlich, dass diese Formen in gewissen Zwischenräumen ihre rückwärtigen Kammern abwerfen. Erwachsene Individuen der genannten Art, welche nie mehr als acht, nie weniger als vier

Fig. 481.

Orthoceras Palaemon Barr. Ober-Silur (Etage *E*), Längsschnitt.

Fig. 482.

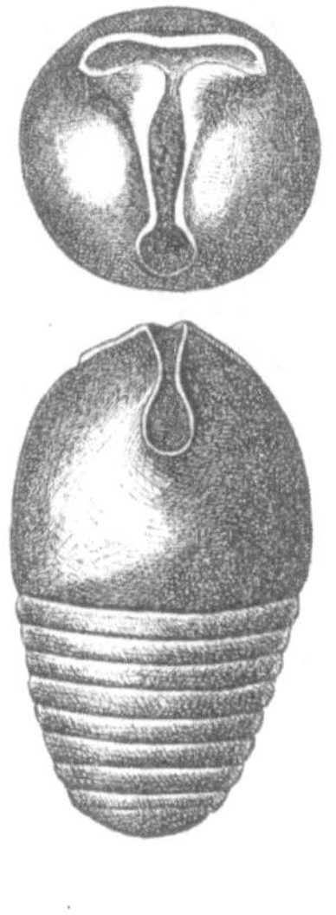

Gomphoceras Bohemicum Barr. Dworetz, Ober-Silur.

Fig. 483.

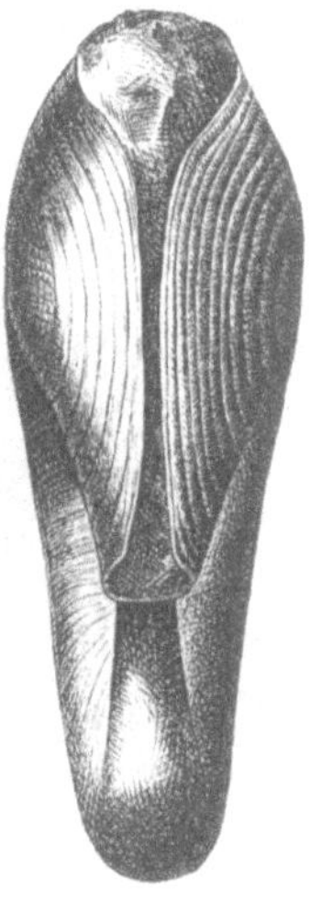

Phragmacoceras Broderipi Barr. Lochkow, Ober-Silur *E*.

Luftkammern aufweist, haben nach Barrande's genauen Untersuchungen bis 24mal je vier Kammern abgeworfen, also nach und nach über hundert Septen erzeugt. Die Reparatur der Gehäuse durch eine kegelförmige Calotte erfolgte von aussen, aller Wahrscheinlichkeit nach durch zwei lange Arme, welche den dorsalen Armen des *Argonauta*-Weibchens analog sind. Die Oeffnung des Gehäuses ist bald einfach (*Nautilus*), bald verengt (*Mesoceras*), bald complicirt (*Gomphoceras* Fig. 482, *Phragmoceras* Fig. 483) und so verengt, dass das Thier nicht aus der Schale hervortreten, sondern nur seinen Trichter und seine Arme hervorstrecken konnte. Für ersteren mag die bauchständige Oeffnung gedient haben, welche durch einen verschmälerten Theil mit der grösseren, quer angeordneten und oft gelappten Mündung für die Arme zusammenhängt.

Die Anfangskammer ist stets mützenförmig und zeigt auf der Aussenseite eine verschieden gestaltete Narbe. Der Sipho beginnt nicht blindsackförmig, sondern reicht bis an die Innenwand. Wahrscheinlich entspricht die auch durch grössere Dimensionen ausgezeichnete, erste Kammer der *Nautilea* nicht der Embryonalkammer der *Ammonea*, sondern hing durch die ursprünglich offene Narbe mit einer hinfälligen Embryonalkammer zusammen. Die Narbe ist sehr verschieden gestaltet (Fig. 484), vertical und schmal bei *Nautilus*, kreisförmig bei *Cyrtoceras*, elliptisch bei *Trochoceras*, *Gomphoceras* und *Phragmoceras*, kreuzförmig bei *Orthoceras mundum*. Nie ist die Anfangs-

Fig. 484.

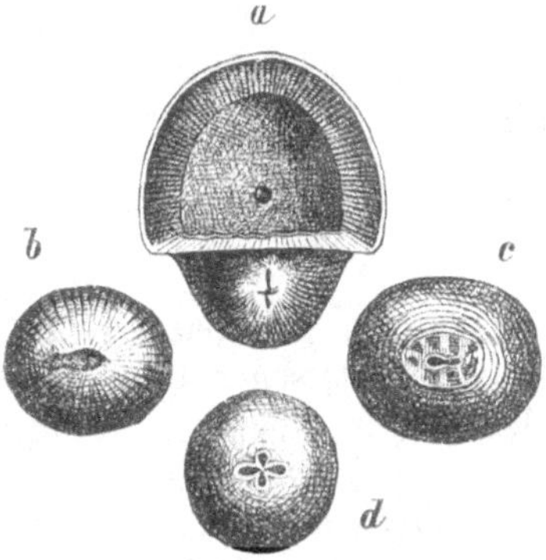

Anfangskammern und Narbe von *a. Nautilus pompilius L*, *b. Cyrtoceras fugax Barr.*, *c. Phragmoceras perversum Barr.*, *d. Orthoceras mundum Barr.* vergr.

Fig. 485.

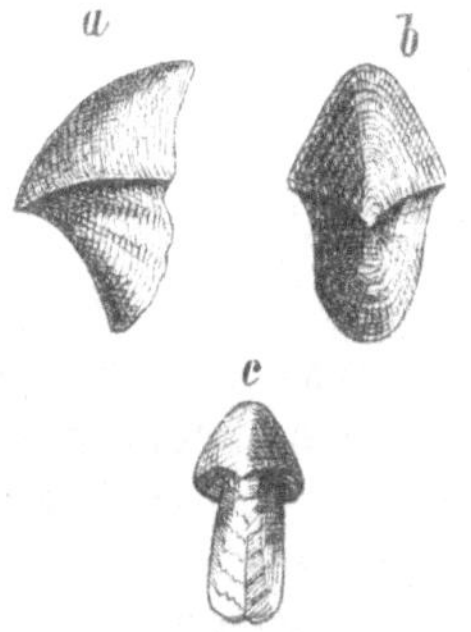

a. b. Kiefer von *Nautilus lineatus Sow.*, Jura, *c. Rhyncholites hirundo Big.*, Muschelkalk.

kammer eingerollt und genabelt wie bei den *Ammoneen*, sondern stets mützenförmig, gerade oder leicht gekrümmt.

Die hornigen Kiefer von *Nautilus* sind durch Kalkabsonderung solidificirt und treten auch ziemlich häufig in fossilem Zustand auf (Fig. 485 *a b*). Es mag an dieser Stelle der hornigen, in verschiedenen Trias- und Jurabildungen nicht gerade seltenen *Cephalopoden*-Kiefer gedacht werden, welche ziemlich problematischer Natur sind. Diese meist als *Rhyncholites* (Fig. 485 *c*) zusammengefassten Schnäbel (für welche auch besondere Gattungsnamen *Conchorhynchus Blainv.*, *Palaeoteuthis* und *Rhynchoteuthis d'Orb.* creirt wurden) sind ziemlich vielgestaltig und theilweise sowohl von den *Nautilus*-Schnäbeln als auch von jenen der recenten *Dibranchiaten* so sehr verschieden, dass eine zuverlässige Deutung schwierig wird, wenn man nicht die Schnäbel in situ beobachten kann, wie dies bei den *Belemniten* zuweilen der Fall ist.

Mit P. Fischer theilen wir die *Tetrabranchia* in zwei Hauptgruppen: *Prosiphonata* mit nach vorwärts gerichteter Siphonaldüte (hierher die *Nothoceratidae*) und *Retrosiphonata* mit nach hinten gerichteter Siphonaldüte.

Die *Retrosiphonata* theilt P. Fischer nach der Lage der Septen in *Nautilidae* (Septen senkrecht auf die Schalen-Axe) und *Ascoceratidae* (Septen fast parallel der Schalen-Axe).

C_1. Prosiphonata.

Die Siphonaldüten sind nach vorwärts gekehrt.

Nothoceratidae.

Nothoceras Barr. Schale eingerollt, *Nautilus*-ähnlich, Septen leicht concav, einfach, Sipho extern, mit nach vorn gekehrten Düten und radialen Lamellen. Eine einzige Art (*N. Bohemicum Barr.*) im böhmischen Silur.

Bathmoceras Barr. Schale gestreckt, mit engstehenden, einfachen Septen, welche sich in der Nähe des Sipho nach vorn biegen, Sipho randständig, mit zahlreichen, nach vorn gekehrten Düten. Untersilur Böhmens, Scandinavien's und Nordamerika's.

C_2. Retrosiphonata.

Die Siphonaldüten nach rückwärts gekehrt.

a. *Nautilidae.*

Gehäuse von sehr verschiedener Gestalt, gerade, gebogen, in einer Ebene oder in einer Schneckenspirale gerollt, mit geschlossenen oder freien Umgängen; Septen senkrecht auf die Axe der Schale, Siphonaldüte nach rückwärts gekehrt.

Mit P. Fischer rechnen wir zu den *Nautilidae* (im weitesten Sinne) auch alle jene Formen, für welche Woodward die Familie der *Orthoceratidae* aufstellen wollte, sowie diejenige, welche zu Pictet's Familie der *Gomphoceratidae* gehören. Die Schwierigkeit liegt darin, derartige Gruppen oder Familien gegen einander abzugrenzen, da weder der Umriss der Schale, noch die Gestaltung der Mündung zur Bildung natürlicher Gruppen ausreichen. P. Fischer gruppirt die zu den *Nautilidae* gehörigen Gattungen in folgender Weise:

Nautilidae. Schale:

- gerade, Mündung
  - einfach — *Tretoceras, Clinoceras, Orthoceras.*
  - verschmälert — *Mesoceras.*
  - complicirt — *Gomphoceras.*
- gekrümmt, Mündung
  - einfach — *Cyrtoceras.*
  - complicirt — *Phragmoceras.*
- scheibenförmig, letzter Umgang
  - nicht stabförmig aufgerollt, Windungen
    - sich nicht berührend — *Gyroceras*
    - geschlossen — *Nautilus, Hercoceras, Aturia*
  - stabförmig aufgerollt, Mündung
    - einfach — *Discoceras*
    - geflügelt — *Pteronautilus*
    - complicirt — *Lituites.*
- schneckenförmig gerollt, Mündung
  - einfach — *Trochoceras.*
  - complicirt — *Adelphoceras.*

Wir wollen die *Nautiliden*-Gattungen in dieser Ordnung betrachten, obwohl sie als eine vollständig künstliche nichts mit den wahren Verwandtschaftsbeziehungen zu thun hat und unzweifelhaft durch eine Eintheilung wird ersetzt werden müssen, welche diesen Beziehungen entspricht.

Tretoceras Salter. Schale lang, gerade, mit einem subcentralen, perlschnurartigen Sipho und einem rundlichen Sinus, welcher neben dem Sipho hinabreicht, so dass die Schale mit zwei Siphonen ausgestattet zu sein scheint. Silur Englands und Böhmens.

Clinoceras Maschke. Gehäuse kegelförmig mit rundlichem Sipho. Siphonalseite gerade, die entgegengesetzte mehr oder weniger gekrümmt, eine Einziehung unter der Wohnkammer. Septen mit einem winkeligen Ventralsattel und zwei wenig markirten Seiten-Loben und Sätteln. Silur (Diluvialgeschiebe) von Preussen.

Orthoceras Breyn. (Fig. 486, 487, 488, 489). Schale gerade, conisch, mit centralem oder subcentralem Sipho, einfachen, concaven Scheidewänden,

Fig. 486.

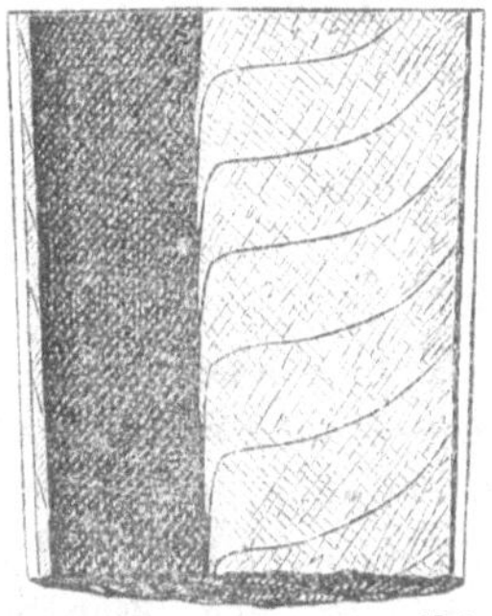

Orthoceras duplex Wahlenbg. Unter-Silur, Insel Oeland. Längsschnitt.

Fig. 487.

Orthoceras cochleatum Schloth. Ober-Silur, Gotland.

Fig. 488.

Orthoceras Palaemon Barr. Ober-Silur Böhmens, Etage *E.* Längsschnitt, das organische Depot im Sipho und in den Luftkammern zeigend.

Fig. 489.

Orthoceras (Endoceras) longissimum Hall. Unter-Silur, Watertown, New-York. Längsschnitt, die trichterförmigen Böden des Sipho zeigend.

einfacher, kreisförmiger Mündung, welche zuweilen durch einen Wulst verengt ist. Nach dem rascheren oder langsameren Anwachsen unterscheidet man brevicone *Orthoceraten* mit kürzerer, kegelförmiger Schale und longicone *Orthoceraten* mit längerem, subcylindrischen Gehäuse. QUENSTEDT theilt die überaus formenreichen, vom Untersilur bis in die alpine Trias hinaufreichenden *Orthoceraten* in acht Gruppen: 1. *Vaginati* mit grossem, rundlichen Sipho; hierher *O. duplex Wahlenbg.*, *O. vaginatum Schloth;* von ihnen rührt die Bezeichnung der untersilurischen „Vaginatenkalke“ her, QUENSTEDT reiht auch *Endoceras*, *Piloceras* und *Ascoceras* hier ein. 2. *Cochleati* mit deprimirten, sphaeroidal angeschwollenen Siphonaldüten (z. B. *O. cochleatum Schloth.*, Silur, Gotland). Die sphaeroidalen Elemente des Sipho zeigen im Inneren strahligen Bau (*Ormoceras, Actinoceras*). 3. *Gigantei* mit trichterförmigen Düten, welche Wirtellamellen aufweisen, hierher BIGSBY's *Huronia* aus dem Untersilur. 4. *Regulares*, glatte, einfache Formen (*O. regularis Schloth*). 5. *Lineati*, von den *Regulares* nur durch Längsstreifen verschieden (*O. lineatus Hising*, Unter-Silur. 6. *Undulati* mit wellenförmig gerunzelter Schale (*O. Bohemicus Barr.*, Ober-Silur). 7. *Annulati* mit scharfen Querringen (*O. annulatum Sow.*) und zuweilen auch noch längsgestreift (*O. pseudo-calamiteus Barr.*, Ober-Silur). 8. *Inflati* mit angeschwollener Wohnkammer (*O. fusiforme Sow.*, *O. inflatum Goldf.*).

BARRANDE unterscheidet drei grosse Gruppen nach der äusseren Ornamentik, nämlich: 1. Gehäuse mit horizontalen Streifen, welche mehr oder minder entwickelt sind und oft fast vollkommen verschwinden, so dass die Schale glatt erscheint; 2. Gehäuse mit stark entwickelter Quersculptur, welche die Gestalt von Ringen annimmt; 3. Schale mit vorherrschender Längssculptur.

Nach der Gestaltung des Sipho und nach der Bildung des organischen Depots hat man zahlreiche Gattungen von *Orthoceras* abgetrennt, welche jedoch kaum als Untergattungen fest gehalten werden können. *Actinoceras Bronn* besitzt einen grossen centralen Sipho mit niedrigen, sphaeroidalen Elementen, in welchen radial gestellte Kalkplatten auftreten. Der Sipho von *Ormoceras Stokes* ist sowohl beim Durchgang durch die Septen als auch im Zwischenraum zwischen denselben eingezogen. *Cycloceras M'Coy* besitzt einen rundlichen Sipho und eine Quersculptur der Schale, welche Ringe verursacht. *Loxoceras M'Coy* mit ovalem Querschnitt, schiefen Scheidewänden und excentrischem Sipho. Auch die Gattungen *Conotubularia Troost*, *Melia Fischer*, *Thoracoceras Fischer*, *Trematoceras Eichw.*, *Heloceras Eichw.*, *Koleoceras Portlock* sind auf unzureichende Merkmale gegründet.

Mit mehr Recht werden *Endoceras Hall*, *Huronia Bigsby* (emend. STOKES) und *Gonioceras Hall* von *Orthoceras* getrennt, welchem sie von BARRANDE als Untergattungen zugerechnet werden.

Endoceras Hall. Gehäuse sehr gestreckt, nahezu cylindrisch, mit sehr grossen randständigen oder fast rundlichem Sipho, welcher durch aufeinanderfolgende Schalenschichten oder trichterförmige Böden ausgefüllt wird. Silur.

Huronia Bigsby. Schale sehr zart, selten erhalten, Sipho sehr gross, central, oberer Theil der einzelnen Elemente des Sipho ringförmig verbreitert, der untere conisch verengt, der strahlenförmige, innere Bau der im nordamerikanischen Untersilur meist isolirt (bis zu einer Länge von nahezu zwei Meter) gefundenen Siphonen veranlasste BIGSBY *Huronia* für Corallen zu halten, bis STOKES die *Cephalopoden*-Natur nachwies.

Gonioceras Hall. Gehäuse comprimirt und seitlich gekielt, Scheidewände gebogen, Sipho subcentral. Type: *Gonioceras anceps Hall*, Silur, Nordamerika.

Jovellania Bayle. Gehäuse dreiseitig mit submarginalem Sipho. *J.* (*Orthoceras*) *Buchii Verneuil*,, Devon.

Mesoceras Barr. Der Wohnkammer-Steinkern der einzigen Art (*M. bohemicum Barr.* aus dem böhmischen Ober-Silur) dieser zwischen *Orthoceras* und *Gomphoceras* stehenden Gattung zeigt eine verengte, spaltenförmige Mündung mit subparallelen Rändern und gerundeten Enden.

Gomphoceras Sow. (Fig. 490). Gehäuse gerade, spindelförmig oder bauchig mit verschmälerter Mündung, welche in zwei Haupttheile zerfällt, von welchen der untere (bauchständige), runde für den Trichter gedient haben mag, er hängt durch eine schmale Spalte mit der oberen, queren, oft gelappten Oeffnung zusammen, welche für den Durchtritt der Arme vorhanden war. Sipho subcentral, perlschnurartig. Silur bis Carbon, am häufigsten im Ober-Silur.

Fig. 490.

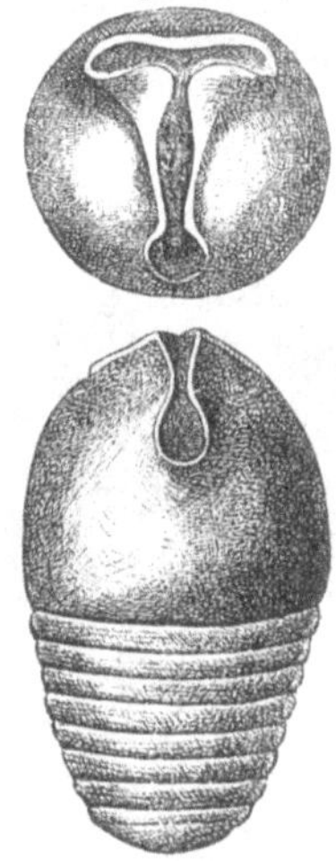

Gomphoceras Bohemicum Barr. Dworetz, Ober-Silur.

Sycoceras Pictet unterscheidet sich von *Gomphoceras* durch marginalen Sipho.

Cyrtoceras Goldf. (Fig. 491). Schale gebogen, mit kleinem, cylindrischen oder perlschnurförmigen, centralen oder submarginalen Sipho und einfacher Mündung. Silur bis Carbon, am häufigsten im Ober-Silur.

Cyrtocerina Billings. Gehäuse kürzer und gedrungener als jenes von *Cyrtoceras*, mit einem grossen, auf der concaven Seite stehenden Sipho. Silur von Canada.

Oncoceras Hall. Gehäuse gekrümmt, stark aufgeblasen gegen die Mitte oder zwei Drittel seiner Länge, mit mehr oder minder verengter oder einfacher Mündung.

Fig. 491.

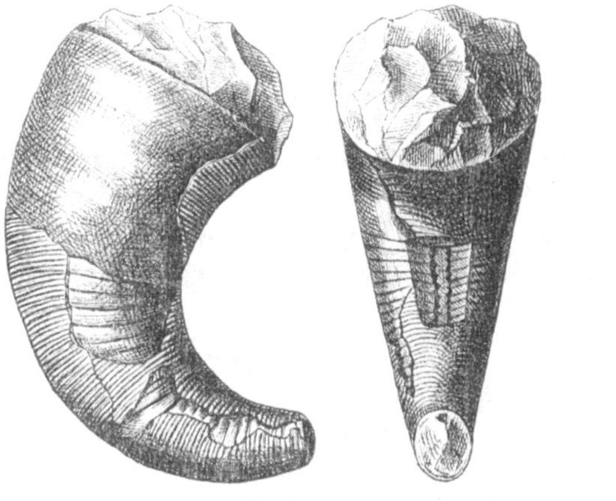

Cyrtoceras Murchisoni Barr. Ober-Silur Böhmens, Etage *E.*

Fig. 492.

Phragmoceras Broderipi Barr. Lochkow. *E.*

Piloceras Salter. Gehäuse breit, kegelförmig, leicht gebogen, Sipho und Septen vereinigt in Gestalt trichterförmiger, in einander geschachtelter Böden.

Phragmoceras Brod. (Fig. 492). Schale gekrümmt, seitlich comprimirt, mit grosser Wohnkammer, einfachen Septen, Sipho meist auf der Seite der kleineren Krümmung, mit verengter Mündung, welche zwei, durch eine schmale Spalte verbundene Oeffnungen darstellt, von welchen die grössere häufig gelappt ist und zum Durchtritt der Arme gedient haben mag, während die kleinere Oeffnung für den Trichter vorhanden war. BARRANDE unterscheidet exogastrisch und endogastrisch gekrümmte *Phragmoceras*-Formen, je nachdem die grosse Oeffnung auf der Seite der kleineren oder der grösseren

Fig. 493.

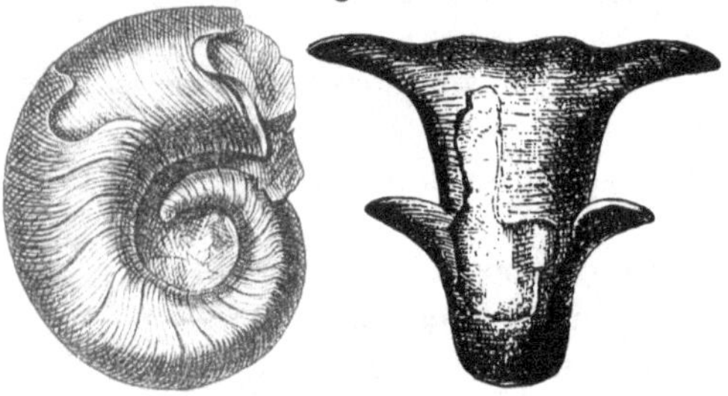

Gyroceras alatum Barr. Ober-Silur Böhmens, Etage *F*.

Fig. 495.

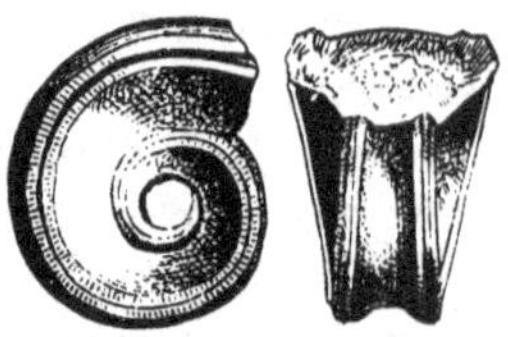

Nautilus Konincki d'Orb. Kohlenkalk Tournay.

Fig. 494.

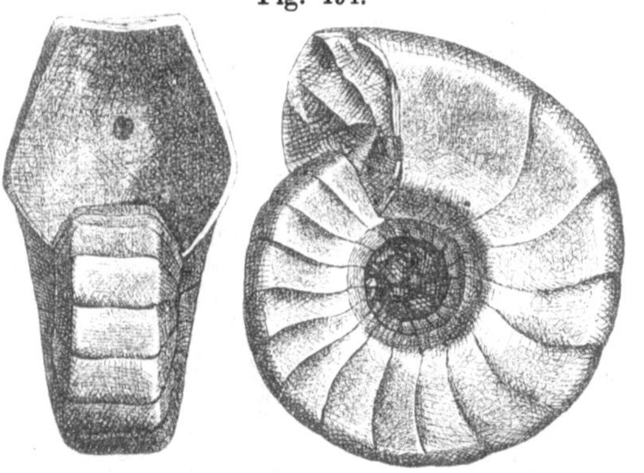

Nautilus bidorsatus Schloth. Muschelkalk Deutschlands.

Fig. 496.

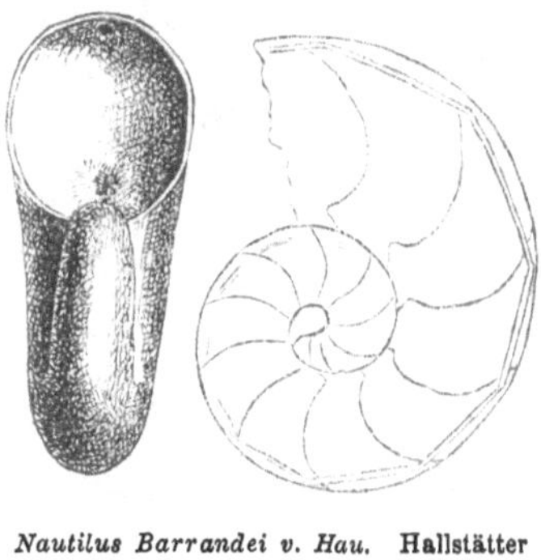

Nautilus Barrandei v. Hau. Hallstätter Kalk.

Krümmung liegt. Beide Gruppen theilt BARRANDE dann weiter nach der Gestalt der grösseren (oder Buccal-) Oeffnung. Silur, besonders im Obersilur häufig.

Streptoceras Billings gleicht in der äusseren Gestalt *Oncoceras*, besitzt jedoch eine dreilappige Mündung. Mittel-Silur von Canada.

Gyroceras de Koninck (Fig. 493). Gehäuse in einer Ebene spiral gerollt, mit freien, sich nicht berührenden Umgängen, Sipho excentrisch, cylindrisch, Septen einfach, aber leicht gekrümmt, Wohnkammer klein, Mündung einfach, oder seitlich ausgezogen. Silur bis Carbon.

Nautilus Breyn. (Fig. 494, 495, 496). Gehäuse spiral gerollt, mit mehr minder umfassenden oder sich nur berührenden, nicht sehr zahlreichen Umgängen, Scheidewände einfach, leicht concav, Sipho central, subcentral oder marginal (ventral). Recent und fossil von der Silurformation an; sehr häufig im Kohlenkalk und in den mesozoischen Formationen. Nach der Ornamentik der Schale unterschied D'ORBIGNY drei Gruppen: 1. *Laevigati* mit glatter Schale, 2. *Radiati* mit Querrippen und 3. *Striati* mit Längs- oder Spiralstreifen. Die sehr verschieden gestalteten carbonischen Formen trennt DE KONINCK in acht Sectionen: *Globosi*, *Atlantidei*, *Serpentini*, *Tuberculati*, *Disciformes*, *Lenticulares*, *Sulciferi*, *Carniferi* und *Ornati*. MEEK schlug sieben Unterabtheilungen vor: 1. *Nautilus sens. str.*, Gehäuse bauchig, Nabel klein, Scheidewände einfach gekrümmt, Oberfläche glatt gestreift oder mit kleinen Querrippen geziert. 2. *Temnochilus M'Coy*, scheibenförmig, mit sehr weitem Nabel, Septa einfach gebogen, Oberfläche bis auf die Zuwachsstreifen glatt. 3. *Trematodiscus Meek u. Worthen*, Schale scheibenförmig, mit sehr weitem

Fig. 497.

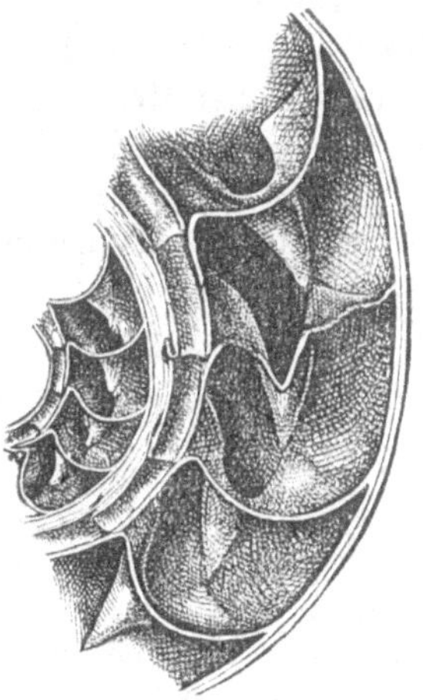

Aturia Aturi Bast. Miocän, Medianschnitt (nach BARRANDE).

Fig. 498.

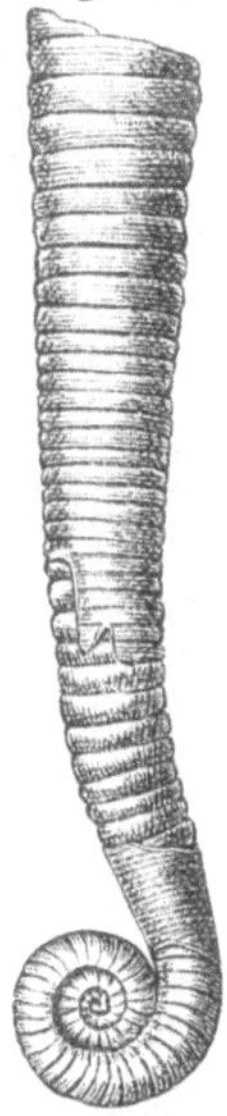

Lituites lituus Montf. Unter-Silur (Geschiebe der norddeutschen Ebene).

Nabel, einfach gekrümmten Septen, mit Kielen und Furchen geziert. 4. *Discites de Haan* mit scheibenförmiger, weitnabeliger Schale, Windungen von vierseitigem Querschnitt, zuweilen knotig, Sipho dorsal. 5. *Solenochilus Meek. u. Worthen*, Gehäuse bauchig, engnabelig, Sipho extern, Rand beiderseits nahe dem Nabel mit einem Fortsatz. 6. *Hercoglossa Conrad*, Schale mehr oder minder scheibenförmig, mit einem kleinen oder geschlossenen Nabel, Windungen umfassend, fast glatt, Septen gebogen, einen tiefen, winkeligen Seitenlobus bildend. 7. *Pseudonautilus Meek*, von *Hercoglossa* durch die mit externen und internen Lobus ausgestatteten Septen, sowie einen fast marginalen Sipho verschieden.

Aturia Bronn (Fig. 497). Gehäuse scheibenförmig, mit umfassenden Umgängen, Scheidewände winkelig gebogen, auf jeder Flanke einen tiefen

Laterallobus bildend, Sipho intern (dorsal), sehr breit, mit dicker, von langen Düten gebildeter Wand. Eocän und Miocän.

Hercoceras Barr. Gehäuse *Nautilus*-ähnlich, mit einer senkrecht auf die Spiralebene stehenden Scheidewand in der Wohnkammer, Sipho ventral, Oberfläche mit Stacheln geziert. Ober-Silur Böhmens.

Discoceras Barr. Scheibenförmig, mit einer sehr kurzen, aufgerollten Partie der Schale. Silur.

Pteronautilus Meek. Spiral gerollt, mit umfassenden Windungen, letzter Umgang aufgerollt, fast gerade, mit flügelartigen Seitenausbreitungen. Perm.

Lituites Breyn. (Fig. 498). Schale scheibenförmig, mit geschlossenen Umgängen, Schluss des Gehäuses aufgerollt, gestreckt und hackenförmig zurückgekrümmt, Sipho central oder subcentral, Mündung verschmälert und gelappt. Unter-Silur. *Hortalus Montf.* unterscheidet sich von *Lituites* durch einander nicht berührende Windungen. *Ophidioceras Barr.* ist *Lituites* ganz ähnlich, besitzt aber eine sehr kurze (oder selbst ganz fehlende) aufgerollte Schalenpartie. Ober-Silur Böhmens und Scandinaviens.

Trochoceras Barr. Gehäuse in einer Schneckenspirale gerollt und zwar links oder rechts. Septen einfach, Sipho von verschiedener Stellung, Oeffnung einfach, mit einer leichten Ausrandung an der Ventralseite. Unter-Silur bis Devon.

Adelphoceras Barr. Gehäuse wie jenes von *Trochoceras*, Mündung jedoch zu zwei Oeffnungen contrahirt. Ober-Silur Böhmens.

6. *Ascoceratidae.*

Septen seitlich zur Axe der Schale.

Ascoceras Barr. (Fig. 499). Schale flaschenförmig, Wohnkammer auf der Ventralseite durch die ganze Höhe sich erstreckend und eine tiefe und weite Höhlung bildend, welche seitlich von den herabreichenden Rändern von vier bis fünf unvollständigen Scheidewänden umgeben wird, Sipho klein, an der dorsalen Seite, Mündung einfach. Silur von Böhmen, Skandinavien, England, Nordamerika.

Fig. 499.

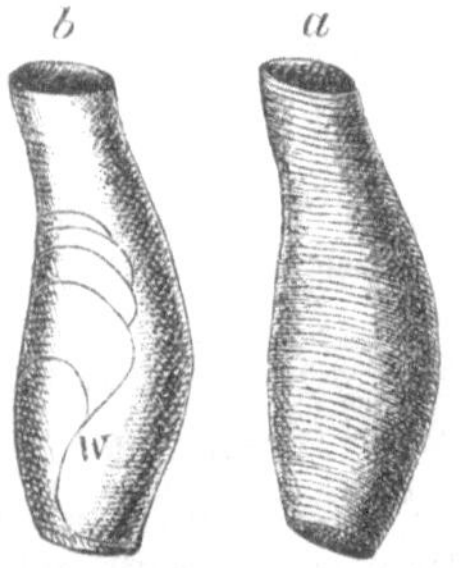

Ascoceras bohemicum Barr. Lochkow *E. a.* von aussen, *b.* Luftkammern und Wohnkammer (*W*).

Glossoceras Barr. Gehäuse ähnlich jenem von *Ascoceras*, Mündung aber mit einem zungenförmigen Fortsatz des Dorsalrandes, welcher sich einwärts krümmt und eine lappige, jener von *Phragmoceras* und *Gomphoceras* vergleichbare Mündung bedingt. Silur von Böhmen und Anticosti.

Zeitliche Verbreitung und Stammesgeschichte.

Ueber das Vorkommen der *Cephalopoden* in den früheren Epochen der Erdgeschichte besitzen wir insofern nur lückenhafte Kunde, als ein grosser Theil derselben sich wenig zur fossilen Erhaltung eignete. Die recenten, so häufigen und mannigfachen *Dibranchiaten* besitzen nur zum geringsten Theile erhaltungsfähige Hartgebilde. Eine einzige Gattung (*Argonauta*) und auch von dieser nur das Weibchen besitzt eine sehr zarte äussere Schale, hierher gehörige Reste wurden nur in jungtertiären Schichten nachgewiesen. Zahlreiche recente *Dibranchiaten* besitzen eine innere Schulpe, welche entweder horniger oder kalkiger Beschaffenheit ist, manche Formen entbehren auch jeder Spur eines derartigen Harttheiles. Wir wissen durch das Vorkommen vereinzelter, hierher gehöriger Reste, welche in günstigen Fällen (so insbesondere die in ausgezeichneter Weise erhaltenen nackten *Cephalopoden* aus dem Schiefer von Solenhofen) einen recht genauen Einblick in die Organisationsverhältnisse der betreffenden Thiere gestatten, dass mit recenten *Dibranchiaten* nahe verwandte Formen schon im mesozoischen Zeitalter ziemlich häufig waren. Allein sie traten sehr zurück gegenüber den unten zu besprechenden, überaus häufigen *Cephalopoden* mit äusserer Schale, welche den *Ammonea* und *Tetrabranchiata* angehören, sowie *Dibranchiaten*-Formen mit weit von jener der recenten Typen abweichender Organisation. Bei denselben ist die bei den recenten Formen so weit gediehene Rückbildung der Schale nicht im gleichen Grade zu bemerken. Lassen wir die wahrscheinlich durch *Bactrites* vermittelte Abstammung der *Belemnitiden* von *Orthoceras*, also von Formen mit vollkommener, äusserer Schale, welche vermuthlich tetrabranchiat waren, als hypothetisch ausser Acht, so nehmen wir doch in den älteren mesozoischen Formationen (Trias und Lias) *Belemnitiden* wahr, an welchen die drei Haupttheile des Skeletes: Proostracum, Phragmocon und Rostrum in einer Weise entwickelt sind, welche diese Harttheile kaum als eine blos innere Schale erscheinen lässt. Die Länge des Phragmocon allein und die Grösse der vom Proostracum gebildeten Wohnkammer deuten darauf hin, dass die Schale eine äussere gewesen sein mag. Bei den geologisch jüngeren *Belemnitiden*, welche im Jura und in der unteren Kreide eine ganz ausserordentliche Entwickelung erlangen, vollzieht sich die Umwandlung der Schale zu einer innerlichen.

Die complicirt gebaute *Cephalopoden*-Schale schrumpft bei den jüngsten Formen dieses Stammes durch Verkümmerung des Rostrums und des Phragmocon zu einer Schulpe zusammen, welche in analoger Weise aus der ursprünglich äusseren Schale entstanden ist, wie die rudimentäre, im Mantel verborgene Schale der nackten Landschnecken aus dem äusseren Gehäuse ihrer vollkommen beschalten Vorfahren.

Wir haben bei der Classe der *Gastropoden* gesehen, dass dort die Rückbildung der Schale auf doppeltem Wege vor sich geht: durch die bereits erwähnte Ueberwucherung von Seite der Weichtheile, welche aus der äusseren Schale ein inneres Rudiment werden lässt, sowie durch Abstreifung der Schale (z. B. bei manchen *Heteropoden* und *Pteropoden*), welche nur im Embryonalleben eine Schale besitzen, sie aber bald verlieren. Nach einer sehr wahrscheinlichen Hypothese könnte man auch diese zweite Art des Verlustes der äusseren Schale bei gewissen *Cephalopoden* für möglich halten. Er würde für einen Theil der *Octopoden*, welche auch des inneren Schalenrudimentes entbehren und insbesondere für die Männchen von *Argonauta* gelten. Die spiral gebaute äussere Schale des *Argonauta*-Weibchens, welche mit manchen cretacischen *Ammoneen* die grösste Aehnlichkeit besitzt (nur dass sie der Kammerung entbehrt), ist nach Suess eine rudimentäre *Ammoneen*-Schale. Suess bezeichnet die ganzen *Ammoniten* als *Argonautidae* und betrachtet die recente *Argonauta* als einen Nachkömmling derselben, bei welchem der Verlust der äusseren Schale durch Abstreifung eingeleitet wird. Es ist möglich, dass dies der Fall ist und dass manche andere recente *Octopoden* ohne innere Schalenrudimente eine ähnliche Abstammung besitzen. Wir kennen aber auch eine recente *Decapoden*-Form (*Spirula*), welche eine gekammerte, innere, rudimentäre Schale besitzt, die sich in der Gestaltung ihrer Anfangskammer auf das innigste an die gewisser *Goniatiten* anschliesst. Es sind keine Gründe vorhanden, welche die Annahme als unzulässig erkennen lassen, dass *Spirula* von *Ammoneen* abstamme und durch Ueberwuchern der Schale von Seite der Weichtheile zu einer rudimentären inneren Schale gekommen ist. Andererseits sind es blosse Vermuthungen, welche uns in *Argonauta* und *Spirula* nahe Verwandte der ausgestorbenen *Ammoneen* erblicken lassen. Die Palaeontologie ist nicht im Stande, derartige Fragen mit Sicherheit zu beantworten, da sie aus dem Aufbau der Schale, aus der Gestaltung der Wohnkammer und der Mündung allein die Organisationsverhältnisse nicht in allen Details zu erschliessen vermag. Was wir von dem Thier der *Ammoniten* wissen, ist nur, dass in ihren Gehäusen (wie in jener von Douvillé geschilderten Schale des *Stephanoceras pseudoanceps*) schwerlich ein Thier von den Organisationsverhältnissen eines *Nautilus*, sondern eher ein *Argonauta* ähnliches Wesen gedacht werden kann. Abgesehen von dieser unbeantworteten Frage über das Verhältniss der *Ammoneen* zu den recenten *Cephalopoden* ist ihre Kenntniss Dank der eifrigen Beschäftigung der Palaeontologen mit ihrer Untersuchung eine sehr genaue. Sie beruht in letzter Linie auf dem Umstande, dass alle *Cephalopoden* durch ausserordentliche Locomotionsfähigkeit sich auszeichnen. Auch die *Ammoneen* scheinen treffliche Schwimmer gewesen zu sein, denn in den einzelnen Horizonten der mesozoischen Formationen sind die charakteristischen Formen über sehr weite Gebiete verbreitet, ein Umstand, der die genaue Untersuchung der *Ammoniten* zum Zwecke der geologischen Forschung um so wünschenswerther erscheinen liess, als die *Ammoniten* die charakteristischesten Formenelemente, die sogenannten „Leitmuscheln“ der mesozoischen Formationsstufen darstellen. Die letztere Thatsache hängt mit der schnellen Mutation der *Ammoneen* zusammen, welche auch dann, als die Palaeontologie aufgehört hatte, eine Hülfswissenschaft der Geologie zu sein, den *Ammoniten* als einer der interessantesten Gruppen unter den wirbellosen Thieren die Hauptaufmerksamkeit jener Palaeontologen verschaffte, welche das Studium der allmählichen Entwickelung als erste Aufgabe ihrer Wissenschaft erkannten. Keine Klasse der *Avertebraten* ist bisher phylogenetisch so genau studirt worden, als jene der *Ammonea*. Es soll in den nachstehenden zwei Tabellen versucht werden, nach dem gegenwärtigen Stande ihrer Kenntniss ein Bild ihrer geologischen Verbreitung und ihrer Descendenzverhältnisse zu geben. Wenn sich auch in den Details der Stammbäume noch so manches ändern wird, so dürfte doch die durch Mojsisovics begründete Trennung der beiden Hauptgruppen der *Leiostraca* und *Trachyostraca*, sowie ihre genetischen Beziehungen zu den *Goniatiten* und *Clymenien* durch die fernere Untersuchung bestätigt werden.

I. Ammonea trachyostraca.

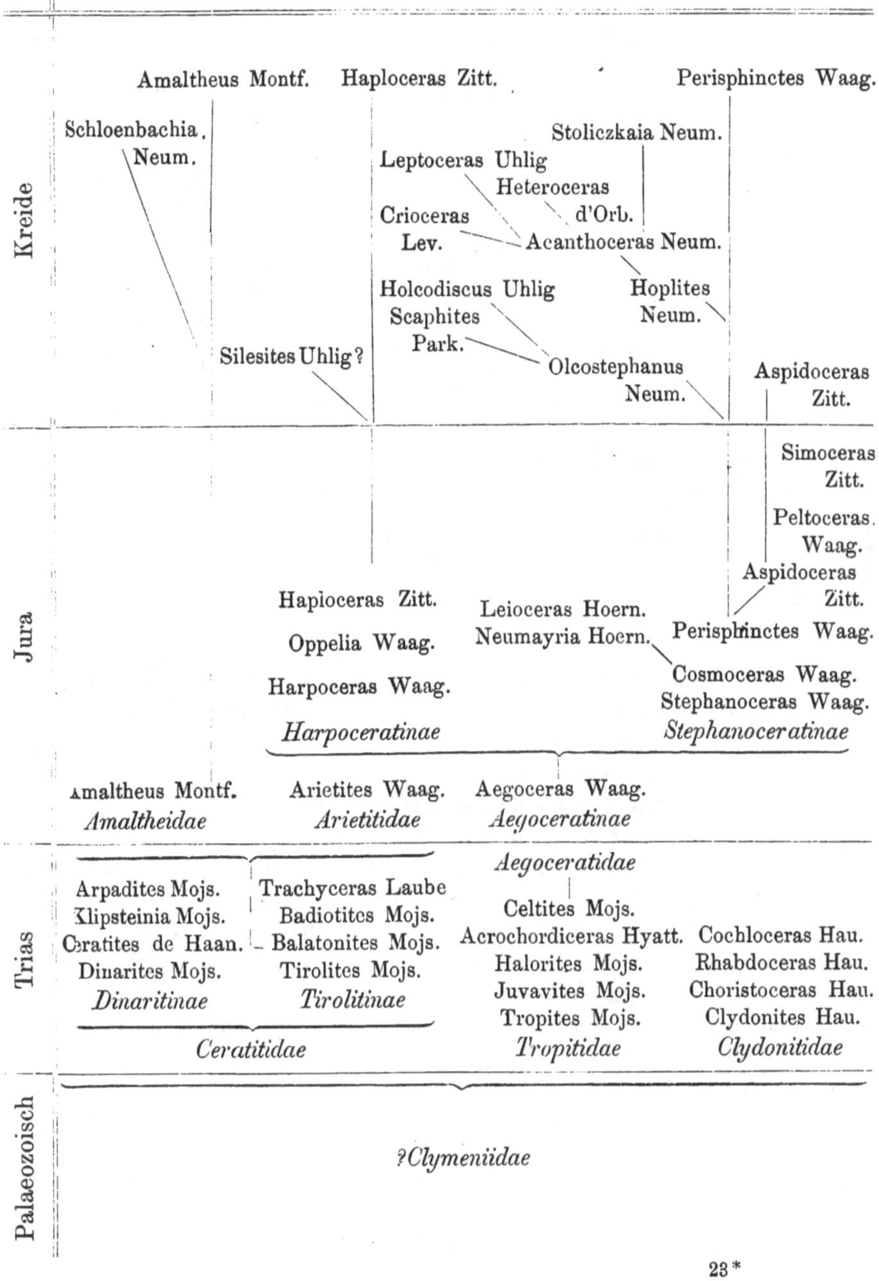

II. Ammonea leiostraca.

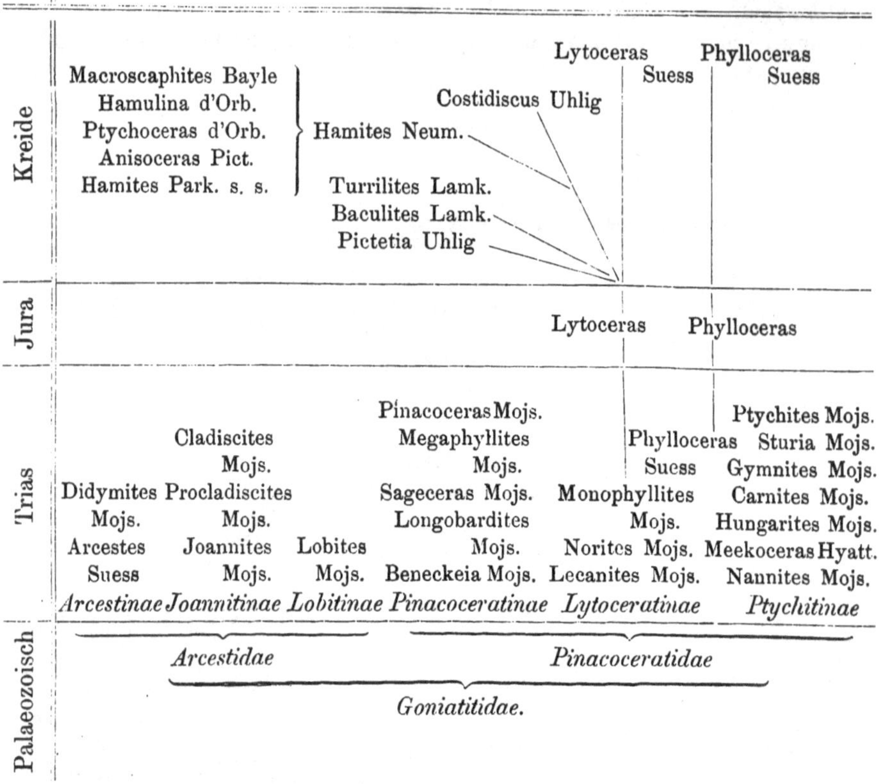

Die geologische Verbreitung der *Nautilea* unterscheidet sich dadurch wesentlich von jener der *Ammonea*, dass die ersteren schon im Ober-Silur den Höhepunkt ihrer Entwickelung erreichen. Neben den durch überaus zahlreiche Formen vertretenen *Orthoceraten* finden sich in den obersilurischen Ablagerungen viele andere Gattungen mit mehr oder minder bedeutendem Formenreichthum (*Gomphoceras*, *Cyrtoceras*, *Phragmoceras*, *Gyroceras*, *Nautilus*, *Hercoceras*, *Lituites*, *Trochoceras*, *Ascoceras*). Aehnlich wie bei den *Trilobiten*, welche im Silur das Maximum ihrer Entfaltung aufweisen, aber schon in den jüngeren palaeozoischen Formationen aussterben, zeigt sich die Zahl der Gattungen und noch mehr diejenige der Formen zur Devonzeit bereits stark reducirt. Im Kohlenkalk und in der Trias treten noch ziemlich zahlreiche *Nautilus*-Formen von palaeozoischem Gepräge auf und auch die Gattungen *Orthoceras* und *Cyrtoceras* reichen mit verhältnissmässig geringer Formenzahl in die unteren mesozoischen Formationen hinauf. In den jüngeren mesozoischen Formationen spielt *Nautilus* den überaus mannigfachen *Ammoneen* gegenüber eine zurücktretende Rolle — die Gattung ist jedoch noch im Tertiär und nicht nur durch Formen vertreten, welche dem recenten *Nautilus pompilius* gleichen, sondern auch durch die Reste abweichend gebauter Thiere, für deren Gehäuse man die Gattung *Aturia* aufgestellt hat.

Von den mit den recenten *Dibranchiaten* nahe verwandten Formen der Vorwelt, welche einer kräftig entwickelten Schale entbehren, sind uns nur in besonders günstigen Fällen Reste erhalten geblieben. Sie gestatten uns jedoch das Auftreten von *Decapoden* schon in palaeozoischen Schichten zu constatiren (*Palaeoteuthis Dunensis Roem.* Devon v. Daun.). Ziemlich häufig treten Reste von *Decapoden* in mesozoischen Schichten auf, zuweilen selbst (Schiefer der Cassianer Schichten von Raibl, Lias-Schiefer, Solenhofener Schiefer) in verhältnissmässig guter Erhaltung, welche auch die Weichtheile des Thieres zu beurtheilen gestattet. Besonderes Interesse für den Palaeontologen haben die in mesozoischen Schichten häufiger vorkommenden Hartttheile der *Phragmophora*, insbesondere die Rostren der *Belemniten*, welche im Jura und Kreide überaus häufig vorkommen. Phylogenetisch dürften die *Belemniten* wahrscheinlich mit *Aulacoceras* und *Atractites* der älteren mesozoischen Ablagerungen und möglicherweise durch *Bactrites* mit den *Orthoceratiden* verwandt sein, wenn überhaupt (was vorläufig freilich noch blosse Vermuthung ist) die *Dibranchiaten* aus den vermuthlich tetrabranchiaten palaeozoischen *Nautilea* hervorgegangen sind.

VIII. Stamm: Arthropoda.

Seitlich symmetrische, heteronom segmentirte, mit gegliederten Segmentanhängen ausgestattete Thiere mit chitinigem, durch Aufnahme von Kalksalzen häufig stark verhärtetem Hautskelett. Die Entwickelung des Embryos erfolgt zumeist durch Anlage eines bauchständigen Primitivstreifens.

Ueber die Gruppirung der fünf Unterabtheilungen der *Arthropoden* mag nachstehende Zusammenstellung[1] orientiren:

Arthropoda	Kiemenathmer:	*Branchiata*	1. *Crustacea*
	Durch Tracheen athmend:	*Protracheata*	2. *Onychophora*
		Tracheata	3. *Myriapoda*
			4. *Arachnida*
			5. *Hexapoda.*

1. *Crustacea.*

Wasserbewohnende, durch Kiemen athmende *Arthropoden* mit zwei Fühlerpaaren, mit zahlreichen, theilweise zu Kieferfüssen umgestalteten, thorakalen und häufig auch mit abdominalen Beinpaaren. Zumeist mit complicirter (zuweilen regressiver) Metamorphose, selten mit directer Entwickelung. Die meist erhärtete, mit Kalk erfüllte, krustenartige Körperbedeckung, welche den *Crustaceen* den Namen gab, verleiht ihnen auch unter den *Arthropoden* hervorragende Bedeutung in palaeontologischer Beziehung, da die übrigen *Arthropoden* nur seltene und meist schlecht erhaltene fossile Reste liefern konnten.

Die *Crustaceen* zerfallen in die Unterabtheilungen: *Gigantostraca, Trilobitae, Entomostraca* und *Malacostraca.*

---

[1] Vergl. A. v. Mojsisovics, Systematische Uebersicht des Thierreiches pag. 31.

A. Gigantostraca.

Mit schildförmig verbreitertem, oft mit flügelartigen, seitlichen Ausbreitungen versehenen Cephalothorax, dessen obere Fläche zwei grosse seitliche und kleine, mediane Augen (Ocellen) trägt, Abdomen meist mehrfach segmentirt, lang gestreckt, mit einem flachen oder stachelförmigen Schwanzstück (Telson) endigend. Vor dem Mund ein einziges, vom Hirn innervirtes Beinpaar, um den Mund vier bis fünf, an den Basalgliedern zu Kauwerkzeugen umgestaltete Beinpaare.

A_1. Xiphosura = Poecilopoda.

Abdomen als Schild, gelenkig mit dem grossen, schildförmig gestalteten Cephalothorax verbunden, mit fünf lamellösen Fusspaaren, Schwanzstachel lang, beweglich.

Limulidae.

Limulus Müll. Cephalothorax gewölbt, mit sechs Paaren von Gliedmassen, von welchem das erste, vor dem Mund gelegene vom Gehirn innervirt wird und trotzdem es ebenso wie die nachfolgenden mit einer Scheere endet, als Fühlerpaar zu betrachten ist. Die Coxalglieder der den Mund umstellenden Beinpaare dienen als Kiefer, die fünf lamellösen Fusspaare des Abdomens zugleich als Schwimm- und Respirationsorgane. Die Jungen verlassen ohne Schwanzstachel und ohne die drei hinteren Kiemenfusspaare das Ei und gleichen sehr den palaeozoischen *Trilobiten.* An dem Kopfbrustschild der im *Trilobiten*-Stadium befindlichen Larve erhebt sich ein glabellaartiges Mittelstück und auch die acht Abdominalsegmente tragen eine Andeutung der Rhachis, welche die Segmente des *Trilobiten*-Körpers auszeichnet. Im nächsten Stadium kommt das Schwanzschild zur Consolidirung und der Schwanzstachel zur Ausbildung. Recent und fossil vom Jura an, in ausgezeichneter Erhaltung im Schiefer von Solenhofen. Undeutliche Reste schon in der Trias (*Halicyne Mey.*).

A_2. Merostomata.

Abdomen meist lang gestreckt, aus sieben bis zwölf Segmenten zusammengesetzt, mit flachem oder stachelförmigem Telson. Cephalothorax relativ kurz.

Fig. 500.

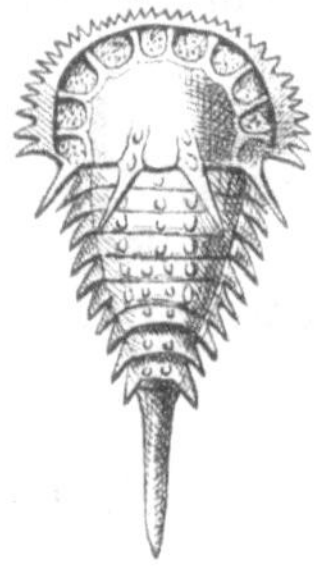

Hemiaspis limuloides W. Woodward, obersilurische Schiefer, Shropshire.

a. *Belinuridae.*

In der Gesammterscheinung *Limulus*-ähnliche Formen, deren Abdomen jedoch segmentirt ist.

Belinurus Kön. Kopfschild breit, halbmondförmig, nach hinten in zwei Stacheln ausgezogen, Abdomen aus sieben beweglichen Segmenten gebildet, mit langem Schwanzstachel. Kohlenformation (bilden den Uebergang von den *Merostomata* zu den *Xiphosura*), manche Arten sehen sehr trilobitenähnlich aus.

Nahe verwandt mit *Belinurus* ist *Neolimulus Woodw.* (Obersilur).

Hemiaspis H. Woodw. (Fig. 500) aus dem Obersilur steht in seiner Gestaltung und der Zahl der Abdominalglieder (neun mit einem mässig langen, plumpen Schwanzstachel) zwischen den übrigen *Belinuriden* und den *Eurypteriden.*

b. *Eurypteridae.*

Cephalothorax kurz, Abdomen lang, aus 12—13 Segmenten bestehend. Beine des Cephalothorax theils als gegliederte Fühler, theils als Scheeren, theils als Ruderfüsse entwickelt.

Eurypterus Dekay (Fig. 501). Cephalothorax vierseitig oder halbmondförmig, mit grossen, nierenförmigen, seitlichen Augen; die ersten vier Paare der Extremitäten des Cephalothorax sind fühlerartig gestaltet, das fünfte Paar ist stark verlängert und verbreitert, zu kräftigen Ruderorganen umgestaltet, Telson stachelartig. Ober-Silur bis Carbon: *Eurypterus Scouleri Hibbert* aus dem schottischen Steinkohlengebirge.

Fig. 501.

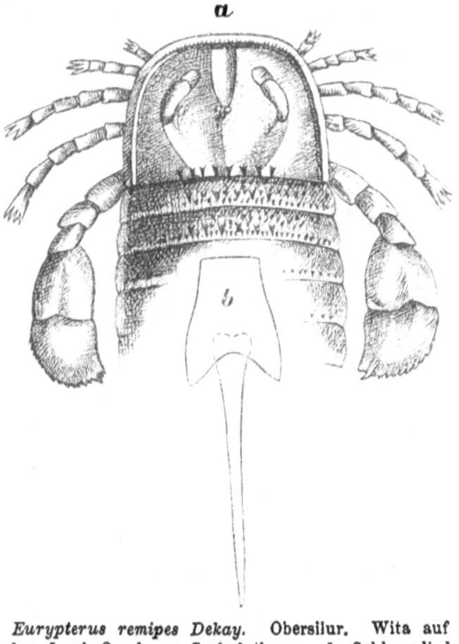

Eurypterus remipes Dekay. Obersilur. Wita auf der Insel Oesel. *a.* Cephalothorax, *b.* Schlussglied des Hinterleibes mit dem Stachel.

Fig. 502.

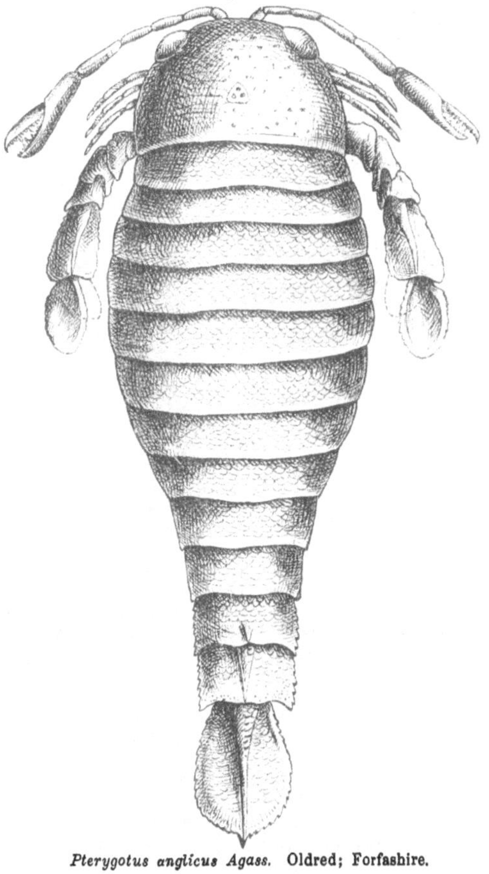

Pterygotus anglicus Agass. Oldred; Forfashire.

Pterygotus Agass. (Fig. 502). Cephalothorax halbmondförmig, mit elliptischen, randständigen Seitenaugen. Das vorderste Extremitätenpaar ist ziemlich lang und trägt Scheeren (Scheerenantennen), die drei folgenden eigentlichen Beinpaare sind kürzer und schwächer, als gegliederte Taster entwickelt, das letzte Fusspaar ist gleich jenem von *Eurypterus* zu einem kräftigen Ruderorgan umgestaltet, Schwanzstück breiter und kürzer als bei *Eurypterus*. *Pterygotus anglicus Ag.* aus dem Oldred (Unterdevon Englands) erreicht vier Fuss Länge und wurde in Folge der äusseren Aehnlichkeit mit den Panzer-*Ganoiden* des Oldred von Agassiz zuerst zu den Fischen gezählt, Fragmente aus dem unteren Oldred von *Pt. problematicus* sollen auf Thiere von über zwei Meter Länge deuten. Weitere hierher gehörige Formen sind *Slimonia* und *Himantopterus Salt.* ebenfalls aus dem Oldred; letztere Type steht in mancher Hinsicht zwischen *Pterygotus* und *Eurypterus*.

Ob die *Protichnites* genannten Fährten aus dem Potsdam-Sandstein Canadas wirklich (wie Owen vermuthet) von *Eurypteriden* herrühren, ist zweifelhaft.

Fig. 503.

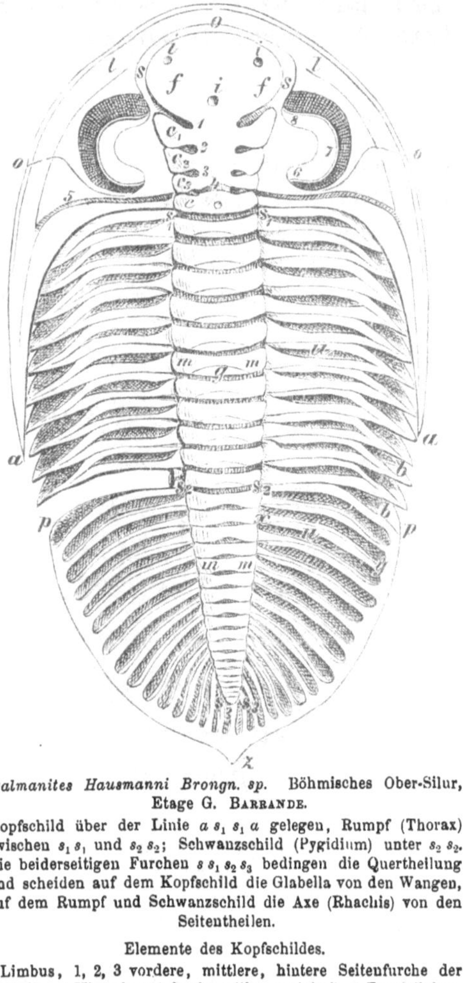

Dalmanites Hausmanni Brongn. sp. Böhmisches Ober-Silur, Etage G. Barrande.

Kopfschild über der Linie $a\ s_1\ s_1\ a$ gelegen, Rumpf (Thorax) zwischen $s_1 s_1$ und $s_2 s_2$; Schwanzschild (Pygidium) unter $s_2 s_2$. Die beiderseitigen Furchen $s\ s_1\ s_2\ s_3$ bedingen die Quertheilung und scheiden auf dem Kopfschild die Glabella von den Wangen, auf dem Rumpf und Schwanzschild die Axe (Rhachis) von den Seitentheilen.

Elemente des Kopfschildes.

l Limbus, 1, 2, 3 vordere, mittlere, hintere Seitenfurche der Glabella, 4 Hinterhauptsfurche (sillon occipital), *f* Frontallobus, $c_1\ c_2\ c_3$ vorderer, mittlerer, hinterer Lobus, *i i* Impressions auxiliaires, der Glabella, *e* Hinterhauptsring (anneau occipital) *o—o—o* grosse Sutur. *a* Wangenstachel, 5 hintere Furche der Wange, 6, 7, 8 Auge und Augenbrauenlobus (lobe palpébral).

Elemente des Thorax.

$s_1 s_1$—$s_2 s_2$ Axe oder Rhachis, *m m* Ring derselben, *g* Gelenk des Axenringes, *u* Furche (sillon oder rainure) einer Pleura, *b* Ende derselben mit einer Zuschärfung (Biseau oder facette) ausgestattet.

Elemente des Pygidium.

$s_2 s_2$—$s_3 s_3$ Axe, *m m* Axenring, *b* Zuschärfung (biseau) des obersten Elementes, *u* Furche (entsprechend der Furche eines Thoraxsegmentes) *x—y* feine, auf der Rippe verlaufende Trennungslinie der verschmolzenen Segmente, *z* rudimentärer Caudalstachel.

B. Trilobitae. (*Palaeadae Dalm.*)

Palaeozoische *Crustaceen*, deren wohlentwickelter Rückenpanzer aus dem Kopfschild, dem aus mehr oder minder zahlreichen (2—26) Segmenten bestehenden Rumpf (Thorax) und einem dem Kopfschild zuweilen ziemlich ähnlichen (bei *Agnostus*), meist aber wesentlich verschieden gestalteten Schwanzschild (*Pygidium*) besteht. (Vgl. Fig. 503).

Ebenso wie der Länge nach ist der Körper auch der Quere nach dreigetheilt (tri-lobos), indem zwei der Länge nach verlaufende Furchen auf dem Kopfschild die Glabella von den Wangen, auf dem Thorax und Pygidium die Rhachis von den Pleurae absondern.

Das Kopfschild, das meist von halbmondförmigem Umriss und häufig mit langen Wangenstacheln ausgestattet ist, zeigt auf der Unterseite einen mehr minder entwickelten, randlichen Umschlag (Duplicatur) und zerfällt durch die Gesichtsnähte in mehrere Stücke. Die selten (bei *Agnostus*) ganz fehlende „grosse Gesichtsnaht“ verläuft auf den Wangen, dieselben in einen mit der Glabella verbundenen, festen und einen beweglichen Theil trennend, der häufig vom Kopfschild isolirt sich findet. Die Wangenstachel gehören entweder den festen Wangen (z. B. *Dalmanites*) oder den beweglichen an (z. B. *Conocephalites*). Die Augen liegen auf den beweglichen Wangen, sie

Fig. 504.

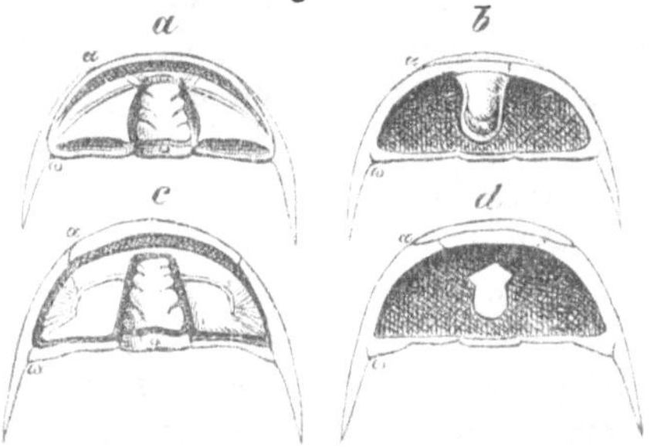

a. b. Conocephalites Sulzeri Schloth. sp., c. d. Conoceph. striatus Emmr. Böhmisches Silur, Etage C. Barr. (Primordialstufe). *a. ω.* grosse Sutur, *b.* Unterseite mit Hypostom.

Fig. 505.

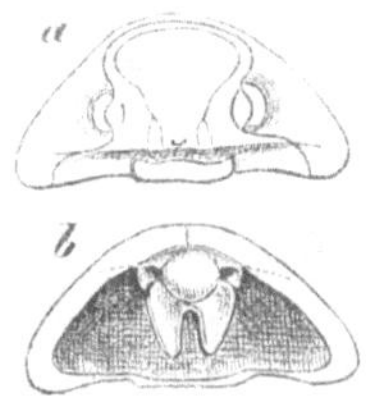

Asaphus expansus Dalm. Unter-Silur, Ost-Gothland, *a.* Oberseite, *b.* Unterseite mit Hypostom.

sind sehr verschieden entwickelt, bisweilen rückgebildet (halbmondförmige Hervorragungen mit gleicher Oberfläche wie das übrige Kopfschild) oder gänzlich fehlend (*Agnostus*). Oft umschliesst eine und dieselbe Gattung blinde und Augen tragende Formen (z. B. *Conocephalites* Fig. 504), dann ist der Verlauf der grossen Naht bei Arten ein und derselben Gattung ein sehr verschiedener, während er sonst einen vortrefflichen Gattungscharakter bildet. Die beweglichen Wangen hängen entweder vor der Glabella zusammen, wenn die grosse Sutur auf der Oberseite des Kopfschildes verläuft (so z. B. bei *Dalmanites* Fig. 503), doch kann der Gipfel der grossen Sutur auch auf die Unterseite des Kopfschildes herabreichen (z. B. bei *Conocephalites* Fig. 504). Eine zweite Naht ist diejenige, welche das verschieden gestaltete Hypostom[1] von dem vorderen Theile des Umschlages des Kopfschildes trennt. Sie ist entweder isolirt oder durch eine Verbindungsnaht (z. B. bei *Asaphus* Fig. 505) oder zwei dergleichen Nähte mit der grossen Sutur vereint (z. B. bei *Conocephalites* Fig. 504), in letzterem Falle entsteht natürlich über dem Hypostom ein weiteres selbstständiges Stück. Abgesehen von weiteren problematischen Trennungslinien (eine Naht soll die Sehfläche des Auges von dessen Basis trennen, eine „anormale“ Sutur bei der Gattung *Harpes* im Winkel zwischen dem breiten Limbus und der Glabella auftreten) zerfällt das Kopfschild bei

[1] Die Nicht-Existenz eines weiteren, angeblich an der Unterseite des Kopfschildes vorhandenen Stückes, welches Barrande Epistom genannt hat, haben die umfassenden Untersuchungen Novak's erwiesen.

verschiedenen Gattungen in eine verschiedene Zahl von einzelnen Stücken. Das Auftreten der Nähte und der Verlauf derselben, insbesondere jener der grossen Sutur liefern werthvolle Merkmale für die Unterscheidung der Gattungen. Die mittlere Hervorragung des Kopfschildes, die von Furchen (nicht Nähten) begrenzte Glabella ist bei einigen Gattungen wenig markirt (*Illaenus*, *Aeglina*), bei anderen sehr vielgestaltig (*Cheirurus*, *Proetus*), bei noch anderen wieder sehr beständig in ihrer Form (so bei *Calymene*, *Phacops*, *Trinucleus*, *Harpes*); sie ist jedoch bei einer und derselben Form in verschiedenen Entwickelungsstadien anders gestaltet. So ist die Glabella bei sehr jungen Individuen von *Sao hirsuta* zuerst an der Stirn breiter, ältere Individuen besitzen eine von parallelen Furchen begrenzte Glabella und erwachsene eine an der Stirn verschmälerte. Meist ist die Glabella durch seitliche Einkerbungen in Lappen zerschnitten, welche darauf hinweisen, dass mehrere Segmente im Kopfschild verschmolzen sind. Die letzte dieser Querfurchen, die Occipitalfurche, ist stärker ausgeprägt, sie trennt den Occipitalring von der übrigen Glabella und hängt mit der auf der Hinterseite der Wangen verlaufenden Querfurche zusammen. Die Zahl der Querfurchen der Glabella ist verschieden, selbst innerhalb einer und derselben Gattung (*Paradoxides spinosus* und *rugulosus* haben vier Paar, *Par. inflatus* und *Bohemicus* zwei Paar seitliche Furchen). Noch weniger Constanz zeigen die rundlichen Eindrücke, welche Barrande „impressions auxiliaires" genannt hat und welche zuweilen auf den Loben der Glabella, seltener auf der Axe des Rumpfes und des Schwanzschildes auftreten. Besondere Bedeutung besitzt das Auge der Trilobiten (Fig. 506). Meist ist es complicirt gebaut, wobei die Facetten eine verschiedene Entwickelung zeigen, bei *Phacops* und *Dalmanites* durchsetzt jede Linse, die gemeinsame, gitterartig durchbrochene Oberfläche des Auges, bei den übrigen Formen mit facettirten Augen überzieht eine gemeinsame Hornhaut sämmtliche Linsen. Die Zahl der Linsen eines Auges ist sehr verschieden (bei *Phacops Volborthi* 14, bei *Ph. cephalotes* 200, bei *Dalmanites Hausmanni* 600, bei *Bronteus Brongniarti* 1000, bei *Bronteus palifer* 4000, bei *Asaphus nobilis* 12000, bei *Remopleurides radians* 15000). Bei einigen *Harpes*-Formen sind nur wenige (zwei, drei) zu einer Gruppe vereinigte Stemmata vorhanden (vergl. Fig. 506*g*). Abnorm sind auch die gestielten Augen, welche bei *Acidaspis mira* erscheinen (Fig. 506*h i*); an der Bildung des Stieles nimmt sowohl die feste als die bewegliche Wange theil, da die grosse Gesichtsnaht auch auf diesem Stiele verläuft. Die Augen nehmen oft einen sehr grossen Raum zu beiden Seiten des Kopfschildes ein, so bei *Aeglina prisca Barr.* (Fig. 507 *e*,*f*, g); bei *Aeglina armata Barr.* treffen die beiden

Fig. 506.

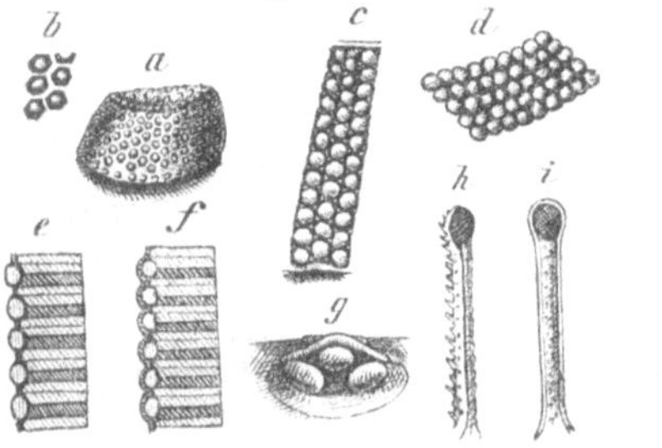

a. Auge von *Phacops fecundus Barr.* *b*. einige Linsen desselben. *c*. Stück der Augenoberfläche von *Dalmanites Hausmanni Brongn. sp.* *d*. desgleichen von *Bronteus Brongniarti Barr.* *e*. Verticalschnitt durch einige Linsen des Auges von *Phacops*, *f*. desgleichen von *Asaphus*, *g*. Auge von *Harpes ungula Sternb. sp.*, *h*. Auge von *Acidaspis mira Barr.* von der Seite, *i*. dasselbe von unten. Sämmtliche Figuren vergr.

übermässig vergrösserten Augen vor der Glabella zusammen und vereinigen sich zu einer einzigen facettirten Fläche, welche den ganzen Kopf umgürtet (Fig. 507 *a, b, c, d*).

Im Gegensatz hierzu sind die Augen häufig rückgebildet. Bei manchen Gattungen sind alle Formen blind (*Agnostus*, *Ampyx*, *Areia*, *Dindymene*, *Dionide*, *Placoparia* etc.), bei anderen sind nur einzelne Formen blind, andere aber mit Augen ausgestattet (*Carmon*, *Conocephalites*, *Harpes*, *Illaenus*, *Trinucleus*). Das häufige Vorkommen blinder *Trilobiten* in den sogenannten primordialen Schichten ist von grosser Bedeutung in phylogenetischer Hinsicht.

Fig. 507.

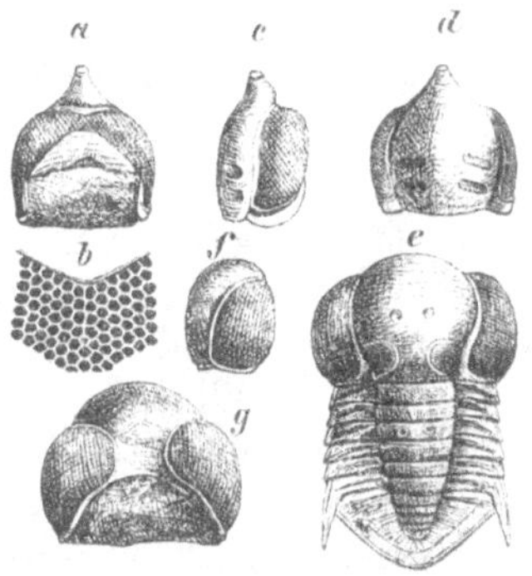

a. Kopfschild der *Aeglina armata Barr.* (D_5 Lejskow von unten, *b*. Vereinigungsstelle der beiden Augen vergr., *c*. Kopf von der Seite, *d*. Kopf von oben, *e*. *Aeglina prisca Barr.* (D_1 Scta. Benigna), *f*. Kopfschild von der Seite, *g*. von unten.

Auf der Unterseite des Kopfschildes bemerken wir, wie schon früher erwähnt, durch die Hypostomalnaht von dem Umschlag des Schildes getrennt ein Schalenstück, Hypostom genannt von sehr verschiedener, systematisch wichtiger Gestalt. Hinter und über dem Hypostom wurden durch Walcott an *Calymene senaria* mehrere gegliederte Kiefer constatirt und Woodward hat die *Maxilla* mit einem gegliederten Taster beobachtet[1]. Der Thorax der *Trilobiten* besteht aus zwei (*Agnostus*) bis 26 Segmenten, deren jedes neben der Axe (Rhachis) zwei Seitentheile (Pleurae) aufweist. An dem Axentheil der Rumpfglieder unterscheiden wir den Axenring selbst und den durch eine Furche von ihm gesonderten Gelenktheil. Die Gestaltung der Pleurae ist für die Systematik der *Trilobiten* besonders wichtig, Barrande trennt hiernach dieselben in drei Gruppen: je nachdem die Oberfläche der Pleurae mit einer Furche oder einem Wulst ausgestattet oder aber eben ist. Auch die Pleurae weisen an ihrem meist stachelartigen Ende eine Duplicatur auf, welche (sowie die Duplicaturen am Kopf und Schwanzschild) eine eigenthümliche, streifig-runzelige Sculptur trägt. Auf der Unterseite der Pleurae liegen die Extremitäten, deren Vorhandensein und Gestalt schwierig zu constatiren ist. Zahlreiche Autoren haben sich mit der Untersuchung der Füsse der *Trilobiten* beschäftigt und deren Existenz behauptet oder verneint. Burmeister glaubte blattartige Extremitäten, jenen der *Phyllopoda* ähnlich, annehmen zu dürfen, Walcott[2] aber constatirte zuletzt an *Calymene senaria* und *Ceraurus pleurexanthemus* durch Schnitte und Schliffe gegliederte Füsse, deren Basalglied mit einem bewimperten Anhang („Epipodit“) sowie einem Paar spiral gebauter Kiemen ausgestattet sein soll. Die Existenz

[1] Quart. Journ. Geol. Soc. 1870, XXVI, pag. 487.

[2] 31. Report on the New York State Museum, Natural History; Albany, March 1879.

gegliederter Füsse wurde schon seit langem von Eichwald[1] und später auch von Billings[2] behauptet.

Das Pygidium der *Trilobiten* ist sehr mannigfach gestaltet. Jene Formen, welche ein dem Kopfschild ähnliches Pygidium (und zugleich nur zwei Rumpfsegmente aufzuweisen haben) werden allen übrigen *Trilobiten* als aberrante Gruppe gegenüber gestellt (*Agnostus* Fig. 508).

Fig. 508.

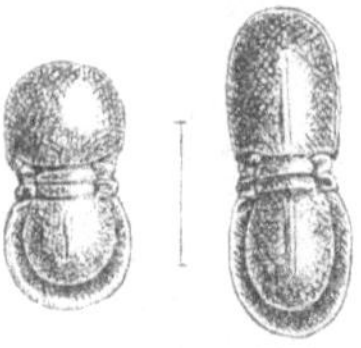

Agnostus nudus Beyr. Etage C. Skrey.

Unter den übrigen Trilobiten unterliegt das Schwanzschild sehr grossen Modificationen. Die sogenannten „primordialen“ Formen besitzen zumeist ein kleines Pygidium (z. B. *Paradoxides*), während dasselbe bei obersilurischen Formen (z. B. *Dalmanites*, *Bronteus*) sehr bedeutende Dimensionen erlangt. Das Pygidium zeigt an seinem Rande eine mehr oder minder breite Duplicatur und auf seiner Rhachis und den Seitentheilen mehr oder minder deutlich die Spuren seines Aufbaues aus verschmolzenen Segmenten. Es läuft jedoch bei jenen Formen, deren Thorax furchentragende Pleurae besitzt, die Trennungslinie zweier verschmolzener Segmente des Pygidiums nicht in den Furchen der Seitentheile desselben, sondern (wie an dem grossen *Dalmanites* Pygidien leicht zu sehen ist) stets auf den erhabenen Rippen. Die Furchen auf den Seitentheilen des Pygidiums entsprechen dann jenen der Pleurae des Thorax; während bei jenen Formen, deren Pleurae einen Wulst tragen, die Furchen des Pygidiums mit den Grenzen der verschmolzenen Segmente zusammenfallen. Häufig ist jedoch die Segmentation auf dem Schwanzschild kaum angedeutet. Der Rand desselben ist entweder einfach oder mit einer candalen Spitze oder mit mehreren Stacheln oder Lappen geziert.

Fig. 509.

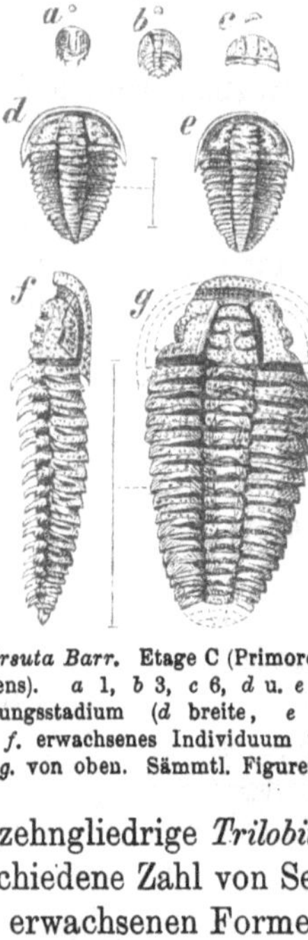

Sao hirsuta Barr. Etage C (Primordialstufe Böhmens). *a* 1, *b* 3, *c* 6, *d* u. *e* 19 Entwickelungsstadium (*d* breite, *e* schmale Form) *f*. erwachsenes Individuum von der Seite, *g*. von oben. Sämmtl. Figuren vergr.

Die Zahl der Segmente des Thorax ist bei einzelnen Formen und auch bei den meisten Gattungen constant, Quenstedt gruppirt die *Trilobiten* geradezu nach der Zahl der Thoraxsegmente. Er unterscheidet zwanziggliedrige, achtzehngliedrige *Trilobiten* u. s. f. Manche Gattungen zeigen indess eine sehr verschiedene Zahl von Segmenten, auch ist die Zahl derselben bei jugendlichen und erwachsenen Formen verschieden. Nach den detaillirten Untersuchungen Barrande's über die Entwickelung der *Trilobiten* (vergl. insbesondere seine Darstellung von jener der *Sao hirsuta*) ist bei den beobachteten jüngsten

[1] Lethaea rossica 1860, I tab. 52. Fig. 20, 23.
[2] Quart. Journ. Geol. Soc. 1870, XXVI, pag, 479.

Individuen das Kopfschild vom Rumpf noch nicht getrennt (vergl. Fig. 509a) und gar kein Segment vorhanden. In einem weiteren Stadium sind Segmente vorhanden aber noch fest verbunden, allmählich werden die Segmente zahlreicher und lösen sich zugleich eines nach dem anderen ab, wie aus nachstehender Tabelle erkannt werden mag, welche die Zahl der freien und verwachsenen Segmente (welche letztere zuerst mit dem Pygidium verschmolzen sind und sich allmählich abtrennen) der zwanzig von Barrande unterschiedenen Entwickelungsstufen von *Sao hirsuta* darstellt:

Stufe der Entwickelung	1	2	3	4	5	6	7	8	9	10	11	12	13	14	15	16	17	18	19	20
Freie Segmente	0	0	0	2	3	4	5	6	7	8	9	10	11	12	13	14	15	16	17	17
Verschmolzene Segmente	0	3	4—5	2—4	3	3—4	3—5	3—4	4	3	3—4	3—4	2—3	2—4	2—4	3	3	3	2	2

Im zweiten Stadium ist der Thorax nur angedeutet, im dritten sind Wangen und Pleuralstachel bereits entwickelt, erst im fünften ist der Thorax länger als der Kopf. Im achten Stadium erscheint der Rand (Limbus) des Kopfschildes, im 13. entwickelt sich die aus Körnern bestehende allgemeine Sculptur, nachdem schon früher (im sechsten Stadium) einzelne Körner erschienen sind. Mit dem 20. Stadium ist die Ausbildung aller wesentlichen Merkmale erreicht und das Individuum, welchem nur die Grösse und Verzierungen des vollkommen ausgebildeten Thieres fehlen, tritt in die zweite Periode der Entwickelung.

Bei anderen Formen, deren Entwickelung näher untersucht werden konnte, zeigen sich manche Abweichungen, immer aber fehlt ursprünglich die Segmentation des Körpers und sie entwickelt sich, indem die zuerst mit dem Pygidium verschmolzen auftretenden Thoraxelemente sich nach und nach von demselben ablösen. Dies ist auch bei *Agnostus* der Fall, dessen verhältnissmässig grosse Jugendstadien zuerst Pygidium und Kopfschild vereinigt erkennen lassen, dann zwei verschmolzene Segmente, hierauf ein freies und ein mit dem Pygidium vereinigtes Segment und endlich zwei freie Elemente des Thorax besitzen. Barrande glaubt, dass manche *Trilobiten* entweder gar keine Metamorphose gehabt oder sie doch sehr schnell durchlaufen haben, kleine, zwischen den Fragmenten von *Trilobiten* auftretende Sphaeroide von $^2/_3$ bis 5 mm Grösse hält er für Eier derselben. Das Auftreten einer langen und breiten Form, welche schon an jugendlichen Individuen unterschieden werden kann, ist wahrscheinlich auf Geschlechtsunterschiede zurückzuführen. (Vergl. Fig. 509 *d e* sowie Fig. 515.)

Viele *Trilobiten* besitzen die Fähigkeit sich (ähnlich den Kellerasseln) einzurollen (Fig. 510), den geologisch älteren, primordialen und untersilurischen Formen fehlt diese Fähigkeit theils ganz, theils findet man sehr selten Individuen, welche von der offenbar noch unvollkommen entwickelten Fähigkeit, sich einzurollen Gebrauch gemacht haben. Gewisse obersilurische und devonische Formen werden hingegen viel häufiger eingerollt als ausgestreckt angetroffen. Mit der Entwickelung der Fähigkeit des Einrollens erfolgt auch eine Umgestaltung der *Trilobiten*, welche in einer Vergrösserung des Pygidiums und einer Zuschärfung der Enden der Pleurae besteht.

Der Classificationsversuch BURMEISTER's (1843), welcher die Fähigkeit des Einrollens zum Ausgangspunkt nahm, vereinigte sehr verschiedenartige Gattungen in einer Gruppe, während nahe verwandte getrennt wurden, auch ist seither an vielen Formen die Einrollung constatirt worden, von welchen BURMEISTER glaubte, dass sie der Fähigkeit, sich einzurollen, entbehrten.

Fig. 510.

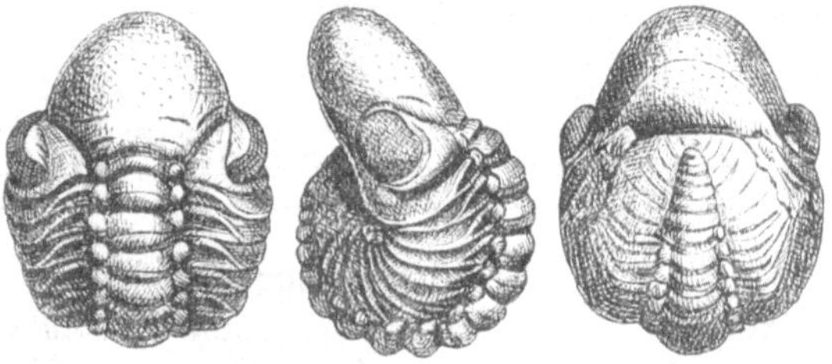

Phacops cephalotes Corda. Böhmisches Ober-Silur Etage G. Eingerolltes Exemplar von oben, von der Seite und von unten.

Alle übrigen systematischen Versuche, welche die Trilobiten zum Gegenstande haben, sind mehr oder minder verunglückt, so jener von DALMAN (1826), welche auf dem Vorhandensein oder Fehlen der Augen beruht, der bereits erwähnte QUENSTEDT's (1837), welcher die Zahl der Segmente zum Ausgangspunkt hat, der erste (1839) von EMMRICH, der von der Krümmung der Pleurae ausgeht, jener von MILNE EDWARDS (1840), welcher, abgesehen von den *Trilobites anormaux* (*Agnostus*) drei Familien: *Isoteliens*, *Calymeniens* und *Ogygiens* unterscheidet und (wie alle übrigen) sehr heterogene Formen in einer Gruppe vereinigt. Ganz willkürlich ist das von dem Fehlen oder Vorhandensein und der Structur der Augen ausgehende System GOLDFUSS's (1843). Auch das zweite System EMMRICH's (1845), welches von der Grösse und Zusammensetzung des Pygidiums ausgeht, befriedigt nicht, noch weniger natürlich jenes von CORDA (1847), welches die Hauptgruppen nach dem einfachen oder zerschnittenen und gestachelten Rand des Pygidiums unterscheidet. Mc. COY's System (1850), welches auf dem Vorhandensein einer Facette an den Endigungen der Pleurae beruht, fällt im Wesentlichen mit jenem BURMEISTERS zusammen, da, wie wir oben gesehen haben, mit der Entwickelung der Einrollungsfähigkeit die Umgestaltung der Pleurae durch Zuschärfung ihrer Enden zusammenhängt.

BARRANDE (1852 u. 1872) trennt die *Trilobiten*, wie vor ihm viele Autoren, in zwei Hauptgruppen, indem er allen Uebrigen, bei welchen Kopf und Schwanzschild verschieden gestaltet sind, die Gattung *Agnostus* mit ähnlich geformtem Kopf und Schwanzschild gegenüber stellt. Die Ersteren zerlegt er in zwei Hauptgruppen, je nachdem die Pleurae eine Furche oder eine Wulst aufweisen. Eine Uebergangsgruppe bilden jene wenigen Gattungen, welche ebene Pleurae besitzen. In den beiden Hauptgruppen werden die

Gattungen nach der Entwickelung des Pygidiums zusammengestellt, indem zuerst die Formen mit kleinerem, dann jene mit grösserem Pygidium aufgeführt werden. Wir folgen dieser provisorischen, keineswegs der wahren Verwandtschaft entsprechenden Eintheilung, welche zwanzig Familien umfasst, von denen manche eine natürliche Gruppe darstellen, während andere heterogene Elemente vereinigen.

Manche Gattungen, wie *Telephus* und *Triopus Barr.*, *Illaenopsis Salt.* u. a. lassen sich vorläufig nicht in die Gruppen einreihen, da die Gestaltung ihrer Pleurae noch unbekannt ist. Da sie nur auf seltenen und unvollkommenen Ueberresten beruhen, können sie jedoch übergangen werden.

B_1. Trilobiten mit sehr verschieden gestaltetem Kopf und Schwanzschild („Trilobites proprement dits“ Milne Edwards).

Erste Serie.

Pleurae mit einer Furche (Plèvre à sillon Barr.).

I. Gruppe Barrande's.

Harpes Goldf. Kopfschild sehr gross, mit stark gewölbter Glabella, von einem breiten, rückwärts bis über den grössten Theil des Rumpfes verlängerten Limbus umgeben, dessen zierliche Sculptur aus zahlreichen Durchbrechungen gebildet wird; Augen aus einer kleinen Zahl von Stemmata bestehend, keine Spur der grossen Sutur, dafür eine randliche Naht um den Limbus, 25—26 Thoraxsegmente bei den obersilurischen, nur 12—14 bei untersilurischen. Pygidium sehr klein, aus vier verschmälerten Segmenten bestehend. Unter-Silur bis Devon.

II. Gruppe.

Remopleurides Portl. Kopf gross, Pygidium klein, Glabella oval, wenig gewölbt, einfach oder mit drei Paar seitlichen Furchen, Frontallobus mit einem zungenförmigen Fortsatz, vor welchem sich die Arme der grossen Sutur vereinigen, die an der Glabella herablaufen, ohne feste Wangen zu umgeben. Augen gross, von dem zungenförmigen Vorsprung der Glabella bis zur Nackenfurche reichend. Elf Thoraxsegmente mit mehr oder minder gewölbter Axe, welche stets breiter ist als die Pleurae. Pygidium klein, mit ein oder zwei Axenelementen und einer flachen Partie, der Hinterrand bald gerundet, bald in Stacheln zerschnitten. Unter-Silur.

III. Gruppe.

Paradoxides Brongn. (Fig. 511). Körper stark verlängert, Pygidium sehr klein und schmal, Kopf wohl entwickelt, etwa halb so gross wie der Rumpf, halbkreisförmig, mit verdicktem, in Wangenstachel verlängerten Limbus. Glabella selten stark gewölbt, mit zwei bis vier Paar Seitenfurchen. Augenfläche ziemlich gross, nicht genetzt (? blinde Formen), 16—20 Thoraxsegmente, Pleurae verschieden gestaltet, mit auf dem Stachel verlängerten Furche. Das kleine Pygidium umfasst oft nur zwei Segmente, doch kommen auch Arten mit drei, fünf, selbst acht verschmolzenen Segmenten des Pygidiums vor. Sehr häufig in den sogenannten „primordialen“ Schichten.

Fig. 511.

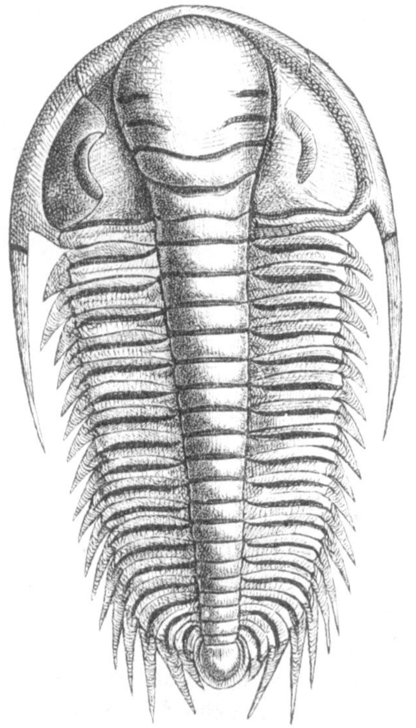

Paradoxides spinosus Boeck sp. Skrey. Böhmisches Silur, Etage C. BARR.

Hydrocephalus Barr. Körper eiförmig, mit sehr grossem, in der Jugend über den übrigen Körper weit überwiegendem, im Alter etwa die Hälfte der Gesammtlänge einnehmendem Kopfschild. Glabella sehr stark aufgeblasen, mit einer Längsfurche, die grosse Sutur lässt die Stacheln des Limbus an den festen Wangen (bei dem nahe verwandten *Paradoxides* gehören sie den beweglichen an), zwölf Thoraxsegmente, Pygidium sehr klein. Primordiale Schichten Böhmens.

Weitere von BARRANDE zu einer dritten Gruppe oder Familie gerechnete Gattungen sind: *Anopolenus Salt.*, *Bathynotus Hall*, *Dikelocephalus Owen*, *Dolichometopus Angel.*, *Olenus Dalm.*, *Olenellus Hall.*, sämmtlich aus primordialen Schichten.

IV. Gruppe.

Bohemilla Barr. Eine einzige Form: *Bohemilla stupenda Barr.* aus der untersten Stufe des böhmischen Untersilur (D_1) mit sehr grossem, ungefähr die halbe Körperlänge erreichendem Kopf, dessen Glabella sich durch starkes Hervortreten der Zusammensetzung aus Segmenten auszeichnet. Die fünf Thoraxsegmente gleichen vollständig den verschmolzenen Elementen des Kopfschildes, das kleine Pygidium zeigt zwei Segmente.

Fig. 512.

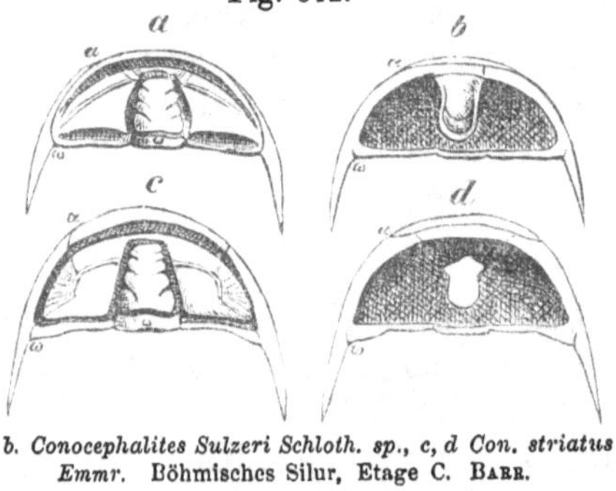

a, b. Conocephalites Sulzeri Schloth. sp., c, d Con. striatus Emmr. Böhmisches Silur, Etage C. BARR.

V. Gruppe.

Conocephalites Zenk. (Fig. 512). Mehr oder minder gestreckte Formen von eiförmigem Umriss, mit halbkreisförmigem Kopf; Glabella nach vorn verschmälert, mit drei bis vier seitlichen Furchen, Occipitalring stark abgesetzt, Augen meist vorhanden, bei *Conoceph. Sulzeri* und *coronatus* aber keine Spur von ihnen sichtbar und Verlauf der grossen Sutur ganz anders als bei den Augen tragenden Formen. 11—13 Thoraxsegmente bei den schwedischen, 14—15 bei den böhmischen Formen, Pygidium stets klein. Primordialstufe. Pleurae mit Facette, dementsprechend kommen auch eingerollte Formen vor.

Arionellus Barr. Durch eine einzige Art *A. ceticephalus* der böhmischen Primordialschichten vertreten, welche im allgemeinen Habitus der mit vorkommenden *Sao* nicht unähnlich ist, aber mit grossem, parabolisch gestaltetem Kopf, 16 Thoraxsegmenten und kleinem, drei verschmolzene Segmente aufweisendem Pygidium. Die Rhachis des Thorax springt sehr stark vor, die Facette des Pleurae ist deutlich; es wurde auch die Einrollung constatirt.

Fig. 513.

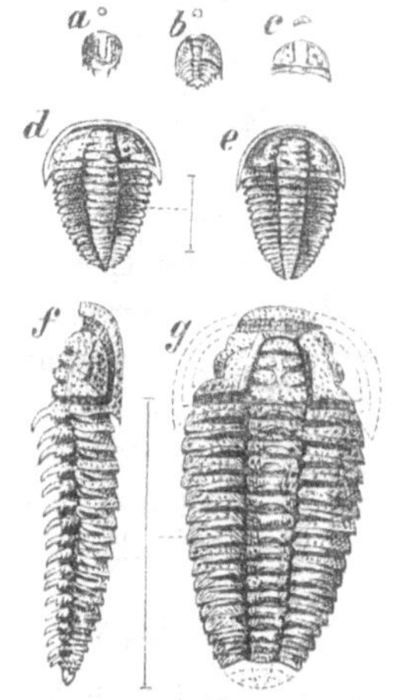

Sao hirsuta Barr. und Entwicklungsstadien derselben. Etage C, Böhmen.

Sao Barr. (Fig. 513). Mit mässig entwickeltem Kopf, dessen Glabella stark vorspringt und nur drei Paar Seitenfurchen aufweist; Auge gross, gebogen, 17 Segmente im Thorax der erwachsenen Individuen, Pygidium klein, mit zwei verschmolzenen Segmenten. Einrollung beobachtet. Einzige Art: *Sao hirsuta* der böhmischen Primordialstufe.

Ellipsocephalus Zenk. Kopf halbkreisförmig, mit gerundetem Wangenwinkel oder Wangenstachel; Glabella von zwei parallelen Längsfurchen begrenzt, die sich vorn rechtwinkelig vereinigen, Auge halbkreisförmig, klein; 12—14 Segmente im Thorax, Rhachis durch starke Längsfurchen begrenzt, Pleurae mit deutlichen Facetten. Pygidium sehr klein, aus zwei Segmenten bestehend. Einrollung beobachtet. Zwei Formen (*E. Hoffi Schloth.* und *E. Germari Barr.*) gehören zu den häufigsten *Trilobiten* der böhmischen Primordialstufe.

Weitere, zur fünften Gruppe Barrande's gehörige Gattungen sind: die der Gattung *Arionellus* sehr nahe stehende *Aneuacanthus Ang.*, *Angelina Salt.*, *Anomocare Ang.*, sämmtlich primordial, ferner *Atops Emmr.* (Primordial), *Bathyurus Bill.* (Primordial und Untersilur), *Chariocephalus Hall* (Primordial), *Corynexochus Ang.*, *Holocephalina Salt.* (Primordial), *Ptychaspis Hall* (Primordial), *Triarthrus Green* (Untersilur), *Triarthrella Hall* (Primordial).

VI. Gruppe.

Proetus Stein. Körper eiförmig, das Kopfschild beträgt etwas weniger als das Drittel der Gesammtlänge, das Pygidium ist noch kleiner; Kopfschild bald gewölbt, bald abgeflacht, Contour desselben bald halbkreisförmig, bald parabolisch, bald ogivenförmig. Limbus sehr verschieden gestaltet und für die Charakteristik der zahlreichen Arten wichtig. Glabella bald sehr aufgeblasen, bald abgeflacht, bisweilen vorn spitz und über den Vorderrand des Kopfschildes vorragend, manchmal nur die Hälfte der Länge des Schildes erreichend, mit drei mehr oder minder deutlichen Lateralfurchen. Bewegliche Wangen gross, feste klein, Auge wohl entwickelt, Thorax mit acht bis zehn Segmenten (acht bei devonischen, neun und zehn bei obersilurischen Formen), Pleurae mehr oder minder gewölbt, bald abgerundet, bald mit einem Stachel endigend. Pygidium bei manchen Formen stark gewölbt, bei anderen fast eben, Zahl der in der Axe unterscheidbaren Elemente sehr variabel (4—13), desgleichen die Entwicklung der Rippen auf den Seitentheilen des Pygidiums. Rand desselben bei einigen Formen (Subgenus *Phaeton*) mit Stacheln. Gesammtoberfläche meist glatt oder granulirt, seltener gestreift. Einrollung vielfach beobachtet. Sehr häufig im Obersilur, einzelne Formen auch im Untersilur und Devon.

Arethusina Barr. Kopfschild halbkreisförmig, gewölbt, Glabella kurz, kaum halb so lang als der Kopf, kegelförmig, gewölbt, mit je drei Seitenfurchen. Auge klein, genetzt, durch einen Wulst mit der Glabella verbunden, Thorax der erwachsenen Formen mit 22 Segmenten, Pleurae erst nahe dem Ende gekrümmt, Pygidium sehr klein, einem Kreisabschnitt gleichend, mit einer geringen Zahl von Segmenten. Sculptur verschieden: aus Gruben und Körnern gebildet; Einrollung beobachtet. Obersilur Böhmens.

Harpides Beyr. Kopfschild ähnlich wie jenes von *Harpes*, mit breitem Limbus, aber kurzem Wangenstachel; besonders charakteristisch das von der Glabella ausstrahlende, nervenartige Geäder der Wangen. Die kleinen Augen durch Wulst mit der Glabella verbunden (ähnlich wie bei *Arethusina;* beide Gattungen wahrscheinlich mit *Harpes* nahe verwandt, Quenstedt fasst diese Formen als „*Ungulae*" zusammen). *Harpides* tritt bereits im Untersilur auf.

Phillipsia Portl. Gesammtumriss eiförmig, Kopfschild parabolisch, mit kurzem Wangenstachel, Glabella gewölbt, mit drei mehr oder minder entwickelten Lateralfurchen. Augen ziemlich gross, genetzt. Thorax mit breiter Rhachis, sechs bis zehngliedrig (*Phill. parabola Barr.* aus dem böhmischen Untersilur mit sechs, *Phill. Verneuili* im Eifler Devon mit zehn, die sehr zahlreichen carbonischen Formen mit neun Segmenten). Pygidium gross, mässig gewölbt, bei den älteren mit weniger, bei den jüngeren mit zahlreicheren Segmenten in der Axe (bis zu 14 Glieder), Sculptur zumeist aus feinen Körnern und Warzen gebildet. In allen palaeozoischen Formationen; am häufigsten aber im Kohlenkalk.

Barrande stellt zu seiner sechsten Gruppe oder Familie noch *Cyphaspis Burm.*, Unter- und Obersilur, *Carmon Barr.* (Unter- und Obersilur), *Cyphoniscus Salt.* (Untersilur), *Isocolus Ang.* (Unter- und Obersilur).

VII. Gruppe.

Phacops Emmr. (Fig. 514). Das gerundete und parabolisch gestaltete Kopfschild beträgt etwas weniger als ein Drittel, das Pygidium etwa ein Viertel der Gesammtlänge. Der Limbus des Kopfschildes ist vor dem meist stark angeschwollenen Frontallobus der Glabella rudimentär, er verstärkt sich den Wangen entlang bis zu dem stets abgerundeten Wangenwinkel. Die Glabella ist mehr oder minder gewölbt, pentagonal, mit bald gerundetem, bald abgestumpftem

Frontalwinkel, ihre Lateralfurchen sind meist wenig tief, die Hinterhauptsfurche, sowie die hinterste der Seitenfurchen jedoch stets sehr deutlich. Die Augen sind meist stark vorspringend, gross und deutlich facettirt (nur bei *Ph. Volborthi* sind die Augen klein, mit wenig entwickeltem Relief). Die einzelnen Linsen durchbrechen die allgemeine Hülle, welche sich unmittelbar

Fig. 514.

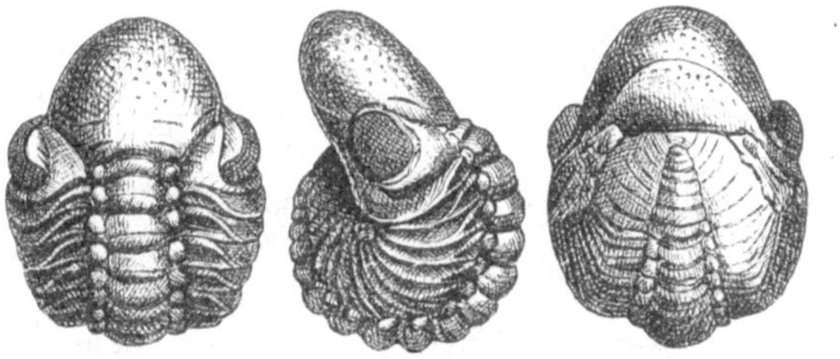

Phacops cephalotes Corda. Obersilur Böhmens, Etage G.

in die Fläche des Kopfschildes fortsetzt (ebenso wie bei *Dalmanites*). Der Thorax zählt elf Segmente mit stark vorspringender Axe, die Pleurae endigen rund und weisen eine starke Facette auf, der stark entwickelten Einrollungsfähigkeit entsprechend. Das Pygidium ist halbkreisförmig, seine Axe erreicht den Hinterrand nicht. Die Sculptur besteht meist aus feinen Körnern, selten aus gröberen Warzen. Sehr häufig im Obersilur, einige Formen auch im Devon. Die geologisch älteren Formen zeigen manche Analogie mit den untersilurischen *Dalmanites*-Formen, von welchen sie wahrscheinlich abstammen.

Dalmanites Emmr. (Vergl. Fig. 503). Kopf und Pygidium stark entwickelt, ersterer mehr oder minder gewölbt, von meist parabolischem Umriss. Limbus desselben bisweilen durch die Glabella unterbrochen (*Dalm. socialis*) meist aber continuirlich, fast stets in Wangenstachel verlängert. Die wenig über die Wangen vorragende Glabella ist durch sehr starke, fast geradlinige Dorsalfurchen begrenzt, drei Paar Lateralfurchen sind vorhanden, der Frontallobus ist sehr gross, oft stark abgeschnürt, häufig sind die von Barrande als „impressions auxiliaires" bezeichneten Vertiefungen zu beobachten. Die Augen sind sehr stark entwickelt, von ähnlichem Bau wie jene von *Phacops*. Der Thorax besitzt elf Segmente, mit meist stachelig endigenden, selten abgerundeten Pleurae. Das Pygidium weist bei der obersilurischen Gruppe des *Dalm. Hausmanni* 16—22 Elemente, bei der untersilurischen Gruppe des *Dalm. socialis* nur bis 15 Elemente auf. Bei *Dalm. Mac Coyi* finden sich Durchbohrungen als Verzierung, sonst treten nur Körnelungen auf. Bei einigen Formen ist die Einrollung constatirt. Die untersilurischen Typen erinnern in der Gestaltung der Wangenwinkel und der der Pleurae und des Pygidiums an *Phacops*. Häufig im Obersilur und durch manche Arten auch im Devon vertreten.

Cryphaeus Green ist durch stärkere Sculptur und durch die Stachel des Schwanzschildes von *Dalmanites* zu unterscheiden. Devon.

VIII. Gruppe.

Calymene Brongn. (Fig. 515). Kopf gross, etwa halb so lang als der Thorax, halbkreisförmig oder dreieckig, mit meist gerundetem, zuweilen stachelig endigendem Wangenwinkel. Frontalrand aufgewulstet, Glabella conisch, stark vortretend, mit drei paar deutlichen, schrägen Lateralfurchen. Augen nicht sehr gross, doch deutlich genetzt. 13 Segmente im Thorax, mit stark vorspringender Axe. Pygidium gewölbt, mehr oder minder gerundet, stets ganzrandig. Die Sculptur besteht aus mehr oder weniger starker Körnelung; die Einrollung ist bei mehreren Formen constatirt. *Calymene* ist im Untersilur und in den unteren Horizonten des Obersilur häufiger, in den höheren Siluretagen hingegen seltener.

Fig. 515.

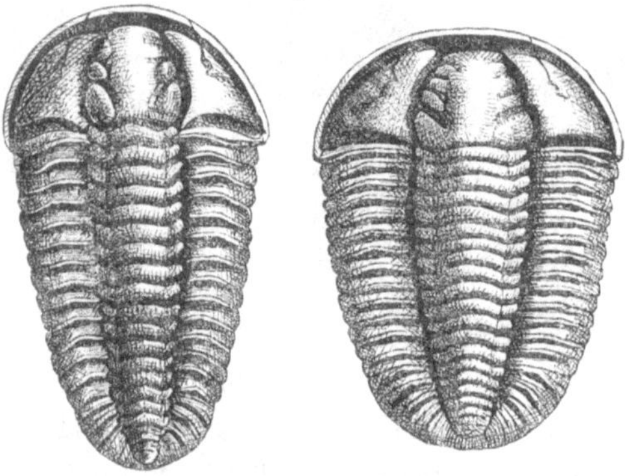

Calymene incerta Barr. Untersilur Böhmens, Etage D_4 Zahorzan. Lange und breite Form.

Homalonotus v. Koen. In der Gestaltung des Rumpfes (insbesondere der Pleurae) der Gattung *Calymene* nicht unähnlich, unterscheidet sich *Homalonotus* von ihr hauptsächlich durch die nahezu ganz fehlende, nur selten deutlichere Lobation des Kopfschildes; durch die wenig markirte Rhachis des Thorax und das dreieckige Pygidium. Untersilur bis Devon, zumal im Unterdevon häufig.

Dipleura Green unterscheidet sich von *Homalonotus* durch ungegliedertes Schwanzschild. Devon.

IX. Gruppe.

Lichas Dalm. Kopfschild stark gewölbt, von parabolischem Umriss, mit wenig entwickeltem Limbus und ebenfalls wenig entwickelten, mit einem ziemlich weit vorgezogenen Stachel versehenen Wangen. Die Furchung der Glabella ist nur schwierig auf die normale Einrichtung zurückzuführen; sie zeigt auch bei einzelnen Formen weitgehende Verschiedenheiten. Die Augen sind verschieden entwickelt; der Thorax zählt elf Segmente, das sehr grosse Pygidium nur wenige Elemente (meist nur drei). Unter- und Obersilur.

Fig. 516.

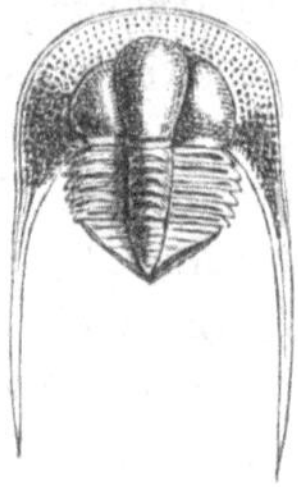

Trinucleus Goldfussi Barr. Untersilur Böhmens, Etage D. Wesela.

X. Gruppe.

Trinucleus (*Lhwyd.*) *Murchison* (Fig. 516). Kopfschild gross, halbkreisförmig mit breitem Limbus und grossen, die Länge des Leibes überragenden Wangenstacheln. Limbus mit in regelmässigen Reihen stehenden Durchbrechungen geziert. Glabella stark angeschwollen,

Augen fehlen oder sind schwach entwickelt, Thorax mit sechs Segmenten, Pygidium dreieckig. „Primordialstufe“ und Untersilur.

Dionide Barr. Im allgemeinen Habitus der vorhergehenden Gattung ähnlich, mit sehr langen, gebogenen Wangenstacheln, ebenfalls blind. Pygidium gross, mit zahlreichen, verschmolzenen Elementen. Untersilur Böhmens.

Zu seiner zehnten Familie rechnet Barrande auch die primordialen Gattungen *Psilocephalus Salter* und *Microdiscus Emms.*

XI. Gruppe.

Asaphus Brongn. (Fig. 517). Thorax verhältnissmässig kurz gegenüber dem grossen Kopf- und Schwanzschild. Ersteres von parabolischem Umriss, selten mit deutlichem Limbus, mit bald abgerundeten, bald eckigen und selbst stacheltragenden Wangenwinkeln. Glabella nicht sehr scharf begrenzt, auch die Seitenfurchen derselben schwach oder fehlend. Augen vorhanden, mit dreifach genetzter Sehfläche. Thorax mit acht Segmenten (bei *A. latifrons* neun), Pygidium gross, sehr verschieden gestaltet, zuweilen ohne Furchung, oft aber mit deutlicher Rhachis und gefurchten Seitentheilen. Die Sculptur besteht aus feinen Streifen oder Falten. Sehr charakteristisch ist das gegabelte Hypostom. An vielen Formen ist die Einrollung constatirt. Tritt schon in der „Primordialstufe“ auf, ist überaus häufig im Untersilur und durch einzelne Formen auch im Obersilur vertreten.

Fig. 517.

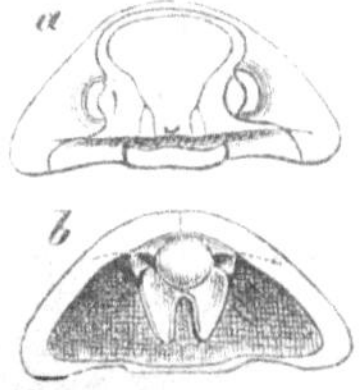

Asaphus expansus Dalm. Untersilur, Ost-Gotland.

Als Untergattungen sind zu betrachten: *Basilicus Salter*, *Itotelus Dekay*, *Ptychocheilus Nov.*

Ogygia Brongn. Mit *Asaphus* nahe verwandt, Hypostom jedoch nicht ausgerandet. Primordialstufe und Untersilur.

Weitere zu der eine gute, natürliche Gruppe (*Asaphidae*) bildenden elften Familie Barrande's gehörende Gattungen sind: *Barrandia M'Coy.* (Primordialstufe und Untersilur) und *Stygina Salt.* (Untersilur).

XII. Gruppe.

Aeglina Barr. (Fig. 518). Kopfschild gross, mit ungegliederter Glabella, an welcher selbst Hinterhauptsfurche und Hinterhauptsring kaum angedeutet sind. Augen sehr gross, zuweilen vor der Glabella zusammenstossend und zu einer einzigen, den Kopf umgürtenden Sehfläche vereinigt. Thorax mit fünf bis sechs Segmenten, auf welchen die Quertheilung hervortritt, während das halbkreisförmige Pygidium nur eine

Fig. 518.

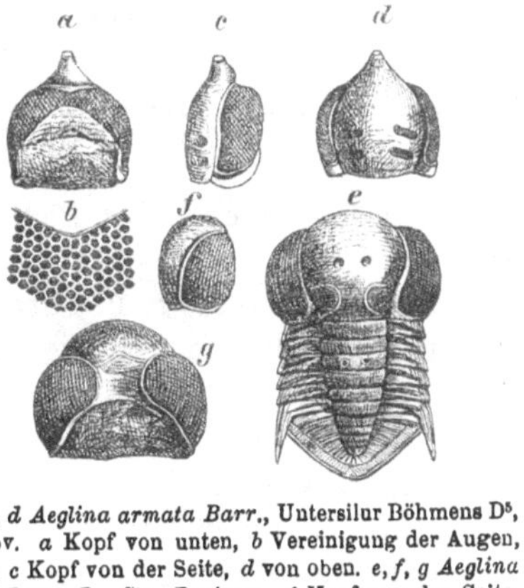

a, b, c, d Aeglina armata Barr., Untersilur Böhmens D^5, Lejskov. *a* Kopf von unten, *b* Vereinigung der Augen, vergr., *c* Kopf von der Seite, *d* von oben. *e, f, g Aeglina prisca Barr.* D_1 *Sta. Benigna.* *f* Kopf von der Seite, *g* von unten.

rudimentäre Axe aufweist, die nur bei wenigen Formen Spuren von Segmentation zeigt. Untersilur.

XIII. Gruppe.

Illaenurus Hall. In der Gestaltung des Kopf- und Schwanzschildes der Gattung *Illaenus* ähnlich, aber mit Furchen auf den Pleurae, daher von Barrande als gewissermassen vermittelnde Gattung an den Schluss seiner ersten Serie gestellt, welche durch die Plèvre à sillon gekennzeichnet ist.

Zweite Serie.

Pleurae mit einem Wulst (Plèvre à bourrelet Barr.).

XIV. Gruppe.

Acidaspis Murch. (Fig. 519). Das complicirt gebaute Kopfschild ist breit und gross, meist von trapezförmigem Umriss. Neben den schwachen, die Glabella begrenzenden Furchen sind andere Längsfurchen (faux sillons Barrande's) stärker ausgeprägt und zwei bis drei mehr oder minder deutliche Seitenfurchen vorhanden. Augen genetzt, auf Höckern, bisweilen gestielt. Thorax mit neun bis zehn Segmenten, Axenringe mit starken Knoten, Pleurae mit starkem, in einen Stachel endigenden Wulst; auch der vordere, aufgewulstete Saum der Pleurae endigt mit einem (kleineren) Stachel. Das Pygidium ist klein, halbkreisförmig, mit nur drei Segmenten auf der Axe. Neben den Hauptstacheln des Pygidiums treten häufig auch kleinere auf, auch der Saum des Kopfschildes ist oft von einer Reihe kleiner Stachel begleitet und die Rückseite desselben weist bei einigen Formen überaus starke, s-förmig gekrümmte Stachel auf. Bei anderen Formen sind die kleineren Stachel der Pleurae zierlich gefiedert. Im Unter- und Obersilur sehr häufig.

Fig. 519.

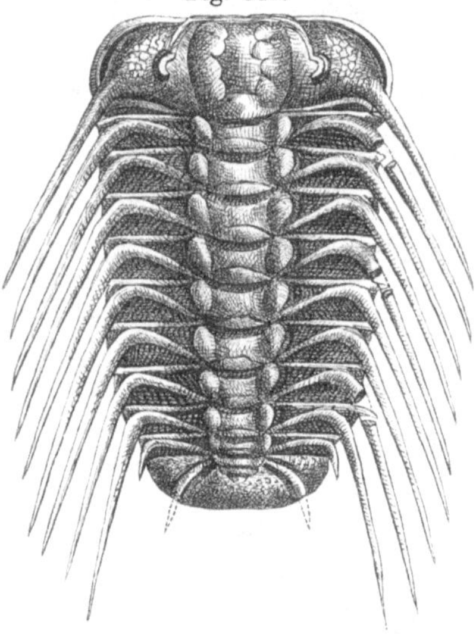

Acidaspis Buchi Barr. Untersilur Böhmens D_2. Drabov.

Die stark verzierten Formen können unter dem Namen *Arges Goldf.* zusammengefasst werden; sie kommen noch im Devon vor.

XV. Gruppe.

Cheirurus Beyr. (Fig. 520). Körperform langeiförmig, Kopfschild etwa ein Drittel, Pygidium ein Fünftel der gesammten Länge betragend. Umriss des ersteren halbkreisförmig oder parabolisch, Glabella breit und stark gewölbt, von tiefen Dorsalfurchen begrenzt, mit drei Paar Seitenfurchen, welche ziemliche Variationen zeigen. Feste Wangen gross, bewegliche klein, desgleichen das Auge. Thorax mit zehn, elf oder zwölf Segmenten, breiter Rhachis und stachelig endigenden Pleurae. Pygidium sehr verschieden gestaltet, stets drei bis vier Segmente umschliessend, mit einer verschiedenen Zahl von Stacheln oder lappigen Anhängen. Häufig im Unter- und Obersilur.

Fig. 520.

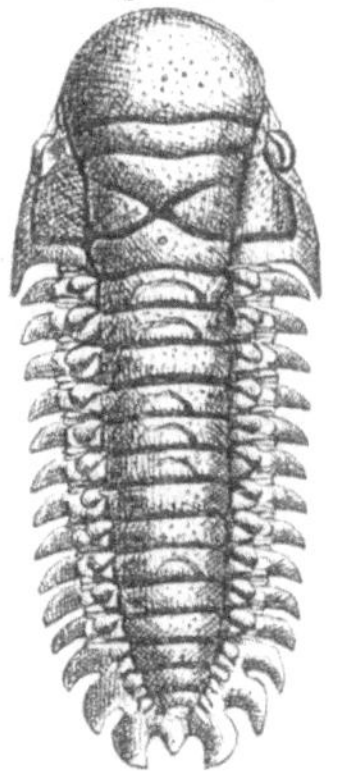

Cheirurus gibbus Beyr. Obersilur Böhmens, Etage G, *Barr.*

Nahe mit *Cheirurus* verwandt ist die Gattung *Areia Barr.* aus dem böhmischen Untersilur mit viereckiger Glabella, fehlenden Augen und sehr kleinem Pygidium, welches nur in der Axe zwei Segmente unterscheiden lässt.

Placoparia Corda. Kopfschild halbkreisförmig, mit stark vortretender Glabella, welche jederseits drei Seitenfurchen zählt. Augen fehlen. Zehn bis elf Segmente im Thorax, Pygidium gerundet, klein, mit vier bis fünf Segmenten. Böhmisches Untersilur.

Deiphon Barr. aus dem böhmischen Obersilur ist durch überaus grosse, kugelig angeschwollene Glabella ausgezeichnet, während die Wangen zu einem stachelähnlichen, cylindrischen Anhang reducirt sind, auf welchem das Auge sitzt. Sehr eigenthümlich ist auch das Pygidium gestaltet. Eine einzige Art: *D. Forbesi Barr.* im böhmischen Obersilur.

Sphaerexochus Beyr. Mit überaus gewölbtem Kopfschild, welches etwa ein Drittel der ganzen Länge einnimmt, Glabella stark aufgeblasen, Wangen wenig entwickelt, Augen sehr klein, genetzt. Thorax mit zehn Segmenten, Pygidium sehr klein, etwa ein Sechstel der ganzen Länge messend. Unter- und Obersilur.

Staurocephalus Barr. Kopfschild durch drei aufgeblasene Theile einem Kreuz gleichend; der vordere Theil entspricht dem Stirnlobus der Glabella, deren übriger Theil eine Art schmalen Hals bildet, welcher drei Paar Seitenfurchen aufweist, die kugelig aufgeblasenen Wangen bilden die Seitenarme des Kreuzes. Zehn Thoraxsegmente, deren Pleurae mit langem Stachel endigen. Pygidium mit vier Segmenten, von welchen drei Stacheln tragen. Unter- und Obersilur.

XVI. Gruppe.

Dindymene Corda. Kopfschild gross, halbkreisförmig, Glabella stark aufgeblassen, mit wenig entwickelten oder selbst fehlenden Seitenfurchen. Augen fehlen. Thorax mit zehn Segmenten, deren Rhachis ungefähr ebenso breit ist als die Pleurae (deren Stachel ungerechnet). Pygidium verlängert, mit zahlreichen Ringen auf der Axe und zwei jenen des Thorax ähnlichen, Stachel tragenden Pleurae jederseits. Untersilur Böhmens.

Zethus Pander, aus dem russischen Untersilur, gehört gleichfalls zu dieser Gruppe.

XVII. Gruppe.

Cromus Barr. Kopfschild und Pygidium nehmen etwa ein Drittel der Gesammtlänge ein. Der Umriss des halbkreisförmigen Kopfschildes wird durch einen dicken Wulst gebildet, der sich am Wangenwinkel in einen Stachel fortsetzt. Glabella wenig gewölbt, mit vier Paar lateralen Furchen. Bewegliche Wange klein, vor der Glabella zusammenhängend, Augen klein, fein genetzt. Der Thorax enthält nur bis zehn Glieder, das Pygidium weist 12—28 Elemente in der Axe, weit weniger aber auf den Seitentheilen auf. Die Sculptur besteht in feinen Körnern, neben welchen zuweilen Grübchen auftreten. Obersilur.

Amphion Pander. Halbkreisförmiges Kopfschild, mit sehr tiefen Furchen geziert, Glabella abgeflacht, mit drei Paar Seitenfurchen. Augen sehr klein, Thorax mit 14 Segmenten. Primordialstufe und Untersilur.

Encrinurus Emmr. hat seinen Namen von der auffallend engen Gliederung der Rhachis des Pygidiums erhalten, welche man mit *Crinoiden*-Stielen verglichen hat. Thorax elfgliedrig. Primordial, Unter- und Obersilur.

XVIII. Gruppe.

Bronteus Goldf. (Fig. 521). Jede der drei Partien des Körpers umfasst etwa ein Drittel der Gesammtlänge, bei einigen Formen ist das Pygidium noch grösser. Kopfschild mehr oder minder gewölbt, mit oder ohne Limbus, mit spitzen oder in einen kurzen Stachel ausgezogenen Wangenwinkeln, Glabella vorn sehr breit, von deutlichen Furchen begrenzt, die Seitenfurchen weniger deutlich, Augen gross, genetzt, feste Wange klein, bewegliche weit grösser. Zehn Segmente im Thorax, Pygidium halb eiförmig mit einem kurzen Axenrudiment, welches nur selten Querfurchen trägt und von welchem geradlinige Rippen ausstrahlen. Untersilur, häufiger im Obersilur und durch einige Formen auch im Devon vertreten.

Fig. 521.

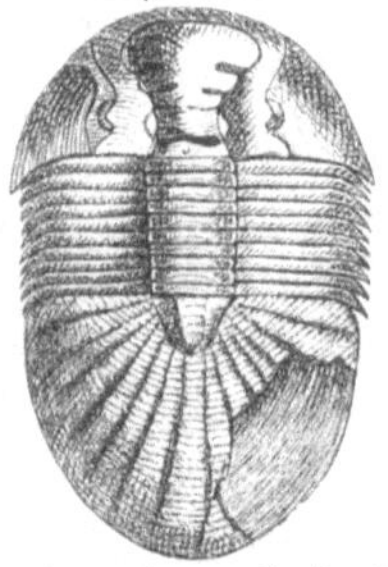

Bronteus planus Corda E; Obersilur, Böhmen.

Dritte Serie, Pleurae eben.

XIX. Gruppe.

Illaenus Dalm. Kopf und Pygidium gross, jedes ebenso lang oder länger als der Thorax. Quertheilung mehr oder minder angedeutet, zuweilen fast verschwindend. Kopfschild breit, halb elliptisch, selten mit Limbus, Glabella undeutlich begrenzt und nur selten Andeutungen von Seitenfurchen tragend. Thorax mit acht, neun, bei einigen Arten auch zehn Segmenten, deren Pleurae ebene Oberfläche besitzen. Pygidium stets mehr oder minder gewölbt, mit rudimentärer Axe, welche nie die Hälfte der Länge des Schwanzschildes erreicht. Verzierung durch Striche oder Falten, sowie durch feine Grübchen gebildet. Fähigkeit des Einrollens bei vielen constatirt. Einige Formen in primordialen Schichten, sehr zahlreiche im Untersilur und einzelne im Obersilur.

Fig. 522.

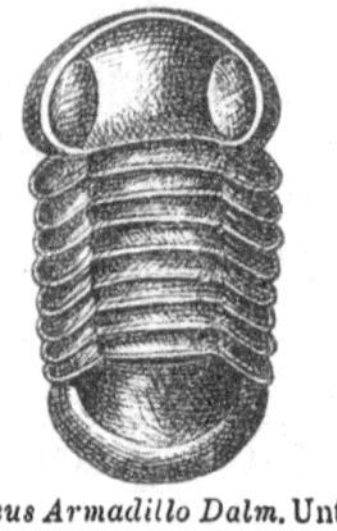

Nileus Armadillo Dalm. Untersilur, Hubsbyfjöl, Ost-Gotland.

Die Gattungen: *Bumastes Murch.*, *Dysplanus Burm.*, *Panderia Volborth*, *Illaenopsis Salter* könnten eventuell (als Subgenera) zur Gruppirung des grossen Formenreichthums verwendet werden.

Nileus Dalm. (Fig. 522). Kopf und Schwanzschild breit, mit wenig hervortretender Trilobation, Thorax mit acht Gliedern, die sich durch breite Rhachis und kurze, schräg gestellte, mit einer sehr schwach angedeuteten Furche versehene, daher fast eben scheinende Pleurae auszeichnen. Sehr häufig eingerollt. Primordial und Untersilur.

B_2. Trilobiten mit ähnlich gestaltetem Kopf- und Schwanzschild (*Trilobites anarmaux Milne Edw.*).

XX. Gruppe.

Agnostus Brongn. = *Battus Dalm.* (Fig. 523). Von allen übrigen *Trilobiten* durch die Aehnlichkeit des Kopf- und Schwanzschildes, sowie das Vorhandensein von nur zwei Thoraxsegmenten verschieden. Trilobation meist nur auf den Segmenten des Thorax ersichtlich, bei einigen auch eine Glabella vorhanden und der Occipitalring angedeutet. Nie sind Augen, nie eine Spur der „grossen Naht“ vorhanden. Primordial und Untersilur.

Fig. 523.

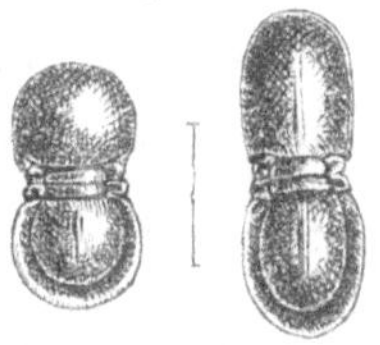

Agnostus nudus Beyr. Primordial-Stufe. Skrey, Böhmen.

C. Entomostraca.

Diese „kleinen, einfach organisirten *Crustaceen* von überaus variirender Zahl und Gestaltung der Gliedmassen“ umfassen die *Phyllopoda*, *Ostracoda*, *Copepoda* und *Cirripedia*, welchen sämmtlich nur geringe palaeontologische Bedeutung zukömmt.

C_1. Phyllopoda.

Mit oft deutlich gegliedertem Körper und schildförmiger oder seitlich comprimirter, zweiklappiger Hautduplicatur, mit mindestens vier Paaren von blattförmigen, gelappten Schwimmfüssen.[1] Die zahlreichen recenten Formen zerfallen in zwei Gruppen:

Branchiopoda und *Cladocera;* nur die ersteren, welche sich durch bedeutendere Dimensionen, zahlreichere Gliedmassen und complicirteren inneren Bau auszeichnen, haben deutlichere, fossile Reste geliefert. Hinsichtlich der letzteren hat O. Heer das Vorkommen der charakteristischen paarweisen Wintereier von *Daphnien* in den Schichten von Oeningen (Miocän) beobachtet.

Apus Schäff. Recent und fossil von der Kohlenformation an (*Apus dubius Prestw.* Carbon von Coalbrook Dale, *Apus antiquus Schimp.* im Buntsandstein von Sulzbad im Elsass.

Branchipodites vectensis Woodw. aus den eocänen Süsswasserkalken von Bembridge auf der Insel Wight ist dem recenten *Branchipus* nahe verwandt, dessen lang gestreckter Leib der Schalenumhüllung entbehrt.

---

[1] Die häufig als *Phyllopoden* betrachteten palaeozoischen Formen: *Hymenocaris, Peltocaris, Ceratiocaris* etc. scheinen mit der recenten *Nebalia Leach* nahe verwandt zu sein und mögen mit dieser zu den *Leptostraca* (Unterabtheilung der *Malacostraca*) gerechnet werden.

Estheria Rüpp. Körper von einer zweiklappigen Chitinschale vollständig umschlossen, Schale mit kaum gebogenem Rückenrand und Wirbeln, welche jenen der *Pelecypoden*-Klappen gleichen. Die fossilen werden daher oft mit solchen verwechselt. Recent und fossil von der Devonformation an (*Estheria membranacea Pacht.* im Oldred-Sandstone; *E. minuta Alb.* = *Posidonia minuta*, überaus häufig in der mitteleuropäischen Trias).

Fig. 524.

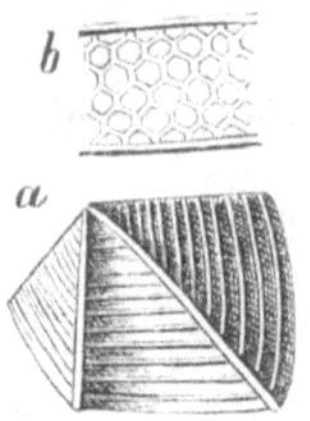

Leaia Leidyi R. Jones, Carbon, Süd-Wales. *a* Schale schwach, *b* ein Theil der Oberfläche stark vergr.

Leaia Jones (Fig. 524). Zweiklappige Schalen von vierseitigem Umriss, mit zwei Kielen und concentrischen Rippen. Kohlenformation.

Als gänzlich problematisch mag hier die Gattung *Cyclus* (*Battus radialis Philipps*) aus dem belgischen Kohlenkalk angeführt werden, welche nach Woodward zu den *Phyllopoden* gehört, während F. Roemer die Möglichkeit erwähnt, dass es ein Larvenzustand von *Prestwichia* oder einer anderen *Limuliden*-Gattung der Kohlenformation gewesen sei.

C_2. Ostracoda.

Meist seitlich comprimirt, mit zweiklappiger Kalkschale, mit sieben Extremitäten, mit beinartigem Mandibulartaster und kurzem Abdomen.

a. *Cypridae.*

Vorherrschend Süsswasserformen, Schalen leicht und zart.

Cypris O. F. Müll. Süsswasserformen mit dünner, zarter Schale, recent und fossil von der Carbonformation an. *C. inflata Murch.* in der oberen Kohlenformation, *C. Valdensis Fitt.*, *granulosa spinigera*, *tuberculata Sow.* im Wealden, sehr zahlreiche Formen in tertiären Süsswasserbildungen.

b. *Cytheridae.*

Meeresbewohner mit harten, compacten, meist kalkigen Schalen.

Fig. 525.

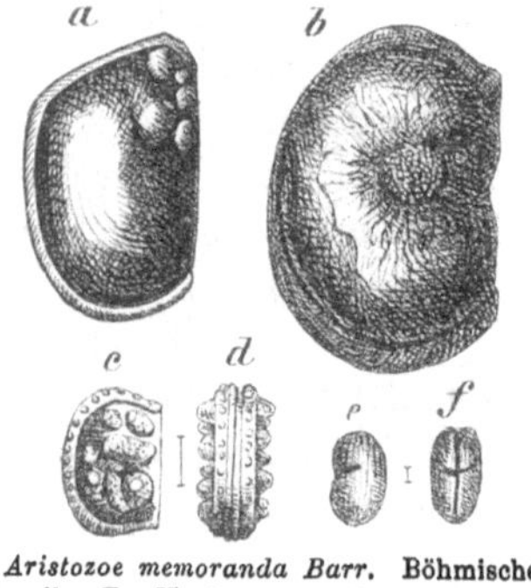

a Aristozoe memoranda Barr. Böhmisches Obersilur F_2, Konjeprus; *b Leperditia (Isochilina) gigantea Roem.*, Silur (Errat. v. Lyck Ost-Preussen); *c, d Beyrichia tuberculata Boll.* Silur (Errat. v. Berlin); *e, f Cypridina serrato striata Sandb.* Ober-Devon, Nassau; *a* u. *b* $^2/_3$ der nat. Gr., *c—f* vergr.

Cythere O. F. Müll. Mit fester kalkiger Schale, Meeres- und Brackwasserbewohner. Gleich den zahlreichen Untergattungen (*Cytheropsis Sars*, *Cythereis Jones*, *Limnicythere Brd.* etc. etc.) recent und fossil in zahlreichen Ablagerungen von der „Primordialstufe“ an.

Leperditia Rouault (Fig. 525 *b*). Mit *Cythere* nahe verwandt, doch weitaus grösser. Von den beiden durch eine gerade Linie vereinten Klappen ist die rechte bedeutend grösser und bedeckt den Rand der linken. Ein kleiner Höcker, welcher in der Nähe der Vorderseite der Schlosslinie liegt, wird als Augenhöcker gedeutet, etwas unter demselben und mehr gegen die Mitte jeder Klappe liegt ein durchscheinender Fleck (Muskeleindruck), dessen polygonale Sculptur mit dem Nervengeäder der übrigen Schale contrastirt. Silur bis Carbon.

Die Untergattung *Isochilina Jones* besitzt gleichklappige Schalen, deren Schlosslinie nicht gerade verläuft.

Aristozoe Barr. (Fig. 525*a*). Gleichklappig, mit gerader Schlosslinie, ziemlich stark gewölbt, mit vier bis fünf mehr oder minder deutlichen Hervorragungen auf jeder Klappe, welche dem vorgezogenem Kopfende und der Schlosslinie genähert sind. Obersilur. *A. regina* erreicht 90 mm Länge.

Nahe verwandt mit *Aristozoe* ist *Callizoe Barr.* (ebenfalls aus dem Obersilur).

Bollozoe Barr. (aus dem Ober-Silur) zeigt im Gegensatz zur allgemeinen Regel die angeschwollene Hinterseite mit kleinen Höckern verziert.

Bei den Gattungen *Primitia, Zonozoe* und *Nothozoe Barr.* (Untersilur) ist es unsicher, wo das Hinterende des Gehäuses zu suchen ist, d. h. welche Klappe die rechte, welche die linke ist.

Elpe Barr. zeichnet sich durch stark aufgeblasenes, fast kugeliges Gehäuse aus (Obersilur).

Bairdia M'Coy. Vielgestaltige, meist aufgeblähte und hinten zugespitzte glatte Gehäuse. Recent und fossil von der Silurformation an, häufig im Kohlenkalk, im Lettenkohlensandstein der Trias etc.

Hippa Barr. trägt längs des gekrümmten Ventralrandes hohle Stachel. Ober-Silur.

Beyrichia M'Coy. (Fig. 525 *c, d*). Klappen halbkreisförmig, mit aufgewulstetem, bisweilen gekörnten Rand und sechs stark hervortretenden, gekörnelten Erhabenheiten, welche indess zuweilen mit einander verschmelzen und längere Wülste darstellen. Sehr häufig im Silur, selten in den jüngeren palaeozoischen Formationen.

c. *Cypridinae.*

Schalenrand mit ventralem Ausschnitt zum Austritt der Antennen.

Entomis Jones. Ausgezeichnet durch eine mediane Einkerbung; bei manchen Formen hält es schwer vorn und hinten, rechte und linke Klappe zu bestimmen. Die gestreiften Formen gleichen der *Cypridina serrato-striata* des Devon sehr. Unter- und Obersilur.

Cypridina Edw. Schalen bohnenförmig, mit einem hervorragenden Knoten (Auge) jederseits. Recent und fossil von der Devonformation an. *Cypr. serrato-striata Sandb.* (Fig. 525 *e, f*) erfüllt den oberdevonischen *Cypridinen*-Schiefer von Nassau, die Schalen zeigen gleich jenen von *Entomis* eine mediane Einkerbung, ihre Oberfläche ist punktirt, längsgestreift. *Cypr. Edwardsiana de Kon.* ist den recenten *Cypridinen* näher verwandt. Zahlreiche und zierliche Formen in den jüngeren Formationen.

Cyprella de Kon. aus dem belgischen Kohlenkalk ist mit *Cypridina* nahe verwandt, *Cypridella de Kon.* hingegen stark aufgeblasen und hierdurch aberrant gestaltet (*Cypridella cruciata* des belgischen Kohlenkalkes).

Crescentilla Barr. besitzt Schalen von eigenthümlichem, an der Ventralseite ausgeschnittenen Umriss. Untersilur.

Caryon Barr. gleicht in Folge der vollkommenen Verschmelzung beider Klappen zu einem einzigen Schalenstück kaum den übrigen *Cypridinen*, weist jedoch gleich den meisten genannten Formen stark hervortretende Augenhöcker auf. Untersilur.

C_3. Copepoda.

Die (theilweise parasitischen) durchwegs sehr kleinen Formen dieser Gruppe entbehren der Schale, sind daher der fossilen Erhaltung unfähig.

C_4. Cirripedia.

Undeutlich gegliederte, festsitzende, meist zwittrige *Crustaceen* mit einem häufig Kalkstücke absondernden Mantel, meist mit sechs Paaren viergliedriger Rankenfüsse.

Claus[1] unterscheidet vier Unterordnungen der *Cirripedia:* I. *Thoracica* (*Cirripedia s. str.*), II. *Abdominalia*, III. *Apoda*, IV. *Rhizocephala.* Nur die erste Gruppe besitzt palaeontologisches Interesse, die drei übrigen umfassen nur parasitische Formen. Dafür muss im Anschluss an die *Cirripeden* eine problematische Form Erörterung finden:

Bostrichopus antiquus Goldf. aus dem Culmschiefer von Herborn in Nassau. Der ovale Körper dieser, vielleicht einer besonderen Familie der *Cirripedia* angehörigen Form besteht aus einem Cephalothorax, von welchem vier Paar gegliederte, in zahlreiche gegliederte Borsten endigende Füsse ausgehen, und einem aus sechs Ringen bestehenden Hinterleib.

Die *Cirripedia* im engeren Sinne zerfallen in *Pedunculata* und *Operculata.*

I. Pedunculata.

Körper gestielt, mit sechs Rankenfusspaaren, Mantel meist mit fünf Hauptschalenstücken (Carina und die paarigen Scuta und Terga), häufig jedoch mit weitaus zahlreicheren Kalkstückchen. Scuta und Terga ohne musculi depressores.

a. *Lepadidae.*

Stiel deutlich abgesetzt, ohne Kalkstückchen, im häutigen Mantel fünf Schalenstücke, von welchen Scuta und Terga hintereinanger liegen.

Fig. 526.

Pollicipes concinnus Morris. Oxford-Clay.

An die recente Gattung *Lepas L.*, welche schon (obwohl selten) im Lias auftritt, etwas häufiger aber in der Kreide sich findet, schliesst sich *Poecilasma Darw.* (durch kürzere Carina gekennzeichnet) recent und tertiär, sowie zahlreiche recente Gattungen.

b. *Pollicipedidae.*

Stiel nicht scharf abgesetzt, beschuppt oder behaart, Schalenstücke sehr stark, der Zahl nach vermehrt. Scuta und Terga liegen neben einander.

Pollicipes Leach. (Fig. 526). Stiel dick, gegen das Ende verschmälert,

[1] Vergl. Grundzüge der Zoologie 4. Aufl. I. pag. 567.

dicht beschuppt, Mantel mit 18 und mehr Schalenstücken. Recent und fossil vom Lias an. Nahe verwandt ist *Loricula Sow.* mit sehr breitem und kurzem Stiel (Kreide). *Scalpellum Leach* mit kurzem und dickem schuppigem Stiel, Mantel mit 12—15 Schalenstücken. Recent und fossil (Kreide).

c. *Plumulitidae.*

Schalenstücke sehr zahlreich, einen tannenzapfenartigen Körper bildend, Stiel rudimentär oder fehlend.

Plumulites Barr. (*Turrilepas Woodw.*) (Fig. 527 *a* – *e*). Die zahlreichen Schalenstücke, welche den tannenzapfenartigen Körper bilden, sind in vier und mehr Reihen regelmässig angeordnet; von krummlinig-dreieckigem Umrisse zerfallen sie in je drei (zuweilen auch nur in zwei) Längsfelder und sind von Querstreifen bedeckt. Abweichend gestaltete Schalen („valves fenestrées“ *Barr.*), welche der Spitze entbehren, treten zuweilen auf. Silur.

Fig. 527.

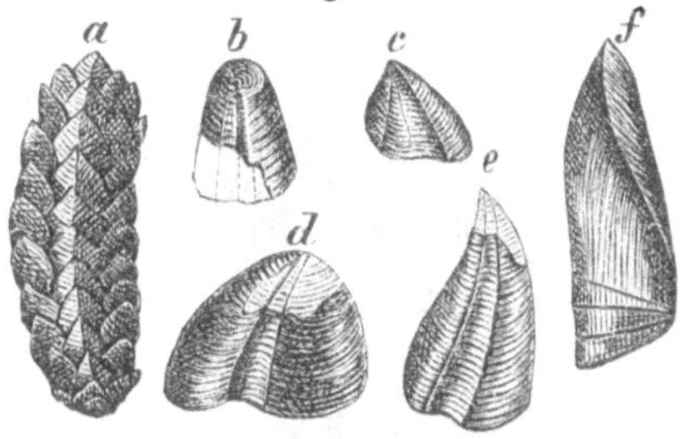

a Plumulites Wrightii Woodw. sp. Obersilur Dudley; *b, c Plum. compar. Barr.*, Untersilur Böhmens D_1, Sta. Benigna; *d, e Plum. Bohemicus Barr.* D_1 Wosek; *f Anatifopsis prima Barr.* D_2 Wosek.

d. *Anatifopsidae.*

Ungenügende bekannte, aus bloss zwei symmetrischen, oblongen Schalen bestehende Reste.

Anatifopsis Barr. (Fig. 527 *f*). Die Klappen erinnern einigermassen an isolirte Schalenstücke von *Lepas* (*Anatifa*), sind jedoch durch das Vorhandensein eines oder zweier horizontaler Segmente an der Basis vor allen *Cirripeden*-Schalen ausgezeichnet. Untersilur.

II. Operculata.

Körper ohne oder mit rudimentärem Stiel, von einem äusseren Schalenkranz umgeben, an dessen Spitze die Scuta und Terga einen zumeist frei beweglichen Deckel mit musculi depressores bilden.

a. *Verrucidae.*

Scuta und Terga ohne musculi depressores, nur an einer Seite frei beweglich, an der anderen mit Carina und Rostrum zu einer unsymmetrischen Schale verwachsen.

Verruca Schn. (Fig. 528). Recent und fossil von der oberen Kreide an.

Fig. 528.

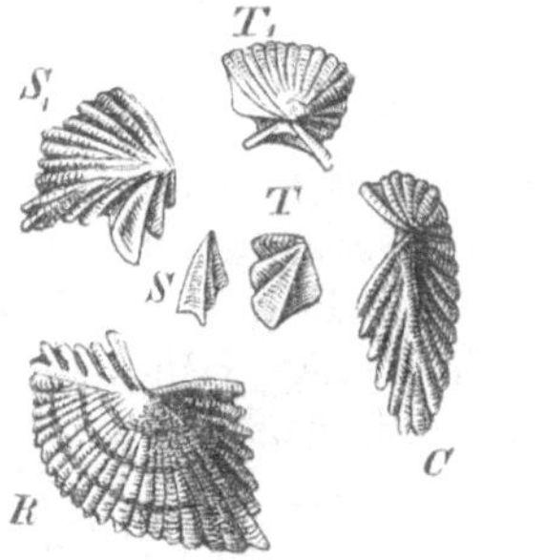

Verruca Strömia Müll. sp. Recent und fossil im engl. Crag und schottischen Glacialbildungen. *R* Rostrum, *C* Carina, SS_1 Scuta, TT_1 Terga.

b. *Chthamalidae.*

Rostrum (an den Scutis gelegenes Stück des Schalenkranzes), mit Alae (bedeckter Flügelfortsatz), aber ohne Radien (deckender Flügelfortsatz), die angrenzenden Rostrolateralia daher ohne Alae. Schalenwandungen ohne Höhlungen.

Von den zahlreichen recenten, hierher gehörigen Gattungen, deren Schalenkranz aus vier, sechs oder acht Stücken (bei *Catophragmus Sow.* noch von zahlreichen Kalkschuppen umgeben) gebildet wird, tritt *Pachylasma Darw.* auch in diluvialen Bildungen auf.

c. *Coronulidae.*

Scuta und Terga frei beweglich, aber nicht mit einander articulirend. Rostrum mit Radien aber ohne Alae. Sämmtliche seitliche Stücke des Schalenkranzes auf der einen Seite mit einem Radius, auf der anderen mit einer Ala.

Coronula Lamk. Schalenkranz breiter als hoch, recent und tertiär.

Tubicinella Lamk. Schalenkranz sehr hoch, aus sechs fest verwachsenen Stücken gebildet. Recent und fossil (eine Form: *T. maxima Morren* in der Kreide).

Fig. 529.

Balanus concavus Bronn. Coralline Crag, *a* testa, *b* scutum, *c* tergum.

d. *Balanidae.*

Scuta und Terga frei beweglich, unter einander articulirend.

Balanus List. (Fig. 529). Schalenkranz kegelförmig bis flach, cylindrisch, aus sechs Stücken gebildet; Scuta und Terga von dreieckigem Umriss. Recent und fossil, schon im Eocän, häufiger im Miocän.

Pyrgoma Leach. Ringschalenstücke zu einem Ganzen verschmolzen, Basis becherförmig oder subcylindrisch. Scuta und Terga jederseits verwachsen. Recent und tertiär.

D. Malacostraca.

Höher organisirte *Crustaceen* mit meist bestimmter Anzahl von Segmenten und Gliedmassen (19 Segmente, 19 Extremitätenpaare und ein Telson).

Claus theilt die *Malacostraca* in drei Unterabtheilungen: *Leptostraca, Arthrostraca* und *Thoracostraca.*

D_1. Leptostraca.

Seitlich comprimirte *Malacostraken* mit dünner, zweiklappiger Schale, mit gesonderten Brustsegmenten und mit *Phyllopoden*-ähnlichen Beinpaaren.

An die recente, früher als *Phyllopode* betrachtete *Nebalia Leach*, welche sich in vieler Hinsicht als Zwischenglied von *Phyllopoden* und *Malacostraken* darstellt, schliessen sich mehrere palaeozoische, hinsichtlich ihrer Organisation nicht genau bekannte Formen.

Hymenocaris Salter. Mit einfacher, gebogener, Kopf- und Brustsegmente bergender Schale, aus welcher neun freie Abdominalsegmente hervortreten, deren letztes drei Paare kurzer Schwanzstachel trägt. *H. vermicauda Salt. Lingula*-flags von Nord-Wales.

Ceratiocaris M'Coy. (Fig. 530). Schale zweiklappig, gegen vorn verschmälert, rückwärts abgestutzt, vorn durch ein lanzettliches Stück (Rostrum) ergänzt, Körper aus 14—20 Segmenten bestehend, von welchen fünf bis acht den über die Schale hinausragenden Abdominaltheil bilden, dessen Ende drei lange Stachel trägt. Die Kiefer wurden bei sehr günstiger Erhaltung in situ beobachtet. Unter- und Obersilur; vereinzelt noch im Devon und Carbon.

Fig. 530.

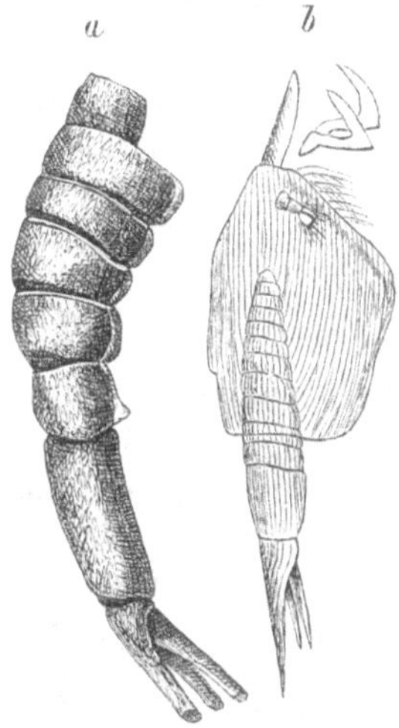

a Ceratiocaris Scharyi Barr. Untersilur E_2, Wohrada; *b Cerat. papilio Salt.* Upper Ludlow-rocks, Lesmahagow in Lanarkshire.

Dictyocaris Salt. Schale sehr gross (bis 1′ engl.), dreieckig, aus kleinen polygonalen Elementen bestehend. Obersilur.

Dithyrocaris Scouler. Von Apus ähnlicher Gestalt (vielleicht zu den *Phyllopoden*, möglicherweise auch zu den *Poecilopoden* gehörig?) mit fast kreisrundem, vorn und hinten ausgerundetem Schild, Abdomen eingliederig, mit drei langen Steuerborsten. Silur.

Aptychopsis Barr. Schild fast kreisförmig, von zwei seitlichen (den Klappen eines Aptychus gleichenden) Hauptstücken und einem dreieckigen ergänzenden Rostralstück gebildet. Obersilur und Devon.

Peltocaris Salt. Aehnlich wie *Aptychopsis*, Rostralstück aber von parabolischem Umriss. Untersilur.

Discinocaris Woodw. Aehnlich wie die beiden eben genannten Gattungen, jedoch die beiden Hauptschalen zu einem Stück vereinigt und vorn durch ein sehr kleines Rostralstück ergänzt. Untersilur.

Cryptocaris Barr. Schalen halbkreisförmig oder halbelliptisch, bei manchen Formen mit einer medianen Falte oder einem Wulst, welcher der Vereinigungslinie zweier Klappen zu entsprechen scheint. Obersilur.

Pterocaris Barr. Schild ähnlich wie bei *Aptychopsis* und *Peltocaris* zusammengesetzt, hinten jedoch ausgeschnitten, so dass die seitlichen Stücke sich nur in einer Linie berühren, welche etwa den vierten Theil ihrer Länge darstellt. Untersilur.

Die Stellung der angeführten palaeozoischen Formen ist heute noch sehr zweifelhaft, die Analogien mit der recenten *Nebalia* gestatten nur die Aeusserung der Hypothese, dass sie Bindeglieder zwischen den *Entomostraca* und *Malacostraca* darstellen, deren phylogenetische Bedeutung heute noch nicht mit Sicherheit erkannt werden kann.

Es mag hier auch der problematischen, von Pander als *Conodonten* (sehr kleine Zähne von Fischen) beschriebenen untersilurischen Reste gedacht werden, welche Harley[1] als *Crustaceen*-Reste gedeutet hat, indem er sie mit ähnlichen Körpern unter dem Namen *Astacoderma* zusammenfasste. Hinde hat einen Theil dieser problematischen Körper auf *Anneliden*-Kiefer zurückgeführt (vergl. oben pag. 117).

[1] Quart. Journ. Geol. Soc. XVII. 1861, pag. 542.

D_2. Arthrostraca.

Malacostraken mit sitzenden Seitenaugen, mit meist sieben, seltener sechs oder weniger gesonderten Brustsegmenten und ebensoviel Beinpaaren, ohne ausgeprägten Schalenpanzer.

Die beiden hierher gehörigen Gruppen der *Amphipoda* und *Isopoda*, welche in der Gegenwart durch zahlreiche und mannigfaltige Formen vertreten sind, besitzen nur sehr geringe palaeontologische Bedeutung.

I. Amphipoda.

Arthrostraca mit seitlich comprimirtem Leib und sieben (seltener sechs) freien Thoracalsegmenten mit Kiemen an den Brustfüssen und lang gestrecktem, ausnahmsweise (bei den *Laemodipoda*) auch rudimentärem Abdomen.

Die geologisch ältesten Formen vereinigen Merkmale der *Amphipoden* und der *Isopoden* mit solchen der höher stehenden *Crustaceen* (*Podophthalmata*), so vor allem:

Gampsonyx Jord. (Fig. 531). Kleine 20—25 mm Länge erreichende Süsswasserformen, deren Kopf zwei Paar Antennen trägt, welche sich in je ein paar lange Borsten gabeln. Brust und Abdomen nicht gesondert, zusammen 12—13 Segmente umfassend, Extremitäten als Gehfüsse entwickelt, das vorderste Paar länger, fünfgliederig, mit einem spitzen Hacken endigend. Der Hinterleib endet, den recenten *Decapoden* ähnlich, in einer fünfblättrigen Flosse. Ausser der seit langem bekannten, in Fig. 531 dargestellten Form von Saarbrücken kennt man jetzt auch einen *Gampsonyx Krejci Fritsch* aus der Gaskohle von Nyran.

Fig. 531.

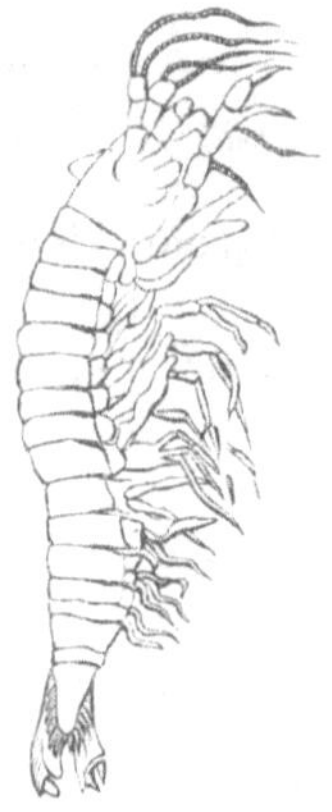

Gampsonyx fimbriatus Jord. Thoneisenstein von Lebach bei Saarbrücken, vergr.

Nectotelson Brocchi von Autun, sowie *Palaeocaris* und *Acanthotelson Meek u. Worth.* aus der amerikanischen Kohlenformation gehören gleichfalls hierher.

Echte *Amphipoden*, welche mit den recenten Typen nahe übereinstimmen, kennt man aus tertiären Schichten, so *Gammarus Oeningensis Heer* (Miocän), *Palaeogammarus Sambiensis Zaddach* aus dem Bernstein, *Typhis gracilis Conr.* (der Unterordnung der *Hyperina* angehörig) aus dem unteren Tertiär Amerika's.

II. Isopoda.[1]

Arthrostraca von vorherrschend breiter, mehr oder minder gewölbter Körperform, mit sieben freien Brustringen und lamellösen, als Kiemen fungirenden Beinanhängen am kurzgeringelten, oft reducirten Abdomen.

[1] Vergl. L. v. Ammon, Ein Beitrag zur Kenntniss der fossilen Asseln. Sitzber. d. k. bayr. Akad. d. Wiss. München 1882.

a. *Anceidae (Pranizidae).*

Körper mehr minder *Amphipoden*-ähnlich, Abdomen mit zweiästigen Schwimmfüssen, die nicht als Kiemen fungiren, oder mit Flossenfüssen, nicht fossil.

b. *Urdaidae.*

Kopf gross, quadratisch, mit grossen Augen, grosser Oberlippe und zwei weit vorragenden Mandibeln.

Thorax mit fünf (sieben?), Abdomen mit sieben Segmenten, von welchen das siebente mit den Anhängen des sechsten die grosse Schwanzflosse bildet.

Urda Münst. Solenhofener Schiefer.

c. *Cymothoidae.*

Mit kauenden oder saugenden Mundtheilen, breitem, kurz gegliederten Abdomen, schildförmiger Schwanzplatte, Schwanzanhänge mit zwei flossenähnlichen Lamellen.

Die Subfamilien der parasitischen *Cymothoinae* und der *Serolinae* sind fossil nicht bekannt, wohl aber Vertreter der *Aeginae*, zu welchen noch eine weitere ausgestorbene Gruppe: *Archaeoniscinae* tritt.

Fig. 532.

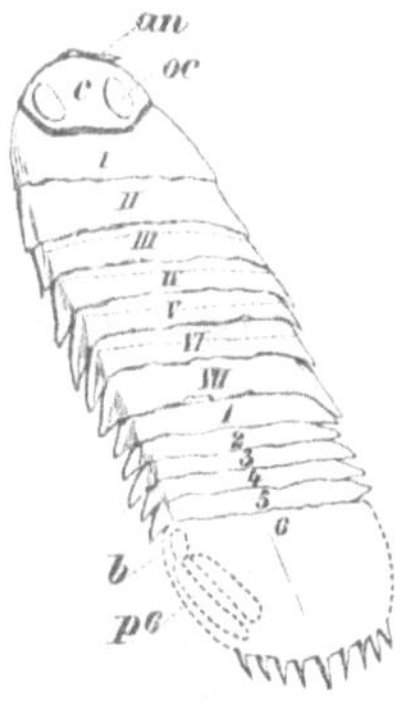

Palaega scrobiculata v. Ammon. Unteroligocän, Häringer Schichten, verkl. *c* = Kopf (Cephalon), *oc* = Augen, *an* = Ansatz der Fühlhörner, I—VII = Segmente des Mittelleibes (Pereion), 1—6 = Segmente des Postabdomens (Pleon), 6 = Schwanzschild (Telson), *b*, p^6, Basalglied und Spaltbeinpaar zu einem Ruderorgan umgewandelt.

α. *Aeginae.*

Antennen am Stirnrand, die vier hinteren Beinpaare sind schlanke Schreitfüsse ohne Klammerhaken.

Mit der recenten *Aega Leach* sind nahe verwandt: *Aegites v. Ammon* (Solenhofer Schiefer), sowie *Palaega Woodw.* (Fig. 532), letztere von bedeutender Grösse (bis 13 Cm. lang), mit grubig höckeriger Oberfläche des Hautskeletes. Kreide, Tertiär.

β. *Archaeoniscinae.*

Kopf klein, Thorax mit sechs Segmenten, von welchen die beiden ersten mit einander verwachsen zu sein scheinen, Abdomen mit sechs Segmenten, Telson halbkreisförmig.

Archaeoniscus M. Edw. Purbeckschichten.

d. *Sphaeromidae.*

Mit breitem Kopf und verkürztem, stark convexen Körper, der häufig eingerollt werden kann. Vordere Antennen am Stirnrand, Kieferfüsse vier- bis sechsgliedrig, sämmtliche Beinpaare Schreitfüsse.

An die recente Gattung *Spaeroma Latr.* schliesst sich *Eosphaeroma Woodw.* (= *Palaeoniscus M. Edw.*). Tertiär. Die *Sphaeroma triasina Picard* aus dem

Muschelkalk hält AMMON nicht für zu den *Sphaeroniden* gehörig und nennt das zweifelhafte Fossil „*Isopodites*“.

e. *Idotheidae.*

Mit langgestrecktem Körper und langem Caudalschild.

An die recente Gattung *Arcturus Latr.* soll sich eine devonische Form: *Praearcturus gigas Woodw.* aus dem Oldred von bedeutender Grösse anschliessen, welche jedoch möglicherweise nicht zu den *Isopoden* gehört.

f. *Bopyridae.*

Schmarotzer in der Kiemenhöhle von Garneelen, ein fossiler *Bopyrus*, wurde von WOODWARD und SALTER an einem anomuren *Decapoden* (*Palaeocorystes Stokesi Mant.* aus dem Grünsand von Cambridge) nachgewiesen.

g. *Munnopsidae.*

Augenlose, sehr kleine Formen mit eingliedrigem, gewölbten Abdomen nur recent.

h. *Asellidae.*

Süsswasserasseln von flacher Körperform, fossil nicht nachgewiesen.

i. *Entoniscidae.*

Im erwachsenen Zustande gliedmassenlose Schmarotzer, nur recent.

k. *Oniscidae.*

Landasseln; die Innenlamellen der Afterfüsse sind zarthäutige Kiemen, die äusseren stellen feste Deckplatten dar.

Die recenten Gattungen *Oniscus L.*, *Trichoniscus Brdt.* und *Porcellio Latr.* sind auch unter den im Bernstein vorkommenden Thierresten vertreten. *Armadillo Latr.* ist in den miocänen Süsswasserbildungen von Oeningen nachgewiesen worden (*Armadillo molassicus Heer*).

D_3. Thoracostraca.

Malacostraken mit zusammengesetzten, meist gestielten Augen, mit einem Rückenschild, welches alle, oder wenigstens die vorderen Brustsegmente mit dem Kopfe verbindet. Sie zerfallen in drei Gruppen: *Cumacea*, *Stomatopoda* und *Podophthalmata.*

I. Cumacea.

Ohne Stielaugen, mit kleinem Kopfbrustschild und vier bis fünf freien Brustsegmenten, mit zwei Kieferfusspaaren und sechs Beinpaaren, von welchen mindestens die zwei vorderen Paare Spaltfüsse sind, mit langgestrecktem, sechsgliedrigen Abdomen.

Diese in ihrem Habitus den *Decapoden*-Larven gleichende, in manchen Einrichtungen den *Arthrostraca* nahe stehende Gruppe ist bis nun noch nicht fossil nachgewiesen worden.

II. Stomatopoda.

Langgestreckte Formen mit kurzem, die Brustsegmente nicht überdeckenden Kopfbrustschild, mit fünf Paaren von Mundfüssen, und drei spaltästigen Beinpaaren, mit Kiemenbüscheln an den Schwimmfüssen des mächtig entwickelten Hinterleibes.

Die recente Gattung *Squilla* ist im Tertiär (*Squilla Wetherelli Woodw.* im Londonthon, *Squ. antiqua Münst.* im Fischschiefer des *Mte. Bolca*) und in der Kreide (*Squ. cretacea Schlüt.*, westphälische Kreide, *Squ. Lewisii Woodw.* von Hakel im Libanon) vertreten.

Weniger deutlich (und daher auch in ihrer Stellung unsicher) sind die von Münster als *Sculda pennata* und *Naranda anomala* beschriebenen Reste des Solenhofener Schiefers.

III. Podophthalmata.

Thoracostraca mit gestielten Augen, mit umfangreichem, über den Thorax ausgedehnten Kopfbrustschild mit (zwei) drei Paaren von Kieferfüssen und (sechs) fünf Paaren spaltästiger oder einfacher Thoracalbeine. Sie zerfallen in zwei Gruppen: *Schizopoda* und *Decapoda;* die ersteren umfassen kleinere Formen mit grossem, meist zarthäutigen Kopfbrustschild und acht Paaren gleichartig gestalteter Spaltfüsse, welche sich in manchen Organisationsverhältnissen älteren *Decapoden*-Larven anschliessen. Hierher dürfte *Pygocephalus Cooperi Huxley* aus der englischen Kohlenformation zu stellen sein, eine Form, die in mancher Hinsicht an die recenten *Mysidae* erinnert, sowie *Necroscilla Wilsoni Woodw.* (von welcher Form indess nur der Schwanz bekannt ist) aus derselben Formation.

Die *Decapoda* zeichnen sich durch ein grosses Rückenschild aus, welches meist mit allen Segmenten des Kopfes und der Brust verwachsen ist; sie besitzen drei (zwei) Kieferfusspaare und zehn (zwölf) theilweise mit Scheeren bewaffnete Gehfüsse.

Macrura.

Langschwänzige *Decapoden*, deren mächtig entwickeltes Abdomen in der Regel die Länge des Kopfbruststückes übertrifft und mit einer mächtigen, breiten Schwanzflosse endet.

a. *Carididae.*

Körper comprimirt, Panzer in einen ansehnlichen Schnabel verlängert, ohne Quersculptur. Aeussere Antennen meist unterhalb der inneren inserirt, mit grosser borstenbesetzter Platte. Beine dünn und lang.

Palaeopalaemon Whitefield aus dem amerikanischen Oberdevon ist durch kurzen und breiten Cephalothorax ausgezeichnet.

Anthrapalaemon Etheridge (aus der englischen Kohlenformation) schliesst sich hingegen den recenten Formen der Subfamilie der *Palaemoninae* ebenso an, wie *Palaeocrangon Salt.* der Subfamilie der *Crangoninae.*

Nahe mit der recenten Gattung *Palaemon Fabr.* verwandt und nur durch untergeordnete Merkmale verschieden ist *Aeger Münst.* aus dem Solenhofener Schiefer. *Palaemon* selbst tritt im Tertiär auf.

Die Gattungen *Antrimpos* und *Kölga Münst.* des Solenhofener Schiefers stehen der recenten Gattung *Penaeus* sehr nahe. Die zahlreichen, kleineren Geisselgarneelen des Solenhofener Schiefers haben zur Aufstellung der Gattungen *Hefriga, Udora, Bombur, Rauna Münst.* Veranlassung gegeben, doch ist es schwierig, diese auf nicht allzu deutlich erhaltene Reste gegründeten Gattungen zu unterscheiden.

Blaculla Münst. aus dem Solenhofener Schiefer gleicht der recenten Gattung *Nika Risso* (Subfamilie der *Crangoninae*).

b. *Palinuridae.*

Körper cylindrisch oder flach gedrückt, mit sehr dickem Panzer. Innere Antennen mit zwei meist kleinen Geisseln, äussere Antennen ohne Schuppen. Erstes Beinpaar monodactyl; bei *Eryon* und *Pemphix* didactyl. Als Larvenstadium tritt die *Phyllosoma*-Form auf (welche auch fossil unter den Resten des Solenhofener Schiefers erscheint).

Pemphix Mey. Der recenten Gattung *Palinurus Fabr.* sehr ähnlich, mit rauhem Cephalothorax, welcher zwei starke Querfurchen aufweist. Geisseln der äusseren Antennen sehr kräftig; Bau der Extremitäten nicht ganz sicher bekannt; die vorderen Fusspaare tragen Scheeren.

Pemphix Alberti Mey. aus dem Wellendolomit, *P. Sueurii Desm. sp.* aus dem oberen Muschelkalk.

Palinurina Münst. von Solenhofen steht der Gattung *Palinurus* noch näher, welche in der Kreideformation auch fossil auftritt.

Eryon Desm. schliesst sich an die recente Gattung *Scyllarus Fabr.* sehr nahe an. Lias und besonders häufig und wohl erhalten im Solenhofener Schiefer.

Scyllarus Fabr. recent und fossil (Kreide).

c. *Astacidae.*

Cephalothorax stark entwickelt, mit querer Sutur, Antennenpaare neben einander inserirt, das äussere mit sehr langer Geissel und kleiner Schuppe. Das vordere Beinpaar sehr kräftig, mit mächtiger Scheere bewaffnet, auch das zweite und dritte Beinpaar endet oft mit einer kleineren Scheere.

Fig. 533.

Glyphea Heeri Opp. Lias, Schambelen, Schweiz.

Dem recenten *Astacus Fabr.* sehr nahe stehende Formen erscheinen in allen Formationen, vom Carbon angefangen (*Astacus Philippi M'Coy* aus dem Bergkalk Irlands), *Orphnea* und *Glyphea Münst.* (Fig. 533), *Pseudoglyphea Opp.*, *Etallonia Opp.*, *Eryma Mey.*, *Pseudastacus Opp.*, *Mecochirus Germ.*, *Clytia Mey.*, *Selenisca Mey.* sind mit *Astacus* und *Nephrops* nahe verwandte, jurassische Gattungen, welche insbesondere in den Schiefern von Solenhofen häufig und wohl erhalten auftreten.

Enoploclytia M'Coy, *Hoploparia M'Coy*, *Meyeria M'Coy.* u. A. vertreten die *Astacidae* in der Kreide, *Astacus L.* selbst tritt schon tertiär auf.

d. *Thalassinidae.*

Mit verhältnissmässig kleinem Cephalothorax, der longitudinale Suturen trägt, und langgestrecktem Abdomen mit wenig vorspringenden Flügeln.

An die recente *Thalassina Edw.* und *Gebia Leach* erinnern manche von den Palaeontologen als *Glyphea*, *Orphnea*, *Mecochirus* etc. angeführte Formen der oberen mesozoischen Formationen, welche Bindeglieder zwischen den *Astacidae* und *Thalassinidae* darzustellen scheinen.

Callianassa Edw. mit weichem Schild und stark entwickelten, ungleichen Scheeren an den ersten Beinpaaren (auch das zweite Beinpaar endet mit kleiner Scheere). Recent und fossil von der oberen Juraformation an, ziemlich häufig in Kreide und Tertiär.

e. *Paguridae.*

Mit lang gestrecktem, hartschaligen Cephalothorax und einem meist weichhäutigen und in Folge des Aufenthaltes in Schneckenhäusern assymetrischen Abdomen.

Mesostylus (*Pagurus*), *Faujassii Desm.* aus den obersten Kreidebildungen von Maestricht, Quedlinburg etc.) dürfte nicht hierher, sondern zu *Callianassa* gehören, da man zwar sehr häufig die ungleichen Scheeren, nie aber eine Schnecke angetroffen hat, in welcher der Krebs gewohnt hätte.

Brachyura.

Cephalothorax gedrungen, meist breit, dreieckig, rundlich oder vierseitig mit ausgehöhlter Sternalfläche, welche von dem umgeschlagenen, kurzen, bei den Weibchen breiteren Abdomen bedeckt wird (Fig. 534). Schwanzflosse meist ganz rückgebildet.

Fig. 534.

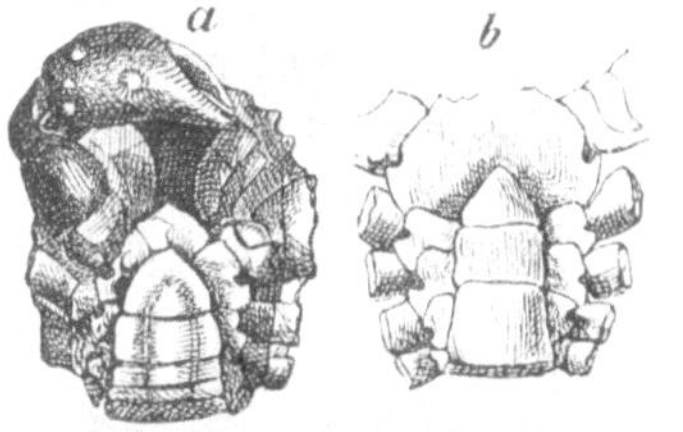

Xanthopsis hispidiformis Schloth. von der Unterseite. Eocän, Kressenberg. *a* Weibchen, *b* Männchen.

Die *Brachyuren* sind schon in palaeozoischen Formationen durch einzelne Formen vertreten: *Brachypyge carbonis Woodw.* aus der belgischen Kohlenformation beruht indess auf einem einzigen Schwanzrest und *Hemitrochiscus paradoxus Schaur.* aus dem Zechstein gründet sich auf einen sehr kleinen Cephalothorax, der kaum mit Sicherheit zu deuten ist.

a. *Prosoponidae.*

Unvollständig bekannte, jurassische Formen, welche, wie es scheint, den Uebergang zwischen *Macruren* und *Brachyuren* bilden. (Die *Paguridae*, *Hippidae*, *Prosoponidae* und *Raninidae* werden häufig als „*Anomura*" zusammengefasst und zwischen die *Macruren* und *Brachyuren* als vermittelnde Gruppe eingeschoben.) Der Cephalothorax der *Prosoponidae* besitzt meist dreiseitigen Umriss, starke Querfurchen, zwischen welchen angeschwollene Regionen hervortreten, die langen Gruben für die Augenstiele sind tief, die Sculptur meist warzig. Die Gestaltung des Thorax erinnert bald mehr an jene der *Macruren* (z. B. bei *Prosopon pustulatum Quenst.*, *Pr. Heydeni Meyer)*, bald mehr an echte

Brachyuren (z. B. *Pr. rostratum Mey.*, *Pr. simplex Mey.*). *Prosopon* tritt seltener in tieferen, sehr häufig jedoch in den obersten Schichten der Juraformation auf.

b. *Notopoda.*

Das letzte oder die beiden letzten Beinpaare mehr oder minder nach der Rückenseite erhoben. Zahlreiche Kiemen in mehreren Reihen in jeder Kiemenhöhle. Weibliche Geschlechtsöffnung meist am Hüftgliede des dritten Beinpaares.

Den recenten *Dromiadae* nahe verwandte Formen erscheinen bereits in der Kreide, so: *Dromiopsis* (*Brachyurites*) *rugosus Schloth.* aus der obersten Kreide von Faxoe, *Polycnemidium* (*Dromilites*) *pustulosus Rss.* aus dem böhmischen Pläner. *Dromilites Bell.* ist in mehreren Formen im englischen Eocän vertreten und auch im vicentinischen wie im südfranzösischen Alttertiär kommen Reste von *Dromiaden* vor.

Binkhorstia Noetling aus der obersten Kreide schliesst sich an die *Dorippidae* an.

c. *Oxystomata.*

Schale mehr minder kreisförmig, zuweilen nur vorn im Bogen gekrümmt, Mundrahmen dreieckig, vorn zugespitzt und meist bis zur Stirn verlängert. Sechs bis neun Kiemen jederseits. Männliche Geschlechtsöffnung am Hüftglied des fünften Beinpaares.

Die Gruppe der *Raninidae* ist schon im Eocän durch häufig vorkommende Reste der recent selteneren Gattung *Ranina Lamk.* vertreten, welche sich durch einen nach hinten verschmälerten Cephalothorax und durch oben sichtbares Abdomen auszeichnet. *Palaeocorystes laevis Schlüt.* aus der Kreide von Osnabrück soll nach Bittner[1] der recenten Gattung *Raninoides M. Edw.* sehr nahe stehen und auf den genetischen Zusammenhang der *Raninidae* und *Corystidae* hindeuten.

Hepatiscus Bittn. aus dem vicentinischen Eocän ist der recenten Gattung *Hepatus Latr.* (*Calappidae*) nahe verwandt, erinnert aber auch an *Ebalia Leach* und andere *Leucosiaden.*

Calappa Fabr. Recent und tertiär (eine Scheere aus dem vicentinischen Eocän).

Campylostoma Bell. aus dem Londonthon gehört wahrscheinlich gleichfalls zur Gruppe der *Calappidae.*

d. *Oxyrhyncha* (*Majacea*).

Kopfbrustschild triangulär, vorn zugespitzt, mit einem längeren oder kürzeren, bisweilen gabelförmigen Stirnschnabel. Mundrahmen viereckig, nach vorn verbreitert. Jederseits neun Kiemen. Männliche Geschlechtsöffnung am Hüftgliede des fünften Beinpaares.

Die Gruppe der *Majidae* ist fossil reich vertreten.

Palaeinachus Woodw., der recenten Gattung *Inachus Fabr.* verwandt,

---

[1] Die *Brachyuren* des vicentinischen Tertiärgebirges, Denksch. d. k. Akad. d. Wiss. Wien. 34. Bd. 1875.

erscheint bereits im Wealden, er zeichnet sich durch einen stark verlängerten, zweispitzigen Stirntheil aus.

Trachynotus Bell., *Mithrazites Gould.* aus der Kreide, *Mithracia Bell.* aus dem Eocän, *Micromithrax Noetling* aus dem Miocän, schliessen sich an die recente Gattung *Mithrax Leach* an.

Fig. 535.

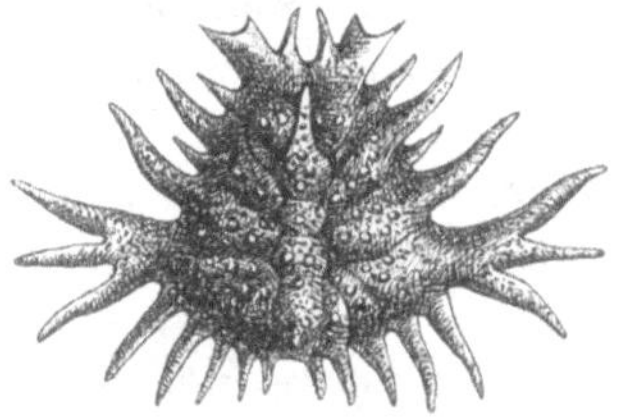

Periacanthus harridus Bittn. Vicentinisches Eocän, Tuffe von Ciuppio.

Micromaja Bittn. unterscheidet sich von der recenten Gattung *Maja Lamk.* (die auch schon im Tertiär erscheint) durch geringe Dimensionen und Mangel der Stacheln und Dornen, an deren Stelle nur Warzen erscheinen.

Lambrus Leach (der Gruppe der *Parthenopidae* angehörig), recent und tertiär (vicentinisches Eocän).

Periacanthus Bittn. (Fig. 535). Der recenten Gattung *Eurynome Leach* (*Parthenopidae*) nahe verwandt, jedoch durch überaus stark entwickelte Sculptur und verästelte Marginaldornen ausgezeichnet. Eocän.

c. *Cyclometopa* (*Cancroidea*).

Cephalothorax breit, nach hinten verschmälert. Stirn und Seitenränder im Bogen gekrümmt, ohne Schnabel. Mundrahmen fast viereckig. Jederseits mit neun Kiemen. Die männlichen Geschlechtsöffnungen liegen am Coxalgliede der Hinterbeine, die Begattungsglieder am Abdomen.

Die Gattungen *Podopilumnus M'Coy* und *Panopaeus M'Edw.* vertreten die *Xanthinen* bereits in der Kreide. Sehr häufig treten hierher gehörige Formen im Eocän auf: *Harpactocarcinus A. Edw.* und die nahe verwandte Gattung *Xanthopsis M'Coy*, ferner *Titanocarcinus A. Edw.*, *Palaeocarpilius A. Edw.*, *Eumorphactea Bittn.* u. m. a.

Die *Cancridae* im engeren Sinne sind schon im Eocän durch Angehörige der recent so häufig auftretenden Gattung *Cancer L.* vertreten, als deren Untergattungen *Lobocarcinus Rss.* betrachtet werden darf. *Plagiolophus Bell.* (zu den *Eriphiden* gehörig) erscheint ebenfalls im Eocän.

Die *Portunidae* sind schon in der Kreide durch die der recenten Gattung *Lupa Leach.* ähnliche *Reussia M'Coy.* vertreten, die recente Gattung *Neptunus de Haan* erscheint schon im Eocän, *Scylla de Haan* schon miocän.

Die *Corystidae*, welche in der Gegenwart ziemlich häufig vertreten sind, entwickelten schon in der Kreide einige Mannigfaltigkeit: *Palaeocorystes Schlüt.* umfasst Formen, welche ebenso wie die cretacischen *Dromiliten* eine merkliche Uebergangsstellung zwischen den *Brachyuren* und den *Macruren* einnehmen; *Palaeocorystes laevis Schlüt.* aus der Kreide von Osnabrück deutet, wie bereits oben erwähnt, auf den genetischen Zusammenhang der heute so scharf getrennten *Corystiden* und *Raniniden*; *Corystes Latr.* selbst erscheint schon im Eocän; daselbst auch *Cyclocorystes Bell.*

Die recenten *Telphusidae* (Süsswasserkrabben) mit sehr breitem Cephalothorax sind schon im Miocän vertreten: *Telphusa* in den Süsswasserschichten von Oeningen.

f. *Catometopa* (*Quadrilatera* = *Grapsoidea*).

Cephalothorax meist viereckig, bisweilen queroval mit geradem oder leicht gekrümmtem Seitenrand und breiter Stirn. Mundrahmen viereckig; in der Regel weniger als neun Kiemen, die männlichen Geschlechtsöffnungen liegen auf dem Sternum.

Coeloma A. Edw. mit nach rückwärts stark verschmälertem Cephalothorax und relativ schmaler Stirn stellt eine Zwischenform dar, die zwischen den Gruppen der *Catometopen* und *Cyclometopen* steht. Kreide und Alttertiär.

Nahe verwandt sind: *Litoricola* und *Goniocypoda H. Woodw.* aus dem Eocän.

Palaeograpsus Bittn. und *Psammograpsus A. Edw.* aus dem Eocän schliessen sich den recenten *Grapsidae* näher an.

Gonoplax Leach, die recente Type der *Gonoplacidae* findet sich auch fossil in jungen Bildungen Java's.

Geocarcinus Latr. Landkrabbe. Recent und miocän (Süsswasserschichten von Oeningen).

Zeitliche Verbreitung und Stammesgeschichte der Crustaceen.

Von den vier Hauptgruppen der *Crustaceen* erreichen die *Gigantostraca* und *Trilobitae* schon in den älteren palaeozoischen Formationen ihre Hauptentfaltung. Die im Obersilur und Devon häufig erscheinenden Riesenformen der *Gigantostraca* (*Eurypterus*, *Pterygotus*) erinnern morphologisch (ausser an die nächst verwandten *Poecilopoden*) an *Ostracoden* und die *Zoëa*-Larven der höheren *Crustaceen;* aber auch an die *Scorpioniden*. *Hemiaspis* und andere in den älteren palaeozoischen Schichten auftretende Formen vermitteln den Uebergang zu den *Belinuriden* der jüngeren palaeozoischen Formationen, welche sich von den in mesozoischen Schichten erscheinenden und bis in die Gegenwart heraufreichenden *Limuliden* durch die bewegliche Gliederung des Abdomens unterscheiden. Die grosse Aehnlichkeit, welche manche *Belinuriden* mit *Trilobiten* aufweisen, mag Folge der wahrscheinlichen Stammesverwandtschaft sein, auf welche auch die Entwickelung der recenten *Xiphosuren* hinweist, deren Embryonen in einem „*Trilobiten*-Stadium" das Ei verlassen. Die *Trilobiten* (welche man früher als blosse Unterabtheilung der *Phyllopoden* betrachtete), erscheinen schon in den sogenannten „primordialen" Schichten, die Organisationsverhältnisse der angeblich primordialen Formen, insbesondere das häufige Auftreten rückgebildeter Augen, lehrt uns, dass dieselben von unbekannten Voreltern abstammen, deren Reste uns hauptsächlich wegen der hochgradigen Veränderung der einschliessenden Sedimente nicht erhalten geblieben sind. Die „primordialen" und untersilurischen *Trilobiten* liegen fast ausschliesslich in Schiefer- und Sandstein-Schichten, deren Absatz in tiefem Wasser (abgesehen von der petrographischen Natur des Sedimentes) insbesondere durch die Einrichtung der Sehwerkzeuge der *Trilobiten*, durch das Nebeneinander-Vorkommen von Formen mit rückgebildeten und mit übermässig entwickelten Augen (vergl. die riesige Sehfläche der untersilurischen

Aeglina-Formen Fig. 507) beglaubigt wird. Diese Formen stammen aller Wahrscheinlichkeit nach von *Trilobiten* der Seichtsee ab, deren Reste in geologisch älteren Kalkablagerungen uns infolge der hochgradigen Verwandlung dieser Sedimente nicht erhalten geblieben sind. Hieraus erklärt sich auch der grosse und scharfe Gegensatz, welcher zwischen der obersilurischen und untersilurischen *Trilobiten*-Fauna der meisten Silurgebiete besteht. Die *Trilobiten* erreichen, was die Zahl der Gattungen und die Häufigkeit der Individuen anlangt, schon im Untersilur ihr Maximum. Im Obersilur sind viele Gattungen bereits erloschen, sehr wenige hinzugetreten und nur die Mannigfaltigkeit der Arten einiger Geschlechter ersetzt in etwas den Rückgang der übrigen. Im Devon verringert sich die Zahl der *Trilobiten* in jeder Hinsicht, da nur wenige Gattungen und diese nur in wenigen Arten in der Devonformation vertreten sind. In der Steinkohlenformation endlich erreicht die (schon in der silurischen Zeit erscheinende) Gattung *Phillipsia* einige Bedeutung, mit ihr erlischt der grosse Stamm der *Trilobitae*, welcher in der Silurzeit einen so auffallenden Reichthum an Formen entfaltet hatte (Barrande zählte 1872 bereits 254 primordiale Arten, während die Gesammtzahl der heute aus silurischen Bildungen bekannten 1600 überschreiten mag).

Von den beiden, den *Gigantostraca* und *Trilobiten* als echte *Crustaceen* (*Eucrustacea Claus*) gegenüberstehenden Gruppen der *Entomostraca* und *Malacostraca* besitzen die Erstern nur sehr geringe palaeontologische Bedeutung. Von den vier Gruppen der *Entomostraca* entziehen sich die kleinen, meist parasitischen *Copepoden* der palaeontologischen Betrachtung; die *Phyllopoda*, deren zarte Schalen sich wenig zur fossilen Erhaltung eignen, treten im Allgemeinen nur selten in älteren Schichten auf, lediglich die oft mit *Pelecypoden*-Schalen verwechselten *Estherien*-Gehäuse finden sich etwas häufiger, in manchen Horizonten geradezu massenhaft die Schichtflächen bedeckend. Etwas grössere palaeontologische Bedeutung besitzen die *Ostracoden*, deren derbere Schale leichter erhalten blieb, zumal gerade die geologisch ältesten Formen sich durch für Muschelkrebse sehr bedeutende Dimensionen auszeichnen. Schon im Untersilur erscheinend, erreichen diese im Verhältniss zu den recenten geradezu riesigen Formen im Obersilur ziemliche Mannigfaltigkeit; neben ihnen treten jedoch auch sehr kleine, den recenten Typen näher verwandte Formen auf, welche durch alle jüngeren Formationen heraufreichen und bisweilen durch ihre Häufigkeit auffallen (*Cypridinen*-Schiefer des Nassau'schen Oberdevons). Die merkwürdigste Gruppe der *Entomostraken* umfasst die *Cirripedia*, welche sich durch eine erst frei herumschwärmende, später mit den Antennen sich festheftende Larve auszeichnen. Die *Pedunculata*, welche als die ältere, weniger zurückgebildete Gruppe der *Cirripedia* im engeren Sinne betrachtet werden dürfen, sind schon im Silur durch einige Formen vertreten, von welchen *Plumulites* an die *Pollicipedidae* erinnert, die in der Jura-, Kreide- und Tertiärformation, sowie in der Gegenwart ziemlich häufig sich finden, während die *Lepadidae* seltener fossil auftreten. Die *Operculata* stellen eine geologisch jüngere Gruppe dar, welche in den jüngsten Kreidebildungen durch *Verruca*, vom Eocän an auch durch *Balaniden* vertreten ist.

Der recenten, früher als *Phyllopode* betrachteten *Nebalia*, welche in vieler Beziehung ein Bindeglied zwischen den *Ostracoden* und *Malacostraken* darstellt, schliessen sich zahlreiche palaeozoische, in ihren Organisationsverhältnissen nicht genau gekannte Formen, wie *Hymenocaris*, *Ceratiocaris*, *Dictoycaris*, *Dithyrocaris* an, welche zu den ältesten *Crustaceen* gehören und vielleicht die Ahnen (oder doch diesen nahe verwandte Formen) der *Malacostraca* darstellen, weshalb es gerechtfertigt schien, sie der ersten Gruppe derselben, den *Leptostraca* einzufügen. Die zweite Gruppe der *Malacostraca*, die *Arthrostraca*, ist in den jüngeren palaeozoischen Bildungen durch Formen vertreten, welche Merkmale der *Amphipoden* und *Isopoden* mit solchen der *Thoracostraca* vereinigen (*Gampsonyx*). Fossile *Amphipoden* sind sonst nur sehr spärlich vorhanden, auch die *Isopoden* besitzen nur sehr geringe palaeontologische Bedeutung, obwohl sie angeblich schon im Devon (*Praearcturus* des Oldred) auftreten und sporadisch in manchen Ablagerungen der jüngeren Formationen erscheinen. Die *Thoracostraca* sind erst in den jüngsten palaeozoischen Bildungen durch macrure Formen (z. B. *Anthrapalaemon*) vertreten; in der Trias treten sie häufiger auf (*Pemphix*) und im oberen Jura und in der Kreide gehören ihre wohlerhaltenen Panzer zu den charakteristischesten Resten. Die *Brachyuren* sind zwar schon früher durch einzelne Spuren vertreten (*Brachypyge* aus der Steinkohlenformation), doch erscheinen noch im Jura hauptsächlich Zwischenformen (*Anomura*), von denen insbesondere die *Prosoponidae* häufig auftreten. Auch die Kreide-*Brachyuren*, unter welchen insbesondere die *Corystidae* sich durch Häufigkeit auszeichnen, zeigen noch manche Eigenthümlichkeiten, welche an die *Macruren* gemahnen, von welchen sie offenbar abstammen. Erst von der Eocänstufe an beginnen die Krabben jenen Reichthum zu entfalten, der sie in der Gegenwart auszeichnet.

2. *Arachnoidea.*

Flügellose Tracheenathmer mit Cephalothorax, mit zwei Kieferpaaren (Kieferfühler und Kiefertaster), vier Beinpaaren und gliedmassenlosem Abdomen. Augen einfach, Geschlechter in der Regel getrennt.

a. *Linguatulidae.*

Wurmförmige parasitische Formen (*Pentastomum*). Nur recent.

b. *Acarinae.*

Vorderleib und Abdomen verschmolzen, gedrungen, mit beissenden, saugenden oder stechenden Mundtheilen.

Trombidium Latr., *Rhyncholophus Dugés*, *Actineda Koch*, *Tetranychus Dufour*, *Penthaleus Koch* (Laufmilben), *Ixodes Latr.* (Zecken), *Oribates Latr.* (Pflanzenmilben), *Bdella Latr.* und *Cheyletus Latr.* (Rüsselmilben), *Seius Koch* (den an Insecten, Vögeln etc. schmarotzendenden *Gamasiden* angehörig) u. A. kommen im oligocänen Bernstein vor. Von Milben erzeugte Gallen finden sich an tertiären Pflanzen, z. B. *Phytoptus antiquus Heyd.* auf Weidenblättern von Salzhausen, Wetterau; mitteltertiär).

c. *Pycnogonidae.*

Mit rudimentärem Abdomen, conischem Saugrüssel, vier Paar langen, mit Klammerkrallen endigenden Schreitfüssen, welche Darmfortsätze und Geschlechtsdrüsen aufnehmen. Trocheen fehlen, Herz vorhanden.

Ob *Pycnogonites uncinatus* aus dem Schiefer von Solenhofen wirklich hierher gehört, ist zweifelhaft.

d. *Tardigrada.*

Mit wurmförmigem Körper, kurzen, stummelförmigen Beinen, ohne Herz und ohne Respirationsorgane.

Nur recent: *Macrobiotus*, *Arctiscon*, *Milnesium* etc.

e. *Araneida.*

Mit gestieltem, unsegmentirten (bei palaeozoischen Formen auch gegliedertem), vier bis sechs Spinnwarzen tragenden Hinterleib, mit beinartigen Kiefertastern, mit zwei oder vier Fächertracheen (Lungensäcken).

Fossile Spinnen finden sich schon in der Kohlenformation.

Protolycosa anthracophila Roem. (Fig. 536*a*) aus den Kohlenschiefern des Myslowitzer Waldes in Oberschlesien ist mit dem recenten *Liphistius desultor Schioedte* nahe verwandt, zeichnet sich durch einen gegliederten Abdominalrücken aus, und bildet demnach mit der genannten recenten Form den Uebergang von den arthrogastrischen zu den nicht arthrogastrischen *Arachnoideen*, speciell den *Araneiden*.

Fig. 536.

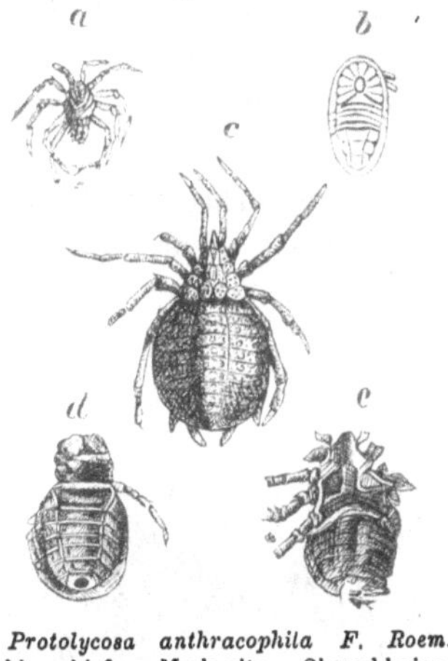

a Protolycosa anthracophila F. Roem. Kohlenschiefer, Myslowitz, Oberschlesien; *b Architarbus subovalis Woodw.* Carbon, Lancashire; *c Curculioides Prestvicii Buckl. sp.* Carbon, Dudley; *d* Bauchstück, *e* Rückenstück von *Anthracomartus Völkelianus Karsch.* Steinkohle, Neurode, Schlesien.

Für Formen mit gegliedertem Hinterleib hat F. Karsch die Gruppe der *Anthracomorti* aufgestellt, welche sich durch gegliederten Hinterleib und von oben sichtbare Palpen auszeichnet.[1] Hierher gehören:

Architarbus Scudder (Fig. 536*b*) mit seitlich nicht abgesetztem Cephalothorax und Abdomen, welch letzteres acht Segmente aufweist, *A. rotundatus Scudder* (Illinois), *A. subovalis Woodw.* (Lancashire) und *A. silesiacus Roem.* (Schlesien).

Anthracomartus Karsch. (Fig. 536 *d*, *e*) mit seitlich scharf abgesetztem Cephalothorax und Hinterleib, letzterer in sieben Segmente zerfallend, welche auf der Bauchseite durch zwei Längsfurchen getheilt werden. Kohlenformation Schlesiens.

Im Bernstein finden sich fast sämmtliche Gruppen der recenten *Araneiden* vertreten:[2] die *Saltigradae* (Springspinnen) durch *Attus Walck.*, *Leda* und

[1] Zeitschr. d. deutsch. geol. Ges. XXXIV. Bd. pag. 556.

[2] Berendt: Die im Bernstein befindlichen organischen Reste der Vorwelt, Berlin 1845.

Phidippus K. B., *Eresus Walck.*; die *Laterigradae* (Krabbenspinnen) durch *Philodromus Walck.*, *Ocypeta Leach.*, *Syphax K. B.*; die *Dysderidae* (Zellenspinnen) durch *Therea K. B.*, *Dysdera Latr.* und *Segestria Latr.*; die *Drassidae* (Sackspinnen) durch *Clubiona Latr.*, *Anyphaena Sundew.*, *Macaria*, *Melanophora*, *Phytonissa* und *Amaurobius Koch*; die *Agalenidae* (Trichterspinnen) durch *Agalena Walck.*, *Tegenaria Walck.*, *Textrix Blackw.*, *Thyelia K. B.*, *Hersilia Sav.*; die *Retitelariae* (Webspinnen) durch *Theridium Walck.*, *Linyphia Latr.*, *Micriphantes Koch*, *Erigone Sav.*, *Ero Koch* u. A.; die *Orbitelariae* (Radspinnen) durch *Zilla Koch* und *Gea K. B.* Endlich ist die erloschene Gruppe der *Archaeidae* (*Archaea K. B.*) zu erwähnen, welche sich insbesondere durch die Grösse der Fresszangen auszeichnet. Die Gattung *Argyroneta Latr.* (Wasserspinne) kommt in miocänen Süsswasserbildungen vor. Die Schichten von Aix, Oeningen, Radoboj haben einzelne Reste von Spinnen geliefert.

f. *Phalangida.*

Mit segmentirtem, in ganzer Breite dem Cephalothorax angefügtem Hinterleibe, ohne Spinndrüsen, mit scheerenförmigen Kieferfühlern, durch Tracheen athmend.

Die als *Phalangites Müll.* und *Palpites Roth* angeführten, ziemlich häufigen, stets aber mehr oder minder undeutlichen Reste des Solenhofener Schiefers dürften wohl gröstentheils *Phyllosomen* (d. h. Jugendformen von *Palinuriden*) sein.

Gonoleptes Kirby, *Phalangium L.*, *Nemastoma Koch*, *Platybunus Koch* finden sich im Bernstein.

g. *Pedipalpi.*

Mit fühlerartig verlängerten Vorderbeinen, mit Klauenkiefern, zwei Paaren von Fächertracheen (Lungen) und 11—12 gliedrigem Hinterleib.

Eophrynus Prestvicii Woodw. (= *Curculioides Prestvicii Buchland*) (Fig. 536 c) aus der englischen Steinkohle (von Coalbrook-Dale), *Kreischeria Wiedei H. B. Gein.* aus der *Sigillarien*-Zone von Zwickau zeigen, dass hierhergehörige Formen schon in der Kohlenformation auftraten.[1]

Eine miocäne *Phrynus*-Form erwähnt M. de Serres aus den Süsswasserschichten von Aix.

Fig. 537.

Cyclophthalmus senior Corda. Carbon, Chomle, Böhmen.

h. *Scorpionidea.*

Mit scheerenförmigen Kieferfühlern und beinförmig verlängerten scheerenförmigen Kiefertastern, mit siebengliedrigem Praeabdomen und verengertem, sechsgliedrigem Postabdomen, mit Giftstachel am Schwanzende und vier Paaren von Fächertracheen (Lungen).

[1] F. Karsch (Zeitschr. d. Deutsch. geol. Ges. XXXIV, pag. 556) reiht *Kreischeria* bei den *Trogulidae* (*Phalangida*), *Eophrynus* hingegen bei seiner Ordnung *Anthracomarti* ein, welche zwei Familien: *Architarboidae* und *Eophrynoidae* umfasst.

Cyclophthalmus senior Corda (Fig. 537) schliesst sich nahe an die recente Gattung *Androctonus*, besitzt jedoch eine, von allen recenten Formen abweichende Anordnung der Augen, welche zwölf an der Zahl im Kreise geordnet sind, wobei die Hauptaugen vor den Nebenaugen stehen.

Eoscorpius anglicus Woodw. findet sich in der Steinkohlenformation Englands, *E. carbonarius Meek u. Worth.* in jener Nordamerikas, jedoch nur in unvollständigen Resten.

i. *Pseudoscorpionidea.*

Vom Habitus der Scorpione, mit flachem, zehn- oder elfgliedrigen Hinterleib, ohne Giftstachel, durch Tracheen athmend.

Microlabis Sternbergi Corda steht der recenten Gattung *Chelifer Leach* nahe, erreicht jedoch eine Grösse von 33 Mm. Böhmische Steinkohle.

Chelifer selbst ist in mehreren Arten im oligocänen Bernstein nachgewiesen worden, desgleichen eine Art der Gattung *Obisium Leach.*

k. *Solifugae.*

Mit gesondertem Kopf- und Brustabschnitt, langgestrecktem, neungliedrigen Hinterleib, scheerenförmigen Kieferfühlern und beinartigen Kiefertastern. Nur recent: *Solpuga Licht.* = *Galeodes Oliv.*

3. *Myriapoda.*

Landbewohnende *Arthropoden* mit gesondertem Kopf, zahlreichen, ziemlich gleichartigen Leibessegmenten, mit einem Fühlerpaare, zwei bis drei Kieferpaaren und zahlreichen Beinpaaren, durch Tracheen athmend. Augen meist einfach.

Fig. 538.

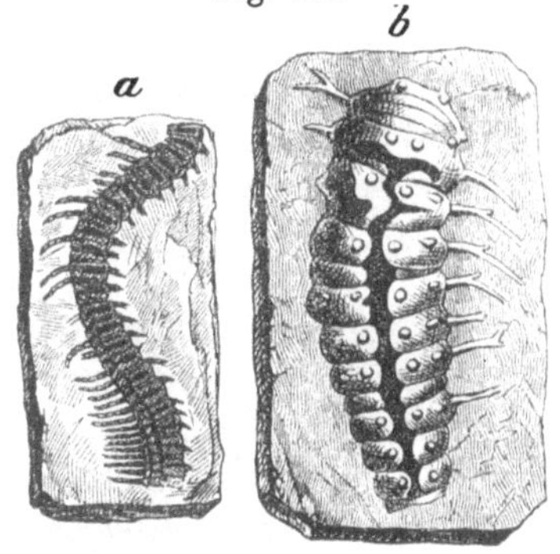

a Euphorberia armigera Meek u. Worth., Mazon-creek, Illinois, *b Euph. ferox Woodw.* Coalbrook-Dale, Carbon.

Hierher gehören wahrscheinlich jene problematischen Reste der Kohlenformation, welche der Gattung *Euphorberia* zugezählt werden und theilweise sehr verschiedene Deutung erfahren haben. So wurde *Euphorberia ferox Woodw.* Fig. 538*b*) aus den Eisensteinnieren von Coalbrook Dale von Salter als *Eurypterus? (Arthropleura) ferox*, von J. O. Westwood als Raupe gedeutet. Bei *Euphorberia armigera Week u. Worth.* (Fig. 538*a*) aus der amerikanischen Kohlenformation von Illinois tritt die *Myriapoden*-Natur viel deutlicher hervor.

Xylobius Sigillariae Dawson aus Sigillarien-Stämmen von Nova-Scotia gleicht einem recenten *Julus* sehr, noch mehr eine Form der böhmischen Gaskohle, welche Fric als *Julus constans* beschrieben hat. *Palaeojulus dyadicus Geinitz* aus dem sächsischen Rothliegenden ist hingegen, wie Sterzel gezeigt hat[1] auf Reste eines Farnes: *Scolecopteris elegans Zenk.* zurückzuführen.

[1] Deutsch. geol. Ges. 1878, pag. 417 und 1880, pag. 1.

Einige *Chilognatha*, den Gattungen *Julus L.*, *Polydesmus Latr.*, *Craspedosoma Leach*, *Polyxenus Latr.* angehörig, sind im Bernstein nachgewiesen worden; desgleichen mehrere *Chilopoda*, welche den Gattungen *Lithobius Leach*, *Scolopendra L.* und *Scutigera Lamk.* angehören.

Auch aus dem Schiefer von Solenhofen sind *Chilopoden*-Reste bekannt, welche jedoch an Undeutlichkeit leiden. Schlotheim rechnet einen solchen Rest der Gattung *Scolopendra* zu und Germar beschreibt einen *Geophilus proavius* aus dem Schiefer von Kelheim.

4. *Hexapoda.*

Luftathmende *Arthropoden* deren Leib in Kopf, Brust und Abdomen gesondert ist, mit einem Antennenpaar am Kopf und mit drei Beinpaaren, meist auch zwei Flügelpaaren an der dreitheiligen Brust, mit zehngliedrigem, oft freilich reducirtem Abdomen. Entwickelung meistens mit (mehr oder minder vollkommener) Metamorphose.

Die Insekten zerfallen in folgende Gruppen: *Orthoptera*, *Neuroptera*, *Strepsiptera*, *Rhynchota*, *Diptera*, *Lepidoptera*, *Coleoptera*, *Hymenoptera.*

A. Orthoptera.

Mit beissenden Mundtheilen, mit zwei meist ungleichen Flügelpaaren und unvollkommener Metamorphose.

A_1. Thysanura.

Behaart oder beschuppt, flügellos, oft mit reducirtem Tracheensystem, mit bauchwärts einschlagbaren Borsten des Hinterleibes, welche als Springapparat dienen; ohne Metamorphose.

a. *Poduridae.*

Körper gedrungen, kugelig oder lang gestreckt mit meist auf wenig Segmente reducirtem Abdomen.

Die recenten Gattungen *Podura L.*, *Orchesella Templ.*, *Smynthurus Latr.* sind unter den Bernsteininsecten vertreten. Ihnen gesellen sich die erloschenen *Paidium* und *Acreagris K. B.*

b. *Lepismidae.*

Mit gewölbtem, langgestreckten, mit metallischen Schuppen dicht bedeckten Körper.

Die recenten Gattungen *Lepisma L.*, *Machilis Latr.* u. A. kommen auch im Bernstein vor, ihnen gesellt sich eine ausgestorbene Gattung *Glessaria K. B.*

A_2. Orthoptera s. str.

Vorderflügel schmal, derb, Hinterflügel dünn, breit, nach der Länge zusammenfaltbar.

a. *Cursoria,* mit Laufbeinen.

α. *Forficulidae.*

Den recenten Formen der Gattung *Forficula L.* (Ohrwurm) sehr nahe stehende Arten hat HEER aus den miocänen Süsswasserschichten von Oeningen beschrieben (Fig. 539 *f*); auch in jenen von Aix und im Bernstein wurde ihr Vorkommen constatirt. *Baseopsis forficulina Heer* (Lias, Schambelen) hingegen weicht stark von den recenten Typen ab.

Hierher gehörige Formen (Schaben) treten schon in der Steinkohlenformation auf.

β. *Blattidae.*

Blattina Germ. (Fig. 539 *a*). Im Flügelgeäder etwas von der recenten *Blatta* abweichend,[1] in mehreren Arten in verschiedenen Ablagerungen der Steinkohlen- und Permformation; den Steinkohlen-Formen sehr nahe verwandte Arten finden sich noch im Lias (Fig. 539 *b*) und braunen Jura.

Fig. 539.

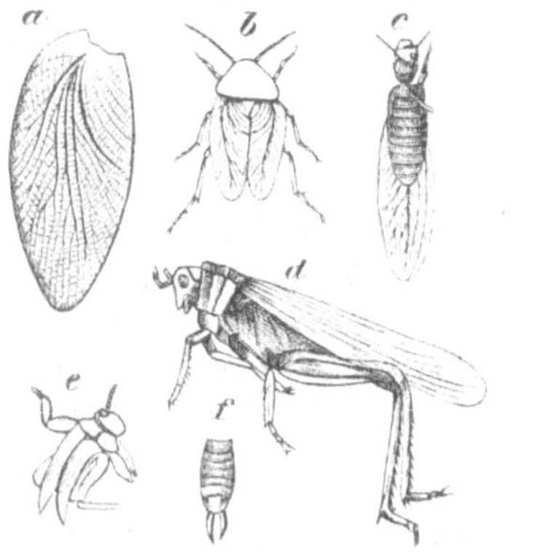

a Blattina primaeva Goldenbg. Carbon, Saarbrücken; *b Blatt. formosa Heer,* Lias, Schambelen; *c Termes Hartungi Heer,* Oeningen; *d Oedipoda Haidingeri Heer,* Radoboj; *e Gryllus troglodytes Heer,* Oeningen *f Forficula recta Heer,* Oeningen.

Die recente Gattung *Blabera Serv.* kommt schon im Solenhofener Schiefer, *Blatta L.* im Wealden vor; auch im oligocänen Bernstein und in den miogänen Süsswasserschichten sind Reste von *Blattiden* nicht selten.

b. *Gressoria,* mit Schreitbeinen.

α. *Mantidae.*

Der Gruppe der Fangheuschrecken gehört *Mantis protogaea Heer* von Oeningen an, auch im Schiefer von Solenhofen kommt eine *Mantide: Chresmoda obscura Germ.* vor.

β. *Phasmidae.*

Die „Gespenstheuschrecken" sind schon in der Kohlenformation (*Phasma Damasii C. Brongn.* von Commentry' Allier) vertreten.

c. *Saltatoria.* Die hinteren Extremitäten sind Springbeine.

α. *Acrididae.*

Feldheuschrecken treten ebenfalls schon in der Kohlenformation auf (*Acridites carbonatus Germ.*), häufiger finden sie sich im Lias der Schambelen (Canton Aargau): *Acridites deperditus* und *liasinus,* sowie *Gomphocerites Bucklandi Heer.* In den Tertiärbildungen von Oeningen und Radoboj (Fig. 539 *d*) sind *Acridier* durch ausgewachsene Thiere wie durch flügellose Larven vertreten.

Oedipoda Latr. kommt auch im Bernstein vor.

[1] Daher von J. H. SCUDDER den recenten *Blattiden* als eine besondere Unterfamilie: *Palaeoblattariae* gegenübergestellt, vergl. SCUDDER Palaeozoic cockroaches, Mem. of the Boston soc. of nat. Hist. 1879.

β. *Locustidae.*

Zahlreiche Formen, meist jedoch in sehr unvollständiger Erhaltung, finden sich im Schiefer von Solenhofen. Die Laubheuschrecken sind daselbst durch Angehörige der recenten Gattungen *Phaneroptera Latr.* (*Ph. Germari Münst.*) und *Locusta L.* (*L. speciosa Germ.*, *L. prisca Germ.*) vertreten. Häufig finden sich Laubheuschrecken in miocänen Süsswasserbildungen: *Decticus speciosus Heer* ist die häufigste Heuschrecke Oeningens.

γ. *Gryllidae.*

Die Gruppe der Grabheuschrecken ist im Solenhofener Schiefer durch *Gryllites dubius Germ.* vertreten. *Gryllus L.* (*Acheta Fabr.*) erscheint im Wealden (*Acheta Sedgwicki Brod*); zahlreiche hierher, sowie zu *Gryllotalpa Latr.* gehörige Formen erwähnt M. de Serres von Aix, desgleichen beschreibt Heer einige Formen von Oeningen (Fig. 539 *e*).

A_3. Orthoptera Pseudo-Neuroptera.

Flügel dünnhäutig, beide Paare gleich gebaut, meist nicht zusammenfaltbar, mit spärlichem oder dichtem Adernetz.

a. *Physopoda.*

Mandibeln borstenförmig, Mundtheile saugend, Füsse mit Haftlappen an Stelle der Krallen.

So klein und zart die zu den Blasenfüssen (*Thrips L.*) gehörigen Formen sind, hat Heer doch zwei Arten in den miocänen Süsswasserschichten von Oeningen nachgewiesen.

b. *Corrodentia.*

Mandibeln stark, gezähnt, Unterkiefer mit hackigem Kaustück, Flügel wenig geadert.

Von den hierher gehörigen recenten Familien sind die *Termitidae* schon in palaeozoischen Schichten nachgewiesen (z. B. *Termes contusus Scudd.* in den Kohlenschichten von Illinois); aus dem Lias der Schambelen macht Heer sechs Arten namhaft, welche zwei ausgestorbene Gattungen (*Clathrotermes* und *Calotermes Heer non Hag.*) angehören, noch häufiger erscheinen *Termiten* in den miocänen Süsswasserschichten von Oeningen und Radoboj, welche der Gattung *Termes L.* selbst zugeschrieben werden (Fig. 539 c). Auch in der Braunkohle von Rott, sowie im Bernstein sind *Termiten* beobachtet worden; im Bernstein auch Vertreter der *Psocidae* und *Embiidae* (*Embia antiqua Pictet*).

c. *Amphibiotica.*

Die Larven leben im Wasser und tragen Tracheenkiemen.

α. *Perlidae.*

Den Gattungen *Perla Geoff.* und *Nemura Latr.* angehörige Formen (Afterfrühlingsfliegen) kommen im Bernstein vor.

β. *Ephemeridae.*

Eintagsfliegen treten schon in palaeozoischen Schichten ziemlich häufig auf: *Platephemera antiqua* des nordamerikanischen Devon erreicht 5″ Spannweite, ziemlich häufig finden sich Reste von *Ephemeriden* in den Schichten der Steinkohlenformation, z. B. *Euephemerites primordialis Scudder* aus der amerikanischen Kohle, *Palingenia Feistmanteli Fric.* aus der böhmischen Steinkohle, sowie in der Dyas: *Ephemerites Rückerti H. B. Gein.* von Stockheim. Auch im Lias wurden *Ephemeriden* beobachtet, im Bernstein sind sie durch Arten der Gattungen *Baëtis Leach*, *Ephemera L.*, *Palingenia Burm.*, *Potamanthus Pictet* vertreten, im Miocän scheinen sie selten zu sein. HEER kennt eine einzige kleine Art (*Eph. Oeningensis*) von Oeningen.

γ. *Libellulidae.*

Die drei Untergruppen der Wasserjungfern (*Agrioninae*, *Aeschninae* und *Libellulinae*) sind schon im Lias vertreten. Die älteste bis nun bekannte Form ist *Aeschna Hageni Heer* aus dem unteren Lias der Schambelen (Aargau) (Fig. 540*d*). Der englische Lias von Cheltenham und die Stonesfielder Schichten haben zahlreiche Libellenreste geliefert, die häufigsten und besten aber, welche zugleich oft an Grösse die lebenden weit übertreffen, die Schiefer von Solenhofen.

Fig. 540.

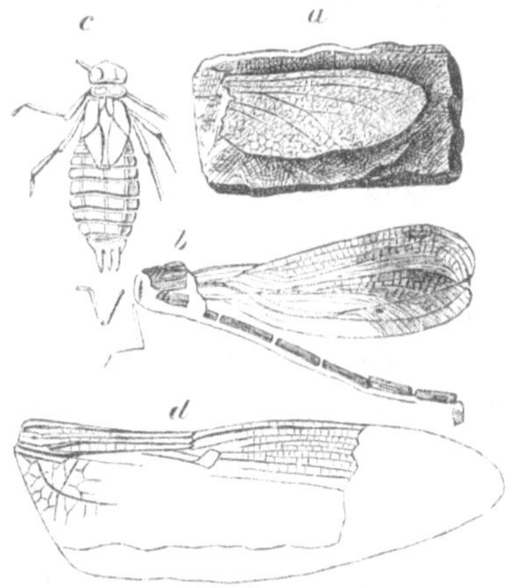

a Dictyoneura Humboldtiana Goldenbg., carb. Thoneisenstein v. Sulzbach bei Saarbrücken; *b Agrion Iris Heer*, Oeningen; *c Libellula Calypso Heer*, Oeningen *d Aeschna Hageni Heer*, Lias Schambelen.

Die meisten gehören der Gruppe der *Aeschninae* an, jedoch ausgestorbenen Gattungen (oder Untergattungen): *Iso-*, *Steno-*, *Tarso-*, *Heterophlebia*[1], welche sich im Flügelgeäder von den recenten *Aeschnen* unterscheiden. Auch im Wealden, in den miocänen Süsswasserschichten von Oeningen und Aix sowie im Bernstein kommen Reste von Wasserjungfern häufig vor (Fig. 540 *b*, *c*).

B. Neuroptera.

Mit beissenden oder saugenden Mundtheilen, freiem Prothorax, häutigen, netzartig geäderten Flügeln. Metamorphose vollkommen.

B₁. Planipennia.

Vorder- und Hinterflügel gleichartig, niemals faltbar. Die Mundtheile sind kräftige Kauwerkzeuge.

[1] Vgl. BRADIE: Quart. Journ. 1849, 31 und HAGEN: Palaeontogr. X u. XV.

a. *Sialidae.*

Den recenten Sumpflibellen vergleichbare Formen kommen bereits in der Kohlenformation vor. Die recente *Corydalis Latr.* besitzt in *C. Brongniarti Murch.* von Coalbrookdale einen Vorläufer, in deren Verwandtschaft auch *Dictyoneura Humboldtiana Goldenbg.* (Fig. 540 *a*) aus dem Thoneisenstein von Sulzbach bei Saarbrücken gehört.

Die recente Gattung *Chauliodes Latr.* soll schon im Lias Vorläufer besitzen und ist auch im Bernstein vertreten.

b. *Panorpidae.*

Schnabelfliegen treten bereits im englischen Lias auf (*Panorpa liasiana Mont.*, *Orthoplebia communis Westwood*), *Bittacus Latr.* ist auch im Bernstein vertreten.

c. *Hemerobidae.*

Florfliegen finden sich im Lias durch die der recenten Gattung *Hemerobius L.* nahestehende Gattung *Hemerobioides Buckl.* vertreten. *Hemerobius* selbst, sowie *Sisyra Burm.* und *Chrysopa Leach* finden sich unter den Bernsteininsecten.

d. *Myrmeleontidae.*

Reste von Ameisenlöwen kommen schon im Tertiär vor: *Myrmeleon brevipenne* und *reticulatum Charp.*

B_2. Trichoptera.

Flügel mit Haaren oder Schuppen bekleidet, die hinteren meist faltbar, Mundtheile saugend.

Von den recenten Gattungen der *Phryganidae* sind zahlreiche (*Phryganea L.*, *Limnophilus Leach*, *Rhyacophila Pict.*, *Hydropsyche* u. A.) unter den Bernstein-Insecten vertreten, welche auch ein erloschenes *Phryganiden*-Geschlecht (*Amphientomum Pict.*) umschliessen. Die Röhren der *Indusia tabulata Bosc.*, welche in den Süsswasserkalken der Auvergne bis zwei Meter mächtige Bänke bilden, hat man für Köcher von *Phryganiden*-Larven gehalten. In den Süsswasserschichten von Oeningen sind *Phryganiden*-Köcher selten, sie kommen jedoch schon in der Kreide vor: *Phryganea micacea A. Fric.* aus den Perucer Schichten. Reste von *Phryganiden*-Flügeln sind schon aus dem Wealden bekannt.

C. Strepsiptera.

Vorderflügel stummelförmig, an der Spitze aufgerollt, Hinterflügel gross längsgefaltet, Weibchen madenähnlich, gleich den Larven schmarotzend. Nur recent: *Xenos Ross.*, *Stylops Kirb.* etc.

D. Rhynchota.

Insecten mit gegliedertem Schnabel (Rostrum), stechenden (ausnahmsweise auch beissenden) Mundtheilen, mit meist freiem Prothorax und unvollkommener Metamorphose.

D_1. Aptera.

Flügellose, ectoparasitische Formen. Nur recent: *Pediculidae* und *Mallophaga.*

D_2. Phytophtires.

Kleine *Rhynchoten* mit vier oder zwei häutigen Flügeln (Weibchen meist flügellos), mit vier langen Stechborsten als Mandibeln und Maxillen. — Pflanzenläuse.

a. *Coccidae.*

Von den Schildläusen ist die recente Gattung *Monophlebus Leach* auch unter den Bernsteininsecten vertreten.

b. *Aphidae.*

Blattläuse, der recenten Gattung *Aphis L.* angehörig, kommen schon im Wealden vor. Unter den Bernsteininsecten finden sich Vertreter dieser Gattung, sowie von *Lachnus Illig.* und *Schizoneura Hartg.* *Aphis* ist auch in den Süsswasserschichten von Aix und Oeningen beobachtet worden, in letzteren auch Blätter mit Gallen, die von einer Art der Gattung *Pemphigus Hartg.* herrühren dürften.

D_3. Cicadina.

Rhynchoten mit zwei häutigen Flügelpaaren, von denen das vordere bisweilen lederartig ist und welche in der Ruhe dem Körper schräg dachförmig aufruhen. Rüssel lang, dreigliederig.

c. *Cicadellidae.*

Die Gruppe der Kleinzirpen ist schon im Lias der Schambelen (z. B. *Cercopidium minutum Heer* [Fig. 541 *b*], sodann im oberen Jura (Solenhofener Schiefer) durch die zweifelhafte *Ditomoptera Germ.* vertreten. Von *Cercopis Fabr.* wurde eine Larve im Wealden beobachtet. Im Bernstein treten Angehörige der Gattungen *Cercopis* und *Jassus Fabr.*, *Typhlocyba*, *Bythoscopus* und *Aphrophora Germ.* auf. Die letzterwähnte Gattung, sowie *Tettigonia Germ.* kommt auch in den Süsswasserschichten von Aix vor. Zahlreiche *Cicadelliden* treten in den Schichten von Oeningen auf, darunter eine erloschene Gattung: *Ledophora Heer*, welche sich an die recente *Ledra Fabr.* anschliesst.

Fig. 541.

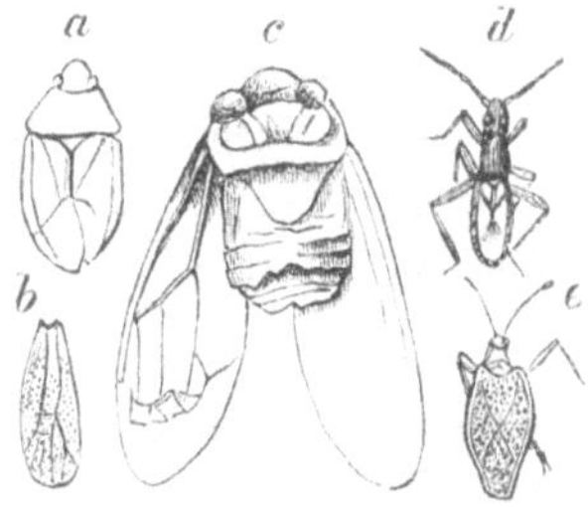

a. Protocoris insignis Heer; b. Cercopidium minutum Heer, beide aus der Lias der Schambelen; *c. Cicada Emathion Heer; d. Nabis gracillima Heer; e. Tingis (Monanthia) Wollastoni Heer*, alle drei von Oeningen.

b. *Membracidae.*

Die Buckelzirpen sind im Tertiär spärlich vertreten (eine Form in den miocänen Süsswasserschichten Oeningens durch Heer nachgewiesen).

c. *Fulgoridae.*

An die Leuchtzirpen schliesst sich in manchen Eigenthümlichkeiten *Eugereon Boeckingi Dohrn* aus den Thoneisensteinen von Lebach bei Saarbrücken an, und da diese Form auch *Neuropteren*-Charaktere trägt, kann sie als ein Bindeglied zwischen *Neuropteren* und *Rhynchoten* betrachtet werden. *Ricania Germ.* (*R. hospes Germ.* aus dem Solenhofener Schiefer, *R.* (?) *fulgens Brod.* aus dem Wealden) schliesst sich den recenten *Fulgoriden* näher an. Die recenten Gattungen *Cixius Latr.*, *Delphax Fabr.* und *Flata Fabr.* treten gleichfalls schon im Wealden auf; häufiger noch finden sich *Fulgoriden* tertiär, insbesondere im Bernstein.

d. *Cicadidae (Stridulantia).*

Eine Singcicade (*Cicada Murchisoni Brod.*) erscheint bereits im englischen Lias, eine weitere (*C. punctata Brod.*) im Wealden; grosse Formen finden sich in den miocänen Süsswasserschichten von Oeningen (Fig. 541 *c*).

D_4. Hemiptera.

Rhynchoten, deren vordere Flügelpaare dem Körper horizontal aufliegen (manche Arten entbehren der Flügel, ebenso die Weibchen einiger im männlichen Geschlechte geflügelter Arten).

a. *Hydrocores.*

Wasserwanzen, Fühler kürzer als der Kopf, drei bis viergliederig, Rüssel kurz.

α. *Notonectidae.*

Von den Rückenschwimmern tritt eine Art der recenten Gattung *Corixa Geoffr.* auch im Miocän von Oeningen auf.

β. *Nepidae.*

Fossile Wasserscorpione erscheinen schon im Schiefer von Solenhofen; die betreffenden Formen gehören den Gattungen *Belostoma Latr.* und *Nepa Fabr.* an, neben welchen in den miocänen Süsswasserbildungen auch *Naucoris Geoffr.* und *Diplonychus Lap.* vertreten sind.

b. *Geocores.*

Landwanzen. Fühler vorgestreckt, vier- bis fünfgliedrig, Schnabel meist lang.

α. *Hydrometridae.*

Wasserläufer erscheinen schon im Wealden; die betreffenden Reste werden den Gattungen *Hydrometra Fabr.* und *Velia Latr.* zugerechnet. Die erstere Gattung, sowie *Halobates Esch.* sind auch unter den Bernsteininsecten vertreten, auch in den miocänen Süsswasserbildungen von Aix und Oeningen treten Wasserläufer auf.

β. *Riparia.*

Die recente Gattung *Salda Fabr.* ist unter den Bernsteininsecten vertreten.

γ. *Reduvidae.*

Schreitwanzen erscheinen schon im Solenhofener Schiefer, sie werden der auch recent auftretenden Gattung *Pygolampis Germ.* zugerechnet. Im Tertiär (Bernstein und miocäne Süsswasserschichten) sind die Gattungen *Emesa Fabr.*, *Platymeris Lap.*, *Nabis Latr.* (Fig. 541 *d*) u. A. vertreten.

δ. *Acanthiadae.*

Die recenten Gattungen der Hauptwanzen *Aradus Fabr.*, *Tingis Fabr.* (Fig. 541 *e*) und *Syrtis Fabr.* sind in den miocänen Süsswasserbildungen und im Bernstein vertreten.

ε. *Capsidae.*

Blindwanzen, den recenten Gattungen *Miris Fabr.* und *Capsus Fabr.* angehörig, treten in ziemlicher Formenzahl im Bernstein auf.

ζ. *Lygaeidae.*

Die recenten Gattungen der Langwanzen *Lygaeus Fabr.* und *Pachymerus Lep.* sind in den miocänen Süsswasserbildungen ziemlich häufig vertreten.

ϑ. *Coreidae.*

Lederwanzen erscheinen schon im Lias: *Protocoris insignis Heer.* (Fig. 541 *a*) und *Cyclocoris pinguis Heer* der Schambelen; *Archimerus Burm.* tritt im Wealden auf. *Syromastes Latr.*, *Alydus Fabr.* und andere tropische Formen sind in miocänen Süsswasserbildungen Europas vertreten.

η. *Pentatomidae.*

Schildwanzen erscheinen schon im englischen Lias und Wealden (*Cimicides Brod.*), zahlreiche recente Gattungen (*Pentatoma Latr.*, *Cydnus Fabr.*, *Pachycoris Burm.* u. A.) in tertiären Süsswasserablagerungen.

E. Diptera.

Insecten mit saugenden und stechenden Mundtheilen und verwachsenem Prothorax, mit häutigen Vorderflügeln und zu Schwingkölbchen verkümmerten Hinterflügeln. Mit vollkommener Metamorphose.

E_1. Aphaniptera.

Die drei homonomen Thoracalringe getrennt, ungeflügelt, comprimirt. Fühler sehr kurz, Augen einfach.

Pulex L. soll schon im Miocän (Aix) vertreten sein.

E_2. Pupipara.

Die Thoracalringe bilden ein Stück; häufig flügellos, Fühler kurz; gebären zur Verpuppung reife Larven.

Die schmarotzenden Familien der *Braulidae*, *Nycteribiidae* und *Hippoboscidae* sind fossil unbekannt.

E_3. Diptera genuina.

Die drei heteronomen Thoracalringe zu einem Brustkasten verschmolzen, Fühler entweder kurz (*Brachycera*) oder lang (*Nematocera*).

I. Brachycera, Fliegen.

a. *Muscaria.*

Rüssel mit fleischigem Endlappen.

Fliegen im engeren Sinne gehören zu den selteneren fossilen Vorkommnissen: der älteste Repräsentant *Musca lithopila Germ.* aus dem Solenhofener Schiefer ist der schlechten Erhaltung wegen zweifelhaft. Die übrigen wenigen Vertreter (*Phora Latr.* aus der Gruppe der *Phoridae*), einige *Anthomyinae*, *Muscidae* und *Syrphidae* (vergl. Fig. 542 *b*) sind auf tertiäre Bildungen beschränkt und kommen im Bernstein sowie in den miocänen Süsswasserbildungen vor. In Radoboj und Aix sind hierhergehörige Reste nicht selten, aber meist undeutlich.

Fig. 542.

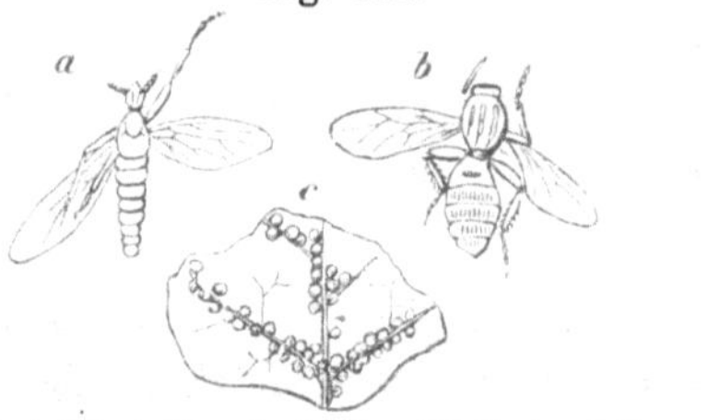

a. Plecia hilaris Heer; b. Syrphus Schellenbergi Heer; c. Cecydomyia Bremii Heer, Gallen auf einem Pappelblatt, sämmtlich aus dem Miocän von Oeningen.

b. *Tanystomata.*

Rüssel meist lang, mit stiletförmigem Kiefer.

Hierher gehörige Formen sollen schon im englischen Lias auftreten: *Asilus ignotus Brod.*, ebenso wie *Asilicus lithophilus Germ.* aus dem Solenhofener Schiefer der Gruppe der *Asilidae* (Raubfliegen) angehörig; eine Form der Tanzfliegen (*Empidae*) wird aus dem Wealden genannt. Vertreter der übrigen zu den *Tanystomata* gehörigen Familien erscheinen erst im Tertiär, so namentlich im Bernstein, in welchem die *Dolichopidae* (*Porphyrops*, *Medeterus* und *Chrysotus Meig.*), die *Empidae* (*Rhamphomyia*, *Gloma*, *Brachystoma* und *Tachydroma Meig.*); die *Leptidae* (*Atherix* und *Leptis Fabr.*), die *Xylophagidae* (*Xylophagus Meig.*, *Electra* und *Chrysothemis Latr.*) häufig auftreten. Auch in den tertiären Süsswasserschichten finden sich hierhergehörige Reste nicht selten und aus den Schichten von Aix führt *Marcel de Serres*, Vertreter der Gattung *Oxycera Meig.*, *Nemotelus Meig.* und *Sargus Fabr.* (*Stratomyidae*) an.

II. Nemocera, Mücken.

Eine hierhergehörige Form erscheint schon in den Solenhofener Schiefern: *Sciara prisca Germ.* Derselben Gruppe (*Fungicolae*) angehörige Formen erscheinen in grösserer Zahl im Wealden: *Macrocera rustica*, *Sciophila defossa*, *Platyura Fittoni Brod.* Im Wealden finden sich auch einige *Bibionidae: Rhyphus priscus* und *Simulia humida Brod.*, ferner *Culiciformes: Tanypus dubius* und *Chironomus extinctus Brod.* Sehr häufig treten Mücken im Tertiär, im Bernstein, in den Süsswasserschichten von Aix, Radoboj und Oeningen auf; unter ihnen überwiegen wieder weitaus die *Bibionidae*, unter welchen neben recenten Gattungen, wie *Bibio L.*, *Plecia Wieden.* (Fig. 542 *a*), *Dilophus Meig.* u. A., auch erloschene: *Bibiopsis*, *Protomyia* und *Myidium Heer* sich finden. Aber auch die anderen Gruppen gehören zumal unter den Bernsteininsecten zu den häufigen Vorkommnissen, so insbesondere die *Limnobidae*, *Fungicolae*, *Gallicolae*, *Culiciformes*. Von den *Gallicolae* erzeugte Gallen hat man auf tertiären Pflanzenresten beobachtet (Fig. 542 *c*).

F. Lepidoptera.

Insecten mit saugendem Mund (Spiralrüssel) mit vier gleichartigen, meist vollständig beschuppten Flügeln, mit verwachsenem Prothorax und vollkommener Metamorphose, fossil sehr selten und meist schlecht erhalten.

Die vortertiären angeblichen Schmetterlinge sind sehr zweifelhaft.

Sphinx Schroeteri Germ. aus dem Solenhofener Schiefer wird auch als Wasserwanze, *Tineites lithophilus Germ.* (ebendaher) aber als Termit gedeutet. In tertiären Süsswasserbildungen, sowie im Bernstein treten manche *Lepidopteren*-Reste auf, obwohl sie im allgemeinen zu den Seltenheiten gehören. *Tinea L.* und *Tortrix L.* (*Microlepidoptera*) finden sich in mehreren Formen unter den Bernsteininsecten; einige *Noctuina*, *Bombycina*, *Sphingina* und *Rhopalocera* in den miocänen Süsswasserablagerungen, in welchen Heer auch Reste von Raupen (Fig. 543) nachgewiesen hat.

Fig. 543.

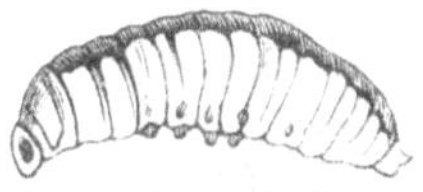

Bombycites Buchii Heer. Oeningen.

G. Coleoptera.

Insecten mit kauenden Mundwerkzeugen, mit hornigen Vorderflügeln (Flügeldecken), mit frei beweglichem Prothorax und vollkommener Metamorphose.

G_1. Cryptotetramera.

Tarsen viergliederig (ein Glied rudimentär).

a. *Coccinellidae.*

Die Gattung *Coccinella L.* tritt schon im Wealden auf (*Coccinella Wittsi Brod.*), häufig findet sie sich im Bernstein und in miocänen Süsswasserbildungen (Oeningen).

b. *Endomychidae.*

Von den Gattungen der Pilzkäfer ist *Lycoperdina Latr.* schon im Bernstein vertreten.

G_2. Cryptopentamera.

Tarsen fünfgliederig, ein Glied verkümmert.

a. *Chrysomelidae.*

Hierhergehörige Formen werden schon von Brodie aus dem englischen Lias, sowie aus dem Wealden citirt; im Lias der Schambelen finden sich *Chrysomelites prodromus*, *Eumolpites liberatus* und *Cistelites insignis Heer;* im

Tertiär (Bernstein- und Süsswasserschichten) sind die Gattungen *Chrysomela L.*, *Lina Redt.*, *Cassida L.*, *Haltica Ill.*, *Galeruca Geoffr.*, *Donacia Fabr.* u. A. häufig vertreten.

b. *Cerambycidae.*

Reste von Bockkäfern werden schon aus dem Oolith von Stonesfield citirt, sie sollen der Gattung *Prionus Geoffr.* angehören. Aus dem Schiefer von Solenhofen stammt *Cerambycinus dubius Germ.* und in *Dicotyledonen*-Stämmen des sächsischen Quadersandsteines beobachtete Geinitz Bohrgänge, welche von *Cerambyciden* herrühren dürften. Im Tertiär finden sich manche Gattungen der Bockkäfer vertreten: *Leptura L.*, *Lamia Fabr.*, *Saperda Fabr.*, *Molorchus Fabr.*, *Clytus Fabr.*, *Prionus Geoffr.* u. A., doch erreichen sie nie die Häufigkeit anderer Holzbohrer, z. B. der im Tertiär überaus häufigen *Buprestiden*, während heute das umgekehrte Verhältniss stattfindet.

c. *Bostrychidae.*

Borkenkäfer kommen bereits im Wealden vor (*Cerylon striatum Brod.*), in mässiger Zahl wurden ihre Vertreter, den Gattungen *Hylurgus Latr.*, *Hylesinus Fabr.*, *Scolytus Geoffr.* u. A. angehörig in tertiären Bildungen beobachtet.

d. *Curculionidae.*

Buckland hat zwei *Arthropoden* der Steinkohlenformation als älteste Vertreter der Rüsselkäfer beschrieben: *Curculioides Prestvicii* und *C. Ansticei.* Die erstere Form gehört sicher zu den *Araneida* und auch die zweite Form ist unsicher, da gerade der charakteristische Rüssel nicht erhalten ist. Sichere Spuren finden sich im englischen Lias, Jura und Wealden, auch aus dem Lias der Schambelen macht Heer sieben hierhergehörige Formen namhaft. Ziemlich zahlreich sind die Rüsselkäfer in verschiedenen Tertiärbildungen vertreten. Es finden sich (im Bernstein und in Süsswasserbildungen) Angehörige der Gattungen *Cionus Clairv.*, *Pissodes Germ.*, *Lixus Fabr.*, *Cleonus Schönh.*, *Sitona Germ.*, *Hylobius Germ.*, *Attelabus L.*, *Rhynchites Herbst*, *Apion Herbst* u. A. Heer nennt von Oeningen nicht weniger als 108 Rüsselkäferarten (inclusive der *Bruchidae*).

e. *Bruchidae.*

Die recenten Gattungen *Bruchus L.* und *Anthribus Geoffr.* treten schon tertiär auf, ihnen gesellt sich die erloschene Gattung *Anthribites Heer.*

G_3. Heteromera.

Die beiden vorderen Beinpaare mit fünf, das hintere Beinpaar mit vier Tarsalgliedern.

a. *Oedemeridae.*

Die beiden recenten Gattungen *Oedemera Oliv.* und *Necydalis L.* erscheinen unter den Bernsteininsecten.

b. *Salpingidae.*

Mycterus Clairv. (recent) ist auch im Tertiär vertreten.

c. *Meloidae.*

Meloe L. und *Lytta Fabr.* kommen auch in tertiären Süsswasserbildungen vor.

d. *Rhipiphoridae.*

Rhipiphorus Fabr. erscheint unter den Bernsteininsecten.

e. *Mordellidae.*

Mordella L. und *Anaspis Geoffr.* kommen ziemlich häufig im Bernstein vor.

f. *Pyrochroidae.*

Pyrochroa Geoffr. ist im Bernstein nur durch eine Form vertreten, während *Anthicus Payk.* (häufig als Typus einer eigenen Familie der *Anthicidae* betrachtet) im Bernstein zahlreiche Arten umfasst.

g. *Cistelidae.*

Cistela Fabr. recent und tertiär.

h. *Tenebrionidae.*

Eine hierhergehörige Art führt Brodie schon aus dem Wealden an, *Tenebrio L.* findet sich im Tertiär.

i. *Helopidae.*

Helopides Hildesiensis Roem. findet sich schon in den Schichten der *Avicula contorta* bei Hildesheim. *Helops Fabr.* recent und tertiär.

k. *Diaperidae.*

Bolitophagus Illig und *Anisotoma Illig* finden sich schon im Bernstein.

l. *Pimeliidae.*

Blaps L. und *Opatrum Fabr.* sind bereits in tertiären Bildungen vertreten.

G_4. Pentamera

mit vorherrschend fünfgliedrigen Tarsen.

a. *Xylophaga.*

Ptinus L., *Ptilinus Geoffr.*, *Anobium Fabr.* (Gruppe der *Ptinidae*) gehören zu den häufigeren Formen des Bernsteins; desgleichen *Lymexylon Fabr.* und *Atractocerus Beauv.*

b. *Cleridae.*

Clerus Geoffr., *Corynetes Payk.* und andere recente Gattungen sind schon im Tertiär vertreten.

c. *Malacodermata.*

Die Gruppe der *Melyridae* ist im Tertiär durch Angehörige der Gattungen *Malachius Fabr.*, *Dasytes Payk.*, *Ebaeus Erichs.* vertreten, jene der *Telephoridae* schon im Wealden durch eine Form der Gattung *Telephorus Schöff.*; *Cantharis L.*, *Lampyris Geoffr.*, *Malthinus Latr.* erscheinen im Tertiär, desgleichen die Gattung *Lycus Fabr.* (Gruppe der *Lycinae*).

d. *Elateridae.*

Die durch den Besitz eines Stachels an der Unterseite des Prothorax ausgezeichneten Schnellkäfer erscheinen schon in der Trias (*Elateropsis infraliassica Roem.* Zone der *Avicula contorta* bei Hildesheim); im Lias treten bereits mehrere Gattungen und Arten auf (*Elaterites vetustus Brod.*, *Megacentrus tristis Heer* u. A.), desgleichen im Wealden. Im Tertiär gehören die *Elateriden* zu den häufigsten *Coleopteren.* Ausser recenten Gattungen (*Elater L.*, *Limonius Esch.*, *Adelocera Latr.*, *Eucnemis Ahr.* etc.) treten auch erloschene Gattungen auf: *Silicernius v. Heyd.*, *Pseudoelater Heer* u. A.

e. *Buprestidae.*

Die Prachtkäfer stellen unter den *Coleopteren* des Lias die artenreichste Familie dar. Neben recenten Gattungen (*Euchroma L.*, *Melanophila*) treten mehrere ausgestorbene auf: *Glaphyroptera* (Fig. 544 *b*), *Micranthaxa*, *Buprestites*, *Chrysobothrites Heer.* Sehr häufig finden sich *Buprestiden* im Tertiär; neben zahlreichen recenten Gattungen, wie: *Chalcophora*, *Capnodis Eschsch.* (Fig. 544 *c*), *Dicera Eschsch.*, *Agrilus Curt.*, *Anthaxia Eschch.* u. A. erscheinen auch hier erloschene (z. B. *Fuesslinia* und *Protogenia Heer*).

Fig. 544.

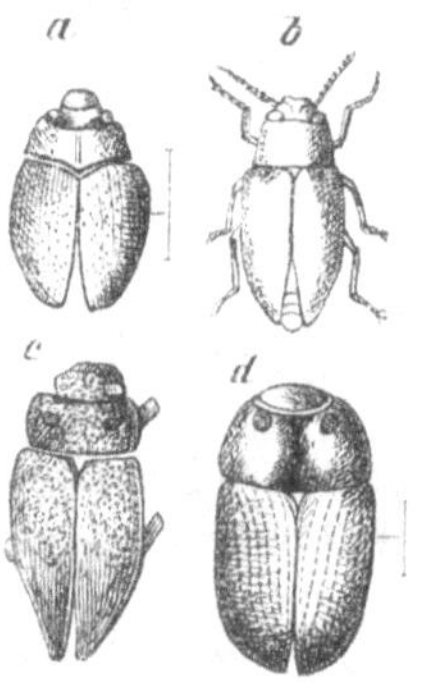

a. Gyrinites antiquus Heer, Lias, Schambelen; *b. Glaphyroptera gracilis Heer*, Lias, Schambelen: *c. Capnodis spectabilis Heer*, Oeningen; *d. Aphodiites protogaeus Heer*, Lias, Schambelen.

f. *Lamellicornia.*

Formen aus der grossen und mannigfaltigen, durch den häufig sehr ausgebildeten Dimorphismus der Geschlechter ausgezeichneten Gruppe der Blatthornkäfer erscheinen vereinzelt in älteren Bildungen, ziemlich häufig aber im Tertiär, in welchem bereits alle Unterfamilien vertreten sind.

α. *Lucaninae.*

Platycerus Geoffr. ist im Tertiär vertreten (Bernstein).

β. *Coprinae.*

Copris Geoffr. und *Ontophagus Latr.* finden sich in den miocänen Süsswasserschichten von Oeningen, *Sisyphus Latr.* in jenen von Aix.

γ. *Aphodiinae.*

Aphodiites protogaeus Heer (Fig. 544 *d*) aus dem Lias der Schambelen gleicht den recenten Dungkäfern so sehr, dass Heer die Vermuthung als naheliegend bezeichnet, es habe die Schweiz schon damals Säugethiere besessen, doch erinnert er daran, dass einige *Aphodien* auch von faulem Holz und vermoderten Pflanzenstoffen sich nähren, daher das Vorkommen dieser Art noch keineswegs mit Nothwendigkeit ein Säugethier voraussetzt. *Aphodius Illig* selbst erscheint im Tertiär.

δ. *Geotrupinae.*

Neben der recenten Gattung *Geotrupes L.* kömmt in den Schichten von Oeningen eine erloschene Gattung *Coprologus Heer* vor.

ε. *Melolonthinae.*

Die Gattungen *Rhizotrogus Latr.*, *Melolontha Fabr.*, *Anomala Sam.* u. A. finden sich im Tertiär, eine (fragliche) *Melolontha* schon im englischen Lias.

ζ. *Dynastinae.*

Von *Pentodon Hop.* kommt eine Art in den Schichten von Oeningen vor.

η. *Cetoniinae.*

Cetonia Fabr., *Trichius Fabr.*, *Valgus Sor.* sind schon im Tertiär durch einzelne Formen vertreten.

g. *Byrrhidae.*

Pillenkäfer führt Heer schon aus dem Lias der Schambelen an, in welchem *Byrrhydium arcuatum, morio* und *troglodytes Heer* zu den häufigsten *Coleopteren* gehören. Im Tertiär ist die recente Gattung *Byrrhus L.* durch mehrere Arten vertreten; auch *Limnichus Latr.* zählt eine Art unter den Bernsteininsecten, während *Throscus Latr.* (Untergruppe der *Troscidae*) im Bernstein häufig vorkommt. *Trixagites floralis Heer* aus dem Lias der Schambelen, gehört wahrscheinlich zu den *Troscidae.*

h. *Dermestidae.*

Die Gattungen *Dermestes L.*, *Anthrenus Geoffr.* finden sich mit mehreren Arten unter den Bernsteininsecten.

i. *Cryptophagidae.*

Cryptophagus Herbst kommt im Bernstein, sowie in tertiären Süsswasserschichten (Oeningen) vor.

k. *Nitidulidae.*

Nitidulites argoviensis Heer stammt aus dem Lias der Schambelen.

Nitidula Fabr. selbst findet sich schon im Tertiär ziemlich häufig, desgleichen *Peltis Geoffr.*, *Trogosita Oliv.* u. A.

l. *Histeridae.*

Hister L. (Stutzkäfer) ist schon im Bernstein vertreten (eine Art), desgleichen *Scaphidium Oliv.* (Gruppe der *Scaphidiinae*).

m. *Silphidae.*

Silpha L. findet sich (obwohl selten) schon im Tertiär.

n. *Staphilinidae.*

Kurzflügeldecker (*Brachelytren*), welche an Gattungen und Arten heute grosse Mannigfaltigkeit aufweisen, sind im Tertiär verhältnissmässig spärlich vertreten. *Aleochara Grav.*, *Homalota Mannerh.* (Gruppe der *Aleocharinae*); *Tachyporus Grav.*, *Tachinus Grav.*, *Mycetoporus Mannerh.* (Gruppe der *Tachyporinae*); *Staphylinus L.*, *Quedius Leach*, *Oxyporus Fabr.*, *Philonthus Leach*

(Gruppe der *Staphylininae*); *Lathrobium Grav.*, *Stilicus Latr.* (Gruppe der *Paederinae*); *Stenus Latr.* (Gruppe der *Steninae*); *Oxytelus Grav.*, *Bledius Leach.* (Gruppe der *Oxytelinae*); *Omalium Grav.*, *Anthrophagus Grav.* (Gruppe der *Omalinae*) sind nur durch einzelne Formen im Tertiär vertreten.

o. *Hydrophilidae.*

Hierhergehörige Formen erscheinen schon im Lias der Schambelen (*Hydrophilites Acherontis*, *H. stygius Heer*, *Hydrobiites veteranus Heer*). Unter den zahlreichen *Hydrophiliden* der miocänen Süsswasserschichten (insbesondere von Oeningen) treten neben recenten Gattungen (*Hydrous*, *Hydrophilus* u. A.) auch erloschene (*Escheria* und *Hydrophilopsis Heer*) auf.

p. *Dytiscidae.*

Hierher gehört *Laccophilus aquaticus Brod.* aus dem englischen Lias.

Colymbetes Clairv. soll im Wealden durch eine zweifelhafte Form vertreten sein. In den miocänen Süsswasserbildungen kommen Formen der Gattungen *Dytiscus L.*, *Cybister*, *Acilius*, *Hydroporus*, *Colymbetes Clairv.* u. A. vor.

q. *Gyrinidae.*

Gyrinus L. erscheint schon im Lias der Schambelen (*G. atavus Heer*), daneben sehr kleine, durch den Mangel des Schildchens ausgezeichnete Formen (*Gyrinites Heer* Fig. 544 *a*). Auch in den miocänen Süsswasserbildungen kommen Reste von Drehkäfern vor.

r. *Carabidae.*

Kleine Formen erscheinen schon im schweizerischen und englischen Lias (*Carabites bellus*, *C. harpalinus*, *Thurmannia punctulata Heer* u. A.), zweifelhafte Reste im Solenhofener Schiefer, sowie im Wealden. Aus letzterem beschreibt Brodie jedoch schon einen *Carabus elongatus*. Im Tertiär kommen Laufkäfer ziemlich häufig vor, insbesondere Angehörige der Gattung *Calosoma*, neben welcher aber auch *Nebria Latr.*, *Harpalus Latr.*, *Badister Clairv.*, *Brachinus Web.*, *Bembidium L.* u. A. auftreten. Auch erloschene Gattungen finden sich (*Sinis Heer*).

H. Hymenoptera.

Insecten mit beissenden und leckenden Mundwerkzeugen, mit verwachsenem Prothorax, mit vier häutigen, wenig geäderten Flügeln; mit vollkommener Metamorphose.

H_1. Terebrantia.

Weibchen mit Legeröhre oder Legestachel.

a. *Phytophaga.*

Abdomen sitzend, Larven raupenähnlich, Pflanzenfresser.

Tenthredinidae.

Blattwespen, den Gattungen *Tenthredo L.*, *Hylotoma Fabr.* und *Pteronus Jur.* angehörig, erscheinen schon im Tertiär.

b. *Gallicola.*

Hinterleib gestielt, Larven madenförmig, fuss- und afterlos, meist in Pflanzengallen lebend.

Cynipidae (Gallwespen) sind bis nun noch nicht fossil bekannt.

c. *Entomophaga.*

Hinterleib gestielt, Larven meist in Larven anderer Insekten schmarotzend.

Die Gattungen *Bracon Fabr.* (Gruppe der *Braconidae*); *Ichneumon Grav.* (Fig. 545 *a*), *Cryptus Fabr.*; *Pimpla Fabr.*, *Ophion Fabr.* u. A. (Gruppe der *Ichneumonidae*) sind schon im Tertiär durch einzelne Formen vertreten.

Fig. 545.

a. Ichneumon infernalis Heer, b. Xylocopa senilis Heer, c, d. Poneropsis veneraria Heer, c. Weibchen, *d.* Männchen. Miocän, Oeningen.

H_2. Aculeata.

Mit zurückziehbarem, durchbohrten Giftstachel und mit Giftdrüse im weiblichen Geschlechte.

a. *Formicidae.*

Ameisen kommen in tertiären Süsswasserbildungen und im Bernstein sehr häufig vor. Heer nennt 44 Arten von Oeningen. Recente Gattungen (*Formica L.*, *Myrmica L.*) treten neben erloschenen (*Poneropsis*, *Imhoffia Heer*) auf (Fig. 545 *c*, *d*); *Myrmica* dürfte nach Westwood schon im Purbeckkalk durch eine sehr grosse Form vertreten sein. *Palaeomyrmex prodomus Heer* findet sich schon im Lias der Schambelen.

b. *Chrysididae.*

Von Goldwespen ist nur eine fossile Form bekannt (*Cleptes Steenstrupi Beck.*, Tertiär).

c. *Heterogyna.*

Eine einzige hierhergehörige Form ist fossil bekannt: *Scolia Saussureana Heer* von Oeningen.

d. *Fossoria.*

Einige Sandwespen, der Gattung *Ammophila Kirb.* angehörig, hat Heer aus den Schichten von Oeningen beschrieben.

e. *Vespidae.*

Die Gattungen *Vespa L.* und *Polistes Latr.* (beide der Gruppe der socialen Wespen, den *Polistinae* zugehörig) sind schon im Tertiär vertreten.

f. *Apidae.*

Apiaria antiqua Germ. und *A. lapidea Mstr.* aus dem Solenhofener Schiefer beruhen auf undeutlichen und zweifelhaften Resten. Im Tertiär finden sich Bienen und Hummeln häufiger und sind zumal in den Süsswasserschichten von Oeningen die Gattungen *Osmia Panz.*, *Anthophora Latr.*, *Xylocopa Latr.* (Holzbiene Fig. 545 *b*), *Bombus Latr.* und *Apis L.* vertreten.

Zeitliche Verbreitung und Stammesgeschichte der Arachnoidea, Myriapoda und Insecta.

Nur wenige Ablagerungen sind der Erhaltung von Resten dieser Classen günstig, es ist daher die palaeontologische Ueberlieferung derselben ganz ausserordentlich lückenhaft. Die productive Steinkohlenformation hat eine Anzahl von *Arachnoideen* und zwar *Araneiden* mit gegliedertem Hinterleib (*Protolycosa*, *Anthracomartus* etc.), ferner Vorläufer der *Pedipalpi* (*Eophrynus*, *Kreischeria*), Scorpione (*Cyclophthalmus*, *Eoscorpius*) und Afterscorpione (*Microlabis*) geliefert. Einzelne zweifelhafte Reste von *Arachnoideen* finden sich im Solenhofener Schiefer (*Phalangites*, *Palpipes*, *Pycnogonites*); ziemlich häufig und wohl erhalten hingegen treten Spinnen in geeigneten Tertiärbildungen, zumal im Bernstein auf.

Die *Myriapoden* sind in der Steinkohlenformation durch die in ihrer Bedeutung theilweise noch zweifelhaften *Euphorberien*, aber auch durch typische *Juliden* (*Xylobius* und *Julus* selbst) vertreten. Die *Myriapoden*-Reste des Solenhofener Schiefers leiden an Undeutlichkeit; sehr zahlreiche und wohlerhaltene Reste von Tausendfüssen hat hingegen der Bernstein geliefert.

Insektenreste, zumal von *Orthopteren* und *Neuropteren* herrührende, finden sich schon in der Kohlenformation (*Blattina*, *Acridites*, *Gryllacris*, *Phasma*, *Corydalis*, *Dictyoneura*, *Ephemerites*, *Palingenia*), aus noch älteren Bildungen (Devon) stammt *Platephemera antiqua*. Von *Coleopteren* finden sich nur einige Spuren im Carbon, schon in der oberen Trias aber und noch mehr im Lias treten sie ziemlich zahlreich auf. Die Insektenfauna des englischen und schweizerischen Lias (die letztere hat Heer von dem ausgezeichneten Fundort der Schambelen im Canton Aargau geschildert) ist eine sehr zahlreiche. Heer zählt von dem genannten Fundort 7 *Orthopteren*, 7 *Neuropteren*, 116 *Coleopteren*, 1 *Hymenoptere*, 12 *Rhynchoten* auf. Auch die Jura-Ablagerungen und der Wealden Englands, desgleichen die Schiefer von Solenhofen, welche insbesondere ausgezeichnete Libellen enthalten, bergen manche und zum Theil wohlerhaltene Insectenreste. Die Kreideformation ist hingegen ausserordentlich arm an solchen.

Im Tertiär sind es gewisse Süsswasserbildungen, so vor allem die Schichten von Oeningen, von Aix und von Radoboj, welche eine reiche Insektenfauna geliefert haben. Von 876 Insecten-Arten der schweizerischen Miocängebilde, von welchen 844 allein in Oeningen auftreten, nennt Heer 543 *Coleopteren*, 20 *Orthopteren*, 29 *Neuropteren*, 81 *Hymenopteren*, 3 *Lepidopteren*, 64 *Dipteren* und 136 *Rhynchoten*. Sehr zahlreiche und wohlerhaltene Insectenreste enthält auch der oligocäne Bernstein. Die ausserordentliche Lückenhaftigkeit der palaeontologischen Ueberlieferung lässt keine wesentlichen Schlüsse über die phylogenetischen Verhältnisse der Insecten ziehen; die Abhängigkeit derselben von der Entwickelung des Pflanzenreiches, sowie der höheren Thiere, welche schmarotzenden Insekten als Wirthe dienen, macht sich zudem in erster Linie geltend, jedoch darf wenigstens der Umstand hervorgehoben werden, dass (wie sich schon a priori vermuthen lässt) die geologisch älteren

Insecten ametabolische Formen (mit unvollkommener Verwandlung) sind, aber auch noch zur Tertiärzeit sind nach den umfassenden Untersuchungen HEER's die Ametabolen verhältnissmässig zahlreicher, als in der Gegenwart. Während in dieser die Metabolen $^9/_{10}$ der Gesammtzahl betragen, finden sich unter den zahlreichen Insectenarten von Radoboj und Oeningen etwa ein Drittel zu den Ametabolen gehörige Formen. Dem Umstande, dass zur Miocänzeit nur eine kleine Zahl krautartiger Blumenpflanzen vorhanden war, ist es wohl zuzuschreiben, dass die auf diese Pflanzen angewiesenen *Hymenopteren* und *Lepidopteren* in so geringer Zahl auftreten.

IX. Stamm. Tunicata.

Zwittrige, festsitzende oder freie, bilaterale Thiere von sack- oder tonnenförmiger Gestalt, mit mantelartiger, den Körper bis auf zwei Oeffnungen umschliessender Hülle, mit einfachen Nervenknoten, mit Herz und weiter Athemhöhle. Entwickelung geschlechtlich oder durch Sprossung, mit Metamorphose oder Generationswechsel.

Der Körper der *Tunicaten* enthält keine Hartttheile, welche fossile Reste liefern könnten, die Palaeontologie ist daher nicht in der Lage, sich mit diesem Stamm und seinem Verhältniss zu den *Vertebraten* näher zu beschäftigen. Bekanntlich zeigt die embryonale Entwickelung bei den *Ascidien* grosse Uebereinstimmung mit jener niederer *Vertebraten* (insbesondere von *Amphioxus*). Die Ansichten der Zoologen über die Bedeutung dieser Uebereinstimmung gehen jedoch weit auseinander. HAECKEL betrachtet die geschwänzte Larve der *Ascidien* als die dem recenten *Amphioxus* und den ältesten silurischen Wirbelthier-Ahnen nächstverwandte Thierform, ist sonach geneigt die Wirbelthiere von den *Ascidien* abzuleiten, während DOHRN die letzteren als Abkömmlinge der ersteren betrachtet und als degenerirte Fische bezeichnet.

X. Stamm. Vertebrata.

Bilaterale Thiere mit innerem knorpeligen oder knöchernen, meist gegliederten Skelet (Wirbelsäule), welches durch dorsale Ausläufer (obere Wirbelbogen), das Nervencentrum (Rückenmark und Gehirn), durch ventrale Ausläufer (untere Wirbelbogen und Rippen) vegetative Organe umfasst, mit höchstens zwei Extremitätenpaaren.

Die neueren Eintheilungen des Wirbelthierstammes mögen aus nachstehender (der systematischen Uebersicht des Thierreiches von A. v. MOJSISOVICS entnommener) Zusammenstellung ersehen werden.

Vertebrata
- **Acrania:** *Leptocardii* (*Pharyngobranchii*)
- **Craniota** (*Pachycardia*)
  - *Pisces*
    - *Marsipobranchii* = *Cyclostomata* (*Monorhina*)
    - *Teleostei*, *Palaeichthyes* } *Euichthyes*
  - *Amphibia*
  - *Reptilia*, *Aves* } „*Sauropsida*“
  - *Mammalia*

Pisces (Euichthyes) and *Amphibia*: **„Ichthyopsida“** = *Anamnia* niedere Wirbelthiere

Reptilia, *Aves* and *Mammalia*: **Amniota** höhere Wirbelthiere

„Ichthyopsida“ and Amniota: *Gnathostomata* (*Amphirhina*)

Die (palaeontologisch unwichtige) zoologisch verschieden gedeutete Abtheilung der schädellosen *Vertebraten* nach dem Vorgange von Claus zu den Fischen rechnend, haben wir fünf grosse Abtheilungen des *Vertebraten*-Reiches zu betrachten: 1. *Pisces*. 2. *Amphibia*, 3. *Reptilia*, 4. *Aves*, 5. *Mammalia*.

1. *Pisces*.

Kaltblütige, meist mit Schuppen oder Platten bedeckte, selten nackte *Vertebrata* mit unpaarem, medianen Flossensystem und zwei (selten fehlenden) Extremitätspaaren als Brust- und Bauchflossen, mit Kiemenathmung (selten auch mit Lungen) mit einfachem, aus Vorhof und Kammer bestehendem Herzen (bei *Amphioxus* mit pulsirenden Gefässstämmen), ohne vordere Harnblase. Meist eierlegend.

Die Untertheilung des Reiches der Fische mag aus nachstehender Zusammenstellung ersehen werden:

- A. *Leptocardii* (*Acrania*)
- B. *Cyclostomi* (*Marsipobranchii*)
- *Euichthyes*
  - C. *Teleostei*
    - C_1. *Lophobranchii*
    - C_2. *Plectognathi*
    - C_3. *Arthropteri*
    - C_4. *Anarthropteri*
  - D. *Palaeichthyes*
    - D_1. *Holocephali* } *Chondropterygii*
    - D_2. *Plagiostomi* } *Chondropterygii*
    - D_3. *Ganoidei*
    - D_4. *Dipnoi*.

A. Leptocardii.

Lanzettförmige, schädel- und hirnlose *Vertebraten* mit persistenter Chorda dorsalis, einfachem Rückenmark, pulsirenden Gefässstämmen, ohne paarige Flossen, mit farblosem Blut.

Die einzige hierhergehörige recente Form (*Amphioxus lanceolatus Pall. sp.*, mit welchem wahrscheinlich die als *A. Belcheri Gray*, *A. elongatus Sundw.* beschriebenen Formen identisch sind) wird von den Zoologen in sehr verschiedener Weise gedeutet. E. Haeckel will mit besonderer Ehrfurcht den *Amphioxus* als dasjenige ehrwürdige Thier betrachtet wissen, welches unter allen noch lebenden Thieren allein im Stande ist, uns eine annähernde Vorstellung von unseren ältesten silurischen Wirbelthier-Ahnen zu geben. C. Semper glaubt hingegen (wohl mit Unrecht), *Amphioxus* gänzlich aus der

Nähe der Wirbelthiere entfernen zu sollen, während A. Dohrn *Amphioxus* als einen „verlorenen Sohn" der Wirbelthiere bezeichnet und die *Ascidien* von den Fischen abstammen lässt, da sie durch die genealogischen Verbindungen mit *Amphioxus* und den *Cyclostomen* als degenerirte Fische erkannt worden seien. Da fossile Reste dieser Formen bis nun fehlen, ist die Palaeontologie derzeit nicht im Stande zur Lösung der Frage beizutragen.

B. Cyclostomi.

Wurmförmige, wahrscheinlich durch Parasitismus rückgebildete, schuppenlose Fische mit persistenter Chorda, ohne Extremitäten, ohne Kiefer, mit kreisförmigem Saugmund, mit sechs oder sieben Paaren beutelförmiger Kiemen, mit unpaarer, rudimentärer Nasenhöhle.

Beide Unterabtheilungen, die *Hyperotreta* (*Myxinoidei*) und *Hyperoartia* (*Petromyzontes*) umschliessen nur recente Formen.

Fr. Rolle[1] schliesst aus der Uebergangsstellung, welche die *Cyclostomen* zwischen den *Acraniern* und den *Selachiern* einnehmen (?), dass die *Cyclostomen* in älteren Epochen bereits reichlich entwickelt waren, es ist dies indess ebenso gewagt, als seine Deutung der untersilurischen *Conodonten* Pander's (vergl. oben pag. 117 und 383), bezüglich welcher er die Vermuthung ausspricht, dass sie, wenn sie auch nicht von echten Fischen herstammen, wogegen die Abwesenheit der Dentine-Röhrchen spricht, von einer der entlegeneren Formen ihres Stammes, wie ihn die *Amphioxen* und *Tunicaten* in der heutigen Meeresfauna andeuten, herrühren möchten. C. J. Hinde gelangt in seiner ausführlichen Abhandlung über *Conodonten* des amerikanischen Silur und Devon wohl zu keinem bestimmten Schlusse, vermuthet aber doch, dass sie von *Myxinoiden*ähnlichen Fischen herrühren.[2]

C. Teleostei.

Fische mit meist vollständigem knöchernen Innenskelet, getrennten biconcaven Wirbeln, mit freien Kiemen und äusserem Kiemendeckel, mit nur zwei Klappen am Grunde des Aortenstieles, ohne Sehnervenchiasma‘ ohne Spiralklappe des Darmes.

C_1. Lophobranchii.

Knochenfische mit gepanzerter Haut, mit röhrenartig verlängerter, zahnloser Schnauze, mit büschelförmigen, sehr kleinen Kiemen und enger Kiemenspalte.

Fig. 546.

Calomostoma breviculum Ag. Eocän, Mte. Bolca.

Hierher und zwar zur Familie der *Syngnathidae* gehörige Formen (die *Pegasidae* und *Solenostomidae* sind fossil nicht vertreten) finden sich schon im Eocän,

[1] Handwörterbuch der Mineralogie, Geologie und Palaeontologie, herausgegeben von Kenngott. Breslau 1883, 1. Bd. pag. 409.
[2] Quart. Journ. geolog. Soc. XXXV, 1879.

so eine der recenten Gattung *Syngnathus L.* angehörige Form (*S. opisthopterus Ag.*), sowie eine weitere, eine erloschene Gattung bildende Type: *Calamostoma breviculum Ag.* (Fig. 546).

C_2. Plectognathi.

Kugelige oder seitlich stark comprimirte Knochenfische, mit unbeweglich verwachsenem Ober- und Unterkiefer, mit Knochenplatten und Stacheln bedeckt, selten nackt; meist ohne Bauchflossen.

a. *Gymnodontes.*

Die verwachsenen Ober- und Unterkiefer bilden einen Schnabel mit schneidigem Rande ohne eigentliche Zähne.

Von den hierhergehörigen recenten Gattungen kommt *Diodon L.* auch tertiär vor. (*Diodon tenuispinus* und *erinaceus* im Eocän des Mte. Bolca bei Vicenza.)

b. *Sclerodermi.*

Kiefer mit deutlichen Zähnen, Haut rauh oder mit eckigen Knochenschildern bedeckt.

Von den zahlreichen recenten Gattungen kommt *Ostracion L.* (Kofferfisch) auch tertiär vor (im Eocän des Mte. Bolca durch eine kleine Form: *O. micrurus Ag.* vertreten), der feste Hautpanzer wird von polyedrischen Knochentafeln gebildet, nur die Flossen und der Schwanz sind beweglich.

An die recente Gattung *Triacanthus Cuv.* mit schuppenartigen Schildern und starken Stacheln an Stelle der Bauchflossen schliesst sich nahe an *Acanthopleurus Ag.* (*A. serratus* aus dem eocänen Schiefer von Glarus); eine weitere *Balistiden*-Gattung der Eocänperiode ist *Acanthoderma Ag.* (zwei Arten im Glarner Schiefer).

Den *Sclerodermen* rechnet Agassiz auch die eocäne Gattung *Blochius Volta* zu, welche ebenso wie die verwandten cretacischen Genera *Dercetis Ag.*, *Leptotrachelus* und *Pelagorhynchus v. d. Marck* an der Grenze zwischen den *Ganoiden* und den *Plectognathen* zu stehen scheinen.

Blochius longirostris Ag. ist durch schlanke aalähnliche Körpergestalt, kleine rhombische Schuppen, aussergewöhnlich lange, tief biconcave Wirbel, zahlreiche Flossenstrahlen längs des ganzen Rückens und insbesondere durch eine übermässige Entwickelung des Schnabels ausgezeichnet.

Ob die Stacheln aus den Wettiner Steinkohlenablagerungen, welche Germar *Styracodus* und *Chilodus* genannt hat, wirklich wie Giebel[1] meint, auf Flossenstachel von *Sclerodermen*, analog jenen des recenten *Monacanthus* zurückzuführen sind, ist zweifelhaft.

C_3. Arthropteri.

Diese Gruppe, welche durch gegliederte Strahlen der Rückenflosse ausgezeichnet wird, zerfällt in die Abtheilungen der *Physostomi*, *Scomberesoces* und *Anacanthini.*

[1] Jahrbuch für Mineralogie etc., pag. 625.

I. Physostomi.

Ohne oder mit abdominalen Bauchflossen, Schwimmblase mit Luftgang, untere Schlundknochen getrennt. Meistens Cycloidschuppen.

a. *Anguilliformes = Physostomi apodes.*

Körper langgestreckt, schlangenförmig, nackt oder mit rudimentären Schuppen, ohne Bauchflossen. Von den hierhergehörigen Gattungen sind manche wie *Anguilla Cuv.* (Fig. 547), *Ophisurus Lacep.*, *Sphagebranchus Bloch*,

Fig. 547.

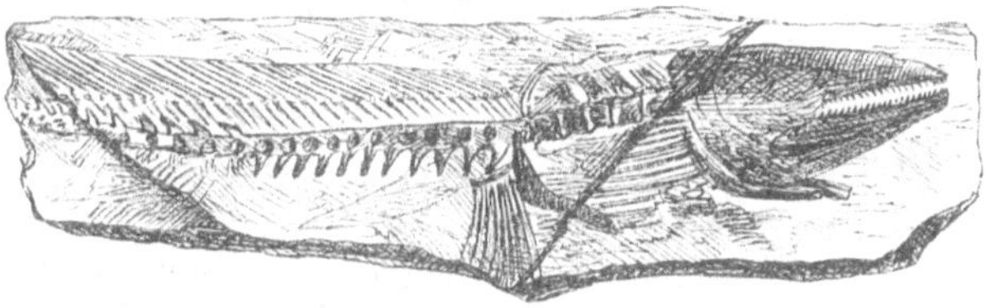

Anguilla latispina Ag. Eocän, Mte. Bolca.

Leptocephalus Ag. schon im Tertiär vertreten. Auch erloschene Geschlechter treten daselbst auf, wie *Enchelyopus* und *Rhynchorhinus Ag.*

Muraena Lewesiensis Mantell aus der englischen Kreide ist nach Dawie auf Wurmröhren (*Terebella*) zurückzuführen.

b. *Clupeidae.*

Körper ziemlich comprimirt, mit grossen, dünnen Schuppen bedeckt, oberer Mundrand vom Intermaxillare und den Maxillen gebildet. Rückenflosse nicht verlängert, Afterflosse oft sehr lang.

Zahlreiche recente Gattungen erscheinen schon im Tertiär, so *Clupea Cuv.* (Fig. 548) (auch schon in der Kreide), *Engraulis Cuv.* (*E. evolans Ag.* mit

Fig. 548.

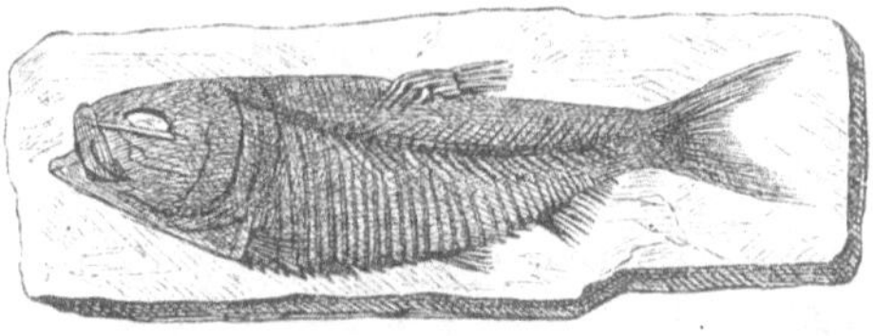

Clupea ventricosa Mey. Miocän, Unterkirchberg bei Ulm.

überaus langen Brustflossen im Fischschiefer der Mte. Bolca), *Alausa Val.*, *Megalops Cuv.* u. A. Von den erloschenen sind hervorzuheben:

Platynx Ag. mit sehr langen Brustflossen. Eocän des Mte. Bolca.

Elopopsis Heckel (der recenten Gattung *Elops L.* ähnlich, von hechtartiger Gestalt). Kreide des Karstes und Böhmens.

Halec Ag. (*Halec Sternbergi* aus dem böhmischen Pläner).

Meletta Valenc. besitzt deshalb besondere Bedeutung, weil man im Tertiär, die durch das Vorkommen ihrer Schuppen ausgezeichneten Ablagerungen als einem geologischen Niveau („*Meletta*-Schichten") angehörig betrachten wollte, was, wie Rzehak gezeigt hat,[1] nicht wohl angeht.

c. *Mormyridae.*

Durch den Besitz eines pseudoelectrischen Organes beiderseits des Schwanzes ausgezeichnete Flussfische des tropischen Africa. Fossil unbekannt.

d. *Esocidae.*

Beschuppte Süsswasserfische mit breitem flachen Kopf, starker Zahnbewaffnung des Rachens. Der obere Mundrand wird vom Zwischenkiefer und Oberkiefer begrenzt. Pylorusanhänge und Magenblindsack fehlen, Schwimmblase einfach.

Esox L. Hecht. Recent und fossil von der Kreide an.

Istieus Ag. (Kreide), ausgezeichnet durch gedrängte Stellung der Wirbel und fast über den ganzen Rücken sich erstreckende Rückenflosse wird von Agassiz trotz der abweichenden Merkmale den Hechten zugerechnet.

Weitere erloschene Gattungen sind *Holosteus* und *Sphenolepis Ag.*, beide tertiär.

e. *Salmonidae.*

Mit Cycloidschuppen und nacktem Kopf; mit Fettflosse, Pylorusanhänge zahlreich, Schwimmblase einfach, Zahnbildung sehr verschieden.

Osmerus Cuv. recent und fossil von der Kreide an.

Osmeroides Ag. (Fig. 549), wohlerhalten in der englischen Kreide.

Fig. 549.

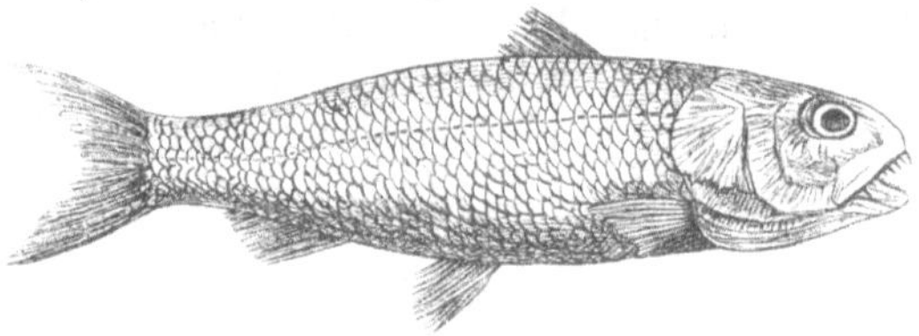

Osmeroides Lewesiensis Ag. Weisse Kreide, Lewes, Sussex.

v. d. Marck rechnet die fossilen Vorkommnisse von *Osmerus*, für welche er den Namen *Sardinius* aufstellt, sowie jene von *Osmeroides*, welche er als *Sardinoides* aus der westphälischen Kreide beschreibt, nicht zu den Lachsen, da ihnen trotz vortrefflicher Erhaltung die Fettflosse fehlt und reiht sie bei den *Clupeiden* ein.

Mallotus Cuv. Recent und subfossil (*Mallotus villosus Cuv.* = *Salmo Groenlandicus Bloch*) in noch heute sich bildenden Mergelgeoden der grönländischen Küste.

Die *Saurodontidae* der Kreide, welche in mancher Beziehung an die *Salmonidae* erinnern, dürften wohl eher bei den *Sphyraenidae* Stellung zu finden haben.

[1] XIX. Bd. der Verhandlungen des naturf. Vereines in Brünn.

f. *Cyprinodontes.*

Beschuppt, Zähne in beiden Kiefern und hechelförmige Schlundzähne vorhanden; oberer Mundrand nur vom Intermaxillare gebildet. Ohne Fettflosse, ohne Magenblindsack und ohne Pylorusanhänge, meist vivipar.

Von den hierhergehörigen recenten Geschlechtern tritt *Cyprinodon Lac.* (= *Lebias Cuv.*) nicht selten im Tertiär auf, auch *Poecilia Bl.* scheint bereits daselbst vertreten gewesen zu sein.

g. *Cyprinoidei.*

Zumeist mit Cycloidschuppen, mit nacktem Kopf, oberer Mundrand wie bei den *Cyprinodontes;* ebenso fehlen Fettflosse, Magenblindsack und Pylorusanhänge. Mund zahnlos, untere Schlundknochen mit ein bis zwei Zahnreihen.

Die meisten recenten Gattungen erscheinen schon im Tertiär, so *Leuciscus Klein*, *Aspius Ag.*, *Rhodeus Ag.*, *Gobio Cuv.*, *Barbus Cuv.*, *Tinca Cuv.*, *Cyprinus Art.* u. A.

h. *Acanthopsidae.*

Körper langgestreckt, Superorbitalknochen mit einem oder mehreren Stacheln, Saugmund mit Barteln; mit sehr kleiner, in der knöchernen Höhle des sogenannten grossen Rückenwirbels eingeschlossener Schwimmblase, mit Darmathmung.

Cobitis Art. recent und fossil (Tertiär), *Acanthopsis Ag.* tertiär.

i. *Siluroidei.*

Haut nackt oder mit Knochenschildern, Kopf niedergedrückt, rudimentäre Oberkiefer als Bartelträger, Intermaxillarknochen dagegen sehr gross, Suboperculum und Pylorusanhänge fehlen. Zuweilen mit Fettflosse.

Hierhergehörige Reste sind nur in geringer Zahl aus der Tertiärformation bekannt.

Zu *Pimelodus Lac.* stellt Heckel Flossenstachel aus tertiären Schichten im Biharer Comitat (*P. Sadleri*).

II. Scomberesoces.

Untere Schlundknochen völlig verwachsen, Schwimmblase ohne Luftgang, ohne Magenblindsack und Pylorusanhänge, Bauchflossen weit nach hinten gerückt, Schuppen cycloid, eine ventrale Reihe Kielschuppen beiderseits.

Hierher gehören die recenten Gattungen *Scomberesox*, *Exocoetus* und *Belone; Hypsodon Ag.* (Kreide und Tertiär), durch gewaltige Fangzähne ausgezeichnet, dürfte nicht hier, sondern bei den *Sphyraenidae* (Untergruppe der *Saurodontidae*) einzureihen sein.

III. Anacanthini.

Untere Schlundknochen getrennt, Schwimmblase, wenn vorhanden, ohne Luftgang, Bauchflossen weit nach vorn gerückt.

a. *Gadoidei.*

Symmetrische, langgestreckte Formen mit kleinen, weichen Cycloidschuppen.

Gadus Art. recent und fossil (Tertiär), desgleichen andere Gattungen (*Mora*, *Strinsia* etc.). An *Gadus* schliesst sich *Palaeogadus v. Rath* aus den Glarner Schiefern, während *Palaeobrosmius* (*Nemopteryx elongatus Ag.*) an die recente Gattung *Brosmius Cuv.* erinnert.

b. *Ophidini.*

Aalförmig, nackt oder beschuppt, mit fehlenden oder rudimentären Bauchflossen. Die hierhergehörigen Gattungen (*Brotula*, *Ophidium*, *Fierasfer*, *Ammodytes* etc.) sind bis nun fossil unbekannt.

c. *Pleuronectidae.*

Assymmetrisch; Augen auf einer Seite des Kopfes, Schwimmblase fehlt, Rücken- und Afterflosse sehr lang.

Rhombus Klein ist schon in den eocänen Schiefern des Mte. Bolca durch eine sehr kleine Form (*Rh. minimus Ag.*) vertreten und kommt auch in jüngeren Tertiärablagerungen vor.

Solea Cuv. tritt ebenfalls schon im Tertiär auf (z. B. *Solea Kirchbergana* und *antiqua Meyer* von Unter-Kirchberg bei Ulm).

C_4. Anarthropteri.

Vordere Strahlen der Rückenflosse ungegliedert, spitz. Die „Hartflosser" zerfallen nach Troschel in *Haplopteri*, „Dornflosser", bei welchen die ungegliederten Strahlen der Rücken-, After- und Bauchflossen Dornen, ohne hohlen Canal sind und *Acanthopteri*, „Stachelflosser", bei welchen die ungegliederten Strahlen am Anfange der After- und ein Strahl in jeder Bauchflosse wahre Stachel sind.

I. Haplopteri.

a. *Aulostomi.*

Langgestreckt, mit röhrenförmiger Schnauze, weit nach hinten gerückter Rückenflosse und bauchständigen Bauchflossen; nackt oder klein beschuppt.

Die recenten Gattungen *Aulostoma Lac.*, *Fistularia L.*, *Amphisile Klein* treten auch im Tertiär auf. *Amphisile* so häufig, dass man ihr Vorkommen zur Etagenbezeichnung verwendete (*Amphisilen*-Schiefer des karpathischen Alttertiärs).

Erloschene, hierhergehörige Gattungen sind: *Solenorhynchus Heckel*, *Urosphen* und *Ramphosus Ag.* (Eocän des Mte. Bolca).

b. *Pediculati.*

Plumpe, gedrungene Formen, nackt oder mit rauhen Höckern bedeckt. Brustflossen mit frei beweglichen, armartigen Carpalstücken.

Die recente Gattung *Lophius Art.* ist schon im Eocän des Mte. Bolca vertreten (*Loph. brachysomus Ag.*).

c. *Blennioidei.*

Langgestreckt, mehr oder minder cylindrisch, Haut der recenten Formen glatt, schleimig, oft schuppenlos; Bauchflossen kehlständig, rudimentär oder fehlend.

Anarhichus Art. mit conischen Vorderzähnen und rundlichen Mahlzähnen in den Seiten der Kiefer und am Gaumen. Recent. Manche der tertiären „*Sphaerodus*"-Zähne dürften hierher gehören. Die übrigen recenten Gattungen (*Blennius*, *Zoarces* etc.) sind fossil unbekannt, dafür kommt eine erloschene *Spinacanthus Ag.* im Eocän des Mte. Bolca vor.

d. *Gobioidei.*

Langgestreckt, Bauchflossen meist zu einer Scheibe verwachsen, Dornen der Rückenflosse biegsam; nackt oder gross beschuppt.

Von den hierhergehörigen recenten Gattungen findet sich *Gobius Art.* schon im Tertiär (Eocän des Mte. Bolca); desgleichen *Callionymus L.* (Miocän von Radoboj).

e. *Taenioidei.*

Bandförmig, nackt oder fein beschuppt. Rückenflosse lang, Bauchflossen brustständig, oft rudimentär oder fehlend, nur recent.

f. *Notacanthini.*

Langgestreckt, aalförmig, mit vielen freien Stacheln der Rückenflosse, Bauchflossen abdominal oder fehlend, Afterflosse lang, nur recent.

II. Acanthopteri.

Zerfallen in zwei Unterabtheilungen: mit verwachsenen und freien unteren Schlundknochen.

IIa. Pharyngognathi

mit verwachsenen unteren Schlundknochen.

a. *Chromidae.*

Langgestreckt, Schuppen ctenoid, Bauchflossen brustständig, nur recent.

b. *Pomacentridae.*

Hoch und kurz, mit Ctenoid-Schuppen, Bauchflossen brustständig, nur recent.

c. *Labridae.*

Gestreckt, mit Cycloidschuppen, aufgewulsteten Lippen. Bauchflossen unter den Brustflossen, Gaumen zahnlos, untere Schlundknochen mit Pflasterzähnen.

Von den zahlreichen recenten Gattungen ist *Labrus Art.* im Tertiär ziemlich verbreitet und erscheint schon in den eocänen Schiefern des Mte. Bolca.

IIb. Acanthopteri s. str.

Schlundknochen nicht verwachsen.

a. *Teuthyes.*

Seitlich zusammengedrückt, oval, klein beschuppt, mit liegendem Stachel vor der langen Rückenflosse oder mit schneidendem Stachel zu jeder Seite der Schwanzflosse.

Die recenten Gattungen *Naseus Comm.* und *Acanthurus Bl.* erscheinen schon im Tertiär, wo auch eine erloschene Gattung: *Ptychocephalus Ag.* auftritt.

b. *Trichiuridae.*

Langgestreckt, nackt oder klein beschuppt, Rückenflosse sehr lang, Bauchflosse unter den Brustflossen oder fehlend. Von den hierhergehörigen recenten Gattungen ist *Lepidopus Gouan* schon im Tertiär vertreten. Nahe mit dieser Gattung scheinen die erloschenen Genera *Anenchelum Blv.*, *Nemopteryx Ag.* und *Xyphopterus Ag.* verwandt zu sein.

c. *Scomberoidei.*

Langgestreckt, zusammengedrückt, nackt oder kleinschuppig, Bauchflossen unter den Brustflossen, selten fehlend; Stachelstrahlentheil der Rückenflosse oft weniger entwickelt als der weiche und von diesem getrennt. Die hinteren Strahlen der Rücken- und Afterflosse oft ohne Hautverbindung und als „falsche Flossen“ entwickelt.

Von den zahlreichen hierhergehörigen recenten Gattungen erscheinen viele schon im Tertiär, so *Scomber Art.*, *Thynnus Cuv.*, *Orcynus Cuv.*, *Auxis Cuv.*, *Zeus Art.*, *Lichia Cuv.*, *Caranx Cuv.*, *Vomer Cuv.*

Von den ausgestorbenen verdienen Erwähnung: *Palaeorhynchum Bl.* und *Hemirhynchus Ag.* (alttertiär), welche der recenten Gattung *Xiphius Art.* verwandt sind, ferner *Carangopsis*, *Palimphyes*, *Archaeus*, *Gasteronemus* und *Acanthonemus Ag.* (sämmtlich alttertiär), sowie *Proantigonia Kramb* (Miocän). Aber auch in der Kreideformation erscheinen bereits *Scomberoiden*, z. B. *Aipichthys Steind.* im Schiefer von Comen und *Enchodus Ag.*, letztere Gattung besitzt schon im Wealden einen Vertreter.

d. *Mugiloidei.*

Langgestreckt, fast cylindrisch, grossschuppig; zwei Rückenflossen vorhanden, Bauchflossen hinter den Brustflossen.

Die recenten Gattungen *Mugil Art.* und *Atherina Art.* sind schon im Tertiär vertreten.

e. *Labyrinthici.*

Nur recente Formen, deren obere Schlundknochen zu einem vielkammerigen Wasserreservoir von blättrigem, mäandrisch gewundenen Bau umgestaltet sind.

(*Anabas Cuv.*, *Polyacanthus Cuv.* u. A.)

f. *Squammipennes.*

Stark comprimirt, hoch, von ovaler Form, selten gestreckt, Rücken und Afterflosse beschuppt, Bauchflossen unter den Brustflossen. Die Kiefer, seltener der Gaumen mit langen, biegsamen, bürstenförmigen Zähnchen besetzt (*Chaetodonten*).

Von den zahlreichen hierhergehörigen recenten Gattungen kommen *Toxotes Cuv.*, *Ephippus Cuv.*, *Holacanthus Lac.*, *Scatophagus Cuv.*, *Pomacanthus Lac.* u. A. schon im Tertiär vor. Nahe an *Chaetodon Cuv.* selbst schliesst sich die im Eocän des Mte. Bolca durch mehrere Arten repräsentirte Gattung: *Platax Ag.* An *Ephippus Anv.* erinnert *Pygaeus Ag.*; weitere erloschene, im Tertiär auftretende Gattungen sind *Macrostoma* und *Semiophorus Ag.*

g. *Mulloidei.*

Langgestreckt, wenig comprimirt, mit grossen, sparoiden (d. h. am Hinterrand nicht gezähnten Ctenoid-) Schuppen. Nur recent.

h. *Sparoidei.*

Gestalt hoch, oblong; Schuppen am Hinterrande nicht oder sehr fein gezähnelt. Bauchflossen brustständig mit einem Stachel und fünf Strahlen, Schwanzflosse gabelförmig, Zahnbewaffnung sehr mannigfach.

Von den hierhergehörigen recenten Gattungen kommen *Pagellus*, *Chrysophrys* und *Sargus Cuv.* auch tertiär vor.

Sparnodus Ag. (Eocän des Mte. Bolca) erinnert an die recente Gattung *Lethrinus.*

Sparoides molassicus ist für Pflasterzähne der Molasse aufgestellt worden, die früher meist zu *Sphaerodus* gestellt wurden, aber wahrscheinlich von *Sparoiden* herrühren. Auch *Pisodus Owenii Ag.* aus dem Londonthon dürfte hierher gehören.

i. *Pristipomatidae.*

Gestreckt und comprimirt, mit feingezähnten Schuppen. Seitenlinie an der Schwanzflosse unterbrochen. Gaumen zahnlos, Kiefer mit Hechelzähne.

Die recenten Gattungen *Pristipoma Cuv.* und *Dentex Cuv.* erscheinen schon im Eocän (Schiefer des Mte. Bolca).

k. *Sciaenoidei.*

Langgestreckt, mässig comprimirt, Ctenoid beschuppt, mit verdickter Schnauze, zahnlosem Gaumen, zwei Rückenflossen.

Hierher dürften die tertiären Gattungen *Sciaenurus Ag.* und *Odonteus Ag.* zu stellen sein.

l. *Gasterosteidae.*

Gestreckt, mit isolirten Stacheln vor der Rückenflosse und starken Stacheln an Stelle der Bauchflossen. Nur recent: *Gasterosteus* (Stichling).

m. *Cataphracti.*

Langgestreckt, wenig comprimirt, mit breiten panzerartigen Suborbitalknochen, Bauchflossen unter den sehr grossen Brustflossen. Hechelzähne an den Kiefern, zuweilen auch am Gaumen.

Die recenten Gattungen *Scorpaena* und *Cottus Art.* kommen auch in verschiedenen Tertiärablagerungen vor, in welchen überdies mehrere erloschene Gattungen auftreten, so *Pterygocephalus Ag.*, *Callipteryx Ag.*, *Scorpaenopterus Steind.* u. A.

n. *Sphyraenidae.*

Langgestreckt, subcylindrisch, mit kleinen Cycloidschuppen, grossen Zähnen an den Kiefern und am Gaumen. Laterallinie unterbrochen, zwei weit von einander stehende Rückenflossen vorhanden, Bauchflossen ventral.

Sphyraena Art. erscheint schon im Tertiär (Eocän des Mte. Bolca und Miocän).

Erloschene Geschlechter der Eocänzeit sind *Mesogaster* und *Rhamphognathus Ag.*

An die *Sphyraenidae* schliessen sich als eine erloschene Untergruppe die *Saurodontidae* COPE's, welche sich durch gewaltige Entwickelung der Zähne auszeichnen. Hierher gehören *Hypsodon Ag.*, *Saurocephalus Harlan*, *Saurodon Hays*, *Portheus Cope*, sämmtlich aus der Kreide.

o. *Uranoscopidae.*

Langgestreckt, mit Hechelzähnen auf den Kiefern und dem Vomer, Stacheltheil der Rückenflosse kürzer als der weiche, Afterflosse lang, Bauchflossen vor den Brustflossen. Von den recenten Gattungen erscheint *Trachinus Art.* bereits im Tertitär.

p. *Berycidae.*

Hoch, seitlich zusammengedrückt, mit starken Ctenoidschuppen, Hechelzähne an den Kiefern, zumeist auch am Gaumen. Kiemendeckel bewaffnet, acht Kiemenhautstrahlen, Augen gross, seitlich.

Von den hierher gehörigen recenten Gattungen erscheinen manche fossil, so *Beryx* (Fig. 550) (von der Kreide an), *Holocentrum Art.* und *Myripristis Cuv.* (Eocän), nahe verwandt mit der recenten Gattung *Rhynchichthys* ist *Metoponichthys Kramb.* (Miocän).

Fig. 550.

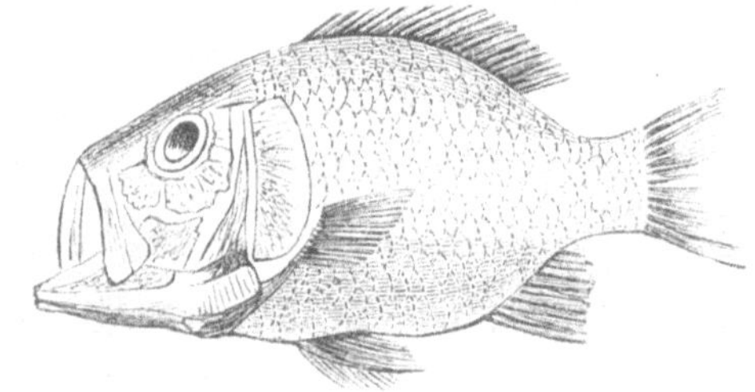

Beryx Lewesiensis Mant. Weisse Kreide, Lewes, Sussex; restaurirt, stark verkleinert.

Von den erloschenen Gattungen verdienen ferner hervorgehoben zu werden: *Acanus Ag.* (Fig. 551) (Eocän), *Holcopteryx*, *Sphenocephalus* und *Acrogaster Ag.* (Kreide).

Fig. 551.

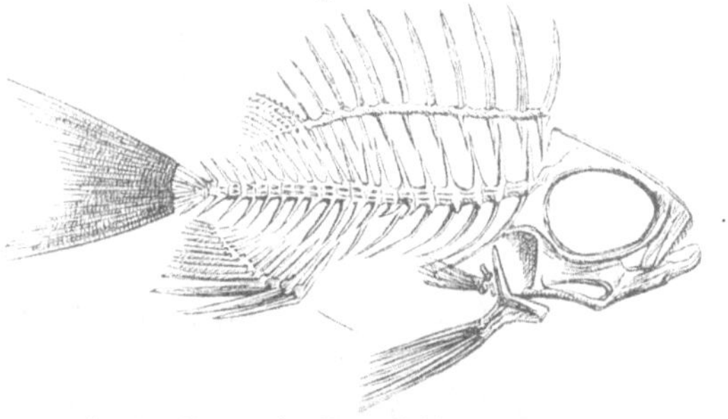

Acanus oblongus Ag. Eocän, Schiefer von Matt.

q. *Percoidei.*

Oblong, mit Ctenoidschuppen, Kiemendeckel mit Zähnchen oder Dornen, sechs Kiemenhautstrahlen, Bauchflossen brustständig, Rückenflosse mit stacheligem und weichem Theil.

Die recenten Gattungen *Perca Art.*, *Labrax Cuv.*, *Lates Cuv.*, *Serranus Cuv.*, *Dules Cuv.*, *Apogon Lac.* erscheinen schon im Tertiär (Eocän des Mte. Bolca). Nahe verwandt mit *Lates* ist die erloschene Gattung *Cyclopoma Ag.* (Mte. Bolca); *Smerdis Ag.* (Eocän und Miocän) steht der Gattung *Perca* näher.

D. Palaeichthyes.

Fische mit knorpeligem oder knöchernem Innenskelet, Haut nackt, mit placoiden Knochengebilden, mit Ganoidschuppen, selten cycloid beschuppt.

Herz mit Conus arteriosus und endocardialen Klappen; Darm mit Spiralklappen, Chiasma der Sehnerven.

Die *Palaeichthyes* zerfallen in drei Hauptgruppen: *Chondropterygii* (*Elasmobranchii, Selachii*), *Ganoidei* und *Dipnoi.*

Chondropterygii.

Skelet knorpelig, Schädelkapsel ungetheilt, Haut nackt oder mit placoiden Hartgebilden. Brustflossen gross, Bauchflossen abdominal; Mund unterständig, Schwimmblase fehlt oder ist rudimentär. Die *Chondropterygii* umfassen zwei Gruppen: *Holocephali* und *Plagiostomi.*

D_1. Holocephali.

Oberkiefer-Gaumenapparat mit dem Schädel verwachsen, Chorda persistirend, ohne Wirbelkörper aber mit zahlreichen Ringen in der Chorda-Scheide; mit einfacher äusserer Kiemenspalte. Haut nackt, Augen sehr gross, ohne Lider.

Die einzige recente hierhergehörige Familie der *Chimaeridae* tritt schon in den mesozoischen Formationen auf. Die erloschene Gattung *Ischyodon Egerton* (Jura, Kreide) umschliesst zahlreiche Arten, unter welchen manche durch ausgezeichnet erhaltene Reste bemerkenswerth sind (z. B. *Ischyodon Quenstedti Wagn.* aus den Solenhofener Schichten), andere sich nur auf einzelne Zähne gründen. Auf den verschiedenen Bau der Zähne gründen sich die Gattungen: *Gonodus Egert.* (Jura), *Psittacodon Ag.* (Jura und Kreide), *Elasmodus Egert.* und *Edaphodon Buckl.* (Tertiär) u. A. Stacheln von *Chimaeriden* des braunen Jura hat Quenstedt als *Chimaeracantha* beschrieben.

Die Gruppe der *Psammodonten* (*Psammodus, Helodus, Orodus, Cochliodus* etc.), welche von Quenstedt an die *Chimaeriden* gereiht wird, dürfte eher zu den *Cestracionten* zu stellen sein, eine sichere Entscheidung ist jedoch nicht möglich, da eben nur die Zähne erhalten blieben und diese sehr eigenthümlich gebaut sind.

D_2. Plagiostomi.

Oberkiefergaumenapparat am Schädel angeheftet. Mundöffnung quer, Wirbel gesondert, fünf (ausnahmsweise sechs oder sieben) Paare äusserer Kiemenspalten.

Die recenten *Plagiostomen* zerfallen in zwei Unterabtheilungen: *Squalides* (Haie) und *Rajides* (Rochen). Palaeontologisch lassen sich dieselben nicht gut trennen (abgesehen davon, dass es auch recente Zwischenformen giebt, wie *Squatina*), weil die meisten fossilen Reste sich auf Zähne und Flossenstachel beschränken. Manche der ersteren sind so fremdartig, zumal die geologisch älteren, dass ihre Verwandtschaft nur schwer beurtheilt werden kann (z. B. *Psammodonten*). Noch schwieriger ist dies bei den „*Ichthyodoruliten*", da ähnliche Flossenstachel bei verschiedenen Gruppen (auch bei gewissen *Ganoiden*) vorkommen.

Ichthyodoruliten stellen bis nun die ältesten Wirbelthiere dar (*Onchus*

Fig. 552 *a*, *Ctenacanthus* im Obersilur und Devon), sie entwickeln in den jüngeren palaeozoischen Formationen grosse Mannigfaltigkeit (*Gyracanthus Ag.*, *Oracanthus Ag.*, *Acondylacanthus*, *Moracanthus*, *Erismacanthus* [Fig. 552 *b*, *c*, *d*] und zahlreiche andere „Gattungen" der Kohlenformation), auch in jüngeren Formationen finden sich fremdartige Flossenstachel (z. B. *Myriacanthus Ag.* aus dem Lias, *Asteracanthus Ag.* des oberen Jura u. A.). Als Flossenstachel von Haien oder Rochen enden dieselben unten stumpf, ohne Gelenkfläche, während diejenigen der *Teleostier* (z. B. jene von *Balistes* oder *Silurus*, mit welchen die fossilen Stachel früher meist verglichen wurden) eine solche aufweisen.

Fig. 552.

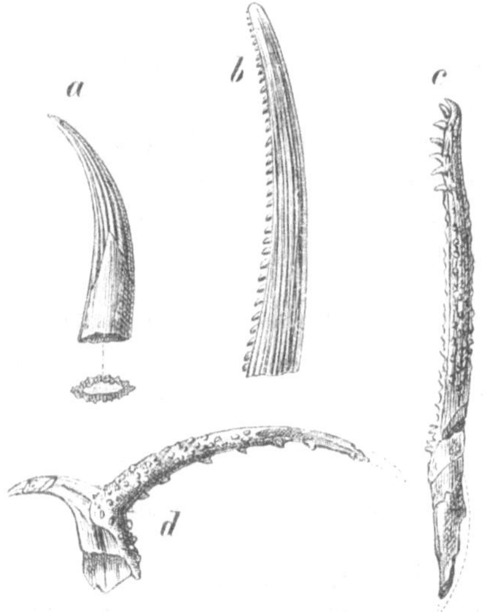

a. Onchus curvatus Pander, Ober-Silur, Insel Oesel. *b. Acondylacanthus gracilis St. J. a. W.* Burlington, Jowa, Carbon. *c. Moracanthus rectus N. a. W.* St. Louis, Missouri, Carbon. d. *Erismacanthus Mc'Coyanus St. J. u. W.* Missouri, Carbon.

a. *Notidanidae*

mit einer Rückenflosse.

Von spindelförmiger Gestalt, mit sechs bis sieben Kiemenspalten, ohne Nickhaut. Die Zähne von *Notidanus Cuv.* zeichnen sich durch eine Hauptspitze aus, welche rückwärts von feineren Zacken begleitet wird (Fig. 553 *a*); die Mittelreihe in den Kiefern besitzt symmetrischen Bau.

Notidanus-Zähne erscheinen schon im Jura und kommen nicht selten in der Kreide und im Tertiär vor.

Fig. 553.

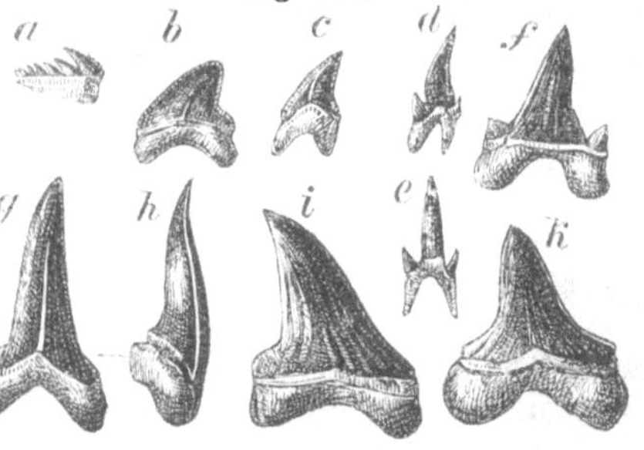

Haizähne aus dem Plänerkalk von Strehlen: *a. Notidanus microdon Ag.*, *b. c. Corax heterodon Rss.*, *d. e. Lamna subulata Ag.*, *f. Otodus appendiculatus Ag.*, *g. h. i. k. Oxyrhina Mantelii Ag.*

b. *Scyllidae.*

Mit zwei Rückenflossen, deren erste über oder hinter den Bauchflossen steht.

Von den hierhergehörigen recenten Gattungen tritt *Scyllium* (Hundshai) schon in der Kreide auf. Weitere hier einzureihende (ausgestorbene) Gattungen sind: *Thyellina Münst.* (Lias und Kreide), *Scylliodus Ag.* (Kreide), *Palaeoscyllium Wagner* (Solenhofener Schiefer).

c. *Lamnidae.*

Mit zwei Rückenflossen, deren erste zwischen den Brust- und Bauchflossen steht. Ohne Nickhaut, mit kleinen Spritzlöchern. Die schlanken, spitzen Zähne treten häufig fossil auf.

Von den recenten Gattungen sind *Lamna Cuv.* (Fig. 553 *d*, *e*), *Oxyrhina L.*

(Fig. 553 *g, h, i, k*), *Carcharodon Smith* auch fossil vertreten, da ihre Zähne von der Kreide an zu den häufigsten Vorkommnissen gehören.

Von den erloschenen Gattungen verdienen Erwähnung: *Corax Ag.* (Fig. 553 *b, c*) (aus der Kreide), *Otodus Ag.* aus Kreide und Tertiär (Fig. 553 *f*), *Odontaspis Ag.* aus Kreide und Tertiär, *Glyphis Ag.*, Tertiär.

d. *Carchariidae.*

Rückenflossen wie bei den *Lamnidae*, aber ohne Spritzlöcher und mit Nickhaut. Zähne meist gross, seitlich gekerbt.

Die recenten Gattungen *Carcharias Cuv.* und *Zygaena Cuv.* (= *Sphryna Raf.*) sind auch fossil (von der Kreide an) vertreten.

Die erloschene Gattung *Hemipristis Ag.* (Kreide-Tertiär) schliesst sich hier oder an die folgende Gruppe an.

e. *Galeidae.*

Flossenstellung wie bei der vorgenannten Gruppe, Spritzlöcher und Nickhaut vorhanden. Zähne mit wenig gekerbtem bis glattem Seitenrand.

Galeus Cuv. recent und fossil (Eocän), desgleichen *Galeocerdo M. H.* (von der Kreide an).

f. *Cestraciontidae.*

Die beiden Rückenflossen mit je einem Stachel bewaffnet, mit Spritzlöchern aber ohne Nickhaut. Die Zähne sind breite, pflasterförmige, in schräge Reihen geordnete Platten.

Cestracion Cuv., die einzige recente Gattung ist auch im Tertiär vertreten. Die *Cestraciontidae* scheinen jedoch in den älteren Formationen sehr grosse Mannigfaltigkeit entwickelt zu haben, da wohl die als *Hybodus*, *Acrodus* etc. beschriebenen Zähne von Haien herrühren, die hierher gestellt werden müssen.

Acrodus Ag. Die meisten Arten aus Trias und Jura gründen sich lediglich auf bohnenförmige Pflasterzähne mit einer vorspringenden Längskante, von welcher runzelige Schmelzfalten nach den Rändern verlaufen. *Acrodus falcifer Wagner* aus dem Solenhofener Schiefer ist vollständiger erhalten und zeigt je einen glatten, gedrungenen Stachel vor den Rückenflossen, die Chagrinhaut und eine ähnliche Vertheilung der Zähne wie *Cestracion.*

Acrodus-Zähne sind besonders häufig im Muschelkalk und Keuper, sie kommen aber auch im Lias und Jura vor.

Strophodus Ag. unterscheidet sich von *Acrodus* durch schlankeren Bau der Zähne, mangelnde Mittelkante und netzförmige Schmelzlinien. Trias und Jura.

Hybodus Ag. Zähne mit einer langen, runden Hauptspitze und mehreren Nebenspitzen, stark runzelig gestreift. Trias und Jura. Von manchen Arten sind auch die Flossenstachel und Theile des Knorpelskelettes und der Chagrin-Haut erhalten geblieben.

Cladodus Ag. aus der Kohlenformation ist mit *Hybodus* nahe verwandt.

Ptychodus Ag. (Fig. 554). Pflasterzähne von viereckigem Umriss, mit starken Querrunzeln auf der erhabenen Mitte und Streifen und Warzen auf der Flanke. Die mit vorkommenden Stacheln weichen sowohl von jenen der *Cestracionten* als von jenen der Rochen ab, mit welch letzteren die Anordnung der Zähne einige Aehnlichkeit besitzt. In der Kreide verbreitet.

Fig. 554.

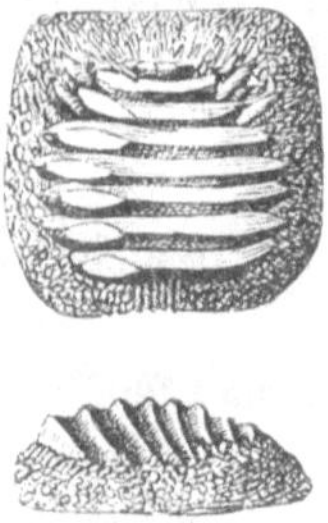

Ptychodus latissimus Ag. Plänermergel (Turon), Gross-Schimnitz bei Oppeln.

g. *Psammodontes.*

Die hierhergehörigen Pflasterzähne bestehen aus Zahnsubstanz ohne Schmelzschicht, die senkrechten Röhrchen derselben treten daher an der Oberfläche als Punkte auf, der knochige Basilartheil weist horizontale, anastomosirende Röhrchen auf und ist meist zerstört.

Psammodus Ag. (Fig. 555). Ebene, mit feinen, dichtgedrängten Punkten bedeckte Zahnplatten. Carbon.

Fig. 555.

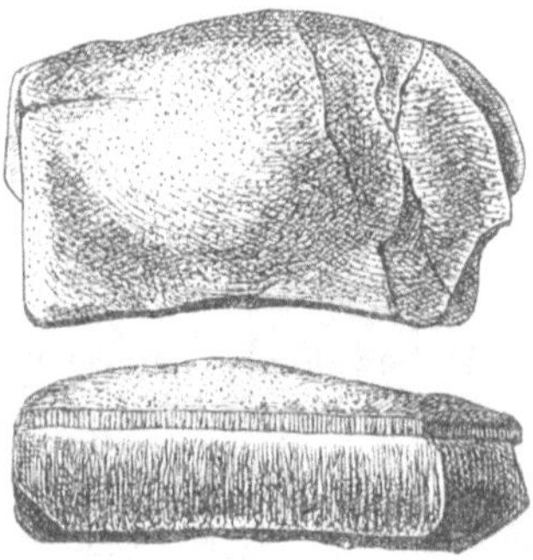

Psammodus porosus Ag. Carbon, Bristol.

Helodus Ag. Von *Psammodus* durch einen glatten Mittelhöcker verschieden. Ebenfalls Carbon.

Orodus Ag. Von *Helodus* durch vom Mittelhöcker ausstrahlende Furchen und Höcker verschieden. Carbon.

Mit *Orodus* nahe verwandt sind die übrigen zahlreichen carbonischen Gattungen mit mannigfach gestalteter Krone, wie: *Chomatodus Ag.*, *Petalodus Owen*, *Dactylodus Trautsch.* etc.

Bei *Polyrhizodus M'Coy* ist die Wurzel vielfach getheilt, die Zahnplatte selbst aber einfach. *Cochliodus Ag.* (Carbon) besitzt paarige, schneckenartig gedrehte Zahnplatten.

h. *Spinacidae.*

Wirbelkörper und Intervertebralgewebe scharf getrennt, erstere amphicoel. Ohne Afterflossen, mit zwei Dorsalflossen, welche mit Stacheln ausgerüstet sind; Nickhaut fehlt, Spritzlöcher sind vorhanden.

Spinax Bonap., recent und fossil (obere Kreide). Manche der (nicht sicher bestimmbaren) *Plagiostomen*-Wirbel der Molasse und oberen Kreide mögen hierher gehören.

i. *Xenacanthidae.*

Süsswasserhaie des Rothliegenden und der Kohlenformation mit gefiederten paarigen Flossen (*Archipterygien*), mit beginnender Verknöcherung der Wirbelsäule, gewaltigen Nackenstacheln und zwei oder dreispitzigen Zähnen.

Xenacanthus Beyr. (*Orthacanthus Ag.*, *Diplodus Ag.*). Die Gattung *Orthacanthus* wurde von Agassiz für die geraden Stachel aufgestellt, die Aehnlichkeit mit den Schwanzstacheln mancher Rochen besitzen, und daher zu denselben gezählt; die mit zwei grossen Spitzen versehenen Zähne (die mittlere Spitze ist meist unbedeutend) hingegen als *Diplodus* den *Hybodonten* zugerechnet. Seither kennt man sehr vollständige Reste aus den permischen Kalken des Oelberges von Braunau, von denen man im Gegensatz zu den übrigen palaeozoischen *Chondropterygiern* fast das ganze Skelet beobachten kann. *Xenacanthus* scheint (obwohl Kner einige Aehnlichkeiten zwischen ihm und den recenten *Siluriden* anführt) eine besondere, ohne Nachfolge erloschene Gruppe der *Chondropterygier* darzustellen.

k. *Squatinidae.*

Gesammtgestalt rochenähnlich, Kiemenöffnung jedoch seitlich; ohne Afterflosse. Amphicoele Wirbelkörper scharf gesondert, Spritzlöcher vorhanden, Nickhaut fehlt. Zähne niedrig kegelförmig.

Squatina Bell. recent und fossil von der Kreide an. Bildet ein Bindeglied zwischen Haien und Rochen. Noch mehr gilt dies von *Thaumas Münst.* aus dem Schiefer von Solenhofen, welche Gattung übrigens mit *Squatina* sehr nahe verwandt ist, sowie von *Squaloraja Riley* (= *Spinacorhinus Ag.*, unterer Lias).

l. *Squatinorajidae.*

Langgestreckte Rochen, welche an die Spindelform der Haie erinnern. Die recente Gattung *Pristis Lamk.* (Sägefisch) ist schon im Eocän vertreten, Stücke der auf beiden Seiten gezähnten Schnauze fanden sich im Londonthon.

Hierher gehört ferner eine erloschene Gattung: *Narcopterus Ag.* im Eocän des Mte. Bolca sehr vollständig erhalten.

Spathobatis mirabilis Wagn. aus dem Solenhofener Schiefer steht der recenten Gattung *Rhinobatus Bloch* sehr nahe.

m. *Trygonidae.*

Körper flach, die Brustflossen stossen vor dem Kopf zusammen und bilden den vordersten Theil der Scheibe. Der spitze, peitschenförmige Schwanz endet oft ohne Flosse und trägt einen oder mehrere Stachel.

Trygon Adans ist schon im Eocän des Mte. Bolca durch mehrere Arten vertreten.

n. *Myliobatidae.*

Die Brustflossen verlieren zu den Seiten des Kopfes ihre Strahlen, bilden jedoch vor dem Kopfe die sogenannte Kopfflosse, welche die Spitze der Scheibe bildet. Der lange peitschenförmige Schwanz trägt an der Wurzel eine Rückenflosse und einen Stachel hinter derselben. Die Pflasterzähne sind je nach dem Alter sehr verschieden.

Die recenten Gattungen *Myliobatis Cuv.* und *Aëtobatis Ag.* sind im Tertiär durch zahlreiche Arten vertreten, welche indess zumeist nur auf einzelnen Zähnen oder Stacheln beruhen. Die Bezahnung von *Aëtobatis* besteht aus einer einzigen Reihe langer querstehender Pflasterzähne, jene von *Myliobatis* hingegen aus sieben Reihen, von welchen die mittelste die breitesten Zähne aufweist, während die seitlichen Zahnreihen aus ziemlich regulären Sechsecken bestehen. Die recente Gattung *Rhinoptera Kuhl.* besitzt lauter hexagonale Zähne, ist wahrscheinlich auch unter den tertiären *Myliobatiden* vertreten, doch lassen sich isolirte Zähne nicht von den seitlichen Zähnen von *Myliobatis* unterscheiden, weshalb die Zähne der Molasse alle auf *Myliobatis* bezogen werden. *Zygobatis Ag.* besitzt ebenfalls sieben Zahnreihen, aber die Zähne nehmen von der Mitte nach aussen allmählich an Breite ab. Recent und tertiär.

o. *Rajidae.*

Körper scheibenförmig, rhomboidal, Brustflossen reichen von der Schnauze bis zu den Bauchflossen. Die beiden Rückenflossen sind auf die Spitze des dünnen Schwanzes gerückt, welcher jederseits einen Hautkiel, aber keine Stacheln trägt. Die Männchen besitzen Stachel an den Brustflossen. Die Haut ist rauh, die Zähne sind spitze Pflasterzähne.

Die Gattung *Raja Cuv.* ist im Tertiär durch einige Arten vertreten.

Asterodermus Ag. aus dem Schiefer von Solenhofen bildet eine Brücke von den *Rajidae* zu den Haien, zumal, was die Gestaltung der länglichen Wirbelkörper anlangt.

p. *Torpedidae.*

Körper nackt, vorn abgerundet, hinten mit fleischigem Schwanz. Zwischen Kopf, Kiemen und dem inneren Rande der Bauchflossen ein electrischer Apparat.

Die Zitterrochen sind schon im Eocän und in der Kreide vertreten: *Narcobatis giganteus Bl.* vom Mte. Bolca und *Cyclobatis oligodactylus Egerton* aus dem Kalkschiefer des Libanon.

D_3. Ganoidei.

Fische mit knorpeligem oder knöchernem Skelet; nackt, cycloid beschuppt oder mit Ganoidplatten bekleidet; Kiemen meist frei, mit Kiemendeckel. An dem vorderen Rand der Flossen sind oft Schindeln (Fulcra) vorhanden, die ersten Flossenstrahlen sind häufig stachelig. Schwimmblase mit Luftgang; zuweilen sind Spritzlöcher vorhanden. Der Eintheilung von V. Carus folgend unterscheiden wir acht grosse Gruppen (*Phractosomata*, *Acanthodidae*, *Chondrostei*, *Crossopterygii*, *Lepidopleuridae*, *Lepidosteidae*, *Hoplopleuridae* und *Teleostoidei*).

a. *Phractosomata.*

Panzerganoiden, Kopf und Brust oder ein grösserer Theil des Körpers mit breiten Knochenplatten bedeckt; Schwanzregion mit Ganoidschuppen besetzt (*Pterichthys*) oder nackt (*Coccosteus*).

α. *Pterichthyidae.*

Vorderseite des Körpers von einem complicirten Schilde aus Knochenplatten bedeckt, Brustflossen ruderartig aus zwei beweglich verbundenen Stücken zusammengesetzt.

Pterichthys Ag. (Fig. 556). Der grösste Theil des Körpers mit zahlreichen Knochenplatten bekleidet, welche eine zierliche Sculptur aus Sternbuckeln tragen, der Hinterleib mit Ganoid-Schuppen bedeckt. Das kleine Mittelschild des Kopfes ist von einem Loch durchbohrt, welches an das Scheitelloch der Saurier erinnert, während die seitlichen Ausrandungen für die Augen vorhanden gewesen sein mögen. Der Panzer des Rumpfes ist wie der einer Schildkröte rings geschlossen, oben aus sechs (darunter eine grosse, sechsseitige), unten aus sieben Platten (darunter eine unpaare rautenförmige) aufgebaut. Die Ruderorgane bestehen aus 22 Stücken. Unter-Devon.

Fig. 556.

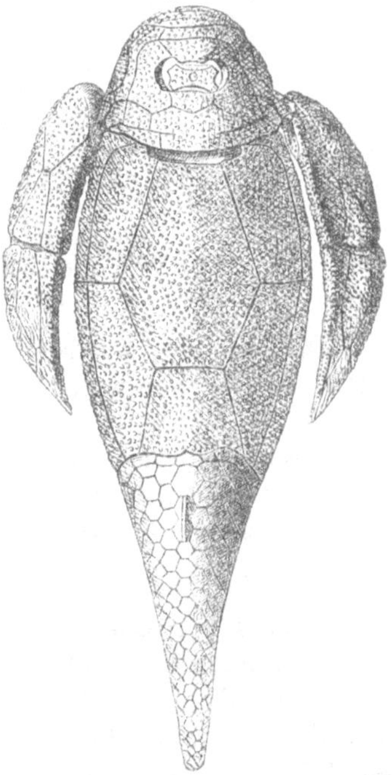

Asterolepis (Pterichthys) cornutus Pand, Old-red-sandstone, Lethenbar, Schottland.

Pamphractus Ag. zeichnet sich durch eine sehr grosse Mittelplatte des Bauchschildes, *Psammosteus* durch Feinheit der Sculptur aus. *Asterolepis u. Bothriolepis Eichw.* dürften auf *Pterichthys* zurückzuführen sein.

Coccosteus Ag. (Fig. 557). Kopf-Brustpanzer hinsichtlich der Sculptur von ähnlicher Beschaffenheit wie bei *Pterichthys*, jedoch anders zusammengesetzt. Bauchschild mit dem Rückenschild nicht fest verbunden, Augen seitlich, im Winkel zwischen dem Kopfschild und einem (nicht mit dem Unterkiefer zu verwechselnden) Infraorbital-Knochen. Rumpf und Schwanz nackt, Wirbelsäule nicht ossificirt, sondern nur die von ihr ausgehenden Fortsätze und die Flossenträger. Unter-Devon.

Fig. 557.

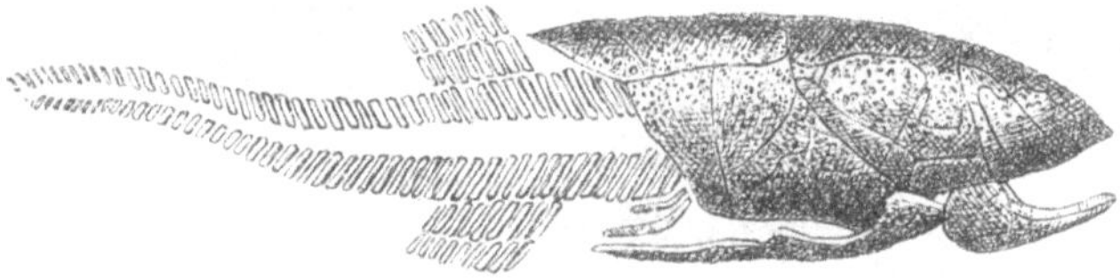

Coccosteus decipiens Ag. Old-red-sandstone, Orkney-Inseln.

Weitere *Pterichthyden* sind nur in unvollständigeren, zum Theil auf sehr grosse Formen hindeutenden Resten bekannt, so *Homostius* und *Heterostius Asmuss*, *Chelyophorus Ag.* u. A.

β. Cephalaspidae.

Kopf von einem einfachen Schilde bedeckt, der übrige Leib mit rhombischen Schuppen bekleidet, mit heterocerkem Schwanz.

Cephalaspis Ag. (Fig. 558). Kopfschild gross, halbmondförmig, Augenöffnung oval, nahe der Mitte, Körper auf der Seite mit langen Schuppen bedeckt, Schwanz heterocerk. *Cephalaspis Lyelli* aus dem englischen Oldred wird über zwei Meter lang.

Nahe verwandt sind *Thyestes Eichw.* und *Trematapsis Schmidt* (obere Oeseler Schichten).

Fig. 558.

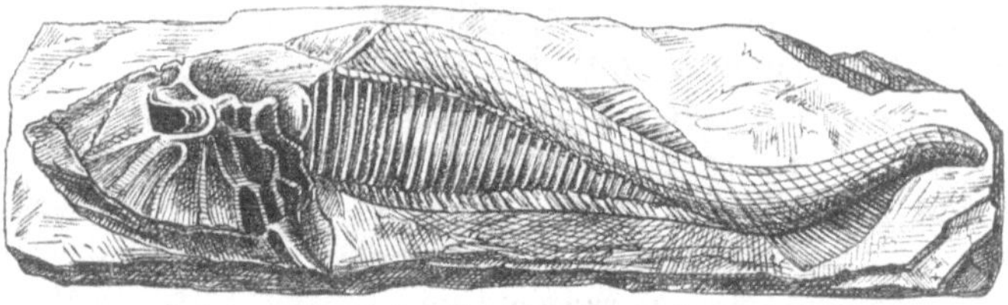

Cephalaspis Lyelli Ag. Old-red-sandstone, Herefordshire.

Pteraspis Ag. wurde des einfachen Baues seines Kopfschildes wegen zuerst mit Sepienschulpen verwechselt (Silur von Galizien und England, Oldred).

Menaspis Ewald. Kopfschild halbmondförmig, mit grossen Stacheln an Stelle der Brustflossen und einem Gebiss, welches jenem von *Cestracion* ähnelt (Zechstein des Harzes).

b. *Acanthodidae.*

Schädel vorwaltend knorpelig, mit weit nach oben liegenden Augen, Schuppen rhombisch, aber sehr klein, der Oberfläche ein nahezu chagrinartiges Ansehen verleihend. Schwanz heterocerk, meist ohne Fulcra auf dem First, vor den Flossen stehen kräftige Stachel. Uebergangsformen zu den Haien.

Acanthodes Ag. (Fig. 559). Schlank, mit grossen Brust- und sehr kleinen Bauchflossen, vor diesen, sowie der Rücken- und Afterflosse ein starker Stachel. Feine viereckige Täfelchen bedecken in schrägen Reihen den Körper

Fig. 559.

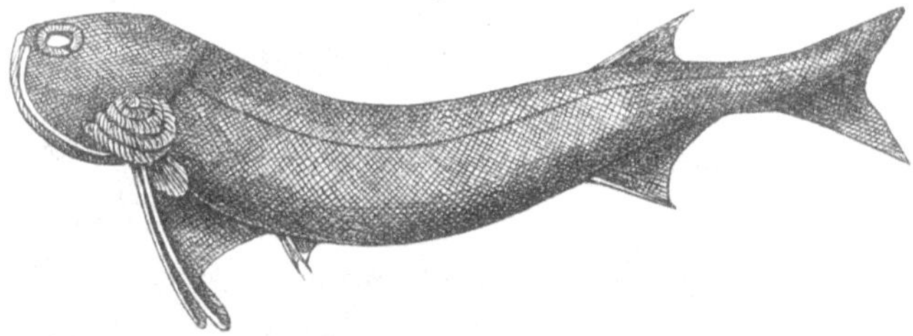

Acanthodes gracilis F. Roemer. Perm, Klein-Neundorf, Nieder-Schlesien.

und ziehen sich, ausserordentlich feine Chagrinhaut bildend, bis auf die Flossen. Am Kopfe sind die aus fünf Stücken bestehenden Augenringe, sowie die Kiemenschleifen bemerkenswerth. Kohlenformation und Dyas.

Weitere hierhergehörige, devonische Gattungen sind: *Cheiracanthus Ag.* mit nach vorn gerückter Rückenflosse, *Diplacanthus Ag.* mit zwei Rückenflossen, *Cheirolepis Ag.* mit Schindeln an allen Flossen (welche den *Acanthodidae* in der Regel fehlen) u. A.

c. *Chondrostei.*

Ganoiden mit persistirender Chorda, mit knorpeliger Schädelkapsel, welche von Hautknochen überdeckt ist, mit spärlichen Kiemenhautstrahlen oder ohne dieselben. Haut nackt oder mit Knochenplatten an Stelle der Schuppen, Schwanzflosse heterocerk, mit Fulcra, Zähne sehr klein oder fehlend.

α. *Acipenseridae.*

Knorpelganoiden mit langgestrecktem Körper, dessen rauhe Haut fünf Längsreihen gekielter Knochenschilder trägt, Kopf in eine platt zugespitzte Schnauze verlängert, Mund an der Unterseite nach rückwärts gerückt, zahnlos. Die heterocerke Schwanzflosse enthält im oberen Theile das Ende der Chorda dorsalis, der First dieses Theiles trägt eine einfache Reihe von Schindeln.

Acipenser L. recent und fossil (Eocän und Miocän).

β. *Spatularidae.*

Von den *Acipenseriden* durch nackte Haut und die Gestalt der Schnauze, welche zu einem flachen, spatelförmigen Anhange ausgezogen ist, verschieden. Kiefer in der Jugend mit Zähnen.

Spatularia Sch. (Löffelstör) recent in den Flüssen Nordamerikas.

γ. *Chondrosteidae.*

Fossil, den Uebergang zwischen den *Acipenseriden* und *Spatulariden* bildend:

Chondrosteus Ag. Haut nackt, Mund zahnlos, Kiemendeckel stark entwickelt. Lias.

d. *Crossopterygii.*

Brustflossen, sowie die weit nach hinten gerückten Bauchflossen von einem beschuppten Schafte getragen, Schwanzflosse meist zugespitzt. Fulcra fehlen, Schuppen bald dünn und cycloid, bald stark und rhombisch. An Stelle der Kiemenhautstrahlen treten breite Kehlplatten auf. Uebergangsformen zu den Lurchfischen, meist fossil (mit Ausnahme der *Polypteriden*).

α. *Phaneropleuridae.*

Mit cycloiden Schuppen und langer ungetheilter Rückenflosse, die durch zahlreiche Strahlenträger gestützt wird.

Phaneropleuron Huxley. Brust- und Bauchflossen spitz endigend, die lange Rückenflosse nimmt nahezu die hintere Hälfte des Körpers ein (Oldred).

β. *Ctenodipteridae.*

Mit cycloiden Schuppen und zwei Rückenflossen (die von Agassiz angegebene zweite Afterflosse ist, wie Pander gezeigt hat, eine Bauchflosse). Gebiss mit Pflasterzähnen.

Dipterus Ag. (Fig. 560) gleicht durch sein Zahnsystem sehr *Ceratodus* und

Fig. 560.

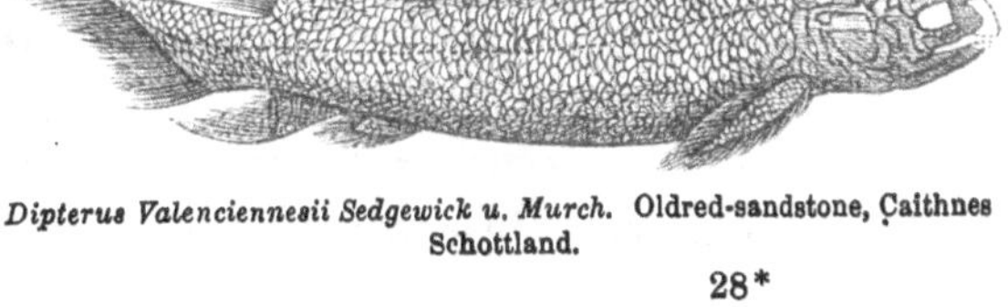

Dipterus Valenciennesii Sedgewick u. Murch. Oldred-sandstone, Caithnes Schottland.

vermittelt den Uebergang von den *Crossopterygiern* zu den *Dipnoern* (Unter-Devon).

Die als *Ctenodus* beschriebenen Pflasterzähne gehören, wie Miller gezeigt hat, zu *Dipterus*. Pander stellt sämmtliche *Psammodonten*, welche oben an die *Cestraciontidae* gereiht wurden, zu den *Ctenodipteridae*.

γ. Glyptodipteridae.

Mit runden oder rhombischen, sehr kräftigen, tief sculptirten Schuppen und zwei Rückenflossen.

Holoptychius Ag. (Fig. 561). Schuppen sehr gross, von rundlichem Umriss, mit sehr starker Sculptur; Kopf kurz, halbkreisförmig, in den Kiefern

Fig. 561.

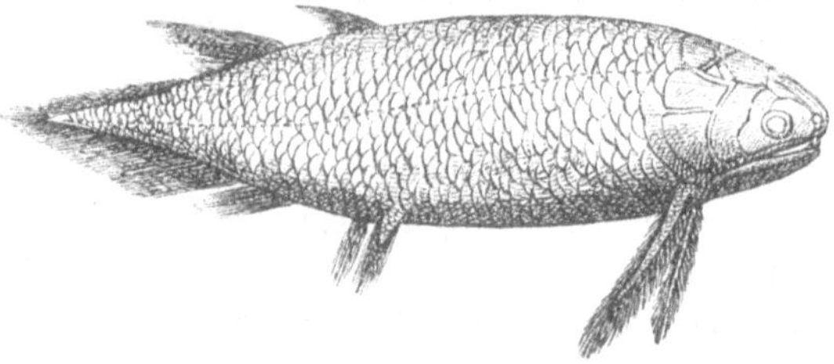

Holoptychius nobilissimus Agass. Old-red-sandstone, Elgin, Schottland.

neben kleineren Zähnen grosse, starke, an der Basis gefurchte Zähne. (Oldred und Mitteldevon.)

Auf dem verschiedenartigen Bau der Zähne beruhen die Gattungen *Rhizodus Owen* (Carbon), ausgezeichnet durch grosse schneidige Fangzähne, welche nahe der Wurzel einen complicirten Bau aufweisen, indem radiale Cementfalten in's Innere des Zahnes eindringen, *Dendrodus Owen* und *Polyplocodus Pander* (Oldred), bei welchen netzförmig verästelte oder schlangenförmig gewundene Cementbänder auftreten.

Glyptolepis Ag. (Oldred) zeichnet sich durch kreisförmige Schuppen aus, welche auf der glatten Unterseite concentrische Streifen zeigen, während die Oberseite starke runzelige Schmelzfalten aufweist.

Gyroptychius M'Coy und *Glyptopomus Ag.* besitzen rautenförmige Schuppen.

δ. Coelacanthidae.

Mit Cycloidschuppen, zwei Rückenflossen, Chorda persistent, Schwimmblase verknöchert.

Fig. 562.

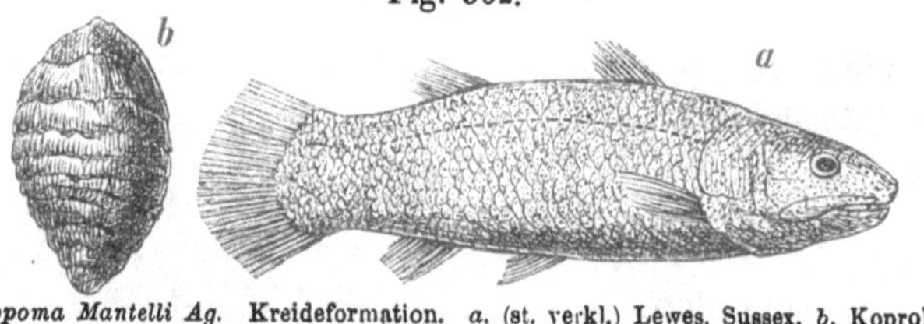

Macropoma Mantelli Ag. Kreideformation. *a.* (st. verkl.) Lewes, Sussex, *b.* Koprolith, nahezu natürliche Grösse von Weinböhla, Sachsen.

Coelacanthus Ag. Jede der beiden Rückenflossen wird von einem einzelnen Interspinale getragen, Schwanzflosse diphycerk, Rippen rudimentär. Kohlenformation und Dyas.

Undina Münst. Mit *Coelacanthus* nahe verwandt, jedoch durch die Bezahnung (granulirte Pflasterzähne) verschieden (oberer Jura).

Macropoma Ag. (Fig. 562). Umriss karpfenähnlich, doch mit zwei Rückenflossen, Schwanzflosse fächerförmig mit tief eindringender Chorda dorsalis. Kiefer mit kleinen Hechelzähnen, Schuppen rundlich viereckig, mit dicken Warzen besetzt. Kreideformation. Die spiral gebauten Koprolithen ziemlich häufig.

ε. *Saurodipteridae* (= *Rhombodipteridae*).

Mit glatten, rhombischen Schuppen, zwei Rückenflossen und kräftigen, conischen Zähnen.

Diplopterus Ag. Gestreckt, mit correspondirend angeordneten Flossen, Schuppen eckig, Kiefer mit langen Hechelzähnen bewaffnet. Oldred.

Osteolepis Ag. Der vorhergehenden Gattung sehr ähnlich, jedoch mit alternirend angeordneten Flossen. Oldred.

Megalichthys Ag. Grosse Formen (Köpfe allein über 1′ lang), mit starken, meist viereckigen Schmelzschuppen, welche von feinen, vertieften Punkten bedeckt sind. Carbon.

Wahrscheinlich gehören auch die als *Saurichthys* beschriebenen Fische der Trias zu den *Saurodipteridae.* Man kennt von ihnen ausser Fragmenten des Kopfes nur die Zähne, deren kurz kegelförmige Krone zahlreiche Radialfalten trägt, während die Zahnbasis gleichfalls gestreift erscheint.

ζ. *Polypteridae.*

Mit rhombischen Schuppen und vieltheiliger, langer Rückenflosse. Recent: *Polypterus Geoffr.* in Afrika, *Calamoichthys Smith* in Alt-Calabar.

e. *Lepidopleuridae* (*Pycnodontes*).

Hohe und seitlich zusammengedrückte Formen mit rhombischen Schuppen, welche rückwärts dünn enden, vorn aber eine starke grätenartige Leiste besitzen. Durch die Aneinanderreihung dieser Leisten (welche oft mit Gräten verwechselt wurden) entstehen den Leib umgürtende Reihen, welche der Panzerung viel Consistenz geben, während das innere Skelet nur unvollkommen verknöchert (Chorda dorsalis mit verknöcherten oberen und unteren Bogen). Schwanzflosse der geologisch jüngeren Formen homocerk, bei *Platysomus* heterocerk; Bezahnung von mehreren Reihen flacher oder halbkugeliger Pflasterzähne und vorderen meisselförmigen Zähnen gebildet.

α. *Pycnodontidae.*

Hohe, flache Formen von rhombischem Umriss, Schwanzflosse homocerk, mehr minder tief ausgebuchtet, Zähne flach bohnenförmig (die vorderen meisselförmig) in mehreren Reihen ein dichtes Zahnpflaster bildend.

Pycnodus Ag. mit den Charakteren der Familie. Jura bis Tertiär. Heckel will die Anwendung des Namens auf die geologisch jüngsten Formen (Eocän des Mte. Bolca) beschränkt wissen und trennt auch von diesen noch

Palaeobalistum Blainv. Auf Grund grösserer oder kleinerer Differenzen in der Gestalt und Anordnung der Zähne (deren Werth jedoch nur schwierig beurtheilt werden kann) wurden zahlreiche Gattungen aufgestellt, so *Microdon Ag.* (Solenhofener Schiefer), *Coelodus Heckel* (Karstkreide), *Mesodon Wagn.* (Jura), *Periodus Ag.* (Londonthon). *Sphaerodus Ag.* sollte sich hier anreihen. Agassiz fasst unter diesem Gattungsnamen alle Pflasterzähne mit halbkugeliger Oberfläche zusammen, wie sie insbesondere in der Molasse häufig vorkommen. Oben (pag. 425) wurde erwähnt, dass ein Theil dieser *Sphaerodus*-Zähne zu *Sparoiden* gehören mag, dann bliebe, wie Quenstedt mit Recht ausspricht,[1] für *Sphaerodus* wenig Sicheres über.

Die früher zu den *Pycnodonten* gerechneten, auf Fragmente der Gaumenpflasterung oder selbst einzelne Zähne aufgestellten Gattungen *Asima Gieb.*, *Phyllodus Ag.*, *Pisodus Ow.* sind sehr zweifelhafter Natur und wohl aus der Reihe der *Ganoiden* zu streichen.

Gyrodus Ag. Körperform ähnlich wie jene von *Pycnodus*, auch die Schuppenbekleidung analog, Schwanzflosse tief ausgeschnitten, Rücken und Afterflosse lang mit kurzen Strahlen. Vorderzähne cylindrisch, dahinter oben und unten mehrere Zahnreihen von buckeligen Pflasterzähnen. Oberer Jura.

Pleurolepis Wagn. aus dem Lias reiht sich ebenfalls an die *Pycnodonten.*

β. *Platysomidae.*

Körper compress, sehr hoch, trapezförmig, Kopf mässig gross, vorn abgerundet, mit kurzem Rachen; Zahnbildung gleich jener der *Pycnodonten*, desgleichen die Nackenknochen, Schwanzflosse jedoch ausgesprochen heterocerk.

Platysomus Ag. Carbon und Dyas.

f. *Lepidosteidei.*

Knochen-*Ganoiden* mit rhombischen Schuppen, Flossen meist mit Schindeln, Kiefer mit Bürstenzähnen oder in einer Reihe geordneten, stumpfen Zähnen.

α. *Chirolepidae.*

Spindelförmig, Kopf mässig gross, mit weitem Rachen, Kiefer mit einer Reihe spitz-kegelförmiger Zähne, Rückenflosse hinter der Afterflosse, Bauchflossen klein, Brustflossen gross, alle mit zahlreichen kleinen Flossenstrahlen und einer einfachen Reihe von Schindeln am vorderen Rande. Schuppen sehr klein, rhomboidal, Schwanz heterocerk.

Chirolepis Ag. (Oldred).

β. *Lepidotidae.*

Bauchflossen der Mitte des Körpers genähert, Schwanzflosse klein, Schuppen flach, rhomboidisch von mässiger Grösse, Zähne bürstenförmig, in mehreren Reihen oder stumpf und in einer Reihe.

Palaeoniscus Ag. (Fig. 563 *a, b*). Körper mässig gross, schlank, Kopf gerundet, Kiefer mit kleinen Bürstenzähnen, Flossen mässig entwickelt, Rückenflosse über dem Zwischenraum von Afterflosse und Bauchflossen, Fulcra an

[1] Handbuch der Petrefactenkunde, 3. Aufl. pag. 332.

allen Flossen, Schuppen rhombisch, glatt oder gestreift, mit gezähntem oder ganzem Hinterrand. Carbon und Dyas.

Nahe verwandt sind: *Ischypterus Egerton*, *Elonichthys Giebel*, letztere Gattung bildet den Uebergang zu:

Fig. 563.

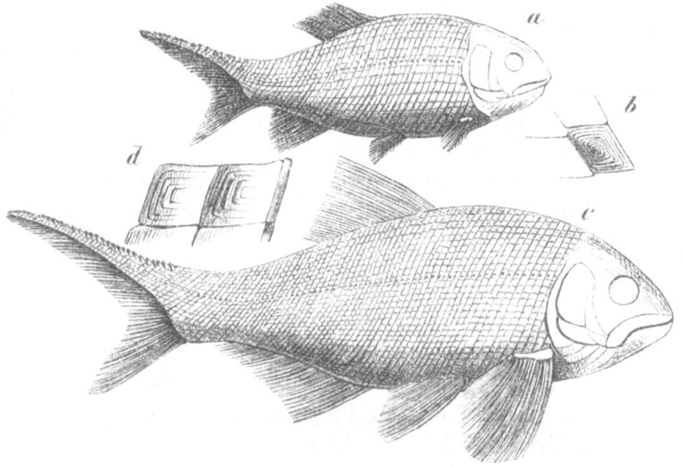

a. Palaeoniscus Blainvillei Ag. Pont de Muse bei Autun, Dep. Saône et Loire. *b. Palaeoniscus Duvernoyi Ag.* Münsterappel. *c, d. Amblypterus macropterus Ag.* Saarbrücken.

Amblypterus Ag. (Fig. 563 *c, d*). Flossen sehr breit und vielstrahlig, After und Rückenflosse gross und correspondirend gestellt, Bauchflossen vor der Körpermitte. Carbon.

Catopterus Redfield zeichnet sich von den übrigen palaeozoischen *Lepidotiden* durch geringere Heterocerkie des Schwanzes aus.

Coccolepis Ag. aus dem Schiefer von Solenhofen ist durch kleine Schuppen sowie durch deutlich heterocerke Schwanzflosse charakterisirt.

Fig. 564.

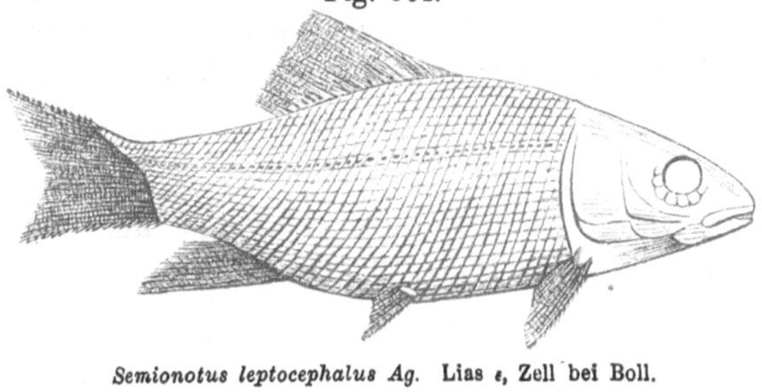

Semionotus leptocephalus Ag. Lias ε, Zell bei Boll.

Semionotus Ag. (Fig. 564). Körper spindelförmig, Kopf verlängert, Kiefer mit feinen Bürstenzähnen, Rückenflosse hoch, Brustflossen mittelmässig, Bauchflossen klein, Afterflosse lang und spitz, Schwanzflosse gabelförmig, am Ende der Wirbelsäule und mit parallelen Strahlen, oberer Lappen jedoch länger und längs eines Theiles des Randes beschuppt. Trias und Jura.

Tetragonolepis Bronn. Hoch, zusammengedrückt, mit symmetrischem Schwanz, Rücken und Afterflosse lang, correspondirend, Bauch- und Brustflossen klein, Schuppen auf der inneren Seite mit einem am unteren Ende vorspringenden Zahn in die tiefer stehende Schuppe eingefügt. Zähne spitz, keulenförmig.

Dapedius Leach. Sehr ähnlich der Gattung *Tetragonolepis*, Zähne jedoch abgeflacht und ausgerandet, zweispitzig. Lias.

Lepidotus Ag. Lang, spindelförmig, Rücken- und Afterflosse correspondirend, Brust- und Bauchflossen mittelmässig, Schwanzflosse gabelförmig, der obere Lappen etwas grösser. Zähne stumpf-kegelförmig (ein Theil der *Sphaerodus*-Zähne mag hierher gehören). Jura, Kreide.

Weitere *Lepidotiden*-Gattungen sind: *Pholidophorus Ag.* (Trias, Jura), *Nothosomus Ag.* (Jura), *Ophiopsis Ag.* (Jura), *Propterus Ag.* (Jura), *Eugnathus Ag.* (Jura) u. A.

γ. *Lepidosteidae.*

Langgestreckt, mit weit nach hinten gerückter Rückenflosse und heterocerker Schwanzflosse, sämmtliche Flossen mit einer Doppelreihe spitzer Schindeln, Schwanzflosse auch an der unteren Kante. Wirbelkörper mit vorderen Gelenkköpfen und hinteren Pfannen, Kiefer mit einzelnen grossen Fangzähnen und zahlreichen Borstenzähnen.

Lepidosteus Lac. recent, Nordamerika.

g. *Hoplopleuridae.*

Knochen-*Ganoiden*, welche auf dem Rücken und den Flanken mit mehreren vom Hals bis zum Schwanz reichenden Reihen von Schildern bedeckt sind.

Dercetis Münst. Schlank, aalförmig, mit schlanker Schnauze und vorstehendem Oberkiefer; Kiefer mit hohlen Kegelzähnen, welche mit mehreren Reihen kleinerer abwechseln; Wirbel kräftig, lang, in der Mitte verengt, Brustflossen sehr gross, Bauchflossen weit rückwärts, Rückenflosse vor der Bauchflosse beginnend und bis zum Schwanz reichend, Schwanzflosse wenig ausgeschnitten. An den Flanken drei Reihen herzförmiger, gekörnelter und mit einem kantigen Höcker versehener Knochenschilde. Kreide.

Eine weitere hierhergehörige Gattung derselben Formation ist *Saurorhamphus.*

h. *Teleostoidei.*

Knochen-*Ganoiden* mit homocerkem Schwanz, dünnen Schuppen mit oder ohne Schmelz und soliden Flossenstrahlen.

α. *Leptolepidae.*

Homocerke *Ganoiden* mit dünnen Ganoidschuppen und wohlentwickeltem Innenskelet; bilden den Uebergang zu den *Teleostiern* und werden häufig als solche betrachtet.

Leptolepis Ag. Spindelförmig, Schuppen schmelzbedeckt, aber sehr dünn, Rückenflosse hoch, den Bauchflossen entgegenstehend, Schwanzflosse gabelförmig, gleichlappig, Zähne kegelförmig. Jura.

Megalurus Ag. Kopf kurz, Kiefer mit dicken Kegelzähnen, Wirbelsäule stark, Rückenflosse und Schwanzflosse sehr gross. Jura.

Caturus Ag. Kopf gross, mit dicken, kegelförmigen Zähnen, Schwanzflosse gross, gabelig, der erste Hauptstrahl mit Schuppen, die übrigen Flossen mittelgross. Jura.

Thrissops Ag. Häring ähnlich, mit grossen Brustflossen, kleinen Bauch- und Rückenflossen, Schwanz ungleichlappig, Afterflosse sehr lang, Wirbelkörper etwa so hoch als breit. Jura.

Zu den *Leptolepiden* gehören noch zahlreiche mesozoische Gattungen: *Sauropsis Ag.*, *Trissonotus Ag.*, *Amblysemius Ag.*, *Pachycormus Ag.* u. A.

β. Amiadae.

Körper gestreckt, mit kleinen Hechelzähnen, mit Cycloidschuppen, mit wenig entwickelter Darm-Spiralklappe, doppelter und im Inneren zelliger Schwimmblase, ohne Fulcra.

Die recente Gattung *Amia L.* (in Nordamerika lebend) findet sich auch fossil in Kreide und Tertiär, wo noch einige erloschene nahe verwandte Gattungen auftreten, so: *Cyclurus Ag.* und *Notaeus Ag.*, welche beide Heckel mit *Amia* vereinigt; ferner:

Thaumaturus Rss. durch gabelförmige Schwanzflosse und gestrecktere Wirbel von *Amia* verschieden. Miocän.

Dipnoa.

Den *Ganoiden* nahe stehende cycloidbeschuppte Uebergangsformen zu den *Amphibien* mit persistirender Chorda und continuirlicher Verticalflosse, mit Kiemen und Lungen, mit hinter den Lippen sich öffnenden Choanen, mit zwei unvollständig getrennten Atrien, mit zwei Paaren grosser Mahlzähne und einem Paar Vomerzähne.

a. *Monopneumona* (*Ceratodidae*).

Lunge einfach, Conus arteriosus mit vier longitudinalen Klappenreihen, die paarigen Flossen mit beschupptem Schaft.

Ceratodus Ag. Eine Art: *Ceratodus Forsteri Krefft* („Barramunda") recent in schlammigem Wasser (Queensland). Zahlreiche Formen fossil, jedoch nur die Zähne erhalten (Fig. 565), welche an die *Psammodonten* gereiht wurden, bis man mit den recenten Lurchfischen bekannt wurde. Am häufigsten finden sich *Ceratodus*-Zähne in der oberen Trias, sie sind jedoch auch aus permischen Ablagerungen (böhmische Gaskohle) und devonischen (nach Marsh im Devon Amerika's) bekannt und reichen auch in jurassische und cretacische (Oolith von Stonesfield, obere Kreide von Montana, Nordamerika) herauf. Der dreieckige Umriss der Zahnplatten, über welchen bei den Oberkieferzähnen noch eine knochenartige Basis an zwei Seiten hinausragt, die hohen, hornartig aufragenden Falten

Fig. 565.

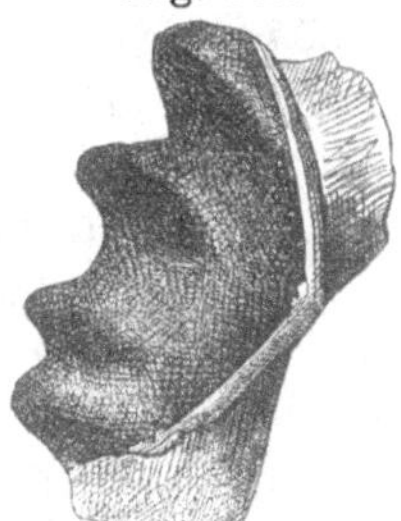

Ceratodus Kaupii Ag.
Lettenkohle von Hoheneck.

und die feine Punktirung der Oberfläche, welche von feinen Röhrchen herrührt, kennzeichnen die *Ceratodus*-Zähne, von welchen die recente Form je zwei im Gaumen und im Unterkiefer trägt.

Megapleuron Rochei Gaudry aus der Permformation von Igornay, wird von GAUDRY für verwandt mit *Ceratodus* erklärt, besitzt jedoch rhombische Schuppen.[1]

b. *Dipneumona.*

Mit doppelter Lunge und vollständiger Klappeneinrichtung des Conus arteriosus, die paarigen Flossen nicht beschuppt.

Recente Formen: *Lepidosiren Natterer* (Brasilien) und *Protopterus Owen* (Afrika).

Geologische Verbreitung und Stammesgeschichte.

Die ältesten (sicheren) Fischreste stammen aus dem Obersilur, sie beschränken sich auf Flossenstachel von *Selachiern* und Schildfragmente von Panzer-*Ganoiden.* Die Letzteren erreichen im Unterdevon eine sehr bedeutende Entfaltung, desgleichen andere erloschene *Ganoiden*-Gruppen, welche sich durch fremdartiges Aussehen und eigenthümlichen Bau der Flossen und Schuppen auszeichnen. Die Uebereinstimmung des Baues der Extremitäten der *Crossopterygier* und der *Dipnoa* lässt vermuthen, dass Beide nahe verwandt sind, und möglicherweise sind manche der *Ganoiden* des Oldred Lurchfische gewesen. Obwohl das heute bekannte Material noch keineswegs hinreicht, diesbezüglich eine bestimmte Behauptung auszusprechen, scheint es doch wahrscheinlich, dass die Lurchfische (welche durch *Ceratodus* nach MARSH schon im Devon vertreten sind und welchen vielleicht auch die palaeozoischen *Psammodonten* ganz oder theilweise zufallen) mit den *Crossopterygiern* des Oldred sehr nahe verwandt waren und mit diesen und den *Selachiern* auf eine gemeinsame, freilich noch unbekannte Stammform zurückzuführen sind.[2]

Die Annahme, dass die *Crossopterygier* (und wohl auch die *Phractosomata*) der ältesten palaeozoischen Formationen Doppelathmer gewesen seien, erhält durch den Umstand weitere Anhaltspunkte, dass die geologisch ältesten *Amphibien*, die *Stegocephalen* der jüngeren palaeozoischen Formationen sich zum grossen Theil durch ähnliche Verhältnisse in der Entwickelung der Harttheile: Verknöcherung des Hautpanzers und mangelnde oder kümmerliche Ossification des inneren Skeletes, auszeichnen. Die Sculpturähnlichkeit der Schilder mancher *Ganoiden* des Oldred und der *Archegosaurier* und *Labyrinthodonten* würde sonach nicht auf äusserer und zufälliger Aehnlichkeit, sondern auf wirklicher Verwandtschaft beruhen, für welche auch die Analogien im Bau der Zähne von *Dendrodus, Rhizodus* und *Polyplocodus* einerseits, *Archegosaurus* und *Labyrinthodon* andererseits sprechen würde.

---

[1] Bullet. d. l. Soc. geol. de France, 3. Sér. IX 1880—81.

[2] RAMSAY H. TRAQUAIR fasst die *Dipnoer* geradezu als eine Unterordnung der *Ganoiden* auf. Vergl. Quarterly Journ. of geol. Soc. of London 1877. vol. 33. pag. 548.

Die Mannigfaltigkeit der Fische der Devonformation, insbesondere der unteren Abtheilung derselben ist sehr gross. Wenn auch die *Selachier* nur durch isolirte Flossenstachel und Zähne vertreten sind, die oft keine sichere Deutung zulassen, so entwickeln dafür die *Ganoiden*-Gruppen der *Phractosomata* (*Pterichthys*, *Coccosteus*, *Cephalaspis* etc.) und der *Crossopterygii* (*Dipterus*, *Holoptychius*, *Diplopterus* etc.) grossen Formenreichthum. In der Kohlenformation dauern die *Selachier* (wie in allen jüngeren Formationen bis zur Gegenwart) fort und entwickeln grosse Mannigfaltigkeit an Stacheln und Zähnen. Manche der letzteren sind sehr zweifelhafter Natur, so können die *Psammodonten* vielleicht von Haien aus der Gruppe der *Cestracionten*, wohl aber auch von *Ganoiden* oder Lurchfischen herrühren. Unter den *Ganoiden* spielen die heterocerken *Lepiosteiden* (*Palaeoniscus*, *Amblypterus* und verwandte Gattungen) ebenso wie in der Dyas, die sich hinsichtlich ihrer Fischfauna innig an die Carbonformation anschliesst, die Hauptrolle. Besonderes Interesse beanspruchen auch die *Acanthodes*-Formen, welche durch ihre Flossenstachel und die Kleinheit ihrer, eine chagrinartige Hautbedeckung bildenden Schuppen an die *Selachier* erinnern und welchen die *Diplodus*-Zähne angehören, die man früher geradezu *Selachiern* zuschrieb. In der Triasformation finden wir Reste von *Ganoiden*, welche den Uebergang von palaeozoischen Vorläufern zu den jüngeren jurassischen Typen darstellen. Die Gruppen der *Lepidopleuriden* und der *Lepidosteiden* besitzen zahlreiche Vertreter in der Trias, welche nicht mehr eine eigentliche Heterocerkie, grossentheils aber auch noch keine ausgebildete Homocerkie des Schwanzes zeigen. Die triadische Gattung *Semionotus* z. B. steht in dieser Hinsicht zwischen den heterocerken *Palaeonisci* der Dyas und Kohle und den homocerken *Lepidoten* des Jura. Sehr bezeichnend für die Trias sind die häufig vorkommenden *Ceratodus*-Zähne, die mit jenen des recenten *Barramunda* die grösste Aehnlichkeit besitzen, man kennt nur vereinzelte ältere (devonische) und jüngere (jurassische und cretacische) Reste von *Ceratodus*, welche Gattung schon in der Trias ihre Hauptentfaltung erreichte, um in Australien bis in die Gegenwart in einem Nachzügler ihr Leben zu fristen. In der Juraformation erreichen die *Lepidopleuriden* (*Pycnodontes*) sowie die *Lepidosteiden* (*Lepidotus*, *Dapedius* u. s. f. ihren Höhepunkt, mit ihnen beginnen die *Ganoiden* zu erlöschen oder vielmehr durch die aus ihnen sich entwickelnden *Teleostier* verdrängt zu werden. Die jurassischen *Leptolepiden* stehen an der Grenze der *Ganoiden* und der *Teleostier*, man kann sie mit demselben Recht den ersteren oder (wie CLAUS gethan hat[1]) den letzteren zuweisen; jedenfalls ist der Schnitt zwischen den *Ganoiden* und den *Teleostiern* ein künstlicher.

In der Kreide treten die *Ganoiden* bereits sehr zurück, einzelne Nachzügler der jurassischen Typen finden sich und Bindeglieder, welche zu den wenigen tertiären und recenten Typen führen, die von der einst so formenreichen Gruppe übrig blieben. Unter den *Ganoiden* der Kreide besitzen die charakteristischen *Hoplopleuridae* (*Saurorhamphus*, *Dercetis*) am meisten Interesse.

---

[1] Vergl. Grundzüge der Zoologie, 4. Aufl. pag. 209.

An Stelle der *Ganoiden* beginnen die *Teleostier* zur Kreidezeit sich immer mehr zu entfalten; fast alle Hauptabtheilungen und die meisten Familien der *Teleostier* weisen in der Kreideformation mehr minder zahlreiche Vertreter auf, ein Verhältniss, das im Eocän noch merklich gesteigert wird, während die *Ganoiden* im Eocän nur noch wenige Formen ausser denjenigen aufweisen, die heute noch existiren und durch ihren fremdartigen Charakter und ihre isolirten, sporadischen Verbreitungsbezirke auffallen. Als eine solche Form, welche erst im Eocän erlischt, ist *Pycnodus* hervorzuheben. Die Fischfauna der jüngeren Tertiärzeit ist in den Grundzügen ihrer Zusammensetzung nur wenig von der gegenwärtigen verschieden.

Die Stammesgeschichte der Fische bildet aus dem Grunde ein schwierigeres Problem für den Palaeontologen, als jene irgend einer anderen Classe, weil nur in verhältnissmässig wenigen Ablagerungen (Oldred, Schiefer der productiven Steinkohle, Kupferschiefer der Dyas, Schiefer der Cassianerschichten von Raibl, Asphaltschiefer von Seefeld, Solenhofener Schiefer, Schiefer vom Mte. Bolca etc.) die Skelete und Schuppenpanzer vollständiger erhalten blieben, während meist nur isolirte Zähne und Flossenstachel Gegenstand der palaeontologischen Untersuchung sind, die natürlich zu mancher Unsicherheit Veranlassung gaben (*Psammodonten*, *Sphaerodus* und andere Zähne, *Ichthyodoruliten*). Es ist daher heute noch kaum möglich, die Gruppe der *Ganoiden* aufzulösen, obwohl sie, wie KNER gezeigt hat,[1] keine natürliche Einheit den *Teleostiern* gegenüber darstellt. Da die einzelnen Gruppen der *Teleostier* in den *Ganoiden* wurzeln, wird es wohl nöthig sein, diese in Stämme zu zerlegen, gerade so, wie es sich als nothwendig erweist, die *Goniatiten*-Gruppe aufzulösen, um die Abstammung der *Ammoniten* festzustellen.

L. AGASSIZ äusserte sich allerdings in seinem grossen Werke,[2] welches für die palaeontologische Kunde der Fische grundlegend ist, über seine Schöpfung der Ordnung der *Ganoiden* mit den Worten „C'est le plus grand progrès, que je faisais faire l'ichthyologie"; KNER jedoch gelangt zu dem Schlusse, dass die *Ganoiden* keine systematische Einheit bilden und keinen Bestandtheil des natürlichen Systemes der Fische ausmachen können; er erachtet sogar ihre Zusammenfassung geradezu als hinderlich für die wissenschaftliche Weiterbildung der Ichthyologie. Er zeigte, dass keiner der von L. AGASSIZ, J. MÜLLER, J. HECKEL, R. OWEN aufgestellten Charakter der *Ganoiden* präcis und exclusiv sei und billigte den Vorgang P. v. BLEEKER's, welcher diese Ordnung in mehrere auflöste, deren Benennungen (*Ganoscombaresoces*, *Ganoclupeae*, *Ganosauri*, *Ganocharacini*, *Cyclolepides*) auf den Zusammenhang mit den jetzt lebenden Knochenfischen hinweist. Mit Recht sagt KNER von den *Ganoiden:* „Dadurch, dass man sie als eine abgeschlossene systematische Einheit auffasste, blieb ihre wahre Bedeutung und grosse Wichtigkeit unbeobachtet und sozusagen verdeckt, denn die hierher gerechneten Fische repräsentiren nicht sowohl eine bestimmte einzelne Ordnung, als vielmehr den ganzen Umfang der Entwicklungsreihen der jetzigen Knochenfische."

[1] Betrachtungen über die *Ganoiden* als natürliche Ordnung, Sitzb. d. k. Akad. d. Wissensch. zu Wien, I. Abth. 54. Bd. 1866.

[2] Recherches sur les poissons fossiles, Neuchâtel, 1833—44.

2. *Amphibia.*

Wechselwarme Vertebraten mit mehr oder minder entwickeltem Innenskelett, die geologisch älteren Formen auch mit Hautpanzer, die recenten meist nackt, selten klein beschuppt, mit doppeltem Hinterhauptscondylus, in der Regel mit vier zum Gehen geeigneten Gliedmassen, mit Lungenathmung und provisorischer, zuweilen persistirender Kiemenathmung, mit einfacher Herzkammer und mehr oder minder vollständig getrennter Vorkammer. Entwickelung mit Metamorphose, ohne Amnion und Allantois.

Die *Amphibien* zerfallen in vier Hauptgruppen: *Stegocephala*, *Gymnophiona*, *Urodela* und *Anura*.

A. Stegocephala.[1]

Palaeozoische, geschwänzte *Amphibien*, an deren Schädel das obere Hinterhauptbein als ein Paar gut ossificirter Theile auftritt, während die Schläfengegend mit je zwei Knochen bedeckt ist, die bei recenten *Amphibien* fehlen, nämlich mit dem hinteren Augenhöhlenknochen (Postorbitale) und dem Paukenbein (Supratemporale) (Fig. 566). Ausserdem erscheint ein Zitzenbein (Epioticum) und zumeist findet sich ein knöcherner Augenring. Die Scheitelbeine (Parietalia) schliessen zwischen sich ein Scheitelloch (Foramen parietale) ein. Die Zähne sind nur bei einem Theile der hierhergehörigen Formen labyrinthisch gefaltet, der Name *Labyrinthodontia* daher nicht auf die ganze Gruppe anwendbar.

Fig. 566.

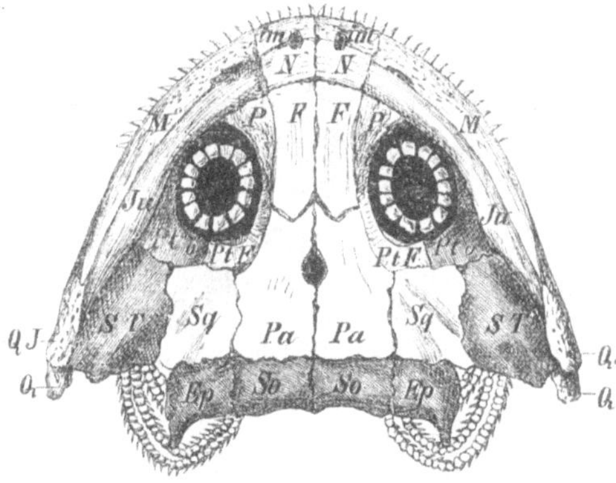

Branchiosaurus salamandroides Fritsch. Gaskohle, Nyřan *im* = Intermaxillare, *M* = Maxillare, *N* = Nasale, *P* = Praefrontale, *F* = Frontale, *PtF* = Postfrontale, *Pto* = Postorbitale, *Ju* = Jugale, *Pa* = Parietale, *Sq* = Squamosum, *Ep* = Epioticum, *ST* = Supratemporale, *QJ* = Quadratojugale, *Q* = Quadratum, *SO* = Supraoccipitale. Die für die *Stegocephalen* charakteristischen Knochen sind dunkel gehalten.

Die Verknöcherung der Wirbelsäule ist oft, zumal an jugendlichen Individuen, sehr unvollständig und ein grösserer oder geringerer Chorda-Rest vorhanden. Da die Chorda innerhalb oder zwischen den Wirbeln erweitert ist, unterscheidet man zwei Reihen der *Stegocephalen*.

---

[1] Eine gute Uebersicht der Literatur bis 1879 liefert A. Fritsch im ersten Hefte seines Werkes über die Fauna der Gaskohle und der Kalksteine der Permformation Böhmens, in dessen bis nun veröffentlichten vier Heften eine grosse Anzahl von *Stegocephalen* in eingehendster Weise geschildert wurde. Besonders wurde die Kenntniss der *Stegocephalen* auch durch die Arbeiten H. Credner's über die *Stegocephalen* aus dem Rothliegenden des Plauenschen Grundes (I—IV, Zeitschrift der Deutschen geologischen Gesellschaft 1881—83) bereichert.

I. Chorda intravertebral erweitert.

a. *Branchiosauridae.*

Stegocephalen von salamander-ähnlichem Körperbau, mit breitem, vorn abgestutzten Kopf, Zähne glatt, mit grosser Höhlung. Das Parasphenoid vorne schmal, hinten zu einer schildförmigen Lamelle erweitert. Wirbel mit intravertebral erweiterter Chorda, Becken gut verknöchert (Fig. 567), Rippen kurz, gerade, fast an allen Wirbeln vorhanden; Haut mit zart verzierten Schuppen bedeckt.

Branchiosaurus Fritsch (Fig. 568). Schädelknochen auf der Oberseite mit zarten Grübchen. Das Parasphenoid, die Gaumen- und Flügelbeine unbezahnt

Fig. 567.

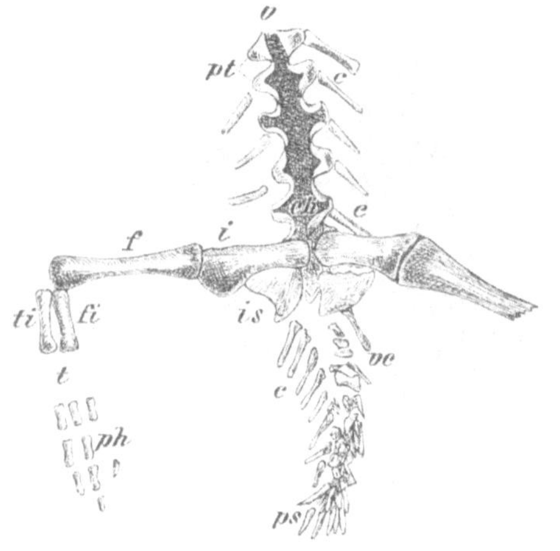

Branchiosaurus gracilis Crd. Rothliegend-Kalkstein von Niederhässlich bei Dresden. *v* = Rumpfwirbel, *pt* = Processus transversi, *vc* = Caudalwirbel, *ps* = Processus spinosi, *c* = Costae, *ch* = Chorda dorsalis, *i* = Ilium, *is* = Ischium, *f* = femur, *ti* = tibia, *fi* = fibula, *t* = Tarsalraum, *ph* = Phalangen.

Fig. 568.

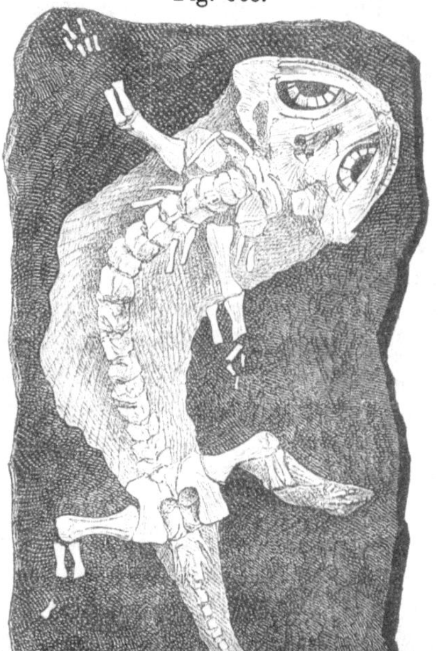

Branchiosaurus salamandroides Fritsch, Gaskohle von Nyřan. Doppelt vergr.

(Fig. 569). Vomer mit einer sehr kleinen Gruppe von kurzen, stumpfen Zähnen. Nur eine Kehlbrustplatte vorhanden, sehr häufig auch die Reste von zwei Paar Kiemenbogen erhalten. Dyas von Böhmen und Sachsen. Hierher dürfte auch *Protriton petrolei Gaudry*, sowie *Pleuronura Pellati Gaudry* aus den permischen Petroleumschiefern von Autun zu stellen sein.

Sparodus Fritsch (Fig. 570). Die breiten Gaumenplatten (Vomer) tragen zahlreiche, ungleiche, conische Zähne. Die Gaumenbeine mit je einer Reihe grosser, von hinten nach vorn an Grösse abnehmender Zähne. Die Kiefer mit wenig zahlreichen, nach vorne an Grösse zunehmenden Zähnen; Zahnsubstanz nicht gefaltet, Pulpahöhle gross; Zwischenkiefer schmal. Dyas von Böhmen. Nahe verwandt, jedoch unvollständig bekannt sind *Hylerpeton Owen* aus der amerikanischen und *Batrachiderpeton Hancock et Atthey* aus der englischen Kohle.

Dawsonia Fritsch. Vomer schwach, Parasphenoid und Flügelbeine stark bezahnt. Gaumenbeine mit einer Reihe von Zähnen, die von hinten nach vorne an Grösse abnehmen. Der hinterste grösste Zahn ist an der Basis

Fig. 569.

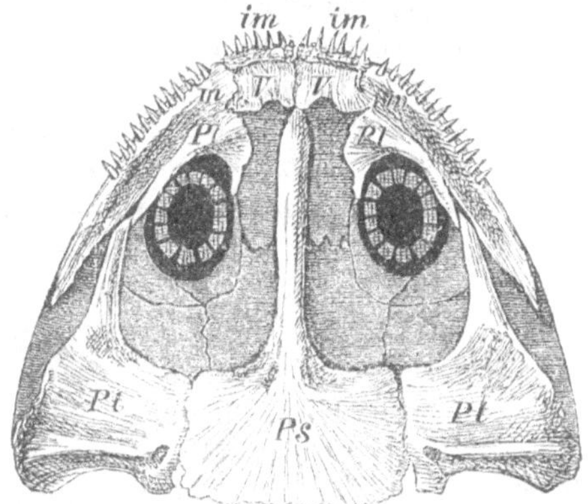

Branchiosaurus salamandroides Fritsch. Gaskohle, Nyřan. *im* = Intermaxillare, *m* = Maxillare, *V* = Vomer, *Pl* = Palatinum, *Pt* = Pterygoideum, *PS* = Parasphenoid.

Fig. 570.

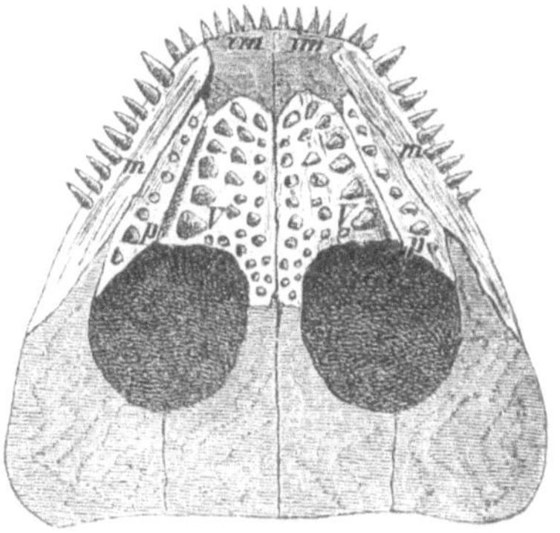

Sparodus validus Fritsch. Gaskohle, Nyřan. *im* = Intermaxillare, *m* = Maxillare, *P* = Palatinum, *V* = Vomer.

gefurcht. Die Kieferzähne glatt, die Zwischenkiefer breit, mit etwa acht gleichen, grossen Zähnen. Die Oberfläche der Schädelknochen stark gefurcht, desgleichen die rhombische Kehlbrustplatte. Böhmische Dyas.

Weitere zu den *Branchiosauridae* gehörige Gattungen sind: *Amphibamus Cope* und *Pelion Wymann* aus der amerikanischen Kohle, welche beide in der salamanderähnlichen Gesammtgestalt und im Umriss des Kopfes grosse Analogie mit *Branchiosauriden* aufweisen, während das angebliche Mangeln der Rippen wohl auf Rechnung des schlechten Erhaltungszustandes gesetzt werden mag.

b. *Apateonidae.*

Stegocephalen mit eidechsenartigem Körperbau, mit dreieckigem, vorn stumpf zugespitzten Kopfe, Wirbel mit intravertebral erweiterter Chorda, Rippen kurz, gerade, an allen Segmenten entwickelt. Sacralwirbel mit seitlichen Erweiterungen. Thoraxplatten, sowohl die mittlere als die seitlichen gestielt, Zähne an der Spitze mit vorspringenden Leistchen, Kiemenbogen in der Jugend entwickelt.

Melanerpeton Fritsch mit den Charakteren der Familie, böhmische Dyas.

Melanerpeton spiniceps Cred. aus dem sächsischen Rothliegenden, zeichnet sich durch besonders dichte Bezahnung der Unterseite des Schädels aus.

Fig. 571.

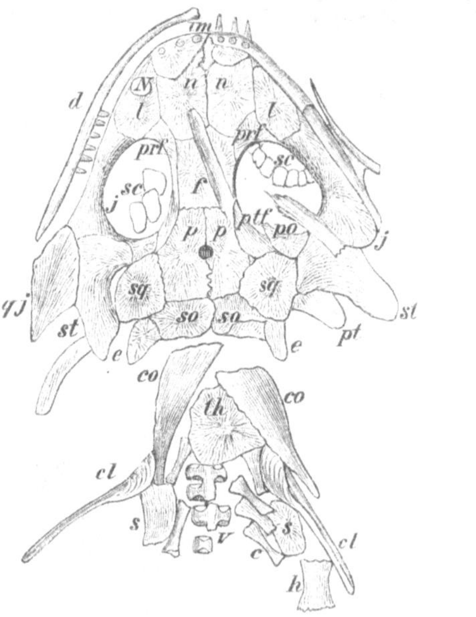

Pelosaurus aticeps Crd. Rothliegend-Kalkstein von Niederhässlich. *so* = Supraoccipitalia, *p* = Parietalia, *f* = Frontalia, *prf* = Praefrontalia, *ptf* = Postfrontalia, *n* = Nasalia, *l* = Lacrimalia, *im* = Intermaxillaria, *sq* = Squamosa, *e* = Epiotica, *st* = Supratemporalia, *qj* = Quadratojugalia, *j* = Jugalia, *Po* = Postorbitalia, *Sc* = Sclerotical-Ring, *pt* = Pterygoideum, (*N*) = äussere Nasenöffnung, *d* = Dentale (Max. inf.), *co* = seitliche Thoraxplatten, *th* = mittlere Thoracalplatte, *cl* = Claviculae, *s* = Scapulae, *v* = Wirbel, *c* = Rippen, *h* = Humerus.

Nahe verwandt dürfte *Apateon Meyer* aus dem Brandschiefer von Münsterappel sein.

Im Bau des Schädels und in der Gestaltung der Sacralwirbel schliesst sich *Pelosaurus Credn.* (Fig. 571) aus dem sächsischen Rothliegenden an *Melanerpeton*, unterscheidet sich jedoch durch grosse Verschiedenheiten im Bau des Schultergürtels, der bei *Pelosaurus* sehr kräftig ist und eine abgerundet rhombische mittlere und spitz-dreiseitige seitliche Kehlbrustplatten, sowie grosse, löffelförmige Schlüsselbeine besitzt. *Archegosaurus latirostris v. Mey.* gleicht in manchen Details des Schädelbaues, wie in jenem des Schultergürtels dem *Pelosaurus;* da jedoch die Wirbelsäule unbekannt ist, bleibt die Stellung dieser Form, die von dem typischen *Archegosaurus Decheni* in mancher Hinsicht abweicht, noch unentschieden.

II. Chorda intervertebral erweitert.

a. *Aistopoda.*

Stegocephalen von schlangenähnlichem Körperbau (Fig. 572), wahrscheinlich ohne Extremitäten; mit biconcaven Wirbeln, Rippen vorhanden (bei *Plegethontia* angeblich fehlend), Zähne glatt.

Dolichosoma Huxley (Fig. 573). Schädel schlank, von hinten nach vorn hin verengert, Unterkiefer mit sehr schlanken Aesten. Wirbel biconcav, über 150 an der Zahl, verlängert, in der Mitte verengt, mit stark entwickelten unteren Querfortsätzen. Zygopophysen gut entwickelt (Wirbel überhaupt jenen der recenten *Coecilia* analog gebaut), Rippen zuerst winkelig gebogen, dann gerade, dünn, zugespitzt, mit zwei Fortsätzen, Spuren von Kiemen vorhanden. Von Extremitäten und Hautpanzer nichts wahrnehmbar. Kohle von Irland und böhmische Dyas.

Ophiderpeton Huxley. Schädel ungenau bekannt, wahrscheinlich kürzer und stumpfer als bei *Dolichosoma.* Wirbel biconcav, mit sehr stark entwickelten, unteren Querfortsätzen, über 100 an der Zahl, Zygopophysen gut entwickelt, Rippen fischgrätenähnlich, mit dorsalen und ventralen Fortsätzen. Extremitäten nicht nachgewiesen; Hautpanzer stark entwickelt, am Bauche in Form von haferförmigen Stäbchen, am Rücken von gekörnten, chagrinartigen Schuppen. Cloakengegend mit gekerbten Leisten bewaffnet. Kohle von Irland und böhmische Dyas.

Palaeosiren Gein. Nur drei Wirbel bekannt, welche, je 10 Cm. lang, mit jenen der kleinen *Dolichosoma* und *Ophiderpeton* übereinstimmen und auf eine Batrachierschlange von 15 Meter Länge schliessen lassen. Kalk des Rothliegenden vom Oelberg bei Braunau.

Die ungenügend charakterisirten amerikanischen Gattungen *Molgophis Cope* und *Plegethontia Cope* gehören gleichfalls hierher, bei letzterer fehlen angeblich die Rippen, was wahrscheinlich nur auf den Erhaltungszustand zurückzuführen ist, in welchem Falle die Cope'sche Gattung *Plegethontia* mit *Dolichosoma Huxley* identisch sein dürfte.

b. *Microbrachidae.*

Stegocephalen vom Baue schlanker, mit sehr kleinen Vorderextremitäten versehener Eidechsen. Die Schädelknochen stark gefurcht. Die Zähne glatt, mit grosser Pulpahöhle und mit Leistchen an der Spitze. Parasphenoid schildförmig, mit langem dünnen Stiele. Die Wirbel

Fig. 572.

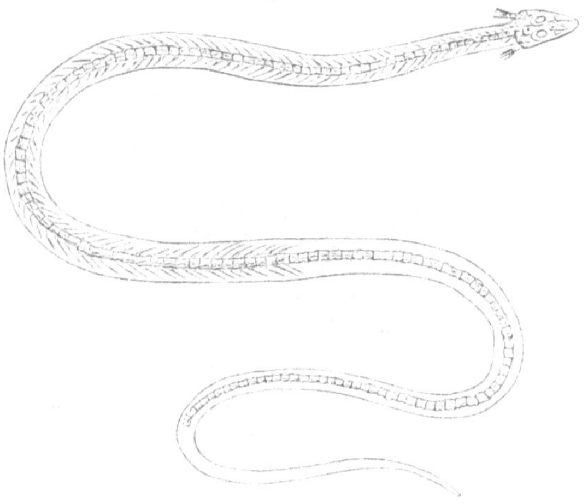

Dolichosoma longissimum Fritsch. 1/3. Gaskohle, Nyrau.

Fig. 573.

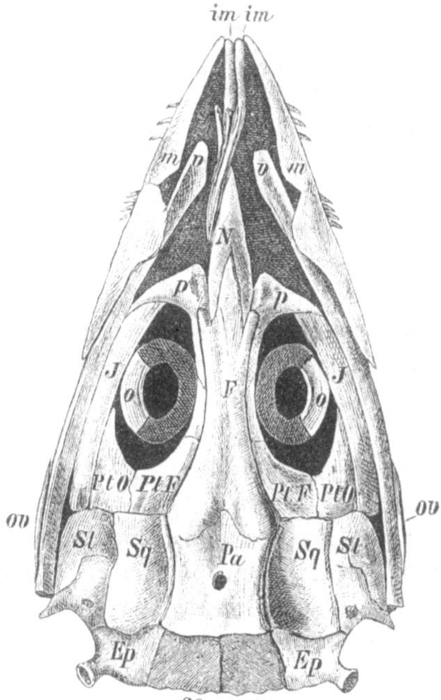

Dolichosoma longissimum Fritsch. *im* = Intermaxillare, *m* = Maxillare, *N* = Nasale, *F* = Frontale, *p* = Praefrontale, *O* = Orbitale, *PtO* = Post-Orbitale, *J* = Jugale, *Pa* = Parietale, *Sq* = Squamosum, *Ep* = Epioticum, *St* = Supratemporale, *SO* = Supra-Occipitale, *v* = Vomer, *Ov* = Quadratovomerinum.

amphicoel mit grossen Chordaresten und schwach entwickelten oberen Dornfortsätzen. Rippen dünn, gebogen, fast alle gleichlang. Mittlere Kehlbrustplatte sehr breit, mit zerschlitzten Rändern und einem dünnen Stiele. Schuppen nur auf der Bauchfläche vorhanden.

Microbrachis Fritsch mit den Charakteren der Familie aus der böhmischen Dyas. Wahrscheinlich gehören auch die amerikanischen Gattungen *Cocytinus* und *Tuditanus Cope* hierher.

c. *Hylonomidae.*

Stegocephalen vom Baue schlanker Eidechsen mit schlanken geraden Rippen. Wirbel amphicoel mit stark entwickelten oberen Dornfortsätzen. Schädelknochen glatt oder schwach verziert. Schuppen gross, verziert, den ganzen Körper deckend. Zähne glatt oder mit verzierter Spitze. Kiemenbogen bei einigen Formen angedeutet. Mittlere Kehlbrustplatte unbekannt. Coracoidea ähnlich wie bei *Branchiosaurus*, schlank, winkelig gebogen.

An die nordamerikanischen Gattungen *Hylonomus* und *Smilerpeton Dawson* reiht Fritsch die von ihm aus der böhmischen Dyas beschriebenen Genera: *Hyloplesion*, *Seeleya*, *Orthocosta* und *Ricnodon*, indem er für sie die Familie der *Hylonomidae* errichtet.[1]

d. *Nectridea.*

Stegocephalen vom Bau kräftiger, langschwänziger Eidechsen, deren epiotische Hörner bei einigen stark verlängert sind. Die oberen und unteren Dornfortsätze der Schwanzwirbel sind fächerartig erweitert und am Rande gekerbt. Schwanzwirbel ohne Rippen.

Urocordylus Huxley et Wright. Schädel dreieckig, vorn verschmälert, mit abgestumpfter Spitze, mit runden Grübchen geziert, epiotische Hörner verkümmert. Zähne schlank, spitz, glatt. Schwanzwirbel mit hohen oberen und unteren Dornfortsätzen, mittlere Kehlbrustplatte dünn, schildförmig, nach vorn erweitert, die seitlichen löffelförmig, lang gestielt. Schuppen des Bauchpanzers lang-elliptisch, glatt, Vorder- und Hinterfüsse fünfzehig, die vorderen kürzer als die hinteren, Hand- und Fusswurzel nicht ossificirt. Irländische Kohle und böhmische Dyas.

Keraterpeton Huxley. Schädel breit, niedrig, mit runden Grübchen geziert, mit zwei grossen epiotischen Hörnern, Zähne im Zwischenkiefer löffelförmig, im Oberkiefer kurz, glatt. Schwanzwirbel mit niedrigen Dornfortsätzen; mittlere Kehlbrustplatte massiv, dreieckig, die seitlichen kurzgestielt; Schuppen des Bauchpanzers viereckig, mit runden Randgrübchen geziert. Hand- und Fusswurzelknochen ossificirt. Irländische Kohle und böhmische Dyas.

Die amerikanischen Gattungen *Ptyonius*, *Oestocephalus* und *Hyphasma Cope* sind mit *Urocordylus* nahe verwandt, auch *Sauropleura Cope* dürfte zu den *Nectridea* gehören, ebenso wie *Lepterpeton Huxley* aus Irland, für welch

[1] Fauna der Gaskohle und der Kalksteine der Permformation Böhmens, viertes Heft, während im ersten, einige Jahre früher erschienenen Hefte *Hylonomus* und die damit verwandten Reste aus der böhmischen Dyas den *Branchiosauridae* zugerechnet wurden.

letztere Gattung Miall die Gruppe der *Heleothrepta* aufgestellt hatte. *Lepterpeton* zeichnet sich durch die lange Symphyse des Unterkiefers aus, welche die Hälfte der Schädellänge erreicht.

e. *Limnerpetidae.*

Stegocephalen von länglichem, salamanderartigen Körperbau, mit breitem, froschähnlichem Kopfe und grossen, in der vorderen Schädelhälfte gelagerten Augenhöhlen. Das Parasphenoid ähnlich dem der *Branchiosauriden*, Wirbel amphicoel, mit deutlich entwickelten Dornfortsätzen. Rippen kurz, schwach gebogen. Zähne zahlreich, klein, ziemlich gleich gross, zuweilen an der Spitze fein gefurcht, sonst glatt, mit grosser Pulpahöhle. Becken gut verknöchert, Hautschuppen verziert.

Limnerpeton Fritsch (= *Microdon Fritsch non Ag.*) aus der böhmischen Dyas mit den Charakteren der Familie, umschliesst zahlreiche, zum Theil unvollständig bekannte Arten, welche vielleicht seinerzeit auf mehrere Gattungen zu vertheilen sein werden.

Discosaurus Cred. aus dem sächsischen Rothliegenden ist nur hinsichtlich der hinteren Körperhälfte bekannt. Wirbelkörper mit hohen oberen Bogen und breiten Dornfortsätzen. Rippen kurz, schwach gebogen, Sacralwirbel mit stark verbreiterten Querfortsätzen, getrennte Ossaischia und pubica, Gliedmassen sehr kräftig, Schwanz ziemlich lang und schlank, das Schuppenkleid der Bauchseite bis an die Zehen und an die Spitze des Schwanzes reichend, Hautschuppen rund, mit erhabenen concentrischen, quergegliederten Reifen verziert, welche jenen recenter *Gymnophionen*, speciell jenen von *Epicrium glutinosum* ausserordentlich gleichen.

f. *Acanthostomidae.*

Unvollständig bekannte, in manchen Merkmalen an *Limnerpeton* sich anschliessende *Stegocephalen*, an deren Schädel das Vorhandensein eines grossen Cavum internasale (bei lebenden *Urodelen* nur bei den *Salamandrinen* vorhanden) und die starke Bezahnung des Gaumens auffällt, welch letztere sich, abgesehen vom Oberkiefer und Intermaxillare auf das Parasphenoid, die Pterygoidea und Vomero-palatina erstreckt.

Acanthostoma Cred. Schädel spitz parabolisch, Hirnkapsel nicht hinter die Supratemporalia zurückspringend, Augenhöhle klein, ziemlich rund, in der hinteren Schädelhälfte gelegen, Cavum internasale gross, Kieferzähne gefaltet, Parasphenoid mit dreieckiger Zahnplatte, Pterygoidea dreiarmig, mit langem, dicht bezahnten vorderen Fortsatz. Vomero-palatina sehr gross, mit kleinen Zähnchen besetzt. Wirbelsäule schlank, mit etwa 30 Rumpfwirbeln (nur in schwachem Abdruck erhalten, Bau der Wirbel daher unbekannt und die Anreihung an die *Limnerpetidae* unsicher). Die gleichzeitige, dichte Bezahnung des Parasphenoids, der Pterygoidea und der Vomeropalatina fehlt den recenten Amphibien und erinnert an diejenige gewisser Fische, sie ist bei *Acanthostoma* (und ebenso bei *Melanerpeton spiniceps*, wo sie noch stärker hervortritt) als ein persistirendes Embryonal-Merkmal aufzufassen, da bei den recenten *Urodelen*, wie Hertwig gezeigt hat, die Mehrzahl der Deckknochen der Mundhöhle embryonal durch Verschmelzung der Cementplatten von Schleimhautzähnchen entsteht.

g. *Archegosauria.*

Wirbelsäule und Condyli des Hinterhauptes bei jüngeren Individuen schwach oder nicht verknöchert, Wirbel der erwachsenen amphicoel, Zähne gestreift, mit einfachen Falten.

Fig. 574.

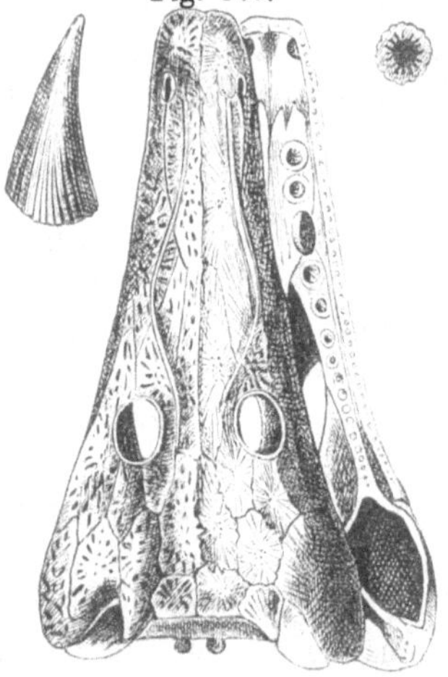

Archegosaurus Decheni Goldf. Dyas, Lebach bei Saarbrücken. Linke Hälfte des Schädels mit den Deckschildern bekleidet, rechte ohne dieselben, untere Ansicht der linken Schädelhälfte. Fangzahn und Durchschnitt desselben.

Archegosaurus v. Mey. Schädel der typischen Art (*A. Decheni Goldf.* Fig. 574) dreiseitig, niedergedrückt, mit wenig abgestumpfter Schnauze, kleinen Augenlöchern, weit nach vorn gerückten Nasenöffnungen. Die lyraförmigen Schleimcanäle sind nur an alten Schädeln sichtbar. Schädel mit von den Ossificationspunkten ausstrahlenden Gruben geziert und mit glänzenden Schildern bedeckt. Hinterhauptscondyli an alten, Spuren der Kiemenbogen an jungen Individuen. Von den drei Kehlbrustplatten besitzt die mittlere rhombenförmigen Umriss, der Bau des dahinter folgenden Schultergürtels gleicht jenem des recenten *Siren.* Bauchpanzer aus zahlreichen Knochenschildern gebildet, deren Reihen an der vorderen Hälfte schief nach vorn, an der hinteren schief nach hinten und aussen von der Mittellinie verlaufen. Thoneisenstein von Lebach bei Saarbrücken, sowie Rothliegendes von Sachsen.

Der mit vorkommende *Archegosaurus latirostris Jord.* unterscheidet sich durch breiteren Schädel, dessen Umrisse sehr an *Pelosaurus Cred.* erinnern, und gehört vielleicht nicht zu den *Archegosauria;* seine Stellung bleibt insolange unsicher, als die Wirbelsäule unbekannt ist, welche vielleicht eine intravertebral erweiterte Chorda aufweist, in solchem Falle *A. latirostris* zu *Pelosaurus* zu stellen wäre.

Osteophorus v. Mey. gleicht in den Schädelumrissen dem *A. latirostris,* besitzt jedoch zwischen Nasen- und Stirnbeinen einen schmalen Knochen, das sogenannte Zwischennasenstirnbein. Rothliegendes von Schlesien (Klein-Neundorf).

h. *Chauliodontia.*

Schädel gewölbt, dreieckig, am hinteren Seitentheil stark erweitert; die Schleimcanäle der Lyra bilden zwei fast gerade Längsfurchen; Augenhöhlen gross. Hinter dem Unterkiefergelenk kein Fortsatz, Zähne ungleich, in Büschel gehäuft.

Loxomma Huxley aus der englischen Kohle, besitzt grosse, unregelmässig gestaltete Augenhöhlen. Die Zähne sind sehr verschieden gross, conisch, mit schneidigen Vorder- und Hinterrändern, zahlreichen, unregelmässigen, selten verzweigten Falten der Zahnsubstanz.

Zygosaurus Eichw. und *Melosaurus v. Mey.* aus der Dyas Russlands besitzen conische Zähne ohne schneidende Kanten.

i. *Brachyopina.*

Schädelumriss parabolisch, Augenhöhlen oval, in der Mitte oder vor derselben gelegen. Es ist kein Fortsatz hinter dem Gelenke des Unterkiefers vorhanden.

Brachyops Owen. Der parabolische Schädel ist eher breiter als lang, die Schnauze abgerundet, die Augenhöhlen weit nach vorne gerückt. Die Schädelsculptur ist zart gestreift, die Lyra wird von zwei seichten Sförmig gekrümmten Furchen gebildet. Jurassischer Sandstein von Mangali, Indien.

Weitere von Miall zu den *Brachyopina* gerechnete Gattungen sind: *Micropholis Huxley* (südafrikanische Trias), *Rhinosaurus Waldheim* (jurassische? Oolithe von Simbirsk und *Bothriops Huxley* (aus Triasbildungen? Australiens).

k. *Euglypta.*

Schädelknochen mit starker Sculptur, die Lyra deutlich, oft durch sehr breite Furchen gebildet. Der Unterkiefer trägt einen wohlentwickelten Fortsatz hinter dem Gelenke. Die conischen Zähne bestehen aus stark gefal-

Fig. 575.

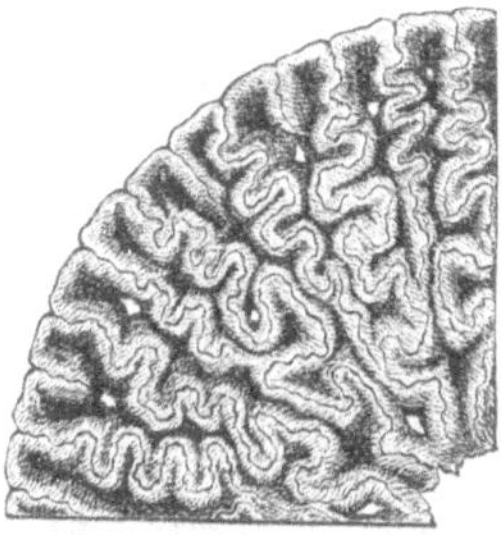

Mastodonsaurus Jaegeri von Mey. Theil des Zahnquerschnittes vergr. (nach Owen).

Fig. 576.

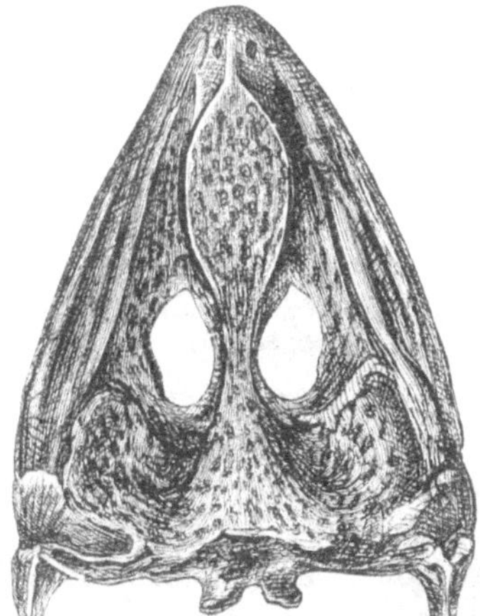

Mastodonsaurus Jaegeri v. Mey. Hall. Keuper.

teter Zahnmasse (Fig. 575). Die Gaumenvomerzähne sind klein, in Reihen geordnet, an den Kiefern tritt eine kurze Innenreihe von Zähnen auf. Die Kehlbrustplatten sind sculptirt, mit umgestülpten Fortsätzen am Aussenrande.

Mastodonsaurus Jaeg. (Fig. 576). Schädel parabolisch, niedergedrückt, Augenhöhlen hinter seiner Mitte, Lyra und grubige Sculptur sehr tief ausgeprägt, Rhombenschild und Flügelschilde der Kehlbrustplatten stark, mit kräftigen, inneren Fortsätzen. Muschelkalk und Lettenkohle. Type *M.* (*Salamandroides*) *giganteus Jaeg.* = *M. Jaegeri Mey. u. Plien.*

Xestorhitias v. Mey. und *Odontosaurus v. Mey.* sind nahe verwandt.

Capitosaurus Münst. Schädel stark deprimirt, lang, vorn stumpf abgerundet, Augenhöhlen mässig gross, weit nach hinten gerückt. Die hierhergehörige Form aus dem deutschen Keupersandstein hat QUENSTEDT als *Mastodonsaurus robustus* geschildert.

Trematosaurus Bronn. Schädel dreiseitig mit schlanker aber abgestumpfter Schnauze. Augenhöhlen klein, etwa in der Mitte der Schädellänge gelegen, Lyra sehr deutlich, auch in der Schläfengegend liegt jederseits ein elliptischer Schleimcanal. Die Zähne der Vomerreihe nehmen nach vorn allmählich an

Fig. 577.

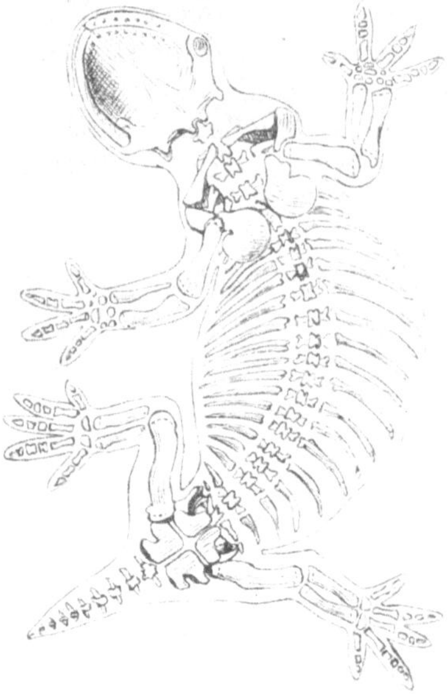

Labyrinthodon Rütimeyri Wiedersheim. Buntsandstein, Riehen, Schweiz.

Fig. 578.

Hessberger Thierfährten (*Chirotherium*) Buntsandstein.

Grösse zu, so dass sie endlich in die Fangzähne hinter den Choanen übergehen. Vor den Choanen stehen noch zwei Fangzähne. Buntsandstein. *Trematosaurus* erinnert in manchen Details des Schädels und namentlich in der Anordnung der Fangzähne sehr an *Archegosaurus.*

Metopias v. Mey. entbehrt der Fangzähne, die Augenöffnungen sind weit nach vorne gerückt, die Lyra zwischen denselben und den Nasenöffnungen daher kurz und breit, auch in der Schläfengegend finden sich bogenförmige Schleimcanäle. Keuper.

Labyrinthodon Owen. Augenhöhlen im Vordertheil des Schädels, Gaumenlöcher oval, abstehend, Zähne schlank, zugespitzt, an der Basis etwas elliptisch, weiter oben conisch, das untere Drittel gefaltet, innere Structur wie bei *Mastodonsaurus.* Die typische Form ist *L. leptognathus Owen* aus dem Keupersandstein von Warwick.

Labyrinthodon Rütimeyeri Wiedersheim[1] (Fig. 577) aus dem Buntsandstein von Riehen in der Schweiz giebt, wenn auch die genauere Bestimmung der Gattung zweifelhaft ist, da der Bau des Kopfes so gut wie unbekannt ist, doch eine gute Vorstellung von Rumpf und Extremitäten einer zu den *Euglypta* oder *Labyrinthodonten* gehörigen Form. Die Kürze des Schwanzes und die grösseren Dimensionen der Hinterextremitäten lassen die Meinung OWEN's, dass die als „*Chirotherium*" bezeichneten Fährten (Fig. 578) von ähnlichen Thieren herrühren, gerechtfertigt erscheinen, während die angebliche Froschgestalt der *Labyrinthodonten* durch den Riehener Rest keine Bestätigung findet.

Weitere zu den *Euglypta* gehörige, jedoch unvollständig gekannte Formen sind: *Pachygonia* und *Gonioglyptus Huxley* aus den triadischen (?) Panchet-Rocks von Ranigunj, Bengalen. Ferner sind zu nennen: *Diadethognathus Miall* aus dem Keuper von Warwick, *Dasyceps Huxley* aus permischem Sandstein von Kenilworth und *Anthracosaurus Huxley* aus der Kohle von Glasgow.

Sehr zahlreich sind die *Stegocephalen*-Gattungen, welche, weil auf unvollständigen Resten beruhend, nicht leicht in eine bestimmte Gruppe eingereiht werden können, so insbesondere die von BARKAS aufgestellten: *Amphicoelosaurus*, *Amphisaurus*, *Labyrinthodontosaurus*, *Leptognathosaurus*, *Macrosaurus*, *Mesosaurus* u. A. Gleiches gilt von *Eupelor*, *Leptofractus* und *Eurythorax Cope* und manchen anderen Gattungen. Die biconcaven Wirbelkörper von *Eosaurus acadianus Marsh*, welche $2^1/_2''$ im Durchmesser besitzen und aus der amerikanischen Kohle stammen, wurden von MARSH einem *Enaliosaurier*, von HUXLEY einem *Labyrinthodonten* zugewiesen.

Die Wahrscheinlichkeit, dass die *Chirotherien*-Fährten des deutschen Buntsandstein von *Stegocephalen* (speciell von *Labyrinthodonten*) herrühren, wurde bereits oben gedacht; die Fährten des amerikanischen Connecticut-Sandsteines, welche früher meist als Vogelfährten gedeutet wurden, rühren wahrscheinlich nicht von *Stegocephalen* her und dürften wohl zum grössten Theil von *Dinosauriern* stammen.

B. Gymnophiona (Coecilia).

Recente, wurmförmige, fuss- und schwanzlose Amphibien mit quer gefalteter, klein beschuppter oder bisweilen nackter Haut mit biconcaven Wirbeln.

Die fossil bis nun unbekannte Gruppe steht in manchen Eigenthümlichkeiten gewissen *Stegocephalen* (den *Aistopoda* hinsichtlich der Körpergestaltung und des Wirbelbaues, der Gattung *Discosaurus Cred.* hinsichtlich der Körperbedeckung) sehr nahe und muss jedenfalls als eine sehr alte, wenig veränderte betrachtet werden.

C. Urodela.

Gestreckte, langgeschwänzte Amphibien mit vier oder nur zwei (vorderen) Extremitäten, mit biconcaven oder convex-concaven Wirbeln, mit nackter

---

[1] Abhandl. d. Schweizerisch. palaeont. Gesellschaft V. 1878.

drüsenreicher Haut, mit provisorischen oder persistirenden äusseren Kiemen. Zerfallen in *Ichthyoidea* und *Salamandrina.*

C_1. Ichthyoidea.

Augen klein, ohne Lider oder nur mit kreisförmiger Hautfalte, Gaumenzähne in bogenförmigen Streifen am Vorderrande oder in bürstenförmigen Haufen auf der Gesammtfläche des knöchernen Gaumens. Wirbel biconcav, Chorda persistirend. Meistens Lungen und Kiemen oder ein Kiemenloch. Am Hinterrande des Zungenbeines zwei bis vier in verschiedenem Grade verknöcherte Kiemenbogen.

a. *Perennibranchiata.*

Mit drei äusseren Kiemenbüscheln jederseits, ohne Oberkieferbeine, Zahnreihen am Vomer und am Palatinum.

Fig. 579.

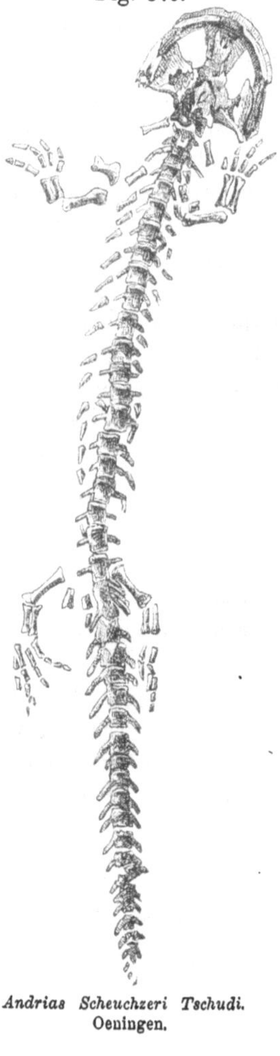

Andrias Scheuchzeri Tschudi. Oeningen.

Unter den hierhergehörigen recenten Formen *Siren* und *Proteus* ist die letzte durch Anpassung an die Existenz in Höhlengewässern modifiziert, *Siren* repräsentirt einen alten Typus, was sich schon in den Hornscheiden des Zwischenkiefers und Unterkiefers manifestirt. Fossile Vertreter sind bis nun unbekannt, möglicherweise gehört *Ortophyia v. Mey.* aus den miocänen Süsswasserbildungen von Oeningen hierher. Kopf klein, schmal, mit dicht stehenden, conischen Zähnen auf einer langen, steifen Säule von biconcaven Wirbeln ohne Rippen. Extremitäten unbekannt, vielleicht flossenartig. Heer meint, dass es die Larven von *Andrias* gewesen sein können.

b. *Cryptobranchia.*

Ohne äussere Kiemenbüschel, mit Oberkieferbeinen, meist eine Zahnreihe am Gaumen.

Hierher die recenten Gruppen der *Amphiumidae* und *Menopomidae;* zu den letzteren gehört Scheuchzer's *homo diluvii testis* (Fig. 579) aus den miocänen Süsswasserbildungen von Oeningen, der von Tschudi als *Andrias Scheuchzeri* geschildert wurde, nachdem Cuvier seine Stellung unter den Amphibien erkannt hatte.

Der recente *Cryptobranchus japonicus v. d. Hoev.* besitzt die grösste Aehnlichkeit, er erreicht fast Meterlänge, bleibt daher hinter der fossilen Form zurück, welche nach Cuvier auf 3′5″, nach Bronn auf 3′9″ geschätzt wurde, während Exemplare der Züricher und Winterthurer Sammlung 126 Ctm. erreichen und übertreffen. (Das nach Heer abgebildete kleine Exemplar ist 63 Cm. lang.)

Noch näher mit der recenten Form verwandt und im Skelet kaum zu unterscheiden ist der kleinere, 45 Cm. lange *Andrias Tschudii Meyer* aus der Braunkohle von Bonn.

C_2. Salamandrina.

Augen gross, mit klappenförmigen Lidern, Gaumenzähne in schmalen Streifen am Hinterrande des Gaumenbeines; Wirbel meist convex-concav, opisthocoel. Im erwachsenen Zustande nur Lungen, in der Jugend Kiemen. Bei manchen Formen wurden die jugendlichen, gleichfalls der Fortpflanzung fähigen Individuen als besondere Formen den *Ichthyoidea* zugerechnet. So gehört *Siredon* (*Axolotl*) als Jugendform zu *Amblystoma*, *Menobranchus Harl.* zu *Batrachoseps Bonap.* Nach der Anordnung der Gaumenzähne zerfallen die *Salamandrina* in *Lechriodonta* und *Mecodonta*, von der ersten Gruppe, welcher die recenten Familien der *Molgidae*, *Plethodontidae* und *Ambystomidae* angehören, ist eine fossile Vertretung bis nun unbekannt, die zweite Gruppe, welche in der Gegenwart durch die *Salamandridae* (*Salamandra*, *Triton Salamandrina*) vertreten ist, gehören einige tertiäre Formen an:

Triton noachinus Goldf. aus der Braunkohle von Orsberg ist ein echter *Triton.*

Polysemia Meyer (*Salamandra ogygia Goldf.*) aus der Braunkohle von Erpel unterscheidet sich von *Salamandra* durch mangelnde Verknöcherung des Carpus und Tarsus, auch *Heliarchon furcillatus Meyer* gleicht in dieser Richtung den *Tritoniden.* Hingegen zeigt *Salamandra laticeps Mey.* von Böhm.-Kamnitz Hand- und Fusswurzelknochen ossificirt. *Chelotriton paradoxus Pomel* von Les Chaufors und Langy ist nur unvollständig bekannt.

Protriton Gaudry (vergl. oben pag. 446) aus der französischen Dyas gleicht den recenten *Tritoniden* nicht mehr als andere *Stegocephalen* von salamanderähnlichem Bau.

D. Anura.

Schwanzlose, nackte Amphibien von kurzer breiter, mehr weniger platt gedrückter Körperform mit vier Extremitäten und meist zahnlosem Unterkiefer. Wirbel procoel, Larven geschwänzt, mit anfangs äusseren, später inneren Kiemen.

Fossile Formen der recent verbreiteten und zahlreiche Gruppen umfassenden *Batrachier* sind erst aus der Tertiärformation und zwar in geringer Zahl bekannt. Aus günstigen Ablagerungen (dünnblättrige Braunkohlenschiefer vom Orsberge bei Erpel, Glimbach bei Giessen u. A.) kennt man auch die zarten Reste von Kaulquappen in verschiedenen Stadien: fusslose Individuen, an deren Kopf man die beginnende Ossification des Schädels und Spuren der provisorischen hornigen Kiefer beobachten kann; dann grössere mit Anlage der hinteren Extremitäten und noch grössere, an welchen auch die Vorderfüsse zur Entwickelung kommen, endlich solche, welche den Ruderschwanz verloren haben. Von einer Anzahl recenter Familien und Gattungen sind tertiäre Vorläufer bekannt:

Palaeobatrachus Tschudi (Fig. 580) (Gruppe der *Ranidae*), Papierkohle von Orsberg und Erpel bei Bonn. Die grössere Art *P. gigas* erreicht die Grösse der grossen recenten Formen Amerikas. Zwischen Atlas und Kreuzbein nur fünf Querfortsätze, im Kreuzbein drei verwachsene Wirbel, zwei Wirbel im Schwanzbein, im Ganzen sonach elf Wirbel (*Rana* hat deren nur zehn).

Fig. 580.

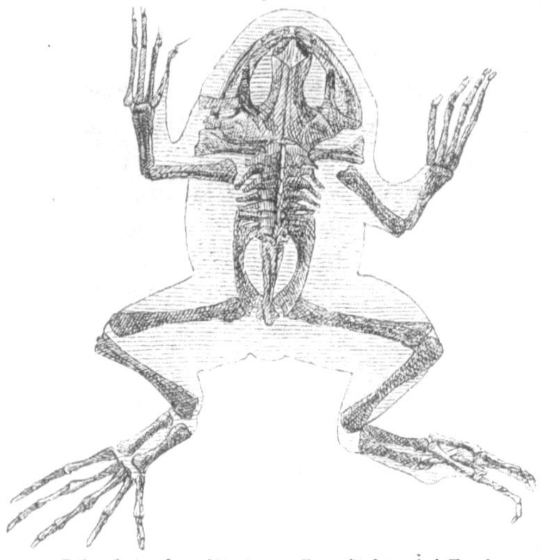

Palaeobatrachus diluvianus Br. Orsberg bei Erpel.

Palaeobatrachus Laubei Bieber fand sich im Diatomaceenschiefer von Sulloditz. *Rana* L. selbst ist durch zahlreiche (z. Th. allerdings nur auf Geschlechtsunterschieden beruhenden) Arten in verschiedenen Miocänbildungen und auch im Diluvium (Löss) vertreten.

Latonia Meyer aus den Süsswasserbildungen von Oeningen ist mit der recenten *Ceratophrys Boie* aus Brasilien nahe verwandt, doch weist das Skelet auch manche Eigenthümlichkeiten auf, welche sich bei der recenten Gattung *Bufo*, sowie andere, die sich bei *Rana* und *Hyla* finden.

Protopelobates Bieber aus dem böhmischen Diatomaceenschiefer von Sulloditz gehört zur Gruppe der *Pelobatidae* (Erdfrösche).

Pelophilus Tschudi von Oeningen schliesst sich so innig an *Bombinator* (wohin Agassiz die Oeninger Form zuerst gestellt hatte), dass die Creirung einer eigenen Gattung hier vielleicht überflüssig war.

Palaeophrynus Tschudi, ebenfalls von Oeningen, schliesst sich hingegen wohl im Allgemeinen an die *Bufones*, besitzt jedoch manche Eigenthümlichkeiten von *Bombinator*.

Protophrynus Pomel aus dem Miocän von Chaufours (Limagne) ist zu unvollständig gekannt, um richtig gedeutet zu werden.

Zeitliche Verbreitung und Stammesgeschichte.

Die Gruppe der Amphibien zerfällt in zwei, dem geologischen Auftreten und den Organisationsverhältnissen nach weit verschiedene Gruppen. In den jüngeren palaeozoischen und dem älteren mesozoischen Ablagerungen erscheinen die *Stegocephalen*, welche im Bau des Kopfskelettes wesentlich von den jüngeren Amphibien abweichen, da bei ihnen Kopfknochen auftreten, die den recenten Formen fehlen (*supra occipitalia*, *epiotica*, *supratemporalia* und *postorbitalia*) und sich auch in der Gestaltung der gemeinsamen grössere Verschiedenheit zeigen, indem sie nicht nur Eigenthümlichkeiten der heutigen

Anura und *Urodela*, sondern auch solche aufweisen, welche für Reptilien charakteristisch sind. Die *Stegocephalen* besitzen ein sehr entwickeltes Hautskelet, welches häufig am Kopfe durch glänzende Deckschilder über den eigentlichen Kopfknochen vertreten ist („*Ganocephala*“ *Owen*), auf dem Rumpfe und insbesondere auf der Bauchseite desselben aber durch zahlreiche Hautschilder von je nach der Gruppe sehr verschiedener Contour und Sculptur gebildet wird. Unter dem Panzer der Bauchseite (der nur wenigen Formen zu fehlen scheint) erregen besonders die Kehlbrustplatten Aufmerksamkeit, welche in eine gewisse Verbindung mit dem Schultergürtel treten, als entschiedene Hautknochen aber mit jenen verglichen werden müssen, die an der Bauchseite der Panzer-*Ganoiden* erscheinen. Mit den ältesten *Ganoiden* haben die *Stegocephalen* die starke Entwickelung des Aussenskeletes und die unvollständige des Axenskeletes gemein. Von *Archegosaurus* wurde ursprünglich die Persistenz der Chorda und die Nichtverknöcherung der Hinterhauptknochen behauptet. Beide Merkmale kommen wohl nur jugendlichen Thieren zu, während sie an erwachsenen verschwinden. Die spät eintretende und unvollständige Verknöcherung des Axenskeletes bei *Archegosaurus* deutet indess darauf hin, wie nahe diese Form der primitiven Entwickelung des Skeletes steht. Auch bei den übrigen *Stegocephalen* bleibt selbst an erwachsenen Individuen ein Chordarest zurück und zwar ist entweder die Chorda intravertebral oder intervertebral erweitert, in letzterem Falle gleichen die Wirbel jenen der Fische, der *Enaliosaurier*, der *Urodelen* und der *Gymnophionen*. Zumal die letzterwähnten besitzen ausserordentliche Aehnlichkeit mit dem Wirbelbau der *Aistopoda*, welche auch in der allgemeinen Körpergestalt an die recenten *Coecilia* erinnern, freilich aber im Bau des Schädels ganz verschieden sind. Die *Stegocephalen*, welche eine sehr grosse Mannigfaltigkeit und einen Formenreichthum aufweisen, der von Tag zu Tag durch die Erforschung, zumal der permischen Vertreter grösseren Umfang gewinnt, schliessen sich an die stark gepanzerten älteren *Ganoiden*, welche höchst wahrscheinlich Lurchfische gewesen sind, nicht bloss in den oben erwähnten Merkmalen, sondern auch hinsichtlich der Zahnbewaffnung des Gaumens. Der Bau der Fangzähne mancher *Ganocephalen* ist jenem der Fischgattung *Polyplocodus* vollkommen analog, bei anderen steht die Bezahnung auf einer sehr niedrigen Stufe, indem sämmtliche Knochen des Gaumens mit kleinen Zähnchen besetzt erscheinen. Da O. Hertwig in seiner Arbeit über das Zahnsystem der Amphibien und seine Bedeutung für die Genese des Skeletes der Mundhöhle den Nachweis geführt hat, dass die Mehrzahl der Deckknochen der Mundhöhle der *Urodelen* embryonal durch Verschmelzung der Cementplatten von Schleimhautzähnchen entsteht und hieraus rückgeschlossen hat auf die Existenz einer Stammform, bei welcher die Deckknochen der Mundhöhle noch mit persistirenden Zähnchen bedeckt waren, ist es vom grösstem Interesse, dass, wie Credner gezeigt hat, dies bei *Melanerpeton spiniceps Cred.* und *Acanthostoma vorax Cred.* aus dem sächsischen Rothliegenden thatsächlich der Fall war, welche Einrichtung jener mancher Fische ganz analog ist. Unter den verschiedenen Eigenthümlichkeiten der *Stegocephalen* sind neben vielen Besonderheiten so manche, welche an verschiedene Gruppen der heutigen *Amphibien* gemahnen, wenn auch die meisten Analogien mit den *Gymnophionen* (Gesammtgestalt und Wirbelbau bei den *Aistopoda*, Schuppen bei *Discosaurus Cred.*) und den *Urodelen* (Salamanderform der *Branchiosauriden* und vieler anderer Gruppen, die Anlage der Kiemen etc.) stattfinden, so sind doch auch manche Anklänge an die Organisationsverhältnisse der *Anura* vorhanden. Sie sind so bedeutend, dass Owen für triadische Formen geradezu Froschgestalt voraussetzte, was freilich durch die Auffindung vollständigerer Reste (vgl. *Labyrinthodon Rütimeyri*) als irrig erwiesen wurde. Die durch ihre gewaltigen Dimensionen auffallenden *Labyrinthodonten* der Trias stellen wahrscheinlich eine aberrante, ohne Descendenz erlöschende *Stegocephalen*-Gruppe dar, in den mannigfachen geologisch älteren aber dürfen wir wohl nicht nur den Ursprung der Stämme der recenten Amphibien sondern auch jenen der Reptilien suchen. Reptilien-Charaktere finden sich bei den *Stegocephalen* in ziemlicher Zahl und zwar Eigenthümlichkeiten sehr verschiedener Gruppen. Manche *Ganocephalen* gemahnen in den Umrissen des Schädels und in der kräftigen Kieferbewaffnung an die Crocodile, von welchen sie freilich der doppelte Condylus des Hinterhauptes trennt, doch wissen wir nicht, ob er allen *Stegocephalen* in gleicher Weise zukömmt. Mit den *Enaliosauriern* haben die *Stegocephalen* nicht bloss die bei vielen Formen sehr ähnlichen biconcaven Wirbel (jene des *Eosaurus acadianus* wurden von Marsh geradezu für *Enaliosaurier*-Wirbel erklärt) gemein, sondern es finden sich auch noch andere bedeutsamere Analogien. So gleichen manche Stücke im Schultergürtel des *Labyrinthodon Rütimeyri* sehr den entsprechenden bei *Ichthyosaurus*, es gilt dies insbesondere von den scheibenartigen Coracoiden. A. Fritsch spricht sich bei Gelegenheit der Schilderung der *Stegocephalen* der böhmischen Dyas dahin aus, dass das ihm vorliegende Material es sehr wahrscheinlich mache, dass unter den *Stegocephalen* nicht nur die Vorläufer der Amphibien, sondern auch der Reptilien zu suchen sein werden. Seiner Ansicht nach dürften die *Nectridea* zu den Eidechsen, die *Euglypta* und *Chauliodontia* zu den Crocodilien hinführen.

Bei dem Versuche, die recenten Gruppen der *Amphibien* aus den *Stegocephalen* abzuleiten, sieht sich die Palaeontologie sicherer Anhaltspunkte dadurch beraubt, dass nach dem Erlöschen der *Stegocephalen* bis in die Tertiärformation herauf der Amphibienstamm bis auf wenige Spuren unvertreten ist. Nur aus der Kreide kennt man wenige von Cope als *Scapherpeton* und *Hemitrypus* geschilderte Formen; es ist jedoch klar, dass die recenten *Amphibien* sich nicht an die triadischen *Ganocephalen* und *Labyrinthodonten*, sondern an die sogenannten *Microsaurier* der palaeozoischen Epoche anschliessen. Die *Urodelen* schliessen sich durch die allgemeine Körpergestalt wohl am nächsten an die palaeozoischen Urformen. Bei genauerer Betrachtung erweisen sich jedoch grosse Verschiedenheiten im Kopfskelet, welche auf eine lange Zwischenreihe uns unbekannter Glieder rückschliessen lassen.

Die starke äussere Bedeckung der *Stegocephalen* mit Hautknochen und schuppenartigen Schildern bildet einen weiteren Unterschied, indess muss darauf hingewiesen werden, dass manche palaeozoische Formen keine Hautknochen, sondern eine drüsenreiche nackte Haut wie die recenten *Urodelen* besessen haben mögen. In dieser Richtung muss namentlich der von FRITSCH als *Adenoderma gracile* beschriebene Rest aus der Plattelkohle von Prĕmošna hervorgehoben werden.

Die recenten *Anura* sind als einem noch weiter veränderten Stamme angehörig zu bezeichnen. Dass sie mit den triadischen *Labyrinthodonten* nicht näher verwandt sind, bedarf wohl kaum der eingehenden Erörterung.

Am meisten erinnern an die palaeozoischen Vorläufer die recenten *Gymnophionen*, welche unter den heutigen Amphibien eine so fremdartige Stellung einnehmen. Wenn auch, da fossile *Coecilia* bis nun unbekannt sind, die Lücke hier zeitlich noch grösser ist als bei den *Urodelen* und *Anuren*, von welchen man Reste aus den jüngsten Formationen kennt, so ist es doch leichter sie hypothetisch auszufüllen, da allgemeine Gestalt und Wirbelbau bei den *Aistopoda* und *Gymnophionen* so viel Aehnlichkeit besitzt. Das Kopfskelet zeigt freilich weitgehende Verschiedenheiten, dafür erinnern aber auch die kleinen runden Schuppen der *Gymnophionen* an die Hautbekleidung der *Stegocephalen*, unter welchen *Discosaurus gracilis Cred.* des sächsischen Rothliegenden ganz ähnliche, mit concentrischer Sculptur versehene Schuppen aufzuweisen hat.

Es mag schliesslich noch der Kiemenathmung gedacht werden, welche nach der übereinstimmenden Ansicht der meisten Zoologen den Ahnen sämmtlicher Wirbelthierstämme zukam und deren Spuren wir bei sehr vielen *Stegocephalen* der Kohle beobachten können.

Die recenten Amphibien geben uns in sehr interessanter Weise Aufschluss über den allmählichen Verlust der Kiemen, sie umschliessen Formen mit persistirenden äusseren Kiemen und Formen, bei welchen Kiemen und zwar zuerst äussere, dann innere nur im Jugendstadium auftreten. Bei den *Batrachiern* geht dasselbe mehr oder minder rasch vorüber, bei den *Urodelen* aber giebt es ausserdem auch Formen, welche im Larvenzustand längere Zeit verharren, in demselben fortpflanzungsfähig sind, und wie es scheint, ziemlich selten sich vollständig entwickeln und die Kiemen verlieren. Das Verhältniss von *Siredon* und *Amblystoma*, von *Menobranchus* und *Batrachoseps* hat nicht bloss für die Zoologen Interesse, es darf wohl vermuthet werden, dass auch für die palaeozoischen *Stegocephalen* die Persistenz der Kiemenathmung Regel war, dass sie aber zuweilen und zwar durch äussere Einflüsse verloren ging.

3. *Reptilia.*

Meist beschuppte oder mit Knochenschildern gepanzerte, selten nackte, wechselwarme Wirbelthiere mit ausschliesslicher Lungenathmung, mit doppelten oder unvollkommenen gesonderten Herzkammern, mit einfachem, oft dreihöckerigen Hinterhauptscondylus. Kiefer mit Hornscheiden oder mit Zähnen, Embryonen mit Amnion und Allantois.

Die recenten Formen besitzen eine feste Bekleidung sowohl durch discrete Erhärtungen und Ossificationen der Cutis, als durch Verhornungen der Epidermis. Der Gegensatz, welcher sich zwischen den nackten recenten Amphibien und den geschuppten und gepanzerten Reptilien der Gegenwart kund giebt, bestand in der Vorzeit nicht, da einerseits die ältesten Amphibien eine sehr starke Panzerung besassen, anderentheils erloschene Reptilien (*Ichthyosaurus* u. A.) nackt waren.

Die Wirbelsäule der Reptilien zeigt zwar durchgehends bessere Entwickelung und Verknöcherung als jene der Amphibien, doch sind die Wirbel der geologisch älteren Gruppen fast durchgängig biconcav (*Anomodontia*, *Sauropterygia*, *Ichthyopterygia*, *Dinosauria*, die geologisch älteren *Crocodilia*), und auch eine eigenthümliche recente Gruppe (die durch die einzige neuseeländische Gattung *Hatteria* vertretene *Rhynchocephalia*), sowie die recenten *Ascalabotae* unter den *Lacertiliern* besitzen biconcave Wirbel. Bei den übrigen Gruppen besitzen die Wirbelkörper in der Regel eine vordere Gelenkpfanne und einen hinteren Gelenkkopf (concav-convexe opistocoele Wirbel). Die erloschenen *Pterosaurier* der jüngeren mesozoischen Formationen, sowie die jüngeren Crocodile (*Eusuchia*), besitzen procoele Wirbel. Abweichungen von der Gestaltung der Wirbelkörper des Skeletes kommen am Halse der Schildkröten und im vorderen Theil der Wirbelsäule von *Dinosauriern* und mesozoischen Crocodilen (*Mesosuchia*) vor, während die Schwanzwirbel mancher recenten Eidechsen amphicoel sind.

Die Bezahnung der Reptilien ist eine sehr mannigfache; man bezeichnet sie als pleodont, wenn die Zähne solide sind, als coelodont, wenn sie eine basale Höhlung besitzen, in welcher die den Ersatzzahn bildende Pulpa eingeschlossen ist; als acrodont (emphyodont), wenn die Zähne auf dem Kieferrande stehen und dann meistens mit demselben anchylosirt sind; als pleurodont (prosphyodont), wenn sie mit zugeschrägtem Wurzelrand der äusseren Alveolarwand anliegen, während ein innerer Alveolarrand fehlt; als thecodont, wenn die Zähne in besonderen Alveolen oder Alveolarfurchen stecken.

Die Extremitäten der Reptilien sind überaus mannigfach gestaltet; zu den Verschiedenheiten, welche die recenten Gruppen in dieser Richtung darbieten, gesellen sich mannigfache Anpassungen erloschener Formen. Bei einigen *Ichthyopterygiern* und *Sauropterygiern* sind die Extremitäten zu Flossen, bei den *Pterosauriern* die Vorderextremität zu einem Flugorgan umgestaltet. Bei der geologisch jüngeren Gruppe der *Ophidia* sind die Extremitäten verkümmert und es fungiren die Rippen, welche bei ihnen nur dem ersten Halswirbel (Atlas) fehlen, als Bewegungsorgane. Bei Eidechsen und Crocodilen finden sich kurze Halsrippen, während die Brustrippen sich an ein langes Sternum anheften, hinter welchem bei den letzteren noch ein Sternum abdominale folgt, an welchem Bauchrippen ohne Dorsaltheil auftreten. Die Seitenplatten des Schildkrötenschildes, welche als Rippenplatten aufgefasst werden, hängen am Embryo unmittelbar mit den Bogenschenkeln der Wirbel zusammen. Sehr mannigfach verhält sich der Bau des Schulter- und Beckengürtels. Hinsichtlich des letzteren muss hervorgehoben werden, dass bei erloschenen Formen (*Dinosauria*) zahlreiche Sacralwirbel auftreten, entsprechend dem allgemeinen Körperbau, welcher an jenen der landbewohnenden Säuger erinnert.

Gewisse Eigenthümlichkeiten der Sitz- und Schambeine: die praeacetabulare Ausdehnung des Os ilium, die abwärts gerichteten, langgestreckten Ischia verleihen dem Becken mancher *Dinosaurier* (*Compsognathus*) grosse Vogelähnlichkeit.

Die Systematik der Reptilien kämpft mit den grössten Schwierigkeiten, zumal was die Verwandtschaft der zahlreichen erloschenen Gruppen anlangt. Es ist derzeit noch unmöglich, eine auf wahrer Stammesverwandtschaft beruhende Eintheilung des Reiches der Reptilien vorzunehmen. Wenn wir, den neueren Ansichten folgend, etwa zehn grössere Abtheilungen desselben annehmen, als: A) *Anomodontia*, B) *Chelonia*, C) *Sauropterygia*, D) *Ichthyopterygia*, E) *Crocodilia*, F) *Rhynchocephala*, G) *Sauria* (*Proterosauria*, *Amphisbaenoidea*, *Chamaeleontidae* und *Cionocrania* = *Lacertilia*), H) *Pythonomorpha*, I) *Ophidia*, K) *Dinosauria*, L) *Pterosauria*, so müssen wir vor Allem zugeben, dass wir über die Beziehungen derselben zu einander nur sehr wenige Anhaltspunkte besitzen und dass es der Zukunft vorbehalten bleibt, den überwältigenden Formenreichthum richtiger einzutheilen.

A. Anomodontia.[1]

Ausgestorbene Reptilien mit biconcaven Wirbeln, mit sehr verschiedener oder auch ganz fehlender Bezahnung. Schädel mit Scheitelloch, vordere Rippen zweiköpfig, Heiligenbein mit mehr als zwei Wirbeln. Extremitäten Schreitfüsse.

a. *Cryptodontia.*

Kiefer zahnlos, schildkrötenähnlich.

Oudenodon Owen (Fig. 581). Grosse Formen mit vollständig zahnlosen Kiefern, welche sowie die Gesammtumrisse des Schädels grosse Schildkrötenähnlichkeit bedingen. In der Augenöffnung liegt ein Scleroticalring. Untere Trias Süd-Africa.

Fig. 581.

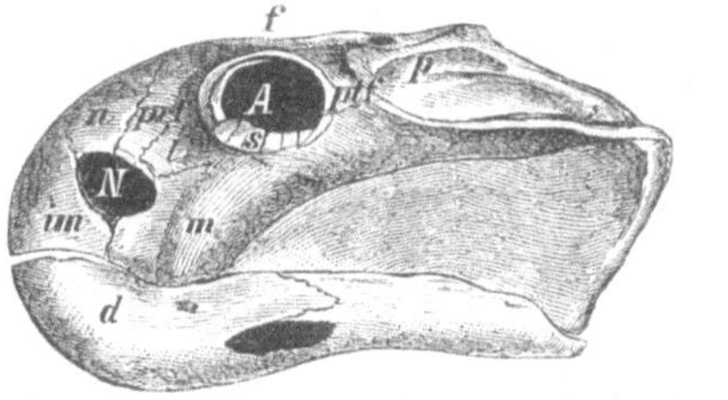

Oudenodon Bainii Owen. Fort Beaufort, Süd-Africa (Trias). *im* = Intermaxillare, *m* = Maxillare, *n* = Nasale, *l* = Lacrimale, *prf* = Praefrontale, *f* = Frontale, *ptf* = Postfrontale, *p* = Parietale, *d* = Dentale (d. Unterkiefers), *N* = Nasen, *A* = Augenöffnung, *S* = Scleroticalknochen.

Theriognathus Ow. u. Kistocephalus Ow. stammen ebendaher und schliessen sich in den wesentlichen Merkmalen an *Oudenodon.*

Rhynchosaurus Owen von kleinen Dimensionen, aus dem rothen Sandstein von Grinsill bei Shrewsbury wird von HUXLEY zu den *Lacertilia* gerechnet.

b. *Endothiodontia.*

Kieferzähne fehlen, Gaumenzähne vorhanden.

Endothiodon Ow. Südafrikanische Trias.

[1] Vgl. insbesondere R. OWEN: A descriptive and illustrated Catalogue of the fossil Reptilia of South Africa of the Brit. Mus. 1876.

c. *Dicynodontia.*

Oberkiefer mit zwei grossen, wurzellosen Stosszähnen oder Hauern, sonst zahnlos.

Dicynodon Owen (Fig. 582). Schädel die Grösse eines Tigerschädels erreichend, mit zwei Fangzähnen im Oberkiefer, welche wie jene des Wal-

Fig. 582.

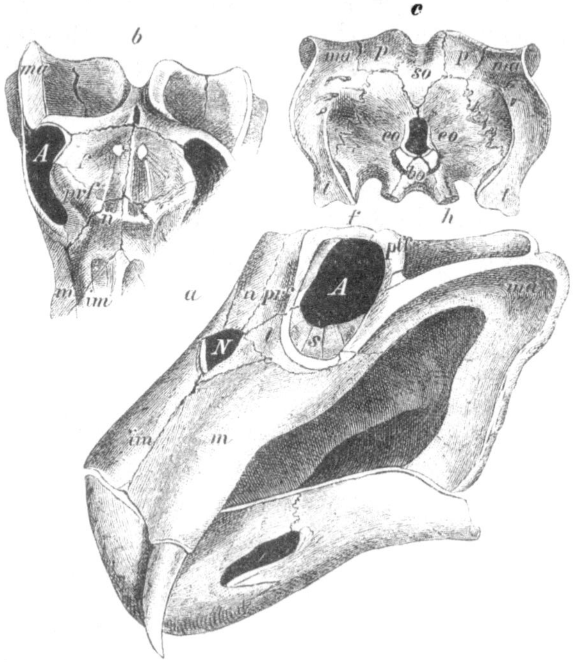

Dicynodon (*Ptychognathus*) *declivis Owen.* Trias, Rhenosterberg, Süd-Africa, *a* von der Seite $^1/_3$, *b* von oben $^1/_4$, *c* von hinten $^1/_4$. *im* = Intermaxillare, *m* = Maxillare, *n* = Nasale, *l* = Lacrimae, *prf* = Praefrontale, *f* = Frontale, *ptf* = Postfrontale, *p* = Parietale, *bo* = Basoccipitale, *eo* = Exoccipitale (wie bei den Crocodilen mit dem Paroccipitale verwachsen), *So* = Superoccipitale, *ma*–*t* = Mastoideum-Tympanicum, *N* = Nasen-, *A* = Augenöffnung, *S* = Scleroticalknochen.

rosses über den zahnlosen Unterkiefer übergreifen, Zwischenkiefer zahnlos, Unterkiefer dem Schnabel einer Schildkröte gleichend. Als Subgenus zu betrachten ist *Ptychognathus Owen.* Schädel oben abgeplattet, Unterkiefer winkelig gebogen, im Auge die Platten eines Scleroticalringes. Trias, Süd-Africa.

d. *Cynodontia.*

Mit hochstehenden, kegelförmigen Ober- und Unterkieferzähnen, von welchen je einer jederseits dem Carnivoren-Eckzahn gleicht. Diese Gruppe wurde auch unter dem Namen *Theriodontia* den übrigen *Anomodontia* gegenübergestellt.

α. *Mononarialia*, mit einfachem Nasenloch.

Galesaurus Owen (Fig. 583). Schädel flach, mit einwurzeligen Zähnen in geschlossener Reihe, von welchen jederseits zwei im Ober- und Unterkiefer als Eckzähne stärker hervorragen, so dass man ähnlich wie bei Säugethieren eine Zahnformel $\frac{4\,i + 1\,c + 12\,m}{4\,i + 1\,c + 12\,m}$ aufstellen kann.

Cynodracon Owen, von der Grösse eines Löwen, besitzt lange, gekerbte Eckzähne, welche jenen des tertiären Katzengeschlechtes *Machairodus* gleichen.

Fig. 583.

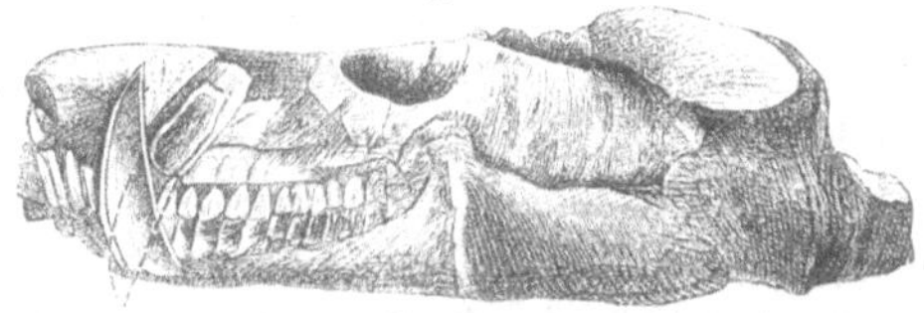

Galesaurus planiceps Owen, Rhenosterberg, Süd-Afrika.

Cynochampsa Owen hat neben den Eckzähnen Lücken, was an ein Crocodilgebiss gemahnt.

Weitere hierhergehörige, wie die bereits genannten aus der südafrikanischen Trias stammende Gattungen sind: *Cynosuchus*, *Scaloposaurus*, *Nythosaurus*, *Aelurosaurus Ow.* und *Procolophon Seeley.*

β. *Binarialia*, mit äusserlich getrennten Nasenlöchern.

Hierher *Lycosaurus* und *Tigrisuchus Owen* aus der südafrikanischen Trias.

γ. *Tectinarialia*, mit kleinen schmalen, verticalen Nasenlöchern und kleinen Augenhöhlen.

Gorgonops Owen, südafrikanische Trias.

e. *Rhopalodontia.*

Mit grossen Stosszähnen im Zwischenkiefer und dahinter ausgewachsenen conischen Zähnen.

Rhopalodon Fisch. und *Deuterosaurus Eichw.* aus dem Zechstein Russlands.

B. Chelonia.

Reptilien von kurzer, gedrungener Körperform, mit einem knöchernen Rücken- und Bauchschild mit zahnlosen, von einer Hornscheide bekleideten Kiefern.

Von dem für die Schildkröten bezeichnenden Panzer, welcher aus zwei Stücken, dem Rückenschilde (Carapax) und Bauchschilde (Plastron) besteht, wird letzteres ausschliesslich von Hautknochen gebildet, während an der Zusammensetzung des ersteren auch Dornfortsätze und Rippen sich betheiligen, welche mit Hautknochen verschmelzen. An dem Rückenschild sind folgende Elemente hervorzuheben: Neuralplatten in der Mittellinie, mit welchen die Dornfortsätze von sieben Rumpfwirbeln in Verbindung treten und Costalplatten mit sieben oder acht Rippen verschmolzen sind, seitlich mit zackigen Nähten ineinandergreifend, sowie die Rückenmuskel überwölbende Fortsätze zu den Neuralplatten entsendend; lediglich als Hautknochen und Ergänzungsstücke sind Nuchal- (Nacken) und Pygal- (After) Platte, sowie die randlichen Marginalplatten zu bezeichnen. Am Bauchschilde treten uns meist neun Hautknochenstücke entgegen, nämlich vier paarige (Epi-, Hyo-, Hypo- und Xiphisternum) und ein unpaares (Endosternum), zu welchen bisweilen Mesosternalia treten. Die Owen'sche Bezeichnung des Knochen des Bauchschildes ist jedoch unrichtig, da die betreffenden Knochen nur dem Hautskelet angehören und nicht einem wahren Sternum entsprechen. Man hätte richtiger von einem Endo, Epi-, Hyo-, Hypo- und Xiphiplastron zu sprechen. Auf der äusseren Fläche der Schilder finden sich meist grössere, regelmässige Hornplatten, sie fehlen der Gruppe der *Trionychiden* und der Gattung *Sphargis* unter den *Cheloniiden*. Kopf und Schwanz, sowie die als Gang- oder Schwimmbeine entwickelten Extremitäten können bei vielen Formen unter den Panzer eingezogen werden, zu welchem Zwecke die Hals- und Schwanzwirbel sehr frei beweglich sind. Am Halse finden bemerkenswerthe Abweichungen vom normalen Bau der Wirbelkörper statt, da hier auch convex-concave, biconcave und selbst biconvexe Wirbel auftreten. Am Schädel ist die feste Verbindung des Quadratum, die Ueberdachung der Schläfengegend durch Knochenplatten, welche vom Postfrontale, Jugale, Quadratojugale und Squamosum gebildet werden und das Fehlen jeder Zahnbildung, an deren Stelle die kurzen Kieferknochen nach Art des Vogelschnabels mit Hornplatten bekleidet sind, besonders erwähnenswerth.

B_1. Cheloniidae.

Seeschildkröten mit flachem, herzförmigen, hinten zugespitzten Rücken- und unvollständigem, oft knorpeligen Brustschild, zwischen welche Kopf und Extremitäten nicht zurückgezogen werden können. Die Extremitäten der recenten Formen sind Flossenfüsse mit unbeweglichen, meist krallenlosen Zehen.

a. *Cheloniinae.*

Schale von Hornschildern bedeckt.

Chelonia Flem. Recent und fossil vom oberen Jura an: *Chelone obovata Ow.* im Purbeckkalk, *Ch. Bellii Mantell* im Wealden; sehr vollständige Reste in der oberen Kreide von Maestricht (*Ch. Hofmanni Gray*), zahlreiche Arten im Eocän, insbesondere im Londonthon.

Chelonides Maack mit sehr flachem Rückenschild und auffallend geringen Lücken im Brustbauchschild, insbesondere zwischen den beiderseitigen Hyo- und Hyposternalplatten, aus oberjurassischen Bildungen von Hannover (wird von Rütimeyer zu den *Thalassemiden*, von Portis zu den *Chelydiden* mit thalassitischem Gepräge gestellt).

b. *Sphargidinae.*

Schale mit Lederhaut bekleidet, ohne Hornschilder.

Die recente Gattung *Sphargis Merr.* kömmt auch tertiär vor. Fragmente von *Sph. pseudostracion Gerv.* aus der Molasse von Vendargue bei Montpellier wurden von Marcel de Serres dem Hautskelete von *Ostracion* zugeschrieben.

Protostega gigas Cope aus der Kreide von Kansas erreichte vier Meter Länge. Die Rippen sind untereinander und von den Dermalplatten getrennt, welche ebenfalls nicht durch Nähte zusammenhängen, sondern in Knochenstrahlen auslaufen.

Psephophorus polygonus v. Mey. Ein Pflaster polygonaler Knochen aus den miocänen Sanden von Neudorf a. d. March wurde von Meyer zu den *Dasypoden* (Gürtelthieren) gerechnet, gehört jedoch nach Fuchs und Seeley zu den Lederschildkröten.

B_2. Trionychidae.

Rückenschild flach, unvollständig (die Rippen ragen am Rande über die Costalplatten vor), desgleichen das Brustbauchschild, dessen Gestaltung an jene der *Cheloniidae* erinnert; Oberfläche der Knochenschilde mit tiefen runzeligen Sculpturen bedeckt, mit weicher Haut umhüllt. Kopf und Füsse nicht einziehbar, von den fünf Zehen der Schwimmfüsse sind drei bekrallt.

Von den lebenden Gattungen ist *Trionyx Geoffr.* auch fossil von der Kreide an vertreten; die älteren angeblichen *Trionyx*-Reste gehören anderen Thieren an. Im Tertiär Europas kennt man zahlreiche Arten sowohl im Eocän als im Neogen, so häufig jedoch die durch ihre Sculptur ausgezeichneten Panzer sich finden, so selten sind Schädel beobachtet worden; man kennt sie nur von *Tr. Teyleri Winkl.* von Oeningen und *Tr. Petersi R. Hoern.* von Eibiswald (Miocän).

Aspidonectes Meyer unterscheidet sich von *Trionyx* durch schmäleres Brustbauchschild und durch eine Anzahl von Stacheln am Vorderrande des Rückenpanzers. Miocän, Mainzer Becken.

B_3. Testudinida.

Schale oval, mit Hornplatten bedeckt, die recenten Formen sind Land- und Süsswasserbewohner, die fossilen theilweise (Uebergangsformen zu den *Cheloniidae*) Meeresthiere, deren Panzer auch hinter der Entwickelung der recenten Formen zurückbleibt und an jene der *Cheloniidae* gemahnt. Die *Testudinidae* zerfallen in zwei Hauptgruppen: *Chelyda*, deren Becken stets mit dem Plastron verwachsen ist und deren Kopf und Füsse meist nur seitlich unter den Rand des Panzers geklappt werden, und *Chersemyda*, deren Becken nicht mit dem Plastron verwächst und deren Kopf und Extremitäten meist in die Schale eingezogen werden können. Die *Chersemyda* theilen sich in zwei weitere Gruppen oder Familien: *Emydae* mit flachem Rückenschild und kleinem Brustschild und *Chersidae* mit hohem, gewölbten Rückenschild und grossem Brustschild.

a. *Chelyda* („pleurodere *Eloditen*“).

Rückenschild gewölbt, Becken mit Plastron verwachsen, letzteres mit dreizehn Hornplatten, da stets eine Intergularplatte auftritt.

Plesiochelys Rütim. Schale kreis- bis eiförmig, beim männlichen Thier bis herzförmig. Rückenschild ziemlich stark gewölbt, acht Neuralplatten von im Allgemeinen kegelförmiger Gestalt, drei Supracaudalplatten, elf Paare Randplatten, eine unpaare, in die Quere gestreckte Nuchal- und eine weit kleinere Pygalplatte im Rückenschild, Bauchschild mehr minder oval, oft mit bleibenden Fontanellen. Endosternum und Episternalia klein, Hyosternum sehr gross, kein Mesosternum. Os ilium an einer starken Apophyse der achten Rippenplatte. Os pubis an einer solchen des Xiphisternum befestigt, Os ischium frei. Oberer Jura von Solothurn. Zu *Plesiochelys* gehören wahrscheinlich auch die von Maack aus dem hannover'schen oberen Jura als *Stylemis* beschriebenen Fragmente.

Craspedochelys Rütim. Schale vorn breit, fast winkelig in die Seitenränder übergehend. Rückenschild flach oder schwach gewölbt. Neuralplatten gestreckt-kegelförmig, Bauchschild mit bleibender centraler Fontanelle. Oberer Jura von Solothurn.

Idiochelys v. Meyer. Neuralplatten verkümmert, nur bis sechs vorhanden, stossen (mit Ausnahme der beiden ersten) nicht zusammen, so dass die Costalplatten (mit Ausnahme der beiden ersten) in der Mittellinie zusammentreffen. Costalplatten nur durch breite Rippenfortsätze mit den Marginalplatten verbunden. Oberer Jura von Kelheim.

Chelonemys plana und *ovata Jordan* von Cirin sollen nach Rütimeyer mit *Idiochelys Fitzingeri v. Mey.* ident sein.

Hydropelta v. Mey. ist mit *Idiochelys* nahe verwandt, Neuralplatten jedoch vollständig. Oberer Jura von Kelheim und Cirin.

Parachelys Eichstättiensis H. v. Mey. und *Eurysternum Wagleri Münst.* von Solenhofen, sowie *Euryaspis approximata Wagn.* von Neuberg an der Donau werden von Rütimeyer als fragliche *Cheliden* bezeichnet, da sie ungenau bekannt sind, jedoch in manchen Eigenthümlichkeiten an *Hydropelta* und *Idiochelys* erinnern.

Pleurosternon Owen, ausgezeichnet durch Vorhandensein zweier Mesosternalplatten ausser den normalen neun Platten des Plastron und drei Submarginalschildern auf der Sternalbrücke, sonst mit *Plesiochelys* nahe verwandt. Purbeck.

Helochelys H. v. Mey. dürfte an *Pleurosternon* als Subgenus anzureihen sein (*H. Danubiana* aus dem Grünsand von Kelheim).

Protemys serrata Ow., sowie *Chelone pulchriceps Owen* aus dem englischen Grünsand werden von Rütimeyer den *Cheliden* zugerechnet; in der amerikanischen Kreide sind dieselben durch *Platemys sulcatus* und *Bothremys Cookii Leidy* vertreten.

Platemys Bullockii Owen aus dem Eocän schliesst sich in der Gestaltung des Bauchschildes, insbesondere in der Ausdehnung der *Mesosternalstücke* innig an *Pleurosternon; Platemys Bowerbankii Owen* (ebenfalls aus dem Eocän) steht der recenten Gattung *Peltocephalus Dum.* aus Südamerika so nahe, dass sie wohl dieser Gattung zuzurechnen ist. Manche von Owen aus dem englischen Eocän als *Emys*-Arten beschriebene Formen gehören vielleicht auch zu den *Chelyden*, speciell zu *Chelodina Dum.*

Eine Vertretung der recenten Gattungen der *Chelydae* im Miocän ist zwar bis nun nicht nachgewiesen, doch ist das Vorkommen hierhergehöriger Formen als unzweifelhaft anzunehmen.

b. *Emydae.*

Rückenschild oval und flach, das Brustschild meist klein, bei den recenten Formen beide vollständig verknöchert, bei den geologisch älteren (*Thalassemyden*) zeigt das Bauchschild ähnliche Durchbrechungen wie jenes der *Chelonidae.* Schwanzplatte doppelt, Schwimmfüsse vorne mit fünf, hinten mit drei Krallen.

α. *Thalassemydae.*

Thalassemys Rütim. (Fig. 584). Rückenschild sehr flach, mehr oder weniger herzförmig, von thalassitischem Gepräge. Neuralplatten schmal und kegelförmig, Rückenplatten mit kaum vorragenden freien Spitzen. Bauchschild mit grossen bleibenden Fontanellen. Oberer Jura von Solothurn und Neufchâtel.

Tropidemys Rütim. Rückenschild von mehr minder herzförmigem Umriss, nach vorne flach gewölbt, nach hinten zu mit scharfem Rückenkiele, massiv,

Fig. 584.

Thalassemys Hugii Rütim. Jura, Steinbruch de la Cernia bei Neufchâtel. 1/4. *es = Episternum, hs = Hyosternum, hp = Hyposternum, xs = Xiphisternum.* Bauchschild, Aussenseite.

Neuralplatten breit, sechseckig, Bauchschild oval, mit lange bleibender aber endlich zum Schluss geneigter Fontanelle. Oberer Jura von Solothurn. Auch *Chelone valanginiensis Pictet* aus dem Neocom dürfte hierher gehören.

Eurysternum Münst. (nach Rütimeyer nur eine einzige Art von Kelheim und Solenhofen: *Eur. crassipes Wagn.*, welcher als erwachsene Thiere *Palaeomedusa testa* und *Acichelys Redtenbacheri H. v. Mey.*, sowie *Eurysternum Wagleri Münst.* und wahrscheinlich auch *Euryaspis radians Wagn.* und *Achelonia formosa v. Mey.*, letztere von Cirin, als Jugendstadien angehören) ist *Thalassemys* nahe verwandt, vielleicht sogar zu einer Gattung zu vereinigen.

Aplax H. v. Mey. von Kelheim, ausgezeichnet durch eigenthümliche Entwickelung der Costalplatten, welche geringe Neigung zur wirklichen Plattenbildung zeigen und nur auf einer kurzen, inneren Strecke sich berühren, auf einer längeren äusseren aber das rippenartige Aussehen bewahren. Schiefer von Kelheim (hierher auch das durch Maak als *Eurysternum crassipes Wagn.* beschriebene Jugendexemplar).

β. Emydae s. str.

Hierhergehörige, mit recenten nordamerikanischen Gattungen (*Macrochelys* und *Dermatemys*) nahe verwandte Formen erscheinen bereits in der Kreide Nordamerika's, so: *Adocus Cope* (*Baptemys Leidy*) grosse bis Meterlange Schalen mit kurzen, zugespitzten Sternallappen und mit Inframarginalschildern auf der Sternalbrücke; ohne Rippenköpfe; auf der Innenfläche des Plastron zuweilen starke Eindrücke, welche von der Anheftung des Os pubis herrühren.

Die recenten Gattungen *Emys Brongn.* und *Cistudo Dum.* sind im Tertiär vertreten.

γ. Chelydridae

mit kleinem, kreuzförmigen Bauchschild.

Platychelys A. Wagn. = *Helemys Rütim.* Rückenschild flach, mit starken, kegelförmigen Höckern in fünf Längsreihen, welche der Vertheilung der Hornschilder entsprechen. Bauchschild kreuzförmig mit besonderen Mesosternalknochen. Oberer Jura von Solothurn und lithographische Schiefer von Baiern.

Die recente Gattung *Chelydra Schweig.* ist schon im Tertiär vertreten, z. B. *Ch. Murchisoni Bell.* von Oeningen und eine nahe verwandte erloschene Gattung *Chelydropsis Peters* erscheint gleichfalls im Tertiär.

Fig. 585.

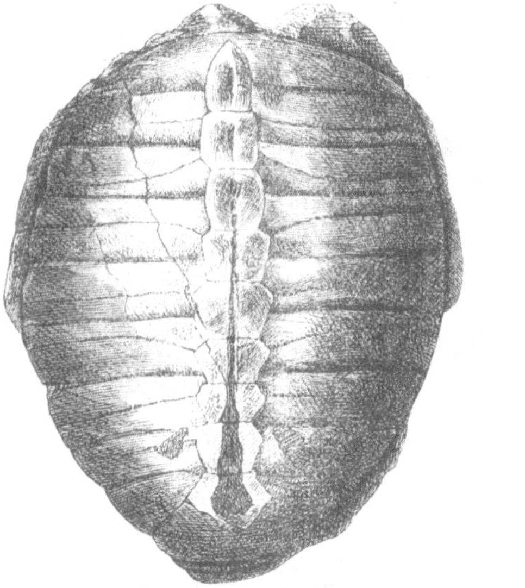

Testudo praeceps Haberlandt (Steinkern 1/4). Leithaconglomerat, Kalksburg bei Wien.

c. *Chersidae.*

Rückenschild hoch, gewölbt, mit dem grossen Bauchschild fest verbunden, Kopf und Füsse vollkommen einziehbar, letztere mit unbeweglichen Zehen, welche bis an die Krallen verbunden sind.

Testudo L. (Fig. 585). Recent und fossil (tertiär). Die abgebildete Form zeigt in der Anordnung der Costalplatten Aehnlichkeit mit den *Emyden*.

Fig. 586.

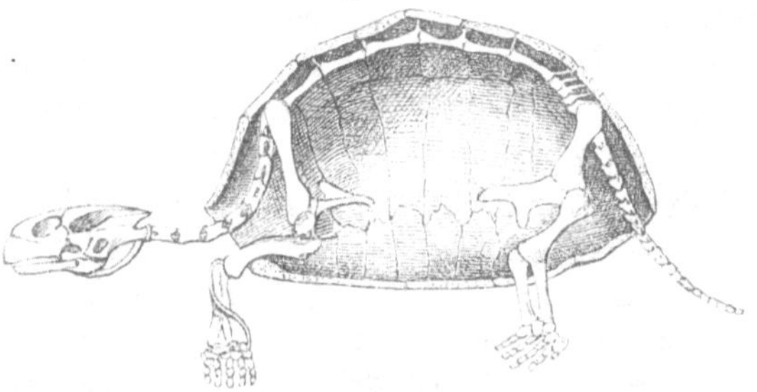

Colossochelys atlas Falc. Sivalik-Hills. Länge des Schildes 12′ 3″, Totallänge 22′ 3″.

Colossochelys Falc. (Fig. 586) aus den Sivalik Hills erreicht bei vier Meter Schalenlänge, auch *Macrochelys H. v. Mey.* aus den Miocänschichten von Oberkirchberg erreicht bedeutende Grösse.

C. Sauropterygia.

Wirbel biplan oder leicht biconcav, ein bis zwei Sacralwirbel; meistens alveolare Kieferzähne, selten Gaumen- oder Flügelbeinzähne. Oberkiefer grösser als der Zwischenkiefer. Hals sehr lang. Fünfzehige Schwimmfüsse. Körper wahrscheinlich nackt.

Nothosaurus Mey. (Fig. 587). Kopf relativ klein, Hals lang, aus mindestens 20 Halswirbeln bestehend, Rumpf aus 19 Rücken- und Lendenwirbeln aufgebaut, Schwanz kurz. Am Schädel zeigen die Zwischenkiefer mässige Ausdehnung, die darin enthaltenen neun Schneidezähne sind durch Grösse ausgezeichnet, ihnen entsprechend trägt auch der verdickte Symphysentheil des Unterkiefers kräftige Fangzähne. Die ovalen Nasenlöcher liegen nahe den Augenhöhlen, in welchen kein Scleroticalring beobachtet wurde, die Schläfen-

Fig. 587.

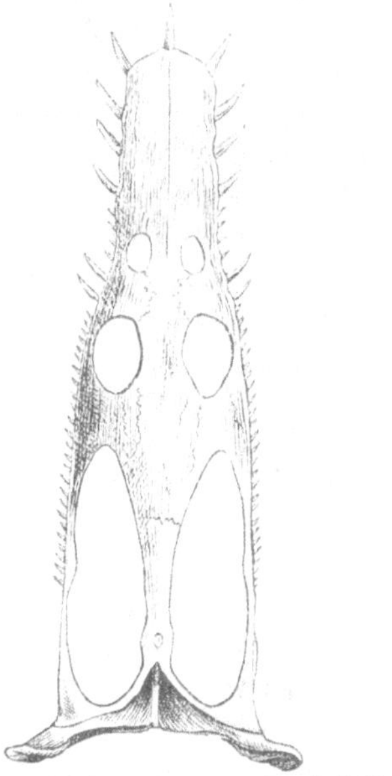

Nothosaurus mirabilis Mstr. 1/4. Muschelkalk.

Fig. 588.

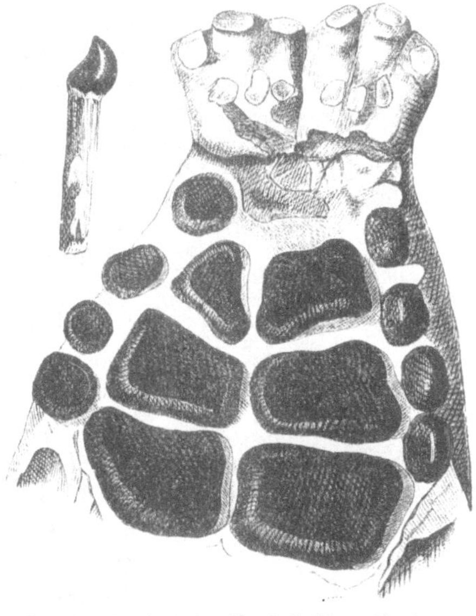

Placodus Andriani Ag. Muschelkalk von Bamberg. Bezahnung des Gaumens und isolirter Schneidezahn.

gruben sind sehr gross, der Schädel dazwischen sehr schmal mit einem Scheitelloch. Neben den kräftigen Hauptrippen kommen auch dünne Bauchrippen vor. Buntsandstein, Muschelkalk und Keuper.

Nahe verwandt mit *Nothosaurus* ist die Gattung: *Conchiosaurus Meyer* ebenfalls aus der deutschen Trias.

Pistosaurus Meyer. Zwischenkiefer zwar zu einem Fortsatz verlängert, aber nur mit je vier kräftigen Fangzähnen jederseits. Nasenlöcher sehr klein, Muschelkalk.

Simosaurus Meyer. Schädel von parabolischem Umriss, mit drei paarigen Durchbrechungen wie bei *Nothosaurus:* vorn die kleinen Nasenlöcher, dahinter die grösseren Augenöffnungen und endlich die grössten Schläfengruben, zwischen welchen die Parietalia ein Scheitelloch einschliessen. Die eingekeilten Zähne mit kurzen kegelförmigen Kronen, mit kantigen Streifen, unter der Krone stark zusammengeschnürt, daher keulenförmig. Lettenkohle.

Neusticosaurus Seeley, wie *Simosaurus,* Hinterfüsse aber nicht als Flossen entwickelt, sondern mit Krallen: *Simosaurus pusillus Fraas* aus der Lettenkohle.

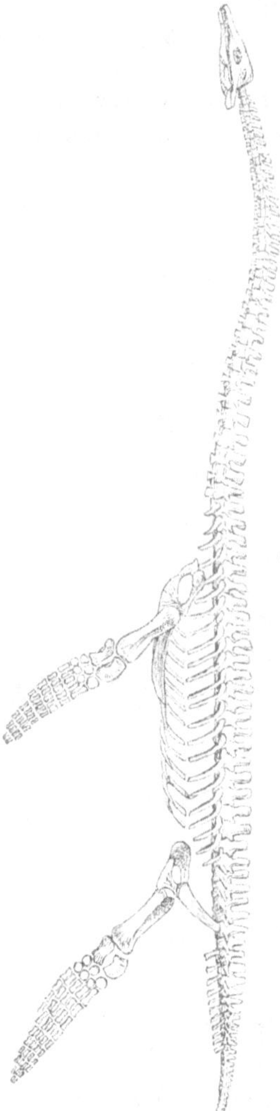

Fig. 589.

Plesiosaurus dolichodeirus Conyb., unterer Lias, England.

Placodus Ag. (Fig. 588). Schädel hoch, gewölbt, mit einfachem, kräftigen Condylus und einem Parietalloch; Bezahnung des Gaumens durch grosse, glatte Zähne gebildet (die isolirten Zahnplatten wurden früher Fischen: *Pycnodonten,* zugeschrieben), vorn stehen im Schädel sechs Schneidezähne mit stumpf kegelförmiger, etwas gekrümmter Krone. Der Unterkiefer zeigt vorn ähnliche Schneidezähne und jederseits eine Reihe breiter Backenzähne, welche den Zahnplatten des Gaumens gleichen. Die Zahl und Anordnung der letzteren ist bei den einzelnen Arten verschieden. Muschelkalk.

Als Untergattung von *Placodus* ist *Cyamodus v. Mey.* zu betrachten, für den spitzschnauzigen *Pl. rostratus Ag.* aufgestellt.

Zu *Placodus* gehören auch aller Wahrscheinlichkeit nach die schlanken Wirbelknochen, welche v. Meyer aus dem Muschelkalk von Bayreuth als *Tanistropheus conspicuus* beschreibt.

Plesiosaurus Conyb. (Fig. 589). Schädel klein (etwa $^1/_{13}$ der Gesammtlänge der bis neun Meter langen Thiere erreichend), mit langem Zwischenkiefer. Nasenlöcher an der Basis der Schnauze vor den Augenhöhlen gelegen. Der von Cuvier angegebene Scleroticalring der letzteren wird von Owen in Abrede gestellt. Die Zähne sind schlank, gestreift und stehen in besonderen Alveolen. Hals sehr lang, schlangenartig, aus 24—41 Wirbeln gebildet, an welchen beilförmige Rippen mit zwei Köpfen articuliren. Ausser den Hauptrippen, welche aus je zwei Stücken bestehen, zu denen noch ein unpaares in der Medianlinie der Brust tritt; da ein Brustbein fehlt, kommen auch stark entwickelte Abdominalrippen vor. Schulter- und Beckengürtel sind stark entwickelt, an dem ersteren insbesondere die Coracoide gross, sie stossen in der Mittellinie des Körpers zusammen; im Becken bilden die mächtigen Sitz- und Schambeine eine grosse Platte, die Darmbeine sind dünn und schlank, der Schwanz ist auffallend kurz. Die Extremitäten sind Flossen, ähnlich jenen der See-Schildkröten. Die rundlichen Hand- und Fusswurzelknochen sind deutlich von den längeren Phalangen der fünf Finger zu unterscheiden, Humerus und Femur sind zwar verkürzt, doch nie in jenem Masse wie bei den *Ichthyopterygiern*, Radius und Tibia noch ziemlich normal, wenn auch gedrungen, Ulna und Fibula jedoch platt, halbkreisförmig. Die hintere Flosse beträchtlich grösser als die vordere. Der untere Lias Englands und Deutschlands bildet die Hauptlagerstätte, doch kommen *Plesiosaurus*-Arten auch in jurassischen Ablagerungen vor.

Pliosaurus Owen zeichnet sich durch grossen, massigen Schädel und relativ kurzen Hals (aus zwölf Wirbeln) aus; der Skeletbau ist jenem von *Plesiosaurus* ähnlich. Kimmeridgien.

Weitere mit *Plesiosaurus* verwandte Formen sind: *Termatosaurus Plieninger* (Bonebed über dem Keuper), *Macromiosaurus Curioni* (Lias), *Polyptychodon Owen* (Neocom).

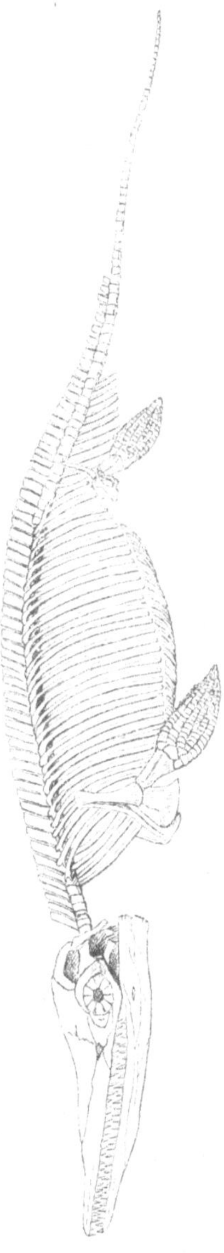

Fig. 590.

Restauration des *Ichthyosaurus communis* Beche. Lias.

D. Ichthyopterygia.

Wirbel kurz, sehr zahlreich (oft über 150), biconcav, keine Sacralwirbel vorhanden. Gesammtgestalt fischartig. Clavicula und Episternum vorhanden, Zwischenkiefer grösser als der Oberkiefer. Die kegelförmigen Zähne stehen in einer gemeinsamen Alveolarfurche: *Ichthyosauri* oder fehlen: *Sauronodontes.*

α. *Ichthyosauri.*

Ichthyosaurus König (Fig. 590). Schädel gross, mit langer Schnauze, welche hauptsächlich vom Zwischenkiefer gebildet wird, Nasenlöcher klein, weit nach hinten gerückt, Augenhöhlen gross, mit einem mächtigen Sceroticalring (Fig. 591); Zähne kegelförmig, oben zumeist mit schneidenden Kanten, selten ganz rund (Fig. 593), in einer tiefen, gemeinsamen Rinne der Kieferknochen gepflanzt (Fig. 594) und in Folge der losen Verbindung an vielen Schädeln ausgefallen. Unterkiefer aus sechs Knochen aufgebaut, sein zahntragender Theil (dentale) bleibt zuweilen stark an Ausdehnung hinter dem Zwischenkiefer zurück, der bei *Ichthyosaurus longirostris* wie die Schnauze eines Schwertfisches vorspringt. Ein eigentlicher Hals fehlt, die ersten

Wirbel: Atlas und Epistropheus sind sowohl mit den Körpern als mit den Dornfortsätzen ihrer oberen Bogen verwachsen, seitliche Fortsätze fehlen allen Wirbeln und die Rippen, von welchen die erste schon am Epistropheus auftritt, articuliren daher nur an den Wirbelkörpern und zwar in der Regel

Fig. 591.

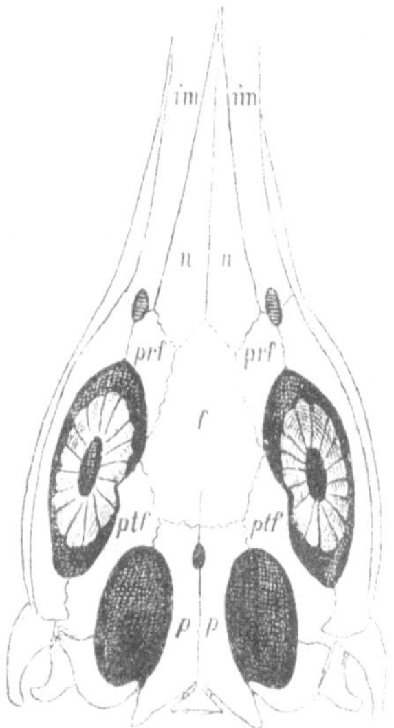

Ichthyosaurus-Schädel von oben gesehen, *im* = Intermaxillare, *n* = Nasale, *prf* = Praefrontale, *f* = Frontale, *ptf* = Postfrontale, *p* = Parietale.

Fig. 592.

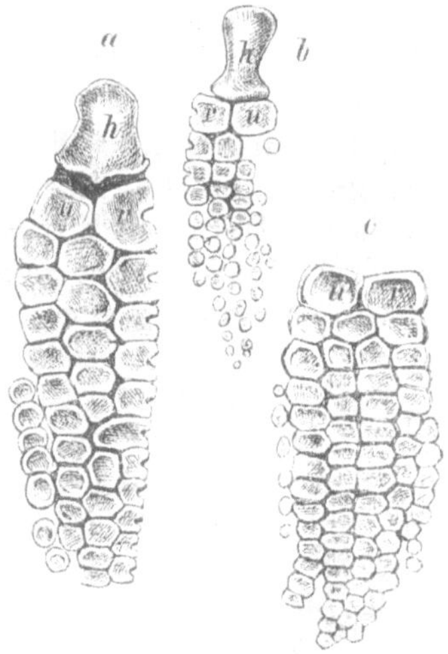

Vorderflossen von *Ichthyosaurus*-Arten. *a* = *I.* „*multiscissus*“, Lias ε, Ohmden, *b* = *I.* „*triscissus*“, Lias ε, Boll, *c* = *I.* „*ascissus*“, Lias α, Street, *h* = Humerus, *u* = Ulna, *r* = Radius.

Fig. 593.

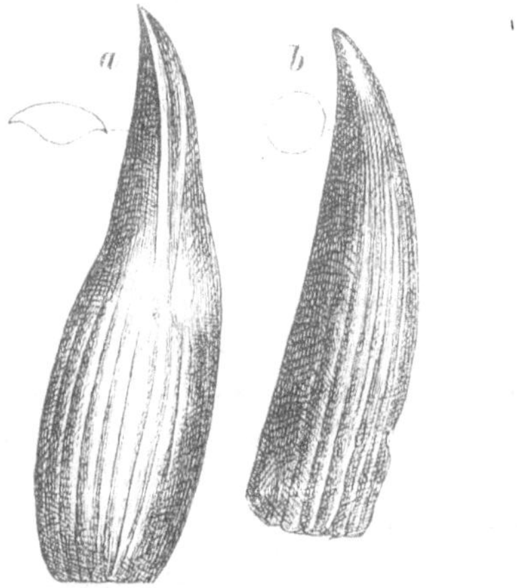

a. Ichthyosaurus platyodon, *b. I. communis.* Zahn und Querschnitt der Krone.

Fig. 594.

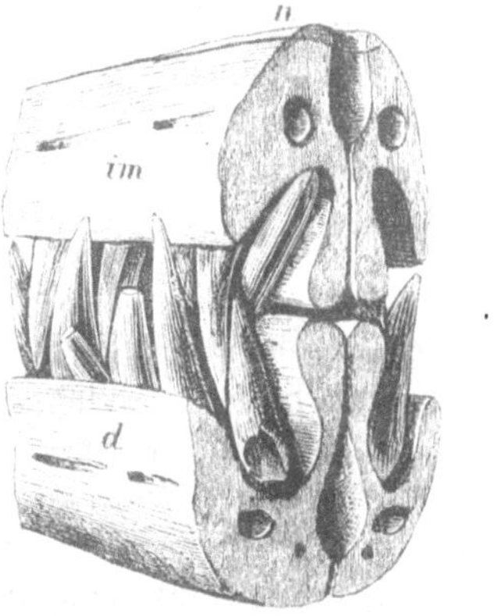

Ichthyosaurus posthumus Wagner. Bohnerz von Melchingen (wahrscheinlich aus weissem Jura δ), *im* = Intermaxillare, *n* = Nasale, *d* = Dentale.

mit zwei Köpfen. Die vorderen Extremitäten übertreffen die hinteren an Grösse, der Brustgürtel ist stark entwickelt mit einem Tförmigen Sternum, breiten Coracoidplatten, oben schmälerer, unten breiterer Scapula und schmalen, rippenartigen Schlüsselbeinen. Der Oberarmknochen ist sehr kurz und platt, desgleichen Ulna und Radius (Fig. 592). Handwurzelknochen sind nicht mehr unterscheidbar, sondern zahlreiche Polygonalknöchelchen liegen in fünf bis sechs Reihen, zwischen welche sich zuweilen noch Zwischenreihen einschieben. Die mannigfachen Verschiedenheiten in Zahl und Gestaltung der polygonalen Tafeln wurden zur Unterscheidung zahlreicher Gruppen und Arten verwendet.

Hawkins trennt die *Ichthyosauri* in vier Gruppen: *Oligostini*, mit wenig Plattenreihen und *Polyostini* mit zahlreichen, *Strongylostini* mit runden, *Paramekostini* mit oblongen Platten. Quenstedt unterscheidet *Ascissi* mit ungekerbter vorderer Knochenreihe, *Biscissi* mit zwei, *Triscissi* mit drei, *Quadriscissi* mit vier gekerbten Knochen, sowie *Multiscissi.*

Der Beckengürtel ist viel schwächer entwickelt und hängt nicht mit Sacralwirbeln zusammen. Der Bau der kleineren Hinterextremität ist jenem der grösseren vorderen analog. Die Flossen waren mit einer derben Haut bekleidet, auch der ganze übrige Körper war nackt. Reste kleiner Individuen in den Skeleten der grossen deuten nach Jäger und Seeley auf die Thatsache, dass *Ichthyosaurus* zu den lebendig gebärenden Reptilien gehört habe In der Magengegend ist häufig eine dunkelfarbige Masse angehäuft, in welcher Fischschuppen zu bemerken sind, und welche ihre Farbe von den Tintenbeuteln der *Cephalopoden* erhalten haben mag, die neben den Fischen zur Nahrung dienten. Die *Koprolithen* sind spiral gebaut, was auf das Vorhandensein analoger Vorrichtungen des Darmes deutet, wie sie bei *Ganoiden* und Haien auftreten.

Die Hauptfundstätte ausgezeichnet erhaltener *Ichthyosaurus*-Reste ist der untere englische und der obere deutsche Lias, allein die Gattung ist schon in der Trias vertreten: *Ichthyos. atavus* in dem Wellendolomit des Schwarzwaldes, *Ichthyos. polaris* in der Trias von Spitzbergen, auch in den Werfener Schichten der Alpen hat man *Ichthyosaurus*-Reste gefunden. *Eosaurus acadianus* aus der amerikanischen Kohle gehört, wie oben bemerkt wurde (vgl. pag. 455), wahrscheinlich nicht zu den *Ichthyopterygia* oder *Sauropterygia* (welche früher als *Enaliosauria* zusammengefasst wurden), sondern zu den *Stegocephalen. Ichthyosaurus*-Arten sind auch aus oberjurassischen Schichten (z. B. *I. leptospondylus* aus dem Solenhofener Schiefer) und cretacischen Schichten (*I. campylodon* aus der englischen, *I. Strombecki* aus der norddeutschen, *I. australis* aus der australischen Kreide) bekannt.

β. *Sauranodontes.*

Sauranodon Marsh. Von grosser Aehnlichkeit mit *Ichthyosaurus*, aber zahnlos, und an der vorderen Extremität nur der Humerus differenzirt, während alle übrigen Knochen rundliche Scheiben darstellen, die im Primitivknorpel eingebettet waren. Die erste Reihe der auf den Humerus folgenden Knochen wird von drei nahezu gleichgrossen Stücken: Radius, Intermedium und Ulna gebildet, darauf folgen vier Knochen der ersten und auf diese fünf Knochen der zweiten Carpalreihe, an welche sich sechs Metacarpalia und sechs wohlentwickelte Finger anschliessen, von welchen jeder aus zahlreichen freien runden Scheiben besteht. Die hintere Extremität ist ähnlich gebaut. *Sauranodon natans Marsh* aus marinen Jurabildungen unter den *Atlantosaurus*-Schichten der Rocky-Mountains erreichte etwa drei Meter Länge.

E. Crocodilia.

Wasserbewohnende Reptilien mit unbeweglichem Quadratbein und eingekeilten Zähnen, mit knöchernen Hautschildern, mit vier theilweise bekrallten Füssen, mit langem, gekielten Schwanz.

Nach der Beschaffenheit der Wirbel unterscheidet man gewöhnlich folgende Gruppen: 1) *Amphicoelia;* Wirbel biconcav bis biplan, nur fossil: *Teleosaurus, Palaeosaurus, Gnathosaurus* etc. 2) *Opisthocoelia;* Wirbel convex-concav; nur fossil: *Streptospondylus* und *Cetiosaurus.* 3) *Procoelia;* Wirbel concav-convex, recent und tertiär. Allein die Abtheilung der *Opisthocoelia* hat keinen besonderen Werth, da bei *Streptospondylus* aus dem Kimmeridgien von Honfleur nur die vorderen Wirbel stark convex-concav sind (die zu *Streptospondylus* gerechneten cretacischen Reste, sowie *Cetiosaurus Owen* gehören zu den *Dinosauria*), weiter rückwärts aber die Convexität zurücktritt, wie schon Cuvier hervorhob; und überhaupt kann die Einrichtung der Wirbelkörper ob procoel oder opisthocoel von keiner hervorragenden Bedeutung sein, wie die Schildkröten lehren, an deren Hals convex-concave, biconcave und biconvexe Wirbel auftreten, um die Beweglichkeit des Halses zu erhöhen. In den älteren amphicoelen *Crocodiliern* finden sich die Wurzeln der jüngeren procoelen Stämme neben zahlreichen erloschenen Formen. Es mag daher vortheilhafter sein, nachstehende Gruppen zu unterscheiden: *Belodontidae = Parasuchia, Teleosauridae = Mesosuchia, Gavialidae, Crocodilidae s. str. = Eusuchia.*

a. *Belodontidae.*

Ausser den drei, an den geologisch jüngeren *Crocodiliern* gewöhnlich auftretenden paarigen Oeffnungen der Schädeloberseite: Nasen- (*N*), Augen- (*A*) und Schläfen- (*S*) Oeffnung, ist noch ein Durchbruch am Hinterende des Oberkiefers (*D*) vorhanden (vergl. Fig. 595 und 596).

Fig. 595.

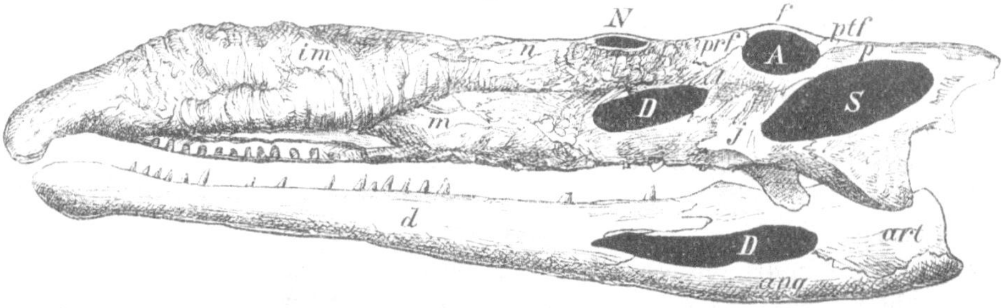

Phytosaurus cylindricodon Jaeg. (*Belodon v. Meyer*). Keupersandstein, Nesenbachthal oberhalb Stuttgart. *A* = Augen-, *N* = Nasen-, *S* = Schläfenöffnung, *D* = Durchbrüche des Schädels und des Unterkiefers, *im* = Intermaxillare, *m* = Maxillare, *n* = Nasale, *f* = Frontale, *prf* = Praefrontale, *ptf* = Postfrontale, *p* = Parietale, *l* = Lacrimale, *j* = Jugale, *d* = Dentale, *ang* = Angulare, *art* = Articulare. 1/6 nat. Grösse.

Belodon v. Mey. (= *Phytosaurus Jäger*) (Fig. 595). Schädel lang gestreckt, mit enorm verdickten und kammartig angeschwollenen Intermaxillarknochen. Nasenöffnungen weit nach rückwärts geschoben, wie zwei längliche Spritzlöcher gestaltet und von den Nasalia umgeben, Augenhöhle weit nach oben gerückt. Schläfenhöhlen gross. Durchbruch am Hinterende des Oberkiefers bedeutend kleiner. Zahlreiche, eingekielte, conische, an der Spitze zweischneidige Zähne im Ober- und Zwischenkiefer, sowie im Dentale des Unterkiefers, welch letzterer ebenfalls einen langen Durchbruch besitzt. Wirbel biconcav, Rippen zweiköpfig, Halsrippen beilförmig. Leib mit starken unregelmässigen Hautschildern. Mehrere Arten im Keupersandstein Württembergs.

Fig. 596.

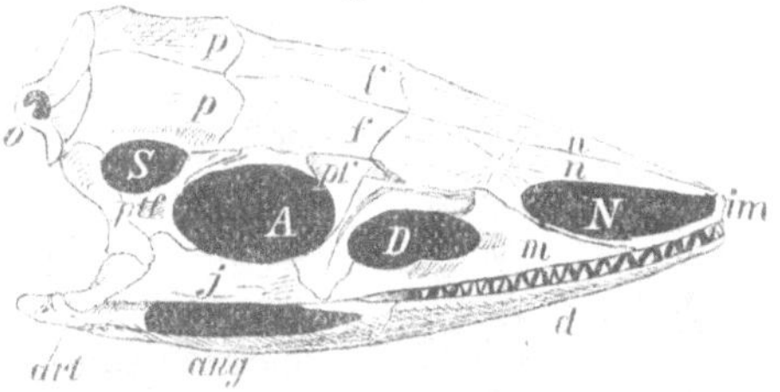

Aëtosaurus ferratus Fraas. Keupersandstein, Heslach. *S* = Schläfen-, *A* = Augenöffnung, *D* = Durchbruch des Schädels, *N* = Nasenöffnung, *im* = Intermaxillare, *m* = Maxillare, *n* = Nasale, *f* = Frontale, *p* = Parietale, *o* = Occipitale, *ptf* = Postfrontale, *j* = Jugale, *art* = Articulare, *ang* = Angulare, *d* = Dentale.

Aëtosaurus Fraas (Fig. 596). Schädel mässig gestreckt Nasenöffnungen gross, nahe der Spitze, Durchbruch grösser als bei *Belodon*, desgleichen die tiefer stehende Augenöffnung, Schläfenhöhlen klein. Panzerung sehr vollkommen, Rücken mit zwei Reihen langer Schilder, Bauchseite mit acht Schilderreihen. Extremitäten fünfzehig. Keupersandstein von Heslach bei Stuttgart, auf einer Platte von beiläufig zwei Quadratmeter fanden sich 24 Individuen, deren besterhaltenes 86 Ctm. Länge erreichte.

Wahrscheinlich gehört hierher auch *Dyoplax arenaceus Fraas*, ebenfalls aus dem Keupersandstein, jedoch nur unvollständig bekannt. Auch die Schilder von *Stagonolepis Ag.* im feinkörnigen Sandstein bei Elgin in Murrayshire dürften zu den ältesten *Crocodiliern* gerechnet werden, wie Huxley[1] gezeigt hat.

Fig. 597.

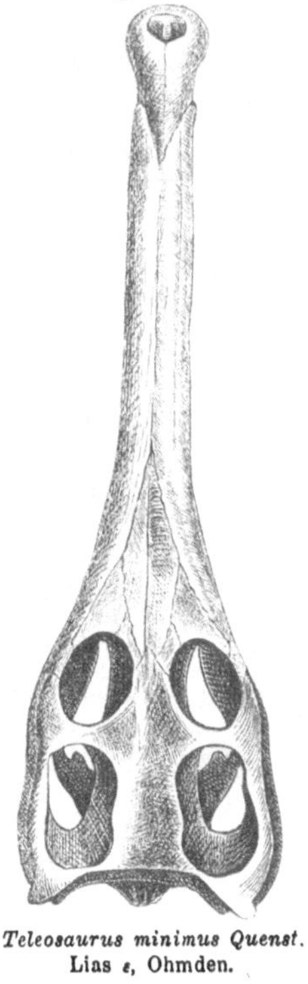

Teleosaurus minimus Quenst. Lias ε, Ohmden.

b. *Teleosauridae.*

Gavialähnlich, mit langer Schnauze, Wirbel biconcav, zuweilen convex-concav.

Teleosaurus Geoffr. (Fig. 597). Schädel gestreckt, im Umriss gavialähnlich. Der Name *Teleosaurus* wurde von Geoffroy St. Hilaire gegeben, weil er die weit nach vorn gerückten Choanen als Merkmal der Vollkommenheit betrachtete. Wirbel biconcav, aus mehreren durch Nähte verbundenen Stücken bestehend, 7 Hals-, 15 Rücken-, 2 Lenden-, 2 Sacral-, 36—40 Schwanzwirbel. Ausser den Hauptrippen, welche sich an ein einfaches stabförmiges Brustbein schliessen, sind beilförmige Halsrippen (Fig 598 *a*) sowie dünne Bauchrippen vorhanden. Vom zweiten Schwanzwirbel an treten untere Bogenfortsätze (Haemapophysen) auf. Schultergürtel kräftig, mit plattenförmiger Scapula und Coracoideum, Vorderextremität fünffingerig, kleiner als die hintere,

[1] Quarterly Journ. Geol. Soc. 1875, vergl. auch Vetter über die Entwicklung der Crocodile, Sitzber. d. nat. Ges. Isis 1877, pag. 122.

welche nur vier Zehen besitzt (Fig. 599), Becken kräftig, aus einem breiten, kurzen Darmbein, einem dem Coracoideum gleichenden Sitzbein und einem spatelförmigen, an der Bildung der Pfanne für den Oberschenkel nicht theilnehmenden Schambein gebildet. Haut mit starken, viereckigen, mit grubiger Sculptur versehenen Schildern streifenweise gepanzert. Am Halse häufig noch Knorpelringe der Luftröhre wahrzunehmen. Zähne kegelförmig, mit glänzendem, fein runzelig gestreiften Schmelz, vorn und hinten mit ziemlich scharfer Kante. Lias bis oberer Jura.

Fig. 598.

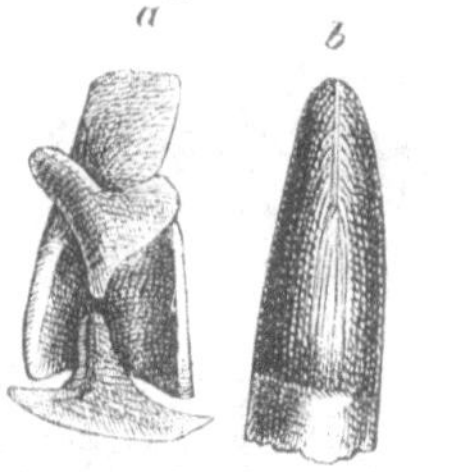

a. Teleosaurus-Halswirbel mit beilförmiger Rippe, Lias *ε*. Boll $^1/_4$. *b. Teleosaurus*-Zahn, mässig verkl., brauner Jura *β*, unter den Eisenerzen von Aalen.

Die Gattungen *Macrospondylus* und *Gnathosaurus v. Meyer*, *Mystriosaurus Kaup* und *Pelagosaurus Bronn* sind als synonym mit *Teleosaurus* zu betrachten und einzuziehen. Besser umschrieben und wenigstens als Subgenera verwendbar sind:

Metriorhynchus Meyer für *Gavial brevirostris Cuv.* aus dem Kimmeridgien von Honfleur.

Steneosaurus Geoffroy (= *Leptocranius Bronn*) für *Gavialis logirostris* ebendaher, welcher sich durch seitlich stehende Augen und schmale Schädelkapsel zwischen den Schläfengruben auszeichnet.

Fig. 599.

Teleosaurus Bollensis. Lias *ε*. Holzmaden. Rechter Hinterfuss. *ti* = Tibia, *fi* = Tibula, *a* = Astragalus, *c* = Calcaneus, *b* = Cuboideum, *d* = cuneiforme, *x* = überzähliger Knochen.

(Die opisthocoelen Wirbel, auf welche später die Gattung *Streptospondylus* gegründet wurde, schrieb Cuvier seinem *Gavialis longirostris* zu.)

Aeolodon Meyer (= *Palaeosaurus Geoffr.*) für *Crocodilus priscus Sömmering* aus dem obersten Jura von Daiting bei Monheim, nahezu ein Meter lang mit 79 biconcaven Wirbeln.

Racheosaurus Mey. ebendaher, zeichnet sich durch einen spitzigen Stachel aus, der an den Schwanzwirbeln vor dem breiten Dornfortsatz aufragt. Schilderspuren fehlen, zu dem als *Racheosaurus* beschriebenen Rumpf sind vielleicht jene Köpfe zu stellen, welche Wagner von Daiting als *Cricosaurus* beschrieben hat, und welche an *Gavialis brevirostris* (*Metriorhynchus*) erinnern.

Goniopholis Owen vertritt den *Teleosaurier*-Typus im Wealden: Kopf gavialartig, mit schmaler Schnauze (bei *G. simus* aus den Purbeckenschichten etwas breiter als bei *G. crassidens*), Zähne mit zweischneidiger Krone, Wirbel biconcav.

c. *Gavialidae.*

Schmalschnauzige Crocodile mit concav-convexen Wirbeln. Zwischenkiefer mit zwei Ausschnitten zur Aufnahme der beiden vordersten Zähne des Unterkiefers.

Rhamphostoma Wagl. (*Gavialis*) recent und fossil von der Kreide an, ziemlich häufig im Tertiär: *Gavialis Dixoni Owen* von Bracklesham, *G. macrorhynchus Blainv.* vom Mt. Aimé bei Epernay, *G. leptorhynchus Clift* in Indien.

d. *Crocodilidae s. str.* (incl. *Alligatoridae*).

Breitschnauzige Crocodile mit concav-convexen (die geologisch ältesten mit biplanen) Wirbeln. Zwischenkiefer mit zwei tiefen Gruben zur Aufnahme der beiden vordersten Zähne des Unterkiefers.

Fig. 600.

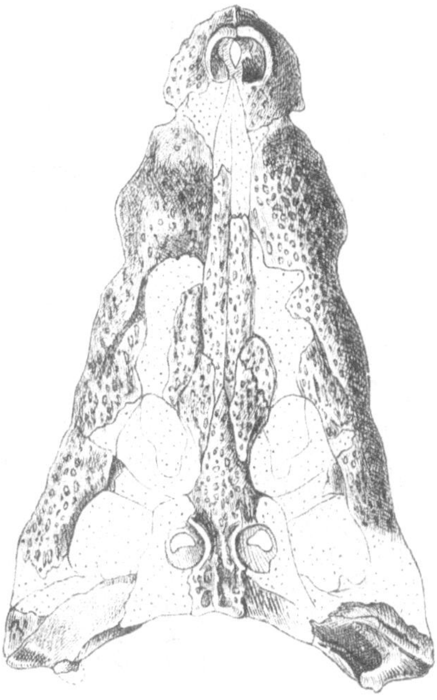

Crocodilus depressifrons Blv. Soissonnais 1/6.

Theriosuchus Owen. Die ausgewachsenen Individuen nur 18 engl. Zoll lang, mit kaum 3 Zoll langem Schädel (Nahrung wahrscheinlich die zwerghaften Beutelthiere, deren Reste mit vorkommen), Schädel *Alligator*-ähnlich, Wirbel biplan. Zähne gestreift, sehr ungleich. Purbeck.

Nanosuchus Ow. ebendaher, erreichte etwas grössere Dimensionen und besass schlankere und gleichmässigere Zähne.

Im Tertiär sind die *Crocodile* und *Alligatoridae* bereits scharf getrennt, zu ersteren gehören *Crocodilus toliapicus Ow.* aus dem Londonthon, *Cr. depressifrons Blv.* von Soissonnais (Fig. 600), zu den letzteren *Alligator Hantoniensis* aus dem Süsswasserkalk von Hardle Cliffs (Hampshire), *A. Parisiensis Cuv.* aus dem Gyps vom Montmartre, *A. Darwinii Ludw.* von Weissenau etc. Die meisten erreichen keine besonderen Dimensionen.

F. Rhynchocephala.

Eidechsenartige Reptilien mit unbeweglichem Quadratbein, aber mit einem Os columellare und daher meist zu den *Lacertiliern* gestellt, mit biconcaven Wirbeln, mit ligamentöser Unterkiefersymphyse, acrodonter Bezahnung, mit Abdominalsternum, ohne Copulations-Organe.

Eine einzige recente Gattung: *Hatteria Gray*, lebt auf Neuseeland. Huxley schliesst an sie die erloschenen Gattungen *Rhynchosaurus Owen* und *Hyperodapedon Huxley*. Erstere stammt aus rothem Sandstein von Grinsill bei Shrewsbury und wird von ihrem Autor zu seinen *Cryptodontia* gestellt. Schädel stark comprimirt, Kiefer zahnlos. Die zweite Gattung wurde von Huxley für einen ähnlichen Schädel gegründet, der bei Elgin in denselben (Trias? oder Lias?) Bildungen gefunden wurde, in welchen *Telerpeton* (vergl. unten) vorkommt, und soll sich durch das Auftreten von Gaumenzähnen auszeichnen.

Zu den *Rhynchocephala* rechnet MARSH Reptilienreste aus der Dyas (?) von Neu-Mexico, für welche er zwei Familien: *Nothodontidae* und *Sphenacodontidae* mit den Gattungen *Sphenacodon* und *Nothodon* creirte.[1]

G. Sauria.

Mit hornigen Schildern oder Schuppen, zuweilen mit Knochenplättchen bedeckte Reptilien mit beweglichem Quadratbein (Streptostylica), von gestreckter Körperform mit Schultergürtel und Becken, meist mit vier Laufbeinen, die recenten mit acrodonter oder pleurodonter, fossile auch mit thecodonter Bezahnung.

An die drei in der Gegenwart vertretenen Gruppen der *Amphisbaenoidea*, *Chamaeleontidae* und *Cionocrania* (= *Lacertilia s. str.*) schliesst sich eine erloschene Gruppe: *Proterosauridae* mit thecodonter Bezahnung.

G_1. Proterosauridae.

Palaeozoische und mesozoische Saurier mit biconcaven Wirbeln und thecodonter Bezahnung.

Fig. 601.

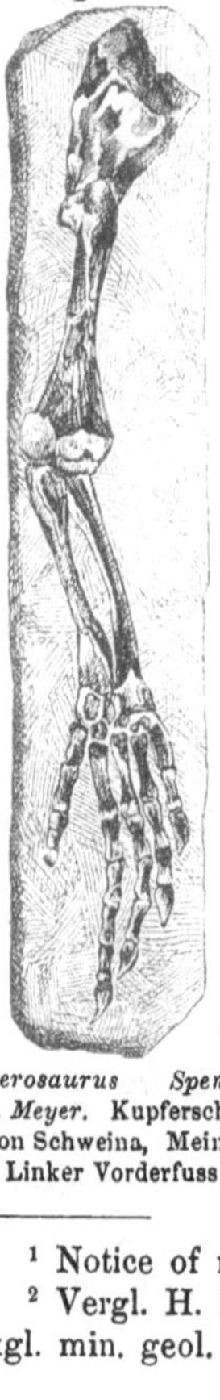

Proterosaurus Speneri H. v. Meyer. Kupferschiefer von Schweina, Meiningen. Linker Vorderfuss 1/3.

Proterosaurus v. Meyer. Die typische Art *Pr. Speneri* aus dem thüringischen Kupferschiefer wurde von CUVIER als *Monitor fossilis* beschrieben, etwa 2 Meter lang, Schädel crocodilähnlich, mit kurzer Schnauze, Zähne in Alveolen, conisch, spitz; Wirbel biconcav, Hals lang, aber nur von sieben Wirbel gebildet. Hinterfuss ebenso wie der Vorderfuss (Fig. 601) mit fünf gut ausgebildeten Zehen. Handwurzelknochen noch unvollkommen entwickelt, wie GEGENBAUR hervorhebt, an die Salamander erinnernd. Auch in der englischen Dyas vertreten: *Pr. Huxleyi* von Durham.

Parasaurus v. Mey. ist nahe mit *Proterosaurus* verwandt, an dem Dresdener Exemplar sind im Heiligenbein drei verschmolzene Wirbel zu erkennen.

Phanerosaurus Naumanni v. Mey. aus dem Rothliegenden von Zwickau ist nur auf Fragmente der Wirbelsäule gegründet, dürfte aber ebenso wie *Basileosaurus* aus dem Buntsandstein von Basel zu *Proterosaurus* zu rechnen sein.

Phanerosaurus pugnax Geinitz u. Deichmüller aus dem Rothliegenden des Plauenschen Grundes hingegen gehört zu den *Stegocephalen*.[2]

Thecodontosaurus Riley und *Palaeosaurus Riley* (*non Geoffr.*) aus dem Dolomitic-Conglomerat von Bristol dürften gleichfalls nicht zu den *Proterosauridae*, sondern zu den

[1] Notice of new fossil reptiles, Americ. Journ. May 1878, Vol. XV pag. 409.

[2] Vergl. H. B. GEINITZ und J. V. DEICHMÜLLER: Nachträge zur Dyas II. Mitth. a. d. kgl. min. geol. u. praehist. Museum in Dresden. 5. Heft.

Dinosauriern und zwar in die Gruppe der *Theropoda* gehören; während *Stereorhachis dominans Gaudry* aus dem Perm von Igornay wahrscheinlich bei den *Proterosauriden* Stellung finden dürfte. Letztere Form[1] besitzt kräftige auf carnivore Lebensweise deutende Bezahnung, stark biconcave Wirbel und zeigt manche Beziehungen zu den *Stegocephalen* im Baue des Schultergürtels.

G_2. Chamaeleontidae.

Körper hoch, comprimirt, mit faltiger, feine Körnerschuppen führender Haut. Wirbel procoel, Zähne acrodont, keine Gaumenzähne. Parietale einfach, mit Knochenbogen zum Mastoid; Schläfenbogen vollständig.

Chamaeleo L. recent. Fossile Vertretung unbekannt.

G_3. Lacertilia s. str. (Cionocrania).

Saurier mit meist procoelen, selten amphicoelen Wirbeln (letztere jedoch auch bei recenten Formen: *Ascalabotae*, sowie bei den geologisch älteren) mit je einem vom meist einfachen Scheitelbeine zur oberen Fläche des Flügelbeines ziehenden, stabförmigen Knochen (Os columellare, Os suspensorium) mit paarigen Stirnbeinen.

Die recent ungemein mannigfaltige, an Gattungen und Arten überaus reiche Gruppe der Eidechsen ist palaeontologisch unwichtig, sie scheint sich erst in sehr später Zeit ebenso rasch als die von ihr abzweigende Gruppe der *Ophidier* entwickelt zu haben, wenngleich schon in älteren Formationen einzelne *Lacertilier* auftreten.

Die meisten geologisch älteren, früher hierhergestellten, grossen Formen werden jetzt fast ausnahmslos anderen Gruppen, insbesondere den *Dinosauriern* zugerechnet.

Zu den eigentlichen, acrodonten Eidechsen scheint jedoch zu gehören:

Telerpeton Elginense Mantell, früher für den ältesten Repräsentanten der Reptilien gehalten, da der Sandstein von Elgin in Nordschottland, in welchem sich *Telerpeton* fand, zum Oldred gerechnet wurde, während er wahrscheinlich der Trias, vielleicht sogar dem Lias angehört. Die Reste von *Telerpeton* sind zwar nicht sehr gut erhalten (die Knochen fielen als Pulver von dem harten Gestein ab), doch stimmt der Bau der Extremitäten gut mit jenem der jüngeren Eidechsen überein.

Geosaurus Cuv. (*Lacerta gigantea Sömm.*). Gesammtlänge etwa vier Meter. Schädel Lacerten (*Monitor*) ähnlich, Bezahnung acrodont, Zähne comprimirt, mit gesägten Kanten, Augenhöhlen mit Scleroticalring. Lithographischer Schiefer bei Daiting.

(*Geosaurus maximus Plieninger* besitzt eingekeilte Zähne und gehört wahrscheinlich zu den *Dinosauriern* und zwar zu den *Megalosauridae.*)

Homoeosaurus (*Lacerta neptunia Goldf.*). Kleine, lacertenähnliche Formen, Bezahnung acrodont, mit breiten, stumpfen, runzeligen Zähnen. Lithographische Schiefer von Monheim und Eichstädt, Kimmeridgien in Hannover.

[1] Comptes rendues 1880, pag. 669.

Atoposaurus Mey. von Kelheim und Cirin, *Ardeosaurus Mey.* und *Acrosaurus Mey.* von Eichstädt sind weitere hierhergehörige Formen von geringer Grösse.

Sapheosaurus Mey. von Kehlheim, $13^1/_2$ Zoll lang, ist wegen der Spuren von Schuppen, welche jenen des Leguans gleichen, bemerkenswerth.

Anguisaurus Münst. (möglicherweise mit dem unvollständig bekannten *Pleurosaurus Mey.* ident) langgestreckt (über meterlang) und schlank, mit vier sehr kurzen Füssen. Bezahnung des in den Umrissen an Schlangen erinnernden Kopfes jener von *Acrosaurus* ähnlich, von wulstigen Zähnen gebildet, welche jenen der Fischgattung *Acrodus* gleichen. Wirbel lang, mit gegabelten Dornfortsätzen; neben den Hauptrippen zahlreiche, knieförmig gebogene Bauchrippen vorhanden. Solenhofener Schiefer.

Dolichosaurus Ow. Langgestreckt, mit wenigstens 57 (?) Wirbeln zwischen Kopf und Becken. Schulter- sowohl als Beckengürtel gut entwickelt, Extremitäten kurz, die beiden Sacralwirbel gelenkig verbunden. Kopf schlangenähnlich, jedoch mit *Lacertilier*-Charakteren. Zähne klein und stumpf. Untere Kreide, England.

Der recenten Gattung *Hydrosaurus Wagl.* (zur Gruppe der *Monitoridae* gehörig, werden cretacische Formen zugerechnet, so *Hydrosaurus lesinensis Kornh.* aus dem Fischschiefer von Lesina. (Untere Kreide.)

Megalania prisca Ow. aus dem australischen Diluvium, erinnert gleichfalls an den recenten *Hydrosaurus giganteus*, erreicht aber die dreifache Länge.

Die nur ungenügend (in Schädeltheilen und Kieferstücken, sowie einzelnen Wirbeln) bekannten Owen'schen Gattungen *Raphiosaurus* (aus der unteren Kreide von Cambridge) und *Coniosaurus* (mittlere Kreide von Sussex) gehören gleichfalls zu den pleurodonten Lacerten.

Sauromorus Pom., unvollständig bekannt, nur der Schädel, welcher jenem der recenten *Scincoideae* und *Lacertidae* gleicht. Zähne walzenförmig, nächst der Spitze meisselförmig, comprimirt und gestreift. Miocän, Süsswasserkalke von Limagne.

Dracaenosaurus Pom. Unvollständig bekannt, mit kurzem Kopf und *Scincus*-artiger Bezahnung. Miocän, Süsswasserkalke von Limagne.

Placosaurus Gerv. ist nur auf ein Schädelfragment gegründet, welches von unregelmässig sechsseitigen knöchernen Tafel-Schuppen in ungewöhnlicher Weise bekleidet ist. Oligocäne Lignite von St. Radegonde bei Apt.

Lacerta Rottensis v. Mey. aus der Braunkohle des Siebengebirges schliesst sich den recenten Formen der Eidechsen-Gattung *Lacerta Cuv.* so nahe an, dass von Meyer sie derselben zurechnete.

G_4. Amphisbaenoidea.[1]

Wurmförmige, fusslose, oder mit kleinen Vorderfüssen versehene Saurier, deren derbe, schuppenlose Haut durch quere Furchen geringelt und durch Längsfurchen in viereckige Felder getheilt ist. Kopf und Brust mit grösseren „Schildern". Gaumenzähne und Jochbogen und Trommelfell fehlen, Augen von der Körperhaut überzogen, Parietale einfach.

[1] Vergl. A. v. Mojsisovics: Syst. Uebers. d. Thierreiches pag. 107.

Die hierhergehörigen Gattungen (*Trogonophis Amphisbaena*, *Chirotes* etc.) sind ausschliesslich recent, eine fossile Vertretung wurde bis nun nicht nachgewiesen.

H. Pythonomorpha.

Körperform gestreckt, schlangenähnlich, mit kurzen Extremitäten, von welchen gewöhnlich die hinteren kleiner als die vorderen, Wirbel zahlreich, procoel, von grosser seitlicher Beweglichkeit. Die einköpfigen Rippen fehlen schon von der Mitte des Rückens an, der Schwanz war lang, hoch und schmal, da seine Wirbel keine Querfortsätze, wohl aber hohe Dornfortsätze und Hypapophysen besassen. Schädel zugleich *Lacerten*- und Schlangenähnlich (Fig. 602), insbesondere durch den gegliederten Unterkiefer (Fig. 603) den letzteren gleichend. Zähne acrodont, auf einem knochig-faserigen Sockel. Augen mit Scleroticalring.

Fig. 602.

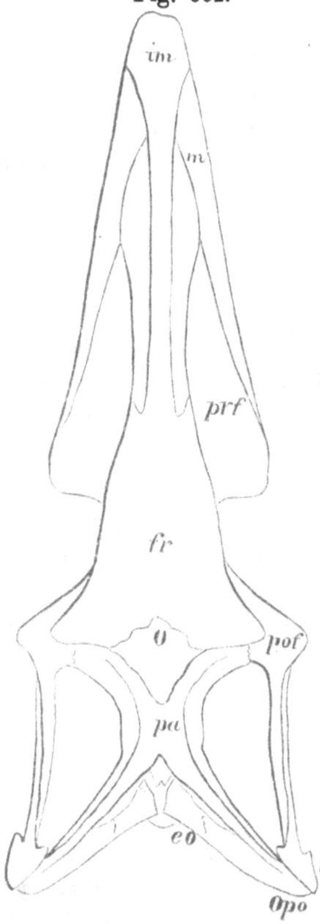

Platecarpus curtirostris Cope. 1/4. (Schema des Schädels von oben.) *im* = Intermaxillare (Praemaxillare), *m* = Maxillare, *fr* = Frontale, *prf* = Prae-, *pof* = Postfrontale, *pa* = Parietale, *eo* = Exoccipitale *Sq* = Squamosum, *opo* = Opisthoticum.

Das von Cope, dem Autor der Ordnung *Pythonomorpha*[1] behauptete Mangeln eines Sternums wird von Marsh berichtigt, welcher ein schmales verlängertes Brustbein, mit den Ansätzen für fünf Sternalrippen bei *Edestosaurus* beobachtete und auch bei *Halosaurus* ein Sternum nachwies.[2] Bau der Vorderfüsse Cetaceen ähnlich. Humerus sehr kurz, Radius grösser als die Ulna, der von sieben Knochen gebildete Carpus trägt fünf Finger. Hinterfuss

Fig. 603.

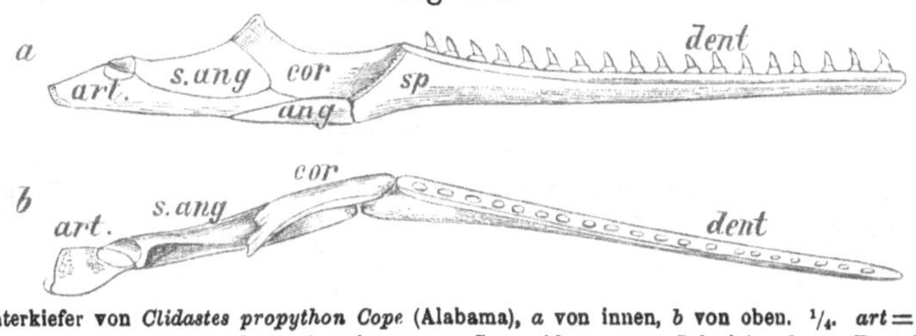

Linker Unterkiefer von *Clidastes propython Cope* (Alabama), *a* von innen, *b* von oben. 1/4. *art* = Articulare, *ang* = Angulare, *S. ang* = Supra-Angulare, *cor* = Coronoideum, *sp* = Spleniale, *dent* = Dentale.

[1] E. D. Cope: Cretaceous Vertebrata. Report of the U.S. Geological Survey Vol. II. 1875.

[2] J. C. Marsh: New Characters of Mosasauroid Reptiles. American Journ. af Science, Vol. XIX. 1880.

ähnlich gebaut, aber weit kleiner. OWEN erkennt die *Pythonomorpha* nicht als besondere Ordnung an, indem er insbesondere das Vorhandensein von Eigenthümlichkeiten bestreitet, welche für die Schlangen charakteristisch seien.[1]

Mosasaurus Cuv. (von CUVIER an *Monitor* und *Iguana* gereiht) aus der obersten Kreide von Maestricht, erreichte bei einer Zahl von 133 Wirbeln 20′ 9″ Länge der Wirbelsäule, während der Schädel nahezu 4′ lang wurde. Augenhöhlen mit Scleroticalring.[2] Pterygoide mit Zähnen (je acht) besetzt, in der Mittellinie nicht zusammenstossend, mit einer Gelenkgrube für die Columella und einer Insertionsstelle für den Knorpel, welcher sie mit dem Quadratbein verband Schnauze stumpf, Zähne wenig comprimirt, zweikantig.

Als Untergattung von *Mosasaurus* zu betrachten ist *Pterycollosaurus Dollo* (Type: *Mosasaurus Maximiliani Goldf.*). Pterygoide mit sechs Zähnen, in der Mittellinie zusammenstossend, Schädel mehr comprimirt. Zwischenkiefer abgeflacht. Europäische und nordamerikanische obere Kreide.

Plioplatecarpus Dollo mit schlanken, nach rückwärts gekrümmten Zähnen, zeichnet sich insbesondere durch zwei coossificirte Sacralwirbel aus, während sich bei anderen *Phytonomorphen* kein eigentliches Sacrum findet. Untere Abtheilung der Maestrichter Tuff-Kreide.

Liodon Owen aus der englischen und nordamerikanischen Kreide zeichnet sich durch glatte, mit einer Kante versehene Zähne aus.

Fig. 604.

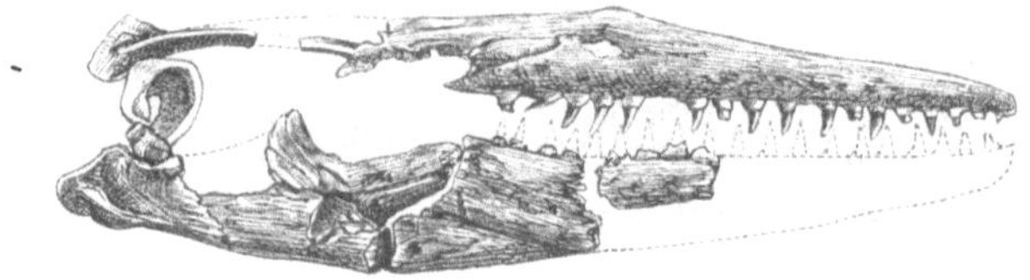

Clidastes tortor Cope. 1/9. Fossil-Spring-Kanon, Kansas, Niobrara-Epoche (Kreide).

Clidastes Cope (Fig. 604) mit überaus langer Wirbelsäule umschliesst die grössten (längsten) Formen der ganzen Gruppe. Nordamerikanische Kreide, vergesellschaftet mit den Resten zahlreicher anderer *Pythonomorphen: Sironectes, Platecarpus, Baptosaurus Cope, Edestosaurus, Lestosaurus Cope, Tylosaurus* und *Halosaurus Marsh*, welche sich alle im Skelet, besonders im Bau der Wirbel und ihrer Fortsätze von einander unterschieden.

J. Ophidia.

Langgestreckte extremitätenlose Reptilien ohne Schultergürtel, ohne Sternum und Sacrum, mit sehr zahlreichen, procoelen Wirbeln mit angewachsenen Zähnen an Ober- und Unterkiefer, oft auch an dem Zwischen-

[1] R. OWEN: On the Rank and Affinities in the Reptilian-Class on the Mosasauridae. Quart. Journ. geol. Soc. 1877, pag. 682.

[2] M. L. DOLLO: Note sur l'Osteologie des Mosasauridae Bullet. d. Musée royal d'histoire nat. de Belgique 1882.

kiefer, den Gaumen- und Flügelbeinen; mit beweglichem Oberkiefer- und Gaumenapparat und syndesmotisch verbundenen Unterkieferästen.

Die recent überaus mannigfache Gruppe besitzt einzelne Vorläufer im Tertiär; aus der Kreide ist bis nun nur eine Form bekannt:

Simoliophis Rochebruni Sauvage aus den Schichten mit *Ostrea Columba* der Charente (Forêt de Basseau), auf Wirbel begründet, welchen der Höcker der Hypapophyse fehlt und welche dadurch Verwandtschaft mit den *Typhlopidae* bekunden.

Fig. 605.

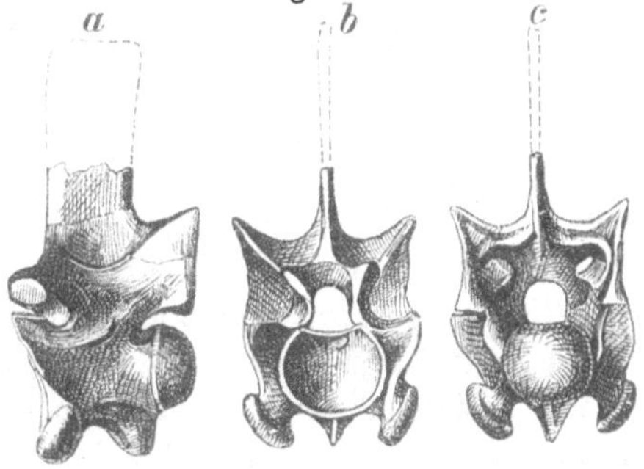

Palaeophis typhaeus Ow. Wirbel aus der Mitte des Körpers. $^2/_3$. Bracklesham in Sussex, Londonthon. *a* von links, *b* von vorn, *c* von hinten.

Im Tertiär treten sowohl Repräsentanten der *Azemiophidia* (= *Colubriformia*) als der *Toxicophidia* auf. Den ersteren gehören an:

Palaeophis Owen (Fig. 605) aus dem Eocän. Wirbel stark procoel, mit oberen und unteren Dornfortsätzen und wohlentwickelten Zygapophysen. Die Fragmente der Wirbelsäule von *P. toliapicus Ow.* aus dem Londonthon stimmen in Form und Grösse mit einer brasilianischen etwa 3 Meter messenden *Boa constrictor*. *P. typhaeus*, ebenfalls aus dem Londonthon, besass etwa doppelte Grösse und ebenso gross dürfte *P. giganteus* aus dem plastischen Thon von Cuise la Motte gewesen sein.

Python Euboeicus Roem. von Kumi auf Euboea: ein Wirbelsäulenstück, welches auf ein Thier von etwa drei Meter Länge deutet.

Der recenten *Pythoniden*-Gattung *Morelia Dum. Bibr.* dürfte, wie Troschel gezeigt hat, *Coluber* (*Tropidonotus*) *papyraceus Meyer* aus der rheinischen Braunkohle angehören.

Der Gattung *Coluber L.* werden ziemlich zahlreiche Reste aus miocänen Süsswasserbildungen zugerechnet: *Coluber Steinheimensis Fraas* von Steinheim, *C. Kargii* und *C. Owenii* von Oeningen und Andere.

Die *Toxicophidia* sind fossil spärlicher vertreten, während in der Gegenwart gerade die Giftschlangen überaus grosse Mannigfaltigkeit aufweisen.

Laophis crotaloides Ow. soll, wie der Name andeutet, mit *Crotalus L.* (Klapperschlange) Aehnlichkeit besitzen; die aus der Bai von Salonichi stammenden Wirbeln deuten auf Thiere von über 3 Meter Länge.

Der recenten Gattung *Naja L.* rechnet Fraas eine Steinheimer Form zu: *Naja suevica Fraas* und vergleicht sie mit der Kleopatraschlange: *N. haje.*

Auch in den Miocängebilden von Sausans kommen nach Lartet Zähne von Giftschlangen vor.

Einzelne Wirbel, welche von Schlangen herrühren, jedoch kaum eine nähere Bestimmung zulassen, finden sich in manchen tertiären Ablagerungen, so in jenen von Weissenau, Argenton, Sansans etc.

K. Dinosauria.

Angehörige dieser Gruppe wurden früher von MEYER als *Pachypoda* zusammengefasst, der in weiterem Sinne angewendete OWEN'sche Name: *Dinosauria* hat jedoch allgemeine Geltung erlangt. Die *Dinosauria* bilden eine überaus mannigfache, aber gänzlich erloschene Reptiliengruppe, deren Diagnose O. C. MARSH[1] mit folgenden Worten giebt: „Zwischenkiefer getrennt, obere und untere Temporalbögen; Unterkieferäste vorn nur durch Knorpel verbunden; zahlreiche Halswirbel; Sacralwirbel zusammen verknöchert. Halsrippen mit den Wirbeln durch Naht oder Verknöcherung verbunden; Rumpfrippen doppelköpfig. Beckenknochen unter einander und vom Sacrum getrennt. Ilium praeacetabular verlängert; Aectabulum theilweise vom Os pubis gebildet; Ischia distal zur Medianlinie gestellt. Vorder- und Hinterbeine vorhanden, letztere Gangfüsse und grösser als die vorderen, Femurkopf rechtwinkelig zu den Condylen; Tibia mit Procnemialcrista, Fibula vollständig. Erste Reihe des Tarsus nur aus Astragalus und Calcaneus bestehend, welche zusammen den oberen Theil des Fersengelenkes bilden.

MARSH theilt die *Dinosaurier* in vier Ordnungen: *Sauropoda*, *Stegosauria*, *Ornithopoda* und *Theropoda*, welchen er als fünfte, deren Stellung bei den *Dinosauria* jedoch unsicher ist, die Gruppe der *Hallopoda* anreiht. Wir folgen bei der Aufzählung der *Dinosauria* dem von MARSH 1882 aufgestellten System, obwohl dasselbe wahrscheinlich bei weiterem Fortschreiten des Studiums der *Dinosaurier* verlassen werden dürfte.

Fig. 606.

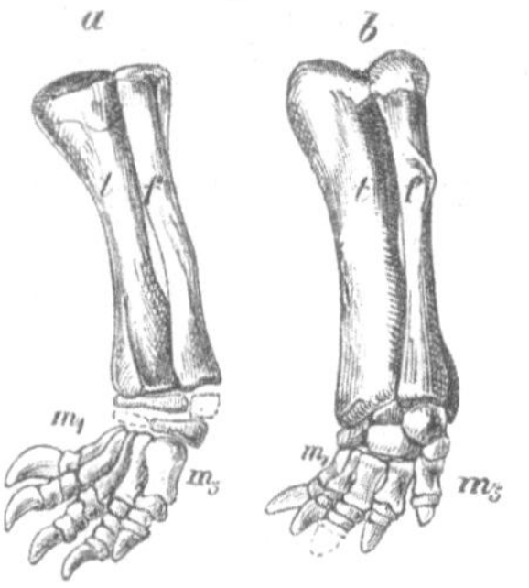

a. Morosaurus grandis Marsh. 1/30, *b. Stegosaurus ungulatus Marsh.* 1/24. *t* = Tibia, *f* = Fibula, m_1—m_5 = Metatarsale 1—5.

K₁. Sauropoda.

Die „Eidechsenfüsser" waren Pflanzenfresser, ihre Füsse plantigrad (Fig. 606 *a*), mit Hufen und fünf Fingern vorn und hinten. Zweite Reihe des Carpus und Tarsus nicht ossificirt. Pubes nach vorn vorragend und am distalen Ende durch Knorpel verbunden, kein Postpubis. Praecaudale Wirbel hohl. Vorder- und Hinterbeine nahezu gleich gross, Extremitätenknochen solid. Brustbein paarig. Zwischenkiefer mit Zähnen.

[1] Vergl. Am. Journ. of sciences and arts. 3. serie, Vol. XXIII, 1882. Referat hierüber: N. Jahrbuch f. Min. Geol. u. Pal. 1882, 2. Bd., pag. 285. Die Literatur der *Dinosaurier* hat insbesondere in den letzten Jahren grosse Ausdehnung gewonnen, und zwar hauptsächlich durch Beschreibung der nordamerikanischen Formen durch MARSH (Principal Characters of American Jurassic Dinosaurs, Part. I—V, Amer. Journ. of Sc. a. Astr., Vol. XVI—XXI), aber auch die europäischen *Dinosaurier* sind durch die Arbeiten von H. G. SEELEY, J. W. HULKE, M. L. DOLLO genauer bekannt geworden, als durch die älteren von MANTELL, BUCKLAND, OWEN und HUXLEY. Zur Kenntniss der amerikanischen *Dinosaurier* haben auch J. LEIDY und E. D. COPE wesentliche Beiträge geliefert.

a. *Atlantosauridae.*

Vordere Wirbel opisthocoel, Ischia abwärts gerichtet, am distalen Ende zusammenlaufend.

Atlantosaurus Marsh aus dem Jura der Rocky-Mountains von ungeheurer Grösse: *Atlantosaurus immanis Marsh* wird auf 115′ Länge geschätzt, Ischia und Pubes 1.20 m, Femur 2.50 m lang und am oberen Ende 0.63 m dick. Sacrum von vier Wirbeln gebildet.

Apatosaurus Marsh ebendaher, in allen Skelettheilen bekannt, eine Länge von etwa 60′ erreichend.

Die typische Form: *Apatos. Ajax* ist 50′ lang und noch grösser war *Apatos. caticollis*, von welchem ein Nackenwirbel die Breite von 1.07 m erreichte.

Brontosaurus Marsh in fast vollständigem Skelet bekannt; durch ein von fünf Wirbeln gebildetes Sacrum ausgezeichnet. Wirbel mit grossen Luftkammern, welche auch in den drei ersten Schwanzwirbeln auftreten. Jura der Rocky Mountains.

Als weitere hierhergehörige Ordnungen nennt MARSH: *Diplodocus Marsh* (unvollständig bekannt, nur auf eine hintere Extremität und die zusammenhängenden Schwanzwirbel eines Individuums gegründet, welches vermuthlich gegen 50′ Länge erreichte), *Camerosaurus* (*Amphicoelias*) und *Dystrophaeus*, letztere Gattungen stammen aus der Trias und werden nur mit Vorbehalt zu den jurassischen *Atlantosauriden* gerechnet.

b. *Morosauridae.*

Vordere Wirbel opisthocoel, Ischia rückwärts gewendet, die Seiten derselben der Medianlinie zugewendet.

Morosaurus Marsh (Fig. 606*a*) aus dem Jura der Felsengebirge, etwas kleiner als *Atlantosaurus* mit sehr kleinem Kopf und überaus kleinem Gehirn. Das fast vollständige Skelet von *M. grandis* ist 40′ lang und *M. robustus* war noch grösser.

Als europäische Vertreter der *Sauropoda* nennt MARSH: *Bothriospondylus*, *Cetiosaurus*, *Chondrosteosaurus*, *Ornithopsis* und *Pelorosaurus*.

Pelorosaurus Mant., wurde nur auf sehr unvollständige Reste aus dem Wealden von Tilgate Forest gegründet (ein Humerus von 4′ Länge und 32″ Umfang und 3″ weiter Markröhre).

Cetiosaurus Owen. Wirbelkörper im vorderen Theile opisthocoel, im hinteren Theile der Wirbelsäule amphicoel, Sternum unpaar, oval. Jura (Great-Oolite). (Die Reste aus dem Wealden, welche zu *Cetiosaurus* gerechnet wurden, dürften zu *Iguanodonten* gehören.)

Ornithopsis Seeley zeigt, wie HULKE nachgewiesen hat,[1] in der Gestaltung von Pubis und Ischium grosse Aehnlichkeit mit *Atlantosaurus*. Ein Coracoid

---

[1] Quart. journ. geol. Soc. Vol. 38, 1882, pag. 372.

aus dem Wealden der Insel Wight, welches SEELEY für wahrscheinlich zu *Ornithopsis* gehörig erachtet, ähnelt jenem von *Morosaurus.*[1]

Bothriospondylus Owen ist nur durch unvollständige Reste aus der Kimmeridge-Stufe und dem Wealden vertreten.

K_2. Stegosauria.

Die „Panzerechsen" sind herbivor (doch hält SEELEY *Crataeomus* für carnivor), ihre Füsse plantigrad (Fig. 606*b*) vorn und hinten mit fünf Zehen. Zweite Reihe der Carpalia nicht verknöchert. Pubes frei nach vorn vorspringend; Postpubes vorhanden. Vorderfüsse klein, Bewegung hauptsächlich durch die Hinterextremitäten. Wirbel und Extremitätenknochen solid. Knöcherne Hautbewaffnung.

a. *Stegosauridae.*

Wirbel biconcav. Der Neuralcanal im Sacrum zu einer weiten Kammer ausgedehnt. Ischia rückwärts gewendet, ihre Seiten der Medianlinie zugekehrt. Astragulus mit der Tibia verknöchert. Metapodia sehr kurz.

Stegosaurus Marsh (Fig. 606*b*) mit überaus kleinem Gehirn, die Erweiterung des Neuralcanales über dem ersten und zweiten Sacralwirbel ist mehr als zehnmal grösser, als der Raum für das Gehirn. Nach MARSH hängt die Entwickelung eines derartigen hinteren Nervencentrums mit der starken Ausbildung der Hinterfüsse zusammen. Sacrum aus vier verknöcherten Wirbeln, vor welchen noch ein oder zwei Lendenwirbel auftreten. Ilia weit praeacetabular ausgedehnt, mit einwärts gebogenem und mit den oberen Bögen der Sacralwirbel verknöcherten oberen Rand. Pubes fast horizontal nach vorn gewendet, Postpubes nach hinten und abwärts gerichtet, bis fast an das Ende der Ischia reichend, mit welchen sie fest zusammenliegen. Femur lang, ohne dritten Trochanter, Tibia kurz, Fibula schlank, Fuss fünfzehig, Endphalange hufförmig, Vorderextremität viel kürzer, aber kräftig und von grosser Beweglichkeit. Die Thiere bewegten sich hauptsächlich auf den Hinterfüssen und benutzten den starken Schwanz als Stütze. Grosse verknöcherte Dermalplatten, zum Theil mit Stachelentwickelung dienten zum Schutz. Jura der Rocky Mountains.

Diracodon Marsh. Ebenfalls aus dem Jura der Felsengebirge, von kleinen Dimensionen (10—12′ lang), durch Zähne ausgezeichnet, welche eine Einschnürung unter der Krone aufweisen.

Omosaurus Owen aus dem englischen Jura (Kimmeridgien) gehört ebenfalls hierher.

b. *Scelidosauridae.*

Astragalus nicht mit der Tibia verknöchert, Metatarsalia verlängert, vier functionirende Zehen an der Hinterextremität.

Hierher stellt MARSH die nachfolgenden europäischen Gattungen:

Scelidosaurus Owen aus dem englischen Lias, seinerzeit (1861) auf Grund

[1] Quart. journ. geol. Soc. Vol. 38, 1882, pag. 367.

einzelner Knochen für das grösste (bis dahin gefundene) Landthier gehalten. Der vierzehige Hinterfuss von *Sc. Harrisoni* aus dem unteren Lias von Dorsetshire erreicht eine Länge von 1.15 m. Seither wurden zahlreichere Reste derselben Art entdeckt, zumal ein fast vollständiger Schädel, welcher *Iguanodon*-ähnlich ist. Bezahnung thecodont, Form der Zähne jener von *Iguanodon* (vergl. Fig. 608) und *Hylaeosaurus* ähnlich, schaufelförmig, mit schräger Kaufläche. Sechs oder sieben Halswirbel, 16 Rückenwirbel, ein Lendenwirbel, vier Sacralwirbel und mehr als 45 Schwanzwirbel. Hinterfüsse kräftig, Vorderfüsse schwächer entwickelt. Körper mit Knochenplatten bedeckt, welche zumal in der Medianlinie der Hinterhälfte, aber auch auf den Flanken des Leibes auftreten.

Crataeomus Seeley ist nahe mit *Scelidosaurus* verwandt, Rückenschilder comprimirt und mit schneidigen Kielen versehen, Bauchschilder ungekielt, zur Vorderextremität dürfte ein hornförmiges Knochenschild gehören. Gosau der neuen Welt bei Wiener Neustadt.[1]

Hylaeosaurus Mant., unvollständig bekannt. Zähne schaufelförmig mit schräger Kaufläche, Wirbelkörper lang, Sacrum von vier Wirbeln gebildet, Rippen mit zwei starken Köpfen, Hautpanzer stark entwickelt, mit Stachelplatten. Wealden (im Tilgate Forest) Englands.

Polacanthus Seeley. Mit *Scelidosaurus* und *Hylaeosaurus* nahe verwandt, gross, aber von niedriger Statur, da die Rumpfhöhe von *Polacanthus Foxii* aus dem Wealden der Insel Wight kaum 3′ übersteigen mochte. Starke Gelenke und Muskelkämme deuten auf enorme Muskelkraft, die Kürze der Beine und die Anchylose der Lendenwirbel auf langsame Bewegung. Hautpanzer sehr stark entwickelt.

Acanthopholis Huxley aus dem Kalk von Folkestone gleicht in der Gestaltung des Schädel-Hintertheiles ausserordentlich einem Rest, welchen Bunzel aus den Gosaubildungen der neuen Welt wegen der grossen Vogelähnlichkeit als *Struthiosaurus* beschrieben hat, es wäre jedoch möglich, dass der letztere, wie Seeley bemerkt, zu *Crataeomus* gehören würde.

Fig. 607.

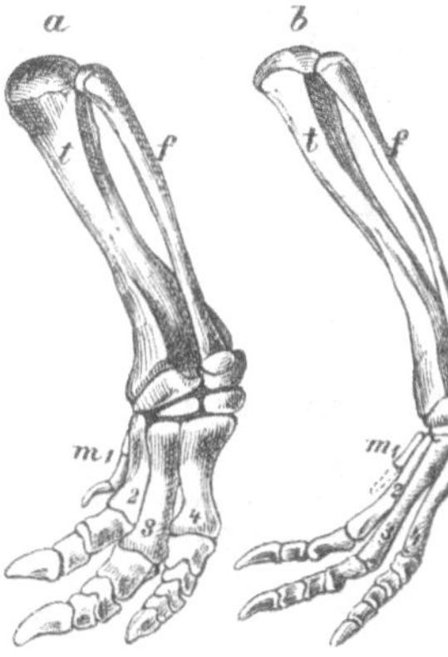

a. Camptonotus dispar Marsh. 1/18, *b. Laosaurus altus Marsh.* 1/12. *t*=Tibia, *f*=Fibula. *m* 1–4=Metatarsale 1–4. Jura der Rocky-Mountains.

K₃. Ornithopoda.

Die „Vogelfüsser" sind herbivor, ihre Füsse sind digitigrad (Fig. 607) mit fünf functionirenden Fingern vorn, drei hinten. Pubes nach vorn vorspringend, Postpubes vorhanden. Wirbel solid. Vorderfüsse klein, Extremitätenknochen hohl. Praemaxillen vorn zahnlos. Sie zerfallen in drei Familien, *Camptonotidae*, *Iguanodontidae* und *Hadrosauridae*.

[1] H. G. Seeley: On the reptile Fauna of the Gosau Formation. Quart. Journ. Geol. soc. Nov. 1881.

a. *Camptonotidae* (*Hypsilophodontes*).

Claviculae fehlen, Postpubes complet.

Camptonotus Marsh (Fig. 607 *a*). Kleine Thiere mit kleinen, fünfzehigen Vorderfüssen und stark entwickelten Hinterextremitäten, welche jenen der Vögel analog gebaut sind und drei functionirende Zehen aufweisen, welche den zweiten bis vierten Zehen entsprechen, während die ersten viel schwächer entwickelt sind. Jura der Rocky-Mountains.

Laosaurus Marsh (Fig. 607 *b*) ebenfalls relativ klein, mit mittelgrossem Kopf und kleinen Vorderextremitäten, schlanker gebaut als *Camptonotus* und den *Hypsilophodonten* des englischen Wealden sehr nahe verwandt. Jura der Rocky-Mountains.

Nanosaurus Marsh. Von kleinen Dimensionen, einige Arten übertreffen kaum Katzengrösse. Besonders charakteristisch ist der Oberschenkel, welcher beträchtlich kürzer ist als die Tibia. Jura der Rocky-Mountains.

Hypsilophodon Huxley aus dem englischen Wealden wurde zuerst (von Fox) für einen jungen *Iguanodon* gehalten, zeichnet sich jedoch durch unpaares, rhomboidales Sternum und durch verhältnissmässig grosse Vorderextremitäten aus. Auch ist das Femur länger als die Tibia, letztere schlanker und der Fuss war mit scharfen Krallen bewaffnet, während die Endphalangen von *Iguanodon* hufähnlich gestaltet sind.[1]

b. *Iguanodontidae.*

Claviculae vorhanden, Postpubes unvollständig, Praemaxillen zahnlos, nur europäische Formen.

Iguanodon Mantell (Fig. 608) hat seinen Namen wegen der Zahnbildung erhalten, welche eine entfernte Aehnlichkeit mit jener der recenten *Cionocranier*-Gattung *Iguana* aufweist. Die Zähne von *Iguanodon* sind spatelförmig, mit einer von Cement bedeckten zu einem rundlichen Stiele verengten Wurzel und breiter, schmelzfaltiger Krone, welche hinten und vorn grob gekerbt ist. Das Email ist an den Oberkieferzähnen aussen, an den Unterkieferzähnen innen dicker und runzeliger, so dass sich die Zähne schräg abkauen und wie bei den wiederkäuenden Säugethieren eine von aussen und unten nach oben und innen gerichtete Kaufläche entsteht, wie schon Mantell an den Resten aus dem englischen Wealden gezeigt hat. Die mannigfachen Schwierigkeiten in der Deutung der Skelettheile sind gänzlich behoben, seitdem man in Belgien (zu Bernissart) vollständige Skelette zweier Arten

Fig. 608.

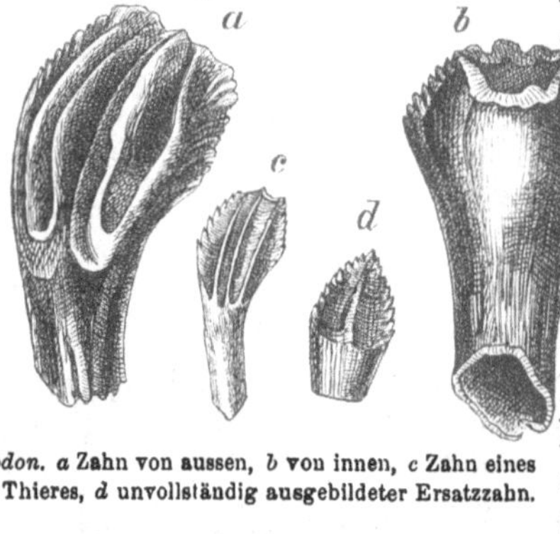

Iguanodon. *a* Zahn von aussen, *b* von innen, *c* Zahn eines jungen Thieres, *d* unvollständig ausgebildeter Ersatzzahn.

[1] Vergl. insbesondere J. W. Hulke: An attempt at a complete Osteology of *Hypsilophodon Foxii.* Philos. Transact. of the royal soc. Part. III, 1882.

kennen gelernt hat,[1] von welchen die eine mit dem aus England längst bekannten *Iguanodon Mantelli* ident ist und fünf Sacralwirbel zählt, die andere aber (*I. Bernissartensis*) sechs Sacralwirbel besitzt. (Eine dritte Form *I. Prestwichii* aus dem Kimmeridge Clay hat nur vier Sacralwirbel). *Iguanodon* besitzt opisthocoele Halswirbel, biplane Rückenwirbel und amphicoele Schwanzwirbel. Sternum paarig, Vorderextremitäten verkürzt, mit fünf functionirenden Fingern, von welchen der erste in einen Sporn verwandelt ist. Pubes frei nach vorn vorspringend, Postpubes kürzer als Ischia, Femur länger als Tibia. Hinterfuss mit drei functionirenden Zehen und einem Rudiment der ersten Zehe. Die *Iguanodonten*, deren zeitliche Verbreitung vom Kimmeridge Clay bis zum Upper Greensand reicht und deren Reste in verschiedenen Ländern Europas angetroffen wurden, bewegten sich aller Wahrscheinlichkeit nach nur oder vorzugsweise auf den Hinterextremitäten, wobei der kräftige Schwanz als Stütze diente.

Die von Bunzel als *Iguanodon Suessi* geschilderte Form gehört einem mit *Iguanodon* nahe verwandten Genus (oder Subgenus) an, für welches Seeley den Namen *Mochlodon* creirte und welches sich durch gestreckte Unterkieferenden von *Iguanodon* unterscheidet.

Vectisaurus Hulke aus dem Wealden ist von *Iguanodon* durch opisthocoele Rückenwirbel verschieden, doch sind von ihm nur vier praesacrale und ein postsacraler Wirbel sowie ein Ilium bekannt.

Iguanodonten-Reste fanden sich auch in der obersten Kreide von Maestricht (*Orthomerus Dolloi Seeley* u. A.).[2]

c. *Hadrosauridae.*

Zähne in verschiedenen Reihen, eine gepflasterte Kaufläche bildend. Vordere Wirbel opisthocoel.

Hadrosaurus Leidy, zuerst aus der Kreide von New-Yersey beschrieben, dann in mehreren Arten in jener von Nord-Carolina, Kansas, Montana und Nebraska nachgewiesen, erreichte nach Cope eine Länge von 28′.

Agathaumas Cope aus der nordamerikanischen Kreide (Bitter-Creek-Stufe, Wyoming) wird durch ein Sacrum ausgezeichnet, welches mindestens acht, vielleicht auch neun Wirbel umfasste.

Cionodon Cope aus der nordamerikanischen Kreide (Fort-Union-Epoche von Colorado und in Britisch-Amerika) zeichnet sich durch besonders deutliche Reihen von halbcylindrischen Zähnen aus, deren drei in jedem Oberkiefer auftreten und von welchen die äussere die jüngsten, die innere die ältesten bereits stark abgenützten Zähne darstellen. (Bei *Hadrosaurus* ist die Zahnbildung weniger complicirt.) Der mechanische Effect dieser Vervielfachung der Reptilienbezahnung ist ähnlich jenem der Zahnstructur der Wiederkäuer und entspricht der ausschliesslichen Pflanzennahrung.

---

[1] Bulletin du Musée royal d'histoire naturelle de Belgique, Tome I, 1882.

[2] H. G. Seeley: On the Dinosaurs from the Maastricht-Beds. Quart. Journ. of geol. soc. Vol. 39, 1883.

K$_4$. Theropoda.

Die „Raubthierfüsser“ sind carnivor, ihre Füsse digitigend, die Finger mit Greifklauen. Pubes abwärts geneigt und am distalen Ende coossificirt. Wirbel mehr oder minder cavernös, Vorderfüsse sehr klein; Extremitätenknochen hohl. Praemaxillen bezahnt.

a. *Megalosauridae.*

Wirbel biconcav, Pubes schlank, distal vereinigt, Astragalus mit aufsteigendem Fortsatz. Fünf Finger vorn, vier hinten.

Megalosaurus Buckl. (Fig. 609). Zähne comprimirt, säbelförmig gekrümmt, an den Rändern fein gekerbt. Die Zahnkronen von *Megalosaurus Bucklandi* erreichen bis 2″ Länge. Rückenwirbel mit sehr kräftigen (bis 18″ langen) Dornfortsätzen, Sacrum mit fünf verwachsenen Wirbeln. Oberschenkel $2^1/_2$′ lang, mit grosser Markröhre. Schiefer von Stonesfield, Purbeckschichten und Wealden von Tilgate, in neuester Zeit auch in den obersten Kreideschichten von Maestricht nachgewiesen (*Meg. Bredai Seeley*).

Fig. 609.

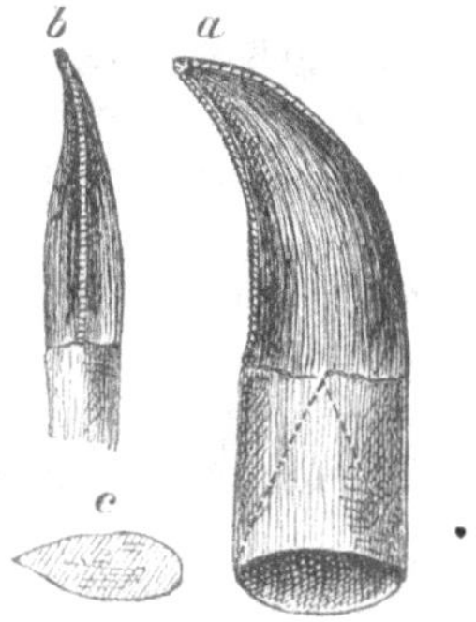

Megalosaurus Bucklandi Mantell. *a* Seitenansicht eines Zahnes, *b* Ansicht derselben von vorn, *c* Querschnitt.

Auch *Poekilopleuron Bucklandi Deslongchamps* aus dem Oolith von Caen soll zu *Megalosaurus* gehören, der Name bezieht sich auf den starken Rippenapparat.

An *Megalosaurus* schliessen sich ferner die nordamerikanischen jurassischen Gattungen: *Allosaurus* (Typus: *Allosaurus fragilis*, 25 Fuss lang), *Creosaurus* (Typus: *Creos. atrox*, 20 Fuss lang), sowie *Coelosaurus* und *Dryptosaurus Marsh* (*Dryptos. Marsh Laelaps Cope* erreichte 24 Fuss Länge und stammt nach Cope aus dem Grünsand, nach Marsh aber aus jurassischen Schichten).

Die aus dem deutschen Jura stammenden, auf einzelne Zähne oder Kieferfragmente gegründeten Gattungen *Brachitaenius Meyer* und *Dakosaurus Quenst.* dürften vielleicht von *Megalosauriden* herrühren; sie erreichen sehr bedeutende Grösse, zumal *Dakosaurus maximus* aus dem oberen weissen Jura mit über 2″ langen Kronenspitzen, welche ziemlich comprimirt und auf den vorderen und hinteren Kanten kaum sichtbar gezähnt sind. Solche Zähne hat Plieninger, ohne ihre eingekeilte Stellung zu berücksichtigen, als *Geosaurus maximus* beschrieben.

b. *Zanclodontidae.*

Wirbel biconcav, Pubes breite, verlängerte, am vorderen Rande vereinigte Platten. Astragalus ohne aufsteigenden Fortsatz. Vorn und hinten fünf Finger.

Zanclodon Plieninger mit den Charakteren der Familie. Zähne flach, zusammengedrückt, rückwärts gekrümmt, mit abgerundeten, glatten oder gekerbten Kanten. *Z.* (*Smidodon*) *laevis Plien.* in der Lettenkohle von Gaildorf; diese Gattung ist jedoch schon im Muschelkalk vertreten.

Teratosaurus Meyer besitzt breite, comprimirte, lange, säbelförmige Zähne und dürfte (die einzige Form *T. suevicus* aus dem Keupersandstein von Aixheim war unvollständig bekannt) zu den *Zanclodonten* gehören. Kapff behauptet sogar auf Grund neuer Funde im Stubensandstein die Identität von *T. suevicus* und *Zanclodon.*[1]

c. *Amphisauridae.*

Wirbel biconcav, Pubes ruthenähnlich, fünf Finger vorn, drei hinten.

Amphisaurus Cope (*Megadactylus*) mit sehr dünnen, an jene der Vögel erinnernden Knochen, unvollständig bekannt, aus dem rothen Sandstein Amerikas (Trias).

Bathygnathus borealis Leidy auf ein Kieferstück aus dem New-red der Prinz Edwards Insel gegründet, soll nach Marsh zu den *Amphisauriden* gehören, während Owen *Bathygnathus* zu den *Theriodontia* rechnete. Leidy selbst betonte später die Analogien mit *Megalosaurus* und *Teratosaurus.*[2]

Thecodontosaurus Riley mit eingekeilten, comprimirten Zähnen, deren vordere und hintere Kante fein gezackt ist. Sacrum von drei Wirbeln gebildet, Wirbel biconcav und auf der Oberseite stark vertieft, so dass das Rückenmark wahrscheinlich über jedem Wirbel perlschnurartig ausgedehnt war. Magnesian-Conglomerat (Dyas oder Trias) von Bristol.

Palaeosaurus Riley ebendaher, ist nur auf einzelne Zähne gegründet.

d. *Labrosauridae.*

Vordere Wirbel stark opisthocoel und cavernös, Metatarsalia stark verlängert. Pubes schlank, am Vorderrand vereinigt.

Labrosaurus Marsh mit den Charakteren der Familie, von geringer Grösse. Jura der Rocky Mountains. Die hinteren Extremitäten viel grösser als die vorderen und wahrscheinlich allein zur Locomotion benützt.

e. *Coeluridae.*

Von Marsh als besondere Unterordnung der *Theropoda: Coeluria* (Hohlschwänzer) betrachtet. Skeletknochen pneumatisch oder hohl. Vordere Halswirbel opisthocoel, die übrigen amphicoel. Metatarsalia sehr lang und schlank.

Coelurus Marsh. Die Wirbelreste, welche Marsh als *Coelurus fragilis* beschrieb, zeichnen sich vor allen übrigen Reptilwirbeln durch grosse Leichtigkeit, grosse Höhlungen und dünne Knochenwandungen aus, in welcher Hinsicht sie sowohl *Pterodactylus* als die Vogelwirbel übertreffen. Die ersten Halswirbel sind etwas convex-concav, alle übrigen Wirbel biconcav. Die Halswirbel tragen coossificirte Rippen (wie bei den Vögeln) und sind durch lange Zygapophysen verbunden, ihre Gelenkflächen sind geneigt, der Hals

---

[1] Verhandl. d. geol. Reichsanstalt Wien 1875, pag. 303.

[2] Journ. of the Academy of Natural Sciences of Philadelphia. Vol. VIII. 2. ser. Part. IV. pag. 499. 1881.

war also gekrümmt. Rumpfwirbel kürzer, mit verlängerten Querfortsätzen, Schwanzwirbel lang, anscheinend ohne untere Bögen. Nordamerikanischer Jura (Oberjurassische Atlantosaurus-beds von Wyoming).

f. *Compsognathidae.*

Von MARSH als eigene Unterordnung betrachtet. Vordere Wirbel opisthocoel. Vorn und hinten drei functionirende Finger. Ischia mit langer Symphyse in der Medianlinie.

Fig. 610.

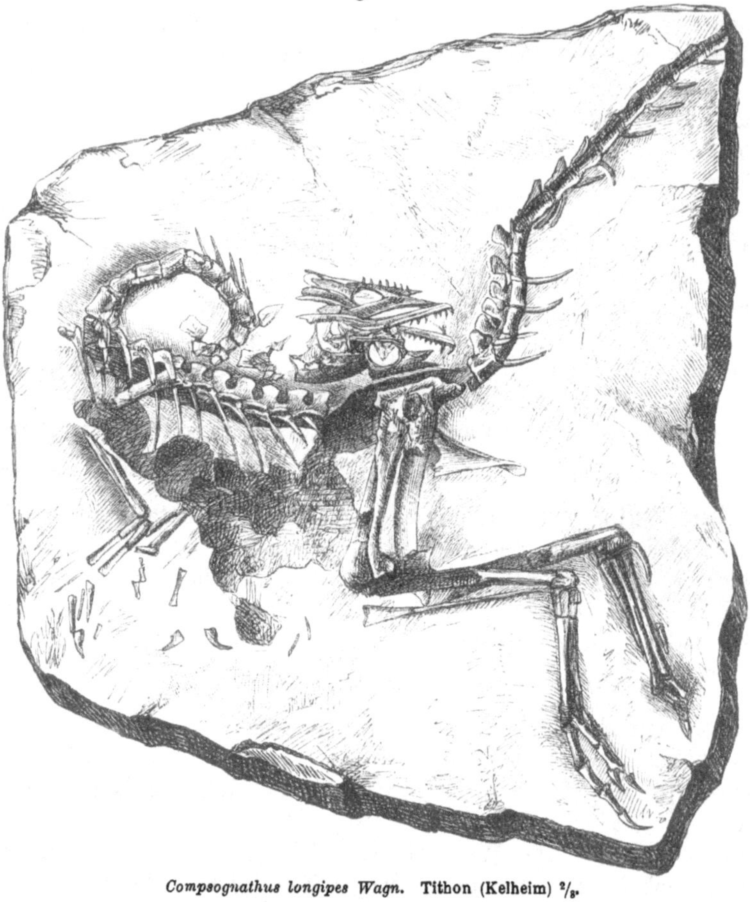

Compsognathus longipes Wagn. Tithon (Kelheim) ²/₃.

Compsognathus Wagn. (Fig. 610). Hals lang, Vorderfüsse klein, Hinterfüsse sehr stark entwickelt. Becken sowohl als Hinterextremität ausserordentlich vogelähnlich.

Compsognathus ist bis nun durch eine einzige Art von geringer Grösse, *C. longipes Wagn.*[1] und diese nur durch ein einziges Exemplar aus dem Schiefer von Kelheim vertreten. Die Bewegung erfolgte unzweifelhaft durch

[1] A. WAGNER: Neue Beitr. z. Kenntn. d. Fauna d. lithogr. Schiefers II. Abthlg. Abhandl. d. kgl. bair. Akad. d. Wiss. IX. Bd. 1861.

die bedeutend längeren und kräftigeren Hinterfüsse, während der lange steife Schwanz dieselbe ähnlich wie beim Känguru unterstützte. Der Bau der Hinterextremität steht, wie G. BAUR[1] gezeigt hat, von allen Dinosauriern den Vögeln am nächsten.

K_5. Hallopoda.

Diese Gruppe wird von MARSH nur mit Vorbehalt zu den *Dinosauriern* gerechnet und denselben gewissermassen als Anhang angereiht. Die „Lauffüsser" waren vermuthlich carnivor. Nur zwei Sacralwirbel, Füsse digitigrad, mit Krallen; drei Finger hinten; *Metatarsalia* sehr verlängert, Calcaneus stark nach rückwärts verlängert. Vorderbeine sehr klein. Wirbel und Extremitätenknochen hohl, Wirbel biconcav.

Hallopus Marsh. Mit den Charakteren der Gruppe, wurde von MARSH zuerst als *Nanosaurus victor* beschrieben, dann als eigene Gattung und endlich als besondere Ordnung abgetrennt. Von allen übrigen *Dinosauriern* durch geringe Zahl der Sacralwirbel verschieden. Femur kürzer als die Tibia, Metatarsalia halb so lang als die letztere; die Verlängerung des Calcaneus nach hinten charakterisirt *Hallopus* als „Laufthier". Nordamerikanischer Jura (untere *Atlantosaurus*-beds von Colorado).

Ausser den aufgezählten sind noch zahlreiche *Dinosaurier*-Gattungen aufgestellt worden, häufig aber auf Grund einzelner Skelettheile. So *Hoplosaurus*, *Oligosaurus*, *Radinosaurus*, *Ornithomerus* und *Doratodon Seeley* aus der Gosanformation der neuen Welt bei Wiener Neustadt, welche theilweise zusammenfallen dürften, wie dies SEELEY selbst von *Doratodon* (von welcher Gattung nur Kopftheile hekannt sind) und *Radinosaurus* (auf Femora, Humeri und Wirbel begründet) für wahrscheinlich erachtet.

Thecospondylus Seeley wird als Repräsentant einer neuen Ordnung oder Unterordnung der *Dinosaurier* erachtet, bei welchen das Skelet zwar nicht pneumatisch war, wie bei *Ornithopsis*, aber so dicht und dünn, wie bei den *Ornithosauriern* und das Sacrum zum Tragen kräftiger Hinterextremitäten geeignet. Es ist diese Gattung jedoch nur auf ein fragmentär erhaltenes Sacrum mit Gesteinsausfüllung des Neuralcanals aus dem Hastings-Sand gegründet. Auch in der Trias Süd-Afrikas finden sich Reste, die wahrscheinlich zu *Dinosauriern* gehören (so dürfte *Paraiasaurus Owen* hierherzustellen sein), doch sind dieselben viel zu unvollständig bekannt um sichere Deutung zuzulassen. *Dinosauriern* dürften endlich die Fussspuren des triadischen Connecticut-Sandsteines angehören, welche früher allgemein Vögeln zugeschrieben wurden („*Ornitichnites*"). MARSH versichert jedoch, häufig vor den Eindrücken der grossen Hinterfüsse diejenigen kleiner Vorderfüsse beobachtet zu haben, so dass die Eindrücke von vierfüssigen Thieren herrühren müssen, welche sich hauptsächlich mittelst der Hinterfüsse bewegten, zuweilen aber auch die Vorderfüsse auf den Boden setzten, wie dies dem Extremitätenbau der *Dinosaurier* entspricht.

[1] Der Tarsus der Vögel und Dinosaurier. Morphologisches Jahrbuch VIII. Bd. 1882.

L. Pterosauria.

Ausgestorbene jurassische und cretacische Reptilien mit dünnwandigen, pneumatischen Knochen, Vorderextremität mit überaus verlängertem äusseren Finger, welcher zur Ausspannung einer Flughaut diente. Seeley wollte für die *Pterosauria* eine eigene Unterklasse *Saurornia* errichten, welche den Vögeln näher stände als den Reptilien. Seeley behauptet, dass die pneumatischen Knochen warmblütigen Thieren angehört haben müssten, welche vollständig getrennte Herzkammern besessen hätten, auch seien die Hirnabgüsse von *Pterosauriern* aus der englischen Kreide viel mehr Vogel- als Reptilien-ähnlich.[1] Ebenso zeigen jedoch auch viele *Dinosaurier* Vogelähnlichkeiten und zwar noch bedeutsamere, so zwar, dass die Abstammung der Vögel von den *Dinosauriern* mit grösster Wahrscheinlichkeit angenommen werden kann, während die *Pterosaurier* eine aberrante Gruppe darstellen, welche ohne Nachkommen erloschen ist. Seit langem kennt und unterscheidet man kurzschwänzige *Pterosaurier* (Typus: *Pterodactylus*) und langschwänzige (Typus: *Rhamphorhynchus*).

Seeley zerlegt die langgeschwänzten Flug-Saurier in drei Familien: *Rhamphorynchidae*, *Dimorphodontae* und *Ornithocheiradae*, welche wir indessen als eine einzige Gruppe zusammenfassen, da *Dimorphodon* und *Ornithocheirus* ebenso wie *Pachyrhamphus* und *Dorygnathus* im Wesentlichen denselben Habitus aufweisen wie *Rhamphorhynchus*, so zwar, dass Zittel sie geradezu als Subgenera von *Rhamphorhynchus* auffasst.[2] Den *Pterodactylidae* und *Rhamphorhynchidae*, welche beide ein mehr oder weniger entwickeltes Zahnsystem besitzen, reihen sich als dritte Familie die *Pteranodontae* an, welche zahnlose Kiefer besitzen, alle ausgezeichnet durch die gleichartige Entwickelung der Vorderextremitäten zu einem Flugorgan, welche durch die enorme Ausdehnung des äussersten Fingers bewirkt wird, durch procoele Wirbel und pneumatische Knochen.

Fig. 611.

Pterodactylus elegans Wagner, lithograph Schiefer, Eichstädt. 2/3.

a. *Pterodactylidae.*

Pterodactylus Cuv. (Fig. 611), mit kurzem Rumpf, langem Hals und Kopf und sehr kurzem Schwanz, Schädel vogelähnlich, mit mittlerem Durchbruch zwischen Augen- und Nasenöffnungen, welcher von den letzteren nicht vollständig getrennt ist, in ersteren ein Scleroticalring. Zwischenkiefer lang, bis zur Spitze bezahnt, Wirbel procoel, Rippen einköpfig. Brustgürtel kräftig, Sternum schildförmig, mit vorderem, stielartigen Medianfortsatz. Coracoideum kräftig, am Brustbein eingelenkt und am Schultergelenk, wo es einen rechten Winkel

[1] Ann. a. Mag. of Nat. Hist. 1866.

[2] Ueber Flugsaurier aus dem lithographischen Schiefer Baierns, Palaeontographica 29. Bd. 1882.

mit dem langen säbelförmigen Schulterblatt bildet, mit einem starken Gelenkkopf versehen. Vorderarm beträchtlich länger als der Oberarm, auch die Mittelhandknochen lang. Drei Finger (2—4) normal entwickelt, der äusserste (5.) überaus stark, mit verlängerten Phalangen zur Stütze für die Flughaut ausgebildet, welche zwischen Leib, Arm und Flugfinger, aber auch zwischen der Vorderextremität, Brust und Hals ausgespannt war. In letzterem Theile der Flughaut lag der sogenannte Spannknochen als Rudiment (Metacarpale) des ersten Fingers. Hinterextremität wohl entwickelt, schlank, mit fünf Zehen, von welchen die äussere zuweilen schwächer entwickelt ist und zu einem Stummel verkümmert. Zahlreiche Sacralwirbel (bis sechs durch v. MEYER nachgewiesen), Schambeine kurz, vorne schaufelartig ausgebreitet, jenen der Crocodile ähnlich, Darmbeine schmal, lang gestreckt, Sitzbeine gestielt, nach unten zu platten, kreisförmigen Scheiben erweitert.

Spuren der Flughaut wurden an manchen Exemplaren aus dem lithographischen Schiefer beobachtet, in welchem mehrere, an Grösse verschiedene Arten von *Pterodactylus* (sämmtlich jedoch von geringen Dimensionen) auftreten. Die auch von SEELEY acceptirte Gattung *Ornithocephalus Sömmering* gründet sich, wie ZITTEL gezeigt hat, lediglich auf einen kleinen *Pterodactylus* (*Pt. brevirostris Sömm.*) mit schlecht erhaltenem Schädel, während *Pachyrhamphus Fitz.* (Type: *Pterodactylus crassirostris Goldf.*), welchen SEELEY ebenfalls zu den *Pterodactylidae* gerechnet hat, zu den langschwänzigen Flugsauriern gehört. Mit mehr Recht wird als eine Untergruppe von *Pterodactylus* betrachtet:

Cycnorhamphus Seeley für *Pterodactylus suevicus Quenst.* aus dem weissen Jura ζ von Nusplingen creirt. Der Name bezieht sich auf die Vogelähnlichkeit des verbreiterten Schnabels, es sind jedoch manche gewichtigere Abweichungen vorhanden, insbesondere zählt das Sacrum angeblich nur zwei Wirbel, die Crista des Brustbeines ist ungewöhnlich kräftig, desgleichen die vordere, zum Flugorgan umgestaltete Extremität, an welcher besonders die ungemein dünnen und langen Metacarpalia auffallen, welche vielleicht als Spannknochen dienten.

Dermodactylus Marsh in einer einzigen Art des amerikanischen Jura (*D. montanus*) bekannt, unterscheidet sich von den echten *Pterodactylen* durch dickwandigere (obwohl ebenfalls pneumatische) Knochen. Auch sind die Zähne, welche MARSH zu *Dermodactylus* rechnet, gerundeter als jene der meisten *Pterodactylen.*

b. *Ramphorhynchidae.*

Rhamphorhynchus Mey. (Fig. 612) unterscheidet sich von *Pterodactylus* durch die vollständige Abgrenzung der mittleren Durchbruchsöffnung am Schädel, zahnlose (wahrscheinlich mit Hornschnäbeln bekleidete) Kieferfortsätze, welche indess nicht bei allen Formen in gleicher Weise nachgewiesen werden konnten, durch kürzeren Hals, durch zweiköpfige, vordere Rippen, durch kurze Mittelhandknochen, insbesondere aber durch die langen, kniefömig gebogenen Schambeine und endlich durch den langen Schwanz, welcher von langen, in einer Scheide von verknöcherten Sehnen steckenden Wirbeln gebildet wird. Die Flughaut konnte an mehreren Exemplaren aus dem lithographischen Schiefer beobachtet werden, welche durch MARSH (*Rh. Münsteri Goldf.* = *Rh. phyllurus Marsh*) und ZITTEL (*Rh. Gemmingi v. Mey.*) geschildert worden sind und an welchen hauptsächlich die geringe Breite

Fig. 612.

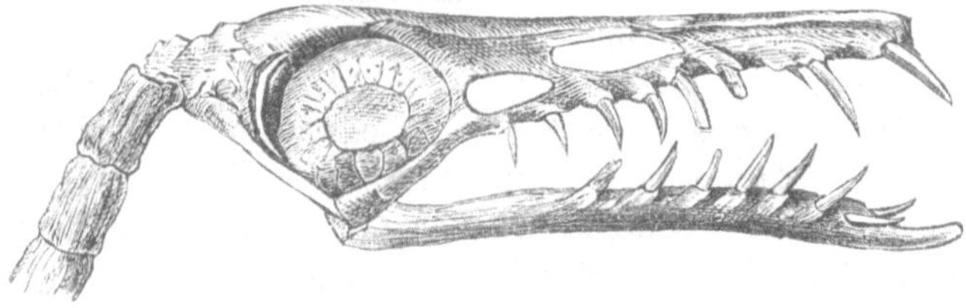

Rhamphorhynchus Gemmingi v. Mey. Eichstädt. 2/3.

im Verhältniss zu der ansehnlichen Länge der Flügel auffällt. An dem durch ZITTEL beschriebenen Exemplar sind noch feine, dem Flugfinger nahezu parallele, starre Längsstreifen sichtbar, die als Sehnenstränge von grosser Feinheit betrachtet werden. Sie werden von feinen Grübchen begleitet, die wahrscheinlich von Tastpapillen herrühren. Bei dem durch MARSH geschilderten *Rhamphorhynchus* fand sich auch am Ende des langen Schwanzes ein rhombisches, verticales Segel, dessen Strahlen den oberen Dornfortsätzen und den Hypapophysen von sechzehn Wirbeln entsprechen. Das Sacrum wird, wie ZITTEL nachwies, von vier Wirbeln gebildet, von welchen jedoch der letzte eine gewisse Selbstständigkeit behauptet; das Becken zeigt eine Combination von Vogel- und Eidechsenmerkmalen, doch herrschen die letzteren vor, zumal in der starken Entwicklung der Schambeine und ihrer Richtung nach vorn. Die Hinterextremität ist zart gebaut, insbesondere die Mittelfussknochen ungemein schlank. Typische *Rhamphorhynchen* sind im lithographischen Schiefer durch mehrere Arten vertreten.

Als Subgenera sind zu betrachten:

Pachyrhamphus Fitzinger (= *Scaphognathus Wagner*). Type: *P.* (*Pterodactylus*) *crassirostris Goldf.*, welcher zumeist in unrichtiger Ergänzung als Beispiel für *Pterodactylus* citirt oder abgebildet wird, indess, wie schon WAGNER und v. MEYER angenommen hatten und ZITTEL überzeugend nachwies, zu den *Rhamphorhynchen* gehört. Kiefer bis zur Spitze mit Zähnen bewaffnet, Schambeine breiter als bei typischen *Rhamphorhynchen.*

Dimorphodon Owen unterscheidet sich hauptsächlich durch das Hervortreten je zweier grösserer Fangzähne und das Mangeln einer zahnlosen Kieferspitze. Type: *Dimorphodon macronyx Buckl. sp.* aus dem englischen unteren Lias von 4′ Spannweite der Flügel. Aus höheren Schichten der deutschen Lias (*Posidonien*-Schiefer) stammt *Rhamphorhynchus Banthensis Theodori*, welcher zwar grosse Fangzähne, zugleich aber auch zahnlose Kieferfortsätze aufweist.

Ornithocheirus Seeley umfasst *Rhamphorhynchen* von oft sehr grossen Dimensionen angehörige Reste aus der Kreide Englands: aus dem Wealden von Tilgate, welche MANTELL früher wegen ihrer Dünnwandigkeit Vögeln zuschrieb und aus höheren Kreideschichten: *Pterodactylus giganteus Bowerbank* aus dem Upper-Kalk von Kent, *Pt. simus*, *Pt. Fittoni* und *Sedgewickii Ow.* aus dem Upper-Greensand von Cambridge. Die Spannweite der Flügel der letzteren mag sechs Meter betragen haben.

c. *Pteranodontidae.*

Pteranodon Marsh. Abgesehen von den zahnlosen Kiefern besonders ausgezeichnet durch Verknöcherung mehrerer Rückenwirbel und die Gelenkung der Scapulae an den gemeinschaftlichen Dornfortsätzen dieses Wirbelknochens zur Stütze des Brustgürtels, welcher in dieser Weise gewissermassen eine Wiederholung des Beckengürtels darstellt. Die Flügel dieser Formen erreichen sehr bedeutende Dimensionen, ihre Spannbreite wird bis auf 25′ geschätzt, doch kommt neben diesen riesigen zahnlosen Formen auch eine kleinere (*Pteranodon nanus Marsh* mit etwa einen Meter betragender Flügelspannung) in den cretacischen *Pteranodon*-beds Nordamerikas vor. Marsh vermuthet übrigens, dass auch *Pterasaurier*-Reste der englischen Kreide zu *Pteranodon* (oder verwandten Formen gehören, sie seien von Owen und Seeley als Stirnbein und Vomer gedeutet worden, während sie wahrscheinlich den stark entwickelten oberen Bögen angehören, welche die Verbindung der oben erwähnten Wirbel mit den Scapulae vermitteln.

Zeitliche Verbreitung und Stammesgeschichte.

Reptilien erscheinen gegen das Ende der palaeozoischen Zeit, wahrscheinlich als Abkömmlinge der *Stegocephalen*, welche als die gemeinsame Wurzel des Reptilien- und Amphibienstammes zu betrachten sind. Wichtig ist, dass die *Lacertilia*, welche im Allgemeinen eine sehr junge Reptilien-Gruppe darstellen, durch einzelne Vorläufer (z. B. *Proterosaurus*) schon in der Dyas vertreten sind, eine Thatsache, welche die Eintheilung der Reptilien in *Palaeosauria* und *Cainosauria* in jener Weise, wie sie neuerdings Seeley vertreten hat,[1] kaum gerechtfertigt erscheinen lässt. Allerdings erscheinen die *Lacertilier* in geologisch älteren Formationen sehr spärlich, aber sie sind doch vertreten, während die anscheinend primitiv organisirten Schildkröten bis nun erst vom Jura an bekannt sind.

Die in den palaeozoischen Schichten durch spärliche Vorläufer vertretenen Reptilien erreichen schon zur Triaszeit eine sehr bedeutende Mannigfaltigkeit. Vor allem sind als fremdartigste Elemente des mesozoischen Saurierreiches die *Anomodontia* hervorzuheben, welche zumal in den Karoo-Sandsteinen Süd-Afrika's, welche der Trias (oder noch den jüngsten palaeozoischen Schichten?) zugerechnet werden dürfen, in grosser Mannigfaltigkeit auftreten. Die *Cryptodontia* (z. B. *Oudenodon*) erinnern im Umriss des Schädels wie in der schnabelartigen Form der zahnlosen Kiefer sehr an Schildkröten, zu welchen jedoch bis nun die Bindeglieder fehlen, da Schildkröten erst zu Ende der

---

[1] In einer Abhandlung über *Neusticosaurus pusillus* Quart. journ. geolog. Soc. 38. Bd. 1882.

mesozoischen Epoche erscheinen. Die *Dicynodontia* sind überaus fremdartig durch ihr mit Ausnahme der walrossartigen Hauer des Oberkiefers zahnloses Gebiss (*Dicynodon*, *Ptychognathus*), nicht weniger aber die *Endothiodontia*, welche der Kieferzähne entbehren und nur Gaumenzähne besitzen. Unter den Reptilien besonders auffallend durch ihre Bezahnung, welche jener der carnivoren Säugethieren entspricht, sind endlich die *Theriodontia*, welche Owen den *Anomodontia* auch als gleichwerthige Gruppe gegenübergestellt hat. Sie erreichen in ihren drei Untergruppen, den *Binarialia* (*Lycosaurus*, *Tigrisuchus*) *Mononarialia* (*Cynodraco*, *Cynochampsa*, *Cynosuchus*, *Galesaurus* u. A.) und *Tectinarialia* (*Gorgonops*) grossen Formenreichthum. Auffallend ist, dass alles, was andere Gebiete (Russland, Australien und Indien) an *Anomodontiern* zumeist aus altmesozoischen aber nicht näher und sicher horizontirbaren Bildungen geliefert haben, so sehr hinter dem Reichthum Süd-Afrika's zurückbleibt. In der Trias spielen ferner *Enaliosaurier* (Meersaurier) eine bedeutende Rolle und zwar erscheinen neben den durch sehr zahlreiche Formen vertretenen *Sauropterygiern* (*Nothosaurus*, *Conchiosaurus*, *Simosaurus*, *Neusticosaurus*, *Pistosaurus*, *Placodus*) auch schon Vertreter der *Ichthyopterygier* (*Ichthyosaurus atavus*). *Neusticosaurus*, dessen vordere Extremitäten Flossen wie jene der *Sauropterygier* sind, während die Hinterextremitäten mit Krallen versehene Füsse darstellen, soll nach Seeley die Abstammnng der *Sauropterygier* von Landthieren beweisen. Die triadischen *Crocodilier* oder *Parasuchia Huxley* (*Stagonolepis*, *Belodon*, *Aetosaurus*) gleichen in vieler Hinsicht schon ihren Nachkommen (*Mesosuchia* und *Eusuchia*), erinnern aber auch an Eigenthümlichkeiten der grossen Gruppe der *Dinosaurier*. Den *Dinosauriern* und zwar den carnivoren *Theropoda* gehören die triadischen Familien der *Zanclodontidae* (*Zanclodon*, *Teratosaurus*) und *Amphisauridae* (*Amphisaurus*, *Palaeosaurus* und *Thecodontosaurus*) an.

Es entfaltet demnach der Reptilienstamm schon in der Trias sehr grosse Mannigfaltigkeit, welche im Jura noch wesentliche Steigerung erfährt, wenn auch hier die *Anomodontia* erlöschen. An ihrer Stelle erscheinen die ersten Schildkröten (welche wohl durch derzeit noch unbekannte Glieder von den *Cryptodontia* abstammen).

Die eigentlichen Saurier (*Lacertilier*) sind auch im Jura nur sehr spärlich vertreten (*Geosaurus*, *Homoeosaurus*, *Acrosaurus*, *Sapheosaurus* u. A.), dafür spielen die *Dinosausier* eine äusserst wichtige Rolle. Im Jura Nordamerikas erscheinen colossale herbivore-*Sauropoden*, die riesigsten Landthiere, welche auf der Erde gelebt hatten (*Atlantosaurus*, *Apatosaurus*, *Brontosaurus*, *Morosaurus*); aber auch in Europa fanden sich, wenn auch in geringer Vollständigkeit, Reste grosser dem Jura oder der Grenzbildung zwischen Jura und Kreide, dem Wealden angehörige *Sauropoden* (*Cetiosaurus*, *Ornithopsis*, *Pelorosaurus* u. A.). Die gleichfalls herbivoren, aber durch weitgehende Hautpanzerung ausgezeichneten *Stegosauria* sind im amerikanischen Jura durch wenige (*Stegosaurus* und *Diracodon*), im europäischen Jura und Wealden durch zahlreiche Formen (*Omosaurus*, *Scelidosaurus*, *Hylaeosaurus*, *Palacanthus*, *Acanthopholis*) vertreten. Die herbivoren *Ornithopoda* enthalten die jurassische Gruppe der *Camptonotidae* (*Camptonotus*, *Laosaurus*, *Nanosaurus* in Nordamerika,

Hypsilophodon im englischen Wealden). Die carnivoren *Theropoda* umfassen zwei jurassische Gruppen (der triadischen *Zanclodontidae* und *Amphisauridae* wurde bereits gedacht), nämlich die *Megalosauridae* (*Megalosaurus* und *Dakosaurus* in Europa, *Allosaurus*, *Coelosaurus*, *Creosaurus* und *Laelaps* in Amerika) und die *Labrosauridae* (*Labrosaurus* in Nordamerika). Die *Coeluria* und *Hallopoda* sind durch je eine nordamerikanische Gattung, die *Compsognatha* durch eine europäische vertreten. Die *Dinosaurier* erreichen demnach im Jura ihre grösste Mannigfaltigkeit.

Im Jura aber erscheinen auch die höchst eigenthümlichen *Pterosaurier* und zwar sowohl die *Pterodactylidae* mit kurzem, als die *Rhamphorhynchidae* mit langem Schwanz.

Im Jura erreichen auch die *Enaliosaurier* den Höhepunkt ihrer Entfaltung, die *Sauropterygier* sind durch ziemlich häufige Vorkommnisse von *Plesiosaurus*, die *Ichthyopterygia* durch geradezu massenhafte von *Ichthyosaurus* vertreten. Zu letzteren gesellt sich die im nordamerikanischen Jura vorkommende, durch zahnlose Kiefer ausgezeichnete Gruppe der *Sauranodonta*, welche sich zu den *Ichthyosauriern* verhalten wie *Pteranodon* zu *Pterodactylus*. Der Stamm der Crocodile erfährt im Jura eine weitere Entwickelung durch das Auftreten zahlreicher der Huxley'schen Gruppe der *Mesosuchia* angehörenden Formen (*Teleosaurus*, *Mystriosaurus*, *Gnathosaurus*, *Racheosaurus*).

Wenn man im Allgemeinen die mesozoische Epoche als das Reptilien-Zeitalter bezeichnete, so kommt diese Benennung in erster Linie der Juraformation zu, denn in der Kreide beginnt jener Process, welcher als eine Verdrängung der Reptilien durch die Vögel und Säugethiere bezeichnet werden kann und welcher mit dem Beginn der Tertiärzeit schon grosse Fortschritte gemacht hatte.

In der Kreidezeit erlöschen zunächst die *Dinosaurier*, welche noch mit Beginn dieser Formation, im Wealden eine sehr grosse Rolle gespielt hatten. Es muss übrigens an dieser Stelle bemerkt werden, dass die amerikanischen Forscher über das Alter der nordamerikanischen *Dinosaurier*-Schichten durchaus nicht einig sind und dass Cope Bildungen für cretacisch hält, welche von Marsh als jurassisch betrachtet werden. Wäre die erste Auffassung richtig, so würde die Zeitverschiedenheit der europäischen Blüthe der *Dinosaurier*, welche dem Wealden, also der Grenze zwischen Jura und Kreide sowie den höheren Bildungen der letzteren Formation angehört, und der Hauptentfaltung der *Dinosaurier* in Nordamerika hinwegfallen. Dem Wealden gehören in Europa, wie bereits erwähnt, zahlreiche aber ungenau bekannte Vertreter der *Sauropoda* (*Morosauridae*) und der *Stegosauria* (*Scelidosauridae*) an. Letztere sind auch in höheren Kreideschichten durch mehrere Formen vertreten. Die *Ornithopoda* sind, abgesehen von den *Camptonotidae* des amerikanischen Jura, welche im Wealden durch *Hypsilophodon* ersetzt werden, in Europa durch die *Ignanodontidae* vertreten, welche im Wealden erscheinen, aber auch in höhere Kreidebildungen (Gosau) hinaufreichen. In Nordamerika erscheinen in cretacischen Bildungen die eigenthümlichen *Hadrosauridae*, welche durch ihre in verschiedene Reihen gestellten Zähne die Kauflächen der herbivoren Säuger imitiren.

Endlich erscheinen in der Kreide noch einzelne Nachzügler der carnivoren *Theropoda:* so kommt noch in der obersten Kreide von Maestricht ein *Megalosaurus* vor.

Ebenso wie die *Dinosaurier* erreichen die *Pterosaurier* in der Kreide ihr Ende. Sie entfalten jedoch in derselben einen bedeutenden Reichthum an grossen Formen, unter welchen insbesondere die zahnlosen (*Pteranodon*) Aufmerksamkeit erregen. Die *Pterosaurier* sind jedoch durch die Concurrenz der Vögel ebenso verdrängt worden wie die *Dinosaurier* durch jene der Säugethiere.

Die *Enaliosaurier* treten in der Kreide sehr zurück, obwohl neben *Ichthyopterygiern* (*Ichthyosaurus*) auch *Sauropterygier* (*Polyptychodon*) auftreten.

In aufsteigender Entwickelung sind in der Kreide von sämmtlichen Unterabtheilungen der Reptilien nur die *Chelonier* (welche indess erst vom Eocän an grösseren Formenreichthum entfalten), die *Crocodilier* (neben den *Mesosuchia* erscheinen in der Kreide bereits Formen, welche den recenten Crocodilen sehr nahe stehen: *Eusuchia*) und die *Saurier* im engeren Sinne (*Lacertilier* oder *Cionocranier*) begriffen. Aber die *Lacertilier* selbst entwickeln noch nicht jene Mannigfaltigkeit, welche für die Gegenwart charakteristisch ist, auch ist die, offenbar aus ihnen hervorgehende Gruppe der Schlangen bis nun nur in einem einzigen Vorläufer bekannt, welcher darauf hinweist, dass die Abzweigung der Schlangen von den *Lacerten* schon zu mesozoischer Zeit stattgefunden hat. Darauf deutet wohl auch die erloschene und aberrante Gruppe der *Pythonomorpha* hin, welche in der Kreide eine so grosse Rolle spielt (*Mosasaurus*, *Clidastes*, *Liodon*, *Lestosaurus*, *Tylosaurus*, *Edestosaurus* etc.) und sich zu den *Lacertiliern* und *Ophidiern* ähnlich verhalten mag, wie die *Pterosaurier* zu den *Dinosauriern* und den Vögeln. Denn wenn es auch als ziemlich sicher gelten mag, dass die Schlangen von den Eidechsen, die Vögel von den *Dinosauriern* herzuleiten sind, so überbrücken doch weder die *Pythonomorphen*, noch die *Pterosaurier* die betreffenden Lücken, sind vielmehr aufzufassen als fehlgeschlagene Versuche, die zweckmässigere Organisation zu erreichen.

Die Reptilienfauna der Tertiärzeit unterscheidet sich nicht wesentlich von der gegenwärtigen, da die fremdartigen, für die mesozoische Periode charakteristischen Gruppen der *Dinosaurier*, *Enaliosaurier*, *Pterosaurier* und *Pythonomorpha* fehlen. Die Schildkröten weisen zur Tertiärzeit bereits dieselben Gruppen auf, welche heute leben, desgleichen die Crocodile. Die Eidechsen sind zwar anscheinend zur Tertiärzeit (ebenso wie die Schlangen) verhältnissmässig spärlich vertreten, vielleicht ist jedoch die Seltenheit ihrer Reste nicht so sehr der geringen Zahl an Formen und Individuen zuzuschreiben, welche zur Tertiärzeit gelebt haben, als der Schwierigkeit der Erhaltung. Es wäre dann die Seltenheit tertiärer Eidechsenreste ähnlichen Umständen beizumessen, wie die Seltenheit tertiärer Reste von Vögeln.

Ueber die Descendenz- und Verwandtschaftsverhältnisse der grossen Gruppen des Reptilien-Reiches kann man heute noch kaum sichere Schlüsse ziehen. Dass sie auf den ihnen und den *Amphibien* gemeinschaftlichen Stamm der *Stegocephalen* zurückzuführen sind, ist wohl zweifellos. Seeley unterscheidet mit H. v. Meyer zwei grössere Gruppen oder Stämme: *Palaeosauria* (*Crocodilia*, *Rhynchocephalia*, *Chelonia*, *Ichthyosauria*, *Plesiosauria*, *Anomodontia* und *Dinosauria*) und *Cainosauria* (*Lacertilia* und *Ophidia*). Mit Recht bemerkt Dames[1] zu dieser Gruppirung, dass sie insoferne befremde, als die *Lacertilier* unzweifelhaft schon palaeozoisch waren, während die *Chelonier* erst im oberen Jura auftreten.

Wenn auch die Descendenzverhältnisse einzelner Stämme einigermassen klar sind (z. B. der Zusammenhang der *Pythonomorpha* sowie der *Ophidier* mit den *Lacertiliern;* die Entwickelung der jüngeren Crocodile oder *Eusuchia* aus den *Mesosuchia* und dieser aus den fremdartigen, ältesten Formen oder *Parasuchia*), so sind doch noch ungleich mehr Fragen ungelöst, wie z. B. jene, welche die vermuthete Verwandtschaft der cryptodonten *Anomodontia* und der Schildkröten betrifft, ebenso die Frage nach der Verwandtschaft der *Anomodontia* und *Dinosauria*, nach jener zwischen den letzteren und den Crocodilen und *Enaliosauriern* u. s. w.

Es muss zugegeben werden, dass der Palaeontologie derzeit die Materialien mangeln, diese Fragen anders als durch ziemlich haltlose Hypothesen zu beantworten. Deshalb erscheint der Versuch einen Stammbaum der Reptilien zu entwerfen, heute noch verfrüht.

4. *Aves.*

Befiederte Wirbelthiere mit zu Flügeln umgestalteten Vorderextremitäten, mit einfachem Hinterhauptscondylus und beweglichem Quatratbein. Die lebenden Formen (und wohl auch alle fossilen) sind eierlegende Warmblütler mit vollständig getrennten Herzkammern und rechtem Aortenbogen. Die recenten besitzen zahnlose mit Hornscheiden bewaffnete Kiefer (*Euornithes*[2]), zwei erloschene Gruppen (*Saururae* und *Odonthornithes*) sind mit Zähnen ausgerüstet. Während aber die *Odonthornithes* im Skeletbau der Hauptsache nach mit den *Euornithes* übereinstimmen, sind die *Saururae* durch eine lange Schwanzwirbelsäule und nicht verschmolzene Mittelhandknochen ausgezeichnet.

A. Saururae.

Kiefer bezahnt, Extremitäten nach dem Typus der geologisch jüngeren Vögel gebaut, jedoch mit getrennten Mittelhand- und Mittelfussknochen, Wirbel biconcav, die Knochen des Beckens nicht verwachsen, Schwanz über Körperlang, mit zweireihig angeordneten starken Federn.

Archaeopteryx Owen (*Gryphosaurus Wagner*). Abgesehen von schon früher bekannten Spuren der Befiederung bis nun durch zwei Reste aus dem lithographischen Schiefer von Solenhofen bekannt, deren einer (Fig. 613) nach England kam und von Owen beschrieben worden ist,[3] während der zweite später gefundene, vollständigere aber kleinere nach Berlin gelangte und

---

[1] Neues Jahrbuch 1883, I. pag. 314.
[2] A. v. Mojsisovics: System. Uebers. d. Thierreiches. p. 125.
[3] Philosoph. Transact. 1863. pag. 33.

durch Dames zum Gegenstande eingehender Untersuchung gemacht wurde.[1] *Archaeopteryx* besitzt einen kleinen Kopf mit grossen Augenhöhlen, die Kiefer sind mit eingekeilten Zähnen bewaffnet. Etwa 20 praesacrale und gleichviel Caudalwirbel. Das Sacrum wird von einer geringeren Zahl von Wirbeln (nicht mehr als fünf, wahrscheinlich aber weniger) gebildet. Wirbel biconcav. Rippen sehr zart, ohne Processus uncinnati. Schultergürtel vom Vogeltypus nicht abweichend, Brustbeine breit, Gabelknochen vorhanden, auch die Lage von Caracoid und Scapula mit jener bei den jüngeren Vögeln übereinstimmend. Vorderextremität mit drei freien Metacarpen (an Embryonalstadien der heutigen Vögel erinnernd) und drei mit einer gekrümmten Kralle endigenden Fingern. Im Becken Ilium, Ischium und Pubis getrennt (wie beim *Dinosaurier*-Becken und Vogelembryo), Mittelfussknochen wohl zu einem Complex vereinigt, aber mit tiefen Einschnitten. Vorderextremität mit kräftigen Schwungfedern bekleidet, welche am Ulnarrand des Vorderarmes und der Hand sitzen. Es sind echte Federn mit Bart und Kiel, welche nahezu bis zur Mitte mit feinem Flaum bedeckt sind. Auch die Hinterextremität

Fig. 613.

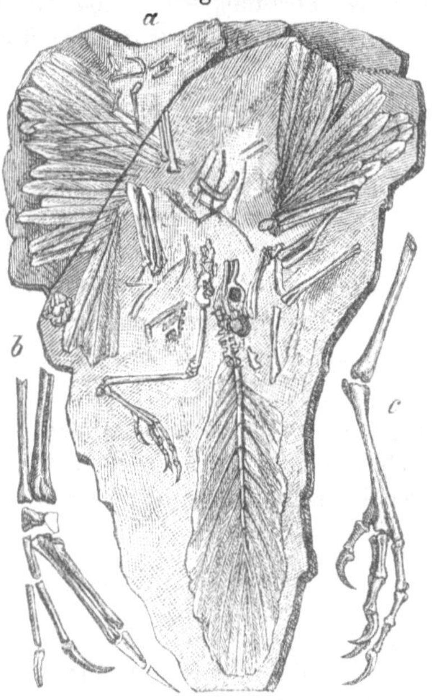

Archaeopteryx lithographica Cuvier v. Mey. Solenhofener Schiefer. *a* Platte mit dem durch Owen beschriebenen Exemplar (1/6), *b* Flügel, *c* Fuss.

Fig. 614.

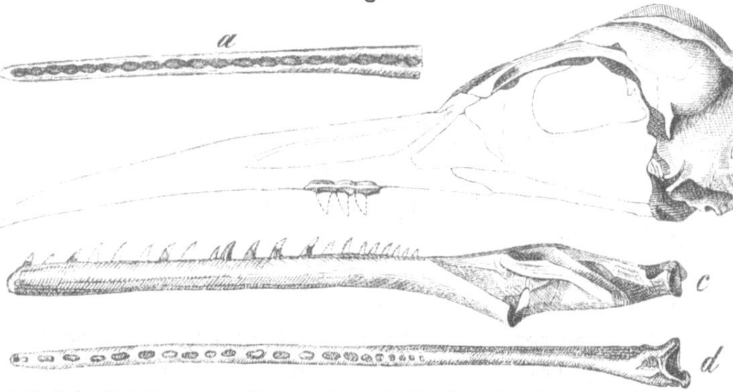

a Vordertheil des Unterkiefers von *Hesperornis regalis Marsh.* *b* Schädel von *Ichthyornis dispar Marsh.* *c* Rechter Unterkieferast von *Ichthyornis dispar* von innen, *d* derselbe von oben. *a* 2/3, *b*, *c*, *d* vergr.

bis zum Ende der Tibia mit einem Federkleid bedeckt (vielleicht auch eine

[1] Sitzungsber. d. k. preuss. Akad. d. Wissensch. 1882. pag. 817.

Halskrause nach Art des Condors vorhanden), endlich an jedem Schwanzwirbel ein Paar Steuerfedern, der übrige Körper dürfte nackt gewesen sein.

B. Odontornithes.

Skeletbau der Hauptsache nach jenem der Vögel analog, Kiefer jedoch mit Zähnen bewaffnet, welche entweder in einer Rinne oder in besonderen Gruben stehen, wonach Marsh die *Odontornithes* in *Odontolcae* (Fig. 614 *a*) und *Odontotormae* (Fig. 614 *b*, *c*, *d*) trennt, in den Details der Organisation noch zahlreiche Reptilieneigenthümlichkeiten vorhanden, welche den *Euornithes* fehlen.

B_1. Odontolcae.

Grosse flügellose Schwimmvögel, Ober- und Unterkiefer mit Zähnen in Rinnen, Knochen nicht pneumatisch.

Hesperornis Marsh (Fig. 615). Schädel lang und schmal, mit kleiner Kammer für das jenem der Reptilien sehr ähnliche Gehirn, Zwischenkiefer zahnlos (wahrscheinlich mit einem Hornschnabel bedeckt und nicht durch Synostose, sondern wie bei manchen Reptilien durch Bandmasse vereinigt,

Fig. 615.

Hesperorsis regalis Marsh. Kreide, Kansas N. A.

Fig. 616.

Oberer Zahn von *Hesperornis regalis Marsh* (amerik. Kreide) mit einem jungen Ersatzzahn, fünfmal vergr.

desgleichen die beiden Aeste des Unterkiefers, deren Elemente durch deutliche Nähte getrennt sind, Oberkiefer mit 14, Unterkiefer mit 33 Zähnen, welche in einer Furche standen und durch wenig hervortretende Knochenleisten getrennt waren. Gestalt, feinere Structur und Ergänzung der Zähne (Fig. 616) jener der Reptilienzähne vollkommen analog. Hals schlank, aus 17, der übrige praesacrale Theil der Wirbelsäule aus sechs Wirbeln gebildet, Sacrum von 14 synostatisch verbundenen, Schwanz aus 12 theilweise verwachsenen, starken Wirbeln bestehend. Schultergürtel schwach gebaut, in seiner Structur, insbesondere in der Lage von Coracoid und Scapula an *Dinosaurier* und *Struthioniden* erinnernd. Schlüsselbeine zart, nach vorn und unten nicht verwachsen, Brustbein dünn und schwach, Vorderextremität auf den dünnen und schwachen Humerus reducirt, ausser welchem nur schwache, einer näheren Deutung unzugängliche Knochenstückchen vorhanden sind. Von den neun Paar Rippen sind die drei vordersten als Halsrippen entwickelt. Die Rippen stimmen im Wesentlichen mit jenen der *Euornithes* überein, namentlich besitzen die meisten wohl entwickelte Processus uncinnati. Beckengürtel aus vollkommen verschmolzenen Knochen bestehend, in manchen Eigenthümlichkeiten (Processus ilio-pectineus des Schambeines) an die *Struthioniden* und *Dinosaurier* gemahnend. Hinterextremität zu einem überaus kräftigen Schwimmfuss entwickelt, Femur kurz, gedrungen, Tibia lang und kräftig, mit aufgetriebenem oberen Ende, an welchem eine starke Patella auftritt. Fibula schwach, Fuss vierzehig, mit nach vorn gewendeter erster Zehe. Nordamerikanische Kreide.

Zu den *Odontolcae* dürfte auch *Baptornis Marsh* gehören, welche Gattung bis nun nur in sehr unvollständigen Resten aus der nordamerikanischen Kreide bekannt ist, sowie *Enaliornis Seeley*, auf unvollständige Reste der europäischen Kreide gegründet.

B_2. Odontotormae.

Kleine Vögel mit ausgezeichnetem Flugvermögen, Zähne in besonderen Gruben (vergl. Fig. 614 *b*, *c*, *d*), Wirbel biconcav. Knochen mehr oder minder pneumatisch.

Ichthyornis Marsh. Schädel verhältnissmässig gross, mit stark verlängertem Gesichtstheil, Gehirnkammer klein, Verhältnisse des Gehirns Reptilien ähnlich. Unterkieferäste durch Bandmasse vereinigt, die einzelnen Elemente aber verschmolzen, nur zwischen Angulare und Spleniale eine Fuge sichtbar, Zähne im Ober- und Unterkiefer in besonderen Gruben, spitz, mehr oder minder comprimirt und gekrümmt. Ob der Zwischenkiefer bezahnt war, ist unsicher, wahrscheinlich glich er jenem von *Hesperornis.* Von der Wirbelsäule sind nur einzelne Elemente erhalten, die betreffenden Wirbel sind biconcav. Der Schultergürtel gleicht jenem der recenten Vögel, welche grosses Flugvermögen besitzen (*Carinatae Huxley*) und entbehrt der Aehnlichkeiten mit Reptilien und *Struthioniden*, welche bei *Hesperornis* auftreten. Sternum stark gekielt, alle Elemente des Flügels gut und nach dem Typus der *Euornithes* entwickelt, namentlich die Mittelhandknochen verschmolzen. Beckengürtel und Hinterextremitäten bedeutend schwächer, Sacrum aus zehn vereinigten Wirbeln gebildet, die Theile des Beckens vollständig coossificirt. Schwanz kurz, mit jenem der recenten Vögel übereinstimmend. „*Pteranodon*-beds", Nordamerikanische Kreide.

Mit *Ichthyornis* nahe verwandt und nur durch untergeordnete osteologische Merkmale verschieden ist *Apatornis Marsh*, ebenfalls aus dem *Pteranodon*-beds der nordamerikanischen Kreide.

Wahrscheinlich gehören auch die auf mehr oder minder unvollständige Reste gegründeten Gattungen *Graculavus*, *Laornis*, *Palaeotringa* und *Telmatornis Marsh* zu den *Odontornithes*, sie stammen jedoch aus den obercretacischen

Schichten von New-Yersey, während *Hesperornis*, *Baptornis*, *Ichthyornis* und *Apatornis* aus den mittelcretacischen *Pteranodon*-beds von West-Kansas und Texas herrühren.

C. Euornithes.

Kiefer ohne Zähne, mit Hornschnabel (zuweilen zahnartig gekerbt). Die *Euornithes* können nach der Entwickelung des Sternums in *Ratitae* und *Carinatae* getheilt werden, obwohl diese Eintheilung keine durchgreifende ist.

C_1. Ratitae.

Sternum ohne Crista.

a. *Dinornithidae*.

Ausgestorbene (jedoch erst in jüngster Zeit durch den Menschen ausgerottete) flügellose Vögel von sehr bedeutenden Dimensionen.

Dinornis Owen („*Moa*" der Neuseeländer) (Fig. 617). Von plumpem Bau. Knochen nicht pneumatisch, Vorderextremität vollständig verkümmert, Hinterfüsse überaus kräftig, dreizehig. Die einzelnen Theile des Skeletes erinnern an verschiedene recente Formen. Owen vergleicht den kleinen, auf einem schlanken Halse sitzenden Kopf mit jenem der Dronte (*Didus ineptus*, welche die Zoologen meistens den Tauben zurechnen, obwohl die leider nur sehr unvollständig bekannten Reste eine von allen übrigen recenten Vögeln ziemlich abweichende Stellung andeuten); das Sternum mit jenem des Kiwi (*Apteryx australis*), das Becken mit jenem der Trappe (*Otis*). *Moa*-Knochen und ganze Skelete von grosser Vollständigkeit, sowie Eier dieser Riesenvögel, fanden sich in sehr jungen Bildungen (Torfmoore, Knochenhöhlen) Neuseelands. Owen beschreibt zahlreiche Arten, von welchen die kleineren *Din. didiformis*, *Din. rheides*, *Din. casuarinus* die Grösse der Dronte, des Nandu und Casuar erreichen, während die grösseren *Din. elephantopus*, *Din. struthioides* und *Din. giganteus* (bis 3.5 Meter hoch!) den Strauss an Grösse und insbesondere an massiger Knochenentwickelung übertreffen. Nord- und Süd-Insel von Neuseeland besitzen verschiedene Arten, was auf grosses Alter ihrer Trennung hindeutet.

Fig. 617.

Dinornis elephantopus Owen. Diluvium Neuseeland.

Palapteryx Owen, von *Dinornis* durch manche Eigenthümlichkeiten (Bau des Kopfes und Beckens) verschieden. Fuss wahrscheinlich vierzehig. Mehrere Arten: *P. ingens*, *dromaeoides*, *geranoides* etc. in den jüngeren Bildungen Neuseelands.

Aepyornis von Madagascar ist unvollständig bekannt, dürfte aber gegen die neuseeländischen Riesenvögel nicht an Grösse und massiger Gestalt der Knochen zurückstehen, oder sie sogar übertreffen. In jungen Alluvionen gefundene Eier massen 34 cm in der Länge, 22.5 cm in der Breite und fassten etwa acht Liter, d. i. 150mal soviel als ein Hühnerei.

b. *Apterygidae.*

Flügellos, mit langem, dünnen schnepfenartigen Schnabel, haarartiger Befiederung, drei grossen nach vorn gerichteten Zehen mit Scharrkrallen und einer kurze Hinterzehe.

Apteryx australis Shaw auf der Nordinsel, *A. Owenii u. A. maxima Verr.* auf der Südinsel von Neuseeland lebend, die letzten näheren Verwandten der erloschenen *Dinornithidae* und selbst im Aussterben begriffen.

c. *Casuaridae.*

Schnabel hoch, zusammengedrückt, Vorderextremität verkümmert, Beine dreizehig, Federn mit langem Afterschaft.

Dromaeus Vieill. mit schwingenlosen Flügeln und *Casuarius L.* mit fünf fahnenlosen Federschäften in jedem Flügel leben auf Australien, Neu-Guinea und benachbarten Inseln. Die Gattung *Dromaeus* ist auch im Tertiär Indiens vertreten:

Dromaeus Sivalensis Lydekker aus den Sivalikschichten erreicht die doppelte Grösse des recenten *Dromaeus Navae Hollandiae Gray.*

d. *Rheidae.*

Mit langem Oberarm, Federn ohne Afterschaft und mit breitem niedergedrückten Schnabel, Fuss dreizehig, Kopf und Hals theilweise befiedert.

Rhea Moehr „Nandu", amerikanischer, zweizehiger Strauss, auch in den süd-amerikanischen Knochenhöhlen durch LUND nachgewiesen.

e. *Struthionidae.*

Mit langem Oberarm, zweizehigem Fuss, nacktem Kopf, Hals und Beinen.

Struthio, afrikanischer, zweizehiger Strauss.

Struthio asiaticus Milne Edwards findet sich in den Sivalikschichten Indiens, wo sein Vorkommen neben *Dromaeus sivalensis* auf die alte Landverbindung zwischen Asien, Afrika und Australien hindeutet.

C_2. Carinatae.

Euornithes mit Crista Sterni (welche nur wenigen Formen mangelt, bei welchen sie durch Nicht-Gebrauch der Flügel verkümmerte).

a. *Urinatores.*

„Taucher" mit kurzen, sichelförmigen, bisweilen beschuppten Flügeln, weit hinten inserirten Beinen, durch Schwimmhäute verbundenen Vorderzehen und nach hinten gerichteter, zuweilen fehlender Innenzehe.

α. *Gastornithidae.*

Ausgestorbene Formen mit primitivem Skeletbau (unverwachsenen Metacarpus) anscheinend sowohl mit den *Struthionidae* als mit den *Urinatores* verwandt.

Gastornis (*Palaeornis*) *Parisiensis* aus dem plastischen Thon von Meudon, nur in Fragmenten (Tibia und Femur) der Hinterextremitäten bekannt, welche zumeist einem Strauss-ähnlichen Vogel zugeschrieben werden.

Gastornis Edwardsii Lemoine von Rheims besitzt indessen ziemlich entwickelte Flügel, die wahrscheinlich zum Schwimmen dienten. *Metacarpus* nicht verwachsen, auch die Nähte der Schädelknochen (wie bei jungen *Struthioniden*) sichtbar.[1]

β. *Colymbidae.*

Mit walzigem Körper, comprimirtem, spitzigem Schnabel, rudimentärem oder sehr kurzem Schwanz. Hinterzehe mit herabhängendem Lappen. Von den hierhergehörigen recenten Gattungen ist *Colymbus L.* auch in Diluvialablagerungen (Kirkdaler Höhle) bekannt.

γ. *Alcidae.*

Körper gedrungen, plump, Schnabel comprimirt, meist kürzer als der Kopf, Hinterzehe fehlt meistens.

Alca impennis L. „Riesenalk“ scheint gegenwärtig bereits ausgerottet, lebte noch Anfangs dieses Jahrhunderts auf Island und Grönland. Knochenreste kommen in der „Kiökken möddings“ von Dänemark, sowie unter den Resten von Nahrungsmitteln des Menschen zur Steinzeit Schottlands (zu Carthness-shire) vor.

b. *Longipennes.*

Mit langen, spitzen Flügeln, kurzen Armschwingen, bis zur Ferse befiederten Schienen, durch Schwimmhäute verbundenen drei Vorderzehen, nach hinten gerichteter, kleiner oder fehlender Innenzehe.

α. *Procellariidae.*

„Sturmvögel“, mit röhrenförmigen Nasenlöchern, ohne Hinterzehe mit zackigem Schnabel. Mit der recenten Gattung *Diomedea L.* (Albatros) werden verglichen:

Pelagornis miocaenicus Lartet, nur in einem Humerus aus dem Miocän von Armagnac bekannt, welcher eine Länge von 58 cm besitzt und den Oberarm von *Diomedea exulans* bedeutend übertrifft.

Argillornis longipennis Owen aus dem Londonthon von Sheppy soll ebenfalls der Gattung *Diomedea* verwandt sein.

Cimoliornis diomedeus Owen aus dem Lower-Kalk von Maidstone vertritt die Albatrosse schon in der Kreide.

β. *Laridae.*

„Möven“ mit spaltförmigen Nasenlöchern, Hinterzehe vorhanden, frei, Schnabel schwach gekrümmt.

Larus priscus Giebel im Diluvium von Quedlinburg.

---

[1] Compt. rend. 1881, Bd. 93, pag. 1157.

c. *Steganopodes.*

„Ruderfüsser" mit meist langem Schnabel, langen, spitzigen Schwingen, alle vier Zehen durch Schwimmhäute verbunden.

Von den hierhergehörigen recenten Gattungen wird *Haliaeus Ill.* (= *Graculus Gray*) schon von Cuvier aus dem Pariser Gyps citirt; ziemlich verbreitet in tertiären Ablagerungen ist *Pelecanus L.* (z. B. *Pelecanus intermedius Fraas* von Steinheim).

d. *Lamellirostres.*

Schnabel weichhäutig, nur an der Spitze hart, an den Rändern quer gezähnt. Füsse mit vollständigen Schwimmhäuten und kleiner, nach hinten gerichteter Innenzehe.

An die recente Gattung *Cereopsis* unter den *Anserinae* (*Cereopsis Nova Hollandiae Lath.* australische Hühnergans) schliesst sich die erloschene Gattung *Cnemiornis Owen* aus den jüngeren Ablagerungen Neuseelands, welche durch den Mangel des Kieles auf dem Sternum ausgezeichnet ist.

Die recenten Gattungen *Anas*, *Anser*, *Cygnus*, *Phoenicopterus*, *Mergus L.* sind schon in tertiären oder diluvialen Ablagerungen vertreten: so *Anas Oeningensis Meyer* von Oeningen, *Anas atava* und *cygniformis Fraas* von Steinheim, *Anas Blanchardi Edwards* aus dem Miocän des Dep. Allier etc.

Fig. 618.

Odontopteryx toliapicus Owen. Londonthon, Sheppey.

An den recenten Sägetaucher (*Mergus*) erinnert in der Bildung der Schnabelränder *Odontopteryx toliapicus Owen* (Fig. 618) aus dem Londonthon, dessen gezähnelte Kieferränder an die bezahnten Vögel der Kreideformation gemahnen. *Odontopteryx* wird übrigens von Nicholson den *Procellaridae* zugerechnet.

Phoenicopterus L. kömmt in den Süsswasserkalken der Auvergne vor (*Ph. Croizeti*); mit *Phoenicopterus* verwandt ist die erloschene Gattung *Palaelodus Milne Edw.*, sie besitzt jedoch ausgebildetere Schwimmfüsse als der recente Flamingo, französisches und deutsches Miocän.

e. *Ciconiae.*

„Wasserwater". Schnabel lang, durchaus hornig, Stirn niedrig, Hals lang, Flügel gross, zweilappig, Füsse mit langen Schienen, mit langer, auftretender Hinterzehe und durch eine breite Spannhaut verbundene Vorderzehen (Wadbeine).

α. *Ciconiidae.*

(Mittelkralle nicht gezähnt.)

Reste vom Storch (*Ciconia L.*) werden aus jüngeren Tertiärgebilden citirt. Der Gattung *Ibis* wurde ein Femur aus dem Pariser Gyps zugerechnet. *Ibis pagana M. Edw.* kommt im französischen und deutschen Miocän vor (Langy, St. Gérand le Puy und Steinheim).

β. Ardeidae.

(Mittelkralle kammartig gezähnt.)

Reste von Reihern kommen in miocänen Süsswasserbildungen vor: *Ardea similis Fraas* in Steinheim.

f. *Grallae.*

„Sumpfläufer". Schnabel vom Kopf deutlich abgesetzt, an der Basis mit weicher Haut überzogen; Wadbeine mit kleiner, nicht auftretender Innenzehe.

α. Scolopacidae.

Schnepfartige Vögel mit sehr langem, schlanken Schnabel.

Scolopax L. selbst ist nach Cuvier schon im Pariser Gyps durch Reste der Füsse und einen Humerus vertreten, und einzelne Reste, welche zu dieser Gattung gerechnet werden, kommen in mehreren miocänen Süsswasserbildungen (Oeningen, Weissenau bei Mainz), sowie in Diluvialablagerungen (Kirkdaler Höhle) vor. Die recente Gattung *Numenius Möhr* kömmt schon im Pariser Gyps vor: *N. gypsorum Gervais*, zu welchem wohl auch die von Cuvier als *Scolopax* gedeuteten Reste gehören dürften.

Mit der recenten Gattung *Tringa* (Strandläufer) vergleicht Marsh Reste aus der oberen Kreide von New Yersey, die er als *Palaeotringa* beschreibt (vgl. oben pag. 506).

β. Charadriidae.

Regenpfeifer, mit kürzerem, an der Basis weichem Schnabel. Fossile Vertretung bis nun unbekannt.

γ. Otitidae.

Trappen. Mit mittellangem, stumpfen, an der Wurzel breiten Schnabel, Fuss ohne Hinterzehe.

Otis brevipes Giebel im Diluvium von Quedlinburg.

δ. Gruidae.

Kraniche. Mit gestrecktem Körper, langem Hals, langen Füssen, Schnabel um die Nasenlöcher verengt. Fossile Vertretung bis nun unbekannt.

ε. Rallidae.

Sumpfhühner. Mit stark zusammengedrücktem Schnabel; Lauf kurz, mit vier lang bekrallten Zehen, Hinterzehe dem Boden aufliegend.

Die Gattung *Rallus L.* ist im französischen und im deutschen Miocän vertreten. *Rallus major M. Edw.* kommt in Soissons und in Steinheim vor.

Der recenten Gattung *Fulica L.* rechnet Schlotheim ein 2″ langes Laufbein aus dem miocänen Lignit von Kaltennordheim zu.

Notornis Owen, von der Grösse eines Truthahns, wurde zuerst für erloschen gehalten, da nur Knochenreste aus den Mooren Neuseelands bekannt waren, wo sie mit *Dinornis* zusammen vorkamen. Doch wurden noch 1849 lebende Exemplare beobachtet und konnten zwei Bälge erhalten werden, welche jenem von *Porphyrio Briss.* ähneln, Flügel und Schwanz aber sind verkümmert und das Brustbein kiellos.

Ebenso sind auch bei *Aptornis Ow.* (dessen Knochen mit *Dinornis* und *Notornis* auf Neuseeland vorkommen) die Flügel verkümmert und das Brustbein ungekielt. *Apt. otidiformis Ow.* erreichte die Grösse der europäischen Trappe.

g. *Rasores.*

Körper gedrungen bis plump, mit kurzen abgerundeten Flügeln, mit meist kurzem, gewölbten Schnabel, kräftige Gangbeine, meist mit Sitzfüssen.

Von den hierhergehörigen Familien der *Crypturidae*, *Megapodidae*, *Penelopidae*, *Phasianidae*, *Tetraonidae* und *Pteroclidae* sind die *Phasianidae* und *Tetraonidae* schon im Tertiär durch mehrere Formen vertreten.

Phasianus Archiaci Gaudry aus dem oberen Miocän von Pikermi ist in einem fast vollständigem Skelet bekannt; *Gallus Bravardi Gerv.* aus den vulcanischen Tuffen von Issoire, hingegen kennt man nur in einzelnen Knochen; zahlreiche Reste von Hühnern werden aus Knochenhöhlen citirt.

Der Gattung *Coturnix* (Wachtel) rechnet Cuvier Knochen aus dem Pariser Gyps zu.

Perdrix Ill. (Rebhuhn) ist aus miocänen Süsswasserablagerungen (Auvergne und Mainzer Becken) bekannt.

Crypturus Ill. (Familie der *Crypturidae*) kommt in den Knochenhöhlen Brasiliens vor.

h. *Gyrantes.*

„Tauben", mit geradem, an der Wurzel weichhäutigen, an der Nasenöffnung aufgetriebenen Schnabel mit langen, spitzen (bei *Didus* verkümmerten) Flügeln, niedrigen Spaltfüssen und aufliegender kurzer Hinterzehe.

α. *Didunculidae.*

Schnabel comprimirt, mit hakenförmiger Spitze und gezähneltem Unterschnabel, Lauf stark.

Didunculus strigirostris Gould, recent auf den Samoa- und Schifferinseln.

β. *Inepti* (*Dididae*).

Schnabel über kopfeslang, stark, hakig. Körper schwer und plump, mit rudimentären Flügeln und Schwanz, Sternum mit niedriger Crista, Fuss kräftig, vierzehig, Gefieder zerschlissen.

Didus ineptus L. (Dodo, Dronte) lebte auf Isle de France (Maurice), wurde jedoch bald nach der Entdeckung ausgerottet. Knochen kommen auch in jungen Alluvionen der Insel vor. Von einer zweiten Art, *Didus solitarius* von schlankerem Bau, wurden Knochen in einer Höhle der Insel Rodriguez gefunden.

γ. *Columbidae.*

„Tauben" im engeren Sinne, mit kurzem Lauf, langen Schwingen und ausgezeichnetem Flugvermögen. Reste der Gattung *Columba L.* nur aus den jüngsten Alluvionen und aus den Knochenhöhlen bekannt.

i. *Raptatores.*

„Raubvögel" mit mehr minder gekrümmtem, mit der Spitze hakig übergreifendem, scharfrandigem, starkem Oberschnabel, an dessen mit einer Wachshaut bekleideter Wurzel die meist freien Nasenlöcher liegen. Füsse mit nach hinten gerichteter Innenzehe, Krallen stark gekrümmt und sehr spitzig.

Die Hauptgruppen der Raubvögel sind schon im Tertiär und Diluvium durch einzelne Formen vertreten; so die *Strigidae* durch *Bubo Arvernensis* und *Strix antiqua Milne Edw.* aus dem französischen Miocän, die *Vulturidae* durch *Lithornis vulturinus Owen* aus dem Londonthon; *Vultur fossilis Germar* aus dem Diluvium von Westeregeln bei Magdeburg, die *Falconidae* durch Reste von *Haliaëtus* und *Aquila* aus dem französischen Miocän, sowie *Aquila fossilis Wagn.* aus der sardinischen Knochenbreccie.

k. *Passerinae.*

Die lebenden Formen durch einen meist sehr entwickelten Sing-Muskelapparat an der Trachealbifurcationsstelle ausgezeichnet. Schnabel überaus verschieden gestaltet, ohne Wachshaut. Füsse verschieden entwickelt: als Schreit-, Wandel- oder Klammerfüsse. Die sehr zahlreichen recenten Formen werden in zwei Hauptgruppen: *Clamatores* mit acht und *Oscines* mit 28 Familien eingetheilt. Die fossilen Reste sind ganz unverhältnissmässig spärlich, obwohl einzelne Typen schon im Eocän vorkommen:

Protornis glarniensis Meyer aus dem Glarner Schiefer (Eocän) soll zu den *Passerinae* gehören. *Sitta Cuvieri Gervais* aus dem Pariser Gyps vertritt die Gruppe der Klettermeisen.

Von *Palaeospiza bella J. Allen* aus dem nordamerikanischen Tertiär (Colorado) ist nicht nur das Skelet wohlerhalten, sondern auch das Federkleid sichtbar.

Etwas häufiger sind Knochen der *Passerinae* in jungen Knochenbreccien, aus jenen Sardiniens führt R. Wagner Reste von *Alauda*, *Fringilla* und *Corvus* an. *Motacilla* fand sich in der Breccie von Cette, *Hirundo* im Diluvium von Quedlinburg. Auch in Höhlen finden sich einzelne Reste, welche durch diluviale Raubthiere hineingeschleppt worden sein mögen.

l. *Macrochires.*

Mit weit gespaltenem, breiten, oder sehr langen Schnabel, mit langem Unterarm und noch längerer zehn Schwingen tragender Hand; Füsse schwach, Innenzehe steht nach unten oder vorne oder ist Wendezehe.

Die recenten Gattungen *Cypselus Ill.* und *Caprimulgus L.* sind auch in den Höhlen Brasiliens vertreten.

m. *Pici.*

Mit geradem conischem Schnabel, mit langer, an der Spitze horniger weit vorstreckbarer Zunge, mit Kletterfüssen.

Picus L. findet sich in den Knochenbreccien Sardiniens.

n. *Coccygomorphae.*

Schnabel und Zehenbildung sehr verschieden, Zunge klein, flach, Flügeldecken lang.

Von den zahlreichen, hierhergehörigen Familien ist jene der *Alcedinidae* (Eisvögel), welche sich durch sehr kräftigen langen, gekielten Schnabel auszeichnet, im Londonthon durch *Halcyornis Owen* vertreten, auch im Pariser Grobkalke kam ein undeutlicher Rest (Abdruck) vor, welcher der recenten Gattung *Alcedo L.* gleicht.

o. *Psittaci.*

Oberschnabel sehr stark gekrümmt, Unterschnabel abgestutzt, Zunge dick, fleischig.

Fossile Vertretung unbekannt.

Zeitliche Verbreitung und Stammesgeschichte.

In jurassischen Bildungen Europas sind bis nun nur wenige Exemplare von *Archaeopteryx* bekannt geworden: Repräsentanten der „*Saururae*", welche ein Bindeglied darstellen, das zu den *Reptilien* und speciell den *Dinosauriern* führt. In jurassischen (oder cretacischen?) Ablagerungen Nordamerikas fand sich ein weiterer Vogel: *Laopteryx priscus Marsh*, welcher den *Odontornithen* angehören dürfte, die in der Kreide grosse Entfaltung erreichen.

Die *Odontornithes* der Kreide zerfallen in zwei Gruppen: *Odontolcae* (*Hesperornis*, *Baptornis* der amerikanischen, *Enaliornis* der europäischen Kreide) und *Odontotormae* (*Ichthyornis* und *Apatornis* aus den *Pteranodon*-beds der mittleren Kreide, wahrscheinlich aber auch *Graculavus*, *Laornis*, *Palaeotringa* und *Telmatornis* der oberen Kreide Nordamerikas), sie weisen in zahlreichen Merkmalen (Bezahnung aller Formen, biconcave Wirbel bei *Ichthyornis*, Gestaltung des Beckens und Zusammensetzung des Unterkiefers aus mehreren durch Nähte getrennten Elementen bei *Hesperornis*) auf die Verwandtschaft mit den Reptilien hin. *Hesperornis* wird von Marsh als ein „schwimmender Strauss" bezeichnet, womit auch das Auftreten ähnlicher, Merkmale der *Struthioniden* und *Urinatoren* verbindenden Formen im Alt-Tertiär (*Gastornis*) gut übereinstimmt.

Die Verbreitung und Entwickelung der Vögel zur Tertiärzeit lässt sich aus den unverhältnissmässig seltenen Resten nur bruchstückweise erschliessen. Aufenthalt und Lebensgewohnheiten der Vögel liessen sie nur selten an Orten zu Grunde gehen, wo die Ueberlieferung ihrer Reste leicht möglich war. Nur die Wasservögel machen hierin eine Ausnahme, auch ihre Knochen wurden jedoch ihrer Leichtigkeit wegen ein Spiel der Wellen und so finden sich selbst in den miocänen Süsswasserschichten, in welchen Spuren der Brutplätze von Enten, Gänsen, Störchen, Reihern und Pelicanen nicht zu den Seltenheiten gehören, gewöhnlich nur einzelne Knochen, sehr selten vollständigere Reste. O. Fraas sagt über die Brutplätze der Schwimmvögel in den Sprudelkalken des Rieses: „Kaum kann sich Jemand ein reicheres

Material vorstellen, denn der Süsswasserkalk, der den Felsen bildet, besteht stellenweise nur aus einem Haufwerk von Vogelknochen und Eiern, aus den Skeleten von Pelikan, Storch, Reiher, Gans, Ente und kleiner Singvögel. Dazwischen liegen einzelne Platten mehrere Centimeter hoher Eierschalenhaufen, sehr selten vollständige Eier, daneben das Gewölbe der grösseren Vögel, bestehend aus Helixschalen, Mausschädeln, Eidechsenknochen und allerlei unverdaulichem Gemengsel. Mitten darin wieder Schilf und Rohr als ob wir an einem modernen Brüteplatz von Wasservögeln uns befänden, wo Tausende von Nestern aufeinander und nebeneinander gesetzt und auf ausgebrütete Eierschalen wieder frische Eier gelegt werden."[1]

Vogelfedern haben sich in besonders günstigen Fällen in tertiären Schichten ebenso erhalten, wie im Solenhofener Schiefer. Schon Scheuchzer bildete eine solche von Oeningen ab, wo sie in deutlicher Weise erhalten blieben (Fig. 619). Auch aus dem eocänen Fischschiefer vom Mte. Bolca, aus dem Gyps von Aix, aus den Süsswasserschichten der Auvergne, von Radoboy, von Cannstatt, aus der Braunkohle von Rott und selbst aus dem Bernstein sind Vogelfedern bekannt. Auch an *Palaeospiza bella* aus dem amerikanischen Tertiär konnte das Federkleid beobachtet werden. Einzelne Reste von verschiedenen Vogelgattungen haben zahlreiche Tertiärbildungen geliefert, etwas zahlreicher fanden sie sich im Pariser Gyps, sowie in den miocänen Süsswasserbildungen von Frankreich und Deutschland. Die Knochenbreccien des Mittelmeeres sowie die Höhlen haben ebenfalls zahlreiche Reste (freilich zumeist nur einzelne Knochen) von Vögeln geliefert. Buckland bemerkt über jene der Höhle von Kirkdale, dass man zumeist nur die Flügelknochen finde, welche wegen des wenigen darauf sitzenden Fleisches und der anhaftenden Schwungfedern von den Raubthieren nicht gefressen wurden, die sie in die Höhle geschleppt hatten. Es ist zudem ziemlich schwierig, die älteren, der Diluvialzeit angehörigen Reste der Knochenhöhlen scharf von jenen zu trennen, die später auf verschiedene Weise in die Höhlen geriethen. Noch geringeres Alter besitzen die zahlreichen Reste flügelloser Vögel auf Neuseeland und Madagascar, welche in jungen Alluvionen, in Mooren und Höhlen angetroffen werden und eigentlich ebenso der Gegenwart angehören, wie *Didus ineptus* und *Alca impennis*, die erst vor kurzem durch den Menschen ausgerottet wurden, ein Schicksal, das auch dem neuseeländischen *Apteryx*, dem nächsten Verwandten der *Dinornithidae*, sowie dem *Didunculus* der Samoa- und Schiffer-Inseln, dem nächsten Verwandten der *Dididae* bevorsteht.

Fig. 619.

Vogelfeder, Miocän, Oeningen (nach O. Heer).

Subfossile Reste von Vögeln fanden sich auch in grösserer Zahl in den Knochenhöhlen Brasiliens. Lund zählt daher 33 Arten auf, welche 26 und zwar fast ausschliesslich daselbst einheimischen und theilweise für Südamerika

[1] Brüteplätze von Wasservögeln der jüngsten Tertiärzeit, briefl. Mittheilungen an Prof. Benecke. Neues Jahrb. 1879, pag. 555.

charakteristischen Gattungen angehören. Die überaus lückenhafte Stammesgeschichte der Vögel gestattet heute kaum präcise Schlüsse hinsichtlich ihrer Descendenzverhältnisse. Dass sie ihren Ursprung von den Dinosauriern herleiten, ist wohl sicher. Eine Stufe auf diesem Entwicklungsgang stellen die *Saururae* (*Archaeopteryx*) des oberen Jura dar, weitere lernen wir in den *Odontornithes* der Kreide kennen, die uns leider mit Ausnahme weniger Formen nur sehr ungenau bekannt sind. Die europäische Kreide hat bis nun nur sehr kümmerliche und zur Aufhellung der Descendenzverhältnisse kaum verwerthbare Reste von Vögeln geliefert (*Enaliornis Seeley* aus der englischen, *Cretornis Fritsch* aus der böhmischen Kreide), aber auch manche der amerikanischen Kreidevögel (z. B. *Graculavus*, *Palaeotringa*) lassen heute noch keine sichere Deutung zu, ja selbst die am vollständigsten bekannte Form der bezahnten Vögel: *Hesperornis* verursacht eine bedeutende Unsicherheit in den über die Descendenz der Vögel aufgestellten Hypothesen. WIEDERSHEIM, der erst in letzter Zeit den Gegenstand erörterte, hält eine polyphyletische Entwickelung des Stammes der Vögel für wahrscheinlich und vermuthet, dass *Hesperornis* und die *Ratitae* einer besonderen Entwicklungsreihe angehören, in welcher kein Glied je mit vollkommenem Flugvermögen ausgestattet gewesen sei. Einer anderen Reihe hätten nach WIEDERSHEIM *Archaeopteryx*, *Ichthyornis* und *Apatornis*, sowie sämmtliche Flugvögel (*Carinatae*) angehört.[1] Derartige Speculationen sind jedoch bei dem ungenügenden Stand der palaeontologischen (und auch der zoologischen) Kenntniss der Gruppe noch verfrüht. OWEN, der genaueste Kenner der flügellosen Vögel, hat in einer denselben gewidmeten monographischen Darstellung[2] die den Ansichten WIEDERSHEIM's verwandten Hypothesen HUXLEY's und WATERHOUSE HAWKINS über die Abstammung flügelloser Vögel zurückgewiesen und hervorgehoben, dass bei den meisten Vögeln mit verkümmerten Flügeln sich Verwandtschaft mit begünstigteren normalen Formen finde: So sei *Alca impennis* nicht generisch trennbar von der kleinen, leicht fliegenden *Alca torda*, die Gattungen *Aptornis* und *Notornis* gehörten trotz ihrer ungekielten Brustbeine in die Gruppe der *Rallidae*, *Cnemiornis* mit kiellosem Sternum sei mit *Cereopsis* verwandt und gehöre in die Gruppe der *Anatinidae*, auch die Dronten seien nur generische Modificationen einer natürlichen Gruppe der *Rasores*, deren noch lebende Formen das Flugvermögen behielten, *Dinornis* zeige stärkere Folgen des Nichtgebrauches der Flügel als *Apteryx*, es seien daher auch für Kiwi, Casuar, Emu, Rhea, Strauss und *Apteryx* geflügelte Formen anzunehmen, aus welchen diese durch mangelhaften Gebrauch der Flügel hervorgegangen wären. Es sei gestattet zur Stütze dieser Ansichten auf *Gastornis* hinzuweisen, eine alttertiäre Gattung, welche früher geradezu den *Struthioniden* zugerechnet wurde und durch unverschmolzenen Metacarpus primitive Einrichtung des Skeletes andeutet, deren Flügel aber ziemlich entwickelt sind, so dass man heute geneigt ist, sie den *Urinatores* zuzurechen. Bei der

[1] Die Stammesentwickelung der Vögel. Biologisches Centralblatt III. Nr. 21, 22, 1884.

[2] Memoirs on the extinct wingless birds of New-Zealand, with an Appendix on those of England, Australia, Newfoundland, Mauritius and Rodriguez. London 1879.

Unvollständigkeit der palaeontologischen Ueberlieferung ist es gerade bei der Classe der Vögel ausserordentlich schwer die Verwandtschaft der einzelnen Stämme festzustellen und können weitere Erfunde leicht ungeahnte Ueberraschungen bringen.

5. *Mammalia.*

Warmblütige, meist behaarte, selten nackthäutige oder mit Horn- oder Knochenplatten bedeckte Wirbelthiere mit doppeltem Hinterhauptcondylus, mit am Schläfenbein gelenkendem Unterkiefer, mit vollständigem Zwerchfell, linkem Aortenbogen und mit Milchdrüsen, deren Secret zur Säugung der stets lebendig geborenen Jungen dient. Das Skelet der Säugethiere, welches für den Palaeontologen in erster Linie von Bedeutung ist, da er nur selten in die Lage kommt, mit Haut und Haar erhaltene Reste seiner Untersuchung zu unterziehen (wie die im sibirischen Eise eingeschlossenen Cadaver der Mammuths und des wollharigen Rhinoceros), trägt stets deutliche Spuren der Anpassung an verschiedene Verrichtungen, so dass aus dem Bau der Extremitäten, ebenso wie aus der Gestaltung der Zähne sichere Schlüsse auf die Stellung der Thiere im zoologischen Systeme gezogen werden können. Vor allem wichtig ist das Zahnsystem. Nur wenigen Säugern fehlen die Zähne gänzlich (*Manis*, *Echidna*, *Myrmecophaga*), andere zeigen Hornplatten (*Ornithorhynchus*, *Rhytina*, *Balaena*, letztere besitzen jedoch in frühester Jugend Keime von echten Zähnen, die nicht zur Funktion gelangen, aber darauf hindeuten, dass die Bartenwale von normalbezähnten Formen abstammen), nie treten Zähne an anderen Knochen, als am Zwischen-, Ober- und Unterkiefer auf. Die Säugerzähne sind entweder einwurzelig (Schneide- und Eckzähne, sowie alle Zähne bei den Delphinen), oder mehrwurzelig (Backenzähne). Die Differenzirung der Zähne zum Zerschneiden, Ergreifen, Zerkauen oder Zermahlen der Nahrung, welche die meisten Säugergebisse auszeichnet, gestattet die Unterscheidung der Schneidezähne (Incisive), Eckzähne (Canine) und Mahlzähne, welch letztere, je nachdem sie einem Wechsel unterworfen sind oder nicht, in vordere oder unechte (Praemolare) und hintere oder echte (Molare) getrennt werden.

Die Bezahnung wird durch eine Zahnformel ausgedrückt, welche auf je eine Hälfte des Gesichtes Bezug hat. Als Beispiel mag jene des Menschen angeführt sein, sie lautet: $\frac{2}{2}\, i\, \frac{1}{1}\, c\, \frac{2}{2}\, pm\, \frac{3}{3}\, m$. Bei manchen Formen fehlt die eine oder die andere Zahngattung (*Rodentia* und *Proboscicidea*, z. B. besitzen keine Canine, die recenten *Rhinoceroten* keine Incisive). Bei den Raubthieren ist an der Grenze der Molare und Praemolare ein Zahn besonders stark, mit schneidender Krone entwickelt, der Fleischzahn (Carnassière), welcher in der Zahnformel als *PM* bezeichnet werden mag, da er als der letzte Praemolar zu betrachten ist. Wir bezeichnen die einzelnen Zähne von vorn nach rückwärts, wie auf Fig. 620 ersichtlich ist, welche den ursprünglichen Typus der Hufthier-Bezahnung an *Oreodon* zeigt. Die meisten Säugethiere (mit Ausnahme der *Edentaten* und *Cetaceen* und der jeder eigenthümlichen Bezahnung entbehrenden *Monotremen*) besitzen Zahnwechsel, indem das Milchgebiss, bestehend aus Schneide-, Eck- und vorderen Backenzähnen (Incisive, Canine und Praemolare) durch die entsprechenden Zähne des zweiten Gebisses ersetzt wird, zu welchen weiters noch die echten Backenzähne hinzutreten, welchen keine Milchzähne vorangehen. Die in Alveolen der Kieferknochen eingekeilten Zähne der Säugethiere bestehen zumeist aus Dentin (Zahnsubstanz, vom Knochen dadurch verschieden, dass an Stelle ramificirter Hohlräume paralelle Röhrchen vorhanden sind) und Email (Schmelz, aus

Fig. 620.

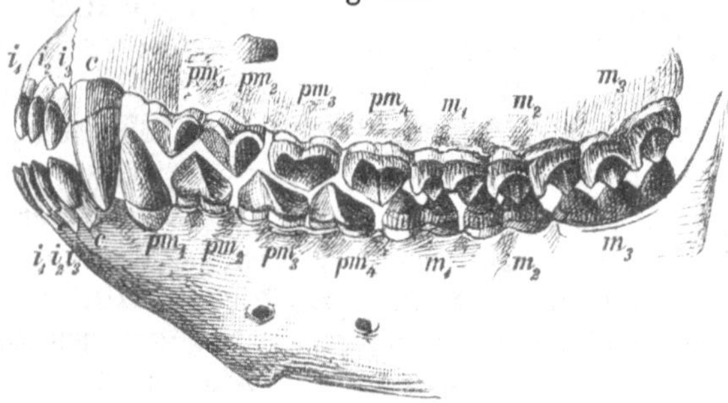

Oreodon Culbertsoni Leidy. Miocän, Nebraska. $^2/_3$.

senkrecht gegen die Zahnhöhle gerichteten Prismen gebildet, von grösserer Härte und auf den aus dem Zahnfleisch vorstehenden, äusseren Theil: die Krone beschränkt). Nur selten (bei den *Bruta* oder *Edentata*) kömmt kein Zahnschmelz vor. Häufig tritt zu Dentin und Email noch als ein drittes Element der Zahnbildung Cement (Zahnkitt zwischen den Falten des Schmelzes bei Pferden, Wiederkäuern, Elephanten, vielen Nagethieren u. s. w. massig entwickelt).

Die Extremitäten der Säugethiere sind sehr verschieden entwickelt. Bei verschiedenen Stämmen der grossen Abtheilung der Hufthiere ist eine Reduction der mit Hufen bekleideten Zehen zu beobachten, um die Thiere leichter und flüchtiger zu machen (Pferde, Wiederkäuer), während andere Stämme die primitive Gestalt der plumperen, zehenreicheren Extremitäten bewahren. Bei den Raubthieren sind die Extremitäten zum Ergreifen der Beute modificirt, mit Krallen bewehrt, welche bei der höchststehenden, dem Raubthiercharakter am besten angepassten Familie eine besondere Einrichtung der letzten Zehenglieder bedingen, um die Krallenspitzen beim Gehen zu schonen. Im Gegensatz sind die Extremitäten gewisser *Edentaten* so eingerichtet, dass nicht die Krallenphalange, sondern das erste Zehenglied aufgebogen wird. Bei den *Chiropteren* bilden die Vorderextremitäten durch Verlängerung der Finger, zwischen welchen und dem Leibe eine Flatterhaut ausgespannt ist, ein Flugorgan, bei den *Cetaceen* und *Sirenen* verkümmern die hinteren Extremitäten, während die vorderen zu Flossen modificirt sind und das Schwanzende eine horizontale Flosse darstellt, bei den *Pinnipedia* sind alle vier Extremitäten zu fünfzehigen Flossenfüssen umgestaltet, von welchen die hinteren nach rückwärts gerichtet sind um als Ruderflosse zu dienen. Bei den Primaten endlich sind alle vier oder nur die beiden vorderen Extremitäten zu mehr oder minder entwickelten Greiforganen gestaltet.

Da alle diese Einrichtungen im Knochenbau zum schärfsten Ausdruck kommen, ist es selbst bei der meist unvollständigen Erhaltung in der Regel ohne Schwierigkeit möglich, das palaeontologische Material richtig zu deuten und bieten nur die verwandtschaftlichen Beziehungen der grösseren Stämme Schwierigkeit dar, während innerhalb derselben die Descendenzverhältnisse mit ziemlicher Sicherheit festgestellt werden können.

Nach dem Fehlen oder dem Zustandekommen einer Placenta durch Verbindung von Allantois und Chorion des Fötus mit der Wandung des Uterus unterscheidet man die Säugethiere in *Aplacentalia* und *Placentalia*.

A. Aplacentalia.

Entwicklung ohne Bildung einer Placenta.

A_1. Monotremata.

„Zahnlose oder mit vier Hornzähnen versehene Säuger mit schnabelartig verlängerter nackter Schnauze, mit kurzen, fünfzehigen, stark bekrallten Füssen. Urogenitalcanal mit dem Ende des Rectums zu einer wahren Cloake vereinigt. Coracoide gelenken mit dem Sternum. Ein Epicoracoid, sowie ein die Claviculae stützendes T-förmiges Interclaviculare ist vorhanden. Durch Verknöcherung der inneren Sehnen des Musc. obliquus abdom. internus entstehen mit dem Vorderrande der Schambeine gelenkende (Pseudo-) Marsupialknochen.“[1]

Ornithorhynchus Blumb. und *Echidna Cuv.* leben auf Neuholland und Vandiemensland. *Echidna* kommt auch fossil in jungen Ablagerungen Neuhollands vor: *Echidna Owenii Krefft* dürfte die recente *E. hystrix* etwa um die Hälfte an Grösse übertroffen haben.[2] Auf die Analogien, welche Extremitätsknochen aus dem Kalkschiefer von Stonesfield mit jenen der *Monotremen* besitzen, hat Seeley aufmerksam gemacht.[3]

A_2. Marsupialia.

Aplacentale Säugethiere mit verschieden bezahnten Kiefern, meist mit einer von zwei Marsupialknochen (bisweilen nur länglich platte Faserknorpel, die der Sehne des Musculus obliquus abdom. externus angehören) gestützten, die Zitzen umfassenden Bruttasche (Marsupium).

Der Stamm der Beutelthiere, deren recente Gattungen mit wenigen Ausnahmen auf Neuholland und die australischen Inseln beschränkt sind, kann viel weiter in der Geschichte der Erde zurückverfolgt werden, als jener der placentalen Säugethiere. Schon lange ist aus dem rhätischen Bonebed der obersten Trias ein zweiwurzeliger Backenzahn mit mehrspitziger Krone bekannt: *Microlestes antiquus*, von Plieninger bei der Schlösslesmühle zwischen Waldenbuch und Echterdingen entdeckt, während ähnliche Zähnchen später auch in den rhätischen Schichten Englands, bei Frome in Somersetshire aufgefunden wurden. In den rhätischen Schichten Englands wurde noch eine weitere Form: *Hypsiprymnopsis Rhaeticus Dawkins* aufgefunden, deren Zahnbau

[1] A. v. Mojsisovics. System. Uebers. d. Thierreiches pag. 163.
[2] Ann. a. Mag. Nat. Hist. 1868, 4. ser. I. pag. 113.
[3] Quart. journ. geolog. Soc. T. XXXV. pag. 456.

an die recente Känguruh-Ratte und an *Plagiaulax* aus den Purbeckschichten erinnert, in der nordamerikanischen Trias des Chatam-Kohlenfeldes von Nord-Carolina hingegen fand sich *Dromatherium sylvestre Emmons* in einem fast vollständigem halben Unterkiefer, welcher in seiner Bezahnung am meisten der recenten Gattung *Myrmecobius*, sowie den jurassischen Gattungen *Triconodon* und *Spalacotherium* gleicht. Es sind demnach schon in der Trias die Beutelthiere durch einige Formen vertreten, welche verschiedenen Gruppen des *Marsupialier*-Stammes angehören. Im Jura steigert sich die Mannigfaltigkeit, und während später in den übrigen Erdtheilen die placentalen Säugethiere die aplacentalen allmählich verdrängen, entfalten die *Marsupialia* in Neuholland grossen Reichthum, so zwar, dass, wenn man die daselbst in jungen Ablagerungen auftretenden erloschenen Formen mit berücksichtigt, fast alle Gruppen der placentalen Säuger vicarirende Vertretung finden. Die *Phascolomidae* (*Glirina*) entsprechen den *Rodentia*, die *Halmaturidae* den leichteren, *Diprotodon* und *Nothotherium* den schwerer gebauten Formen der *Ungulaten.* Die *Peramelidae* sind den *Insectivoren*, die *Dasyuridae* den *Carnivoren*, die *Petauridae* den *Chiropteren*, die *Didelphyidae* endlich den *Primaten* zu vergleichen, ja selbst die Edentaten finden ihr Analogon in der recenten Gattung *Tarsipes Gerv.* und selbst ein für das Leben im Wasser eingerichtetes Beutelthier: *Chironectes Ill.* mit Schwimmhäuten an den Hinterfüssen kommt in Südamerika vor.

Es zerfallen demnach die *Marsupialia* in zahlreiche Familien, welche eine Paralellreihe zu den grossen Gruppen der Placentalia darstellen, oft aber auch in zwei grosse Gruppen: *Marsupialia rapacia = Zoophaga* und *Marsupialia phytophaga* getrennt werden.

Den letzteren würden zufallen die Familien der *Hypsiprymnidae*, *Halmaturidae*, *Phascolomyidae*, *Phascolarctidae* und *Phalangistidae;* den ersteren die Familien der *Dasyuridae*, *Syndactylidae*, *Didelphyidae* und *Edentula.*

a. *Hypsiprymnidae.*

Gebiss durch starke Entwickelung je eines Incisives im Ober- und Unterkiefer und die Gestaltung der schief gefurchten oder gestreiften Backenzähne zu schneidenden Werkzeugen (für das Zerkauen festerer Pflanzenstoffe) ausgezeichnet.

Hypsiprymnus Ill. $\frac{3}{1}$ *i* $\frac{1}{0}$ *c* $\frac{1}{1}$ *pm* $\frac{4}{4}$ *m.* Recent in Neuholland, von geringer Grösse („Kängeruhratte"), gräbt und läuft nach Art der Springmäuse. Der gestreifte Praemolar (vergl. Fig. 621 *c*) viel grösser als die echten Backenzähne.

Plagiaulax Owen (Fig. 621 *a, b, d*). Nur im Unterkiefer bekannt, vordere Backenzähne einander sehr ähnlich durch bei den Arten an Zahl verschiedenen, schrägen Lamellen, welche Falconer den Streifen der Zähne von *Hypsiprymnus* vergleicht, ausgezeichnet. Hinter den gestreiften Praemolaren stehen bei der kleineren Form (vergl. Fig. 621 *d*) noch zwei kleine Höckerzähnchen. Purbeckschichten Englands. Eine eocäne Form (von Cernay bei Reims) steht in der Entwickelung der Praemolare zwischen dem jurassischen *Plagiaulax* und dem recenten *Hypsiprymnus.*

Den letzten Backenzähnen des *Plagiaulax minor* vergleichbar sind jene mehrspitzigen und zweiwurzeligen Zähnchen aus dem Keuperbonebed, auf welche die Gattung *Microlestes* gegründet wurde. Sie wurden zuerst in Deutschland, dann auch in den rhätischen Schichten Englands gefunden, hier auch vergesellschaftet mit einer weiteren, mit *Hypsiprymnus* verwandten Form, welche deshalb den Namen *Hypsiprymnopsis rhaeticus* erhalten hat.

Fig. 621.

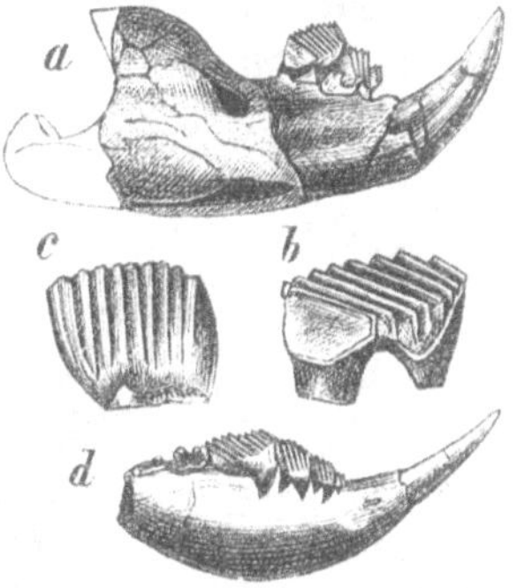

a, b Plagiaulax Beeklesii Owen, Purbeck, *b* 3. *pm.*, *c* Praemolar des recenten *Hypsiprymnus Gaimardi*, *d Plagiaulax minor Owen*. Purbeck.

Fig. 622.

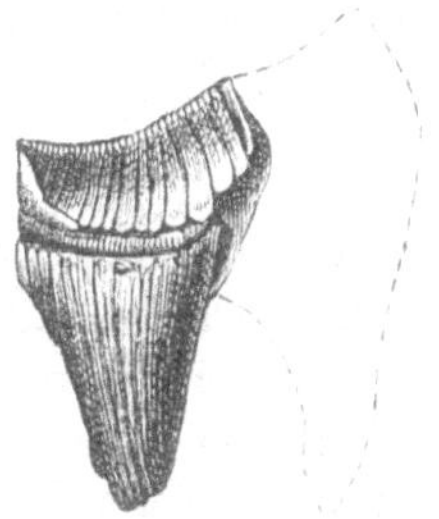

Rückwärtige Hälfte der angeblichen „Carnassière" der linken Seite des Unterkiefers von *Thylacoleo carnifex* von innen.

Thylacoleo Owen (Fig. 622) wurde wegen der Entwickelung eines grossen, schneidenden, gestreiften Zahnes, den Owen für eine Carnassière hielt, für einen Fleischfresser gehalten.

Thylacoleo carnifex von der Grösse des Löwen, aus jungen Bildungen Australiens (Kalkconglomerate von Melbourne, Victoria). Hinter der sogenannten Carnassière, welche den gestreiften Praemolaren von *Plagiaulax* und *Hypsiprymnus* analog ist, fanden sich im Oberkiefer ein, im Unterkiefer zwei kleine Höckerzähne.

b. *Halmaturidae.*

Herbivor, mit Mahlzähnen, welche jenen des Tapirs gleichen.

Macropus Shaw (= *Halmaturus*) Gebiss: $\frac{3}{1}\, i\, \frac{0\,(1)}{0}\, c\, \frac{1}{1}\, pm\, \frac{4}{4}\, m$. Eckzahn klein oder fehlend, Kopf klein, Vorderbeine schwach, fünfzehig, Hinterfüsse sehr kräftig, mit vier hufartig bekrallten Zehen, dienen in Verbindung mit dem kräftigen Stemmschwanz als Sprungwerkzeuge. Recent und fossil in jungen Ablagerungen Australiens, der fossile *Macropus Titan Owen* war bedeutend grösser als das recente Riesenkänguruh, *M. giganteus Shaw*.

Fig. 623.

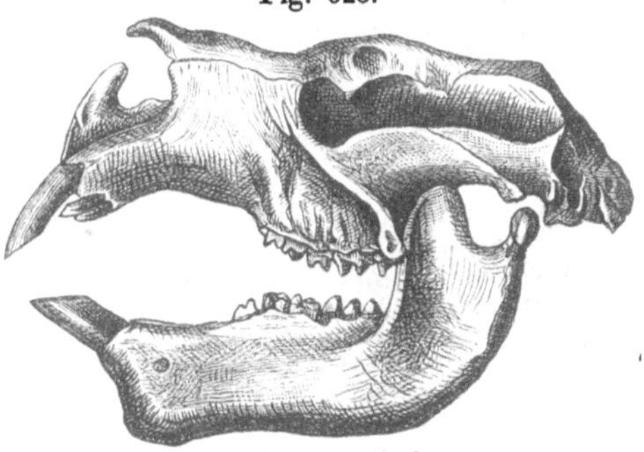

Diprotodon australis Owen.

Die im Zahnbau mit *Halmaturus* verwandten, in den jüngeren Ablagerungen Australiens vorkommenden Reste von *Diprotodon* und *Nototherium* wurden zuerst *Proboscidiern* zugeschrieben.

Diprotodon Owen (Fig. 623) $\frac{3}{1}$ *i* $\frac{0}{0}$ *c* $\frac{1}{1}$ *pm* $\frac{4}{4}$ *m*. Schädel bis meterlang, die entsprechend grossen Backenzähne wurden bei der Aehnlichkeit mit dem Bau von Tapirzähnen der Gattung *Dinotherium* zugeschrieben.

Nototherium Owen (= *Zygomaturus Macleay*) mit $\frac{3}{2}$ *i;* etwas kleiner als *Diprotodon*, besass ebenfalls ein Gebiss, welches an jenes der placentalen *Proboscidier* erinnert.

Stereognathus Owen. Ein Unterkieferfragment mit drei sechsspitzigen Backenzähnen aus den Schichten von Stonesfield, wurde als *St. oolithicus* beschrieben. Der Typus der Zähne erinnert an Hufthiere.

c. *Phascolomyidae.*

Gebiss Nager-ähnlich: $\frac{1}{1}$ *i* $\frac{0}{0}$ *c* $\frac{1}{1}$ *pm* $\frac{4}{4}$ *m*. Grabfüsse mit fünf grossentheils verwachsenen, stark bekrallten Zehen.

Mit der recenten Gattung *Phascolomys Geoffr.*, welche auch in den Knochenhöhlen Neuhollands durch fossile Formen vertreten ist (*Ph. platyrhinus Ow.*, *Ph. gigas* erreichte Tapirgrösse), ist nahe verwandt (oder vielmehr als Untergattung zu betrachten): *Lasiorhinus Gray*, ebenfalls in jüngeren Bildungen Australiens (*Phascolomys latifrons Ow.*).

Fig. 624.

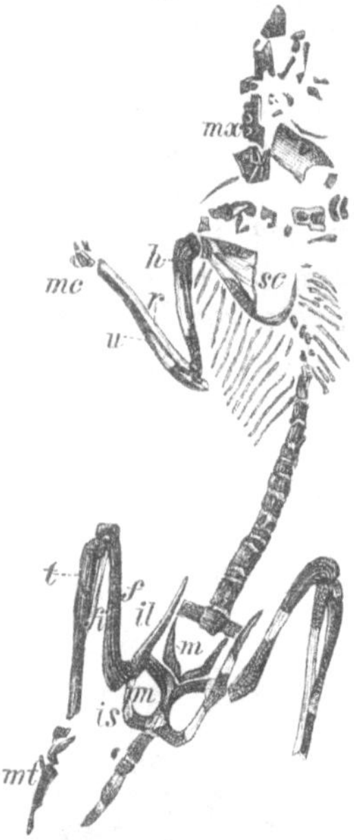

Didelphys Cuvieri. $^2/_3$. Gyps von Montmartre. *mx* = Maxilla, *sc* = Scapula, *h* = Humerus, *r* = Radius, *u* = Ulna, *mc* = Metacarpus, *pu* = Pubis, *is* = Ischium, *il* = Ilium, *f* = femur, *t* = Tibia, *fi* = Fibula, *mt* = Metatarsus, *m* = Marsupialknochen.

d. *Phascolarctidae.*

Kletterbeutler von plumper Körperform, mit rudimentärem Schwanz Gebiss: $\frac{3}{1}$ *i* $\frac{1}{0}$ *c* $\frac{1}{1}$ *pm* $\frac{4}{4}$ *m*.

Phascolarctus Blainv., an den Vorderfüssen die beiden Innenzehen den drei übrigen opponirbar. Recent in Neusüdwales.

e. *Phalangistidae.*

Kletterbeutler von schlanker Gestalt mit Greifschwanz und mehr minder entwickelter Flughaut. Gebiss: $\frac{3}{1}$ *i* $\frac{1}{1}$ *c* $\frac{2-3}{1-2}$ *pm* $\frac{4}{4}$ *m*.

Petaurus Shaw und *Phalangista Cuv.* Recent in Australien.

Fig. 625.

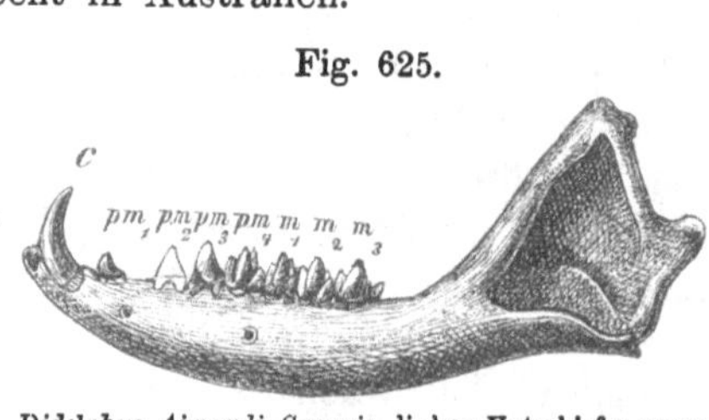

Didelphys Aimardi Gervais, linker Unterkiefer vergr. Phosphorite von Gaylus.

f. *Didelphyidae.*

Kletterbeutler mit fünfzehigen Füssen, an der Hinterextremität der Daumen opponirbar. Im Gebiss die grosse Zahl von Scheidezähnen auffallend: $\frac{5}{4}$ *i* $\frac{1}{1}$ *c* $\frac{3}{3}$ *pm* $\frac{4}{3}$ *m*.

Didelphys L., recent in Amerika, fossil in Knochenhöhlen Brasiliens (pleistocän) und im Tertiär Europas: *Didelphys Cuvieri* (Fig. 624) im Pariser Gyps; *D. Aimardi* in den Phosphoriten von Gaylus (Fig. 625) und noch zahlreiche andere im französischen Tertiär.

g. *Dasyuridae.*

Raubbeutler mit typischem, carnivoren Gebiss, welches sich von jenem der placentalen Raubthiere hauptsächlich durch das Vorhandensein mehrerer Carnassièren unterscheidet.

An die recenten Raubbeutler Neuhollands: *Thylacinus Temm.*, Gebiss: $\frac{4}{3}\,i\,\frac{1}{1}\,c\,\frac{4}{4}\,pm\,\frac{3}{3}\,m$ und *Dasyurus Ill.*, Gebiss: $\frac{4}{3}\,i\,\frac{1}{1}\,c\,\frac{3}{3}\,pm\,\frac{3}{3}\,m$, welche daselbst auch in jungen Ablagerungen vorkommen (*Thylacinus spelaeus* und *Dasyurus laniarius Owen*), schliessen sich zahlreiche, im europäischen Tertiär auftretende Formen, welche an verschiedene Gruppen der placentalen Raubthiere erinnern, ja bisweilen denselben geradezu zugerechnet werden.

Fig. 626.

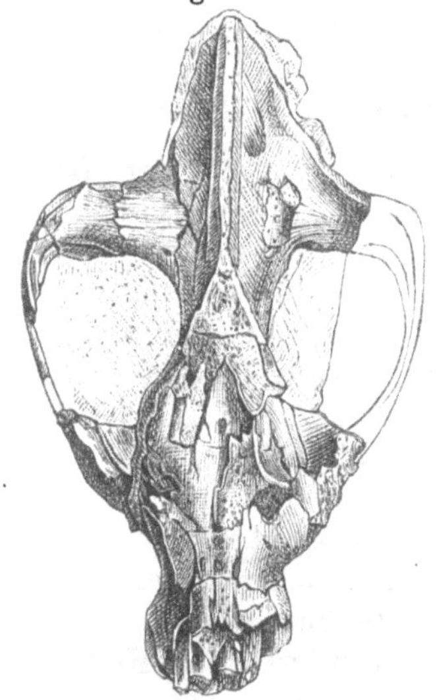

Arctocyon primaevus Mey. Untereocän, La Fère (Aisne).

Fig. 627.

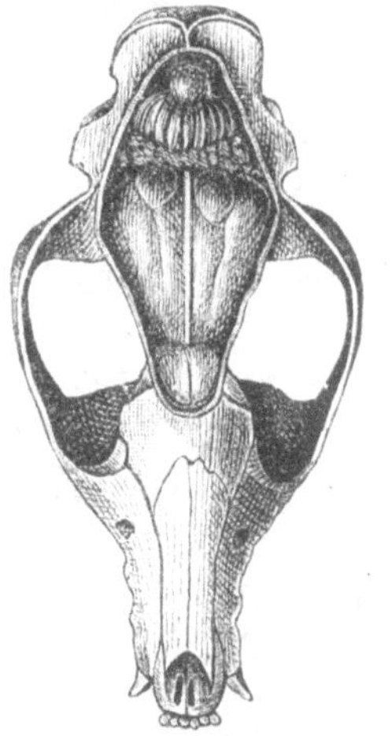

Proviverra Cayluxi Filhol sp. (natürlicher Abguss des Schädelinneren), Phosphorite von Quercy.

Arctocyon Blainv. (Fig. 626). Schädel mit schmalem Hirnkasten, hoher und langer Sagittalleiste und stark abstehenden Jochbogen. Gebiss durch die breite Krone der Mahlzähne an die Bären erinnernd, während die grosse Oeffnung des Palatinums die Zugehörigkeit zu den Beutelthieren bekundet. Untereocän.

Proviverra Rütim. (= *Cynohyaenodon Filhol*) (Fig. 627). Gebiss: $\frac{3}{3}\,i\,\frac{1}{1}\,c\,\frac{4}{4}\,pm\,\frac{3}{3}\,m$, der letzte Praemolar sowie die Molare sämmtlich als Carnassièren gestaltet und jenen von *Dasyurus* nicht unähnlich. Die Form des Gehirns (durch einen Steinkern von phosphorsaurem Kalk aus den Phosphoriten von Quercy der Untersuchung zugänglich) liefert einen weiteren Beweis für die Zugehörigkeit zu den *Marsupialia.*

Palaeonictis aus dem unteren Eocän Frankreichs reiht sich ebenfalls in der Gestaltung der Molare an *Dasyurus*.

Pterodon Blainv. (Fig. 628). Gebiss: $\frac{3}{3}$ *i* $\frac{1}{1}$ *c* $\frac{4}{4}$ *pm* $\frac{3}{3}$ *m*. Der letzte Praemolar und die beiden ersten Molare des Oberkiefers sind sämmtlich nach Art von

Fig. 628.

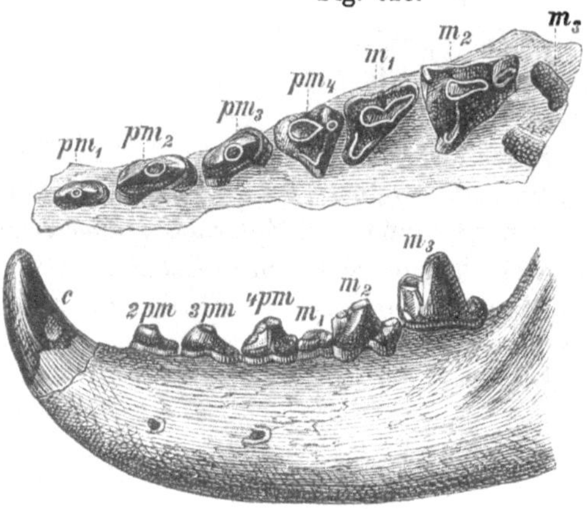

linker Oberkiefer.

linker Unterkiefer von aussen.

Pterodon dasyuroides Blainv. Obereocän. Lignite de la Débruge (Vaucluse).

Carnassièren gebaut, mit sehr starkem Talon (worauf sich der Name Flügelzahn bezieht) und stumpf-abgekauten Kronen. Im Unterkiefer nimmt die Grösse der Molare nach rückwärts zu. Zahnwechsel, wie Filhol gezeigt hat, vollständiger als bei recenten Beutelthieren. Obereocän.

Hyaenodon Laizer et Parieu (Fig. 629) weicht in der Bezahnung des Oberkiefers von *Pterodon* durch schwächere Entwickelung des Talons an den Backenzähnen ab. Die Molare sind sowohl im Unter- als im Oberkiefer als typische, schneidende Carnasièren entwickelt, namentlich jene des Unterkiefers und unter diesen wieder der letzte und grösste, gleichen den Fleichzähnen der Hyänen. Ober- und Untermiocän.

Fig. 629.

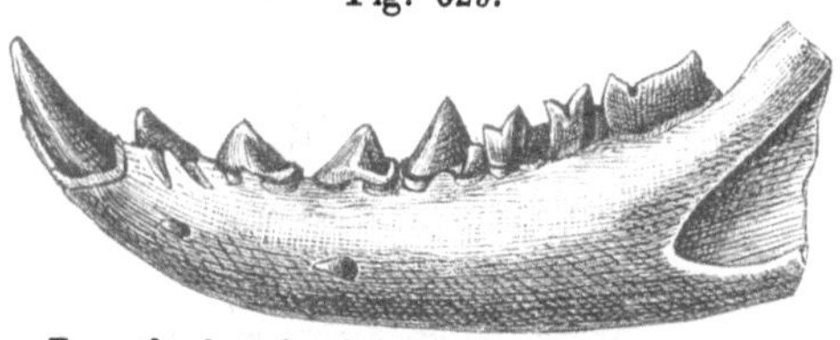

Hyaenodon leptorhynchus Laizer u. Parieu. Phosphorite von Mouillac.

Hyaenodon und Pterodon wurden früher als eine eigenthümliche Gruppe (*Hyaenodontidae*) der placentalen Carnivoren betrachtet, die sich durch marsupiale Charaktere auszeichnet. Cuvier, Blainville, Gervais, Owen und Filhol bezeichneten diese Formen als *Placentalia*, während Laizer und Parieu, Laurillard, Pomel und Gaudry sie den Beutelthieren zugesellten. Von letzteren unterscheidet sie (und auch die Gattungen *Proviverra* und *Palaeonictis*) die geringere Zahl und Gestalt der Schneidezähne, das Fehlen der grossen Oeffnungen im Palatinum, die Gestaltung des Unterkiefers, welcher einen nicht nach innen umgeschlagenen unteren Rand besitzt und endlich die Filhol'sche Beobachtung über den vollständigeren Zahnwechsel bei *Hyaenodon*. Der Bau der Molare jedoch, die bei *Proviverra* beobachtete Form des Gehirns, die Uebereinstimmung im

Bau des zweiten Halswirbels von *Hyaenodon* und der recenten *Didelphys cancrivora*, worauf GAUDRY[1] aufmerksam macht, lassen die Stellung der *Hyaenodontidae* als Untergruppe der Beutelraubthiere gerechtfertigt erscheinen.

h. *Myrmecobiidae.*

Schnauze lang und spitz, Gebiss mit sehr zahlreichen, scharfspitzigen Backenzähnen.

Myrmecobius Waterh., Ameisenbeutler, besitzt unter allen lebenden Säugethieren (mit Ausnahme der *Armadille* und *Cetaceen*) die grösste Zahnzahl: $\frac{4}{3}\,i\,\frac{1}{1}\,c\,\frac{4}{5}\frac{(3)}{(3)}\,pm\,\frac{4}{4}\frac{(5)}{(6)}\,m$. Mit *Myrmecobius* nahe verwandt sind Beutelthiere des Jura, welche jedoch nur in Unterkiefern bekannt sind, die auf Thiere von kleinen Dimensionen hindeuten.

Amphitherium (*Thylacotherium*) *Owen* übertrifft an Zahl der Zähne noch *Myrmecobius*, da sechs Praemolare und sechs Molare vorhanden sind. Oolith von Stonesfield.

Amphilestes Owen (Fig. 630) ist mit *Amphitherium* nahe verwandt und

Fig. 630.

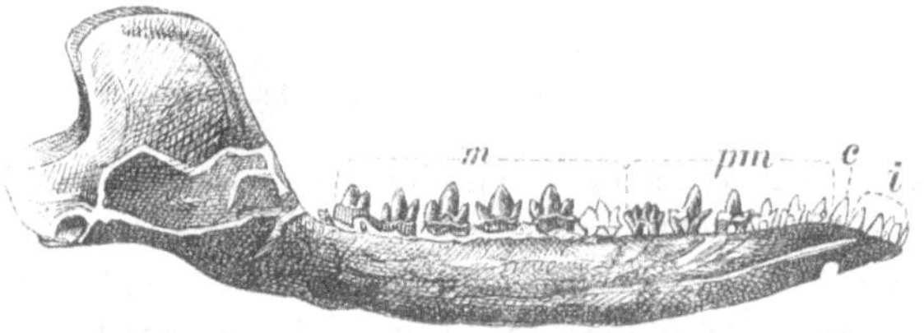

Amphilestes Broderipi Owen, linke Unterkieferhälfte vergr. Oolith von Stonesfield.

theilt das Vorkommen in den Schichten von Stonesfield; ebenfalls von geringen Dimensionen (etwa Rattengrösse).

An die recente Gattung *Phascogale Temm.* mit der Zahnformel: $\frac{4}{3}\,i\,\frac{1}{1}\,c\,\frac{3}{3}\,pm\,\frac{4}{4}\,m$, deren Backenzähne nach Art der placentalen Insectivoren gestaltet sind, erinnert die jurassische Gattung *Plascolotherium Ow.*, nur im Unterkiefer bekannt, der ebensoviele und ähnlich gestaltete Zähne zeigt, wie *Phascogale*, in mancher Hinsicht aber auch an die recenten *Dasyuridae* gemahnt.

Spalacotherium Owen und *Triconodon Owen* aus den Purbeckschichten stehen gleichfalls zwischen den Insectenfressern und den eigentlichen Raubthieren unter den *Marsupialia*, und gleiches gilt von *Tinodon bellus* und *Stylacodon gracilis Marsh* aus dem amerikanischen Jura.

Dromatherium Marsh aus der amerikanischen Trias gehört gleichfalls zu der Gruppe der *Myrmecobiidae*.

i. *Edentula.*

Mit sehr kleinen, getrennt stehenden Zähnen, langer, spitzer Schnauze und sehr langer, dünner Zunge.

Tarsipes Gerv. Gebiss: $\frac{2}{1}\,i\,\frac{1}{0}\,c\,\frac{4}{3}\,pm\,\frac{4}{4}\,m$. Nächtliche kleine Thiere von kaum vier Zoll Länge. Fossile Vertretung unbekannt.

---

[1] Les enchainements du Monde animal dans les temps geologiques pag. 18.

B. Placentalia.

Entwickelung des Embryo unter Bildung einer Placenta.

Man theilt die placentalen Säugethiere oder *Monodelphia* gewöhnlich in *Indeciduata*, bei welchen sich der Fruchtkuchen ohne Substanzverlust seitens der Mutter löst (*Bruta*, *Ungulata* und *Cetacea*) und *Deciduata*, bei welchen der Fruchtkuchen mit dem Mutterkuchen innig verwächst und daher bei der Geburt eine „Decidua" unter bedeutendem Blutverlust der Mutter losgelöst wird (hierher alle übrigen Ordnungen der placentalen Säugethiere: *Proboscidea*, *Lamnungia*, *Rodentia*, *Carnivora*, *Pinnipedia*, *Insectivora*, *Chiroptera*, *Prosimiae*, *Primates*). In der nachfolgenden Darstellung der fossilen Vertretung der placentalen Säuger wurde auf die Trennung derselben in *Deciduata* und *Aciduata* kein besonderer Werth gelegt, weil das Vorhandensein oder Fehlen einer Decidua nicht nothwendig die nähere Verwandtschaft der betreffenden Gruppen erweist, es kann vielmehr bei ganz verschiedenen Stämmen zur Bildung einer Decidua kommen, während nahe verwandte Ordnungen vielleicht in dieser Hinsicht differiren.

B_1. Bruta (Edentata).

Zahnlos oder mit mehr oder minder zahlreichen (selbst bis 100) nur aus Dentin und Cement gebildeten, einfachen Zähnen. Zahnwechsel, Email, Schneidezähne oder eigentliche Eckzähne werden nicht beobachtet. Die *Edentata* sind behaart, beschuppt oder mit Knochenschildern bekleidet, die Füsse meist fünfzehig, mit mächtigen Krallen (bei fossilen Formen auch mit Hufen, z. B. *Glyptodon*) ausgerüstet.

a. *Vermilinguia.*

„Ameisenfresser" mit stark verlängerter Schnauze und enger Mundöffnung, durch welche die dünne, wurmförmige Zunge weit hervorgestreckt werden kann. Die recenten Formen sind zahnlos (mit Ausnahme von *Orycteropus*, wo platte Mahlzähne auftreten) und bewohnen Südamerika, das tropische Afrika und Ostindien.

Die recente Gattung *Orycteropus Geoffr.*, welche heute auf Afrika beschränkt ist, kömmt auch fossil in dem Pampasthone Südamerikas vor. *Myrmecophaga L.* lebt heute in Südamerika und ist auch fossil in den dortigen Höhlen bekannt.

Macrotherium Lartet von plumpem Körperbau und gewaltigen Dimensionen, Vorderfüsse beträchtlich länger als die Hinterfüsse, Krallenphalangen tief gespalten, erste Phalange gegenüber den Mittelfuss- oder Mittel-Handknochen aufgebogen, um die enormen Krallen bei der Bewegung zu schonen. Backenzähne ähnlich jenen von *Orycteropus* gebaut. *Macroth. sansaniense* im französischen Mittelmiocän. *Macroth.* (*Manis*) *giganteum Cuv.* im Obermiocän von Eppelsheim, die Länge der letzteren Form berechnete Cuvier auf 24′.

Ancylotherium Gaudry (Fig. 631). Phalangen ähnlich wie bei *Macrotherium* gebaut, Extremitäten aber in geringerem Missverhältniss. *A. Pentelici Gaudry* von Pikermi besass einen Humerus von 24, eine Tibia von 51 cm Länge. *A. priscum* aus den Phosphoriten von Quercy besass weniger aufgebogene, jedoch im Allgemeinen ähnlich gestaltete Phalangen.

Fig. 631.

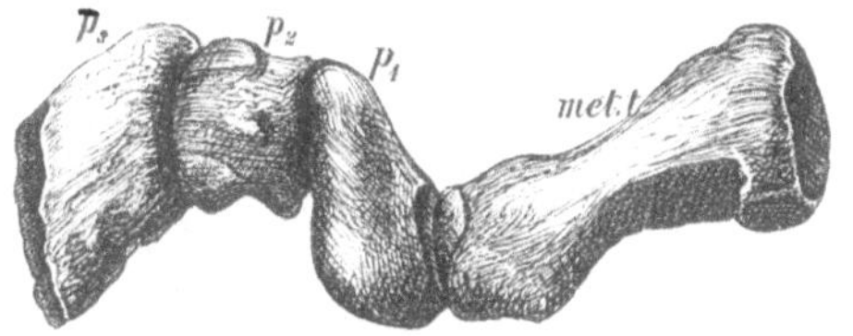

Ancylotherium Pentelici Gaudry. Ober-Miocän Pikermi. Vierte Zehe des Hinterfusses, *met. t.* = Metatarsale, p_1—p_3 erste bis dritte Phalange.

b. *Dasypoda.*

„Gürtelthiere“ mit kurzer, nur wenig vorstreckbarer Zunge, mit starkem, von knöchernen Tafeln gebildeten Hautpanzer, welcher bei allen recenten und vielen fossilen Formen beweglich ist und aus Querreihen von Knochentafeln besteht, zuweilen aber auch (z. B. bei *Glyptodon*) ein hochgewölbtes, festes Schild darstellt, Extremitäten kurz, meist mit kräftigen Scharrkrallen bewaffnet oder behuft.

Der recenten Gattung *Dasypus L.* nahe verwandte Formen finden sich in den Knochenhöhlen Brasiliens (*Euryodon, Heterodon Lund*). Sehr fremdartig ist hingegen:

Glyptodon Owen (*Hoplophorus Lund*) mit einem unbeweglichen, jenem einer Schildkröte ähnlichen, hochgewölbten, aus sechseckigen Tafeln bestehenden Panzer, welcher bei Owen's *Glyptodon clavipes* 5′ 7″ (engl.) Länge und 3′ 2″ Breite erreicht. Bauchschild elliptisch, flach, ohne Sculpturen, während die Knochentafeln des Rückenpanzers zierliche Sternhöcker besitzen. Die Extremitäten haben vorne vier, hinten drei behufte Zehen. Kopf und Schwanz sind gleichfalls mit einer Panzerdecke versehen. $\frac{8}{8}$ m mit zwei tiefen Furchen jederseits, wodurch die Kaufläche in drei Felder zerlegt wird. Pleistocän (Pampas-Thone) Südamerikas.

Mit *Glyptodon* nahe verwandt sind *Doedicurus* und *Pachytherium Burm.* ebenfalls aus den Pampasthonen, sowie *Chlamydotherium Lund* aus den brasilianischen Höhlen.

c. *Megatheridae.*

Erloschene Formen von gewaltigen Dimensionen und überaus plumpem Sceletbau. Schädel mit geschlossenen Jochbogen, an welchen ein starker absteigender Fortsatz (wie bei den heutigen Faulthieren und bei *Glyptodon*) auffällt; Füsse plump, vorn vier bis fünfzehig, hinten drei bis vierzehig, die mittleren Zehen mit kräftigen Krallen.

Megatherium Desm. mit kleinem Kopf, $\frac{5}{4}$ m. in der Form einfacher, vierseitiger Pfeiler aus Dentin, welche durch das Abkauen zwei Querhügel erhalten; Vorderfüsse wenig länger als die Hinterfüsse, ungemein plump gebaut, Schlüsselbein sehr kräftig, Vorderarm frei beweglich, mit vier, Hinterextremität mit drei Zehen, die inneren mit überaus mächtigen Krallen. *M. Cuvieri* aus dem Pampas-Schlamm erreichte 14′ Länge und 8′ Höhe.

Mylodon Owen (Fig. 632). Etwas kleiner als *Megatherium*, von ebenso plumpem Bau. Vorderfuss mit fünf Zehen, von denen die drei inneren grosse

Krallen tragen, Hinterfuss mit vier Zehen. $\frac{5}{4}$ *m.* von dreieckigem Querschnitt, durch Zwischenräume getrennt. *M. robustus* im Pampas-Schlamm von La Plata, *M. Harlani* in jungen Ablagerungen des Oregon-Gebietes.

Fig. 632.

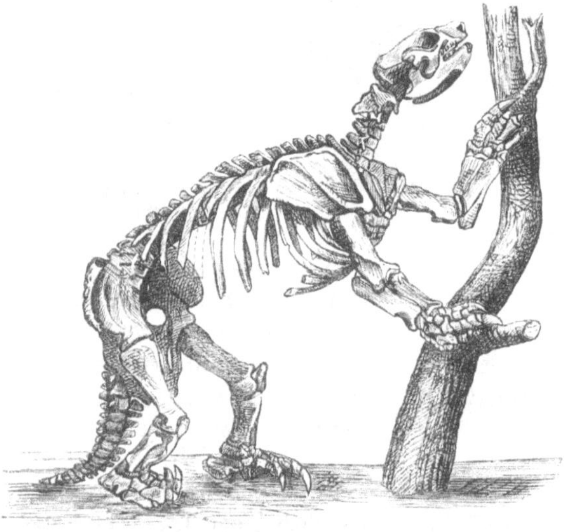

Mylodon robustus Owen. Buenos Ayres.

Megalonxyx Harlan besass $\frac{5}{4}$ gedrängt stehende Molare mit elliptischem Querschnitt und concaver Kaufläche — *M. Jeffersoni* wurde in einer Höhle in Virginien (Nordamerika), andere Arten in brasilianischen Höhlen angetroffen.

Scelidotherium Owen ist noch plumper gebaut; der Femur z. B. über halb so breit als lang. Pampasthon.

Weitere *Megatheriden*-Formen sind: *Oknotherium, Sphenodon, Coelodon Lund* aus den brasilianischen Höhlen, *Ereptodon Leidy* aus jungen Ablagerungen von Natchez.

d. *Bradypoda.*

Mit rundlichem Kopf, sehr langen Vorderextremitäten, brustständigen Zitzen, Magen demjenigen der Wiederkäuer ähnlich.

Die recenten Formen Südamerikas: *Bradypus Ill.* (Ai) mit acht oder neun Halswirbeln und *Choloepus Ill.* (Unau) mit nur sechs Halswirbeln (während alle übrigen Säuger regelmässig sieben Halswirbel besitzen) sind die recenten Vertreter einer Gruppe, welche, wie die Reste der riesigen *Megatheriden* in den jüngeren Ablagerungen Amerikas beweisen, in der Vorwelt eine sehr bedeutende Mannigfaltigkeit erreichte.

e. *Tillodontia.*

Fig. 633.

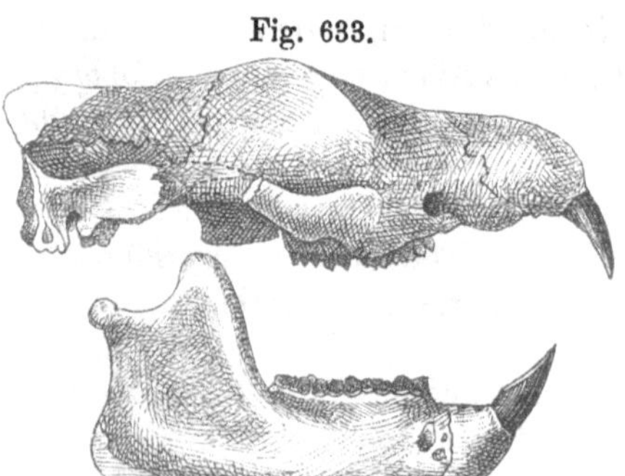

Tillotherium fodiens Marsh. 1/6. Mittl. Eocän (*Dinoceras*-Schichten), Wyoming.

Ausgestorbene, bis nun nur aus dem Eocän Nordamerikas bekannte Formen, deren Skelet jenem der Carnivoren gleicht. Gebiss jedoch eher jenem der Nager oder der Hufthiere ähnlich und Extremitätenbau auch gewisse Beziehungen zu den *Edentaten* aufweisend, an welche sie als wahrscheinliche Urformen gereiht werden mögen.

Tillotherium Marsh (Fig. 633). Gebiss die Eigenthümlichkeiten anderer

Säugergruppen vereinigend: Schneidezähne nach Art der Nagethiere gebaut, von welchen jedoch das Vorhandensein, wenn auch sehr kleiner Eckzähne unterscheidet, Backenzähne jenen der *Ungulaten* gleichend, jedoch mit unvollständigem Email; Füsse fünfzehig, mit ganzer Sohle den Boden berührend und mit langen spitzen Krallen bewaffnet. Mittleres Eocän (Greenriver-Gruppe oder *Dinoceras*-Schichten) Nordamerikas.

Dryptodon Marsh vertritt die *Tillodontia* schon im unteren Eocän Nordamerikas (Wahsatch-Gruppe oder *Coryphodon*-Schichten).

Marsh leitet von den *Tillodontia* die *Edentaten* ab, welche im Miocän und unterem Pliocän Nordamerikas durch grosse den *Megatheriden* verwandte Formen: *Moropus* und *Morotherium*, vertreten sind, die Marsh als älteste *Edentaten* betrachtet, was unrichtig ist, da *Ancylotherium* in älteren europäischen Ablagerungen nachgewiesen wurde. (Die Phosphorite von Quercy, in welchen *A. priscum* gefunden wurde, sind oligocän.)

An dieser Stelle mag auch einer ausgestorbenen, südamerikanischen Form gedacht werden, die schlechterdings keiner bestimmten Gruppe der Säuger zugerechnet werden kann, da sie Merkmale mehrerer vereinigt.

Toxodon Owen erinnert durch den Bau des plumpen Körpers und der Extremitäten an *Hippopotamus* und *Rhinoceros*, deren Grösse es auch erreichte. Form des Hinterhauptes an die *Sireniden*, Lage des Nasenlochs an *Delphine* erinnernd. Gestalt der meisselförmigen Schneidezähne ($\frac{2}{3}i$) an die Nager, jene der wurzellosen, schmelzfaltigen Backenzähne ($\frac{7}{6}m$) an die *Edentaten* erinnernd. Junge Ablagerungen Südamerikas.

Häckel vereinigt die *Toxodonten* mit den *Proboscidiern* und *Lamnungia* (*Hyrax*) zu der Gruppe der „Scheinhufer".

B$_2$. Ungulata.

„Hufthiere", ausgezeichnet durch breite Form der Zehenbekleidung, zerfallen, je nachdem zwei Zehen oder eine als Hauptträger der Extremität dient, in *Perissodactyla* (Unpaarzeher, *Pachydermes* à doigts impairs Cuvier und Einhufer, *Solidungulae*) und *Artiodactyla* (Paarzeher, *Paridigitata*). Die letzteren können wieder nach dem Zahnbau in *selenodonte* und *bunodonte Paridigitata* (halbmondzähnige und höckerzähnige Paarhufer) getrennt werden.

Alle *Ungulaten* leiten ihre Abstammung von Formen ab, welche wie *Coryphodon* die Vollzahl der Zehen (5) an den Extremitäten aufweisen. Bei verschiedenen Stämmen der Hufthiere ist eine Reduction der Zehenzahl zu bemerken, welche im Extrem bei den *Imparidigitaten* zur einzehigen Form, *Equus*, bei den *Paridigitaten* zu den zwar zweihufigen, aber einen einzigen Mittelfussknochen besitzenden Ruminanten leitet.

I. Perissodactyla (Imparidigitata).

a. *Coryphodontidae.*

„Urhufthiere" mit sehr kleiner Schädelkapsel (Fig. 634) und kleinem Vorderhirn, Verhältnisse des Gehirns überhaupt an jene des Reptilien- und selbst Amphibien-Gehirns gemahnend. Füsse kurz, fünfzehig, mit echten, verbreiterten Hufgliedern endigend (Fig. 635). Gebiss vollständig, mit 44 Zähnen ($\frac{3}{3}$ *i* $\frac{1}{1}$ *c* $\frac{4}{4}$ *pm* $\frac{3}{3}$ *m*).

Coryphodon Owen wird als die Stammform aller Hufthiere, oder doch die derselben nächststehende bekannte Form betrachtet. Der Name bezieht sich auf die nach Art derjenigen des Tapirs gebauten Unterkieferzähne, welche auf den Querjochen in Spitzen auslaufen. Londonthon, Lignite von Soissonnais und Untereocän (Wahsatch-Gruppe oder *Coryphodon*-Schichten) Nordamerikas.

Fig. 634.

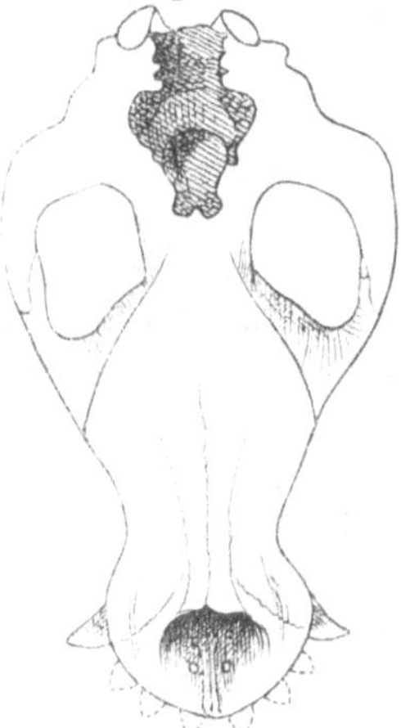

Coryphodon hamatus Marsh. Umriss des Schädels und der Gehirnkapsel.

Fig. 635.

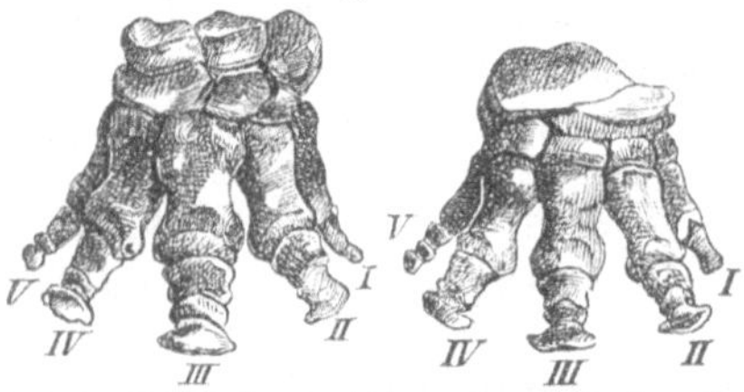

Vorder- und Hinterfuss (rechts) von *Coryphodon hamatus Marsh.* Untereocän, Wyoming.

b. *Tapiridae.*

Gebiss $\frac{3}{3}$ *i* $\frac{1}{1}$ *c* $\frac{4}{3}$ *pm* $\frac{3}{3}$ *m*, obere Molare mit zwei, durch eine Aussenwand verbundenen Querjochen, untere lediglich mit zwei geraden Querjochen. Füsse mit wenig reducirter Zehenzahl (vorn vier, hinten drei Zehen).

Lophiodon Cuv. unterscheidet sich im Zahnbau nur wenig von den jüngeren Tapiren, welchen zumal die Unterkiefermolare vollständig gleichen, während im Oberkiefer die Praemolare einfacher gebaut sind und nur einen Querhügel besitzen, während beim Tapir die Praemolare vollkommen den Molaren gleichen. Mittleres Eocän (Grobkalk von Paris).

Hyrachyus Leidy aus den mittleren Eocänschichten Nordamerikas (Greenriver-Gruppe), aber auch aus den Phosphoriten von Quercy bekannt, steht im Zahnbau zwischen *Lophiodon* und *Tapirus*.

Tapirus L. Den heutigen Tapiren in jeder Hinsicht analoge Formen finden sich im jüngeren Tertiär Europas, so *Tapirus priscus* (Eppelsheim), *T. helveticus* (Süsswasserschichten von Ulm) u. A., desgleichen im Miocän von Nordamerika.

c. *Dinoceratidae.*

Im Extremitätenbau den *Coryphodontidae* nahe verwandt, Gebiss aber ohne Schneidezähne, jedoch mit gewaltig entwickelten Eckzähnen. Schädel mit kleiner Gehirnkapsel und drei Paaren von Knochenzapfen.[1]

---

[1] Marsh betrachtet die *Dinoceraten* als eine eigene, zwischen den *Ungulaten* und *Proboscidiern* stehende Ordnung. Brandt (Tentamen synopseos Rhinocerotidum viventium et fossilium 1878) stellt sie zu seinen *Kynodonten*.

Dinoceras Marsh (Fig. 636 u. 637) von der Grösse des indischen Elephanten, doch von plumperem Bau, Extremitäten jenen von *Coryphodon* ähnlich, mit höheren Fusswurzelgliedern und ohne starke Verbreiterung der Endphalangen für den Ansatz der Hufe. Schädel lang, schmal, mit drei Paaren glatter Knochenzapfen auf der Oberseite, welche von vorn nach hinten an Grösse zunehmen und nicht den rauhen Auftreibungen verglichen werden können, die bei *Rhinoceros* und *Elasmotherium* als Hornträger erscheinen, sondern eher an die Hornzapfen der cavicornen *Ruminanten* gemahnen. Gehirnraum klein, nach Marsh jenem der Beutelthiere gleichend. Schneidezähne fehlen dem Zwischenkiefer, während der Unterkiefer deren sechs aufweist; die oberen Eckzähne (welche nur dem Männchen zukommen dürften) sind zu enormen Hauern entwickelt, die Backenzähne erinnern an das Tapirgebiss. Mittlere Eocänschichten Nordamerikas (Greenriver-Gruppe oder *Dinoceras*-Schichten).

Fig. 636.

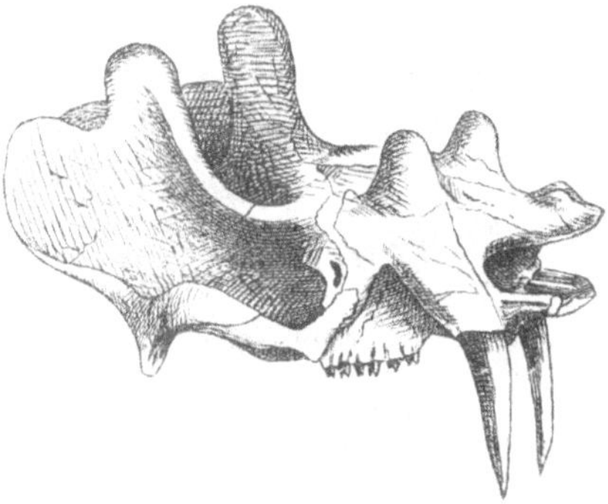

Dinoceras mirabile Marsh. Mittlere Eocänschichten (Greenriver- oder Dinocerasschichten) Nordamerikas.

Fig. 637.

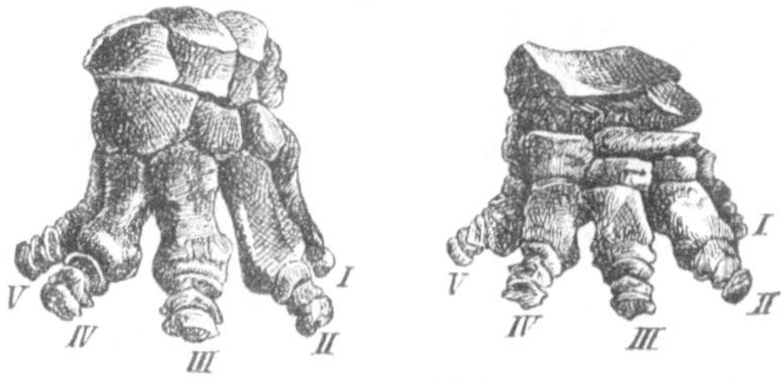

Dinoceras mirabile Marsh. $^1/_7$. Mittleres Eocän. Wyoming. Vorder- und Hinterfuss.

Loxolophodon Cope (= *Eobasileus Cope* = *Tinoceras Marsh*) (Fig. 638). Ebendaher, ist durch stark gekrümmte Hauer ausgezeichnet.

Fig. 638.

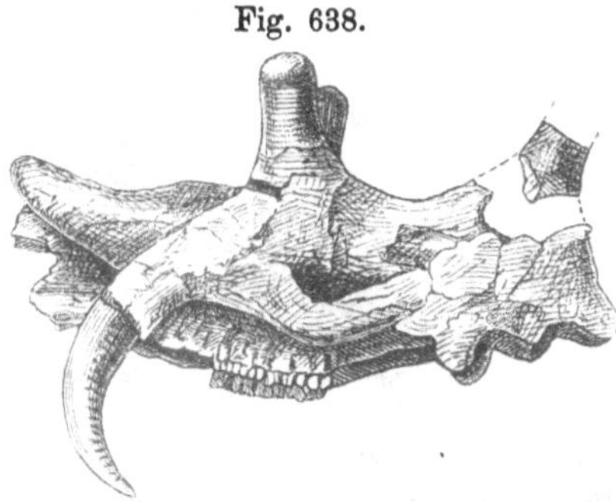

Loxolophodon cornutus Cope. Mittleres Eocän (Greenriver-Schichten.

Uintatherium Leidy dürfte mit *Dinoceras* ident sein.

d. *Brontotheridae.*

Schädel Rhinoceros-ähnlich, jedoch mit paarigen, rauhen Knochenauftreibungen auf der Vorderseite und mit vollständiger Bezahnung. Extremitäten mit wenig reducirter Zehenzahl.

Brontotherium Marsh (Fig. 639, 640). Von Elephanten-artiger Grösse, mit gewaltigem Schädel, welcher eine fast ebenso kleine Gehirnkapsel besitzt, wie *Coryphodon* und *Dinoceras.* Vorderseite jederseits mit einer rauhen

Knochenauftreibung, welche wahrscheinlich Hörner trug, die jenen der heutigen *Rhinoceroten* ähnlich waren, bei welchen jedoch, wenn zwei Hörner auftreten, dieselben stets hinter einander auf der Mittellinie des Schädels stehen. Gebiss vollständiger als bei Rhinoceros, da sowohl Eck- als Schneidezähne auftreten. Extremitäten plump, mit vier Zehen vorne, drei rückwärts. Unteres Miocän Nordamerikas („*Brontotherium*-Schichten).

Fig. 639.

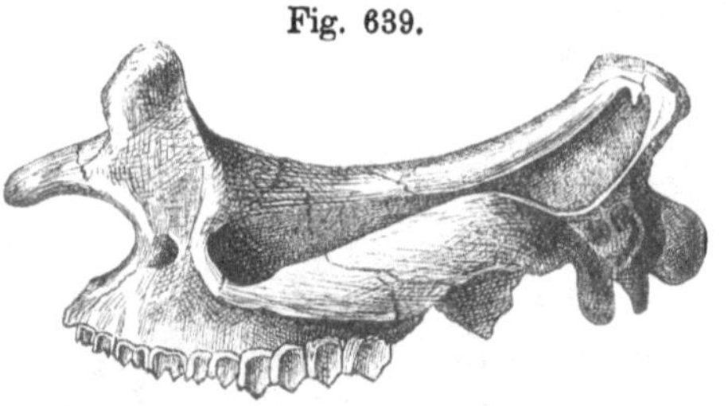

Brontotherium ingens Marsh. Miocän, Colorado.

Fig. 640.

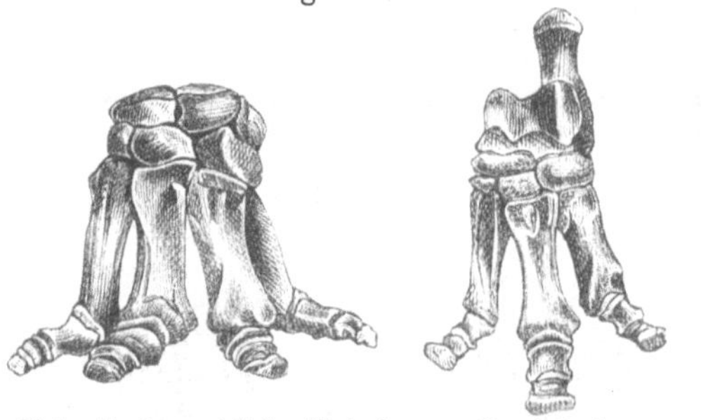

Linker Vorder- und linker Hinterfuss von *Brontotherium.*

Fig. 641.

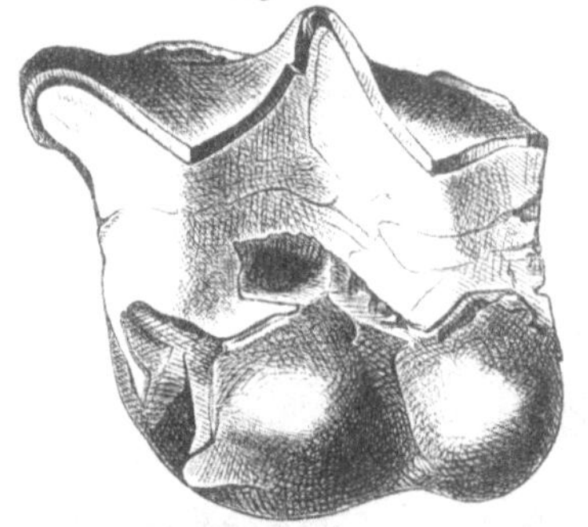

Titanotherium Prouti Leidy. Nebraska. 2. Molar links oben.

Titanotherium Leidy (Fig. 641). Mit *Brontotherium* nahe verwandt und in denselben Schichten der nordamerikanischen Tertiär-Formation auftretend. Unvollständig bekannt, durch gewaltige Backenzähne ausgezeichnet, welche im Oberkiefer eine W förmige Kaufläche darbieten (insolange die inneren Hügel nicht zur Abtragung kommen).

Brachydiastematherium Boekh, nur im Unterkiefer bekannt, besitzt in der Bezahnung desselben, zumal, was die Gestaltung der Molare anlangt, viel Aehnlichkeit mit *Titanotherium.* Eocän, Siebenbürgen.

Chalicotherium Kaup vertritt die *Brontotheridae* noch im oberen Miocän Europas (*Ch. Goldfussi Kaup* von Eppelsheim), als Stammformen der Gruppe führt Marsh an: *Limnohyus* aus dem Untereocän, *Palaeosyops* aus dem mittleren und *Diplacodon* aus dem oberen Eocän Nordamerikas.

An die *Brontotheridae* schliessen sich vielleicht auch jene *Rhinoceroten* des europäischen und nordamerikanischen Miocän, welche durch seitliche Hörner ausgezeichnet sind, wie *Rhin. pleuroceros Duvern.* aus dem französischen Miocän und *Diceratherium Marsh*[1] aus dem unteren Miocän Nordamerikas (*Brontotherium*-Schichten).

---

[1] J. F. Brandt reiht in seinem „Tentamen synopseos Rhinocerotidum" *Diceratherium Marsh* an *Aceratherium Kaup* unter die „*Ecornes*".

e. *Rhinocerotidae*

Gebiss $\frac{2}{2}$ *i* (bisweilen rudimentär oder fehlend) $\frac{0}{0}$ *c* $\frac{4}{4}$ *pm* $\frac{3}{3}$ *m*. Oberkiefer-Molare nahezu quadratisch, mit schrägen Querjochen, welche aussen durch eine Wand verbunden werden, untere Molare von zwei halbmondförmig gekrümmten Querjochen gebildet.

Aceratherium Kaup (Fig. 642). Hornlos, Schneidezähne deutlich, im Zwischenkiefer die inneren, im Unterkiefer die äusseren besonders stark; Backenzähne mit starkem Wulst an der Krone. Vorderfuss mit drei stark entwickelten und einer vierten, schwächeren Zehe. Miocän (*Ac. tetradactylum* von Sansan, *Ac. incisivum* v. Eppelsheim).

Fig. 642.

Aceratherium tetradactylum. Sansan. Linker Vorderfuss 1/6.

Amynodon Marsh besitzt wie *Aceratherium* oben und unten zwei Schneidezähne, vier Zehen vorn, drei rückwärts und war ebenfalls hornlos. Nordamerikanisches Eocän.

Rhinoceros L. Mit einem oder zwei in der Medianlinie stehenden Hörnern. Recent und fossil in den jüngeren Tertiärbildungen. Als Untergattungen sind zu betrachten: *Dihoplus Brandt* mit zwei Hörnern (hierher *Rh. sansaniensis Lartet* aus dem Mittelmiocän) *Rh. Schleiermacheri Kaup* aus dem Obermiocän, sowie *Atelodus Pomel* (hierher *Rh. tichorhinus Cuv.* und *Rh. Merkii* aus dem Diluvium, beide wie an Cadavern im silurischen Eise constatirt werden konnte, durch starke Haarbedeckung einem kälteren Klima angepasst; *Rh. tichorhinus* trägt seinen Namen wegen der starken, knöchernen Nasenscheidewand).

Elasmotherium Fischer weicht in der Bezahnung wesentlich von den *Rhinoceroten* ab, so dass Brandt es als Typus einer eigenen Unterfamilie, *Hippodontidae*, betrachtet. Schneidezähne verkümmert, Backenzähne (in jedem Kieferast fünf) mit stark gefaltetem Schmelz; Schädel mit einem sehr kleinen Nasen- und einem riesigen Stirnhorn bewaffnet. Nasenscheidewand verknöchert. Das ungeheure 4—5 Meter lange Thier scheint nach sibirischen Sagen, welche von einem riesigen, einhörnigen, schwarzen Stier berichten, dessen Horn so gross gewesen sei, dass man zu seinem Transport allein einen Schlitten benöthigt habe, erst in historischer Zeit ausgerottet worden zu sein.

Fig. 643.

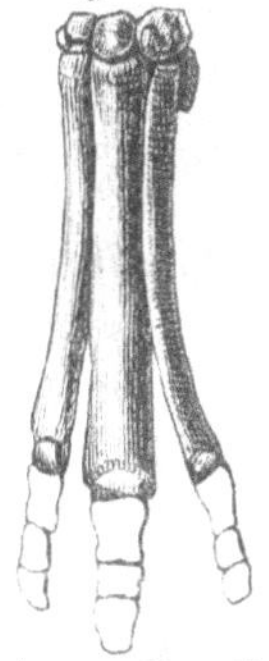

Palaeotherium medium Cuv. Gyps von Paris. Linker Vorderfuss.

f. *Palaeotheridae.*

Mit vollkommenem Gebiss: $\frac{3}{3}$ *i* $\frac{1}{1}$ *c* $\frac{3-4}{3-4}$ *pm* $\frac{3}{3}$ *m*, Eckzähne stark vorragend. Extremität mit drei Zehen vorne und rückwärts.

Palaeotherium Cuv. (Fig. 643). Schädel zumal durch die Bildung der Nasenöffnung Tapir-ähnlich, desgleichen der vordere Theil der Bezahnung (Schneide- und Eckzähne), während der Bau der

Backenzähne mehr an jenen der Rhinoceroszähne gemahnt. Obere Molare quadratisch, mit zwei durch ein Querthal getrennten Querjochen und einer Wförmig gestalteten Aussenwand.

Pal. magnum Cuv. aus dem Pariser Gyps erreichte die Grösse eines Pferdes, *P. medium* diejenige eines schlanken Tapirs; *P. minus* war kleiner als ein Reh. Ober-Eocän (Gyps von Paris, Bohnerze von Frohnstetten etc.).

Plagiolophus Pomel (= *Paloplotherium Owen*) unterscheidet sich von *Palaeotherium* durch einfachere Praemolare und schrägere Querjoche der Molare ($\frac{3}{3}$ *pm* $\frac{3}{3}$ *m*), sowie durch das Auftreten von Cement. Ober-Eocän (Gyps von Paris, Bohnerze von Frohnstetten).

Macrauchenia Owen von bedeutender Grösse, dem stärksten Kameele gleich, an welches auch die langen, schlanken Halswirbel mit undurchbohrten Querfortsätzen erinnern. Füsse jedoch dreizehig und Gebiss ebenfalls *Palaeotherien*-ähnlich, speciell manche Verwandtschaft mit *Paloplotherium* bekundend. Junge Ablagerungen Südamerikas.

g. *Equidae.*

Hochbeinige, schlanke Hufthiere mit nur einer functionirenden Zehe in jedem Fusse, neben welcher bei den geologisch älteren Formen je eine den Boden nicht berührende vorkömmt, während bei den recenten Formen nur die zu „Griffelbeinen" verkümmerten Metatarsalknochen sich finden und nur gelegentlich (durch Rückschlag) mehrere Zehen erscheinen. Gebiss: $\frac{3}{3}$ *i* $\frac{1}{1}$ *c* $\frac{3(4)}{3(4)}$ *pm* $\frac{3}{3}$ *m*.

Fig. 644.

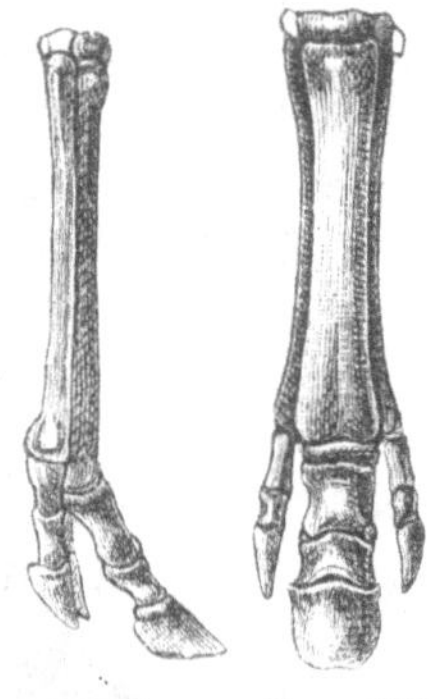

Anchitherium aurelianense Cuv. Mittelmiocän, Sansan. Linker Vorderfuss von innen und vorn.

Fig. 645.

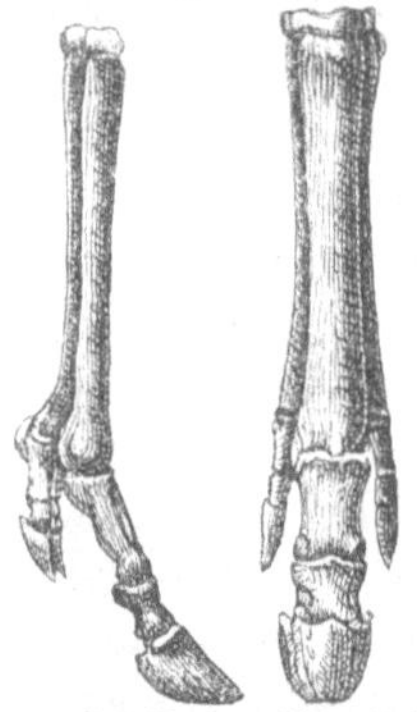

Hipparion gracile Kaup. Obermiocän Pikermi, linker Vorderfuss von innen und vorn.

Anchitherium H. v. Mey. (Fig. 644). Seitenzehen noch ziemlich stark, Gebiss *Palaeotherien*-ähnlich: $\frac{3}{3}$ *i* $\frac{1}{1}$ *c* $\frac{4}{4}$ *pm* $\frac{3}{3}$ *m*. Der erste Praemolar aber bereits sehr klein. Den Molaren fehlt noch Cement und sie stehen in der Gestaltung der Kaufläche zwischen *Hipparion* und *Palaeotherium*, gleichen jedoch mehr den Zähnen der letzteren Gattung. Mittelmiocän (Sansan, Georgensgmünd, Eibiswald etc.)

Hipparion Christol (*Hippotherium Kaup*) (Fig. 645). Seitliche Zehen mehr reducirt als bei *Amphitherium.* Bezahnung jener der Pferde gleichend, der hinfällige erste Praemolar jedoch etwas stärker; Backenzähne von prismatischer Form und mit starker Cemententwickelung, jenen der Pferde ähnlich, Schmelzbleche jedoch zierlich gefaltet und mit einer freien Emailnadel (Insel) an der inneren Seite, an deren Stelle bei *Equus* eine Schmelzfalte (Halbinsel) sich findet. Obermiocän (Eppelsheim, Pikermi, Cucuron).

Equus L. Füsse einzehig mit Metatarsalresten der zweiten und vierten Zehe (Griffelbeinen), Gebiss mit $\frac{3}{3}$ *pm* $\frac{3}{3}$ *m*, der erste Praemolar nur im Milchgebiss, bleibt zuweilen neben der zweiten Bezahnung, so dass sieben Backenzähne in einem Kieferast vorhanden sind. Molare lange vierseitige Prismen mit starker Cemententwickelung. Recent und fossil in jüngeren Tertiärbildungen und im Diluvium. Bei recenten Pferden finden sich zuweilen durch Rückschlag mehrere Zehen (als Beispiel möge das Pferd Cäsars genannt sein), ein Umstand, der die Abstammung von mehrzehigen *Ungulaten* beglaubigt.

In den nordamerikanischen Tertiärbildungen ist die Entwickelungsreihe der pferdeartigen Thiere noch vollständiger als in den europäischen festzustellen. Nach MARSH ist sie daselbst durch *Eohippus* im unteren, *Orohippus* im mittleren Eocän, *Mesohippus* im unteren, *Miohippus* im oberen Miocän, *Protohippus* im unteren, *Pliohippus* im oberen Pliocän vertreten. *Orohippus* (Fig. 646) besitzt gleich dem Tapir vorne vier, hinten drei Zehen und würde ebenso wie *Mesohippus*, bei welcher Form die vierte Zehe des Vorderfusses zu einem Rudiment reducirt ist, noch zu den *Palaeotheriden* gestellt werden können, unter welchen *Paloplotherium* eine verwandte Form darstellt. (*Paloplotherium minus* aus dem Lignit von Débruge gleicht im Bau seiner Extremitäten sehr der Gattung *Anchitherium*.)

Fig. 646.

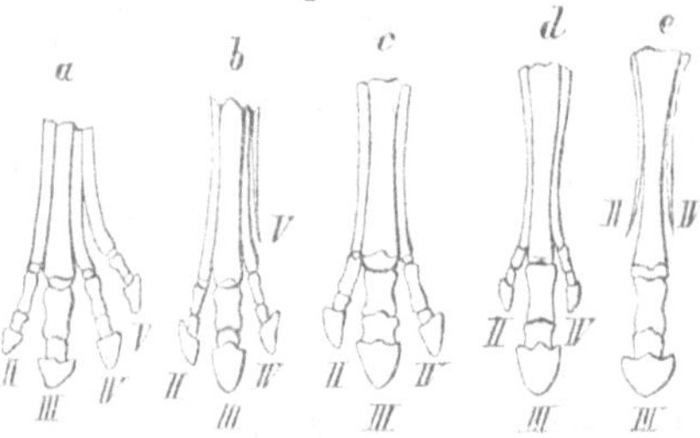

Wachsthum der Mittelzehe und allmähliches Verschwinden der Seitenzehen an den Vorderfüssen der fossilen Pferde Nordamerikas. *a* = *Orohippus* (eocän), *b* = *Mesohippus* (miocän), *c* = *Miohippus* (miocän), *d* = *Protohippus* (pliocän), *e* = *Equus* (pleistocän).

Miohippus Marsh entspricht ungefähr *Anchitherium*, *Protohippus Leidy* dem europäischen *Hipparion*, an welches sich in Amerika eine weitere Form: *Pliohippus* anreiht, welche den Uebergang von *Hipparion* zu *Equus* vermittelt.

II. Artiodactyla (Paridigitata.)

Paarzehige Hufthiere, deren Extremitäten sich hauptsächlich auf zwei Zehen stützen, welche im unreducirten Fusse der dritten und vierten entsprechen. KOWALEWSKY trennt die *Paridigitata* in *Selenodonta* (*Anoplotheridae*, die „*Ruminantia*“ etc.) und *Bunodonta* (*Suidae*, *Hippopotamidae*) zwischen beiden Gruppen stehen erloschene, alttertiäre Formen, deren obere Molare weder als ausgesprochene Höckerzähne bezeichnet werden können, noch auch deutliche Halbmonde aufweisen (*Anthracotheridae: Choeropotamus*, *Rhagatherium*); bei den jüngeren *Ruminanten* sind die Zähne in ähnlicher Weise modificirt wie bei den *Equiden*.

Paridigitata selenodonta (halbmondzähnige Paarhufer).

a. *Hyopotamidae* (*Anthracotheridae*).

Mit vierzehigen Füssen und fünflobigen Oberkiefermolaren, welche durch die Pyramidenform ihrer plumpen Halbmonde einen Uebergang zwischen dem selenodonten und bunodonten Typus bilden.

Choeropotamus Cuv. Echte Backenzähne breit, mit fünf plumpen Schmelzpyramiden, drei vorn, zwei hinten, welche den Höckern der *Bunodonten* ähneln, überdies mit starken Basalwülsten. Ober-Eocän.

Ragatherium Pictet, mit starken Eckzähnen, welche durch Lücken von den Schneidezähnen und Praemolaren getrennt sind, Backenzähne vom Typus der *Choeropotamus*-Molare. Eocän.

Anthracotherium Cuv. (Fig. 647). Mit starken Eckzähnen, Molare breit mit fünf Pyramiden. Von den $\frac{3}{3}$ *i* fallen oben und unten die äusseren im Alter aus. (Die kleine eocäne Form *A. dalmatinum von Mey.* gleicht im Bau der Molare und in der Entwickelung plumper Schmelzpyramiden sehr *Hyopotamus.*) Canine von bedeutender Grösse. *A. magnum Cuv.* in der Kohle von Cadibona bei Genua, andere grosse Formen in der Kohle von Zovencedo im Vicentinischen, in den südsteirischen Braunkohlen (Trifail), in der Kohle des Schylthales in Siebenbürgen, in der unter-basaltischen Braunkohle Böhmens.

Fig. 647.

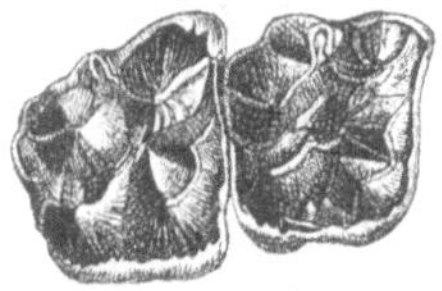

Anthracotherium magnum Cuv. Ober-Oligocän Cadibona m_2 und m_3 rechts oben $^1/_3$.

Hyopotamus Ow. Bezahnung jener von *Choeropotamus* ähnlich, doch Basalwülste der Zahnkronen schwächer und an den Pyramiden der Molare der selenodonte Charakter über den bunodonten vorherrschend. Eocän bis Mittelmiocän. *Hyopotamus* zeigt an den Extremitäten zwei auffallend grössere und stärkere Mittel- sowie schwächere seitliche Zehen und wird von Kowalewsky als der Urform der *Ruminanten* nahe stehend betrachtet.

Hyracotherium Owen von geringen Dimensionen. *H. leporinum* aus dem Londonthon von der Grösse eines Hasen besitzt Molare, welche jenen von *Choeropotamus* gleichen, während die Praemolare etwas complicirter gebaut sind als jene von *Choeropotamus.*

Weitere zu den Unpaarhufern mit fünflobigen Molaren und unreducirten Extremitäten gehörige alttertiäre Gattungen sind: *Dichobune Cuv.* (aus dem Pariser Gyps, früher fälschlich den *Anoplotheriden* zugerechnet) und *Cainotherium Brav.* aus gleichzeitigen Bildungen, durch geringe Grösse (etwa von jener eines Kaninchen) ausgezeichnet.

Fig. 648.

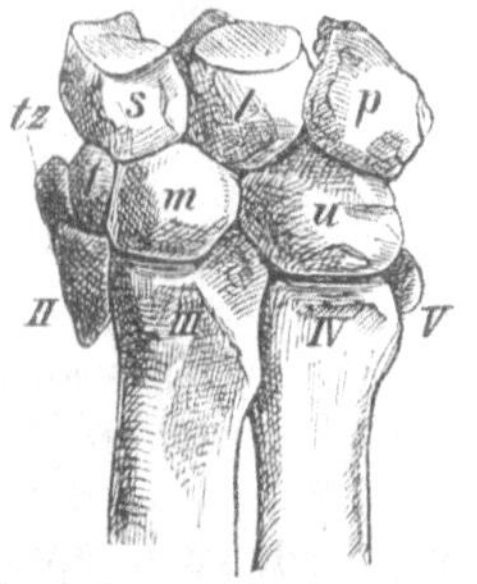

Anoplotherium. Vorderfuss mit inadaptiver Reduction. S=Scaphoideum, l = Lunare, p=Pyramidale. tz = Trapezium, t=Trapezoideum, m = Magnum, u = Unciforme.

b. *Anoplotheridae.*

Zweizehige, alttertiäre Formen (mit „inadaptiv" reducirtem Extremitätenbau). Molare mit fünf Halbmonden.

Anoplotherium Cuv. (Fig. 648). Die 44 Zähne stehen in geschlossener Reihe, die kleinen Schneidezahn-ähnlichen Eckzähne ragen nicht vor, die Molare gleichen einestheils jenen von *Hyopotamus*, erinnern aber auch an die der *Palaeotherien.* Fuss zweizehig, mit vollständig getrennten Metatarsalknochen, bei manchen Arten breite, knollige Rudimente weiterer Zehen, welche an breiten Facetten der Hand- und Fusswurzelknochen haften (nicht zu schmalen Griffelbeinen reducirt sind, wie bei den *Ruminanten*, welche der adaptiven Reihe angehören). *Anoplotherium* wird daher wohl mit Unrecht als Urahne der *Ruminanten* (Owen) betrachtet. Gyps von Paris, Bohnerze von Frohnstetten etc.

Xiphodon Cuv. schliesst sich innig an *Anoplotherium*, sowohl hinsichtlich der inadaptiv reducirten Extremitäten, als hinsichtlich der Hauptmerkmale des Gebisses, unterscheidet sich aber durch die scharf schneidige Form der Praemolaren, auf welche sich der Name bezieht. Gyps von Paris.

c. *Oreodontidae.*

In der Gestaltung des Schädels den *Anoplotheriden* gleichend und ebenfalls mit geschlossener vollkommener Zahnreihe und nicht vorragenden Eckzähnen, die oberen Molare mit vier Halbmonden, den Backenzähnen der jüngeren *Ruminanten* in der Anlage wesentlich gleichend; Extremitäten vierzehig.

Oreodon Leidy (Fig. 649) mit den Charakteren der Familie, welche von dem Autor der Gattung als „wiederkäuende Schweine" bezeichnet wurden.

Fig. 649.

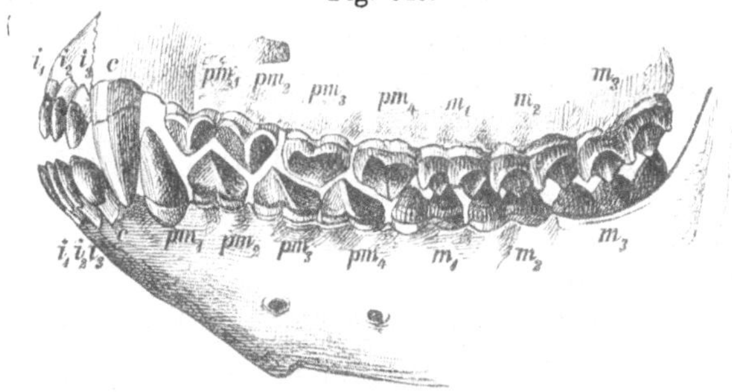

Oreodon Culbertsoni Leidy. Miocän, Nebraska. $^2/_3$.

Mittleres Miocän Nordamerikas oder *Oreodon*-Schichten, welche diesen Namen der Häufigkeit des Vorkommens der *Oreodon*-Reste wegen vollkommen verdienen. Diese Thiere, welche etwa die Grösse der recenten *Pecari* besassen, müssen heerdenweise die Ufer der miocänen Seen im Osten der Rocky-Mountains bevölkert haben.

d. *Moschidae.*

Geweihlose Wiederkäuer, Gebiss $\frac{0}{3}\,i\,\frac{1}{1}\,c\frac{3-4}{3-4}\,pm\,\frac{3}{3}\,m$, mit stark hervorragenden oberen Eckzähnen beim Männchen; Zehenzahl mehr oder minder reducirt.

Gelocus Kowalewsky. Gebiss $\frac{0}{3}\,i\,\frac{1}{1}\,c\,\frac{3}{4}\,pm\,\frac{3}{3}\,m$, Eckzahn gekrümmt, ähnlich dem Moschusthier, Vorderfüsse mit zwei getrennten Metacarpalknochen, neben welchen zwei seitliche als schwache Rudimente (Zipfelknochen) auftreten, Hinterfüsse mit der ganzen Länge nach verwachsenen Metatarsalknochen, Seitenzehen von allen vier Füssen vollständig reducirt. Phosphorite von Quercy.

Dorcatherium Kaup. Zahnformel wie bei *Gelocus.* Oberer Eckzahn stark entwickelt. Schädel ähnlich jenem von *Moschus*, ungehörnt (das von KAUP vermuthete jährlich wechselnde Gehörn wird von BRONN u. A. bezweifelt). Mittelmiocän, oft mit *Palaeomeryx* und anderen nahe verwandten Formen der Familie der *Cerviden* verwechselt.

Fig. 650.

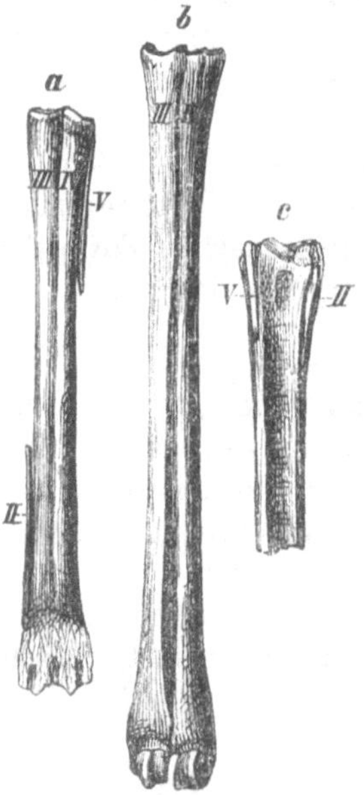

a. Dremotherium (*Elaphtherium*), Miocän, Limagne, linker Metacarpus von vorn, *b. Dremotherium*, Miocän St. Gérand le Puy, Metatarsus von vorn, *c.* derselbe von rückwärts.

Moschus L. Dieser recenten Gattung werden jungtertiäre Reste zugerechnet, so *Moschus Meyeri Goldf.* aus den Braunkohlenablagerungen des Siebengebirges.

Dremotherium Geoffr. (Fig. 650) steht an der Grenze der Moschusthiere und Hirsche, von ersteren trennt sie der Mangel der starken Eckzähne im Oberkiefer und die weitgehende Reduction der Extremität, von letzteren der Mangel des Geweihes. Indusienkalke der Auvergne.

e. *Tylopoda.*

Hufe klein, Sohle schwielig, Zwischenkiefer mit zwei, vier, selbst sechs Schneidezähnen in der Jugend, Eckzähne stark entwickelt, Zahl der Backenzähne im Alter zuweilen durch das Ausfallen der Praemolare verringert.

Die recente Gattung *Camelus L.* ist in den jüngeren Tertiärbildungen vertreten (*Camelus sivalensis* in Indien), ebenso *Anchenia Ill.* in jüngeren Bildungen Süd-Amerikas (Knochenhöhlen Brasiliens).

Merycotherium Boj. beruht auf angeblich aus Sibirien stammenden oberen

Fig. 651.

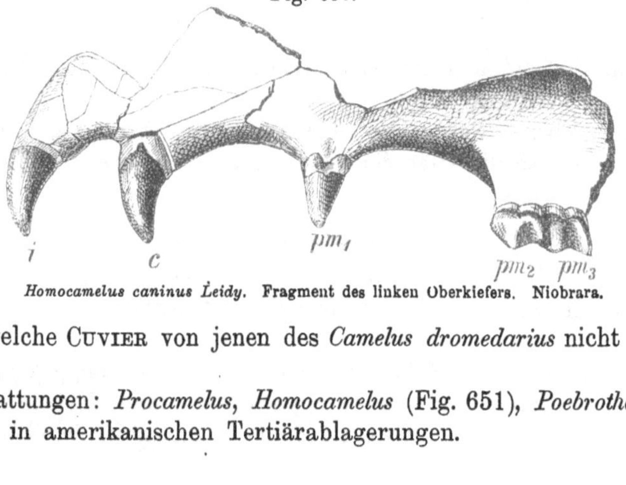

Homocamelus caninus Leidy. Fragment des linken Oberkiefers. Niobrara.

Molaren, welche CUVIER von jenen des *Camelus dromedarius* nicht zu scheiden vermochte.

Die Gattungen: *Procamelus*, *Homocamelus* (Fig. 651), *Poebrotherium Leidy* finden sich in amerikanischen Tertiärablagerungen.

f. *Camelopardalidae.*

An die recenten durch ihre Grösse und ihr eigenthümliches Gehörn (mit Haut bekleidete Knochenzapfen auf der Naht zwischen Stirn- und Scheitelbein) ausgezeichnete Giraffen, welche schon im oberen Miocän vertreten sind (z. B. *Camelopardalis attica Gaudry* von Pikermi) reihen sich weitere grosse Formen der jüngeren Tertiärzeit, welche durch plumperen Bau und Abweichungen in der Entwickelung des Gehörnes sich auszeichnen.

Helladotherium Gaudry unterscheidet sich von *Camelopardalis* hauptsächlich durch kürzeren Hals und etwas plumperen Bau (jungtertiäre Ablagerungen Indiens, Griechenlands und Frankreichs).

Sivatherium Falc. et Cautl. besass einen enorm grossen Schädel, der jenem des Elephanten wenig nachsteht und zwei Stirnzapfen und dahinter zwei weitere kurze Hervorragungen aufweist. Falconer und Cautley betrachten *Sivatherium* als ein zwischen den *Ruminanten* und *Pachydermen* stehendes Geschlecht, Blainville stellt *Sivatherium* zu den Antilopen, Geoffray St. Hilaire hingegen zu den Giraffen. Sivalikschichten Indiens.

Bramatherium Falc., sowie *Visnutherium Lydekker* sind unvollständig bekannte, mit *Sivatherium* verwandte Formen aus jungen Ablagerungen Indiens.

Hydaspitherium Lydekker ist besser bekannt, jedoch von *Sivatherium* nicht unwesentlich verschieden: die vorderen Stirnhörner fehlen und die hinteren Hornzapfen zeigen eine andere Stellung.

Lydekker fasst die vier genannten, jungtertiären Formen als eine Familie (*Sivatheridae*) auf, welche mit den *Camelopardalidae* nahe verwandt wäre, Rütimeyer hingegen will die *Sivatheridae* zu den Antilopen stellen, unter welchen er *Alcelaphus* und *Damalis* zur Vergleichung heranzieht.[1]

g. *Cervidae.*

Mit zeitweilig und zwar zumeist jährlich sich erneuerndem, mehr oder minder verästelten Geweihe, welches mit einem knotigen Wulste „der Rose", einem von der behaarten Kopfhaut überzogenen Fortsatze des Stirnbeines, „dem Rosenstocke", aufsitzt. Bei *Procervulus Gaudry* (= *Cosoryx Leidy*) ist die Rose noch unentwickelt, obwohl das Geweih bereits Gabelung zeigt. Die Verästelung des Geweihes steigert sich bei den Formen mit stark entwickeltem Geweih mit dem Alter des Individuums, und mit dem einfacheren Bau der Geweihe der jüngeren Individuen stimmt auch jener der geologisch älteren Formen überein (Fig. 652).

Procervulus Gaudry ist durch wenig verzweigte Geweihe ausgezeichnet, welche keine Rose besitzen, also wahrscheinlich nicht gewechselt wurden. Untermiocän (Sande von Orleans: *Pr. aurelianensis*). Wahrscheinlich gehört hierher auch *Cosoryx Leidy* aus etwas jüngeren Tertiärbildungen Amerikas.

Dicroceros Lartet. (*Palaeomeryx v. Mey.*) gleicht hinsichtlich der Geweihbildung dem durch langen Rosenstock und einfaches Gabelgeweih ausgezeichneteren *Cervulus* (*Muntjac*), welcher heute auf Java lebt. Von Meyer schreibt

[1] Beitr. z. einer nat. Gesch. d. Hirsche, II. Abhandlungen der Schweiz. palaeont. Gesellsch. Vol. VIII.

fälschlich seiner Gattung *Palaeomeryx* Geweihlosigkeit zu. Die charakteristischen einfachen Geweihe wurden im Mittelmiocän von Sansan und Steinheim und Göriach angetroffen. Die Molare des Unterkiefers sind durch ein schwaches Wülstchen an der Hinterseite des äusseren und vorderen Halbmondes ausgezeichnet („*Palaeomeryx* - Wülstchen“). Hierhergehörige Formen sind im Mittelmiocän häufig und schwierig von den nahe verwandten *Moschiden*, insbesondere von *Dorcatherium* zu trennen, sie reichen jedoch auch in jüngere Bildungen hinauf (z. B. *Dicroceros anocerus* von Eppelsheim). Im Obermiocän finden sich aber auch bereits Hirsche mit mehrfach gegabelten Geweih, z. B. *Cervus* (*Axis*) *Matheronis* von Mte. Léberon, im Pliocän erreichen sie grössere Mannigfaltigkeit und besitzen mehr oder minder complicirte Geweihe, z. B. *C. martialis* aus dem französischen, *C. dicranius* aus dem italienischen Pliocän (Fig. 653).

Fig. 652.

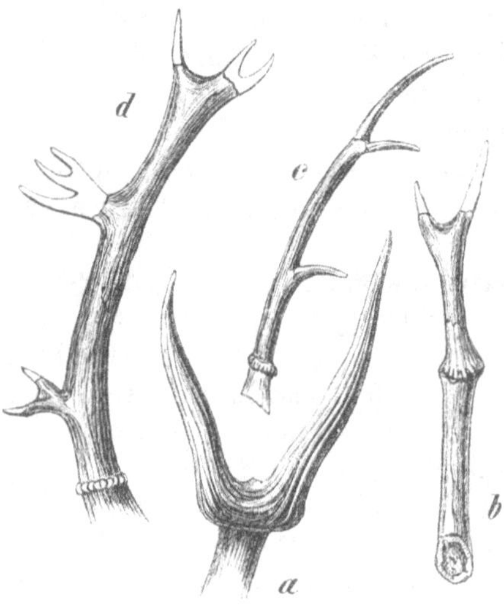

a. Dicroceros elegans, Mittelmiocän Sansan, *b. Dicranocerus*, Obermiocän Eppelsheim, *c. Cervus* (*Axis*) *Matheronis*, Obermiocän Mont Léberon, *d. Cervus martialis*, Pliocän Saint-Martial.

Unter den *Cerviden* der Diluvialperiode verdienen hervorgehoben zu werden: *Cervus* (*Rangifer*) *tarandus L.* (Rennthier), heute nur nordisch, einst über fast ganz Europa verbreitet, *Cervus megaceros* (= *Megaceros hibernicus*)

Fig. 653.

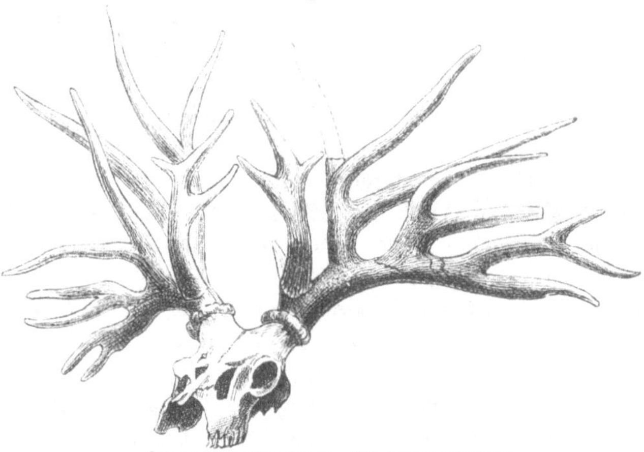

Cervus dicranius Nesti. Val d'Arno superiore.

(der „Schelch“ des Nibelungenliedes?), erst vor verhältnissmässig kurzer Zeit ausgerottet, und *C. alces* (*Alces palmata*), das Elen (Elch des Nibelungenliedes) einst weit verbreitet, jetzt im Aussterben begriffen. *C. dama*, *C. elaphus* und *C. capreolus* sind in Diluvialbildungen selten.

h. *Cavicornia.*

Mit knöchernen Stirnzapfen, welche von bleibenden, sehr verschieden gestalteten Hornscheiden umgeben werden.

α. *Antilopinae.*

Antilopen erscheinen zuerst im Mittelmiocän (*Antilope Sansaniensis, clavata* und *martiniana* von Sansan), sie zeichnen sich durch relativ kleine Hörner aus, während jene der zahlreichen obermiocänen Formen bereits gewaltige Hornzapfen aufweisen. Rütimeyer ist geneigt, die genannten, mittelmiocänen Formen der Gruppe der Gemsen (im weiteren Sinne) zuzuzählen.[1] An die heute in Afrika lebenden Gattungen *Oryx* und *Oreas* (*Strepsiceros*) schliessen sich die in den obermiocänen Schichten von Pikermi und in äquivalenten Bildungen auftretenden Gattungen *Palaeoryx* und *Palaeoreas Gaudry* (Fig. 654);

Fig. 654.

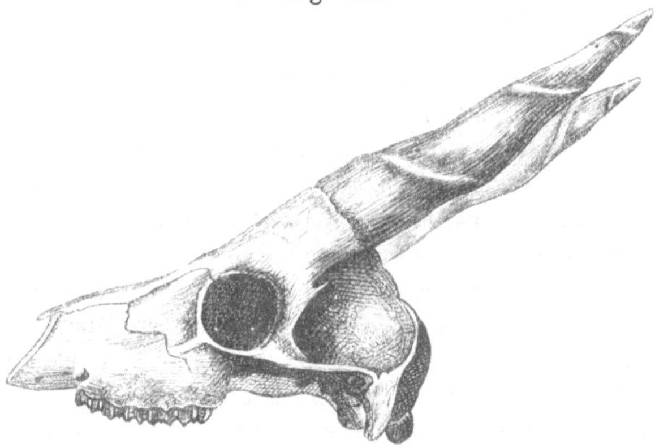

Palaeoreas Lindermayeri. $^1/_4$. Pikermi.

auch die Gattung *Antilope* (*Gazella*) selbst erscheint bereits im oberen Miocän (*Gazella brevicornis Gaudry* von Pikermi, *Antilope deperdita Gerv.* aus Frankreich). Die recenten Gattungen *Hippotragus Sundw.* und *Portax* erscheinen gleichfalls schon im Tertiär (*Hippotragus Fraasii Rütim.* im Bohnerz bei Ulm, *Portax namadicus Rütim.* in jüngeren Tertiärbildungen Indiens).

Weitere obermiocäne Antilopengattungen sind *Palaeotragus Gaudry* und *Tragoceros Gaudry*, beide in den Pikermischichten vertreten und den recenten Gattungen *Aegoceros* und *Damalis* verwandt. *Antilope palaeindica Falc.* aus den Sivalikschichten rechnet Rütimeyer zur Gruppe der Gemsen (im weiteren Sinne).

Die heute auf die Steppen Ost-Europas und Sibiriens beschränkte Gattung *Colus* (*Saiga*) bewohnte während der späteren postglacialen Diluvialperiode auch Mittel-Europa.

[1] Die Rinder der Tertiärepoche, nebst Vorstudien zu einer natürlichen Geschichte der Antilopen. Abhandl. d. Schweiz. pal. Ges. Bd. IV u. V, 1877 u. 1878.

β. Ovinae.

Fossile Ueberreste sehr spärlich, fast ausschliesslich auf pleistocäne Ablagerungen beschränkt: *Capra Rozeti Pomel* aus pleistocänem Terrain der Auvergne, *Capra Cebennarum* aus der Höhle von Miolet, *Ovis primaeva Gerv.* aus anderen Höhlen Südfrankreichs; *Capra ibex L.*, gegenwärtig in den Alpen fast ausgerottet, war zur Diluvialzeit über ganz Europa verbreitet; *Ovibus moschatus Blainv.*, heute auf die Nordpolländer beschränkt, war zur Diluvialzeit in Mitteleuropa heimisch.

Aus tertiären Ablagerungen sind bis nun nur wenige zu den *Ovinae* gehörige Formen bekannt geworden: *Bucapra Daviesii Rütim.* aus den Sivalikschichten, mit hornlosem Schädel, welcher die Grösse eines Rinderschädels erreicht, sich jedoch durch viele Merkmale an jenen der Ziegen anschliesst; ferner *Capra sivalensis* und *perimensis Lydekker*, welche mit recenten indischen Formen ziemlich nahe verwandt sind.

γ. Bovinae.

Rütimeyer trennt die *Bovinae* in fünf Gruppen: *Bubalina*, *Bibovina*, *Portacina*, *Taurina* und *Bisontina.*

Der ersten Gruppe (*Bubalina*) gehören als Urform der büffelartigen Rinder an: *Probubalus Rütim.* (*Hemibos Falc.*) mit dem recenten Zwergbüffel (*Anoa*) von Celebes nahe verwandt. *Probubalus* (*Hemibos*) *triquetricornis Falc.* und *antelopinus Rütim.* aus den Sivalikschichten.

Bubalus L. selbst kommt in einer, dem recenten, stark gehörnten Arni nahe verwandten Form (*B. sivalensis Rütim.*) in den Sivalikschichten vor. *B. palaeindicus Falc.* aus den Nerbudda-Schichten zeichnet sich durch besonders starke Entwickelung des Schädels und Gehörns aus; *B. Pallasii Baer* ist eine mit *B. palaeindicus* nahe verwandte diluviale Form. *B. antiquus Gerv.* aus jungen Bildungen von Algier gleicht dem mittelafrikanischen *B. brachyceros. Amphibos Falc.* aus den Sivalikschichten steht zwischen den *Bubalina* und *Bibovina.*

Die zweite Gruppe der Rinder (*Bibovina*) umfasst als fossile Verwandte des recenten ostindischen *Bos gaurus: Bos* (*Bibos*) *Palaeogaurus Falc.* von Nerbudda und *Bos* (*Bibos*) *etruscus Falc.*

Der dritten Gruppe (*Portacina*) gehören an: *Leptobos Falc.* (*Lept. Falconeri Rütim.*) aus den Sivalikschichten, *Lept. Fratzeri Rütim.* von Nerbudda, *L. Strozzii Rütim.* aus dem Arnothal.

Zur vierten Gruppe (*Taurina*) gehört die Gattung *Bos L.* im engeren Sinne, welcher *B. namadicus Falc.* aus den jungtertiären Schichten von Nerbudda, *B. planifrons* und *acutifrons Lyd.* aus den Sivalikschichten, sowie *B. primigenius Boj.* (Ur- oder Auerochse) angehören, welch letzterer, zur Diluvialperiode in Europa weit verbreitet, erst in historischer Zeit ausgerottet wurde, jedoch als eine der Stammarten des Hausrindes zu betrachten ist, eine weitere, gleichfalls schon zur Diluvialzeit existirende Stammform des zahmen Rindes ist *Bos brachycerus Owen*, der auch die „Torfkuh" der Schweizer Pfahlbauten zuzurechnen ist.

Die fünfte Gruppe (*Bisontina*) ist ebenfalls schon in den Sivalikschichten vertreten durch *Bison sivalensis Falc.* Im europäischen Diluvium gehört ihr *Bison priscus Boj* an, der an Grösse seine recenten, auf den Bialowiczaer Wald und den Kaukasus beschränkten Nachkommen, *Bison Europaeus Ow.* (Wisent, oft mit dem Ur- oder Auerochsen verwechselt), noch übertraf.

Paridigitata bunodonta (höckerzähnige Paarhufer).

a. *Suidae (Setigera).*

Mit vollständigem Gebiss und meist stark verlängerten dreiseitigen Eckzähnen, Mahlzähne mit breiter, kegelförmiger, höckertragender Krone, Extremitäten vierzehig, die kleineren Aussenzehen berühren bei den recenten und geologisch jüngeren Formen den Boden nicht, bei einer erloschenen Form (*Entelodon*) sind die äusseren Zehen vollständig verkümmert.

Die recente Gattung *Sus L.* erscheint schon im oberen Miocän, z. B. *Sus antiquus Kaup* von Eppelsheim; sein Zeitgenoss *Sus erymanthius Wagn.* von Pikermi übertraf das heutige Wildschwein bedeutend an Grösse. *Sus arvernensis* und *Sus provincialis* sind pliocäne Formen.

Hyotherium Meyer. Zahnformel $\frac{3}{3}\,i\,\frac{1}{1}\,c\,\frac{4}{4}\,pm\,\frac{3}{3}\,m$; Eckzähne von mässiger Grösse, Praemolare einfacher gebaut als bei *Sus*, auch die Molaren mit kurzer, subquadratisch-eiförmiger Krone, welche vier Haupthöcker aufweist, letzter Molar weniger verlängert als bei *Sus*. Mittelmiocän: Type *Hyother. Sömmeringi Mey.* von Georgensgmünd, Eibiswald, Elgg etc.

Palaeochoerus Pom. Zahnformel $\frac{3}{3}\,i\,\frac{1}{1}\,c\,\frac{4}{4}\,pm\,\frac{3}{3}\,m$. Echte Backenzähne mit noch kürzerer, nahezu quadratischer Krone, mit vier starken, rundlichen Höckern; in ihrer Gesammtgestalt jenen von *Choeropotamus* nicht unähnlich. Miocän: *Palaeoch. typus* aus dem Süsswasserkalk von Rilly.

Tinohyus aus dem oberen Miocän Nordamerikas (*Miohippus*-Schichten) gleicht dem südamerikanischen Pekari, *Dicotyles Cuv.*, welches durch die weitergehende Reduction der Zehen (der Hinterfuss zeigt nur eine innere Nebenzehe und beginnende Verwachsung der Metatarsalia), sowie durch die Einrichtung des Magens an die *Ruminanten* unter den selenodonten Paarhufern gemahnt.

b. *Entelodontidae.*

Bezahnung jener der geologisch älteren *Suidae* ähnlich, Extremitäten nur zweizehig.

Entelodon Aym. (*Elotherium Pom.*). Auf die vollständige Hufthier-Bezahnung: $\frac{3}{3}\,i\,\frac{1}{1}\,c\,\frac{4}{4}\,pm\,\frac{3}{3}\,m = 44$ Zähne gründet sich der Name. Extremitäten zweizehig, mit knotigen Rudimenten des zweiten und fünften Mittelfussknochens, welche ebenso wie bei *Anoplotherium* und *Xiphodon* unter den selenodonten Paarhufern die inadaptive Reduction kennzeichnen. Phosphorite von Quercy und Obereocän von Ronzon.

c. *Hippopotamidae.*

Füsse unreducirt, mit vier auftretenden Zehen.

Hippopotamus L. $\frac{2}{2}\,i\,\frac{1}{1}\,c\,\frac{4}{4}\,pm\,\frac{3}{3}\,m$. Recent in den grossen Strömen Innerafrikas, fossil in jüngeren Ablagerungen Europas. *Hippopotam. major Cuv.*

der Arnothalfauna, sowie in pleistocänen Ablagerungen Englands und Frankreichs, *H. Pentlandi* in den Knochenhöhlen Siciliens zeichnet sich durch kleinere Dimensionen aus (ähnlich der Varietät *Liberiensis* des recenten *H. amphibius*), alle Backenzähne sind leicht durch die kleeblattförmigen Kauflächen kenntlich (Fig. 655).

Fig. 655.

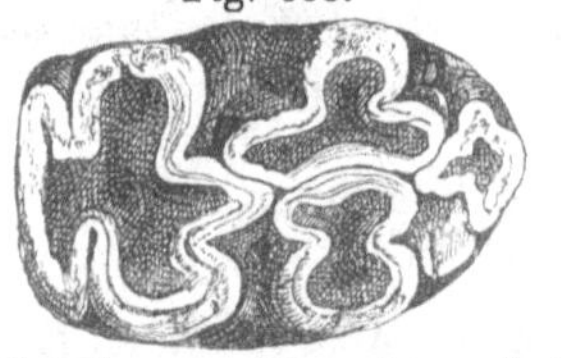

Backenzahn von *Hippopotamus Pentlandi.* Pleistocän, Sicilien. $^2/_3$.

Als Untergattung ist zu betrachten: *Hexaprotodon Falc. et Cautl.* mit $\frac{3}{3}$ *i* aus den Sivalikschichten Indiens, Type: *Hexapr. Sivalensis Falc.*

B_3. Sirenia („Cetacea herbivora").

Seesäugethiere mit verkümmerten Hinterextremitäten und flossenähnlichen, verkürzten Vorderextremitäten, mit pectoralen Zitzen und an der Schnauzenspitze liegenden Nasenöffnungen. Backenzähne breitkronig (bei *Rhytina* keine Zähne, sondern hornige Kauplatten).

An die recenten Gattungen *Manatus Cuv.* (*Lamantin*) und *Halicore Ill.* (Dugong) reihen sich zahlreiche fossile Formen. *Manatus* ist schon in jungen Ablagerungen der vereinigten Staaten Nordamerikas vertreten.

Halitherium Kaup. (= *Halianassa Meyer*) (Fig. 656). Schädel jenem von *Manatus* ähnlicher als jenem von *Halicore.* Die unteren Schneidezähne und Canine sind hinfällig, die Backenzähne gleichen jenen der *Ungulaten*, insbesondere aber durch die kleeblattartigen Kaufiguren so sehr jenen von *Hippopotamus*, dass sie von CUVIER mit denselben verwechselt wurden. Die Rudimente der Hinterextremität und das Becken stärker entwickelt als bei den recenten *Sireniden*, Rippen nicht cavernös, massig und steinartig. (Fragmente wurden von JÄGER als Zähne von *Trichechus molassicus* beschrieben.) Miocän: *Halitherium Schinzi Kaup.* (= *Halianassa Colinii Meyer*) aus dem Mainzer Becken ist die bestbekannte Art, *H. Cordieri*, *H. Studeri* u. A. sind nur unvollständig bekannt.

Fig. 656.

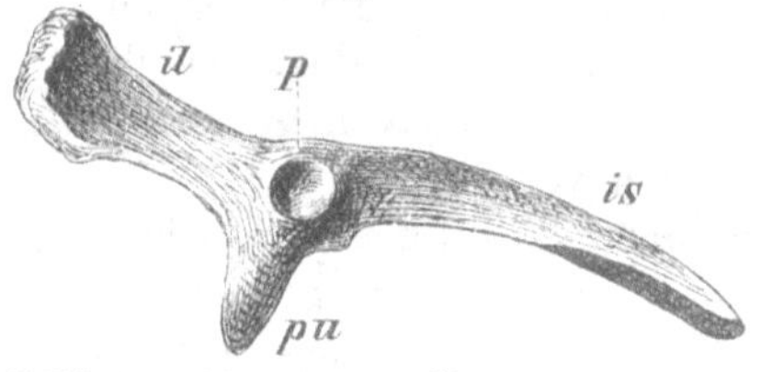

Halitherium Schinzi Kaup. Miocän von Flonheim. Linke Hälfte des Beckens. *il* = Ilium, *is* = Ichium, *pu* = Pubis, *P* = Pfanne für den Gelenkkopf des Femur.

Mit *Halitherium* nahe verwandt ist *Felsinotherium Capellini* aus dem italienischen Pliocän.

Rhytina Ill. Rh. Stelleri Cuv. „Borkenthier", 8—10 Meter Länge erreichend, mit hornigen Kauplatten im Ober- und Unterkiefer, lebte noch 1742 in Menge an den Aleuten (Berings-Insel), wo schon 1768 das letzte Exemplar getödtet worden sein soll. Subfossil an der Küste der Beringsinsel.

B_4. Proboscidea.

Gewaltige Vielhufer mit mehr oder minder langem Rüssel, mit als Stosszähne entwickelten Incisiven im Zwischen- oder im Unterkiefer (bei den

Mastodonten in beiden), ohne Eckzähne, mit mehr oder minder complicirt gebauten Backenzähnen.

Dinotherium Kaup. (Fig. 657). Definitive Bezahnung: $\frac{0}{1}$ *i* $\frac{0}{0}$ *c* $\frac{2}{2}$ *pm* $\frac{3}{3}$ *m*. Die unteren Incisive zu gewaltigen Hauern entwickelt, welche in dem wie bei *Manatus* und *Halicore* nach abwärts gebogenen Symphysentheil des Unterkiefers stehen. Milchgebiss mit je drei Backenzähnen, für welche zwei Ersatzzähne eintreten, deren erster dreiseitig, der zweite zweijochig ist. Der erste echte Molar trägt (ebenso wie der letzte Milchzahn, neben welchem er bisweilen im Kiefer getroffen wird) drei Querjoche, m_2 und m_3 sind zweijochig. Nasenbeine fehlen, Schläfengruben sehr gross, Condyli occipitales weit nach aufwärts gerückt. Die zu Pikermi und anderwärts gefundenen Skelettheile gleichen im Allgemeinen jenen von *Mastodon* und *Elephas* und weisen nur wenige Eigenthümlichkeiten auf. Ober- und Mittelmiocän: *Dinotherium giganteum Cuv. sp.* (von Cuvier einem riesigen Tapir zugerechnet) von Simorre, Eppelsheim und Pikermi übertraf *Mastodon* und *Elephas* an Grösse. *Din. indicum* von der Insel Perim war ebenso gross, und noch grösser soll Eichwald's *Din. proavum* von Podolien gewesen sein. *Din. Cuvieri Kaup* aus dem Mittelmiocän war bedeutend kleiner als die obermiocänen Formen, welche von manchen Autoren in eine einzige Art zusammengezogen, von anderen in noch zahlreichere zersplittert werden.

Fig. 657.

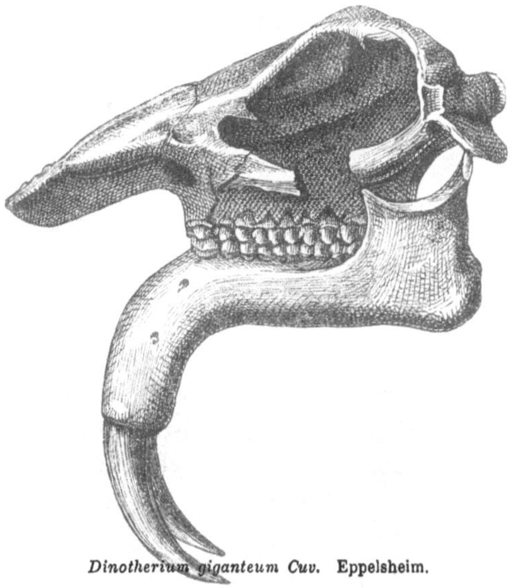

Dinotherium giganteum Cuv. Eppelsheim.

Mastodon Cuv. (Fig. 658). Zahnformel der geologisch älteren Formen (z. B. *Mast. angustidens*) $\frac{1}{1}$ *i* $\frac{0}{0}$ *c* $\frac{2}{2}$ *pm* $\frac{3}{3}$ *m*, wobei das Milchgebiss drei Backenzähne aufweist, von welchen der erste ohne Ersatz ausfällt, während die zwei folgenden durch Praemolare ersetzt werden, die jedoch ebenfalls nicht im Kiefer bleiben, sondern durch die horizontal nachrückenden echten Molare verdrängt werden, so dass das erwachsene Thier nur die letzteren im Kiefer aufweist. Bei jüngeren Formen wird entweder nur ein Milchzahn vertical ersetzt (so bei *M. longirostris*) oder gar keiner (bei *M. avernensis*), in letzterem Falle gleicht der Zahnwechsel vollkommen jenem der Elephanten, bei welchen die Zähne horizontal in die Kaufläche einrücken. Der Bau der Molare ist bei geologisch älteren Formen einfacher, indem weniger Querjoche auftreten, während die Zahl derselben bei den geologisch jüngeren, welche schliesslich zu *Elephas* führen, zunimmt. Falconer unterscheidet darnach die *Mastodonten* in *trilophodonte*, *tetralophodonte*, *pentalophodonte*, je nachdem der vorletzte

Molar drei, vier oder fünf Querjoche zeigt. Mit der Vermehrung der Zahnelemente verringert sich die Dicke des Schmelzes und endlich tritt bei den

Fig. 658.

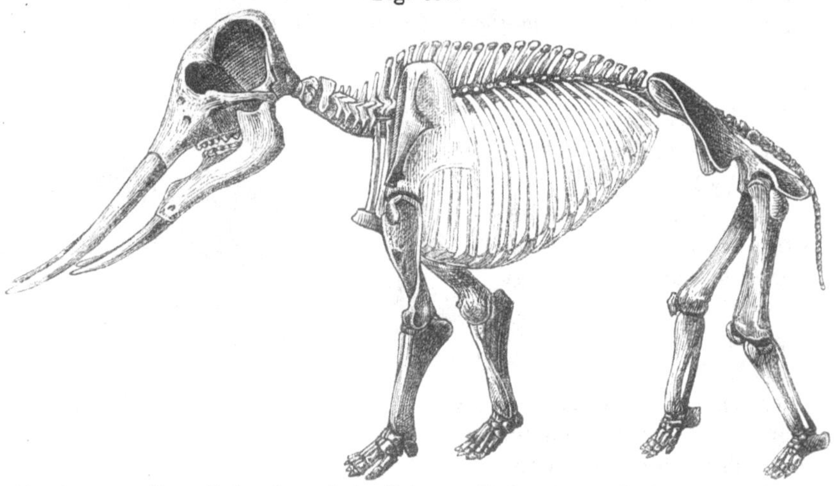

Mastodon angustidens. Restauration nach den Resten von Simorre (Gers). Mittelmiocän (nach GAUDRY).

zu den Elephanten führenden Formen Cement mehr oder minder massig zwischen den an Höhe zunehmenden Querjochen auf (Fig. 659). *Mastodon angustidens Cuv.* des Mittelmiocän besitzt noch starke untere Stosszähne, welche in einem langen Symphysen-Schnabel stehen und wahrscheinlich zum Wühlen nach Wurzeln dienten, der Rüssel dürfte daher in der Ruhe wenigstens kurz und wohl überhaupt nicht stark entwickelt gewesen sein. *Mast. longirostris* des oberen Miocän besass sehr grosse obere und viel kleinere untere Stosszähne und den indischen Zwischenformen zwischen *Mastodon* und *Elephas* fehlen die unteren Stosszähne gänzlich, während die mit *Elephas* übereinstimmeude Schädelgestaltung starke Entwickelung des Rüssels andeutet. VACEK[1] trennt die Gattung *Mastodon* in zwei Gruppen: bunolophodonte mit rundhöckerigen Molaren (hierher *M. angustidens Cuv.* aus dem Mittelmiocän, *M. longirostris Kaup* aus dem Obermiocän, *M. avernensis Croiz.* aus den Tuffen der Auvergne, *M. Andium* aus

Fig. 659.

A

B

C

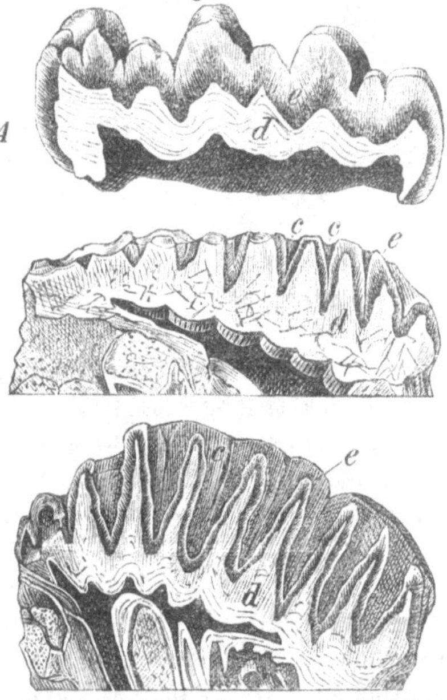

Längsschnitte von Backenzähnen. *A* = *Mastodon angustidens.* 1/4. Simorre. *B* = *Elephas ganesa.* 1/3. Sivalikhills, *C* = *Elephas planifrons.* 1/3. Sivalikhills. *d* = Dentin, *e* = Email, *c* = Cement.

[1] Ueber österreichische Mostodonten. Abhandl. d. geolog. Reichsanstalt, Bd. VII.

der Vulcanasche des Imbaburra bei Quito) und zygolophodonte, deren Molare wenig gekerbte gerade Querjoche aufweisen (hierher *M. tapiroides Cuv.* aus dem Mittelmiocän. *M. Borsoni* und *M. turicensis* aus dem oberen Miocän).

Elephas L. (Fig. 660). Zwei Stosszähne in dem Zwischenkiefer, Backenzähne mit zahlreichen, schmalen Querjochen, welche an der Oberseite der Krone schwach entwickelte Höcker aufweisen, die den stärkeren zitzenförmigen Hügeln des *Mastodonten*-Zahnes entsprechen, jedoch sehr rasch durch die Abkauung verschwinden. Die mit verhältnissmässig dünnem Schmelz überzogenen, sehr hohen Joche hängen unten zusammen und werden überdies ihrer ganzen Höhe nach durch Cement verbunden. Die Milchzähne werden bei den recenten und den meisten fossilen nie vertical ersetzt (bei einer fossilen indischen Form: *E. planifrons* hat FALCONER Ersatzzähne beobachtet), gewöhnlich aber rücken alle im Kiefer erscheinenden Zähne in horizontaler Richtung vor und zwar stehen meist nur zwei, selten drei Backenzähne gleichzeitig in einem Kieferaste, im hohen Alter aber findet sich oft nur ein einziger. FALCONER trennt *Elephas* in zwei Gruppen: *Loxodon*, dem *Mastodon* näher stehend, mit weniger zahlreichen, im Querschnitt rautenförmigen Jochen der Backenzähne; hierher der recente *Elephas africanus Blumenb.* und *Euelephas* mit zahlreicheren in der Kaufläche parallel und bandförmig erscheinenden Querjochen; hierher der recente *E. indicus Cuv.*

Fig. 660.

Elephas Ganesa Falconer et Cautley. Sivalikhills.

Unter den überaus zahlreichen jungtertiären *Proboscidiern* Indiens kommen Formen vor, welche mit demselben Recht als *Elephanten* oder als *Mastodonten* betrachtet werden, so wurde eine derselben von CLIFT *Mastodon elephantoides*, von FALCONER aber *Elephas Cliftii* genannt (Fig. 661). An *Mastodon elephantoides* schliessen sich in den Sivalikschichten Elephanten, deren Backenzähne verhältnissmässig wenige, niedrige und breite, mit dickerem Email bedeckte Joche aufweisen, wie *Elephas Ganesa* und *E. insignis*, von welchen andere, wie *E. planifrons* den Uebergang zu den jüngeren Elephanten bilden.

Fig. 661.

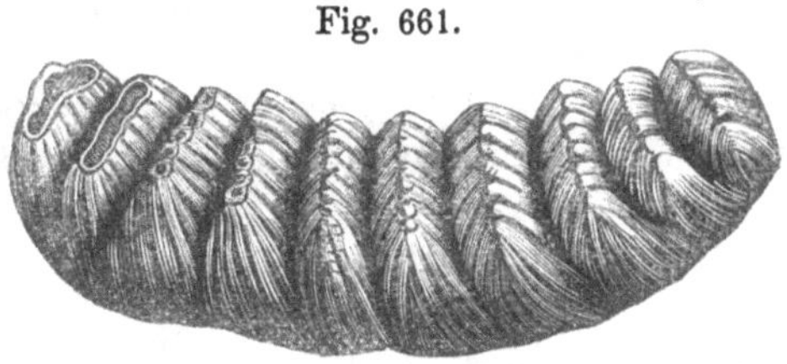

Mastodon elephantoides Clift = Elephas Cliftii Falc. Ufer des Irawadi. Letzter Backenzahn.

Von diesen verdienen Erwähnung: *E. meridionalis* der Arnothalfauna und *E. priscus Goldf.* aus dem Rheinthal, welche dem heutigen *E. africanus* gleichen, *E. antiquus Falc.* aus dem englischen Pleistocän, welcher dem heutigen *E. indicus* nahe steht, während *E. primigenius Blumb.* aus dem Diluvium ihn an Grösse des Körpers und der Entwickelung der Stosszähne und Complication der Backenzähne übertrifft. Cadaver vom Mammuth (richtiger Mammont) im sibirischen Eise, sowie eine Zeichnung auf einem Stosszahnfragment von der Hand des gleichzeitig lebenden Menschen aus der Höhle von La Madelaine in Périgord zeigen starke Behaarung des Thieres, welche dem kälteren Klima entsprach.

Eine sehr kleine Form aus der Gruppe des *E. indicus* und *primigenius* war *E. Falconeri* von Malta, die sonstigen angeblichen Zwergformen: *E. minimus Gieb.*, *E. pygmaeus Fisch.* und *Cymathotherium Kaup* dürften wohl auf Milchzähne oder ungewöhnlich kleine Individuen des *E. primigenius* zurückzuführen sein.

B_5. Lamnungia.

Kleine, fossil bis nun unbekannte Formen mit vierzehigen Vorder- und dreizehigen Hinterfüssen, Zehen bis zum Endgliede durch Haut verbunden, nur die nageltragende hintere Innenzehe frei, die vier vorderen und zwei der drei hinteren Zehen mit platten Hufen. Gebiss $\frac{1}{2}\, i\, \frac{0}{0}\, c\, \frac{3-4}{3-4}\, pm\, \frac{3}{3}\, m$. Backenzähne jenen der Ungulaten ähnlich. Recent in Afrika und im östlichen Asien: *Hyrax capensis*, *H. syriacus*.

Haeckel vereinigt *Toxodon Owen* (vergl. oben pag. 529) mit *Hyrax* und den *Proboscidiern* als „Scheinhufer". Die Berechtigung der Zusammenfassung dieser Gruppen lässt sich vom palaeontologischen Standpunkt kaum discutiren, es mag jedoch hervorgehoben werden, dass während *Toxodon* ein Bindeglied zwischen den *Ungulaten* und *Edentaten* darstellt, *Hyrax* eine ähnliche Stellung zwischen den *Ungulaten*, den *Proboscidiern* und den *Rodentia* zu bilden scheint; palaeontologisches Material, welches diese Zwischenstellung von *Hyrax* weiter erläutern würde, ist jedoch nicht vorhanden, denn *Hyracotherium* (vergl. oben pag. 536) besitzt wohl in der Gestaltung der Backenzähne einige Aehnlichkeit mit *Hyrax*, reiht sich jedoch auf das Innigste an *Choeropotamus* und die übrigen *Anthracotheridae*.

B_6. Rodentia.

Gebiss $\frac{1\,(2)}{1}\, i\, \frac{0}{0}\, c\, \frac{2-6}{2-6}\, m$; die Schneidezähne wurzellos, nur an der Vorderseite mit Schmelz bedeckt, daher meisselförmig abgekaut. Mahlzähne entweder mit queren Schmelzfalten, oder mit höckeriger Kaufläche. Extremitäten fünfzehig, meist bekrallt.

a. *Leporidae.*

Gebiss $\frac{2}{1}\, i\, \frac{5-6}{5-6}\, m$. Im Zwischenkiefer steht der kleinere (äussere) Zahn hinter dem grösseren inneren („Duplicidentata"), eine Einrichtung, die allen übrigen Nagern mangelt.

Die recente Gattung *Lepus L.* kommt schon diluvial vor (z. B. *L. diluvianus Cuv.* aus den belgischen Knochenhöhlen); noch häufiger ist *Lagomys Cuv.* fossil vertreten (z. B. *Lagomys Corsicanus Cuv.* und *Lagomys Sardus Wagn.* in den Knochenbreccien Corsicas und Sardiniens); dem recenten sibirischen Pfeifhasen verwandte Formen finden sich im Diluvium Deutschlands, aber auch schon obermiocän treten sie auf, so *Lagomys verus Hensel*, *L. Oeningensis* u. A.

Mit *Lagomis* nahe verwandt ist die erloschene Gattung *Titanomys Meyer* aus dem Obermiocän.

b. *Subungulata.*

Gebiss $\frac{1}{1}$ *i* $\frac{4}{4}$ *m*, Vorderextremität vier-, hintere meist dreizehig, mit stumpfen, hufartigen Nägeln.

Die recenten Gattungen *Cavia Kl.*, *Hydrochoerus Briss.*, *Coelogenys Cuv.*, *Dasyprocta Ill.* sind auf Südamerika beschränkt, wo sie auch fossil (in den Knochenhöhlen Brasiliens) vorkommen.

Den Halbhufern werden jedoch auch tertiäre und pleistocäne europäische Formen zugezählt, wie *Palanoema Pom.* mit $\frac{4}{4}$ *m*, welche alle, ähnlich wie *Cavia*, nur aus zwei Prismen bestehen, Obereocän (*Hyaenodon*-Schichten der Limagne) und *Hystricotherium Croiz*, dessen Zähne mehr Aehnlichkeit mit *Dasyprocta* als mit *Hystrix* besitzen (vulcanische Tuffe der Auvergne).

c. *Hystricidae.*

Körper mit Stacheln oder Borsten; $\frac{4}{4}$ *m*, schmelzfaltig und mit mehr oder minder ausgebildeten Wurzeln, Schlüsselbeine rudimentär.

Vertreter der recenten Gattung *Hystrix* finden sich in diluvialen Knochenhöhlen Süd-Europas, in den vulcanischen Tuffen von Issoire (*H. refossa Gerv.*) und im Obermiocän von Pikermi (*H. primigenia Gaudry*).

d. *Octodontidae* (*Muriformes*).

„Trugratten“, gleichen in der äusseren Erscheinung den Ratten; Extremitäten vierzehig, selten fünfzehig, mit vier-, selten dreischmelzfaltigen Backenzähnen.

An die recenten südamerikanischen und westindischen Formen schliessen sich an:

Theridomys Jourd. mit $\frac{4}{4}$ *m*, welche jenen von *Echimys* und *Cercomys* am nächsten stehen. Obermiocän, Frankreich.

Isoptychus Pom., *Adelomys Gerv.*, *Taeniodus Pom.* aus dem französischen Obereocän und *Omegodus Pom.* aus dem französischen Miocän schliessen sich an *Theridomys* eng an und sind nur durch untergeordnete Verschiedenheiten im Bau der Backenzähne getrennt.

Lonchophorus Lund aus brasilianischen Knochenhöhlen ist unvollständig bekannt, gleicht jedoch den recenten Gattungen *Loncheres* und *Echimys.*

e. *Lagostomidae* (*Chinchillinae*).

In der äusseren Erscheinung zwischen Hasen und Mäusen stehend, ähneln sie im Gebiss mehr den ersteren.

An die recenten, nur kleine Dimensionen erreichenden, südamerikanischen Gattungen schliesst sich eine grosse fossile, jedoch unvollständig bekannte Form:

Megamys d'Orb. Tibia 1′ lang; junge Ablagerungen Patagoniens; *Archaeomys Laiz. et Par.* aus französischen Tertiärbildungen gleicht im Bau der Backenzähne der recenten, in den chilenischen Anden lebenden Gattung *Lagidium Meyen* (*Lagotis*). Gleiches gilt auch von den Backenzähnen der Gattung *Issiodoromys Croiz*, deren unvollständigen Reste sich in den *Hyaenodon*-Schichten von Issoire fanden.

f. *Dipodidae.*

Mit verkümmerten Vorderbeinen, langen, zum Sprung dienenden Hinterbeinen und mächtigem Springschwanz. Mittelfussknochen wie bei den Vögeln verschmolzen.

Reste von *Alactaga*, der Springmaus der sibirischen Steppen, kommen in europäischen Diluvialbildungen (Löss) vor und beweisen den damaligen Steppencharakter Mitteleuropas.

g. *Muridae.*

Lang gestreckte, schlanke Formen mit $\frac{2-4}{2-3}$, zumeist aber $\frac{3}{3}$ *m*, welche quere Höcker und in der Regel wohlentwickelte Wurzeln aufweisen. Die recente Gattung *Cricetus Pall.*, die heute Mitteleuropa bis Sibirien bewohnt, ist in jungen Ablagerungen Frankreichs (Tuffe der Auvergne, Spalten des Gypses von Paris) vertreten. Formen, welche der Gattung *Mus L.* angehören, finden sich in den Knochenbreccien des Mittelmeeres und in den mittelmiocänen Süsswasserkalken von Steinheim.

Cricetodon Lart. aus dem Mittelmiocän von Sansan besass Zähne, die sowohl jenen des Hamsters, als jenen der Ratten ähneln.

h. *Arvicolidae.*

Von plumper Gestalt, mit $\frac{3}{3}$ wurzellosen Molaren, welche sich durch zickzackförmige Schmelzfalten der Kanfläche auszeichnen. Die recente Gattung *Myodes Ill.* ist im mitteleuropäischen Diluvium (Löss) nicht nur durch die skandinavische Form *Myodes lemmus L.* (Lemming), sondern auch durch die sibirische Steppenform: *M. torquatus Ks.* vertreten. Auch die recente Gattung *Arvicola Ks. Bl.* (*Hypudaeus Ill.*) ist in zahlreichen Arten im Diluvium und im jüngeren Tertiär vertreten: *Hyp. brecciensis Wagn.* in der Knochenbreccie von Cagliari. *Hyp. amphibius L.* im Diluvium von Antwerpen. *H. arvalis Pall.* im miocänen Süsswasserkalk von Steinheim u. A.

i. *Georychidae.*

„Wurfmäuse" mit kurzen, fünfzehigen Grabfüssen, auffallend grossen Schneidezähnen und drei bis vier schmelzfaltigen Backenzähnen in jedem Kiefer.

Dypoides Jäg. für abgerollte Zähne aus den Bohnerzen von Salmendingen in Württemberg errichtet und der Gattung *Dipus* verglichen, wird von Quenstedt als mit dem Biber und noch wahrscheinlicher mit *Spalax Gülds.* verwandt bezeichnet.

Eine anderweitige fossile Vertretung der *Georychidae* ist bis nun unbekannt.

k. *Castoridae.*

Extremitäten fünfzehig, hinten mit Schwimmhäuten, Schneidezähne stark vorragend, Backenzähne quer schmelzfaltig.

Die recente Gattung *Castor L.*, mit $\frac{4}{4}$ *m*, ist diluvial und tertiär weit verbreitet. Die diluvialen Reste werden theils wie jene aus den deutschen Höhlen dem *Castor fiber L.* zugerechnet, dessen Reste auch in den Pfahlbauten häufig sind, theils gehören sie einem grösseren Thiere an: *Castor Trogontherium* (*Trogontherium Cuvieri Fischer* von Taganrok am Asow'schen Meer und aus dem Torf von Norfolk). Die tertiären Reste fallen den Untergattungen *Chalicomys* und *Steneofiber* zu (*Chalicomys Jaegeri* von Eppelsheim, *Chalicomys Eseri* von Ulm, *Chalicomys minutus* von Elgg, *Steneofiber viciacensis Gervais* aus dem französischen Indusienkalk).

Fig. 662.

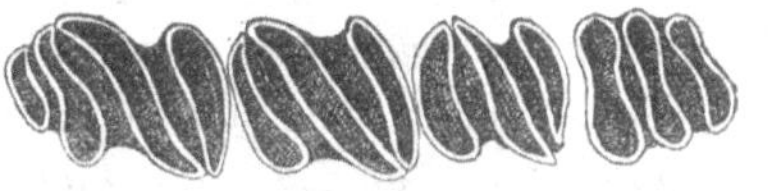

Castoroides Ohioensis Foster, Diluvium, Memphis, Tennessee.

Castoroides Foster (Fig. 662) aus dem amerikanischen Diluvium übertraf *Castor* weitaus an Grösse, auch sind die Kauflächen der Backenzähne anders gestaltet, obwohl im Allgemeinen ähnlich.

i. *Myoxidae.*

Bindeglieder zwischen Mäusen und Eichhörnchen, den letzteren in der äusseren Erscheinung, den ersteren im osteologischen Bau gleichend, $\frac{4}{4}$ *m* mit deutlichen Wurzeln und queren Schmelzleisten, Vorderfüsse vierzehig, mit Daumenwarze, Hinterfüsse fünfzehig.

Die recente Gattung *Myoxus Schreb.* soll nach Cuvier schon im Gyps des Montmartre vorkommen (*Myoxus Parisiensis*). Reste von *Myoxus* fanden sich auch im Bohnerz von Frohnstetten.

k. *Sciuridae.*

Mit $\frac{4-5}{4}$ *m*, welche deutliche Wurzeln und Höcker und Querwülste auf der Krone aufweisen. Vorne vier Zehen mit einem Daumenstummel, der oft einen platten Nagel trägt, Hinterfüsse fünfzehig.

Arctomys Gm. (Murmelthier) war zur Diluvialzeit weit verbreitet: *A. marmota* selbst in niedrigen Gegenden der Alpen, *A. bobac* (Steppenmurmelthier) in Mitteleuropa.

Arctomys primigenia Kaup findet sich im Obermiocän von Eppelsheim. *Plesiarctomys Brav.* vertritt die Gruppe der Murmelthiere schon im Obereocän.

Spermophilus Cuv. (Ziesel) erscheint in den Diluvialbildungen Deutschlands, aber auch in den Knochenbreccien von Montmorency. Die Steppenform: *Sp. altaicus* wurde im Diluvium von Jena beobachtet.

An *Sciurus L.* (Eichhörnchen) schliesst sich *Pseudosciurus Suevicus Hensel* aus den Bohnerzen von Sigmaringen und *Palaeosciurus Pom.* aus französischen Tertiärablagerungen. Ein Nagethier aus den ältesten Tertiärbildungen Nordamerikas wurde von Marsh wegen einer Aehnlichkeit mit den *Sciuridae* als *Sciuravus* beschrieben (*Coryphodon*-Schichten).

B_7. Carnivora.

Gebiss $\frac{3}{3}$ *i* $\frac{1}{1}$ *c*, stark vorspringend und spitzig (dentes canini seu laniarii), mehrere scharfspitzige Lückenzähne (Praemolare), meist $\frac{1}{1}$ *Pm* oder Reisszahn (sectorius, carnassière)[1], wenige Höckerzähne (Molare). Zehen scharf be-

[1] Die obere Carnassière ist der letzte Praemolar, die untere der erste Molar.

krallt, Schlüsselbein rudimentär oder fehlend. Gelenkhöcker des Unterkiefers sattelförmig, Schädel oft mit Sagittalkämmen.

Die recenten Formen können in sechs Familien: *Ursidae*, *Mustelidae*, *Viverridae*, *Canidae*, *Hyaenidae* und *Felidae* eingetheilt werden, welcher Gruppirung sich jedoch manche fossile Typen nicht gut fügen, da sie Zwischenformen darstellen, wie *Amphicyon* und *Hyaenarctos*, welche den Uebergang von den *Caniden* zu den *Ursiden* vermitteln, wie *Cynodon*, welche Gattung zwischen den *Caniden* und *Viverriden* steht, wie *Ictitherium* und *Hyaenictis* endlich, welche Bindeglieder zwischen den *Viverriden* und *Hyaeniden* darstellen. Demungeachtet mag der Orientirung halber die usuelle Eintheilung beibehalten werden.

a. *Ursidae.*

Plantigrad, die recenten mit $\frac{2-3}{3-4}$ *pm* $\frac{1}{1}$ *Pm* $\frac{2}{-2}$ *m*; fossile (*Ursus spelaeus*) auch ohne Lückenzähne, mit höckerzahnartiger Carnassière.

Die recente Gattung *Ursus* kömmt häufig in pleistocänen und diluvialen Ablagerungen vor: *Ursus arctoides Blumenb.* und *Ursus priscus Goldf.* aus diluvialen Knochenhöhlen gleichen in Grösse und Gestalt des Schädels, wie im Vorhandensein der Lückenzähne den recenten Bären.

Fig. 663.

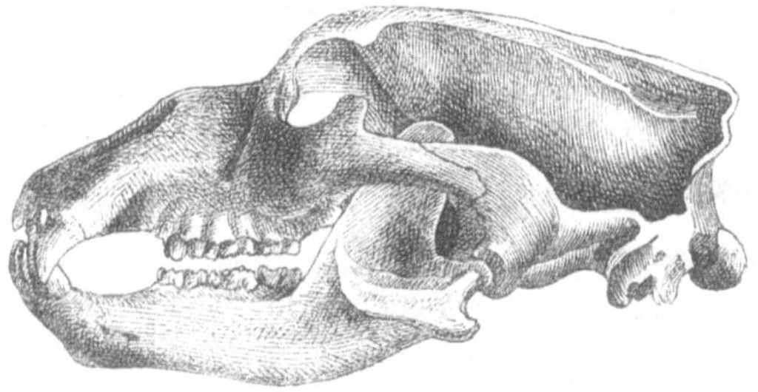

Ursus spelaeus Blumenb. Diluvium.

Ursus spelaeus Blumenb. (Fig. 663) hingegen übertrifft den letzteren an Grösse, besitzt eine mächtige Crista sagittalis, einen steilen Stirnabfall und keine Lückenzähne. Die letzteren sind hingegen vorhanden bei *U. Arvenensis* aus den Tuffen von Puy de Dome und *U. etruscus Cuv.* des Arnothales. Ein (diluvialer?) Höhlenbär mit geschlossener Zahnreihe wird von Cope aus Californien beschrieben.

Hyaenarctos Falc. (= *Agriotherium Wagn.*) zeichnet sich der Gattung *Ursus* gegenüber durch breitere und kürzere Höckerzähne aus. Jene der geologisch jüngeren Formen (z. B. *H. Sivalensis Ow.* der Sivalikschichten) erinnern an die Molare der recenten Gattung *Aeluropus*, jene der geologisch älteren Formen (z. B. *Hyaenarctos hemicyon Gerv.* im Mittelmiocän von Sansan) an diejenigen von *Amphicyon* (vergl. unten bei den *Caniden*).

b. *Mustelidae.*

Plantigrad oder digitigrad mit langgestrecktem Körper, mit $\frac{2-3}{3-4}$ *pm* $\frac{1}{1}$ *PM* $\frac{1}{1}$ *m* bei den recenten Formen. Carnassière höckerig.

Meles Storr. Dachs, recent und fossil in diluvialen Knochenhöhlen.

Gulo Storr. Vielfrass, in den diluvialen Höhlen durch eine etwas grössere, dem recenten *G. borealis* aber sehr nahe verwandte Art: *G. spelaeus Goldf.* vertreten.

Knochen vom Marder (*Mustela L.*) und Iltis (*Putorius Cuv.*) finden sich nicht selten, jedoch meist nur subfossil in Höhlen.

Lutra L. (Fischotter) ist aus diluvialen Höhlen, aber auch schon aus tertiären Ablagerungen bekannt: *Lutra franconica Quenst.* aus Spalten des Juragebirges bei Solenhofen, *Lutrictis Valetoni Filhol* aus dem Miocän von Saint Gérand le Puy, Allier. Die letztere unterscheidet sich von *Lutra* nur durch das Vorhandensein eines winzigen zweiten Molars.

c. *Viverridae.*

Von langgestreckter Form, digitigrad oder plantigrad mit $\frac{3}{3\,(4)}$ *pm* $\frac{1}{1}$ *PM* $\frac{2}{1}$ *m*, die Schneide der unteren Carnassière mit drei spitzen, langen Zacken; die obere mit starker Hauptzacke und starkem Innenhöcker.

Viverra L. kömmt recent und tertiär häufig vor: *Viverra* (*Amphictis*) *antiqua Blainv.* aus dem Obermiocän von St. Gérand le Puy, *V.* (*Palaeomephitis*) *Steinheimensis Jäg.* aus dem Mittelmiocän von Steinheim, *V. miocaenica Peters* aus den Braunkohlenbildungen von Eibiswald, *V. ferrata Quenst.* aus den Bohnerzen von Sigmaringen etc.

Cynodon Aym. (= *Cynodictis Brav. et Pom.*) steht in der Gestaltung der Zähne zwischen den Viverren und den Hunden, gleicht den ersteren insbesondere in der Gestaltung der Höckerzähne. Eocäne Lignite von Débruge und Phosphorite von Quercy, in letzteren besonders häufig, artenreich und sehr variirend.

Ictitherium Gaudry vermittelt den Uebergang von den Viverren zu den Hyänen. Die drei Arten: *Ictitherium Orbignyi*, *I. robustum* und *I. hipparionum* aus dem oberen Miocän von Pikermi stellen eine Reihe dar, in der die erstgenannte kleinere Form sich durch die starke Entwickelung der oberen Höckerzähne an *Viverra* anschliesst, während dieselben bei der letztgenannten Art sehr klein geworden sind. Hinterfüsse vierzehig, wie bei Hyänen. *Hyaenictis Gaudry*, ebenfalls von Pikermi, besitzt nur mehr einen starken Höckerzahn im Oberkiefer und stellt auch in der Gestaltung der Carnassière den vollständigen Uebergang von *Ictitherium* zu *Hyaena* her.

d. *Canidae.*

Digitigrad (die erloschene, zu den Bären führende Zwischenform *Amphicyon* plantigrad) mit starken, nicht retractilen Krallen, Gebiss mit $\frac{3}{4}$ *pm* $\frac{1}{1}$ *PM* $\frac{2}{2}$ *m*. Obere Carnassière zweispitzig, untere dreispitzig.

Hierhergehörige Reste sind in diluvialen Bildungen, zumal in den mitteleuropäischen Knochenhöhlen, nicht selten. Woldrich [1] unterscheidet zahlreiche Arten, welche der Gruppe der *Lupinae* (*Canis spelaeus Goldf.*, *C. vulgaris fossilis*, *C. Suessi Woldr.* etc.), sowie jene der *Vulpinae* (*C. lagopus L.*, *C. Vulpes L.*, *C. Vulpes minor*, *meridionalis*, *moravicus*) angehören. Auch *C. aureus L.* (Schakal) wird aus diluvialen Höhlen citirt.

Zahlreiche Hunderassen werden in den praehistorischen Pfahlbauten unterschieden: *C. palustris Rütim.*, *C. optimae matris Jeitteles*, *C. intermedius Woldr.*, *C. Spalletii Strobel.* Ueber ihr Verhältniss zu den diluvialen Hunden

[1] Ueber die *Caniden* aus dem Diluvium. Denkschr. d. k. Akad. d. Wiss. Wien, 33. Bd., 1878.

und den gezähmten Rassen wurden von Rütimeyer, Studer, Jeitteles, Woldrich und Strobel sehr verschiedene Ansichten geäussert.

Caniden-Reste kommen auch in südamerikanischen Knochenhöhlen vor, so *Speothos Lund* (*Sp. pacivorus*, etwas grösser als der Fuchs) und *Palaeocyon Lund* (*Pal. troglodytes*, von der Grösse des Wolfes). Beide in brasilianischen Höhlen.

Die tertiären, der Gattung *Canis* zugerechneten Reste: *Canis* (*Galecynus Ow.*) *palustris Meyer* von Oeningen und *Canis parisiensis Cuv.* aus dem Pariser Gyps weichen von der typischen Zahnbildung der Hunde nicht unerheblich ab und stellen weitere Bindeglieder zwischen den *Caniden* und *Viverriden* dar, unter welchen *Cynodon* bereits oben erwähnt wurde.

Fig. 664.

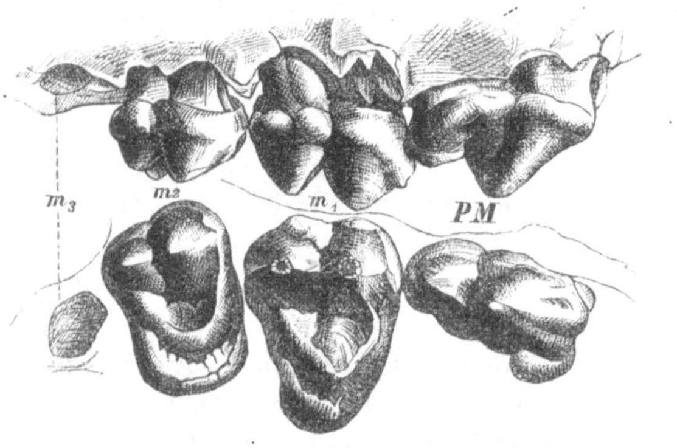

Amphicyon major Blainv. Carnassière, m_1 u. m_2, sowie Grube von m_3 des Oberkiefers, Sansan. $^2/_3$.

Amphicyon Lart. (Fig. 664). Schädel und Gebiss im Allgemeinen jenen von *Canis* gleichend, doch im Oberkiefer um einen Höckerzahn mehr: $\frac{3}{4}$ *pm* $\frac{1}{1}$ *PM* $\frac{3}{2}$ *m* und die Höckerzähne viel stärker entwickelt. Skelet von den übrigen *Caniden* durch plantigrade Entwickelung der Extremitäten abweichend. Mittelmiocän (*Amphicyon major Blainv.* und *A. minor Blainv.* von Sansan, *A. intermedius Meyer* und *A. Eseri Plien.* von Ulm, *A. dominans Meyer* von Weissenau u. A.). Bildet den Uebergang zu den Bären, unter welchen sich die mittelmiocänen Vertreter von *Hyaenarctos* zunächst anschliessen.

e. *Hyaenidae.*

Digitigrad, mit vier oder fünf Vorder- und vier Hinterzehen mit nicht retractilen Krallen. Gebiss $\frac{3}{3}$ *pm* $\frac{1}{1}$ *PM* $\frac{1}{0}$ *m*. Bau der Zähne und der Carnassière insbesondere jenem der Katzen gleichend, Skeletbau jedoch mehr mit jenem der Hunde übereinstimmend.

Die recente Gattung *Hyaena L.* erscheint schon im Obermiocän (*Hyaena eximia Gaudry* von Pikermi besitzt Verwandtschaft mit der recenten, südafrikanischen *H. brunnea Thunb. H. spelaea Goldf.* aus dem Diluvium, zumal in den englischen Knochenhöhlen häufig, seltener aber in jenen Deutschlands, gleicht der südafrikanischen *H. crocuta Zimm.* so sehr, dass *Cuvier* sie als *H. crocuta fossilis* bezeichnete. Sie übertrifft dieselbe jedoch durch ähnliche Merkmale, wie *Ursus spelaeus* den recenten Bären: durch grössere Dimensionen, kleinere Gehirnkapsel und stärker entwickelte Knochenkämme.

Hyaenictis Gaudry unterscheidet sich von *Hyaena* durch einen stärkeren Höckerzahn im Oberkiefer und das Vorhandensein eines rudimentären Höckerzahnes im Unterkiefer. *Hyaenictis graeca Gaudry* aus dem Obermiocän von Pikermi stellt den Uebergang von dem *Viverriden*-Geschlechte *Ictitherium* (vergl. oben) zu *Hyaena* dar.

f. *Felidae.*

Digitigrad, mit fünf Vorder- und vier Hinterzehen, mit scharfen, gekrümmten retractilen Krallen, mit rundlichem Kopf, die recenten mit nur dreissig Zähnen, Backenzähne: $\frac{2}{2}$ *pm* $\frac{1}{1}$ *PM* $\frac{1}{0}$ *m.*

Felis L. ist in jüngeren Ablagerungen durch mehrere Arten vertreten: *Felis Avernensis Croiz. et Job.* von der Grösse des Jaguars und *F. Pardinensis Croiz. et Job.* von der Grösse des Panthers aus den Tuffen von Auvergne, *F. Turnauensis Hoern.* von geringer Grösse aus dem Mittelmiocän von Turnau (Steiermark).

F. spelaea Goldf., Höhlenlöwe, in den diluvialen Knochenhöhlen, übertraf Löwe und Tiger an Grösse.

Pseudaelurus Gerv. unterscheidet sich von *Felis* durch das Vorhandensein eines weiteren Praemolares im Unterkiefer: *Pseudaelurus quadridentus Blainv.* im Mittelmiocän von Sansan, *Pseud. Edwardsii Filhol* aus den Phosphoriten von Quercy.

Dinictis Leidy (Fig. 665) besass im Unterkiefer um einen Praemolar mehr als *Felis* und ausserdem hinter der Carnassière noch einen kleinen Höckerzahn; im Oberkiefer ist der bei *Felis* hinter der Carnassière versteckte Höckerzahn bedeutend stärker. Untermiocän Nordamerikas.

Fig. 665.

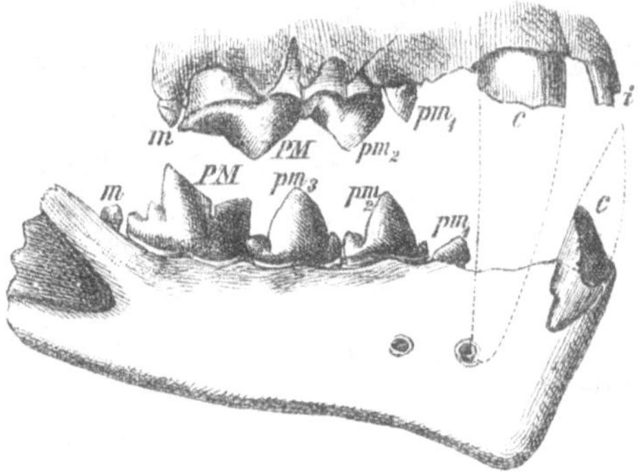

Dinictis felina Leidy. Mauvaises terres, White River, Dakota.

Machaerodus Goldf. (*Drepanodon Nesti*, *Smilodon Lund*) übertrifft in der Verringerung der Zahnzahl ($\frac{1}{2}$ *pm* $\frac{1}{1}$ *PM* $\frac{1}{0}$ *m*) und in der Entwickelung der gewaltigen, zusammengedrückten Eckzähne des Oberkiefers, welche häufig an den Kanten fein gezähnelt sind, die recenten *Feliden* und war in den jüngeren Tertiärablagerungen und im Pleistocän sehr verbreitet und artenreich.

Machaerodus meganthereon Croiz. et Job. von der Grösse des Panthers, mit glatten Eckzähnen, im Tuff der Auvergne und im Arnothal. *Mach. priscus Kaup* von Eppelsheim und *Mach. leoninus Wagn.* von Pikermi, *Mach. palaeindicus* der Sivalikfauna und *Mach. neogaeus Lund* aus brasilianischen Höhlen; später auch im Pampasschlamm gefunden, mit sägeartig gekerbten Eckzähnen. Mit *Machaerodus* nahe verwandt ist *Hoplophoneus Cope* mit langen comprimirten, nur hinten gezähnten Eckzähnen aus dem nordamerikanischen Miocän von Oregon.

Archaelurus Cope ebendaher, steht zwischen *Felis* und *Machaerodus.*

B_8. Pinnipedia.

Den Carnivoren nahe verwandte Seesäugethiere mit fünfzehigen bekrallten Schwimmfüssen, von welchen die hinteren wagerecht nach rückwärts gestreckt sind.

a. *Phocidae.*

Eckzähne nicht vorragend.

Die recente Gattung *Phoca L.* ist durch seltene Vorkommnisse schon im Miocän vertreten, z. B. *Phoca Holitschensis Brühl* im Leithakalk (Fig. 666).

Fig. 666.

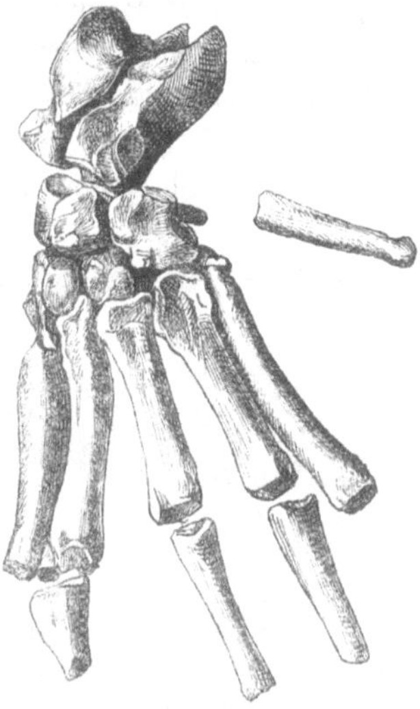

Phoca Holitschensis Brühl (*Ph. Viennensis antiqua Blainw.*). Miocän (Leithakalk, Holitsch). Linker Hinterfuss.

Phoca ambigua Münst. aus Osnabrück, *Phoca pontica Eichw.* in der sarmatischen Stufe.

b. *Odobaenidae.*

Obere Eckzähne sehr gross, als wurzellose, nach unten gerichtete Stosszähne entwickelt.

Trichechus L. (*Odobaenus*, Walross) recent in den nördlichen Polarmeeren, fossil in jüngeren Bildungen Nordamerikas, im Thon bei Hamburg und in den Festungsgräben von Antwerpen gefunden. *Trichechus molassicus Jäg.* bezieht sich auf Rippenfragmente von *Halitherium.*

B_9. Cetacea.

Seesäugethiere mit verkürzten, flossenähnlichen Vorderextremitäten, ohne Hinterextremitäten, mit horizontal verbreitertem, flossenartigen Schwanz. Kopf vom Leibe nicht abgesetzt. Sie zerfallen in drei Unterabtheilungen: *Zeuglodontia*, *Denticete* und *Mysticete.*

I. Zeuglodontia.

Ausgestorben, im Skeletbau den jüngeren *Cetaceen* gleichend, in einzelnen Charakteren des Schädels und der Zähne an die *Pinnipedia* erinnernd und wahrscheinlich ein Bindeglied von diesen zu den eigentlichen *Cetaceen* darstellend. Besonders charakteristisch ist das Vorhandensein zweiwurzeliger Backenzähne vom Charakter der Praemolare der *Carnivoren.*

Fig. 667.

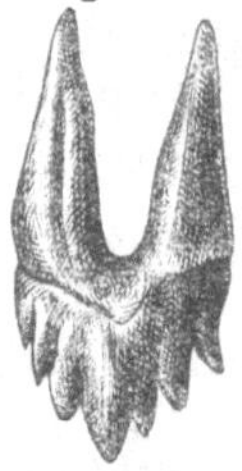

Zeuglodon cetoides Owen. Eocän, Alabama.

Zeuglodon Ow. (Fig. 667). Die vorderen Zähne einfach kegelförmig, einwurzelig, die hinteren zweiwurzelig mit comprimirter, an den Kanten sägeartig gekerbter Krone. Schädel relativ klein (5′ lang bei 60—70′ Gesammtlänge), in seiner Gestalt sowohl an Delphine als an *Phoca* erinnernd, zwischen den mächtigen Schläfengruben verschmälert, Raum für das Vorderhirn sehr klein, für das kleine Gehirn ungewöhnlich gross, Nasenöffnungen von den *Cetaceen* abweichend, nach vorn verlaufend und vor den kurzen dachförmigen Nasenbeinen am Anfange der verschmälerten Schnauze mündend. Halswirbel gegenüber den *Cetaceen* relativ lang. Rippen wie bei diesen nur an den Querfortsätzen der Wirbel gelenkend. Vorderextremitäten kurz, flossenähnlich, jedoch mit beweglichen Fingern. Hinterextremität fehlt. Fossil in alttertiären Schichten Nordamerikas und Europas.

Zeuglodon cetoides Owen, Z. macrospondylus und *brachyspondylus J. Müll.* u. A. aus dem amerikanischen Eocän (A. Koch's abenteuerlicher „*Hydrarchos*" war aus verschiedenen *Zeuglodonten*-Resten zu einer Länge von 114 Fuss zusammengesetzt). *Z. Wanklyni Seeley* stammt aus dem Bartonthon.

Squalodon Grat. Gleicht *Zeuglodon* in der Bezahnung, doch sind auch die hinteren Zähne häufig einwurzelig, die Zweitheilung in diesem Falle aber durch eine Furche und einen kurzen Einschnitt am Ende der Wurzel angedeutet. Im Bau des Schädels weist *Squalodon* mehr Aehnlichkeit mit den Delphinen auf. *Squ. Guateloupi Gerv.* aus dem französischen Miocön, *Squ. Bariensis Jourd. sp.* ebendaselbst und in der niederbayerischen Meeresmolasse, *Squ. Ehrlichi Suess* im Miocän von Linz, *Squ. Antwerpiensis Beneden* im Pliocän von Antwerpen.

II. Denticete.

Kiefer mit einfachen conischen Zähnen.

a. *Delphinida.*

Beide Kiefer mit zahlreichen, fast gleichen, conischen Zähnen.

Den recenten Typen nahe verwandte Formen sind in pleistocänen und jungtertiären Ablagerungen nicht selten.

Delphinus crassidens Ow. aus dem Torfmoore von Lincolnshire gleicht dem recenten Schwertfisch (*Delph. orca Gm.* = *Orca gladiator Gray*), ebenso die von Meyer aus der Molasse als *Delph. acutidens* beschriebenen Zähne, *Delph.* (*Tursiops*) *Cortesi Desm. sp.* aus dem Pliocän Italiens ist dem recenten *Delph. tursio Fabr.* (Tummler) verwandt. *Arionius serratus Meyer* aus der Molasse von Baltringen beruht auf sehr unvollständigen Resten.

b. *Monodontia.*

Nur zwei horizontal gestellte Stosszähne im Oberkiefer, von welchen der rechte verkümmert, der linke sehr lang, von rechts nach links spiralig gefurcht ist.

Zähne des Narwals (*Monodon monoceros L.*), welcher die heutigen Polarmeere bewohnt, werden aus jungen Ablagerungen Englands (Essex) und Sibiriens erwähnt.

c. *Hyperoodontia.*

Nur ein bis zwei Zähne jederseits im Unterkiefer, Schnauze schnabelförmig.

Die recente Gattung *Ziphius Gray* ist durch mehrere Formen im englischen Crag und im Pliocän von Antwerpen vertreten.

Mesoplodon Christoli aus der Molasse von Hérault soll sich an den recnten *Ziphius Sowerbyensis* anschliessen. *Ziphius* (*Cetotherium*) *priscus Eichw.* aus jungtertiären Schichten von Taman am Asow schen Meere gleicht dem recenten *Hyperoodon rostratus.*

d. *Catodontia.*

Der schmale Unterkiefer mit zahlreichen, dicht stehenden Zähnen, welche Vertiefungen des zahnlosen Oberkiefers entsprechen.

Reste des recenten Pottwals, *Catodon macrocephalus Lac.*, finden sich in jungen Ablagerungen Englands und Nordamerikas.

III. Mysticete.

Beide Kiefer zahnlos (nur im foetalen Zustand Zahnkeime vorhanden, welche die Abstammung von bezahnten Formen beweisen), Oberkiefer mit Barten.

An die recenten Gattungen *Megaptera Gray* und *Balaenoptera Gray* (Finnfische), sowie an *Balaena L.* (Grönlandswal) und *Eubalaena* (Südseewal), reihen sich zahlreiche, in den jüngeren Küstenbildungen Europas und Amerikas, sowie in den jüngeren Tertiärgebilden gefundenen Formen, unter welchen insbesondere jene des Pliocän von Antwerpen und Ober-Italiens hervorzuheben sind. Die Namen: *Neobalaena*, *Balaenula*, *Balaenotus*, *Megapteropsis*, *Idiocetus*, *Plesiocetus*, *Cetotherium* deuten auf die Verwandtschaft dieser Formen mit den recenten Gattungen hin. *Balaena* selbst ist im italienischen Pliocän vertreten durch *Balaena etrusca Capellini*. *Balaenotus van Beneden* steht zwischen den echten *Balaenen* und *Balaenoptera*, fossile Reste fanden sich sowohl im Pliocän von Antwerpen als in Oberitalien. Besonders vollständig sind unter den italienischen Vorkommnissen jene von *Plesiocetus Cortesi Cuv.* (Fig. 668).

Fig. 668.

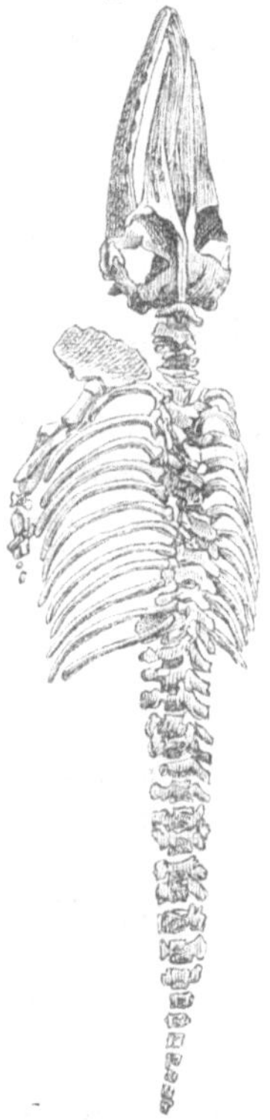

Plesiocetus Cortesi. $^1/_{70}$. Pliocän, Mte. Pulgnasco.

B_{10}. Insectivora.

Sohlengänger mit bekrallten, meist fünfzehigen Extremitäten, mit Schlüsselbeinen, Eckzähne oft rudimentär, Reisszähne (Carnassières) fehlen, Praemolare einspitzig, Molare mehrspitzig. Zerfallen in drei Hauptgruppen: *Talpidae*, *Soricidae* und *Erinaceidae.*

a. *Talpidae.*

Kleine, unterirdisch lebende Formen mit verkümmerten oder kleinen Augen und einer rüsselartigen, überaus nervenreichen Schnauze, Vorderextremitäten zu Grabfüssen umgestaltet, mit überaus kräftigem Schultergerüst, Oberarm und Ellenbogen. Die recente Gattung *Talpa L.* (Maulwurf) ist durch zahlreiche Formen im Miocän vertreten. *Talpa* (*Geotrypus*) *acutidens Pom.* (Auvergne), *T.* (*Hyporyssus*) *telluris Pom.* (Sansan), *T.* (*Dimylus*) *brachychir Meyer* von Weissenau bei Mainz.

Die Gattungen *Geotrypus* und *Hyporyssus Pom.*, sowie *Dimylus Meyer* können höchstens als Untergattungen Anwendung finden.

b. *Soricidae.*

Gestalt schlank, mäuseartig, mit spitzer, rüsselartiger Schnauze. Die mittleren Schneidezähne oft von bedeutender Länge, eigentliche Eckzähne fehlen, drei bis fünf Lückenzähne nnd drei bis vier Höckerzähne vorhanden.

Die recente Gattung *Sorex Cuv.* ist schon im Miocän vertreten: *Sorex Sansaniensis* von Sansan, *Sorex similis Hensel* aus der Breccie von Cagliari (Sardinien) war schon *Cuvier* bekannt.

Fig. 669.

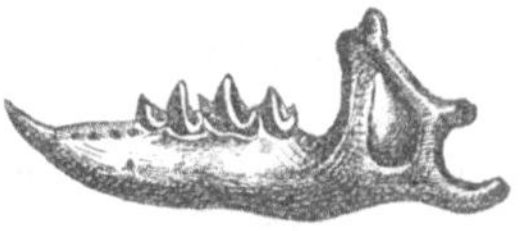

Plesiosorex soricinoides Gervais (= *Erinaceus soricinoides Blainv.*) Miocän, Süsswasserschichten von Issoire.

Mit *Sorex* nahe verwandte Reste hat schon v. Meyer von Steinheim und Engelwies als *Parasorex socialis* beschrieben. Beziehungen zu *Erinaceus* und *Talpa* zeigt *Plesiosorex soricinoides Blainv. sp.* aus dem Miocän von Issoire (Fig. 669), welche Form von Blainville als *Erinaceus soricinoides* beschrieben, von Pomel aber *Plesiosorex talpoides* genannt wurde.

Palaeospalax Owen aus den diluvialen Torfmooren von Norfolk (*P. magnus* von der Grösse eines Igels) schliesst sich an den sibirischen Desman oder Bisamrüssler (*Myogale moschata Pall.*) an.

c. *Erinaceidae* (*Aculeata*).

Insectenfresser, deren Rücken mit starken Stacheln oder biegsamen Borsten bewehrt ist. Zerfallen in *Centetinae*, deren Schädel der Jochbogen fehlt und deren Unterschenkelknochen getrennt bleiben, und *Erinaceinae* mit Jochbogen und verwachsenen Unterschenkelknochen. Die letztere Gruppe ist auch fossil vertreten. Angehörige der recenten Gattung *Erinaceus L.* (Igel) kommen schon tertiär vor: *Erinaceus Sansaniensis* im Mittelmiocän von Sansan, *E. avernensis* in den Süsswasserkalken der Auvergne.

B_{11}. Chiroptera.

Mit nackter, dünner Flughaut zwischen den verlängerten Vorderzehen, zwischen den Seiten des Rumpfes und den Gliedmassen, häufig auch zwischen dem Schwanz und den Hinterextremitäten. Die fünf freien Hinterzehen bekrallt, vorne trägt nur der Daumen, selten auch der zweite Finger eine Kralle. Schlüsselbein stark, Sternum mit Crista. Fossile Reste gehören zu den Seltenheiten. Der recenten Gattung *Vespertilio L.* (Gruppe der *Gymnorhina*) werden die Reste aus dem Gyps von Paris (*Vesp. Parisiensis Cuv.* = *Serotinoides antiquus Blainv.*), aus den Phosphoriten von Quercy, aus dem Mittelmiocän von Sansan und aus dem Gypsmergel von Aix zugeschrieben, in dem letzteren fand Saporta einen mit der Flughaut erhaltenen Flügel, welchen Gervais als *Vespertilio aquensis* beschrieb und der durch stark verlängerte Metacarpen und Phalangen als wohlentwickelte Flugextremität charakterisirt ist.

Der Gattung *Rhinolophus Bp.* (Gruppe der *Phyllorhina*) gehören massenhafte Reste aus den Phosphoriten von Quercy an (*Rhinolophus antiquus*).

Subfossil sind Fledermausreste in Höhlen sehr häufig und schwer von wirklich diluvialen zu scheiden. In manchen Höhlen finden sich mehr oder minder mächtige Lager von Fledermausguano (Trou de la Baume bei Vesoul).

B_{12}. Prosimiae.

Gebiss *Insectivoren*-ähnlich, vier obere Schneidezähne, oft paarweise den Eckzähnen genähert und ein oder zwei untere, meist horizontal vorstehende Schneidezähne. Vorne und hinten fünf Zehen, die inneren meist opponirbar, zumeist alle mit Nägeln. Orbita nicht geschlossen.

Den vier recenten Familien der „Halbaffen“, *Dermoptera*, *Chiromyidae*, *Tarsidae* und *Lemuridae* schliesst sich als erloschene Stammgruppe eine fünfte an, jene der *Adapidae:* Erloschene Formen, welche als Bindeglieder zwischen den Halbaffen und Hufthieren zu betrachten sind, welch letzteren sie in der Gestaltung der Molare so sehr gleichen, dass Cuvier *Adapis* und Gervais *Aphelotherium* zu den *Pachydermen* rechneten und Kowalewsky die *Adapiden* geradezu als Stammformen der bunodonten Paarhufer betrachtete.

Fig. 670.

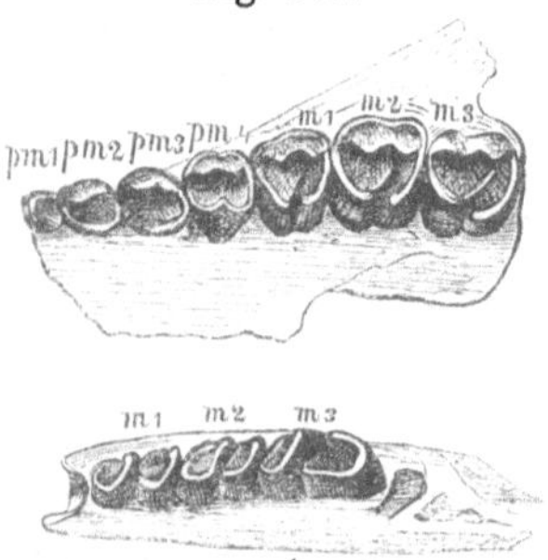

Adapis magnus Filhol. Phosphorite von Quercy. Oberkiefer mit vier Praemolaren und drei Molaren, Unterkieferfragment mit drei Molaren nat. Grösse.

Adapis Cuvier (Fig. 670). Zahnformel jener der *Ungulaten* ähnlich; $\frac{4}{4}$ *pm* $\frac{3}{3}$ *m*, die Eckzähne ziemlich stark, Molare des Oberkiefers mit vierhöckeriger Krone, Schädel mit stark entwickelter Sagittalleiste. Gyps von Paris und Phosphorite von Quercy. *Adapis Parisiensis Cuv.* (= *A. magnus Filhol*).

Gaudry[1] rechnet zu *Adapis* auch jene Reste, welche Gervais als *Aphelotherium Duvernoyi* beschrieben hat und welche in der That in der Zahnbildung vollständig mit *Adapis* übereinstimmen. *Adapis Duvernoyi* kömmt im Gyps von Paris, in den Phosphoriten von Quercy und in den Ligniten von Débruge vor. Gaudry rechnet zur letzteren Art auch den Schädel aus den Phosphoriten von Bédueur, welche Delfortrie *Palaeolemur Betillei* genannt hat. Die Zähne von *Adapis* (*Palaeolemur*) erinnern an jene der recenten Gattungen *Galago Cuvier* und *Lichanotus Ill.*

Caenopithecus Rütim. aus den eocänen Bohnerzen des Jura von Everkingen stimmt in der Gestaltung der Zähne mehr mit dem recenten *Lemur* und *Hapalemur* (*Chirogaleus*).

Necrolemur Filhol aus den Phosphoriten von Quercy soll bereits ein echter Lemur sein. Zu den Zwischenformen, welche den Uebergang von den Hufthieren zu den Halbaffen vermitteln, dürften auch die alt-eocänen Lemuren Nordamerikas: *Lemuravus* und *Limnotherium* aus den *Coryphodon*-Schichten gehören, während zahlreiche Gattungen, welche den Primaten angehören oder den Uebergang von den *Prosimiae* zu diesen bilden, aus den *Dinoceras*-Schichten angeführt werden.

---

[1] Les enchainements du monde animal dans les temps géologiques, pag. 224.

B_{13}. Primates.

Mit geschlossenen Augenhöhlen, $\frac{2}{2}$ *i*, Hinterextremität meist als Greiffuss, Vorderextremität als Hand entwickelt.

a. *Arctopitheci* (*Hapalidae*).

Gebiss: $\frac{2}{2}$ *i* $\frac{1}{1}$ *c* $\frac{3}{3}$ *pm* $\frac{2}{2}$ *m*. Finger bekrallt, Hinterdaumen mit Plattnagel, Schwanz lang, behaart.

Südamerikanische Affen von geringer Grösse — fossile Vertretung unbekannt.

b. *Platyrrhini*.

Gebiss: $\frac{2}{2}$ *i* $\frac{1}{1}$ *c* $\frac{3}{3}$ *pm* $\frac{3}{3}$ *m*, mit Diastem im Oberkiefer für den unteren Canin, mit breiter Nasenscheidewand, seitwärts gerückten Nasenlöchern. Finger mit Nägeln.

Schon im Miocän Europas fehlen Affen von neuweltlichem Typus vollständig, während der oben erwähnte *Caenopithecus lemuroides* aus dem Eocän von Egerkingen nach der Ansicht Rütimeyers zwischen den *Lemuren* und den Brüllaffen stehen soll.

Platyrrhini sind hingegen in Amerika auch fossil bekannt, darunter *Protopithecus Lund* aus den brasilianischen Knochenhöhlen, von angeblich 4′ Höhe.

c. *Catarrhini*.

Gebiss: $\frac{2}{2}$ *i* $\frac{1}{1}$ *c* $\frac{2}{2}$ *pm* $\frac{3}{3}$ *m* meist mit Diastem, mit schmalem Nasenseptum, Finger mit Nägeln.

Die recenten Affen der alten Welt zerfallen in *Cynopitheci*, Sohlengänger mit mehr oder minder vorspringender Schnauze, mit Gesässschwielen, oft auch Backentaschen und stets mit Schwanz; und *Anthropomorpha*, ohne Backentaschen und Schwanz, meist mit dem äusseren Fussrand auftretend. Die fossilen Reste lassen sich nicht gut in diese beiden Gruppen trennen, bilden vielmehr theilweise geradezu Bindeglieder, welche zwischen den *Cynopitheci* und *Anthropomorpha* stehen.

Oreopithecus Gerv. aus dem Mittelmiocän (*Oreop. Bambolii* vom Mte. Bamboli in Toscana) erinnert in der Bildung der Molare des Unterkiefers noch einigermassen an die geologisch älteren *Ungulaten* (*Choeropotamus* und *Palaeochoerus*).

Unterkiefer aus dem Miocän von Steinheim schrieb Fraas der recenten afrikanischen *Cynopitheciden*-Gattung *Colobus Ill.* zu (*Colobus grandaevus*).

Pliopithecus Lartet, ebenfalls aus dem Mittelmiocän (*Pl. antiquus*) von Sansan stimmt zwar mit keiner recenten Gattung vollkommen überein, zeigt jedoch Verwandtschaft mit dem nordafrikanischen *Inuus Wagn.*, von welchem eine Form noch auf Gibraltar existirt (*I. ecaudatus*).

Macacus pliocenus Owen von Essex soll dem recenten indischen *M. sinicus* verwandt sein. Eine weitere *Macacus*-Art, *M. priscus*, kommt in der Arnothalfauna vor.

Semnopithecus monspessulanus Gerv. von Montpellier soll dem recenten *Semnopithecus nemaeus* gleichen.

Mesopithecus Pentelicus Wagn. aus den obermiocänen Schichten von Pikermi steht jedoch zwischen den *Cynopitheci* und *Anthropomorpha*, von den letzteren gleicht ihm der indische *Hylobates*, von den ersteren *Semnopithecus* (welchem er von Beyrich zugerechnet wurde), insbesondere aber der recente *S. entellus*, der heilige Affe der Hindus.

Fig. 671.

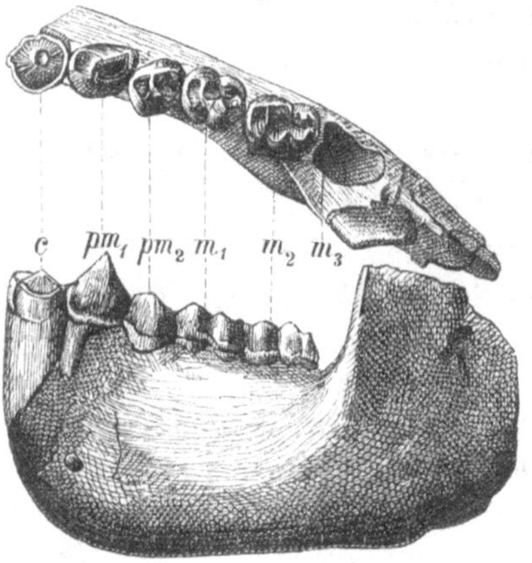

Dryopithecus Fontani, Mittelmiocän St. Gaudens (Haute Garone). Linker Unterkiefer. $^2/_3$

Semnopithecus subhimalayanus der Sivalikfauna scheint ebenfalls ein Bindeglied zwischen *Semnopithecus* und den höheren Affen darzustellen; er erreichte die Grösse des Orang-Utangs.

Dryopithecus Lart. (Fig. 671). Aus dem Mittelmiocän von St. Gaudens stammt der Unterkiefer eines Affen, welcher entschieden der anthropomorphen Gruppe angehört, ja menschenähnlicher ist, als alle recenten Formen. Isolirte Zähne von *Dryopithecus* aus den schwäbischen Bohnerzen wurden seinerzeit geradezu für Menschenzähne gehalten und Gaudry hält es für möglich, dass die vom Abbé Bourgeois im Calcaire de Beauce gesammelten Feuersteine von der Hand des *Dryopithecus* zugeschlagen worden seien.

d. *Erecti* (*Hominidae*).

Gebiss: $\frac{2}{2}\,i\,\frac{1}{1}\,c\,\frac{2}{2}\,pm\,\frac{3}{3}\,m$ (bisweilen noch weiter vermindert, da m_3 häufig fehlt und auch die Schneidezähne des Oberkiefers eine Tendenz zum Verschwinden zeigen; Cope vermuthet, dass beide Erscheinungen mit der Zeit constant werden dürften, wodurch drei verschiedene Gattungen von *Hominiden* sich ergeben dürften: das Genus *Homo* würde die inferioren Rassen mit obiger nicht reducirter Zahnformel ausmachen; die geistig höher stehenden Menschen mit reducirten Zähnen würden den Gattungen *Metanthropos* mit $\frac{1}{2}\,i\,\frac{1}{1}\,c\,\frac{2}{2}\,pm\,\frac{3}{3}\,m$ und *Epanthropos* mit $\frac{2}{2}\,i\,\frac{1}{1}\,c\,\frac{2}{2}\,pm\,\frac{2}{2}\,m$ angehören), kein Diastem, Eckzähne nicht vorragend, Füsse breitsohlig, kurzzehig, Gang aufrecht. Sprache: *Homo sapiens L.*

Blumenbach unterschied fünf Rassen: die kaukasische, mongolische, aethiopische, amerikanische und malayische Rasse; E. Haeckel hingegen 12 Arten mit 36 Rassen unter den recenten Menschen. Folgende Zusammenstellung mag über die nach der Behaarung durchgeführte Eintheilung der recenten Rassen der Menschen orientiren:

Ulotriches (Wollhaarige)	1. Gruppe: *Lophocomi* (Büschelhaarige) 1. Papua, 2. Hottentotte. 2. Gruppe: *Eriocomi* (Vliesshaarige) 3. Kaffer, 4. Neger.
Lissotriches (Schlichthaarige)	3. Gruppe: *Euthycomi* (Straffhaarige) 5. Australier, 6. Malaye, 7. Mongole, 8. Arktiker, 9. Amerikaner. 4. Gruppe: *Euplocomi* (Lockenhaarige) 10. Dravida, 11. Nubier, 12. Mittelländer.

Die Untersuchung der osteologischen Merkmale ist bis nun nicht bis zu jenem Grade gediehen, als dass sie mit Erfolg zur Charakteristik der Rassen oder ihrer Unterabtheilung verwendet werden könnte. Die Unterscheidung von *Prognathen* und *Orthognathen* charakterisirt wohl im Allgemeinen niedriger und höher stehende Rassen. Jene der *Brachycephalen* und *Dolichocephalen* lässt sich jedoch nur schwer zur Unterscheidung von Rassen und vielleicht noch weniger zu jener von Stämmen innerhalb derselben verwenden. Noch weniger Werth besitzt wahrscheinlich die Platycnemie als Charakter niedriger Stämme oder Rassen. Unter diesen Umständen ist die richtige Deutung der fossilen Menschenreste an sich mit bedeutenden Schwierigkeiten verbunden, welche noch erhöht werden durch die Unsicherheit des Alters der meisten in Höhlen und auch mancher der in Alluvionen entdeckten Reste. Lange wollte man das Vorkommen fossiler Menschenreste überhaupt nicht zugeben. Die Skelete aus dem marinen Kalkstein von Guadeloupe sind zwar unzweifelhaft menschlichen Ursprunges, aber die betreffenden Meeresablagerungen sind von sehr jungem geologischen Alter, sie bilden sich heute noch fort und sind als recente Absätze zu betrachten. Heute weiss man jedoch mit Bestimmtheit, dass der Mensch zur Diluvialzeit Mitteleuropa als Zeitgenosse des Mammuths und des Rennthieres bewohnte. Werkzeuge aus Stein, aus Knochen, Zähnen und Geweihen, bisweilen mit eingeritzten Zeichnungen von der Hand des Menschen, welche diluviale Thiere mit grosser Naturtreue und richtiger Perspective darstellen, fanden sich in französischen Höhlen (Thäler der Dordonne und der Vezère) mit Knochen des Menschen und mit solchen von diluvialen Thieren. Besonders beweisend sind die in vielen Museen aufbewahrten Stücke von Kalksinter, welche Feuersteinsplitter, halbfertige oder gebrochene Stein- und Knochenwerkzeuge und die zerbrochenen Knochen von jenen Thieren, welche als Nahrung gedient haben (Rennthier, Wisent, Pferd, Steinbock, Saiga-Antilope und Moschusochse) einschliessen. Die Werkzeuge gleichen jenen der heutigen Eskimos.

Fig. 672.

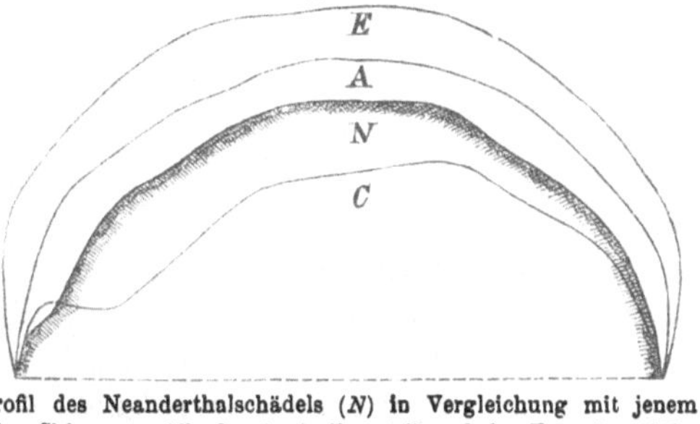

Profil des Neanderthalschädels (*N*) in Vergleichung mit jenem des Chimpanse (*C*), des Australiers (*A*) und des Europäers (*E*).

Aehnliche Reste, welche auf die Anwesenheit des Menschen zur Diluvialzeit schliessen lassen, fanden sich in den belgischen, in den schweizerischen, in den deutschen und in den österreichischen Höhlen. Die wenigen Schädel- und Skeletfragmente des diluvialen Menschen selbst, deren Alter nicht angezweifelt werden konnte, haben eine sehr verschiedene Deutung von Seite der Anthropologen erfahren. Der berühmte Schädel aus der Neanderthalhöhle von Düsseldorf (Fig. 672, dessen wirklich diluviales Alter indessen keineswegs feststeht), welchen Huxley wegen seiner verticalen Abplattung, wegen der enormen Dicke seiner Augenbrauenhöcker, seines schrägen Hinterhauptes und seiner langen geraden Schuppennaht als den affenähnlichsten menschlichen Schädel bezeichnet, der bis nun vorgekommen sei, wird von VIRCHOW als ein abnormer, mehrfach pathologischer Schädel gedeutet. Das von MASKA in der Schipkahöhle bei Stramberg in Mähren 1.3 m tief in einer Schicht mit Mammuthresten und Steingeräthen gefundene Unterkieferbruchstück, dessen Zahnentwickelung dem achten Lebensjahr entspricht, während Kiefer und Zähne so gross wie die entsprechenden Theile eines Erwachsenen sind, wird von SCHAAFFHAUSEN u. A. als pithecoid, von VIRCHOW als nicht pithecoid bezeichnet. Zweifelhaften Alters und wohl zum grössten Theile postdiluvial sind die Menschenreste aus den Höhlen von Paviland in Glamorganshire, von Engis bei Lüttich und von Gendron an der Lesse, aus der Gailenreuther Höhle, aus den französischen Höhlen von Aurignac, Cro-Magnon, Bruniquel und Lombrive, aus den italienischen Höhlen von Cavillon bei Mentone und der Insel Palmaria und dergleichen Funde mehr.[1]

Eine wissenschaftliche Beurtheilung derselben ist derzeit noch unmöglich, da die Ansichten der Anthropologen gerade über die wenigen, bisher aufgefundenen Reste aus der palaeolithischen Epoche der menschlichen Urgeschichte sehr weit auseinandergehen. Uebrigens mag an dieser Stelle bemerkt sein, dass die übliche Eintheilung der vorgeschichtlichen Zeiten der menschlichen Existenz nach dem Materiale und der Gestaltung der Werkzeuge in eine palaeolithische Epoche der geschlagenen und eine neolithische Epoche der geschliffenen Steinwerkzeuge, sowie in ein Bronce- und Eisenzeitalter als vier gesonderte, auf einanderfolgende Perioden ebenso schwierig auf einzelne Fälle anwendbar, als für viele Gegenden geradezu unrichtig ist.

Die Beschäftigung mit den post-diluvialen Resten vorgeschichtlicher Menschen ist nicht mehr Sache der Palaeontologie, sondern Gegenstand der Urgeschichtsforschung — der Anthropologie, zumal sich die betreffenden Untersuchungen mehr auf die Werkzeuge, Waffen und Geräthe der praehistorischen Menschen als auf die osteologischen Charaktere der betreffenden Rassen selbst erstrecken. Gemeinsame Aufgabe der Anthropologie und Palaeontologie aber ist es, nachdem jetzt die Existenz des diluvialen Menschen unzweifelhaft feststeht,[2] die Frage nach dem tertiären Menschen zu beantworten. Die meisten Funde, welche angeblich die Existenz des Menschen zur Tertiärzeit beweisen sollten (wie die eingekerbten und eingeschnittenen Knochen von *Halitherium* aus den miocänen Faluns von Pouancé (Dept. Maine et Loire), die eingeschnittenen Knochen von *Balaenotus* aus dem toscanischen Pliocän von Poggiarone, die eingeritzten Zeichnungen auf Knochen aus miocänen Ablagerungen an den Dardanellen, haben sich bei genauer Betrachtung als natürliche, zum Theil von den Zähnen wilder Thiere hervorgebrachte Spuren entpuppt.

Die beiden Skelete aus den vulkanischen Tuffen von le Puy (Dept.

[1] Ueber die menschlichen Reste, welche man mit *Glyptodon*, *Mylodon* und *Hoplophorus* im Pampasschlamm bei Pontimelo, also in jedenfalls diluvialen, wenn nicht noch älteren Bildungen fand, sind leider bis jetzt noch keine näheren Daten bekannt.

[2] Die Funde im Löss sind für dieselbe noch beweisender als jene in Höhlen, vergl. G. WURMBRAND: „Ueber die Anwesenheit des Menschen zur Zeit der Lössbildung“, 39. Bd. der Denkschr. d. k. Akad. d. Wiss., Wien 1879.

Haute Loire), deren Schädel durch die in Gestalt von sehr dicken Wülsten vorspringenden Augenbrauenbögen an den angeblich nur pathologisch entstalteten Neanderthalschädel erinnern, sind wahrscheinlich nicht tertiär, wie häufig angegeben wird, sondern pleistocän. Der Schädel von Calaveras in Californien, dessen Typus sich jenem der Eskimos nähert und welcher ebenfalls durch stark prominente Augenbrauenbögen ausgezeichnet ist, dürfte aus den obersten Pliocänschichten stammen, welche indess von anderen als pleistocän betrachtet werden. Gleiches gilt von den Schichten des Nerbudda-Thales, in welchen Spuren von der Anwesenheit des Menschen neben Knochen von *Hexaprotodon namadicus*, *Elephas namadicus* und *E. insignis* und anderen erloschenen Formen gefunden wurden. Es unterliegt jedoch keinem Zweifel, dass man auch noch in älteren tertiären Schichten Spuren der Urmenschen finden wird, denn die relativ hohe Entwickelung derselben zur Diluvialperiode setzt eine lange Reihe von tiefer stehenden Vorfahren voraus.

Zeitliche Verbreitung und Stammesgeschichte der Säugethiere.

Die geologisch ältesten Säugethierreste stammen aus der Trias (*Microlestes* und *Hypsiprymnopsis* aus der rhätischen Stufe Europas, *Dromatherium* aus nordamerikanischen Ablagerungen), sie besitzen grosse Aehnlichkeit mit den im Jura häufiger erscheinenden Resten kleiner Säugethiere, welche sich meist nur auf die Unterkiefer oder einzelne Zähne beschränken (*Amphitherium*, *Amphilestes* und *Phascolotherium* aus den Stonesfield-Schichten, *Plagiaulax*, *Spalacotherium* und *Triconodon* aus den Purbeckschichten, *Dryolestes*, *Tinodon* und *Stylacodon* aus amerikanischen Jurabildungen). Gewöhnlich werden alle diese Formen als *Marsupialia* betrachtet, mit einziger Ausnahme der jurassischen Gattung *Stereognathus*, in welcher man auch eine Stammform der placentalen Hufthiere erkennen wollte.

Marsh hat jedoch diese Anschauung bekämpft, nach welcher sämmtliche mesozoische Säugethiere (die Kreide hat überhaupt bis jetzt keine hierher gehörigen Reste geliefert) der Gruppe der *Marsupialia* zuzurechnen wären. Er ist vielmehr der Ansicht, dass dieselben in neue Ordnungen zu vereinigen seien: die *Pantotheria* mit zahlreichen Zähnen, welche die Normalzahl 44 überschreiten oder ihr gleichkommen, und die *Allotheria* mit einer geringeren Anzahl von Zähnen, welche weit unter der Normalzahl bleibt (z. B. *Plagiaulax*). Die letzteren hätten anscheinend keine Nachfolger besessen, während von den *Pantotheria* die Insectenfresser und die *Marsupialia* abzuleiten seien.

Eine Discussion dieser Ansicht ist bei dem überaus unvollständigen Material, über welches die Palaeontologie heute gebietet (es liegen nur einzelne Unterkiefer vor) fast ganz unmöglich. Doch mag gegen Marsh's Ansicht daran erinnert werden, dass ein eocäner Vertreter von *Plagiaulax* (von Cernay bei Rheims) den Zusammenhang mit dem recenten Hypsiprymnus erweist. Aber auch die alttertiären an der Grenze der placentalen *Carnivoren* und der Beutelraubthiere: der *Dasyuridae* stehenden Formen (*Arctocyon*, *Proviverra*, *Palaeonictis*, *Hyaenodon*, *Pterodon* des europäischen Alttertiärs, sowie ihre nordamerikanischen Verwandten *Oxyaena*, *Miacis*, *Mesonyx*,

Amblyctonus) lassen eine weitere Deutung ihrer phylogenetischen Rolle nicht zu. Cope, welcher sie als *Creodonta* (eine Unterordnung seiner „*Bunotheria*") zusammenfasst, sieht in ihnen die Wurzel der recenten *Carnivoren*. Auch diese Frage ist heute noch nicht spruchreif; wissen wir doch kaum, ob die „*Creodonta*" als *Placentalia* oder als *Aplacentalia* zu betrachten sind (vergl. pag. 524). Das Verhältniss der *Aplacentalia* und *Placentalia* ist daher vom palaeontologischen Standpunkte kaum zu discutiren, aller Wahrscheinlichkeit nach stellen die ersteren jedoch einen Seitenzweig dar, der sich frühe vom gemeinsamen Stamme abgelöst hat und eine selbständige Entwickelung erfuhr, welche vielfach jener des höher strebenden placentalen Stammes parallel lief.

Das bereits erwähnte gänzliche Fehlen cretacischer Säugerreste bildet gegenwärtig noch ein wesentliches Hemmniss für die Erklärung der Abstammung der grösseren Gruppen der placentalen Säuger, welche im untersten Eocän schon in ziemlicher Mannigfaltigkeit erscheinen.

Um über die Entfaltung des Säugethierstammes zur Tertiärzeit eine Vorstellung zu gewinnen, ist es nöthig, einen Ueberblick über die betreffenden, auf einander folgenden Faunen der alten und neuen Welt zu geben. In Europa finden wir in der Eocänperiode folgende Säugethierfaunen:

1) Fauna der Sandsteine von La Fère (Aisne), charakterisirt durch *Arctocyon*.

2) Fauna der Lignite von Soissonnais; charakterisirt durch *Coryphodon* und *Palaeonictis*.

3) Fauna des Londonthons; bezeichnet durch *Hyracotherium*.

4) Fauna des Pariser Grobkalkes; charakterisirt durch das Auftreten von *Palaeotherium*, *Lophiodon*, *Pterodon*, *Proviverra*, gleichzeitig wohl auch die Bohnerzlager bei Neuhausen in Schwaben und zu Egerkingen bei Solothurn mit *Palaeotherium* und *Caenopithecus*.

5) Fauna der Sande von Beauchamp, charakterisirt durch das Auftreten von *Hyopotamus*, *Amphicyon*.

6) Fauna des Gypses von Paris mit *Choeropotamus*, *Anoplotherium*, *Xiphodon*, *Adapis* (*Palaeolemur*), *Didelphis*.

7) Fauna der Phosphorite von Quercy; erstes Erscheinen von *Anthracotherium*, ausserdem charakterisirt durch *Entelodon*, *Dremotherium*, *Gelocus*.

Die Säugethierfaunen der jüngeren Tertiärablagerungen Europas sind die folgenden:

1) Fauna der Sande von Fontainebleau und der Lignite von Cadibona, sowie der „Sotzka-Schichten"; *Anthracotherium magnum*, *Rhinoceros minimus*.

2) Fauna von Saint Gérand le Puy; Nashörner, Tapire und Urform der Schweine (*Palaeochoerus*), Spitzmäuse und Maulwürfe.

3) Fauna des Kalkes von Montabuzard und der Sande von Orleans; *Anchitherium*, *Mastodon* und *Dinotherium* erscheinen.

4) Fauna von Sansans und Simorre im südwestlichen Frankreich, vom Monte Bamboli in Toscana, von Georgensgmünd und Günsberg in Süddeutschland und Eibiswald-Wies in Steiermark: *Hyotherium*, *Rhinoceros*, *Acerathe-*

rium, *Dicroceros* (*Palaeomeryx*), *Mastodon*, *Amphicyon*, *Hynaearctos*, *Oreopithecus*, *Pliopithecus*, *Dryopithecus*.

5) Fauna von Eppelsheim in Hessen-Darmstadt, Pikermi bei Athen, Baltavar in Ungarn, Mt. Léberon in der Provence, Lignite von Casino in Italien; *Ancylotherium*, *Dinotherium giganteum*, *Mastodon longirostris*, *Acerατherium incivisum*, *Hipparion* (*Hippotherium*), *Helladotherium*, *Palaeoreas*, *Palaeoryx*, *Tragocerus*, *Gazella*, *Dicroceros*, *Cervus* (*Axis*), *Sus*, *Machairodus*, *Ictitherium*, *Hyaenictis*, *Hyaena*, *Mesopithecus*.

6) Erste Fauna des Arnothales (ältere, pliocäne Säugethierfauna), der Flusssande von Montpellier, der Schichten von Perrier und des Crag von Norwich mit *Mastodon avernensis*, *M. Borsoni*, *Rhinoceros sp.*, *Sus sp.*, *Tapirus minor*, *Tap. hungaricus*, *Cervus sp. pl.*, *Antilope Cordieri*, *Ant. hastata*, *Hipparion sp.*, *Machairodus meganthereon*, *Hyaena*, *Canis*, *Ursus*, *Hyaenarctos*.

7) Zweite Fauna des Arnothales vom Val du Chiana am Oberlaufe des Arno (jüngere, pliocäne Säugethierfauna, welche übrigens theilweise bis in die Diluvialperiode hinaufreicht und daher meist als pleistocän bezeichnet wird) mit *Elephas meridionalis*, *Hippopotamus major*, *Rhinoceros etruscus*, *Sus sp.*, *Equus Stenonis*, *Bos etruscus*, *Cervus sp. pl.*, *Ursus*, *Canis*, *Hyaena*, *Felis*.

Die bezeichnenden Elemente der Diluvialfauna Europas sind: *Elephas primigenius*, *Rhinoceros tichorhinus*, *Elasmotherium*, *Sus scrofa*, *Bos primigenius*, *Bos priscus*, *Ovibus moschatus*, *Cervus megaceros*, *Cervus tarandus*, *Cervus elaphus*, *Equus caballus*, *Ursus spelaeus*, *Hyaena spelaea*, *Canis lupus*, *Felis spelaea*, *Gulo spelaeus*. Diese Formen haben jedoch nicht zu gleicher Zeit gelebt, ein Theil derselben war gleichzeitig mit der jungpliocänen oder pleistocänen, einem wärmeren Klima entsprechenden Fauna, welche während der Diluvialperiode allmählich von der nordischen Glacialfauna verdrängt wurde. Bei dem damaligen continentalen Klima Westeuropas waren die Temperatur-Differenzen zwischen Winter und Sommer sehr bedeutend, und die Säugethierbevölkerung wanderte zum grössten Theile alternirend aus und ein, während die den Standort bewahrenden höhlenbewohnenden Raubthiere zur Sommerzeit Thiere erbeuteten, welche ein wärmeres, zur Winterszeit aber solche, welche ein kälteres Klima liebten. Die Dilüvialperiode selbst zerfällt in mehrere Abschnitte; man hat sie in eine praeglaciale, glaciale und postglaciale Epoche geschieden (abgesehen von dem wahrscheinlichen Auftreten mehrerer Eiszeiten und interglacialer Zeiträume). Der eigentlichen Glacialzeit entspricht die Verbreitung echt nordischer Thiere (z. B. *Cervus tarandus*, *Ovibos moschatus*) über ganz Mitteleuropa; nach derselben scheint die Beschaffenheit der Steppe, später erst diejenige des Park- und Waldlandes die Flächen eingenommen zu haben, welche früher unter Eismassen begraben waren. Für die postglaciale Steppenfauna Mitteleuropas sind Formen charakteristisch, welche heute in den Steppen Osteuropas und Nordasiens leben: *Antilope Saiga*, *Arctomys bobac*, *Myodes torquatus*, *Alactaga jaculus* u. A. *Elephas primigenius* erscheint noch in der postglacialen Fauna, seine Reste sind im Löss häufig, und er scheint neben den Wild-Eseln und -Pferden, deren Zeitgenosse er war, das hauptsächlichste Jagdthier der Menschen gewesen zu sein, ja ebenso erst von diesen ausgerottet worden zu sein, wie *Elasmotherium*, *Megaceros*, *Bos primigenius* und so manche Formen der Diluvialfauna, während andere in den hohen Norden, in die Alpen Asiens und ins Hochgebirge sich zurückzogen.

Nach diesem Ueberblick, welchen wir auf die Folge der europäischen Säugerfaunen geworfen haben, erscheint es zunächst nöthig, noch jene zu erwähnen, welche in einzelnen Gebieten der alten Welt bekannt geworden sind. Es ist hier vor allem nöthig, der Fauna der Sivalikhills in Indien zu gedenken, welche am meisten Beziehungen zur Fauna von Pikermi aufzuweisen scheint, jedoch wahrscheinlich einem grösseren Zeitraum entspricht, als dem Obermiocän, da sich neben *Dinotherium* und *Mastodon* auch Uebergangsformen zu *Elephas* und typische Elephanten vorfinden, welche in Europa erst im Pliocän erscheinen. Auch die zahlreichen Rinder der Sivalikfauna weisen auf ihr Hineinreichen in die Pliocänstufe. Die meisten Formen der überaus mannigfachen und reichen Sivalikfauna aber verweisen auf ein obermiocänes Alter (*Machaerodus*, *Hipparion*, *Chalicotherium*): eigenthümlich sind die zwischen den Antilopen und Giraffen stehenden *Sivatheridae*, sowie die durch sechs Schneidezähne ausgezeichneten Flusspferde (*Hexaprotodon*). Reste einer jüngeren (pliocänen oder selbst pleistocänen) Fauna wurden in Indien an den Ufern des Iravaddi und des Nerbudda gefunden. Die Annäherung an die recenten tropischen Säugethierformen ist in dieser Fauna noch schärfer ausgesprochen als in jener der Sivalikhills. Ein Vorkommen der Pikermifauna ist neuerlich auch in Persien nachgewiesen worden.

In Nordamerika unterscheidet Marsh drei durch verschiedene Säugethierformen gekennzeichnete, eocäne Stufen, drei miocäne, zwei pliocäne und eine pleistocäne Fauna. Die unteren Eocänbildungen (Wahsatchgruppe) haben nach dem häufigen Vorkommen von Resten der Gattung *Coryphodon* auch den Namen „*Coryphodon*-Schichten" erhalten. Neben *Coryphodon* kommen von Unpaarhufern noch *Eohippus*, *Helaletes*, *Amycodon* und *Limnohyus*, von Paarhufern *Eohyus* und *Parahyus* vor. *Limnocyon* gehört wahrscheinlich zu den Raubbeutlern, *Sciuravus* vertritt die Nagethiere, *Limnotherium* und *Lemuravus* die *Prosimiae.*

Die mittleren Eocänschichten (Greenrivergruppe) haben nach dem Vorkommen der riesigen Gattung *Dinoceras* den Namen *Dinoceras*-Schichten erhalten. *Dinoceras* (= *Uintatherium*) und das nahe verwandte *Loxolophodon* schliessen sich an *Coryphodon* an und stellen eine eigenthümliche Gruppe des Unpaarhufer dar, zu diesen gehören weiter *Orohippus* aus der Stammreihe der Pferde, *Hyrachyus* aus jener der Tapire und *Palaeosyops*, ein Nachfolger von *Lymnohyus*. Die selenodonten Paarhufer sind durch *Homacodon* und *Parameryx* vertreten, während *Tillotherium* ein Bindeglied zwischen den *Ungulaten* und *Edentaten* darzustellen scheint. Auch die Nagethiere, Fledermäuse, Insectenfresser, Raubthiere und Affen sind in den *Dinoceras*-Schichten vertreten.

Die oberen Eocänschichten (Uintah-Gruppe) werden auch *Diplacodon*-Schichten genannt, nach einer den Nashörnern verwandten Gattung, welche sich an *Palaeosyops* und *Lymnohyus* der älteren Eocänschichten anschliesst. Die selenodonten Paarhufer sind durch *Eomeryx*, *Parameryx* und *Oromeryx* vertreten.

Das unterste Miocän trägt den Namen *Brontotherium*-Schichten, von einer riesigen, von *Diplacodon* abstammenden, durch paarige Hörner ausgezeichneten, den *Rhinoceronten* nahe verwandten Gattung. *Titanotherium* gleicht *Brontotherium* im Zahnbau. *Diceratherium* ist ein ebenfalls durch paarige Hörner ausgezeichnetes *Rhinoceros*, während sich *Hyracodon* näher an die typischen altweltlichen Nashörner anschliesst. *Mesohippus* setzt die Pferdestammreihe fort, *Elotherium* gehört den bunodonten, *Hyopotamus* den selenodonten Paarhufern an.

Das mittlere Miocän hat wegen des massenhaften Vorkommens von Resten der Gattung *Oreodon*, den Namen *Oreodon*-Schichten erhalten. *Oreodon* gehört den älteren selenodonten Paarhufern; sein von 44 Zähnen bebildetes Gebiss war ein geschlossenes, die Zehenzahl seiner Extremitäten wenig reducirt. Zeitgenossen waren *Leptomeryx* aus der Familie der Hirsche, *Poebrotherium*, ein Vorläufer der Kameele, *Chalicotherium*, aus der Familie der *Brontotheridae*, zahlreiche Nagethiere (*Palaeocastor*, *Eumys*, *Ischyromys*, *Palaelolagus*), Raubthiere (*Machaerodus* und *Amphicyon*); auch die *Edentaten* sind durch die Gattung *Moropus* repräsentirt.

Das obere Miocän trägt den Namen *Miohippus*-Schichten von dem *Equiden*-Geschlechte *Miohippus*. Als bezeichnende Formen werden genannt ein Tapir und ein hornloses *Rhinoceros* (*Aceratherium*), sowie ein dem recenten südamerikanischen Pekari verwandtes Schwein (*Tinohyus*).

Die unteren Pliocänschichten Nordamerikas sind ausgezeichnet durch das Auftreten der Gattung *Protohippus*, durch das Erscheinen der *Mastodonten* (später als in Europa!), durch die Hirschgattung *Cosoryx*, die *Cameliden*-Form *Procamelus*, die mit Pekari nahe verwandte Gattung *Platygonus*. Von *Edentaten* erscheint neben *Moropus* eine weitere Type von grossen Dimensionen: *Morotherium*. Die oberen Pliocänschichten Nordamerikas, wie auch in noch erhöhtem Masse diejenigen Südamerikas zeigen eine weitergehende Annäherung an die recente Fauna, zumal, was das Erscheinen zahlreicherer *Edentaten* betrifft, welche heute noch in Südamerika theilweise ihr Leben in zwerghaften Nachzüglern fristen. Die Gattungen *Auchenia* und *Cervus*, sowie ein riesiger Repräsentant des Genus *Elephas*, ferner viele Nager und Raubthiere sind vorhanden.

Die „postpliocänen" der europäischen Diluvialformation entsprechenden Bildungen Nord- und Südamerikas beherbergen noch zahlreiche ausgestorbene Typen, von welchen zunächst die riesigen *Megatheriden: Megatherium*, *Megalonyx* und *Mylodon* hervorgehoben werden mögen. Noch eigenthümlicher als diese den recenten *Bradypoda* verwandten Formen war das grosse, den Gürtelthieren angehörige, gepanzerte *Glyptodon*. Sehr fremdartig war auch *Toxodon*, welches vielleicht zwischen den *Edentaten* und den Hufthieren eingereiht werden kann, sowie *Macrauchenia*, eine Gattung, die wahrscheinlich zu den unpaarzehigen Hufthieren zu stellen ist. Die Gattung *Mastodon*, welche in Europa im Pliocän erlischt, hat in Nordamerika neben Elephanten noch zur Diluvialzeit gelebt und ist, sowie manche Diluvialthiere der alten Welt, von der Hand des Menschen erst in relativ später Zeit vertilgt worden.

Die Entfaltung des Stammes der Landsäugethiere (die Seesäuger stellen verschiedene, von denselben abgezweigte Reihen dar, deren Provenienz nicht leicht sicher zu stellen ist) scheint auf einem grossen Festlandgebiet der Nord-Hemisphäre erfolgt zu sein. Nordamerika, Asien und Europa dürften während des grössten Theiles der Tertiärzeit ein einziges, nur zeitweilig unterbrochenes Gebiet dargestellt haben, in welchem die allmähliche Entwickelung der einzelnen Stämme stattfand. Manche derselben, wie die *Equiden* und einige Zweige der Raubthierfamilie scheinen im nearktischen, andere, wie die *Proboscidier*, die Rinder, Antilopen und Bären im palaearktischen Theile dieses Continentes ihre Wiege gehabt zu haben. Dass eine Verbindung beider Theile des grossen nördlichen Continentes während des grössten Theiles der Tertiärformation bestanden haben muss, beweist, dass die einer schnelleren Bewegung fähigen Thiere sich rasch über das ganze palaearktische Gebiet verbreiteten. Der Stammbaum der *Equiden* z. B. ist in Europa zwar etwas lückenhafter vertreten, als in Nordamerika, doch beweist das Vorhandensein der einzelnen Glieder, dass ihrer Verbreitung ebensowenig ein Hinderniss entgegenstand, als den *Proboscidiern*, welche den entgegengesetzten Weg gemacht zu haben scheinen. Dass die letzteren relativ später in Amerika auftreten, als die *Equiden* in der alten Welt, ist vielleicht auf Rechnung der grösseren Abhängigkeit von der Pflanzenwelt und der dadurch bedingten geringeren Beweglichkeit der grossen Rüsselträger zu setzen. Die Flusspferde, die Giraffen und Gazellen der alten Welt aber mögen vielleicht dadurch gehindert worden sein, nach Amerika zu gelangen, dass die continentale Verbindung gegen das Ende der Tertiärzeit unterbrochen oder wenigstens schwierig, für tropische Formen vielleicht gar nicht passirbar wurde.

Die *Edentaten* (für welche Marsh mit Unrecht eine nordamerikanische Heimath annimmt) sind im Miocän sowohl Europas als Nordamerikas zu treffen; sie ziehen sich jedoch vor den höher entwickelten Stämmen ebenso auf die südlicheren Continente zurück, als es früher bereits die *Aplacentalia* gethan hatten. Es ist das isolirte Vorkommen der *Edentaten* in Südamerika und Afrika vollständig analog der isolirten Verbreitung der strauss-artigen Vögel der Gegenwart, und der Erhaltung der aplacentalen Thierwelt in Neuholland. Die Geologie lehrt, dass die Grundzüge der Continentalentwickelung des Planeten sehr alt sind. Das Vorherrschen der Landmassen auf der Nord-Hemisphäre datirt mindestens vom Beginn der Tertiärzeit, während auf der Süd-Hemisphäre seither das Wasser das Uebergewicht hatte, die terrestren Verbindungen aber nur kurze Zeit bestanden und oft und auf längere Zeit unterbrochen waren. Deshalb konnte auf Neuholland eine Säugethier-Bevölkerung sich bis in die Gegenwart erhalten, welche auf der übrigen Erde nahezu ganz verdrängt worden ist.

Register.

B.

C.

D.

E.

F.

G.

H.

I.

M.

P.

Q.

R.

S.

T.

U.

V.

W.

X.

Druckfehlerverzeichniss.

Seite 4 Zeile 15 von unten lies: Hellenen statt: Helenen.
„ 32 „ 17 „ „ „ Haplostiche statt: Haplostische.
„ 33 Erklärung zu Fig. 27 lies: Carbonthon statt: Corbonthon.
„ 60 Zeile 4 von unten lies: Protachilleum statt: Protochilleum.
„ 100 „ 3 „ oben lies: Tiaradendron statt: Tirarodendron.
„ 123 Erklärung zu Fig. 143 lies: Kelchtäfelung statt: Kelchtafelung.
„ 123 „ „ „ „ „ Porocrinus statt: Parocrinus.
„ 140 „ „ „ 171 „ Platycrinus statt: Platycrinis.
„ 147 „ „ „ 179 „ Grossoolith statt: Grossoclith.
„ 157 Zeile 2 von unten lies: Perischodomus statt: Perichodomus.
„ 180 Erklärung zu Fig. 236 lies: Meudon statt: Mendon.
„ 182 Zeile 8 von unten lies: Onchopora statt: Onchopara.
„ 186 Erklärung zu Fig. 249 lies: Oligocän statt: Oligocün.
„ 218 „ „ „ 303 „ Volhynica statt: Vohynica.
„ 227 Zeile 8 von unten lies: Crassatelliden statt: Cassatelliden.
„ 233 „ 3 „ oben „ Sphaerulites statt: Spaerulites.
„ 253 „ 2 „ unten „ des statt: les.
„ 263 „ 6 „ „ „ Trichotropis statt: Trichotropsis.
„ 273 Erklärung zu Fig. 369 lies: cornucopiae statt: cornucopial.
„ 279 „ „ „ 376 „ Gosauformation statt: Gosanformation.
„ 280 Zeile 7 von oben lies: Chrysodomus statt: Crysodomus.
„ 299 „ 9 „ „ „ A. hians statt: Ahians.
„ 300 „ 12 „ unten „ Leptoteuthis statt: Leptotenthis.
„ 306 Erklärung zu Fig. 410 lies Nautilus statt: Nantilus.
„ 324 „ „ „ 444 „ Eisenoolith statt: Eisennolith.
„ 373 Zeile 21 von unten lies: Isotelus statt: Itotelus.
„ 377 „ 7 „ oben „ anormaux statt anarmaux.
„ 391 Erklärung zu Fig. 335 lies: horridus statt: harridus.
„ 478 Zeile 15 von oben „ Gavialis statt: Gavial.
„ 478 „ 18 „ „ „ longirostris statt: logirostris.
„ 505 Erklärung zu Fig. 615 lies: Hesperornis statt: Hesperorsis.

Druck von Metzger & Wittig in Leipzig.

MIX
Papier | Fördert gute Waldnutzung
FSC® C083411

Kolibri 360 GmbH
Ferdinand-Jühlke-Straße 7
99095 Erfurt, Deutschland
produktsicherheit@kolibri360.de